Mathematik für Wirtschaftswissenschaftler

Bertil Haack · Ulrike Tippe ·
Michael Stobernack · Tilo Wendler

Mathematik für Wirtschaftswissenschaftler

Intuitiv und praxisnah

Springer Gabler

Bertil Haack
Wildau, Deutschland

Ulrike Tippe
Wildau, Deutschland

Michael Stobernack
Brandenburg, Deutschland

Tilo Wendler
Berlin, Deutschland

ISBN 978-3-642-55174-1 ISBN 978-3-642-55175-8 (eBook)
DOI 10.1007/978-3-642-55175-8

Die Deutsche Nationalbibliothek verzeichnet diese Publikation in der Deutschen Nationalbibliografie; detaillierte bibliografische Daten sind im Internet über http://dnb.d-nb.de abrufbar.

Springer Gabler

Einbandabbildung: Fotolia.com, #54355148 – Sashkin
Lektorat: Ulrike Schmickler-Hirzebruch

Gedruckt auf säurefreiem und chlorfrei gebleichtem Papier.

Springer-Verlag GmbH Berlin Heidelberg ist Teil der Fachverlagsgruppe Springer Science+Business Media
(www.springer.com)

Einleitung

Bestimmt kennen Sie eine Person in Ihrem Umfeld, die anlässlich der Fußball-Europameisterschaft 2016 in Frankreich Panini-Bilder gesammelt und damit versucht hat, ihr Fußballalbum mit den Fotos der Nationalspieler zu füllen:

„Millionen von Menschen sind weltweit im Panini-Fieber, das kurz vor der Fußball-WM in Brasilien noch mal stark ansteigt. Es ist quasi eine Tradition, dass bei großen Turnieren Bilder von den jeweiligen Mannschaften gesammelt werden.

Seit der WM 1970 in Mexiko produziert das italienische Unternehmen Panini Fußballalben und Abziehbildchen mit dem Konterfei der Nationalspieler. Erwachsene sammeln ebenso wie Kinder. In mehr als 100 Ländern vertreibt Panini seine kleinen Tütchen. In diesem Jahr gibt es hierzulande 640 Sticker zum Sammeln." (http://www.welt.de/wirtschaft/article128718984/Forscher-entschluesseln-die-geheime-Panini-Formel.html; Zugriff: 06.07.2014)

Bestimmt kennen Sie dann auch die durchaus häufiger geäußerte Vermutung, dass die Bilder einiger Superstars besonders selten sind, dass Panini sein Geschäft damit verbessert, ausgewählte Abziehbildchen bewusst zu verknappen. „Aber stimmt das wirklich? Gibt es gar eine geplante Verknappung? Panini sagt, dass die Sticker in gleichen Mengen produziert und zufällig auf die Päckchen verteilt werden." (http://www.welt.de/wirtschaft/article128718984/Forscher-entschluesseln-die-geheime-Panini-Formel.html; Zugriff: 06.07.2014)

Wie kann diese Vermutung bewiesen oder widerlegt werden?

Sie ahnen es bereits: Mathematik ist im Spiel.

Tatsächlich haben sich zwei Mathematiker der Universität Genf der Vermutung angenommen und mit Hilfsmitteln der Statistik nachgewiesen, dass Panini nicht trickst. So sind im Mittel 931 Tütchen mit je fünf Bildern erforderlich um das Schweizer Panini-Album mit seinem Platz für 660 Sticker zu füllen – vorausgesetzt, die Lieferungen von Panini enthalten keine doppelten Bilder. (http://www.welt.de/wirtschaft/article128718984/Forscher-entschluesseln-die-geheime-Panini-Formel.html; Zugriff: 06.07.2014)

Bei 60 Cent je Tütchen ist das ein teurer Spaß: „Für die ersten 550 Bilder benötigt der Sammler 233 Päckchen, für die nächsten 90 [beziehungsweise] 17 beziehungsweise drei Bilder jeweils 233 weitere Päckchen. Die letzten drei fehlenden Sticker sind somit die teuersten – sie kosten rein rechnerisch 160 Euro. Durchschnittlich müsste der Sammler also insgesamt 558,60 Euro ausgeben. [...] Ökonomen sprechen [...] vom Sammelbilderproblem." (http://www.welt.de/wirtschaft/article128718984/Forscher-entschluesseln-die-geheime-Panini-Formel.html; Zugriff: 06.07.2014)

Dieses Beispiel deutet auf ein Phänomen in der heutigen Welt hin: Die Mathematik ist überall.

Fraglos spielt die Mathematik etwa im Bereich der Technik und dort beispielsweise bei der Konstruktion von Maschinen oder Brücken eine wichtige Rolle.

Naheliegend scheint das auch in anderen Fachgebieten wie z. B. der Ultraschalltechnik oder der Computertomografie zu sein, die nur dank mathematischer Instrumente brillante Aufnahmen von Kindern im Mutterleib oder von Entzündungsherden in Knochengelenken liefern.

Offenbar kann sich die Mathematik aber auch bei ökonomischen Fragestellungen wie der Panini-Vermutung als sehr nützlich erweisen! Sie hilft dabei nicht nur, wirtschaftswissenschaftliche Aufgaben zu analysieren, sondern auch, Lösungen für sie zu entwickeln. So haben die beiden Schweizer Mathematiker aufgrund ihrer oben skizzierten Ergebnisse „sogar eine Strategie entwickelt, wie man am effektivsten eine vollständige Serie von 660 Bildern erhält." (http://www.welt.de/wirtschaft/article128718984/

Forscher-entschluesseln-die-geheime-Panini-Formel.html; Zugriff: 06.07.2014) Konkret empfehlen Sie, die Bilder teilweise zu kaufen und teilweise mit neun anderen Sammlern zu tauschen. Wird das vorgegebene Rezept eingehalten, muss der Sammler nur noch maximal 125 Euro ausgeben, um zu einem kompletten Panini-Album zu kommen!

Es lohnt sich also auch und gerade im Bereich der Wirtschaftswissenschaften, mathematische Begriffe, Methoden und Verfahren zu kennen und mit diesen so sicher wie möglich umgehen zu können. Dabei kommt es nicht auf die reinmathematische Sicht auf die Dinge an! Wichtig ist stattdessen einerseits, eine wirtschaftswissenschaftliche Fragestellung in ein mathematisches „Bild" umsetzen und mit den Mitteln der Mathematik bearbeiten zu können, um das gewonnene Ergebnis dann andererseits wieder in den ursprünglichen ökonomischen Kontext zurücktransformieren und dort zu einer Antwort auf die eigentliche wirtschaftswissenschaftliche Fragestellung kommen zu können.

Dieses Vorgehen verlangt einen intuitiven und praxisnahen Umgang mit der Mathematik. Es beschreibt gleichermaßen das Hauptanliegen des vorliegenden Buches sowie die daher gewählte Art der Darstellung der Mathematik.

Ebenso wie mit dem Panini-Beispiel gehen wir auf jeden der für Sie als Studierende der Wirtschafts- und „artverwandter" Wissenschaften wie etwa der Soziologie relevanten Bereiche der Mathematik anhand von Beispielen aus der Praxis zu. Wir zeigen Ihnen, wie Sie wirtschaftswissenschaftliche Fragestellungen mathematisch modellieren, mit mathematischer Argumentation lösen und mit den gefundenen Ergebnissen beantworten können. Dazu machen wir Sie zunächst mit einem Grundschema zum Modellieren ökonomischer Themenstellungen und zum Umgang mit den gefundenen mathematischen Modellen vertraut, um uns dann auf die Bereiche der Mathematik zu konzentrieren, die in Ihren Studiengängen relevant bzw. als mathematische Basis hierfür wichtig sind. Konkret behandeln wir die Themenkomplexe

- Reelle Zahlen
- Gleichungen
- Funktionen
- Differenzialrechnung einer Variablen
- Integralrechnung
- Differenzialrechnung mehrerer Variablen
- Lineare Algebra
- Finanzmathematik
- Deskriptive Statistik
- Wahrscheinlichkeitsrechnung
- Schließende Statistik

Dabei gehen wir ausdrücklich davon aus, dass Ihr Weg zum Studium nicht über ein Abitur geführt haben muss, sondern wir haben unsere Darstellung bewusst so gewählt, dass Sie die Mathematik auch dann verstehen können, wenn Sie beispielsweise den mittleren Schulabschluss, eine abgeschlossene Lehre und mehrere Jahre Berufserfahrung haben. Wir gehen bewusst auch so vor, dass Sie einen Weg zur Mathematik finden können, wenn Sie schon längere Zeit von der Schulbank weg und berufstätig waren oder sind und beispielsweise berufsbegleitend studieren! Schließlich sind wir davon überzeugt, dass Sie unser Buch an jeder Hochschulart – Fachhochschule oder Universität – mit Gewinn nutzen können.

Für den Fall, dass Ihnen die aufgezählten Bereiche der Mathematik „wenig sagen", haben wir jede Kapitelüberschrift mit einer passenden Frage ergänzt, die Ihnen helfen soll, das zu Ihrer eigentlichen Aufgabenstellung passende Kapitel möglichst leicht zu finden. So heißt das Kapitel „Gleichungslehre" eben nicht einfach „Gleichungslehre", sondern „Gleichungslehre – Wie wir unbekannte Größen berechnen können".

Diese für klassische Mathematikbücher eher ungewöhnlichen Überschriften sollen Ihnen die Grobnavigation hin zu den für Sie möglicherweise spannenden Kapiteln unseres Buches erleichtern. Einmal in einem Kapitel angekommen, geht es dann um die Feinnavigation in diesem Kapitel. Dabei stellen sich immer wieder drei Fragen:

- Worum geht es in diesem Kapitel eigentlich?
- Was kann ich am Ende des Kapitels?
- Muss ich das Kapitel überhaupt durcharbeiten?

Um hierauf Antworten finden zu können, verdeutlichen wir den inhaltlichen Kern jedes Kapitels mit einem passenden ökonomischen Beispiel aus der Praxis. Wir beschreiben dann die Ziele des jeweiligen Kapitels, indem wir darlegen, über welche Kenntnisse, Fertigkeiten und Kompetenzen Sie am Ende des jeweiligen Kapitels verfügen können sollten. Natürlich kann es sein, dass Sie diese bereits vor der Befassung mit dem Kapitel haben. Um dies prüfen zu können, legen wir Ihnen am Beginn jedes Kapitels Aufgaben vor. Können Sie diese lösen, haben Sie gute Gründe, das Kapitel zu überspringen. Falls Ihnen die Aufgaben Schwierigkeiten bereiten oder unklar sind, empfehlen wir, das entsprechende Kapitel durchzuarbeiten. Auf Ihrem Weg durch das Kapitel werden Ihnen die Aufgaben vom Kapitelbeginn nacheinander begegnen. Wir haben sie als Beispiele in den Text aufgenommen und an passender Stelle ausführlich gelöst. Sie können diese Lösungen dazu nutzen, Ihre aktuelle Expertise im Themengebiet zu prüfen. Sie können sie aber auch als Musterlösungen verwenden und sie ganz oder teilweise auf andere, mehr oder weniger verwandte Fragestellungen übertragen.

Anders als klassische Mathematikbücher nähern wir uns jedem Thema immer ausdrücklich von der praktischen ökonomischen Fragestellung und versuchen, diese in einer Art gedachten Dialogs mit Ihnen gemeinsam zu bearbeiten. Wenn Sie uns auf diesem Weg folgen, kommen wir zusammen zu wichtigen Begriffen, Formeln oder anderen mathematischen Gesetzmäßigkeiten. Diese heben wir durch den Hinweis „Merksatz" hervor. Damit andere Erkenntnisse, die für den direkten Gedankengang nicht so bedeutend, insgesamt aber doch interessant sein können, nicht verloren gehen, kennzeichnen wir diese als „Gut zu wissen". Größere Abschnitte des Buches enden immer mit einer „Zusammenfassung", die Ihnen effektives und effizientes Nachschlagen ermöglichen sollen.

Am Ende jedes Kapitels besteht die Möglichkeit, das Gelernte zu rekapitulieren. Wir legen Ihnen dazu eine komplexe Aufgabe aus dem jeweiligen Themengebiet vor, die Sie mit den zuvor bereitgestellten mathematischen Mitteln bearbeiten und lösen können sollten.

Wir haben uns weiterhin ganz bewusst dafür entschieden, gänzlich ohne mathematische Beweise auszukommen. Stattdessen haben wir angestrebt, anhand von aussagefähigen Beispielen die Mathematik „intuitiv" erfassbar zu machen und auf das praktische Anwenden und Üben zu fokussieren. In den Kapiteln über Wahrscheinlichkeitsrechnung und Statistik wird bei der Bearbeitung von ökonomischen Problemen zusätzlich auf die weitverbreitete Statistiksoftware SPSS zurückgegriffen.

Aus dem eigenen Studium sowie durch unsere Arbeit als Hochschullehrer haben wir die Erfahrung gewonnen, dass die Mathematik bei allen Versuchen, sie so praxisnah und intuitiv wie möglich darzustellen und für die Anwendung auf ökonomische Themenstellungen aufzuschließen, durchaus ein hohes Maß an Frustpotenzial in sich birgt. Das kann sich im Laufe jedes Kapitels aber insbesondere auch bei der „Komplexaufgabe" am Ende jedes Kapitels zeigen. Um etwaigen Enttäuschungen vorzubeugen, versuchen wir, Sie innerhalb der Textteile unseres Buches im oben bereits erwähnten gedachten Dialog gedanklich mitzunehmen und Ihnen dabei Ansätze und speziell auch Rezepte für mathematisches Denken und Handeln nahe zu bringen, die sie dann auch bei anderen Fragestellungen ausprobieren können.

In diesem Sinne bemühen wir uns, Ihnen aufzuzeigen, dass die Mathematik nur für die wenigsten Koryphäen vom Typ „Aufgabe gesehen – Lösung geschrieben" ist. Der Normalfall besteht darin, dass man sich an einer Aufgabe ähnlich wie ein Stabhochspringer an einer bestimmten Höhe immer und immer wieder versuchen muss. Ähnlich wie dieser benötigen wir Training und Übung, um relativ zuverlässig und sicher mit den mathematischen Hilfsmitteln zur Bearbeitung ökonomischer Fragestellungen umgehen zu können – und: wir benötigen Feedback, ob wir auf dem richtigen Weg sind. Entsprechend finden Sie für jede komplexe Aufgabe am Kapitelende einen Lösungsvorschlag sowie weitere Übungsaufgaben mit Lösungen. Mit Blick auf den Stabhochspringer empfehlen wir Ihnen, die Aufgaben selbst zu lösen zu versuchen und unseren Lösungsvorschlag erst bei größeren Schwierigkeiten als Hilfestellung oder nach der Lösung als Vergleich (Feedback) zu nutzen.

Weiterhin ist uns bewusst, dass die hier behandelte Mathematik umfangreich, aber sicher nicht vollständig ist. Wir haben die Inhalte des Buches so gewählt, wie sie in einem großen Teil wirtschaftswissenschaftlicher und artverwandter Studiengänge von Bedeutung sind. Dabei konnten wir uns u. a. auch auf unsere Unterrichtsmaterialien stützen, die sich im Verlaufe mehrerer Studierendengenerationen als „kampferprobt" erwiesen haben. Wer mehr Details wissen möchte, dem empfehlen wir, weitere Mathematikbücher zu Rate zu ziehen. Einige gute Werke haben wir Ihnen am jeweiligen Kapitelende genannt und hoffen in diesen Fällen, dass wir Ihnen mit unserem Buch zumindest den Weg zum Verständnis für die Mathematik ebnen können bzw. konnten.

Natürlich gehen wir nicht davon aus, dass das vorliegende Buch fehlerfrei ist. Hierfür übernehmen wir die Verantwortung. Sollten Sie Fehler oder Unklarheiten entdeckt haben, scheuen Sie sich bitte nicht, sich via autoren.mathe@wiwistat.de direkt mit uns in Verbindung zu setzen. Wir freuen uns, wenn aus dem gedachten auch ein realer Dialog wird.

Selbst dann, wenn man „vom Fach" ist, schreibt sich ein Buch wie das vorliegende nicht von allein und kommt auch nicht von allein in der vorliegenden Form in die realen und virtuellen Verkaufsräume und Bibliotheken. In diesem Sinn danken wir unseren Familien sowie Herrn Heine und Frau Mechler (beide Springer Verlag) für die gute Zusammenarbeit und für Ihr Verständnis, dass ein Buch Zeit – in der Regel Freizeit – kostet.

Last but not least: Aufgrund der besseren Lesbarkeit haben wir uns bei der Abfassung der Texte für die männliche Form entschieden und beziehen die weibliche Form damit gleichermaßen ein.

Berlin, im April 2016

Bertil Haack, Michael Stobernack, Ulrike Tippe, Tilo Wendler

P. S. An dieser Stelle ist es mir ein persönliches Bedürfnis, mich posthum bei meinem Vater, Prof. Dr. Jürgen Tippe, von Herzen zu bedanken. Seine Begeisterung für die Mathematik und seine Fähigkeit, komplizierte Zusammenhänge „einfach" darzustellen, waren und sind für mich nach wie vor stets Vorbild und Ansporn zugleich. Viele seiner Ideen aus seinem mathematischen Nachlass haben mich bei der Arbeit an diesem Buch inspiriert und so nachhaltige Spuren in einigen Kapiteln hinterlassen.

Berlin, im April 2016

Ulrike Tippe

Hilfsmittel zur Lösung der Aufgaben

Lösungen und Zusatzmaterial

Das vorliegende Buch beinhaltet eine Vielzahl von Aufgaben. Deren Lösung soll dabei unterstützen, mathematische Fähigkeiten und Fertigkeiten zu erwerben bzw. wieder aufzufrischen. Um den Lernprozess so effizient wie möglich zu gestalten, wurde jedes Kapitel in einen Übungs- sowie in einen Lösungsteil untergliedert. Die Lösungen sind in der Regel äußerst detailliert ausgeführt, um eine Nachvollziehbarkeit für jeden Leser zu gewährleisten.

Zusätzlich möchten wir zu einigen Aufgaben eine Lösungsdatei anbieten. Es werden dazu verschiedene, aber allgemein gängige Dateiformate genutzt. Die folgende Tabelle zeigt die Möglichkeiten der Lösungsunterstützung auf:

Lösungen im Buch	Die Lösungen aller Aufgaben sind am Ende jedes Kapitels zu finden.
Lösungen im PDF-Format	Einige Übungen wurden auch mit dem Tabellenkalkulationsprogramm Microsoft Excel 2013, dem Computer-Algebra-System MAPLE sowie dem Statistikprogramm SPSS Statistics Version 22 gelöst. Die PDF-Dateien zeigen diese Lösungen, sodass sie ohne unübliche Zusatzsoftware gelesen werden können.
MICROSOFT EXCEL-Lösungen	Wo immer möglich, wurden die Lösungen auch im Excel-Format bereitgestellt. Dies ermöglicht die einfache Nachvollziehbarkeit. Auch finden Sie interessante Ansätze zur Bewältigung mathematischer Probleme mit der Tabellenkalkulation aus dem Hause MICROSOFT.
MAPLE-Lösungen	Diese Dateien beinhalten die Lösungen der Aufgaben zur Nutzung in MAPLE.
SPSS Datendateien	Im Kap. 10 werden die univariate sowie die bivariate Statistik behandelt. Die Datensätze der hier diskutieren Beispiele werden als SPSS-Datei im SAV-Format bereitgestellt.

Der Download der Dateien erfolgt über http://www.wiwistat.de/springer. Gern stehen Ihnen die Autoren unter autoren.mathe@wiwistat.de für Diskussionen, Rückfragen und Anmerkungen zur Verfügung.

Die Dateien werden als ZIP-Archiv zur Verfügung gestellt. Bitte benutzen Sie zum Download das Passwort "mathespringer2014".

Inhaltsverzeichnis

1 Modellieren und Argumentieren 1

1.1 Beispiel: Kauf einer Papierschneidemaschine – Wie wir uns für die richtige Maschine entscheiden können 5

1.2 Analyse: Wie wir das Beispiel gelöst haben 6

1.3 Verallgemeinerung: Wie wir wirtschaftswissenschaftliche Fragestellungen grundsätzlich lösen können 9

1.4 Leitplanken auf einer kurvigen Straße: Wie wir uns das Modellieren und Argumentieren erleichtern können 11

1.5 Modellieren – aber richtig! Wie wir zu einem passenden mathematischen Modell kommen 12

1.6 Heurismen für Arbeitsschritt 4 – Wie wir die richtigen Werkzeuge für unsere Aufgabenstellung entdecken können 16

1.7 Empfehlungen für die Arbeitsschritte 5–7: Wie wir unsere Lösung erklären können 21

Literatur 29

2 Rechnen mit reellen Zahlen 31

2.1 Welche sind die logischen Grundlagen in der Mathematik? 34

2.2 Was sind Mengen im mathematischen Sinne? 37

2.3 Mit welchen Zahlen haben wir zu tun? (Aufbau des Zahlensystems) 41

2.4 Wie rechnen wir mit (allgemeinen) reellen Zahlen und worauf müssen wir dabei besonders achten? 44

2.5 Noch mehr über reelle Zahlen: Potenzen und Wurzeln 50

2.6 ... und noch ein neuer Begriff: der Logarithmus 54

2.7 Weitere nützliche Dinge zum Einstieg in die Mathematik – oder was wir schon immer einmal wissen wollten 55

Literatur 59

3 Gleichungslehre 61

3.1 Allgemeine Gleichungslehre – Was Gleichungen sind und wie wir grundsätzlich mit ihnen umgehen können 65

3.2 Lineare Gleichungen mit einer Unbekannten – Wie wir Gleichungen lösen können, in denen die Unbekannte „einfach" vorkommt 71

3.3 Quadratische Gleichungen – Wie wir Gleichungen lösen können, in denen die Unbekannte quadratisch vorkommt 77

3.4 Gleichungen höheren als zweiten Grades – Wie wir mit Gleichungen umgehen können, in denen die Unbekannte in einer höheren als der ersten oder zweiten Potenz vorkommt 85

3.5 Andere Gleichungsarten (Bruch-, Wurzel-, Exponential-, Logarithmengleichungen) – Wie wir bei Gleichungen vorgehen können, in denen die Unbekannte keine Potenz ist 91

3.6 Einfache lineare Gleichungssysteme – Wie wir vorgehen können, wenn wir mehrere Unbekannte haben, die recht einfach miteinander zusammenhängen 97

3.7 Lineare Ungleichungen – Wie wir zu Lösungen kommen, wenn keine Gleichheit besteht 102

Literatur 110

4 Elementare reelle Funktionen 111

4.1 Funktionen – Wie können wir Zusammenhänge zwischen (ökonomischen) Größen beschreiben? 114

4.2 Lineares – Wenn zwei ökonomische Größen ein geradliniges Verhältnis zueinander haben 120

4.3 Quadratisches – Wenn zwei ökonomische Größen kein „einfaches" bzw. lineares Verhältnis mehr zueinander haben 126

4.4 Ganze rationale Funktionen n-ten Grades – noch „mehr" als quadratisch 130

4.5 Gebrochen rationale Funktionen – oder wie verlaufen Funktionen, deren Zuordnungsvorschrift als Bruch geschrieben wird? 135

4.6 Die Wurzelfunktion – ein Beispiel für eine „algebraische" Funktion 142

4.7 „Transzendenz" in der Mathematik – die Exponential- und Logarithmusfunktion 145

Literatur 152

5 Differenzialrechnung für Funktionen einer Variablen 153

5.1 Grundlagen der Differenzialrechnung – Wie Änderungstendenzen von Funktionen erkannt und interpretiert werden können 158

5.2 Mit Differenzenquotienten arbeiten – Wie Ableitungen „per Hand" bestimmt werden können 161

5.3 Ableitungsregeln – Wie Funktionen geschickt und elegant abgeleitet werden können 165

5.4 Weitere nützliche Ableitungstechniken und Ableitungen – Wie wir uns das Ableiten weiterhin erleichtern können 167

5.5 Höhere Ableitungen – Was wir tun können, wenn die erste Ableitung nicht ausreicht 171

5.6 Grenzfunktionen und Differenziale – Wie wir die erste Ableitung wirtschaftswissenschaftlich interpretieren können 173

5.7 Kurvendiskussion – Was uns die Differenzialrechnung im Detail über die Eigenschaften von Funktionen verrät 174

5.8 Elastizitäten – Wie stark reagieren ökonomische Größen, wenn sich ihre Einflussgrößen ändern 182

Literatur 191

6   Integralrechnung 193

6.1   Integralrechnung als Umkehrung der Differenzialrechnung –
Was ist ein „unbestimmtes Integral"? 195

6.2   Das bestimmte Integral – oder wie kann man krummlinig berandete
Flächen berechnen? 197

6.3   Wie können wir die Kosten- und Erlösfunktion geometrisch
interpretieren? 201

6.4   Wie können wir kompliziertere Integrale bestimmen
bzw. gibt es jeweils passende Integrationsmethoden? 203

6.5   Wie integriert man Funktionen über unendliche Intervalle? 206

Literatur 212

7   Differenzialrechnung für Funktionen mit mehreren Variablen 213

7.1   Funktionen mit mehreren Veränderlichen – Was ist das
und wie können wir sie veranschaulichen? 216

7.2   Partielle Ableitungen – Wie wir Steigungen
von Funktionsflächen bestimmen können 218

7.3   Partielle Ableitungen interpretieren – Wie wir Charakteristika
von Funktionen mit mehreren Variablen bestimmen können 222

7.4   Partielle Ableitungen nutzen – Wie wir ökonomische Fragestellungen
mit Funktionen mit mehreren Veränderlichen beantworten können . . . 228
7.4.1   Gewinnmaximierung durch Preisdifferenzierung 228
7.4.2   Eine Ausgleichsgerade finden 228
7.4.3   Eine Minimalkostenkombination finden 230
7.4.4   Partielle Elastizitäten bestimmen 232

Literatur 239

8   Lineare Algebra 241

8.1   Grundlagen 244
8.1.1   Vektoren und Matrizen 244
8.1.2   Sonderformen von Matrizen 244
8.1.3   Matrixoperationen 246
8.1.4   Matrixoperationen mit Microsoft Excel 255
8.1.5   Übungen 256

8.2   Lösung komplexerer linearer Gleichungssysteme
mit der Matrizenrechnung 260
8.2.1   Gleichungssysteme in Matrizenschreibweise 262
8.2.2   Gauß'scher Algorithmus mit Pivotisierung 263
8.2.3   Gleichungssysteme mit Microsoft Excel lösen 266
8.2.4   Verwendung der Inversen zur Lösung eines Gleichungssystems . . 268
8.2.5   Übungen 269
8.2.6   Lösungen 270

8.3   Determinanten 272
8.3.1   Determinanten einer 2 × 2-Matrix 272
8.3.2   Determinanten einer 3 × 3-Matrix – Regel von Sarrus 273
8.3.3   Determinanten von $n × n$-Matrizen – Entwicklung
nach Co-Faktoren 276
8.3.4   Lösung linearer Gleichungssysteme mithilfe von
Determinanten – Regel von Cramer 279
8.3.5   Lösbarkeit eines linearen Gleichungssystems 280
8.3.6   Übungen 283
8.3.7   Lösungen 284

8.4 Input-Output-Rechnung 287
    8.4.1 Mathematische Darstellung von Rohstoff-, Produktions-
        und Verkaufsmengen 287
    8.4.2 Matrixschreibweise des Input-Output-Modells 290
    8.4.3 Berechnung der Verkaufsmengen 291
    8.4.4 Berechnung der Rohstoffmengen 292
    8.4.5 Ermittlung der Produktionsmengen 293
    8.4.6 Übungen 295
    8.4.7 Lösungen 296

8.5 Lineare Optimierung 298
    8.5.1 Grafische Lösung einfacher Optimierungsprobleme 299
    8.5.2 Rechnerische Lösung – Simplex-Algorithmus 300
    8.5.3 Optimale Lösung mit dem Computer ermitteln 305
    8.5.4 Übungen 307
    8.5.5 Lösungen 308

8.6 Anhang 314
    8.6.1 Aktivierung des Solvers in Microsoft Excel 314
    8.6.2 Installation des Tools „What's Best!" von „LINDO SYSTEMS INC" . 314

Literatur 316

9 Finanzmathematik 317
9.1 Wichtige Begriffe und Finanzmarktprodukte verstehen 320
    9.1.1 Theorie 320
    9.1.2 Übungsaufgaben 326
    9.1.3 Lösungen 326

9.2 Grundlagen der Zinsrechnung 327
    9.2.1 Theorie 328
    9.2.2 Übungsaufgaben 341
    9.2.3 Lösungen 343

9.3 Barwertrechnung 347
    9.3.1 Theorie 348
    9.3.2 Übungsaufgaben 352
    9.3.3 Lösungen 352

9.4 Renten und Ratenzahlungen 354
    9.4.1 Theorie 355
    9.4.2 Übungsaufgaben 364
    9.4.3 Lösungen 366

9.5 Tilgungsrechnung 370
    9.5.1 Systematik der Kredittilgung 370
    9.5.2 Tilgung mit variablen Raten 371
    9.5.3 Konstante Raten/Annuitätentilgung 373
    9.5.4 Berechnung des Effektivzinses eines Kredites 376
    9.5.5 Übungsaufgaben 380
    9.5.6 Lösungen 381

9.6 Abschreibungen und andere Anwendungen der Finanzmathematik ... 382
    9.6.1 Theorie 382
    9.6.2 Übungsaufgaben 387
    9.6.3 Lösungen 387

Literatur 392

10 Deskriptive Statistik 393

10.1 Grundbegriffe – Wie werden aus Informationen Daten, mit denen gerechnet werden kann? 396
    10.1.1 Grundgesamtheit versus Stichprobe – Haben wir wirklich alle Daten? 396
    10.1.2 Skalenniveau – nicht nur Menschen, auch Daten weisen bestimmte Charakteristiken auf 397

10.2 Datenverdichtung mithilfe von Grafiken – manchmal sagt eine Grafik mehr als tausend Worte 398
    10.2.1 Häufigkeitsverteilung 398
    10.2.2 Balkendiagramm 401
    10.2.3 Kreisdiagramm 402
    10.2.4 Sequenzdiagramm 403
    10.2.5 Histogramm 404
    10.2.6 Streudiagramm 406

10.3 Datenverdichtung mithilfe von Lageparametern – Wo ist die „Mitte" der Daten? 407
    10.3.1 Arithmetischer Mittelwert 408
    10.3.2 Geometrischer Mittelwert 411
    10.3.3 Harmonischer Mittelwert 412
    10.3.4 Modalwert 413
    10.3.5 Median 413

10.4 Datenverdichtung mithilfe von Streuungsparametern – Sind die Daten sehr ähnlich oder weichen sie stark voneinander ab? . . . 415
    10.4.1 Spannweite 415
    10.4.2 Mittlere Abweichung 416
    10.4.3 Quantile 417
    10.4.4 Varianz 418
    10.4.5 Standardabweichung 419
    10.4.6 Variationskoeffizient 419
    10.4.7 Schiefe und Wölbung 420
    10.4.8 Boxplot 422

10.5 Konzentrationsmaße – Bekommen alle gleich viel vom Kuchen? Wer hat die (Markt-)Macht? 423
    10.5.1 Lorenzkurve 423
    10.5.2 Gini-Koeffizient 424
    10.5.3 Herfindahl-Index 426

10.6 Indexierung – Wie kann die zeitliche Entwicklung mehrerer Variablen vergleichbar gemacht werden? 426
    10.6.1 Allgemeine Indexierung 426
    10.6.2 Preis-, Mengen- und Umsatzindexierung 428

10.7 Korrelation – Stehen zwei Variablen in Beziehung zueinander? 430
    10.7.1 Kreuztabelle 430
    10.7.2 Korrelationskoeffizient 432

Literatur 439

11 Wahrscheinlichkeitsrechnung 441

11.1 Wahrscheinlichkeitsbegriff und Zufallsexperiment 444

11.2 Wahrscheinlichkeitstheorie – Rechenregeln zum adäquaten Umgang mit Wahrscheinlichkeiten 445
    11.2.1 Additionssatz 445
    11.2.2 Bedingte Wahrscheinlichkeit 446
    11.2.3 Unabhängigkeit von Ereignissen 447

11.2.4 Multiplikationssatz 448
11.2.5 Totale Wahrscheinlichkeit 449

11.3 Kombinatorik – Wie viele Anordnungen von *n* Objekten gibt es?
Wie viele Ergebnisse hat ein Experiment? 450
11.3.1 Permutation 450
11.3.2 Variation 452
11.3.3 Kombination 453

11.4 Wahrscheinlichkeitsverteilung – Wahrscheinlichkeiten grafisch
und zahlenmäßig darstellen 453
11.4.1 Zufallsvariable 454
11.4.2 Wahrscheinlichkeitsfunktion 454
11.4.3 Verteilungsfunktion 455
11.4.4 Dichtefunktion 455
11.4.5 Momente von Wahrscheinlichkeiten 458

11.5 Diskrete Wahrscheinlichkeitsverteilungen – Wahrscheinlichkeiten
bei Experimenten mit endlich vielen möglichen Ergebnissen 461
11.5.1 Binomialverteilung 461
11.5.2 Hypergeometrische Verteilung 465
11.5.3 Geometrische Verteilung 467
11.5.4 Poisson-Verteilung 469

11.6 Stetige Wahrscheinlichkeitsverteilungen – Wahrscheinlichkeiten
bei Experimenten mit unendlich vielen möglichen Ergebnissen 471
11.6.1 Gleichverteilung 473
11.6.2 Exponentialverteilung 475
11.6.3 Normalverteilung 477
11.6.4 Prüfverteilungen 482

Literatur 489

12 Schließende Statistik 491

12.1 Schätzverfahren – Was tun, wenn man gar nichts
über die Grundgesamtheit weiß? 494
12.1.1 Schätzung für den Erwartungswert 495
12.1.2 Schätzung für die Varianz 498
12.1.3 Schätzung für den Anteilswert 501

12.2 Testverfahren – Wie können Behauptungen bezüglich
der Grundgesamtheit widerlegt oder gestärkt werden? 503
12.2.1 Hypothesen über Mittelwerte 504
12.2.2 Hypothesen über Mediane 520
12.2.3 Hypothesen über Varianzen 526
12.2.4 Hypothesen über Anteilswerte 533
12.2.5 Hypothesen über die Normalverteilung 543

Literatur 552

Sachverzeichnis 553

Modellieren und Argumentieren

1

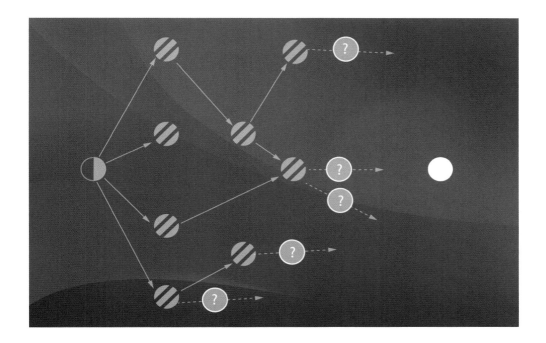

1.1 Beispiel: Kauf einer Papierschneidemaschine – Wie wir uns für die richtige Maschine entscheiden können 5

1.2 Analyse: Wie wir das Beispiel gelöst haben 6

1.3 Verallgemeinerung: Wie wir wirtschaftswissenschaftliche Fragestellungen grundsätzlich lösen können 9

1.4 Leitplanken auf einer kurvigen Straße: Wie wir uns das Modellieren und Argumentieren erleichtern können 11

1.5 Modellieren – aber richtig! Wie wir zu einem passenden mathematischen Modell kommen 12

1.6 Heurismen für Arbeitsschritt 4 – Wie wir die richtigen Werkzeuge für unsere Aufgabenstellung entdecken können 16

1.7 Empfehlungen für die Arbeitsschritte 5–7: Wie wir unsere Lösung erklären können 21

Literatur 29

© Springer-Verlag Berlin Heidelberg 2017
B. Haack et al., *Mathematik für Wirtschaftswissenschaftler*, DOI 10.1007/978-3-642-55175-8_1

Mathematischer Exkurs 1.1: Worum geht es hier?

Als Autorenteam dieses Buches stellen wir uns vor, dass Sie Betriebs- oder Volkswirtschaftslehre oder einen anderen wirtschaftswissenschaftlichen Studiengang studieren und in diesem Zusammenhang mit wirtschaftswissenschaftlichen Fragestellungen konfrontiert werden, die Sie lösen sollen und im besten Fall auch lösen wollen. Es kann auch sein, dass Sie bereits berufstätig sind und wirtschaftswissenschaftliche Aufgaben aus der Praxis auf Sie warten.

Wie können Sie diese Aufgaben erfolgreich bearbeiten?

Sicher gibt es zahlreiche Fragestellungen, die mit den Werkzeugen und Methoden Ihrer Profession bewältigt werden können. Beispielsweise können unternehmerische Strategien mit den Ansätzen des Strategischen Managements entwickelt oder Personalentscheidungen auf Basis von Führungstheorien getroffen werden.

Abbildung 1.1 zeigt hierfür ein pragmatisches Beispiel zur Bestellung von Ware auf Basis des aktuellen Warenbestands. Sofern die Lagermenge nicht unter eine Minimalmenge („eiserner Bestand") gefallen ist, wird keine Neubestellung ausgelöst.

T Länge der Planungsperiode
t_b Beschaffungszeitraum
B_e eiserner Bestand
B_m Meldebestand
V_t Verbrauch pro Zeiteinheit.

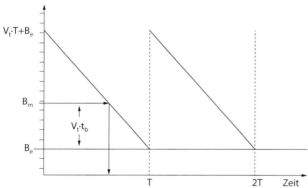

Abb. 1.1 Wann muss die Ware nachbestellt werden? Nach Jung (2002), S. 361

Es gibt aber auch viele Aufgaben, deren Lösung mathematische Hilfsmittel erfordern. Beispielsweise kann nach der optimalen Bestellmenge und dem optimalen Bestellzeitpunkt

für eine bestimmte Ware – etwa eines Erkältungsmittels in einer Apotheke – gefragt werden. Wie viele Einheiten des Erkältungsmittels muss der Apotheker zu welchem Zeitpunkt bestellen (s. Abb. 1.1), damit einerseits möglichst alle potenziellen Kunden die Ware kaufen können, andererseits aber auch Bestell- und Lagerkosten „im Rahmen bleiben" (s. Abb. 1.2)?

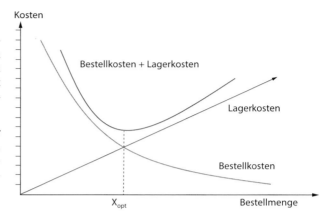

Abb. 1.2 Die optimale Bestellmenge. Nach Jung (2002), S. 367

Hier konzentrieren wir uns genau auf derartige Fragestellungen. Wir möchten Ihnen einen Weg, aber auch Tipps und Tricks vermitteln, wie Sie solche Aufgaben erfolgreich bearbeiten können. Unsere Sicht auf die Mathematik ist dabei, dass sie sich häufig als ein sehr gutes „Mittel zum Zweck" erweist, dass es aber nicht immer ganz einfach ist, die richtigen mathematischen Methoden und Werkzeuge zu finden, die zur Lösung unserer Aufgabe geeignet sind. Hierbei möchten wir Ihnen helfen und Anregungen geben.

Die Grundidee besteht dabei darin, dass die wirtschaftswissenschaftliche Fragestellung passend in eine mathematische Fragestellung übersetzt, die mathematische Aufgabe gelöst und das mathematische Resultat in ein wirtschaftswissenschaftliches Ergebnis zurückübersetzt bzw. interpretiert wird.

Es geht uns darum, dass Sie sich auf diesem Weg nicht verfahren, dass Sie nicht auf halber Strecke steckenbleiben oder in einen Kreisverkehr geraten, aus dem Sie keine Ausfahrt finden. Wir zeigen Ihnen dazu Methoden auf, mit denen Sie die anstehenden Aufgaben kreativ und zugleich planmäßig, effektiv und effizient, aber auch mit möglichst viel Spaß und wenig Frustration bearbeiten können.

Mathematischer Exkurs 1.2: Was können Sie nach Abschluss dieses Kapitels?

Sie besitzen nach Abschluss des Kapitels vertiefte Kenntnisse und Fertigkeiten zum methodischen Vorgehen beim Lösen wirtschaftswissenschaftlicher Aufgabenstellungen mit mathematischen Hilfsmitteln.

Konkret verfügen Sie über fortgeschrittene Kenntnisse hinsichtlich

- eines Modellierungs- und Argumentationszyklus und dessen sieben Etappen, entlang derer Sie wirtschaftswissenschaftliche Fragestellungen in mathematische Aufgabenstellungen übersetzen und die gewonnenen mathematischen Resultate in wirtschaftswissenschaftliche Lösungen zurückübersetzen können, und
- methodischer Hilfen auf den einzelnen Etappen des Modellierungs- und Argumentationszyklus, die Ihnen das Lösen wirtschaftswissenschaftlicher Aufgabenstellungen erleichtern bzw. ermöglichen können.

Sie werden damit in der Lage sein,

- Ansätze und Wege zu finden, um vorgegebene komplexere wirtschaftswissenschaftliche Fragestellungen in passende mathematische Modelle und Fragestellungen zu transformieren und damit für die Bearbeitung mit mathematischen Hilfsmitteln aufzuschließen,
- strukturiert nach mathematischen Lösungen für die mathematischen Fragestellungen zu suchen,
- Lösungen der mathematischen Fragestellungen in wirtschaftswissenschaftliche Antworten auf die vorgegebenen wirtschaftswissenschaftlichen Fragestellungen zurückzuübersetzen sowie
- Ihr gesamtes Vorgehen, Ihre Überlegungen und Ergebnisse kritisch zu bewerten, zu begründen, zu präsentieren und zu erklären.

Mathematischer Exkurs 1.3: Müssen Sie dieses Kapitel überhaupt durcharbeiten?

Sie haben sich bereits mit wirtschaftswissenschaftlichen Aufgaben befasst, deren Bearbeitung mathematische Hilfsmittel erfordern? Die notwendigen mathematischen Methoden und Werkzeuge haben Sie mehr oder weniger leicht identifizieren und systematisch anwenden können? Ihre so gewonnenen mathematischen Ergebnisse haben Sie wirtschaftswissenschaftlich interpretieren und erklären können? Sie haben vorgegebene mathematische Sachverhalte wirtschaftswissenschaftlich einordnen und präsentieren können? Sie haben Ihr jeweiliges Vorgehen auf Stichhaltigkeit geprüft, und es hat dieser Überprüfung standgehalten?

Testen Sie hier, ob Ihr Wissen und Ihre methodischen Fertigkeiten ausreichen, um dieses Kapitel gegebenenfalls einfach zu überspringen. Bearbeiten Sie dazu die folgenden Testaufgaben.

Alle Aufgaben werden innerhalb der nachfolgenden Abschnitte besprochen bzw. es wird Bezug darauf genommen.

1.1 Geräumte Bäckerei

Bäcker- und Konditormeisterin Müller führt eine kleine Bäckerei, die sie von ihren Eltern übernommen hat. Die wachsende Konkurrenz durch Filialen von Großbäckereien in unmittelbarer Nachbarschaft hat spürbaren Einfluss auf den Verkauf von Produkten der Bäckerei Müller. In der letzten Zeit bleibt Frau Müller beispielsweise oft auf einer größeren Anzahl von Croissants „sitzen". Diese können am Abend

leider nur noch weggeworfen oder verschenkt werden. Ein Verkauf am nächsten Tag zu einem geringeren Preis ist nicht möglich, da sie dann nicht mehr schmecken. Frau Müller kann und will ihre Ware aber nicht wegwerfen oder verschenken. Schließlich möchte sie ihr Geschäft profitabel führen.

Entsprechend hat Frau Müller in den letzten Wochen mit den Preisen für Croissants experimentiert und folgende Verkaufszahlen erzielt: Verkauf von 80 Croissants bei einem Preis von € 0,75 je Stück, 60 Croissants bei € 1,00 je Stück und 20 Croissants bei € 1,50 je Stück. Tabelle 1.1 fasst die Daten zusammen.

Tab. 1.1 Anzahl der zu einem bestimmten Stückpreis verkauften Croissants

Nachfrage = Verkaufsmenge [Stück]	Preis pro Stück [€]
80	0,75
60	1,00
20	1,50

Umgekehrt hat Frau Müller kalkuliert, dass sie aus unternehmerischer Sicht bereit und in der Lage ist, 40 Croissants für einen Preis von € 0,50 je Stück anzubieten, 60 Croissants für einen Preis von € 0,75 je Stück, 80 Croissants zu € 1,00 je Stück, 100 Croissants zu € 1,25 je Stück und 120 Croissants zu € 1,50 je Stück. Tabelle 1.2 fasst diese Daten nochmals zusammen.

Tab. 1.2 Anzahl der zu einem bestimmten Stückpreis angebotenen Croissants

Produktions-/Angebots-menge [Stück]	Preis pro Stück [€]
40	0,50
60	0,75
80	1,00
100	1,25
120	1,20

Diese Erfahrungen und Überlegungen führen Frau Müller zu der Frage nach einem sinnvollen Preis für die Croissants der Bäckerei Müller.

Was heißt dabei „sinnvoller Preis", und wie kann Frau Müller ihn ermitteln? Berechnen Sie diesen Preis.

1.2. Maximale Produktionsmengen

Frau Müller ist Geschäftsführerin des Waschmittelherstellers *Wunderrein*. Das Unternehmen produziert u. a. die drei verschiedenen Weichspüler W_1 und W_2 sowie W_3. Diese bestehen je zur Hälfte aus einer Basisflüssigkeit und einem Gemisch der drei Substanzen S_1 und S_2 sowie S_3 in jeweils unterschiedlichen Konzentrationen. Es gelten folgende Zusammenhänge:

- 24 Tonnen W_1 enthalten 2/6/4 Tonnen $S_1/S_2/S_3$,
- 18 Tonnen W_2 enthalten 1/2/6 Tonnen $S_1/S_2/S_3$,
- 36 Tonnen W_3 enthalten 6/8/4 Tonnen $S_1/S_2/S_3$.

Finden Sie einen Lösungsansatz für folgende Fragestellung von Frau Müller: Wie viele Tonnen der drei Substanzen S_1 und S_2 sowie S_3 muss *Wunderrein* vorrätig haben, damit jeweils 144 Tonnen Weichspüler W_1 und W_2 sowie W_3 hergestellt werden können?

1.3. Sinnvolle Beschaffungsplanung

Unser Multitalent Frau Müller ist nun als Abteilungsleiterin Logistik beim Automobilzulieferer *Fahrschnell* tätig. Ihr Vorgänger ist in den Ruhestand gegangen. Bei der Amtsübergabe hat er ihr das Beschaffungskonzept von *Fahrschnell* für alle Elektronikbauteile, die die Firma *Fahrschnell* für die Produktion benötigt, mit folgenden Worten erklärt: „Beschaffungen werden immer für das kommende Quartal geplant. Jedes Bauteil wird im Quartal normalerweise immer gleichmäßig aus dem Lager abgefordert. Damit wir aber im Falle des Falles nicht vor einem leeren Lager stehen und das Bauteil nicht vorrätig haben, schaue ich mir regelmäßig den Lagerbestand an. Ich löse eine Bestellung aus, sobald ich aufgrund meiner Erfahrung das Gefühl habe, dass wir unter einen kritischen Mindestbestand unseres Bauteils kommen könnten." Interpretieren Sie dieses Konzept und entwickeln Sie eine Skizze, die dieses Vorgehen beschreibt. Welche wesentlichen Stärken und Schwächen hat dieser Ansatz? Kann Frau Müller die Beschaffungsplanung damit beruhigt so weiterführen, oder sollte sie Änderungen vornehmen? Gegebenenfalls: welche?

1.1   Beispiel: Kauf einer Papier- schneidemaschine – Wie wir uns für die richtige Maschine entscheiden können

Die Firma *Schnittscharf* ist in der papierverarbeitenden Indus- trie tätig. Unter anderem stellt sie Küchenrollen aus saugfä- higem Papier her. Jede Küchenrolle ist 260 mm breit. Das aufgerollte Haushaltspapier ist 12 m lang. *Schnittscharf* be- kommt das Haushaltspapier auf sogenannten Elternrollen mit der Breite 2600 mm und einer Papierlänge von 15.000 m zuge- liefert.

Die handelsüblichen Küchenrollen werden von *Schnittscharf* aus den Elternrollen zugeschnitten. Dazu wird das Papier auf den Elternrollen mittels einer geeigneten Schneidemaschine ab- gerollt, in das handelsübliche Maß geschnitten und zu den bekannten Küchenrollen aufgerollt. Aus jeder Elternrolle entste- hen so 2600 mm/260 mm · 15.000 m/12 m = 12.500 Küchen- rollen.

Die bisher eingesetzte Schneidemaschine hat das Ende ihrer Le- bensdauer nahezu erreicht. Die *Schnittscharf*-Geschäftsführung plant daher ihren Ersatz. Es kommen zwei verschiedene Ma- schinentypen infrage. Die Schneidemaschine vom Typ *Stan- dard* erlaubt eine maximale Verarbeitungsgeschwindigkeit von 120 m/min und kostet € 160.000. Für eine Schneidemaschine vom Typ *Turbo* schlagen € 220.000 zu Buche. Dafür erlaubt sie

eine maximale Verarbeitungsgeschwindigkeit von 150 m/min. Welche Maschine sollte die *Schnittscharf*-Geschäftsführung be- vorzugen?

Um hierauf eine sinnvolle Antwort geben zu können, müs- sen wir wissen, welche Gründe für die *Schnittscharf*- Geschäftsführung entscheidungsrelevant sind, d. h. wovon die Geschäftsführung ihre Entscheidung abhängig machen will.

Schnittscharf könnte sich beispielsweise für die Maschine ent- scheiden wollen, die die geringere Investition erfordert. In diesem Fall liegt die Antwort auf der Hand. *Schnittscharf* müss- te eine Maschine vom Typ *Standard* erwerben, da diese mit € 60.000 geringeren Anschaffungskosten als die Maschine vom Typ *Turbo* zu Buche schlägt.

Schnittscharf könnte sich beispielsweise aber auch für die Maschine entscheiden wollen, die einen höheren Gewinn ver- spricht. Jetzt ist die Antwort nicht so naheliegend wie im vorhergehenden Fall. Auf den ersten Blick **könnte** der Erwerb einer Maschine vom Typ *Turbo* sinnvoll sein, da sie Dank der höheren Verarbeitungsgeschwindigkeit erlaubt, eine größere Produktionsmenge je Zeiteinheit auszubringen. Allerdings ha- ben wir dabei u. a. weder die Anschaffungskosten noch die Be- triebskosten der Maschine und etwaige weitere kostenrelevante Faktoren ins Auge gefasst. Während die erste Entscheidung allein aufgrund der erforderlichen Investition letztlich trivial ist, stehen wir hier vor einer komplexeren Aufgabe. Wie kön- nen wir jetzt zu einer fundierten Antwort darauf kommen, mit welcher Maschine *Schnittscharf* den größeren Gewinn erzielen kann?

Tab. 1.3 Ausgangssituation der Gewinnvergleichsrechnung

Bezeichnung	Dimension	Typ *Standard*	Typ *Turbo*	Anmerkungen
Anschaffungskosten	€	160.000	220.000	Diese Listenpreise werden vom Hersteller der Maschinen verlangt
Jährlicher Zinssatz	%	6	6	Die Anschaffung der Maschine wird kreditfinanziert
Nutzungsdauer	Jahre	8	8	Geschätzte Nutzungsdauer (die bisher eingesetzte Ma- schine hatte ebenfalls eine Lebensdauer von acht Jahren)
Restwert	€	10.000	20.000	Zu diesem Wert kann die jeweilige Schneidemaschine nach der Nutzungsdauer voraussichtlich verkauft werden
Maschinenlaufzeit pro Jahr	Stunden pro Jahr	4000	4000	Die Maschinen laufen im Zwei-Schicht-Betrieb je 16 Stunden pro Tag, fünf Tage pro Woche, 50 Wochen pro Jahr
Kapazität pro Stunde	Anzahl hergestellter Küchen- rollen pro Stunde	6000	7500	Hier wird davon ausgegangen, dass die Maschinen kontinuierlich (also z. B. ohne Störung und auch ohne Zeitverlust durch Wechseln der leeren gegen eine neue Elternrolle) und in Höchstgeschwindigkeit arbeiten und dass es keinen Ausschuss und keinen Verschnitt (Abfall) gibt. Die Standardmaschine verarbeitet dann pro Stunde 7200 m Papier, die Turbomaschine 9000 m. Mit Rücksicht darauf, dass eine Elternrolle mit 2600 mm in der Breite zehn Küchenrollen à 260 mm entspricht, sowie darauf, dass die Länge von 12 m je Küchenrolle 600- bzw. 750-mal in 7200 m bzw. 9000 m enthalten ist (600 * 12 m = 7200 m und 750 * 12 m = 9000 m), ergeben sich 10 * 600 bzw. 10 * 750 Küchenrollen pro Stunde
Erlös pro Küchenrolle	€ pro Küchenrolle	0,02	0,02	*Schnittscharf* erzielt 2 Cent je geschnittener Küchenrolle.

Tab. 1.4 Gewinnvergleichsrechnung für ein Jahr

Bezeichnung	Dimension	Typ Standard	Typ Turbo	Anmerkungen
Erlös pro Jahr	€	480.000	600.000	Jährlich können 24 Millionen bzw. 30 Millionen Küchenrollen hergestellt werden (berechnet aus Maschinenlaufzeit pro Jahr · Kapazität pro Stunde gemäß Tab. 1.3). Wir nehmen an, dass alle von den *Schnittscharf*-Kunden abgenommen werden und damit vollständig berechnet werden können (mit einem Erlös von € 0,02 je Rolle gemäß Tab. 1.1)
− Abschreibung pro Jahr	€	−18.750	−25.000	Es wird von einer linearen jährlichen Abschreibung ausgegangen. Bei acht Jahren Nutzungsdauer ergibt sich diese als ein Achtel der Differenz aus Anschaffungskosten und Restwert der jeweiligen Maschine
− Kalkulatorische Zinsen pro Jahr	€	−5100	−7200	Die kalkulatorischen Zinsen pro Jahr werden ermittelt, indem die Summe aus Anschaffungswert und Restwert der Maschine halbiert und mit dem jährlichen Zinssatz aus Tab. 1.1 multipliziert wird
− sonstige fixe Kosten pro Jahr	€	−12.000	−15.000	*Schnittscharf* schließt einen Wartungsvertrag für jede Maschine ab. Dieser schlägt mit € 12.000 bzw. € 15.000 pro Jahr zu Buche
− variable Kosten pro Jahr	€	−25.000	−30.000	Das sind die geschätzten Kosten für Ersatzteile (z. B. für die Messer zum Schneiden des Papiers), Schmierstoffe, Energie etc. zum Betrieb der jeweiligen Maschine. Die Maschine vom Typ *Turbo* hat bezogen auf die höhere Leistung einen günstigeren Energieverbrauch und geringere Ersatzteilkosten als die Maschine vom Typ *Standard*
Gewinn pro Jahr	€	419.150	522.800	*Schnittscharf* kann mit der Maschine *Turbo* einen Gewinn erzielen, der pro Jahr etwa € 100.000 höher liegt als der Gewinn, der mit der Maschine *Standard* zu erzielen wäre

Als Hilfsmittel bietet sich eine Gewinnvergleichsrechnung an. Wir gehen dazu von den Informationen und Überlegungen in Tab. 1.3 aus.

Jetzt können wir den Gewinn ermitteln, den *Schnittscharf* in einem Jahr mit jeder der beiden Maschinen erzielen kann. Der Vergleich beider Werte liefert eine Antwort auf unsere Frage, ob sich *Schnittscharf* für die Maschine *Standard* oder die Maschine *Turbo* entscheiden sollte.

Der **Gewinn pro Jahr** errechnet sich, indem die Kosten pro Jahr vom Erlös pro Jahr abgezogen werden. Als Kosten fallen u. a. Abschreibungen auf die Maschinen an. Aufgrund der Angaben in Tab. 1.3 ergibt sich das konkrete Bild in Tab. 1.4.

Die Kalkulation zeigt, dass *Schnittscharf* mit der Maschine *Turbo* einen knapp 25 % höheren Gewinn pro Jahr als mit der Maschine *Standard* erzielen kann. Dieses Ergebnis erscheint plausibel, da mit der Maschine *Turbo* bei annähernd gleichen Kosten beider Maschinen pro Jahr eine um 25 % höhere Ausbringungsmenge pro Jahr und damit ein um 25 % höherer Erlös pro Jahr als mit der Maschine *Standard* möglich sind. *Schnittscharf* sollte sich nach diesen Betrachtungen für die Maschine *Turbo* entscheiden.

1.2 Analyse: Wie wir das Beispiel gelöst haben

Das am Beispiel der Gewinnvergleichsrechnung gewählte Vorgehen zeigt uns einen grundsätzlichen Weg, wie wir die Mathematik zur Beantwortung wirtschaftswissenschaftlicher Fragestellungen heranziehen können (s. Abb. 1.3):

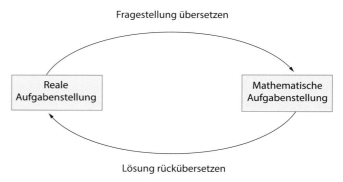

Abb. 1.3 Wie wir die Mathematik bei wirtschaftswissenschaftlichen Aufgaben zum Einsatz bringen können

Wir übersetzen die reale Aufgabe in eine mathematische Aufgabenstellung, lösen diese und transformieren das mathematische Ergebnis zurück in die Welt der Wirtschaftswissenschaft.

Das mag zunächst ein bisschen kompliziert erscheinen, ist es aber nicht unbedingt. So haben Sie ja am *Schnittscharf*-Beispiel gesehen, dass das Vorgehen erfolgversprechend ist.

Gut zu wissen

Natürlich wollen wir Ihnen nicht vorgaukeln, dass wir über triviale Aufgaben reden. Dann brauchten Sie weder dieses Buch, noch ein Studium oder eine Berufsausbildung und entsprechende Erfahrung. Es gilt hier wie so oft im Leben, dass Rom auch nicht an einem Tag erbaut wurde. Anders ausgedrückt: Bergsteiger können den Nanga Parbat nicht mit Gewalt bezwingen! Aber sie können ihn und viele andere Gipfel durchaus besteigen!

Der „Trick" besteht darin, die zu lösende Anforderung passend in mehrere kleine, überschaubare Etappen aufzuteilen.

Diese Etappen führen vom Basislager zum Gipfel – hier: von der realen zur mathematischen Aufgabenstellung, auf dem Gipfel wird das Gipfelkreuz gesetzt – hier: die mathematische Aufgabe gelöst, und dann geht es wieder zurück zum Basislager – hier: zur realen Aufgabenstellung, für die wir nun eine Lösung gefunden haben. ◄

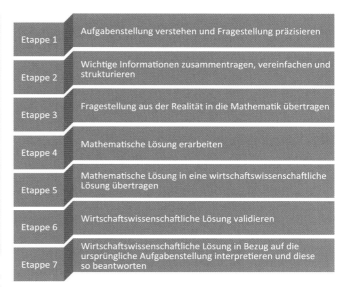

Abb. 1.4 In Etappen zur Lösung

Die Etappen auf diesem Weg sollten wir sinnvollerweise so wählen, dass wir sie in der Regel mit „normaler Anstrengung" bewältigen können. Nach jeder Etappe sollten wir außerdem einen guten Stand unserer Aufgabenbearbeitung erreicht haben. Wir sollten uns unserem Ziel also genähert und einen Teil unserer Aufgabe möglichst vollständig gelöst haben (denken Sie dabei an den Bergsteiger: Es ist besser, eine Etappe komplett durchstiegen und dann einen guten Rastplatz zu haben, als mitten in einer Etappe unterbrechen und vielleicht in der Steilwand schlafen zu müssen). Wir sollten aber – nach einer etwaigen Erholungspause – auch wieder Kraft, Ausdauer, Energie und Spaß haben, weiter auf dem Weg voranzuschreiten. Schließlich sollte jede Etappe so sicher sein, dass wir nicht abstürzen oder im Berg hängen bleiben, sondern dass wir nach dem Durchlaufen aller Etappen mit einer Antwort zu unserer ursprünglichen Aufgabe zurückkommen.

Damit wir uns unsere Arbeit also so gut es geht erleichtern können, unterteilen wir unseren Lösungsweg in insgesamt sieben Etappen.

Die Übersetzung der realen in die mathematische Aufgabenstellung erledigen wir in drei Etappen. Die vierte Etappe besteht in der Anwendung der Mathematik zum Lösen der mathematischen Aufgabe. Danach gönnen wir uns wieder drei Etappen, um vom mathematischen Ergebnis zur Antwort auf unsere reale Fragestellung zu kommen. Abbildung 1.4 zeigt dieses Schema.

Für die Übersetzung von der Realität in die Mathematik benötigen wir drei Etappen, da wir die reale Fragestellung erst einmal verstehen (Etappe 1), dann in eine wirtschaftswissenschaftliche Beschreibung transformieren (Etappe 2) und schließlich in die Sprache der Mathematik übersetzen (Etappe 3) müssen.

Analog erfolgt die Rückübersetzung unserer Lösung aus der Sprache der Mathematik in die Sprache der Wirtschaftswissenschaften (Etappe 5) und dann in die Realität (Etappe 6), in der noch zu prüfen ist, ob unser so gewonnenes Ergebnis tatsächlich eine passende Antwort auf die reale Fragestellung ist (Etappe 7).

Um dieses Vorgehen verstehen und später bei verschiedenen Fragestellungen anwenden zu können, schauen wir es uns jetzt am Beispiel *Schnittscharf* im Detail an. Wir konzentrieren uns also auf die Ausgangssituation, die einzelnen Etappen und die schließlich erreichte Endsituation.

Ausgangsituation Gegeben ist eine reale Aufgabenstellung, die zu bearbeiten ist.

Die Ausgangssituation besteht darin, dass *Schnittscharf* eine neue Schneidemaschine benötigt und diese gut begründet erwerben möchte.

Etappe 1 Die reale Aufgabenstellung ist zu verstehen und die Fragestellung sofern erforderlich zu präzisieren.

Hier liegt das grundsätzliche Verständnis der Aufgabenstellung sicher auf der Hand: *Schnittscharf* benötigt eine neue Maschine, und es stehen zwei verschiedene Typen zur Verfügung, von denen eine gewählt werden muss. Allerdings müssen wir deutlich herausarbeiten, nach welchem Kriterium bzw. welchen Kriterien *Schnittscharf* die Entscheidung für oder gegen eine der möglichen Schneidemaschinen treffen will.

Als Beispiele haben wir die Entscheidung aufgrund der niedrigeren Investitionssumme sowie nach dem möglichen größeren Gewinn pro Jahr betrachtet. Denkbar wäre u. a. auch, sich für die Maschine mit der geringeren Amortisationsdauer oder für die mit der größeren Rentabilität zu entscheiden.

In jedem Fall haben wir eine Vorstellung in unseren Köpfen entwickelt, worum es in der Aufgabe genau geht. Diese Vorstellung wird oft auch **Situationsmodell** genannt.

In unserer weiteren ausführlichen Bearbeitung des Beispiels haben wir uns auf das Situationsmodell „möglicher größerer Gewinn pro Jahr" konzentriert. Dabei werden wir jetzt ebenfalls bleiben.

Etappe 2 Die wichtigsten Informationen über die Fragestellung sind zusammenzutragen, sinnvoll zu vereinfachen und dann zu strukturieren.

Im Beispiel *Schnittscharf* besteht das Resultat von Etappe 2 in der ausgefüllten Tab. 1.3.

Die Anmerkungen in Tab. 1.3 zeigen, dass unser Ergebnis einerseits auf Fakten sowie andererseits auf zweckmäßigen Annahmen basiert. So zählen die Listenpreise der Schneidemaschinen zu den von uns zu berücksichtigenden Fakten, während die Überlegungen zu den Kapazitäten der Schneidemaschinen pro Stunde Vereinfachungen wie „kontinuierlicher Betrieb in Höchstgeschwindigkeit und ohne Ausschuss" enthalten.

Die Sinnhaftigkeit dieser Annahmen ist zu begründen. Sie ergibt sich hier daraus, dass *Schnittscharf* den Produktionsprozess sicherlich beherrscht und dass dieser bei beiden Schneidemaschinentypen in gleicher Weise abläuft.

Allerdings sei hier auch auf Grenzen dieser Annahmen verwiesen: Wir haben Wartungs- und „Anfahrzeiten" der Maschinen, in denen sie gar nicht bzw. mit geringerer als Höchstgeschwindigkeit arbeiten, unberücksichtigt gelassen, wissen nicht, ob die Höchstgeschwindigkeit ideal für die Produktion ist (vielleicht ist eine geringere Geschwindigkeit günstiger, weil das Papier dann seltener reißt), und dürfen vermuten, dass der Tausch leerer gegen neue Elternrollen einen gewissen, im Durchschnitt immer gleichen Zeitaufwand erfordert, der in gewissem Maß zu Lasten der Maschine vom Typ *Turbo* geht, wahrscheinlich aber nicht sehr ins Gewicht fallen wird (da wir Elternrollen im Falle des Typs *Turbo* wegen der höheren Verarbeitungsgeschwindigkeit öfter als beim Typ *Standard* wechseln müssen, sind hier bei exakter Betrachtung über das Jahr gewisse Zeitverluste gegenüber der Maschine *Standard* zu erwarten, die aber sicher weitgehend durch die höhere Geschwindigkeit und damit höhere Ausbringungsmenge der Maschine *Turbo* kompensiert werden können).

Insgesamt wird damit deutlich, dass wir eine Vereinfachung der realen Fragestellung, des Situationsmodells, betrachten.

> Wir haben hier eine **wirtschaftswissenschaftliche Modellierung** der realen Fragestellung vorgenommen. Daher wird das Ergebnis von Etappe 2 oft auch als (wirtschaftswissenschaftliches) **Realmodell** bezeichnet.

Tabelle 1.3 repräsentiert das Realmodell unserer Aufgabenstellung.

Etappe 3 Das Realmodell aus Etappe 2 ist in ein passendes mathematisches Modell zu überführen.

Im Falle *Schnittscharf* besteht das Ergebnis des Arbeitsschrittes in der mathematischen Übersetzung des je Maschine gesuchten Gewinns pro Jahr in die in der linken Spalte von Tab. 1.4 aufgeführten Größen Erlös, Abschreibungen, kalkulatorische Zinsen, sonstige Fixe Kosten, Variable Kosten und Gewinn pro Jahr.

Dabei haben wir „natürlich" schon im Auge, dass wir eine (recht einfach gehaltene) Gewinnvergleichsrechnung durchführen wollen und wie diese grundsätzlich abläuft. Bei anderen wirtschaftswissenschaftlichen Fragestellungen ist nicht immer so leicht ersichtlich, mit welchen mathematischen Hilfsmitteln sie bearbeitet werden können. – Denken Sie vielleicht wieder an unseren Bergsteiger: Wenn er einen Berg oder mögliche Touren zu seiner Besteigung kennt, wird er wahrscheinlich relativ leicht auf eine für ihn machbare Route kommen. Wenn der Berg noch nie bestiegen wurde oder eine neue Route gewählt werden soll, wird die Suche nach dem richtigen Weg schon deutlich schwieriger. Hier kann es sogar zu einigen Umwegen kommen. Eventuell erweist sich das Vorhaben aber auch als zu kompliziert und muss aufgegeben werden. Wollen wir hoffen, dass diese Situation nicht zu oft vorkommt!

> **Gut zu wissen**
>
> Es gibt (leider) kein Rezept, keine eindeutige Antwort, keinen Algorithmus, um von irgendeinem realen wirtschaftswissenschaftlichen Problem immer zu einem passenden mathematischen Modell zu gelangen, mit dem wir die reale Aufgabe lösen können. Wir können uns jedoch hier ebenso wie in den anderen Schritten des Modellierungs- und Argumentationszyklus mit geeigneten methodischen Anregungen, Fragen und sogenannten Heurismen behelfen. ◄

Etappe 4 Ein mathematisches Resultat ist zu erarbeiten.

Jetzt sind wir auf dem Gipfel angekommen. Es geht nun darum, das Gipfelkreuz zu setzen. Bezogen auf das Beispiel *Schnittscharf* heißt das, geeignete mathematische Hilfsmittel anzuwenden, um die in Tab. 1.4 aufgeführten Größen Erlös, Abschreibung, Kalkulatorische Zinsen und Gewinn pro Jahr zu berechnen (die Größen Fixe Kosten und Variable Kosten pro Jahr sind gemäß den Anmerkungen in Tab. 1.4 vertraglich gegeben bzw. resultieren aus einer Schätzung).

Dies ist recht einfach. So können wir den Erlös pro Jahr und Maschine ermitteln, indem wir die Anzahl hergestellter Küchenrollen pro Stunde und Maschine (die Kapazität pro Stunde) aus Tab. 1.3 mit der Maschinenlaufzeit pro Jahr aus Tab. 1.1 und mit dem Erlös pro Küchenrolle aus Tab. 1.3 multiplizieren. Die für die Abschreibungen und die Kalkulatorischen Zinsen pro Jahr anzuwendenden Formeln ergeben sich aus den entsprechenden Anmerkungen in Tab. 1.4. Damit erhalten wir schließlich den Gewinn pro Jahr und Maschine, indem wir die vier Kostenpositionen Abschreibung, Kalkulatorische Zinsen, Fixe Kosten und Variable Kosten pro Jahr und Maschine in Tab. 1.4 vom jeweiligen Erlös pro Jahr und Maschine in Tab. 1.4 subtrahieren.

Im Falle anderer wirtschaftswissenschaftlicher Probleme werden sich andere mathematische Verfahren als angemessen erweisen, die in Etappe 4 zum Einsatz kommen sollten. Welche das sein können, zeigt sich in den einzelnen Kapiteln des vorliegenden Buches.

Etappe 5 Das mathematische Resultat ist bezüglich des Realmodells zu interpretieren, sodass ein wirtschaftswissenschaftliches Resultat vorliegt.

Im Bild des Bergsteigers beginnen wir jetzt den Abstieg. Konkret geht es nun darum, die mathematische Lösung aus Etappe 4 mit Blick auf die Realität – präziser: mit Blick auf unser wirtschaftswissenschaftliches Realmodell aus Etappe 2 – zu deuten.

Dies ist notwendig, da wir in den Etappen 3 und 4 vornehmlich mathematisch gearbeitet (mit Formeln gerechnet) und die wirtschaftswissenschaftliche Welt außer Acht gelassen haben, uns aber nicht die mathematische, sondern die wirtschaftswissenschaftliche Antwort auf unser reales Problem interessiert.

Nachdem wir in Etappe 3 von der wirtschaftswissenschaftlichen Sicht in die mathematische Betrachtung gewechselt haben, müssen wir diesen Weg nun zurückgehen, also aus der Mathematik in die Wirtschaftswissenschaften zurückkehren. Das mathematische Ergebnis aus Etappe 4 ist aus dem Bereich der Mathematik in den Bereich der Wirtschaftswissenschaften und damit in ein wirtschaftswissenschaftliches Resultat zu überführen.

Als Bezugspunkt steht uns das Realmodell aus Etappe 2 zur Verfügung. Unsere Berechnungen zeigen, dass die Maschine vom Typ *Standard* unter den Annahmen und Vereinfachungen des Realmodells einen jährlichen Gewinn von etwa € 420.000 erwarten lässt. Der mittels der Maschine vom Typ *Turbo* mögliche jährliche Gewinn liegt bei etwa € 523.000 und damit etwa 25 % über dem mit der Standardmaschine erreichbaren Gewinn.

Etappe 6 Das wirtschaftswissenschaftliche Resultat ist zu validieren.

Hier geht es nun darum, das wirtschaftswissenschaftliche Resultat kritisch mit Blick auf die Annahmen des wirtschaftswissenschaftlichen Modells zu reflektieren.

Dies bedeutet zu klären, inwieweit die im wirtschaftswissenschaftlichen Realmodell (Etappe 2, Tab. 1.3) formulierten Annahmen – störungsfreier Betrieb der Maschinen mit Höchstgeschwindigkeit und ohne Ausschuss – die Plausibilität des Ergebnisses aus Etappe 5 beeinflussen.

Zwei Gründe lassen das Ergebnis überzeugend erscheinen: Einerseits sind mit der Maschine *Turbo* bei annähernd gleichen Betriebskosten beider Maschinen pro Jahr eine um 25 % höhere Ausbringungsmenge pro Jahr und damit ein **um 25 %** höherer Erlös pro Jahr als mit der Maschine *Standard* möglich. Andererseits ändern weniger ideale Bedingungen nichts Entscheidendes an unseren vorausgegangenen Überlegungen.

Können die Maschinen beispielsweise nicht immer unter Höchstgeschwindigkeit laufen oder kommt es zu Ausschuss, sind keine Gründe erkennbar, die den Vorteil des Maschinentyps *Turbo* vor dem Typ *Standard* zunichtemachen oder gar ins Gegenteil verkehren. Anders ausgedrückt: Wir dürfen vermuten, dass beide Maschinentypen desselben Herstellers in der Regel gleich gut oder gleich schlecht arbeiten. Zur Erklärung denken Sie beispielsweise an die unterschiedlichen Pkw-Typen einer Marke wie Mercedes, BMW oder Audi. Alle Mercedes-, BMW- oder Audi-Typen sind in der Regel durch die gleiche Mercedes-, BMW- oder Audi-Qualität gekennzeichnet. Die Unterschiede innerhalb einer Marke bestehen vornehmlich in der Größe und Ausstattung der Fahrzeuge (vergleichen Sie etwa einen Audi A3 mit einem Audi A6). Wir können daher annehmen, dass die Maschine vom Typ *Turbo* grundsätzlich höhere jährliche Gewinne als die Maschine vom Typ *Standard* ermöglicht – genauer: **bis zu 25 %** höhere Gewinne.

Arbeitsschritt 7 Das validierte Resultat ist zu interpretieren.

Nun sind wir am Ziel angekommen. Wir haben den Berg bestiegen und sind mit unserem Ergebnis zurückgekehrt. Damit können wir die ursprüngliche konkrete Fragestellung von *Schnittscharf* beantworten.

Die vorangehenden Überlegungen in den Etappen 2 bis 6 erlauben die Einschätzung, dass *Schnittscharf* einen nennenswert höheren Gewinn pro Jahr mit der Maschine vom Typ *Turbo* erzielen kann. Wir können *Schnittscharf* daher empfehlen, sich für die Maschine vom Typ *Turbo* und gegen die Maschine vom Typ *Standard* zu entscheiden.

Endsituation Die reale Aufgabenstellung ist bearbeitet, und ein reales Ergebnis liegt vor.

Geschafft! Wir haben die Aufgabe bearbeitet. Unsere sieben Etappen sind durchschritten. Das gesuchte reale Ergebnis liegt vor!

Hier besteht das reale Ergebnis in der gut begründeten Empfehlung an *Schnittscharf*, sich für eine Schneidemaschine vom Typ *Turbo* zu entscheiden.

1.3 Verallgemeinerung: Wie wir wirtschaftswissenschaftliche Fragestellungen grundsätzlich lösen können

Das am Beispiel geschilderte Vorgehen ist von fundamentaler Bedeutung für die systematische Bearbeitung wirtschaftswissenschaftlicher Fragestellungen mithilfe mathematischer Verfahren und Werkzeuge.

Wie wir bereits an unserem Beispiel gesehen haben, ist dabei zunächst wesentlich, dass wir das reale Problem in der Sprache der Mathematik ausdrücken, um es dann mathematisch bearbeiten zu können.

> Dieses „Ausdrücken in der Sprache der Mathematik" nennen wir **modellieren**. Das Ergebnis des Modellierens ist ein **Modell**.

Sie können den Vorgang des Modellierens und das entstehende Modell etwa mit der Arbeit eines Karikaturisten auf dem

Jahrmarkt vergleichen, der ein Bild von Ihnen anfertigt. Wenn der Künstler gut genug arbeitet, wird Ihnen das Bild ähnlich sehen. Es wird aber nicht alle Details Ihres Gesichtes so wie ein Foto wiedergeben, sondern die Ähnlichkeit mit Ihnen kommt dadurch zustande, dass sich der Künstler auf Ihre charakteristischen Gesichtszüge konzentriert und diese darstellt.

Das Modell ist ein Abbild der Wirklichkeit. In der Regel ist es einfacher als die Wirklichkeit gestaltet. Das heißt:

Gut zu wissen

Modellieren bedeutet oft auch Vereinfachen. ◄

Vereinfachungen im *Schnittscharf*-Beispiel bestehen in den Annahmen, dass die Schneidemaschinen immer störungsfrei und mit höchster Geschwindigkeit arbeiten. Das entspricht natürlich nur bedingt der Realität. So müssen die Maschinen vor dem Wechsel einer Elternrolle angehalten und danach wieder hochgefahren werden. Indem wir diesen Vorgang jedoch ausblenden, haben wir, wie gesehen, die Möglichkeit, die Ausbringungsmenge der jeweiligen Maschine pro Zeiteinheit ohne große Schwierigkeiten berechnen zu können. Ohne diese Vereinfachungen müssten wir deutlich komplexere Überlegungen anstellen.

Wir müssen jetzt aber auch uns und gegebenenfalls andere in die Aufgabenbearbeitung involvierte Personen davon überzeugen, dass wir sinnvoll modelliert haben. Das heißt u. a., dass unsere Vereinfachungen plausibel sind. Anders ausgedrückt:

Gut zu wissen

Modellieren erfordert auch Argumentieren. ◄

Bei der näheren Beschäftigung mit den Inhalten dieses Buches werden Sie erkennen, dass mathematisches Arbeiten an und für sich betrachtet als logisch sinnvolles Aneinanderreihen mathematischer Begründungen gesehen werden kann. Das bedeutet:

Gut zu wissen

Die mathematische Arbeit mit unserem mathematischen Modell ist abstrakt betrachtet ebenfalls eine Form des Argumentierens. ◄

Dieses mathematische Argumentieren erfährt schließlich seine Fortsetzung und seinen Abschluss, indem wir durch wirtschaftswissenschaftliches Argumentieren davon überzeugen, dass unser mathematisches Resultat zu einer sinnvollen Lösung unserer realen Aufgabenstellung führt.

Abbildung 1.5 zeigt uns diesen **Modellierungs- und Argumentationszyklus** und seine einzelnen Bausteine im Überblick.

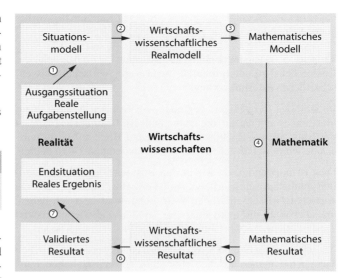

Abb. 1.5 Modellierungs- und Argumentationszyklus (idealisiert). Nach Modellieren NRW (2013)

- **Ausgangsituation**
  Gegeben ist eine reale (praktische) Aufgabenstellung, die zu bearbeiten ist.
- **Etappe 1**
  Die reale (praktische) Aufgabenstellung ist zu verstehen und die Fragestellung sofern erforderlich zu präzisieren.
- **Etappe 2**
  Die wichtigsten Informationen über die Fragestellung sind zusammenzutragen, soweit sinnvoll zu vereinfachen und dann zu strukturieren.
- **Etappe 3**
  Das Realmodell aus Etappe 2 ist in ein passendes mathematisches Modell zu überführen.
- **Etappe 4**
  Ein mathematisches Resultat ist zu erarbeiten.
- **Etappe 5**
  Das mathematische Resultat ist bezüglich des Realmodells zu interpretieren, sodass ein wirtschaftswissenschaftliches Resultat vorliegt.
- **Etappe 6**
  Das wirtschaftswissenschaftliche Resultat ist zu validieren.
- **Etappe 7**
  Das validierte Resultat ist zu interpretieren.
- **Endsituation**
  Die reale (praktische) Aufgabenstellung ist bearbeitet, und ein reales (praktisches) Ergebnis liegt vor.

Zusammenfassung

Abbildung 1.5 macht deutlich, dass die Bearbeitung komplexerer wirtschaftswissenschaftlicher Aufgabenstellungen idealerweise zunächst in drei Modellierungsschritten besteht (Etappen 1–3), mit denen die eigentliche Aufgabenstellung aus der Realität in die Welt der Wirtschaftswissenschaften und dann in die der Mathematik übersetzt wird. Dabei lassen wir uns von der Vorstellung leiten, dass die so entstehende mathematische Fragestellung mit mathematischen Mitteln gelöst (Etappe 4) und diese Lösung durch „Umkehren" bzw. „ Rückgängigmachen" der Modellierungsschritte 1–3 in eine Lösung der eigentlichen Aufgabenstellung überführt werden kann (Etappen 5–7). Die Etappen 4–7 sind wesentlich durch mathematisches (Etappe 4) und wirtschaftswissenschaftliches (Etappen 5–7) Argumentieren gekennzeichnet.

Wenn Sie die Unterschrift zu Abb. 1.5 genau lesen, sehen Sie, dass wir den Zusatz „idealisiert" verwendet haben. Tatsächlich verläuft der geschilderte Modellierungs- und Argumentationsprozess oft weniger geradlinig, sondern wir müssen durchaus „einige Kreise drehen", bis wir zur gewünschten Lösung gelangen.

In der Praxis lassen sich eher wenige wirtschaftswissenschaftliche Fragestellungen **idealisiert**, d. h. in der idealen Weise wie in Abb. 1.5 dargestellt, lösen. Es ist also eher selten so, dass wir die Etappen 1 bis 7 in der festen Reihenfolge von 1 nach 7 nacheinander abarbeiten und zum gesuchten Ergebnis gelangen können. Abbildung 1.6 verdeutlicht das häufig **tatsächlich** erforderliche Vorgehen.

Allein das Verstehen der Ausgangssituation und der Aufgabenstellung sowie das möglicherweise erforderliche Präzisieren der Aufgabenstellung in Etappe 1 kann ein Prozess sein, der mehrfaches Nachfragen und eventuell mehrere Anläufe erfordert. Etappe 1 kann also in der Praxis ein Kreislauf von der realen Aufgabenstellung zum Situationsmodell und zurück sein, den wir mehrmals durchlaufen müssen, bis die Fragestellung ausreichend verstanden und präzise genug formuliert ist.

Analog können auch alle anderen Etappen aus mehreren Kreisläufen bestehen. Insbesondere kann die Überführung des wirtschaftswissenschaftlichen Realmodells in ein mathematisches Modell mehrere Kreisläufe erfordern, in denen das gewählte mathematische Modell immer wieder hinsichtlich seiner Eignung als wirtschaftswissenschaftliches Modell überprüft und gegebenenfalls angepasst oder mehr noch als untauglich erkannt und ausgewechselt wird.

Schlussendlich kann es uns sogar passieren, dass das reale Ergebnis am Ende von Etappe 7 die reale Aufgabenstellung nicht oder nicht ausreichend beantwortet. Hier können sich ein oder mehrere erneute Durchläufe des gesamten Modellierungs- und Argumentationszyklus oder von Teilen davon mit jeweils veränderten Modellierungsansätzen in den Etappen 1–3 sowie mit alternativen mathematischen Hilfsmitteln in Etappe 4 als sinnvoll erweisen. Es ist also durchaus denkbar, dass der gesamte Modellierungs- und Argumentationszyklus oder Teile davon **mehrfach zu durchlaufen ist**, bis wir zu einem in der Praxis akzeptablen Resultat unserer Überlegungen gelangen.

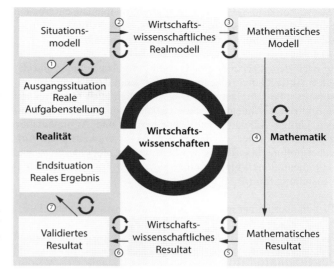

Abb. 1.6 Modellierungs- und Argumentationszyklus (tatsächlich). Nach Modellieren NRW (2013)

1.4 Leitplanken auf einer kurvigen Straße: Wie wir uns das Modellieren und Argumentieren erleichtern können

Wieder einmal stehen wir davor, eine wirtschaftswissenschaftliche Aufgabe lösen zu sollen (vielleicht sogar: zu wollen!).

Wir ahnen bereits, dass wir mathematische Hilfsmittel dazu benötigen werden, wissen aber vielleicht noch nicht so genau, in welche mathematische Richtung wir denken und suchen und wie wir die Mathematik konkret anwenden sollten.

Dennoch sind wir der Aufgabe keineswegs hilflos ausgeliefert! Es gibt keinen Grund, zu verzagen!

Wir wissen bis jetzt nämlich auf jeden Fall schon so viel, dass uns der Modellierungs- und Argumentationszyklus gemäß Abb. 1.5 bzw. entsprechend Abb. 1.6 bei unserer Aufgabe behilflich sein kann. Er gibt uns einen Weg vor, den wir zur Lösung beschreiten können!

Damit wir hier den Überblick behalten, gehen wir ab jetzt vom idealtypischen Modellierungs- und Argumentationszyklus in Abb. 1.5 aus und behalten dabei im Hinterkopf, dass damit kein schrittweises Vorgehen gemeint sein muss, sondern dass der Ablauf Teilzyklen, wie in Abb. 1.6 dargestellt, enthalten kann.

Wir wissen also, dass wir modellieren, mathematisch arbeiten und mathematisch sowie wirtschaftswissenschaftlich argumentieren müssen, um zum gewünschten Ziel zu kommen.

Je nach der gegebenen praktischen Aufgabenstellung und der darin vorliegenden Ausgangssituation kann das eine höchst anspruchsvolle Tätigkeit sein. Dies vor allem auch mit Blick auf unsere obige Andeutung, dass es keine für alle Fragestellungen gültige Anleitung zur Modellierung und Argumentation gibt, die uns sicher von der wirtschaftswissenschaftlichen Aufgabenstellung über die sieben Schritte des Modellierungs- und Argumentationszyklus zu einer passenden Lösung der Aufgabenstellung führt.

Es gibt aber immer noch keinen Grund, schwarz zu sehen!

Es ist nämlich möglich, unsere Modellierungs- und Argumentationsetappen wie eine Landstraße oder eine Autobahn mit Leitplanken zu versehen und so dabei zu helfen, dass wir uns nicht verfahren oder gar zu Geisterfahrern bei der Suche nach der gewünschten Lösung werden.

Die folgenden Anregungen und Fragen haben sich bei vielen Aufgabenstellungen als derartige Leitplanken für den Lösungsweg bewährt. Entsprechend können sie uns bei der Bearbeitung unserer wirtschaftswissenschaftlichen Fragestellungen helfen.

Wir stellen diese Leitplanken jetzt mit Bezug zu den Etappen des Modellierungs- und Argumentationszyklus vor und zeigen deren Nutzen exemplarisch auf.

Gut zu wissen

Wir möchten Ihnen hier darlegen, wie Sie **grundsätzlich** bei der Lösung wirtschaftswissenschaftlicher Fragestellungen vorgehen können. Natürlich können Sie die Hilfsmittel im Einzelfall auch in veränderter Form nutzen, mehrere zusammenfassen, einzelne auslassen o. Ä. Anregungen oder Fragen können sich bei Ihren Aufgaben als teilweise überflüssig herausstellen. Es kann sein, dass „mit Kanonen auf Spatzen geschossen wird". Es kann aber auch sein, dass Sie andere Hilfen benötigen, die hier nicht formuliert sind.

Für den zuletzt genannten Fall hoffen wir, Sie in die Lage versetzen zu können, sich selbst auf die erfolgreiche Suche nach Leitplanken begeben zu können. Wir empfehlen Ihnen dazu u. a., im Internet nach Mitteln und Wegen zum **Problemlösen** sowie nach **Kreativitätstechniken** zu suchen und sich vielleicht auch einige Denkanstöße bei Klassikern wie „Schule des Denkens – Vom Lösen mathematischer Probleme" von George Pólya (1995) oder „Beweise und Widerlegungen: Die Logik mathematischer Entdeckungen" von Imre Lakatos (1979) zu holen. ◄

1.5 Modellieren – aber richtig! Wie wir von einer realen Aufgabenstellung zu einem passenden mathematischen Modell kommen

Lassen Sie uns der Einfachheit halber davon ausgehen, dass Sie die zu lösende reale Aufgabenstellung von Frau Müller erhalten.

Alternativ kann es sein, dass Sie die Aufgabe einem Buch oder einer Lehrveranstaltung entnommen oder dass Sie sich diese selbst überlegt haben. Wandeln Sie das folgende Rezept dann passend ab.

Es geht jetzt darum, dass Sie diese Aufgabe verstehen und in eine angemessene mathematische Formulierung überführen können. Wir begleiten Sie auf diesem Weg, indem wir Ihnen die folgenden Empfehlungen an die Hand geben. Diese erhöhen die Wahrscheinlichkeit, dass Sie auf Ihrem Weg erfolgreich sind und ein verwendbares Resultat erhalten.

Schreiben und zeichnen Sie – Keine Angst vor Text und Farben!

Nutzen Sie Zettel und mehrfarbige Stifte oder verwenden Sie entsprechende elektronische Hilfsmittel (z. B. einen Tablet-PC).

Wir empfehlen Ihnen, sich die Aufgabe „von der Hand in den Kopf" anzueignen. Beim Schreiben und Zeichnen ist viel eher zu merken, ob man alles verstanden hat, als wenn man eine Aufgabe nur liest und über sie nachdenkt.

Schreiben Sie den Aufgabentext mit Ihren eigenen Worten, aber aus der Sicht von Frau Müller auf.

Zwei Fälle sind zu unterscheiden:

- Sofern Sie den Aufgabentext von Frau Müller nur mündlich oder nicht ausführlich genug formuliert (etwa in Stichworten) erhalten haben, schreiben Sie ihn mit Ihren eigenen Worten auf.
- Hat Frau Müller Ihnen jedoch einen ausführlichen Text gegeben, prüfen Sie diesen. Wenn er für Sie ausreichend und verständlich ist, nutzen Sie ihn für Ihre weitere Arbeit. Wenn nicht, schreiben Sie den Text mit Ihren eigenen Worten auf.

Formulieren Sie den Text in beiden Fällen so, wie Frau Müller es eigentlich getan haben sollte. Nehmen Sie also bewusst Frau Müllers Sicht auf die Dinge ein.

Erstellen Sie soweit sinnvoll eine zum Text passende Skizze und beschriften Sie diese geeignet.

Hier gilt die alte Weisheit: „Ein Bild sagt mehr als tausend Worte!" Anhand der Skizze können wir uns Sachverhalte oft viel besser verdeutlichen als nur mithilfe von Worten. Außerdem sind Abbildungen oft viel kommunikativer als Texte und helfen uns, uns leichter mit anderen über eine Fragestellung zu verständigen.

Stimmen Sie den so entstandenen Text und die zugehörige Skizze mit Frau Müller ab.

Gut zu wissen

Wenn Sie die Aufgabe aus einem Buch haben, besteht die Abstimmung in der Prüfung, ob Ihr Text und Ihre Skizze zum Text im Buch passen. ◄

Folgende Fragen sind hilfreich bei der Abstimmung:

- Beschreiben Aufgabentext und Skizze jetzt genau das, was Frau Müller gemeint hat?
- Fehlt etwas?
- Ist etwas überflüssig?
- Stimmen die Bezeichnungen in der Skizze?

Falls nötig, überarbeiten Sie den Text und die Skizze und stimmen Sie beides erneut ab.

Am Ende dieses Abstimmungsprozesses liegen der Aufgabentext und die Skizze so gut vor, wie Frau Müller sie aus Ihrer Perspektive überhaupt (mit Ihrer Hilfe) vorgeben kann.

Das muss aber noch nicht der Text sein, mit dem Sie gut arbeiten können. Beispielsweise kann es sein, dass Frau Müller Fachbegriffe anders verwendet als sie. Vielleicht nutzt sie auch gar keine Fachbegriffe o. Ä. Sie benötigen jetzt also eventuell eine weitere – aus Ihrer Perspektive formulierte – Fassung der Aufgabenstellung.

Um diese eigene Fassung der Aufgabenstellung zu erarbeiten, empfehlen wir Ihnen zwei Schritte: nämlich erstens sich eine eigene Vorstellung von den Dingen zu machen (oder diese zu vertiefen) und zweitens diese Vorstellung zu Papier zu bringen. Also:

Lesen Sie sich den jetzt vorliegenden Aufgabentext genau durch, und stellen Sie sich die gegebene reale Situation so exakt wie es geht vor.

Folgende Fragen sind dabei hilfreich:

- Ist die Situation überhaupt vorstellbar?
- Wo sind etwaige „Hürden", die Ihre Vorstellung behindern oder verhindern?
- Ist der Text verständlich?
- Enthält er Lücken oder unklare Formulierungen?
- Werden die richtigen Fachbegriffe verwendet?

Sofern der vorliegende Aufgabentext überarbeitet werden muss, damit er Ihre Sicht der Dinge darstellt, beschreiben Sie die Ausgangssituation und die Aufgabe jetzt mit Ihren eigenen Worten.

Nutzen Sie die aus Ihrer Perspektive erforderliche (richtige) Fachsprache und schlagen Sie – sofern es geht – überall dort, wo

der Text unverständlich formuliert, lückenhaft oder inhaltlich unklar ist, eigene Formulierungen vor. Passen Sie die vorliegende Skizze geeignet an.

Stimmen Sie den so entstandenen – Ihren – Aufgabentext und die Skizze erneut mit Frau Müller ab.

Falls nötig, überarbeiten Sie den Text und die Skizze und stimmen Sie beides erneut ab.

Jetzt liegen der Aufgabentext und die Skizze so gut vor, wie Sie sie überhaupt (mit Unterstützung von Frau Müller) erarbeiten können.

Zusammenfassung

Damit sind Sie einen weiteren großen Schritt vorangekommen! Sie haben jetzt ein sehr gutes **Situationsmodell** vorliegen. Konkret haben Sie eine textuelle und grafische Beschreibung der Fragestellung vorliegen, die in der geeigneten wirtschaftswissenschaftlichen Fachsprache abgefasst und so klar wie in diesem Moment möglich formuliert ist, die den Vorstellungen von Frau Müller entspricht und die Sie, soweit es bis hierhin geht, durchdrungen haben. Damit können wir uns jetzt mit den Details der Aufgabe befassen!

Analysieren und markieren Sie – Das Wichtige finden und kennzeichnen!

Nehmen Sie Ihren Aufgabentext und die Skizze jetzt genauer unter die Lupe, und präparieren Sie deren „Bausteine" heraus.

Es geht einerseits darum, deutlich herauszuarbeiten, was wir wissen. Andererseits geht es um das, was wir wissen wollen.

Drei „Bausteine" sind dabei wesentlich: **Bedingungen** (Baustein 1) und **Annahmen** (Baustein 2) repräsentieren das, was wir wissen. **Zu beantwortende Fragen** oder **zu begründende Behauptungen** oder **zu erreichende Ziele** (Baustein 3) zeigen, was wir wissen wollen.

Baustein 1: Bedingungen

- Welche Bedingungen (Vorgaben) werden im Text genannt, die es zu beachten und einzuhalten gilt? Was ist wesentlich, was unwesentlich?
- Markieren Sie die wesentlichen Bedingungen im Text sowie die zugehörigen Bestandteile Ihrer Skizze mit blauer Farbe.
- Sind diese Bedingungen sinnvoll? Sind sie zu weitgehend (engen sie zu sehr ein) oder zu schwach (haben sie keine Aussagekraft)? Können sie erfüllt werden? Sind sie vollständig? Gibt es redundante oder widersprüchliche Bedingungen?
- Passen Text und Skizze (tatsächlich) zueinander, d. h., drücken sie dieselben Bedingungen aus? Wenn nicht, ist eine Überarbeitung von Text bzw. Skizze erforderlich.

Es könnte natürlich auch sein, dass wir bei dieser Detailanalyse auf ein grundsätzliches Problem in der Aufgabenstellung stoßen und sich die Aufgabe in der vorliegenden Form als falsch, nicht lösbar, ungenau o. Ä. erweist. Dann könnte es sein, dass wir die Bearbeitung der Aufgabe abbrechen müssen oder dass die Aufgabenstellung vor weiteren Lösungsversuchen modifiziert werden muss. Dieser Fall interessiert uns gegenwärtig aber nicht, da es uns ja um die Lösung lösbarer Aufgabenstellungen geht. Wir schließen ihn daher hier und im Folgenden aus!

Baustein 2: Annahmen

- Welche Annahmen (z. B. Vereinfachungen, Schätzungen) werden im Text getroffen, die es zu berücksichtigen gilt? Was ist wesentlich, was unwesentlich?
- Markieren Sie die wesentlichen Annahmen im Text sowie die zugehörigen Bestandteile Ihrer Skizze mit grüner Farbe.
- Sind die Annahmen sinnvoll? Sind sie zu weitgehend (engen sie zu sehr ein) oder zu schwach (haben sie keine Aussagekraft)? Gibt es redundante oder widersprüchliche Annahmen?
- Passen Text und Skizze (tatsächlich) zueinander, d. h., drücken sie dieselben Annahmen aus? Wenn nicht, ist eine Überarbeitung von Text bzw. Skizze erforderlich.

Baustein 3: Zu beantwortende Fragen oder zu begründende Behauptungen oder zu erreichende Ziele

- Welche Fragen werden im Text formuliert, die es zu beantworten gilt? Oder: Welche Behauptungen werden im Text aufgestellt, für die Begründungen gefunden werden sollen? Oder: Welche Ziele werden im Text genannt, die es zu erreichen gilt? Was ist wesentlich, was unwesentlich?
- Markieren Sie die wesentlichen Fragen, Behauptungen oder Ziele – kurz: alles Wichtige, was wir am Ende der Aufgabenbearbeitung wissen wollen – im Text sowie die zugehörigen Bestandteile Ihrer Skizze mit roter Farbe.
- Sind diese Fragen/Behauptungen/Ziele sinnvoll? Sind sie zu weitgehend (engen sie zu sehr ein) oder zu schwach (haben sie keine Aussagekraft)? Können sie erreicht/begründet werden? Sind sie vollständig? Gibt es redundante oder widersprüchliche Fragen/Behauptungen/Ziele?
- Passen Text und Skizze (tatsächlich) zueinander, d. h., drücken sie dieselben Fragen/Behauptungen/Ziele aus? Wenn nicht, ist eine Überarbeitung von Text bzw. Skizze erforderlich.

Zusammenfassung

Damit haben Sie die nächste – durchaus schwierige Hürde – gemeistert! Chapeau! Die wesentlichen Komponenten der Aufgabe liegen fein herauskristallisiert in wirtschaftswissenschaftlicher Sprache vor uns. Wir sind damit beim **wirtschaftswissenschaftlichen Realmodell** unserer Aufgabe angekommen.

Um die Aufgabe mit mathematischen Methoden und Werkzeugen bearbeiten zu können, benötigen wir sie nun in mathematischer Sprache. Jetzt geht also darum, das wirtschaftswissenschaftliche Realmodell in ein mathematisches Modell zu überführen. Das bedeutet, dass wir die Bedingungen (Baustein 1) und Annahmen (Baustein 2) sowie die zu beantwortenden Fragen oder zu begründenden Behauptungen oder zu erreichenden Ziele (Baustein 3) mathematisch ausdrücken müssen.

Formulieren Sie um – Die Aufgabenstellung für die Mathematik zugänglich machen!

Bezeichnen Sie alle Größen im Text und in der Skizze mit passenden Buchstaben. Orientieren Sie sich dabei so weit wie möglich an üblichen Bezeichnungen.

Beispielsweise wird eine gesuchte Größe oft mit y bezeichnet, eine unabhängige Variable oft mit x oder t (von time), ein Parameter wie Zinssatz oder Zinsfuß oft mit i oder p und eine Konstante oft mit c. Um herauszufinden, welche Bezeichnungen üblich sind oder sein können, kann es sinnvoll sein, in fachlich einschlägigen Büchern oder Unterlagen nachzuschauen, nach ähnlichen Fragestellungen und deren Lösungen zu suchen (eventuell in Fachzeitschriften) oder auch herauszufinden, ob es vielleicht strukturell ähnliche Fragen und Antworten in anderen Fachgebieten gibt. Last but not least können natürlich auch andere Personen zu Rate gezogen werden.

Verschaffen Sie sich Klarheit über die Maßeinheiten aller Größen im Text und in der Skizze und führen Sie gegebenenfalls erforderliche Anpassungen durch.

Folgende Fragen sind dabei hilfreich:

- Haben alle Größen eine Maßeinheit oder sind sie (zumindest teilweise) dimensionslos?
- Welche Maßeinheiten sind passend (bei Längenangaben beispielsweise cm, m oder km)?

Eventuell sind hier Anpassungen oder Korrekturen erforderlich. Beispielsweise könnte es sinnvoll sein, alle Längenmaße einheitlich in m statt teilweise in m und km auszudrücken. Es kann auch sein, dass falsche Maßeinheiten vorliegen (etwa, wenn eine Masse in Kilo statt in Kilogramm angegeben wird) oder dass Maßeinheiten fehlen (vielleicht, weil sie als selbstverständlich vorausgesetzt werden oder von Frau Müller nicht notiert wurden).

Schreiben Sie die Bedingungen (Baustein 1) und Annahmen (Baustein 2) sowie die zu beantwortenden Fragen oder zu begründenden Behauptungen oder zu erreichenden Ziele (Baustein 3) jetzt mithilfe der Größen und der für sie gewählten Bezeichnungen auf (am besten auch in den gewählten Farben Blau, Grün und Rot).

Damit sind Sie dabei, die Aufgabe mathematisch zu formulieren und ein mathematisches Modell der Aufgabenstellung zu entwickeln.

1.5 Modellieren – aber richtig! Wie wir zu einem passenden mathematischen Modell kommen | 15

Kapitel 1

Es können sehr unterschiedliche mathematische Gebilde wie beispielsweise Terme, Gleichungen oder Funktionen entstehen. Kein Grund zu erschrecken! Sie haben die Aufgabe bis hierhin mit Bravour gemeistert. Das *Momentum* (ein im Sport gerne benutzter Begriff!) liegt auf Ihrer Seite. Lassen Sie sich von Ihrem „Zwischenerfolg" tragen und greifen Sie bei Ihren Überlegungen auch auf die passenden Inhalte dieses Buches zurück.

Bevor Sie nun mit dem entstandenen Modell arbeiten, lohnt es sich, dieses auf seine **Belastbarkeit**, seine **Tragfähigkeit** zu prüfen. Sie verschaffen sich damit eine hohe Sicherheit, dass Sie nicht unnötig Zeit und Energie auf einen falschen Lösungsansatz verwenden. Außerdem werden Sie so mit Ihrem Modell vertraut und schärfen Ihren „mathematischen Blick" und damit Ihre mathematischen Fähigkeiten.

Prüfen Sie – Überzeugen Sie sich von der Tragfähigkeit Ihres mathematischen Modells!

Bevor Sie das gewonnene mathematische Modell nutzen und die Aufgabenstellung zu lösen versuchen, geht es hier noch darum festzustellen, ob es überhaupt sinnvoll und lohnenswert ist, mit diesem Modell zu arbeiten.

Dazu sind vier Kriterien zu untersuchen:

- Zulässigkeit,
- Richtigkeit,
- Vollständigkeit,
- Zweckmäßigkeit.

Folgendes Vorgehen ist hilfreich:

- Prüfen Sie das mathematische Modell auf Unklarheiten und Widersprüche.
  - Ist es unmissverständlich (eindeutig) formuliert und widerspruchsfrei? Wenn ja, dann ist das mathematische Modell **zulässig**.
- Vergleichen Sie die ursprüngliche Aufgabenstellung bzw. deren von uns geleistete Weiterentwicklung mit dem mathematischen Modell.
  - Ist das mathematische Modell eine korrekte Beschreibung dessen, was wir in Text und Skizze niedergelegt haben? Wenn ja, dann ist das mathematische Modell **richtig**.
- Vergleichen Sie die Aufgabenstellung und das Modell erneut miteinander.
  - Enthält das mathematische Modell alle Anteile der Aufgabenstellung? Wenn ja, dann ist das mathematische Modell **vollständig**.
- Vergleichen Sie die Aufgabenstellung und das Modell ein letztes Mal miteinander.
  - Enthält das mathematische Modell keine für unsere Aufgabe überflüssigen Anteile? Wenn ja, dann ist das mathematische Modell **zweckmäßig**.

Sollten sich mehrere zulässige, richtige und vollständige Modelle als Resultate Ihrer Modellierung ergeben, ist das einfachste Modell in der Regel auch das zweckmäßigste. Daher ist es sinnvoll, dieses für die weiteren Arbeiten auszuwählen:

„Ein Modell sollte so einfach wie möglich und so kompliziert wie nötig sein." (Modellieren Hamburg 2013, S. 3)

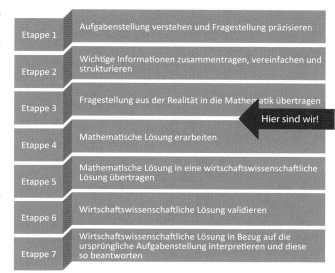

Abb. 1.7 Drei Etappen sind geschafft

Zusammenfassung

Nun lohnt es sich, einmal zu verschnaufen! Sie haben ein (erstes) **mathematisches Modell** unserer wirtschaftswissenschaftlichen Aufgabenstellung entwickelt und auf seine Belastbarkeit geprüft! Damit sind die Etappen 1–3 des Modellierungs- und Argumentationszyklus bereits Vergangenheit, und wir können beginnen, das mathematische Modell zur Lösung unserer Aufgabenstellung einzusetzen. Wir stehen jetzt also am Beginn von Etappe 4 unseres Weges (s. Abb. 1.7).

——————————— **Aufgabe 1.1** ———————————

Lassen Sie uns die vorgeschlagenen Hilfsmittel gemeinsam an der eingangs formulierten Aufgabe 1.1 „Geräumte Bäckerei" ausprobieren! Zur Erinnerung: Bei Frau Müller handelt es sich nun konkret um die Inhaberin der Bäckerei Müller. Sie hat einerseits erkannt, dass der Verkauf der Croissants ganz wesentlich an den Verkaufspreis gebunden ist (je teurer sie werden, desto weniger Croissants werden gekauft). Andererseits muss sie die Croissants zu einem höchstmöglichen Preis verkaufen, um wirtschaftlich zu arbeiten. Entsprechend möchte sie einen „sinnvollen" Verkaufspreis für ihre Croissants ermitteln. Sie bzw. wir sollen ihr bei der Lösung der Aufgabe helfen.

Nehmen wir dazu bewusst Frau Müllers Sichtweise ein. Ideal wäre aus ihrer Perspektive, wenn sie alle angebotenen Croissants zum höchstmöglichen Preis verkaufen könnte. Damit lässt sich die **Aufgabenstellung aus der Perspektive von Frau Müller** recht einfach formulieren:

Welcher ist der höchstmögliche Verkaufspreis, den die Bäckerei Müller für ihre Croissants ansetzen kann, damit alle zu diesem Preis angebotenen Croissants verkauft werden?

Tab. 1.5 Croissant-Angebot der Bäckerei Müller

Verkaufspreis (€)	0,50	0,75	1,00	1,25	1,50
Angebotsmenge (Stück)	40	60	80	100	120

Tab. 1.6 Croissant-Nachfrage bei der Bäckerei Müller

Verkaufspreis (€)	0,75	1,00	1,50
Nachfragemenge (Stück)	80	60	20

Diese Situation einer leergekauften („geräumten") Bäckerei können wir uns sicher lebhaft vorstellen. Eine eigene Skizze dafür ist nicht unbedingt erforderlich.

Die Empfehlungen zur weiteren Bearbeitung der Aufgabe lauten nun, den Aufgabentext mit unseren Worten zu formulieren. Hierbei sollen wir uns der geeigneten wirtschaftswissenschaftlichen Fachsprache bedienen.

Ein Blick in einschlägigen Quellen zeigt, dass uns die Ansätze zu **Preisbildung** und **Marktgleichgewicht** weiterhelfen:

Der von Frau Müller gesuchte Verkaufspreis für die Croissants kann mit den Fachbegriffen Angebot und Nachfrage beschrieben werden. Das **Angebot** bezeichnet die Menge an Croissants, die die Bäckerei Müller zu einem bestimmten Preis zu produzieren bereit ist und dies auch kann. Die **Nachfrage** bezeichnet die Menge an Croissants, die die Konsumenten zu einem bestimmten Preis zu kaufen bereit sind. Gesucht ist der Verkaufspreis, für den Angebot und Nachfrage übereinstimmen. Dieser Preis wird als **Gleichgewichtspreis** bezeichnet, weil für ihn ein **Marktgleichgewicht** (oft auch **geräumter Markt** genannt) zwischen den entgegenlaufenden Interessen der Produzentin und der Konsumenten gegeben ist (die entgegenlaufenden Interessen bestehen darin, dass die Produzentin möglichst viel an den Croissants verdienen möchte, während die Kunden jedoch möglichst wenig für die Ware bezahlen wollen). Die zugehörige Angebots- bzw. Nachfragemenge wird **Gleichgewichtsmenge** genannt.

Damit lässt sich die **Aufgabenstellung aus unserer Perspektive** formulieren:

Welcher ist der Gleichgewichtspreis, den die Bäckerei Müller für ihre Croissants ansetzen kann?

Wir haben diese Aufgabenstellung wie vorgeschlagen gleich in roter Farbe gekennzeichnet, da es sich bereits um eine klare Formulierung der zu beantwortenden Frage, also dessen, was wir wissen wollen, handelt, und da uns keine klarere Formulierung der Aufgabenstellung einfällt. Zur Beantwortung dieser Frage sollen wir jetzt noch herausarbeiten, was wir wissen. Betrachten wir dazu den ursprünglichen Aufgabentext. Das seitens der Bäckerei mögliche Angebot ist als Vorgabe, also als Bedingung, einzuschätzen. Es lässt sich in Gestalt einer Tabelle beschreiben (s. Tab. 1.5). Dabei nutzen wir die empfohlene blaue Farbe.

Aufgrund der Experimente der Bäckerei Müller mit den Verkaufspreisen für die Croissants treffen wir nun die Annahme, dass die dabei gewonnenen Daten für die Verkaufszahlen repräsentativ für die Kundennachfrage sind. Diese lässt sich ebenfalls tabellarisch darstellen (s. Tab. 1.6), wobei wir die empfohlene grüne Farbe nutzen.

Jetzt sind wir bereits beim wirtschaftswissenschaftlichen Realmodell unserer Aufgabe angekommen und haben die Etappen 1–3 des Modellierungs- und Argumentationszyklus erledigt! Wir kommen auf Aufgabe 1.1 zurück!

1.6 Heurismen für Arbeitsschritt 4 – Wie wir erfinderisch sein und die richtigen mathematischen Methoden und Werkzeuge für unsere Aufgabenstellung entdecken können

Wir haben jetzt die Etappen 1–3 des Modellierungs- und Argumentationszyklus erfolgreich abgeschlossen. Damit liegt unsere ursprüngliche reale Aufgabenstellung in Gestalt einer mathematischen Aufgabenstellung repräsentiert durch ein mathematisches Modell vor. Es geht nun darum, diese mathematische Aufgabenstellung zu lösen und das Ergebnis in die reale Welt zu übertragen (Arbeitsschritte 4–7 des Modellierungs- und Argumentationszyklus).

Gerade das Lösen der Aufgabenstellung im Arbeitsschritt 4 ist oft ein ziemlich kreativer Prozess. Wir können eine schnelle „Erleuchtung" haben oder ein Routineverfahren (einen sogenannten Algorithmus) einsetzen und rasch zum Ergebnis kommen. Es kann aber auch sein, dass wir uns im Kreise drehen oder in eine Sackgasse geraten und einen neuen Lösungsweg suchen müssen. Das ist ganz normal!

Wenn es keine Routineaufgabe ist, wird jedes komplexere Problem in jedem Sachgebiet Lösungszeit und möglicherweise mehrere Anläufe erfordern. Damit wir uns hier nicht unnötig verfahren, auf halber Strecke verzweifeln oder gar frustriert sind, empfehlen wir auch für diesen Teil unseres Wegs Leitplanken, die uns helfen, „in der Spur zu bleiben". Diese Leitplanken werden oft auch als Heurismen („Findeverfahren") bezeichnet.

Gut zu wissen

Unsere Empfehlungen orientieren sich an Pólya (1995), also an George Pólya und seinem Klassiker „Schule des Denkens – Vom Lösen mathematischer Probleme". Dieses Buch ist auch heute, mehr als 70 Jahre nach seiner ersten Auflage im Jahr 1944, noch ausgesprochen lesenswert und inspirierend! ◄

Entsprechend geht es zunächst darum, einen guten Plan für Etappe 4 zu entwickeln und diesen dann auszuführen. Dabei kommen natürlich mathematische Methoden und Werkzeuge zum Einsatz, die wir erst in den folgenden Kapiteln dieses Buches ausführlich beschreiben und hier nur beispielhaft nennen werden. Ergänzend können bei Bedarf auch die für die Etappen 1–3 empfohlenen Vorgehensweisen in geeigneter Weise genutzt werden.

Entwickeln Sie einen Plan – Doppelte Planungszeit ist halbe Ausführungszeit!

Sie kennen alle Bedingungen (Baustein 1) und Annahmen (Baustein 2) der Aufgabenstellung und damit den Startpunkt für Ihren Plan. Außerdem kennen Sie alle zu beantwortenden Fragen oder zu begründenden Behauptungen oder zu erreichenden Ziele (Baustein 3) und damit das Ziel, das Sie erreichen wollen. Versuchen Sie jetzt einen möglichst guten Weg vom Start zum Ziel zu finden.

Folgende Fragen sind dabei hilfreich:

- Worum geht es in der Aufgabe?
  - Kennen Sie die Aufgabe vielleicht schon von früher?
  - Können Sie die Aufgabe in einzelne Teile zerlegen?
  - Können Sie die Aufgabe oder Teile davon lösen, oder haben Sie eine Lösungsidee?
  - Lässt sich ein mathematischer Weg finden oder gibt es bereits einen, der direkt oder teilweise von dem, was wir wissen, zu dem führt, was wir wissen wollen, d. h. von den Bedingungen (Baustein 1) und Annahmen (Baustein 2) zu den zu beantwortenden Fragen oder zu begründenden Behauptungen oder zu erreichenden Zielen (Baustein 3)?
  - Was wissen wir bereits im Zusammenhang mit der Aufgabenstellung?
- Was müssten wir wissen, um zu einer Lösung kommen zu können?
- Kennen Sie eine verwandte oder nur wenig verschiedene Aufgabe?
  - Gibt es eine ähnliche und vielleicht einfachere Aufgabe?
  - Gibt es eine allgemeinere oder eine speziellere Aufgabe?
  - Können Sie die Aufgabe anders ausdrücken?
  - Gibt es eine Möglichkeit, das, was wir wissen, und das, was wir wissen wollen, mit anderen Begrifflichkeiten, anderen Größen oder anderen Bezeichnungen auszudrücken?
- Können Sie die andere oder die anderen Aufgaben nutzen?
  - Lassen sich das Resultat einer anderen Aufgabe oder deren Lösungsweg bzw. die verwendeten mathematischen Methoden für unsere Problemstellung verwenden?
  - Würde es sich lohnen, ein Hilfselement als „Umweg" einzuführen, um den Lösungsweg der anderen Aufgabe oder die darin genutzten mathematischen Methoden für unsere Fragestellung nutzen zu können?
  - Können wir die Lösung der anderen Aufgabe in eine Lösung unserer Aufgabe umformen?
  - Können wir Spezialfälle und deren Lösungen verallgemeinern?
  - Was müssen wir konkret tun, um diese Transformation durchführen zu können?
- Können Sie die Bedingungen, Annahmen oder Ziele in der Aufgabe so ändern (umformulieren, weglassen oder ergänzen), dass noch eine sinnvolle Aufgabe vorliegt, die sich aber eventuell besser bearbeiten lässt?

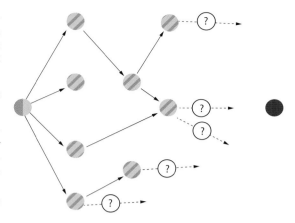

Anfangszustand mit den Bedingungen (Baustein 1) in Blau und den Annahmen (Baustein 2) in Grün

Endzustand mit den zu beantwortenden Fragen oder zu begründenden Behauptungen oder zu erreichenden Zielen (Baustein 3) in Rot

Abb. 1.8 Vorwärtsarbeiten

- Können Sie beispielsweise die Bedingungen und Annahmen einerseits und die Ziele andererseits durch Veränderung näher zueinander bringen?
- Welche mathematischen Methoden und Werkzeuge stehen zur Verfügung?
  - Welche eignen sich für die Aufgabenstellung?
- Können Sie gezielt mathematische Konzepte wie beispielsweise Vektoren und Matrizen oder Methoden wie etwa Verfahren zur Lösung von Gleichungssystemen ins Spiel bringen, die Sie kennen oder die in den folgenden Kapiteln dieses Buches oder in anderen, vertiefenden mathematischen Veröffentlichungen dargestellt werden?
- Können Sie sich der Lösung durch **Vorwärtsarbeiten** (Schlussfolgern) nähern (s. Abb. 1.8)?
  - Welche Schlussfolgerungen können Sie aus den Bedingungen (Baustein 1) und Annahmen (Baustein 2) in unserer Aufgabenstellung ziehen?
  - Welche dieser Schlussfolgerungen sind Annäherungen an die zu beantwortenden Fragen, die zu begründenden Behauptungen oder zu erreichenden Ziele (Baustein 3)?
  - Welche anderen, „weiter Richtung Ziel liegenden" Schlussfolgerungen können Sie wiederum aus den ersten Schlussfolgerungen ziehen?
  - Nähern Sie sich damit den zu begründenden Behauptungen oder zu erreichenden Zielen weiter an?
  - Wie nah kommen Sie dem Ziel durch mehrfaches Vorwärtsarbeiten?
- Können Sie sich der Lösung durch **Rückwärtsarbeiten** nähern (s. Abb. 1.9)?
  - Welche Bedingungen und/oder Annahmen führen Sie in jedem Fall zu den zu begründenden Behauptungen oder zu erreichenden Zielen?

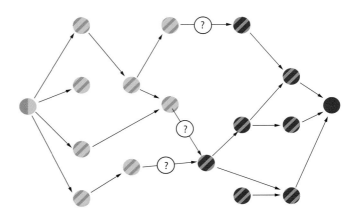

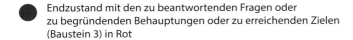

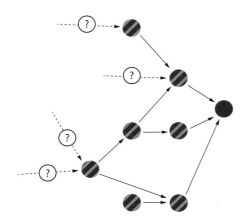

Anfangszustand mit den Bedingungen (Baustein 1) in Blau und den Annahmen (Baustein 2) in Grün

Endzustand mit den zu beantwortenden Fragen oder zu begründenden Behauptungen oder zu erreichenden Zielen (Baustein 3) in Rot

Abb. 1.9 Rückwärtsarbeiten

Anfangszustand mit den Bedingungen (Baustein 1) in Blau und den Annahmen (Baustein 2) in Grün

Endzustand mit den zu beantwortenden Fragen oder zu begründenden Behauptungen oder zu erreichenden Zielen (Baustein 3) in Rot

Abb. 1.10 Vorwärts- und Rückwärtsarbeiten

– Welche weiteren, „weiter Richtung Start liegenden" Bedingungen und/oder Annahmen führen Sie in jedem Fall zu den eben ermittelten Bedingungen und/oder Annahmen?
– Nähern Sie sich damit den ursprünglichen Bedingungen und/oder Annahmen weiter an?
– Wie nah kommen Sie den ursprünglichen Bedingungen und/oder Annahmen durch mehrfaches Rückwärtsarbeiten?
■ Können Sie sich der Lösung durch **abwechselndes Vorwärts- und Rückwärtsarbeiten** nähern (s. Abb. 1.10)?
– Finden Sie eine Kombination von Vorwärts- und Rückwärtsarbeitsschritten, sodass die durch das Vorwärtsarbeiten gefundenen Schlussfolgerungen und die durch das Rückwärtsarbeiten ermittelten Bedingungen und/oder Annahmen miteinander zu einer geschlossenen Argumentationskette zwischen den ursprünglichen Bedingungen (Baustein 1) und Annahmen (Baustein 2) und den ursprünglich zu beantwortenden Fragen oder zu begründenden Behauptungen oder zu erreichenden Zielen (Baustein 3) verbunden werden können?
■ Können Sie sich der Lösung durch Ausprobieren oder Raten oder durch Schätzungen nähern?
– Können Sie z. B. Berechnungen mittels einfacher Werte durchführen, sind Computersimulationen möglich, oder gibt es Experimente und Beobachtungsdaten, die Sie zum Vergleich heranziehen können?
– Können Sie einzelne Größen in der Weise abschätzen, dass sie zwischen einem unteren Wert u und einem oberen Wert o liegen müssen? Beispielsweise so, dass Sie die Kosten für einen Liter Superbenzin mit € 1,65 an-

nehmen, weil er aktuell je nach Tankstelle in Deutschland für € 1,62 bis € 1,68 erstanden werden kann.
– Können Sie eine Lösung für bestimmte Spezialfälle oder mit konkreten Zahlenwerten finden?

Führen Sie den Plan durch – Jetzt geht's aufs Ganze!

Wahrscheinlich haben Sie sich während der Suche nach dem Plan schon einige Notizen angefertigt. Jetzt geht es darum, dass Sie diese Notizen zu einer belastbaren Lösung zusammenfügen, also zu einem korrekten mathematischen Ergebnis, das auch kritischen Nachfragen standhalten kann.

Folgendes Vorgehen ist hilfreich:

■ Greifen Sie auf die Mathematik zurück, wie sie beispielsweise in den nachfolgenden Kapiteln dieses Buches dargestellt ist, und wenden Sie die jeweiligen Methoden und Werkzeuge an. Hierzu in den einzelnen Kapiteln mehr!
■ Prüfen Sie jeden einzelnen Lösungsschritt, ob er einleuchtend ist, ob die so entstehende Argumentation lückenlos ist und richtig erscheint, oder ob sie einige Stellen enthält, die nicht „wasserdicht" oder unklar oder vielleicht nicht detailliert genug sind und daher Nacharbeit erfordern.
■ Führen Sie möglicherweise erforderliche Nacharbeiten durch. Nicht verzweifeln, falls Sie nicht zu einer Lösung kommen! Setzen Sie erneut bei Ihrem Plan an. Vielleicht war er doch nicht so gut wie gedacht. Vielleicht erkennen Sie jetzt auch seine Schwachstellen und können ihn so verbessern, dass seine Ausführung Sie am Ende doch zu einem guten Ergebnis führt. Scheuen Sie sich nicht, Rat bei anderen einzuholen!

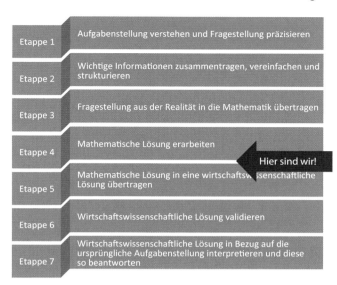

Abb. 1.11 Vier Etappen sind geschafft

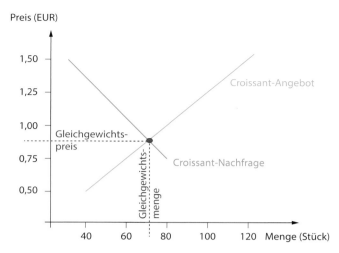

Abb. 1.12 Lösungsidee zur „Croissant-Aufgabe"

Zusammenfassung

Hurra! Jetzt ist auch Etappe 4 des Modellierungs- und Argumentationszyklus durchschritten (s. Abb. 1.11)! Sie haben eine mathematische Lösung unserer Aufgabenstellung gefunden und diese auf Herz und Nieren geprüft. Herzlichen Glückwunsch! Jetzt geht es darum, die Lösung aus der Mathematik in die Welt zurückzutransformieren, damit auch Frau Müller eine Antwort auf ihre Frage bekommt.

Kommen wir damit wieder zur „Geräumten Bäckerei" zurück. Sie erinnern sich, dass wir Angebot und Nachfrage hinsichtlich der Croissants als Tab. 1.5 und 1.6 vorliegen haben und den Gleichgewichtspreis für die Croissants suchen.

Wahrscheinlich kommen Ihnen die Aufgabe und ein möglicher Weg zu ihrer Lösung aus mathematischer Sicht durchaus bekannt vor. Vielleicht ist es aber auch so, dass Sie die **Lösungsidee** durch **scharfes Hinsehen** sofort erkennen können: Der gesuchte Gleichgewichtspreis ist der Verkaufspreis, für den Angebot und Nachfrage übereinstimmen. Er ergibt sich damit als Preis-Koordinate des Schnittpunktes der Angebots- mit der Nachfragelinie (s. Abb. 1.12). Diese beiden Linien ergeben sich wiederum aus den Tab. 1.5 und 1.6.

Gut zu wissen

Achten Sie hier bitte darauf, wie die Achsen in Abb. 1.12 beschriftet sind: Die Menge der hergestellten Croissants wird auf der *x*-Achse aufgetragen, der Stückpreis auf der *y*-Achse des Koordinatensystems. ◄

Aus Abb. 1.12 können wir den Gleichgewichtspreis mit knapp € 0,90 ablesen. Die Gleichgewichtsmenge liegt dann etwa bei 70 Stück. Damit haben wir bereits eine Näherungslösung für Frau Müllers Fragestellung!

Wir können die Aufgabe aber auch exakt lösen. Unser Plan dazu ergibt sich aus Abb. 1.12: Offenbar handelt es sich bei der Angebots- und der Nachfragekurve jeweils um einen Teil einer Geraden. Mit den Werten der Tab. 1.5 und 1.6 können wir die Geradengleichungen bestimmen und anschließend den Schnittpunkt beider Geraden berechnen.

Führen wir diesen Plan aus!

Als Erstes nutzen wir die Empfehlung, mathematische Bezeichnungen zu verwenden. Wir bezeichnen den Angebotspreis (zu dem Frau Müller anbietet) mit P_A und den Nachfragepreis (zu dem die Kunden jeweils eine bestimmte Nachfrage haben) mit P_N sowie die jeweilige Croissant-Menge mit m. Dann gilt:

$$P_A = \frac{0{,}50\,\text{EUR}}{40} * m \tag{1.1}$$

und

$$P_N = 1{,}75\,\text{EUR} - \frac{0{,}25\,\text{EUR}}{20} * m . \tag{1.2}$$

Zur Erklärung: Wir ermitteln diese Geradengleichungen (!) mittels der sogenannten Zwei-Punkte-Form der Geradengleichung:

$$y = \frac{y_2 - y_1}{x_2 - x_1} + \frac{x_2 \cdot y_1 - x_1 \cdot y_2}{x_2 - x_1} . \tag{*}$$

Die zur Bestimmung der Geradengleichungen erforderlichen Punkte erhalten wir aus den Tab. 1.5 und 1.6.

Beginnen wir mit P_A: Der Einfachheit halber nehmen wir das erste und das dritte Zahlenpaar aus Tab. 1.5, also $(40, 0{,}50)$ und $(80, 1{,}00)$ (bitte hier beachten, dass die Menge der *x*-Koordinate entspricht und der Preis der *y*-Koordinate). Einsetzen in (*) liefert:

$$P_A = \frac{0{,}50\,\text{EUR}}{40} * m + \frac{80 \cdot 0{,}50\,\text{EUR} - 40 \cdot 1{,}00\,\text{EUR}}{40} .$$

Der zweite Bruch ist gleich null. Damit erhalten wir sofort (1.1).

Nun zu P_N: Wir verwenden das erste und das zweite Zahlenpaar aus Tab. 1.6, also $(80, 0{,}75)$ und $(60, 1{,}00)$ (bitte hier wieder beachten, dass die Menge der x-Koordinate entspricht und der Preis der y-Koordinate). Einsetzen in (*) liefert:

$$P_N = \frac{0{,}25\,\text{EUR}}{-20} * m + \frac{60 \cdot 0{,}75\,\text{EUR} - 80 \cdot 1{,}00\,\text{EUR}}{-20}.$$

Der zweite Bruch ist gleich $1{,}75\,€$. Damit erhalten wir durch Umstellen der Reihenfolge der Terme sofort (1.2).

Im Gleichgewichtsfall stimmen P_A und P_N überein, d. h., es gilt

$$P_A = P_N. \qquad (1.3)$$

Mit (1.1)–(1.3) ist unser mathematisches Modell zur Aufgabenstellung „Geräumte Bäckerei" beschrieben!

Sei m_G die Gleichgewichtsmenge, also die Menge an Croissants, für die (1.3) gilt. Um m_G zu berechnen, setzen wir die rechte Seite von (1.1) und die rechte Seite von (1.2) entsprechend (1.3) gleich und erhalten

$$\frac{0{,}50\,\text{EUR}}{40} * m_G = 1{,}75\,\text{EUR} - \frac{0{,}25\,\text{EUR}}{20} * m_G. \qquad (1.4)$$

Auflösen von (1.4) nach m_G liefert:

$$m_G = 70. \qquad (1.5)$$

Einsetzen dieses Wertes in (1.1) liefert den gesuchten Gleichgewichtspreis P_G:

$$P_G = 0{,}875\,€. \qquad (1.6)$$

Setzen wir $m_G = 70$ zur Probe in (1.2) ein, erhalten wir dasselbe Ergebnis. Die Probe geht auf. Rechnerisch stimmen Angebot und Nachfrage damit bei einem Preis pro Croissant von $€\,0{,}875$ überein. Frau Müller kann dann 70 Croissants herstellen und anbieten, die vollständig aufgekauft werden.

Jetzt haben wir auch Etappe 4 des Modellierungs- und Argumentationszyklus erledigt! Wir kommen auf die Aufgabe später zurück!

─────────────── **Aufgabe 1.2** ───────────────

Unsere eingangs unter dem Stichwort „Maximale Produktionsmengen" formulierte zweite Aufgabe wirkt schon beim ersten Hinsehen mathematisch und formelmäßig. Wir können also vermuten, dass es hier wesentlich um das richtige Aufstellen der mengenmäßigen Beziehungen und deren geeignete Auswertung geht.

Aus den gegebenen Zusammenhängen können wir folgende Gleichungen als vorgegebene Bedingungen ableiten:

$$24t\,W_1 = 2t\,S_1 + 6t\,S_2 + 4t\,S_3$$
$$+ 12t\ \text{Basisflüssigkeit} \qquad (1.7)$$

$$18t\,W_2 = 1t\,S_1 + 2t\,S_2 + 6t\,S_3$$
$$+ 9t\ \text{Basisflüssigkeit} \qquad (1.8)$$

$$36t\,W_3 = 6t\,S_1 + 8t\,S_2 + 4t\,S_3$$
$$+ 18t\ \text{Basisflüssigkeit} \qquad (1.9)$$

Dabei ist unsere **Annahme, dass die Masse eines Weichspülers gleich der Masse aller seiner Inhaltsstoffe ist**, dass es also beispielsweise keine chemische Reaktion im Herstellungsprozess der Weichspüler gibt, die zur Erhitzung und damit zum Verdampfen der zugegebenen Basisflüssigkeit führt.

Gleichungen (1.7)–(1.9) liefern uns die Mengen der Substanzen S_1 und S_2 sowie S_3, um 24 Tonnen bzw. 18 Tonnen bzw. 36 Tonnen des jeweiligen Weichspülers herstellen zu können.

Gesucht sind die Gesamtmengen (in Tonnen) von S_1 und S_2 sowie S_3, um 144 Tonnen jedes Weichspülers produzieren zu können. Diese Mengen nennen wir s_1 und s_2 sowie s_3.

Dazu schauen wir uns die linken Seiten von (1.7)–(1.9) genau an (**Methode „Scharfes Hinsehen"**) und stellen fest, dass 24 und 18 sowie 36 ganzzahlig in 144 enthalten sind – nämlich sechs bzw. acht bzw. vier Mal! Damit sind wir unserer gesuchten Lösung aber schon ganz nahe: Wir brauchen (1.7)–(1.9) nur auf beiden Seiten mit diesen Faktoren zu multiplizieren und dann die zu den Substanzen S_1 und S_2 sowie S_3 gehörenden Mengen zu summieren. Führen wir beide Schritte nacheinander ergänzt um einen Zwischenschritt durch. Erst die Multiplikation:

$$144t\,W_1 = 6*(2t\,S_1 + 6t\,S_2 + 4t\,S_3$$
$$+ 12t\ \text{Basisflüssigkeit}) \qquad (1.7')$$

$$144t\,W_2 = 8*(1t\,S_1 + 2t\,S_2 + 6t\,S_3$$
$$+ 9t\ \text{Basisflüssigkeit}) \qquad (1.8')$$

$$144t\,W_3 = 4*(6t\,S_1 + 8t\,S_2 + 4t\,S_3$$
$$+ 18t\ \text{Basisflüssigkeit}) \qquad (1.9')$$

Jetzt entfernen wir die Klammern in (1.7') bis (1.9') durch Ausmultiplizieren:

$$144t\,W_1 = 6*2t\,S_1 + 6*6t\,S_2 + 6*4t\,S_3$$
$$+ 6*12t\ \text{Basisflüssigkeit} \qquad (1.7'')$$

$$144t\,W_2 = 8*1t\,S_1 + 8*2t\,S_2 + 8*6t\,S_3$$
$$+ 8*9t\ \text{Basisflüssigkeit} \qquad (1.8'')$$

$$144t\,W_3 = 4*6t\,S_1 + 4*8t\,S_2 + 4*4t\,S_3$$
$$+ 4*18t\ \text{Basisflüssigkeit} \qquad (1.9'')$$

Unsere Methode „Scharfes Hinsehen" lässt erkennen, dass die erforderlichen Mengen der Substanzen S_1 und S_2 sowie S_3 „spaltenweise" untereinander in (1.7'') bis (1.9'') notiert sind. Die insgesamt erforderlichen Mengen erhalten wir damit durch „spaltenweise" Addition (bitte beachten Sie die zur Verdeutlichung gewählten Farben):

$$s_1 = 6*2 + 8*1 + 4*6 = 44 \qquad (1.10)$$

$$s_2 = 6*6 + 8*2 + 4*8 = 84 \qquad (1.11)$$

$$s_3 = 6*4 + 8*6 + 4*4 = 88 \qquad (1.12)$$

Damit haben wir nicht nur einen Lösungsansatz für Frau Müllers Fragestellung gefunden, sondern können ihr auch gleich die Antwort geben, dass *Wunderrein* 44/84/88 Tonnen der Substanzen $S_1/S_2/S_3$ vorrätig haben muss, um jeweils 144 Tonnen Weichspüler W_1 und W_2 sowie W_3 herstellen zu können.

Dieses Ergebnis klingt sicher plausibel. Gleichwohl sollten wir es noch prüfen, damit wir uns und auch Frau Müller von unserer Lösung überzeugen können. Die Frage ist, ob wir mit den gefundenen Mengen der Substanzen $S_1/S_2/S_3$ tatsächlich $3 * 144\,t = 432\,t$ Weichspüler herstellen können. Schauen wir dazu noch einmal auf das Rezept für die Weichspüler: Eine Hälfte jedes Weichspülers besteht aus der Basisflüssigkeit, die andere Hälfte aus den Substanzen $S_1/S_2/S_3$. Wenn wir wie errechnet 44/84/88 Tonnen der Substanzen $S_1/S_2/S_3$ vorrätig haben, können wir daraus also $2*(44+84+88)t = 2*216\,t = 432\,t$ Weichspüler herstellen – und das ist genau die gewünschte Menge! Damit haben wir tatsächlich eine Lösung, und unsere Aufgabe ist geschafft!

1.7 Empfehlungen für die Arbeitsschritte 5–7: Wie wir unsere Lösung wirtschaftswissenschaftlich interpretieren, stichhaltig begründen und erklären können

Wir haben jetzt auch Etappe 4 des Modellierungs- und Argumentationszyklus erfolgreich abgeschlossen. Damit liegt eine mathematische Lösung für unsere ursprüngliche reale Aufgabenstellung vor. Es geht nun darum, diese mathematische Lösung aus wirtschaftswissenschaftlicher Sicht zu prüfen, sie wirtschaftswissenschaftlich erklären und „verteidigen" zu können sowie das mathematische Ergebnis auf diese Weise in die reale Welt zu übertragen (Etappen 5–7 des Modellierungs- und Argumentationszyklus).

Wie wichtig dieser Teil unseres Lösungsweges ist, wird nicht zuletzt anhand der Meldung „Ein folgenschwerer Rechenfehler – Peinliche Panne bedeutender US-Ökonomen weckt Zweifel am strengen Sparkurs der Euro-Länder" der Berliner Zeitung vom 19. April 2013 ersichtlich.

Beispiel

Im Jahr 2010 kamen die Harvard-Ökonomen Carmen Reinhart und Kenneth Rogoff aufgrund der Analyse von Daten verschiedener Länder über Jahre hinweg zu dem Schluss: Wenn die Schuldenquote eines Staates 90 % erreicht, d. h., wenn die Staatsverschuldung 90 % der Wirtschaftsleistung des Staates, also seines Bruttoinlandsprodukts (BIP), ausmacht, schrumpft das BIP im Durchschnitt um 0,1 % pro Jahr. Das bedeutet, dass mehr Staatsschulden das Wirtschaftswachstum zumindest dann bremsen werden und eben nicht mehr fördern können, wenn die Verschuldung die 90 %-Marke erreicht hat. In diesem Fall hilft nur noch Sparen. „Die US-Republikaner legten daraufhin Budgetpläne mit strengen Ausgabenkürzungen

vor. Und nun will auch das Bundesfinanzministerium laut Medienberichten auf dem anstehenden G20-Gipfel die Staaten dazu bringen, sich mittelfristig auf eine Senkung der Schulden auf die magische Grenze von 90 % des Bruttoinlandsprodukts (BIP) zu beschränken" (Berliner Zeitung 2013).

Jetzt sieht es allerdings so aus, dass sich Rogoff und Reinhart verrechnet und signifikante Fehler fabriziert haben. In einer neuen Studie der Universität Massachusetts-Amherst werden Rogoff und Reinhart drei Fehler vorgeworfen. Sobald man diese beseitigt, „... zeige sich: Die Wirtschaft von Ländern mit mehr als 90 % Staatsschulden schrumpfte nicht durchschnittlich um 0,1 %, sondern wuchs um 2,2 %" (Berliner Zeitung 2013). Worin liegen nun diese drei Fehler?

„Der erste ist besonders peinlich: durch einen Tipp-Fehler in der Excel-Formel wurden fünf Länder in der Auswertung nicht berücksichtigt: Australien, Österreich, Kanada, Dänemark und Belgien – ein Land, dessen Wirtschaft trotz hoher Schulden kräftig wuchs" (Berliner Zeitung 2013).

„Noch bedeutsamer war der zweite Fehler: Rogoff und Reinhart gewichteten alle untersuchten Länder gleich. So zum Beispiel Großbritannien und die USA. Die britische Wirtschaft wuchs trotz Schuldenquote über 90 % allerdings um 2,4 % pro Jahr, widersprach mithin den Forschungsergebnissen. Die US-Wirtschaft hingegen schrumpfte. Da die Datenreihe für Großbritannien 19 Jahre umfasste, die für die USA allerdings nur vier Jahre, hätte man Großbritannien höher gewichten müssen – was Rogoff und Reinhart jedoch nicht taten.

Drittens klammerten die Harvard-Ökonomen bestimmte Länder in bestimmten Jahren aus ihrer Studie aus: Australien, Kanada und Neuseeland. Das verzerrte das Ergebnis. So flossen zum Beispiel Daten Neuseelands aus dem Jahr 1951 in die Studie ein. Damals hatte das Land eine Schuldenquote über 90 % der Wirtschaftsleistung, die Wirtschaft schrumpfte um 7,6 %. Nicht berücksichtigt wurden jedoch die Jahre 1946 bis 1949, als die Wirtschaft Neuseelands trotz hoher Schulden stark wuchs. Rechnet man diese Jahre mit ein, so kam das Land auf ein Wirtschaftswachstum von durchschnittlich 2,6 % – und nicht auf ein Minus von 7,6 %" (Berliner Zeitung 2013).

Im Gegensatz zu Rogoff und Reinhart ziehen die Ökonomen der Universität Massachusetts-Amherst den Schluss, dass die Wirtschaft im Falle hoher Schulden schwächer wächst als bei geringeren Schulden, dass sie aber eben wächst und nicht schrumpft!

Rogoff und Reinhart wiederum haben den ersten Fehler in der Zwischenzeit eingestanden und ihre Resultate ansonsten verteidigt. Letztlich „... zeigen die Ergebnisse nur: Es gibt beides – niedrige Schulden und geringes Wachstum wie auch hohe Schulden und hohes Wachstum" (Berliner Zeitung 2013).

Finnland	56,9
Österreich	74,2
Deutschland	80,4
Spanien	91,8
Frankreich	92,7
Portugal	122,3
Italien	130,6
Griechenland	179,5
Durchschnitt Euro-Zone	95,0
Großbritannien	93,6
USA	108,1
Japan	245,4

Abb. 1.13 Bruttostaatsverschuldung in Prozent der Wirtschaftsleistung, Prognose für 2013. Nach Berliner Zeitung (2013)

◄

Interpretieren, Begründen und Erklären der mathematischen Lösung sind mindestens genauso wichtig wie die vorangehenden Etappen des Modellierungs- und Argumentationszyklus. Denn jetzt geht es darum, nachzuweisen, dass wir wirklich eine Lösung der vorgegebenen Aufgabenstellung gefunden haben und dass unsere Arbeit und die Anstrengungen bis hierhin nicht vergeblich waren. In unserem eigenen Interesse lohnt sich also, auch hier sorgfältig vorzugehen und unsere bisherigen Leistungen auf einem guten Weg entlang der Etappen 5–7 zu krönen.

Dieser Weg kann natürlich noch einmal beschwerlich sein. Denken Sie daran, dass der Abstieg von einem Berg oft mehr Muskelkraft und Konzentration fordert als der Aufstieg. Gleichwohl können wir selbstbewusst voranschreiten. Denn immerhin haben wir ja die Etappen 1–4 erfolgreich bewältigt! Außerdem können wir uns auch jetzt einiger „Leitplanken" bedienen, die uns helfen, den richtigen Weg zu finden und auf diesem zu bleiben.

Interpretieren Sie – Verlassen Sie die Mathematik und drücken Sie das gefundene mathematische Ergebnis in der Sprache der Wirtschaftswissenschaft aus!

Jetzt geht es einerseits darum festzustellen, ob das mathematische Resultat überhaupt in den betrachteten wirtschaftswissenschaftlichen Kontext transformiert und in dessen Sprache formuliert werden kann. Andererseits geht es genau darum, das mathematische Resultat in das passende wirtschaftswissenschaftliche Ergebnis zu übersetzen.

Dies kann mithilfe der folgenden Fragen geschehen:

■ Können Sie das gefundene Ergebnis wirtschaftswissenschaftlich ausdrücken? Können Sie die Lösung also mit den zur Aufgabenstellung passenden wirtschaftswissenschaftlichen Begriffen beschreiben? – Falls das nicht geht:
  – Was fehlt?
  – Was passt nicht?
  – Was können Sie tun, um zu einer wirtschaftswissenschaftlichen Formulierung Ihres mathematischen Ergebnisses zu kommen?

■ Können Sie feststellen, ob das durch Transformation gewonnene wirtschaftswissenschaftliche Ergebnis überhaupt sinnvoll ist? Beispielsweise kann es sein, dass die berechneten Gehälter für die Mitarbeiter einer Unternehmung zu gering oder Amortisationszeiten für Investitionen zu lang oder zu kurz sind. – Fragen Sie vor allem nach möglichen Ursachen, falls Ihnen Ihr Ergebnis nicht überzeugend erscheint:
  – Liegt ein falsches mathematisches Ergebnis vor?
  – Sind Sie eventuell von falschen Voraussetzungen, Bedingungen oder Überlegungen ausgegangen?
  – Haben Sie sich vielleicht Fehler beim Interpretieren der mathematischen Lösung, also beim Übersetzen in die wirtschaftswissenschaftliche Sprache, eingehandelt?
  – Was können Sie tun, um zu einem sinnvollen Ergebnis zu kommen?

■ Können Sie feststellen, ob das durch Transformation gewonnene wirtschaftswissenschaftliche Ergebnis eine Antwort auf die wirtschaftswissenschaftliche Fragestellung liefert? Beispielsweise ist es denkbar, dass Sie keine Lösung der wirtschaftswissenschaftlichen Aufgabenstellung erhalten, weil sie mathematische Annahmen treffen mussten, die nicht zur wirtschaftswissenschaftlichen Aufgabe passen. Eine solche Annahme kann darin bestehen, dass Sie einen gleichmäßigen Verbrauch von Medikamenten pro Tag angesetzt haben, um mit linearen Funktionen rechnen zu können, dass die Arzneien aber jahreszeitlich oder bei Epidemien unterschiedlich stark nachgefragt werden (so sind Erkältungspräparate im Winter deutlich stärker gefragt als im Sommer; ebenso, wie Impfstoffe gegen Vogelgrippe insbesondere im Falle drohender Ansteckungen besonders nachgefragt werden). – Fragen Sie nach den Ursachen, falls das wirtschaftswissenschaftliche Ergebnis keine Antwort auf die wirtschaftswissenschaftliche Aufgabenstellung liefert:
  – Warum ist das wirtschaftswissenschaftliche Ergebnis keine Antwort auf die wirtschaftswissenschaftliche Aufgabenstellung?
  – Was wird beantwortet?
  – Was wird nicht beantwortet?
  – Was können Sie tun, um zu einem sinnvollen Ergebnis zu kommen?

Begründen Sie das wirtschaftswissenschaftliche Ergebnis stichhaltig – Überzeugen Sie sich selbst!

Jetzt geht es darum festzustellen, ob das wirtschaftswissenschaftliche Resultat in sich schlüssig (valide) ist. Die Kernfrage ist, ob Sie sich selbst Ihrer Lösung sicher sind. Erst dann lohnt es sich, Frau Müller das Ergebnis vorzustellen.

Wir empfehlen Ihnen folgendes Vorgehen zur Prüfung, ob Sie schlüssig gearbeitet und ein schlüssiges wirtschaftswissenschaftliches Ergebnis erhalten haben:

■ Können Sie Ihre wirtschaftswissenschaftliche Argumentationskette und damit das gefundene wirtschaftswissenschaftliche Resultat Schritt für Schritt nachvollziehen? – Fragen Sie in Anlehnung an die weiter oben genannten vier Kriterien, ob es sinnvoll und lohnenswert ist, mit einem bestimmten Modell zu arbeiten, konkret: Ist die wirtschaftswissenschaftliche Argumentationskette

– richtig (besteht sie nur aus korrekten Einzelschritten),
– zulässig (baut sie also nur auf den vorgegebenen Annahmen und Bedingungen sowie auf richtigen Sachverhalten auf, die regelkonform „kombiniert" werden),
– vollständig (lückenlos) und
– zweckmäßig (so einfach wie möglich, d. h. ohne unnötige Umwege in der Argumentation)?
■ Falls die Argumentationskette diesbezüglich Schwachstellen hat, helfen folgende Fragen:
 – Was fehlt?
 – Was passt nicht?
 – Was können Sie tun, um zu einer einleuchtenden Begründung und einem passenden Ergebnis zu kommen?

Wie immer im Leben gilt auch hier, dass eine Lösung nur so stark wie ihr schwächstes Glied ist. Daher ist es auch hier notwendig, dass die einzelnen Schlussfolgerungen **regelkonform** sind. Konkret heißt dies, dass die gesamte Argumentation den **Regeln der Logik folgen** muss.

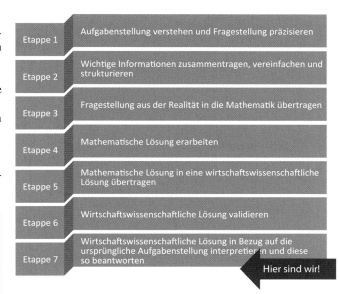

Abb. 1.14 Alle sieben Etappen sind geschafft

Erklären Sie das wirtschaftswissenschaftliche Resultat – Überzeugen Sie Frau Müller!

Jetzt geht es also darum, dass Frau Müller das Resultat versteht und als eine Lösung ihrer ursprünglichen Fragestellung erkennt und akzeptiert.

Konkret geht es um die Beantwortung des folgenden Fragenkomplexes:

■ Können Sie Frau Müller das jetzt vorliegende validierte wirtschaftswissenschaftliche Resultat in ihrer Sprache erläutern und plausibel machen und ihr so die eigentliche Fragestellung beantworten?
 – Können Sie ihr das Ergebnis und jeden einzelnen Schritt der Lösung begreiflich machen?
 – Hat sie Rückfragen?
 – Sind diese gerechtfertigt?
 – Können Sie die Rückfragen beantworten, oder bleiben offene Punkte im Raum stehen?
 – Ist die Erklärung lückenlos, oder enthält sie einige Stellen, die nicht „wasserdicht" oder unklar oder vielleicht nicht detailliert genug ausgearbeitet sind?
■ Haben Ihre Ausführungen diesbezüglich Schwachstellen? Falls ja, helfen folgende Fragen weiter:
 – Was fehlt?
 – Was passt nicht?
 – Was können Sie tun, um zu einer einleuchtenden Begründung und einem passenden Ergebnis zu kommen?

Zusammenfassung

Jetzt ein doppeltes oder dreifaches Hurra! Nun sind auch die Etappen 5–7 des Modellierungs- und Argumentationszyklus erledigt (s. Abb. 1.14)! Sie haben eine reale Lösung der realen Aufgabenstellung erarbeitet. Diese Lösung ist aus wirtschaftswissenschaftlicher Sicht in sich schlüssig

und wurde von Frau Müller akzeptiert! Herzlichen Glückwunsch!

Wenn der Aufgabensteller die erarbeitete Lösung als richtig und zur ursprünglichen Aufgabe passend akzeptiert hat, sind wir mit der eigentlichen Arbeit fertig. Vielfach haben wir den Wunsch, diese Aufgabe damit auch zur Seite zu legen und nicht mehr betrachten zu müssen. So verständlich dieses Anliegen ist, so dringend empfehlen wir, sich ausreichend Zeit für eine Rückschau auf die Arbeit zu nehmen. Dieser Rückblick sollte dazu dienen, über das nachzudenken, was wir getan und durch das Lösen der Aufgabe gelernt haben. Dadurch können wir unsere (mathematische) Intuition schärfen und unser Lösungsrepertoire für mathematisch zu lösende wirtschaftswissenschaftliche Aufgaben Schritt für Schritt erweitern.

Blicken Sie zurück – Saugen Sie den Honig aus Ihrer Arbeit!

Jetzt geht es darum, die geleistete Arbeit und deren Ergebnis in Bezug auf spätere Wiederverwendung zu untersuchen und damit die eigenen Lösungsfähigkeiten für die Zukunft auszubauen.

Für den Rückblick erweisen sich die folgenden Fragen als sehr nützlich (s. beispielsweise Houston (2012), S. 58 ff.):

■ Gibt es eine andere – vielleicht bessere – Lösung?
 – Können Sie das gesuchte Ergebnis auf einem anderen Weg finden?
 – Gibt es eine Musterlösung?
 – Worin ähneln, worin unterscheiden sich die Lösungswege?
■ Gibt es Schwachpunkte in Ihrer Lösung?
 – Hat eine alternative Lösung weniger Schwachpunkte (oder etwa andere Schwächen)?

- Wie können Sie Ihre Lösung verbessern, möglicherweise vereinfachen?
- Können Sie Teile der Lösung sinnvoll zusammenfassen?
■ Welcher Lösungsweg eignet sich am besten für unsere Fragestellung?
  - Welche (mathematischen) Methoden und Werkzeuge wurden benutzt?
  - Wie wurden sie eingesetzt, und wie haben sie bei der Lösung der Aufgabe geholfen?
  - Wurden sie sogar mehrfach benutzt?
  - Lassen sich das Ergebnis und der Lösungsweg wenigstens teilweise auf andere Fragestellungen übertragen und dort verwenden?
  - Lassen sich neue, Ihnen bisher unbekannte Vorgehensweisen aus der Lösung erkennen?

Beispiel

Kommen wir ein letztes Mal zur „Geräumten Bäckerei" zurück. Es geht jetzt darum, unser gewonnenes Ergebnis wirtschaftswissenschaftlich zu interpretieren, es stichhaltig zu begründen und Frau Müller im positiven Sinne von unserer Lösung zu überzeugen.

Die **wirtschaftswissenschaftliche Interpretation** haben wir letztlich schon im Zusammenhang mit Etappe 4 geliefert: Wenn Frau Müller den Gleichgewichtspreis $P_G = 0,875 \, €$ für ihre Croissants verlangt, kann sie hinsichtlich der Croissants eine „geräumte" Bäckerei erwarten, d. h., die Kunden werden so viele Croissants kaufen wie Frau Müller ausbringt – nämlich $m_G = 70$ Stück. Der Gleichgewichtspreis ist ein sinnvoller Preis!

Das Ergebnis erscheint in sich stimmig, da unsere Argumentation nachweislich fehlerfrei und das rechnerisch ermittelte Resultat fast identisch mit der Abschätzung ist, die wir bereits aus Abb. 1.12 abgeleitet haben.

Spätestens jetzt, da wir das Resultat Frau Müller erklären wollen, sind aber noch einige Gedanken erforderlich:

Natürlich kann Frau Müller die Croissants nicht zu einem Einzelpreis von € 0,875 anbieten (es gibt ja keine passenden Geldstücke zum Wechseln!). Wir können ihr beispielsweise € 0,88 als Einzelpreis empfehlen – ist ein sinnvoller Preis (da es passende Geldstücke gibt) und sieht außerdem gut aus.

Darüber hinaus ist es wichtig, Frau Müller auf die Grenzen unserer Überlegungen hinzuweisen. Wir wissen z. B. nicht, ob sich die Konsumenten wirklich so verhalten, wie wir es angenommen haben. Es kann sein, dass der Wunsch nach Croissants aufgrund einer französischen Fernsehserie eine Modeerscheinung ist, die mit dem Ende der Serie deutlich abebbt. Es kann auch sein, dass der Wunsch nach Croissants jahreszeitlich oder je nach Wochentag variiert (so werden samstags und sonntags vielleicht deutlich mehr Croissants gewünscht als in der Woche), oder, oder, oder.

Gleichwohl haben wir ein plausibles Ergebnis vorliegen, das Frau Müller ohne große Bedenken ausprobieren und in die Tat umsetzen kann. ◄

Aufgabe 1.3

Abbildung 1.1 zeigt uns, dass der ehemalige Logistikleiter von *Fahrschnell* von einem konstanten Verbrauch des jeweils betrachteten Elektronikbauteils ausgeht (sonst wäre die Verbrauchskurve nicht linear fallend). Außerdem erkennen wir, dass der ehemalige Logistikleiter einen Meldebestand betrachtet hat. Wenn dieser durch den Teileverbrauch erreicht ist, ist eine Nachbestellung auszulösen. Unter der Annahme, dass der Beschaffungszeitraum immer gleich lang ist, müsste die gewünschte Nachlieferung des Elektronikbauteils dann erfolgen, wenn der Lagerbestand gleich dem eisernen Bestand ist. Im Normalfall hat *Fahrschnell* damit immer eine Mindestmenge des Elektronikbauteils vorrätig, um auch dann noch eine gewisse Zeit produzieren zu können, wenn es zu Lieferverzögerungen kommt.

Wesentliche Stärken des Modells sind der Meldebestand und die eiserne Reserve. Damit sichert sich *Fahrschnell* schon recht gut ab, sodass es im Normalfall nicht zu Produktionsstopps wegen eines fehlenden Bauteils zu kommen braucht.

Denkbare Schwächen des Modells bestehen darin, dass der Verbrauch des jeweils betrachteten Elektronikbauteils als konstant und der Beschaffungszeitraum als immer gleich lang angenommen werden. Aufgrund unterschiedlichen Nachfrageverhaltens der Automobilhersteller etwa infolge von Rückrufaktionen oder saisonalen Schwankungen (Werksferien der Automobilhersteller oder Mehrverkäufe von Cabrios im Sommer im Vergleich zum Winter) kann es zu nennenswerten Nachfrageschwankungen kommen. Außerdem können äußere Einflüsse wie etwa Naturkatastrophen die Lieferung bestellter Bauteile verzögern oder gar für eine gewisse Zeit unmöglich machen (man denke an die entsprechenden Auswirkungen der Tsunami-Katastrophe von 2004).

Zusammenfassung

Wir empfehlen, wirtschaftswissenschaftliche Fragestellungen, die mit mathematischen Methoden und Werkzeugen gelöst werden sollen, entlang des oben dargestellten Modellierungs- und Argumentationszyklus in sieben Schritten zu bearbeiten. Je nach Arbeitsschritt schlagen wir vor, sich dabei von den ebenfalls oben aufgeführten Fragen und Anregungen etwa in Gestalt der genannten Heurismen leiten zu lassen. Tabelle 1.7 fasst die Empfehlungen zusammen.

Last but not least:

Blicken Sie zurück und verdeutlichen Sie sich, wie Sie die Aufgabe gelöst und was Sie durch das Lösen der Aufgabe gelernt haben.

Tab. 1.7 Lösen von wirtschaftswissenschaftlichen Aufgaben durch Modellieren und Argumentieren

Empfehlungen zur Lösung wirtschaftswissenschaftlicher Aufgaben mithilfe der Mathematik		
Arbeitsschritt	Was sollte getan werden?	Wie können Sie vorgehen?
1	Die gegebene reale (praktische) Aufgabenstellung ist zu verstehen und die Fragestellung sofern erforderlich zu präzisieren	Schreiben Sie den Aufgabentext auf. Fertigen Sie eine hierzu passende Skizze an
2	Die wichtigsten Informationen über die Fragestellung sind zusammenzutragen, soweit sinnvoll zu vereinfachen und dann zu strukturieren	Analysieren Sie den Aufgabentext. Arbeiten Sie die vorgegebenen Bedingungen und getroffenen Annahmen („was wir wissen") heraus, unter denen die Aufgabe zu lösen ist. Kristallisieren Sie das heraus, was wir wissen wollen (zu beantwortende Fragen, zu begründende Behauptungen oder zu erreichende Ziele). Markieren Sie die Bedingungen im Text und in der Skizze in blauer Farbe, die Annahmen in grüner und das, was wir wissen wollen, in roter Farbe
3	Das Realmodell aus Arbeitsschritt 2 ist in ein passendes mathematisches Modell zu überführen	Formulieren Sie den Aufgabentext mit mathematischen Begriffen, Bezeichnungen, Regeln, Sachverhalten etc. um. Übertragen Sie die mathematischen Bezeichnungen etc. in die Skizze. Prüfen Sie das so erhaltene (erste) mathematische Modell unserer Aufgabenstellung dahingehend, ob mit ihm sinnvoll gearbeitet werden kann. Es muss zulässig, richtig, vollständig und zweckmäßig sein
4	Ein mathematisches Resultat ist zu erarbeiten	Entwickeln Sie einen Plan, nach dem die mathematische Fragestellung bearbeitet und gelöst werden soll. Führen Sie den Plan durch. Prüfen Sie das Ergebnis
5	Das mathematische Resultat ist bezüglich des Realmodells zu interpretieren, sodass ein wirtschaftswissenschaftliches Resultat vorliegt	Drücken Sie das mathematische Resultat aus Arbeitsschritt 4 wirtschaftswissenschaftlich aus
6	Das wirtschaftswissenschaftliche Resultat ist zu validieren	Begründen Sie das wirtschaftswissenschaftliche Resultat stichhaltig
7	Das validierte Resultat ist zu interpretieren	Erklären Sie dem Aufgabensteller das wirtschaftswissenschaftliche Resultat

Mathematischer Exkurs 1.4: Was haben Sie gelernt?

In diesem Kapitel haben wir den Weg zum Lösen wirtschaftswissenschaftlicher Fragestellungen aus der Vogelperspektive betrachtet. Es ging uns dabei weniger um die eigentliche Fragestellung als vielmehr um einen systematischen Ansatz, wie Sie an derartige Aufgaben herangehen können.

Wir haben Ihnen dazu dargelegt, dass wirtschaftswissenschaftliche Probleme häufig den Einsatz mathematischer Methoden erfordern, dass sie dafür aber erst „aufgeschlossen" werden müssen: Wir müssen die wirtschaftswissenschaftliche Fragestellung in eine mathematische übersetzen, die mathematische Lösung ermitteln, diese anschließend in eine wirtschaftswissenschaftliche Antwort zurücktransformieren und uns spätestens am Ende des Wegs von der Stichhaltigkeit unseres Tuns überzeugen.

Dieses Vorgehen wird durch einen Modellierungs- und Argumentationszyklus mit sieben Etappen beschrieben. Im Idealfall durchschreiten Sie alle sieben Etappen nacheinander und kommen so zum gewünschten Ergebnis. In der Realität kann es aber oft so sein, dass Sie die Etappen nicht nacheinander durchlaufen können, sondern vielleicht mehrere Versuche unternehmen oder einzelne Etappen mehrfach durchlaufen müssen.

Auf jeder Etappe bieten sich einzelne Instrumente an, mit denen Sie und wir uns die Arbeit erleichtern und die Wahrscheinlichkeit, eine Lösung für die gegebene Aufgabe zu finden, deutlich erhöhen können.

Wir möchten Sie mit dem vorliegenden Kapitel in die Lage versetzt haben, wirtschaftswissenschaftliche Fragestellungen, die mathematisch bearbeitet werden müssen, mit dem richtigen Maß an Zuversicht und Selbstvertrauen angehen zu können. Der Modellierungs- und Argumentationszyklus sowie die Hilfsmittel je Etappe sollen Ihnen jetzt als echte Unterstützung beim Bearbeiten vorgegebener Aufgaben zur Verfügung stehen.

Wir hoffen, dass Sie ein erstes Gespür für diese Methoden und Werkzeuge entwickelt haben, sodass Sie in der Lage sind, diese Systematik oder Teile davon gezielt und mit Erfolg zum Lösen wirtschaftswissenschaftlicher Fragestellungen einzusetzen.

Wir hoffen auch, dass dieses Methoden- und Werkzeugrepertoire die erste Ausbaustufe Ihrer persönlichen Toolbox darstellt und dass Sie vielleicht auch ein bisschen Spaß haben werden, diese Toolbox für Ihre eigenen Belange zu erweitern. Dabei kann eine Internetrecherche zum Stichwort **Problemlösen** sehr hilfreich sein. Sie werden so auf weitere interessante Ansätze wie etwa das Konzept TRIZ zum Bearbeiten komplexer Fragestellungen stoßen.

Nicht jede Methodik passt auf jede Aufgabe. Nicht jede Methodik passt zu mathematisch orientierten Fragestellungen. Allen Ansätzen ist jedoch gemeinsam, dass sie uns helfen, unsere Problemlöseaktivitäten mit größerer Wahrscheinlichkeit, als es ohne sie der Fall wäre, in die richtige Richtung zu lenken, unsere Energie, Kraft und Zeit gezielt einzusetzen und nicht zuletzt die Frustration bei unseren Lösungsversuchen zu minimieren. Entsprechend hoffen wir, dass Sie die vorgestellten Hilfsmittel gerne und mit Überzeugung bei allen komplexeren Aufgaben in Ihrem Studium, Ihrer Praxis und nicht zuletzt in diesem Buch einsetzen wollen und können.

Mathematischer Exkurs 1.5: Dieses reale Problem sollten Sie jetzt lösen können

Das Unternehmen *California Ice Cream* befindet sich in der Vorgründungsphase. Die Geschäftsidee besteht darin, dass *California Ice Cream* zwanzig verschiedene Sorten Bio-Speiseeis mit außergewöhnlichen Geschmacksnoten produzieren und verkaufen möchte. Es ist ein Businessplan zu erstellen, um die Wirtschaftlichkeit von *California Ice Cream* zu ermitteln. Zehn der Eissorten (Gruppe 1) lassen sich zu jeweils 5 € je kg herstellen, die anderen zehn Sorten (Gruppe 2) zu jeweils 7 € je kg. Der Verkaufspreis für jede Sorte wird mit 11 € je kg festgelegt.

Aufgabe

Welchen jährlichen Gewinn erlöst *California Ice Cream*, wenn angenommen wird, dass sich jede Sorte gleich gut verkauft und dass es keine saisonalen Schwankungen gibt (Verkaufsmenge 200 kg je Sorte und je Monat)? Klären Sie die Bedingungen, Annahmen und Ziele dieser Aufgabe und versuchen Sie, einen Lösungsweg zu finden.

Lösungsvorschlag

Wir haben versucht, die beschriebene Situation in Abb. 1.15 zu skizzieren.

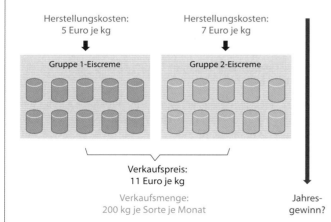

Abb. 1.15 Herstellung und Verkauf von *California Ice Cream*

Nach unseren Vorschlägen sind die Bedingungen (Vorgaben) aus dem Text herauszulesen und in blauer Farbe zu notieren.

Wenn wir die Aufgabe durchgehen, erkennen wir folgende Bedingungen:

Es werden zwanzig verschiedene Sorten Eis hergestellt.

Zehn Sorten gehören zur Gruppe 1.

Zehn Sorten gehören zur Gruppe 2.

Herstellungskosten für jede Gruppe 1-Sorte: 5 € je kg.

Herstellungskosten für jede Gruppe 2-Sorte: 7 € je kg.

Verkaufspreis für jede Sorte: 11 € je kg.

Weiterhin enthält der Text folgende Annahme:

Verkaufsmenge je Sorte je Monat: 200 kg

Die Aufgabe soll eine Teilantwort im Rahmen der Erstellung des Businessplans von *California Ice Cream* liefern. Konkret hat sie folgendes Ziel:

Ermittlung des jährlichen Gewinns von *California Ice Cream*

Lassen Sie uns den Lösungsweg anhand unseres Modellierungs- und Argumentationszyklus erarbeiten! Indem wir Bedingungen, Annahme und Ziel bereits ermittelt haben, haben wir schon die Etappen 1 und 2 erledigt. Die Aufgabe ist verstanden, die wichtigsten Informationen sind zusammengetragen, und es liegt ein Realmodell unserer Aufgabe vor. Dieses müssen wir nun in ein mathematisches Modell überführen. Wir verwenden dazu folgende Bezeichnungen:

h_1: Herstellungskosten für jede Gruppe-1-Sorte
h_2: Herstellungskosten für jede Gruppe-2-Sorte
v: Verkaufspreis für jede Sorte
m: Verkaufsmenge je Sorte je Monat
G: Jahresgewinn
E: Jahreseinnahmen
K: Jahreskosten.

Der Jahresgewinn lässt sich aus den Jahreseinnahmen vermindert um die Jahreskosten berechnen:

$$G = E - K. \tag{*}$$

Die Jahreseinnahmen ergeben sich zu

$$E = 12 \cdot 20 \cdot m \cdot v = 240 \cdot m \cdot v, \tag{**}$$

da über zwölf Monate zwanzig Sorten Eis mit konstanter Menge m je Monat und Sorte und jeweils gleichem Verkaufspreis v je Sorte verkauft werden sollen.

Die Jahreskosten ergeben sich zu

$$K = 12 \cdot 10 \cdot m \cdot h_1 + 12 \cdot 10 \cdot m \cdot h_2 = 120 \cdot m \cdot (h_1 + h_2), \quad (***)$$

da über zwölf Monate zwei Gruppen mit jeweils zehn Sorten Eis mit Herstellungskosten h_1 bzw. h_1 fabriziert werden. Die drei Gleichungen (*) bis (***) stellen das gesuchte mathematische Modell und damit das Ende von Etappe 3 des Modellierungs- und Argumentationszyklus dar. Nun können wir das mathematische Resultat erarbeiten (Etappe 4), indem wir (**) und (***) in (*) einsetzen:

$$G = 240 \cdot m \cdot v - 120 \cdot m \cdot (h_1 + h_2).$$

Unter Verzicht auf die Maßeinheiten (€, kg, €/kg) erhalten wir daraus mit den Werten aus den Bedingungen und unserer Annahme:

$$\begin{aligned} G &= 240 \cdot 200 \cdot 11 - 120 \cdot 200 \cdot (5 + 7) \\ &= 528.000 - 288.000 = 240.000. \end{aligned}$$

Dieses Ergebnis können wir wirtschaftswissenschaftlich interpretieren (Etappe 5): Mit $G = 240.000\,€$ liegt eine Antwort auf die Frage nach dem Jahresgewinn vor. Dieses Ergebnis erscheint mit Blick auf die Bedingungen und die Annahme valide (Etappe 6) und lässt sich wie folgt interpretieren (Etappe 7): *California Ice Cream* kann mit einem Jahresgewinn von $G = 240.000\,€$ rechnen.

Mathematischer Exkurs 1.6: Übungsaufgaben

1. Optimale Bestellmenge

Aufgabe

Interpretieren Sie Abb. 1.2. Gehen Sie dazu auf jeden einzelnen Graphen ein und machen Sie sich das Zusammenwirken von Bestell- und Lagerkosten deutlich.

Lösungsvorschlag

Abbildung 1.2 zeigt, dass die Lagerkosten linear (genauer: sogar proportional) mit der eingelagerten Menge des betrachteten Gutes (z. B. des Erkältungsmittels) wachsen. Dies erscheint plausibel, da sich ja der Platzbedarf im Lager verdoppelt/verdreifacht/vervierfacht/..., wenn sich die eingelagerte Menge verdoppelt/verdreifacht/vervierfacht/..., und in diesem Fall die doppelte/dreifache/vierfache/... Miete für den Lagerplatz zu zahlen ist, der doppelte/dreifache/vierfache/ ... Aufwand für das Einlagern der Menge und für deren Entnahme aus dem Lager zu kalkulieren sind etc.

Abbildung 1.2 zeigt weiterhin, dass die Bestellkosten mit der Bestellmenge sinken. Dies kann beispielsweise damit erklärt werden, dass eine größere Anlieferung nur eine Anfahrt der Spedition verlangt, mehrere kleinere Liefermengen aber mehrmals diese Anfahrt erfordern.

Der Graph „Bestellkosten + Lagerkosten" kommt dadurch zustande, dass die Graphen „Bestellkosten" und „Lagerkosten" addiert werden, d. h., es werden die für jede Bestellmenge anfallenden Bestellkosten und die für diese Bestellmenge anfallenden Lagerkosten addiert und in das Koordinatensystem eingetragen. Wir erkennen, dass der Graph bei x_0 ein Minimum durchläuft. Dies bedeutet, dass x_0 die gesuchte optimale Bestellmenge ist, denn für x_0 nehmen die anfallenden Kosten den geringsten Wert an. Dieses Resultat lässt

sich rechnerisch mit Mitteln der Differenzialrechnung bestimmen. Wir kommen darauf zurück.

2. Tunnellänge

Aufgabe

Die Papierfabrik *Paper Production* liegt am Platz B im historischen Ort HO. Lkw können sie nur erreichen, indem sie 4 km über die AC-Straße und 3 km über die CB-Straße fahren. Beide Straßen stoßen bei C im rechten Winkel aufeinander. Die AC-Straße führt fast vollständig durch den denkmalgeschützten Stadtkern. Daher gibt es Planungen, einen Straßentunnel unter HO zu errichten, der direkt von A nach B führt. Jeder Tunnelkilometer schlüge mit 6.000.000 € zu Buche. Welche Gesamtkosten sind zu erwarten?

Lösungsvorschlag

Wir gehen wieder entsprechend unserem Modellierungs- und Argumentationszyklus vor (ohne diesmal aber die einzelnen Etappen zu benennen) und verdeutlichen uns die gegebene Situation anhand von Abb. 1.16. Darin haben wir die Bedingungen und die infrage stehende Tunnelsituation bereits mit den dafür empfohlenen Farben dargestellt.

Um die voraussichtlichen Kosten K für den Straßentunnel ermitteln zu können, müssen wir die Länge des Tunnels bestimmen. Die Kosten ergeben sich dann als Produkt aus der Länge l des Tunnels in Kilometern multipliziert mit dem Preis p je Tunnelkilometer: $K = l * p$. Der Preis p ist gegeben. Es gilt $p = 6.000.000\,€/\text{km}$. Wir müssen also die Tunnellänge l ermitteln. Ein Blick auf Abb. 1.16 zeigt, dass die beschriebene Straßensituation einem rechtwinkligen Dreieck entspricht. Der Tunnel ist die Hypotenuse AC

dieses Dreiecks ABC. Aus dem Satz des Pythagoras folgt $l^2 = \overline{AC}^2 + \overline{CB}^2$, wenn wir die Länge der Strecke zwischen A und C mit $\overline{AC}$ und entsprechend die Länge der Strecke zwischen C und B mit $\overline{CB}$ bezeichnen. Wegen $\overline{AC} = 4\,\text{km}$ und $\overline{CB} = 3\,\text{km}$ erhalten wir $l^2 = 25\,\text{km}^2$ und damit $l = 5\,\text{km}$. Der Straßentunnel müsste also $5\,\text{km}$ lang werden. Die Kosten für diesen Bau betrügen $K = l * p = 5\,\text{km} * 6.000.000\,\text{€/km} = 30.000.000\,\text{€}$, d. h., es müssten 30 Mio. € investiert werden, um den historischen Stadtkern von HO untertunneln zu können.

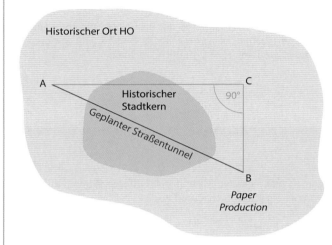

Abb. 1.16 Straßentunnel im historischen Ort HO

3. Handel mit neuen Mobiltelefonen

Aufgabe

Die uns aus früheren Aufgaben bekannte Frau Müller hat sich zwischenzeitlich selbstständig gemacht und handelt mit neuen Mobiltelefonen. Mit ihren Lieferanten hat sie vereinbart, dass sie jedes Mobiltelefon mit 50 % Rabatt auf den Neupreis erhält. Frau Müller nimmt an, dass die Telefone einem hohen Wertverlust unterworfen sind und nach zwei Jahren nur noch Schrottwert (= € 0) besitzen. Wann muss Frau Müller ein Mobiltelefon spätestens verkaufen, wenn sie keinen Verlust machen möchte? Gehen Sie zunächst von einem konstanten Wertverlust pro Monat aus. Ist diese Mutmaßung sinnvoll? Wie könnte ein realistischer zeitlicher Verlauf des Wertverlusts aussehen?

Lösungsvorschlag

Auch hier stellen wir die gegebene Situation in einer Skizze dar (s. Abb. 1.17).

Wir haben in der Abbildung bereits mit den richtigen Farben Blau, Grün und Rot für Bedingungen, Annahmen und Zielsetzung gearbeitet. Die Skizze verdeutlicht, was aufgrund der Vorgaben und Vermutungen zu erwarten ist: Frau Müller kauft das Handy für 50 % des Neupreises. Das entspricht dem blauen Graphen. Der angenommene konstante Wertverlust

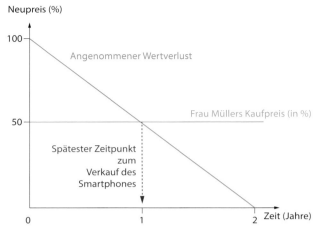

Abb. 1.17 Spätester Verkaufszeitpunkt für ein Handy

lässt sich mittels des grünen Graphen darstellen. Die Annahme „konstant" bedeutet, dass dieser Graph einen linearen Verlauf besitzt. Zwei „Verlaufspunkte" sind bekannt: Der Handypreis beträgt 100 % nach 0 Jahren und 0 % nach 2 Jahren. Wir tragen diese beiden Punkte in das Koordinatensystem ein und stellen die „lineare Verbindung" her. Damit erhalten wir den grünen Graphen. Der Schnittpunkt zwischen dem grünen und dem blauen Graphen entspricht der Situation, dass das ehemals neue Smartphone nur noch 50 % Wert ist, sein Wert also gleich dem von Frau Müller gezahlten Einkaufspreis ist. Jetzt muss Frau Müller spätestens verkaufen, wenn Sie keinen Verlust erleiden will!

Mit dem linearen Wertverfall für Handys haben wir eine Annahme getroffen, die es noch zu diskutieren gilt. Wenn Sie die Situation beispielsweise mit Neuwagen vergleichen, können Sie feststellen, dass Neuwagen in den ersten ein, zwei Jahren nach dem Kauf besonders stark an Wert verlieren. Danach verringert sich der Wertverlust von Jahr zu

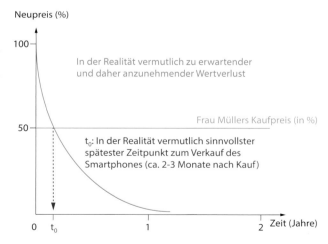

Abb. 1.18 Realistischer spätester Verkaufszeitpunkt für ein Handy

Jahr. Ähnliches darf und muss man wohl auch im Falle von Mobiltelefonen vermuten, zumal in diesem Bereich viel kürzere Innovationszyklen als in der Automobilbranche gegeben sind, ein Smartphone also bereits nach kurzer Zeit durch seinen Nachfolger „überholt" und damit von vielen potenziellen Käuferinnen und Käufern als veraltet angesehen wird. Der angenommene Wertverlust wird also eher den in Abb. 1.18

grün eingezeichneten Kurvenverlauf annehmen. Frau Müller sollte die Mobiltelefone also deutlich früher als erst nach einem Jahr verkaufen, um nicht ins Minus zu kommen! Aus Abb. 1.18 kann als Empfehlung abgelesen werden, dass dieser späteste Verkaufszeitpunkt t_0 nicht mehr als zwei oder drei Monate nach Kauf des Handys durch Frau Müller liegen sollte.

Literatur

Berliner Zeitung: Ein folgenschwerer Rechenfehler – Peinliche Panne bedeutender US-Ökonomen weckt Zweifel am strengen Sparkurs der Euro-Länder. 19.04.2013, S. 9 (2013)

Houston, K.: Wie man mathematisch denkt – Eine Einführung in die mathematische Arbeitstechnik für Studienanfänger. Springer, Berlin, Heidelberg (2012)

Jung, H: Allgemeine Betriebswirtschaftslehre, 8. Aufl. Oldenburg, München, Wien (2002)

Lakatos, I.: Beweise und Widerlegungen: Die Logik mathematischer Entdeckungen, 1. Aufl. Vieweg+Teubner, Wiesbaden (1979)

Modellieren Hamburg: http://www.math.unihamburg.de/home/struckmeier/modsim10/Kap1.pdf (2013). Zugegriffen: 22.02.2013

Modellieren NRW: http://www.standardsicherung.schulministerium.nrw.de/lernstand8/upload/download/mat_mathematik/Kompetenzentwicklung_Modellieren.pdf (2013). Zugegriffen: 21.02.2013

Pólya, G.: Schule des Denkens – Vom Lösen mathematischer Probleme, 4. Aufl. Francke Verlag, Tübingen (1995)

Rechnen mit reellen Zahlen

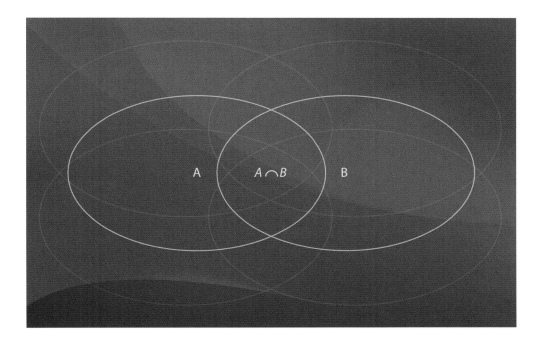

2.1 Welche sind die logischen Grundlagen in der Mathematik? 34

2.2 Was sind Mengen im mathematischen Sinne? 37

2.3 Mit welchen Zahlen haben wir zu tun? (Aufbau des Zahlensystems) . . . 41

2.4 Wie rechnen wir mit (allgemeinen) reellen Zahlen und worauf müssen wir dabei besonders achten? 44

2.5 Noch mehr über reelle Zahlen: Potenzen und Wurzeln 50

2.6 ... und noch ein neuer Begriff: der Logarithmus 54

2.7 Weitere nützliche Dinge zum Einstieg in die Mathematik – oder was wir schon immer einmal wissen wollten 55

Literatur 59

© Springer-Verlag Berlin Heidelberg 2017
B. Haack et al., *Mathematik für Wirtschaftswissenschaftler*, DOI 10.1007/978-3-642-55175-8_2

Mathematischer Exkurs 2.1: Worum geht es hier?

Was verbinden Sie mit dem Wort „Mathematik"? Da fällt – unabhängig davon, ob man es in der Schule mochte oder nicht – jedem von uns bestimmt vieles ein. Zwei mögliche Beispiele könnten vielleicht die folgenden sein:

„Mathe? Das ist so schön ‚logisch': Entweder die Rechnung ist richtig oder falsch!" Oder: „Mathematik? Da rechnet man doch die ganze Zeit mit Zahlen!"

Schon allein diese beiden Aussagen enthalten den Kern dessen, was in diesem einführenden Teil des Buches beschrieben wird:

- Mathematik hat etwas mit **Logik** zu tun: Wir werden hier in kurzer und knapper Form lernen, was wir unter Logik in diesem Fall verstehen und wofür sie gut ist.

- Mathematik hat etwas mit **Zahlen** zu tun: Was sind das eigentlich für komische Gebilde, die Zahlen? Welche unterschiedlichen Arten gibt es davon, was kann man mit ihnen machen bzw. wie geht man mit ihnen um?

- Mathematik hat etwas mit **Rechnen** zu tun: Zahlen können verknüpft werden, d.h., man kann mit ihnen in gewisser Weise arbeiten. Dieses Arbeiten ist das Rechnen, das wir schon von der Schule kennen und das nach bestimmten Regeln erfolgt! An diese müssen wir uns halten, ansonsten könnte es – speziell bei den praktischen Anwendungen – zu bösen Überraschungen kommen. Somit werden wir uns mit genau diesen Regeln befassen und sie üben.

Mathematischer Exkurs 2.2: Was können Sie nach Abschluss dieses Kapitels?

Diese Frage hängt natürlich auch davon ab, wie viel Zeit man zum Üben aufwenden will, aber vorausgesetzt, Sie befassen sich ernsthaft mit dem Stoff, dann …

… wissen Sie, welche Logik hinter der Mathematik prinzipiell steht, und kennen die wichtigsten Eigenschaften von Aussagen und deren Verknüpfungen,

… können Sie erklären, was eine Menge im mathematischen Sinne ist, und wie Mengen dargestellt und untereinander verknüpft werden können,

… wissen Sie, was die sogenannten reellen Zahlen sind, welche unterschiedlichen Zahlentypen darin enthalten und

welches die wichtigsten Gesetze bzw. Regeln für sie sind,

… können Sie die genannten Regeln anwenden.

Vielleicht hört sich das für den einen oder anderen Leser (bzw. die eine oder andere Leserin) sehr einfach an – so ganz nach dem Motto: „Hatte ich schon alles in der Schule – was soll das hier?" Aber auch hier zeigt die Erfahrung aus jahrelanger Vorlesungspraxis, dass durchaus Wiederholungsbedarf besteht. Somit hat dieser Einführungsteil in jedem Fall seine Berechtigung.

Mathematischer Exkurs 2.3: Müssen Sie dieses Kapitel überhaupt durcharbeiten?

Wenn Sie die folgenden Fragen bzw. Aufgaben sicher und richtig beantworten bzw. lösen können, beherrschen Sie die wesentlichen Inhalte dieses Kapitels und sind gut gewappnet für das, was anschließend kommt. Alle hier gestellten Aufgaben werden an den passenden Stellen innerhalb dieses Kapitels aufgegriffen und vorgerechnet, sodass stets eine Kontrollmöglichkeit besteht.

2.1 Es seien die folgenden Aussagen gegeben:

p: Es regnet.

q: Die Straße ist nass.

r: Ich habe sechs Richtige im Lotto.

s: Ich kaufe mir einen Sportwagen.

a. Formulieren Sie für jede Aussage die jeweilige Negation.

b. Welche sinnvollen (!) Aussagenverknüpfungen können mit p, q, r, s und deren Negationen gebildet werden? Formulieren Sie diese.

2.2 Kann eine der beiden Relationen „$\subset$" oder „$=$" auf die jeweiligen Mengen angewendet werden? Wenn ja welche?

a. $M = \{1, 3, 5, 7\}$ und $N = \{7, 5, 3, 1\}$

b. $A = \{a, b, c, d, e, f\}$ und $B = \{b, f\}$

c. $C = \{Schmidt, Meier, Müller\}$,
$D = \{Anne, Fred, Tom\}$.

2.3 Bilden Sie anhand der Mengen in Aufgabe 2.2c das Kreuzprodukt $D \times C$. Wie kann man die Ergebnismenge in Worten interpretieren?

2.4 Es seien die Mengen $A = \{-1, 0, 1, 2, 3\}$, $B = \{1, 2, 3\}$, $C = \{4, 5, 6\}$ gegeben. Berechnen Sie $A \cup B$, $A \cap B$, $A \setminus B$, $A \cup B \cup C$.

2.5 Vereinfachen Sie die folgenden algebraischen Summen:
   a. $a + b - 2a - 5c + 7b - c$
   b. $2(2y - z) + (5y - z) - (2z + 7y)$
   c. $4(y - z) + (5(y - z)) - 2(z + 7y)$
   d. $-(x + 3 - y) - (2x + y)$

2.6 Berechnen Sie das Doppelte von $-5(2a + 3b - 4c)$

2.7 Multiplizieren Sie:
   a. $(x + 3)(x + 8)$
   b. $(3a + 2b)(9a - 2b + 3c)$

2.8 Wenden Sie bei der Berechnung der folgenden Ausdrücke eine der drei binomischen Formeln an:
   a. $(5 - 3x)^2$
   b. $(2y + 3)^2$
   c. $(x - 3)(x + 3)$
   d. $(9z - 11x)(9z + 11x)$
   e. $(x + 3)^2 - (x - 1)^2$
   f. $(a - b - c)^2$

2.9 Schreiben Sie die folgenden Ausdrücke als Produkte („Faktorisieren"):
   a. $(x^2 - y^2)$
   b. $4 - 9x^2z^2$
   c. $2x^2 - 18$

2.10 Vereinfachen Sie:
   a. $(54x + 24y) : 6$
   b. $\frac{(8uv + 4u^2 - 12uw)}{4u}$

2.11 Berechnen Sie die folgenden Potenzen bzw. vereinfachen/kürzen Sie:
   a. $10^4 \cdot 10^3$
   b. $\left(\frac{5}{3}\right)^4 \cdot \left(\frac{5}{3}\right)^2$
   c. $x^5 \left(5x^4 - 2x^3\right)$
   d. $\frac{a^{2n} - a^n}{a^{n-1} - a^n}$

2.12 Schreiben Sie den Bruch als Potenz mit negativem ganzem Exponenten:
   a. $\frac{1}{9}$
   b. $\frac{7}{100}$

2.13 In seinem „Abacus" hat Leonardo von Pisa (um 1220) folgende Gleichungen aufgestellt. Bitte prüfen Sie diese nach:
   a. $\frac{20 - \sqrt{96}}{\sqrt{8}} = \sqrt{50} - \sqrt{12}$
   b. $\frac{4\sqrt{200}}{3 + \sqrt{2}} = \frac{4\sqrt{200}(3 - \sqrt{2})}{7}$

2.14 Schreiben Sie als Wurzel: $3^{\frac{1}{2}}$, $b^{\frac{2}{5}}$, $a^{\frac{3}{4}}$

2.15 Schreiben Sie als Potenz: $\sqrt[4]{6^4}$, $\sqrt[3]{x^5}$, $\sqrt[6]{x^2}$

2.16 Bestimmen Sie die folgenden Logarithmen: $\log_2 64$, $\log_{10} 1000$, $\log_3 81$

2.1 Welche sind die logischen Grundlagen in der Mathematik?

Erinnern wir uns an den Satz „Mathe? Das ist so schön ‚logisch'!" aus Exkurs 2.1 und versuchen wir, diesen einmal ein wenig zu konkretisieren und zu erläutern. Was bedeutet es eigentlich, wenn etwas vermeintlich logisch ist, bzw.: Was ist **Logik**? Diese Frage ist nicht leicht zu beantworten, haben sich doch schon seit der Antike viele Philosophen damit beschäftigt. Spontan bzw. intuitiv ist man geneigt zu sagen, dass etwas logisch ist, wenn es schlüssig oder nachvollziehbar erscheint. Das heutzutage gerne zurate gezogene Onlinelexikon Wikipedia besagt u. a., dass man „...unter **Logik** (von altgriechisch λογικὴ τέχνη *logiké téchnē* ‚denkende Kunst', ‚Vorgehensweise') [...] die Lehre des vernünftigen Schlussfolgerns" (Wikipedia 2013) versteht. Nun wissen wir alle, dass Vernunft etwas ist, was abhängig von der Sichtweise durchaus unterschiedliche Ausprägungen haben kann und somit stark von den agierenden Personen abhängt.

Glücklicherweise müssen wir diese Diskussion hier nicht weiter vertiefen, sondern können uns in die – zumindest in dieser Hinsicht – etwas einfachere Welt der Mathematik zurückziehen. In dieser Welt ist es insofern leichter, als Sachverhalte lediglich in zwei Kategorien eingeteilt werden: entweder in die „Kategorie wahr" oder in die „Kategorie falsch". Diese Tatsache bewirkt, dass wir in der Mathematik von der „zweiwertigen Logik" sprechen: Es gibt in dieser mathematischen Welt nur wahr oder falsch – und nichts dazwischen.

Nun braucht es eigentlich nur noch eine Konkretisierung dessen, was wir in der Mathematik als wahr oder falsch charakterisieren möchten. Hierfür benötigen wir die sogenannten „Aussagen", die wir wie folgt definieren:

Merksatz

Unter Aussagen verstehen wir Sätze, die entweder wahr oder falsch sind.

Anhand folgender Beispiele wird deutlich, was eine Aussage im mathematischen Sinne ist bzw. was gegebenenfalls keine Aussage ist:

Beispiel

- „Die Zugspitze ist ein Berg in Schleswig-Holstein" ist eine falsche Aussage.
- „Diese weiße Lilie" ist keine Aussage, aber:
- „Diese Lilie ist weiß" ist eine Aussage. Ob sie wahr ist oder nicht, kann natürlich nur entschieden werden, wenn wir die Blume sehen.
- „25 ist eine ungerade Zahl" ist eine (wahre) Aussage. ◄

Um mit Aussagen besser umgehen zu können, werden Sie mit „Namen" versehen. Diese Namen sind oftmals kleine lateinische Buchstaben – gerne p, q, r etc. –, sodass die Aussagen aus dem vorhergehenden Beispiel folgendermaßen geschrieben werden können:

Beispiel

- p: Die Zugspitze ist ein Berg in Schleswig-Holstein.
- q: Diese Lilie ist weiß.
- r: 25 ist eine ungerade Zahl. ◄

Da Mathematiker gerne Dinge und Sachverhalte kurz und knapp ausdrücken, gibt es auch für die Beschreibung, ob eine Aussage wahr oder falsch ist, eine Vereinbarung.

Merksatz

Jeder Aussage p wird ihr zugehöriger Wahrheitswert $w(p)$ zugeordnet. Dieser kann die beiden Zustände W (für „wahr") und F (für „falsch") annehmen.

Betrachten wir z. B. die Aussage p: Ein Quadrat hat fünf Kanten. Diese Aussage ist falsch, und wir ordnen ihr den Wahrheitswert $w(p) = $ F zu. Wenden wir dieses Vorgehen auf das vorhergehende Beispiel an, so erhalten wir folgende Ergebnisse:

Beispiel

- Für die Aussage p: Die Zugspitze ist ein Berg in Schleswig Holstein, gilt: $w(p) = $ F.
- Für die Aussage r: 25 ist eine ungerade Zahl, gilt $w(r) = $ W. ◄

Zusammenfassung

- In der Mathematik werden sogenannte **Aussagen** betrachtet. Dabei handelt es sich um Sätze, die entweder **wahr** oder **falsch** sind („zweiwertige Logik").
- Aussagen werden mit kleinen lateinischen Buchstaben bezeichnet.
- Aussagen kann ihr zugehöriger **Wahrheitswert** zugeordnet werden. Dieser kann entweder W (für wahr) oder F (für falsch) sein.

Was macht man nun mit diesen Aussagen, und wofür sind sie gut?

Diese Aussagen und das, was man mit ihnen praktisch machen kann, sind eine fundamentale Voraussetzung jeglicher mathematischer Überlegungen und Beweise. Auch wenn dieses Buch gänzlich ohne klassische Beweise auskommen wird, so hilft die Beschäftigung mit den Grundlagen der Aussagenlogik sehr, um das mathematische Denken zu üben bzw. richtig zu trainieren. Darüber hinaus werden wir Parallelen zu den Mengen bzw. deren Darstellung und Verknüpfungen kennenlernen, und schlussendlich soll nicht unerwähnt bleiben, dass diese zweiwertige Logik die Grundlage in der Computerentwicklung darstellt (diese rechnet intern auch nur mit zwei Zahlen bzw. Zuständen: mit 0 und 1!).

So gesehen gibt es Gründe genug, um mit den **Verknüpfungen von Aussagen** weiterzumachen. Hierfür betrachten wir nun die beiden folgenden Aussagen p und q:

p: Die Zahl 4 ist eine gerade Zahl.

q: Die Zahl 4 ist restlos durch 3 teilbar.

Jetzt fügen wir diese beiden Aussagen zusammen, indem wir beide Aussagen mit dem Wort „und" verknüpfen. Dabei erhalten wir eine neue Aussage, die wir mit r bezeichnen:

r: Die Zahl 4 ist eine gerade Zahl **und** sie ist restlos durch 3 teilbar.

Diese Art der Verknüpfung gibt Anlass für die folgende Definition:

Merksatz

Die Verknüpfung zweier Aussagen p und q mit dem Wort „und" nennt man **Konjunktion**. Die symbolische Schreibweise lautet: $p \wedge q$, und man spricht sie als „p und q".

Jetzt, da wir wissen, was eine Konjunktion $r = p \wedge q$ ist, können wir uns der Frage nach dem Wahrheitswert von r widmen. Im vorliegenden Beispiel ist durch die Konjunktion die Aussage „Die Zahl 4 ist eine gerade Zahl und sie ist restlos durch 3 teilbar." entstanden. Dies ist sicherlich falsch, d. h. $w(r) = F$, denn 4 ist zwar eine gerade Zahl, aber sicher nicht (!) restlos durch 3 teilbar. Allgemein gilt für den Wahrheitswert der Konjunktion:

Merksatz

Die Konjunktion $p \wedge q$ ist nur dann wahr, wenn **beide** Aussagen p und q wahr sind.

Etwas anders, d. h. nicht gar so streng, verhält es sich, wenn wir die beiden Aussagen p und q mit dem Wort „oder" verknüpfen:

s: Die Zahl 4 ist eine gerade Zahl **oder** sie ist restlos durch 3 teilbar.

Diese Art der Verknüpfung nennt man **Disjunktion**:

Merksatz

Die Verknüpfung zweier Aussagen p und q mit dem Wort „oder" nennt man **Disjunktion**. Die symbolische Schreibweise lautet: $p \vee q$, und man spricht es als „p oder q".

Wichtig ist, dass die Disjunktion kein „entweder oder" bedeutet, d. h., hinsichtlich des Wahrheitswertes gilt:

Merksatz

Die Konjunktion $p \vee q$ ist wahr, wenn **mindestens eine** der Aussagen p und q wahr ist.

In unserem Beispiel ist die Aussage s wahr, denn 4 ist in der Tat eine gerade Zahl. Also ist eine der beiden Teilaussagen in der Verknüpfung wahr, und es gilt $w(s) = w(p \vee q) = W$. (Es stört in diesem Fall nicht im Geringsten, dass 4 nicht restlos durch 3 teilbar ist.)

Nun haben wir schon zwei ganz wichtige Aussagenverknüpfungen kennengelernt, doch gibt es noch andere, die insbesondere beim mathematischen Schlussfolgern eine wesentliche Rolle spielen. Beginnen wir mit der „**Wenn** … **dann**"-Verknüpfung, auch **Implikation** genannt. Diese wird wie folgt genutzt: „**Wenn** die genannte Aussage (Voraussetzung) erfüllt ist, **dann** gilt auch die genannte zweite Aussage (Schlussfolgerung)." Ein einfaches Beispiel ist das folgende: Wir betrachten die beiden Aussagen p und q mit

p: Der Student A ist an der TH Wildau immatrikuliert.

q: Der Student A hat ein Semesterticket.

(*Bemerkung*: Ein Semesterticket berechtigt in diesem Fall zur Nutzung aller Busse und Bahnen in Berlin-Brandenburg). Da jeder Student in Berlin-Brandenburg in der Tat automatisch ein derartiges Ticket erhält, hängen diese beiden Aussagen tatsächlich in der folgenden Art und Weise zusammen:

Wenn der Student A an der TH Wildau immatrikuliert ist, **dann** hat er ein Semesterticket.

Auch für die Implikation gibt es ein Symbol bzw. eine Kurzform:

Merksatz

Die **Implikation** wird mit dem Doppelpfeil gekennzeichnet: $p \Rightarrow q$ bedeutet „Wenn p eintritt, dann tritt auch q ein" und wird kurz „wenn q, dann p" oder auch „aus p folgt q" gesprochen.

Theoretisch kann man sich jetzt natürlich auch fragen, ob eine Implikation „andersherum" gelesen bzw. formuliert immer noch seine Richtigkeit behält? In unserem Fall bedeutet die Umkehrung:

$q \Rightarrow p$: Wenn der Student A ein Semesterticket besitzt, dann ist er an der TH Wildau immatrikuliert.

Dies stimmt jedoch nicht, denn alle (!) Studierenden aus Berlin und Brandenburg haben dieses Ticket. Die Immatrikulation in Wildau lässt sich somit aus dem Besitz des Semestertickets keineswegs ableiten.

Halten wir also fest:

Merksatz

Die **Implikation** $p \Rightarrow q$ ist im Allgemeinen nicht umkehrbar.

Auch im täglichen Leben begegnen wir öfter einmal Situationen, in denen Implikationen nicht umkehrbar sind. Zum Beispiel können wir aus der Aussage „Wenn es regnet, dann ist die Straße nass." nicht zwingend umgekehrt schlussfolgern: „Wenn die Straße nass ist, dann regnet es." Es könnte ja durchaus ein Rohrbruch vorliegen oder ein Sprengwagen vorbeigefahren sein, sodass die Straße – trotz strahlenden Sonnenscheins – nass ist. Somit muss man bei den Implikationen wirklich sehr aufpassen, **in welche Richtung** man schließt.

Aber es gibt durchaus Fälle, in denen die Umkehrung doch gültig ist. Dies machen wir an folgendem Beispiel klar:

p: Die Zahlen a und b sind ungerade.

q: Das Produkt ab ist ungerade.

Nehmen wir beispielsweise die Zahlen $a = 7$ und $b = 5$. Beide sind ungerade, deren Produkt $3 \cdot 5$ ebenso. Auch mit anderen ungeraden Zahlenpaaren erhalten wir nach der Multiplikation eine ungerade Zahl. Natürlich ist so eine Herangehensweise kein Beweis, doch lässt sich tatsächlich leicht beweisen, dass das Produkt zweier ungerader Zahlen ungerade ist. D. h. die Implikation $p \Rightarrow q$ gilt. Aber auch die Umkehrung ist nachweisbar: Wenn eine ungerade Zahl sich als Produkt zweier Zahlen p und q darstellen lässt, dann sind p und q ebenfalls immer ungerade.

In diesem Fall haben wir eine „Implikation in beide Richtungen". Diese Verknüpfung nennt man **Äquivalenz**:

Merksatz

Wenn für zwei Aussagen p und q gilt: $p \Rightarrow q$ **und** $q \Rightarrow p$, dann nennt man p und q **äquivalent**. Die Beziehung zwischen p und q heißt **Äquivalenz**.

Jetzt kennen wir schon einige Möglichkeiten, Aussagen zu „verknüpfen". Es bleibt nur noch ein Begriff, der in diesem Zusammenhang wichtig ist, das ist die sogenannte Negation (Verneinung):

Hierfür nehmen wir die Aussage p: Die Straße ist nass. Dann lautet die Negation „**non p**" $\bar{p}$: Die Straße ist **nicht** nass. Die Negation wird mit einem Querbalken über der Aussage markiert und mit dem Wort „nicht" in der Aussage in das Gegenteil gekehrt. Insbesondere kehrt sich auch der Wahrheitswert um:

Merksatz

Wenn p wahr ist, dann ist $\bar{p}$ falsch und umgekehrt.

Kombiniert man die Implikation und die Negation, erhält man zum Abschluss dieses Abschnitts noch einen interessanten Zusammenhang: Hierfür seien die beiden Aussagen p und q gegeben mit

p: Es regnet. q: Die Straße ist nass. (s. Aufgabe 2.1 aus Exkurs 2.3).

Es gilt, wie wir bereits festgestellt haben: $p \Rightarrow q$, d. h. „Wenn es regnet, dann ist die Straße nass." Wie wir auch wissen, gilt die Umkehrung $q \Rightarrow p$ nicht! Stattdessen gilt aber die folgende Aussage: „Wenn die Straße **nicht** nass ist (d. h. wenn sie trocken ist), dann regnet es **nicht**!" Symbolisch formuliert heißt das:

Merksatz

$(p \Rightarrow q) \Rightarrow (\bar{q} \Rightarrow \bar{p})$, d. h. wenn aus der Aussage p die Aussage q folgt, dann folgt aus der Aussage „non q" die Aussage „non p".

Nun sind wir bereits mit unserem Teil „Logik" am Ende, d. h., unsere Bedarfe sind gedeckt. Obwohl wir in diesem Buch keine Beweise im mathematischen Sinn durchführen, so sei zumindest angemerkt, dass die hier bereits gelegten Merksätze die Basis für grundlegende Beweismethoden wie z. B. den direkten und indirekten Beweis darstellen. Wir können uns zum Abschluss mit den jetzt erworbenen Kenntnissen auf die **Aufgabe 2.1** konzentrieren. Sie werden sehen, es ist gar nicht mehr schwer:

——————————— Aufgabe 2.1 ———————————

Es seien die folgenden Aussagen gegeben:

p: Es regnet.

q: Die Straße ist nass.

r: Ich habe sechs Richtige im Lotto.

s: Ich kaufe mir einen Sportwagen.

a. Formulieren Sie für jede Aussage die jeweilige Negation:

   $\bar{p}$: Es regnet nicht.

   $\bar{q}$: Die Straße ist nicht nass. (Das heißt, die Straße ist trocken.)

   $\bar{r}$: Ich habe keine sechs Richtige im Lotto.

   $\bar{s}$: Ich kaufe mir keinen Sportwagen.

b. Welche sinnvollen (!) Aussagenverknüpfungen können mit p, q, r, s und deren Negationen gebildet werden? Formulieren Sie diese:

   Wie wir bereits gesehen haben, macht die Aussage „Wenn es regnet, dann ist die Straße nass." durchaus Sinn ($p \Rightarrow q$). Ebenso könnte man sagen: „Wenn ich sechs Richtige im Lotto habe, dann kaufe ich mir einen Sportwagen." (symbolisch $r \Rightarrow s$). Auch könnte man gegebenenfalls davon ausgehen, dass man sich keinen Sportwagen kauft, wenn man keine sechs Richtige im Lotto hat ($\bar{s} \Rightarrow \bar{r}$). Das muss im realen Leben nicht wirklich der Fall sein, da es ja noch andere Möglichkeiten gibt, Geld zu verdienen bzw. zu bekommen, um sich einen Sportwagen zu kaufen. Diese Beispiele sind natürlich nicht zwingend abschließend. Vielleicht finden Sie noch andere für Sie sinnvoll erscheinende Verknüpfungen? Probieren Sie es ruhig!

2.2 Was sind Mengen im mathematischen Sinne?

Sie werden sicherlich das eine oder andere Mal von **Mengen** in der Mathematik gehört haben. Spätestens wenn wir es mit Zahlen zu tun haben, ist es einfach wichtig, dass wir alle zumindest einen „naiven" Mengenbegriff im Hinterkopf haben und wissen, wie man mit Mengen arbeitet bzw. diese darstellt: Denn es werden Mengen sein, die die Grundlage unseres mathematischen Handelns bilden und für die wir uns Werkzeuge und Instrumente zurechtlegen, mithilfe derer wir uns den „eigentlichen" angewandten Problemen zuwenden und diese angemessen modellieren können.

Nun definieren wir als Erstes, was wir fortan unter einer Menge verstehen. Dieser Begriff ist nicht so ganz einfach zu fassen, doch lassen wir die tiefgründigen mathematischen Hintergründe außer Acht und bedienen uns eines „naiven" Mengenbegriffs:

Merksatz

Unter einer Menge versteht man eine Zusammenfassung gewisser **wohlunterschiedener** „Dinge" (Objekte) zu einem neuen, einheitlichen Ganzen. Die dabei zusammengefassten Dinge heißen **Elemente** der betreffenden Menge. Es muss prinzipiell entscheidbar sein, ob ein Element zur Menge gehört oder nicht. Ist a ein Element der Menge M, so schreibt man

$a \in M$ (in Worten: a ist Element von M).

Ist a nicht Element von M, so schreibt man $a \notin M$ (in Worten: a ist nicht Element von M).

Das klingt vielleicht ein wenig merkwürdig: „Zusammenfassung gewisser **wohlunterschiedener** ‚Dinge' (Objekte) . . ." – was bedeutet das praktisch? Wenn man genau liest, merkt man, dass wieder unsere bereits bekannte „zweiwertige Logik" im Hintergrund mitspielt. Zumindest insofern, als es offensichtlich für diese genannten Dinge genau zwei Zustände gibt: Entweder sie gehören zur Menge oder nicht. Es gibt kein „dazwischen", sondern nur ein „Ja" oder „Nein".

Eine typische Menge im mathematischen Sinn bilden z. B. die Studierenden an der TH Wildau, die zum WS 2012 ihr Studium in der Studienrichtung Betriebswirtschaft (Bachelor) begonnen haben. Die Elemente dieser Menge sind eindeutig identifizierbar. Wird jemand – egal wo und wer – willkürlich ausgewählt und gefragt: „Hast du im WS 2012 ein BWL-Studium (Bachelor) an der TH Wildau begonnen?", dann gibt es nur zwei mögliche Antworten: Ja oder Nein. Man kann somit klar festlegen, ob eine Person zu dieser ausgewählten Gruppe gehört oder nicht. Das heißt, es handelt sich in der Tat um eine Menge im mathematischen Sinn.

Wir werden in der Mathematik natürlich in erster Linie mit Zahlenmengen zu tun haben. Diese können **endlich** viele Elemente (z. B. die Menge aller geraden Zahlen, die kleiner als 10 sind), aber auch **unendlich viele** Elemente (z. B. alle positiven geraden Zahlen) enthalten. Um den Begriff der Menge etwas „handhabbarer" zu gestalten, befassen wir uns im nächsten Schritt mit der Frage, wie man Mengen überhaupt darstellen kann. Im Anschluss geht es um die verschiedenen Arten der **Verknüpfungen** von Mengen.

Um Mengen darzustellen, haben wir die folgenden Möglichkeiten:

Die Bezeichnung von Mengen erfolgt in der Regel mit großen lateinischen Buchstaben (z. B. A, M, B etc.).

Um deutlich zu machen, welche Elemente in der jeweiligen Menge enthalten sind, kann man in einigen Fällen die „aufzählende Schreibweise" nutzen: Diese funktioniert prinzipiell bei endlichen Mengen (im besten Fall mit einer überschaubaren Anzahl von Elementen). Die Elemente werden mit einer geschweiften Klammer umschlossen, z. B. $A = \{2, 4, 6, 8\}$ oder $B = \{a, b, c, d\}$ oder $M = \{$Schmidt, Krause, Lehmann, Schulze$\}$.

- Bei einigen Mengen mit unendlich vielen Elementen kann man die aufzählende Schreibweise nutzen, wenn deutlich wird, welche weiteren Elemente noch dazu gehören. Ein Beispiel dafür ist die Menge der natürlichen Zahlen $\mathbb{N} = \{1, 2, 3, 4, \ldots\}$. Die Punkte in der Klammer machen deutlich, dass es „immer so weiter geht" und alle (unendlich viele natürliche Zahlen) Elemente dieser Menge sind.
- Insbesondere für Mengen mit unendlich vielen Elementen, bei denen die angedeutete „Aufzählung" nicht funktioniert, bleibt noch die Möglichkeit der „beschreibenden" **Darstellung**. Anhand der folgenden Beispiele wird deutlich, was darunter zu verstehen ist:
  - $B = \{$Studenten $x | x$ hat die Mathematikklausur im 1. Semester bestanden$\}$. Bei diesem Beispiel handelt es sich mit Sicherheit um eine endliche Menge, dennoch kann bei hinreichend großer Studierendenzahl die Menge derjenigen, die die Klausur bestanden haben, recht groß sein, sodass keiner Lust verspürt, alle Namen hintereinander aufzuzählen. Lesen müssen Sie die Schreibweise so: „Die Menge B besteht aus allen Studenten x, für die gilt: x hat die Mathematikklausur im 1. Semester bestanden." Das heißt, der senkrechte Strich in der Klammer steht für die drei Worte: „für die gilt . . ."
  - $U = \{x | x$ ist eine natürliche und ungerade Zahl$\} = \{1, 3, 5, 7, 9, \ldots\}$. In diesem Fall hätte man – wie wir sehen – auch noch die angedeutete Aufzählung als Darstellung nutzen können, doch sollte hier demonstriert werden, wie man die beschreibende Darstellung einsetzen kann.
  - Des Weiteren haben wir noch eine grafische Möglichkeit, Mengen darzustellen: Hierfür nutzen wir das sogenannte **Venn-Diagramm** (s. Abb. 2.1). In diesem Fall wird eine Menge dargestellt, indem man sie umkreist, als wenn man die Elemente mit einer Art „Lasso" einfangen möchte.
- Zu guter Letzt definieren wir noch die sogenannte **leere Menge**. Das ist eine Menge, die keine Elemente enthält (z. B. ist die Menge aller Mädchen in einer Jungenschule eine leere Menge). Man bezeichnet die leere Menge mit $\{\ \}$ oder mit $\emptyset$.

Jetzt wissen wir, wie man Mengen darstellen kann und dass es auch so etwas wie eine leere Menge gibt. Bevor wir mit

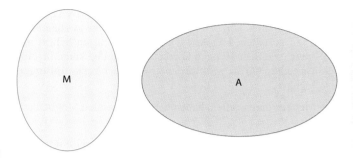

Abb. 2.1 Darstellung zweier Mengen im Venn-Diagramm

den Verknüpfungen von Mengen beginnen, benötigen wir noch einen weiteren Begriff, nämlich den Begriff der **Teilmenge**. Hierfür betrachten wir zum Einstieg die beiden Mengen $B = \{2, 4, 6, 8, 10\}$ und $A = \{2, 4\}$. Man erkennt, dass die Elemente der Menge A auch Elemente der Menge B sind. In einem solchen Fall sagt man, dass „A eine Teilmenge von B" ist:

Merksatz

Eine Menge A heißt Teilmenge einer Menge B, wenn jedes Element von A auch ein Element von B ist, und man schreibt: $A \subset B$.

Grafisch kann man die Teilmengenbeziehung, wie in Abb. 2.2 gezeigt, darstellen.

Mithilfe des Begriffs der Teilmenge können wir nun auch festlegen, wann zwei Mengen gleich sind:

Merksatz

Zwei Mengen **A und B sind gleich**, wenn jedes Element von A auch ein Element von B ist und umgekehrt, symbolisch: $A = B \Longleftrightarrow (A \subset B) \bigwedge (B \subset A)$. (Bitte beachten Sie, dass hier die Symbole für die Äquivalenz und die Konjunktion („und") genutzt worden sind.)

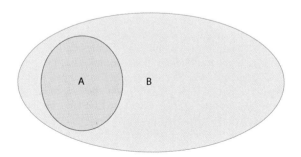

Abb. 2.2 Teilmengenbeziehung $A \subset B$

Zusammenfassung

Wir wissen nun, was Mengen sind, wie man sie darstellt, kennen den Begriff der Teilmenge und wissen, wann Mengen „gleich" sind. Jetzt sind wir gewappnet, um mit ihnen richtig zu arbeiten, sprich, mit ihnen im mathematischen Sinne zu „operieren". Das heißt, wir verknüpfen jetzt Mengen so ähnlich wie wir im Abschnitt davor Aussagen miteinander verknüpft haben.

Merksatz

Der **Durchschnitt** $A \cap B$ (auch **Schnittmenge**) zweier Mengen A und B (s. Abb. 2.3) besteht aus denjenigen Elementen, die sowohl Elemente von A als auch Elemente von B sind, symbolisch: $A \cap B = \{x | x \in A \wedge x \in B\}$.

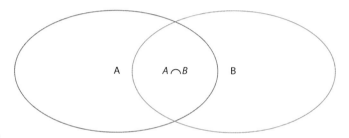

Abb. 2.3 Grafische Veranschaulichung der Schnittmenge von A und B

Beispiel

- Es seien $A = \{1, 2, 3, 4\}$ und $B = \{0, 1, 2\}$. Dann ist $A \cap B = \{1, 2\}$, da nur die 1 und die 2 in beiden Mengen A und B enthalten sind.
- Es seien $A = \{a, b, c, d\}$ und $B = \{x, y, z\}$. Dann ist $A \cap B = \{\ \}$, denn es gibt kein Element das sowohl in A als auch in B enthalten ist.

Für den Fall, dass A eine Teilmenge von B ist, stimmt die Schnittmenge von A und B mit A überein (Abb. 2.4).

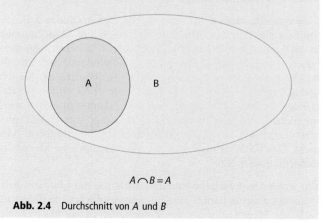

$$A \cap B = A$$

Abb. 2.4 Durchschnitt von A und B

Kapitel 2

Merksatz

Es kommt bei der Bildung des Durchschnitts zweier Mengen A und B nicht auf die Reihenfolge an, sondern es gilt: $A \cap B = B \cap A$. (Man sagt dazu auch, dass die Bildung des Durchschnitts **kommutativ**, d. h. vertauschbar ist. Diese Eigenschaft kennen wir auch von der Addition von Zahlen und wird uns zu gegebener Zeit dort wieder begegnen.)

Eine weitere Möglichkeit, mit Mengen zu operieren, ist, sie zusammenzufassen. Die Mathematiker sagen auch, dass man Mengen „vereinigt". Dies führt zum Begriff der **Vereinigungsmenge**:

Merksatz

Die **Vereinigungsmenge** zweier Mengen A und B ist die Menge derjenigen Elemente, die zu A oder zu B gehören, symbolisch: $A \cup B = \{x | x \in A \lor x \in B\}$.

Beispiel

Betrachten wir einmal die folgende Situation: An einer Hochschule haben die Studierenden die Möglichkeit, neben dem Pflichtmodul „Englisch" auf freiwilliger Basis weitere Fremdsprachen zu lernen. Im Angebot befinden sich derzeit Spanisch und Russisch. Nach Abschluss der Einschreibungsfrist haben sich 100 Studierende für Spanisch und 75 Studierende für Russisch entschieden. Einige ganz Engagierte haben sich in beide Kurse eingeschrieben: 23 Studierende möchten Spanisch und Russisch lernen.

In der Sprache der Mengenlehre ausgedrückt haben wir die beiden folgenden Mengen: $A = \{$Studierende(r) $x | x$ lernt Spanisch$\}$ sowie $B = \{$Studierende(r) $x | x$ lernt Russisch$\}$.

Die Vereinigungsmenge $A \cup B$ besteht nun aus denjenigen Studierenden, die Spanisch oder Russisch lernen, d. h., sie umfasst alle, die **mindestens eine** der beiden Sprachen zusätzlich lernen. Wenn also die Organisatoren eine Informationsveranstaltung durchführen wollen, in der sie Grundsätzliches über beide Lehrveranstaltungen vortragen möchten, bilden sie „mathematisch gesehen" die Vereinigungsmenge beider Mengen und laden alle Studierenden aus dieser Menge ein.

Anders verhält es sich mit dem Durchschnitt beider Mengen: $A \cap B$ enthält alle Studierenden, die **beide Sprachen** (d. h. Russisch **und** Spanisch) lernen bzw. sich für beide Kurse angemeldet haben. (In diesem Fall handelt es sich um die genannten 23 Personen.) Abbildung 2.5 stellt die soeben beschriebenen Sachverhalte noch einmal grafisch dar.

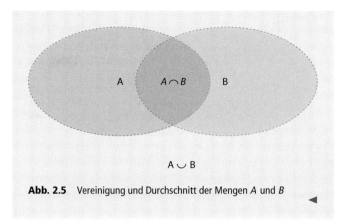

Abb. 2.5 Vereinigung und Durchschnitt der Mengen A und B

Bleiben wir bei unserem Beispiel mit den sprachinteressierten Studierenden. Wir können uns neben der Tatsache, dass man entweder alle beiden Gruppen einlädt (Vereinigungsmenge) oder nur mit denen zu tun haben will, die beide Sprachen lernen (Durchschnitt) auch noch eine bzw. zwei andere Konstellationen vorstellen:

Es besteht nicht nur im realen Leben, sondern auch mithilfe unserer Mengendarstellung die Möglichkeit, sich all den Studierenden zuzuwenden, die genau eine Sprache zusätzlich lernen. Das heißt, wir können uns diejenigen herauspicken, die *Spanisch, aber nicht Russisch* lernen, oder wir betrachten diejenigen, die *Russisch, aber nicht Spanisch* lernen. Offensichtlich sind das jeweils die Menge A bzw. die Menge B, aus denen wir bestimmte Studierende (nämlich die aus der Schnittmenge $A \cap B$) **herausnehmen** bzw. **wegnehmen**. In beiden Fällen haben wir es also in gewisser Weise mit einer **Differenz** zu tun, und wir sprechen somit von den beiden **Differenzmengen** $A \setminus B$ („A ohne B") bzw. $B \setminus A$ („B ohne A"):

$$A \setminus B = \{x | x \in A \land x \notin B\} \quad \text{bzw.} \quad B \setminus A = \{x | x \in B \land x \notin A\}$$

Abbildung 2.6 verdeutlicht den Begriff der Differenzmenge für verschiedene Situationen.

Abb. 2.6 Darstellung von Differenzmengen

Offensichtlich können wir wirklich mit Mengen „rechnen" in dem Sinne, dass wir Mengen u. a.

- „zusammenfassen" (Vereinigung) oder
- „voneinander abziehen" (Differenz) können.

Das ist aber noch nicht alles: Wir können auch das Produkt von zwei (oder mehr) Mengen bilden. Das mag jetzt vielleicht etwas überraschend klingen, ist aber möglich. Wie das möglich ist, soll an folgendem Beispiel zunächst einmal veranschaulicht werden.

Beispiel

Nehmen wir an, wie betreiben eine Tanzschule und möchten unsere Schüler und Schülerinnen auch dahingehend trainieren, dass sie sich gut auf verschiedene Tanzpartner einstellen. Nehmen wir weiterhin an, dass wir in einer Gruppe (nur) fünf Männer und fünf Frauen haben. Dann haben wir zunächst einmal (mathematisch gesehen) zwei Mengen mit jeweils fünf Elementen:

$M = \{m1, m2, m3, m4, m5\}$ (Menge aller Männer mit den „Namen" $m1$ bis $m5$) sowie

$F = \{f1, f2, f3, f4, f5\}$ (Menge aller Frauen mit den „Namen" $f1$ bis $f5$).

Nun möchten wir eine Liste mit allen erdenklichen Tanzkombinationen erstellen, um im Verlaufe der Tanzstunden stets zu vermerken, wer mit wem gegebenenfalls auch was und wie lange getanzt hat. Für den Fall, dass sich gewisse „Einseitigkeiten" ergeben würden, könnten wir versuchen, frühzeitig gegenzusteuern.

Wie sieht eine solche Liste aber sinnvollerweise aus? Offensichtlich bilden wir **Paare**, die wir aus den beiden Mengen M und F zusammensetzen. Um eine gewisse Übersichtlichkeit zu bewahren, einigen wir uns vorab darüber, dass beim Auflisten der Paare stets der Name des Mannes zuerst genannt wird. Mit den zugrundeliegenden Mengen sowie dieser Vereinbarung können wir nun loslegen und mit der Pärchenbildung beginnen. Wir erhalten folgendes Ergebnis für die möglichen Tanzpaare:

$m1$ tanzt mit $f1$, $m1$ tanzt mit $f2$, … $m1$ tanzt mit $f5$

$m2$ tanzt mit $f1$, $m2$ tanzt mit $f2$, … $m2$ tanzt mit $f5$ …

$m5$ tanzt mit $f1$, …, … $m5$ tanzt mit $f5$.

Offensichtlich gibt es $5 \times 5 = 25$ mögliche Tanzpaare, die wir der Einfachheit halber nicht mehr mit den Worten „tanzt mit", sondern in runden Klammern darstellen:

$(m1, f1)$, $(m1, f2)$, …, $(m1, f5)$, $(m2, f1)$, … $(m2, f5)$, … $(m5, f5)$.

Wir haben es mit insgesamt 25 möglichen Tanzpaaren zu tun, die in gewisser Weise „geordnet" sind. Dieser Ordnungsbegriff bezieht sich lediglich darauf, dass wir uns darauf geeinigt haben, den Mann zuerst zu nennen. Nun setzen wir um die „geordneten Paare" eine geschweifte Klammer und erhalten so eine neue Menge, die wir als **Produkt** bzw. **Kreuzprodukt** oder auch als **kartesisches Produkt** $M \times F$ von M und F bezeichnen:

$M \times F = \{(m1, f1), (m1, f2), \ldots, (m1, f5), \ldots, (m5, f5)\}$.

Bitte beachten Sie: Die Elemente dieser Menge sind jetzt die **geordneten** Paare, bei denen erst der Mann und dann die Frau aufgeführt werden. Diese wiederum entstammen den Mengen M und F.

Natürlich hätten wir das auch anders machen können, indem wir vereinbaren, zuerst die Frau zu nennen und somit das Kriterium, wie man die Paare ordnet, einfach anders festzusetzen. Das Ergebnis wäre dann das folgende Kreuzprodukt:

$F \times M = \{(f1, m1), (f1, m2), \ldots, (f1, fm), \ldots, (f5, m5)\}$.

Für die Tanzschule und auch für die betroffen Tänzer wäre die Reihenfolge der Nennung natürlich völlig egal. An dem Tanzpaar ändert sich natürlich nichts, egal, wen man zuerst benennt. Mathematisch handelt es sich bei diesen Mengen jedoch nicht um dieselben, sondern um grundsätzlich verschiedene Mengen, d. h. $F \times M \neq M \times F$.

◄

Die Tatsache, dass es bei der Bildung des kartesischen Produkts durchaus auf die Reihenfolge der Nennung innerhalb der Klammern ankommt, können wir uns gut an der folgenden Betrachtung verdeutlichen:

In einer Ebene mit (rechtwinkligem) x-y-Koordinatensystem (dieses ist Ihnen sicher von der Schule noch bekannt, wird aber im Folgenden auch noch näher erläutert) kann jeder Punkt P durch ein Zahlenpaar (a, b) – seine Koordinaten – beschrieben werden (s. Abb. 2.7). Dabei kommt es durchaus auf die Reihenfolge an, denn die **Zahlenpaare (a, b) und (b, a) beschreiben im Fall $a \neq b$ verschiedene Punkte.** Wir identifizieren die Punkte in der Ebene also nicht durch Zahlenpaare schlechthin, sondern durch **geordnete Zahlenpaare**, bei denen es auf die Reihenfolge der Komponenten sehr ankommt!

Das Zahlenpaar (a, b) beschreibt den Punkt P, das Zahlenpaar (b, a) beschreibt einen von P verschiedenen Punkt Q, falls $a \neq b$ ist. In einer Ebene mit Koordinatensystem werden **Punkte durch geordnete Zahlenpaare** beschrieben.

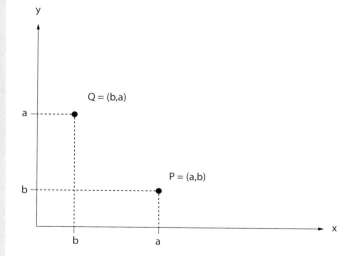

Abb. 2.7 Punkte in einer Ebene mit Koordinatensystem

Analog lassen sich übrigens Punkte im dreidimensionalen Raum mit x-y-z-Koordinatensystem durch geordnete **Zahlentripel** (a, b, c) beschreiben.

Damit können wir erklären:

Merksatz

Das kartesische Produkt $A \times B$ zweier Mengen A und B ist die Gesamtheit aller geordneten Paare (a, b) mit $a \in A$ und $b \in B$, kurz:

$$A \times B = \{(a,b) | a \in A \bigwedge b \in B\}.$$

Merksatz

Die Bildung des kartesischen Produkts ist nicht vertauschbar, d. h. $A \times B \neq B \times A$.

Jetzt sind wir so weit, uns um die **Aufgaben 2.2–2.4** zu kümmern. (Für den Fall, dass Sie diese gerechnet haben, vergleichen Sie einfach Ihre Lösung mit dem unten stehenden Ergebnis.)

––––––––––––––––––– **Aufgabe 2.2** –––––––––––––––––––

Kann eine der beiden Relationen „⊂" oder „=" auf die jeweiligen Mengen angewendet werden? Wenn ja, welche?

$M = \{1, 3, 5, 7\}$ und $N = \{7, 5, 3, 1\}$: Hier stellen wir fest, dass die Mengen M und N gleich sind ($M = N$). Die Reihenfolge der Aufzählung der Elemente spielt keine Rolle!

$A = \{a, b, c, d, e, f\}$ und $B = \{b, f\}$: Hier gilt, dass B eine Teilmenge von A ist ($B \subset A$), denn jedes Element von B ist auch Element von A. Die Umkehrung gilt allerdings nicht: Es gibt Elemente von A, die nicht in B enthalten sind. Somit sind diese Mengen auch nicht gleich.

$C = \{\text{Schmidt, Meier, Müller}\}$, $D = \{\text{Anne, Fred, Tom}\}$: Diese beiden Mengen sind verschieden $C \neq D$.

Des Weiteren sollte als **Aufgabe 2.3** das Kreuzprodukt $D \times C$ gebildet und die Ergebnismenge in Worten interpretiert werden:

––––––––––––––––––– **Aufgabe 2.3** –––––––––––––––––––

Das Kreuzprodukt ist

$D \times C$

$$= \left\{ \begin{array}{l} (\text{Anne, Schmidt}), (\text{Anne, Meier}), (\text{Anne, Müller}), \\ (\text{Fred, Schmidt}), (\text{Fred, Meier}), \\ (\text{Fred, Müller}), (\text{Tom, Schmidt}), (\text{Tom, Meier}), \\ (\text{Tom, Müller}) \end{array} \right\}.$$

Interpretieren lässt sich das Ergebnis als „Menge aller denkbaren Kombinationen der Vornamen aus der Menge D mit den Nachnamen der Menge C".

Fahren wir gleich fort mit der **Aufgabe 2.4** und fügen sie als Beispiel an dieser Stelle ein.

––––––––––––––––––– **Aufgabe 2.4** –––––––––––––––––––

Es seien die Mengen $A = \{-1, 0, 1, 2, 3\}$, $B = \{1, 2, 3\}$, $C = \{4, 5, 6\}$ gegeben. Berechnen Sie:

$$A \cup B = \{-1, 0, 1, 2, 3\} = A$$
$$A \cap B = \{1, 2, 3\} = B$$
$$A \setminus B = \{-1, 0\}$$
$$B \cap C = \{\}$$
$$A \cup B \cup C = \{-1, 0, 1, 2, 3, 4, 5, 6\}$$

Offensichtlich ist B eine Teilmenge von A und C besitzt keinerlei gemeinsame Elemente mit A bzw. mit B.

Zusammenfassung

Wir haben uns nach der Einleitung zur mathematischen Logik mit dem Begriff der „Menge" im mathematischen Sinne auseinandergesetzt und festgestellt, dass beides durchaus miteinander zusammenhängt: Ausgehend von der zweiwertigen Logik finden wir diese Zweiwertigkeit bei der Definition einer Menge wieder („entweder ein Element gehört zur Menge oder nicht"). Auch haben wir gelernt, dass wir logische Aussagen untereinander und auch Mengen miteinander verknüpfen können, d. h., wir können mit ihnen arbeiten bzw. rechnen. Uns werden diese Darstellungsformen und auch viele Verknüpfungen an verschiedenen Stellen in diesem Buch wieder begegnen, doch nur in dem Maße, wie es für die exakte Bearbeitung bzw. Lösung der dort auftretenden Fragestellungen notwendig ist. Wir verzichten daher ganz bewusst auf weitere Vertiefungen in Sachen Logik und Mengen und legen vielmehr Wert darauf, dass Sie das bis hierher Dargestellte verstanden und verinnerlicht haben.

2.3 Mit welchen Zahlen haben wir zu tun? (Aufbau des Zahlensystems)

Mathematik hat etwas mit Zahlen zu tun – das ist sicher das Erste, was jeder mit dieser Disziplin verbindet. Aber „Was sind und was sollen die Zahlen?" So lautet der Titel der berühmten Schrift des großen Mathematikers Richard Dedekind, der 1888 als erster die natürlichen Zahlen axiomatisch (d. h. nur auf Basis weniger nicht beweisbarer Annahmen, sogenannter Axiome) eingeführt hat. Für ihn sind Zahlen „freie Schöpfungen des menschlichen Geistes, sie dienen als ein Mittel, die Verschiedenheit der Dinge leichter aufzufassen." (s. Dedekind (2010), Vorwort zur 1. Aufl. 1888). Ohne sich zu sehr in diese grundlegenden Überlegungen zu vertiefen, werden wir uns in diesem Abschnitt dem Aufbau der reellen Zahlen widmen. Diese sind Ihnen sicher von der Schule in einem gewissen Maße bekannt, doch hat die Erfahrung gezeigt, dass ein grundlegendes Verständnis trotzdem häufig nicht mehr präsent ist. Dennoch ist dies wichtig und hilfreich, sodass wir diesem Thema einen ganzen (aber kompakten) Abschnitt widmen. Erst im daran anschließenden Abschn. 2.4 werden wir mit den Zahlen rechnen, d. h. uns dem Thema „Arithmetik" zuwenden.

Zahlen haben etwas mit „zählen" zu tun, und als wir als Kinder angefangen haben zu zählen, lernten wir, dass man mit der 1 beginnt und dann fortschreitet mit der 2, der 3, der 4 etc. Dies führt uns zu der ersten Zahlenmenge, den sogenannten natürlichen Zahlen:

Merksatz

Die natürlichen Zahlen werden durch einen **unendlichen Abzählungsprozess** erfasst. Ausgehend von der Zahl 1 wird immer „um 1 weitergezählt" und dadurch jede (noch so große) natürliche Zahl erreicht. Bricht man diesen Prozess niemals ab, so erhält man alle natürlichen Zahlen.

Erinnern wir uns ruhig noch einmal an den vorhergehenden Abschnitt, in dem wir uns mit Mengen beschäftigt haben. Ganz offensichtlich haben wir es bei den natürlichen Zahlen mit einer Menge zu tun, die – und das ist der Unterschied zu den bisher bekannten Beispielen – unendlich viele Elemente hat. Das Thema „Unendlichkeit" hat Mathematiker, Philosophen und Theologen Jahrhunderte, ja sogar Jahrtausende beschäftigt und bisweilen auch gequält. Hier taucht sie in Form einer (ersten) unendlichen Menge, der Menge der natürlichen Zahlen auf. Diese ist, so viel sei schon einmal vorweggenommen, noch ein Vertreter der „harmlosen" Sorte von Unendlichkeit. Es gibt nämlich in der Tat verschiedene Unendlichkeiten im mathematischen Sinne. Wichtig für uns an dieser Stelle ist, dass die natürlichen Zahlen, da sie auf Basis des (Ab-)Zählens beruhen, abzählbar unendlich viele sind. Das heißt, hätten wir unendlich viel Zeit (was immer das tatsächlich bedeutet), so könnten wir schrittweise alle natürlichen Zahlen abzählen.

Nun aber zurück zu unserer ersten wichtigen Zahlenmenge, den **natürlichen Zahlen**. Man bezeichnet sie wie folgt:

$$\mathbb{N} = \{1, 2, 3, 4, \ldots\}.$$

Die Punkte deuten an, dass es sich um unendlich viele Elemente handelt und dass man auf die angedeutete Art des Zählens „alle Elemente erwischt".

Mit den natürlichen Zahlen kann man jetzt bekanntermaßen anfangen zu rechnen. Beginnen wir mit der Addition: Diese ist innerhalb der natürlichen Zahlen leicht und stets ausführbar: **Addieren wir zwei natürliche Zahlen**, so erhalten wir stets **als Ergebnis eine natürliche Zahl**. Das beruhigt und gibt keinen Anlass dafür, sich mit anderen Zahlen zu beschäftigen. Doch wie verhält es sich mit der Subtraktion? Hier ist die Situation nur teilweise entspannt: Solange der Minuend größer ist als der Subtrahend haben wir keine Probleme (bei der Subtraktion $a - b$ ist a der „Minuend" und b der „Subtrahend"). Dies ist z. B. bei der Rechnung $15 - 6$ oder $2899 - 2000$ u. a. der Fall. Doch was

passiert, wenn der Subtrahend plötzlich größer als der Minuend ist? Zum Beispiel, wenn wir $5 - 8$ rechnen wollen? Das Ergebnis liefert plötzlich keine natürliche Zahl mehr, d. h., wir „fallen aus den natürlichen Zahlen heraus" und können das Ergebnis mit den Zahlen, die wir bis jetzt kennen, nicht darstellen. Was nun?

In derartigen Fällen behelfen sich die Mathematiker wie folgt: Sie **erweitern den Zahlenbereich** derart, dass die Ausgangsmenge (hier die natürlichen Zahlen) eine Teilmenge der neuen Menge ist und die von der Ausgangsmenge bekannten Rechenregeln gültig bleiben. In unserem Falle wird eine neue Zahlenmenge definiert, nämlich die der ganzen Zahlen $\mathbb{Z}$. Wir erhalten $\mathbb{Z}$, indem wir die natürlichen Zahlen $\mathbb{N}$ um **die Null und die negativen ganzen Zahlen** ergänzen:

$$\mathbb{Z} = \{\ldots -4, -3, -2, -1, 0, 1, 2, 3, 4, \ldots\}.$$

Jetzt können wir ungehindert addieren und subtrahieren, ohne „aus der Menge $\mathbb{Z}$ herauszufallen". Für den Zusammenhang zwischen $\mathbb{Z}$ und $\mathbb{N}$ gilt:

Merksatz

Die natürlichen Zahlen sind eine Teilmenge der ganzen Zahlen: $\mathbb{N} \subset \mathbb{Z}$.

Auch die ganzen Zahlen $\mathbb{Z}$ enthalten abzählbar unendlich viele Zahlen, d. h., wenn wir unendlich viel Zeit hätten, könnten wir uns an die Arbeit machen und nach und nach die ganzen Zahlen nach folgendem Muster abzählen (s. Abb. 2.8).

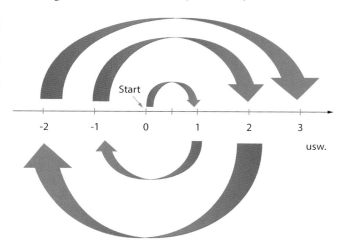

Abb. 2.8 Abzählen der ganzen Zahlen $\mathbb{Z}$

Als Nächstes fangen wir an zu multiplizieren und zu dividieren: Das Multiplizieren macht keine Probleme, da das Produkt zweier ganzer Zahlen stets wieder eine ganze Zahl ist. Ganz anders verhält es sich bei der Division. Hier stoßen wir immer dann an Grenzen, wenn die Division nicht restlos erfolgen kann, d. h. wenn der Quotient keine ganze Zahl mehr ergibt, wie z. B. bei der Division $2 : 3$. (Berechnet man $c = a : b$, dann bezeichnet man a als „Dividend", b als „Divisor" und c als „Quotient".)

Abb. 2.9 Darstellung der rationalen Zahlen auf dem Zahlenstrahl

Aber auch hier behelfen sich die Mathematiker wieder durch eine **Zahlenbereichserweiterung**, indem sie die Menge der „rationalen Zahlen $\mathbb{Q}$" definieren:

$$\mathbb{Q} = \left\{ x = \frac{p}{q} \,\middle|\, p, q \in \mathbb{Z} \wedge q \neq 0 \right\}.$$

Das heißt, $\mathbb{Q}$ ist die Menge aller Brüche. Insbesondere enthält $\mathbb{Q}$ die ganzen Zahlen (und somit auch die natürlichen Zahlen) als Teilmenge:

$$\mathbb{N} \subset \mathbb{Z} \subset \mathbb{Q}$$

Jetzt haben wir schon recht viele verschiedene Zahlentypen kennengelernt, mit denen wir die uns bekannten Grundrechenarten ungehindert ausführen können. Die rationalen Zahlen kann man wie die ganzen Zahlen auch auf dem sogenannten „Zahlenstrahl" einzeichnen: Jede rationale Zahl q entspricht genau einem Punkt auf dem Zahlenstrahl (s. Abb. 2.9).

Bei den ganzen Zahlen haben wir bereits festgestellt, dass wir diese – vorausgesetzt wir haben unendlich viel Zeit – abzählen können. Das bedeutet anschaulich, dass man jeder ganzen Zahl eine natürliche Zahl im Sinne der Durchnummerierung „aufdrücken" kann. Eine Frage, die Mathematiker lange beschäftigt hat, ist die, ob auch die rationalen Zahlen in dieser Form „durchnummeriert" werden können. Die Vorstellung, dass das tatsächlich funktioniert, fällt schon etwas schwerer, doch hat der Mathematiker Georg Cantor im Jahr 1865 die Antwort gefunden: Auch die Menge der rationalen Zahlen ist abzählbar, d. h., man kann jeden Bruch mithilfe der natürlichen Zahlen durchnummerieren.

Offensichtlich scheint es hinsichtlich der „Anzahl" der Elemente von $\mathbb{N}$, $\mathbb{Z}$ und $\mathbb{Q}$ keine wesentlichen Unterschiede zu geben, was auf den ersten Blick – gerade hinsichtlich der rationalen Zahlen $\mathbb{Q}$ – schwer vorstellbar ist. Diese Entdeckung ist, wie bereits erwähnt, ganz wesentlich auf Georg Cantor zurückzuführen: Er war es auch, der den Begriff der **Mächtigkeit** einer unendlichen Menge ins Leben gerufen hat, da man schwerlich von einer Anzahl von Elementen sprechen kann, wenn unendlich viele Elemente vorliegen.

Im Falle der **Mengen** $\mathbb{N}$, $\mathbb{Z}$ **und** $\mathbb{Q}$ gilt demnach, dass alle drei Mengen **gleichmächtig** sind.

Jetzt schließt sich eigentlich nur noch die Frage an, ob es noch weitere Zahlen gibt, die sich als Punkte auf dem Zahlenstrahl darstellen lassen, aber nicht rational sind. Wir wissen bis jetzt nur, dass folgendes gilt:

> „**Wenn** die Zahl q rational ist, **dann** ist sie als Punkt auf dem Zahlenstrahl darstellbar."

Hierbei handelt es sich um ein klassisches Beispiel für eine Implikation, die – wir erinnern uns – im Allgemeinen nicht umkehrbar ist!

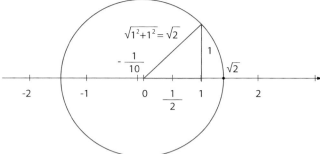

Abb. 2.10 Geometrische Konstruktion von $\sqrt{2}$

Wir schließen an dieser Stelle, dass die Umkehrung

> „**Wenn** eine Zahl als Punkt auf dem Zahlenstrahl darstellbar ist, **dann** ist sie rational."

nicht (!) zwangsläufig gelten muss.

Wie versprochen werden in diesem Buch keine Beweise durchgeführt, doch möchten wir an dieser Stelle nicht darauf verzichten, den Weg zur Beantwortung der obigen Frage zu skizzieren.

Die Beantwortung der Frage, ob es Punkte auf dem Zahlenstrahl gibt, die keiner rationalen Zahl entsprechen, d. h. nicht als Bruch darstellbar sind, erfolgt, indem man geometrisch einen Punkt auf dem Zahlenstrahl konstruiert, von dem man anschließend zeigt, dass er keiner rationalen Zahl entspricht. Bei der Konstruktion dieses Punktes nutzt man den Satz des Pythagoras und konstruiert die Zahl $\sqrt{2}$ ($\sqrt{2}$ ist diejenige positive Zahl, die mit sich selbst multipliziert 2 ergibt; mehr zur Wurzelrechnung am Ende dieses Kapitels):

Auf dem Zahlenstrahl zeichnet man von der Zahl Null („Ursprung") ein rechtwinkliges Dreieck, dessen Katheten die Länge 1 besitzen. (Die „Katheten" sind diejenigen Seiten in einem rechtwinkligen Dreieck, die den rechten Winkel einschließen. Die Seite, die dem rechten Winkel gegenüberliegt, wird „Hypotenuse" genannt.) Dann erhält man nach dem Satz des Pythagoras für die Hypotenuse c: $c^2 = 1^2 + 1^2 = 2$, d. h. $c = \sqrt{2}$. Schlägt man jetzt einen Kreisbogen mit dem Radius $r = \sqrt{2}$ um den Ursprung, so schneidet dieser den Zahlenstrahl in einem Punkt, dessen Abstand vom Ursprung exakt $\sqrt{2}$ beträgt (s. Abb. 2.10). Somit haben wir die Zahl $\sqrt{2}$ geometrisch konstruiert.

Der nächste Schritt ist nun zu zeigen, dass $\sqrt{2}$ keine rationale Zahl ist, d. h. sich nicht als Bruch darstellen lässt. Wer Lust hat, kann den Beweis z. B. in Heuser (2003) nachlesen. Ergebnis ist, dass $\sqrt{2}$ kein Element der rationalen Zahlen ist. Für die Belegung auf dem Zahlenstrahl bedeutet dies nun, dass trotz der vermeintlichen Vielzahl von Brüchen, die, wenn man sie alle auf dem Zahlenstrahl markieren will, sicherlich schon sehr eng beieinander liegen, es doch noch „Löcher" gibt, die keinem Bruch entsprechen. Diese Löcher werden von einem zusätzlichen Zahlentyp „gestopft", zu denen auch die geometrisch konstruierte Zahl $\sqrt{2}$ gehört: die **irrationalen Zahlen**.

Was kennzeichnet nun diese irrationalen Zahlen? Worin unterscheiden sie sich von den Brüchen? Hierfür ist es an der Zeit, sich daran zu erinnern, was es bedeutet, wenn eine Zahl als Bruch dargestellt wird: Jeder Bruch (also jede rationale Zahl) kann stets in eine endliche oder in eine unendliche, periodische (!) Dezimalzahl umgewandelt werden und umgekehrt. Im Gegensatz dazu gilt für die irrationalen Zahlen:

Merksatz

Bei den irrationalen Zahlen handelt es sich um **unendliche**, **nichtperiodische Dezimalzahlen**.

Typische Vertreter irrationaler Zahlen sind neben der nun bereits bekannten Zahl $\sqrt{2}$ auch die berühmte Kreiszahl Pi (π), die Euler'sche Zahl e oder auch Zahlen wie $\sqrt{3}$, $\sqrt{10}$ etc. Diese wenigen genannten Beispiele sollen nicht darüber hinwegtäuschen, dass hinsichtlich der Fülle dieser Zahlen auf dem Zahlenstrahl eine bemerkenswerte Tatsache auf uns wartet: Die Menge der Löcher auf dem Zahlenstrahl ist von einer größeren Mächtigkeit als die Menge der rationalen Zahlen: Die Menge der irrationalen Zahlen ist – so sagt man – „überabzählbar" und kann demnach nicht mehr durchnummeriert werden. Offensichtlich gibt es im Unendlichen noch Abstufungen, d. h., „unendlich ist nicht gleich unendlich." Diese bahnbrechende Erkenntnis stammt ebenfalls von Georg Cantor, der im Jahr 1873 den Beweis dafür erbracht hat.

Glücklicherweise können wir in der Praxis mit diesen irrationalen Zahlen genauso rechnen wie mit den einfachen Brüchen – das ist auf jeden Fall gesichert. Auch haben uns die Mathematiker die Gewissheit gegeben, dass nach Hinzunahme der irrationalen Zahlen zu den Brüchen der Zahlenstrahl nun wirklich „voll" ist. Das heißt, es gibt keine weiteren Lücken und somit keine anderen Zahlentypen mehr, die uns das Leben möglicherweise schwer machen könnten, sodass wir jetzt an dem Punkt angekommen sind, von dem wir für den Rest des Buches ausgehen: Wir rechnen fortan mit den reellen Zahlen:

Merksatz

Die Vereinigungsmenge aus den rationalen Zahlen $\mathbb{Q}$ und den irrationalen Zahlen bildet die Menge der **reellen Zahlen** $\mathbb{R}$. Für die reellen Zahlen gilt:

Jede reelle Zahl lässt sich als Punkt auf dem Zahlenstrahl darstellen und umgekehrt: Jeder Punkt auf dem Zahlenstrahl entspricht einer reellen Zahl.

Die Teilmengenbeziehung $\mathbb{N} \subset \mathbb{Z} \subset \mathbb{Q} \subset \mathbb{R}$ wird anhand Abb. 2.11 visualisiert.

Halten wir fest: Die reellen Zahlen bilden fortan die Ausgangsbasis für alles, was in diesem Buch behandelt wird. Sie „füllen" den Zahlenstrahl komplett aus und haben noch eine weitere, uns vertraute Eigenschaft: Reelle Zahlen lassen sich „anordnen", d. h., wenn wir zwei reelle Zahlen x und y haben, können wir stets entscheiden, ob x größer ist als y (in Zeichen $x > y$), oder ob x kleiner ist als y (in Zeichen $x < y$) oder ob x und y ggf.

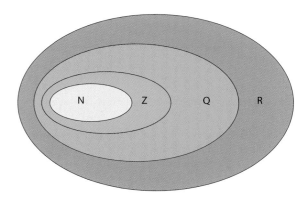

Abb. 2.11 Aufbau der reellen Zahlen

gleich sind (in Zeichen $x = y$). Anschaulich können wir uns merken, dass bei zwei gegebenen Zahlen auf dem Zahlenstrahl die linke der beiden stets kleiner ist als die rechte. D. h. geht man auf dem Zahlenstrahl nach links, werden die Zahlen immer kleiner, geht man nach rechts, werden sie immer größer.

Die Symbole „$>$" (größer als), „$<$" (kleiner als) bzw. auch „$\leq$" (kleiner oder gleich) und „$\geq$" (größer oder gleich), werden uns fortan des Öfteren begegnen.

Im Zusammenhang mit dem Begriff der „Mengen" können wir hinsichtlich der reellen Zahlen angesichts der Tatsache, dass sie so schön „anzuordnen sind", noch einen bestimmten „Typ" von Menge: Die so genannten „Intervalle". Hierbei handelt es sich um Zahlenmengen, die in gewisser Weise „zusammenhängen": Z. B. bilden alle Zahlen zwischen 1 und 3 ein Intervall. Möchte man die Randpunkte 1 und 3 noch als Elemente dieser Menge dazu nehmen, dann spricht man von einem „abgeschlossenen Intervall" und schreibt dafür $[1, 3]$. Sollen 1 und 3 nicht dazu gehören, heißt das Intervall „offen", und man schreibt $]1, 3[$. Diese Schreibweise benötigen wir später insbesondere bei den reellen Funktionen.

Nach diesem kleinen Exkurs in die Welt der Zahlen werden wir uns nun den konkreten Dingen zuwenden und uns mit den wichtigsten Regeln für den Umgang mit den reellen Zahlen auseinandersetzen.

2.4 Wie rechnen wir mit (allgemeinen) reellen Zahlen und worauf müssen wir dabei besonders achten?

Im Titel dieses Abschnitts wird der Begriff „allgemeine reelle Zahl" verwendet. Was versteht man nun darunter?

Wir erinnern uns an die Schule, wo wir schon früh mit „Formeln" zu tun hatten. So kennen beispielsweise viele sicher noch die drei „binomischen Formeln". Die erste binomische Formel lautet:

$$(a + b)^2 = a^2 + 2ab + b^2.$$

Diese Formel ist eine Gleichung, mit deren Hilfe mathematische Zusammenhänge durch allgemeine Zahlen (hier a und b) in kurze und einprägsame Formen gebracht werden können. Hinter unserer genannten binomischen Formel steht eigentlich die Frage: Wir berechnet man das Quadrat einer Summe zweier Zahlen? Die Antwort in Form eines „Lehrsatzes" gemäß unserer Gleichung lautet: „Das Quadrat einer Summe zweier Zahlen a und b berechnet man, indem man die Summe der Quadratzahlen von a und b bildet." Irgendwie ist das ja nun doch etwas umständlich.

Merksatz

Mithilfe von kleinen lateinischen Buchstaben lassen sich mathematische Sachverhalte in eine knappe, einprägsame Form bringen. Das heißt, mittels dieser Buchstaben wurde eine **eigene mathematische Schriftsprache** (s. Bewert (1982)) geschaffen.

Reelle Zahlen werden mithilfe der vier Grundrechenarten miteinander verknüpft:

- Addition ($+$),
- Subtraktion ($-$) als „Umkehrung der Addition",
- Multiplikation ($\cdot$),
- Division ($:$) als „Umkehrung der Multiplikation".

Merksatz

In einer Aufgabe haben dieselben Buchstaben immer denselben Zahlenwert. Außerdem nennt man $a + b$ die **Summe**, $a - b$ die **Differenz**, $a \cdot b$ das **Produkt** (kurz: ab) und $a : b = \frac{a}{b}$ den **Quotienten** von a und b.

Nur Summen (Differenzen) von gleichartigen allgemeinen Zahlen lassen sich zusammenfassen und damit vereinfachen (z. B. $a + 2b - 2a + 5b + c = -a + 7b + c$).

Zusammengesetzte Ausdrücke, in denen Summanden und Subtrahenden gemeinsam vorkommen, werden als **algebraische Summen** bezeichnet.

Wie aus der Schule vielleicht noch bekannt, gibt es bei den Rechenregeln eine gewisse Form der Hierarchie: „Punktrechnung geht vor Strichrechnung" – so lautete die Merkregel. Dies bedeutet eigentlich nur, dass die Punkt- und die Strichrechnung „stärker binden" als die Addition und die Multiplikation, insofern als diese bei der konkreten Berechnung Vorrang haben. Betrachten wir hierfür das folgende Beispiel:

Beispiel

- Wir möchten folgende Rechnung durchführen: $5 + 3 - 2 \cdot 4$. Mit unserer Kenntnis ist das Ergebnis das folgende: $5 + 3 - 8 = 8 - 8 = 0$, da wir vor der Differenzbildung das Produkt $2 \cdot 4 = 8$ ausrechnen müssen.

- Möchten wir aus irgendeinem Grund vermeiden, dass das Produkt $2 \cdot 4$ zuerst ausgerechnet wird, bevor wir die Differenz bilden, und das gesamte Ergebnis von $5 + 3 - 2$ mit 4 multiplizieren, haben wir die Möglichkeit, mit Klammern die Hierarchie der Rechenregeln „aufzubrechen": $(5 + 3 - 2) \cdot 4 = 6 \cdot 4 = 24$. ◄

Somit haben wir mit Klammern ein Instrument, mit dessen Hilfe wir die Reihenfolge der Berechnungen selbst bestimmen können.

Merksatz

Beim Rechnen mit (allgemeinen) reellen Zahlen kann durch Klammersetzung die Rechenreihenfolge individuell festgelegt werden. Die Rechnungen, die innerhalb von Klammern ausgeführt werden sollen, haben höchste Priorität. Für den Fall, dass Klammern „geschachtelt" auftreten dann gilt die Devise: „Immer von innen nach außen berechnen."

Klammerausdrücke können sogar mehrfach ineinander geschachtelt auftreten und werden dann von innen nach außen abgearbeitet:

Beispiel

$$2((2(2 + 4) + 2) + 3) = 2((2 \cdot 6 + 2) + 3)$$
$$= 2(14 + 3) = 2 \cdot 17$$
$$= 34. \quad ◄$$

Kommen wir zurück zu unseren Grundrechenarten. Innerhalb der reellen Zahlen gelten einige nützliche Rechenregeln:

1. Für zwei reelle Zahlen a und b gilt:
   - $a + b = b + a$ (**Kommutativgesetz der Addition**)
   - $ab = ba$ (**Kommutativgesetz der Multiplikation**)
2. Für drei reelle Zahlen a, b, c gilt:
   - $a + (b + c) = (a + b) + c$ (**Assoziativgesetz der Addition**)
   - $(ab)c = a(bc)$ (**Assoziativgesetz der Multiplikation**)
3. Für drei reelle Zahlen a, b, c gilt: $a(b + c) = ab + ac$. Hierbei handelt es sich um das **Distributivgesetz**.

Gut zu wissen

Die drei Bezeichnungen Kommutativ-, Assoziativ- und Distributivgesetz kommen aus dem Lateinischen:

- commutare: vertauschen. Deshalb wird das Kommutativgesetz häufig auch als **Vertauschungsgesetz** bezeichnet,
- associare: verbinden, verknüpfen, vereinigen,
- distribuere: verteilen, aufteilen. ◄

Kapitel 2

Wir erinnern uns jetzt kurz daran, was hinsichtlich des Vorzeichens gilt, wenn man zwei beliebige reelle Zahlen miteinander multipliziert:

Merksatz

Das Produkt zweier reeller Zahlen mit demselben Vorzeichen ist positiv, das Produkt zweier reeller Zahlen mit entgegengesetztem Vorzeichen ist negativ:

$$\text{minus} \cdot \text{minus} = \text{plus} \cdot \text{plus} = \text{plus},$$
$$\text{plus} \cdot \text{minus} = \text{minus} \cdot \text{plus} = \text{minus}.$$

Bei der Multiplikation verzichtet man häufig auf das Symbol „$\cdot$" und schreibt statt „$a \cdot b$" nur „ab".

Werfen wir einen Blick auf die oben genannten Rechengesetze: Die Kommutativgesetze sind sicher praktisch, denn wie wir aus der Schule wissen, kommt es sowohl bei der Addition als auch bei der Multiplikation auf die Reihenfolge der Summanden bzw. der Faktoren nicht an:

$$2 + 4 = 4 + 2 = 6$$

bzw.

$$2 \cdot 4 = 4 \cdot 2 = 8 \,.$$

Ganz anders verhält es sich bekannterweise bei der Subtraktion und der Division. Hier müssen wir sehr wohl auf die Reihenfolge achten, denn

$$2 - 4 = -2, \quad \text{aber} \quad 4 - 2 = 2 \quad \text{bzw.} \quad \frac{2}{4} = 0,5 \quad \text{aber} \quad \frac{4}{2} = 2 \,.$$

Das Assoziativgesetz besagt im Wesentlichen, dass es bei der Multiplikation und der Addition nicht darauf ankommt, wie Klammern gesetzt werden. Das heißt, es kommt somit auf die Reihenfolge der Berechnungen erneut nicht an.

Spannend wird es beim nächsten, dem Distributivgesetz. Es kombiniert die Multiplikation mit der Addition (und entsprechend) auch mit der Subtraktion:

$$2(2 + 5) = 2 \cdot 2 + 2 \cdot 5 = 4 + 10 = 14 \,.$$

Wir erinnern uns, dass Klammern zuerst ausgerechnet werden müssen. Da wir es in dem vorhergehenden Beispiel noch nicht mit allgemeinen Zahlen zu tun haben, sondern mit festen, konkreten Zahlen, können wir das Distributivgesetz mithilfe unserer Kenntnis über die Klammerrechnung verifizieren:

$$2(2 + 5) = 2 \cdot 7 = 14 \,.$$

Solange man es mit konkreten Zahlen zu tun hat, erscheint die Anwendung des Distributivgesetzes vielleicht gar nicht so unbedingt notwendig. Das ändert sich jedoch schlagartig, wenn wir es mit allgemeinen Zahlen zu tun haben, mit denen wir rechnen bzw. mathematische Ausdrücke vereinfachen möchten.

Beispiel

1. $2(a + b) + a - 5b = 2 \cdot a + 2 \cdot b + a - 5b = 3a - 3b$
2. $-5(x + 2y) + 2(x - y) - x = -5x - 10y + 2x - 2y - x$
   $= -4x - 12y$
3. $(x + 1) - 2(x - 1) + 3(2x + 1) = x + 1 - 2x + 2 + 6x + 3$
   $= 5x + 6$
4. $-(x + 3 - y) - (2x + y) = -x - 3 + y - 2x - y$
   $= -3x - 3.$ ◄

Im obigen Beispiel wurde das Distributivgesetz von links nach rechts, d. h. in Leserichtung angewendet. Diesen Vorgang nennt man in der Mathematik **Ausmultiplizieren**. Sehr häufig kommt man aber in die Situation, dass man das Distributivgesetz **entgegen der Leserichtung, d. h. von rechts nach links**, anwendet, um von einem komplexeren zu einem etwas leichteren mathematischen Ausdruck zu kommen. Diesen Vorgang nennt man **Ausklammern**, und er führt eine Summe in ein Produkt über. (Beim Ausmultiplizieren gehen wir umgekehrt von einem Produkt aus und erhalten eine Summe) Betrachten wir hierfür das obige Beispiel. Wir haben dort vier Ergebnisse:

1. $3a - 3b$
2. $-4x - 12y$
3. $5x + 6$
4. $-3x - 3$

Bei allen Ergebnissen handelt es sich um eine Summe (mit zwei Summanden). In vielen Fällen (so z. B. beim Kürzen von Brüchen), ist es aber von Vorteil, keine Summenschreibweise, sondern eine Produktschreibweise zu bekommen. Eine wichtige Frage wird in Zukunft also immer wieder auftreten: „Lässt sich die gegebene mathematische Summe als Produkt darstellen?" Eine Produktdarstellung ist in vielen Fällen günstig und hilfreich (z. B. beim sogenannten Kürzen von Brüchen).

Wenden wir uns also der umgekehrten Anwendung des Distributivgesetzes zu: Nach näherer Betrachtung der zugehörigen Formel wird deutlich, dass wir bei der Suche nach einer Produktschreibweise nach **gemeinsamen Faktoren in den einzelnen Summanden** Ausschau halten müssen. Diese setzt man dann vor eine Klammer, wobei man anschließend nur noch überlegen muss, welche Faktoren innerhalb der Klammer „übrig" bleiben.

Das klingt jetzt alles möglicherweise etwas kompliziert, daher zurück zu den Ergebnissen des Beispiels. Betrachten wir das erste Ergebnis $3a - 3b$. Man erkennt, dass der Faktor 3 in beiden Summanden (hier sind die Summanden $3a$ und $-3b$) enthalten ist. Die übrig gebliebenen Faktoren sind dann jeweils die Zahlen a und b. Somit kann man die 3 ausklammern und man erhält:

$$3a - 3b = 3(a - b).$$

Analog ergibt sich so für 2. und 4. des obigen Beispiels:

$$-4x - 12y = -4(x + 3)$$
$$-3x - 3 = -3(x + 1)$$

(Ausklammern des Faktors -4 bzw. -3).

Bei 3. des obigen Beispiels besitzen die Summanden $5x$ und 6 keinen gemeinsamen Faktor, sodass sich ein Ausklammern in diesem Fall nicht anbietet.

Gut zu wissen

Wenn ein Minuszeichen vor einem Klammerausdruck steht, löst man die Klammer auf, indem man bei jedem Summanden das Vorzeichen umkehrt (aus Plus wird Minus und umgekehrt – s. 3. des obigen Beispiels: $-(x + 3 - y) - (2x + y)$. ◀

Halten wir fest: Das Distributivgesetz beinhaltet die beiden Aktivitäten Ausmultiplizieren und Ausklammern. Ob man richtig ausmultipliziert hat, kann man durch nachträgliches Ausklammern verifizieren und umgekehrt!

Wir wenden uns nun den **Aufgaben 2.5 und 2.6** aus Exkurs 2.3 zu. Vergleichen Sie Ihr Ergebnis mit den folgenden Lösungen:

—————————— **Aufgabe 2.5** ——————————

Vereinfachen Sie die folgenden algebraischen Summen:

$$a + b - 2a - 5c + 7b - c$$
$$= -a + 8b - 6c$$

$$2(2y - z) + (5y - z) - (2z + 7y)$$
$$= 4y - 2z + 5y - z - 2z - 7y = 2y - 5z$$

$$4(y - z) + (5(y - z)) - 2(z + 7y)$$
$$= 4y - 4z + 5y - 5z - 2z - 14y = -5y - 11z$$

$$- (x + 3 - y) - (2x + y)$$
$$= -x - 3 + y - 2x - y = -3x - 3$$

—————————— **Aufgabe 2.6** ——————————

Berechnen Sie das Doppelte von $-5(2a + 3b - 4c)$:

$$2(-5(2a + 3b - 4c)) = -10(2a + 3b - 4c)$$
$$= -20a - 30b + 40c$$

Abschließend wenden wir uns dem **Ausmultiplizieren komplexerer Summen** zu und greifen nun die **Aufgabe 2.7** heraus: Hier sollen die folgenden algebraischen Summen miteinander multipliziert werden:

$$(x + 3)(x + 8)$$

Merksatz

Zwei algebraische Summen werden miteinander multipliziert, indem jedes Glied der einen Summe mit jedem Glied der anderen Summe multipliziert und die Ergebnisse addiert werden.

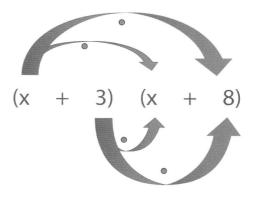

Abb. 2.12 Ausmultiplizieren zweier algebraischer Summen

Wenden wir diesen Merksatz auf die obige Aufgabe an, so erhalten wir:

$$(x + 3)(x + 8) = x \cdot x + x \cdot 8 + 3 \cdot x + 3 \cdot 8$$
$$= x^2 + 8x + 3x + 24 = x^2 + 11x + 24.$$

Abbildung 2.12 soll den Ablauf im obigen Beispiel noch einmal grafisch darstellen.

Analog zum obigen Beispiel erhalten wir für den zweiten Teil von **Aufgabe 2.7**:

$$(3a + 2b)(9a - 2b + 3c)$$
$$= 27a^2 - 6ab + 9ac + 18ab - 4b^2 + 6bc$$
$$= 27a^2 + 12ab + 9ac + 6bc - 4b^2.$$

Die Lösungen der Aufgabe 2.7 enthielten zum ersten Mal sogenannte **Quadratzahlen**. Diese entstehen, wenn eine Zahl mit sich selbst multipliziert wird: $x \cdot x = x^2$ oder $a \cdot a = a^2$ etc. Die abkürzende Schreibweise nennt man **Potenzschreibweise**. Im Ausdruck x^2 bezeichnet man x als **Basis** mit dem **Exponenten 2**.

Mithilfe dieser Schreibweise werden wir uns zum Abschluss dieses Abschnitts den **binomischen Formeln** zuwenden: Wenn auch in der Schule sicherlich besprochen und geübt, so fehlt es in der Praxis häufig an der Fertigkeit, diese fehlerfrei und sicher anzuwenden.

Wozu benötigen wir die **binomischen Formeln**? Der Ursprung des Begriffes kommt aus dem Lateinischen und dem Griechischen: *bis* = zweimal (lat.) und *nomos* = Gesetz bzw. mehrgliedriger Ausdruck (griech.). Die Binome können allgemein mit $(a + b)$ bzw. mit $(a - b)$ bezeichnet werden, wobei a und b reelle Zahlen sind. Im Prinzip geht es lediglich darum, sich Arbeit dadurch zu erleichtern, dass man einfache algebraische Summen (Binome) sehr schnell und elegant miteinander multipliziert, ohne jedes Mal schrittweise jeden Summanden des einen Ausdrucks mit jedem des anderen Ausdrucks einzeln multiplizieren zu müssen.

Bei der Herleitung der binomischen Formeln geht es um die Berechnung der folgenden Ausdrücke:

1. $(a + b)^2$
2. $(a - b)^2$
3. $(a + b)(a - b)$

Wir berechnen zunächst $(a + b)^2$:

$$(a+b)^2 = (a+b)(a+b) = a^2 + ab + ba + b^2 = a^2 + 2ab + b^2.$$

Analog erhalten wir für $(a - b)^2$:

$$(a-b)^2 = (a-b)(a-b) = a^2 - ab - ba + b^2 = a^2 - 2ab + b^2.$$

Schließlich erhalten wir für das Produkt $(a + b)(a - b)$:

$$(a + b)(a - b) = a^2 - ab + ba - b^2 = a^2 - b^2.$$

In Zukunft werden wir also für den Fall, dass wir eines der drei obigen Produkte berechnen müssen, nicht mehr einzeln ausmultiplizieren, sondern lediglich die folgenden Formeln anwenden:

Merksatz

1. $(a + b)^2 = a^2 + 2ab + b^2$ (1. binomische Formel)
2. $(a - b)^2 = a^2 - 2ab + b^2$ (2. binomische Formel)
3. $(a + b)(a - b) = a^2 - b^2$ (3. binomische Formel)

Auch die binomischen Formeln werden (analog zum Distributivgesetz) nicht nur in Leserichtung von links nach rechts angewendet (Ausmultiplizieren), sondern – je nach Bedarf – auch von rechts nach links (Ausklammern bzw. Faktorisieren).

Gut zu wissen

Die Ausdrücke $2ab$ bzw. $-2ab$ in den ersten beiden Formeln des obigen Merksatzes werden auch als „gemischte" Glieder bezeichnet. Es ist überaus wichtig, dass diese nicht vergessen werden. Was es bedeuten würde, diese Ausdrücke zu vergessen, können wir an Abb. 2.13

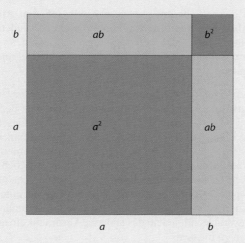

Abb. 2.13 Veranschaulichung der ersten binomischen Formel

veranschaulichen: Die Größe $(a + b)^2$ gibt den Flächeninhalt des großen Quadrats mit der Kantenlänge $a + b$ an. Diese Größe erhalten wir, indem wir die Fläche des großen blauen Quadrats (a^2) und die Fläche des kleinen blauen Quadrats (b^2) addieren. Um die gesamte Fläche zu erhalten, müssen wir dazu noch die Flächen der beiden roten Rechtecke ($2ab$) addieren. Tun wir Letzteres nicht, fehlt uns eine entscheidende Größe für das Berechnen der Gesamtfläche! ◄

Bevor wir uns nun dem Thema der Division zuwenden, schauen wir noch einmal zurück zu Exkurs 2.3 und lösen die **Aufgaben 2.7–2.9**:

———————————— **Aufgabe 2.7** ————————————

Multiplizieren Sie:

$$(x + 3)(x + 8) = x^2 + 8x + 3x + 24 = x^2 + 11x + 24$$

$$(3a + 2b)(9a - 2b + 3c)$$
$$= 27a^2 - 6ab + 9ac + 18ab - 4b^2 + 6bc$$
$$= 27a^2 + 12ab + 9ac + 6bc - 4b^2$$

———————————— **Aufgabe 2.8** ————————————

Wenden Sie bei der Berechnung der folgenden Ausdrücke eine der drei binomischen Formeln an:

a. $(5 - 3x)^2 = 25 - 30x + 9x^2$

b. $(2y + 3)^2 = 4y^2 + 12y + 9$

c. $(x - 3)(x + 3) = x^2 - 9$

d. $(9z - 11x)(9z + 11x) = 81z^2 - 121x^2$

e. $(x + 3)^2 - (x - 1)^2 = x^2 + 6x + 9 - (x^2 - 2x + 1)$
$= x^2 + 6x + 9 - x^2 + 2x - 1 = 8x + 8$

f. $(a - b - c)^2 = ((a - b) - c)^2$
$= (a - b)^2 - 2(a - b)c + c^2$
$= a^2 - 2ab + b^2 - 2ac + 2bc + c^2.$

———————————— **Aufgabe 2.9** ————————————

Schreiben Sie die folgenden Ausdrücke als Produkte (Faktorisieren)

$$(x^2 - y^2) = (x + y)(x - y)$$
$$4 - 9x^2z^2 = (2 + 3xz)(2 - 3xz)$$
$$2x^2 - 18 = 2(x^2 - 9) = 2(x + 3)(x - 3)$$

Wenden wir uns zum Ende dieses Abschnitts dem Thema **Division** zu: Die Division ist die Umkehrung der Multiplikation, und es gilt:

Gut zu wissen

- Ein Quotient $a : b = \frac{a}{b}$ ist positiv, wenn der Dividend a und der Divisor b dasselbe Vorzeichen besitzen. Besitzen a und b unterschiedliche Vorzeichen, so ist der Quotient negativ.
- **Durch Null** darf nicht dividiert werden!
- Multiplizieren und Dividieren mit derselben Zahl $b \neq 0$ heben sich auf: $(a : b) \cdot b = \frac{a}{b} \cdot b = a$.
- Ein Produkt $a \cdot b$ wird durch eine Zahl c dividiert, indem **nur ein Faktor** durch diese Zahl dividiert wird: $\frac{a \cdot b}{c} = \frac{a}{c} \cdot b = a \cdot \frac{b}{c}$.
- Eine Summe $a + b$ wird durch eine Zahl c dividiert, indem jeder einzelne Summand durch c dividiert wird: $\frac{a+b}{c} = \frac{a}{c} + \frac{b}{c}$. ◄

Die Bruchschreibweise $\frac{a}{b}$ und die Schreibweise mit den Doppelpunkten $a : b$ sind grundsätzlich gleichwertig, wobei die Bruchschreibweise die geläufigere und auch diejenige ist, die uns im Folgenden begegnen wird. Aus diesem Grunde werden wir uns noch kurz den grundsätzlichen Regeln der Bruchrechnung zuwenden, um den Abschnitt dann mit zahlreichen Beispielen abzuschließen:

Gut zu wissen

- Multipliziert man den Zähler und den Nenner eines Bruches $\frac{a}{b}$ mit derselben Zahl c, dann verändert man den Wert des Bruches nicht: $\frac{a}{b} = \frac{a \cdot c}{b \cdot c}$. Diesen Vorgang nennt man **Erweitern**.
- Liest man die Formel $\frac{a}{b} = \frac{a \cdot c}{b \cdot c}$ entgegen der Leserichtung, d. h. von rechts nach links, so kann man einen Bruch offensichtlich vereinfachen, wenn man gemeinsame Faktoren von Zähler und Nenner herausstreicht. Diesen Vorgang nennt man **Kürzen**.
- $\frac{a}{b}$ heißt **echter** Bruch, wenn er zwischen -1 und $+1$ liegt, ansonsten heißt $\frac{a}{b}$ **unechter** Bruch (z. B. sind $\frac{2}{3}$, $-\frac{3}{5}$ und $\frac{200}{1133}$ echte Brüche, wohingegen $\frac{3}{2}$, $-\frac{7}{3}$ und $\frac{3050}{201}$ unechte Brüche sind). ◄

Wenden wir uns nun der Frage zu, wie man mit Brüchen rechnet. Die wichtigsten Regeln hierfür lauten:

Merksatz

- Jede ganze Zahl kann als Bruch angesehen werden, dessen Nenner gleich 1 ist: $2 = \frac{2}{1}$, $-32 = -\frac{32}{1}$, allgemein: $a = \frac{a}{1}$.
- Brüche, die denselben Nenner besitzen, werden **gleichnamig** genannt.
- Zwei Brüche $\frac{a}{b}$ und $\frac{c}{d}$ werden miteinander **multipliziert**, indem die Zähler und die Nenner miteinander multipliziert werden: $\frac{a}{b} \cdot \frac{c}{d} = \frac{a \cdot c}{b \cdot d}$.

- Zwei Brüche $\frac{a}{b}$ und $\frac{c}{d}$ werden **dividiert**, indem man den Bruch $\frac{a}{b}$ mit dem Kehrwert von $\frac{c}{d}$ multipliziert (der Kehrwert von $\frac{c}{d}$ lautet $\frac{d}{c}$): $\frac{a}{b} : \frac{c}{d} = \frac{a}{b} \cdot \frac{d}{c} = \frac{a \cdot d}{b \cdot c}$.
- Gleichnamige Brüche werden **addiert**, indem die Summe der Zähler durch den Nenner dividiert wird: $\frac{a}{b} + \frac{c}{b} = \frac{a+c}{b}$.
- Ungleichnamige Brüche werden gleichnamig gemacht (erweitert) und dann addiert: $\frac{a}{b} + \frac{c}{d} = \frac{ad}{bd} + \frac{cb}{db} = \frac{ad+cb}{bd}$.

Nun haben wir das Rüstzeug zusammen, um anhand der folgenden Beispiele das Gesagte ein wenig zu vertiefen und zu üben:

Beispiel

1. Der Bruch $\frac{a}{b}$ soll nacheinander mit den Zahlen 5, a, $-b$, und $(a + b)$ erweitert werden:

$$\frac{a \cdot 5}{b \cdot 5} = \frac{5a}{5b}, \quad \frac{a \cdot a}{b \cdot a} = \frac{a^2}{ab}, \quad \frac{a \cdot (-b)}{b \cdot (-b)} = \frac{-ab}{-b^2},$$

$$\frac{a \cdot (a + b)}{b \cdot (a + b)} = \frac{a^2 + ab}{ba + b^2}.$$

2. Der Bruch $\frac{a+b}{a-b}$ soll mit $(a - b)$ erweitert werden (binomische Formeln beachten!):

$$\frac{(a + b)(a - b)}{(a - b)(a - b)} = \frac{a^2 - b^2}{(a - b)^2}.$$

3. Die folgenden Brüche sollen auf den Nenner $28a^2 - 28b^2$ gebracht werden:

   a. $\frac{a+b}{a-b}$: $\quad \frac{a+b}{a-b} = \frac{(a+b) \cdot 28 \cdot (a+b)}{(a-b) \cdot 28 \cdot (a+b)} = \frac{28(a+b)^2}{28a^2 - 28b^2}$

   b. $\frac{2ab}{7a^2 - 7b^2}$: $\quad \frac{2ab}{7a^2 - 7b^2} = \frac{2ab}{7(a^2 - b^2)} = \frac{2ab \cdot 4}{7(a^2 - b^2) \cdot 4} = \frac{8ab}{28a^2 - 28b^2}$

   c. $\frac{3a^2}{4(a^2 - b^2)}$: $\quad \frac{3a^2}{4(a^2 - b^2)} = \frac{3a^2 \cdot 7}{4(a^2 - b^2) \cdot 7} = \frac{21a^2}{28a^2 - 28b^2}$.

4. Die folgenden Brüche sind zu kürzen:

   a. $\frac{5x + 5xy}{10x} = \frac{5x(1+y)}{10x} = \frac{1+y}{2} = \frac{1}{2}(1 + y) = \frac{1}{2} + \frac{y}{2}$

   b. $\frac{x^2 - y^2}{x^2 - 2xy + y^2} = \frac{(x-y)(x+y)}{(x-y)^2} = \frac{x+y}{x-y}$

   c. $\frac{u^2 - uv}{u^2 - v^2} = \frac{u(u-v)}{(u+v)(u-v)} = \frac{u}{u+v}$. ◄

Hierzu passt gut die **Aufgabe 2.10**:

——————————— **Aufgabe 2.10** ———————————

Vereinfachen Sie

$$(54x + 24y) : 6 = 9x + 4y$$

$$\frac{(8uv + 4u^2 - 12uw)}{4u} = \frac{4u(2v + u - 3w)}{4u}$$

$$= 2v + u - 3w$$

2.5 Noch mehr über reelle Zahlen: Potenzen und Wurzeln

In der Schule lernen wir die Potenzrechnung als Kurzform für eine bestimmte Art der Multiplikation kennen: Möchten wir z. B. $5 \cdot 5 \cdot 5 \cdot 5$ rechnen, so lernen wir, dass wir dafür 5^4 schreiben können und sagen, dass wir „die Fünf mit dem Exponenten Vier potenzieren". Eine **Potenz** ist somit nichts anderes als ein Produkt mit immer demselben Faktor. Die Anzahl n gibt vor, wie oft wir einen Faktor a mit sich selbst multiplizieren möchten, und wird **Exponent** genannt, der Faktor a selbst ist die sogenannte **Basis**:

$$a^n = \underbrace{a \cdot a \cdot \ldots \cdot a}_{n\text{-mal}} \quad (a: \text{Basis}, n: \text{Exponent}).$$

Dieser „naive" Potenzbegriff macht natürlich nur Sinn, wenn wir als Exponenten die natürlichen Zahlen voraussetzen, denn nur diese werden zum Zählen benutzt und können daher so etwas wie eine „Anzahl, wie oft man einen Faktor mit sich selbst multipliziert" angeben. Wir gehen zunächst von diesem „naiven" Potenzbegriff aus und leiten einige zentrale Rechenregeln her, die das Rechnen mit Potenzen deutlich erleichtern.

Stellen wir uns einmal die folgende Situation vor: Sie möchten die beiden Potenzen 5^3 und 5^4 miteinander multiplizieren und schreiben sich die Rechnung wie folgt auf:

$$5^3 \cdot 5^4 = \underbrace{5 \cdot 5 \cdot 5}_{3\text{mal}} \cdot \underbrace{5 \cdot 5 \cdot 5 \cdot 5}_{4\text{mal}} = \underbrace{5 \cdot 5 \cdot 5 \cdot 5 \cdot 5 \cdot 5 \cdot 5}_{7\text{mal}} = 5^7,$$

d. h.: $5^3 \cdot 5^4 = 5^7$.

Werfen wir einen Blick auf die Exponenten, fällt auf, dass **deren Summe genau der Exponent des Ergebnisses** ist. Das ist kein Zufall, sondern es gilt:

Merksatz

Potenzen mit gleicher Basis werden multipliziert, indem ihre Exponenten addiert werden:

$$a^n \cdot a^m = a^{n+m}.$$

Ganz entsprechend können wir eine analoge Rechenregel für die Division von Potenzen gleicher Basis herleiten. Wir stellen uns für diesen Fall vor, wir wollten 5^6 durch 5^3 teilen:

$$5^6 : 5^3 = \frac{5 \cdot 5 \cdot 5 \cdot 5 \cdot 5 \cdot 5}{5 \cdot 5 \cdot 5}.$$

Wir erkennen, dass wir den Faktor 5 dreimal kürzen können und erhalten als Ergebnis

$$5^6 : 5^3 = \frac{5 \cdot 5 \cdot 5 \cdot 5 \cdot 5 \cdot 5}{5 \cdot 5 \cdot 5} = 5 \cdot 5 \cdot 5 = 5^3.$$

Ein Blick auf den Exponenten zeigt, dass der Exponent des Ergebnisses die Differenz der Exponenten der ursprünglichen Potenzen ist. Auch das ist wiederum kein Zufall, sondern es gilt die allgemeine Rechenregel:

Merksatz

Potenzen mit gleicher Basis werden dividiert, indem ihre Exponenten subtrahiert werden:

$$a^n : a^m = \frac{a^n}{a^m} = a^{n-m}.$$

Die letztgenannte Rechenregel nehmen wir nun zum Anlass, den Potenzbegriff passend zu erweitern, und wenden uns den folgenden (einfachen) Aufgaben zu:

Wir möchten $5^3 : 5^3$ sowie $5^3 : 5^4$ berechnen, indem wir die passende Potenzrechenregel anwenden:

$$5^3 : 5^3 = 5^{3-3} = 5^0 = ?$$
$$5^3 : 5^4 = 5^{3-4} = 5^{-1} = ?.$$

In beiden Fällen erhalten wir Ergebnisse, die wir (noch) nicht richtig interpretieren können, denn weder der Ausdruck 5^0 noch 5^{-1} sind uns bis jetzt begegnet bzw. haben wir bis jetzt definiert.

Mehr noch: Setzen wir unser Verständnis für die Potenzrechnung als Kurzform für eine spezielle Multiplikation voraus, so sind wir noch verwirrter: Was bedeutet 5^0 oder gar 5^{-1}? So richtig Sinn scheint das nicht zu machen, sollte doch ursprünglich das Potenzieren vom Kern her letztendlich nichts anderes als eine bestimmte Multiplikation darstellen.

Glücklicherweise können wir uns aber behelfen, denn wir sind ja der Bruchrechnung mächtig und rechnen einfach mal anders, indem wir **kürzen**:

$$5^3 : 5^3 = \frac{5^3}{5^3} = 1$$

und

$$5^3 : 5^4 = \frac{5^3}{5^4} = \frac{5 \cdot 5 \cdot 5}{5 \cdot 5 \cdot 5 \cdot 5} = \frac{1}{5}.$$

Auf diese Art sind wir nun auf die (richtigen) Ergebnisse gekommen. Diese müssen jetzt nur noch in Einklang mit unseren Potenzrechenregeln gebracht werden. Das gelingt mühelos, wenn wir, motiviert durch die vorhergehenden Beispiele, die folgenden Festlegungen (Definitionen) treffen:

$$a^0 := 1 \quad \text{und} \quad a^{-n} := \frac{1}{a^n}$$

Mit diesen beiden Vereinbarungen sowie der zusätzlichen Festlegung $a^1 := a$ erhalten wir das folgende Zwischenergebnis:

Merksatz

Wir können den Potenzbegriff auf ganzzahlige Exponenten erweitern, und es gilt:

$$a^n \cdot a^m = a^{n+m}$$

$$a^n : a^m = \frac{a^n}{a^m} = a^{n-m}.$$

Um das Thema „Rechnen mit Potenzen" an dieser Stelle abzuschließen, benötigen wir noch zwei weitere sogenannte **Potenzrechengesetze**, die (natürlich) ebenfalls für alle ganzzahligen Exponenten gelten:

1. Potenzieren einer Potenz: $(a^n)^m = a^{nm}$
   Beispiel: $(x^2)^3 = x^6$.
2. Potenzieren eines Bruches: $\left(\frac{a}{b}\right)^n = \frac{a^n}{b^n}$
   Beispiel: $\left(\frac{x}{y}\right)^2 = \frac{x^2}{y^2}$.

Jetzt ist es an der Zeit, sich den eingangs gestellten **Aufgaben 2.11 und 2.12** zuzuwenden:

──────────── **Aufgabe 2.11** ────────────

Berechnen Sie die folgenden Potenzen bzw. vereinfachen/kürzen Sie:

$$10^4 \cdot 10^3 = 10^7$$

$$\left(\frac{5}{3}\right)^4 \cdot \left(\frac{5}{3}\right)^2 = \left(\frac{5}{3}\right)^6$$

$$x^5 \left(5x^4 - 2x^3\right) = 5x^9 - 2x^8$$

$$\frac{a^{2n} - a^n}{a^{n-1} - a^n} = \frac{a^n \left(a^n - 1\right)}{a^{n-1}(1 - a)} = \frac{a \left(a^n - 1\right)}{1 - a}$$

──────────── **Aufgabe 2.12** ────────────

Schreiben Sie den Bruch als Potenz mit negativem ganzem Exponenten:

$$\frac{1}{9} = 3^{-2}$$

$$\frac{7}{100} = 7 \cdot 10^{-2}$$

Jetzt haben wir auf eine recht elegante Art den Potenzbegriff auf ganzzahlige Exponenten erweitert, und wir werden im Anschluss gleich sehen, dass diese Erweiterung noch weiter fortgesetzt werden kann. Aber was bedeutet „weiter fortsetzen" in diesem Kontext?

Die Bedeutung liegt darin, dass ganz in Anlehnung an die bereits beschriebenen Erweiterungen der Zahlenbereiche nun die rationalen Zahlen und anschließend auch die irrationalen und somit insgesamt die reellen Zahlen an der Reihe sind. Das heißt,

wir werden am Ende dieses Abschnitts gelernt haben, dass ausgehend von unserem „naiven" Potenzbegriff aus der Schule, bei dem das Potenzieren nichts anderes als eine verkürzte Darstellung einer bestimmten Multiplikation darstellte, wir in der Lage sind, mit solch sonderbaren Ausdrücken wie $3^{\frac{1}{3}}$ oder auch $2^{\frac{1}{2}}$ zu arbeiten bzw. diese zu berechnen:

In früheren Abschnitten haben wir den Begriff der **Quadratwurzel** bereits sporadisch benutzt – etwa beim Beweis der Irrationalität von $\sqrt{2}$ und den sich daraus ergebenden Konsequenzen für das tiefere Verständnis des Zahlenbereiches. Jetzt wollen wir nicht nur Quadratwurzeln, sondern auch **höhere Wurzeln** „$\sqrt[n]{a}$" für alle nichtnegativen reellen Zahlen a und alle natürlichen Zahlen $n \geq 2$ systematisch einführen und die damit verbundenen Regeln und Gesetze analysieren.

Merksatz

Unter der **n-ten Wurzel** ($n \in \mathbb{N}$, $n \geq 2$) aus einer positiven reellen Zahl a versteht man diejenige positive Zahl z, deren n-te Potenz gleich a ist: $\sqrt[n]{a} = z \iff z^n = \left(\sqrt[n]{a}\right)^n = a$. Ist $n = 2$, so spricht man von der sogenannten **Quadratwurzel** oder einfach nur **Wurzel** aus a und schreibt $\sqrt{a}$ (und nicht $\sqrt[2]{a}$).

Merksatz

Für alle positiven reellen Zahlen a und für alle $n \in \mathbb{N}$, $n \geq 2$, wird $x = \sqrt[n]{a}$ (ausgesprochen „n-te Wurzel aus a") als die eindeutig bestimmte nichtnegative reelle Lösung der Gleichung $x^n = a$ bezeichnet.

Es gilt die Identität

$$\left(\sqrt[n]{a}\right)^n = a.$$

$\sqrt[n]{a}$ wird „n-te Wurzel aus a" genannt.

Für a ist die Bezeichnung **Radikand**, für n die Bezeichnung **Wurzelexponent** üblich.

Gut zu wissen

- $\sqrt[n]{a}$ ist in aller Regel eine **irrationale** Zahl. Die seltenen Ausnahmen hiervon beziehen sich auf Fälle, in denen a selbst die n-te Potenz einer rationalen/natürlichen Zahl ist. So gilt z. B.: $\sqrt[3]{8} = 2$, $\sqrt[4]{81} = 3$, $\sqrt[5]{\frac{32}{243}} = 2/3$ usw.
- Den manchmal noch berücksichtigten trivialen Fall $\sqrt[1]{a} = a$ haben wir durch die Bedingung $n \geq 2$ von vornherein ausgeschlossen.
- Für $\sqrt[3]{a}$ ist auch die Bezeichnung „Kubikwurzel aus a" gebräuchlich. ◄

Für die Wurzelrechnung gelten die folgenden Gesetze:

Merksatz

Für alle $n, m \in \mathbb{N}\setminus\{1\}$ gilt:

1. $\sqrt[n]{a \cdot b} = \sqrt[n]{a} \cdot \sqrt[n]{b}$
2. $\sqrt[n]{(a : b)} = \sqrt[n]{a} : \sqrt[n]{b} \quad (b \neq 0)$
3. $\left(\sqrt[n]{a}\right)^m = \sqrt[n]{a^m}$, speziell: $\left(\sqrt[n]{a}\right)^n = \sqrt[n]{a^n} = a$
4. $\sqrt[n \cdot m]{a} = \sqrt[n]{\sqrt[m]{a}} = \sqrt[m]{\sqrt[n]{a}}, \quad \sqrt[n \cdot m]{a^m} = \sqrt[n]{a}$
5. $\sqrt[n]{1} = 1, \quad \sqrt[n]{0} = 0.$

Beispiel

$$\sqrt[3]{16} = 2 \cdot \sqrt[3]{2}, \quad \sqrt[3]{64 \cdot x^3} = 4x, \quad \sqrt[4]{2} \cdot \sqrt[4]{8} = 2. \quad \blacktriangleleft$$

Die Anwendung der Wurzelgesetze erfordert etwas Übung, ihre Struktur ist nicht ganz einfach. Einige besonders häufig benutzte Umformungen stellen wir zusammen:

Gut zu wissen

$$\sqrt{a^3} = a \cdot \sqrt{a}, \quad \text{speziell z. B.} \quad \sqrt{8} = 2 \cdot \sqrt{2}$$

$$\frac{a}{\sqrt{a}} = \sqrt{a}, \quad \frac{1}{\sqrt{a}} = \frac{\sqrt{a}}{a},$$

$$\text{speziell z. B.} \quad \frac{1}{\sqrt{2}} = \frac{1}{2} \cdot \sqrt{2}. \quad \blacktriangleleft$$

Ausdrücklich gewarnt wird vor einem immer wieder auftretenden Anfängerfehler:

Gut zu wissen

$\sqrt{a^2 \pm b^2}$ **ist nicht gleich** $\sqrt{a^2} \pm \sqrt{b^2} = a + b$, weil $(a + b)^2 \neq a^2 + b^2$. Ebenso gilt $\sqrt{a \pm b} \neq \sqrt{a} \pm \sqrt{b}$. Die Wurzel aus einer Summe ist **nicht dasselbe** wie die Summe der Wurzeln aus den einzelnen Summanden. (Das gilt auch für höhere Wurzeln!) $\blacktriangleleft$

Abschließend beschreiben wir an wenigen Beispielen eine Methode, wie man bei Brüchen durch passendes Erweitern und unter Ausnutzung der 3. binomischen Formel Wurzelausdrücke im Nenner beseitigt:

Beispiel

1. $\dfrac{8}{5 - \sqrt{3}} = \dfrac{8 \cdot (5 + \sqrt{3})}{(5 - \sqrt{3}) \cdot (5 + \sqrt{3})} = \dfrac{4}{11} \cdot (5 + \sqrt{3})$

2. $\dfrac{\sqrt{3} - \sqrt{2}}{\sqrt{5} - \sqrt{7}} = \dfrac{(\sqrt{3} - \sqrt{2}) \cdot (\sqrt{5} + \sqrt{7})}{(\sqrt{5} - \sqrt{7}) \cdot (\sqrt{5} + \sqrt{7})}$

$$= -\frac{1}{2} \cdot (\sqrt{15} + \sqrt{21} - \sqrt{10} - \sqrt{14})$$

3. $\dfrac{a - b}{\sqrt{a} + \sqrt{b}} = \dfrac{(a - b) \cdot (\sqrt{a} - \sqrt{b})}{(\sqrt{a} + \sqrt{b}) \cdot (\sqrt{a} - \sqrt{b})} = \dfrac{\sqrt{a} - \sqrt{b}}{a + b}$

(a und b nicht beide gleich 0)

4.

$$\frac{1 + \sqrt{3}}{2 + 5\sqrt{2} - \sqrt{6}}$$

$$= \frac{(1 + \sqrt{3}) \cdot (2 + 5\sqrt{2} + \sqrt{6})}{(2 + 5\sqrt{2} - \sqrt{6}) \cdot (1 + 5\sqrt{2} + \sqrt{6})}$$

$$= \frac{2 + 5\sqrt{2} + \sqrt{6} + 2\sqrt{3} + 5\sqrt{6} + 3\sqrt{2}}{(2 + 5\sqrt{2})^2 - 6}$$

$$= \frac{2 + 8\sqrt{2} + 2\sqrt{3} + 6\sqrt{6}}{48 + 20\sqrt{2}}$$

$$= \frac{(1 + 4\sqrt{2} + \sqrt{3} + 3\sqrt{6}) \cdot (12 - 5\sqrt{2})}{2 \cdot (12 + 5\sqrt{2}) \cdot (12 - 5\sqrt{2})}$$

$$= \frac{12 - 5\sqrt{2} + 48\sqrt{2} - 40 + 12\sqrt{3}}{2 \cdot (144 - 50)}$$

$$+ \frac{-5\sqrt{6} + 36\sqrt{6} - 30\sqrt{3}}{2 \cdot (144 - 50)}$$

$$= \frac{1}{188} \cdot (-28 + 43\sqrt{2} - 18\sqrt{3} + 31\sqrt{6}) \quad \blacktriangleleft$$

Die dargestellte Methode wird umgangssprachlich zuweilen „den Nenner rational machen" genannt. Sie sollte an weiteren Beispielen geübt werden.

Im Zusammenhang mit der später zu besprechenden Gleichungslehre ist es manchmal nützlich, die Regeln der Bruchrechnung mit den Wurzelgesetzen zu kombinieren. Wir beschränken uns auf ein einziges Beispiel:

$$\frac{3\sqrt{5x} + 4}{2\sqrt{5x} - 7} + \frac{2\sqrt{5x} - 1}{2\sqrt{5x} + 7}$$

$$= \frac{(3\sqrt{5x} + 4) \cdot (2\sqrt{5x} + 7) + (2\sqrt{5x} - 1) \cdot (2\sqrt{5x} - 7)}{(2\sqrt{5x} - 7) \cdot (2\sqrt{5x} + 7)}$$

$$= \frac{30x + 21\sqrt{5x} + 8\sqrt{5x} + 28 + 20x - 14\sqrt{5x} - 2\sqrt{5x} + 7}{20x - 49}$$

$$= \frac{50x + 13\sqrt{5x} + 35}{20x - 49} \quad (x \neq 49/20)$$

Betrachten wir an dieser Stelle nun die **Aufgabe 2.13**:

———— Aufgabe 2.13 ————

In seinem „Abacus" hat Leonardo von Pisa (um 1220) folgende Gleichungen aufgestellt. Bitte prüfen Sie diese nach:

1. $\dfrac{20-\sqrt{96}}{\sqrt{8}} = \sqrt{50} - \sqrt{12}$

Rechnung:

$$\frac{20-\sqrt{96}}{\sqrt{8}} = \frac{20-\sqrt{96}}{\sqrt{8}} \cdot \frac{\sqrt{8}}{\sqrt{8}}$$

$$= \frac{\sqrt{8^2 50} - \sqrt{8^2 12}}{8}$$

$$= \frac{8}{8}\left(\sqrt{50} - \sqrt{12}\right)$$

$$= \sqrt{50} - \sqrt{12}$$

2. $\dfrac{4\sqrt{200}}{3+\sqrt{2}} = \dfrac{4\sqrt{200}\left(3-\sqrt{2}\right)}{7}$

Rechnung:

$$\frac{4\sqrt{200}}{3+\sqrt{2}} = \frac{4\sqrt{200}}{3+\sqrt{2}} \cdot \frac{3-\sqrt{2}}{3-\sqrt{2}}$$

$$= \frac{12\sqrt{200} - 4\sqrt{400}}{7}$$

$$= \frac{12\sqrt{200} - 4\sqrt{2}\sqrt{200}}{7}$$

$$= \frac{4\sqrt{200}\left(3-\sqrt{2}\right)}{7}$$

Schaut man sich die Wurzelgesetze einmal etwas genauer an, so stellt man Folgendes fest: Sie haben eine frappierende Ähnlichkeit mit den bereits bekannten Potenzgesetzen, und es scheint als wenn letztere nur in einem „neuen Gewande" erscheinen würden.

Die Identitäten $\left(\sqrt[n]{a}\right)^n = a$ und $\left(\sqrt[n]{a}\right)^m = \sqrt[n]{a^m}$ legen es nahe, $\sqrt[n]{a}$ und $\sqrt[n]{a^m}$ auch in **Potenzschreibweise** darzustellen. Daher wird für alle positiven reellen Zahlen und für alle $n, m \in \mathbb{N}$, $n \geq 2$, erklärt:

$$a^{\frac{m}{n}} = \sqrt[n]{a^m}, \quad \text{speziell:} \quad a^{\frac{1}{n}} = \sqrt[n]{a}, \; a^{-\frac{m}{n}} = \frac{1}{\sqrt[n]{a^m}}.$$

Diese Festlegung ist so gewählt, dass die bisher nur für *ganzzahlige* Exponenten geltenden Potenzregeln nun auch für alle *rationalen* Exponenten gültig bleiben. Insbesondere können wir die folgenden Umformungen benutzen:

$$\left(\sqrt[n]{a}\right)^n = \left(a^{1/n}\right)^n = a^{\frac{1}{n} \cdot n} = a^1 = a,$$

$$\left(\sqrt[n]{a^m}\right)^n = \left(a^{m/n}\right)^n = a^{\frac{m}{n} \cdot n} = a^m.$$

Wegen der einfacheren Struktur der Potenzgesetze ist es oftmals ratsam, kompliziertere Wurzelausdrücke erst in die Potenzschreibweise umzuformen und dann auszuwerten:

Beispiel

1.
$$\sqrt{2\sqrt{3\sqrt{5}}} = \left(2 \cdot \left(3 \cdot 5^{1/2}\right)^{1/2}\right)^{1/2}$$

$$= \left(2 \cdot 3^{1/2} \cdot 5^{1/4}\right)^{1/2} = 2^{\frac{1}{2}} \cdot 3^{\frac{1}{4}} \cdot 5^{\frac{1}{8}}$$

$$= \sqrt{2} \cdot \sqrt[4]{3} \cdot \sqrt[8]{5}$$

2.
$$\sqrt[5]{\frac{27}{625}\sqrt[7]{\frac{125^6}{9^3}}} \cdot \left(\sqrt[7]{\frac{5}{3\sqrt{3}}}\right)^2 = \frac{3^{\frac{3}{5}} \cdot 5^{\frac{18}{35}} \cdot 5^{\frac{2}{7}}}{5^{\frac{4}{5}} \cdot 3^{\frac{6}{35}} \cdot 3^{\frac{3}{7}}}$$

$$= 3^{\frac{3}{5}-\frac{6}{35}-\frac{3}{7}} \cdot 5^{\frac{18}{35}+\frac{2}{7}-\frac{4}{5}}$$

$$= 3^0 \cdot 5^0 = 1$$

3.
$$\frac{\sqrt{x^3 \cdot \sqrt[3]{x^2}} \cdot \sqrt[3]{x \cdot \sqrt{x^5}}}{x \cdot \sqrt{x^{-1} \cdot \sqrt[4]{x^{-5}}}} = \frac{x^{\frac{3}{2}} \cdot x^{\frac{2}{6}} \cdot x^{\frac{1}{3}} \cdot x^{\frac{5}{6}}}{x \cdot x^{-\frac{1}{2}} \cdot x^{-\frac{5}{8}}}$$

$$= x^{\frac{18}{6}} \cdot x^{\frac{1}{8}}$$

$$= x^3 \cdot \sqrt[8]{x}$$

4.
$$\frac{\sqrt{\sqrt{a} \cdot \sqrt[3]{a}}}{\sqrt[3]{a} \cdot \sqrt{a^{-3} \cdot \sqrt[3]{a}}} = \frac{a^{\frac{1}{2} \cdot \left(\frac{1}{2}+\frac{1}{3}\right)}}{a^{\frac{1}{3}+\frac{1}{2} \cdot \left(-3+\frac{1}{3}\right)}}$$

$$= \frac{a^{\frac{5}{12}}}{a^{-1}} = a^{\frac{5}{12}+1} = a^{\frac{17}{12}} = a \cdot \sqrt[12]{a^5}$$

5.
$$\frac{z \cdot \sqrt{z^{-1} \cdot \sqrt[3]{z^{-2}}}}{\sqrt[3]{z^{-2} \cdot \sqrt[4]{z^{-3}}}} = \frac{z \cdot z^{-\frac{1}{2}} \cdot z^{-\frac{2}{6}}}{z^{-\frac{2}{3}} \cdot z^{-\frac{3}{12}}}$$

$$= \frac{z^{\frac{1}{6}}}{z^{-\frac{11}{12}}} = z^{\frac{1}{6}+\frac{11}{12}} = z^{\frac{13}{12}}$$

$$= z \cdot \sqrt[12]{z}. \quad \blacktriangleleft$$

Hierzu passen die Aufgaben 2.14 und 2.15 aus dem Exkurs 2.3.

—— Aufgabe 2.14 ——

Schreiben Sie als Wurzel: $3^{\frac{1}{2}} = \sqrt{3}$, $b^{\frac{2}{5}} = \sqrt[5]{b^2}$, $a^{\frac{3}{4}} = \sqrt[4]{a^3}$

—— Aufgabe 2.15 ——

Schreiben Sie als Potenz: $\sqrt[4]{6^4} = 6^{4 \cdot \frac{1}{4}} = 6$, $\sqrt[3]{x^5} = x^{\frac{5}{3}}$, $\sqrt[6]{x^2} = x^{\frac{2}{6}} = x^{\frac{1}{3}}$

Abschließend erinnern wir noch einmal daran, dass sich die Potenzgesetze weiterhin – ebenso wie die Wurzelgesetze – nur auf *Produkte* oder *Quotienten* beziehen. Für die Umformung von *Summen* oder *Differenzen* gibt es keine entsprechenden Regeln. Wie wir gesehen haben, konnte mithilfe der Wurzeln die Potenzschreibweise auf alle *rationalen* Exponenten so erweitert werden, dass die Potenzgesetze erhalten bleiben. Ohne an dieser Stelle näher darauf einzugehen, kann man den Potenzbegriff und alle Potenzrechenregeln auch sinnvoll auf Potenzen mit irrationalen Exponenten (wie z. B. π) übertragen. Wir sind also nun in der Lage, alle reellen Zahlen als Exponenten zuzulassen. Dieser Aspekt ist besonders wichtig, wenn wir uns den reellen Funktionen und insbesondere den Exponentialfunktionen zuwenden werden.

Kapitel 2

2.6 ... und noch ein neuer Begriff: der Logarithmus

Jetzt haben wir die Potenz- und Wurzelrechnung kennengelernt. Was diese bewirken bzw. wie die beiden Rechnungen ineinandergreifen, sollten wir uns noch einmal vor Augen halten:

Betrachten wir die folgende „Gleichung" $a^x = b$.

Diese Gleichung enthält drei Zahlen a, x und b, die in einer gewissen Beziehung zueinander stehen. Die grundlegende Idee ist nun, dass man sich bei drei gegebenen Zahlen zwei der Zahlen vorgeben kann und versucht, die dritte aus den beiden anderen zu berechnen.

Bei drei Zahlen a, x und b hat man prinzipiell die folgenden drei Möglichkeiten zur Berechnung:

1. a und x sind gegeben und $b = a^x$ ist gesucht. In diesem Falle erhalten wir b mittels der **Potenzrechnung** die wir bereits ausführlich besprochen haben.
2. x und b sind gegeben und a ist gesucht. In diesem Fall erhalten wir a mittels der ebenfalls diskutierten **Wurzelrechnung**: $a = \sqrt[x]{b}$.
3. a und b sind gegeben und x ist gesucht: Diesen Fall hatten wir noch nicht. Es soll der Exponent x mittels der beiden anderen Zahlen a und b berechnet werden. Das kann weder die Potenz- noch die Wurzelrechnung bewerkstelligen, sondern hier begegnen wir einem neuen Begriff, dem sogenannten **Logarithmus**.

Merksatz

Für jede reelle Zahl $a \in \mathbb{R}^+ \setminus \{0, 1\}$ und jede reelle Zahl $b \in \mathbb{R}^+ \setminus \{0\}$ wird die eindeutig existierende Lösung der Gleichung $a^x = b$ mit $x = \log_a b$ bezeichnet.

In Worten: Der Logarithmus $x = \log_a b$ ist diejenige Zahl, mit der man a potenzieren muss, um b zu erhalten (!):

$$x = \log_a b \iff a^x = b.$$

Der Ausdruck $\log_a b$ ist nur für *positive* reelle Zahlen b und nur für *positive* reelle Zahlen $a \neq 1$ definiert.

Für praktische Anwendungen sind die Logarithmen zu den Basen 10 und 2 und die der Euler'schen Zahl e von besonderer Bedeutung. Für die Logarithmen zur Basis 10 (dekadische Logarithmen) ist die Kurzbezeichnung lg (manchmal auch noch log) üblich. Für die Logarithmen zur Basis e wird anstelle von $\log_e x$ in der Regel ln x (Logarithmus naturalis) geschrieben. Mehr zur Euler'schen Zahl in Abschn. 2.7.

Beispiel

$\log_3 81 = 4$, da $3^4 = 81$

$\log_3 \frac{1}{3} = -1$, da $3^{-1} = \frac{1}{3}$

$\log_5 125 = 3$, da $5^3 = 125$

$\log_5 1 = 0$, da $5^0 = 1$

$\log_2 1024 = 10$, da $2^{10} = 1024$

$\log_2 0{,}125 = -3$, da $2^{-3} = \frac{1}{8} = 0{,}125$

$\log_{10} 100 = 2$, da $10^2 = 100$

$\log_{10} 0{,}00001 = -5$, da $10^{-5} = 0{,}00001$

$\log_{0,5} 8 = -3$, da $\left(\frac{1}{2}\right)^{-3} = 8$

$\log_{0,5} 0{,}25 = 2$, da $\left(\frac{1}{2}\right)^2 = 0{,}25$. ◄

Von wenigen Ausnahmen abgesehen, sind die Logarithmen *irrationale* Zahlen. (Dies ergibt sich unmittelbar aus den Betrachtungen über Wurzeln und Potenzen mit irrationalen Exponenten.)

Die Rechenregeln über den Umgang mit Logarithmen sind – genau besehen – nur **Umformulierungen der Potenzgesetze**, haben aber doch eigenständigen Charakter:

Merksatz

Logarithmengesetze:

Für jede Basis $a > 0$ und $a \neq 1$ und alle positiven Zahlen b, c gilt:

1. $\log_a (bc) = \log_a b + \log_a c$
2. $\log_a \frac{b}{c} = \log_a b - \log_a c$
3. $\log_a (b^r) = r \log_a b, \quad r \in \mathbb{R}$
4. $\log_a 1 = 0$ und $\log_a a = 1$.

Schließen wir den Abschnitt mit den Lösungen der Logarithmenaufgaben aus Exkurs 2.3 ab:

--- **Aufgabe 2.16** ---

Bestimmen Sie die folgenden Logarithmen:

$\log_2 64 = 6$, da $2^6 = 64$

$\log_{10} 1000 = 3$, da $10^3 = 1000$

$\log_2 2 = 1$, da $2^1 = 2$

$\log_3 81 = 4$, da $3^4 = 81$.

Die Logarithmengesetze waren vor dem Zeitalter der Computer und Taschenrechner von großer praktischer Bedeutung. Mit ihrer Hilfe konnten unbequeme Rechenoperationen durch einfachere ersetzt werden (Multiplikation/Division durch Addition/

Subtraktion, das Potenzieren/Wurzelziehen durch eine Multiplikation mit dem Exponenten). Generationen von Schülern und Schülerinnen haben dies mithilfe von Logarithmentafeln bis zur Erschöpfung geübt. Heute ersparen einfache Taschenrechner diesen Aufwand und sollten die Köpfe frei machen für Wichtigeres (!).

Von erheblicher praktischer Bedeutung – nicht zuletzt für die Wirtschafts- und Ingenieurwissenschaften – sind jedoch nach wie vor Zeichenblätter mit logarithmischen oder doppellogarithmischen Skalen auf den Koordinatenachsen. Vermutet man für irgendwelche (meist nichtmathematische) Objekte x und y einen „exponentiellen" Zusammenhang der Gestalt $y = ba^x$ (zu diesen „Zusammenhängen" kommen wir in den Kapiteln zu den reellen Funktionen zurück) so ist dies äquivalent zu $\log_{10} y = \log_{10} b + x \log_{10} a$. Hat man in y-Richtung eine logarithmische Skala aufgetragen, so stellt der zugehörige Graph eine Gerade dar. Dies kann insbesondere dann hilfreich sein, wenn der vermutete formelmäßige Zusammenhang zwischen y und x nur anhand empirisch ermittelter Messwerte überprüfbar ist. (Es ist einfacher zu erkennen, ob gewisse Punkte auf einer Geraden oder auf einer noch nicht näher bestimmten Kurve liegen!)

Vermutet man einen Zusammenhang der Form $y = cx^a$, so ist dies äquivalent zu $\lg y = \lg c + a \lg x$. Hat man ein Zeichenblatt mit logarithmischen Skalen in x- **und** y-Richtung, so nimmt der zugehörige Graph wieder die Gestalt einer Geraden an.

Mit dem Aufkommen der Informationstechnik bekamen die Logarithmen zur Basis 2 plötzlich eine besondere Bedeutung. Hierauf gehen wir an dieser Stelle jedoch nicht weiter ein.

Wir haben nun Wurzeln, Potenzen und Logarithmen im Hinblick auf begriffliche Zusammenhänge ausführlich diskutiert, haben Gesetzmäßigkeiten und Eigenschaften dieser Objekte studiert und u. a. erkannt, dass es sich dabei ganz überwiegend um *irrationale* Zahlen handelt. Mit keinem Wort sind wir jedoch auf das Problem eingegangen, wie man Wurzeln, Potenzen und Logarithmen – von einfachsten Beispielen abgesehen – *im konkreten Fall tatsächlich numerisch berechnet* und vertrauen stattdessen den Taschenrechnern und Computern. Dieses pragmatische Verhalten ist gerechtfertigt. Andernfalls müssten mathematische Methoden behandelt werden, die Zweck und Ziel dieses Buches sprengen würden und, zumindest was die praktischen Anwendungen betrifft, nicht notwendig sind.

Die hier angedeutete Problematik interessiert aber auch deshalb kaum mehr allgemein, weil mit dem Aufkommen der elektronischen Rechner auch eine kleine Revolution innerhalb der Mathematik stattgefunden hat. Es wurden neuartige, inzwischen auf Herz und Nieren geprüfte computergerechte Rechenverfahren entwickelt, die unsere bewährten Methoden der Vergangenheit fast vollständig verdrängt haben. Die Frage „Wie funktioniert das?" ist allenfalls noch für Profis relevant, die sich um die Weiterentwicklung immer raffinierterer numerischer Verfahren bemühen. Wir anderen benutzen Computer und Taschenrechner inzwischen zu Recht im Vertrauen auf die Spezialisten, ohne uns *im Einzelnen* um die dahinter stehenden numerischen Verfahren zu kümmern.

2.7 Weitere nützliche Dinge zum Einstieg in die Mathematik – oder was wir schon immer einmal wissen wollten

Dieser Abschnitt ist eine bunte Sammlung von Themen, die für Ihr mathematisches Leben durchaus hilfreich bzw. erkenntnisreich sind. Wir beginnen mit einem kurzen Abriss zum Thema **Euler'sche Zahl**.

Die Euler'sche Zahl e ist nach dem berühmten Mathematiker Leonard Euler (1707–1783) benannt und spielt eine große Bedeutung nicht nur in der Mathematik, sondern auch in vielen Bereichen der Wirtschaftswissenschaften bzw. in Naturwissenschaften und Technik. So können viele Wachstums- oder auch Abbau- bzw. Zerfallsprozesse mithilfe der Euler'schen Zahl beschrieben werden. Wie genau das geschieht, werden wir in den Kapiteln zu den Reellen Funktionen bzw. zur Differenzialrechnung sehen.

An dieser Stelle sei jetzt vielmehr kurz skizziert, um welche Zahl es sich bei „e" handelt, woher sie kommt bzw. wie man sie konstruieren und näherungsweise berechnen kann.

Wir betrachten einmal folgende Rechenvorschrift: Ausgehend von den natürlichen Zahlen $\mathbb{N}$ starten wir mit der Zahl 1 und berechnen Folgendes:

$$a_1 = 1 + \frac{1}{1} = 2\,.$$

Das ist noch nicht so sehr spektakulär, aber wir fahren gleich fort und berechnen mithilfe der Zahl 2:

$$a_2 = \left(1 + \frac{1}{2}\right)^2 = 2{,}25\,.$$

Weiter geht es mit der Zahl 3:

$$a_3 = \left(1 + \frac{1}{3}\right)^3 \approx 2{,}37037\,.$$

(Das Zeichen $\approx$ steht für „ungefähr gleich".)

Man kann vielleicht an dieser Stelle schon erkennen, nach welcher Regel die Zahlen a_1, a_2, a_3 berechnet worden sind: Für n haben wir die Zahlen 1 bis 3 in die Formel $\left(1 + \frac{1}{n}\right)^n$ eingesetzt, die zugehörigen Ergebnisse bekommen und mit a_n, $n = 1, 2, 3$ bezeichnet. (Diese Formel steht im direkten Zusammenhang mit der Zinseszinsformel und ist daher alles andere als weit hergeholt ...)

Auf diese Weise erhält man eine (unendliche) Folge von Zahlen, deren Werte bei 2 beginnen und die, wie man anhand von Tab. 2.1 erkennt, zwar mit jedem Schritt anwächst, die aber offensichtlich bei jedem Schritt **weniger anwächst** als beim Schritt davor. Glücklicherweise können wir die weitere Berechnung dem Computer überlassen, sodass man ganz klar sieht, dass sich bei größer werdendem n die zugehörigen Zahlen a_n (Folgenglieder) nur noch in immer weiter hinten stehende Dezimale verändern.

Tab. 2.1 Annäherung an die Zahl e mithilfe der Formel $a_n = \left(1 + \frac{1}{n}\right)^n$

n	a_n
1	2
2	2,25
3	2,37037037
4	2,44140625
5	2,48832
6	2,52162637
7	2,5464997
8	2,56578451
9	2,58117479
10	2,59374246
11	2,60419901
12	2,61303529
13	2,62060089
14	2,62715156
15	2,63287872
16	2,6379285
17	2,64241438
18	2,64642585
19	2,65003433
20	2,65329771
30	2,67431878
40	2,68506384
50	2,69158803
60	2,69597014
70	2,69911637
80	2,70148494
90	2,70333246
100	2,704811383
200	2,71151712
300	2,71376516
400	2,71489174
500	2,71556852
600	2,71602005
700	2,71634274
800	2,71658485
900	2,71677321
1000	2,71692393
2000	2,71760257
3000	2,71782892
4000	2,71794212
5000	2,71801005
6000	2,71805534
7000	2,71808769
8000	2,71811196
9000	2,71813083
10.000	**2,71814593**

Für $n = 1000$ ergibt $a_{1000} = \left(1 + \frac{1}{1000}\right)^{1000} \approx 2{,}71814\,593$.

Ohne jetzt in die Theorie der unendlichen Folgen einzusteigen (das wäre ein eigenes Kapitel), erkennt man in gewisser Weise intuitiv, dass sich bei immer größer werdendem n (man sagt auch, dass „n gegen Unendlich strebt" – symbolisch: $n \to \infty$) die zugehörigen Folgenglieder auf einen Punkt auf der Zahlengeraden zusammenziehen. Es heißt in diesem Fall, dass die Folge **konvergiert**, d. h. einen sogenannten **Grenzwert** besitzt.

Wir haben gerade versucht, einen Eindruck zu gewinnen, was passiert, wenn n immer größer wird. Euler hingegen hat bewiesen (!), dass diese Zahlenfolge tatsächlich gegen einen festen Wert strebt und diesen auch bis auf 23 Stellen nach dem Komma berechnet. (Wir sollten uns ins Bewusstsein rufen, was das für eine Leistung darstellt. Mit $n = 1000$ haben wir erst die ersten drei Stellen hinter dem Komma fixiert!)

Diese Zahl, die der Taschenrechner mit 2,718281828 angibt, wird **Euler'sche Zahl** genannt und mit „e" bezeichnet. e ist eine irrationale Zahl, d. h., sie besitzt unendlich viele Dezimalstellen, die jedoch keine Periode aufweisen. So ist beispielsweise die Angabe von e auf dem Taschenrechner ähnlich wie bei der Kreiszahl π lediglich eine Näherung (Approximation) und nicht der exakte Wert von e.

Soviel an dieser Stelle zur Euler'schen Zahl. Sie ist in der Tat etwas ganz Besonderes und wird uns noch häufig begegnen!

Zum Abschluss noch etwas Formales: In der Mathematik kommt es häufig vor, dass man versucht, Rechnungen oder Formeln kurz und prägnant auszudrücken. Hierfür werden gelegentlich bestimmte Symbole benötigt. Ein ganz wichtiges Symbol, ohne das auch wir hier nicht arbeiten können, ist das Summenzeichen $\sum$.

Stellen wir uns einmal die folgende Situation vor: Es arbeiten 10 Personen $P_1 P_2, \ldots . P_{10}$ in einer Abteilung. Jede Person bekommt ein Gehalt, das mit $x_1, x_2, x_3, \ldots, x_{10}$ bezeichnet wird. Möchten wir nun die Summe aller 10 Gehälter bilden, so rechnen wir $x_1 + x_2 + x_3 + x_4 + x_5 + x_6 + x_7 + x_8 + x_9 + x_{10}$. Auch wenn die Summe von 10 Beträgen schon etwas mühsam aufzuschreiben ist, so lässt sich das noch einigermaßen bewerkstelligen – auch wenn es nicht sonderlich übersichtlich erscheint. Bei 100 Personen und 100 Gehältern verhält es sich aber schon anders. Hier ist es jetzt praktisch, nicht jeden Summanden auflisten zu müssen, sondern sich des Summenzeichens bedienen zu können. Mit seiner Hilfe können wir beide Summen (mit 10 und mit 100 Summanden) auf dieselbe elegante Art schreiben:

$$x_1 + x_2 + x_3 + x_4 + x_5 + x_6 + x_7 + x_8 + x_9 + x_{10} = \sum_{i=1}^{10} x_i$$

und

$$x_1 + x_2 + x_3 \ldots . + x_{98} + x_{99} + x_{100} = \sum_{i=1}^{100} x_i .$$

Was ist passiert bzw. was bedeutet jeweils das Symbol auf der rechten Seite?

1. Das Summenzeichen $\sum$ zeigt zunächst einmal an, dass addiert werden soll.
2. Für den sogenannten **Laufindex** i wird angegeben, bei welcher Zahl er beginnen soll (Angabe am unteren Rand des Summenzeichens) und wo er endet (Angabe am oberen Rand des Summenzeichens). Anhand der oberen und unteren Begrenzung des Laufindex erkennt man also, aus wie vielen Summanden die Summe besteht.
3. Hinter dem Summenzeichen stehen die Größen, die addiert werden.

Gut zu wissen

- Die Laufindizes können beliebig bezeichnet werden, in der Regel verwendet man gerne kleine lateinische Buchstaben wie $i, j, k, \ldots$.
- Laufindizes müssen nicht bei 1 beginnen (s. Beispiel unten). Man kann diese bei Bedarf auch verschieben: $\sum_{j=1}^{n} x_{j-1} = \sum_{k=0}^{n-1} x_k$. Hier haben wir $k = j - 1$ gesetzt. Für $j = 1$ erhalten wir dann $k = 0$ (Start des neuen Laufindex j bei 0) und für $j = n$ ergibt sich $k = n - 1$ (obere Grenze für den neuen Laufindex bzw. Ende der Summation).   ◄

Beispiel

1. $\displaystyle\sum_{i=1}^{5} x^i = x^1 + x^2 + x^3 + x^4 + x^5$

2. $1 + 2 + 4 + 8 + 16 + 32 = \displaystyle\sum_{j=0}^{5} 2^j$

3. $\displaystyle\sum_{k=2}^{7} \frac{(-1)^k}{k} = \frac{1}{2} - \frac{1}{3} + \frac{1}{4} - \frac{1}{5} + \frac{1}{6} - \frac{1}{7}$ ◄

Tab. 2.2 Berechnung der Summe $\displaystyle\sum_{n=1}^{40} \frac{1}{n^2}$

n	S_n	n	S_n
1	1	21	1,59843082
2	1,25	22	1,60049693
3	1,36111111	23	1,60238729
4	1,42361111	24	1,6041234
5	1,46361111	25	1,6057234
6	1,49138889	26	1,60720269
7	1,51179705	27	1,60857444
8	1,52742205	28	1,60984995
9	1,53976773	29	1,61103901
10	1,54976773	30	1,61215012
11	1,55803219	31	1,6131907
12	1,56497664	32	1,61416726
13	1,5708938	33	1,61508554
14	1,57599584	34	1,61595059
15	1,58044028	35	1,61676691
16	1,58434653	36	1,61753852
17	1,58780674	37	1,61826898
18	1,59089316	38	1,6189615
19	1,59366324	39	1,61961896
20	1,59616324	40	1,61961896

Das Summenzeichen wird uns des Öfteren begegnen. Bitte behalten Sie immer im Hinterkopf, dass es sich um eine Abkürzung für eine Summe handelt. Die Anzahl der Summanden können Sie anhand des Startwertes und des Endwertes für den Laufindex erkennen. Die Summanden selbst erhalten Sie, indem Sie schrittweise (beim kleinsten Index beginnend) den Laufindex in den Ausdruck hinter dem Summenzeichen einsetzen. Nach jedem Schritt erhöhen Sie den Laufindex um 1!

In unseren Beispielen haben wir nur endliche Summen betrachtet. Das soll zum Eingewöhnen auch erst einmal ausreichen. Es kommt in der Mathematik allerdings durchaus vor, dass man mit Summen arbeitet, die aus unendlich vielen Summanden bestehen (unendliche Summen). Wie muss man sich das vorstellen? Macht dies überhaupt Sinn?

Ohne darauf im Detail einzugehen, hier eine kurze Information dazu: Unendliche Summen bestehen, wie der Name schon sagt, aus unendlich vielen Summanden. Das heißt, wenn wir uns vorstellen, z. B. unendlich oft die Eins zu addieren, erhalten wir ein erstes Beispiel für eine unendliche Summe, die wir mit dem Zeichen für „Unendlich" als obere Grenze wie folgt symbolisch darstellen können:

$$1 + 1 + 1 + 1 + \cdots \ldots = \sum_{n=1}^{\infty} 1 .$$

Nun wissen wir, dass eine unendliche Addition von 1 dazu führt, dass die daraus erwachsende Zahl ins Unendliche wächst, d. h. über jede Grenze hinausläuft. Auf den ersten Blick meint man, das sei immer so: „Wenn ich unendlich oft eine positive Zahl zu meiner vorhergehenden Summe addiere, dann muss das doch über alle Grenzen wachsen!", denkt sicher der eine oder andere spontan, doch: Das muss nicht so sein!

Es gibt unendliche Summen, die – obwohl bei jedem Schritt eine positive Zahl addiert wird – nicht über alle Grenzen wachsen, sondern eine feste Zahl anstreben.

Obwohl dies eine ganz fundamentale, mit dem Begriff der „Konvergenz" und des „Grenzwertes" verknüpfte Erkenntnis ist, werden wir uns mit diesem Phänomen zumindest aus theoretischer Sicht in diesem Buch nicht vertieft auseinandersetzen.

Ein Beispiel für eine unendliche Summe, die zwar mit jedem Schritt größer aber insgesamt nicht unendlich groß wird, sei hier dennoch zur Veranschaulichung angebracht:

Betrachten wir die folgende unendliche Summe:

$$\sum_{n=1}^{\infty} \frac{1}{n^2} = 1 + \frac{1}{4} + \frac{1}{9} + \frac{1}{16} + \frac{1}{25} + \ldots + \frac{1}{100} + \ldots + \text{usw.}$$

Hier addieren wir bei jedem Schritt eine positive Zahl, die jeweils immer kleiner wird. Wir schauen uns jetzt einfach einmal an, was ein Tabellenkalkulationsprogramm für uns (zumindest für die ersten 40 Schritte) berechnet.

Tabelle 2.2 zeigt in der letzten Zeile das Ergebnis der Summe bis $n = 40$. Man erkennt sofort, dass das Wachstum der Summe schon jetzt mit jedem weiteren Summanden sehr, sehr klein ist. Das hängt insbesondere damit zusammen, dass die Summanden mit größer werdendem n aufgrund des Quadrats im Nenner in der Formel sehr schnell klein werden: Somit liegt die Vermutung nahe, dass die Summe auch bei unendlich vielen Summanden nicht mehr beliebig groß werden, sondern sich einem festen Wert unterhalb der 2 nähern wird. Die von uns formulierte Vermutung, dass unsere unendliche Summe nicht über alle Grenzen wächst, stimmt und lässt sich auch beweisen. Es ist auch nicht das einzige Beispiel dieser Art, sondern beschreibt ein wichtiges Phänomen, das Gegenstand der Lehre der sogenannten „unendlichen Reihen" ist. Wir werden im Rahmen dieses Buches darauf verzichten, dieses Phänomen weiter zu untersuchen, möchten aber dennoch darauf aufmerksam machen, dass es eben doch möglich ist, unendlich oft etwas Positives zu addieren, ohne die Summe im Ergebnis über alle Grenzen wachsen zu lassen.

Nun soll es an dieser Stelle aber genug sein. Es folgen noch einige Aufgaben zum behandelten Stoff, bevor es mit dem nächsten Kapitel weitergeht!

Mathematischer Exkurs 2.4: Dieses reale Problem sollten Sie jetzt lösen können

Ein Meinungsforschungsinstitut führt eine Befragung zum Alkoholkonsum (Wein und Bier) in einer Kleinstadt durch und liefert das Ergebnis beim Bürgermeister ab:

- Anzahl der Befragten: 1000
- Anzahl derer, die Bier trinken: 750
- Anzahl derer, die Wein trinken: 680
- Anzahl derer, die beides trinken: 420

Warum wird der Bürgermeister dieses Institut sicher nicht noch einmal beauftragen (s. Fetzer und Fränkel (1977), S. 25)?

Lösung

Es sei B die Menge aller Biertrinker und W die Menge aller Weintrinker. Mit G sei die Grundmenge aller Befragten bezeichnet.

Dann ist $B \cap W$ die Schnittmenge von B und W und enthält als Elemente die Personen, die beides trinken (also Bier und Wein).

Die Anzahl der Elemente, die in $B \cap W$ enthalten sind, beträgt 420.

Daraus ergibt sich anhand der Angaben des Meinungsforschungsinstituts, dass es insgesamt $750 - 420 = 330$ reine Biertrinker und $680 - 420 = 260$ reine Weintrinker gibt.

Insgesamt erhalten wir also $260 + 330 + 420 = 1010$ Befragte. Dies stimmt jedoch nicht mit der angegebenen Anzahl (1000) der Befragten insgesamt überein. Somit ist das Ergebnis nicht richtig!

Mathematischer Exkurs 2.5: Übungsaufgaben

1. Berechnen Sie $(a + b + c)^2$ und skizzieren Sie das Ergebnis mittels passender Quadrate.
2. Die folgenden Summen und Differenzen sind in Produkte umzuformen:
   a) $18a - 24b$
   b) $ax - a$
   c) $2ay + 3by - cy$
   d) $15ab - 25b^2 + 30bc$
   e) $ax + bx - cx - ay - by + cy$
3. Multipliziere Sie aus und vereinfachen Sie so weit wie möglich:
   a) $(5a - 7b - 3c)(-2abc)$
   b) $(2x - 1)(3x + 5)(x + 1)$
4. Addieren Sie und vereinfachen Sie anschließend so weit wie möglich:
   a) $\frac{1}{x^7} + \frac{1}{x^6} + \frac{1}{x}$
   b) $\frac{1+x}{x^n} - \frac{1-x}{x^{n-1}} - \frac{1}{x^{n-2}}$
   c) $\frac{a^x + b^y}{a^x - b^y} - \frac{a^x + b^y}{a^x + b^y}$
5. Berechnen Sie:
   a) $(a^n)^p$
   b) $(a^5 b^7)^8$
   c) $\frac{(a^3 b^4)^2}{(a^2 b^3)^3}$

   d) $(-a)^n (-a^n)$
   e) $\left(2x - \frac{1}{2x}\right)^4$
6. Die folgenden Ausdrücke sind so weit wie möglich zu vereinfachen, ohne dass auftretende Wurzeln aus festen Zahlen berechnet werden (es sollen nur die Wurzelgesetze angewendet werden – es ist kein Taschenrechner notwendig!):
   a) $\sqrt{10}\sqrt{15}$
   b) $\sqrt{5x}\sqrt{x}$
   c) $\sqrt[3]{a}\sqrt[3]{a^2}\sqrt[3]{x}$
   d) $\sqrt{ax^6}$
7. Eliminieren Sie die Wurzel im Nenner:
   a) $a\sqrt{\frac{x}{a}}$
   b) $\frac{1}{2+\sqrt{3}}$
   c) $\frac{1}{a-\sqrt{b}}$
8. „Wurzeln aus Wurzeln" haben wir nicht explizit besprochen. Dennoch: Vereinfachen Sie die folgenden Wurzeln (Potenzschreibweise von Wurzeln nutzen):
   a) $\sqrt{\sqrt[3]{a}}$
   b) $\sqrt[4]{\sqrt[3]{81}}$
   c) $\sqrt[3]{y\sqrt{y}}$

9. Logarithmieren Sie die folgenden Ausdrücke (Bemerkung: Bei den Logarithmen sind keine konkreten Basen genannt, da die Aufgaben für alle Basen gelten):

a) $\log(abc)$

b) $\log\left(\frac{(a+b)x}{(c-d)y}\right)$

c) $\log\left(\frac{a^2\sqrt[3]{x}}{5cy^3}\right)$

10. Verwandeln Sie die folgenden Summen und Differenzen von Logarithmen in Logarithmen von Produkten und Quotienten:

a) $\log a + \log b - \log c$

b) $\log\left(\frac{a}{b}\right) + \log\left(\frac{b}{c}\right) + \log\left(\frac{c}{d}\right) - \log\left(\frac{ax}{dy}\right)$

Lösungen

1. $(a+b+c)^2 = ((a+b)+c)^2 = (a+b)^2 + 2(a+b)c + c^2$
   $= a^2 + 2ab + b^2 + 2ac + 2bc + c^2 = a^2 + b^2 + +c^2 + 2(ab + ac + bc)$
   Die Skizze zeigt Abb. 2.14.

2. a) $18a - 24b = 6(3a - 4b)$

   b) $ax - a = a(x - 1)$

   c) $2ay + 3by - cy = y(2a + 3b - c)$

   d) $15ab - 25b^2 + 30bc = 5b(3a - 5b + 6c)$

   e) $ax + bx - cx - ay - by + cy = x(a + b - c)$
   $-y(a + b - c) = (a + b - c)(x - y)$

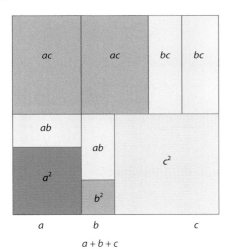

Abb. 2.14 Skizze

3. a) $(5a - 7b - 3c)(-2abc) = -10a^2bc + 14ab^2c + 6abc^2$

   b) $(2x - 1)(3x + 5)(x + 1)(2x - 1)(3x^2 + 3x + 5x + 5)$
   $= 6x^3 + 6x^2 + 10x^2 + 10x - 3x^2 - 3x - 5x - 5) =$
   $6x^3 + 13x^2 + 2x - 5$

4. a) $\frac{1}{x^7} + \frac{1}{x^6} + \frac{1}{x} = \frac{1+x+x^6}{x^7}$

   b) $\frac{1+x}{x^n} - \frac{1-x}{x^{n-1}} - \frac{1}{x^{n-2}} = \frac{1+x-x(1-x)-x^2}{x^n} = \frac{1+x-x+x^2-x^2}{x^n} = \frac{1}{x^n}$

   c) $\frac{a^x+b^y}{a^x-b^y} - \frac{a^x+b^y}{a^x+b^y} = \frac{(a^x+b^y)^2-(a^x+b^y)(a^x-b^y)}{(a^x-b^y)(a^x+b^y)}$
   $= \frac{a^{2x}+2a^xb^y+b^{2y}-(a^{2x}-b^{2y})}{(a^x-b^y)(a^x+b^y)} = \frac{2a^xb^y+2b^{2y}}{(a^x-b^y)(a^x+b^y)}$
   $= \frac{2b^y(a^x+b^y)}{(a^x-b^y)(a^x+b^y)}$

5. a) $(a^n)^p = a^{np}$

   b) $(a^5b^7)^8 = a^{40}a^{56}$

   c) $\frac{(a^3b^4)^2}{(a^2b^3)^3} = \frac{a^6b^8}{a^6b^9} = \frac{1}{b}$

   d) $(-a)^n(-a^n) = (-a)^{2n} = a^{2n}$

   e) $\left(2x - \frac{1}{2x}\right)^4 = \left(\frac{4x^2-1}{2x}\right)^4 = \frac{(2x+1)^4(2x-1)^4}{16x^4}$

6. a) $\sqrt{10}\sqrt{15} = \sqrt{150} = \sqrt{6\cdot25} = 5\sqrt{6}$

   b) $\sqrt{5x}\sqrt{x} = \sqrt{5x^2} = \sqrt{5}x$

   c) $\sqrt[3]{a}\sqrt[3]{a^2}\sqrt[3]{x} = a^{\frac{1}{3}}a^{\frac{2}{3}}\sqrt[3]{x} = a\sqrt[3]{x}$

   d) $\sqrt{ax^6} = x^3\sqrt{a}$

7. a) $a\sqrt{\frac{x}{a}} = a\frac{\sqrt{ax}}{\sqrt{a^2}} = \sqrt{ax}$

   b) $\frac{1}{2+\sqrt{3}} = \frac{2-\sqrt{(3)}}{(2+\sqrt{3})(2-\sqrt{3})} = \frac{2-\sqrt{3}}{2-3} = -2+\sqrt{3}$

   c) $\frac{1}{a-\sqrt{b}} = \frac{1}{a-\sqrt{b}}\frac{a+\sqrt{b}}{a+\sqrt{b}} = \frac{a+\sqrt{b}}{a^2-b}$

8. a) $\sqrt{\sqrt[3]{a}} = a^{\frac{1}{6}} = \sqrt[6]{a}$

   b) $\sqrt[4]{\sqrt[3]{81}} = 81^{\frac{1}{12}} = \sqrt[12]{81}$

   c) $\sqrt[3]{y\sqrt{y}} = \left(y\cdot y^{\frac{1}{2}}\right)^{\frac{1}{3}} = \left(y^{\frac{3}{2}}\right)^{\frac{1}{3}} = y^{\frac{1}{2}} = \sqrt{y}$

9. a) $\log(abc) = \log a + \log b + \log c$

   b) $\log\left(\frac{(a+b)x}{(c-d)y}\right) = \log(a+b)x - \log(c-d)y$
   $= \log(a+b) + \log x - (\log(c-d) + \log y)$
   $= \log(a+b) + \log x - \log(c-d) - \log y$

   c) $\log\left(\frac{a^2\sqrt[3]{x}}{5cy^3}\right) = \log a^2\sqrt[3]{x} - \log 5cy^3$
   $= 2\log a + \frac{1}{3}\log x - \log 5 - \log c - 3\log y$

10. a) $\log a + \log b - \log c = \log\frac{ab}{c}$

    b) $\log\left(\frac{a}{b}\right) + \log\left(\frac{b}{c}\right) + \log\left(\frac{c}{d}\right) - \log\left(\frac{ax}{dy}\right)$
    $= \log\left(\frac{\frac{a}{b}\frac{bc}{cd}}{\frac{ax}{dy}}\right) = \log\left(\frac{a}{d}\frac{dy}{ax}\right) = \log\left(\frac{y}{x}\right).$

Literatur

Bewert, F., Bennewitz, W., Schmidt, R.-U.: Lehr- und Übungsbuch Mathematik 1. Arithmetik. Algebra und elementare Funktionenlehre, Harri Deutsch, Thun, Frankfurt a. Main (1982)

Dedekind, R.: Was sind und was sollen die Zahlen? Nabu Press (2010)

Fetzer, A., Fränkel, H.: Mathematik Lehrbuch für Fachhochschulen, Bd. 1. Schroedel (1977)

Heuser, H.: Analysis I. Vieweg+Teubner (2003)

Weiterführende Literatur

Reidt-Wolff: Die Elemente der Mathematik Band 1 – Mittelstufe. Schroedel, Hannover/Schöningh, Paderborn (1957)

Wendler, T., Tippe, U.: Übungsbuch Mathematik für Wirtschaftswissenschaftler. Springer Spektrum (2013)

Kapitel 2

Gleichungslehre

3

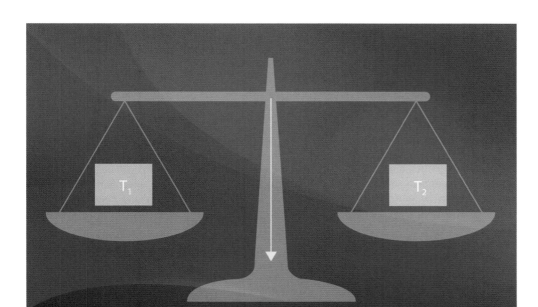

3.1 Allgemeine Gleichungslehre – Was Gleichungen sind und wie wir
grundsätzlich mit ihnen umgehen können 65

3.2 Lineare Gleichungen mit einer Unbekannten – Wie wir Gleichungen
lösen können, in denen die Unbekannte „einfach" vorkommt 71

3.3 Quadratische Gleichungen – Wie wir Gleichungen lösen können,
in denen die Unbekannte quadratisch vorkommt 77

3.4 Gleichungen höheren als zweiten Grades – Wie wir mit Gleichungen
umgehen können, in denen die Unbekannte in einer höheren als der
ersten oder zweiten Potenz vorkommt 85

3.5 Andere Gleichungsarten (Bruch-, Wurzel-, Exponential-, Logarithmengleichungen) – Wie wir bei Gleichungen vorgehen können, in denen die
Unbekannte keine Potenz ist 91

3.6 Einfache lineare Gleichungssysteme – Wie wir vorgehen können,
wenn wir mehrere Unbekannte haben, die recht einfach miteinander
zusammenhängen 97

3.7 Lineare Ungleichungen – Wie wir zu Lösungen kommen,
wenn keine Gleichheit besteht 102

Literatur 110

© Springer-Verlag Berlin Heidelberg 2017
B. Haack et al., *Mathematik für Wirtschaftswissenschaftler*, DOI 10.1007/978-3-642-55175-8_3

Mathematischer Exkurs 3.1: Worum geht es hier?

Wer war nicht schon einmal beim Kauf eines fabrikneuen Autos dabei oder hat von den sagenhaften Rabatten gehört, die ein Autohändler nach langen Diskussionen mit der potenziellen Käuferin oder dem potenziellen Käufer gegeben hat? Welche Preisnachlässe sind gerechtfertigt und führen nicht zum Ruin des Händlers? Wie verteilen sich die Kosten für einen neuen Pkw grundsätzlich? Wie hoch ist eigentlich der Gewinn des Herstellers?

Die mathematischen Methoden und Werkzeuge zur Gleichungslehre ermöglichen es uns, diese und viele andere wirtschaftswissenschaftliche Aufgaben in sehr allgemeiner Weise zu behandeln und zu beantworten. Charakteristikum solcher Fragestellungen ist immer, dass es „unbekannte Größen" gibt, die wir ermitteln (berechnen) wollen und die in einem mathematisch beschreibbaren Zusammenhang mit „bekannten Größen" stehen. Die Grundidee ist nun, diese mathematischen Beziehungen zu nutzen, um die unbekannten Größen mittels einer geeigneten „Rechenvorschrift" so durch die bekannten Größen „auszudrücken", dass sie sich aus den bekannten Größen berechnen lassen.

Machen wir uns das am eingangs skizzierten Beispiel deutlich! Wir betrachten dazu den Beitrag „Wie viel Luft ist noch im Autopreis? – Der Einkaufspreis für jedes der rund 25.000 Einzelteile in einem modernen Auto ist eines der am besten gehüteten Geheimnisse. Ein Experte gibt dennoch ein paar Einblicke in die Kalkulation" in der Berliner Morgenpost vom 01.06.2013 (s. Berliner Morgenpost 2013, S. A4). Danach betrug der durchschnittliche weltweite Listenpreis eines Volkswagenprodukts (also beispielsweise eines VW Golfs, eines Audi A6 oder auch eines Bugatti) im ersten Quartal 2013 genau 17.317 €. Dieser Betrag setzt sich zusammen aus den Materialkosten, den Personalkosten und den Vertriebskosten. Letztere wiederum resultieren aus den Marketing- und Werbekosten und der Marge für das Fahrzeug. Wir können also schreiben:

Durchschnittlicher weltweiter Listenpreis

eines Volkswagen-Produktes im ersten Quartal 2013

= Materialkosten + Personalkosten + Vertriebskosten

$$\text{(3.1)}$$

bzw. ausführlich:

Durchschnittlicher weltweiter Listenpreis

eines Volkswagen-Produktes im ersten Quartal 2013

= Materialkosten + Personalkosten + Marketingkosten

+ Werbekosten + Marge

$$\text{(3.2)}$$

Bei (3.1) und (3.2) handelt es sich um sogenannte Gleichungen. **Gleichungen** sind dadurch gekennzeich-net (man sagt: definiert), dass zwei mathematische Ausdrücke – hier: „Durchschnittlicher weltweiter Listenpreis eines Volkswagen-Produktes im ersten Quartal 2013" und „Materialkosten + Personalkosten + Vertriebskosten" bzw. „Durchschnittlicher weltweiter Listenpreis eines Volkswagen-Produktes im ersten Quartal 2013" und „Materialkosten + Personalkosten + Marketingkosten + Werbekosten + Marge" – durch ein Gleichheitszeichen miteinander verbunden sind.

Ein Blick auf (3.1) und (3.2) zeigt, dass diese irgendwie ziemlich sperrig sind. Es handelt sich bei den linken und rechten Seiten beider Gleichungen um regelrechte „Bandwürmer". Spätestens dann, wenn wir mit diesen Ausdrücken rechnen wollen, wird es aufwendig, weil wir viel zu schreiben haben. Aus diesem Grund führen wir Buchstaben ein, mit denen wir die Gleichungen kürzer und übersichtlicher aufstellen können:

$DWLp$ Durchschnittlicher weltweiter Listenpreis eines Volkswagen-Produktes im ersten Quartal 2013
Mk Materialkosten
Pk Personalkosten
Vk Vertriebskosten
Mak Marketingkosten
Wek Werbekosten
Ma Marge.

Mit diesen Bezeichnern erhalten wir (3.1) und (3.2) nun in der Form

$$DWLp = Mk + Pk + Vk \qquad (3.1')$$

und

$$DWLp = Mk + Pk + Mak + Wek + Ma \qquad (3.2')$$

Sicherlich können Sie einwenden, dass diese Gleichungen nicht unbedingt verständlicher als die ursprünglichen sind. Um sich deren Sinn zu erschließen, müssen wir uns immer wieder erinnern, welcher Bezeichner in den Gleichungen wofür steht. Dieses Erinnern wird in der Mathematik durch möglichst „sprechende" Wahl der Bezeichner wie etwa Mk für Materialkosten unterstützt. Die Erfahrung zeigt, dass hier Gewöhnungsaspekte auftreten, die uns den Umgang mit den jeweiligen Bezeichnern sowie mit den „Buchstabengleichungen" erleichtern.

Kommen wir nun noch einmal konkret auf das Volkswagen-Beispiel zurück. Es zeigt uns eine weitere Gleichung, nämlich:

$$DWLp = 17.317 \, \text{€} \qquad (3.3)$$

Da es sich bei $DWLp$ in $(3.1')$ und $(3.2')$ sowie in (3.3) jeweils um dieselbe Größe, den durchschnittlichen weltweiten Listenpreis eines Volkswagenprodukts im ersten Quartal 2013, handelt, können wir den Wert für $DWLp$ aus (3.3) in $(3.1')$ und $(3.2')$ einsetzen und erhalten:

$$17.317\,€ = Mk + Pk + Vk \qquad (3.1'')$$

sowie

$$17.317\,€ = Mk + Pk + Mak + Wek + Ma \qquad (3.2'')$$

Der in der Überschrift des Zeitungsartikels erwähnte Spezialist berichtet, dass die Materialkosten eines fabrikneuen Pkw 50 % des Listenpreises dieses Pkw ausmachen. Die Personalkosten betragen 25 % des Listenpreises, ebenso die Vertriebskosten. Marketing und Werbung schlagen mit 10 % des Listenpreises zu Buche. Diese Zusammenhänge können wir in weitere Gleichungen kleiden:

$$Mk = 50\,\% * DWLp \qquad (3.4)$$
$$Pk = 25\,\% * DWLp \qquad (3.5)$$
$$Vk = 25\,\% * DWLp \qquad (3.6)$$
$$Mak + Wek = 10\,\% * DWLp \qquad (3.7)$$

Mit dem Wert für $DWLp$ aus (3.3) kommen wir zu folgenden Ergebnissen:

$$Mk = 8658,50\,€ \qquad (3.4')$$
$$Pk = 4329,25\,€ \qquad (3.5')$$
$$Vk = 4329,25\,€ \qquad (3.6')$$
$$Mak + Wek = 1731,70\,€ \qquad (3.7')$$

Wir können diese Werte nun in $(3.1'')$ und $(3.2'')$ einsetzen und erhalten zwei interessante Resultate:

$$17.317\,€ = 17.317\,€ \qquad (3.1''')$$

und

$$17.317\,€ = 8658,50\,€ + 4329,25\,€ + 1731,70\,€ + Ma \qquad (3.2''')$$

Die linke und die rechte Seite von $(3.1''')$ stimmen überein. Dies können wir als eine Art Probe unserer Rechnungen betrachten. Denn (3.1) sagt ja aus, dass der durchschnittliche weltweite Listenpreis eines Volkswagenproduktes im ersten Quartal 2013 genau der Summe aus Material-, Personal- und Vertriebskosten ist – und das haben wir mit $(3.1''')$ nachgerechnet.

Gleichung $(3.2''')$ ist dahingehend bedeutsam, als sie mit Ausnahme der Marge Ma lauter Zahlenwerte (Geldbeträge in Euro) enthält. Sie bietet uns daher die Möglichkeit, die bisher noch unbekannte Marge zu berechnen. Fassen wir zunächst die Geldbeträge auf der rechten Seite von $(3.2''')$ durch Addition zusammen:

$$17.317\,€ = 14.719,45\,€ + Ma \qquad (3.2'''')$$

Offensichtlich ist die Marge Ma damit gleich der Differenz von $17.317\,€$ und $14.719,45\,€$. Wir erhalten also

$$Ma = 17.317\,€ - 14.719,45\,€ = 2597,55\,€ \qquad (3.2''''')$$

Diese Marge steht aber nicht allein dem Händler zu. Der Volkswagen-Konzern erwartet laut dem eingangs zitierten Zeitungsbericht einen durchschnittlichen Gewinn je Pkw von $949,48\,€$. Die Händlermarge ergibt sich damit zu $2597,55\,€ - 949,48\,€ = 1648,07\,€$.

Vergleichen wir diese Händlermarge ($1648,07\,€$) mit dem durchschnittlichen Listenpreis des Fahrzeugs ($17.317\,€$), können wir erkennen, dass die Marge etwa 10 % vom Listenpreis beträgt. Das ist eine sehr bedeutsame Feststellung: Sofern der Volkswagen-Konzern auf seine Marge pocht und keine Reduktion der Material-, Personal-, Marketing- oder Werbekosten möglich ist, kann ein Händler, der sich nicht ruinieren möchte, maximal 10 % Rabatt auf den Listenpreis geben! Weitere Preisabschläge sind nur möglich, wenn der Volkswagen-Konzern seine Marge reduziert (was durchaus gelegentlich zu erwarten ist) oder wenn die Material-, Personal-, Marketing- oder Werbekosten verringert werden können. Die Arbeitsprozesse in modernen Automobilunternehmen sind hochoptimiert. Außerdem existieren Tarifverträge, die es einzuhalten gilt. Damit müssen die Personalkosten als fix angenommen werden. Darüber hinaus haben Unternehmungen wie der Volkswagen-Konzern wenig Spielraum hinsichtlich der Marketing- und Werbekosten, gilt es doch, sich in einem umkämpften Marktbereich gegen sehr gute Wettbewerber zu behaupten. Also bleibt nur noch die Frage, ob und wie die Materialkosten beeinflusst werden können Eine grundlegende Antwort hierauf besteht in der Kreation von Sondermodellen. Diese sind anders als frei konfigurierbare Fahrzeuge durch bestimmte Ausstattungsmerkmale charakterisiert. Da die Sondermodelle in relativ großen Stückzahlen aufgelegt werden, können die zu den vorgegebenen Ausstattungsmerkmalen gehörenden Baugruppen des Fahrzeugs in großen Stückzahlen geordert und dadurch Preisvorteile bei den Lieferanten durchgesetzt werden.

Sie sehen anhand dieses Beispiels, dass die Wirtschaftsmathematik spannende Fragen – auch von und für Privatpersonen – zu beantworten hilft. Insbesondere wird deutlich, dass Gleichungen hierbei eine wichtige Rolle spielen können, indem sie uns helfen, gesuchte Größen (im Beispiel war es die Marge Ma) zu ermitteln. Anlass genug, sich genauer mit Gleichungen zu befassen. Dies geschieht hier, indem wir zunächst die Grundlagen der Gleichungslehre betrachten, um uns dann auf spezielle Gleichungsarten wie etwa quadratische Gleichungen mit der gesuchten Größe als Quadrat (beispielsweise mit Ma^2 an Stelle von Ma) und auch auf Systeme aus mehreren Gleichungen und mehreren unbekannten Größen zu konzentrieren.

Kapitel 3

Mathematischer Exkurs 3.2: Was können Sie nach Abschluss dieses Kapitels?

Sie besitzen nach Abschluss des Kapitels vertiefte Kenntnisse und Fertigkeiten zum systematischen Lösen verschiedener Gleichungstypen, einfacher Gleichungssysteme und Ungleichungen.

Konkret kennen und verstehen Sie

- die in der Gleichungslehre zentralen mathematischen Begriffe
  - Term,
  - Unbekannte (Variable),
  - Gleichung,
  - Gleichungssystem,
  - Ungleichung,
  - Lösbarkeit von Gleichungen, Gleichungssystemen, Ungleichungen,
  - äquivalente Umformung,
  - Lösungsmenge von Gleichungen, Gleichungssystemen, Ungleichungen,

- die Struktur von und Lösungswege bei
  - linearen Gleichungen mit einer Unbekannten,
  - quadratischen Gleichungen mit einer Unbekannten,
  - Gleichungen höheren als zweiten Grades,
  - anderen Gleichungsarten (Bruch-, Wurzel-, Exponential-, Logarithmengleichungen),
  - einfachen linearen Gleichungssystemen,
  - linearen Ungleichungen.

Sie werden damit in der Lage sein,

- Ansätze und Wege zu finden, um sowohl gegebene Gleichungen der aufgeführten Arten als auch vorliegende lineare Gleichungssysteme und bestehende lineare Ungleichungen systematisch zu lösen,
- Ihre Lösungen und Lösungswege kritisch zu prüfen und deren mathematische Korrektheit zu bewerten.

Mathematischer Exkurs 3.3: Müssen Sie dieses Kapitel überhaupt durcharbeiten?

Sie haben sich bereits in der Schule oder wo auch immer mit Gleichungen, Gleichungssystemen und Ungleichungen befasst? Sie wissen, dass die Grundidee zum Lösen dieser mathematischen Fragestellungen in äquivalenten Umformungen dieser Gleichungen, Gleichungssysteme und Ungleichungen besteht und kennen beispielsweise die p-q-Formel zum Lösen quadratischer Gleichungen? Sie kennen die Polynomdivision, das Einsetzungs-, das Gleichsetzungs- oder das Additionsverfahren? Sie wissen, dass das Ungleichheitszeichen bei der Multiplikation einer Ungleichung mit einer negativen Zahl „umgedreht" werden muss?

Testen Sie hier, ob Ihr Wissen und Ihre rechnerischen Fertigkeiten ausreichen, um dieses Kapitel gegebenenfalls einfach zu überspringen. Lösen Sie dazu die folgenden Testaufgaben.

Alle Aufgaben werden innerhalb der folgenden Abschnitte besprochen bzw. es wird Bezug darauf genommen.

3.1 $\frac{1}{3} \cdot \sqrt{9x - 5} - \frac{x+1}{\sqrt{x+7}} = 0$

3.2 $3x - 7 = 2x + 11$

3.3 $\frac{x+4}{x-3} = \frac{2-x}{1-x}$

3.4 $x^2 + 4x - 5 = 0$

3.5 $x^3 - 2x + 1 = 0$

3.6 $1{,}05^x = 1{,}3$

3.7 $x + 6\sqrt{x} - 16 = 0$

3.8 $2^x - 12 \cdot 2^{-x} = 1$

3.9 $\frac{7}{\lg x} = 6 + \lg x$

3.10 (I) $3x - 4y = -15$ und (II) $-x + 2y = -1$

3.11 $13 + 2x < -5x - 8$

3.1 Allgemeine Gleichungslehre – Was Gleichungen sind und wie wir grundsätzlich mit ihnen umgehen können

Das einleitende Beispiel beginnt damit, aus einem vorliegenden Text in Worten formulierte wirtschaftswissenschaftliche Zusammenhänge herauszukristallisieren. Wir erhalten damit die „Textgleichungen" (3.1) und (3.2). Diese drücken zwar das aus, was wir aus den vorliegenden Ausführungen über die Listenpreise von Pkws aus dem Volkswagen-Konzern erfahren haben, sind aber doch sehr unhandlich, wenn man mit ihnen arbeiten und weitergehende Fragen beantworten möchte. Daher haben wir uns der mathematischen Symbolik bedient und die Gleichungen mittels geeignet gewählter Abkürzungen (Bezeichnungen) wie etwa Ma für die Marge aufgeschrieben. Die so gewonnenen Gleichungen (3.1′) und (3.2′) sind zwei von unzähligen Beispielen für Gleichungen. Stellvertretend für diese Vielzahl von Gleichungen hier weitere Beispiele:

$$(a - 3b) : (a + 5b) = \frac{a - 3b}{a + 5b} \tag{3.8}$$

$$b + a \cdot 2^7 = 64 \cdot a + b \tag{3.9}$$

$$3x - 7 = (2x + 11) + (-18 + x) \tag{3.10}$$

$$(5x + 1)(2x - 3) = (3x - 4)(4x + 1) - 2x^2 + 7x - 5 \tag{3.11}$$

$$x^3 - 8 = 0 \tag{3.12}$$

$$a_n x^n + a_{n-1} x^{n-1} + \ldots + a_1 x^1 + a_0 x^0 = \sum_{i=0}^{n} a_i x^i \tag{3.13}$$

$$\frac{1}{2x + 1} + \frac{1}{x + 4} = \frac{3x + 9}{x^2 + x - 12} \tag{3.14}$$

$$\frac{1}{3} \cdot \sqrt{9x - 5} - \frac{x + 1}{\sqrt{x + 7}} = 0 \tag{3.15}$$

$$a \cdot x^2 + b \cdot x + c = 0 \tag{3.16}$$

$$\lg z + \lg 3 = \lg(z + 1) - \lg 7 \tag{3.17}$$

$$x + 7 = x + 11 \tag{3.18}$$

Versuchen wir uns jetzt klar zu machen, was diesen Gleichungen (3.8)–(3.18) gemeinsam ist, aber auch, worin sie sich voneinander unterscheiden

Den Beispielen ist *gemeinsam*, dass links und rechts des Gleichheitszeichens mathematische Ausdrücke, sogenannte **Terme**, vorkommen, die aus mathematischen Rechenzeichen wie „+" und „·" konkreten Zahlen, Buchstaben a, b, c, … weiteren Buchstaben x, y, z, … und anderen mathematischen Symbolen wie etwa $\lg$ und $\sqrt{}$ bestehen.

Terme können allgemein beschrieben werden als mathematisch sinnvolle Kombinationen aus bestimmten Grundzeichen (Zahlen, Buchstaben, Zeichen für Rechenoperationen, Funktionssymbole, Klammern, Indizes etc.).

Sofern nichts anderes gesagt wird, betrachten wir als „Grundmenge" für alle Terme die Menge $\mathbb{R}$ der reellen Zahlen. Das heißt, dass die Buchstaben a, b, c … für bestimmte reelle Zahlen stehen und x, y, z, … entsprechend unbekannte reelle Zahlen repräsentieren.

Ein Term kann aus einer einzelnen Zahl bestehen (z. B. allein aus der Zahl 0). Terme können aber auch furchterregend aussehen. Betrachten Sie dazu die folgenden Beispiele:

$$a + (b + c), \quad 3x - 5y + 2z, \quad (a - b)^n, \quad (x^n - y^n) : (x + y),$$
$$\left(\frac{a}{b}\right)^2, \quad \sqrt[n]{a^m}, \quad \log_3\left(\frac{1}{3}\right), \quad \sqrt[3]{a}, \quad \left(\sqrt[n]{\sqrt[m]{a}}\right)^{n-m},$$
$$\frac{12x^2 - 8xy}{(2x + 3y)(3x - 2y)} \quad \text{etc.}$$

Unser Rat: Lassen Sie sich von einem vermeintlich komplizierten Term nicht „ins Bockshorn jagen"! Wir geben Ihnen hier Schritt für Schritt Werkzeuge an die Hand, mit denen Sie vielen Termen und den aus ihnen bestehenden Gleichungen den Schrecken nehmen können.

Gut zu wissen

Die Erklärung dessen, was ein Term ist, mag unvollständig oder unpräzise erscheinen. Wir haben sie bewusst etwas unbestimmt gehalten, um nicht ins Uferlose abzugleiten. Das Ganze ist uns intuitiv vertraut und kann durch weitere theoretische Erklärungen nur unnötig belastet werden. Wie Sie im Verlauf der Behandlung der Gleichungslehre sehen werden, ist mit unserer Definition hinreichend geklärt, was in der Gleichungslehre unter einem „Term" verstanden wird. Wir können nun also mit diesem Instrument arbeiten. ◄

Indem wir den Begriff „Term" verwenden, können wir eine weitere zentrale *Gemeinsamkeit* der Beispiele feststellen: Allen Beispielen ist *gemeinsam*, dass je zwei Terme durch ein Gleichheitszeichen miteinander verbunden werden. Das ist genau das Charakteristikum einer **Gleichung** (s. Abb. 3.1).

Verbindet man zwei Terme T_1 und T_2 durch ein Gleichheitszeichen miteinander, so erhält man eine **Gleichung** $T_1 = T_2$. Der Term T_1 wird oft **linke Seite der Gleichung**, der Term T_2 oft **rechte Seite der Gleichung** genannt (s. Abb. 3.1).

In der Mathematik werden Buchstaben wie $a, b, c, \ldots$ in der Regel für *konkrete* (d. h. *feste*) Zahlen verwendet,

Kapitel 3

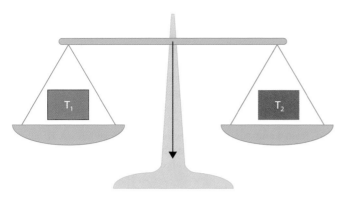

Abb. 3.1 Zwei gleiche Terme T_1 und T_2 entsprechen einer ausgeglichenen Waage. Nach http://www.aufgabenfuchs.de/mathematik/gleichung/bilder/waage3.png; Zugriff: 18.04.2014

während die Buchstaben $x, y, z, \ldots$ normalerweise die Bedeutung von *Unbekannten*, d. h. *zunächst unbestimmten Zahlen* haben. Ausnahmen sind möglich. So haben wir die unbekannte Marge in (3.2''') mit Ma bezeichnet.

Damit können wir einen *zentralen Unterschied* der Gleichungen ausmachen: Im Gegensatz zu den Beispielen (3.10)–(3.18) enthalten (3.8) und (3.9) keine Unbekannten.

Gleichung (3.8) und (3.9) sind ganz **normale Gleichheitsaussagen**, also Aussagen, die entweder wahr oder falsch sind.

Durch Vergleich können wir uns davon überzeugen, dass die linke Seite von (3.8) immer gleich der rechten Seite von (3.8) ist. (3.8) ist also eine *wahre Gleichheitsaussage* – kurz: eine *wahre Aussage* Manchmal sprechen wir auch davon, dass (3.8) *erfüllt* oder *richtig* ist.

Demgegenüber erhalten wir nach Einsetzen von $a = 1$ und $b = 0$ in (3.9) das Ergebnis

$$0 + 1 \cdot 2^7 = 64 \cdot 1 + 0 \quad \text{bzw.} \qquad (3.9')$$
$$128 = 64 \qquad (3.9'')$$

Das bedeutet, dass (3.9) zumindest für $a = 1$ und $b = 0$ *nicht erfüllt* bzw. *falsch* bzw. eine *falsche Gleichheitsaussage* – kurz: eine falsche Aussage – ist.

Gleichungen (3.10)–(3.18) sind so gedacht, dass die unbekannte(n) Größe(n) analog zum Beispiel der Ermittlung der Marge Ma in Abschn. 3.1 durch Rechnung **bestimmt** werden sollen. Wir nennen solche Gleichungen wie (3.10) bis (3.18) daher **Bestimmungsgleichungen**.

Alle Werte der Unbekannten, für die eine Bestimmungsgleichung erfüllt, also wahr bzw. eine wahre Aussage ist, nennen wir **Lösungen** dieser Gleichung. Alle Lösungen einer Bestimmungsgleichung bilden die sogenannte **Lösungsmenge** dieser Bestimmungsgleichung.

Unsere Beispiele zeigen, dass folgende Fälle vorkommen können: Es gibt keine, eine oder mehrere Lösungen der Bestim-

mungsgleichung. Entsprechend kann die Lösungsmenge leer sein, ein Element enthalten oder aus mehreren Elementen bestehen. Im ersten Fall sagen wir, dass die Bestimmungsgleichung **nicht lösbar** ist. In den beiden anderen Fällen sprechen wir davon, dass sie **lösbar** ist.

Beispielsweise hat (3.18) keine Lösung, ist also nicht lösbar. Wir sagen auch, das (3.18) **widersprüchlich** oder eine **Kontradiktion** ist. Demgegenüber ist (3.12) lösbar. Sie hat genau eine Lösung, nämlich $x = 2$. Die Lösungsmenge von (3.12) besteht damit aus genau einem Element. Gleichung (3.10) ist ebenfalls lösbar, denn wir erhalten für *jede* reelle Zahl x eine wahre Aussage. Gleichung (3.10) hat also die Menge $\mathbb{R}$ der reellen Zahlen als Lösungsmenge. Wir sagen auch, dass (3.10) **allgemeingültig** oder eine **Identität** ist.

Wir betrachten zwei Terme T_1 und T_2 und verbinden diese durch ein Gleichheitszeichen zu einer Gleichung $T_1 = T_2$.

Enthalten die Terme keine Unbekannte(n), so ist $T_1 = T_2$ eine **normale Gleichheitsaussage**, die entweder wahr oder falsch ist.

Enthalten die Terme eine oder mehrere Unbekannte $x, y, z, \ldots$, so wird $T_1 = T_2$ eine **Bestimmungsgleichung** genannt. Hierin werden $x, y, z, \ldots$ als noch unbekannte Zahlen interpretiert, und diese **Unbekannten** sollen nach Möglichkeit so bestimmt (berechnet) werden, dass $T_1 = T_2$ zu einer wahren Aussage wird.

Die Werte der Unbekannten $x, y, z, \ldots$, für die die Bestimmungsgleichung $T_1 = T_2$ erfüllt ist, d. h. für die die Bestimmungsgleichung $T_1 = T_2$ zu einer wahren Aussage wird, heißen **Lösungen** der Gleichung. Die Menge aller Lösungen der Bestimmungsgleichung heißt **Lösungsmenge** der Gleichung.

Wir nennen eine Bestimmungsgleichung **lösbar**, wenn sie mindestens eine Lösung besitzt. Wir nennen eine Bestimmungsgleichung **nicht lösbar**, wenn sie keine Lösung besitzt, d. h. wenn ihre Lösungsmenge leer ist.

Eine Bestimmungsgleichung, bei der **jede** denkbare Einsetzung für die Unbekannte(n) Lösung der Gleichung ist, heißt **allgemeingültig** oder auch **Identität**. Eine Bestimmungsgleichung, bei der **keine** denkbare Einsetzung für die Unbekannte(n) Lösung der Gleichung ist, heißt **widersprüchlich** oder **Kontradiktion**.

Gut zu wissen

Aus den Definitionen folgt, dass eine allgemeingültige Bestimmungsgleichung ein Spezialfall einer lösbaren Gleichung ist. Außerdem folgt, dass eine Kontradiktion dasselbe wie eine nicht lösbare Gleichung ist. ◄

Beispiel

Für alle Beispiele wird vorausgesetzt, dass x, y, z reelle Zahlen sind, also x, y, $z \in \mathbb{R}$.

Beispiele für allgemeingültige Gleichungen (Identitäten)

(1) $(x + y) \cdot (x - y) = x^2 - y^2$
(2) $x + y = y + x$
(3) $x + (y + z) = (x + y) + z$
(4) $x \cdot (y + z) = x \cdot y + x \cdot z$
(5) $(x^3 - y^3) : (x - y) = x^2 + x \cdot y + y^2$ $(x \neq y)$

Die Lösungsmenge der ersten und der zweiten Identität besteht jeweils aus allen Zahlenpaaren (x, y) mit x, $y \in \mathbb{R}$. Die Lösungsmenge der dritten und der vierten Identität besteht jeweils aus allen Zahlentripeln (x, y, z) mit x, y, $z \in \mathbb{R}$. Die Lösungsmenge der fünften Identität besteht wiederum aus allen Zahlenpaaren (x, y) mit x, $y \in \mathbb{R}$ mit der Einschränkung $x \neq y$. Diese Einschränkung ist erforderlich, da sonst der Nenner des Bruches auf der linken Seite der Gleichung null werden könnte – und die Division durch null ist ja bekanntlich verboten.

Beispiele für widersprüchliche Gleichungen (Kontradiktionen)

$$x^2 + y^2 = -1, \qquad x - 3 = x + 4,$$
$$x^2 + 100 = 0, \quad 3 \cdot (x^2 + 1) = 5 \cdot (x^2 + 1)$$

Die zugehörigen Lösungsmengen sind leer.

Beispiele für lösbare, aber nicht allgemeingültige Gleichungen

$$2 \cdot x - 3 = 3 \cdot x - 4 .$$

Die einzige Lösung ist $x = 1$. Die Lösungsmenge ist $\{1\}$.

$$x^2 - 1 = 0 .$$

Es gibt zwei Lösungen: $x = \pm 1$. Die Lösungsmenge ist $\{1, -1\}$.

$$x + 7 = 2 \cdot y + 11 .$$

Es gibt unendlich viele Lösungspaare (x, y) von der Gestalt $x = 2 \cdot t + 4$ und $y = t$ mit beliebigem $t \in \mathbb{R}$.   ◄

Die vorangehenden Beispiele erscheinen uns noch recht einfach. Dies soll heißen: Etwaige Lösungen der Gleichungen lassen sich meistens durch die **Methode scharfes Hinsehen** ermitteln. Spätestens jedoch beim Beispiel $x + 7 = 2 \cdot y + 11$ stellt sich die Frage, wie wir genau auf diese Lösung gekommen sind.

Nehmen wir das einfachere Beispiel der Gleichung $2 \cdot x - 3 = 3 \cdot x - 4$. Um die Lösung(en) dieser Gleichung bestimmen zu kön-

nen, überlegen wir zunächst, was wir eigentlich genau erreichen wollen Die Gleichung zu lösen, heißt, dass wir die Werte für x ermitteln wollen, für die nach Einsetzen von x die linke und die rechte Seite der Ausgangsgleichung übereinstimmen. Am besten wäre es, wenn wir diese Werte für x in der Form $x = \ldots$ erhalten und damit unmittelbar ablesen könnten. Wir sprechen hier auch davon, dass wir die *Gleichung nach x auflösen bzw. x isolieren* wollen und meinen damit, dass „alles mit x" auf der einen Seite der Gleichung und „alles andere" auf der anderen Seite der Gleichung steht. Diesen Wunsch können wir uns mithilfe sogenannter **Umformungen** erfüllen.

Gleichungen werden durch **Umformungen** gelöst. Umformungen sind Rechenoperationen, die auf beiden Seiten des Gleichheitszeichens synchron vorgenommen werden und zu Veränderungen der Terme (und damit der Gleichung) führen – mit dem Ziel, die gesuchten Lösungen unmittelbar erkennen zu können. Dabei sollen unter Beachtung der Rechengesetze in $\mathbb{R}$ nach Möglichkeit nur solche Umformungen vorgenommen werden, die die Lösungsmengen unverändert lassen. In diesem Fall nennen wir die ursprüngliche und die durch Umformung entstandene Gleichung **äquivalent** (gleichwertig) und die Umformung genauer **Äquivalenzumformung**.

Zwei Gleichungen $T_1 = T_2$ und $T_3 = T_4$ heißen **äquivalente Gleichungen** oder kurz **äquivalent**, wenn sie dieselben Lösungsmengen besitzen.

Unter einer **Umformung** einer Gleichung verstehen wir eine Rechenoperation, die *simultan* auf beiden Seiten des Gleichheitszeichens der Gleichung vorgenommen wird.

Umformungen der Gleichung $T_1 = T_2$ in die Gleichung $T_3 = T_4$ heißen **äquivalente Umformungen** oder **Äquivalenzumformungen**, wenn die Gleichungen $T_1 = T_2$ und $T_3 = T_4$ äquivalent sind.

Betrachten wir noch einmal das Beispiel der Gleichung

$$2 \cdot x - 3 = 3 \cdot x - 4 .$$

Um die zur Lösung dieser Gleichung erforderlichen Umformungen erkennen zu können, erinnern wir uns an das eben eingeführte Bild, dass wir die *Gleichung nach x auflösen bzw. x isolieren* wollen. Wir wollen „alles mit x" auf die eine Seite der Gleichung und „alles andere" auf die andere Seite der Gleichung bringen. Beginnen wir mit x. Wir sehen, dass auf der linken Seite der Gleichung $2 \cdot x$ steht, auf der rechten Seite der Gleichung $3 \cdot x$. Wenn wir nun auf beiden Seiten der Gleichung $2 \cdot x$ subtrahieren, erhalten wir auf der linken Seite $0 \cdot x$ und auf der rechten Seite $1 \cdot x$:

$$2 \cdot x - 3 = 3 \cdot x - 4 \quad | - 2 \cdot x$$
$$0 \cdot x - 3 = 1 \cdot x - 4$$

Das können wir übersichtlicher schreiben:

$$-3 = x - 4$$

Jetzt benötigen wir nur noch einen Schritt, um x zu isolieren: Wenn wir auf beiden Seiten der Gleichung 4 addieren, erhalten wir auf der linken Seite der Gleichung 1 und auf der rechten Seite x:

$$-3 = x - 4 \quad | + 4$$
$$1 = x$$

Damit sind wir am Ziel angelangt! Wir brauchen nur noch beide Seiten der Gleichung zu vertauschen und erhalten das gesuchte Resultat:

$$x = 1$$

Zur Probe können wir $x = 1$ in die ursprüngliche Gleichung einsetzen. Das führt zu

$$2 \cdot 1 - 3 = 3 \cdot 1 - 4$$

also zu

$$-1 = -1$$

und damit zu einer wahren Aussage! Folglich handelt es sich bei $x = 1$ um eine Lösung der ursprünglichen Gleichung $2 \cdot x - 3 = 3 \cdot x - 4$.

Bleibt nur noch die Frage, ob $x = 1$ die einzige Lösung der ursprünglichen Gleichung ist.

Diese Frage können wir ohne sehr detaillierte Begründung bejahen. Aus den für reelle Zahlen geltenden mathematischen Gesetzen und Rechenregeln ergibt sich nämlich, dass die Subtraktion von $2 \cdot x$ und die Addition von 4 sowie das Vertauschen der rechten und linken Seite einer Gleichung Äquivalenzumformungen sind. Damit sind die ursprüngliche Gleichung $2 \cdot x - 3 = 3 \cdot x - 4$ und die Gleichung $x = 1$ äquivalent. Sie haben also dieselbe Lösungsmenge, nämlich $\{1\}$.

Woran erkennt man nun äquivalente Umformungen, wodurch sind sie charakterisiert? Die folgende wichtige Information gibt hierauf eine zwar nicht vollständige, aber doch schon weitreichende Antwort.

Bei den folgenden Umformungen einer Gleichung $T_1 = T_2$ in eine Gleichung $T_3 = T_4$ handelt es sich um äquivalente Umformungen:

- Addition gleicher Zahlen oder identischer Terme auf beiden Gleichungsseiten
  Beispiel:

$$x^3 - ax = b \qquad | + ax$$
$$x^3 = b + ax$$

- Subtraktion gleicher Zahlen oder identischer Terme auf beiden Gleichungsseiten
  Beispiel:

$$x^3 + ax = b \qquad | - ax$$
$$x^3 = b - ax$$

- Multiplikation beider Gleichungsseiten mit gleichen, von null verschiedenen Zahlen oder mit identischen, von null verschiedenen Termen
  Beispiel:

$$\frac{x^3 + ax}{cd} = b \qquad | \cdot cd \quad (cd \neq 0)$$
$$x^3 + ax = bcd$$

- Division beider Gleichungsseiten durch gleiche, von null verschiedene Zahlen oder durch identische, von null verschiedene Terme
  Beispiel:

$$adx^3 - adx = b \qquad | : ad \quad (ad \neq 0)$$
$$x^3 - x = \frac{b}{ad}$$

- Vertauschung beider Gleichungsseiten
  Beispiel:

$$x^3 - ax = b$$
$$b = x^3 - a$$

Die Zusammenhänge werden vielleicht noch deutlicher, wenn wir Gleichungen in die Betrachtung einbeziehen, bei denen Terme mit Wurzelausdrücken auftreten. Hier muss zur Lösung in der Regel irgendwann auf beiden Seiten quadriert werden – unter Umständen sogar mehrfach.

──────────────── **Aufgabe 3.1** ────────────────

Betrachten wir dazu ein Beispiel:

$$\frac{1}{3} \cdot \sqrt{9x - 5} - \frac{x + 1}{\sqrt{x + 7}} = 0 \quad (x \neq -7)$$

Wir formen diese Gleichung in mehreren Schritten um:

1. Addition des Terms $\frac{x+1}{\sqrt{x+7}}$ auf beiden Seiten ergibt:

$$\frac{1}{3} \cdot \sqrt{9x - 5} = \frac{x + 1}{\sqrt{x + 7}}$$

2. Multiplikation beider Seiten mit 3 ergibt:

$$\sqrt{9x - 5} = 3 \cdot \frac{x + 1}{\sqrt{x + 7}}$$

3. Multiplikation beider Seiten mit $\sqrt{x + 7}$ ergibt:

$$\sqrt{x + 7} \cdot \sqrt{9x - 5} = 3 \cdot (x + 1)$$

4. Quadrieren beider Seiten ergibt:

$$(x + 7) \cdot (9x - 5) = 9 \cdot (x + 1)^2$$

5. Ausmultiplizieren beider Seiten ergibt:

$$9x^2 + 58x - 35 = 9x^2 + 58x - 35$$

Durch unsere Umformungen ist eine für alle $x \in \mathbb{R}$ gültige Identität entstanden. Das heißt, dass die Lösungsmenge der letzten Gleichung mit $\mathbb{R}$ übereinstimmt. Das gilt jedoch keineswegs für die Ausgangsgleichung Diese ist für $x < \frac{5}{9}$ überhaupt nicht erklärt, da dann $9x - 5 < 0$ und damit $\sqrt{9x - 5}$ nicht definiert ist. Worin liegt diese Diskrepanz begründet? Die Antwort finden wir in der vierten Umformung „Quadrieren beider Seiten". Diese ist im Gegensatz zu den anderen Umformungen nicht äquivalent.

Beispiel

Betrachten wir noch ein weiteres Beispiel:

$$\sqrt{8x - 15} = 2x - 5$$

1. Quadrieren beider Seiten ergibt:

$$8x - 15 = 4x^2 - 20x + 25$$

2. Vertauschen beider Seiten ergibt:

$$4x^2 - 20x + 25 = 8x - 15$$

3. Addition von $(15 - 8x)$ auf beiden Seiten ergibt:

$$4x^2 - 28x + 40 = 0$$

4. Algebraische Umformung der linken Seite ergibt:

$$4 \cdot (x - 2) \cdot (x - 5) = 0$$

Die Lösungsmenge der letzten Gleichung ist $\{2, 5\}$. Die Probe durch Einsetzen beider Zahlen in die Ausgangsgleichung ergibt:

$\sqrt{8 \cdot 2 - 15} = 1 \neq 2 \cdot 2 - 5 = -1$, d. h. $x = 2$ ist keine Lösung der Ausgangsgleichung, sondern eine Lösung der Gleichung $\sqrt{8x - 15} = -(2x - 5)$, was durch das Quadrieren verwischt wird.

Tatsächlich ist $\sqrt{8 \cdot 5 - 15} = 2 \cdot 5 - 5 = 5$, d. h. $x = 5$ die einzige Lösung der Ausgangsgleichung. Durch das nichtäquivalente Quadrieren beider Gleichungsseiten hat sich die Lösungsmenge auch in diesem Fall vergrößert. Dies wird ersichtlich, wenn wir uns folgende Zusammenhänge verdeutlichen: Für alle reellen Zahlen a und b gilt zwar, dass aus $a = b$ auch $a^2 = b^2$ resultiert. Diese Implikation ist jedoch nicht umkehrbar und damit keine Äquivalenz. Vielmehr gilt, dass $a^2 = b^2$ für $a = \pm b$ erfüllt ist. ◄

Die (in manchen Fällen unvermeidliche) Umformung einer Gleichung $T_1 = T_2$ in eine Gleichung $(T_1)^2 = (T_2)^2$ durch Quadrieren beider Seiten der Ausgangsgleichung ist keine äquivalente Umformung von $T_1 = T_2$. In der Regel enthält die Lösungsmenge der quadrierten Gleichung mehr Elemente als die Lösungsmenge der Ausgangsgleichung. Deshalb ist beim Quadrieren eine abschließende Probe unbedingt notwendig, um die Lösungen der quadrierten Gleichung $(T_1)^2 = (T_2)^2$ auszusondern, die keine Lösungen der Ausgangsgleichung $T_1 = T_2$, also quasi „Scheinlösungen" von $T_1 = T_2$ sind.

Diese Erkenntnis wird bei der Bearbeitung von Wurzelgleichungen oft nicht beachtet. Entsprechende Fehler werden dann oft auch nur schwer ersichtlich.

Ähnliche Tücken wie beim Umformen von Gleichungen durch Quadrieren können auch dann auftreten, wenn wir Gleichungen mit Termen multiplizieren oder durch Terme dividieren. Es ist hier nämlich unbedingt zu beachten, dass diese Umformungen nur dann äquivalent sein können, wenn der Term, mit dem multipliziert oder durch den dividiert wird, ungleich null ist (s. o.). Machen wir uns das an zwei abschließenden Beispielen klar.

Beispiel

Betrachtet wird die Gleichung

$$\frac{12 + 4x}{x + 3} = \frac{2x - 1}{5 - x}.$$

Multiplizieren beider Seiten mit $(x + 3) \cdot (5 - x)$ ergibt:

$$(12 + 4x) \cdot (5 - x) = (2x - 1) \cdot (x + 3).$$

Ausmultiplizieren beider Seiten ergibt:

$$60 + 8x - 4x^2 = 2x^2 + 5x - 3.$$

Addieren von $(4x^2 - 8x - 60)$ auf beiden Seiten ergibt:

$$0 = 6x^2 - 3x - 63.$$

Vertauschen beider Seiten ergibt:

$$6x^2 - 3x - 63 = 0.$$

Algebraische Umformung der linken Seite ergibt:

$$6 \cdot (x - 7/2) \cdot (x + 3) = 0.$$

Die Lösungsmenge der letzten Gleichung ist $(-3, 7/2)$. Die Zahl $x = -3$ ist jedoch keine Lösung der Ausgangsgleichung, weil diese für $x = -3$ nicht definiert ist (Stichwort: Division durch null). Die Probe ergibt, dass $x = 7/2$ die einzige Lösung der Ausgangsgleichung ist.

Wie kann das geschehen, obwohl wir doch nur Äquivalenzumformungen benutzt haben? Die Antwort liegt darin, dass wir bereits vor der ersten Umformung übersehen haben, dass die Fälle $x = -3$ und $x = 5$ von vornherein auszuschließen sind, da die Multiplikation der Ausgangsgleichung mit dem Term $(x + 3) \cdot (5 - x)$ nur dann eine äquivalente Umformung ist, wenn dieser Term ungleich null ist! ◄

Beispiel

Betrachtet wird die Gleichung

$$\left(x^2 - 10x + 25\right) \cdot (x + 3) = \left(x^2 + 6x + 9\right) \cdot (5 - x).$$

Algebraisches Umformen beider Seiten ergibt:

$$(x - 5)^2 \cdot (x + 3) = -(x + 3)^2 \cdot (x - 5).$$

Dividieren beider Seiten durch $(x - 5) \cdot (x + 3)$ ergibt:

$$x - 5 = -x - 3.$$

Addieren von $x + 5$ auf beiden Seiten ergibt:

$$2x = 2.$$

Dividieren beider Seiten durch 2 ergibt:

$$x = 1.$$

Durch Einsetzen von $x = 1$ in die Ursprungsgleichung können wir feststellen, dass $x = 1$ eine Lösung dieser Gleichung ist. Bei der Division durch $(x-5)\cdot(x+3)$ haben wir jedoch den Fall der Division durch null, also den Fall $(x - 5) \cdot (x + 3) = 0$, nicht vorab analysiert und damit „einfach" ausgeschlossen. Hierbei waren wir zu voreilig! So sind uns die beiden Lösungen $x = 5$ und $x = -3$ der Ausgangsgleichung verloren gegangen! ◄

Zusammenfassung

Gleichungen werden mithilfe von Termen gebildet: Sind T_1 und T_2 Terme, so beschreibt $T_1 = T_2$ eine Gleichung. Der Term T_1 heißt **linke Seite der Gleichung**. Der Term T_2 heißt **rechte Seite der Gleichung**.

Terme (manchmal auch *algebraische Ausdrücke* genannt) sind mathematisch sinnvolle Kombinationen aus bestimmten Grundzeichen (Zahlen, Buchstaben, Zeichen für Rechenoperationen, Funktionssymbole, Klammern, Indizes etc.).

Wenn eine Gleichung **Unbekannte** (auch *Variable* genannt) enthält, sprechen wir von einer **Bestimmungsgleichung**.

Bei einer Bestimmungsgleichung besteht das Ziel darin, die Unbekannte(n) so zu bestimmen, dass die Gleichung $T_1 = T_2$ zu einer wahren Aussage wird. Dieses Vorgehen nennen wir **Lösen** der Gleichung. Die so ermittelten Werte für die Unbekannten nennen wir **Lösungen** der Gleichung. Zusammen bilden sie die **Lösungsmenge** der Gleichung.

Eine Gleichung heißt **lösbar**, wenn sie mindestens eine Lösung besitzt. Besitzt die Gleichung keine Lösung, nennen wir sie **nicht lösbar** oder **widersprüchlich** oder **Kontradiktion**. Ist jede Zahl Lösung der Gleichung, nennen wir die Gleichung **allgemeingültig** oder **Identität**.

Gleichungen werden mithilfe von **Umformungen** gelöst. Die Umformungen dienen dazu, eine Gleichung schrittweise so zu vereinfachen, dass etwaige Lösungen leicht erkennbar werden.

Idealerweise verwenden wir **äquivalente Umformungen**, da bei diesen die Lösungsmenge der Gleichung unverändert bleibt. Beispiele für äquivalente Umformungen sind die Addition oder Subtraktion desselben Terms auf beiden Seiten der Gleichung oder die Multiplikation beider Seiten der Gleichung mit einem von null verschiedenen Term.

In manchen Fällen ist es unvermeidlich, auch nichtäquivalente Umformungen zu verwenden (z. B. das Quadrieren beider Gleichungsseiten bei sogenannten Wurzelgleichungen). Hier ist aber darauf zu achten, dass durch das Quadrieren keine Lösungen verloren gehen. Außerdem sind Scheinlösungen durch Probe auszuschließen.

Besondere Vorsicht ist geboten, wenn beide Gleichungsseiten durch Terme dividiert werden sollen, die Unbekannte enthalten. Hier können bei unkritischem Vorgehen Lösungen verloren gehen. Deshalb ist zunächst immer der Fall zu analysieren, dass der Term, durch den wir dividieren, gleich null ist. Die Werte der Unbekannten, für die das Fall ist, sind danach als mögliche Lösungen unserer Gleichung auszuschließen. Selbiges gilt prinzipiell auch für die Multiplikation beider Gleichungsseiten mit solchen Termen. Hier ist die Fehlergefahr aber geringer, weil allenfalls zusätzliche Scheinlösungen auftreten können, die durch die Probe ausgeschlossen werden können.

3.2 Lineare Gleichungen mit einer Unbekannten – Wie wir Gleichungen lösen können, in denen die Unbekannte „einfach" vorkommt

Beginnen wir wieder mit einem kleinen Beispiel: Der Studierende Tom überlegt, einen Telefonvertrag mit einem Mobilfunkanbieter einzugehen. Da Tom ein neues Smartphone benötigt, erscheint es ihm besonders reizvoll, dass er sich mit dem Telefonvertrag auch für ein hochwertiges Smartphone als Zusatzangebot entscheiden kann. Bedingung hierfür ist, dass der Vertrag über 24 Monate geschlossen wird. Die monatliche Flatrate liegt bei 39,99 € ohne und bei 53,99 € mit Smartphone. Außerdem sind 19,99 € als „Einmalgebühr" für das Smartphone zu entrichten. Der aktuelle Kaufpreis für das Smartphone bei einer Elektronikkette beträgt 299,99 €. Ist das Angebot des Mobilfunkproviders für Tom günstig?

Nehmen wir an, dass sich Tom für den Vertrag mit Smartphone entscheidet. Dann stellt sich die Frage, wie viel er am Ende der Vertragslaufzeit tatsächlich für das Smartphone bezahlt hat? Diesen tatsächlichen Smartphone-Preis x muss Tom mit dem aktuellen Kaufpreis von 299,99 € vergleichen.

$$24 \cdot 53{,}99\,€ + 19{,}99\,€ = 24 \cdot 39{,}99\,€ + x \qquad (3.19)$$
$$\qquad\qquad |-24 \cdot 39{,}99\,€$$
$$24 \cdot 53{,}99\,€ - 24 \cdot 39{,}99\,€ + 19{,}99\,€ = x \qquad (3.19')$$
$$\qquad\qquad | \text{ Ausklammern}$$
$$24 \cdot (53{,}99\,€ - 39{,}99\,€) + 19{,}99\,€ = x \qquad (3.19'')$$
$$\qquad\qquad | \text{ Klammer berechnen}$$
$$24 \cdot 14{,}00\,€ + 19{,}99\,€ = x \qquad (3.19''')$$
$$\qquad\qquad | \text{ Ausrechnen}$$
$$355{,}99\,€ = x \qquad (3.19'''')$$
$$\qquad\qquad | \text{ Seiten vertauschen}$$
$$x = 355{,}99\,€ \qquad (3.19''''')$$

Tom muss also $x = 355{,}99\,€$ für das Smartphone bezahlen, wenn er es über einen Zusatzvertrag beim Mobilfunkprovider erwirbt.

Dieses Angebot ist nicht günstig, würde Tom doch 56,00 € sparen, wenn er das Smartphone bei der Elektronikkette kaufte. – Hierbei stellt sich natürlich die Frage, ob Tom so liquide ist, dass er 299,99 € für das Smartphone „in einem Stück" bezahlen kann? Diese Frage wollen wir nur so weit betrachten, dass sich Tom das Geld im Falle des Falles ja vielleicht als Kredit leihen und mit Zinsen zurückzahlen könnte. In dieser Situation würde ihm die Finanzmathematik weiterhelfen, um die Zinsen zu berechnen. Sofern diese unter 56,00 € liegen, könnten wir Tom zur Kreditvariante anstelle des Erwerbs des Smartphones beim Mobilfunkanbieter raten.

Gleichung (3.19) ist eine Gleichung mit einer Variablen (nämlich x), die in der ersten Potenz vorliegt (es gilt ja $x = x^1$;

s. Kap. 2). Wir sprechen hier von einer **algebraischen Gleichung ersten Grades mit einer Unbekannten** bzw. von einer **linearen Gleichung mit einer Unbekannten**.

Die **allgemeine Form der linearen Gleichung mit einer Unbekannten** ist eine Bestimmungsgleichung der Gestalt

$$a \cdot x + b = 0 \quad \text{mit} \quad a, b \in \mathbb{R} \quad \text{und} \quad a \neq 0 . \quad (3.20)$$

In diesem Abschnitt behandeln wir Gleichungen mit einer Unbekannten, die mithilfe äquivalenter – gegebenenfalls auch nichtäquivalenter – Umformungen auf die Gestalt (3.20) gebracht werden können. Dabei kann es vorkommen, dass eine Gleichung zunächst überhaupt nicht linear erscheint (beispielsweise weil in ihr Terme mit x^2 o. Ä. vorkommen), dass Umformungen aber dann doch zu einer linearen Gleichung führen (beispielsweise weil sich die Terme mit x^2 o. Ä. auf der linken und rechten Seite der Gleichung „aufheben").

Gleichung (3.20) kann leicht gelöst werden. Wir brauchen dazu nur b auf beiden Seiten der Gleichung zu subtrahieren und dann beide Seiten der Gleichung durch a zu dividieren (möglich wegen $a \neq 0$). Hieraus folgt: Der Wert $x = -(b/a)$ ist die eindeutig bestimmte Lösung der Gleichung $a \cdot x + b = 0$ mit $a, b \in \mathbb{R}$ und $a \neq 0$.

Gut zu wissen

Mit wachsender Erfahrung im Umgang mit Gleichungen werden wir die bis hierher praktizierte ausführliche Beschreibung der benutzten Umformungen allmählich reduzieren und zumindest in den einfachen Fällen ganz aufgeben. Dabei kann das bereits in Abb. 3.1 skizzierte anschauliche Modell hilfreich sein, auf das wir an dieser Stelle zurückkommen wollen:

Gleichungen können mit einer Waage im Gleichgewicht verglichen werden. Die Waage bleibt im Gleichgewicht, wenn man

- auf beiden Waagschalen dieselben Gewichte zulegt oder wegnimmt,
- auf beiden Waagschalen die Gewichte um denselben Faktor vergrößert oder verkleinert (z. B. verdreifacht oder halbiert),
- die Waagschalen (mit den darauf liegenden Gewichten) vertauscht.

Dies entspricht genau den in Abschn. 3.2 eingeführten äquivalenten Umformungen. ◄

Das Lösen linearer Gleichungen mit einer Unbekannten ist – wie das Lösen von Gleichungen schlechthin – oft eine Frage der Übung und damit eine Frage des guten Auges. Bei einiger Erfahrung mit dem Lösen derartiger Gleichungen können wir mittels der **Methode scharfes Hinsehen** den Lösungsweg oder auch Lösungen bereits in Umrissen erkennen, ohne die Mathematik bemüht zu haben. Es kann aber auch sein, dass wir ein bisschen schusselig – sagen wir besser: unpräzise – sind und uns daher einige Ungereimtheiten passieren können. Beim Lösen von Gleichungen kommt es also auf Übung und Konzentration an. Lassen Sie uns dazu einige Beispiele durchgehen. Vielleicht macht es Ihnen Spaß, diese erst zu lösen und dann unsere Erläuterungen dazu mit Ihren Überlegungen zu vergleichen.

Aufgabe 3.2

$$3x - 7 = 2x + 11 \quad | \text{ Addition von 7 auf beiden Seiten}$$
$$3x = 2x + 18 \quad | \text{ Subtraktion von } 2x \text{ auf beiden Seiten}$$
$$x = 18$$

Die letzte Gleichung besitzt die sofort ablesbare Lösung $x = 18$. Da wir nur äquivalente Umformungen benutzt haben, hat die ursprüngliche Gleichung folglich auch genau diese eine Lösung $x = 18$.

Beispiel

$$(x - 2)^2 - 9 = (x - 5) \cdot (x + 1)$$
$$| \text{ Klammern ausmultiplizieren}$$
$$x^2 - 4x + 4 - 9 = x^2 - 4x - 5$$
$$| \text{ linke Seite zusammenfassen}$$
$$x^2 - 4x - 5 = x^2 - 4x - 5$$

Auf der linken und rechten Seite der Gleichung steht jeweils derselbe Term. Da für keinen Wert $x \in \mathbb{R}$ eine Division durch null oder eine andere, nicht definierte Rechnung droht, stimmen die linke und die rechte Seite der Gleichung für alle $x \in \mathbb{R}$ überein. Es liegt also eine Identität vor. Die Gleichung ist für jedes $x \in \mathbb{R}$ erfüllt. ◄

Beispiel

$$(5x + 1) \cdot (2x - 3) = (3x - 4) \cdot (4x + 1) - 2x^2 + 7x - 5$$
$$| \text{ Klammern ausmultiplizieren}$$
$$10x^2 - 13x - 3 = 12x^2 - 13x - 4 - 2x^2 + 7x - 5$$
$$| \text{ rechte Seite zusammenfassen}$$
$$10x^2 - 13x - 3 = 10x^2 - 6x - 9$$
$$| \text{ Addition von } 6x$$
$$10x^2 - 7x - 3 = 10x^2 - 9$$
$$| \text{ Subtraktion von } 10x^2$$
$$-7x - 3 = -9$$
$$| \text{ Addition von 3}$$

$$-7x = -6$$
$$| \text{Division durch } (-7)$$
$$x = 6/7$$

Die letzte Gleichung besitzt die sofort ablesbare Lösung $x = 6/7$. Da wir nur äquivalente Umformungen benutzt haben, hat die ursprüngliche Gleichung folglich auch genau diese eine Lösung $x = 6/7$. Kurz: Die Gleichung ist für $x = 6/7$ erfüllt. ◄

Beispiel

$$3ax + a + 7b - (5bx + 2a - b) = 0$$
$$| \text{ Klammer auflösen}$$
$$3ax + a + 7b - 5bx - 2a + b = 0$$
$$| \text{ Terme zusammenfassen}$$
$$3ax - a + 8b - 5bx = 0$$
$$| x \text{ ausklammern}$$
$$(3a - 5b)x - a + 8b = 0$$
$$| \text{ Addition von } (a - 8b)$$
$$(3a - 5b)x = a - 8b$$
$$| \text{ Division durch } (3a - 5b)$$
$$x = \frac{a - 8b}{3a - 5b}$$
$$\text{falls } 3a - 5b \neq 0$$

Damit hat die betrachtete Gleichung die Lösung $x = (a - 8b)/(3a - 5b)$, sofern $3a - 5b \neq 0$ gilt.

Um zu einer vollständigen Aussage über die Lösungen der betrachteten Gleichung zu kommen, müssen wir noch den ausgeschlossenen Fall $3a - 5b = 0$ untersuchen.

Die Buchstaben a und b stehen für vorgegebene reelle Zahlen. Folgende vier Fälle sind denkbar:

(1) $a = 0$ und $b = 0$
(2) $a = 0$ und $b \neq 0$
(3) $a \neq 0$ und $b = 0$
(4) $a \neq 0$ und $b \neq 0$

Beginnen wir mit Fall (1): Aufgrund von $a = 0$ und $b = 0$ können wir aus der vierten Zeile des Beispiels $0 \cdot x = 0$ ablesen. Diese Gleichung ist für alle Werte $x \in \mathbb{R}$ erfüllt. Es liegt also eine Identität vor. Die Lösungsmenge ist $\mathbb{R}$.

Nun zu Fall (2): Durch Umformung von $3a - 5b = 0$ erhalten wir $a = (5/3)b$. Wegen $a = 0$ muss dann auch $b = 0$ sein. Das steht aber im Widerspruch zur Vorgabe $b \neq 0$. Damit ist die Gleichung in diesem Fall nicht lösbar. Es liegt eine Kontradiktion vor. Die Lösungsmenge ist leer.

Fall (3) ist analog zu Fall (2): Wegen $a \neq 0$ und $a = (5/3)b$ bzw. $b = (3/5)a$ muss dann auch $b \neq 0$ sein. Das steht im Widerspruch zur Festlegung $b = 0$. Damit ist die Gleichung in diesem Fall nicht lösbar. Es liegt eine Kontradiktion vor. Die Lösungsmenge ist leer.

Auch Fall (4) führt zu einem Widerspruch: Wir wissen wieder, dass $a = (5/3)b$ ist. Aus der vierten Zeile des Beispiels ergibt sich außerdem $-a + 8b = 0$ also $a = 8b$. Aus beiden Zusammenhängen folgt $8b = (5/3)b$, also $(8 - 5/3)b = 0$ bzw. $(19/3)b = 0$. Damit muss aber $b = 0$ sein – im Gegensatz zur Festlegung $b \neq 0$. Also ist die Gleichung wiederum nicht lösbar. Es liegt eine Kontradiktion vor. Die Lösungsmenge ist leer.

Insgesamt zeigt dieses Beispiel, dass die betrachtete lineare Gleichung je nach Vorgabe der Werte für a und b eine Lösung besitzt oder keine Lösung hat oder eine Identität ist. ◄

─────────── **Aufgabe 3.3** ───────────

$$\frac{x+4}{x-3} = \frac{2-x}{1-x}$$
$$\qquad\qquad | \cdot (x-3)(1-x)$$
$$(x+4) \cdot (1-x) = (2-x) \cdot (x-3)$$
$$\qquad\qquad | \text{ Ausmultiplizieren}$$
$$-x^2 - 3x + 4 = -x^2 + 5x - 6$$
$$\qquad\qquad | + x^2 - 5x - 4$$
$$-8x = -10$$
$$\qquad\qquad | : (-8)$$
$$x = 5/4$$

Die Gleichung ist lösbar. Ihre Lösung ist $x = 5/4$. Die Multiplikation mit $(x-3)(1-x)$ ist unproblematisch: Da die Ausgangsgleichung für die kritischen Werte $x = 3$ und $x = 1$ nicht definiert ist (Division durch null!), ist der Term $(x-3)(1-x)$ ungleich null, die Multiplikation mit ihm also eine äquivalente Umformung.

─────────────────────────────

Hat eine Gleichung die Gestalt $T_1 : T_2 = T_3 : T_4$, so kann beliebig „über Kreuz" multipliziert oder dividiert werden, sofern die Terme T_1, T_2, T_3 und T_4 von null verschieden sind. Folgende Gleichungen sind dann also äquivalent zueinander:

$$\frac{T_1}{T_2} = \frac{T_3}{T_4} \quad \text{und}$$
$$T_1 = \frac{T_3}{T_4} \cdot T_2 \quad \text{und}$$
$$T_1 \cdot T_4 = T_3 \cdot T_2 \quad \text{und}$$

$$\frac{T_4}{T_2} = \frac{T_3}{T_1} \quad \text{usw.} \qquad (T_1\, T_2,\, T_3,\, T_4 \neq 0)$$

Entsprechend kann mit Gleichungen vom Typ $T_1 \cdot T_2 = T_3 \cdot T_4$ verfahren werden.

Beispiel

$$\frac{1}{2x+1} + \frac{1}{x+4} = \frac{3x+9}{2x^2+9x+4}$$
$$\qquad | \cdot (2x+1) \cdot (x+4)$$
$$\frac{(2x+1) \cdot (x+4)}{2x+1} + \frac{(2x+1) \cdot (x+4)}{x+4}$$
$$= \frac{(3x+9) \cdot (2x+1) \cdot (x+4)}{2x^2+9x+4}$$
$$\qquad | \text{ Kürzen}$$
$$(x+4) + (2x+1) = 3x+9$$
$$\qquad | \text{ Klammern beseitigen}$$
$$3x+5 = 3x+9$$
$$\qquad | -3x$$
$$5 = 9$$

Die Gleichung führt auf einen Widerspruch. Die Lösungsmenge ist damit leer. – Hier sind zwei Dinge zu beachten: Einerseits ist die Multiplikation mit $(2x+1)(x+4)$ unkritisch, da die ursprüngliche Gleichung für die Werte $x = -(1/2)$ und $x = -4$ nicht definiert ist (wir multiplizieren beide Seiten der Gleichung also mit einem von null verschiedenen Term). Andererseits zeigt sich durch Ausmultiplizieren, dass $(2x+1)(x+4) = 2x^2+9x+4$ ist. Damit vereinfacht sich die ursprüngliche Gleichung bereits durch die erste Umformung ganz erheblich. ◄

Beispiel

$$\frac{1}{x+2} - \frac{1}{x-5} - \frac{1}{x+4} - \frac{1}{3-x} = 0$$
$$\qquad | \text{ Kunstgriff: zwei Terme nach rechts bringen}$$
$$\frac{1}{x+2} - \frac{1}{x-5} = \frac{1}{x+4} + \frac{1}{3-x}$$
$$\qquad | \text{ beide Seiten auf einen Bruchstrich bringen}$$
$$\frac{(x-5) - (x+2)}{(x+2) \cdot (x-5)} = \frac{(3-x) + (x+4)}{(x+4) \cdot (3-x)}$$
$$\qquad | \text{ beide Zähler vereinfachen}$$
$$\frac{-7}{(x+2) \cdot (x-5)} = \frac{7}{(x+4) \cdot (3-x)}$$

$$| \cdot (x + 2)(x - 5)(x + 4)(3 - x)$$
$$(-7) \cdot (x + 4) \cdot (3 - x) = 7(x + 2) \cdot (x - 5)$$
$$| \text{ Ausmultiplizieren}$$
$$7x^2 + 7x - 84 = 7x^2 - 21x - 70$$
$$| -7x^2 + 21x + 84$$
$$28x = 14$$
$$| : 28$$
$$x = 1/2$$

Wir erhalten $x = 1/2$ als Lösung der ursprünglichen Gleichung. – *Hinweis*: Die Ausgangsgleichung ist für die Werte $x = -2$ und $x = 5$ sowie $x = -4$ und $x = 3$ nicht definiert. Durch die vorhergehenden Beispiele wissen wir, dass die Multiplikation beider Seiten der Ausgangsgleichung mit dem Hauptnenner $(x + 2)(x - 5)(x + 4)(3 - x)$ der vier Bruchterme daher ein sinnvoller Schritt zum Auflösen der Gleichung ist (für alle verbleibenden $x \in \mathbb{R}$ ist $(x + 2)(x - 5)(x + 4)(3 - x)$ ungleich null). Wir führen diesen Schritt jedoch nicht gleich durch, sondern schalten einen „Kunstgriff" vor, um uns das spätere Ausmultiplizieren zu erleichtern. Durch diesen Kunstgriff brauchen wir nämlich nur zwei anstelle von drei Klammern auszumultiplizieren.　◀

Beispiel

$$5x^5 + 8 = 0$$
$$| \text{ Kunstgriff: } x^5 = z \text{ setzen}$$
$$5z + 8 = 0$$
$$| \text{ nach } z \text{ auflösen}$$
$$z = -8/5 = -1,6$$
$$| \text{ Substitution } x^5 = z \text{ rückgängig machen}$$
$$x^5 = -1,6$$
$$| \text{ fünfte Wurzel ziehen}$$
$$x = -\sqrt[5]{1,6} = -1,098\ldots$$

Die Ausgangsgleichung hat also die Lösung $x = -1,098\ldots$ Hier sind wieder zwei Anmerkungen wichtig: Zum einen haben wir hier zunächst eine nichtlineare Gleichung vorliegen. Diese wird betrachtet, um Ihnen genau den „Kunstgriff" der Substitution nahezubringen. Derartige Substitutionen können sich in vielen Fällen als die rettende Idee zur Lösung einer wirtschaftswissenschaftlichen bzw. mathematischen Fragestellung erweisen Die nach der Substitution entstandene lineare Gleichung können wir wie die bisher betrachteten linearen Gleichungen lösen. Allerdings liegt damit eine Lösung für z und nicht für x vor. Um zu einer Lösung für x zu kommen, müssen wir die Substitution wieder rückgängig machen und dann ans Wurzelziehen gehen. Hierbei kann man sich schon

einmal mit den Vorzeichen vertun. Daher möchten wir darauf verweisen, dass $\sqrt[n]{a}$ ausdrücklich nur für $a \geq 0$ erklärt ist. Deshalb wäre es falsch, von $x^5 = -1,6$ auf $x = \sqrt[5]{-1,6}$ zu schließen. Richtig ist, dass die Gleichung $x^5 = -a \, (a > 0)$ wegen $\left(-\sqrt[5]{a}\right)^5 = (-1)^5 \left(\sqrt[5]{a}\right)^5 = -a$ die *negative* reelle Lösung $x = -\sqrt[5]{a}$ besitzt. Dies gilt analog für alle Gleichungen der Gestalt $x^n = -a \, (a > 0)$ mit ungeradem Exponenten n.　◀

Beispiel

$$3x^4 - 7x^3 = 0$$
$$| \text{ Division durch } x^3$$
$$3x - 7 = 0$$
$$| \text{ Auflösen nach } x$$
$$x = 7/3$$

Damit ist $x = 7/3$ die Lösung der ursprünglichen Gleichung. Haben wir aber alle Lösungen gefunden? Die Antwort lautet: Nein, eine Lösung ist uns verloren gegangen! Bei der Division durch x^3 waren wir ein bisschen unpräzise und haben den Fall $x^3 = 0$ nicht beachtet. In diesem Fall ist die Division durch x^3 nicht erlaubt. Da $x^3 = 0$ gleichbedeutend mit $x = 0$ ist, erhalten wir nach Einsetzen von $x = 0$ in die Ausgangsgleichung die wahre Aussage $0 = 0$. Das heißt, dass die Ausgangsgleichung neben $x = 7/3$ auch die Lösung $x = 0$ besitzt. Ein anderer korrekter Lösungsweg wäre gewesen, x^3 auszuklammern:

$$3x^4 - 7x^3 = 0$$
$$| \text{ Ausklammern von } x^3$$
$$(3x - 7)x^3 = 0$$

Da ein Produkt genau dann gleich null ist, wenn einer seiner Faktoren gleich null ist, folgt, dass

$$3x - 7 = 0 \quad \text{oder} \quad x^3 = 0$$

gelten muss. Hieraus folgen wiederum die Lösungen $x = 7/3$ und $x = 0$.　◀

Die vorliegenden Beispiele haben uns exemplarisch gezeigt, wie wir mit linearen Gleichungen umgehen können und wo wir besondere Sorgfalt walten lassen sollten. Allgemein können wir das Lösen linearer Gleichungen recht schematisch angehen.

Generell können wir folgendes Verfahren zur Bestimmung der Lösungen einer linearen Gleichung heranziehen:

(1) Beseitigen aller Klammern und/oder Brüche auf beiden Seiten der Gleichung.
(2) Sortieren aller gleichartigen Ausdrücke auf beiden Seiten der Gleichung.
(3) Zusammenfassen aller gleichartigen Ausdrücke auf beiden Seiten der Gleichung.
(4) Umformen der Gleichung, sodass auf der linken Seite der Gleichung ein Term mit der Variablen und auf der rechten Seite der Gleichung ein Term ohne die Variable steht.
(5) Dividieren der linken und der rechten Seite der Gleichung durch den Faktor vor der Variablen.
(6) Überprüfen der gewonnenen Lösung durch Einsetzen in die linke und die rechte Seite der Ausgangsgleichung. Eine Lösung liegt vor, wenn die linke und die rechte Seite der Gleichung übereinstimmen.
Hinweis: Die Probe sollte immer an der Ausgangsgleichung vorgenommen werden und nicht an einer umgeformten Fassung der Ausgangsgleichung. Es kann ja sein, dass wir beim Umformen einen Fehler gemacht haben, den die Probe nicht zu Tage fördert, wenn wir mit der umgeformten Gleichung arbeiten.

Machen wir uns das Lösungsschema an einem Beispiel deutlich:

$$7x - (2 - 3x) + (3 + x) = (2x - 3) + (6 - 4x) \quad | \text{ Schritt (1)}$$
$$7x - 2 + 3x + 3 + x = 2x - 3 + 6 - 4x \quad | \text{ Schritt (2)}$$
$$7x + 3x + x - 2 + 3 = 2x - 4x - 3 + 6 \quad | \text{ Schritt (3)}$$
$$11x + 1 = -2x + 3 \quad | \text{ Schritt (4) } (+2x - 1)$$
$$13x = 2 \quad | \text{ Schritt (5) } (: 13)$$
$$x = 2/13$$
$$7x - (2 - 3x) + (3 + x) = 14/13 - 20/13 + 41/13$$
$$= 35/13 \quad | \text{ Schritt (6) (linke Seite)}$$
$$(2x - 3) + (6 - 4x) = -35/13 + 70/13$$
$$= 35/13 \quad | \text{ Schritt (6) (rechte Seite)}$$

Die Probe „geht auf". Damit ist $x = 2/13$ die gesuchte Lösung der Ausgangsgleichung.

Zusammenfassung

Die **allgemeine Form der linearen Gleichung mit einer Unbekannten** ist eine Bestimmungsgleichung der Gestalt

$$a \cdot x + b = 0 \quad \text{mit} \quad a, b \in \mathbb{R} \quad \text{und} \quad a \neq 0.$$

Sie hat die **eindeutig bestimmte Lösung**

$$x = -(b/a).$$

Gleichungen mit einer Unbekannten lassen sich in etlichen Fällen durch äquivalente oder nichtäquivalente Umformungen in diese allgemeine Gestalt überführen und dadurch lösen.

Durch die auf Übung im Lösen von Gleichungen basierende **Methode scharfes Hinsehen** lassen sich sowohl zweckmäßige Kunstgriffe wie beispielsweise das Substituieren von Termen als auch sinnvolle Umformungen zum Lösen der gegebenen Gleichung wie z. B. das Multiplizieren mit Termen oder das Dividieren durch Terme möglicherweise recht gut erkennen.

Als Systematik zum Lösen von Gleichungen bietet sich das folgende Schema in sechs Schritten an. Bei der Anwendung des Schemas – insbesondere bei Schritt (4) – ist darauf zu achten, ob äquivalent umgeformt wird oder nicht, ob also Scheinlösungen entstehen oder Lösungen verloren gehen können. Dies kann am besten einerseits durch eine Betrachtung der Werte erfolgen, für die eine Gleichung definiert ist (Stichwort: Verbot der Division durch null). Andererseits sollte immer eine Probe (Schritt 6) der gefundenen Lösungen anhand der Ausgangsgleichung vorgenommen werden.

(1) Alle Klammern und/oder Brüche auf beiden Seiten der Gleichung beseitigen.
(2) Alle gleichartigen Ausdrücke auf beiden Seiten der Gleichung sortieren.
(3) Alle gleichartigen Ausdrücke auf beiden Seiten der Gleichung zusammenfassen.
(4) Die Gleichung so umformen, dass links ein Term mit der Variablen und rechts ein Term ohne die Variable steht.
(5) Beide Seiten der Gleichung durch den Faktor vor der Variablen dividieren.
(6) Die so gewonnene Lösung in die linke und die rechte Seite der Ausgangsgleichung einsetzen. Wenn beide Seiten übereinstimmen, haben wir eine Lösung gefunden.

Lassen Sie uns jetzt einmal schauen, wie weit uns dieses Wissen bringt. Dazu haben wir hier einige Fragestellungen aus der wirtschaftswissenschaftlichen Praxis.

Beispiel

Die vier Studierenden Annette, Beatrice, Christine und Danielle verdienen ihren Lebensunterhalt, indem jede von ihnen neben dem Studium Schmuckpartys veranstaltet und Modeschmuck gehobener Qualität verkauft. Sie werden dabei prozentual nach Umsatz bezahlt. Nach jedem Jahr erhalten sie vom Schmuckhersteller außerdem eine mit dem Jahresumsatz wachsende Bonuszahlung. Sie werfen ihre Umsätze daher „in einen Topf", um eine möglichst hohe Bonuszahlung zu erreichen. Für das zurückliegende Jahr haben sie einen Bonus von 5 % des Jahresumsatzes erzielt. Der Umsatz von Beatrice war halb so groß wie der von Annette. Christine hat ein Viertel von Annettes Umsatz geschafft, Danielle ein Fünftel. Insgesamt betrug die Bonuszahlung 3276 €. Wie hoch ist der

Kapitel 3

Anteil jeder Studierenden hieran, wenn diese die Zahlung entsprechend ihren Umsätzen aufteilen? Welchen Umsatz hat jede Studierende erwirtschaftet?

Lassen Sie uns den Bonusanteil von Annette mit x (in €) bezeichnen. Aus dem Text können wir folgende Zusammenhänge ersehen:

Bonusanteil von Beatrice: $0{,}50 \cdot x$
Bonusanteil von Christine: $0{,}25 \cdot x$
Bonusanteil von Danielle: $0{,}20 \cdot x$

Die gesamte Bonuszahlung setzt sich aus den Bonusanteilen aller vier Studierenden zusammen. Sie beträgt 3276 €. Also gilt:

$$x + 0{,}5x + 0{,}25x + 0{,}2x = 3276$$
$$1{,}95x = 3276$$
$$x = 3276/1{,}95$$
$$x = 1680\,.$$

Damit erhält Annette einen Bonusanteil von 1680 €. Der Anteil von Beatrice beträgt 840 €. Christine kommt auf 420 €, und Danielle werden 336 € ausgezahlt.

Probe: 1680 € + 840 € + 420 € + 336 € = 3276 €.

Lassen Sie uns den Jahresumsatz nun mit y (in €) bezeichnen. Aus dem Text ergibt sich:

$$5\,\% \cdot y = 3276$$
$$y = 3276/0{,}05$$
$$y = 65.520\,.$$

Die vier Studierenden haben im zurückliegenden Jahr Schmuck im Wert von 65.520 € verkauft. Bezeichnen wir den Umsatzanteil von Annette mit z (in €), gilt damit analog zur Gleichung für die Bonusanteile:

$$z + 0{,}5z + 0{,}25z + 0{,}2z = 65.520$$
$$z = 65.520/1{,}95$$
$$z = 33.600$$

Annette hat also einen Umsatzanteil von 33.600 € erwirtschaftet. Der Umsatzanteil von Beatrice beträgt 16.800 €. Christine kommt auf 8400 €, und Danielle hat Schmuck im Wert von 6720 € umgesetzt.

Probe: 33.600 € + 16.800 € + 8400 € + 6720 € = 65.520 €.   ◄

Beispiel

Max Mustermann gibt sein Netto-Monatseinkommen wie folgt aus: 1/5 für Miete, 1/3 für Lebensmittel, 1/10

für Kleidung, 1/30 für Autobenzin, 1/25 für das Fitnessstudio und 1/20 für private Vergnügungen (Besuche von Kino, Theater, Sportveranstaltungen etc.). Schließlich spart er 365 €. Wie hoch ist Max Mustermanns Netto-Monatseinkommen?

Lassen Sie uns das gesuchte Nettoeinkommen in € mit x bezeichnen. Dann ergibt sich aus dem Text:

$$\frac{1}{5}x + \frac{1}{3}x + \frac{1}{10}x + \frac{1}{30}x + \frac{1}{25}x + \frac{1}{20}x + 365 = x\,.$$

Wir bringen alle Brüche auf den Hauptnenner und fassen sie zu einem Bruch zusammen:

$$\frac{60 + 100 + 30 + 10 + 12 + 15}{300}x + 365 = x$$
$$\frac{227}{300}x + 365 = x\,.$$

Alle Terme mit x auf die rechte Seite bringen, x ausklammern und beide Seiten vertauschen:

$$x\left(1 - \frac{227}{300}\right) = 365\,.$$

Klammer berechnen und nach x auflösen:

$$x = \frac{300}{73} \cdot 365 = 1500\,.$$

Das Netto-Monatseinkommen von Max Mustermann beträgt 1500 €.

Probe:

$$\frac{1}{5} \cdot 1500 + \frac{1}{3} \cdot 1500 + \frac{1}{10} \cdot 1500 + \frac{1}{30} \cdot 1500$$
$$+ \frac{1}{25} \cdot 1500 + \frac{1}{20} \cdot 1500 + 365$$
$$= 300 + 500 + 150 + 50 + 60 + 75 + 365$$
$$= 1500\,. \qquad ◄$$

Beispiel

Die Teilnehmer des Studiengangs „International Management" möchten 300 € für ihr nächstes Sommerfest durch den Verkauf von Bratwürsten bei der „Langen Nacht der Wissenschaften" einnehmen. Der Einkaufspreis je Bratwurst beträgt 0,75 €, der Verkaufspreis liegt bei 1,85 €. Grillkohle, Getränke für die Grillmeisterin und den Grillmeister sowie Toastbrot, Senf und Servietten für die Würstchen schlagen mit insgesamt 57,50 € zu Buche. Nicht verkaufte Würstchen verursachen kein Minus, da die Studierenden sie zum Einkaufspreis unter sich aufteilen und verzehren. Wie viele Würstchen muss der Studiengang mindestens verkaufen, um den gewünschten Gewinn zu erzielen?

Lassen Sie uns die gesuchte Anzahl zu verkaufender Bratwürstchen mit x bezeichnen. Dann muss der mit dem Verkauf der Bratwürstchen erzielte Gewinn (mindestens) gleich den beim Verkauf anfallenden Ausgaben sein. Schreiben wir den Gewinn auf die linke Seite der erforderlichen Gleichung und die Ausgaben auf die rechte Seite (jeweils in € betrachtet), erhalten wir:

$$1{,}85 \cdot x - 0{,}75 \cdot x = 300 + 57{,}50\,,$$

also:

$$x \cdot (1{,}85 - 0{,}75) = 357{,}50\,.$$

Hieraus folgt:

$$x = \frac{357{,}50}{1{,}10} = 325\,.$$

Die Studierenden müssen (mindestens) 325 Bratwürstchen verkaufen, um auf die gewünschte Einnahme von 300 € zu kommen.

Probe:

$$1{,}85 \cdot 325 - 0{,}75 \cdot 325 = 601{,}25 - 243{,}75$$
$$= 357{,}50\,. \quad \blacktriangleleft$$

Beispiel

Die Firma *Buntmacher* stellt farbige Etiketten für Bier- und Limonadenflaschen her. Das Lösungsmittel für die Farben wird in großen Kunststoffbehältern mit 450 l Inhalt angeliefert. Die Flüssigkeit wird der Produktion mit einer konstanten Geschwindigkeit zugeführt, sodass der Behälter innerhalb von $3\frac{3}{4}$ h vollständig geleert wird. Wie lange muss der Absperrhahn des Behälters geöffnet sein, wenn 250 l Lösungsmittel benötigt werden?

Nennen wir die gesuchte Zeit t. Wegen der konstanten Fließgeschwindigkeit erhalten wir die Gleichung

$$\frac{450\,\mathrm{l}}{3\frac{3}{4}\,\mathrm{h}} = \frac{250\,\mathrm{l}}{t}\,.$$

Wir multiplizieren beide Seiten der Gleichung mit t sowie mit $3\frac{3}{4}$ h und dividieren beide Seiten durch 450 l:

$$t = 3\frac{3}{4}\,\mathrm{h} \cdot \frac{250\,\mathrm{l}}{450\,\mathrm{l}} = \frac{15}{4}\,\mathrm{h} \cdot \frac{5}{9} = \frac{15 \cdot 5}{4 \cdot 9}\,\mathrm{h} = \frac{25}{12}\,\mathrm{h} = 2\frac{1}{12}\,\mathrm{h}$$
$$= 2\,\mathrm{h}\,5\,\mathrm{min}\,.$$

Der Absperrhahn muss $2\frac{1}{12}$ h $= 2$ h 5 min geöffnet sein.

Probe:

Linke Seite: $\dfrac{450\,\mathrm{l}}{3\frac{3}{4}\,\mathrm{h}} = \dfrac{450\,\mathrm{l}}{\frac{15}{4}\,\mathrm{h}} = \dfrac{4 \cdot 450\,\mathrm{l}}{15\,\mathrm{h}} = 120\dfrac{\mathrm{l}}{\mathrm{h}}$ und

rechte Seite: $\dfrac{250\,\mathrm{l}}{t} = \dfrac{250\,\mathrm{l}}{\frac{25}{12}\,\mathrm{h}} = \dfrac{12 \cdot 250\,\mathrm{l}}{25\,\mathrm{h}} = 120\dfrac{\mathrm{l}}{\mathrm{h}}\,. \quad \blacktriangleleft$

3.3 Quadratische Gleichungen – Wie wir Gleichungen lösen können, in denen die Unbekannte quadratisch vorkommt

Auch hier wollen wir mit einem Beispiel beginnen. So hieß es am 28.06.2013 auf der Webseite der Zeitung Die Welt: „Goldpreis mit größtem Einbruch seit fast 100 Jahren – Überraschend starke US-Konjunkturdaten beflügeln den Dollarkurs und setzen Gold unter Abwertungsdruck." (Die Welt 2013) Konkret verzeichnet der Goldpreis „. . . den stärksten Einbruch seit dem Jahr 1920. Bis in jenes Jahr reichen die Daten über regulären Goldhandel zurück, wie sie die Nachrichtenagentur Bloomberg gesammelt hat. Das jetzige Quartals-Minus könnte folglich als das größte aller Zeiten in die Geschichte eingehen." (Die Welt 2013)

Versuchen wir, uns die Verhältnisse klar zu machen! Sei p der Preis pro Feinunze Gold (31,1 g) im April 2013 (in €). Der Kleinsparer Holger hat im April 2013 Gold für 3660 € gekauft. Im Juni kauft er erneut Gold für 3660 €, erhält jetzt aber 0,75 Feinunzen Gold mehr, da der Preis pro Feinunze Gold um 244 € gefallen ist. Wie viel hat die Feinunze Gold im April 2013 gekostet? Um wie viel Prozent ist der Goldpreis gesunken?

Im April hat Holger für sein Geld $3660/p$ Feinunzen Gold erhalten. Im Juni erhält er $3660/(p - 244)$ Feinunzen für sein Geld. Beide Mengen unterscheiden sich um 0,75 Feinunzen; die Juni-Menge ist entsprechend größer. Damit erhalten wir folgende Gleichung:

$$\frac{3660}{p} + 0{,}75 = \frac{3660}{p - 244}\,.$$

Hauptnenner der Terme in dieser Gleichung ist $p \cdot (p - 244)$. Wir bringen alle Terme auf diesen Hauptnenner und erhalten:

$$\frac{3660 \cdot (p - 244)}{p \cdot (p - 244)} + \frac{0{,}75 \cdot p \cdot (p - 244)}{p \cdot (p - 244)} = \frac{3660 \cdot p}{p \cdot (p - 244)}\,.$$

Nun multiplizieren wir beide Seiten der Gleichung mit dem Hauptnenner $p \cdot (p - 244)$ und können diesen durch Kürzen „beseitigen". Ergebnis ist die folgende Gleichung:

$$3660 \cdot (p - 244) + 0{,}75 \cdot p \cdot (p - 244) = 3660 \cdot p$$
$$\mid \text{Ausmultiplizieren}$$
$$3660 \cdot p - 3660 \cdot 244 + 0{,}75 \cdot p^2 - 0{,}75 \cdot 244 \cdot p = 3660 \cdot p$$
$$\mid -3660 \cdot p$$
$$0{,}75 \cdot p^2 - 0{,}75 \cdot 244 \cdot p - 3660 \cdot 244 = 0$$
$$\mid : 0{,}75$$
$$p^2 - 244 \cdot p - \frac{3660 \cdot 244}{0{,}75} = 0$$

Unsere Berechnung führt uns auf eine Gleichung mit einer Variablen (nämlich p), die in der zweiten Potenz vorliegt. Wir sprechen hier von einer **quadratischen Gleichung mit einer Unbekannten**.

Zur Lösung derartiger quadratischer Gleichungen gibt es verschiedene nützliche Formeln, die wir Ihnen nachfolgend vorstellen möchten. Eine dieser Formeln zeigt uns, dass unsere Gleichung zur Bestimmung von p die folgenden beiden Lösungen hat:

$$p_{1,2} = 122 \pm \sqrt{122 \cdot 122 + \frac{3660 \cdot 244}{0{,}75}}\,.$$

Die Berechnung ergibt:

$$p_1 = 1220 \quad \text{und} \quad p_2 = -1098\,.$$

Da wir über Preise (in €) reden, ist nur die erste Lösung relevant. Der Goldpreis betrug demnach ursprünglich 1220 € und ist auf 1220 € − 244 € = 976 € gefallen. Dies entspricht einer Reduktion um 20 %.

Die **allgemeine Form der quadratischen Gleichung mit einer Unbekannten** ist eine Bestimmungsgleichung der Gestalt

$$ax^2 + bx + c = 0 \quad \text{mit} \quad a, b, c \in \mathbb{R} \quad \text{und} \quad a \neq 0\,. \tag{3.21}$$

Der in (3.21) links vom Gleichheitszeichen stehende Term wird des Öfteren **Polynom 2. Grades in x** oder auch kurz **quadratisches Polynom** genannt.

Wegen $a \neq 0$ können wir (3.21) auf beiden Seiten durch a dividieren. Indem wir die Bezeichnungen

$$p = \frac{b}{a} \quad \text{und} \quad q = \frac{c}{a}$$

wählen, können wir die Gleichung auch in der Form

$$x^2 + px + q = 0 \quad \text{mit} \quad p, q \in \mathbb{R} \tag{3.22}$$

schreiben. Da diese Form der quadratischen Gleichung übersichtlicher (und damit einfacher) ist als (3.21) und (3.21) wie

wir gesehen haben immer in die Gestalt (3.22) überführt werden kann, arbeiten wir hier fortan mit (3.22) und fragen nach deren Lösungen. Konkret behandeln wir in diesem Kapitel Gleichungen mit einer Unbekannten, die mithilfe äquivalenter – gegebenenfalls auch nichtäquivalenter – Umformungen auf die Gestalt (3.22) gebracht werden können. Dabei kann es vorkommen, dass eine Gleichung zunächst überhaupt nicht quadratisch erscheint (beispielsweise weil in ihr Terme mit x^3 o. Ä. vorkommen), dass Umformungen aber dann doch zu einer quadratischen Gleichung führen (beispielsweise weil sich die Terme mit x^3 o. Ä. auf der linken und rechten Seite der Gleichung „aufheben").

Die Gleichung

$$x^2 + px + q = 0 \quad \text{mit} \quad p, q \in \mathbb{R} \tag{3.22}$$

wird als **Normalform der quadratischen Gleichung** bezeichnet.

Um nun zu den angekündigten Lösungsformeln für quadratische Gleichungen kommen zu können, betrachten wir zuerst zwei Spezialfälle von (3.22), nämlich den Fall $p = 0$ und den Fall $q = 0$.

Der **Sonderfall $p = 0$** führt uns auf die Gleichung

$$x^2 + q = 0 \quad \text{mit} \quad q \in \mathbb{R}\,. \tag{3.23}$$

Wir sprechen hier oft von einer **reinquadratischen Gleichung**, da die Unbekannte x nur in der zweiten und keiner anderen Potenz vorliegt. Diese Gleichung können wir nach x auflösen, indem wir q auf beiden Seiten subtrahieren und anschließend auf beiden Seiten die Wurzel ziehen (*Achtung*: Wurzelziehen ist nur zulässig, wenn der Term unter der Wurzel, also $-q$, größer oder gleich null ist – s. Kap. 2). Wir erhalten damit die beiden Lösungen

$$x_1 = +\sqrt{-q} \quad \text{und} \quad x_2 = -\sqrt{-q} \quad \text{sofern} \quad -q \geq 0 \quad \text{gilt}\,.$$

Der **Sonderfall $q = 0$** führt uns auf die Gleichung

$$x^2 + px = 0 \quad \text{mit} \quad p \in \mathbb{R}\,. \tag{3.24}$$

Indem wir x ausklammern, wird hieraus

$$x(x + p) = 0 \quad \text{mit} \quad p \in \mathbb{R}\,. \tag{3.24'}$$

Da ein Produkt genau dann gleich null ist, wenn mindestens einer der Faktoren null ist, erhalten wir die beiden Lösungen

$$x_1 = 0 \quad \text{und} \quad x_2 = -p\,.$$

Versuchen wir die Normalform der quadratischen (3.22) $x^2 + px + q = 0$ mit $p, q \in \mathbb{R}$ grundsätzlich zu lösen, erhalten wir nach einiger Rechnung, die wir uns hier ersparen, da es uns nur auf das Ergebnis ankommt, die Lösungen

$$x_1 = -\frac{p}{2} + \sqrt{\frac{p^2}{4} - q} \quad \text{und} \quad x_2 = -\frac{p}{2} - \sqrt{\frac{p^2}{4} - q}$$

bzw. in einer Formel zusammengefasst:

$$x_{1,2} = -\frac{p}{2} \pm \sqrt{\frac{p^2}{4} - q}. \qquad (3.25)$$

Gleichung (3.25) wird oft als **p-q-Formel** bezeichnet.

Lassen Sie uns die p-q-Formel in zweifacher Weise diskutieren:

Zunächst können wir durch Einsetzen von $p = 0$ bzw. $q = 0$ in die Formel sehen, dass die Lösungen für die betrachteten Spezialfälle der Normalform der quadratischen Gleichung (3.22) in der p-q-Formel enthalten sind.

Darüber hinaus müssen wir uns aber auch ein paar Gedanken zum Term unter der Wurzel machen. Folgende Fälle können auftreten:

$\frac{p^2}{4} - q > 0$: In diesem Fall sind x_1 und x_2 zwei verschiedene reelle Zahlen. Gleichung (3.22) hat also zwei verschiedene Lösungen.

$\frac{p^2}{4} - q = 0$: In diesem Fall ist $x_1 = x_2$. Gleichung (3.22) hat also eine Lösung, die aber (oft) als „Doppellösung" gezählt wird.

$\frac{p^2}{4} - q < 0$: In diesem Fall kann die Wurzel in der p-q-Formel nicht gezogen werden (s. Kap. 2). Gleichung (3.22) hat also keine Lösung und ist damit nicht lösbar.

Zusammenfassung

Als Systematik zum Lösen quadratischer Gleichungen bietet sich das folgende Schema in sieben Schritten an. Bei Schritt (1) ist darauf zu achten, ob äquivalent umgeformt wird oder nicht, ob also Scheinlösungen entstehen oder Lösungen verloren gehen können. Dies kann am besten einerseits durch eine Betrachtung der Werte erfolgen, für die eine Gleichung definiert ist (Stichwort: Verbot der Division durch null). Andererseits sollte immer eine Probe (Schritt 5) der gefundenen Lösungen anhand der Ausgangsgleichung vorgenommen werden.

(1) Die Gleichung durch geeignete Umformungen auf die Normalform $x^2 + px + q = 0$ mit $p, q \in \mathbb{R}$ bringen.
(2) Im Falle $p = 0$ die Lösungen $x_1 = +\sqrt{-q}$ und $x_2 = -\sqrt{-q}$ ermitteln und mit Schritt (7) fortfahren. – Voraussetzung: $-q \geq 0$ (andernfalls ist die Gleichung nicht lösbar).
(3) Im Falle $q = 0$ die Lösungen $x_1 = 0$ und $x_2 = -p$ ermitteln und mit Schritt (7) fortfahren.
(4) In allen anderen Fällen den Ausdruck $\frac{p^2}{4} - q$ bilden und untersuchen, ob er kleiner, gleich oder größer null ist und mit Schritt (5) oder Schritt (6) fortfahren.

(5) Gilt $\frac{p^2}{4} - q < 0$, ist die Gleichung nicht lösbar. Die Lösungsmenge ist leer.
(6) Gilt $\frac{p^2}{4} - q \geq 0$, dann die Werte für p und q in die p-q-Formel $x_{1,2} = -\frac{p}{2} \pm \sqrt{\frac{p^2}{4} - q}$ einsetzen und die Lösungen x_1 und x_2 der Gleichung ermitteln.
(7) Die gewonnene(n) Lösung(en) zur Probe in die linke und die rechte Seite der Ausgangsgleichung einsetzen. Wenn beide Seiten übereinstimmen, haben wir die gesuchte(n) Lösung(en) gefunden. – Hinweis: Hier ist also eine Probe für x_1 **und** eine Probe für x_2 erforderlich.

Jetzt haben wir das Rüstzeug beieinander, um quadratische Gleichungen lösen zu können. Wir beginnen mit Gleichungen ohne wirtschaftswissenschaftlichen Hintergrund als Übungsmaterial. Später konzentrieren wir uns dann auf wirtschaftswissenschaftliche Fragestellungen. Unser Vorschlag: Versuchen Sie, die Lösungen selbst zu finden und schauen Sie sich erst danach unseren Lösungsweg an.

––––––––––––––––––– Aufgabe 3.4 –––––––––––––––––––

$$x^2 + 4x - 5 = 0.$$

Schritt (1) unseres Rezeptes ist schon erledigt. Die quadratische Gleichung befindet sich bereits in der Normalform mit $p = 4$ und $q = -5$. Damit liegt keiner der Sonderfälle vor, die gemäß Schritt (2) oder (3) zu lösen wären. Gemäß Schritt (4) ist $\frac{p^2}{4} - q$ zu bilden und zu untersuchen. Wir erhalten:

$$\frac{p^2}{4} - q = \frac{16}{4} - (-5) = 4 + 5 = 9 > 0.$$

Damit können wir mit Schritt (6) fortfahren. Die p-q-Formel liefert uns:

$$x_{1,2} = -\frac{4}{2} \pm \sqrt{9} = -2 \pm 3, \quad \text{also } x_1 = 1 \text{ und } x_2 = -5.$$

Zur Probe (Schritt 7) setzen wir die Lösungen in die Ausgangsgleichung ein und erhalten

für $x_1 = 1$:

$$1 \cdot 1 + 4 \cdot 1 - 5 = 1 + 4 - 5 = 0$$

(also linke Seite = rechte Seite) und
für $x_2 = -5$:

$$(-5) \cdot (-5) + 4 \cdot (-5) - 5 = 25 - 20 - 5 = 0$$

(also linke Seite = rechte Seite).

Die Probe geht auf. Die Ausgangsgleichung hat also die beiden Lösungen $x_1 = 1$ und $x_2 = -5$.

Kapitel 3

Beispiel

$$x^2 - 7x + 6 = 0.$$

Auch diese quadratische Gleichung liegt bereits in der Normalform vor. Es gilt $p = -7$ und $q = 6$. Wir folgen wieder dem Rezept zum Lösen derartiger Gleichungen, kommentieren die einzelnen Schritte aber nicht so ausführlich wie beim vorangehenden Exempel.

$$\frac{p^2}{4} - q = \frac{49}{4} - 6 = \frac{49}{4} - \frac{24}{4} = \frac{25}{4} > 0,$$

sodass gilt:

$$x_{1,2} = \frac{7}{2} \pm \sqrt{\frac{25}{4}} = \frac{7}{2} \pm \frac{5}{2}, \quad \text{also } x_1 = 6 \text{ und } x_2 = 1.$$

Probe: $6 \cdot 6 - 7 \cdot 6 + 6 = 0$ und $1 \cdot 1 - 7 \cdot 1 + 6 = 0$.

Die Probe geht auf. Die Ausgangsgleichung hat also die beiden Lösungen $x_1 = 6$ und $x_2 = 1$. ◄

Beispiel

$$x^2 - 8x + 6 = -3x^2 - 8x + 4 \quad | + 3x^2 + 8x - 4$$
$$4x^2 + 2 = 0 \quad | : 4$$
$$x^2 + \frac{1}{2} = 0 \quad | p = 0,$$
$$\text{also Spezialfall gemäß Schritt (2).}$$

Daraus folgt: $x_1 = +\sqrt{-\frac{1}{2}}$ und $x_2 = -\sqrt{-\frac{1}{2}}$. Da wir keine Wurzeln aus negativen Zahlen ziehen können, erkennen wir, dass die Ausgangsgleichung nicht lösbar ist. Die Lösungsmenge ist leer. ◄

Beispiel

$$11x^2 + 55x + 23 = -13x^2 + 7x + 23$$
$$| + 13x^2 - 7x - 23$$
$$24x^2 + 48x = 0 \quad | : 24$$
$$x^2 + 2x = 0 \quad | q = 0,$$
$$\text{also Spezialfall gemäß Schritt (3).}$$

Daraus folgt: $x_1 = 0$ und $x_2 = -2$.

Probe: Einsetzen von $x_1 = 0$ in die Ausgangsgleichung liefert $23 = 23$. Einsetzen von $x_2 = -2$ in die Ausgangsgleichung führt zu $-43 = -43$. Die Probe bestätigt damit die Lösungen $x_1 = 0$ und $x_2 = -2$. ◄

Beispiel

$$x^2 - 26x + 169 = 0. \tag{3.26}$$

Dieses Beispiel möchten wir nutzen, um Ihnen einen Weg zu zeigen, wie quadratische Gleichungen manchmal elegant durch die **Methode scharfes Hinsehen** gelöst werden können. Es soll darauf hinweisen, dass es sich immer lohnt, die Zahlen und alle anderen Bestandteile von Termen auf Gemeinsamkeiten, Ähnlichkeiten oder andere Zusammenhänge zu untersuchen. So können wir im betrachteten Fall erkennen, dass

$$x^2 - 26x + 169 = x^2 - 2 \cdot 13 \cdot x + 13^2 \tag{3.27}$$

ist. Nun schauen wir uns den rechts vom Gleichheitszeichen stehenden Term auch noch einmal genauer an und fragen, ob es vielleicht eine Formel o. Ä. gibt, die irgendeine Gemeinsamkeit, irgendeine Verwandtschaft mit unserem Term besitzt. Das ist tatsächlich der Fall. Betrachten wir nämlich die zweite binomische Formel:

$$(a - b)^2 = a^2 - 2 \cdot a \cdot b + b^2. \tag{3.28}$$

Die rechte Seite von (3.28) ist von der Struktur her identisch mit der rechten Seite unserer Gleichung (3.27). Das bedeutet: Wenn wir $a = x$ und $b = 13$ setzen, erhalten wir

$$x^2 - 2 \cdot 13 \cdot x + 13^2 = a^2 - 2 \cdot a \cdot b + b^2. \tag{3.29}$$

Wozu dieser Aufwand? Nun: Zunächst können wir die linke Seite in (3.29) durch die linke Seite von (3.27) ersetzen:

$$x^2 - 26x + 169 = a^2 - 2 \cdot a \cdot b + b^2. \tag{3.29$'$}$$

Die rechte Seite von (3.29$'$) ist identisch mit der linken Seite von (3.28). Also können wir auch hier eine Ersetzung vornehmen:

$$x^2 - 26x + 169 = (a - b)^2. \tag{3.29$''$}$$

Jetzt haben wir es fast geschafft: Wir erinnern uns an unsere Festlegungen $a = x$ und $b = 13$ und machen davon in (3.29$''$) Gebrauch:

$$x^2 - 26x + 169 = (x - 13)^2. \tag{3.29$'''$}$$

Aus unserer Ausgangsgleichung wird damit:

$$(x - 13)^2 = 0. \tag{3.30}$$

Und somit liegt die gesuchte Antwort auf der Hand: Unsere ursprüngliche Gleichung (3.26) hat die sogenannte doppelte Nullstelle $x_{1,2} = 13$.

Hiervon können wir uns durch eine Probe überzeugen. Einsetzen von $x_{1,2} = 13$ in (3.26) liefert $13^2 - 26 \cdot 13 +$

$169 = 169 - 338 + 169 = 0$ und damit ist linke Seite von (3.26) = rechte Seite von (3.30).

Möglicherweise kommt Ihnen die Antwort überraschend und sehr trickreich und außerdem sehr lang vor. Dann denken Sie bitte an das Bonmot eines Mathematikprofessors: „Beim ersten Mal ist es ein Trick. Dann wird es zur Methode." In diesem Sinne lohnt es sich also bei quadratischen Gleichungen beispielsweise immer auch zu schauen, ob sich darin vielleicht ein Binom versteckt. Wenn dem so ist und wir ein bisschen Übung im Umgang mit den binomischen Formeln haben, lässt sich die Gleichung beinahe „in einem Rutsch" lösen. Die von Ihnen hier vielleicht so empfundene Ausführlichkeit und etwaige Komplexität des Lösungswegs kommt vor allem dadurch zustande, dass wir jeden Schritt des Lösungswegs detailliert erläutert haben. Vergleichen Sie diesbezüglich das folgende Beispiel. ◄

Gut zu wissen

Beim Lösen von Gleichungen lohnt es sich immer, die in den Gleichungen vorliegenden Terme auf Gemeinsamkeiten, Ähnlichkeiten oder andere Zusammenhänge beispielsweise mit bekannten Formeln zu untersuchen. Es kann sein, dass sich das Lösen der Gleichungen dadurch erheblich vereinfacht. Beispielsweise kann es bei quadratischen Gleichungen vorkommen, dass sich darin ein Binom „versteckt". Mit dessen Hilfe kann selbst das Lösen kompliziert anmutender Gleichungen zu einem Kinderspiel werden. ◄

Beispiel

$16x^2 + 36x + 49 = 7x^2 - 6x$ | $- 7x^2 + 6x$

$9x^2 + 42x + 49 = 0$ | Beachte: $9 = 3 \cdot 3$;

$\qquad\qquad\qquad 42 = 2 \cdot 3 \cdot 7; 49 = 7 \cdot 7$

$(3x + 7)^2 = 0$ | 1. binomische Formel!

$x = -\dfrac{7}{3}$

| Probe: linke Seite = rechte Seite = $\dfrac{469}{9}$. ◄

Beispiel

Kommen wir noch einmal auf das bereits gelöste Beispiel

$$x^2 + 4x - 5 = 0 \qquad\qquad (3.31)$$

mit den Lösungen $x_1 = 1$ und $x_2 = -5$ zurück.

Wir möchten Sie jetzt auf einen Zusammenhang aufmerksam machen, der sich manchmal als sehr hilfreich erweisen kann. Betrachten wir nämlich den Term $(x - x_1) \cdot (x - x_2)$. Setzen wir darin die Lösungen $x_1 = 1$ und $x_2 = -5$ von (3.31) ein, erhalten wir den Term $(x-1)\cdot(x+5)$ und durch Ausmultiplizieren der Klammern und Zusammenfassen gleichartiger Terme:

$$(x-1) \cdot (x+5) = x^2 + 5x - 1x - 5 = x^2 + 4x - 5. \quad (3.32)$$

Der Vergleich der linken Seite von (3.31) mit der rechten Seite von (3.32) zeigt, dass beide Polynome identisch sind, also:

$$x^2 + 4x - 5 = (x - 1) \cdot (x + 5). \qquad (3.33)$$

Diesen Zusammenhang können wir so formulieren:

Das Polynom $x^2 + 4x - 5$ lässt sich als Produkt der beiden aus den Lösungen der quadratischen Gleichung $x^2 + 4x - 5 = 0$ gebildeten Linearfaktoren $(x - 1)$ und $(x + 5)$ schreiben. ◄

Wenn die quadratische Gleichung $x^2 + px + q = 0$ die beiden (nicht zwingend verschiedenen) Lösungen x_1 und x_2 besitzt, dann gilt die Identität

$$x^2 + px + q = (x - x_1) \cdot (x - x_2) \quad \text{für alle } x \in \mathbb{R}.$$

In der Mathematik wird hier von der **Zerlegung in Linearfaktoren** gesprochen. Die Faktoren $(x - x_1)$ und $(x - x_2)$ werden **linear** genannt, weil die Unbekannte x darin jeweils nur in der ersten Potenz, also linear vorliegt (zur Erinnerung: $x = x^1$).

Die getroffene Wenn-Dann-Aussage gilt ebenso in umgekehrter Richtung:

Wenn der Term $x^2 + px + q$ in Linearfaktoren zerlegbar ist, d. h. wenn eine Identität der Form

$$x^2 + px + q = (x - x_1) \cdot (x - x_2) \quad \text{für alle } x \in \mathbb{R}$$

besteht, dann sind x_1 und x_2 (nicht zwingend verschiedene) Lösungen der quadratischen Gleichung $x^2 + px + q = 0$.

Entsprechende Aussagen gelten auch für den Fall, dass die Gleichung $x^2 + px + q = 0$ nicht lösbar ist:

Wenn die quadratische Gleichung $x^2 + px + q = 0$ keine Lösungen besitzt, dann lässt sich das quadratische Polynom $x^2 + px + q$ nicht in Linearfaktoren zerlegen.

Und umgekehrt:

Wenn sich das quadratische Polynom $x^2 + px + q$ nicht in Linearfaktoren zerlegen lässt, dann besitzt die quadratische Gleichung $x^2 + px + q = 0$ keine Lösungen.

Kapitel 3

Beispiel

Eine quadratische Gleichung hat die Lösungen $x_1 = -3$ und $x_2 = -1$. Wie lautet ihre Normalform?

Wir finden die Antwort, indem wir uns daran erinnern, dass die Identität

$$x^2 + px + q = (x - x_1) \cdot (x - x_2)$$

besteht. Wir setzen $x_1 = -3$ und $x_2 = -1$ ein und erhalten:

$$(x + 3) \cdot (x + 1) = x^2 + x + 3x + 3 = x^2 + 4x + 3.$$

Die gesuchte Normalform der quadratischen Gleichung lautet damit

$$x^2 + 4x + 3 = 0. \qquad \blacktriangleleft$$

Beispiel

Eine quadratische Gleichung hat die „doppelte" Nullstelle $x_{1,2} = 2$. Wie lautet ihre Normalform?

Es gilt: $(x - 2)^2 = x^2 - 4x + 4$ und damit $x^2 - 4x + 4 = 0$. $\qquad \blacktriangleleft$

Beispiel

Untersuchen Sie das Polynom $x^2 + 4$ hinsichtlich einer möglichen Zerlegung in Linearfaktoren.

Aus $x^2 + 4 = 0$ folgt $x^2 = -4$. Diese Gleichung ist nicht lösbar, da $x_{1,2} = \pm\sqrt{-4}$ keine reellen Zahlen sind. Damit lässt sich das Polynom nicht in Linearfaktoren zerlegen. $\qquad \blacktriangleleft$

Beispiel

$$\frac{1}{x} - \frac{8}{x^2} + \frac{9}{x^3} = 0 \quad | \cdot x^3$$
$$x^2 - 8x + 9 = 0 \quad | \text{ p-q-Formel}$$
$$x_{1,2} = 4 \pm \sqrt{16 - 9} = 4 \pm \sqrt{7}. \qquad \blacktriangleleft$$

Beispiel

$$2\sqrt{7 + 2x} - 3\sqrt{3 - 2x} = \sqrt{8x + 1}$$
$$| \text{ Quadrieren}$$
$$4(7 + 2x) - 12\sqrt{(7 + 2x) \cdot (3 - 2x)}$$
$$+ 9(3 - 2x) = 8x + 1$$

$$-12\sqrt{(7 + 2x) \cdot (3 - 2x)} = 18x - 54$$
$$2\sqrt{(7 + 2x) \cdot (3 - 2x)} = 9 - 3x$$
$$| \text{ Quadrieren}$$
$$4(7 + 2x) \cdot (3 - 2x) = 81 - 54x + 9x^2$$
$$-16x^2 - 32x + 84 = 81 - 54x + 9x^2$$
$$25x^2 - 22x - 3 = 0$$
$$x^2 - \frac{22}{25}x - \frac{3}{25} = 0$$

$$x_{1,2} = \frac{11}{25} \pm \sqrt{\frac{121}{625} + \frac{3}{25}} = \frac{11}{25} \pm \sqrt{\frac{121}{625} + \frac{75}{625}}$$
$$= \frac{11}{25} \pm \sqrt{\frac{196}{625}} = \frac{11}{25} \pm \frac{14}{25}.$$

Wir erhalten: $x_1 = 1$ und $x_2 = -\frac{3}{25}$

Durch Probe können wir feststellen, dass $x_1 = 1$ eine Lösung der Ausgangsgleichung ist. Dagegen ist $x_2 = -\frac{3}{25}$ keine Lösung der Ausgangsgleichung. Setzen wir nämlich x_2 in die linke und die rechte Seite der ursprünglichen Gleichung ein, erhalten wir den Widerspruch $-\frac{1}{5} = \frac{1}{5}$. Damit ist $x_2 = -\frac{3}{25}$ eine Scheinlösung der ursprünglichen Gleichung. Wo kommt diese her? Die Antwort lautet, dass sie bereits durch das erste Quadrieren zustande kommt. Setzen wir nämlich $x_2 = -\frac{3}{25}$ in die linke und rechte Seite der durch das erste Quadrieren entstandenen Gleichung ein, erhalten wir $\frac{1}{5} = \frac{1}{5}$, d. h. $x_2 = -\frac{3}{25}$ ist eine Lösung der durch das erste Quadrieren entstandenen Gleichung. Diese und die Ausgangsgleichung sind damit nicht äquivalent. Das Quadrieren war keine Äquivalenzumformung. $\qquad \blacktriangleleft$

Beispiel

$$x^4 - 2x^2 - 15 = 0$$

Eine derartige Gleichung heißt **biquadratische Gleichung**, da die Unbekannte x hier wegen $x^4 = x^2 \cdot x^2$ „doppelt-quadriert" vorkommt. Die **Methode scharfes Hinsehen** führt zu der Idee, x^2 durch z zu substituieren ($z = x^2$). Damit wird unsere Gleichung „in x" zu einer quadratischen Gleichung „in z":

$$z^2 - 2z - 15 = 0.$$

Nun können wir wieder die p-q-Formel anwenden und erhalten:

$$z_{1,2} = 1 \pm \sqrt{1 + 15} = 1 \pm 4, \quad \text{also: } z_1 = 5 \text{ und } z_2 = -3.$$

Die Probe zeigt, dass wir die Lösungen „in z" richtig ermittelt haben.

Wir sind aber noch nicht ganz fertig. Gesucht sind die Lösungen „in x". Dazu müssen wir die Substitution $z = x^2$ rückgängig machen. Entsprechend sind die Wurzeln aus den Werten für z_1 und z_2 zu ziehen. Wir erhalten $x_{1,2} = \pm\sqrt{5}$ sowie $x_{3,4} = \pm\sqrt{-3}$ als mögliche Lösungen der ursprünglichen biquadratischen Gleichung. Weil $\sqrt{-3}$ keine reelle Zahl ist, sind x_3 und x_4 keine Lösungen unserer ursprünglichen Gleichung. Diese besitzt nur die Lösungen $x_1 = \sqrt{5}$ und $x_2 = -\sqrt{5}$ (was wir auch durch die Proben bestätigen können). ◄

Beispiel

Ein „Kleinelektronik"-Händler erwirbt eine Anzahl nicht mehr ganz so aktueller Mobiltelefone zum Preis von 4000 €. Er verkauft diese mit einem bestimmten Zuschlag. Die Geräte werden ihm beinahe aus den Händen gerissen. Daher entscheidet er sich, den kompletten Erlös in eine entsprechend größere Anzahl gleicher Mobiltelefone zu investieren. Es gelingt ihm, auch diese vollständig mit dem gleichen Zuschlag zu verkaufen. Am Ende hat er 5760 € in seinem Portemonnaie. Mit wie viel Prozent Zuschlag hat er kalkuliert?

Nennen wir den Dezimalwert des gesuchten Zuschlags z, d. h. der Zuschlag möge $z\%$ betragen. Dann wissen wir, dass der Händler durch den Verkauf der ersten Charge Mobiltelefone sein eingesetztes Kapital sowie eine Mehreinnahme von $4000 \cdot z$ € im Portemonnaie hat. Er verfügt jetzt also über

$$4000\,€ + 4000 \cdot z\,€ = 4000 \cdot (1 + z)\,€.$$

Nach dem zweiten Verkauf verfügt er über diesen Betrag (sein im zweiten Schritt eingesetztes Kapital) sowie über das z-Fache hiervon als Mehreinnahme. Also über

$$\begin{aligned}
&4000 \cdot (1 + z) + 4000 \cdot (1 + z) \cdot z \\
&= (1 + z) \cdot (4000 + 4000 \cdot z) \\
&= (1 + z) \cdot 4000 \cdot (1 + z) \\
&= 4000 \cdot (1 + z) \cdot (1 + z) = 4000 \cdot (1 + z)^2
\end{aligned}$$

Euro (der Einfachheit halber haben wir die Einheit „€" jetzt aus der Gleichung „herausgenommen"). Da der Händler am Ende 5760 € in seinem Portemonnaie hat, ergibt sich die quadratische Gleichung

$$4000 \cdot (1 + z)^2 = 5760. \qquad (3.34)$$

Diese bringen wir nun auf die zugehörige Normalform:

$$\begin{aligned}
(1 + z)^2 &= \frac{5760}{4000} \\
z^2 + 2z + 1 &= \frac{5760}{4000} \\
z^2 + 2z - \frac{1760}{4000} &= 0.
\end{aligned}$$

Die Anwendung der p-q-Formel liefert:

$$\begin{aligned}
z_{1,2} &= -1 \pm \sqrt{1 + \frac{1760}{4000}} = -1 \pm \sqrt{\frac{5760}{4000}} \\
&= -1 \pm \sqrt{\frac{576}{400}} = -1 \pm \frac{24}{20} = -1 \pm 1{,}2
\end{aligned}$$

und damit $z_1 = 0{,}2$ sowie $z_2 = -2{,}2$. Einsetzen beider Werte in die Ausgangsgleichung (3.34) zeigt jeweils „linke Seite = rechte Seite", d. h. beide Proben gehen auf. Sinnvoll ist allerdings nur die Lösung $z_1 = 0{,}2$, da die Lösung $z_2 = -2{,}2$ ja einen negativen Zuschlag (einen Verlust) bedeuten würde – und diesen hat unser Händler gerade nicht erwirtschaftet. Ausgehend von der Definition für z besagt die Lösung $z_1 = 0{,}2$, dass der Händler mit einem Zuschlag von 20 % für die Mobiltelefone kalkuliert hat. ◄

Beispiel

Der Absatz von Fair Trade-Kakaogetränken lag in Deutschland im Jahr 2012 bei 304 t und damit um etwa 24 % über dem Absatz von 2010 (s. Fairtrade (2013)). Um wie viel Prozent *pro Jahr*(!) hat sich der Absatz durchschnittlich in 2011 und 2012 gegenüber dem jeweiligen Vorjahr verändert?

Nennen wir den Dezimalwert der gesuchten durchschnittlichen Veränderung v, d. h. die Veränderung möge $v\%$ betragen. Nennen wir die Absatzmengen der Jahre 2010 bis 2012 außerdem a_{2010} und a_{2011} sowie a_{2012}. Da sich der Absatz von 2010 nach 2011 um v verändert hat, gilt

$$a_{2011} = a_{2010} + v \cdot a_{2010} = (1 + v) \cdot a_{2010}. \qquad (3.35)$$

Entsprechend gilt für den Absatz 2012 gegenüber 2011:

$$a_{2012} = a_{2011} + v \cdot a_{2011} = (1 + v) \cdot a_{2011}. \qquad (3.36)$$

Wir können a_{2011} aus (3.35) in (3.36) einsetzen und erhalten so

$$a_{2012} = (1 + v)^2 \cdot a_{2010}. \qquad (3.37)$$

Aus der Aufgabe ist

$$\frac{a_{2012}}{a_{2010}} = 1{,}24 \qquad (3.38)$$

bekannt. Aus (3.37) wird hiermit

$$(1 + v)^2 = 1{,}24. \qquad (3.39)$$

Wir erhalten daraus

$$\begin{aligned}
v^2 + 2v + 1 &= 1{,}24 \quad \text{bzw.} \\
v^2 + 2v - 0{,}24 &= 0.
\end{aligned}$$

Kapitel 3

Die Anwendung der p-q-Formel liefert

$$v_{1,2} = -1 \pm \sqrt{1 + 0{,}24} \approx -1 \pm 1{,}11\,.$$

Das Einsetzen von $v_1 \approx 0{,}11$ und $v_2 \approx -2{,}11$ zur Probe zeigt, dass v_1 und v_2 die Lösungen von (3.39) sind. Allerdings liefert nur v_1 eine passende Antwort auf unsere Fragestellung: Der Absatz von Fair Trade-Kakaogetränken in Deutschland ist in den Jahren 2011 und 2012 gegenüber dem jeweiligen Vorjahr im Schnitt um 11 % gestiegen (und damit von 2010 bis 2012 um etwa 24 %) und nicht um 211 % gesunken. ◄

Beispiel

Das Alte Rathaus zu Leipzig (s. Abb. 3.2) hat vor allem wegen seiner Außenfassade Weltberühmtheit erlangt. Der Rathausturm teilt die Längsfassade des Gebäudes nämlich im sogenannten „Goldenen Schnitt", der in Kunst und Architektur oft als ideale Proportion sowie als Inbegriff von Ästhetik und Harmonie gesehen wird.

Abb. 3.2 Längsfassade des Alten Rathauses zu Leipzig. Quelle: PhillisPictures.de/H.-P.Szyszka

Gemeint ist damit, dass sich die Länge b des linken, kürzeren Teils der Fassade bis zum Turm zur Länge a des rechts vom Turm gelegenen Teils der Fassade verhält wie die Länge des rechts vom Turm gelegenen Teils der Fassade a zur Gesamtlänge der Fassade $a + b$ (s. Abb. 3.3):

$$b : a = a : (a + b)\,. \tag{3.40}$$

Die Außenfassade besitzt eine Gesamtlänge von 90 m. Wie groß sind a und b?

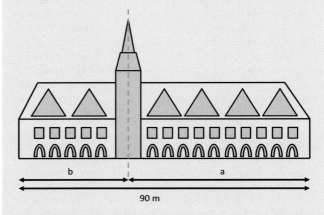

Abb. 3.3 Größen der Längsfassade des Alten Rathauses zu Leipzig

Um die gestellte Frage beantworten zu können, machen wir von $a + b = 90$ bzw. $a = 90 - b$ Gebrauch (wir rechnen der Einfachheit halber ohne Maßeinheiten) und setzen diese Zusammenhänge in (3.40) ein:

$$\frac{b}{90 - b} = \frac{90 - b}{90}\,. \tag{3.40'}$$

Umformungen liefern:

$$90b = (90 - b)^2 \tag{3.40''}$$
$$90b = 8100 - 180b + b^2$$
$$b^2 - 270b + 8100 = 0$$

Nun können wir die p-q-Formel anwenden und erhalten

$$b_{1,2} = 135 \pm \sqrt{135^2 - 8100} = 135 \pm 100{,}62\,.$$

Also

$$b_1 = 235{,}62 \quad \text{und} \quad b_2 = 34{,}38\,.$$

Proben durch Einsetzen dieser Werte in (3.40′) zeigen, dass wir zwei Lösungen der Gleichung vorliegen haben. Hiervon ist aber nur b_2 passend, da die gesamte Längsfassade des Rathauses ja nur 90 m lang ist. Der links vom Turm gelegene Teil der Außenfassade hat damit eine Länge von 34,38 m. Der rechts vom Turm gelegene Teil der Fassade besitzt folglich eine Länge von 55,62 m. ◄

3.4 Gleichungen höheren als zweiten Grades – Wie wir mit Gleichungen umgehen können, in denen die Unbekannte in einer höheren als der ersten oder zweiten Potenz vorkommt

Es ist naheliegend, nach den linearen und quadratischen Gleichungen auch Gleichungen höheren Grades zu betrachten und zu schauen, ob diese wirtschaftswissenschaftliche Relevanz besitzen und wie wir sie lösen können.

Wir nennen eine Gleichung mit einer Unbekannten x, in der die Unbekannte in Potenzen bis $x^n (n \geq 1)$ auftritt, eine **Gleichung n-ten Grades**. Eine Gleichung n-ten Grades besitzt die allgemeine Gestalt

$$a_n x^n + a_{n-1} x^{n-1} + \ldots + a_1 x^1 + a_0 x^0 = 0 \ (a_n \neq 0)$$

bzw. wegen $x^1 = x$ und $x^0 = 1$ (s. Kap. 2) die Gestalt

$$a_n x^n + a_{n-1} x^{n-1} + \ldots + a_1 x + a_0 = 0 \ (a_n \neq 0).$$

Die Forderung $a_n \neq 0$ ist notwendig, damit x tatsächlich in der Potenz x^n vorliegt.

Gut zu wissen

Eine **Gleichung 3-ten Grades** besitzt damit die allgemeine Gestalt

$$a_3 x^3 + a_2 x^2 + a_1 x + a_0 = 0 \ (a_3 \neq 0).$$

Entsprechend besitzt eine **Gleichung 4-ten Grades** die Gestalt

$$a_4 x^4 + a_3 x^3 + a_2 x^2 + a_1 x + a_0 = 0 \ (a_4 \neq 0). \ \blacktriangleleft$$

Gleichungen 3-ten oder höheren Grades können tatsächlich hilfreich sein, um wirtschaftswissenschaftliche Fragestellungen beantworten zu können. Betrachten wir das folgende Beispiel.

Das Fotoportal *MeinPortrait* konnte zum 31.12.2009 auf insgesamt 5000 Nutzer verweisen. Am 31.12.2012 hatte *MeinPortrait* bereits 3.645.000 User. Um wie viel Prozent *pro Jahr*(!) ist die Anzahl der User durchschnittlich gewachsen?

Nennen wir den Dezimalwert der gesuchten durchschnittlichen Veränderung v, d. h. die Veränderung möge $v\,\%$ betragen. Nennen wir die User-Zahlen der Jahre 2009 bis 2012 außerdem u_{2009} und u_{2010} sowie u_{2011} und u_{2012}. Da sich die Anzahl der Nutzer von 2009 nach 2010 um v verändert hat, gilt

$$u_{2010} = u_{2009} + v \cdot u_{2009} = (1 + v) \cdot u_{2009}. \quad (3.41)$$

Entsprechend gilt für User-Zahlen 2011 gegenüber 2010:

$$u_{2011} = u_{2010} + v \cdot u_{2010} = (1 + v) \cdot u_{2010}. \quad (3.42)$$

Wir können u_{2010} aus (3.41) in (3.42) einsetzen und erhalten so

$$u_{2011} = (1 + v)^2 \cdot u_{2009}. \quad (3.43)$$

Analog zu (3.41) bzw. (3.42) ergibt sich

$$u_{2012} = (1 + v) \cdot u_{2011} \quad (3.44)$$

und hieraus wegen (3.43) schließlich die Gleichung 3-ten Grades

$$u_{2012} = (1 + v)^3 \cdot u_{2009}. \quad (3.45)$$

Es stellt sich die Frage, wie wir diese Gleichung lösen, also v berechnen können Grundsätzlich lautet die Antwort: Indem wir sie geeignet umformen. Lassen Sie uns das einfach probieren. Wir setzen dazu zunächst die gegebenen Zahlenwerte $u_{2009} = 5000$ und $u_{2012} = 3.645.000$ in (3.45) ein und stellen die Gleichung nach $(1 + v)^3$ um. Wir erhalten

$$(1 + v)^3 = \frac{3.645.000}{5000} = 729. \quad (3.46)$$

Durch Ziehen der dritten Wurzel kommen wir zu

$$1 + v = \sqrt[3]{729} \quad (3.46')$$

und damit zu

$$v = \sqrt[3]{729} - 1 = \sqrt[3]{9^3} - 1 = 8. \quad (3.46'')$$

Die Probe anhand (3.45) bestätigt die Lösung $v = 8$. Die Anzahl der *MeinPortrait*-User hat sich also seit dem Ende von 2009 bis zum Ende von 2012 jährlich im Schnitt um $800\,\%$ vergrößert, d. h. der *MeinPortrait*-Nutzerstamm hat sich in den drei betrachteten Jahren 2010 und 2011 sowie 2012 jährlich im Durchschnitt verneunfacht.

Wahrscheinlich haben Sie das Gefühl, dass dieser Lösungsweg ziemlich einfach ist. Und damit haben Sie Recht! Es gibt in der Tat sehr viel kompliziertere Gleichungen 3-ten oder höheren Grades, die sich nicht so leicht – wir brauchten ja nur eine dritte Wurzel zu ziehen – lösen lassen. Also stellt sich die Frage, wie wir in so einem komplizierteren Fall hätten vorgehen können, um v zu bestimmen Mit Blick auf die quadratischen Gleichungen lohnt es sich, zu fragen, ob es vielleicht ähnlich wie die p-q-Formel ein allgemeines Schema, eine Formel zum Lösen von Gleichungen 3-ten oder höheren Grades gibt.

Die Antwort lautet „Ja und Nein": Für Gleichungen 3-ten und 4-ten Grades gibt es tatsächlich Formeln, mit deren Hilfe **die ge-**

suchten Lösungen exakt berechnet werden können. Im Falle der Gleichungen 3-ten Grades handelt es sich um die sogenannten **Cardanischen Formeln**. Ihr Name erinnert an den italienischen Mathematiker Gerolamo Cardano, der sie erstmals veröffentlicht hat. Sein Buch *Ars magna de Regulis Algebraicis* erschien Mitte des 16. Jahrhunderts Es enthielt auch Lösungsformeln für Gleichungen 4-ten Grades, die damit ebenfalls zum ersten Mal publiziert wurden. Im ersten Drittel des 19. Jahrhunderts gelang dem norwegischen Mathematiker Niels Henrik Abel der endgültige Nachweis, dass es für allgemeine Gleichungen 5-ten oder höheren Grades keine entsprechenden Lösungsformeln gibt. Dies ist aber nicht unbedingt problematisch. Im Zeitalter der Computer ist es sehr bequem geworden, die Lösungen von Gleichungen 3-ten oder höheren Grades mit numerischen Näherungsverfahren zu berechnen. Solche Verfahren gestatten es, **die gesuchten Lösungen mit jeder gewünschten Genauigkeit zu berechnen**. Wir kommen im Kap. 5 darauf zurück.

Die Cardanischen Formeln und auch die Lösungsformeln für Gleichungen 4-ten Grades sind so kompliziert, dass wir sie hier nicht näher betrachten wollen. Stattdessen konzentrieren wir uns jetzt auf einige einfache Spezialfälle für Gleichungen vom Grad $n \geq 3$ und zeigen Wege, wie diese gelöst werden können. Im Sinne des Satzes „Beim ersten Mal ist es ein Trick, dann wird es zur Methode" lohnt es sich, die mathematischen Ideen, die sich hinter den Lösungswegen verbergen, in den eigenen mathematischen Werkzeugkasten aufzunehmen, um sie dann auch in anderen Zusammenhängen einsetzen zu können.

Spezialfall 1 (*n*-te Wurzel ziehen) Es liegt eine Gleichung n-ten Grades der Form

$$a_n x^n + a_0 = 0 \; (a_n \neq 0)$$

vor. In diesem Fall können wir nach x auflösen, indem wir a_0 auf beiden Seiten der Gleichung subtrahieren, dann beide Seiten durch $a_n \neq 0$ dividieren und schließlich die n-te Wurzel ziehen. Das Ergebnis lautet:

$$x = \sqrt[n]{-\frac{a_0}{a_n}}.$$

Achtung Damit die Wurzel gezogen werden kann, muss $-\frac{a_0}{a_n} \geq 0$ gelten. Falls n gerade ist, erhalten wir zwei Lösungen $x_{1,2} = \pm \sqrt[n]{-\frac{a_0}{a_n}}$ (s. Kap. 2).

Betrachten wir das Beispiel: $2x^{10} - 2048 = 0$. Hier ist $n = 10$ sowie $a_0 = 2048$ und $a_{10} = 2$, also $x_{1,2} = \pm \sqrt[10]{1024} = \pm 2$. Einsetzen von x_1 und x_2 in die Ausgangsgleichung liefert in beiden Fällen „linke Seite = rechte Seite", d. h. die Probe geht auf. ◄

Spezialfall 2 (Potenz von *x* ausklammern) Es liegt eine Gleichung n-ten Grades der Form

$$a_n x^n + a_{n-1} x^{n-1} + a_{n-2} x^{n-2} = 0 \; (a_n \neq 0)$$

vor. In diesem Fall können wir x^{n-2} ausklammern und erhalten

$$x^{n-2} \left(a_n x^2 + a_{n-1} x + a_{n-2} \right) = 0.$$

Da ein Produkt gleich null ist, wenn einer seiner Faktoren null ist, ist diese Gleichung äquivalent zu

$$x^{n-2} = 0 \quad \text{oder} \quad \left(a_n x^2 + a_{n-1} x + a_{n-2} \right) = 0.$$

Hieraus ergibt sich die Lösung $x_1 = 0$. Alle weiteren Lösungen finden wir, indem wir die quadratische Gleichung $a_n x^2 + a_{n-1} x + a_{n-2} = 0$ mit der p-q-Formel lösen.

Als Beispiel betrachten wir $x^4 - x^3 - 2x^2 = 0$. Wir können x^2 ausklammern und erhalten

$$x^2 \left(x^2 - x - 2 \right) = 0.$$

Der erste Faktor liefert $x_1 = 0$. Anwendung der p-q-Formel auf $x^2 - x - 2 = 0$ ergibt zusätzlich $x_{2,3} = \frac{1}{2} \pm \sqrt{\frac{1}{4} + 2}$, also $x_2 = 2$ und $x_3 = -1$. Die erforderlichen drei Proben bestätigen diese drei Lösungen.

Spezialfall 3 (Polynomdivision) Durch Ausprobieren können wir in einigen Fällen eine Lösung unserer Gleichung n-ten Grades erraten. Beispielsweise zeigt Probieren mit einfachen ganzen Zahlen 0, ± 1, ± 2, dass $x_1 = 1$ eine Lösung der Gleichung $x^3 - 2x + 1 = 0$ ist. Kennen wir so eine Lösung $x = x_1$ der Gleichung

$$a_n x^n + a_{n-1} x^{n-1} + \ldots + a_1 x + a_0 = 0 \; (a_n \neq 0)$$

lässt sich der **Linearfaktor $(x - x_1)$ abspalten**, d. h. es gilt eine Identität der Form

$$a_n x^n + a_{n-1} x^{n-1} + \ldots + a_1 x + a_0 = (x - x_1) \cdot \left(b_{n-1} x^{n-1} + \ldots + b_1 x + b_0 \right).$$

Da ein Produkt gleich null ist, wenn einer seiner Faktoren null ist, hat sich unsere ursprüngliche Aufgabe vereinfacht. Wir brauchen jetzt nur noch die Gleichung $(n-1)$-ten Grades

$$b_{n-1} x^{n-1} + \ldots + b_1 x + b_0 = 0$$

zu lösen, um die weiteren Lösungen der ursprünglichen Gleichung n-ten Grades zu erhalten. Das Problem hat sich um einen Grad reduziert. Allerdings stellt sich die Frage, wie wir zu den neuen Koeffizienten b_{n-1}, b_{n-2}, ..., b_1 und b_0 kommen können. Die Antwort lautet: mittels der sogenannten **Polynomdivision**.

──────────── **Aufgabe 3.5** ────────────

Wir demonstrieren die Polynomdivision am Beispiel der Gleichung $x^3 - 2x + 1 = 0$, wobei wir die Teile, die im jeweiligen Schritt für die Rechnung benutzt oder dadurch als Ergebnis herauskommen, rot darstellen. Sie sehen dabei, dass die Polynomdivision wie die „normale" schriftliche Division von Zahlen durchgeführt wird. Zur Erinnerung: $x_1 = 1$ ist eine Lösung dieser Gleichung. Also müssen wir durch $(x - 1)$ dividieren.

$(x^3 - 2x + 1) : (x - 1) = x^2$ (x^3 wird durch x dividiert)

$(x^3 - 2x + 1) : (x - 1) = x^2$ (x und -1 werden mit x^2 multipliziert)
$x^3 - x^2$

$(x^3 + 0x^2 - 2x + 1) : (x - 1) = x^2$ ($x^3 - x^2$ wird von $x^3 + 0x^2$ abgezogen)
$\dfrac{-(x^3 - x^2)}{+x^2}$

$(x^3 + 0x^2 - 2x + 1) : (x - 1) = x^2$ ($-2x$ wird heruntergezogen)
$\dfrac{-(x^3 - x^2)}{x^2 - 2x}$

$(x^3 + 0x^2 - 2x + 1) : (x - 1) = x^2 + x$ (x^2 wird durch x dividiert)
$\dfrac{-(x^3 - x^2)}{x^2 - 2x}$

$(x^3 + 0x^2 - 2x + 1) : (x - 1) = x^2 + x$ (x und -1 werden mit x multipliziert)
$\dfrac{-(x^3 - x^2)}{x^2 - 2x}$
$x^2 - x$

$(x^3 + 0x^2 - 2x + 1) : (x - 1) = x^2 + x$ ($x^2 - x$ wird von $x^2 - 2x$ abgezogen)
$\dfrac{-(x^3 - x^2)}{x^2 - 2x}$
$\dfrac{-(x^2 - x)}{-x}$

$(x^3 + 0x^2 - 2x + 1) : (x - 1) = x^2 + x$ ($+1$ wird heruntergezogen)
$\dfrac{-(x^3 - x^2)}{x^2 - 2x}$
$\dfrac{-(x^2 - x)}{-x + 1}$

$(x^3 + 0x^2 - 2x + 1) : (x - 1) = x^2 + x - 1$ ($-x$ wird durch x dividiert)
$\dfrac{-(x^3 - x^2)}{x^2 - 2x}$
$\dfrac{-(x^2 - x)}{-x + 1}$

$(x^3 + 0x^2 - 2x + 1) : (x - 1) = x^2 + x - 1$ (x und -1 werden mit -1 multipliziert)
$\dfrac{-(x^3 - x^2)}{x^2 - 2x}$
$\dfrac{-(x^2 - x)}{-x + 1}$
$-x + 1$

$(x^3 + 0x^2 - 2x + 1) : (x - 1) = x^2 + x - 1$ ($-x + 1$ wird von $-x + 1$ abgezogen)
$\dfrac{-(x^3 - x^2)}{x^2 - 2x}$
$\dfrac{-(x^2 - x)}{-x + 1}$
$\dfrac{-(-x + 1)}{0}$

Kapitel 3

Die Division geht ohne Rest auf. Damit gilt

$$x^3 - 2x + 1 = (x - 1)(x^2 + x - 1)$$

(Wir empfehlen Ihnen die Probe durch Ausmultiplizieren der rechten Seite dieser Gleichung und Vergleich mit der linken Seite der Gleichung.) Es bleibt also

$$x^2 + x - 1 = 0$$

zu lösen. Nunmehr liegt also eine quadratische Gleichung vor, für die wir einen Lösungsweg in Gestalt der p-q-Formel kennen. Indem wir diese anwenden, erhalten wir $x_{2,3} = -\frac{1}{2} \pm \frac{1}{2}\sqrt{5}$. Insgesamt haben wir damit alle drei Lösungen von $x^3 - 2x + 1 = 0$ gefunden:

$$x_1 = 1 \quad \text{und} \quad x_2 = -\frac{1}{2} + \frac{1}{2}\sqrt{5} = 0{,}6180\ldots$$

sowie

$$x_3 = -\frac{1}{2} - \frac{1}{2}\sqrt{5} = -1{,}6180\ldots$$

(Zur Übung empfehlen wir Ihnen auch hier, die drei Proben anhand der Ausgangsgleichung durchzuführen.)

Gut zu wissen

Wenn wir mehrere Lösungen der Gleichung n-ten Grades erraten können, können wir die Polynomdivision entsprechend mehrfach nacheinander anwenden und so im besten Fall alle Lösungen unserer Gleichung finden. ◄

Spezialfall 4 (Substitution) Zahlreiche Gleichungen wie etwa das bereits früher betrachtete Beispiel $x^4 - 2x^2 - 15 = 0$ lassen sich lösen, indem wir die Unbekannte x in geeigneter Weise durch eine andere Unbekannte z ersetzen, die aus einem Term mit der Unbekannten x besteht. Nach der Substitution ist die für z entstehende Gleichung zu lösen. Aus den Lösungen für z können die gesuchten Lösungen für x durch Rücksubstitution gewonnen werden.

Machen wir uns das an einem Beispiel klar: Die Gleichung vierter Ordnung

$$x^4 - x^2 - 2 = 0$$

ist eine sogenannte biquadratische Gleichung. Daher empfiehlt sich die Substitution $z = x^2$. Diese führt zu

$$z^2 - z - 2 = 0,$$

also zu einer quadratischen Gleichung. Wir nutzen die p-q-Formel und erhalten als Lösungen

$$z_{1,2} = \frac{1}{2} \pm \sqrt{\frac{1}{4} + 2} = \frac{1}{2} \pm \frac{3}{2},$$

d. h. $z_1 = 2$ und $z_2 = -1$. Rücksubstitution mittels $x = \pm\sqrt{z}$ liefert vier denkbare Lösungen:

$$x_{1,2} = \pm\sqrt{2} \quad \text{und} \quad x_{3,4} = \pm\sqrt{-1}.$$

Da $\sqrt{-1}$ im hier betrachteten Bereich der reellen Zahlen nicht definiert ist, hat die Ausgangsgleichung nur die Lösungen $x_{1,2} = \pm\sqrt{2}$. Die Proben überlassen wir wieder Ihnen.

Es sei angemerkt, dass wir nach der Substitution auch ohne die p-q-Formel hätten zum Ziel kommen können: Ausprobieren (Raten) zeigt, dass $z_1 = 2$ eine Lösung von $z^2 - z - 2 = 0$ ist. Damit hätten wir die Polynomdivision $(z^2 - z - 2) : (z - 2)$ durchführen können. Sie hätte uns das Ergebnis $(z^2 - z - 2) : (z - 2) = z + 1$ geliefert. Es wäre also noch die Lösung von $z + 1 = 0$ zu bestimmen gewesen – und diese ist $z_2 = -1$. Rücksubstitution „wie gehabt" hätte die gesuchten Lösungen für x ergeben.

Weiterhin noch der Hinweis, dass die Lösungen für z die Zerlegung von $z^2 - z - 2$ in Linearfaktoren ermöglichen: $z^2 - z - 2 = (z - 2)(z + 1)$. Hieran die Rücksubstitution durchgeführt liefert $x^4 - x^2 - 2 = (x^2 - 2)(x^2 + 1)$ und damit $(x^2 - 2)(x^2 + 1) = 0$ anstelle der Ausgangsgleichung. Hieraus können wir erkennen, dass der erste Faktor für $x_{1,2} = \pm\sqrt{2}$ gleich null wird und dass es keine reellen Zahlen x gibt, für die der zweite Faktor null wird. Damit wäre auch dieses Vorgehen ein Lösungsweg gewesen.

Die Substitution kann durchaus auch bei komplexeren Termen sehr hilfreich sein. Betrachten wir die Gleichung 4-ten Grades

$$\left(x^2 + 2x - 8\right)^2 - 43\left(x^2 + 2x - 8\right) + 432 = 0.$$

Der erste Reflex, die Klammern auszumultiplizieren, würde uns zu einer recht unübersichtlichen Gleichung führen. Stattdessen raten wir zunächst zur **Methode scharfes Hinsehen**. Wir erkennen, dass in beiden Klammern der gleiche Term $x^2 + 2x - 8$ steht. Entsprechend erscheint uns die Substitution $z = x^2 + 2x - 8$ lohnenswert. Die Ausgangsgleichung wird damit zu:

$$z^2 - 43z + 432 = 0.$$

Es liegt also eine quadratische Gleichung für z vor. Wir lösen diese mittels der p-q-Formel:

$$z_{1,2} = \frac{43}{2} \pm \sqrt{\frac{43^2}{4} - 432} = \frac{43}{2} \pm \frac{11}{2}$$

und erhalten $z_1 = 27$ sowie $z_2 = 16$. (Führen Sie ruhig die Proben durch.)

Jetzt ist die Rücksubstitution erforderlich. Beginnen wir mit $z_1 = 27$. Dann suchen wir die Lösungen der quadratischen Gleichung

$$x^2 + 2x - 8 = 27 \quad \text{bzw.} \quad x^2 + 2x - 35 = 0.$$

Erneut lässt sich die p-q-Formel anwenden. Sie ergibt $x_{1,2} = -1 \pm \sqrt{1 + 35} = -1 \pm 6$, also die beiden Lösungen $x_1 = 5$ und

$x_2 = -7$. Entsprechend suchen wir für $z_2 = 16$ die Lösungen von

$$x^2 + 2x - 8 = 16 \quad \text{bzw.} \quad x^2 + 2x - 24 = 0.$$

Auch hier führt uns die p-q-Formel zum Ziel. Wir erhalten $x_{3,4} = -1 \pm \sqrt{1 + 24} = -1 \pm 5$ und damit $x_3 = 4$ und $x_4 = -6$. (Wir überlassen Ihnen hier ebenso die Proben zur Überprüfung, dass $x_{1,2,3,4}$ die gesuchten Lösungen der Ausgangsgleichung 4-ten Grades sind.)

Zusammenfassung

Eine **Gleichung n-ten Grades** mit der Unbekannten x besitzt die allgemeine Gestalt

$$a_n x^n + a_{n-1} x^{n-1} + \ldots + a_1 x^1 + a_0 x^0 = 0 \ (a_n \neq 0) \ \text{bzw.}$$
$$a_n x^n + a_{n-1} x^{n-1} + \ldots + a_1 x + a_0 = 0 \ (a_n \neq 0).$$

Wir nennen $a_n, a_{n-1}, \ldots, a_1, a_0$ die **Koeffizienten** von $x^n, x^{n-1}, \ldots, x^1, x^0$. Im Falle von a_0 wird oft auch der Begriff **absolutes Glied** der Gleichung verwendet. Die Forderung $a_n \neq 0$ sichert, dass x tatsächlich in der Potenz x^n vorkommt.

Im Falle $n = 1$ liegt eine **lineare Gleichung** $a_1 x + a_0 = 0 \ (a_1 \neq 0)$ vor. Für $n = 2$ haben wir es mit einer **quadratischen Gleichung** $a_2 x^2 + a_1 x^1 + a_0 x^0 = 0 \ (a_2 \neq 0)$ zu tun und für $n = 3$ mit einer **Gleichung 3-ten Grades** oder auch **kubischen Gleichung** $a_3 x^3 + a_2 x^2 + a_1 x^1 + a_0 x^0 = 0$ $(a_3 \neq 0)$. Eine Gleichung 4-ten Grades besitzt die allgemeine Form $a_4 x^4 + a_3 x^3 + a_2 x^2 + a_1 x^1 + a_0 x^0 = 0 \ (a_4 \neq 0)$.

Während sich lineare Gleichungen durch sehr leichte Umformungen und quadratische Gleichungen mittels der p-q-Formel lösen lassen, gibt es für Gleichungen 3-ten und 4-ten Grades nur noch recht komplizierte und für Gleichungen 5-ten oder höheren Grades keine entsprechenden Lösungsformeln mehr. In diesen Fällen können numerische Näherungsverfahren zur Berechnung der Lösungen herangezogen werden. In einigen Spezialfällen kommen wir allerdings ebenso mit mathematischen Methoden weiter, deren Kenntnis und Beherrschung sich auch in anderen Zusammenhängen lohnt. Konkret können uns das Ziehen von Wurzeln, das Ausklammern von Potenzen von x, die Polynomdivision und die Substitution eines Terms mit x durch eine andere Unbekannte z weiterhelfen.

Das **Wurzelziehen** bietet sich für den Fall $a_n x^n + a_0 = 0$ $(a_n \neq 0)$ an. Sofern $-\frac{a_0}{a_n} \geq 0$ ist, erhalten wir die Lösung $x = \sqrt[n]{-\frac{a_0}{a_n}}$ für ungerades n (beispielsweise $n = 3$) bzw. die Lösungen $x = \pm \sqrt[n]{-\frac{a_0}{a_n}}$ für gerades n (beispielsweise $n = 4$).

Das **Ausklammern von Potenzen x** hilft uns immer dann weiter, wenn das absolute Glied in der Gleichung gleich

null ist ($a_0 = 0$). Jetzt hat die Gleichung n-ten Grades die allgemeine Gestalt $a_n x^n + a_{n-1} x^{n-1} + \ldots + a_1 x = 0$ $(a_n \neq 0)$ und wir können die kleinste Potenz von x ausklammern. Nehmen wir z. B. an, dass $a_1 \neq 0$ ist. Dann ist $x = x^1$ die kleinste vorkommende Potenz von x, und aus unserer Gleichung wird $x(a_n x^{n-1} + a_{n-1} x^{n-2} + \ldots + a_1) = 0 \ (a_n \neq 0)$. Da ein Produkt genau dann gleich null ist, wenn einer seiner Faktoren gleich null ist, können wir bereits $x_1 = 0$ als eine Lösung der Gleichung ablesen und brauchen „nur noch" die Lösungen der Gleichung $(n-1)$-ten Grades $a_n x^{n-1} + a_{n-1} x^{n-2} + \ldots + a_1 = 0$ zu ermitteln. Dies gestaltet sich beispielsweise dann recht leicht, wenn $a_n x^{n-1} + a_{n-1} x^{n-2} + \ldots + a_1 = 0$ eine Gleichung 2-ten Grades ist, wenn also konkret gilt $a_n x^2 + a_{n-1} x + a_{n-2} = 0$. Jetzt verhilft uns nämlich die p-q-Formel zu den gesuchten Lösungen.

Die **Polynomdivision** basiert auf einer bekannten Lösung $x = x_1$ unserer Gleichung n-ten Grades. Diese Lösung können wir durch Raten oder durch die **Methode scharfes Hinsehen** gefunden haben. Indem wir nun $(a_n x^n + a_{n-1} x^{n-1} + \ldots + a_1 x + a_0)$ durch $(x - x_1)$ dividieren, erhalten wir eine Identität der Form $a_n x^n + a_{n-1} x^{n-1} + \ldots + a_1 x + a_0 = (x - x_1)(b_{n-1} x^{n-1} + \ldots + b_1 x + b_0)$. Da ein Produkt genau dann gleich null ist, wenn einer seiner Faktoren gleich null ist, brauchen wir „nur noch" die Lösungen der Gleichung $(n-1)$-ten Grades $b_{n-1} x^{n-1} + \ldots + b_1 x + b_0 = 0$ zu ermitteln. Dies gestaltet sich beispielsweise dann recht leicht, wenn $b_{n-1} x^{n-1} + \ldots + b_1 x + b_0 = 0$ eine Gleichung 2-ten Grades ist, wenn also konkret gilt $b_2 x^2 + b_1 x + b_0 = 0$. Jetzt verhilft uns nämlich wieder die p-q-Formel zu den gesuchten Lösungen.

Schließlich empfehlen wir die **Substitution**, wenn die Unbekannte x Baustein eines eher komplexen und gegebenenfalls mehrfach vorkommenden Terms in der Gleichung n-ten Grades ist. In diesem Fall könnte der Term durch z ersetzt und versucht werden, die für z entstehende Gleichung zu lösen. Wenn die Lösungen für z bekannt sind, können die Lösungen für x durch Rücksubstitution aus den Lösungen für z ermittelt werden. Konkret kann dieses Verfahren bei biquadratischen Gleichungen, also Gleichungen vom Typ $x^4 + px^2 + q = 0$, angewendet werden. Die Substitution $z = x^2$ führt dann auf die quadratische Gleichung $z^2 + pz + q = 0$, die wir mittels der p-q-Formel lösen können. Nehmen wir an, dass die Gleichung die Lösungen z_1 und z_2 besitzt. Dann hat die Ausgangsgleichung die Lösungen $x_{1,2} = \pm\sqrt{z_1}$ und $x_{3,4} = \pm\sqrt{z_2}$, sofern $z_1 \geq 0$ und $z_2 \geq 0$ gilt (andernfalls hat die biquadratische Gleichung nur zwei oder keine Lösungen).

Lassen Sie uns diese Sachverhalte anhand einiger Gleichungen höheren Grades anwenden. Zwecks Übung empfehlen wir Ihnen, die Aufgaben zunächst selbst zu lösen und dann mit unseren Lösungen zu vergleichen.

Kapitel 3

Beispiel

Zu lösen ist die Gleichung 8-ten Grades $7x^8 - 63x^6 = 0$.

Auf der linken Seite der Gleichung können wir $7x^6$ ausklammern. Damit erhalten wir

$$7x^6 \left(x^2 - 9\right) = 0 \,.$$

Diese Gleichung ist erfüllt, wenn einer der beiden Faktoren $7x^6$ und $x^2 - 9$ gleich null wird, wenn also $7x^6 = 0$ oder $x^2 - 9 = 0$ ist.

Im ersten Fall ergibt sich $x_1 = 0$ als „sechsfache" Lösung. Im zweiten Fall ist $x^2 = 9$, also $x_{2,3} = \pm 3$. (Die drei Proben überlassen wir Ihnen.) ◄

Beispiel

Zu lösen ist die kubische Gleichung $2x^3 - 12x^2 + 22x - 12 = 0$.

Division beider Seiten der Gleichung durch 2 führt uns zur Gleichung

$$x^3 - 6x^2 + 11x - 6 = 0 \,.$$

Durch Raten bzw. mittels der **Methode scharfes Hinsehen** können wir erkennen, dass $x_1 = 1$ eine Lösung der Gleichung ist. Damit bietet sich die Polynomdivision als möglicher Lösungsweg an:

$$
\begin{array}{l}
(x^3 - 6x^2 + 11x - 6) : (x - 1) = x^2 - 5x + 6 \\
\underline{-(x^3 - x^2)} \\
\qquad -5x^2 + 11x \\
\qquad \underline{-(-5x^2 + 5x)} \\
\qquad\qquad 6x - 6 \\
\qquad\qquad \underline{-(6x - 6)} \\
\qquad\qquad\qquad 0
\end{array}
$$

Die Ausgangsgleichung ist damit für alle Werte von x erfüllt, für die $x - 1 = 0$ oder $x^2 - 5x + 6 = 0$ gilt. Im ersten Fall erhalten wir unsere bekannte Lösung $x_1 = 1$. Im zweiten Fall können wir die p-q-Formel anwenden und erhalten $x_{2,3} = \frac{5}{2} \pm \sqrt{\frac{25}{4} - 6} = \frac{5}{2} \pm \sqrt{\frac{25}{4} - \frac{24}{4}} = \frac{5}{2} \pm \frac{1}{2}$, also $x_2 = 3$ und $x_3 = 2$. Diese Lösungen werden durch die erforderlichen drei Proben, die wir wiederum Ihnen überlassen, bestätigt.

Mit Blick auf die Zerlegung in Linearfaktoren wissen wir damit übrigens auch, dass

$$
\begin{aligned}
x^3 - 6x^2 + 11x - 6 &= (x - 1)(x - 3)(x - 2) \\
&= (x - 1)(x - 2)(x - 3)
\end{aligned}
$$

gilt. Dies kann durch Ausmultiplizieren der rechten Seite der Gleichung bestätigt werden. ◄

Beispiel

Zu lösen ist die Gleichung 4-ten Grades $(2x - 3)^4 = 8(2x - 3)^2 + 20$.

Wir formen die Gleichung zunächst so um, dass sie die „übliche" Gestalt besitzt:

$$(2x - 3)^4 - 8(2x - 3)^2 - 20 = 0 \,.$$

Nun substituieren wir $z = (2x - 3)^2$:

$$z^2 - 8z - 20 = 0 \,.$$

Anwendung der p-q-Formel liefert

$$z_{1,2} = 4 \pm \sqrt{16 + 20} = 4 \pm 6 \,,$$

also $z_1 = 10$ und $z_2 = -2$.

Beide Proben bestätigen diese Lösungen für z (bitte nachrechnen) Damit können wir an die Rücksubstitution gehen. Wir suchen also die Lösungen x mit $(2x - 3)^2 = 10$ bzw. mit $(2x - 3)^2 = -2$. Die zweite Gleichung ist im Bereich der reellen Zahlen nicht lösbar. Damit brauchen wir uns nur noch um die erste Gleichung zu kümmern. Ein denkbarer Weg besteht darin, $(2x - 3)^2$ mithilfe der zweiten binomischen Formel auszumultiplizieren und die dann entstehende quadratische Gleichung mit der p-q-Formel zu lösen. Wir können aber auch die Wurzel auf beiden Seiten von $(2x - 3)^2 = 10$ ziehen und erhalten für die beiden Lösungen $x_{1,2}$

$$2x_{1,2} - 3 = \pm\sqrt{10} \,,$$

also

$$x_{1,2} = \frac{3}{2} \pm \frac{1}{2}\sqrt{10}$$

und damit

$$x_1 = \frac{3}{2} + \frac{1}{2}\sqrt{10}$$

sowie

$$x_2 = \frac{3}{2} - \frac{1}{2}\sqrt{10} \,.$$

Beide Proben bestätigen diese Lösungen für x (bitte nachrechnen). – Bitte beachten Sie, dass 10 das Quadrat von $+\sqrt{10}$ und von $-\sqrt{10}$ ist, dass Wurzelziehen also tatsächlich zu zwei verschiedenen Lösungen x_1 und x_2 führt. ◄

Beispiel

Zu lösen ist die Gleichung 9-ten Grades $(3x - 5)^9 = -512$.

Es scheint sinnvoll, das Ziehen der neunten Wurzel als Lösungsversuch zu wählen. Aufgrund von $-512 = (-2)^9$ erhalten wir

$$3x - 5 = -2,$$

also $3x = 3$ und damit $x_1 = 1$ als die gesuchte Lösung. Die Probe bestätigt diese Lösung für x (bitte nachrechnen). – Bitte beachten Sie, dass die neunte Wurzel aus der negativen Zahl -512 eine negative Zahl sein muss, dass Wurzelziehen also tatsächlich nur zu einer Lösung x_1 führt. ◄

Nun sind wir soweit, dass wir uns einer wirtschaftswissenschaftlichen Fragestellung widmen können, die auf eine Gleichung höherer Ordnung führt.

Beispiel

Betrachten wir ein Unternehmen, das einen Businessjet herstellt und verkauft und damit Gewinn erzielen möchte. Grundsätzlich sind drei Ansätze vorstellbar: Das Produkt wird zu einem zu hohen Preis verkauft, oder es wird zu einem zu niedrigen Preis verkauft, oder es wird zu einem mittleren Preis veräußert. Im ersten Fall wird es sehr wahrscheinlich nur wenige Käufer geben und das Unternehmen wird möglicherweise Verlust machen. Im zweiten Fall kann es viele Käufer geben. Das Unternehmen macht aber trotzdem einen Verlust, weil der Preis zu niedrig ist und die Kosten für Herstellung und Verkauf nicht gedeckt sind. Damit ist zu überlegen, in welchem Bereich der mittlere Preis anzusetzen ist, damit das Unternehmen tatsächlich einen Gewinn erreichen kann.

Wir bezeichnen die Anzahl der in einem Monat hergestellten und verkauften Businessjets mit x. Dann können wir nach den Gewinnschwellen fragen, d. h. für welchen Wert von x beginnt das Unternehmen Gewinne zu erzielen und für welchen Wert von x endet der Bereich, in dem Gewinne erwirtschaftet werden können?

Ausgehend von einigen Grundannahmen, die wir hier nicht näher betrachten wollen, da uns dazu noch das mathematische Rüstzeug fehlt, führt uns diese Fragestellung auf die Gleichung

$$x^3 - 9x^2 - 4x + 96 = 0.$$

Ausprobieren (Raten) zeigt, dass $x_1 = -3$ eine Lösung ist. Damit haben wir die Möglichkeit der Polynomdivision. Wir erhalten

$$
\begin{aligned}
(x^3 - 9x^2 - 4x + 96) &: (x + 3) = x^2 - 12x + 32 \\
-(x^3 + 3x^2) & \\
\overline{-12x^2 - 4x} & \\
-(-12x^2 - 36x) & \\
\overline{32x + 96} & \\
-(32x + 96) & \\
\overline{0} &
\end{aligned}
$$

Gesucht sind nun also noch die Lösungen von $x^2 - 12x + 32 = 0$. Da eine quadratische Gleichung vorliegt, können wir mit der p-q-Formel arbeiten. Diese führt uns zu

$$x_{2,3} = 6 \pm \sqrt{36 - 32}$$

und damit zu $x_2 = 8$ sowie zu $x_3 = 4$.

Einsetzen beider Werte in die ursprüngliche Gleichung zeigt jeweils „rechte Seite = linke Seite", d. h. die Proben gehen auf. Damit haben wir die drei Lösungen von $x^3 - 9x^2 - 4x + 96 = 0$ gefunden:

$$x_1 = -3 \quad \text{und} \quad x_2 = 8 \quad \text{sowie} \quad x_3 = 4.$$

Jetzt erinnern wir uns an unsere ursprüngliche Fragestellung: Es ging um die Gewinnschwellen, also um die Stückzahlen x pro Monat hergestellter und verkaufter Businessjets, für die das Unternehmen in die Gewinnzone kommt bzw. die Gewinnzone wieder verlässt. Offenbar ist $x_1 = -3$ keine wirtschaftswissenschaftlich sinnvolle Antwort, da keine negative Anzahl von Businessjets hergestellt und verkauft werden kann. Ab $x_3 = 4$ Businessjets je Monat kommt das Unternehmen in die Gewinnzone, ab $x_2 = 8$ Businessjets je Monat verlässt es die Gewinnzone wieder. Das Unternehmen wäre also gut beraten, zwischen fünf und sieben Businessjets je Monat herzustellen und zu verkaufen. ◄

3.5 Andere Gleichungsarten (Bruch-, Wurzel-, Exponential-, Logarithmengleichungen) – Wie wir bei Gleichungen vorgehen können, in denen die Unbekannte keine Potenz ist

Beginnen wir wie immer mit einem Beispiel: Der Student Max hat zu Weihnachten 10.000 € aus einer Lebensversicherung ausbezahlt bekommen, die seine Eltern vor etlichen Jahren für ihn angelegt hatten. Max hat Interesse an einem Auto. Er möchte es sich neu kaufen und müsste dafür 13.000 € bezahlen. Entsprechend überlegt Max, sein Geld ab dem 1. Januar bei der Bank anzulegen. Diese sichert ihm einen jährlichen Zinssatz von 5 % zu. Wie lange muss Max sparen, damit er sich das gewünschte Fahrzeug leisten kann?

Lassen Sie uns zunächst überlegen, wie das Kapital von Max wächst. Nach dem ersten Jahr bekommt Max 5 % Zinsen auf den von ihm eingesetzten Betrag in Höhe von 10.000 €. Auf seinem Sparkonto befinden sich damit

$$10.000 \,€ + 10.000 \cdot 0{,}05 \,€ = 10.000 \cdot (1 + 0{,}05) \,€.$$

Kapitel 3

Nach dem **zweiten** Jahr kommen 5 % dieses Betrages als Zinsen hinzu. Max hat nun

$$10.000 \cdot (1 + 0,05) \ € + 10.000 \cdot (1 + 0,05) \cdot 0,05 \ €$$
$$= 10.000 \cdot (1 + 0,05) \cdot (1 + 0,05) \ €$$
$$= 10.000 \cdot (1 + 0,05)^2 \ €$$

zur Verfügung. Entsprechend hat er nach Ablauf von **drei** Jahren den Betrag

$$10.000 \cdot (1 + 0,05)^3 \ €$$

und nach x Jahren insgesamt

$$10.000 \cdot (1 + 0,05)^x \ €$$

auf seinem Konto. Max' Fragestellung können wir nun so umformulieren, dass Max den Wert von x sucht, für den sein ursprüngliches Kapital auf 13.000 € angewachsen ist. Diese Aufgabenstellung entspricht der Gleichung

$$10.000 \cdot (1 + 0,05)^x \ € = 13.000 \ € \qquad (3.47)$$

mit der Unbekannten x. Anders als in den bisher betrachteten Gleichungen kommt die gesuchte Größe x in (3.47) im Exponenten einer Potenz vor. Wir sprechen daher auch davon, dass es sich bei dieser Gleichung um eine **Exponentialgleichung** handelt. Zum Auflösen nach x können wir zunächst beide Seiten der Gleichung durch 10.000 € dividieren. Wir erhalten

―――――――――――― **Aufgabe 3.6** ――――――――――――

$$(1 + 0,05)^x = 1,3 \quad \text{bzw.} \quad 1,05^x = 1,3 \ .$$

Gesucht ist die Zahl x, mit der wir 1,05 potenzieren müssen, um 1,3 zu erhalten. Wenn Potenzen vorliegen und wir den Exponenten bestimmen wollen, hilft die Erinnerung an Logarithmen! Wir dürfen den natürlichen Logarithmus auf beide Seiten der Gleichung anwenden und erhalten

$$\ln 1,05^x = \ln 1,3$$

und daraus

$$x \cdot \ln 1,05 = \ln 1,3 \ ,$$

also

$$x = \frac{\ln 1,3}{\ln 1,05} \approx 5,4 \ .$$

Max müsste also etwa 5,4 Jahre sparen, um den erforderlichen Betrag zu erhalten (Probe: Nachrechnen liefert $10.000 \cdot (1 + 0,05)^{5,4} \approx 13.000$).

―――――――――――――――――――――――――――――

Das Beispiel zeigt, dass es neben den bisher behandelten linearen und quadratischen Gleichungen sowie den Gleichungen höherer Ordnung offenbar weitere Typen von Gleichungen gibt, die in den Wirtschaftswissenschaften zur Anwendung kommen können. Wir betrachten der Reihe nach **Bruchgleichungen**, **Wurzelgleichungen Exponentialgleichungen** und **Logarithmengleichungen**. Wie die Bezeichnungen bereits andeuten, kommt die Unbekannte darin in Brüchen, unter Wurzeln, im Exponenten von Potenzen oder in Logarithmen vor.

Gut zu wissen

Bruchgleichungen und Wurzelgleichungen lassen sich ebenso wie die bisher betrachteten Gleichungen n-ter Ordnung mittels der sogenannten **algebraischen Rechenoperationen** Addieren, Subtrahieren, Multiplizieren, Dividieren, Potenzieren und Wurzelziehen lösen. Diese verschiedenen Gleichungstypen werden daher oft auch **algebraische Gleichungen** genannt. Alle anderen Gleichungen, die nicht allein mit den algebraischen Rechenoperationen lösbar sind, also die algebraischen Rechenoperationen „übersteigen", werden **transzendente Gleichungen** genannt (von lat. transcendere: überschreiten). Exponential- und Logarithmengleichungen sind typische Vertreter transzendenter Gleichungen. ◄

Bruchgleichungen Wir sprechen von einer **Bruchgleichung**, wenn die Gleichung mindestens einen Bruch enthält, in dessen Nenner die Unbekannte vorkommt.

Beispielsweise ist $x^2 - \frac{4}{x} = 4 - x$ eine Bruchgleichung, da die Gleichung mit $\frac{4}{x}$ einen Bruch enthält, der die Unbekannte x im Nenner führt.

Die **Idee zum Lösen einer Bruchgleichung** besteht darin, die Brüche durch Umformen der Gleichung zu beseitigen, sodass wir mit einer „bruchfreien" Gleichung weiterarbeiten können.

Als Umformung bietet sich an, die linke und die rechte Seite der Gleichung mit dem Hauptnenner aller Brüche zu multiplizieren

Machen wir uns das am Beispiel $x^2 - \frac{4}{x} = 4 - x$ klar:

Der Hauptnenner ist x. Wir multiplizieren beide Seiten der Gleichung daher mit x. Das Resultat lautet

$$x^3 - 4 = 4x - x^2 \ .$$

Nun formen wir die Gleichung so um, dass sie die übliche Gestalt einer Gleichung n-ter Ordnung hat:

$$x^3 + x^2 - 4x - 4 = 0 \ .$$

Es ist eine Gleichung 3-ter Ordnung entstanden. Benutzen wir die **Methode scharfes Hinsehen**! Wir erkennen, dass $x_1 = -1$ eine Lösung der Gleichung ist. Damit können wir die Polynomdivision einsetzen, um $(x + 1)$ von der Gleichung 3-ter Ordnung abzuspalten und eine quadratische Gleichung als „Rest" zu erhalten. Das Ergebnis ist

$$\left(x^3 + x^2 - 4x - 4 \right) : (x + 1) = x^2 - 4 \ .$$

(Rechnen Sie ruhig nach.) Damit suchen wir nur noch die Lösungen von

$$x^2 - 4 = 0 \ .$$

Diese können wir wirklich leicht erkennen:

$$x_{2,3} = \pm 2 \ , \quad \text{also} \quad x_2 = 2 \quad \text{und} \quad x_3 = -2 \ .$$

Die Probe anhand der Ausgangsgleichung (bitte durchrechnen) zeigt, dass wir mit $x_1 = -1$ und $x_2 = 2$ und $x_3 = -2$ die gesuchten Lösungen unserer Bruchgleichung gefunden haben.

Anhand einiger der obigen Beispiele haben wir bereits gesehen, dass das Multiplizieren von Gleichungen mit Termen nicht unbedingt eine äquivalente Umformung sein muss. Es kann sein, dass wir weitere, vermeintliche Lösungen der Ausgangsgleichung erhalten. Es kann aber auch sein, dass Lösungen unter den Tisch fallen! Um dies zu vermeiden, ist unbedingt zu beachten, dass eine Multiplikation der Ausgangsgleichung mit einem Term nur dann äquivalent sein kann, wenn der Term, mit dem multipliziert wird, ungleich null ist. Jede tatsächliche und jede vermeintliche Lösung lässt sich durch eine Probe anhand der ursprünglichen Gleichung identifizieren. Die Probe geht nur für richtige Lösungen auf, nicht aber für vermeintliche Lösungen.

Beispiel

Zu lösen ist die Bruchgleichung $\frac{1}{x-2} - \frac{1}{x-3} + \frac{1}{x-4} = 0$.

Wir multiplizieren mit dem Hauptnenner $(x-2)(x-3)(x-4)$ und erhalten:

$$(x-3)(x-4) - (x-2)(x-4) + (x-2)(x-3) = 0$$
$$x^2 - 7x + 12 - x^2 + 6x - 8 + x^2 - 5x + 6 = 0$$
$$x^2 - 6x + 10 = 0$$

Jetzt wenden wir die p-q-Formel an:

$$x_{1,2} = 3 \pm \sqrt{9 - 10} = 3 \pm \sqrt{-1}.$$

Da $\sqrt{-1}$ keine reelle Zahl ist, ist die ursprüngliche Bruchgleichung nicht lösbar. ◀

Beispiel

Zu lösen ist die Bruchgleichung $\frac{1}{x} - \frac{8}{x^2} + \frac{9}{x^3} = 1$.

Wir multiplizieren mit dem Hauptnenner x^3 und erhalten:

$$x^2 - 8x + 9 = 0.$$

Die p-q-Formel liefert zwei Lösungen:

$$x_{1,2} = 4 \pm \sqrt{16 - 9} = 4 \pm \sqrt{7}.$$ ◀

Wurzelgleichungen Wir sprechen von einer **Wurzelgleichung**, wenn die Gleichung mindestens eine Wurzel enthält, unter der die Unbekannte vorkommt.

Beispielsweise ist $x + 6\sqrt{x} - 16 = 0$ eine Wurzelgleichung, da die Gleichung mit $\sqrt{x}$ eine Wurzel enthält, unter der die Unbekannte x vorkommt.

Die **Idee zum Lösen einer Wurzelgleichung** besteht darin, die Wurzeln zu beseitigen, sodass wir mit einer „wurzelfreien" Gleichung weiterarbeiten können. Dazu bietet sich an, die linke und die rechte Seite der Gleichung mit dem größten Wurzelexponenten zu potenzieren, sodass die gewählte Potenz die Wurzeln möglicherweise „aufhebt" (also beispielsweise die linke und die rechte Seite der Gleichung in die dritte Potenz zu heben, wenn die Unbekannte unter einer dritten, aber keiner höheren Wurzel vorkommt). Davor kann es noch sinnvoll sein, die Gleichung so umzuformen, dass die Wurzel isoliert auf einer der beiden Seiten der Gleichung steht (dann heben sich Wurzel und Potenz in jedem Fall auf). Es kann aber auch sinnvoll sein, mit einer geeigneten Substitution zu arbeiten.

──────────── Aufgabe 3.7 ────────────

Machen wir uns das am Beispiel $x + 6\sqrt{x} - 16 = 0$ klar. Beginnen wir mit möglichen Umformungen:

Zunächst isolieren wir den Wurzelterm $\sqrt{x}$. Das Ergebnis lautet

$$6\sqrt{x} = 16 - x.$$

Nun quadrieren wir beide Seiten der Gleichung. Wir erhalten

$$36x = (16 - x)^2 = 256 - 32x + x^2.$$

Die zugehörige Normalform dieser quadratischen Gleichung lautet

$$x^2 - 68x + 256 = 0.$$

Zur Lösung verwenden wir die p-q-Formel:

$$x_{1,2} = 34 \pm \sqrt{34^2 - 256} = 34 \pm \sqrt{900} = 34 \pm 30.$$

Die Probe mit $x_1 = 64$ liefert für die linke Seite der Ausgangsgleichung $64 + 6*8 - 16 = 96$. Linke und rechte Seite stimmen nicht überein! Bei $x_1 = 64$ handelt es sich also um eine vermeintliche, durch das Quadrieren hinzugekommene Lösung unserer Gleichung!

Die Probe mit $x_2 = 4$ liefert für die linke Seite der Ausgangsgleichung $4 + 6*2 - 16 = 0$. Linke und rechte Seite stimmen überein! Bei $x_2 = 4$ handelt es sich also um eine richtige Lösung unserer Ausgangsgleichung!

──────────────────────────────────

Betrachten wir jetzt die Substitution als alternativen Lösungsweg. Wir bleiben bei unserem Beispiel $x + 6\sqrt{x} - 16 = 0$ und setzen $z = \sqrt{x}$. Dann haben wir eine quadratische Gleichung für z vorliegen: $z^2 + 6z - 16 = 0$. Die Anwendung der p-q-Formel liefert $z_{1,2} = -3 \pm \sqrt{9 + 16} = -3 \pm 5$, also $z_1 = 2$ und $z_2 = -8$. Aus $z_1 = 2$ ergibt sich durch Rücksubstitution via $z = \sqrt{x}$ die bekannte Lösung $x_1 = 4$ (bitte nicht daran stören, dass die Lösung vorher x_2 hieß; die andere Bezeichnung ergibt sich aus dem anderen Lösungsweg, ändert aber nichts an der Lösung). Da $\sqrt{x} \geq 0$ gilt, kann es keine Zahl x_2 mit $\sqrt{x_2} = -8$ und damit keine weitere Lösung unserer Ausgangsgleichung geben.

Kapitel 3

Beim Lösen von Wurzelgleichungen können nichtäquivalente Lösungsschritte vorkommen und sich daher zusätzlich zu den tatsächlichen Lösungen auch vermeintliche Lösungen unserer Ausgangsgleichung einschleichen! Jede tatsächliche und jede vermeintliche Lösung lässt sich durch eine Probe anhand der ursprünglichen Gleichung identifizieren. Die Probe geht nur für richtige Lösungen auf, nicht aber für vermeintliche Lösungen.

Beispiel

$$\sqrt{x^2 + 1} + 2 - x = 0 \qquad | \text{ Isolieren der Wurzel}$$
$$\sqrt{x^2 + 1} = x - 2$$
$$| \text{ Quadrieren beider Seiten der Gleichung}$$
$$x^2 + 1 = x^2 - 4x + 4 \quad | \text{ Auflösen nach } x$$
$$4x = 3$$
$$x = \frac{3}{4}.$$

Die Probe durch Einsetzen von $x = \frac{3}{4}$ in die Ausgangsgleichung ergibt:

linke Seite: $\sqrt{\frac{9}{16} + 1} + 2 - \frac{3}{4} = \frac{5}{4} + 2 - \frac{3}{4} = \frac{5}{2}$

rechte Seite: 0.

Linke und rechte Seite stimmen nicht überein. Damit ist $x = \frac{3}{4}$ keine Lösung der Ausgangsgleichung! Die Lösungsmenge der Ausgangsgleichung ist leer. Quadrieren beider Seiten ist hier also eine nichtäquivalente Umformung. ◀

Beispiel

$$\sqrt{2x + 1} + \sqrt{2x - 1} = \sqrt{3}$$
$$| \text{ Quadrieren beider Seiten der Gleichung}$$
$$2x + 1 + 2\sqrt{2x + 1}\sqrt{2x - 1} + 2x - 1 = 3$$
$$4x + 2\sqrt{4x^2 - 1} = 3$$
$$| \text{ Isolieren der Wurzel}$$
$$4x - 3 = -2\sqrt{4x^2 - 1}$$
$$| \text{ Quadrieren beider Seiten der Gleichung}$$
$$16x^2 - 24x + 9 = 16x^2 - 4$$
$$| \text{ Auflösen nach } x$$
$$-24x = -13$$
$$x = \frac{13}{24}.$$

Probe durch Einsetzen von $x = \frac{13}{24}$ in die Ausgangsgleichung ergibt:

linke Seite: $\sqrt{\frac{26}{24} + 1} + \sqrt{\frac{26}{24} - 1} = \sqrt{\frac{25}{12}} + \sqrt{\frac{1}{12}} = \frac{5}{\sqrt{12}} + \frac{1}{\sqrt{12}} = \frac{6}{2\sqrt{3}} = \frac{3}{\sqrt{3}} = \sqrt{3}$

rechte Seite: $\sqrt{3}$.

Die Probe geht auf, d. h. es gilt „linke Seite = rechte Seite". Damit ist $x = \frac{13}{24}$ Lösung unserer Ausgangsgleichung. ◀

Exponentialgleichungen Wir sprechen von einer **Exponentialgleichung**, wenn die Gleichung mindestens eine Potenz enthält, in deren Exponenten die Unbekannte vorkommt.

Beispielsweise ist $2^x - 12 \cdot 2^{-x} = 1$ eine Exponentialgleichung, da die Gleichung mit 2^x eine Potenz enthält, in deren Exponenten die Unbekannte x vorkommt.

Die **Idee zum Lösen einer Exponentialgleichung** besteht darin, die Unbekannte aus dem Exponenten zu holen, sodass wir mit einer exponentenfreien Gleichung weiterarbeiten können. Dies kann durch Umformen mittels der Potenzgesetze und nachfolgendem Logarithmieren oder durch Substituieren und anschließendes Logarithmieren gelingen.

─────────────── **Aufgabe 3.8** ───────────────

Machen wir uns das am Beispiel $2^x - 12 \cdot 2^{-x} = 1$ klar:

$$2^x - 12 \cdot 2^{-x} = 1 \qquad | \cdot 2^x$$
$$(2^x)^2 - 12 = 2^x \qquad | -2^x$$
$$(2^x)^2 - 2^x - 12 = 0 \qquad | \text{ Substitution } z = 2^x$$
$$z^2 - z - 12 = 0 \qquad | \text{ Anwendung der p-q-Formel}$$

$$z_{1,2} = \frac{1}{2} \pm \sqrt{\frac{1}{4} + 12} = \frac{1}{2} \pm \sqrt{\frac{49}{4}} = \frac{1}{2} \pm \frac{7}{2}$$

also $z_1 = 4$ und $z_2 = -3$.

Jetzt ist Rücksubstitution von z_1 und z_2 erforderlich.

Betrachten wir zunächst $z_1 = 4$:

$$2^{x_1} = 4 \qquad | \text{ Logarithmieren}$$
$$\lg 2^{x_1} = \lg 4 \qquad | \text{ Anwendung Logarithmenregeln}$$
$$x_1 \cdot \lg 2 = 2 \cdot \lg 2 \quad | : \lg 2$$
$$x_1 = 2$$

Probe: $2^{x_1} - 12 \cdot 2^{-x_1} = 2^2 - 12 \cdot 2^{-2} = 4 - \frac{12}{4} = 1$, also „linke Seite = rechte Seite". Damit ist $x_1 = 2$ Lösung unserer Ausgangsgleichung.

Betrachten wir nun $z_2 = -3$:

Rücksubstitution führt zu $2^{x_2} = -3$. Dies steht im Widerspruch zu $2^x > 0$ für alle $x \in \mathbb{R}$. Damit führt $z_2 = -3$ zu keiner weiteren Lösung unserer Ausgangsgleichung.

Beim Lösen von Exponentialgleichungen können nicht-äquivalente Lösungsschritte vorkommen und sich daher zusätzlich zu den tatsächlichen Lösungen auch vermeintliche Lösungen unserer Ausgangsgleichung einschleichen!

Wenn die betrachteten Terme jedoch positiv sind, ist Logarithmieren eine äquivalente Umformung!

Jede tatsächliche und jede vermeintliche Lösung lässt sich durch eine Probe anhand der ursprünglichen Gleichung identifizieren. Die Probe geht nur für richtige Lösungen auf, nicht aber für vermeintliche Lösungen.

Beispiel

$$7 \cdot 3^{-x} = 5 \cdot 4^x \qquad | \text{ Logarithmieren}$$

$$\lg(7 \cdot 3^{-x}) = \lg(5 \cdot 4^x)$$

$$| \text{ Anwendung Logarithmenregeln}$$

$$\lg 7 + \lg 3^{-x} = \lg 5 + \lg 4^x$$

$$\lg 7 - x \cdot \lg 3 = \lg 5 + x \cdot \lg 4 \qquad | \text{ Auflösen nach } x$$

$$\lg 7 - \lg 5 = x \cdot \lg 4 + x \cdot \lg 3$$

$$| \text{ Seiten vertauschen und ausklammern}$$

$$x \cdot (\lg 4 + \lg 3) = \lg 7 - \lg 5$$

$$x = \frac{\lg 7 - \lg 5}{\lg 4 + \lg 3} = 0{,}1354 \ldots$$

Die Probe führen wir dieses Mal der Einfachheit halber mit dem Näherungswert $x = 0{,}1354$ durch. Einsetzen in die linke und rechte Seite der Ausgangsgleichung liefert:

linke Seite: $7 \cdot 3^{-x} \approx 6{,}032$

rechte Seite: $5 \cdot 4^x \approx 6{,}032$.

Wir haben damit die gesuchte Lösung der Ausgangsgleichung gefunden. Weitere Lösungen gibt es nicht, da alle Umformungen äquivalent sind. Insbesondere ist das Logarithmieren äquivalent, weil $7 \cdot 3^{-x} > 0$ und $5 \cdot 4^x > 0$ gilt. ◄

Beispiel

$$2{,}3 \cdot 5^{x+1} - 3{,}1 \cdot 7^x = 0{,}25 \cdot 5^{x+2} - 0{,}1 \cdot 7^{x+1}$$

$$| \text{ Terme auf Exponent } x \text{ bringen}$$

$$2{,}3 \cdot 5 \cdot 5^x - 3{,}1 \cdot 7^x = 0{,}25 \cdot 25 \cdot 5^x - 0{,}1 \cdot 7 \cdot 7^x$$

$$11{,}5 \cdot 5^x - 3{,}1 \cdot 7^x = 6{,}25 \cdot 5^x - 0{,}7 \cdot 7^x$$

$$| \text{ Terme mit gleicher Basis zusammenfassen}$$

$$5{,}25 \cdot 5^x = 2{,}4 \cdot 7^x$$

$$| \text{ Logarithmieren beider Seiten}$$

$$\lg(5{,}25 \cdot 5^x) = \lg(2{,}4 \cdot 7^x)$$

$$| \text{ Anwendung Logarithmenregeln}$$

$$\lg 5{,}25 \cdot \lg(5^x) = \lg 2{,}4 + \lg(7^x)$$

$$| \text{ Anwendung Logarithmenregeln}$$

$$\lg 5{,}25 + x \cdot \lg 5 = \lg 2{,}4 + x \cdot \lg 7$$

$$| \text{ Auflösen nach } x$$

$$x = \frac{\lg 5{,}25 - \lg 2{,}4}{\lg 7 - \lg 5} = 2{,}3263 \ldots$$

Die Probe mit dem Näherungswert für x geht wieder auf (bitte nachrechnen). Damit haben wir die einzige Lösung der Ausgangsgleichung gefunden (wegen $5{,}25 \cdot 5^x > 0$ und $2{,}4 \cdot 7^x > 0$ ist das Logarithmieren ebenso wie alle anderen Umformungen äquivalent). ◄

Logarithmengleichungen Wir sprechen von einer **Logarithmengleichung**, wenn die Gleichung mindestens einen Term enthält, in dem ein Logarithmus der Unbekannten vorkommt.

Beispielsweise ist $\frac{7}{\lg x} = 6 + \lg x \ (x \neq 1)$ eine Logarithmengleichung, da die Gleichung mit $\frac{7}{\lg x}$ und $\lg x$ zwei Terme enthält, in denen ein Logarithmus der Unbekannten x vorkommt.

Die **Idee zum Lösen einer Logarithmengleichung** besteht darin, die Unbekannte aus dem Argument des Logarithmus zu holen, sodass wir mit einer Gleichung weiterarbeiten können, in der die Unbekannte „logarithmenfrei" vorkommt. Dies kann durch Umformen mittels der Rechenregeln für Logarithmen, durch Nutzung des Zusammenhangs von Logarithmen und Potenzen und damit durch Übergang zu Potenzen mit passender Basis sowie durch geeignetes Substituieren gelingen.

——————— **Aufgabe 3.9** ———————

Machen wir uns das am Beispiel $\frac{7}{\lg x} = 6 + \lg x \ (x \neq 1)$ klar. Wir setzen $z = \lg x$ und erhalten eine quadratische Gleichung für z, die wir mit der p-q-Formel lösen können:

$$\frac{7}{z} = 6 + z \qquad | \text{ Multiplizieren mit } z$$

$$7 = 6z + z^2 \qquad | \text{ Überführen in Normalform}$$

$$z^2 + 6z - 7 = 0 \qquad | \text{ Anwenden der p-q-Formel}$$

$$z_{1,2} = -3 \pm \sqrt{9 + 7} = -3 \pm 4$$

Hieraus resultiert $z_1 = 1$ und $z_2 = -7$. Nun ist in beiden Fällen die Rücksubstitution erforderlich.

Aus $z_1 = 1$ folgt $\lg x_1 = 1$. Erinnern wir uns an die Definition des Logarithmus und daran, dass $\lg$ für den Logarithmus zur Basis 10 steht, sowie daran, dass $\log_a x = b$ die Lösung $x = a^b$ hat, ergibt sich $x_1 = 10$. (Wir können uns das anhand von $\lg x_1 = \log_{10} x_1 = 1$ klarmachen. Hier gilt $a = 10$ und $b = 1$, also $x_1 = 10^1 = 10$.)

Entsprechend gewinnen wir aus $z_2 = -7$ die Lösung $x_2 = 10^{-7}$.

Also sind $x_1 = 10$ und $x_2 = 10^{-7}$ die Lösungen der Ausgangsgleichung. Hiervon können wir uns abschließend durch die erforderlichen Proben überzeugen:

Kapitel 3

Probe für $x_1 = 10$:

linke Seite: $\frac{7}{\lg x} = \frac{7}{\lg 10} = \frac{7}{1} = 7$

rechte Seite: $6 + \lg x = 6 + \lg 10 = 6 + 1 = 7$.

Probe für $x_2 = 10^{-7}$:

linke Seite: $\frac{7}{\lg x} = \frac{7}{\lg 10^{-7}} = \frac{7}{-7} = -1$

rechte Seite: $6 + \lg x = 6 + \lg 10^{-7} = 6 - 7 = -1$.

Beim Lösen von Logarithmengleichungen können nicht-äquivalente Lösungsschritte vorkommen und sich daher zusätzlich zu den tatsächlichen Lösungen auch vermeintliche Lösungen unserer Ausgangsgleichung einschleichen!

Jedoch ist der Übergang zu Potenzen mit irgendeiner von 1 verschiedenen reellen Zahl $a > 0$ als Basis immer eine äquivalente Umformung!

Jede tatsächliche und jede vermeintliche Lösung lässt sich durch eine Probe anhand der ursprünglichen Gleichung identifizieren. Die Probe geht nur für richtige Lösungen auf, nicht aber für vermeintliche Lösungen.

Beispiel

Gesucht sind die Lösungen der Gleichung $0{,}5 \cdot \lg (x-7) + \lg \sqrt{2} = 1 - \lg \sqrt{x+2}$:

$$0{,}5 \cdot \lg (x-7) + \lg \sqrt{2} = 1 - \lg \sqrt{x+2}$$

$\quad$| Anwenden der Logarithmenregeln

$$\lg \sqrt{x-7} + \lg \sqrt{2} = 1 - \lg \sqrt{x+2}$$

$\quad$| $1 = \lg 10$

$$\lg \sqrt{x-7} + \lg \sqrt{2} = \lg 10 - \lg \sqrt{x+2}$$

$\quad$| Anwenden der Logarithmenregeln

$$\lg (\sqrt{x-7} \cdot \sqrt{2}) = \lg \frac{10}{\sqrt{x+2}}$$

$\quad$| Anwenden der Wurzelrechnung

$$\lg \sqrt{2(x-7)} = \lg \frac{10}{\sqrt{x+2}}$$

$\quad$| Übergang zu Potenzen zur Basis $a = 10$

$$\sqrt{2(x-7)} = \frac{10}{\sqrt{x+2}}$$

$\quad$| Quadrieren

$$2(x-7) = \frac{100}{x+2}$$

$\quad$| Multiplizieren mit $(x+2)$

$$2(x-7)(x+2) = 100$$

$\quad$| auf Normalform bringen

$$(x-7)(x+2) = 50$$

$$x^2 + 2x - 7x - 14 = 50$$

$$x^2 - 5x - 64 = 0$$

$\quad$| Anwendung der p-q-Formel

$$x_{1,2} = 2{,}5 \pm \sqrt{6{,}25 + 64} = 2{,}5 \pm 8{,}3815\ldots$$

Die Probe mit dem Näherungswert zeigt, dass $x_1 = 10{,}8815\ldots$ eine Lösung der Ausgangsgleichung ist. Demgegenüber ergibt die weitere Probe, dass $x_2 = -5{,}8815\ldots$ keine Lösung der Ausgangsgleichung ist. Ursache hierfür ist das Quadrieren als einzige nichtäquivalente Umformung in unserer Rechnung. ◄

Beispiel

Gesucht sind die Lösungen der Gleichung $\log_2 (4x + 5) = 3{,}5$:

$$\log_2 (4x + 5) = 3{,}5$$

$\quad$| Übergang zu Potenzen zur Basis $a = 2$

$$2^{\log_2 (4x+5)} = 2^{3{,}5}$$

$\quad$| Potenzen berechnen

$$4x + 5 = 11{,}3137\ldots$$

$\quad$| nach x auflösen

$$4x = 6{,}3137\ldots$$

$$x = 1{,}5784\ldots$$

Die Probe zeigt, dass $x = 1{,}5784\ldots$ Lösung der Ausgangsgleichung ist. Da wir nur äquivalente Umformungen vorgenommen haben, gibt es keine weiteren Lösungen. ◄

Zusammenfassung

Wirtschaftswissenschaftliche Fragestellungen können u. a. auch auf Bruch-, Wurzel-, Exponential- und Logarithmengleichungen führen. Welcher Typ von Gleichung vorliegt, hängt davon ab, ob die Unbekannte in der Gleichung mindestens

- im Nenner eines Bruches (**Bruchgleichung**),
- unter einer Wurzel (**Wurzelgleichung**),
- als Exponent einer Potenz (**Exponentialgleichung**) oder
- als Argument eines Logarithmus (**Logarithmengleichung**)

vorkommt.

Die Grundidee zum Lösen derartiger Gleichungen besteht immer darin, Brüche, Wurzeln, Potenzen bzw. Logarithmen zu beseitigen, sodass die Unbekannte dann in einer möglichst einfachen Gleichung vorliegt.

Hierzu bieten sich Multiplizieren mit dem Hauptnenner, Potenzieren, Logarithmieren oder der Übergang zu Potenzen, oft aber auch die Substitution der Unbekannten als Lösungswege an.

Ergebnisse dieser Rechenschritte können im besten Fall lineare, quadratische oder andere Gleichungen n-ter Ordnung sein, die wir dann mit den Hilfsmitteln zum Lösen derartiger Gleichungen bearbeiten können.

Auf allen diesen Lösungswegen kann es sein, dass wir uns nichtäquivalenter Umformungen bedienen müssen. Dann kann es dazu kommen, dass wir Lösungen verlieren oder aber, dass wir neben den tatsächlichen auch vermeintliche Lösungen erhalten.

Um hierüber Klarheit zu gewinnen, sollte der Rechenweg immer auf Äquivalenz aller Umformungen überprüft werden. Wenn wir nur äquivalente Umformungen vorgenommen haben, sind keine Lösungen verloren gegangen, aber auch keine vermeintlichen Lösungen hinzugekommen.

Spätestens dann, wenn wir zur Lösung unserer Gleichung nichtäquivalente Umformungen vornehmen mussten, ist zu prüfen, ob Lösungen verloren gegangen sind (das kann beispielsweise passieren, wenn wir die Gleichung durch einen Term dividieren müssen) und ob alle gefundenen Lösungen tatsächliche Lösungen unserer Gleichung sind. Letzteres können wir durch die Probe unserer Lösungen anhand der Ausgangsgleichung erkennen. Die Probe geht nur für tatsächliche Lösungen, nicht aber für vermeintliche Lösungen auf.

Logarithmieren positiver Terme ist immer eine äquivalente Umformung. Ebenso ist Potenzieren, d. h. der Übergang zu Potenzen mit irgendeiner von 1 verschiedenen reellen Zahl $a > 0$ als Basis und den ursprünglichen Termen als Exponenten immer eine äquivalente Umformung. Vorsicht ist demgegenüber beispielsweise beim Quadrieren geboten. Dies kann, muss aber keine äquivalente Umformung sein.

Verdeutlichen wir uns die Ausführungen zu den Bruch-, Wurzel-, Exponential- und Logarithmengleichungen abschließend an einem konkreten Beispiel aus den Wirtschaftswissenschaften.

Beispiel

Ein neuer Mähdrescher des Modelljahrs 2013 schlägt je nach Fabrikat und Ausstattung durchaus mit 300.000 € zu Buche. Großbauer Martin überlegt, sich eine derartige Maschine zuzulegen, zögert aber noch wegen des Wertverlustes. Dieser beträgt 6 % pro Jahr. Um den Wertverlust abschätzen zu können, fragt Bauer Martin nach der Zeit, in der der Wert des Mähdreschers auf die Hälfte des Kaufpreises, also auf 150.000 €, sinkt.

Dieser Zeitpunkt $t_{1/2}$ lässt sich durch folgende Formel ermitteln, die wir hier ohne Begründung verwenden:

$$0{,}5 \cdot 300.000 = 300.000 \cdot e^{\ln\left(1-\frac{6}{100}\right)\cdot t_{1/2}}.$$

Diese gilt es, nach $t_{1/2}$ aufzulösen:

$$0{,}5 \cdot 300.000 = 300.000 \cdot e^{\ln\left(1-\frac{6}{100}\right)\cdot t_{1/2}}$$
$$\mid : 300.000$$
$$0{,}5 = e^{\ln\left(1-\frac{6}{100}\right)\cdot t_{1/2}}$$
$$\mid \text{Logarithmieren}$$
$$\ln 0{,}5 = \ln\left(e^{\ln\left(1-\frac{6}{100}\right)\cdot t_{1/2}}\right)$$
$$\mid \text{Anwenden der Logarithmenregeln}$$
$$-\ln 2 = \ln\left(1-\frac{6}{100}\right)\cdot t_{1/2}$$
$$\mid \text{Auflösen nach } t_{1/2}$$
$$t_{1/2} = -\frac{\ln 2}{\ln\left(1-\frac{6}{100}\right)}$$
$$\mid \text{Ausrechnen von } t_{1/2}$$
$$t_{1/2} \approx -\frac{0{,}6931}{-0{,}0619} \approx 11{,}20.$$

Damit weiß Bauer Martin, dass der Wert des Mähdreschers nach gut elf Jahren auf die Hälfte des Kaufpreises gesunken ist (die Probe überlassen wir Ihnen), und hat so ein Argument für oder gegen den Kauf der Maschine in der Hand. ◀

3.6 Einfache lineare Gleichungssysteme – Wie wir vorgehen können, wenn wir mehrere Unbekannte haben, die recht einfach miteinander zusammenhängen

Die Studierenden Anna und Paul nutzen jeweils eine Prepaid-Karte des Mobilfunkproviders *fantastico telefonico*. Ihr Kommilitone Klaus überlegt, ob er den Vertrag mit seinem Mobilfunkanbieter kündigen und sich ebenfalls eine Prepaid-Karte von *fantastico telefonico* zulegen sollte. Als Entscheidungshilfe möchte er in Erfahrung bringen, wie viel er fürs Telefonieren pro Minute sowie für jede SMS zu zahlen hat.

Anna und Paul können diese Frage nicht beantworten. Stattdessen können sie Klaus folgende Informationen geben:

Kapitel 3

■ Anna hat zuletzt 486 SMS verschickt und 130 Minuten telefoniert. Die Prepaid-Karte hierfür kostete sie 24,98 €.

■ Paul hatte ein Prepaid-Guthaben von 18,98 €. Dafür konnte er 220 Minuten telefonieren und 46 SMS versenden.

Klaus beginnt seine Überlegungen damit, Bezeichnungen für die Unbekannten einzuführen. Er sucht den Preis s je SMS in € und den Preis t je Telefonminute in €. Damit kann er die Informationen von Anna und Paul in Form zweier Gleichungen ausdrücken:

$$486 \cdot s + 130 \cdot t = 24{,}98 \qquad \text{(I)}$$
$$46 \cdot s + 220 \cdot t = 18{,}98\,. \qquad \text{(II)}$$

Auf den linken Seiten der Gleichungen stehen jetzt Terme mit *zwei* Unbekannten: s und t. Die Unbekannten sind möglichst so zu bestimmen, dass beide Gleichungen zu wahren Aussagen werden. Anders ausgedrückt: Es werden reelle Zahlen s und t gesucht, die *simultan* beide Gleichungen erfüllen.

Die Gleichungen (I) und (II) sind **linear**, d. h. die Unbekannten s und t treten nur in der ersten Potenz auf. Wir sprechen daher von einem **linearen Gleichungssystem (LGS) mit zwei Gleichungen für zwei Unbekannte.**

In linearen Gleichungssystemen treten neben den Unbekannten auch feste Zahlen auf: zum einen Zahlen, die als Faktoren mit den Unbekannten verbunden sind – hier 486 und 130 sowie 46 und 220 – die sogenannten **Koeffizienten**; zum anderen auch freie Zahlen – hier 24,98 und 18,98 – die sogenannten **Absolutglieder** oder **absoluten Glieder**. Stellvertretend für Zahlen können – insbesondere zur Beschreibung allgemeiner Gesetzmäßigkeiten – auch Buchstaben vorliegen.

Ein Zahlenpaar (s, t) mit der Eigenschaft, dass s und t *simultan* beide Gleichungen erfüllen, nennen wir **Lösung des Gleichungssystems**. Je nach Aufgabenstellung kann es mehrere Lösungen geben. Die Gesamtheit der Lösungen heißt **Lösungsmenge des Gleichungssystems**.

Gut zu wissen

Lineare Gleichungssysteme werden üblicherweise so geordnet, dass die Unbekannten wie im betrachteten Beispiel auf der linken Seite und die Absolutglieder auf der rechten Seite stehen. ◀

Natürlich stellt sich die Frage, wie Klaus das vorliegende LGS lösen kann. Wir werden ganz pragmatisch einige Lösungswege aufzeigen. Die Grundidee dabei ist immer, durch äquivalente Umformungen zu einer Gleichung für eine der Unbekannten zu kommen, die Unbekannte daraus zu bestimmen und mit diesem Wert dann auch die zweite Unbekannte zu ermitteln.

Einsetzungsverfahren Zur Erinnerung noch einmal das Gleichungssystem:

$$486 \cdot s + 130 \cdot t = 24{,}98 \qquad \text{(I)}$$
$$46 \cdot s + 220 \cdot t = 18{,}98\,. \qquad \text{(II)}$$

Klaus wählt eine der beiden Gleichungen aus – beispielsweise die erste (I) – und löst diese nach einer der beiden Unbekannten – beispielsweise s – auf. Er erhält folgendes Gleichungssystem:

$$s = -\frac{130}{486} \cdot t + \frac{24{,}98}{486} \qquad \text{(I}')$$
$$46 \cdot s + 220 \cdot t = 18{,}98\,. \qquad \text{(II)}$$

Dann setzt er den so erhaltenen Ausdruck für s aus (I') in Gleichung (II) ein. Damit gelangt Klaus zur Gleichung (II'), die nur noch die Unbekannte t enthält:

$$46 \cdot \left(-\frac{130}{486} \cdot t + \frac{24{,}98}{486}\right) + 220 \cdot t = 18{,}98\,. \qquad \text{(II}')$$

Jetzt kann sich Klaus auf sicherem Boden bewegen: Gleichung (II') ist eine lineare Gleichung mit der Unbekannten t, die er mit den Methoden aus Abschn. 3.2 äquivalent umformen und dadurch lösen kann. Klaus beginnt, indem er beide Seiten der Gleichung mit 486 multipliziert:

$$46 \cdot (-130 \cdot t + 24{,}98) + 486 \cdot 220 \cdot t = 486 \cdot 18{,}98 \quad \text{(II}'')$$
$$\qquad | \text{ Klammer auflösen}$$
$$-5980 \cdot t + 1149{,}08 + 106.920 \cdot t = 9224{,}28 \qquad \text{(II}''')$$
$$\qquad | \text{Zusammenfassen}$$
$$100.940 \cdot t = 8075{,}20 \qquad \text{(II}'''')$$
$$\qquad | \text{ nach } t \text{ auflösen}$$
$$t = \frac{8075{,}20}{100.940} = 0{,}08\,. \qquad \text{(II}''''')$$

Dieses Resultat kann Klaus nun in (I') einsetzen und daraus s ermitteln:

$$s = -\frac{130}{486} \cdot 0{,}08 + \frac{24{,}98}{486} = 0{,}03\,. \qquad \text{(I}'')$$

Zur Probe setzen wir $s = 0{,}03$ und $t = 0{,}08$ in (I) und (II) ein. Wir erhalten

$$486 \cdot s + 130 \cdot t = 486 \cdot 0{,}03 + 130 \cdot 0{,}08$$
$$= 14{,}58 + 10{,}40 = 24{,}98 \qquad \text{(I)}$$
$$46 \cdot s + 220 \cdot t = 46 \cdot 0{,}08 + 220 \cdot 0{,}03$$
$$= 1{,}38 + 17{,}60 = 18{,}98\,. \qquad \text{(II)}$$

Sowohl bei (I) als auch bei (II) gilt also „linke Seite = rechte Seite", d. h. dass das Zahlenpaar (s, t) mit $s = 0{,}03$ und $t = 0{,}08$ eine Lösung des aus (I) und (II) bestehenden LGS ist. Da wir nur äquivalente Umformungen vorgenommen haben, kann es keine weitere Lösung des betrachteten linearen Gleichungssystems geben. Klaus weiß damit, dass Anna und Paul

$s = 0{,}03\,€ = 3\,\text{ct}$ je SMS und $t = 0{,}08\,€ = 8\,\text{ct}$ je Telefonminute bezahlen und kann sich nun entscheiden, ob er auch eine Prepaid-Karte von *fantastico telefonico* kaufen wird.

Klaus wäre zum gleichen Ergebnis gekommen, wenn er eine der beiden Gleichungen (I) und (II) nach t aufgelöst hätte und wie beschrieben vorgegangen wäre. Prüfen Sie das doch ruhig einmal nach!

Gleichsetzungsverfahren Auch hier zur Erinnerung noch einmal das Gleichungssystem:

$$486 \cdot s + 130 \cdot t = 24{,}98 \qquad (I)$$
$$46 \cdot s + 220 \cdot t = 18{,}98. \qquad (II)$$

Klaus löst nun *beide* Gleichungen nach einer der beiden Unbekannten – beispielsweise s – auf. Er erhält folgendes Gleichungssystem:

$$s = -\frac{130}{486} \cdot t + \frac{24{,}98}{486} \qquad (I')$$
$$s = -\frac{220}{46} \cdot t + \frac{18{,}98}{46}. \qquad (II')$$

Jetzt setzt er beide Ergebnisse gleich. Es entsteht *eine* Gleichung, die nur noch *eine* Unbekannte – hier: t – enthält:

$$-\frac{220}{46} \cdot t + \frac{18{,}98}{46} = -\frac{130}{486} \cdot t + \frac{24{,}98}{486}$$
$$| \cdot 46 \cdot 486$$
$$-486 \cdot 220 \cdot t + 486 \cdot 18{,}98 = -46 \cdot 130 \cdot t + 46 \cdot 24{,}98$$
$$-106.920t + 9224{,}28 = -5980 \cdot t + 1149{,}08$$
$$| \text{ Zusammenfassen}$$
$$100.940t = 8075{,}20$$
$$| \text{ nach } t \text{ auflösen}$$
$$t = \frac{8075{,}20}{100.940} = 0{,}08.$$

Diesen Wert für t kann Klaus nun noch in eine der beiden Ausgangsgleichungen (I) oder (II) – beispielsweise in (I) – einsetzen, um eine Gleichung für eine Unbekannte – hier: s – zu erhalten:

$$486 \cdot s + 130 \cdot 0{,}08 = 24{,}98. \qquad (I'')$$

Auflösen nach s liefert wieder $s = 0{,}03$ (dies können Sie durch eigene Rechnung nachprüfen). Die Gleichsetzungsmethode führt uns also zum selben Ergebnis wie die Einsetzungsmethode (was ja auch zu hoffen und zu erwarten war).

Additionsverfahren Und auch hier zur Erinnerung zunächst noch einmal das Gleichungssystem:

$$486 \cdot s + 130 \cdot t = 24{,}98 \qquad (I)$$
$$46 \cdot s + 220 \cdot t = 18{,}98. \qquad (II)$$

Auch hier geht es wieder darum, die vorhandenen Gleichungen so zu verarbeiten, dass wir eine Gleichung mit einer Variablen erhalten, die wir dann lösen können.

Beim Additionsverfahren besteht das „Verarbeiten" von (I) und (II) darin, dass geeignete Vielfache von (I) und (II) addiert werden. Dabei bedeutet für uns „geeignet", dass eine Unbekannte bei der Addition wegfällt und so eine Gleichung mit nur noch einer Unbekannten entsteht.

Verdeutlichen wir uns dieses Vorgehen am Beispiel. Wir multiplizieren (I) mit 220 und (II) mit -130, also (I) mit dem Koeffizienten von t in (II) und (II) mit dem Negativen des Koeffizienten von t in (I). Ergebnis dieser äquivalenten Umformungen ist das Gleichungssystem

$$106.920 \cdot s + 28.600 \cdot t = 5495{,}60 \qquad (I')$$
$$-5980 \cdot s - 28.600 \cdot t = -2467{,}40. \qquad (II')$$

Wir sehen, dass t nun in beiden Gleichungen den bis auf das Vorzeichen gleichen Koeffizienten hat. Indem wir (I') und (II') addieren, entsteht daher (I''), die nur noch die Unbekannte s enthält:

$$100.940 \cdot s = 3028{,}20. \qquad (I'')$$

Durch Auflösen von (I'') nach s kommen wir zu dem Ergebnis $s = \frac{3028{,}20}{100.940} = 0{,}03$. Einsetzen von s in (I) liefert uns wieder $t = 0{,}08$. Die Additionsmethode führt also ebenso zum selben Ergebnis wie die Gleichsetzungs- oder die Einsetzungsmethode (was ja auch hier zu hoffen und zu erwarten war).

> Einsetzungs-, Gleichsetzungs- und Additionsverfahren bestehen aus äquivalenten Umformungen des gegebenen linearen Gleichungssystems. Wir gewinnen damit also alle Lösungen des gegebenen LGS. Alle drei Verfahren führen zum gleichen Ergebnis.

Gut zu wissen

Beim Lösen linearer Gleichungssysteme lohnt sich immer die **Methode scharfes Hinsehen**.

Aufgrund der speziellen Struktur des Gleichungssystems kann die Anwendung einer der drei Ansätze Einsetzungs-, Gleichsetzungs- und Additionsverfahren besonders einfach sein. Nicht immer ist ein und derselbe Lösungsweg für alle Fälle der günstigste.

Insbesondere beim Additionsverfahren kann (muss aber nicht) die Multiplikation der Gleichungen mit den Koeffizienten übersichtliche oder unübersichtliche Vielfache der ursprünglichen Gleichungen liefern. Es empfiehlt sich daher immer, darauf zu achten, dass möglichst einfache Multiplikationen durchgeführt werden. ◄

Verlassen wir nun Klaus und seine Kommilitonen und damit das bisher betrachtete relativ einfache lineare Gleichungssystem aus zwei linearen Gleichungen mit zwei Unbekannten.

Kapitel 3

In der wirtschaftswissenschaftlichen Praxis werden uns häufiger Gleichungssysteme mit mehr als zwei Gleichungen und mehr als zwei Unbekannten begegnen. Es stellt sich dann auch wieder die Frage, wie wir diese lösen können. Außerdem stellt sich die bisher unbeachtete Frage, ob wir alle Lösungen des jeweiligen LGS gefunden haben.

Die Antwort auf die erste der beiden Fragen lautet, dass alle eben beschriebenen Lösungsverfahren sinngemäß übertragen und genutzt werden können, um das jeweilige LGS zu lösen. Allerdings bietet es sich bei linearen Gleichungssystemen mit einer höheren Anzahl von Gleichungen und Unbekannten an, mit dem sogenannten Gauß'schen Algorithmus zu arbeiten.

Gauß'scher Algorithmus Die Kernidee des Gauß'schen Algorithmus besteht darin, das vorliegende Gleichungssystem auf sogenannte **Dreiecksgestalt** zu bringen. Diese Idee wird bereits im Additionsverfahren angedeutet. Sie lässt sich gut anhand eines LGS mit drei Gleichungen und drei Unbekannten zeigen. Wir betrachten das folgende LGS:

$$
\begin{aligned}
x - y - 2z &= 1 & \text{(I)} \\
3x - 4y + z &= -7 & \text{(II)} \\
2x + 5y + 7z &= 12\,. & \text{(III)}
\end{aligned}
$$

Mit den angegebenen Umformungen (Anwendungen des Additionsverfahrens!) gewinnen wir daraus ein äquivalentes LGS, dessen Gleichungen (II′) und (III′) nur noch zwei Unbekannte enthalten:

$$
\begin{aligned}
x - y - 2z &= 1 & & \text{(I)} \\
y - 7z &= 10 & | \; 3\text{(I)}-\text{(II)} & \text{(II′)} \\
-7y - 11z &= -10\,. & | \; 2\text{(I)}-\text{(III)} & \text{(III′)}
\end{aligned}
$$

Erneute Anwendung des Additionsverfahrens liefert uns:

$$
\begin{aligned}
x - y - 2z &= 1 & & \text{(I)} \\
y - 7z &= 10 & & \text{(II′)} \\
-60z &= 10\,. & | \; 7\text{(II′)} + \text{(III)} & \text{(III′)}
\end{aligned}
$$

Mittels dieses von Gauß vorgeschlagenen Algorithmus, also mittels mehrfacher systematischer Anwendung des Additionsverfahrens, haben wir das ursprüngliche LGS in ein äquivalentes System mit **Dreiecksgestalt** transformiert! Hieraus lassen sich die gesuchten Unbekannten bestimmen:

Aus (III′) folgt $z = -1$. Einsetzen in (II′) führt zu $y = 3$. Einsetzen beider Werte für z und y in (I) ergibt schließlich $x = 2$.

Die Probe durch Einsetzen aller drei Werte in alle drei Gleichungen unseres ursprünglichen Gleichungssystems liefert „linke Seite = rechte Seite" sowohl für (I) als auch für (II) und (III) (rechnen Sie ruhig nach). Damit ist das Zahlentripel $(x, y, z) = (2, 3, -1)$ die Lösung des betrachteten LGS.

Gehen wir jetzt der noch offenen Frage nach der Lösbarkeit linearer Gleichungssysteme und der Anzahl möglicher Lösungen eines LGS nach.

Lösbarkeit linearer Gleichungssysteme

Ein lineares Gleichungssystem kann unlösbar sein (keine Lösung besitzen), eine Lösung haben oder unendlich viele Lösungen aufweisen.

Machen wir uns das an einigen Beispielen klar.

—————— **Aufgabe 3.10** ——————

$$
\begin{aligned}
3x - 4y &= -15 & \text{(I)} \\
-x + 2y &= -1\,. & \text{(II)}
\end{aligned}
$$

(II) lässt das Einsetzungsverfahren sinnvoll erscheinen. Wir lösen (II) nach x auf und erhalten $x = 2y + 1$. Einsetzen in (I) liefert:

$$
3(2y + 1) - 4y = -15\,.
$$

Diese Gleichung lösen wir nach y auf:

$$
\begin{aligned}
6y + 3 - 4y &= -15 \\
2y &= -18 \\
y &= -9\,.
\end{aligned}
$$

Damit folgt $x = 2y + 1 = -18 + 1 = -17$. Die Probe bestätigt die Lösung $(x, y) = (-17, -9)$.

Beispiel

Das nächste Gleichungssystem bearbeiten wir mit dem Additionsverfahren:

$$
\begin{aligned}
6x - 2y &= 7 & | \cdot 3 & & \text{(I)} \\
-9x + 3y &= 4 & | \cdot 2 & & \text{(II)} \\
\hline
18x - 6y &= 21 & | \cdot 3 & & \text{(I′)} \\
-18x + 6y &= 8 & | \cdot 2 \,|\, (\text{I′}) + (\text{II}) & & \text{(II′)} \\
\hline
0 \cdot x + 0 \cdot y &= 29 & & & \\
\hline
0 &= 29\,. & & &
\end{aligned}
$$

Der Widerspruch $0 = 29$ bedeutet, dass das LGS keine Lösung besitzt, also unlösbar ist. ◄

Beispiel

$$
\begin{aligned}
6x - 8y &= 12 & \text{(I)} \\
-15x + 20y &= -30\,. & \text{(II)}
\end{aligned}
$$

Wir wählen jetzt das Gleichsetzungsverfahren und lösen dazu beide Gleichungen nach y auf:

$$y = \frac{3}{4}x - \frac{3}{2} \qquad \text{(I')}$$

$$y = \frac{3}{4}x - \frac{3}{2}. \qquad \text{(II')}$$

Gleichsetzen liefert die Identität $\frac{3}{4}x - \frac{3}{2} = \frac{3}{4}x - \frac{3}{2}$. Das LGS besitzt also unendlich viele Lösungen. Konkret ist jedes Zahlenpaar (x, y) mit beliebigem $x \in \mathbb{R}$ und $y = \frac{3}{4}x - \frac{3}{2}$ Lösung des LGS.

Hintergrund für diese unendlich vielen Lösungen ist, dass (II) das $(-\frac{5}{2})$-Fache von (I) ist. (II) kann also durch Multiplikation mit $-\frac{5}{2}$ aus (I) hergeleitet werden. (I) und (II) sind damit mathematisch betrachtet nicht verschieden voneinander, d. h. eine der Gleichungen – beispielsweise (II) – ist überflüssig. Es liegt also kein LGS mit zwei Gleichungen und zwei Unbekannten sondern nur eine Gleichung mit zwei Unbekannten vor. ◀

Zusammenfassung

Wir nennen ein aus mehreren Gleichungen mit mehreren Unbekannten bestehendes System, in dem die Unbekannten nur in der ersten Potenz auftreten, ein **lineares Gleichungssystem (LGS)**. Beispielsweise ist

$$4x + 3y - 2z = 13 \qquad \text{(I)}$$
$$3x - 4y + 2z = -4 \qquad \text{(II)}$$
$$x + 15y + 3z = 12 \qquad \text{(III)}$$

ein lineares Gleichungssystem mit drei Gleichungen und den drei Unbekannten x, y und z. Die Zahlen vor den Unbekannten heißen **Koeffizienten** der jeweiligen Unbekannten, die Zahlen rechts vom Gleichheitszeichen **Absolutglieder** des Gleichungssystems. Ein Zahlentripel (x, y, z), mit der Eigenschaft, dass x und y sowie z alle drei Gleichungen *simultan* erfüllen, ist eine Lösung des LGS.

Ein LGS kann unlösbar sein (keine Lösung haben), eine Lösung oder unendlich viele Lösungen besitzen.

Die etwaigen Lösungen eines LGS können mit dem Einsetzungs-, dem Gleichsetzungs- oder dem Additionsverfahren sowie mit dem Gauß'schen Algorithmus bestimmt werden. Diese Vorgehensweisen bestehen aus äquivalenten Umformungen des gegebenen Gleichungssystems und verfolgen jeweils die Idee, zu einer Gleichung mit einer Unbekannten zu kommen, daraus diese Unbekannte zu berechnen und dann Schritt für Schritt die Lösungen aller anderen Unbekannten zu ermitteln. Welches der Verfahren vorteilhaft, d. h. möglichst einfach anzuwenden ist, kann oft durch die **Methode scharfes Hinsehen** geklärt werden.

Das **Einsetzungsverfahren** basiert konkret darauf, eine der Gleichungen des LGS nach einer der Unbekannten aufzulösen und den so erhaltenen Term für die Unbekannte in alle anderen Gleichungen des LGS einzusetzen. Diese Gleichungen haben dann eine Unbekannte weniger als die ursprünglichen Gleichungen.

Das **Gleichsetzungsverfahren** besteht darin, dass die Gleichungen des LGS nach einer Unbekannten aufgelöst und die so gewonnenen Resultate gleichgesetzt werden. Damit kommen wir wieder zu einer oder mehreren Gleichungen mit einer Unbekannten weniger.

Das **Additionsverfahren** macht sich zunutze, dass die Addition von Vielfachen der Gleichungen des LGS eine äquivalente Umformung des LGS ist. Die Vielfachen der Gleichungen werden dabei so gewählt, dass die Koeffizienten einer Unbekannten bis auf das Vorzeichen übereinstimmen. Diese Unbekannte fällt damit beim Addieren der Gleichungen weg und wir erhalten wieder eine oder mehrere Gleichungen mit einer Unbekannten weniger.

Der **Gauß'sche Algorithmus** besteht in der mehrfachen Anwendung des Additionsverfahrens mit dem Ziel, das ursprüngliche Gleichungssystem äquivalent in eine möglichst einfache Gestalt – z. B. Dreiecksgestalt – umzuformen und daraus die gesuchte(n) Lösung(en) zu ermitteln.

Damit sind wir wieder in der Lage, ein etwas komplexeres wirtschaftswissenschaftliches Beispiel zu betrachten und zu lösen.

Beispiel

Die Firma *Orlando Eiscreme* bringt drei neue Eissorten auf den Markt: Himbeer-Pfeffer, Melone-Curry und Pflaume-Anis. Für die Herstellung dieser Eissorten werden u. a. drei verschiedene Grundstoffe G_1 und G_2 sowie G_3 benötigt. Tabelle 3.1 zeigt, wie viele Grundstoffeinheiten GE der verschiedenen Grundstoffe zur Herstellung je einer Mengeneinheit ME jeder der neuen Eissorten benötigt werden:

Es stehen 20 GE von G_1 und 9 GE von G_2 sowie 21 GE von G_3 zur Verfügung. Wie viele Mengeneinheiten der verschiedenen Eissorten können hergestellt werden, wenn die Grundstoffe vollständig verbraucht werden sollen?

Zur Lösung nennen wie die gesuchten Mengeneinheiten ME der Eissorten h (Himbeer-Pfeffer), m (Melone-Curry) und p (Pflaume-Anis). Dann ergibt sich folgendes LGS, das wir mit dem Gauß'schen Algorithmus bearbeiten:

$$3h + 4m + 2p = 20 \qquad\qquad \text{(I)}$$
$$2h + 1m + 2p = 9 \quad | \; 2\text{(I)}{-}3\text{(II)} \qquad \text{(II)}$$
$$6h + 2m + 3p = 21 \quad | \; 2\text{(I)}{-}\text{(III)} \qquad \text{(II)}$$

Tab. 3.1 Grundstoffeinheiten zur Herstellung der neuen Eissorten

| Grundstoff | Benötigte Grundstoffeinheiten GE je Mengeneinheit ME Eiscreme | | |
	Himbeer-Pfeffer	Melone-Curry	Pflaume-Anis
G_1	3	4	2
G_2	2	1	2
G_3	6	2	3

$$3h + 4m + 2p = 20 \quad \text{(I)}$$
$$5m - 2p = 13 \quad \text{(II')}$$
$$6m + 1p = 19 \quad | \; 6(\text{II'})-5(\text{III'}) \quad \text{(III')}$$
$$3h + 4m + 2p = 20 \quad \text{(I)}$$
$$5m - 2p = 13 \quad \text{(II')}$$
$$-17p = -17 . \quad \text{(III'')}$$

Aus (III'') folgt $p = 1$. Einsetzen in (II') und Auflösen nach m liefert $m = 3$. Einsetzen beider Werte in (I) führt schließlich zu $h = 2$. Die Probe am ursprünglichen Gleichungssystem bestätigt diese Lösung (bitte nachrechnen). Das bedeutet, dass *Orlando Eiscreme* mittels der verfügbaren Grundstoffe (20 GE von G_1 und 9 GE von G_2 sowie 21 GE von G_3) genau 2 ME Himbeer-Pfeffer-Eis, 3 ME Melone-Curry-Eis und 1 ME Pflaume-Anis-Eis herstellen kann. ◄

3.7 Lineare Ungleichungen – Wie wir zu Lösungen kommen, wenn keine Gleichheit besteht

In bewährter Weise beginnen wir auch hier mit einem konkreten Beispiel: Familie Müller führt eine energetische Sanierung ihres Einfamilienhauses durch. Die Ausgaben hierfür betragen 40.000 €. Der Heizölverbrauch von Familie Müller reduziert sich dadurch von 2500 l pro Jahr auf 400 l pro Jahr. Nach welchem Zeitraum beginnt sich die Sanierung „zu rechnen", wenn wir davon ausgehen, dass ein Liter Heizöl auch zukünftig konstant 85 ct kostet und dass keine Ausgaben für Reparaturen o. Ä. anfallen?

Die Fragestellung lässt sich beantworten, indem wir die Ausgaben von Familie Müller mit und ohne Sanierung gegenüberstellen. Gesucht ist die Anzahl von Jahren x, ab der die Ausgaben von Familie Müller ohne energetische Sanierung größer oder gleich den Ausgaben von Familie Müller mit energetischer Sanierung sind:

$$\text{Ausgaben ohne energetische Sanierung}$$
$$\geq \text{Ausgaben mit energetischer Sanierung} . \quad \text{(U)}$$

Aufgrund der dargestellten Situation erkennen wir, dass nach x Jahren $2500 \cdot 0{,}85 \cdot x$ € als Ausgaben ohne energetische Sanierung bzw. $(40.000 + 400 \cdot 0{,}85 \cdot x)$ € als Ausgaben mit

energetischer Sanierung anfallen. Eingesetzt in (U) erhalten wir die **lineare Ungleichung**

$$2500 \cdot 0{,}85 \cdot x \geq 40.000 + 400 \cdot 0{,}85 \cdot x . \quad \text{(U')}$$

Gesucht ist x. Ohne weitere Erläuterung zur Korrektheit unseres Vorgehen verfahren wir wie beim Auflösen linearer Gleichungen und bringen alle Terme mit x auf eine Seite der Ungleichung, alle übrigen Terme auf die andere Seite. Anschließend fassen wir die Terme wo möglich zusammen und erhalten

$$2100 \cdot 0{,}85 \cdot x \geq 40.000 . \quad \text{(U'')}$$

Division durch $2100 \cdot 0{,}85$ liefert schließlich

$$x \geq \frac{40.000}{2100 \cdot 0{,}85} = \frac{40.000}{1785} \approx 22{,}41 . \quad \text{(U''')}$$

Probeweises Einsetzen von $x = 22{,}41$ in (U') ergibt 47.621,25 als Wert für die linke Seite sowie 47.619,40 als Wert für die rechte Seite. Das bedeutet, dass sich die Sanierung nach etwa 22,41 Jahren „zu rechnen" beginnt.

Ungleichungen wie (U') kommen durchaus häufig in den Wirtschaftswissenschaften vor. Beispielsweise führen Optimierungsprobleme in der Regel auf Ungleichungen, die es zu lösen gilt. Entsprechend ist es sinnvoll und notwendig, Ungleichungen genauso systematisch zu betrachten wie wir dies mit Gleichungen getan haben.

Verbindet man zwei Terme T_1 und T_2 durch eines der Ungleichheitszeichen $<$ oder $>$ bzw. $\leq$ oder $\geq$ miteinander, so erhält man eine **Ungleichung** $T_1 < T_2$ oder $T_1 > T_2$ bzw. $T_1 \leq T_2$ oder $T_1 \geq T_2$. Die Öffnung des Ungleichheitszeichens $<$ oder $>$ bzw. $\leq$ oder $\geq$ zeigt dabei immer zum größeren Term hin. Term T_1 wird oft **linke Seite der Ungleichung**, der Term T_2 oft **rechte Seite der Ungleichung** genannt.

Analog zu Gleichungen können auch Ungleichungen eine oder mehrere Unbekannte enthalten. Wir sprechen von einer **Ungleichung mit einer Unbekannten** oder von einer **Ungleichung mit mehreren Unbekannten**.

Eine Ungleichung heißt **lineare Ungleichung**, wenn alle Unbekannten in der Ungleichung höchstens in erster Potenz vorkommen und auch nicht miteinander multipliziert werden.

Liegen mehrere (lineare) Ungleichungen vor, sprechen wir von einem **(linearen) Ungleichungssystem**.

Ebenfalls analog zu Gleichungen steht der Begriff **Lösen einer Ungleichung** dafür, dass wir alle Werte der Unbekannten ermitteln, für die die Ungleichung zu einer wahren Aussage wird. Diese Werte heißen **Lösungen** der Ungleichung. Die Menge aller Lösungen der Ungleichung heißt **Lösungsmenge** der Ungleichung

Wir nennen eine Ungleichung **lösbar**, wenn sie mindestens eine Lösung besitzt. Wir nennen eine Ungleichung **nicht lösbar**, wenn sie keine Lösung besitzt, d.h. wenn ihre Lösungsmenge leer ist.

Eine Ungleichung, bei der **jede** denkbare Einsetzung für die Unbekannte(n) die Lösung der Ungleichung ist, heißt **allgemeingültig**. Eine Ungleichung, bei der **keine** denkbare Einsetzung für die Unbekannte(n) Lösung der Ungleichung ist, heißt **widersprüchlich**.

Analog zu den Gleichungssystemen besteht die **Lösungsmenge eines Ungleichungssystems** aus den Werten der Unbekannten, die simultan alle Ungleichungen erfüllen. Die Gesamtheit dieser Lösungen heißt **Lösungsmenge des Ungleichungssystems**.

Im Falle von (U') handelt es sich um eine lineare Ungleichung mit einer Unbekannten. Demgegenüber ist $3x - 4y + 14 < 5 + ax$ eine lineare Ungleichung mit zwei Unbekannten. Die Ungleichung $x^2 + 3 \geq 7$ ist ebenso wie $xyz + 3x^2 \geq 7y - z$ keine (!) lineare Ungleichung bezogen auf die Variable x. Schließlich bilden die beiden Ungleichungen

$$27t - 15 \leq 3 + 4s \qquad \text{(I)}$$
$$13t + 2s \leq 5 \qquad \text{(II)}$$

ein Beispiel eines linearen Ungleichungssystems.

Ungleichungen werden analog Gleichungen durch Umformungen gelöst d.h. durch Rechenoperationen, die auf beiden Seiten der Ungleichung synchron vorgenommen werden und zu Veränderungen der Terme führen – mit dem Ziel, schließlich auf Ungleichungen des Typs $x < a$ (oder $x > a$ bzw. $x \leq a$ oder $x \geq a$) zu stoßen, deren Lösungen unmittelbar erkennbar sind. Dabei sollen nach Möglichkeit nur äquivalente Umformungen vorgenommen werden, also Umformungen, die die Lösungsmengen unverändert lassen.

Die wichtigsten äquivalenten Umformungen einer Ungleichung $T_1 < T_2$ sind:

■ die Addition/Subtraktion gleicher Zahlen oder identischer Terme auf beiden Seiten,
■ die Multiplikation beider Seiten mit gleichen, *positiven* (!) Zahlen/Termen,
■ die Division beider Seiten durch gleiche, *positive* (!) Zahlen/Terme,

■ die Multiplikation beider Seiten mit gleichen, *negativen* (!) Zahlen/Termen – *bei gleichzeitiger Vertauschung des Ungleichheitszeichens*(!) von „<" in „>" (entsprechend für „≤"),
■ die Division beider Seiten mit gleichen, *negativen*(!) Zahlen/Termen – *bei gleichzeitiger Vertauschung des Ungleichheitszeichens*(!) von „<" in „>" (entsprechend für „≤").

Machen wir uns dies an einigen Beispielen klar.

Beispiel

$$
\begin{aligned}
3 + 2x &< 5x - 7 & &|-2x \\
3 &< 3x - 7 & &|+7 \\
10 &< 3x & &|:3 \\
\tfrac{10}{3} &< x \quad \text{bzw.} \quad x > \tfrac{10}{3}.
\end{aligned}
$$

Die Lösungsmenge der ursprünglichen Ungleichung besteht damit aus allen reellen Zahlen x mit $x > \frac{10}{3}$. Anders ausgedrückt: Die Lösungsmenge ist das offene Intervall $(\frac{10}{3}, \infty)$. ◄

Gut zu wissen

Die Lösungsmengen von lösbaren linearen Ungleichungen sind unendliche Intervalle (Halbgeraden auf der Zahlengeraden) der Gestalt (α, ∞) oder $[\alpha, \infty)$ bzw. $(-\infty, \alpha)$ oder $(-\infty, \alpha]$, je nachdem, welches der Zeichen „<" oder „≤" auftritt (hierin steht α für eine bestimmte reelle Zahl wie etwa $\frac{10}{3}$ im vorangehenden Beispiel). ◄

Beispiel

$$
\begin{aligned}
14y + 2 &\geq 7(1 + 2y) & &|\text{ Ausmultiplizieren} \\
14y + 2 &\geq 7 + 14y & &|-14y \\
2 &\geq 7
\end{aligned}
$$

Äquivalente Umformungen führen auf einen Widerspruch. Die ursprüngliche Ungleichung ist damit nicht lösbar. ◄

Beispiel

$$
\begin{aligned}
4(z - 5) &\geq 2(z + 3) + 2z - 60 & &|\text{ Ausmultiplizieren} \\
4z - 20 &\geq 2z + 6 + 2z - 60 & &|\text{ Zusammenfassen} \\
4z - 20 &\geq 4z - 54 & &|-4z \\
-20 &\geq -54
\end{aligned}
$$

Kapitel 3

Äquivalente Umformungen führen auf eine allgemeingültige Ungleichung! Die Lösungsmenge der ursprünglichen Ungleichung ist damit die Menge aller reellen Zahlen. ◄

──────── **Aufgabe 3.11** ────────

$$13 + 2x < -5x - 8 \qquad | -2x + 8$$
$$21 < -7x \qquad | : (-7)$$
$$\text{(Achtung: Ungleichheitszeichen drehen!)}$$
$$-3 > x$$

Die Lösungen der ursprünglichen Ungleichung sind alle $x \in (-\infty, -3)$.

Beispiel

Betrachten wir jetzt eine lineare Ungleichung mit den beiden Unbekannten x und y:

$$2y - 4x \leq -6x - 8 \,.$$

In einem derartigen Fall besteht unser Vorgehen darin, eine der beiden Unbekannten durch äquivalente Umformungen zu isolieren:

$$2y - 4x \leq -6x - 8 \qquad | + 4x$$
$$2y \leq -2x - 8 \qquad | : 2$$
$$y \leq -x - 4 \,.$$

Hieraus ergibt sich, dass jedes Zahlenpaar (x, y) mit beliebigem $x \in \mathbb{R}$ und $y \leq -x - 4$ Lösung der linearen Ungleichung ist.

Diese Lösungsmenge können wir uns in einem Koordinatensystem verdeutlichen! Dazu zunächst der Hinweis, dass sich unsere Lösungsmenge in zwei disjunkte Mengen zerlegen lässt. Sie besteht aus allen Zahlenpaaren (x, y) mit beliebigem $x \in \mathbb{R}$ und $y = -x - 4$ sowie aus allen Zahlenpaaren (x, y) mit beliebigem $x \in \mathbb{R}$ und $y < -x - 4$.

Die Zahlenpaare (x, y) mit beliebigem $x \in \mathbb{R}$ und $y = -x - 4$ stellen eine Gerade im x-y-Koordinatensystem dar. Die Zahlenpaare (x, y) mit beliebigem $x \in \mathbb{R}$ und $y < -x - 4$ liegen im Koordinatensystem unterhalb der Begrenzungsgeraden $y = -x - 4$.

Insgesamt bilden die Koordinaten (x, y) der Punkte auf der roten Geraden und die Koordinaten (x, y) der Punkte im blau schraffierten Bereich in Abb. 3.4 die Lösungsmenge unserer ursprünglichen linearen Ungleichung.

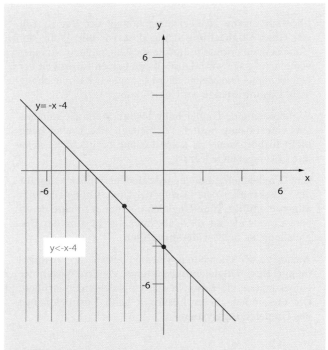

Abb. 3.4 Lösungsmenge von $2y - 4x \leq -6x - 8$

◄

Beispiel

Betrachten wir nun noch das aus zwei linearen Ungleichungen mit den Unbekannten x und y bestehende lineare Ungleichungssystem

$$y < -x - 4 \qquad\qquad \text{(I)}$$
$$y < x \,. \qquad\qquad \text{(II)}$$

Hier geht es uns jetzt nicht darum, dieses äquivalent umzuformen. Dies ist nicht nötig, da beide Ungleichungen bereits eine Gestalt mit isoliertem y besitzen. Stattdessen geht es vielmehr darum zu zeigen, wie die Lösungsmenge dieses Ungleichungssystems aussieht. Machen wir uns zunächst klar, dass jedes Zahlenpaar (x, y) mit beliebigem $x \in \mathbb{R}$ und $y < -x - 4$ *und* $y < x$ die Lösung des linearen Ungleichungssystems ist. Aus dem vorangehenden Beispiel können wir in Verbindung mit Abb. 3.4 erkennen, dass es unsere Lösungsmenge aus den Punkten (x, y) im blau schraffierten Bereich von Abb. 3.4 besteht, die gleichzeitig auch die Bedingung $y < x$ erfüllen. Diese Bedingung ist bei allen Punkten unterhalb der grünen Geraden in Abb. 3.5 gegeben. Damit wird klar, dass unsere gesuchte Lösungsmenge genau der Bereich in Abb. 3.5 unterhalb der roten Geraden *und* unterhalb der grünen Geraden ist – also der schraffierte orangefarbene Bereich!

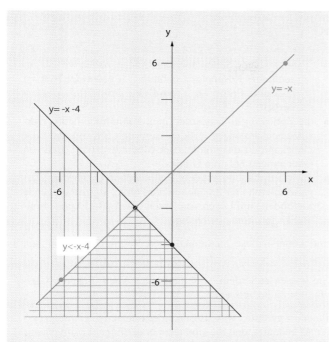

Abb. 3.5 Lösungsmenge des linearen Ungleichungssystems (I) $y < -x - 4$, (II) $y < x$

◄

Zusammenfassung

Sind T_1 und T_2 zwei Terme, dann ist $T_1 < T_2$ oder $T_1 > T_2$ bzw. $T_1 \leq T_2$ oder $T_1 \geq T_2$ eine zwischen diesen Termen bestehende **Ungleichung**. Von besonderem Interesse sind oft **lineare Ungleichungen**. Diese sind dadurch gekenn-

zeichnet, dass alle Unbekannten höchstens in erster Potenz vorkommen und auch nicht miteinander multipliziert werden.

Zum Lösen von Ungleichungen bieten sich häufig ähnlich wie bei Gleichungen äquivalente Umformungen an. Die wichtigsten äquivalenten Umformungen einer Ungleichung $T_1 < T_2$ sind:

- die Addition/Subtraktion gleicher Zahlen oder identischer Terme auf beiden Seiten,
- die Multiplikation beider Seiten mit gleichen, *positiven*(!) Zahlen/Termen,
- die Division beider Seiten durch gleiche, *positive*(!) Zahlen/Terme,
- die Multiplikation beider Seiten mit gleichen, *negativen*(!) Zahlen/Termen – *bei gleichzeitiger Vertauschung des Ungleichheitszeichens*(!) von „<" in „>" (entsprechend für „≤"),
- die Division beider Seiten mit gleichen, *negativen*(!) Zahlen/Termen – *bei gleichzeitiger Vertauschung des Ungleichheitszeichens* (!) von „<" in „>" (entsprechend für „≤").

Ungleichungen können ebenso wie Gleichungen lösbar sein oder auch nicht. Die Lösungsmengen von Ungleichungen oder Ungleichungssystemen mit zwei Unbekannten lassen sich zumindest in einfachen Fällen sehr gut in einem x-y-Koordinatensystem verdeutlichen.

Anders als sonst beschließen wir dieses Kapitel nicht mit einem komplexen wirtschaftswissenschaftlichen Beispiel. Stattdessen verweisen wir einfach auf die später folgenden Ausführungen zur Linearen Optimierung, einem der wirtschaftswissenschaftlichen „Klassiker" in Bezug auf Ungleichungssysteme!

Kapitel 3

Mathematischer Exkurs 3.4: Was haben Sie gelernt?

Sie wissen jetzt, was man unter einer Gleichung versteht und kennen verschiedene Gleichungsarten (lineare Gleichungen, quadratische Gleichungen, Gleichungen n-ten Grades, Bruch-, Wurzel-, Exponential- und Logarithmengleichungen).

Ihnen ist geläufig, was das „Lösen einer Gleichung" bedeutet, und Sie sind dazu in der Lage, Lösungswege für die genannten Gleichungsarten zu finden und gesuchte Lösungen vorgegebener Gleichungen zu ermitteln. Dazu kennen und verstehen Sie

- die wichtigsten äquivalenten Umformungen von Gleichungen (Addition/Subtraktion gleicher Zahlen oder identischer Terme auf beiden Gleichungsseiten, Multiplikation beider Gleichungsseiten mit/ Division beider Gleichungsseiten durch gleiche/n Zahlen oder identische/n Termen [jeweils von Null verschieden], Vertauschung beider Gleichungsseiten),
- die grundlegenden Schritte zur Lösung von linearen Gleichungen:
  (1) Beseitigen aller Klammern und/oder Brüche auf beiden Seiten der Gleichung,
  (2) Sortieren aller gleichartigen Ausdrücke auf beiden Seiten der Gleichung,
  (3) Zusammenfassen aller gleichartigen Ausdrücke auf beiden Seiten der Gleichung,
  (4) Umformen der Gleichung, sodass auf der linken Seite der Gleichung ein Term mit der Variablen und auf der rechten Seite der Gleichung ein Term ohne die Variable steht,
  (5) Dividieren der linken und der rechten Seite der Gleichung durch den Faktor vor der Variablen,
  (6) Überprüfen der gewonnenen Lösung durch Einsetzen in die linke und die rechte Seite der Ausgangsgleichung. Eine Lösung liegt vor, wenn die linke und rechte Seite der Gleichung übereinstimmen.
- die grundlegenden Schritte zur Lösung von quadratischen Gleichungen:
  (1) Die Gleichung durch geeignete Umformungen auf die Normalform $x^2 + px + q = 0$ mit $p,\ q \in \mathbb{R}$ bringen.
  (2) Im Falle $p = 0$ die Lösungen $x_1 = +\sqrt{-q}$ und $x_2 = -\sqrt{-q}$ ermitteln und mit Schritt (7) fortfahren. – Voraussetzung: $-q \geq 0$ (andernfalls ist die Gleichung nicht lösbar).
  (3) Im Falle $q = 0$ die Lösungen $x_1 = 0$ und $x_2 = -p$ ermitteln und mit Schritt (7) fortfahren.
  (4) In allen anderen Fällen den Ausdruck $\frac{p^2}{4} - q$ bilden und untersuchen, ob er kleiner, gleich oder größer null ist und mit Schritt (5) oder Schritt (6) fortfahren.
  (5) Gilt $\frac{p^2}{4} - q < 0$, ist die Gleichung nicht lösbar. Die Lösungsmenge ist leer.
  (6) Gilt $\frac{p^2}{4} - q \geq 0$, die Werte für p und q in die p-q-Formel $x_{1,2} = -\frac{p}{2} \pm \sqrt{\frac{p^2}{4} - q}$ einsetzen und die Lösungen x_1 und x_2 der Gleichung ermitteln.
  (7) Die gewonnene(n) Lösung(en) zur Probe in die linke und die rechte Seite der Ausgangsgleichung einsetzen.

Wenn beide Seiten übereinstimmen, haben wir die gesuchte(n) Lösung(en) gefunden. – *Hinweis*: Hier ist also eine Probe für x_1 **und** eine Probe für x_2 erforderlich.

- die Zerlegung in Linearfaktoren, Polynomdivision, Wurzelziehen, Potenzen ausklammern und Substituieren der Unbekannten als grundlegende Methoden zum Lösen von Gleichungen höheren Grades,
- die Multiplikation mit dem Hauptnenner, Quadrieren, Logarithmieren und Erheben in die Potenz als grundlegende Methoden zum Lösen von Bruch-, Wurzel-, Exponential- und Logarithmengleichungen

und können diese mathematischen Verfahren zielgerichtet anwenden.

Sie wissen außerdem, was man unter einem linearen Gleichungssystem versteht.

Ihnen ist geläufig, was „Lösen eines linearen Gleichungssystems" bedeutet, und Sie sind dazu in der Lage, Lösungswege für einfache lineare Gleichungssysteme zu finden und die gesuchten Lösungen vorgegebener Gleichungssysteme zu ermitteln. Dazu kennen und verstehen Sie das Einsetzungs-, Gleichsetzungs- und das Additionsverfahren zur äquivalenten Umformung linearer Gleichungssysteme und können diese in passender Weise auf gegebene lineare Gleichungssysteme anwenden.

Sie wissen weiterhin, was man unter einer Ungleichung bzw. einem Ungleichungssystem versteht.

Ihnen ist geläufig, was „Lösen einer linearen Ungleichung" bedeutet, und Sie sind dazu in der Lage, vorgegebene lineare Ungleichungen mit einer Unbekannten durch geeignete äquivalente Umformungen zu lösen. Dazu sind Ihnen die wichtigsten äquivalenten Umformungen einer Ungleichung $T_1 < T_2$ bekannt:

- die Addition/Subtraktion gleicher Zahlen oder identischer Terme auf beiden Seiten,
- die Multiplikation beider Seiten mit gleichen, *positiven*(!) Zahlen/Termen,
- die Division beider Seiten durch gleiche, *positive*(!) Zahlen/Terme,
- die Multiplikation beider Seiten mit gleichen, *negativen*(!) Zahlen/Termen – *bei gleichzeitiger Vertauschung des Ungleichheitszeichens*(!) von „<" in „>" (entsprechend für „≤"),
- die Division beider Seiten mit gleichen, *negativen* (!) Zahlen/Termen – *bei gleichzeitiger Vertauschung des Ungleichheitszeichens* (!) von „<" in „>" (entsprechend für „≤").

Sie können einfache Ungleichungssysteme lösen.

Schließlich sind Sie dazu in der Lage, die Lösungsmengen von linearen Ungleichungen oder Ungleichungssystemen mit zwei Unbekannten im x-y-Koordinatensystem zu interpretieren.

Mathematischer Exkurs 3.5: Dieses reale Problem sollten Sie jetzt lösen können

Stückpreise von Automobilteilen

Aufgabe

Zwei kleinere Automobilzulieferer haben getrennt voneinander ein zentrales Bauteil für eine Kleinserie eines Luxus-Sportwagens geliefert. Insgesamt handelt es sich um 440 Stück dieses Bauteils. Jeder erhielt dafür den gleichen Betrag vom Sportwagen-Hersteller. Nun sitzen sie beim Stammtisch zusammen und unterhalten sich über den Auftrag. Sie möchten sich gegenseitig aber nicht zu sehr in die Karten schauen lassen. Daher sagt der eine zum anderen: Hätte ich meine Bauteile zu Deinem Stückpreis verkauft, hätte ich 300.000 € eingenommen. Der andere entgegnet: Hätte ich meine Bauteile zu Deinem Stückpreis verkauft, hätte ich 432.000 € eingenommen. Wie viel Stück hat jeder der beiden geliefert? Zu welchen Stückpreisen?

Lösungsvorschlag

Nennen wir die gelieferten Stückzahlen s_1 und s_2 sowie die Preise je Stück p_1 und p_2 (in € pro Stück). Dann erhalten wir aus dem Text zunächst folgende Zusammenhänge (wir lassen die Maßeinheiten der Einfachheit halber weg):

$$s_1 + s_2 = 440 \tag{3.48}$$

$$s_1 \cdot p_1 = s_2 \cdot p_2 \tag{3.49}$$

$$s_1 \cdot p_2 = 300.000 \tag{3.50}$$

$$s_2 \cdot p_1 = 432.000\,. \tag{3.51}$$

Wir haben nun vier Gleichungen mit vier Unbekannten vorliegen. Es stellt sich die Frage, wie wir am geschicktesten mit diesen umgehen können? Hier helfen zwei Tipps: Einerseits lohnt es sich, mit den Gleichungen zu beginnen, in denen Zahlen vorliegen. Andererseits lässt die **Methode scharfes Hinsehen** vermuten, dass zwischen den Zahlen 300.000 und 432.000 ein interessanter Zusammenhang besteht. Teilen wir nämlich 432.000 durch 300.000, ergibt sich 1,44 – und das ist das Quadrat von 1,2. Es sprechen also einige Gründe dafür, mit dieser Erkenntnis und damit mit der Division von (3.51) durch (3.50) zu beginnen. Diese Division erfolgt so, dass wir die linke Seite von (3.51) durch die linke Seite von (3.50) teilen und ebenso die rechte Seite von (3.51) durch die rechte Seite von (3.50). Das Ergebnis lautet:

$$\frac{s_2 \cdot p_1}{s_1 \cdot p_2} = \frac{432.000}{300.000} = 1,44\,. \tag{3.52}$$

Hieraus folgt

$$s_2 \cdot p_1 = 1,44 \cdot s_1 \cdot p_2\,. \tag{3.52'}$$

In dieser Gleichung „wimmelt" es förmlich vor lauter Unbekannten. Daher müssen wir jetzt versuchen, die Zahl der Unbekannten zu reduzieren. Wir suchen ja insbesondere die gelieferten Stückzahlen s_1 und s_2. Also schauen wir doch einmal, welche der Gleichungen wir nutzen können, um beispielsweise s_1 anders auszudrücken, und schauen wir außerdem, was dann passiert. Ein Kandidat für unsere weiteren Überlegungen kann (3.49) sein. Mit dieser Gleichung haben wir noch nicht gearbeitet. Außerdem enthält sie alle Unbekannten aus (3.52'). Wir können (3.49) nach s_1 auflösen:

$$s_1 = s_2 \cdot \frac{p_2}{p_1}\,. \tag{3.49'}$$

Jetzt setzen wir s_1 aus (3.49') in (3.52') ein:

$$s_2 \cdot p_1 = 1,44 \cdot s_2 \cdot \frac{p_2}{p_1} \cdot p_2\,. \tag{3.52''}$$

Dieses Ergebnis sieht aus Ihrer Perspektive vielleicht noch nicht so spannend aus wie es ist. Vielleicht erscheint Ihnen der Lösungsweg möglicherweise auch irgendwie zu trickreich. Tatsächlich sehen Sie hier einen Weg, der durch sinnvolles Probieren gekennzeichnet ist. Wir stellen ihn vor, um Ihnen ein paar Ideen zu vermitteln, wie man sich manchmal auf unbekanntes Gelände begeben muss, um vielleicht einen Lösungsansatz zu finden.

Schauen wir uns also (3.52'') ganz genau an. Zunächst fällt auf, dass s_2 auf beiden Seiten der Gleichung als Faktor vorkommt. Wir können diesen beseitigen und die Anzahl der Unbekannten in der Gleichung dadurch reduzieren, dass wir die Gleichung durch s_2 dividieren. Dies ist zulässig, denn s_2 ist die Anzahl der Bauteile, die einer der beiden Zulieferer an den Sportwagen-Hersteller geliefert hat und diese ist definitiv von null verschieden. Unser Zwischenergebnis lautet:

$$p_1 = 1,44 \cdot \frac{p_2}{p_1} \cdot p_2\,. \tag{3.52'''}$$

Nun wirkt das Ganze immer noch ziemlich kompliziert, da ein Bruch vorkommt. Die Idee ist, den Bruch durch Multiplikation von (3.52''') mit p_1 zu beseitigen. Das ist auch zulässig, da der Zulieferer die Bauteile nicht verschenkt hat, ihr Preis p_1 also definitiv größer als 0 € ist. Wir erhalten:

$$p_1^2 = 1,44 \cdot p_2^2\,. \tag{3.52''''}$$

Und damit sind wir endlich bei einer sehr übersichtlichen quadratischen Gleichung angekommen. Durch Wurzelziehen gelangen wir zu

$$p_1 = 1,2 \cdot p_2\,. \tag{3.52'''''}$$

Hier sei angemerkt, dass dies in unserem Beispiel die einzig sinnvolle Umformung von (3.52'''') durch Wurzelziehen darstellt. Denkbare Ergebnisse des Wurzelziehens wie $p_1 = -1,2 \cdot p_2$ kommen nicht infrage, da wir ja über Preise größer 0 € reden.

Jetzt haben wir aber immer noch eine Gleichung mit zwei Unbekannten vorliegen. Daher sind wir noch nicht am Ende unserer Überlegungen angelangt. Stattdessen ist der nächste Rechenschritt erforderlich. Wie könnte dieser aussehen? Nun, schauen wir uns (3.49) genauer an. Dort kommen die Preise und die Liefermengen vor. Vielleicht hilft es, p_1 aus (3.52''''') in (3.49) einzusetzen. Das führt zu:

$$s_1 \cdot 1{,}2 \cdot p_2 = s_2 \cdot p_2 \,. \qquad (3.49'')$$

Sie erinnern sich: Beim ersten Mal ist es ein Trick. Dann wird es zur Methode. So wie wir oben durch s_2 dividiert haben, dividieren wir (3.49'') nun durch p_2. Da p_2 ebenso wie p_1 größer 0 € ist, ist diese Umformung zulässig. Sie führt zu

$$s_1 \cdot 1{,}2 = s_2 \,. \qquad (3.49''')$$

Jetzt haben wir also auch einen Zusammenhang zwischen den Stückzahlen s_1 und s_2 gefunden!

Halt! War da nicht was? Ja, tatsächlich! Mit (3.49''') haben wir nicht den ersten, sondern einen zweiten Zusammenhang zwischen s_1 und s_2 herausgearbeitet. Es gilt ja auch (3.48)! Diese Gleichung haben wir bisher noch nicht genutzt. Wir verwenden sie, indem wir s_2 aus (3.49''') in (3.48) einsetzen. Das Ergebnis kann sich sehen lassen:

$$s_1 + 1{,}2 \cdot s_1 = 440 \,. \qquad (3.48')$$

Es liegt also eine lineare Gleichung mit einer Unbekannten s_1 vor. Diese können wir nach s_1 auflösen:

$$2{,}2 \cdot s_1 = 440 \qquad (3.48'')$$

$$s_1 = \frac{440}{2{,}2} = 200 \,. \qquad (3.48''')$$

Unsere Mühe hat sich gelohnt! Wir wissen, dass der erste Zulieferer $s_1 = 200$ Bauteile geliefert hat. Aus (3.48) folgt, dass der zweite Zulieferer $s_2 = 240$ Bauteile geliefert hat! Einsetzen dieser Werte in (3.50) und (3.51) ergibt

$$200 \cdot p_2 = 300.000 \qquad (3.50')$$
$$240 \cdot p_1 = 432.000 \,. \qquad (3.51')$$

Auflösen nach den Stückpreisen liefert:

$$p_2 = 1500 \qquad (3.50'')$$
$$p_1 = 1800 \,. \qquad (3.51'')$$

Damit sind wir am Ende angelangt! Wir wissen jetzt, dass der erste Lieferant 200 Bauteile zum Preis von 1800 € je Bauteil geliefert hat und dass der zweite Lieferant 240 Bauteile zu je 1500 € zugeliefert hat! Von der Richtigkeit dieser Ergebnisse können wir uns übrigens überzeugen, indem wir die Werte für s_1 und s_2 sowie für p_1 und p_2 in (3.48) bis (3.51) einsetzen. Wir erhalten jeweils „linke Seite = rechte Seite". Die Proben gehen also auf.

Mathematischer Exkurs 3.6: Übungsaufgaben

(*Hinweis*: Diese Aufgaben sind teilweise an (Wendler/Tippe 2013) angelehnt.)

1. Ausgewählte Gleichungen lösen

a) $6x + 14 = 24x - 58$

b) $\frac{2x}{x-7} = \frac{8}{x-7}$

c) $6x^2 + 72x - 24 = 0$

d) $2x^3 - 4x^2 + 12x = 0$

e) $\sqrt{4 - x^2} - 2 = \sqrt{9 - x^2} - 4$

f) $2^{2x+5} - 3 \cdot 2^{x+2} + 1 = 0$

g) $5 \cdot e^x - 75 = 0$

Lösungsvorschlag

a)
$$6x + 14 = 24x - 58 \quad | -6x + 58$$
$$14 + 58 = 24x - 6x \quad | \text{Zusammenfassen}$$
$$72 = 18x \quad | : 18$$
$$x = 4$$

b)
$$\frac{2x}{x-7} = \frac{8}{x-7} \quad | \cdot (x-7) \text{ mit } x \neq 7$$
$$2x = 8 \quad | : 2$$
$$x = 4$$

c)
$$6x^2 + 72x - 168 = 0$$
$$\quad | : 6 \text{ (auf Normalform bringen)}$$
$$x^2 + 12x - 28 = 0$$
$$\quad | \text{ p-q-Formel anwenden}$$
$$x_{1,2} = -6 \pm \sqrt{36 + 28}$$
$$\quad | \text{ Zusammenfassen und Wurzel ziehen}$$
$$x_{1,2} = -6 \pm 8 \Leftrightarrow x_1 = 2 \text{ und } x_2 = -14$$

d)
$$2x^3 - 4x^2 + 12x = 0$$
$$| : 2$$
$$x^3 - 2x^2 + 6x = 0$$
$$| \; x \text{ ausklammern}$$
$$x \cdot (x^2 - 2x + 6) = 0$$
$$| \text{ Produkt gleich 0, wenn ein Faktor gleich 0}$$
$$x = 0 \quad \text{oder} \quad (x^2 - 2x + 6) = 0$$
$$| \text{ Lösung } x_1 = 0 \text{ ablesbar;}$$
$$\text{p-q-Formel für weitere Lösungen}$$
$$x^2 - 2x + 6 = 0$$
$$| \text{ p-q-Formel anwenden}$$
$$x_{2,3} = 1 \pm \sqrt{1 - 6}$$
$$| \text{ Zusammenfassen}$$
$$x_{2,3} = 1 \pm \sqrt{-5}$$
$$\Leftrightarrow \text{ keine weitere Lösungen, da } \sqrt{-5} \text{ nicht definiert}$$

e)
$$\sqrt{4 - x^2} - 2 = \sqrt{9 - x^2} - 4 \quad | + 4$$
$$\sqrt{4 - x^2} + 2 = \sqrt{9 - x^2} \quad | \; ()^2$$
$$(\sqrt{4 - x^2} + 2)^2 = (\sqrt{9 - x^2})^2$$
$$| \text{ 1. binomische Formel}$$
$$4 - x^2 + 4\sqrt{4 - x^2} + 4 = 9 - x^2 \quad | + x^2 - 8$$
$$4\sqrt{4 - x^2} = 1 \quad | : 4$$
$$\sqrt{4 - x^2} = \frac{1}{4} \quad | \; ()^2$$
$$4 - x^2 = \frac{1}{16} \quad | + x^2 - \frac{1}{16}$$
$$x^2 = 3\frac{15}{16} \quad | \sqrt{\;}$$
$$x_{1,2} = \pm \sqrt{3\frac{15}{16}} = \pm 1{,}9843$$

f)
$$2^{2x+5} - 3 \cdot 2^{x+2} + 1 = 0 \quad | \text{ Potenzen „auftrennen"}$$
$$2^5 \cdot 2^{2x} - 3 \cdot 2^2 \cdot 2^x + 1 = 0 \quad | \text{ Potenzen „ausrechnen"}$$
$$32 \cdot 2^{2x} - 12 \cdot 2^x + 1 = 0 \quad | \text{ Substitution: } 2^x = z$$
$$32 \cdot z^2 - 12 \cdot z + 1 = 0 \quad | : 32$$
$$z^2 - \frac{12}{32} \cdot z + \frac{1}{32} = 0 \quad | \text{ p-q-Formel anwenden}$$

$$z_{1,2} = \frac{6}{32} \pm \sqrt{\frac{36}{32^2} - \frac{1}{32}} \quad | \sqrt{\;} \text{ zusammenfassen}$$
$$z_{1,2} = \frac{6}{32} \pm \sqrt{\frac{36 - 32}{32^2}} \quad | \sqrt{\;} \text{ zusammenfassen}$$
$$z_{1,2} = \frac{6}{32} \pm \sqrt{\frac{4}{32^2}} \quad | \sqrt{\;} \text{ ziehen}$$

$$z_{1,2} = \frac{6}{32} \pm \frac{2}{32} \Leftrightarrow z_1 = \frac{1}{4} \quad \text{und} \quad z_2 = \frac{1}{8}$$
$$| \text{ Rücksubstitution}$$
$$z_1 = \frac{1}{4} \quad \text{und} \quad z_2 = \frac{1}{8} \Leftrightarrow 2^{x_1} = \frac{1}{4} \quad \text{und} \quad 2^{x_2} = \frac{1}{8}$$
$$| \text{ Potenzgesetze anwenden}$$
$$x_1 = -2 \quad \text{und} \quad x_2 = -3$$

g)
$$5 \cdot e^x - 75 = 0 \quad | + 75$$
$$5 \cdot e^x = 75 \quad | : 5$$
$$e^x = 15 \quad | \ln$$
$$\ln e^x = \ln 15 \quad | \text{ Logarithmus invers zur } e\text{-Funktion}$$
$$x = 15$$

2. Ausgewählte Gleichungssysteme lösen

a) $3x_1 + 7x_2 = 13$ (I)
$\quad 2x_1 - 5x_2 = -1$ (II)

b) $4x_1 + 2x_2 = 6$ (I)
$\quad -2x_1 - x_2 = -3$ (II)

c) $5x_1 + 3x_2 = -8$ (I)
$\quad -5x_1 - 3x_2 = -8$ (II)

Lösungsvorschlag

a)
$3x_1 + 7x_2 = 13$	$\| \cdot 2$	(I)
$2x_1 - 5x_2 = -1$	$\| \cdot (-3)$	(II)
$6x_1 + 14x_2 = 26$	$\| \cdot 2$	(I)
$-6x_1 + 15x_2 = 3$	$\| \cdot (-3) \| (I) + (II)$	(II)
$6x_1 + 14x_2 = 26$	$\| \cdot 2$	(I)
$29x_2 = 29$	$\| : 29$	(II)
$6x_1 + 14x_2 = 26$	$\| \cdot 2$	(I)
$x_2 = 1$	$\|$ Einsetzen in (I)	(II)
$6x_1 + 14 = 26$	$\| - 14$	(I)
$x_2 = 1$		(II)
$6x_1 = 12$	$\| : 6$	(I)
$x_2 = 1$		(II)
$x_1 = 2$		(I)
$x_2 = 1$		(II)

Das LGS hat die Lösung $(x_1 x_2) = (2, 1)$ Die Probe durch Einsetzen in das ursprüngliche Gleichungssystem lautet:

$$3 \cdot 2 + 7 \cdot 1 = 13 \quad | \text{ wahre Aussage!} \quad (I)$$
$$2 \cdot 2 - 5 \cdot 1 = -1 \quad | \text{ wahre Aussage!} \quad (II)$$

b)
$$4x_1 + 2x_2 = 6 \qquad \text{(I)}$$
$$-2x_1 - x_2 = -3 \qquad | \cdot 2 \qquad \text{(II)}$$

$$4x_1 + 2x_2 = 6 \qquad \text{(I)}$$
$$-4x_1 - 2x_2 = -6 \qquad | \text{(I)} + \text{(II)} \qquad \text{(II)}$$

$$4x_1 + 2x_2 = 6 \qquad \text{(I)}$$
$$x_1 + 0x_2 = 0 \qquad \text{(II)}$$

$$4x_1 + 2x_2 = 6 \qquad \text{(I)}$$
$$0 = 0 \qquad \text{(II)}$$

Das LGS hat unendlich viele Lösungen. Die Lösungsmenge besteht aus allen (x_1, x_2) mit $4x_1 + 2x_2 = 6$.

c)
$$5x_1 + 3x_2 = -8 \qquad \text{(I)}$$
$$-5x_1 - 3x_2 = -8 \qquad | \text{(I)} + \text{(II)} \qquad \text{(II)}$$

$$5x_1 + 3x_2 = -8 \qquad \text{(I)}$$
$$0 = -8 \qquad \text{(II)}$$

Das LGS hat keine Lösung. Die Lösungsmenge ist leer.

3. Ausgewählte Ungleichungen lösen

a) $-\dfrac{1}{3}x < 17$

b) $7x + 16 < 14x - 5$

c) $16 > 10 - 6x$

Lösungsvorschlag

a)
$$-\tfrac{1}{3}x < 17 \qquad | \cdot 3$$
$$-x < 51 \qquad | \cdot (-1)$$
$$x > -51$$

b)
$$7x + 16 < 14x - 5 \qquad | -7x$$
$$16 < 7x - 5 \qquad | +5$$
$$21 < 7x \qquad | : 7$$
$$3 < x$$

c)
$$16 > 10 - 6x \qquad | + 6x - 16$$
$$6x > -6 \qquad | : 6$$
$$x > -1$$

Literatur

Berliner Morgenpost: Wie viel Luft ist noch im Autopreis? Der Einkaufspreis für jedes der rund 25.000 Einzelteile in einem modernen Auto ist eines der am besten gehüteten Geheimnisse. Ein Experte gibt dennoch ein paar Einblicke in die Kalkulation. 01.06.2013, Seite A4 (2013)

Die Welt: Goldpreis mit größtem Einbruch seit fast 100 Jahren – Überraschend starke US-Konjunkturdaten beflügeln den Dollarkurs und setzen Gold unter Abwertungsdruck. http://www.welt.de/finanzen/geldanlage/article117462017/Goldpreis-mit-groesstem-Einbruch-seit-fast-100-Jahren.html (2013). Zugegriffen: 28.06.2013

Fairtrade: http://www.fairtrade-deutschland.de/produkte/absatz-fairtrade-produkte/ (2013). Zugegriffen: 13.07.2013

Wendler, T., Tippe, U.: Übungsbuch Mathematik für Wirtschaftswissenschaftler. Springer, Berlin, Heidelberg (2013)

Kapitel 3

Elementare reelle Funktionen

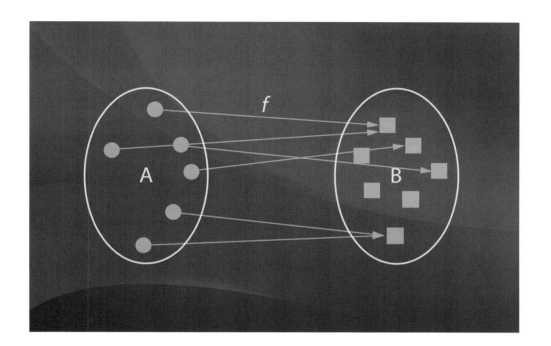

4.1 Funktionen – Wie können wir Zusammenhänge zwischen
(ökonomischen) Größen beschreiben? 114

4.2 Lineares – Wenn zwei ökonomische Größen ein geradliniges
Verhältnis zueinander haben 120

4.3 Quadratisches – Wenn zwei ökonomische Größen kein „einfaches"
bzw. lineares Verhältnis mehr zueinander haben 126

4.4 Ganze rationale Funktionen *n*-ten Grades – noch „mehr"
als quadratisch 130

4.5 Gebrochen rationale Funktionen – oder wie verlaufen Funktionen,
deren Zuordnungsvorschrift als Bruch geschrieben wird? 135

4.6 Die Wurzelfunktion – ein Beispiel für eine „algebraische" Funktion . . .142

4.7 „Transzendenz" in der Mathematik – die Exponential- und
Logarithmusfunktion 145

Literatur 152

© Springer-Verlag Berlin Heidelberg 2017
B. Haack et al., *Mathematik für Wirtschaftswissenschaftler*, DOI 10.1007/978-3-642-55175-8_4

Mathematischer Exkurs 4.1: Worum geht es hier?

Vielleicht erinnern Sie sich noch, dass irgendwann einmal in der Schule von „Abbildungen" oder „Funktionen" gesprochen wurde und u. a. sogenannte „Nullstellen" und „Schnittpunkte" von „Graphen" berechnet werden sollten. Die dort genutzten Beispiele von Funktionen besaßen dabei häufig einen gewissen Grad an Abstraktheit. Das heißt, auch wenn man irgendwann einmal wusste, wie man die besagten Rechnungen durchzuführen hatte, so war nicht immer klar, wozu das gut und hilfreich sein sollte bzw. ob es überhaupt sinnvoll angewendet werden kann.

Halten Sie sich einfach stets vor Augen, dass eine Funktion im mathematischen Sinne immer eine Art von Abhängigkeit ausdrückt. Betrachten wir z. B. den Preis von Druckerpapier. Kaufen wir ein Paket mit 500 Blatt, so zahlen wir z. B. 5,79 € pro Paket. Entscheiden wir uns, auf einen Schlag mehr zu kaufen, z. B. 50 Pakete, so erklärt uns der Verkäufer, dass wir dann pro Paket nur noch 5,29 € bezahlen müssen. Ab 100 Paketen – er versucht uns von einem Großeinkauf zu überzeugen – kostet ein Paket schließlich nur noch 3,79 €. Das heißt, der Gesamtpreis P, den wir für unseren Einkauf zahlen, hängt in einer ganz festgeschriebenen Art von der Anzahl der gekauften Pakete N ab. Auch wenn uns das jetzt nicht sonderlich erstaunt, mathematisch gesehen haben wir es bei dieser Abhängigkeit mit einer sogenannten „Funktion $P = P(N)$" (gesprochen: „P gleich P von N") zu tun, und genau mit solchen Funktionen werden wir uns hier beschäftigen.

In diesem Kapitel werden also – stets durch Anwendungsbeispiele untermauert – mit den sogenannten „elementaren Funktionen" verhältnismäßig leicht überschaubare Abbildungen vom Typ $f : \mathbb{R} \to \mathbb{R}$ bzw. $f : M_1 \to M_2$ mit $M_1 M_2 \subset \mathbb{R}$ behandelt – also „reellwertige" Funktionen $y = f(x)$ einer reellen Veränderlichen. Zu den elementaren Funktionen zählen die **Potenzfunktion** ($y = x^n$, $n \in \mathbb{N}$) und die **Wurzelfunktion** ($\sqrt[n]{x}$), die **Exponential**- und die **Logarithmusfunktion** sowie Funktionen, die sich als Summe, Differenz, Produkt oder Quotient der genannten Funktionen darstellen lassen. Im erweiterten Sinne können auch Verkettungen (Kompositionen) solcher Funktionen den elementaren Funktionen zugerechnet werden. Die genannten Funktionen werden systematisch besprochen, ihre individuellen Merkmale werden analysiert. Der Funktionsverlauf wird grafisch veranschaulicht, ohne auf Feinheiten der Graphen einzugehen, die nur mit den Methoden der Differenzialrechnung zugänglich sind – Instrumente, die erst später allmählich bereitgestellt werden. Auf den Merksatz der Umkehrfunktion wird ausführlich eingegangen und seine Bedeutung anhand zahlreicher Beispiele herausgestellt.

Wir verzichten in diesem Buch bewusst vollständig auf die Diskussion der trigonometrischen Funktionen, wie z. B. Sinus- und Kosinusfunktion, da diese im wirtschaftswissenschaftlichen Kontext in der Regel nicht so häufig vorkommen.

Mathematischer Exkurs 4.2: Was können Sie nach Abschluss dieses Kapitels?

Wenn Sie das Kapitel durchgearbeitet haben, können Sie elementare Funktionen und deren Eigenschaften dazu einsetzen, Fragestellungen bezüglich „relativ einfacher" Zusammenhänge verschiedener wirtschaftswissenschaftlich relevanter Größen zu beantworten. Sie können eine Übersicht über unterschiedliche Arten bzw. Typen von Funktionen geben, Sie wissen, wie man von den Graphen der betrachteten Funktionen Nullstellen und gegebenenfalls Schnittpunkte berechnet, können die Funktionen auf Symmetrie untersuchen und wis-

sen, was passiert, wenn man die sogenannte unabhängige Variable gegen unendlich laufen lässt. (Das kann insbesondere dann wichtig sein, wenn wir Größen betrachten, die von der Zeit abhängen. Wenn wir diese gegen unendlich laufen lassen, dann bedeutet das nichts anderes, als wenn wir einen Blick in die ferne Zukunft werfen möchten.) Darüber hinaus verstehen Sie, wie die unterschiedlichen Funktionstypen prinzipiell verlaufen bzw. welche charakteristischen Merkmale jeweils vorliegen.

Mathematischer Exkurs 4.3: Müssen Sie dieses Kapitel überhaupt durcharbeiten?

Wenn Sie die folgenden Fragen bzw. Aufgaben sicher und richtig beantworten bzw. lösen können, beherrschen Sie die wesentlichen Inhalte dieses Kapitels und sind gut gewappnet für das, was anschließend kommt. Alle hier gestellten Aufgaben werden an den passenden Stellen innerhalb dieses Kapitels aufgegriffen und vorgerechnet, sodass stets eine Kontrollmöglichkeit besteht.

4.1 Die Funktion $f(x) = \text{sign}(x)$ gibt an, welches Vorzeichen die Zahl x besitzt. Wenn $x < 0$, dann ist $f(x) = -1$, wenn $x > 0$, dann ist $f(x) = 1$, und wenn $x = 0$ ist, dann ist $f(x) = 0$. Geben Sie die Zuordnungsvorschrift für f symbolisch an.

4.2 Stellen Sie die Graphen der beiden Funktionen $y = 2x + 6$ und $y = -\frac{1}{2}x + 5$ dar. Berechnen Sie anschließend deren Schnittpunkte und jeweiligen Nullstellen ($=$ Schnittpunkte mit der x-Achse).

4.3 Eine Gerade gehe durch den Punkt $(0, 2)$ mit der Steigung $m = -3$. Wie lautet die zugehörige Funktionsgleichung?

4.4 Eine Gerade gehe durch die Punkte $(-1, 1)$ und $(1, -1)$. Wie lautet die zughörige Funktionsgleichung?

4.5 Wann geht der Graph einer linearen Funktion durch den Ursprung und wann verläuft er parallel zur x-Achse?

4.6 Auf Zahlungen wird ein Rabatt von $p\,\%$ gegeben? Wie stellt sich die Rabattsumme als Funktion der in Rechnung gestellten Summe dar?

4.7 Bei gleicher Arbeitsweise ist der Lohn zur Arbeitszeit proportional. Der Stundenlohn betrage
a. 10 € pro Stunde,
b. 15 € pro Stunde.
Der Arbeitstag sei in beiden Fällen mit 8 Stunden angesetzt. Wie stellt sich jeweils der Lohn L als Funktion der Zeit t, gemessen in Arbeitstagen, dar? Stellen Sie beide Funktionen grafisch dar.

4.8 Wie ändert der Faktor a in der Gleichung $y = ax^2$ das Bild der Parabel?

4.9 Die beiden folgenden Funktionen stellen Kostenfunktionen in Abhängigkeit von der Stückzahl x dar. Für welche Stückzahl entstehen in beiden Fällen dieselben Kosten?
$f_1(x) = x^2 - 4x + 400$, $f_2(x) = x^2 + 3x - 300$.

4.10 Welchem Wert nähert sich $y = x^{-2}$ an, wenn sich x von rechts bzw. von links der Null nähert? Wie schlägt sich das im Funktionsbild nieder?

4.11 Es sei $K(x) = \frac{3}{x-2}$. Bestimmen Sie den Definitionsbereich von $K(x)$ und skizzieren Sie den Graphen der Funktion.

4.12 Bestimmen Sie Nullstellen und Polstellen der gebrochen rationalen Funktionen:
a)
$$f(x) = \frac{x^2 + x - 2}{x - 2},$$

b)
$$g(x) = \frac{x^3 - 5x^2 - 2x + 24}{x^3 + 3x^2 + 2x}.$$

4.13 Falls die Inflationsrate in einem Lande 7 % pro Jahr betragen würde, ergäbe die Gleichung $P(t) = P_0(1{,}07)^t$ den vorausgesagten Preis eines Gutes nach t Jahren, wenn das Gut heute P_0 kostet. Wie viel kostet
a. eine Tafel Schokolade, die heute 0,89 € kostet in 10 Jahren?
b. ein Sofa, das heute 2100 € kostet in 5 Jahren?
c. eine Wohnung, die heute 125.000 € kostet, in 8 Jahren?

4.14 Der Graph der Funktion $f(x) = ae^{bx}$ gehe durch die Punkte $(0, 1)$ und $(1, 4)$. Bestimmen Sie a und b.

Kapitel 4

4.1 Funktionen – Wie können wir Zusammenhänge zwischen (ökonomischen) Größen beschreiben?

Wie wir bereits in Exkurs 4.1 andeutungsweise gesehen haben, können sogar einfache Fragen auf wirtschaftliche Größen und die zwischen ihnen bestehenden Zusammenhänge führen. Es stellt sich die Frage, wie wir diese Zusammenhänge möglichst geschickt darstellen können, sodass wir sie leicht überschauen, verstehen, beschreiben, analysieren und aus ihnen möglichst einfach Schlussfolgerungen ziehen können? In diesem Abschnitt stellen wir Schritt für Schritt wichtige mathematische Grundlagen zur systematischen Untersuchung von Zusammenhängen zwischen wirtschaftswissenschaftlichen Größen bereit.

Eine (erste) denkbare Darstellungsform besteht in einer Tabelle. Beispielsweise zeigt Tab. 4.1, welche Pkw im ersten Quartal 2012 bzw. 2011 in Deutschland besonders häufig gekauft wurden.

Tabellen sind nicht der einzige Weg, mögliche Zusammenhänge zwischen wirtschaftswissenschaftlichen Größen aufzuzeigen. So können wir auch verbale Formulierungen verwenden („Im ersten Quartal 2012 wurden in Deutschland 7,5 % mehr Fahrzeuge des Typs VW Polo verkauft als im ersten Quartal 2011.") oder Grafiken nutzen (s. Abb. 4.1 und 4.2).

In diesem Kapitel stellen wir Schritt für Schritt wichtige mathematische Grundlagen zur systematischen Untersuchung von funktionalen Zusammenhängen zwischen wirtschaftswissenschaftlichen Größen bereit.

Hierfür betrachten wir nun Tab. 4.1. Sie ordnet jedem Pkw-Typ die Verkaufszahlen in den ersten Quartalen 2012 und 2011 zu. Dies ist eine sogenannte **Relation** (oder Zuordnung), und die Verkaufszahlen sind sogenannte **Attribute** (Eigenschaften) der einzelnen Pkw-Typen.

Jedem Pkw-Typ werden mehrere dieser Attribute zugewiesen (z. B. Einheiten 1. Quartal 2012 und Einheiten 1. Quartal 2011).

Zulassungszahlen verschiedener PKW-Typen in Deutschland

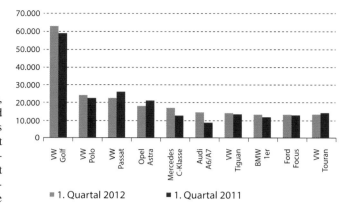

Abb. 4.1 Pkw-Zulassungszahlen im Vergleich

Veränderung der Zulassungszahlen verschiedener PKW-Typen in Deutschland in 1/2012 ggü. 1/2011

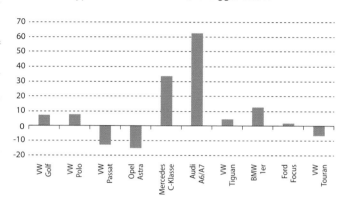

Abb. 4.2 Veränderung von Pkw-Zulassungszahlen 2011/12

Der einfachste Fall einer solchen Zuordnung ist, wenn man nur ein Attribut zuordnet. Daraus ergibt sich lediglich eine Tabelle (s. Tab. 4.2).

Tab. 4.1 Pkw-Zulassungszahlen in Deutschland. Quelle: http://www.kfz-auskunft.de/kfz/zulassungszahlen_2012_1.html (07.12.2012)

Rang	Vorjahr	Hersteller Modell / Typ	Einheiten 1. Quartal 2012	Einheiten 1. Quartal 2011	Veränderung in %
1	1	VW Golf (inkl. Jetta)	63.041	58.811	7,2
2	3	VW Polo	24.339	22.636	7,5
3	2	VW Passat	22.632	26.009	−13,0
4	4	Opel Astra	17.837	21.014	−15,1
5	12	Mercedes C-Klasse	17.114	12.796	33,7
6	23	Audi A6 (inkl. S6, RS6, A7)	14.519	8933	62,5
7	8	VW Tiguan	14.377	13.769	4,4
8	15	BMW 1er	13.524	12.037	12,4
9	10	Ford Focus	13.483	13.215	2,0
10	7	VW Touran	13.402	14.355	−6,6

Tab. 4.2 Pkw-Zulassungszahlen in Deutschland im 1. Quartal 2012. Quelle: http://www.kfz-auskunft.de/kfz/zulassungszahlen_2012_1.htm (07.12.2012)

Hersteller Modell/Typ	Einheiten 1. Quartal 2012
VW Golf (inkl. Jetta)	63.041
VW Polo	24.339
VW Passat	22.632
Opel Astra	17.837
Mercedes C-Klasse	17.114
Audi A6 (inkl. S6, RS6, A7)	14.519
VW Tiguan	14.377
BMW 1er	13.524
Ford Focus	13.483
VW Touran	13.402

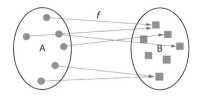

Abb. 4.3 $f : A \to B$

Diese Relation weist *jedem* aufgeführten Pkw-Typ *genau ein* Attribut – nämlich: „Einheiten 1. Quartal 2012" – zu. Sie ist ein Beispiel für eine spezielle Art der Relation, die eine zentrale Rolle in der Mathematik spielt: Die sogenannte **allgemeine Funktion**.

Betrachten wir das in Tab. 4.2 dargestellte Beispiel einer allgemeinen Funktion etwas genauer, können wir feststellen, dass es aus drei „Bausteinen" besteht:

1. aus den Pkw-Typen (linke Spalte),
2. aus den Einheiten (rechte Spalte) und
3. aus einer Vorschrift, mit der wir festlegen, wie die Zeilen von Tab. 4.2 richtig zu füllen sind: „Zu jedem Pkw-Typ in der linken Spalte einer Zeile der Tabelle ist in der rechten Spalte dieser Zeile die Anzahl der im 1. Quartal 2012 zugelassenen Einheiten dieses Pkw-Typs zu notieren."

Indem wir auf die Grundsätze aus der Mengenlehre zurückgreifen, können wir die ersten beiden „Bausteine" genauer bezeichnen:

- Die linke Spalte von Tab. 4.2 ist die Menge aller hier betrachteten Pkw-Typen – wir nennen sie einfach A.
- Die rechte Spalte von Tab. 4.2 ist die Menge aller hier betrachteten Einheiten (Zulassungszahlen im 1. Quartal 2012) – wir nennen sie B.

Neu ist hier der dritte „Baustein", die Vorschrift, mit deren Hilfe wir jedem Pkw-Typ aus A (in Mengensprache: jedem Element aus A) in eindeutiger Weise genau eine Anzahl aus B (in Mengensprache: genau ein Element aus B) zuordnen:

> Gegeben sind zwei Mengen A und B. Eine **allgemeine Funktion** f von A nach B ist eine Vorschrift, die jedem Element der Menge A **genau ein** Element der Menge B zuordnet. Man sagt auch, dass x auf y „abgebildet" wird. Wird $x \in A$ auf $y \in B$ abgebildet, so schreibt man $y = f(x)$ und nennt y das **Bild von x** sowie x ein **Urbild von y**. Allgemeine Funktionen schreiben wir symbolisch folgendermaßen:
>
> $$f : A \to B, x \to y = f(x),$$

wobei die Menge A als **Definitionsbereich D** von f und die Menge B als **Wertebereich W** von f bezeichnet werden.

Der soeben festgelegte Sachverhalt kann grafisch veranschaulicht werden (**Venn-Diagramm,** s. Abb. 4.3):

Wir erkennen Folgendes:

- Es wird nicht gefordert, dass jedes Element von B als Bild (mindestens) eines Elements von A erscheint. – Im Beispiel ausgedrückt: Es könnte sein, dass in B auch andere Zulassungszahlen aufgeführt sind, die nicht zu den zehn Pkw-Typen aus A gehören und somit in gewisser Weise leer ausgehen.
- Auch wird nicht gefordert, dass verschiedene Elemente von A auf verschiedene Elemente von B abgebildet werden; ein $y \in B$ kann also mehrere Urbilder in A haben. – Im Beispiel ausgedrückt: Es könnte sein, dass mehrere Pkw-Typen die gleiche Zulassungszahl aus B haben.
- Gefordert wird allerdings, dass **jedem** $x \in A$ **genau ein** $y = f(x) \in B$ zugeordnet wird, dass also x nicht mehrere Bilder y in B haben kann. – Im Beispiel ausgedrückt: Zu jedem betrachteten Pkw-Typ in A gibt es dem realen Leben entsprechend genau eine Zulassungszahl für das 1. Quartal 2012 in B. Hierin sind zwei Aussagen enthalten: Einerseits finden wir zu jedem Pkw-Typ in A eine Zahl in B, die die Zulassungszahl dieses Pkw-Typs im 1. Quartal 2012 ist. Andererseits hat keiner der Pkw-Typen zwei oder mehr verschiedene Zulassungszahlen im 1. Quartal 2012 – was auch wenig Sinn machen würde ...
- Bildlich gesprochen: Von jedem Element in A geht genau ein Pfeil ab, der auf ein Element in B zeigt. Mehrere Pfeile können durchaus auf ein Element in B zeigen, aber nicht jedes Element in B muss Ziel eines Pfeiles aus A sein!

Beispiel

Als Menge A betrachten wir die Gesamtheit aller Börsentage in Deutschland zwischen dem 01.01.1990 und dem 31.12.2000 (Anfangs- und Enddatum eingeschlossen). Als Menge B wählen wir die Menge aller rationalen Zahlen zwischen 0 und 10.000. Die Zuordnungsvorschrift lautet: Jedem in A gelegenen Tag wird der – jeweils zum Zeitpunkt des Börsenschlusses festgestellte – DAX-Wert zugeordnet (sofern er festgestellt wurde, sonst wird der Wert des Vortages gewählt). Die Zuordnung ist eindeutig; es handelt sich

Kapitel 4

um eine allgemeine Funktion im mathematischen Sinne. Die grafische Darstellung mittels eines Venn-Diagramms fällt in diesem Fall zugegebenermaßen schwer, deswegen müssen wir hier einen anderen Weg gehen:

Trägt man in der Zeichenebene die Börsentage auf einer waagerechten Achse (**Abszisse**) und die DAX-Werte auf einer dazu senkrechten Achse (**Ordinate**) auf, so kann man dies grafisch auf verschiedene Weise anschaulich machen, z. B. durch eine – von den Wochenenden und Feiertagen unterbrochene – Strichkurve oder ein Balkendiagramm. Wir wählen das Balkendiagramm (s. Abb. 4.4).

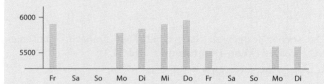

Abb. 4.4 Grafische Darstellung des zeitlichen Verlaufs der DAX-Werte (Ausschnitt) ◄

Gut zu wissen

Das Beispiel lehrt, dass es manchmal mühsam sein kann, den Definitionsbereich A richtig festzulegen. Neben den Wochenenden und den gesetzlichen Feiertagen könnten aus besonderem Grund auch weitere Tage als offizielle Börsentage ausgefallen sein.

Die anschauliche Darstellung des zeitlichen Verlaufs der DAX-Werte im Sinne des obigen Diagramms erleichtert Rückschlüsse auf die wirtschaftliche Entwicklung in Deutschland im betrachteten Zeitraum; sie ist diesbezüglich jeder Statistik überlegen. So erkennt man auf einen Blick den zweiten Freitag als „schwarzen Freitag"; die Börse hat sich auch am nachfolgenden Wochenbeginn noch kaum erholt!

In vielen anderen Fällen greifen wir auf ähnliche Hilfsmittel zurück – ohne dass uns bewusst wird, dass wir uns hierbei des allgemeinen Funktionsbegriffs bedienen.

Schränkt man die Menge A auf die Börsentage des Jahres 2000 ein, so erhält man bei sonst gleichem Vorgehen ein Diagramm von wesentlich geringerer Aussagekraft. Die zugehörige allgemeine Funktion hätte bei gleicher Zuordnungsvorschrift und gleichem Wertebereich einen anderen Definitionsbereich und wäre für Benutzer von anderer Qualität.

Es liegt auf der Hand, dass man leicht ähnliche Beispiele konstruieren kann, z. B. den zeitlichen Verlauf des Wertes bestimmter Aktien (mit Rückschlüssen auf die wirtschaftliche Entwicklung der betreffenden Firmen), den zeitlichen Verlauf von Arbeitslosenzahlen (in Abhängigkeit von Jahreszeit und Konjunktur) etc. Wir überlassen es dem Leser, sich weitere passende Beispiele zu überlegen.

Ein wichtiger Spezialfall der allgemeinen Funktionen ist derjenige, bei dem deren Definitionsbereich und Wertebereich jeweils die reellen Zahlen bzw. Teilmengen davon sind, d. h. allgemeine Funktionen vom Typ $f : \mathbb{R} \to \mathbb{R}$, die uns vielleicht noch aus der Schule in Erinnerung sind. Diese **reellen Funktionen** sind demnach nur ein Spezialfall der hier genannten allgemeinen Funktionen, spielen dennoch für uns im Folgenden eine große, wenn nicht sogar *die* Rolle. ◄

Gehen wir noch einmal zurück zu dem Phänomen, dass bei bestimmten Funktionen einige Elemente des Wertebereichs „leer" ausgehen können bzw. dass einige Elemente des Wertebereichs mehrere Urbilder besitzen können. Dieses sind Eigenschaften, die unter bestimmten Umständen durchaus von Bedeutung sind. So geht es in einigen Fällen darum zu fragen, ob man bei gegebener Funktion $f : A \to B$ gegebenenfalls eine „umgekehrte" Funktion g definieren kann, die nicht die Menge A auf die Menge B abbildet, sondern umgekehrt die Menge B auf die Menge A: $g : B \to A$.

Wann interessiert diese Fragestellung?

Betrachten wir z. B. einmal die folgende, uns allen bekannte Situation: Für jeden Tag wird in einer Stadt, beispielweise in Berlin, die Tageshöchsttemperatur gemessen. In unserem Beispiel nehmen wir das Jahr 2013 und ordnen jedem Tag seine Tageshöchsttemperatur zu. Das ist eine Funktion in dem oben skizzierten Sinne: Die Menge A besteht aus insgesamt 365 Tagen und die Menge B soll der Einfachheit halber aus den ganzen Zahlen zwischen $-25\,°C$ und $40\,°C$ bestehen. Jedem Tag (d. h. jedem Element von A) wird dann genau eine (ganzzahlige) Temperatur aus der Menge B zugeordnet. Somit haben wir es mit einer Funktion im obigen Sinne zu tun.

Aber gilt dies auch im umgekehrten Fall? Liegt also umgekehrt auch eine Funktion vor?

Selbst wenn wir annehmen, dass innerhalb des Jahres jede Temperatur zwischen $-25\,°C$ und $40\,°C$ irgendwann einmal angenommen wird, so ist es in diesem Fall nicht nur mathematisch unmöglich, dass jede Temperatur nur an genau einem Tag angenommen wird (die Anzahl der möglichen Temperaturwerte beträgt 76, die Anzahl der Tage aber 365), sondern wir wissen aus Erfahrung, dass es durchaus Tage gibt, die dieselbe Tageshöchsttemperatur besitzen. Darüber hinaus können wir auch nicht davon ausgehen, dass alle Temperaturen zwischen $-25\,°C$ und $40\,°C$ überhaupt einmal in dem betrachtete Jahr angenommen werden.

Selbst wenn wir den Wertebereich derart einschränken, dass wir nur die Temperaturen dazunehmen, die mindestens einmal in dem betrachteten Jahr angenommen werden, so ist die umgekehrte Zuordnung von B nach A sicher nicht eindeutig. Die Frage, wann es im Jahr $20\,°C$ warm war, lässt sich zwar beantworten, doch wird das Ergebnis sicher aus einer beträchtlichen Anzahl von Tagen bestehen. Eine **Funktion** $g : B \to A$ existiert in diesem Falle also nicht!

Was muss also erfüllt sein, damit wir eine Funktion in diesem Sinne auch „umkehren" können?

Wie wir schon gerade gesehen haben, ist dafür offensichtlich wesentlich, dass

- kein Element der Menge B „leer" ausgeht und
- kein Element aus B mehrere Urbilder besitzt.

Diese beiden Eigenschaften werden in der Mathematik mit **Surjektivität** bzw. **Injektivität** bezeichnet.

Eine allgemeine Funktion $f : A \rightarrow B$ heißt **surjektiv**, wenn **zu jedem** $y \in B$ (mindestens) ein $x \in A$ existiert mit $y = f(x)$.

Eine allgemeine Funktion $f : A \rightarrow B$ heißt **injektiv**, wenn für je zwei Elemente $x_1, x_2 \in A$ gilt:

$$x_1 \neq x_2 \Rightarrow f(x_1) \neq f(x_2) \Leftrightarrow f(x_1) = f(x_2) \Rightarrow x_1 = x_2.$$

Das heißt, verschiedene Urbilder x werden stets auf verschiedene Bildpunkte $y = f(x)$ abgebildet.

Eine allgemeine Funktion $f : A \rightarrow B$ heißt **bijektiv**, wenn sie surjektiv **und** injektiv ist.

Gut zu wissen

Surjektive allgemeine Funktionen sind also dadurch charakterisiert, dass ihr Wertebereich B **voll ausgeschöpft** wird. Injektive allgemeine Funktionen sind dadurch charakterisiert, dass jedem $y \in B$ **höchstens** ein Urbild $x \in A$ zugeordnet ist. Bijektive allgemeine Funktionen sind dadurch charakterisiert, dass **zu jedem** $y \in B$ **genau ein** Urbild $x \in A$ existiert.

Im früheren Sprachgebrauch waren auch folgende Bezeichnungen bzw. Aussagen üblich, die wir allerdings nicht weiter verwenden:

- für allgemeine Funktionen $f : A \rightarrow B$ die Bezeichnung **Abbildung von A in B**,
- für den Fall der Surjektivität die Bezeichnung **Abbildung von A auf B**,
- für injektive allgemeine Funktionen die Bezeichnung **eineindeutige Abbildung**.

Bijektive Funktionen $f : A \rightarrow B$ sind besonders interessant, da sie **umkehrbar** sind, d. h. eine sogenannte **Umkehrfunktion** im oben angedeuteten Sinne besitzen. Diese wird stets gerne mit $f^{-1} : B \rightarrow A$ bezeichnet. Bijektive Funktionen können grafisch dargestellt werden (s. Abb. 4.5):

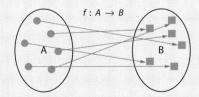

Abb. 4.5 Bijektive Abbildung f ◄

Beispiel

Betrachten wir noch einmal die durch Tab. 4.2 dargestellte allgemeine Funktion. Diese ist surjektiv, weil es zu jeder Zahl y im Wertebereich B einen Pkw-Typ x im Definitionsbereich A gibt, für den y die Anzahl der zugelassenen Einheiten im 1. Quartal 2012 – also $y = f(x)$ – ist. Sie ist auch injektiv, weil die Zulassungszahlen $y_1 = f(x_1)$ und $y_2 = f(x_2)$ aus B für je zwei verschiedene Pkw-Typen x_1 und x_2 aus A verschieden sind. Insgesamt können wir damit feststellen, dass unsere Funktion bijektiv ist. ◄

Beispiel

Die obige betrachtete Zuordnung von DAX-Werten ist nicht surjektiv. Der Definitionsbereich A (Börsentage) besteht aus endlich vielen Elementen, kann also auch im Wertebereich B (rationale Zahlen zwischen 0 und 10.000) nur endlich viele Bildelemente haben. Der Wertebereich B ist als unendliche Menge jedoch wesentlich umfassender. Es ist darüber hinaus auch keine Injektivität gegeben, da es möglich ist, verschiedenen Börsentagen denselben DAX-Wert zuzuordnen. ◄

Beispiel

Funktionen vom Typ $f : \mathbb{R} \rightarrow \mathbb{R}$ lassen sich in der Zeichenebene – anders ausgedrückt: auf einem Blatt Papier – gut mithilfe eines rechtwinkligen x-y-Koordinatensystems veranschaulichen. Dazu tragen wir alle Punkte mit den Koordinaten x und $y = f(x)$ in das Koordinatensystem ein und erhalten so in vielen Fällen ein Bild von folgendem Typ (s. Abb. 4.6):

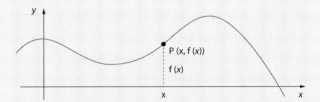

Abb. 4.6 Grafische Darstellung der Funktion $y = f(x)$

Jedem $x \in \mathbb{R}$ wird eindeutig ein $y = f(x)$ zugeordnet. Der Punkt $P(x, f(x))$ mit den Koordinaten x und $f(x)$ kann im Koordinatensystem gezeichnet werden. Durchläuft x alle reellen Zahlen, so erhalten wir als Bild oftmals eine „ziemlich einfach" verlaufenden Kurve. ◄

Kapitel 4

Vielfach wird der „Graph" mit dem Bild einer Kurve verknüpft, was den eigentlichen Hintergrund nicht so ganz exakt widerspiegelt. Vielmehr handelt es sich um eine Menge von Punkten, die man in vielen Fällen als **Kurve** interpretieren kann:

Der Graph G_f der Funktion $f(x)$ ist folgende **Menge von Punktepaaren**:

$$G_f = \{(x, y) | x \in D \text{ und } y = f(x)\}.$$

Beispiel

Wir betrachten die Funktion $y_1 = f_1(x) = x + 1$. Interpretieren wir diese Funktion so, dass sie vom Typ $f : \mathbb{R} \to \mathbb{R}$ ist, also insbesondere den Definitionsbereich $\mathbb{R}$ hat, so ist der zugehörige Graph eine Gerade. Dies kann man sich leicht klar machen, indem man einmal eine sogenannte **Wertetabelle** erstellt (s. Tab. 4.3).

Tab. 4.3 Wertetabelle

x	$f(x)$
-1	0
0	1
1	2
…	…

Eine Wertetabelle besteht aus zwei Spalten: In der linken Spalte werden die x-Werte, in der rechten die zugehörigen Funktionswerte eingetragen. Im obigen Beispiel haben wir uns auf drei Zahlen beschränkt, natürlich kann man das noch ausweiten. Die dabei entstehenden Punktepaare $(x, y) = (x, f_1(x))$ liegen alle auf einer Geraden und bilden in ihrer Gesamtheit den Graphen der obigen Funktion (s. Abb. 4.7).

Schränken wir den Definitionsbereich auf die Menge $\mathbb{R}^+$ aller nichtnegativen reellen Zahlen ein, so erhalten wir bei gleicher Zuordnungsvorschrift eine andere Funktion vom Typ $y_2 : \mathbb{R}^+ \to \mathbb{R}$. Der zugehörige Graph ist eine Halbgerade (s. Abb. 4.8). Schränken wir den Definitionsbereich noch weiter auf das Intervall $[1, 2]$ ein, so haben wir eine dritte Funktion

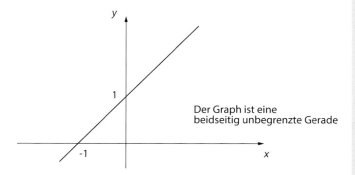

Abb. 4.7 Graph der durch $y_1 = x + 1$ beschriebenen Funktion $f : \mathbb{R} \to \mathbb{R}$

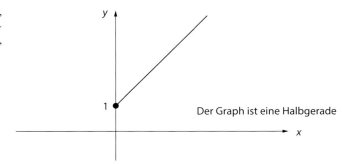

Abb. 4.8 Graph der durch $y_2 = x + 1$ beschriebenen Funktion $g : \mathbb{R}^+ \to \mathbb{R}$

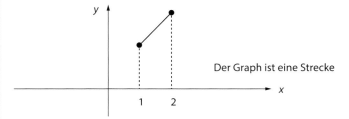

Abb. 4.9 Graph der durch $y_3 = x + 1$ beschriebenen Funktion $h : [1, 2] \to \mathbb{R}$

vom Typ $y_3 : [1, 2] \to \mathbb{R}$. Der zugehörige Graph ist eine Strecke (s. Abb. 4.9).

Alle drei Funktionen y_1, y_2, y_3 sind injektiv. y_1 ist außerdem surjektiv und somit bijektiv. Die beiden anderen sind nicht surjektiv, weil der Wertebereich $\mathbb{R}$ von den Bildelementen nicht ausgeschöpft wird. (Können auch y_2 und y_3 durch geeignete Änderung der Wertebereiche zu bijektiven Abbildungen werden?)

Diese Beispiele verdeutlichen, dass zwei Funktionen nur dann identisch sind, wenn sie in allen drei Komponenten – Definitionsbereich, Wertebereich und Zuordnungsvorschrift – übereinstimmen.

Es kann im Übrigen vorkommen, dass ein und dieselbe Funktion $y = f(x)$ „stückweise" definiert wird. Das bedeutet, dass die Zuordnungsvorschrift „über den Definitionsbereich" variiert:

Beispiel

Eine Handelskette staffelt den Preis von Milch in Abhängigkeit von der Abnahmemenge: Bis zu $10\,l$ kostet der Liter Milch 65 ct, kaufen wir eine Menge, die zwischen 11 und $30\,l$ liegt, dann kostet der Liter 60 ct, und nehmen wir mehr als $30\,l$ ab, dann müssen wir pro Liter nur noch 55 ct bezahlen. Wie lässt sich der Literpreis als Funktion von der Abnahmemenge darstellen?

Zunächst stellen wir fest, dass wir nur „ganze" Liter kaufen können, d. h. der Definitionsbereich unserer gesuchten Preisfunktion (nennen wir sie einfach P) ist die Menge der natürlichen Zahlen $\mathbb{N}$. Da wir von ganzen Cents ausgehen, ist der Wertebereich ebenfalls ganzzahlig, sodass wir das folgende Zwischenergebnis haben:

$$P : \mathbb{N} \to \mathbb{N} .$$

Es sei nun x der Preis, der für einen Liter Milch bezahlt werden muss. Dann gilt die folgende Zuordnung:

$$P(x) = 65 \text{ für } x \leq 10$$
$$P(x) = 60 \text{ für } 11 \leq x \leq 30 \text{ und}$$
$$P(x) = 55 \text{ für } x \geq 31.$$

Diese etwas aufwändige Darstellung kann man etwas kompakter schreiben:

$$P(x) = \begin{cases} 65 & \text{für } x \leq 10 \\ 60 & \text{für } 11 \leq x \leq 30 \\ 55 & \text{für } x \geq 31 . \end{cases}$$

Dies ist ein typisches Beispiel für eine **stückweise definierte Funktion**, wie sie bei den Anwendungen des Öfteren auftritt. ◄

Ebenfalls „stückweise definiert" ist die sogenannte **Betragsfunktion**.

Die Funktion $f(x) = |x| = \begin{cases} x & \text{für } x \geq 0 \\ -x & \text{für } x < 0 \end{cases}$ gibt den **Betrag** von x an. Der Betrag ist stets positiv und misst den Abstand der Zahl x von der Zahl 0 (Ursprung) auf dem Zahlenstrahl. Somit beschreibt der Betrag die Länge einer Strecke.

Der Graph der Funktion $f(x) = |x|$ ist in Abb. 4.10 dargestellt.

Der Graph sieht ein bisschen anders aus als alles, was wir bis jetzt gesehen haben, denn im Ursprung (d. h. im Punkt $(0, 0)$) besitzt er eine „Ecke". Diese Ecken sollen uns im Moment nicht stören, wir werden aber bei der Differenzialrechnung sehen, dass sie dort durchaus eine gewisse Bewandtnis haben bzw. gelegentlich Schwierigkeiten bereiten können. Konkret – und im Vorgriff auf das Differenzialrechnung – ist die Betragsfunktion ein Beispiel für eine Funktion, die im Punkt $(0, 0)$ nicht **differenzierbar** ist.

An dieser Stelle seien noch die beiden folgenden „elementaren" Beispiele für Funktionen genannt: Zum einen handelt es sich um die **konstante Funktion** und zum anderen um die **Identität** bzw. **identische Funktion**.

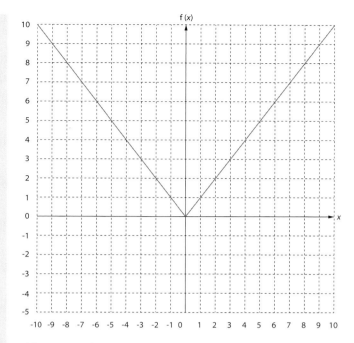

Abb. 4.10 Graph der Funktion $f(x) = |x|$

Beispiel

Wir betrachten eine Funktion $f : \mathbb{R} \to \mathbb{R}$, durch die jedem $x \in \mathbb{R}$ ein und dasselbe (feste) Element $b \in \mathbb{R}$ zugeordnet wird, d. h., es soll gelten: $y = f(x) = b$ für alle $x \in \mathbb{R}$. Solche Funktionen heißen **konstante Funktionen**. Ihre Graphen sind **Parallelen zur x-Achse**. Beispielsweise ordnet die konstante Funktion $y = f(x) = 5$ jeder reellen Zahl x die Zahl 5 zu. Der zugehörige Graph ist eine Parallele zur x-Achse mit dem Abstand 5 (s. Abb. 4.11). ◄

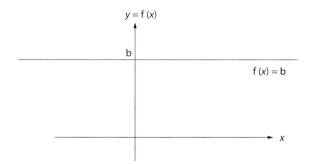

Abb. 4.11 Konstante Funktion $y = f(x) = b$

Beispiel

Wir betrachten die Funktion $f : \mathbb{R} \to \mathbb{R}$, durch die jedem $x \in \mathbb{R}$ der Wert $y = f(x) = x$ zugeordnet wird. Hierbei

Kapitel 4

handelt es sich um die **identische Funktion** (manchmal auch als **Identität** oder **identische Abbildung** bezeichnet). Ihr Graph stellt die durch den Nullpunkt des Koordinatensystems gehende Gerade mit dem Steigungswinkel 45° dar, die sogenannte **Winkelhalbierende im 1. und 3. Quadranten** (s. Abb. 4.12). Die identische Funktion ist bijektiv.

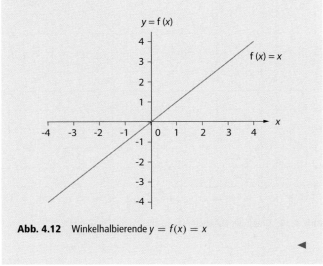

Abb. 4.12 Winkelhalbierende $y = f(x) = x$

◀

An dieser Stelle können wir gut unsere **Aufgabe 4.1** aus Exkurs 4.3 heranziehen:

──────────── **Aufgabe 4.1** ────────────

Die Funktion $f(x) = \text{sign}(x)$ gibt an, welches Vorzeichen die Zahl x besitzt. Wenn $x < 0$, dann ist $f(x) = -1$, wenn $x > 0$, dann ist $f(x) = 1$, und wenn $x = 0$, dann ist $f(x) = 0$ Geben Sie die Zuordnungsvorschrift für f symbolisch an:

Lösung

Wir können die Zuordnungsvorschrift nun folgendermaßen schreiben:

$$f(x) = \begin{cases} 1 & \text{für } x > 0 \\ 0 & \text{für } x = 0 \\ -1 & \text{für } x < 0 \end{cases}$$

────────────────────────────

Für die Analyse von Funktionen sind bestimmte „neuralgische" Punkte von besonderem Interesse. Insbesondere fragt man sich in vielen Fällen, wann der zugehörige Graph zu der Funktion $y = f(x)$ die x-Achse schneidet. Diese Schnittpunkte werden als **Nullstellen** bezeichnet und stellen die Lösungen der Gleichung $f(x) = 0$ dar. Wie man Gleichungen lösen kann, haben wir bereits in Kap. 3 gelernt. Wir werden sehen, dass uns die dort erworbenen Kenntnisse noch verschiedentlich hilfreich sein werden.

Hier beenden wir die allgemeine Einführung in die reellen Funktionen und steigen nun in das Thema der (noch recht einfachen, aber durchaus schon praxisrelevanten) linearen Funktionen ein:

4.2 Lineares – Wenn zwei ökonomische Größen ein geradliniges Verhältnis zueinander haben

Beispiel: Antons Handyrechnung

Wir beginnen mit dem folgenden Beispiel: Anton schließt einen Handyvertrag für 12 Monate ab. Dieser beinhaltet einen **Festpreis für Gespräche** ins deutsche Festnetz (Flatrate) für 15,00 € pro Monat. Diese Flatrate muss er stets – also unabhängig von der Nutzung – zahlen. Antons neue Freundin besitzt nun aber leider keinen Festnetzanschluss, sodass er sie lediglich über das Handy erreichen kann. Jede Minute Telefonat in das Handynetz der Freundin kostet ihn 0,29 €.

Nehmen wir an, dass Anton vorerst nicht mit seiner Freundin telefoniert (sparen, sparen, sparen ...). Seine sonstigen Gespräche gehen ausschließlich ins deutsche Festnetz. Als Kunde interessiert sich Anton natürlich für den Rechnungsbetrag am Ende des Monats. Ökonomisch gesehen hängt der Betrag von den beiden Variablen t für die „telefonierte Zeit" sowie A für die „Art des Anrufes" (Festnetz oder Mobilfunk) ab. Es liegt demnach eine Kostenfunktion $K(t, A)$ vor, die in diesem Fall sogar von zwei Größen abhängig ist. Diesen Fall haben wir bisher noch nicht betrachtet, doch werden wir sehen, wie wir das vereinfachen können:

Der geschlossene Vertrag lässt es in einem zweiten Schritt zu, die Komplexität der Funktion zu reduzieren, da sich A – also die Art des Telefonats – aufgrund der Flatrate nur für den Mobilfunkteil kostenmäßig auswirkt. Wenn A aber nur einen Wert annehmen kann, dann ist dieser konstant, und die Funktion K hängt nur noch von der Zeit t ab. Auf diesem Weg haben wir es mit einer Funktion von nur einer Variablen zu tun: $K = K(t)$.

Diese Kostenfunktion von Antons Handyvertrag besteht wie jede andere Kostenfunktion aus zwei Komponenten:

1. **Fixkosten**: Dieser Bestandteil der Gesamtkosten ist unabhängig von der betrachteten Bezugsgröße, hier also der Zeit.

2. **Variable Kosten**: Diese Kosten sind abhängig von der Bezugsgröße wie der telefonierten Zeit.

Wir stellen nun die fixen Kosten in Abhängigkeit von den telefonierten Minuten je Monat in einem Diagramm grafisch dar (s. Abb. 4.13) und ermitteln daraus die Funktionsgleichung der (konstanten) Kostenfunktion als $K(t) = 15$. Der Definitionsbereich der Funktion ist $\mathbb{R}^+$.

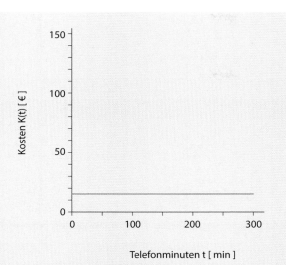

Abb. 4.13 Antons monatliche Telefon-Fixkosten

Die Fragestellung wird jetzt leicht erweitert: Anton telefoniert im nächsten Monat nun doch mit seiner Freundin per Handy. Die Telefonkosten entwickeln sich daraufhin wie folgt (s. Tab. 4.4):

Tab. 4.4 Telefonkosten

t in Minuten	0	100	200	300
$K(t)$ in Euro	15,00	44,00	73,00	102,00

Zeichnet man die Punkte in ein Diagramm, erhält man Abb. 4.14:

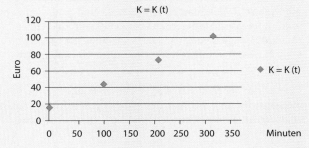

Abb. 4.14 Antons Telefonkosten in Abhängigkeit von der telefonierten Zeit

Wir stellen fest, dass die Punkte so angeordnet sind, dass man mühelos eine Gerade zeichnen könnte, auf der alle vier Punkte liegen. In diesem Fall spricht man von einem **linearen Zusammenhang** zwischen der (Telefon-) Zeit und den entstehenden Kosten.

Wir zeichnen jetzt einfach die Verbindungsgerade ein, die durch die vier obigen Punkte gegeben ist. Dann bildet die Menge aller Punkte auf dieser Geraden folgenden Graphen (s. Abb. 4.15):

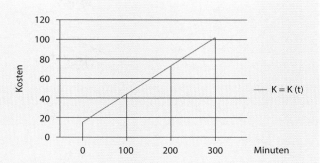

Abb. 4.15 Verbindungsgerade durch die Punkte des Graphen von $K(t)$

Je Minute, die Anton mit seiner Freundin telefoniert hat, muss er $0,29 €$ zusätzlich zu den fixen Kosten bezahlen. Wenn er insgesamt t Minuten mit seiner Freundin telefoniert, fallen $t \cdot 0,29 €$ zusätzlich an. Die vollständige Kostenfunktion lässt sich somit mit $K(t) = 15 + 0,29 \cdot t$ angeben. Für den Definitions- und Wertebereich gilt $0 \leq t < +\infty$ sowie $15 \leq K(t) < +\infty$. ◄

Gut zu wissen

Die im obigen Beispiel genannte Funktion $K(t) = 15 + 0,29 \cdot t$ mit dem jeweils angegebenen Definitions- und Wertebereich ist ein Beispiel für eine **lineare Funktion**. Die allgemeine lineare Funktion hat die Gestalt

$$y = f(x) = mx + n, \quad m, n \in \mathbb{R}.$$

Die Graphen der linearen Funktionen sind stets Geraden in der Ebene. Dabei gibt die Zahl m die **Steigung** und die Zahl n den **Schnittpunkt mit der y-Achse** der Geraden an. Je nachdem, wie groß m und n sind, haben wir die folgende Situation:

- Ist die Steigung m der Funktion $y = mx + n$ gleich 0, so haben wir es mit einer sogenannten **konstanten Funktion** $y = n$ zu tun. Deren Graph ist eine Parallele zur x-Achse im Abstand n zur x-Achse.
- Ist die Steigung $m > 0$, steigt die Gerade von links unten nach rechts oben an – und zwar umso steiler, je größer m ist.
- Ist die Steigung $m < 0$, fällt die Gerade von links oben nach rechts unten – und zwar umso steiler, je kleiner m ist. ◄

Durch Gleichungen der Gestalt $y = mx + n$ werden – mit Ausnahme der Parallelen zur y-Achse – **alle** Geraden in der x-y-Ebene erfasst. Durch $m = 0$ sind die Parallelen zur x-Achse charakterisiert (konstante Funktionen). Parallelen zur y-Achse werden durch $x = \text{const.}$ (y beliebig) beschrieben. Auch diesen Fall können wir in die folgende Zusammenfassung einbeziehen:

Kapitel 4

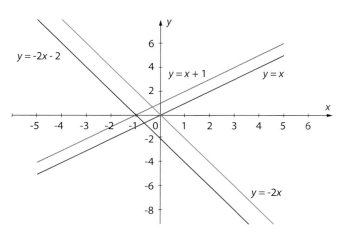

Abb. 4.16 Graphen ausgewählter linearer Funktionen

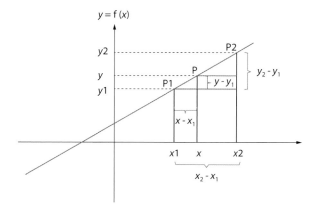

Abb. 4.17 Berechnung der Geradengleichung anhand zweier gegebener Punkte P_1 und P_2

Zusammenfassung

Durch die allgemeine lineare Gleichung

$$ax + by + c = 0, \qquad (*)$$

($ab \in \mathbb{R}$ fest, wobei a und b nicht gleichzeitig null sein sollten), werden alle Geraden in der x-y-Ebene beschrieben.

- Ist $b \neq 0$, so lässt sich (*) auf die **Normalform** $y = mx + n$ bringen.
- Ist $b = 0$, $a \neq 0$, so beschreibt (*) eine Parallele zur y-Achse.

Abbildung 4.16 zeigt einige ausgewählte einfache lineare Funktionen:

An dieser Stelle erlauben wir uns einen kleinen Ausflug in die sogenannte Analytische Geometrie. Die bisher betrachtete Normalform $y = mx + n$ der Geradengleichung ist nicht die einzige Möglichkeit, Geraden in der x-y-Ebene durch eine Funktionsgleichung darzustellen. In der Normalform $y = mx + n$ wird die Gerade durch ihre Steigung und ihren Schnittpunkt $(0, n)$ mit der y-Achse festgelegt. Man kann eine Gerade aber auch anders festlegen, z. B. durch zwei (verschiedene) feste Punkte der Ebene oder durch einen festen Punkt (außerhalb der y-Achse) und ihre Steigung. Auch kommt es häufig vor, dass vermeintlich lineare Zusammenhänge nicht dadurch gegeben sind, dass eine Funktionsgleichung existiert, sondern, dass z. B. einige Punkte des Graphen gegeben sind. Im Falle einer Geraden wissen wir, dass zwei Punkte genügen, um eine Geradengleichung aufstellen zu können. Aber wie funktioniert das im konkreten Fall? Dies ist Gegenstand der folgenden Überlegungen:

Betrachten wir zunächst den Fall, dass eine Gerade g in der x-y-Ebene durch die beiden (verschiedenen) Punkte $P_1 = (x_1, y_1)$ und $P_2 = (x_2, y_2)$ verlaufen soll (s. Abb. 4.17):

$P = (x, y)$ sei ein beliebiger, nur momentan festgehaltener Punkt der Geraden g. Dann gilt (für die hervorgehobene Figur) nach dem sogenannten **Strahlensatz**:

$$\frac{y - y_1}{x - x_1} = \frac{y_2 - y_1}{x_2 - x_1} \Leftrightarrow y - y_1 = \frac{y_2 - y_1}{x_2 - x_1}(x - x_1) \qquad (*)$$

(Zwei-Punkte-Form der Geradengleichung).

Gut zu wissen

Die Anwendung des Strahlensatzes ist genau dann möglich, wenn $P = (x, y)$ auf der Geraden g liegt. Also ist die Gleichung $(*)$ für alle Geradenpunkte – und nur für diese! – charakteristisch. Wir können x als **unabhängige** (ganz $\mathbb{R}$ durchlaufende) Variable und y als von x **abhängige** Variable interpretieren. $(*)$ stellt eine (lineare) Funktionsgleichung dar. Die Gesamtheit der Lösungen von $(*)$ beschreibt die **Gesamtheit aller Geradenpunkte**.

Dass wir in der Skizze den allgemeinen Punkt $P = (x, y)$ zwischen P_1 und P_2 platziert haben, geschah aus rein zeichentechnischen Gründen und hat auf das Ergebnis keinen Einfluss! ◄

Wie man sich leicht klar macht, ist der Quotient $\frac{y_2 - y_1}{x_2 - x_1}$ nur ein anderer Ausdruck für die Geradensteigung m (jetzt nicht bezogen auf den Zuwachs 1, sondern auf den Zuwachs $(x_2 - x_1)$ in x-Richtung). Wir können also setzen: $m = \frac{y_2 - y_1}{x_2 - x_1}$ und erhalten:

$$y - y_1 = m(x - x_1) \qquad (**)$$

(Punkt-Richtungs-Form der Geradengleichung).

Natürlich kann man (*) und (**) im konkreten Fall ohne Weiteres auf die Normalform $y = mx + n$ bringen, wenn die Größen $x_1 x_2$ und $y_1 y_2$, vorgegebene Zahlen sind.

Beispiel

1. Gesucht ist die Normalform der Gleichung einer Geraden durch die Punkte $P_1 = (2, 3)$ und $P_2 = (-3, 4)$. Einsetzen in (*) ergibt:

$$y - 3 = \frac{4 - 3}{-3 - 2}(x - 2) \Leftrightarrow y = -0{,}2(x - 2) + 3$$

$$\Leftrightarrow y = -0{,}2x + 3{,}4 \,.$$

(Die Probe erfolgt durch Einsetzen der Koordinaten von P_1 und P_2 in die Gleichung $y = -0{,}2x + 3{,}4$.)

2. Gesucht ist die Normalform der Gleichung einer Geraden mit der Steigung $m = 2$, die durch den Punkt $P_1(1, -5)$ geht. Einsetzen in (**) ergibt:

$$y + 5 = 2(x - 1) \Leftrightarrow y = 2x + 7 \,.$$

(Die Probe erfolgt durch Einsetzen der Koordinaten von P_1 in die Gleichung $y = 2x - 7$.) ◄

Bereits jetzt können zwei weitere Aspekte angesprochen werden, die für elementare Funktionen – und weit darüber hinaus – von grundsätzlichem Interesse sind: die Berechnung der Schnittpunkte von Graphen sowie der Merksatz der Umkehrfunktion.

Wir beginnen mit dem **Schnittpunktproblem** und wählen als konkretes Beispiel die beiden Geraden $y = 2x - 3$ und $y = -3x + 7$. Die Koordinaten des gesuchten Schnittpunkts $S = (s_1, s_2)$ müssen beide Geradengleichungen erfüllen:

$$s_2 = 2s_1 - 3 \,, \quad s_2 = -3s_1 + 7 \,.$$

Wir haben es hier mit einem **linearen Gleichungssystem (LGS)** für s_1 und s_2 zu tun. Dieses besitzt die (eindeutig bestimmte) Lösung $s_1 = 2$ und $s_2 = 1$. Der Schnittpunkt der beiden Geraden ist $S = (2, 1)$, wie man durch Einsetzen der Koordinaten von S in die beiden Geradengleichungen leicht prüfen kann.

In der Praxis ist es nicht üblich, die Koordinaten des gesuchten Schnittpunkts neu zu benennen. Stattdessen werden die beiden Geradengleichungen

$$y = 2x - 3 \quad \text{und} \quad y = -3x + 7 \tag{4.1}$$

jetzt als LGS für zwei Unbekannte interpretiert (im vorliegenden Fall natürlich mit der gleichen Lösung $x = 2$, $y = 1$). Es muss klar sein, dass dabei dieselben Buchstaben zweierlei Bedeutung haben: In den einzelnen Geradengleichungen sind x und y **Variable**, im LGS bekommen x und y die Bedeutung von (festen) **Unbekannten**. Das beschriebene Prinzip ist nicht auf Geradengleichungen beschränkt, es wird allgemein angewendet und veranlasst uns zu einer grundsätzlichen Erklärung:

Gut zu wissen

Sollen die Schnittpunkte der Graphen zweier (allgemeiner) Funktionen $y = f(x)$ und $y = g(x)$ bestimmt werden, so betrachtet man das System

$$y = f(x)$$
$$y = g(x)$$

als ein (i. A. nichtlineares) **Gleichungssystem** für die **Unbekannten** x und y, ohne im Regelfall die Bezeichnungen zu ändern.

Die Unbekannte x berechnet sich dann aus der Bestimmungsgleichung $f(x) = g(x)$. Die zugehörigen y-Werte erhält man durch Einsetzen in eine der beiden Ausgangsgleichungen.

Jede Lösung (x, y) des Gleichungssystems beschreibt die Koordinaten eines Schnittpunktes der Graphen von $y = f(x)$ und $y = g(x)$. Es kann mehrere Lösungen (Schnittpunkte) geben, es braucht aber auch keine Lösung (keinen Schnittpunkt) zu geben. ◄

Wir kehren zu den linearen Funktionen und den ihnen zugeordneten Geraden zurück und interpretieren das Schnittpunktproblem zunächst algebraisch, dann geometrisch:

Gut zu wissen

Das lineare Gleichungssystem

$$y = m_1 x + n_1$$
$$y = m_2 x + n_2$$

- hat genau eine Lösung, wenn $m_1 \neq m_2$ ist,
- hat keine Lösung, wenn $m_1 = m_2$ und $n_1 \neq n_2$ ist,
- hat unendlich viele Lösungen, wenn $m_1 = m_2$ und $n_1 = n_2$ ist.

Zwei Geraden $y = m_1 x + n_1$ und $y = m_2 x + n_2$ haben in der x-y-Ebene

- genau einen Schnittpunkt, wenn sie nicht parallel sind,
- keinen Schnittpunkt, wenn sie parallel sind,
- unendlich viele gemeinsame Punkte, wenn sie zusammenfallen. ◄

Wir ergänzen die rechnerische Lösung des oben behandelten konkreten Schnittpunktproblems durch die grafische Lösung (s. Abb. 4.18).

Kapitel 4

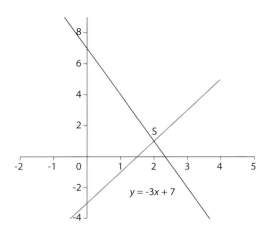

Abb. 4.18 Grafische Darstellung des Schnittpunkts $S = (2, 1)$ der Geraden $y = 2x - 3$ und $y = -3x + 7$

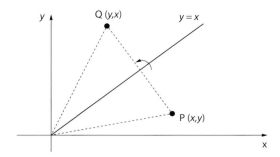

Abb. 4.19 Koordinatentausch und dessen Effekt

Wir wenden uns nun dem Komplex der **Umkehrfunktion** zu und beginnen mit einer entsprechenden Aussage über lineare Funktionen.

Gut zu wissen

Eine **lineare Funktion** $y = f(x) = mx + n$ ist im Fall $m \neq 0$ eine **bijektive** Abbildung vom Typ $f : \mathbb{R} \to \mathbb{R}$, d. h., es existiert die inverse Abbildung $f^{-1} : \mathbb{R} \to \mathbb{R}$, definiert durch

$$x = f^{-1}(y) = \frac{1}{m}(y - n) \Leftrightarrow y = mx + n.$$

Die Funktion $f^{-1}(y)$ ist ebenfalls linear. ◄

In der Tat: Die Voraussetzung $m \neq 0$ sichert die eindeutige Auflösbarkeit der Gleichung $y = f(x) = mx + n$ nach x. Jedem $y = f(x)$ ist sein Urbild $x = f^{-1}(y) = \frac{1}{m}(y - n)$ eindeutig zugeordnet; die Abbildung f ist bijektiv (und damit auch f^{-1}).

Wir nehmen das Beispiel der linearen Funktionen zum Anlass, auf den bereits weiter oben eingeführten Merksatz der Umkehrfunktion zurückzukommen, da dieser von großer praktischer und theoretischer Bedeutung ist:

Die Funktion $y = f(x)$ sei eine *bijektive* Abbildung vom Typ $f : \mathbb{R} \to \mathbb{R}$. Es existiert also die (ebenfalls bijektive) inverse Abbildung $f^{-1} : \mathbb{R} \to \mathbb{R}$, definiert durch die Äquivalenz

$$y = f(x) \Leftrightarrow x = f^{-1}(y). \qquad (*)$$

Vertauscht man in $(*)$ formal die Variablen x und y, so entsteht die Äquivalenz

$$x = f(y) \Leftrightarrow y = f^{-1}(x). \qquad (**)$$

Die Funktion $y = f^{-1}(x)$ heißt **Umkehrfunktion** von $y = f(x)$.

Für die zugehörigen Graphen ergibt sich unmittelbar: Die Graphen eines Paares von Umkehrfunktionen verlaufen **spiegelbildlich zur Geraden $y = x$** (Winkelhalbierende im 1. und 3. Quadranten der x-y-Ebene).

Dieser Sachverhalt stützt sich auf eine einfache Aussage der Analytischen Geometrie: Vertauscht man in der x-y-Ebene die Koordinaten eines Punktes $P = (x, y)$, so liegt der neue Punkt $Q = (y, x)$ spiegelbildlich zur Geraden $y = x$ (s. Abb. 4.19).

Gut zu wissen

Der Merksatz der Umkehrfunktion spielt für die sogenannten elementaren Funktionen eine herausragende Rolle. Wie wir bald sehen werden, lassen sich die elementaren Funktionen immer zu Paaren von Umkehrfunktionen zusammenfassen. ◄

Der Merksatz der Umkehrfunktion lässt sich am Beispiel der linearen Funktionen anschaulich und leicht verständlich einführen. Das ist ein rein didaktischer Gesichtspunkt. Für die linearen Funktionen selbst braucht man Umkehrfunktionen am allerwenigsten! (Die Umkehrfunktion einer linearen Funktion ist wieder linear; Geraden werden durch Spiegelung an der Winkelhalbierenden $y = x$ in Geraden überführt!) Wir werden uns deshalb zunächst mit einem einzigen konkreten Beispiel begnügen und damit die Betrachtungen über lineare Funktionen vorläufig beenden.

Beispiel

Betrachtet wird die lineare Funktion $y = 2x + 3$. Auflösung nach x ergibt: $x = \frac{1}{2}y - \frac{3}{2}$. Vertauscht man x und y, so geht man zur zugehörigen Umkehrfunktion über. Es gelten folgende Äquivalenzen:

ursprüngliche Funktion:

$$y = 2x + 3 \Leftrightarrow x = \frac{1}{2}y - \frac{3}{2}, \qquad (*)$$

Umkehrfunktion:

$$y = \frac{1}{2}x - \frac{3}{2} \Leftrightarrow x = 2y + 3. \qquad (**)$$

Kapitel 4

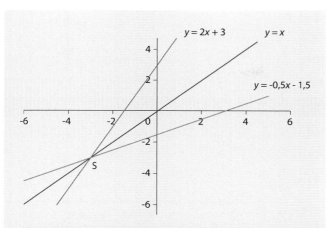

Abb. 4.20 Grafische Darstellung der Umkehrfunktion $y = \frac{1}{2}x - \frac{3}{2}$ zu $y = 2x + 3$

Die linearen Funktionen $y = 2x + 3$ und $y = \frac{1}{2}x - \frac{3}{2}$ bilden ein Paar von Umkehrfunktionen. Die zugehörigen Geraden verlaufen spiegelbildlich zur Geraden $y = x$. Alle drei Geraden haben den gemeinsamen Schnittpunkt $S = (-3, -3)$ (s. Abb. 4.20). ◄

Zum Abschluss noch eine Bemerkungen zum Thema **Nullstellen**:

Wenn wir die Schnittpunkte des Graphen einer linearen Funktion

$$y = f(x) = ax + b$$

mit der x-Achse suchen, so müssen wir die Gleichung $f(x) = 0$ lösen.

Dies führt zu einer linearen Gleichung $ax + b = 0$, die – wie wir gelernt haben – für den Fall, dass $a \neq 0$ ist, genau eine reelle Lösung $x = -\frac{b}{a}$ besitzt.

Wenn $a = 0$ ist, dann ist der Graph eine Parallele zur x-Achse und besitzt keine (für $b \neq 0$) oder unendlich viele ($b = 0 \Leftrightarrow f(x) = 0$) Nullstellen.

An dieser Stelle sind wir nun soweit, uns den **Aufgaben 4.2–4.7** aus Exkurs 4.3 zu stellen.

———————————— **Aufgabe 4.2** ————————————
Stellen Sie die Graphen der beiden Funktionen $y = 2x + 6$ und $y = -\frac{1}{2}x + 5$ dar. Berechnen Sie anschließend deren Schnittpunkte und jeweilige Nullstellen (= Schnittpunkte mit der x-Achse).

Die Gerade $y = 2x + 6$ besitzt die Steigung 2 und geht durch den Punkt $(0, 6)$, die Gerade $y = -\frac{1}{2}x + 5$ besitzt die Steigung $-\frac{1}{2}$ und geht durch den Punkt $(0, 5)$ (s. Abb. 4.21):

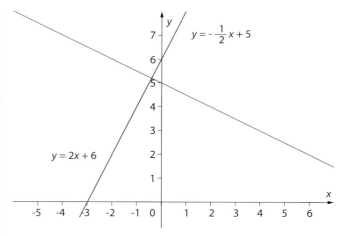

Abb. 4.21 Schnittpunkt zweier Geraden

Berechnung des Schnittpunkts: Gleichsetzen der Funktionsgleichungen liefert

$$2x + 6 = -\frac{1}{2}x + 5.$$

Diese Gleichung muss nach x aufgelöst werden:

$$\frac{5}{2}x = -1$$
$$x = -\frac{2}{5}.$$

Diesen x-Wert setzen wir in eine der beiden Geradengleichungen ein und erhalten den zugehörigen y-Wert:

$$y = 2x + 6 = 2\left(-\frac{2}{5}\right) + 6 = -\frac{4}{5} + 6 = \frac{26}{5} = 5\frac{1}{5},$$

d. h., der Schnittpunkt S hat die Koordinaten $(-\frac{2}{5}, 5\frac{1}{5})$.

Berechnung der Nullstellen:

Nullstellen der Funktion $y = 2x + 6$: Wir lösen die lineare Gleichung

$$2x + 6 = 0$$

und erhalten die Nullstelle $x = -\frac{6}{2} = -3$.

Nullstellen der Funktion $y = -\frac{1}{2}x + 5$: Wir lösen die Gleichung

$$-\frac{1}{2}x + 5 = 0$$

und erhalten als Nullstelle

$$x = 10.$$

———————————— **Aufgabe 4.3** ————————————
Eine Gerade gehe durch den Punkt $(0, 2)$ mit der Steigung $a = -3$. Wie lautet die zugehörige Funktionsgleichung?

Kapitel 4

Wir gehen von der allgemeinen Geradengleichung $y = ax + b$ aus. Die Steigung a ist mit $a = -3$ gegeben, d. h., wir können jetzt schon schreiben: $y = -3x + b$.

Weiterhin wissen wir, dass die Gerade durch den Punkt $(0, 2)$ geht. Das heißt $0 + b = b = 2$.

Also lautet die Geradengleichung $y = -3x + 2$.

————— Aufgabe 4.4 —————

Eine Gerade gehe durch die Punkte $(-1, 1)$ und $(1, -1)$. Wie lautet die zughörige Funktionsgleichung?

Wir nutzen die Zwei-Punkte-Form der Geradengleichung: $y - y_1 = \frac{y_2 - y_1}{x_2 - x_1}(x - x_1)$ und erhalten $y - 1 = \frac{-1-1}{1-(-1)}(x - (-1))$.

Daraus folgt $y - 1 = -(x + 1) = -x - 1$, und wir erhalten das Ergebnis: $y = -x$.

————— Aufgabe 4.5 —————

Wann geht der Graph einer linearen Funktion durch den Ursprung und wann verläuft er parallel zur x-Achse?

Der Graph einer linearen Funktion $y = ax + b$ ist eine Gerade. Diese geht durch den Ursprung, wenn $b = 0$ ist. Parallel zur x-Achse verläuft die Gerade, wenn die Steigung $a = 0$ ist, d. h., in diesem Fall lautet die Geradengleichung: $y = b$.

————— Aufgabe 4.6 —————

Auf Zahlungen wird ein Rabatt von $p\,\%$ gegeben? Wie stellt sich die Rabattsumme als Funktion der in Rechnung gestellten Summe dar?

Die Rabattsumme hängt von der in Rechnung gestellten Zahlung x ab und beträgt $y = 0{,}0p \cdot x$.

————— Aufgabe 4.7 —————

Bei gleicher Arbeitsweise ist der Lohn zur Arbeitszeit proportional. Der Stundenlohn betrage

a. 10 € pro Stunde,
b. 15 € pro Stunde.

Der Arbeitstag sei in beiden Fällen mit 8 Stunden angesetzt. Wie stellt sich jeweils der Lohn L als Funktion der Zeit t, gemessen in Arbeitstagen, dar? Stellen Sie beide Funktionen grafisch dar.

Im ersten Fall a. beträgt der Tageslohn 80 €. Das heißt, der Lohn L kann als Funktion der Arbeitstage t wie folgt ausgedrückt werden: $L = L(t) = 80t$. Im zweiten Fall b. beträgt der Tageslohn 120 € und der Lohn lässt sich als Funktion der Arbeitstage wie folgt ausdrücken: $L = L(t) = 120t$.

Die Graphen verlaufen wie folgt (s. Abb. 4.22):

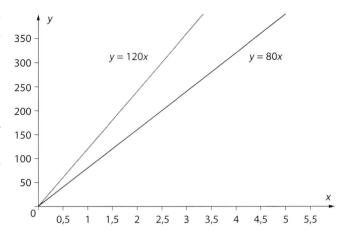

Abb. 4.22 Lösungen der Aufgabe 4.7

Mit diesen Erläuterungen beenden wir den Abschnitt über lineare Funktionen und wenden uns nun dem nächsten „Komplexitätsgrad" zu, den quadratischen Funktionen bzw. Zusammenhängen, die nicht mehr so „einfach", d. h. nicht mehr linear sind.

4.3 Quadratisches – Wenn zwei ökonomische Größen kein „einfaches" bzw. lineares Verhältnis mehr zueinander haben

Zentrales Ziel unternehmerischen Handelns ist seit jeher die Maximierung des Gewinns. In neueren Überlegungen, wie die der *Corporate Social Responsibility*, wird versucht, auch andere soziale und Umweltaspekte in der Unternehmensphilosophie zu verankern. Doch auch hier steht der langfristige Markterfolg des Unternehmens im Vordergrund. Imagegewinn und Kundenbindung, die mit diesen neueren Ansätzen verbunden sind, besitzen den Nachteil, dass sie nicht oder nicht so gut messbar sind. In der Praxis wird man sich mit mathematischen Methoden deshalb zunächst der monetären und leicht messbaren Größe „ Gewinn" widmen und diese maximieren.

Beispiel

Bleiben wir nun einmal bei der Frage nach einem möglichen „Gewinn" und versuchen das Thema etwas zu „mathematisieren": Ein Unternehmen, das ein populäres Getränk produziert, möchte dieses mit maximalem Gewinn verkaufen. Nehmen wir weiterhin an, dass bei diesem Ansatz auch nicht-ganzzahlige Verkaufs- und Produktionsmengen zulässig und sinnvoll sind, was die Berechnungen sehr erleichtert.

Kapitel 4

Ferner soll die Preis-Absatz-Funktion in unserem Fall einem **linearen Modell** folgen, in dem $\bar{P}$ der Grundpreis der betrachteten Flüssigkeit und r der **Preisreduktionsfaktor** je Mengeneinheit der Verkaufsmenge x sind. In unserem Fall sei $r = 4$ angenommen. Dann erhalten wir für die Preisfunktion $P(x)$:

$$P(x) = \bar{P} - r \cdot x = 100 - 4 \cdot x.$$

Für die **Kostenfunktion** gelte

$$K(x) = 20 \cdot x.$$

Die **Gewinnfunktion** erhalten wir aus der Differenz der Erlös- und der Kostenfunktion. Der **Erlös** aus dem Verkauf eines Produkts lässt sich ermitteln, indem man dessen **Preis mit der Verkaufsmenge multipliziert**. Somit gilt für die Erlösfunktion $E(x)$:

$$\begin{aligned} E(x) &= P(x) \cdot x \\ &= 100x - 4x^2. \end{aligned}$$

Nach Vorliegen der Kosten- und Erlösfunktion kann die Gewinnfunktion (ganz einfach) als deren Differenz ermittelt werden:

$$\begin{aligned} G(x) &= E(x) - K(x) \\ &= 100x - 4x^2 - 20x = -4x^2 + 80x. \end{aligned}$$

Bei $G(x)$ handelt es sich nun um eine sogenannte **quadratische Funktion**. (Auch $E(x)$ ist von diesem Typ) ◄

Welche Eigenschaften besitzt nun diese quadratische Funktion, und wie verläuft der zugehörige Graph? Diese und andere Fragen werden wir in Kürze beantworten können – vorher jedoch gestatten wir uns einen kleinen Blick in den Bereich der **allgemeinen quadratischen Funktionen**:

Die quadratischen Funktionen sind nach den linearen Funktionen die „nächsteinfachen" Typen von Funktionen. Sie enthalten in ihrer Funktionsgleichung einen quadratischen Ausdruck in x und besitzen die allgemeine Form:

$$y = f(x) = ax^2 + bx + c. \qquad (*)$$

(*) bezeichnet man als **quadratische Funktion**, und die Koeffizienten a, b und c sind reelle Zahlen, wobei wir hier $a \neq 0$ voraussetzen.

Beispiel

Die einfachste quadratische Funktion ist die für alle reellen Zahlen definierte Funktion $y = x^2$. Setzt man verschiedene x-Werte in die Funktionsgleichung ein, dann fällt ziemlich schnell Folgendes auf:

- Bis auf eine Ausnahme sind alle Funktionswerte positiv, nur für $x = 0$ ist der zugehörige Funktionswert null. Das bedeutet, dass der Graph der Funktion komplett oberhalb der x-Achse verläuft!
- Es ist offensichtlich völlig egal, ob man z. B. für x die Werte 1 oder -1 einsetzt – in beiden Fällen ist der Funktionswert 1: $f(1) = f(-1) = 1$. Genauso verhält es sich mit -2 und 2, -3 und 3 usw., d. h., es gilt allgemein: $f(x) = f(-x)$. Funktionen mit dieser Eigenschaft werden auch **gerade Funktionen** genannt. Zeichnet man den Graphen der Funktion $y = x^2$, dann erkennt man sehr schnell, dass dieser spiegelbildlich zur y-Achse verläuft. Man nennt ihn auch **Normalparabel**. Der tiefste Punkt $(0, 0)$ ist der sogenannte **Scheitelpunkt** (s. Abb. 4.23).

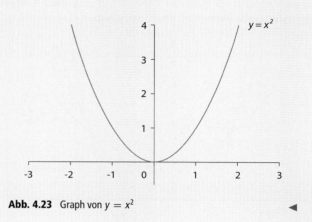

Abb. 4.23 Graph von $y = x^2$ ◄

— Aufgabe 4.8 —

Der Graph von $y = ax^2$ stellt im Fall $a > 1$ eine gestreckte Parabel, im Fall $0 < a < 1$ eine gestauchte Parabel dar. Für $a < 0$ liegen die zugehörigen Graphen spiegelbildlich zur x-Achse und sind somit „nach unten geöffnet". Die Streckung und die Stauchung werden anhand Abb. 4.24 deutlich:

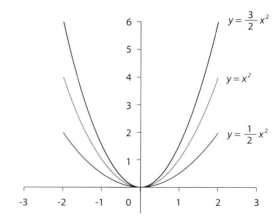

Abb. 4.24 Funktionen $y = ax^2$ für verschiedene $a \in \mathbb{R}$

Kapitel 4

Gut zu wissen

Der Merksatz der „geraden Funktion" ist wesentlich allgemeiner als hier vielleicht vermutet werden kann. Um den Verlauf von Funktionsgleichungen abschätzen zu können, ist das Erkennen einer solchen „Symmetrieeigenschaft" auch bei allgemeineren Funktionen sehr hilfreich und erspart gegebenenfalls viel Arbeit. ◄

Jetzt haben wir uns zunächst ein Bild darüber verschafft, was der Faktor a in der allgemeinen Funktionsgleichung $y = f(x) = ax^2$ bewirkt. Damit haben wir die Antwort auf die Frage in Aufgabe 4.8 des Exkurses! Nun gehen wir einen Schritt weiter und addieren zur Funktionsgleichung $y = ax^2$ eine Konstante c und erhalten so die Funktion $y = ax^2 + c$. Der Graph dieser Funktion ist im Vergleich zur Funktion $y = ax^2$ lediglich **um c Längeneinheiten nach oben oder unten verschoben** (s. Abb. 4.25).

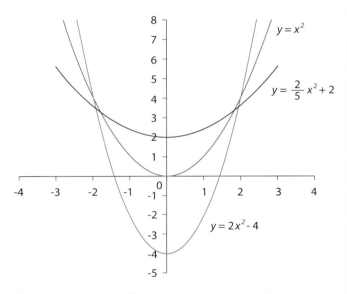

Abb. 4.25 Funktion $y = ax^2 + c$ mit verschiedenen $a, c \in \mathbb{R}$

Für den Fall, dass wir die Schnittpunkte mit der x-Achse, d. h. die Nullstellen der Funktion berechnen müssen, haben wir eine sogenannte **reinquadratische** Gleichung zu lösen:

$$ax^2 + c = 0.$$

Dies führt zu den beiden Lösungen $x_{1,2} = \pm\sqrt{-\frac{c}{a}}$ und macht deutlich, woran es sich entscheidet, ob eine quadratische Funktion dieses Typs die x-Achse schneidet oder nicht:

Ganz offensichtlich ist es das Vorzeichen des Ausdrucks $\frac{c}{a}$ unter der Wurzel. Ist $-\frac{c}{a} < 0$, so gibt es keine reelle Nullstelle (d. h., der Graph der Funktion verläuft komplett oberhalb oder unterhalb der x-Achse). Wenn $\frac{c}{a} = 0$ ist, so gibt es eine („doppelte") Nullstelle. In diesem Fall berührt der Graph der Funktion die x-Achse also lediglich. Für den Fall, dass $-\frac{c}{a} > 0$ ist, haben wir in der Tat zwei verschiedene reelle Nullstellen.

Gut zu wissen

An der obigen Abbildung wird eine ganz **wesentliche Eigenschaft** aller quadratischen Funktionen deutlich: Quadratische Funktionen können **maximal zwei verschiedene reelle Nullstellen** haben. Es kann somit auch passieren, dass es **gar keine Nullstelle** gibt, d. h., der Graph der Funktion verläuft komplett oberhalb oder unterhalb der x-Achse, oder **er berührt die x-Achse** nur in einem Punkt (z. B. im Nullpunkt wie die Normalparabel). ◄

Nun wissen wir, was die Zahlen a und c in der Funktionsgleichung $y = ax^2 + c$ bewirken. Aber wie verhält es sich mit der Wirkung der reellen Zahl b, die sich in der allgemeinen Gleichung einer quadratischen Funktion $f(x) = ax^2 + bx + c$ versteckt? Um diese Frage zu beantworten betrachten wir unser einführendes Beispiel:

Beispiel

Eine Gewinnfunktion sei gegeben durch $G(x) = -4x^2 + 80x$. Sie ist offensichtlich vom Typ $f(x) = ax^2 + bx$. Das heißt, die additive Konstante c ist gleich null. Was bedeutet das für den Verlauf des Graphen? Wir erkennen zum einen anhand des Vorzeichens von a, dass der Graph der Funktion $G(x)$ nach unten geöffnet und gegenüber der Normalparabel um den Faktor 4 gestreckt ist. Des Weiteren sind wir nun an den Nullstellen interessiert, d. h. an den Schnittpunkten des Graphen mit der x-Achse. Hierfür müssen wir die rechte Seite der Funktionsgleichung null setzen:

$$0 = -4x^2 + 80x$$

bzw. im allgemeinen Fall bekommen wir:

$$0 = ax^2 + bx.$$

Dies ist eine quadratische Gleichung, die wir leicht lösen können:

- Ausklammern des gemeinsamen Faktors x liefert $x(ax + b) = 0$.
- „Ein Produkt reeller Zahlen ist genau dann null, wenn einer der Faktoren null ist.": Das heißt, wir haben zwei reelle Nullstellen $x_1 = 0$ *und* $x_2 = -\frac{b}{a}$. Bei unserer konkreten Gewinnfunktion $G(x) = -4x^2 + 80x$ ergeben sich somit die Nullstellen $x_1 = 0$ und $x_2 = 20$.

Im Gegensatz zu den vorher betrachteten Fällen ($b = 0$), bei denen es zwei verschiedene Nullstellen gab, diese symmetrisch zum Ursprung lagen und der **Scheitelpunkt**, also der „höchste" bzw. „niedrigste" Punkt der Parabel stets auf der y-Achse lag, haben sich nun die Nullstellen längs der x-Achse verschoben. ◄

Gut zu wissen

Der Faktor b in der allgemeinen Funktionsgleichung $y = f(x) = ax^2 + bx + c$ bewirkt eine Verschiebung des **Scheitelpunktes** des Funktionsgraphen längs der x-Achse. ◄

Der Graph unserer Beispielfunktion $G(x) = -4x^2 + 80x$ verläuft demnach folgendermaßen (s. Abb. 4.26).

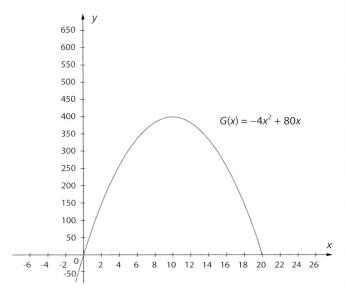

Abb. 4.26 Graph der Gewinnfunktion $G(x) = -4x^2 + 80x$

Zusammenfassung

Die additive Konstante c in der allgemeinen Funktionsgleichung (*) „verschiebt" den Graphen der Funktion in Richtung der y-Achse. Der Faktor bewirkt eine Verschiebung längs der x-Achse.

Damit haben wir alle relevanten Aspekte zusammengetragen und können ganz einfach die allgemeine quadratische Funktion $y = f(x) = ax^2 + bx + c$ betrachten.

Die Graphen der Funktionen $y = ax^2 + bx + c$, $a \neq 0$, stellen Parabeln dar. Der Faktor a bestimmt Form und Öffnung der Parabel. Es gilt:

- für $a > 0$ ist die Parabel nach oben geöffnet (also in positiver y-Richtung),
- für $a < 0$ ist die Parabel nach unten geöffnet (also in negativer y-Richtung),
- für $0 < |a| < 1$ ist die Parabel „gestaucht",
- für $|a| = 1$ hat die Parabel Normalgestalt (Normalparabel),
- für $|a| > 1$ ist die Parabel „gestreckt".

Die Koeffizienten b und c bestimmen (zusammen mit a) die Lage des Scheitelpunktes S der Parabel. Die Funktio-

nen $y = ax^2 + bx + c$, $a \neq 0$, beschreiben alle „nach oben" bzw. „nach unten" geöffneten Parabeln in der x-y-Ebene.

Gut zu wissen

Die Frage nach den **Schnittpunkten einer Parabel mit einer Geraden ist** gleichbedeutend mit der **Lösung des (nichtlinearen) Gleichungssystems**

$$y = ax^2 + bx + c \quad \text{und} \quad y = mx + n, \quad a \neq 0. \quad (1)$$

Die Frage nach den **Schnittpunkten zweier Parabeln** ist gleichbedeutend mit der **Lösung des (nichtlinearen) Gleichungssystems**

$$y = a_1 x^2 + b_1 x + c_1 \quad y = a_2^2 + b_2 x + c_2$$
$$(a_1, a_2 \neq 0, a_1 \neq a_2). \quad (2)$$

Die **Gleichsetzungsmethode** führt auf die Bestimmungsgleichungen

$$ax^2 + bx + c = mx + n \quad \text{bzw.} \quad (1)$$
$$a_1 x^2 + b_1 x + c_1 = a_2^2 + b_2 x + c_2, \quad (2)$$

d. h. auf **quadratische Gleichungen**. Aus der Theorie dieser Gleichungen ergeben sich auch Äquivalenzen zwischen algebraischer und geometrischer Betrachtungsweise:

- Gleichung (1) hat zwei verschiedene reelle Lösungen ⇔ Die Gerade $y = mx + n$ schneidet die Parabel $y = ax^2 + bx + c$ in zwei verschiedenen Punkten.
- Gleichung (1) hat eine reelle Doppellösung ⇔ Die Gerade $y = mx + ny$ berührt die Parabel $y = ax^2 + bx + c$ in einem Punkt (Tangentenbedingung!).
- Gleichung (1) hat keine reelle Lösung ⇔ Die Gerade $y = mx + n$ schneidet die Parabel $y = ax^2 + bx + c$ nicht.

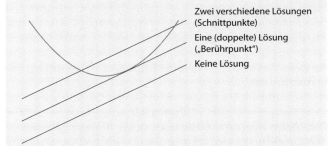

Zwei verschiedene Lösungen (Schnittpunkte)

Eine (doppelte) Lösung („Berührpunkt")

Keine Lösung

Abb. 4.27 Schnittpunkt(e) einer Parabel mit einer Geraden: mögliche Fälle

- Gleichung (2) hat zwei verschiedene reelle Lösungen ⇔ Die Parabeln $y = a_1 x^2 + b_1 x + c_1$ und $y = a_2 x^2 + b_2 x + c_2$ schneiden sich in zwei verschiedenen Punkten.

Kapitel 4

- Gleichung (2) hat eine reelle Doppellösung ⟺ Die Parabeln $y = a_1x^2 + b_1x + c_1$ und $y = a_2x^2 + b_2x + c_2$ berühren sich in einem Punkt (haben eine gemeinsame Tangente).
- Gleichung (2) hat keine reelle Lösung ⟺ Die Parabeln $y = a_1x^2 + b_1x + c_1$ und $y = a_2x^2 + b_2x + c_2$ schneiden sich nicht.

Abbildung 4.28 stellt die beschriebenen Sachverhalte noch einmal grafisch dar:

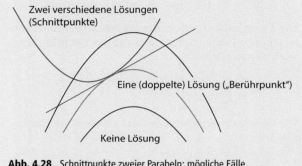

Zwei verschiedene Lösungen (Schnittpunkte)

Eine (doppelte) Lösung („Berührpunkt")

Keine Lösung

Abb. 4.28 Schnittpunkte zweier Parabeln: mögliche Fälle

◄

Zum Schluss noch eine kurze Erinnerung, wie man die Nullstellen quadratischer Funktionen berechnen kann:

Gut zu wissen

Berechnung der **Nullstellen der allgemeinen quadratischen Funktion** $y = ax^2 + bx + c$:

1. Aufstellen der Gleichung $ax^2 + bx + c = 0$.
2. Division durch a liefert die Normalform $x^2 + px + q = 0$.
3. Anwenden der „p-q-Formel".

$$x_{1,2} = -\frac{p}{q} \pm \sqrt{\frac{p^2 - 4q}{4}}.$$

◄

An dieser Stelle werfen wir einen Blick auf die eingangs gestellte **Aufgabe 4.9**:

─────────────── **Aufgabe 4.9** ───────────────

Die beiden folgenden Funktionen stellen Kostenfunktionen in Abhängigkeit von der Stückzahl x dar. Für welche Stückzahl entstehen in beiden Fällen dieselben Kosten? $K_1(x) = x^2 - 4x + 400$, $K_2(x) = x^2 + 3x - 300$.

Wir müssen die beiden Funktionsgleichungen gleichsetzen: $x^2 - 4x + 400 = x^2 + 3x - 300$.

Subtraktion von x^2 liefert die lineare Gleichung: $-7x = -700$. Daraus folgt, dass für die Produktionsmenge $x = 100$ bei beiden Ansätzen dieselben Kosten entstehen.

Nun werden wir die quadratischen Funktionen abschließen und uns der Klasse der ganzen rationalen Funktionen zuwenden. Diese enthält auch die linearen und quadratischen Funktionen, aber aufgrund deren Relevanz und auch wegen der besseren Einstimmung auf das Thema haben wir diesen einen eigenen Abschnitt gegönnt.

4.4 Ganze rationale Funktionen n-ten Grades – noch „mehr" als quadratisch ...

Die bereits beschriebenen linearen und quadratischen Funktionen sind Beispiele für einen ganz speziellen Funktionstyp, nämlich die **Potenzfunktionen** sowie **die ganzen rationalen Funktionen (Polynome)**. Wir starten zunächst mit einem konkreten Beispiel:

Beispiel

Der Verlauf der Gesamtkosten einer Produktion kann auch komplexer sein als der einer linearen oder quadratischen Funktion. So kann z. B. die Funktion $K(x) = x^3 - 5x^2 + 20x + 10$ die Kosten beschreiben, die entstehen, wenn ein Gut der Menge x produziert wird. Wir haben hier zum ersten Mal eine Potenz 3. Grades in einer Funktionsgleichung und möchten zunächst einmal gerne wissen, wie der Graph einer solchen Funktion eigentlich verläuft. Hierzu lassen wir ihn uns einfach einmal von einem geeigneten Programm zeichnen und erlauben zunächst auch alle reellen Zahlen als Definitionsbereich (s. Abb. 4.29).

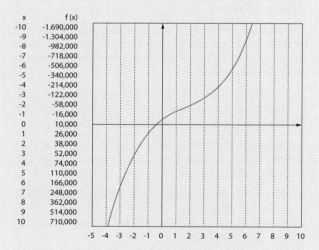

x	f(x)
-10	-1.690,000
-9	-1.304,000
-8	-982,000
-7	-718,000
-6	-506,000
-5	-340,000
-4	-214,000
-3	-122,000
-2	-58,000
-1	-16,000
0	10,000
1	26,000
2	38,000
3	52,000
4	74,000
5	110,000
6	166,000
7	248,000
8	362,000
9	514,000
10	710,000

Abb. 4.29 Graph der Kostenfunktion $K(x) = x^3 - 5x^2 + 20x + 10$ für $-5 \leq x \leq 10$

Wir erkennen, dass der Graph zum einen in gewisser Art „krummlinig" ist und etwas anders aussieht als die Parabeln aus Abschn. 4.3. Des Weiteren fällt auf, dass der

Definitionsbereich der Funktion $K(x)$ zwar aus mathematischer Sicht durchaus für alle reellen Zahlen definiert ist, aber angesichts der Tatsache, dass nur positive Stückzahlen sinnvoll sind, sollte man hier den Definitionsbereich auf die positiven Zahlen beschränken. Somit erhält man mit dem auf das sinnvolle Intervall [0, 10] eingeschränkten Definitionsbereich folgenden Graphen (s. Abb. 4.30).

Wertetabelle

x	f(x)
0	10,000
1	26,000
2	38,000
3	52,000
4	74,000
5	110,000
6	166,000
7	248,000
8	362,000
9	514,000
10	710,000

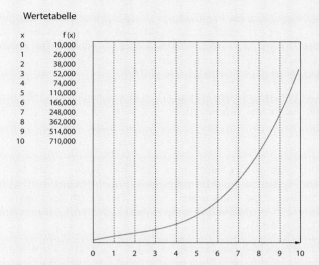

Abb. 4.30 Graph der Kostenfunktion $K(x) = x^3 - 5x^2 + 20x + 10$ für $0 \leq x \leq 10$

Hinsichtlich der Erlösfunktion unterscheidet man zwischen dem konstanten Stückerlös E und dem veränderlichen Stückerlös, der durch eine Preis-Absatz-Funktion $p(x)$ beschrieben wird. Der Einfachheit halber gehen wir hier vom konstanten Stückerlös aus und nehmen an, dass der Verkaufspreis pro Stück 40 € beträgt. Das heißt, die Erlösfunktion ist linear und lautet: $E(x) = 40x$. Wie wir wissen, ist der Graph einer linearen Funktion eine Gerade. Zeichnen wir diese gemeinsam mit $K(x)$ in das Koordinatensystem, erhalten wir Abb. 4.31.

Wir sehen, dass die Kosten- und die Erlösfunktion sich in den beiden Punkten P und Q schneiden. Mithilfe von P und Q kann man nun feststellen, für welche Stückzahl die Erlöse die Kosten übersteigen (überall dort, wo der Graph der Erlösfunktion oberhalb des Graphen der Kostenfunktion liegt) bzw. für welche Stückzahl Gewinn erzielt wird. Das ist eine wirklich relevante Information, sodass man sich gleich an die Arbeit machen sollte:

Gleichsetzen von $K(x)$ und $E(x)$ liefert:

$$x^3 - 5x^2 + 20x + 10 = 40x.$$

Subtraktion von $40x$ auf beiden Seiten führt zu:

$$x^3 - 5x^2 + 20x + 10 - 40x = 0.$$

Wertetabelle

x	K(x)	E(x)
0	10,000	0,000
1	26,000	40,000
2	38,000	80,000
3	52,000	120,000
4	74,000	160,000
5	110,000	200,000
6	166,000	240,000
7	248,000	280,000
8	362,000	320,000
9	514,000	360,000
10	710,000	400,000

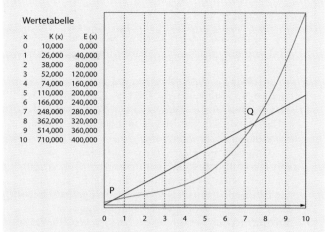

Abb. 4.31 Graph der Kostenfunktion $K(x) = x^3 - 5x^2 + 20x + 10$ und der Erlösfunktion $E(x) = 40x$ für $0 \leq x \leq 10$

Auf der linken Seite der obigen Gleichung befindet sich die sogenannte **Gewinnfunktion** $G(x)$, die aus der Differenz zwischen Kosten- und Erlösfunktion berechnet wird: $E(x) - K(x) = G(x)$.

Zusammenfassen der linken Seite liefert:

$$G(x) = x^3 - 5x^2 - 20x + 10 = 0.$$

Hierbei handelt es sich um eine **Gleichung 3. Grades**, die wir in diesem Fall nicht sofort lösen können und wollen. Interpretieren wir die linke Seite aber als Zuordnungsvorschrift einer Funktion, so geht es darum, die Nullstellen der Funktion $G(x)$ zu berechnen. Mathematisch macht das keinen Unterschied. Praktisch behelfen wir uns zunächst so, dass wir die Funktion $G(x)$ in das Koordinatensystem der Kosten- und Erlösfunktion eintragen (s. Abb. 4.32).

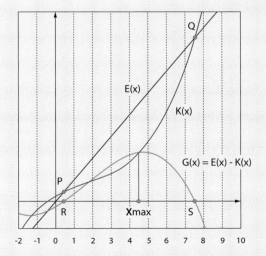

Abb. 4.32 Kosten-, Erlös- und Gewinnfunktion auf einen Blick

Wir halten fest:

- Die x-Koordinaten der Schnittpunkte P und Q von $K(x)$ und $E(x)$ entsprechen den Nullstellen der Funktion $G(x)$.
- Solange $G(x) < 0$ ist, schreiben wir „rote Zahlen" und sind im Verlustbereich. Ist $G(x) > 0$, so machen wir Gewinn. Bei $G(x) = 0$ (d. h. in den Punkten R und S) verlassen wir die Verlustzone und beginnen Gewinne zu verbuchen bzw. umgekehrt.
- Der Graph der Funktion $G(x)$ verläuft (ganz so wie der von $K(x)$) „krummlinig" und hat offensichtlich „Höhen und Tiefen". Insbesondere die Höhen sind neben den Nullstellen von $G(x)$ von besonders großem Interesse – möchten wir bei gegebenen Kosten- und Erlösfunktionen doch gerne wissen, bei welcher Stückzahl wir den Gewinn maximieren. Ganz offensichtlich kann man zumindest bei diesem Beispiel grafisch erkennen, dass die optimale Stückzahl $x_{\max}$ irgendwo zwischen 4 und 5 liegen muss. Da man nur ganzzahlige Stückzahlen produzieren kann, sollte man sich in der Praxis für einen der beiden Werte entscheiden. Exakt berechnen kann man diesen optimalen Wert mithilfe der Differenzialrechnung (dazu später mehr). ◄

Die beiden Funktionen $K(x)$ und $G(x)$ sind sogenannte **ganze rationale Funktionen dritter Ordnung** (oder auch 3. Grades) Diese haben die allgemeine Gestalt:

$$f(x) = ax^3 + bx^2 + cx + d, \qquad (4.2)$$

wobei $a, b, c, d \in \mathbb{R}$ und $a \neq 0$.

Abhängigkeiten zwischen zwei (oder auch mehr) Größen können allerdings noch komplexer sein als nur quadratischer Natur oder von dritter Ordnung. Das führt uns zu folgendem Funktionstyp:

Eine Funktion der Gestalt

$$y = f(x) = \sum_{k=0}^{n} a_k x^k = a_n x^n + a_{n-1} x^{n-1} + \ldots$$
$$+ a_2 x^2 + a_1 x + a_0,$$
$$a_k \in \mathbb{R}, \quad n \in \mathbb{N}, \quad a_n \neq 0$$

heißt **ganze rationale Funktion** (mit reellen Koeffizienten a_k) n-ter Ordnung (oder auch vom Grad n). Der algebraische Ausdruck (Term) $\sum_{k=0}^{n} a_k x^k$ wird auch **Polynom n-ten Grades** genannt.

Um ein besseres Gefühl für Funktionen höheren Grades zu bekommen, fangen wir „ganz einfach" an und betrachten die Funktion $y = f(x) = x^3$. Sie ist für alle $x \in \mathbb{R}$ definiert und offensichtlich die „einfachste" ganze rationale Funktion 3. Grades.

Wir legen zunächst eine kleine Wertetabelle an, um zu sehen, wie sich die Funktionswerte darstellen (s. Tab. 4.5).

Tab. 4.5 Wertetabelle

x	y
0	0
1	1
−1	1
2	8
−2	−8

Im Gegensatz zur Funktion $y = x^2$ (wir erinnern uns: hier gilt $f(x) = f(-x)$) macht es hier sehr wohl einen Unterschied, ob man 1 oder −1, 2 oder −2 bzw. x oder $-x$ einsetzt. Die Funktionswerte sind nicht dieselben wie bei der Funktion $y = x^2$, jedoch ist der Unterschied sehr gering:

Die Funktionswerte $f(x)$ und $f(-x)$ unterscheiden sich lediglich im Vorzeichen, d. h., es gilt:

$$f(x) = -f(-x).$$

Die Graphen der Funktionen, die diese Eigenschaften besitzen, verlaufen **punktsymmetrisch** zum Ursprung und werden **ungerade Funktionen** genannt. Der Graph der Funktion $f(x) = x^3$ (**kubische Normalparabel**) verläuft folgendermaßen (s. Abb. 4.33).

Die kubische Normalparabel verläuft, wie bereits oben angedeutet, punktsymmetrisch zum Nullpunkt. Die Funktion $f(x) = x^3$ besitzt an der Stelle $x = 0$ eine „dreifache" Nullstelle und schmiegt sich der x-Achse im Sinne eines „waagerechten Wendepunktes" (auch „Sattelpunkt" genannt) an. In einem Wendepunkt wechselt die Richtung der **Kurvenkrümmung**. Stellt man sich den Graphen von $f(x) = x^3$ als Straße vor, die im Sinne der positiven x-Richtung durchfahren wird, so wechselt die Krümmung im Nullpunkt von einer **Rechtskrümmung** in eine **Linkskrümmung**.

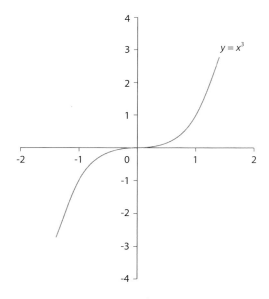

Abb. 4.33 Graph der Funktion $f(x) = x^3$

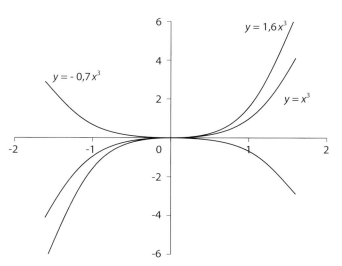

Abb. 4.34 Graphen verschiedener ganzer rationaler Funktionen dritter Ordnung

Betrachtet man Funktionen der Gestalt $f(x) = ax^3$, so ist der zugehörige Graph gegenüber der kubischen Normalparabel „gestaucht" oder „gestreckt" – je nachdem, ob $0 < |a| < 1$ oder $|a| > 1$ erfüllt ist. Wir beschränken uns auf zwei Beispiele in Abb. 4.34.

Wenden wir uns nun der allgemeinen ganzen rationalen Funktion dritter Ordnung zu: Sie besitzt wie bereits erwähnt die allgemeine Gestalt $y = f(x) = ax^3 + bx^2 + cx + d$, wobei a, b, c, d reelle Zahlen sind und $a \neq 0$ ist. Auch wenn wir hier nicht so ausführlich wie bei den quadratischen Funktionen die Auswirkungen aller einzelnen Parameter diskutieren werden, halten wir dennoch an dieser Stelle Folgendes fest:

- Die Funktion

$$y = f(x) = ax^3 + bx^2 + cx + d$$

verhält sich für große x-Werte im Wesentlichen so wie das „höchste Glied" ax^3 Es gilt: Für große positive und große negative x-Werte nimmt $f(x)$ beliebig große Zahlenwerte verschiedenen Vorzeichens an.
- Die Graphen der Funktionen

$$y = f(x) = ax^3 + bx^2 + cx + d$$

unterscheiden sich in wesentlichen Punkten von den Graphen quadratischer Funktionen. Sie können schon recht vielgestaltig sein und haben mindestens einen – höchstens drei – Schnittpunkte mit der x-Achse (Nullstellen). Sie besitzen einen sogenannten **Wendepunkt**

sowie keine oder zwei lokale **Extremwerte** (so nennt man die im Beispiel genannten „Höhen" und „Tiefen"). Die Berechnung der Extrem- und der Wendepunkte geschieht mittels der Methoden der Differenzialrechnung.
- Die Graphen lassen sich in deutlich unterscheidbare **Typen** einteilen, die anhand passender Beispiele illustriert werden (s. Abb. 4.35–4.38).

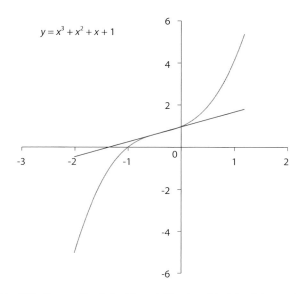

Abb. 4.35 Ganze rationale Funktion: ein Wendepunkt – keine Extremwerte

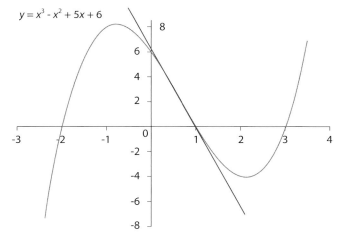

Abb. 4.36 Ganze rationale Funktion: ein Wendepunkt – zwei Extremwerte

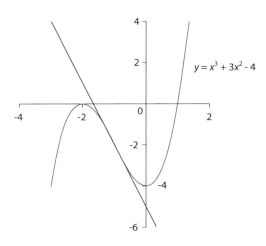

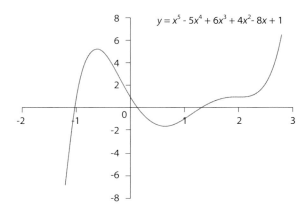

Abb. 4.39 Beispiel für eine ganze rationale Funktion 5. Grades

Abb. 4.37 Ganze rationale Funktion: ein Wendepunkt – zwei Extremwerte, wobei einer gleichzeitig auch Nullstelle der Funktion ist

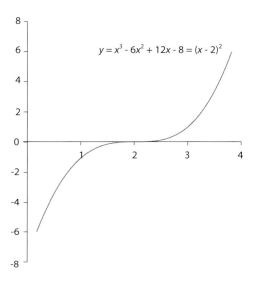

Abb. 4.38 Ganze rationale Funktion: ein (waagerechter) Wendepunkt, der gleichzeitig auch Nullstelle der Funktion ist – keine Extremwerte

- Eine ganze rationale Funktion n-ten Grades besitzt höchstens n Nullstellen.
- Eine ganze rationale Funktion verhält sich für große positive und für große negative x-Werte im Wesentlichen so wie sein „höchstes Glied" $a_n x^n$, woraus folgt, dass ganze rationale Funktionen ungeraden Grades stets (mindestens) eine reelle Nullstelle besitzen. (Ganze rationale Funktionen geraden Grades brauchen keine reellen Nullstellen zu haben, wie z. B. die Funktion $f(x) = x^2 + 1$.)
- Ganze rationale Funktionen besitzen einige weitere bemerkenswerte Eigenschaften. Wir erwähnen nur noch die Tatsache, dass sie sich stets als ein Produkt von linearen Faktoren der Form $(x - \alpha)$ und/oder quadratischen – reell nicht weiter zerlegbaren Faktoren der Form $x^2 + px + q$ – darstellen lassen. (Dieser Satz liegt tiefer, als vielleicht vermutet wird.)
- Die Komplexität der Graphen nimmt in der Regel mit dem Grad bzw. der Ordnung n zu. Eine ganze rationale Funktion n-ten Grades kann $(n - 1)$ lokale Extremstellen und $(n - 2)$ „normale" Wendepunkte besitzen. Um einen Eindruck zu vermitteln, stellen wir abschließend den Graphen einer Funktion 5. Grades vor (s. Abb. 4.39).

Gut zu wissen

Die Graphen ganzer rationaler Funktionen dritter Ordnung können durch unterschiedliche Wahl des Koeffizienten a gegenüber den Abbildungen „gestreckt" oder „gestaucht" sein. Die relative Lage der Graphen zu den Koordinatenachsen wird durch die übrigen Koeffizienten entscheidend mitbestimmt. Der Graph kann mit der x-Achse

- drei verschiedene Schnittpunkte,
- einen Schnittpunkt und einen Berührungspunkt,
- nur einen Schnittpunkt

haben. ◄

Wir beschließen diesen Abschnitt mit einem kleinen Ausblick auf ganze rationale Funktionen höheren Grades:

Gut zu wissen

Vielleicht ist es schon aufgefallen: Die Graphen ganzer rationaler Funktionen sind zwar schon recht vielseitig und können bemerkenswerte „Kurven" darstellen, doch haben sie alle eines gemeinsam: Wenn wir sie zeichnen möchten, so können wir das (rein theoretisch) über den gesamten Definitionsbereich tun, ohne den Stift auch nur ein einziges Mal absetzen zu müssen. Das erscheint auf den ersten Blick nahezu belanglos, ist es aber nicht: Wir werden noch Funktionen kennenlernen, die nicht so „gutartig" sind und wo wir – sollten wir die Graphen zeichnen wollen – das eine oder andere Mal absetzen und neu ansetzen müssten. Gründe dafür sind sogenannte **Unstetigkeitsstellen** verschiedenster Art, die dazu führen, dass wir beim Zeichnen „Sprünge" machen oder Punkte „auslassen" müssen.

Auf eine mathematische Erklärung der Stetigkeit verzichten wir ganz bewusst, auch wenn es sich um einen ganz zentralen Aspekt in der Funktionenlehre handelt. Uns genügt an dieser Stelle die Anschauung. ◄

4.5 Gebrochen rationale Funktionen – oder wie verlaufen Funktionen, deren Zuordnungsvorschrift als Bruch geschrieben wird?

Wir haben in den vorhergehenden Abschnitten von „ganzen rationalen Funktionen" gesprochen, die sich dadurch auszeichnen, dass ihre Zuordnungsvorschriften aus Summen von Potenzen von x bestehen (sogenannte **Polynome**). Wir wissen aber mittlerweile auch, dass der Potenzbegriff durchaus erweiterbar ist und wir u. a. auch negative Exponenten zulassen können. Wenn wir das im Zusammenhang mit den Funktionen tun, so stoßen wir auf einen ganz neuen Typus, nämlich den der **gebrochen rationalen Funktionen**. Das einfachste Beispiel für eine gebrochen rationale Funktion ist das folgende:

Beispiel

Wir betrachten die Funktion $f(x) = x^{-1} = \frac{1}{x}$ und versuchen, sie mit unseren bisher erworbenen Kenntnissen zu analysieren: Auf den ersten Blick sehen wir, dass der Definitionsbereich jetzt nicht mehr aus allen reellen Zahlen besteht: Da wir niemals durch null teilen dürfen (!), muss die Null ausgeschlossen werden, d. h. für den Definitionsbereich gilt:

$$D = \mathbb{R} \setminus \{0\} \,.$$

Hinsichtlich möglicher Nullstellen halten wir weiterhin fest: Die Gleichung $f(x) = \frac{1}{x} = 0$ besitzt keine Lösung, **da ein Bruch nur dann null ist, wenn der Zähler null ist**. Dieser ist aber konstant 1 und kann nicht null werden. Das heißt, die Funktion $f(x) = \frac{1}{x}$ besitzt **keine Nullstellen**!

Jetzt berechnen wir einfach einige Funktionswerte (Wertetabelle, s. Abb. 4.40) und versuchen, den Graphen zu zeichnen (in der Hoffnung, dann etwas mehr zu erkennen!).

Wir erkennen anhand von Abb. 4.40 schon einige bemerkenswerte Dinge:

1. Für die Funktionswerte gilt $f(x) = -f(-x)$. Das heißt, die Funktion $f(x) = \frac{1}{x}$ ist **ungerade**. Diese Eigenschaft haben wir bereits bei den ganzen rationalen Funktionen kennengelernt (z. B. bei $f(x) = x^3$) und wir wissen bereits, dass der zugehörige Graph in diesem Fall punktsymmetrisch zum Ursprung verläuft.

2. Die Beträge der Funktionswerte weisen ganz charakteristische Verhaltensweisen auf: Sie wachsen immer mehr an, je näher sich x der Null nähert (d. h. je kleiner der Betrag von x ist), und sie werden immer kleiner, je größer der Betrag von x ist.

Bis auf das Vorzeichen stimmen f(x) und f(-x) überein (hier: f(9,5) = - f(- 9,5))

x	$1/x$
-10	0,1
-9,5	-0,105263158
-9	-0,111111111
-8,5	-0,117647059
-8	-0,125
-7,5	-0,133333333
-7	-0,142857143
-6,5	-0,153846154
-6	-0,166666667
-5,5	-0,181818182
-5	-0,2
-4,5	-0,222222222
-4	-0,25
-3,5	-0,285714286
-3	-0,333333333
-2,5	-0,4
-2	-0,5
-1,5	-0,666666667
-1	-1
-0,5	-2
0	nicht definiert

x	$1/x$
0,5	2
1	1
1,5	0,666666667
2	0,5
2,5	0,4
3	0,333333333
3,5	0,285714286
4	0,25
4,5	0,222222222
5	0,2
5,5	0,181818182
6	0,166666667
6,5	0,153846154
7	0,142857143
7,5	0,133333333
8	0,125
8,5	0,117647059
9	0,111111111
9,5	0,105263158
10	0,1

Bei Null ist die Funktion nicht definiert!

Abb. 4.40 Wertetabelle der Funktion $f(x) = \frac{1}{x}$ für $-10 \leq x \leq 10$

Letzteres kann man sich leicht klar machen: Teilen wir die Zahl 1 durch eine betragsmäßig große Zahl, z. B. 100, dann ist das Ergebnis $\frac{1}{100} = 0,01$ und schon „recht klein". Vergrößern wir x und berechnen $\frac{1}{1000} = 0,001$, $\frac{1}{100.000} = 0,00001$ etc., so wird das Ergebnis immer kleiner und kleiner. In der Mathematik sagt man, dass der „Ausdruck $\frac{1}{x}$ gegen null strebt, wenn x gegen unendlich strebt".

Ganz analog verhält es sich, wenn wir $x = -100$, $x = -1000$ etc. in die Zuordnungsvorschrift einsetzen: Auch dann „streben die Funktionswerte gegen null", wenn auch mit einem negativen Vorzeichen versehen.

Man benutzt gerne folgende Schreibweise: $f(x) \xrightarrow[x \to \infty]{} 0$ bzw. $f(x) \xrightarrow[x \to -\infty]{} 0$.

Die x-Achse ist für große positive und kleine negative x-Werte eine sogenannte **Asymptote** der Funktion $y = \frac{1}{x}$.

Aber auch das Verhalten in der Nähe von null ist leicht zu verstehen: Teilen wir die Zahl 1 z. B. durch 0,1 oder 0,01, so erhalten wir $\frac{1}{0,1} = \frac{1}{\frac{1}{10}} = 10$ bzw. $\frac{1}{0,01} = \frac{1}{\frac{1}{100}} = 100$. Ganz entsprechend gilt $f\left(-\frac{1}{10}\right) = -10$ bzw. $f\left(-\frac{1}{100}\right) = -100$. Man sagt, dass die Funktionswerte von $f(x) = \frac{1}{x}$ gegen „plus unendlich" ($+\infty$) bzw. „minus unendlich"

Kapitel 4

$(-\infty)$ streben, sofern sich x immer mehr von rechts bzw. von links der Null nähert.

In diesem Fall beschreibt man das Verhalten der Funktion in der folgenden Kurzform:

$f(x) \xrightarrow[x\downarrow 0]{} \infty$ („$x \downarrow 0$" bedeutet, dass sich x von rechts („von oben") der Null nähert) bzw. $f(x) \xrightarrow[x\uparrow 0]{} -\infty$ („$x \uparrow 0$" bedeutet, dass sich x von links („von unten") der Null nähert).

Dieses Verhalten ist neu und gibt es bei den ganzen rationalen Funktionen nicht. Zeichnet man nun den Graphen von $f(x) = \frac{1}{x}$, dann ergibt sich folgende Abb. 4.41.

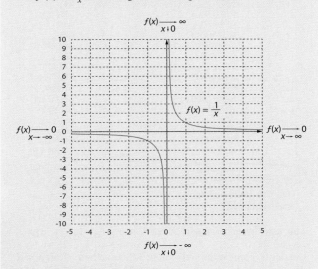

Abb. 4.41 Graph der Funktion $f(x) = \frac{1}{x}$ ◀

Der Graph der Funktion $f(x) = \frac{1}{x}$ beschreibt eine sogenannte **Hyperbel**. An der Stelle $x = 0$ ist die Funktion nicht definiert, und für die Funktionswerte gilt: $f(x) \xrightarrow[x\downarrow 0]{} \infty$ ($f(x)$ strebt gegen Unendlich, wenn x „von unten", d. h. von links, gegen Null strebt) bzw. $f(x) \xrightarrow[x\uparrow 0]{} -\infty$ ($f(x)$ strebt gegen Unendlich, wenn x „von oben", d. h. von rechts, gegen Null strebt). In diesem Fall spricht man davon, dass in $x = 0$ eine **Polstelle** (kurz: **Pol**) **mit Vorzeichenwechsel** vorliegt.

Die Hyperbel war noch ein sehr übersichtliches Beispiel. Im Allgemeinen haben wir es bei gebrochen rationalen Funktionen mit solchen zu tun, die sich als Quotienten von ganzen rationalen Funktionen darstellen lassen:

$$y = f(x) = \frac{Z(x)}{N(x)} = \frac{a_n x^n + a_{n-1} x^{n-1} + \cdots + a_1 x + a_0}{b_m x^m + b_{m-1} x^{m-1} + \cdots + b_1 x + b_0}$$

$$(a_i b_i \in \mathbb{R}, a_n b_n \neq 0).$$

$Z(x)$ und $N(x)$ **heißen Zähler- bzw. Nennerpolynom.**

Gebrochen rationale Funktionen sind – mit Ausnahme der Nullstellen von $N(x)$ – auf ganz $\mathbb{R}$ definiert. Ein mögliches Verhalten an diesen „singulären" Stellen haben wir anhand des ersten Beispiels $f(x) = \frac{1}{x}$ bereits erkannt, doch werden wir das noch etwas genauer studieren.

In den Erläuterungen zum Graphen von $y = \frac{1}{x}$ haben wir neue Begriffe eingeführt, die zum ersten Mal für **gebrochen** rationale Funktionen von Bedeutung sind und gleich noch genauer diskutiert werden sollen. Bevor wir uns den allgemeineren Fällen zuwenden, beschäftigen wir uns noch einmal etwas genauer mit einem weiteren Beispiel, nämlich der Funktion $y = f(x) = \frac{1}{x^2}$:

——————————— **Aufgabe 4.10** ———————————

Für die Funktion $y = \frac{1}{x^2}$ gilt (wie bei der Funktion $y = \frac{1}{x}$):

$$D = \mathbb{R} \setminus \{0\}.$$

Hinsichtlich der Funktionswerte haben wir aber nun die Situation, dass gilt: $f(-x) = f(x)$. (Es spielt keine Rolle, ob wir x oder $-x$ in die Gleichung einsetzen: Durch das Quadrieren wird beiden derselbe Funktionswert x^2 zugewiesen.)

Das heißt, $f(x) = \frac{1}{x^2}$ ist eine gerade Funktion und ihr Graph verläuft demnach achsensymmetrisch zur y-Achse!

Das Verhalten in der Nähe von $x = 0$ unterscheidet sich allerdings vom ersten Beispiel deutlich: Für x-Werte nahe bei null *wächst* $\frac{1}{x^2}$ unbegrenzt – unabhängig davon, ob sich x auf der Zahlengeraden „von rechts" oder „von links" der Zahl Null nähert. Man sagt: $y = \frac{1}{x^2}$ besitzt an der Stelle $x = 0$ eine **Polstelle 2. Art (ohne Vorzeichenwechsel)**.

Für betragsmäßig große x-Werte wird $\frac{1}{x^2}$ ebenfalls beliebig klein: Der Graph nähert sich immer mehr der x-Achse. Die x-Achse ist für große positive bzw. kleine negative x-Werte eine **Asymptote** der Funktion $y = \frac{1}{x^2}$. Symbolisch schreibt man: $f(x) = \frac{1}{x^2} \xrightarrow[x \to \pm\infty]{} 0$.

Der Graph der Funktion $f(x) = \frac{1}{x^2}$ verläuft wie in Abb. 4.42 gezeigt.

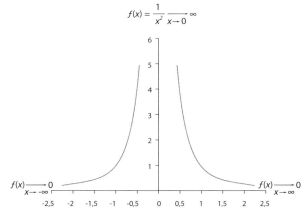

Abb. 4.42 Graph der Funktion $f(x) = \frac{1}{x^2}$

Gut zu wissen

Wir machen ausdrücklich darauf aufmerksam, dass es sich bei unseren „Sprach- und Schreibregelungen" hinsichtlich des Verhaltens einer Funktion in der Nähe von Polstellen oder im Unendlichen um **symbolische** Bezeichnungen für sprachliche Umschreibungen handelt. Auch sind die beschriebenen Sachverhalte aus mathematischer Sicht keineswegs begrifflich ausreichend geklärt. Es wird besonders darauf hingewiesen, dass die Symbole $(+\infty)$ und $(-\infty)$ nicht als „Zahlen" missverstanden werden dürfen, sondern als Kurzbeschreibungen für „nichtendlich" bzw. „unbeschränkt" zu interpretieren sind (d. h. als Negation zu „endlich" bzw. „beschränkt"). Auch ist z. B. offen geblieben, was unter „x nähert sich beliebig genau einer Zahl a, ohne sie jemals zu erreichen" bzw. unter „$f(x)$ nähert sich für $x \to \infty$ (wie immer x gegen unendlich strebt) beliebig genau einer Zahl b" im Sinne der mathematischen Logik genau zu verstehen ist. Wir vertrauen an dieser Stelle jedoch auf die Anschauung und werden es dabei auch belassen. Wer sich intensiver mit dem Thema auseinandersetzen möchte, möge sich mit der reichhaltigen Literatur zum Thema „Grenzwerte von Funktionen" befassen. ◄

An dieser Stelle fügen wir nun ein Beispiel ein, an dem wir erkennen, dass auch gebrochen rationale Funktionen in der Praxis auftreten:

Beispiel

In einer Gummibärenfabrik entstehen bei der Herstellung von Gummibärchen pro Tag 1000 € fixe Kosten und 1 € variable Stückkosten. (Die Mengeneinheiten werden in Tüten zu 375 g gemessen.) Eine Tüte mit Gummibärchen wird für 4 € verkauft (es handelt sich um ein sehr hochwertiges Produkt). Daraus ergeben sich zunächst die folgenden Funktionen:

Kostenfunktion $\quad K(x) = 1x + 1000 = x + 1000$,

Erlösfunktion $\quad E(x) = 4x$,

Gewinnfunktion $\quad G(x) = E(x) - K(x) = 3x - 1000$.

Jetzt wollen wir aber noch mehr wissen: Wir interessieren uns für die sogenannten „Stückkosten", den „Stückerlös" und den „Stückgewinn" (alle Größen beziehen sich auf ein „Stück", in unserem Fall eine Tüte Gummibärchen). Diese Größen bekommen wir, indem wir durch die Stückzahl x jeweils teilen, d. h.

Stückkosten $\quad k(x) = \frac{K(x)}{x} = 1 + \frac{1000}{x}$,

Stückerlös $\quad e(x) = \frac{E(x)}{x} = 4$

(das wussten wir schon vorher)

Stückgewinn $\quad g(x) = \frac{G(x)}{x} = 3 - \frac{1000}{x}$.

Die Graphen dieser drei Funktionen verlaufen wie in Abb. 4.43 gezeigt.

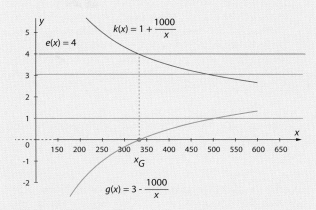

Abb. 4.43 Stückkosten-, Stückerlös- und Stückgewinnfunktion

Die Stückerlösfunktion ist am einfachsten, weil konstant: Ihr Graph ist eine Parallele zur x-Achse mit dem Abstand 4.

Die beiden anderen Funktionen $k(x)$ und $g(x)$ hingegen sind gebrochen rationale Funktionen „vom Typ" $y = \frac{1}{x}$. Was heißt das?

Die Graphen von $k(x)$ und $g(x)$ sind Hyperbeln, allerdings im Vergleich zum Graphen von $y = \frac{1}{x}$ mit dem Faktor 1000 bzw. -1000 versehen sowie um 1 bzw. 3 nach oben verschoben. Die Form entspricht somit einer gestreckten und verschobenen Hyperbel, was man an den in Teilen dargestellten Kurvenverläufen erkennen kann. Die Polstelle liegt auch bei $x = 0$, ist hier aber nicht wichtig, da nur die positiven x-Werte von Interesse sind.

Zwei Dinge sind nun spannend:

1. Wir möchten wissen, wann wir in die Gewinnzone kommen, d. h., wir suchen nach der Nullstelle der Funktion $g(x)$. Diese kann man aus dem Bild nur grob abschätzen, dafür aber exakt berechnen: $g(x) = 3 - \frac{1000}{x} = 0 \iff \frac{1000}{x} = 3 \iff x = \frac{1000}{3} \approx 333$. Das heißt, ab 334 verkauften Tüten Gummibärchen machen wir erstmalig Gewinn!

2. Der zweite Aspekt ist im Moment mehr aus mathematischer Sicht interessant, soll aber hinsichtlich späterer Diskussionen nicht unerwähnt bleiben: In Abb. 4.43 sind noch zwei weitere Geraden eingezeichnet: $y_1 = 1$ und $y_2 = 3$ Diese beiden Geraden sind jeweils die **Asymptote** der Funktion $k(x) = 1 - \frac{1000}{x}$ bzw. $g(x) = 3 - \frac{1000}{x}$ — warum?
Schauen wir uns einmal die Funktion $k(x) = 1 - \frac{1000}{x}$ an und setzen in Gedanken sehr große Werte für x ein (d. h., wir lassen „x gegen Unendlich gehen"), dann wird der Ausdruck $\frac{1000}{x}$ sehr klein, d. h. $\frac{1000}{x} \xrightarrow[x \to \infty]{} 0$.

Somit nähert sich $k(x)$ immer mehr der 1 an: $k(x) = 1 - \frac{1000}{x} \xrightarrow{x \to \infty} 1$. Für große x wird also die Differenz zwischen dem Funktionswert $k(x)$ und der 1 „beliebig" klein bzw. „geht gegen null". Der Graph von $k(x)$ „schmiegt" sich immer näher an die Gerade $y_1 = 1$. Diese ist dann die Asymptote der Funktion $k(x)$. (Für die Funktion $g(x)$ gilt eine analoge Argumentation.)

◀

Das vorhergehende Beispiel motiviert zu folgendem Merksatz:

Es sei $y = f(x)$ eine gebrochen rationale Funktion. Nähert sich der Graph von $y = f(x)$ in der x-y-Ebene mit wachsendem Abstand vom Nullpunkt „beliebig genau" (unbegrenzt) einer Geraden, so heißt diese Gerade **Asymptote** des Graphen. Von besonderem Interesse ist das „asymptotische Verhalten" von $y = f(x)$ für $x \to \pm\infty$. Es gilt:

- Ist $f(x) \xrightarrow{x \to \infty} a$ erfüllt, so ist für große **positive** x-Werte die durch $y = a$ definierte Parallele zur x-Achse (im Fall $a = 0$ die x-Achse selbst) Asymptote des Graphen von $y = f(x)$.
- Ist $f(x) \xrightarrow{x \to -\infty} a$ erfüllt, so ist für kleine **negative** x-Werte (und somit betragsmäßig große x-Werte) die durch $y = a$ definierte Parallele zur x-Achse (im Fall $a = 0$ die x-Achse selbst) Asymptote des Graphen von $y = f(x)$.

Der letztgenannte Merksatz ist in zweierlei Hinsicht verallgemeinerungsfähig: Manchmal ist es zweckmäßig, anstelle von Geraden auch andere, einfach strukturierte Funktionskurven (z. B. Parabeln) als Asymptoten eines komplizierteren Graphen zuzulassen. Wir machen im Rahmen dieser Ausführungen nur einmal aus Demonstrationsgründen davon Gebrauch. Auch muss der Begriff der Asymptote, wie wir auch später sehen werden, selbstverständlich nicht auf *gebrochen* rationale Funktionen beschränkt bleiben.

Gehen wir noch einmal auf unser vorhergehendes Beispiel zurück und betrachten wiederum die Funktion $k(x) = 1 + \frac{1000}{x}$. Bringt man die rechte Seite der Gleichung auf den Hauptnenner, so erhält man $k(x) = \frac{x + 1000}{x}$.

$k(x)$ ist somit vom Typ einer sogenannten **gebrochen linearen Funktion**, deren allgemeine Form wie folgt lautet:

$$y = f(x) = \frac{ax + b}{cx + d} \quad a, b, c, d \in \mathbb{R}.$$

(Für $k(x)$ gilt: $a = 1$, $b = 1000$, $c = 1$ und $d = 0$.) Die gebrochen linearen Funktionen sind spezielle gebrochen rationale

Funktionen – dadurch gekennzeichnet, dass jetzt im Zähler und Nenner **lineare** Polynome stehen. Wir werden anhand eines Beispiels versuchen zu verdeutlichen, wie diese speziellen ganzen rationalen Funktionen prinzipiell verlaufen: Hierfür betrachten wir das folgende Beispiel:

Beispiel

Es sei $y = f(x) = \frac{5x+3}{4x-9}$. Nun versuchen wir, uns mit einfachen, uns bereits bekannten Mitteln einen Überblick über die Funktion und deren Verlauf zu verschaffen: Dazu gehen wir schrittweise vor:

1. **Bestimmung des Definitionsbereiches**: Da der Nenner eines Bruches nicht null sein darf, müssen wir die Nullstellen der Nennerfunktion suchen:

$$4x - 9 = 0 \iff x = \frac{9}{4}.$$

Also gilt für den Definitionsbereich: $D = \mathbb{R} \setminus \left\{ \frac{9}{4} \right\}$.

2. **Bestimmung von Nullstellen**: Um die Nullstellen zu finden, müssen wir den Zähler null setzen:

$$5x + 3 = 0 \iff x_0 = -\frac{3}{5}.$$

3. **Bestimmung des asymptotischen Verhaltens** (Was passiert, wenn $x \to \pm\infty$ geht?):
Hierfür führen wir einen kleinen Trick durch, den wir auch bei komplizierteren gebrochen rationalen Funktionen in angepasster Form durchführen können: Wir erweitern die Zuordnungsvorschrift von $f(x)$ mit $\frac{1}{x}$:

$$f(x) = \frac{5x + 3}{4x - 9} = \frac{5x + 3}{4x - 9} \cdot \frac{\frac{1}{x}}{\frac{1}{x}} = \frac{5 + \frac{3}{x}}{4 - \frac{9}{x}}.$$

Nutzen wir das Ergebnis der Umformung auf der rechten Seite und lassen gedanklich x gegen unendlich laufen ($x \to \pm\infty$), dann werden die Ausdrücke $\frac{3}{x}$ und $\frac{9}{x}$ beliebig klein bzw. gehen gegen null. Folglich erscheint es plausibel, dass gilt:

$$f(x) = \left(\frac{5 + \frac{3}{x}}{4 - \frac{9}{x}} \right) \xrightarrow{x \to \pm\infty} \frac{5}{4}.$$

Diese Methode funktioniert, doch stecken auch hier – wie so oft – tiefgreifendere mathematische Erkenntnisse dahinter, als wir hier behandeln und erklären können. Das soll uns aber nicht weiter stören, sondern wir nehmen an dieser Stelle einfach hin, dass wir so verfahren dürfen.

In diesem Fall ist also die Asymptote durch $y = \frac{5}{4}$ gegeben. Nun kann es noch helfen, einige Funktionswerte zu berechnen, und wir erhalten Abb. 4.44:

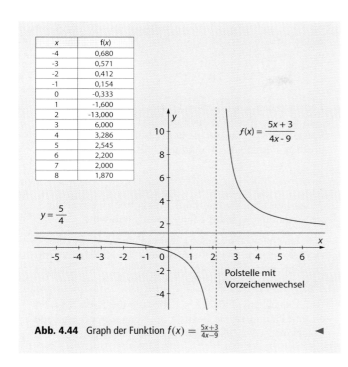

x	f(x)
-4	0,680
-3	0,571
-2	0,412
-1	0,154
0	-0,333
1	-1,600
2	-13,000
3	6,000
4	3,286
5	2,545
6	2,200
7	2,000
8	1,870

$$f(x) = \frac{5x + 3}{4x - 9}$$

$$y = \frac{5}{4}$$

Polstelle mit Vorzeichenwechsel

Abb. 4.44 Graph der Funktion $f(x) = \frac{5x+3}{4x-9}$ ◀

Vergleicht man das letzte Beispiel mit der eingangs gestellten **Aufgabe 4.11**, so mutet diese jetzt denkbar einfach an:

─────────── **Aufgabe 4.11** ───────────

Es sei $K(x) = \frac{3}{x-2}$. Bestimmen Sie den Definitionsbereich von $K(x)$ und skizzieren Sie den Graphen der Funktion.

Die Funktion $K(x)$ ist vom Typ $f(x) = \frac{ax+b}{cx+d}$ mit $a = 0$, $b = 3$, $c = 1$ und $d = -2$. Der Definitionsbereich lautet $D = \mathbb{R}\setminus\{2\}$, da für $x = 2$ der Nenner null wird und somit die Zahl 2 ausgeschlossen werden muss. Das heißt, bei $x = 2$ liegt eine Polstelle (mit Vorzeichenwechsel) vor.

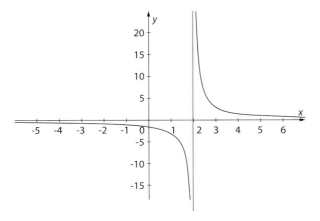

Abb. 4.45 Graph der Funktion $K(x) = \frac{3}{x-2}$

Für $x \to \infty$ passiert Folgendes: Da der Zähler konstant ist, folgt bei immer größer werdendem Nenner, dass die Funktion gegen null strebt. Mehr noch: Für große x ist der Nenner stets positiv.

Da der Zähler konstant und ebenfalls positiv ist, sind alle Funktionswerte $K(x)$ für $x > 2$ positiv. Der Graph der Funktion $K(x)$ nähert sich also „von oben" der x-Achse für $x \to \infty$.

Geht umgekehrt $x \to -\infty$, dann ist der Nenner negativ. Das heißt, die Funktionswerte gehen „von unten" gegen null, da sie für sehr kleine x-Werte stets negativ sind. Somit verläuft der Graph der Funktion gemäß Abb. 4.45.

─────────────────────────

Zum Abschluss möchten wir uns den etwas komplizierteren gebrochen rationalen Funktionen zuwenden und insbesondere zwei Fragen beantworten:

1. Folgt aus der Tatsache, dass eine Nullstelle des Nenners vorliegt, stets, dass dort automatisch eine Polstelle vorliegt?
2. Können wir auf einen Blick erkennen, ob eine gebrochen rationale Funktion eine Asymptote besitzt? Wenn ja, welche?

Gehen wir zunächst einmal auf die Frage 1. ein und betrachten das folgende Beispiel:

$$f(x) = \frac{x^2 - 2x + 1}{x^2 - 1}.$$

Wir schauen zunächst auf den Nenner, um „kritische" x-Werte auszuschließen (Bestimmung des Definitionsbereiches). Dabei fällt uns sofort auf, dass man $x^2 - 1$ gemäß der 3. binomischen Formel auch schreiben kann als:

$$x^2 - 1 = (x + 1)(x - 1).$$

Dies wiederum lässt sofort erkennen, dass $x = 1$ und $x = -1$ Nullstellen des Nenners sind und – so zumindest unser erster Gedanke – beide nicht zum Definitionsbereich gehören dürften.

Ein etwas genauerer Blick auf die gesamte Funktion zeigt uns aber, dass für $x = 1$ auch der Zähler null wird. Das heißt, für $x = 1$ entsteht der sogenannte **unbestimmte Ausdruck** $\frac{0}{0}$. Derartiges haben wir bis jetzt noch nicht kennengelernt und fällt auch aus mathematischer Sicht aus der Rolle: Die Bezeichnung „unbestimmter Ausdruck" ist in der Tat berechtigt, denn man weiß zunächst wirklich nicht, was am Ende herauskommt bzw. was dort passiert. Wir werden uns jedoch nicht in die Theorie unbestimmter Ausdrücke vertiefen, sondern versuchen, uns zu behelfen und einen plausiblen Weg aus dieser vermeintlichen Misere zu finden:

Wir schreiben den Zähler und den Nenner nun (gemäß der jeweils passenden binomischen Formel) als Produkt und erhalten:

$$f(x) = \frac{(x - 1)^2}{(x + 1)(x - 1)}.$$

An dieser Stelle fällt uns auf, dass wir den Faktor $(x - 1)$ kürzen können und erhalten

$$f(x) = \frac{x - 1}{x + 1}.$$

Dieser Funktionstyp ist uns nun aber wieder bekannt: $f(x)$ ist vom Typ $f(x) = \frac{ax+b}{cx+d}$ und besitzt in $x = -1$ eine Polstelle, in

Kapitel 4

$x = 1$ eine Nullstelle, und die Asymptote ist wegen

$$f(x) = \frac{x-1}{x+1} = \frac{1-\frac{1}{x}}{1+\frac{1}{x}} \xrightarrow[x\to\pm\infty]{} 1$$

die Gerade $y = 1$.

Offensichtlich haben wir uns wie folgt beholfen: Durch Kürzen des Linearfaktors $(x-1)$ ist die Lücke sozusagen „verschwunden", mathematisch gesprochen: Wir haben die „Lücke behoben":

Gut zu wissen

Wird für eine Zahl x_0 sowohl der Zähler als auch der Nenner einer gebrochen rationalen Funktion null, dann kann man stets den Faktor $(x - x_0)$ ausklammern und kürzen. x_0 nennt man in diesem Fall eine (Definitions-)**Lücke** (die man durch das Kürzen beheben kann). Die Tatsache, dass der Nenner einer gebrochen rationalen Zahl null wird, besagt also nicht, dass dort zwangsläufig eine Polstelle vorliegt. Man muss in diesem Fall immer auch auf den Zähler schauen und prüfen, ob dieser dort ebenfalls null wird. Nur wenn das nicht der Fall ist, liegt tatsächlich eine Polstelle vor.

In Kurzform:

Gilt für eine reelle Zahl x_0 und die gebrochen rationale Funktion

$$y = f(x) = \frac{Z(x)}{N(x)}$$
$$= \frac{a_n x^n + a_{n-1} x^{n-1} + \cdots + a_1 x + a_0}{b_m x^m + b_{m-1} x^{m-1} + \cdots + b_1 x + b_0}:$$
$$Z(x_0) = N(x_0) = 0,$$

dann handelt es sich bei x_0 um eine **Definitionslücke**, die im obigen Sinne behoben werden kann.

Gilt hingegen

$$Z(x_0) = 0 \quad \text{und} \quad N(x_0) \neq 0,$$

dann liegt in x_0 eine **Polstelle** vor. ◄

Die zweite Frage, ob wir auf einen Blick die Asymptote erkennen, versuchen wir ebenfalls anhand von Beispielen plausibel zu machen:

Beispiel

Wir betrachten die folgenden Funktionen:

$$f_1(x) = \frac{2x}{x^2+1}, \quad f_2(x) = \frac{2x^2}{x^2+1}$$

sowie

$$f_3(x) = \frac{2x^3}{x^2+1}.$$

Zunächst halten wir Folgendes fest: Alle drei Funktionen sind für alle reellen Zahlen definiert (d. h., es gibt keine Polstellen oder Lücken, denn der Nenner ist jeweils stets positiv). Für alle drei Funktionen gilt also:

$$D = \mathbb{R}.$$

Außerdem besitzen alle Funktionen in $x = 0$ eine Nullstelle, da für $x = 0$ der Zähler jeweils null wird.

Auf den ersten Blick sehen alle drei Funktionen irgendwie ähnlich aus und besitzen auch dieselbe Nullstelle. Hinsichtlich ihres asymptotischen Verhaltens unterscheiden sie sich aber alle sehr:

Um das nachzuvollziehen, schauen wir uns zunächst $f_1(x)$ an und klammern die höchste im Nenner vorkommende Potenz von x im Zähler und im Nenner aus:

$$f_1(x) = \frac{2x}{x^2+1} = \frac{x^2(\frac{2}{x})}{x^2(1+\frac{1}{x^2})} = \frac{\frac{2}{x}}{1+\frac{1}{x^2}}.$$

Legen wir nun die letzte Umformung auf der rechten Seite der Gleichung zugrunde und lassen gedanklich x sehr groß (oder sehr klein) werden, so können wir vermuten, dass Folgendes passiert: Der Zähler $\frac{2}{x}$ strebt gegen null, der Zähler $1+\frac{1}{x^2}$ strebt gegen 1 (für $x \to \pm\infty$), sodass die Funktionswerte insgesamt gegen null streben und $x = 0$ die Asymptote ist.

Diese Überlegungen sind völlig „unmathematisch" formuliert, doch können wir uns beruhigt zurücklehnen: Sie sind legitim! Denn diese Methode des Umformens und die anschließenden Überlegungen sind nicht nur plausibel, sondern auch mathematisch begründet und führen zum Ziel.

Man kann noch weiter gehen und salopper argumentieren: Im Ausdruck $\frac{2x}{x^2+1}$ „wird der Nenner (wegen des Quadrates x^2) schneller groß als der Zähler". Das bedeutet, dass der Nenner in gewisser Weise „stärker" ist und den ganzen Ausdruck $\frac{2x}{x^2+1}$ somit „gegen null gehen lässt".

Mit demselben gedanklichen Ansatz gehen wir nun zum zweiten Beispiel und formen ganz entsprechend um:

$$f_2(x) = \frac{2x^2}{x^2+1} = \frac{2x^2}{x^2\left(1+\frac{1}{x^2}\right)} = \frac{2}{1+\frac{1}{x^2}}.$$

Lassen wir nun x wieder gegen $x \to \pm\infty$ laufen, dann erkennen wir Folgendes:

Der Zähler ist konstant 2, der Nenner nähert sich immer mehr der 1, sodass die ganze Funktion gegen $\frac{2}{1} = 2$ zu streben scheint. Auch das lässt sich korrekt mathematisch nachweisen (was wir hier nicht tun). Wir halten lediglich fest: Die Asymptote ist in diesem Falle die Gerade $y = 2$.

Auch hier können wir das Bild mit dem „Kräftevergleich" von Zähler und Nenner heranziehen: Zähler und Nenner sind vom selben Grad n (hier $n = 2$), d. h. wenn x sehr groß (oder sehr klein) wird, so werden Zähler und Nenner im selben „Tempo" groß. Maßgeblich für das Verhältnis scheinen lediglich die Koeffizienten vor der jeweils höchsten Potenz zu sein.

Wenden wir uns nun dem letzten Beispiel zu:

$$f_3(x) = \frac{2x^3}{x^2 + 1}.$$

Auch hier klammern wir im Zähler und im Nenner die höchste im Nenner vorkommende Potenz in x (d. h. x^2) aus und erhalten:

$$f_3(x) = \frac{2x^3}{x^2 + 1} = \frac{x^2 \cdot 2x}{x^2 \left(1 + \frac{1}{x^2}\right)} = \frac{2x}{1 + \frac{1}{x^2}}.$$

Nun schauen wir noch einmal, was passiert, wenn x „sehr groß" oder „sehr klein" wird:

Der Zähler lautet $2x$ und strebt entweder gegen ∞ oder $-\infty$, je nachdem, ob x sehr groß oder sehr klein wird. Der Nenner hingegen nähert sich immer mehr der 2, da $\frac{1}{x^2}$ sehr klein wird und gegen null tendiert. Die Funktionswerte wachsen also „über alle Grenzen" (wegen des Zählers) und streben betragsmäßig gegen unendlich. Dabei scheinen sie sich aber immer mehr dem Ausdruck $y = 2x$ zu nähern: $f_3(x) = \frac{2x}{1 + \frac{1}{x^2}} \xrightarrow{x \to \pm\infty} 2x$.

Das heißt, der Graph der Funktion „schmiegt" sich immer mehr der Geraden $y = 2x$ an. In diesem Fall sagt man, dass $y = 2x$ die Asymptote der Funktion $f_3(x) = \frac{2x^3}{x^2+1}$ ist.

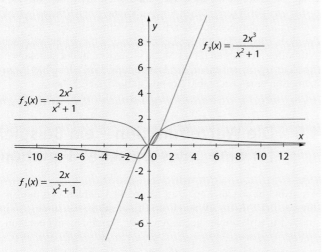

Abb. 4.46 Unterschiedliches asymptotisches Verhalten gebrochen rationaler Funktionen

Anschaulich gesprochen kann man sich diese Situation auch so vorstellen: Die Zählerpotenz ist größer als die Nennerpotenz von x. Wenn x also betragsmäßig groß wird, wird der Zähler „schneller" groß als der Nenner und der ganze Ausdruck wächst über alle Grenzen. Auch diese Betrachtung ist aus mathematischer Sicht mehr als lässig, aber für die Praxis einfach hilfreich.

Zur Visualisierung zeigen wir in Abb. 4.46 die Graphen aller drei Funktionen. ◀

Zusammenfassung

Für die Funktion $y = f(x) = \frac{a_n x^n + a_{n-1} x^{n-1} + \cdots + a_1 x + a_0}{b_m x^m + b_{m-1} x^{m-1} + \cdots + b_1 x + b_0}$ gilt:

Das asymptotische Verhalten der Funktion $f(x)$ kann man „auf einen Blick" an den höchsten im Zähler vorkommenden Potenzen ablesen:

Ist $m > n$, dann gilt: $y = 0$ ist die Asymptote.

Ist $m = n$, dann gilt: $y = \frac{a_n}{b_m}$ ist die Asymtote.

Ist $m < n$, dann strebt die Funktion gegen $+\infty$ bzw. $-\infty$. Die Asymptote ist dann keine Parallele zur x-Achse, sondern eine ganze rationale Funktion (in unserem Beispiel oben war es die lineare Funktion $y = 2x$).

Nun sind wir soweit und können uns der **Aufgabe 4.12** zuwenden:

──────────── **Aufgabe 4.12** ────────────

Bestimmen Sie die Nullstellen und Polstellen der gebrochen rationalen Funktionen:

a)
$$f(x) = \frac{x^2 + x - 2}{x - 2},$$

b)
$$g(x) = \frac{x^3 - 5x^2 - 2x + 24}{x^3 + 3x^2 + 2x}.$$

a) Berechnung der Nullstellen des Nenners und des Zählers:
Zähler: Wir lösen die Gleichung: $x^2 + x - 2 = 0$.
Anwendung der p-q-Formel liefert:

$$x_{1,2} = -\frac{1}{2} \pm \sqrt{\frac{1}{4} + 2} = -\frac{1}{2} \pm \sqrt{\frac{9}{4}} = -\frac{1}{2} \pm \frac{3}{2}.$$

Also ist $x_1 = 1$ und $x_2 = -2$.
Nenner: $x - 2 = 0 \Rightarrow x_0 = 2$.
Die Nullstellen des Zählers und des Nenners sind verschieden. Also liegt in $x_0 = 2$ eine Nullstelle vor. Für $x_1 = 1$ und $x_2 = -2$ ist die Funktion nicht definiert. Dort liegt jeweils eine Nullstelle vor.
Auch wenn es nicht in der Aufgabenstellung stand, erlauben wir uns hier noch eine Bemerkung:
Vergleichen wir nun noch die höchsten vorkommenden Potenzen von $f(x)$ im Zähler und im Nenner, so sehen wir, dass

die im Zähler vorkommende Potenz größer ist als die im Nenner. Das heißt, wir erkennen an dieser Stelle schon, dass die Funktion gegen unendlich strebt, wenn x gegen $\pm\infty$ geht: Formen wir die Zuordnungsvorschrift wie oben um (Ausklammern der höchsten im Nenner vorkommenden Potenz in x), dann erhalten wir:

$$f(x) = \frac{x^2 + x - 2}{x - 2} = \frac{x\left(x + 1 + \frac{2}{x}\right)}{x\left(1 - \frac{2}{x}\right)} = \frac{x + 1 + \frac{2}{x}}{1 - \frac{2}{x}}\,.$$

Für $x \to \pm\infty$ erkennen wir, dass $f(x) \to x + 1$, d. h., $y = x + 1$ ist die Asymptote.
Der Graph der Funktion besitzt im Übrigen die folgende Abb. 4.47.

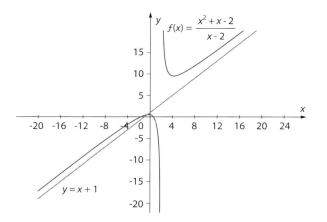

Abb. 4.47 Graph der Funktion $f(x) = \frac{x^2 + x - 2}{x - 2}$ mit der Asymptote $y = x + 1$

b) Berechnung der Nullstellen des Nenners:

$$x^3 + 3x^2 + 2x = 0\,.$$

Wir können $x = 0$ ausklammern und erhalten: $x(x^2 + 3x + 2) = 0$.
Eine Lösung ist sofort erkennbar: Für $x_0 = 0$ wird der Nenner null. Wir müssen jetzt nur noch die Gleichung $x^2 + 3x + 2 = 0$ lösen.
Anwendung der p-q-Formel: $x_{1,2} = -\frac{3}{2} \pm \sqrt{\frac{9}{4} - 2} = -\frac{3}{2} \pm \frac{1}{2}$. Somit erhalten wir $x_1 = -1$ und $x_2 = -2$ sowie drei Nullstellen des Zählers:

$$x_0 = 0\,, \quad x_1 = -1\,, \quad x_2 = -2\,.$$

Zur Berechnung der Nullstellen des Zählers: Hier haben wir es wieder mit einer Gleichung 3. Grades zu tun, bei der wir aber im Gegensatz zum Nenner x nicht ausklammern können. Wir versuchen demnach, eine Lösung zu „raten" und stellen fest, dass $x = -2$ eine Nullstelle des Zählers ist.
Wir haben in Kap. 3 gelernt, dass man nun den Linearfaktor $(x + 2)$ abspalten kann. Den „Rest" in Form eines quadratischen Ausdrucks erhalten wir durch Polynomdivision:

$$\left(x^3 - 5x^2 - 2x + 24\right) : (x + 2) = x^2 - 7x + 12\,.$$

(Wer mag, kann gern die Probe machen und nachrechnen, dass $(x - 2)(x^2 - 7x + 12) = x^3 - 5x^2 - 2x + 24$ ergibt.)
Wir müssen nur noch die quadratische Gleichung $x^2 - 7x + 12 = 0$ lösen, aus der sich die beiden weiteren Lösungen $x_1 = 4$ und $x_2 = 3$ ergeben. Die Nullstellen des Zählers lauten also:

$$x_0 = -2\,, \quad x_1 = 4\,, \quad x_2 = 3\,.$$

Jetzt vergleichen wir die Nullstellen des Zählers mit denen des Nenners und stellen fest:
In $x_0 = -2$ liegt eine „Lücke" vor, d. h., der Linearfaktor $(x + 2)$ kann sowohl aus dem Zähler als auch aus dem Nennerpolynom abspalten und somit auch gekürzt werden: $N(x) = \left(x^2 - 7x + 12\right)(x + 2)$ und $Z(x) = x(x + 2)(x + 1)$, d. h.

$$f(x) = \frac{x(x + 2)(x + 1)}{(x^2 - 7x + 12)}(x + 2) = \frac{x(x + 1)}{x^2 - 7x + 12}$$
$$= \frac{x(x + 1)}{(x - 4)(x - 3)}\,.$$

In $x_1 = 4$ und $x_2 = 3$ liegen Polstellen vor. In $x_0 = 0$ und $x_1 = -1$ besitzt die Funktion Nullstellen.
Übrigens: Die Asymptote ist in diesem Fall $y = 1$! (Denn beide Polynome – im Zähler und im Nenner – sind von derselben Ordnung.)

Damit beschließen wir unsere Betrachtungen über gebrochen rationale Funktionen. Gegenüber den ganzen rationalen Funktionen sind nur wenige wesentlich neue Gesichtspunkte hinzugekommen (Lücken, Polstellen, asymptotisches Verhalten), dennoch ist die dadurch erzeugte Vielfalt der strukturellen Möglichkeiten beeindruckend. Es war unser Ziel, dies durch möglichst viele Beispiele und Abbildungen sichtbar zu machen. Dabei konnten die wesentlichen Aspekte bereits durch Analyse einfacher Funktionen erfasst werden. Die Feinstruktur der Graphen gebrochen rationaler Funktionen lässt sich mit dem bisher zur Verfügung stehenden mathematischen Rüstzeug nicht vollständig aufdecken. Hierzu sind Methoden der „höheren" Analysis (insbesondere der Differenzialrechnung) erforderlich. Wir hoffen, für das an dieser Stelle unausweichliche didaktische Problem durch anschauliche Darstellung und plausible Argumentation eine akzeptable Lösung gefunden zu haben.

4.6 Die Wurzelfunktion – ein Beispiel für eine „algebraische" Funktion

Wir erinnern uns an Kap. 2 zu den reellen Zahlen und die Einführung der Potenz-, Wurzel- und Logarithmenrechnung. Dort sind wir u. a. davon ausgegangen, dass, wenn man in Gleichung

$$a^b = c$$

die drei Zahlen a, b und c in eine Beziehung zueinander stellt, man stets die folgenden drei Rechenmöglichkeiten hat.

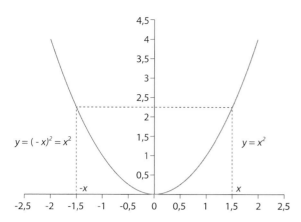

Abb. 4.48 Grafische Darstellung der Funktion $y = x^2$ (Normalparabel)

1. a und b sind gegeben und c gesucht: In diesem Fall gewinnen wir die Lösung durch Anwendung der Potenzrechenregeln.
2. b und c sind gegeben und a ist gesucht: Hier kommt, wie wir gleich sehen werden, die Wurzelrechnung zum Tragen und führt uns zur **Wurzelfunktion**!
3. a und c sind gegeben und b (d. h. der Exponent (!) ist gegeben) – an dieser Stelle kommen wir weder mit der Potenz- noch mit der Wurzelrechnung weiter. Hier hilft die Logarithmenrechnung sehr hilfreich und wird uns zu der **Logarithmusfunktion** (und der Exponentialfunktion) führen.

Wir werden erkennen, dass in diesem Zusammenhang der Begriff der **Umkehrfunktion** besondere Bedeutung erhält.

Hierfür beginnen wir mit der Funktion $y = x^2$, deren zugehöriger Graph eine **Normalparabel** darstellt (s. Abb. 4.48). Die Funktion $y = x^2$ ist eine Abbildung vom Typ $f : \mathbb{R} \to \mathbb{R}^+$; sie ist nicht **injektiv**, denn jeder Bildpunkt x^2 besitzt zwei Urbilder x und $-x$. Somit ist $y = x^2$ auch nicht **bijektiv** und besitzt keine inverse Abbildung. Mithin existiert auch keine Umkehrfunktion zu $y = x^2$, denn die Auflösung dieser Gleichung nach der Variablen x ist nicht eindeutig, sondern ergibt $x = \pm\sqrt{y}$. (Denn es gilt sowohl $\sqrt{y^2} = y$ als auch $(-\sqrt{y})^2 = y$.)

Die Situation ändert sich, wenn wir den Definitionsbereich von $y = x^2$ auf die Teilmenge $\mathbb{R}^+ = \{x | x \in \mathbb{R} \land x \geq 0\}$ einschränken und die Funktion als Abbildung vom Typ $f : \mathbb{R}^+ \to \mathbb{R}$ interpretieren. In diesem Fall ist f bijektiv; die Auflösung der x Gleichung $y = x^2$ nach x hat die eindeutige Lösung $x = \sqrt{y}$.

Nun schränken wir den Definitionsbereich auf die Teilmenge $\mathbb{R}^- = \{x | x \in \mathbb{R} \land x \leq 0\}$ ein und stellen fest, dass wir $y = x^2$ als bijektive Abbildung vom Typ $f : \mathbb{R}^- \to \mathbb{R}^+$ interpretieren können. Die Auflösung von $y = x^2$ nach x hat jetzt die eindeutige Lösung $-x = -\sqrt{y}$.

Wir fassen diese Überlegungen nun wie folgt zusammen:

Für $x \geq 0$ ist $y = x^2$ eine bijektive Abbildung vom Typ $f : \mathbb{R}^+ \to \mathbb{R}^+$. Es gilt die Äquivalenz $y = x^2 \Leftrightarrow x = \sqrt{y}$. Die zugehörige Umkehrfunktion ist durch $x = y^2 \Leftrightarrow$

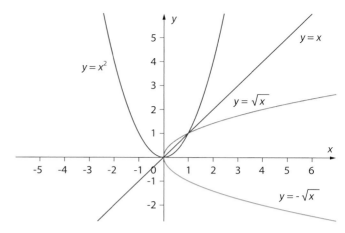

Abb. 4.49 Grafische Darstellung der Funktionen $y = x^2$ (für $x \geq 0$) und $y = x^2$ (für $x \leq 0$) mit zugehörigen Umkehrfunktionen $y = \sqrt{x}$ und $y = -\sqrt{x}$

$y = \sqrt{x}$ definiert. Für $x \geq 0$ bilden $y = x^2$ und $y = \sqrt{x}$ ein Paar von Umkehrfunktionen, ihre Graphen verlaufen spiegelbildlich zur Geraden $y = x$.

Für $x \leq 0$ ist $y = x^2$ eine bijektive Abbildung vom Typ $f : \mathbb{R} \to \mathbb{R}^+$. Jetzt gilt die Äquivalenz $y = x^2 \Leftrightarrow x = -\sqrt{y}$. Die zugehörige Umkehrfunktion ist durch $x = y^2 \Leftrightarrow y = -\sqrt{x}$ definiert.

Jetzt bilden $y = x^2$ (für $x \leq 0$) und $y = -\sqrt{x}$ (für $x \geq 0$) ein Paar von Umkehrfunktionen, ihre Graphen verlaufen spiegelbildlich zur Geraden $y = x$ (s. Abb. 4.49).

Die obigen Gedanken können wir in zwei Richtungen erweitern:

1. In der Praxis haben wir es oft mit Funktionen zu tun, die einen etwas komplexeren Ausdruck (Term) unter der Wurzel enthalten, wie z. B. $f(x) = \sqrt{3x^2 - 3}$ oder $f(x) = \sqrt{(1 - x)(1 + x)}$ etc.
2. Wir haben außerdem auch öfter mit Wurzelfunktionen „höherer" Ordnung zu tun, wie z. B. $f(x) = \sqrt[3]{x}$.

Betrachten wir nun einmal das erste Beispiel $f(x) = \sqrt{3x^2 - 3}$ und versuchen, uns ein Bild der Funktion und insbesondere ihres Graphen zu verschaffen:

Beispiel

1. Schritt Bestimmung des Definitionsbereiches

Wir erinnern uns: Die Quadratwurzel aus einer negativen Zahl darf nicht gezogen werden, also müssen alle Zahlen x aus dem Definitionsbereich ausgeschlossen werden, für die der Ausdruck $3x^2 - 3$ negativ ist.

Die Funktion $f(x) = \sqrt{3x^2 - 3}$ ist also nur für diejenigen $x \in \mathbb{R}$ definiert, für die gilt

$$3x^2 - 3 \geq 0. \qquad (*)$$

Kapitel 4

Bei (*) handelt es sich um eine **nichtlineare Ungleichung**, die wir folgendermaßen lösen: Dividiert man (*) durch 3, so erhalten wir die Ungleichung:

$$x^2 - 1 \geq 0.$$

Die linke Seite der Ungleichung schreiben wir gemäß der 3. binomischen Formel:

$$x^2 - 1 = (x+1)(x-1)$$

und erhalten die Ungleichung

$$(x+1)(x-1) \geq 0.$$

Nun stellt sich die Frage: Für welche $x \in \mathbb{R}$ ist die Ungleichung

$$(x+1)(x-1) \geq 0$$

erfüllt?

An dieser Stelle erinnern wir uns daran, wann das Produkt zweier reeller Zahlen a und b positiv ist: Das ist immer genau dann der Fall, wenn a und b dasselbe Vorzeichen besitzen, d. h. entweder beide positiv oder beide negativ sind.

Für unseren Fall bedeutet das Folgendes: Die Funktion $f(x) = \sqrt{3x^2 - 3}$ ist für alle diejenigen $x \in \mathbb{R}$ definiert, für die gilt:

Fall 1: $x + 1 \geq 0$ und $x - 1 \geq 0$

oder

Fall 2: $x + 1 \leq 0$ und $x - 1 \leq 0$.

Wir haben es hier mit einer klassischen **Fallunterscheidung** zu tun (Fall 1 und Fall 2) und müssen uns nun diese beiden Fälle nacheinander genauer ansehen:

Fall 1 Für x sollen beide Ungleichungen $x + 1 \geq 0$ und $x - 1 \geq 0$ gelten. Aus der ersten folgt unmittelbar, dass $x \geq -1$ sein muss, aus der zweiten folgt, dass für x gleichzeitig gilt: $x \geq 1$. Wenn eine Zahl diese beiden Ungleichungen erfüllen soll, so kann sie das nur, wenn sie größer oder gleich 1 ist, denn dann ist sie automatisch auch größer als -1. Somit erhalten wir folgendes Teilergebnis: Die Funktion $f(x) = \sqrt{3x^2 - 3}$ ist für alle $x \geq 1$ definiert.

Fall 2 Für x sollen die beiden Ungleichungen $x + 1 \leq 0$ und $x - 1 \leq 0$ gelten. Aus der ersten Ungleichung folgt die Bedingung, dass $x \leq -1$ sein muss, aus der zweiten folgt, dass gleichzeitig gelten soll: $x \leq 1$. Ganz ähnlich wie in Fall 1 reicht offensichtlich die Bedingung $x \leq -1$, denn wenn eine Zahl kleiner oder gleich -1 ist, ist sie gleichzeitig auch kleiner oder gleich 1. Somit erhalten wir

das folgende Teilergebnis: $f(x) = \sqrt{3x^2 - 3}$ ist für alle $x \leq -1$ definiert.

Fassen wir beide Teilergebnisse zu einem Gesamtergebnis zusammen, so wissen wir nun, dass die Funktion $(x) = \sqrt{3x^2 - 3}$ für alle x definiert ist, die größer oder gleich 1 oder kleiner oder gleich -1 sind. Für alle Zahlen, die zwischen -1 und 1 liegen, ist sie nicht definiert!

Also gilt für den Definitionsbereich: $D = (-\infty, -1] \cup [1, \infty)$ (wir erinnern hier an die Symbole der Mengenverknüpfungen und an die Schreibweise von Intervallen).

Schauen wir uns die Funktion nun noch daraufhin an, ob gewisse Symmetrieeigenschaften zu erkennen sind, so sehen wir, dass es unerheblich ist, ob wir x oder $-x$ in die Funktionsgleichung einsetzen – wir erhalten aufgrund der Tatsache, dass $x^2 = (-x)^2$ ist, stets dasselbe Ergebnis: $f(-x) = f(x)$. Der Graph der Funktion verläuft also symmetrisch zur y-Achse (es handelt sich um eine „gerade" Funktion). Wer mag, kann gerne noch ein paar Funktionswerte berechnen und wird dann sehen, dass der Graph wie folgt verläuft (s. Abb. 4.50):

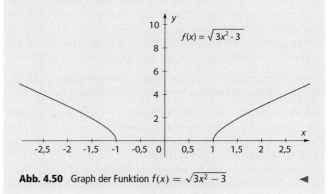

Abb. 4.50 Graph der Funktion $f(x) = \sqrt{3x^2 - 3}$ ◄

An diesem Beispiel wird bereits deutlich, dass man bei Wurzelfunktionen etwas genauer hinsehen muss, was den Definitionsbereich betrifft. Man stößt durchaus das eine oder andere Mal auf Ungleichungen, die auch nicht mehr linear sind und die man nur mit einer (teilweise umfänglichen) Fallunterscheidung lösen kann. Dieses möchten wir an dieser Stelle jedoch nicht mehr vertiefen, sondern fahren mit der Frage fort, wie denn Wurzelfunktionen verlaufen, deren Zuordnungsvorschriften höhere Wurzeln enthalten, wie z. B. $y = \sqrt[n]{x}$.

Die Funktion $y = \sqrt[n]{x}$ ($n = 2, 3, \ldots$) ist eine bijektive Abbildung vom Typ $f : \mathbb{R}^+ \to \mathbb{R}^+$, d. h. sie ist für $0 \leq x < \infty$ definiert und wächst für $x \to \infty$ unbeschränkt. Die Funktionen $y = x^n$ und $y = \sqrt[n]{x}$ bilden für $x \geq 0$ ein Paar von Umkehrfunktionen; die zugehörigen Graphen verlaufen spiegelbildlich zur Geraden $y = x$.

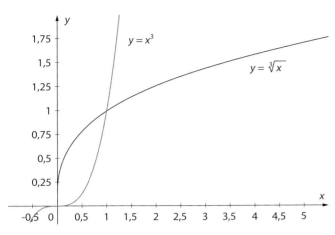

Abb. 4.51 Funktion $y = x^3$ und ihre Umkehrfunktion $y = \sqrt[3]{x}$

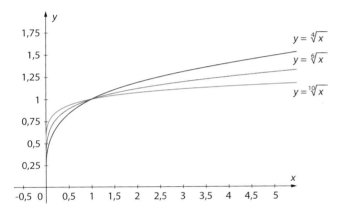

Abb. 4.52 Graphen der Funktionen $y = \sqrt[4]{x}$, $y = \sqrt[6]{x}$ und $y = \sqrt[10]{x}$

Für $n = 3$ erhalten wir Abb. 4.51.

Abbildung 4.52 zeigt die Graphen der Funktionen $y = \sqrt[4]{x}$, $y = \sqrt[6]{x}$ und $y = \sqrt[10]{x}$.

Die Graphen der Funktionen $y = \sqrt[n]{x}$ (hier: $n = 4, 6$ und 10) unterscheiden sich nur graduell. Der Definitionsbereich ist in allen Fällen die durch $0 \leq x < \infty$ beschriebene positive x-Achse. Alle Graphen verlaufen durch den Punkt $(1, 1)$. In der Nähe des Nullpunktes ist der Kurvenverlauf umso steiler – für $x \to \infty$ umso flacher – je größer n gewählt wird. So wächst z. B. $y = \sqrt[10]{x}$ bereits sehr steil in der Nähe von $x = 0$ und sehr langsam für große x-Werte. (Erst für $x = 10^{10}$ wird der Wert $y = 10$ erreicht!) Für $x \to \infty$ wächst $\sqrt[n]{x}$ dennoch in jedem Fall über alle Grenzen. (Es gibt Funktionen, die für $x \to \infty$ noch wesentlich langsamer als $\sqrt[n]{x}$ über alle Grenzen wachsen ...)

Hiermit schließen wir den Exkurs über Wurzelfunktionen und wenden uns nun einem weiteren – insbesondere für die Anwendungen – wichtigen Funktionstyp, der Exponentialfunktion, zu.

4.7   „Transzendenz" in der Mathematik – die Exponential- und Logarithmusfunktion

Wir kennen nun

- ganze rationale Funktionen,
- gebrochen rationale Funktionen und
- Wurzelfunktionen (zuweilen auch „algebraische" Funktionen genannt).

Wir werden in diesem Abschnitt sehen, dass es noch andere Funktionen gibt, deren in der Funktionsgleichung vorkommende Rechenoperationen über das hinausgehen, was man mit den typischen „algebraischen" Operationen wie Addition, Subtraktion, Multiplikation, Division und Berechnung von Wurzeln ausführen kann. Diese Funktionen nennen wir **transzendent**, und wir werden nun die für uns wichtigsten Vertreter dieser Art von Funktionen kennenlernen.

Wir fangen zunächst mit dem folgenden Beispiel an:

Beispiel

Es soll die Kapitalvermehrung mithilfe der sogenannten Zinseszinsformel erfasst werden.

Wird ein Startkapital K_0 mit $p\,\%$ verzinst, so ist das Kapital nach einem Jahr auf

$$K_1 = K_0 \left(1 + \frac{p}{100}\right) = K_0(1 + \alpha) \quad \left(\alpha = \frac{p}{100}\right)$$

angewachsen. Lässt man K_1 unberührt, so beträgt das Guthaben nach zwei Jahren

$$K_2 = K_1(1 + \alpha) = K_0(1 + \alpha)^2 \,.$$

Nach x Jahren erfreut der Kontoauszug mit einem Guthaben in Höhe von

$$K_x = K_0(1 + \alpha)^x \quad \text{(„Zinseszinsformel")} \,.$$

Man sagt, dass das Startkapital **exponentiell** anwächst.

Bei einer Verzinsung von $p = 5\,\%$ ergibt sich nach 15 Jahren immerhin schon der Faktor $(1 + \alpha)^{15} = 1{,}05^{15} \approx 2{,}08$, d. h., das Startkapital hat sich bereits etwa verdoppelt. Wenn man zur Zeit von Christi Geburt einen Cent (nach heutiger Währung) zur Bank gebracht hätte, seitdem dort unberührt hätte stehen und verzinsen lassen, hätte man heute (nach rund 2000 Jahren) einen gehörigen „Batzen": Legen wir $p = 5\,\%$ zugrunde, so hätte der Faktor $(1 + \alpha)^{2000} = 1{,}05^{2000}$ die abenteuerliche Größenordnung von $2{,}39 \cdot 10^{42}$ erreicht! Bei $p = 1\,\%$ immerhin noch knapp 440 Millionen.   ◄

Kapitel 4

Gut zu wissen

Dieses Wachstum, das deutlich ausgeprägter ist als alles, was wir vorher (z. B. bei ganzen rationalen Funktionen) kennengelernt haben, nennt man **exponentielles Wachstum**. ◄

Die Zinseszinsformel führt zu einem interessanten Gedankenspiel: Was passiert, wenn eine Bank die Zinsen nicht jährlich, sondern monatlich, täglich, stündlich usw. ..., d. h. „**kontinuierlich**" berechnet und jeweils unverzüglich gutschreibt?

Schauen wir, welche Konsequenzen sich aus dieser Frage ergeben: Teilt man das Jahr in n gleiche Teile, so betragen die Zinsen bei einem jährlichen Zinssatz von $p\%$ nach dem ersten Zeitabschnitt

$$\frac{1}{n} \cdot \frac{p}{100} \cdot K_0 .$$

Das Startkapital ist auf

$$K_1 = K_0 \left(1 + \frac{p}{n100}\right) = K_0 \left(1 + \frac{\alpha}{n}\right) \quad \left(\alpha = \frac{p}{100}\right)$$

angewachsen.

Nach n Abschnitten (also am Ende des ersten Jahres) beträgt das Guthaben

$$K_n = K_0 \left(1 + \frac{\alpha}{n}\right)^n , \quad \left(\alpha = \frac{p}{100}\right) \qquad (*)$$

und nach x Jahren schließlich

$$K_x = K_0 \left(1 + \frac{\alpha}{n}\right)^{n \cdot x} , \quad \left(\alpha = \frac{p}{100}\right) . \qquad (**)$$

Wir betrachten nun genauer, was nach **einem** Jahr ($x = 1$) bei immer feinerer Einteilung in Zeitabschnitte geschieht, und wählen zunächst $\alpha = 1$ (nehmen also eine utopische Verzinsung von $p = 100\%$ an). K_n bekommt dann die Gestalt

$$K_n = K_0 \left(1 + \frac{1}{n}\right)^n .$$

Die Frage nach „stetiger" (oder „kontinuierlicher") Verzinsung läuft nun darauf hinaus, den Ausdruck $\left(1 + \frac{1}{n}\right)^n$ für $n \to \infty$ zu untersuchen. Dieser kommt uns nun aber durchaus bekannt vor, haben wir doch in Kap. 2 zu den reellen Zahlen bereits eine spezielle irrationale Zahl kennengelernt, die man als sogenannten „Grenzwert der Zahlenfolge" $\left(1 + \frac{1}{n}\right)^n$ erhält. Wir sind dort empirisch vorgegangen und haben gesehen, dass für immer größer werdendes n diese Zahlenfolge sich immer mehr einer Zahl nähert, die ungefähr bei 2,716 liegt und **Euler'sche Zahl e** genannt wird.

Jetzt haben wir offensichtlich eine Brücke geschlagen zwischen der Idee „stetig", d. h. kontinuierlich zu verzinsen, und der in der Tat besonderen Zahl e, die **Euler'sche Zahl**. Dies führt uns weiter zu der Aussage:

Zahlen der Gestalt $\left(1 + \frac{\alpha}{n}\right)^n$ nähern sich für $n \to \infty$ beliebig genau dem Wert e^α!

Bei „stetiger" Verzinsung mit dem Zinssatz $p\%$ erhalten wir damit aus K_0 als neues Guthaben nach einem Jahr

$$K_\infty = K_0 \cdot e^\alpha \quad \left(\alpha = \frac{p}{100}\right)$$

und nach x Jahren:

$$K_x = K_0 \cdot e^{\alpha \cdot x} \quad \left(\alpha = \frac{p}{100}\right) .$$

Wir halten Folgendes fest:

Steige Verzinsung wird durch die sogenannte **Exponentialfunktion** $K_x = K_0 e^{\alpha x}$ beschrieben.

Vergleichen wir nun die Zinseszinsformel und die stetige Verzinsung:

Bei einem Zinssatz von $p = 5\%$ ergibt sich jetzt nach $x = 15$ Jahren:

$$K_{15} = K_0 \cdot e^{0,05 \cdot 15} = K_0 \cdot e^{0,75} \approx 2,12 \cdot K_0 ,$$

also nur etwas mehr als bei banküblicher Verzinsung nach Zinseszinsformel. Nach 30 Jahren ergibt der Vergleich immerhin schon:

Zinseszinsformel:

$$K_{30} = 1,05^{30} \cdot K_0 \approx 4,32 \cdot K_0 ,$$

stetige Verzinsung:

$$K_{30} = K_0 \cdot e^{0,05 \cdot 30} = K_0 \cdot e^{1,5} \approx 4,48 \cdot K_0 .$$

(Nach 100 Jahren sind die Wachstumsfaktoren bei $1,05^{100} \approx 131,5$ bzw. $e^5 \approx 148,4$ angekommen.)

Das Beispiel der „stetigen" Verzinsung erscheint vielleicht wirklichkeitsfremd, der zugehörige Gedankengang kann aber auf viele natürliche Vorgänge übertragen werden:

Betrachten wir etwa das Wachstum eines Waldes. Empirisch könnte ermittelt worden sein, dass sich die Holzsubstanz durchschnittlich pro Jahr um $p\%$ vermehrt. Der Wald wächst aber nicht zum Jahresende „ruckartig" (wie ein Kapital bei banküblicher Verzinsung), sondern das ganze Jahr über „stetig". Um zu einer realistischen Betrachtungsweise zu kommen, muss das Jahr zunächst wieder in Teilabschnitte zerlegt, das Holzwachstum für diese Teilabschnitte (ganz analog zum Vorgehen bei der Kapitalvermehrung) berechnet und auf das Jahreswachstum extrapoliert werden. Schließlich wird durch eine immer feinere Einteilung des Jahres ein „Grenzübergang" im oben stehenden Sinne erforderlich. Die Formeln beschreiben jetzt einen anderen Sachverhalt, sind aber von gleicher Bauart. Das „stetige" Wachstum wird wieder durch eine sogenannte Exponentialfunktion der Gestalt $f(x) = y_0 \cdot e^{\alpha x}$ beschrieben, wobei y_0 die Substanzmenge zu einem Anfangszeitpunkt $x = 0$, die Variable x die danach verflossene Zeit und α eine auf das konkrete Problem bezogene, materialspezifische Konstante bedeutet (hier: die durchschnittliche jährliche Holzvermehrung um p %).

Am Ende des letzten Beispiels wurden bereits Formulierungen benutzt, die über den speziellen Fall (Holzwachstum) hinausweisen. Charakteristisch ist, dass zu **jedem** Zeitpunkt eine Substanzvermehrung **proportional** zur aktuellen Substanzmenge auftritt. Natürlich kann anstelle einer Vermehrung auch eine Verminderung von Substanz nach den gleichen Gesichtspunkten betrachtet werden. Der radioaktive Zerfall oder die Absorption von Strahlung (z. B. von Licht) sind hierfür typische Beispiele.

Die Verminderung der Menge y einer radioaktiven Substanz in Abhängigkeit von der Zeit t wird durch

$$y = y_0 \cdot e^{-\alpha \cdot t}$$

beschrieben. Dabei bedeutet $y_0 = y(0)$ die Substanzmenge zu einem Anfangszeitpunkt $t = 0$. Nach einer gewissen Zeit hat sich die Ausgangsmenge y_0 halbiert. Diese Halbwertszeit τ berechnet sich aus der Gleichung $\frac{y_0}{2} = y_0 \cdot e^{-\alpha \tau}$, und man erhält nach Division durch y_0 und durch Anwendung des natürlichen Logarithmus:

$$\frac{1}{2} = e^{-\alpha t}$$

$$\ln\left(\frac{1}{2}\right) = \ln\left(e^{-\alpha \tau}\right) = -\alpha \tau$$

$$\ln 1 - \ln 2 = -\alpha \tau$$

$$\tau = \frac{\ln 2}{\alpha} \quad (\text{da } \ln 1 = 0).$$

Die überragende Bedeutung solcher Erkenntnisse für geologische und archäologische (prähistorische) Untersuchungen kann hier nur angedeutet werden.

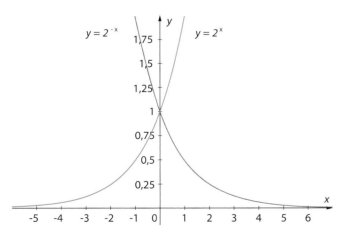

Abb. 4.53 Grafische Darstellung der Exponentialfunktionen $y = 2^x$ und $y = 2^{-x} = \frac{1}{2^x}$

Nun sind wir aber schon mittendrin in der Diskussion und haben die sogenannte Exponentialfunktion als eine insbesondere für wirtschaftswissenschaftliche Anwendungen wichtige Funktion kennengelernt.

Daher wenden wir uns jetzt der **allgemeinen Exponentialfunktion** $y = a^x$ zu, die für jede feste, positive (reelle) Basis a und jeden reellen Exponenten x erklärt ist. Die Exponentialfunktion $y = f(x) = a^x$ ist (für jede Wahl von $a > 0$, $a \neq 1$, a fest) eine **bijektive** Abbildung vom Typ $f : \mathbb{R} \to \mathbb{R}^+ \setminus \{0\}$.

Funktionen dieser Art beschreiben stetige Wachstums- oder auch Zerfallsprozesse. Wir schauen uns einmal den Verlauf zweier „Prototypen" an (s. Abb. 4.53).

Gut zu wissen

Die Funktionen $y = 2^x$ und $y = 2^{-x} = \frac{1}{2^x}$ verlaufen symmetrisch zur y-Achse. Beide Funktionen sind bijektive Abbildungen vom Typ $f : \mathbb{R} \to \mathbb{R}^+ \setminus \{0\}$.

Darüber hinaus sagt man, dass $y = 2^x$ **streng monoton wachsend** und $y = 2^{-x}$ **streng monoton fallend** sind. Diese beiden letzten Charakteristika haben wir bislang noch nicht definiert bzw. erwähnt. An dieser Stelle soll uns genügen, dass mit größer werdendem x die Funktionswerte von $y = 2^x$ ebenfalls immer größer, die Funktionswerte von $y = 2^{-x}$ hingegen immer kleiner werden.

Mehr noch:

Die Funktion $y = 2^x$ hat für $x \to -\infty$ die x-Achse als Asymptote, die Funktion $y = 2^{-x}$ hat für $x \to +\infty$ die x-Achse als Asymptote.

Für $x \to \infty$ wächst $y = 2^x$ rascher als jede Potenzfunktion $y = x^n$ über alle Grenzen.

Für $x \to -\infty$ wächst $y = 2^{-x}$ rascher als jede Potenzfunktion über alle Grenzen. ◄

Das Beispiel der beiden Funktionen $y = 2^x$ und $y = 2^{-x}$ steht stellvertretend für jede Exponentialfunktion $y = a^x$ mit Basen $a > 1$ bzw. $0 < a < 1$. Die Graphen von $y = a^x$ verlaufen alle durch den Punkt $(0, 1)$ der y-Achse.

Gut zu wissen

Wegen $1^x = 1$ (für jedes $x \in \mathbb{R}$), „degeneriert" die Exponentialfunktion $y = 1^x$ zur konstanten Funktion $y = 1$, der zugehörige Graph ist eine Parallele zur x-Achse. Dieser Fall wird üblicherweise von vornherein ausgeschlossen. Auch wir werden bei Exponentialfunktionen der Gestalt $y = a^x$ neben $a > 0$ auch $a \neq 1$ voraussetzen. ◄

In den Erläuterungen zum Funktionsverlauf von Exponentialfunktionen wurden einige noch nicht näher untersuchte Aussa-

Kapitel 4

gen getroffen (zum Wachstum für große x-Werte, zur Bijektivität der Abbildung) und neuartige Eigenschaften wie „streng monoton wachsend" und „streng monoton fallend" erwähnt. Wir nehmen jetzt die Gelegenheit wahr und führen an dieser Stelle ganz allgemein für reellwertige Funktionen einer reellen Veränderlichen den Begriff der **Monotonie** ein:

Die Funktion $y = f(x)$ heißt auf einem Intervall $[a, b]$ ihres Definitionsbereichs D

- monoton wachsend, wenn für alle $x_1, x_2 \in [a, b]$ gilt: aus $x_1 < x_2 \Rightarrow f(x_1) \leq f(x_2)$,
- monoton fallend, wenn für alle $x_1, x_2 \in [a, b]$ gilt: aus $x_1 < x_2 \Rightarrow f(x_1) \geq f(x_2)$,
- streng monoton wachsend/fallend, wenn für alle $x_1, x_2 \in [a, b]]$ gilt:

aus $x_1 < x_2 \Rightarrow f(x_1) < f(x_2)$, bzw. $x_1 < x_2 \Rightarrow f(x_1) > f(x_2)$.

Ist der Definitionsbereich D unbeschränkt, kann das Intervall $[a, b]$ auch mit einer der Halbgeraden oder sogar mit ganz $\mathbb{R}$ übereinstimmen.

Nun kennen wir den Monotoniebegriff und sollten uns Folgendes merken:

Die Exponentialfunktion $y = a^x$ ist

- für $a > 1$ auf ganz $\mathbb{R}$ streng monoton **wachsend**,
- für $0 < a < 1$ auf ganz $\mathbb{R}$ streng monoton **fallend**.

Bevor wir uns mit der Frage beschäftigen, wofür wir diesen Monotoniebegriff eigentlich benötigen, wenden wir uns den eingangs gestellten **Aufgaben 4.13 und 4.14** zu:

--------------------- Aufgabe 4.13 ---------------------

Falls die Inflationsrate in einem Lande 7 % pro Jahr betragen würde, ergäbe die Gleichung $P(t) = P_0(1{,}07)^t$ den vorausgesagten Preis eines Gutes nach t Jahren, wenn das Gut heute P_0 kostet. Wie viel kostet

a. eine Tafel Schokolade, die heute 0,89 € kostet, in 10 Jahren?
 Lösung: $P(10) = 0{,}89 \cdot 1{,}07^{10} \approx 1{,}75$
 Die Tafel Schokolade würde ca. 1,75 € kosten.
b. ein Sofa, das heute 2100 € kostet in 5 Jahren?
 Lösung: $P(5) = 2100 \cdot 1{,}07^5 \approx 2945$
 Das Sofa würde ungefähr 2945 € kosten.
c. eine Wohnung, die heute 125.000 € kostet in 8 Jahren?
 Lösung: $P(8) = 120.000 \cdot 1{,}07^8 \approx 214.773$
 Die Wohnung würde ca. 214.773 € kosten.

--------------------- Aufgabe 4.14 ---------------------

Der Graph der Funktion $f(x) = ae^{bx}$ gehe durch die Punkte $(0, 1)$ und $(1, 4)$. Bestimmen Sie a und b.

Lösung: Wir müssen die folgenden Gleichungen aufstellen:

a. $f(0) = 1$, d. h. $1 = ae^0$, woraus $a = 1$ folgt.
b. $f(1) = 4$, d. h. $4 = ae^b = 1 \cdot e^b$, d. h. $e^b = 4$.

Daraus folgt: $b = \ln(4) \approx 1{,}386$, also gilt: $f(x) = e^{1{,}386x}$.

Kommen wir zurück zum Monotoniebegriff bzw. wofür wir ihn benötigen: Zum einen kann man – sofern Monotonie vorliegt – abschätzen, wie Funktionswerte reagieren, wenn man x vergrößert. Andererseits kann man bei strenger Monotonie ausschließen, dass jeweils zwei verschiedenen x-Werten derselbe Funktionswert zugeordnet wird. Das wiederum ist das Kriterium der Injektivität! Stellt man nun noch sicher, dass die betrachtete Funktion surjektiv ist (notfalls durch geschickte Einschränkung von Definitions- bzw. Wertebereich), dann wissen wir, dass die Funktion bijektiv ist und somit eine Umkehrfunktion besitzt. Genau diese Überlegungen wenden wir nun auf die Exponentialfunktion an:

Die Exponentialfunktion $y = a^x$ ($a < 0$, $a \neq 1$) ist eine **bijektive** Abbildung vom Typ $f : \mathbb{R} \to \mathbb{R}^+\setminus\{\mathbf{0}\}$. Es existiert die durch $x = \log_a y$ definierte inverse Abbildung vom Typ $f^- : \mathbb{R}\setminus\{0\} \to \mathbb{R}$. Durch die Äquivalenzen

$$y = a^x \Leftrightarrow x = \log_a y \quad \text{und} \quad x = a^y \Leftrightarrow y = \log_a x$$

wird ein Paar von Umkehrfunktionen beschrieben. Die Graphen von $y = a^x$ und $y = \log_a x$ verlaufen spiegelbildlich zur Geraden $y = x$.

Gut zu wissen

Wir möchten eindringlich darauf aufmerksam gemacht, dass $y = \log_a x$ nur für **positive** x-Werte definiert ist. Nähert sich die Variable x „von oben" dem Wert null, so

- **fällt** $\log_a x$ im Fall $a > 1$ unbeschränkt („strebt gegen $-\infty$"),
- **wächst** $\log_a x$ im Fall $0 < a < 1$ unbeschränkt („strebt gegen $+\infty$").

Wegen $a^0 = 1$ (für jedes $a \neq 0$) gilt $\log_a 1 = 0$ für jede infrage kommende Basis a (d. h. für alle $a > 0$, $a \neq 1$). Die Graphen aller Logarithmusfunktionen verlaufen also durch den Punkt $(1, 0)$ der x-Achse. ◀

Wir demonstrieren den soeben diskutierten Zusammenhang an zwei grafischen Beispielen (s. Abb. 4.54) und wählen zunächst das Funktionenpaar $y = e^x$ und $y = \ln x$. Dabei bedeutet $e \approx 2{,}718$ die bereits beschriebene Euler'sche Zahl. Mit $\ln x$ wird der Logarithmus zur Basis e bezeichnet („Logarithmus naturalis").

Gut zu wissen

Die Funktionen $y = e^x$ und $y = \ln x$ bilden ein Paar von Umkehrfunktionen, ihre Graphen verlaufen spiegelbildlich zur Geraden $y = x$.

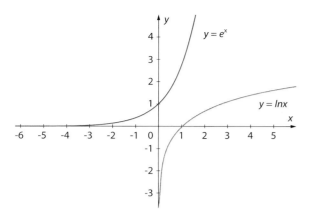

Abb. 4.54 Grafische Darstellung der Funktionen $y = e^x$ und $y = \ln x$

Die Exponentialfunktion ist für alle $x \in \mathbb{R}$ definiert, ihre Funktionswerte sind stets positiv. Die Logarithmusfunktion ist nur für $x > 0$ definiert, dafür durchlaufen die Funktionswerte alle reellen Zahlen. Für $x \to \infty$ wachsen e^x und $\ln x$ über alle positiven Schranken – die Exponentialfunktion rascher als jede Potenz x^n, die Logarithmusfunktion langsamer als jede n-te Wurzel $\sqrt[n]{x}$. Beide Funktionen sind in ihren Definitionsbereichen überall streng monoton wachsend.

Das oben gewählte Beispiel steht exemplarisch für den Fall einer Basis $a > 1$. ◄

Nun schauen wir uns die folgende Aufgabe an:

Beispiel

Der Holzbestand eines Waldes beträgt im Jahr 2010 ca. 10.000 m². Langjährige Beobachtungen haben gezeigt, dass der Bestand jährlich um 1,5 % zunimmt. Berechnen Sie den zu erwartenden Holzbestand in den Jahren 2015 und 2020.

Lösung

Das Wachstum des Waldes kann durch eine Exponentialfunktion beschrieben werden: $y(x) = y_0(1 + 0,015)^x = y_0 1,015^x$. Der Anfangsbestand beträgt 10.000 m², d. h. $y_0 = 10.000$, d. h. die Funktionsgleichung lautet: $y(x) = 10.000 \cdot 1,015^x$.

Das Jahr 2015 entspricht $x = 5$, das Jahr 2020 entspricht $x = 10$, d. h. wir müssen jetzt „nur" noch $y(5)$ und $y(10)$ berechnen:

$$y(5) = 10.000 \cdot 1,015^5 \approx 10.773,$$

$$y(10) = 10.000 \cdot 1,015^{10} \approx 11.605.$$

Im Jahr 2015 wird der Waldbestand also ca. 10.773 m², im Jahr 2020 ca. 11.605 m² betragen.

Jetzt fragen wir uns, wie lange es dauern wird, bis sich der Waldbestand verdoppelt haben wird (d. h. 20.000 m² umfasst). Dabei gehen wir davon aus, dass sich der Wald ungehemmt ausbreiten kann, und setzen die folgende Gleichung an:

$$20.000 = 10.000 \cdot 1,015^x.$$

Ziel ist es, die Gleichung nach x aufzulösen. Die Division durch 10.000 ergibt:

$$2 = 1,015^x.$$

Jetzt stellt sich die Frage: Wie lösen wir diese Gleichung nach x auf? Hierfür erinnern wir uns an den Logarithmus und merken uns für alle Zeiten:

Wenn die gesuchte Größe im Exponenten einer Potenz steht, lösen wir die Gleichung nur durch Logarithmieren. Wir können dabei stets den natürlichen Logarithmus nutzen und berechnen von beiden Seiten der Gleichung den **natürlichen Logarithmus**:

$$\ln 2 = \ln 1,015^x = x \cdot \ln 1,015$$

(s. Rechenregeln für den Logarithmus)

$$0,69314718 = x \cdot 0,01488861,$$

und wir erhalten $x = \frac{0,693178}{0,01488861} \approx 46,5$ Jahre.

Abbildung 4.55 veranschaulicht das Ergebnis.

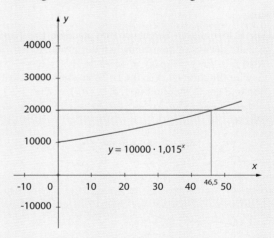

Abb. 4.55 Funktion $y(x) = 10.000 \cdot 1,015x$

Hiermit beenden wir den Abschnitt zum Thema „transzendente" Funktionen, wohlwissend, dass man noch viel mehr zu diesem Thema schreiben kann. Wichtig für uns ist neben dem grundsätzlichen Verständnis der Exponential- und Logarithmusfunktion, dass wir uns immer vor Augen halten, welches „Tempo" in exponentiellem Wachstum steckt. Der völlig unmathematische und auch sprachlich eher gewöhnungsbedürftige Satz „Nichts wächst so schnell, wie exponentiell!" bringt es genau auf den Punkt: Keine ganzrationale Funktion (und sei der Grad noch so hoch) kann es in diesem Sinne mit einer Exponentialfunktion aufnehmen! ◄

Kapitel 4

Mathematischer Exkurs 4.4: Dieses reale Problem sollten Sie jetzt lösen können

Wir stellen uns die folgende Situation vor:

Die Kosten eines Herstellers für Seifenpulver lassen sich wie folgt darstellen:

$$K(x) = x^3 - 3x^2 + 3x + 5, \quad x \geq 0.$$

Dabei beschreibt x eine Produktionseinheit von einer Tonne (1 t) Seifenpulver. Wir nehmen ferner an, der Hersteller sei ein Monopolist und die Preisgestaltung genüge folgender Preisabsatzfunktion $p(x) = -x + 7$. (Die Preisabsatzfunktion zeigt, welche Menge eines Gutes das anbietende Unternehmen in Abhängigkeit vom Preis absetzen kann.) Der sogenannte Stückerlös ist hier also nicht konstant, sondern hängt noch vom angebotenen Preis ab und ist somit variabel.

1. Berechnen Sie die **Erlösfunktion** $E(x)$ sowie die **Gewinnfunktion** $G(x)$.
2. Skizzieren Sie die Graphen $K(x)$, $E(x)$ und $G(x)$.
3. Ab welcher Produktionsmenge kommt das Unternehmen erstmalig in die Gewinnzone bzw. geben Sie auch die Produktionsmenge an, von der ab sich eine Produktion aus Unternehmenssicht nicht lohnt. Geben Sie außerdem das Intervall an, für das eine Produktion lohnt.

Lösung

1. Die Erlösfunktion berechnet sich aus dem Preis und der Anzahl der verkauften Einheiten des produzierten Gutes. Also gilt: $E(x) = xp(x) = x(-x + 7) = -x^2 + 7x$. Die Gewinnfunktion $G(x)$ ist die Differenz aus der Erlösfunktion und der Kostenfunktion, d. h. $G(x) = E(x) - K(x) = -x^2 + 7x - (x^3 - 3x^2 + 3x + 5) = x^3 + 2x^2 + 4x - 5$.
2. Skizze:

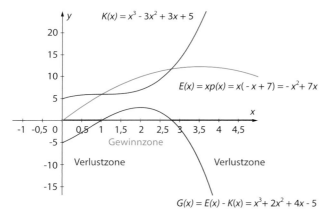

Abb. 4.56 Reales Beispiel

Abbildung 4.56 zeigt deutlich, dass die Kostenfunktion (ganze rationale Funktion dritter Ordnung) am Anfang sehr langsam steigt, um dann aber später (ab ca. 2,5 t) sehr stark zu wachsen. Die Erlösfunktion hingegen ist eine ganze rationale Funktion zweiter Ordnung, und der Graph ist eine nach unten geöffnete Parabel, die ab einem bestimmten Punt („Hochpunkt") auch wieder fällt. Die Erlöse nehmen also ab einer bestimmten Produktionsmenge ebenfalls wieder ab.

3. Das Unternehmen trachtet nun danach, Gewinne einzufahren. Das bedeutet, es strebt zunächst einmal die Produktionsmengen an, für die die jeweiligen Gewinne positiv sind. Das heißt, man sucht (mathematisch gesprochen) alle diejenigen x, für die gilt $G(x) \geq 0$.

Die Grafik lässt schon ahnen, wo ungefähr diese Gewinnzone liegt. Wir berechnen das jetzt mittels unserer bereits erworbenen Kenntnisse:

$G(x)$ ist eine ganz rationale Funktion dritter Ordnung: $G(x) = -x^3 + 2x^2 + 4x - 5$. Wir haben gar keine andere Wahl und müssen versuchen, eine Nullstelle zu „raten", und stellen fest, dass gilt

$$G(1) = 0.$$

Bei der Produktionsmenge von 1 t kommen wir also in die Gewinnzone. Jetzt möchten wir aber wissen, ob wir diese auch irgendwann einmal wieder verlassen, d. h. wir möchten noch andere Nullstellen berechnen. Hierfür teilen wir das Polynom $-x^3 + 2x^2 + 4x - 5$ durch $x - 1$ und erhalten:

$$\left(-x^3 + 2x^2 + 4x - 5\right) : (x - 1) = -x^2 + x + 5.$$

Die Berechnung der Lösungen von $-x^2 + x + 5 = 0$ führt zu $x^2 - x - 5 = 0$ und zu den Lösungen

$$x_{1,2} = \frac{1}{2} \pm \sqrt{\frac{1}{4} + 5} = \frac{1}{2} \pm \sqrt{\frac{21}{4}} = \frac{1}{2} \pm \frac{\sqrt{21}}{2}.$$

Also erhalten wir $x_1 = \frac{1}{2} + \frac{\sqrt{21}}{2} \approx \frac{1}{2} + 2,29 = 2,79$ und $x_2 = \frac{1}{2} - 2,29 = -1,75$.

Diese letzte Lösung x_2 ist zwar mathematisch korrekt, macht aber in diesem Fall keinen Sinn! Negative Produktionsmengen schließen wir daher aus (und liegen übrigens auch nicht im Definitionsbereich).

Die Gewinnzone liegt also bei einer Produktionsmenge zwischen 1 t und 2,79 t. Weniger als eine Tonne und mehr als 2,79 Tonnen führen zu Verlusten.

Mathematischer Exkurs 4.5: Übungsaufgaben

1. Bestimmen Sie jeweils den Definitionsbereich der folgenden Funktionen:

   a. $y(y) = \sqrt{3-x}$
   b. $y(x) = 3 - x$
   c. $E(x) = -x^2 + 2x - 1$
   d. $e(x) = -x + 2 - \frac{1}{x}$
   e. $K(x) = \frac{x^2+1}{-x^2+1}$
   f. $h(t) = e^{-\frac{1}{t-2}}$
   g. $m(x) = \ln(x-1)$

2. Skizzieren Sie die Graphen aus Aufgabe 4.2.

   a. $y(y) = \sqrt{3-x}$
   b. $y(x) = 3 - x$
   c. $E(x) = -x^2 + 2x - 1$
   d. $e(x) = -x + 2 - \frac{1}{x}$
   e. $K(x) = \frac{x^2+1}{-x^2+1}$
   f. $m(x) = \ln(x-1)$
   g. $n(x) = 1 - e^{-2x} = 1 - \frac{1}{e^{2x}}$

3. Gegeben sind die beiden Funktionen $f(x) = a^x$ und $g(x) = \log_b x$. Bestimmen Sie a und b so, dass sich beide Funktionen im Punkt $P = (4, 16)$ schneiden.

4. Gegeben ist eine Kostenfunktion $K(x) = -2x^2 + 100x + 200$ für die Produktion eines Kleinmöbels, das für 90 € verkauft wird.
   a. Stellen Sie die Erlös- und die Kostenfunktion grafisch (in einem Diagramm) dar.
   b. Ermitteln Sie die an der Gewinnschwelle entstehenden Kosten.

Lösungen

1. a. $y(y) = \sqrt{3-x} : D = \{x \in \mathbb{R} | x \le 3\}$
   b. $y(x) = 3 - x : D = \mathbb{R}$
   c. $E(x) = -x^2 + 2x - 1 : D = \mathbb{R}$
   d. $e(x) = -x + 2 - \frac{1}{x} : D = \{x \in \mathbb{R} | x \ne 0\}$
   e. $K(x) = \frac{x^2+1}{-x2+1} : D = \{x \in \mathbb{R} | x \ne: \pm1\}$

f. $h(t) = e^{-\frac{1}{t-2}} : D = \{x \in \mathbb{R} | x \ne 2\}$
g. $m(x) = \ln(x-1) : D = \{x \in \mathbb{R} | x > 1\}$

2. Abbildungen 4.57–4.63 stellen die Graphen aus Aufgabe 4.2 dar.

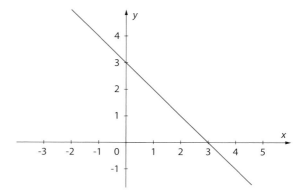

Abb. 4.58 $y(x) = 3 - x$

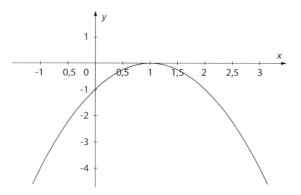

Abb. 4.59 $E(x) = -x^2 + 2x - 1$

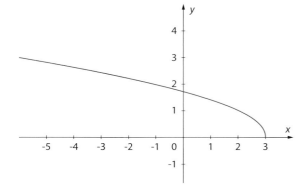

Abb. 4.57 $y(y) = \sqrt{3-x}$

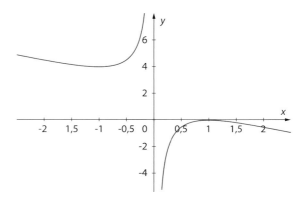

Abb. 4.60 $e(x) = -x + 2 - \frac{1}{x}$

Kapitel 4

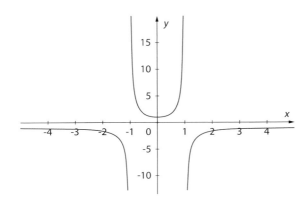

Abb. 4.61 $K(x) = \frac{x^2+1}{-x^2+1}$

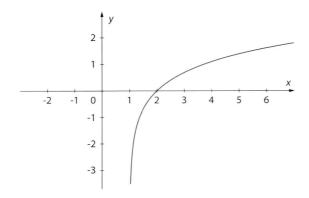

Abb. 4.62 $m(x) = \ln(x-1)$

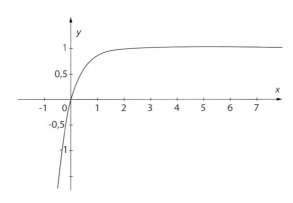

Abb. 4.63 $n(x) = 1 - e^{-2x} = 1 - \frac{1}{e^{2x}}$

3. Es muss einerseits gelten:

$$a^4 = 16.$$

Hieraus folgt $a = \pm \sqrt[4]{16} = \pm 2$.
Wegen der Definition der Exponentialfunktion entfällt die negative Lösung, und wir erhalten einzig $a = 2$ als Lösung.
Zum anderen erhalten wir:

$$16 = \log_b 4.$$

Hieraus folgt $b^{16} = 4$ und $b = \pm \sqrt[16]{4}$.
Offensichtlich entfällt hier auch die negative Lösung $b = -\sqrt[16]{4}$ wegen der Definition des Logarithmus. Somit ist $b = \sqrt[16]{4} \approx 1{,}09$.

4.
$$-2x^2 + 100x + 200 = 90x$$
$$-2x^2 + 10x + 200 = 0$$
$$x^2 - 5x - 100 = 0$$
$$x_{1,2} = \frac{5}{2} \pm \sqrt{\left(\frac{5}{2}\right)^2 + 100} = 2{,}5 \pm \sqrt{\frac{425}{4}}$$
$$\approx 2{,}5 \pm 10{,}3.$$

Die negative Lösung entfällt, und wir erhalten für die Gewinnschwelle: $x_1 = 12{,}8$. Die dabei entstehenden Kosten sind identisch mit dem Erlös und betragen $K(12{,}8) = E(12{,}8) = 1152 \,€$.

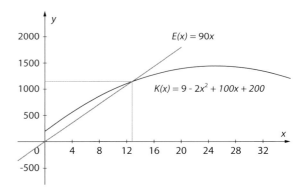

Abb. 4.64 Grafische Darstellung der Erlös- und Kostenfunktion

Literatur

Weiterführende Literatur

Zulassungsstatistik 2012: Hersteller und Automodelle, Kfz-Auskunft GmbH & Co. KG, Geldersheim. http://www.kfz-auskunft.de/kfz/zulassungszahlen_2012_1.html (2012). Zugegriffen: 07.12.2012

Differenzialrechnung für Funktionen einer Variablen

5

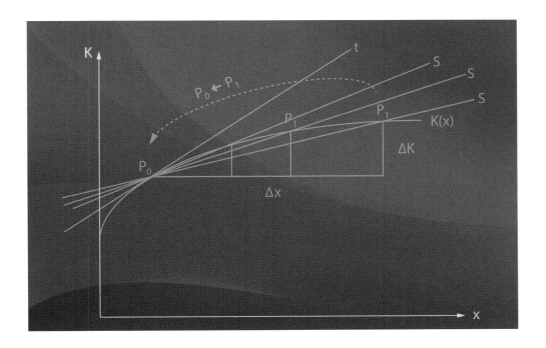

5.1 Grundlagen der Differenzialrechnung – Wie Änderungstendenzen
von Funktionen erkannt und interpretiert werden können 158

5.2 Mit Differenzenquotienten arbeiten – Wie Ableitungen „per Hand"
bestimmt werden können 161

5.3 Ableitungsregeln – Wie Funktionen geschickt und elegant abgeleitet
werden können 165

5.4 Weitere nützliche Ableitungstechniken und Ableitungen –
Wie wir uns das Ableiten weiterhin erleichtern können 167

5.5 Höhere Ableitungen – Was wir tun können, wenn die erste Ableitung
nicht ausreicht 171

5.6 Grenzfunktionen und Differenziale – Wie wir die erste Ableitung
wirtschaftswissenschaftlich interpretieren können 173

5.7 Kurvendiskussion – Was uns die Differenzialrechnung im Detail
über die Eigenschaften von Funktionen verrät 174

© Springer-Verlag Berlin Heidelberg 2017
B. Haack et al., *Mathematik für Wirtschaftswissenschaftler*, DOI 10.1007/978-3-642-55175-8_5

5.8 Elastizitäten – Wie stark reagieren ökonomische Größen,
wenn sich ihre Einflussgrößen ändern 182

Literatur 191

Mathematischer Exkurs 5.1: Worum geht es hier?

Betrachten wir das Unternehmen *Metallpapier*. Das Hauptgeschäft von *Metallpapier* besteht in der Herstellung von metallisierten Etiketten für Getränkeflaschen (s. Abb. 5.1). Mittels geeigneter Maschinen wird das Etikettenpapier dabei einerseits farbig bedruckt und andererseits mit einer hauchdünnen Schrift aus Aluminium versehen („metallisiert").

Abb. 5.1 Beispiel eines durch Metallisierung hergestellten Flaschenetiketts. Quelle: http://newsroom.bitburger.de/uploads/media/Bitburger_Pils_05l_Frontal_4c.jpg; Zugriff: 18.04.2014

Nehmen wir der Einfachheit halber an, dass *Metallpapier* nur eine Sorte Etiketten für einen Kunden anfertigt. Die monatlichen Kosten K zur Herstellung dieser Etiketten hängen von der Anzahl x der monatlich zu produzierenden Etiketten ab. Dies ist beispielsweise daran zu erkennen, dass sich der Materialverbrauch mit x ändert („je größer bzw. kleiner die Produktionsmenge, desto mehr bzw. weniger Material wird benötigt") und wird durch die sogenannte Kostenfunktion $K = K(x)$ beschrieben

Betrachten wir nun die Situation, dass die Meteorologen einen ganz besonders heißen Sommer prognostizieren. Aufgrund der zu erwartenden immensen Verkaufszahlen für Getränke jedweder Art ist anzunehmen, dass *Metallpapier* an die Grenzen der eigenen Produktionskapazitäten geraten kann. Es stellt sich die Frage nach einer Produktionsausweitung durch rechtzeitige Neuanschaffung und -installation einer weiteren Anlage oder durch Outsourcing eines Teils der Produktion an ein Partnerunternehmen.

Lassen wir strategisch orientierte Überlegungen wie die, ob sich eine Neuanschaffung lohnt, da man ja nicht wisse, ob die folgenden Sommer ebenfalls warm genug und die Anlagen demnach hinreichend ausgelastet sein werden, oder Fragen nach der Sinnhaftigkeit der Auslagerung von Teilen des eigenen Kerngeschäfts an andere Unternehmen, also

an Wettbewerber, einfach mal außer Acht. Dann hängt die Entscheidung für die Art der Produktionsausweitung davon ab, wie sich die Kosten $K(x)$ ändern, wenn sich die Produktionsmenge x ändert: Ist die Neuanschaffung einer Anlage wirtschaftlicher als das Outsourcing oder nicht?

Metallpapier wird sich also sinnvollerweise dafür interessieren wie sich die Kosten ändern, wenn die Produktionsmenge vom ursprünglichen Wert x_0 auf den Wert x_1 verändert wird. Folgende Feststellungen können getroffen werden:

- Mittels der Kostenfunktion können wir allgemein aussagen, dass die Änderung der Produktionsmenge von x_0 auf x_1, also die Änderung $\Delta x = x_1 - x_0$, die Änderung der Produktionskosten von $K(x_0)$ auf $K(x_1)$, also die Kostenänderung $\Delta K = K(x_1) - K(x_0)$ bewirkt.
- Der obige Hinweis auf den Materialverbrauch zeigt, dass diese Änderung ΔK von Δx abhängt („je größer bzw. kleiner die Produktionsmenge, desto mehr bzw. weniger Material wird benötigt", also „je größer bzw. kleiner die Differenz in der Produktionsmenge, desto größer bzw. kleiner ist die Differenz im benötigten Material und damit in den Produktionskosten").
- Darüber hinaus hängt die Kostenänderung ΔK auch von der ursprünglichen Produktionsmenge x_0 ab – im Beispiel ist anzunehmen, dass ΔK bei gleichem Δx kleiner wird, wenn wir ein größeres x_0 betrachten:
  - Es ist zu vermuten, dass *Metallpapier* mit höheren Abnahmemengen schrittweise bessere Einkaufspreise für das Etikettenpapier sowie für die Farben und das Aluminium zur Beschichtung des Papiers erzielen wird. Die variablen Produktionskosten werden demnach mit wachsender Produktionsmenge x_0 langsamer wachsen.
  - Solange *Metallpapier* noch nicht an die Grenzen der eigenen Produktionskapazitäten stößt, können wir außerdem annehmen, dass die Fixkosten (z. B. Personalkosten) unabhängig von der Produktionsmenge x_0 sind und beispielsweise auch bei einem Output von null anfallen.

Insgesamt wird $K(x)$ als Summe aus variablen und fixen Produktionskosten zur Herstellung der Produktionsmenge x damit einen Verlauf, wie in Abb. 5.2 skizziert, nehmen.

Neben der Kostenänderung ΔK ist auch interessant, welche durchschnittliche Kostenänderung je zusätzlicher Produktionseinheit vorliegt, wenn die Produktion von x_0 Produktionseinheiten um Δx Produktionseinheiten auf x_1 Produktionseinheiten hochgefahren wird. Dieser Wert ergibt sich zu

$$\frac{\Delta K}{\Delta x} = \frac{K(x_1) - K(x_0)}{x_1 - x_0}. \tag{5.1}$$

Wir nennen den Ausdruck (5.1) einen **Differenzenquotienten**, da es sich um einen Bruch mit den beiden Differenzen ΔK und Δx in Zähler und Nenner handelt.

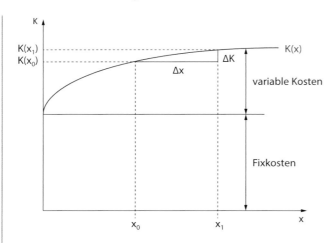

Abb. 5.2 Angenommene Kostenfunktion für die Metallisierung von Flaschenetiketten

Wegen $\Delta x = x_1 - x_0$ gilt $x_1 = x_0 + \Delta x$, sodass wir den Differenzenquotienten (5.1) auch in der Form

$$\frac{\Delta K}{\Delta x} = \frac{K(x_0 + \Delta x) - K(x_0)}{\Delta x} \tag{5.2}$$

schreiben können.

Mit Blick auf die Kostenfunktion in Abb. 5.2 wird deutlich, dass sich der Wert des Differenzenquotienten $\frac{\Delta K}{\Delta x}$ (leicht) verändert, wenn Δx vergrößert oder verkleinert wird. Damit erhalten wir abhängig vom gewählten Wert für Δx jeweils etwas andere Werte für die durchschnittliche Kostenänderung je zusätzlicher Produktionseinheit. Dies ist misslich, denn wir hätten ja am liebsten *einen* Wert für diese Kostenänderung. Außerdem ist es, zumal bei komplizierteren Funktionen, etwas aufwendig, den Differenzenquotienten zu berechnen. Es gibt aber einen Ausweg: Indem wir Δx gegen 0 streben lassen ($\Delta x \to 0$), gelangen wir zu der von Δx unabhängigen Größe

$$K'(x_0) = \frac{dK}{dx}\|x = x_0\| = \lim_{\Delta x \to 0} \frac{\Delta K}{\Delta x}$$

$$= \lim_{\Delta x \to 0} \frac{K(x_0 + \Delta x) - K(x_0)}{\Delta x}$$

$$= \lim_{x_1 \to x_0} \frac{K(x_1) - K(x_0)}{x_1 - x_0} . \tag{5.3}$$

Wir nennen den Ausdruck in (5.3) **Differenzialquotient** oder **erste Ableitung der Funktion $K(x)$ an der Stelle x_0**. Aus wirtschaftswissenschaftlicher Sicht beschreibt er die sogenannten **Grenzkosten** von *Metallpapier* für die Herstellung von Flaschenetiketten durch Metallisierung und gibt die Kostenänderung je „beliebig kleiner" zusätzlicher Produktionseinheit an, wenn die Produktion von x_0 Produktionseinheiten um diese „beliebig kleine" zusätzliche Produktionseinheit hochgefahren wird.

Natürlich mag es im Moment etwas merkwürdig anmuten, von „beliebig kleinen" Produktionseinheiten oder generell von „beliebig kleinen" Größen zu sprechen und mit diesen zu hantieren, wenn wir es wie im Beispiel doch mit einzelnen Flaschenetiketten und damit mit *einem* Etikett als kleinster Produktionseinheit zu tun haben (es gibt keine Produktionseinheit „*halbes* Etikett" oder „*zehntel* Etikett" o. Ä.). Hier ist also ein Unterschied zwischen der betrieblichen (wirtschaftswissenschaftlichen) Realität – ausgedrückt durch den Differenzenquotienten – und dem mathematischen Modell – ausgedrückt durch den Differenzialquotienten – gegeben. Allerdings liefert die erste Ableitung eine sehr gute Approximation für die gesuchte durchschnittliche Kostenänderung je zusätzlicher Produktionseinheit. Außerdem werden wir im Laufe des Kapitels feststellen, dass wir mit Differenzialquotienten bzw. Ableitungen und den Regeln zu deren Bestimmung – also mit den Hilfsmitteln der Differenzialrechnung – häufig viel bequemer als mit Differenzenquotienten arbeiten können. Konkret werden wir zeigen, dass die Ermittlung von Ableitungsfunktionen, also der rein technische Prozess des sogenannten **Differenzierens**, mithilfe weniger allgemeingültiger Differenziationsregeln weitgehend formalisiert und erleichtert wird und uns damit ein sehr mächtiges Instrumentarium für die Beantwortung wirtschaftswissenschaftlicher Fragestellungen zur Verfügung steht. Selbstverständlich werden wir das anhand geeigneter Beispiele verdeutlichen.

Mathematischer Exkurs 5.2: Was können Sie nach Abschluss dieses Kapitels?

Sie besitzen nach Abschluss des Kapitels vertiefte Kenntnisse und Fertigkeiten zur systematischen Untersuchung der Eigenschaften von Funktionen einer Variablen mit den Mitteln der Differenzialrechnung. Konkret kennen und verstehen Sie

- die in der Differenzialrechnung zentralen mathematischen Begriffe
  - Differenzenquotient und Differenzialquotient,
  - Differenzierbarkeit,
  - Ableitung und Ableitungsfunktion,
- die Zusammenhänge von
  - Änderungstendenzen,
  - Sekanten- und Tangentensteigungen,
  - Ableitungen,
  - Differenzialen,
  - Grenzfunktionen,
- die wichtigsten Regeln zum Differenzieren und die Ableitungen wichtiger Funktionen wie beispielsweise
  - Produktregel,
  - Quotientenregel,
  - Kettenregel,

- Ableitungen der Exponential- und Logarithmusfunktionen,
- ein Schema zur Kurvendiskussion und damit zur Bestimmung konkreter Eigenschaften vorgegebener Funktionen wie etwa
  - Definitionsbereich,
  - Nullstellen,
  - Extremwerte,
  - Wendepunkte,
- sowie das Newton'sche Näherungsverfahren als Ansatz zur Ermittlung der Nullstellen von Funktionen.

Sie werden damit in der Lage sein,

- Ansätze und Wege zu finden, zahlreiche „handelsübliche" Funktionen im Detail zu analysieren,
- Aussagen über die Eigenschaften dieser Funktionen wie beispielsweise die Existenz und Lage von Extremwerten und Wendepunkten zu treffen sowie
- einfache wirtschaftswissenschaftliche Interpretationen der ermittelten Funktionseigenschaften abzuleiten,
- Ihre Lösungen und Lösungswege kritisch zu prüfen und deren mathematische Korrektheit zu bewerten.

Mathematischer Exkurs 5.3: Müssen Sie dieses Kapitel überhaupt durcharbeiten?

Sie haben sich bereits in der Schule oder wo auch immer mit der Differenzialrechnung von reellen Funktionen einer Variablen befasst? Sie wissen, dass die Grundidee in der Ableitung von Funktionen und der Untersuchung der Ableitungsfunktionen besteht? Sie kennen den Zusammenhang zwischen Differenzen- und Differenzialquotienten, Sekanten- und Tangentensteigungen und Ableitungen? Sie kennen wichtige Regeln zum Differenzieren von Funktionen und können diese anwenden? Sie kennen die Ableitungen wichtiger Funktionen wie ganzrationale oder gebrochen rationale Funktionen, Exponential- oder Logarithmusfunktionen?

Testen Sie hier, ob Ihr Wissen und Ihre rechnerischen Fertigkeiten ausreichen, um dieses Kapitel gegebenenfalls einfach zu überspringen. Lösen Sie dazu die folgenden Testaufgaben.

Alle Aufgaben werden innerhalb der folgenden Abschnitte besprochen bzw. es wird Bezug darauf genommen.

5.1 Bilden Sie die erste Ableitung von $f(x) = x^2$ mithilfe von Differenzenquotienten.

5.2 Es sei $f(x) = e^x + \ln x$ ($x > 0$). Gesucht ist $f'(x)$.

5.3 Es sei $y = \frac{x^2 - 1}{x^2 + 1}$ ($x \in \mathbb{R}$). Gesucht ist y'.

5.4 Es sei $f(x) = (x^2 + x + 1)^5$. Bestimmen Sie $f'(x)$.

5.5 Bestimmen Sie die erste Ableitung von $f(x) = \ln x$ ($x > 0$). Machen Sie dabei davon Gebrauch, dass die erste Ableitung von e^x gleich e^x ist.

5.6 Leiten Sie $f(x) = \ln g(x)$ ($g(x) > 0$) ab.

5.7 Bilden Sie die erste Ableitung von $f(x) = \frac{(x^2+1) \cdot x^3 \cdot (x+4)}{\sqrt{x^3+2} \cdot (4x^5+3)^7}$.

5.8 Bilden Sie die erste bis vierte Ableitung von $f(x) = 2x^3 - 9x^2 + 5x + 7$.

5.9 Ermitteln Sie die Nullstellen und etwaigen lokalen Extremwerte von $G(x) = -4x^2 + 80x$.

5.10 Deuten Sie die Funktion $G(x) = -4x^2 + 80x$ aus der vorangehenden Aufgabe als Gewinnfunktion. Interpretieren Sie die Nullstellen und etwaigen lokalen Extremwerte aus wirtschaftswissenschaftlicher Sicht.

Kapitel 5

5.1 Grundlagen der Differenzialrechnung – Wie Änderungstendenzen von Funktionen erkannt und interpretiert werden können

Als in der zweiten Hälfte des 17. Jahrhunderts Gottfried Wilhelm Leibniz und Isaac Newton unabhängig voneinander die Grundlagen der Differenzial- und Integralrechnung entwickelten, glaubten sie selbst und die meisten anderen, die ihnen zunächst überhaupt geistig folgen konnten, dass die Materie zu schwierig sei, um an Hochschulen in normalen Vorlesungen gelehrt zu werden.

Die Zeiten haben sich geändert. In einem auf viele Generationen verteilten Prozess konnten begriffliche Anfangsschwierigkeiten überwunden werden, wurden komplizierte Denkmodelle präzisiert und durch einfachere ersetzt, haben sich neue didaktische Methoden bewährt. So gehören Grundelemente der Differenzial- und Integralrechnung und damit verbundene Anwendungen bereits zum gehobenen Schulstoff oder an den Anfang eines Studiums.

Nicht geändert hat sich, dass es nach wie vor sinnvoll ist, die Darlegungen zur Differenzialrechnung mit einer geometrischen Veranschaulichung der Änderungstendenz von Funktionen in Beziehung zu setzen. Dieses Vorgehen liefert uns ein sehr intuitives Bild dessen, was Differenzenquotienten und Differenzialquotienten (Ableitungen) sind bzw. wie wir sie geometrisch interpretieren können. Somit wird es uns auch bei komplizierten Kurvenverläufen beispielsweise der Kostenfunktion $K(x)$ möglich, qualitative Aussagen beispielsweise über die Grenzkosten zu treffen und damit wirtschaftswissenschaftliche Fragestellungen beantworten zu können.

Lassen Sie uns für diesen geometrischen Zugang zu den Grundlagen der Differenzialrechnung also noch einmal auf die Firma *Metallpapier* und das Metallisieren zurückkommen. Die Kostenfunktion ist in Abb. 5.2 dargestellt. Wir ergänzen diese Abbildung, indem wir zusätzlich die Sekante s durch die Punkte $P_0 = (x_0, K(x_0))$ und $P_1 = (x_1, K(x_1))$ einzeichnen. Das Ergebnis wird in Abb. 5.3 gezeigt.

Wir erkennen, dass es sich bei dem durch Δx und ΔK sowie die Strecke $\overline{P_0 P_1}$ gebildeten Dreieck um ein Steigungsdreieck von s handelt. Folglich ist die Steigung der Sekante s gleich $\frac{\Delta K}{\Delta x}$. Das ist aber der mittels (5.1) bzw. (5.2) definierte Differenzenquotient der Kostenfunktion $K(x)$! Damit haben wir eine Veranschaulichung der Differenzenquotienten gefunden:

Der Differenzenquotient

$$\frac{\Delta K}{\Delta x} = \frac{K(x_1) - K(x_0)}{x_1 - x_0}$$

ist gleich der Steigung der Sekante des Graphen von $K(x)$ durch die Punkte $P_0 = (x_0, K(x_0))$ und $P_1 = (x_1, K(x_1))$.

Betrachten wir nun den Grenzübergang $\Delta x \to 0$ bzw. $x_1 \to x_0$. Geometrisch bedeutet dies, dass der Punkt P_1 auf dem Graphen

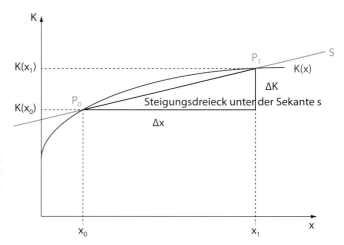

Abb. 5.3 Sekante s durch die Punkte P_0 und P_1 mit Steigungsdreieck

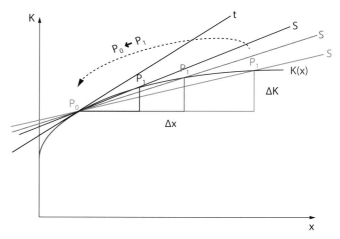

Abb. 5.4 Grenzübergang $\Delta x \to 0$ bzw. $x_1 \to x_0$

von $K(x)$ gegen den festen Punkt P_0 läuft. Abbildung 5.4 zeigt diesen Vorgang für drei verschiedene Punkte P_1. Wir erkennen, dass die Sekanten s durch die Punkte P_0 und P_1 dabei in die Tangente t übergehen, die den Graphen von $K(x)$ im Punkt P_0 berührt.

Im „Normalfall" (dazu später mehr im Rahmen der Diskussion der sogenannten Differenzierbarkeit einer Funktion) kann nun erwartet werden, dass die Sekantensteigungen $\frac{\Delta K}{\Delta x}$ für $\Delta x \to 0$ einem wohldefinierten endlichen Grenzwert zustreben – nämlich $\lim_{\Delta x \to 0} \frac{\Delta K}{\Delta x}$. Dieser Grenzwert ist uns aus (5.3) bekannt – es handelt sich um den Differenzialquotienten bzw. die erste Ableitung $K'(x_0)$ von $K(x)$ an der Stelle x_0! Weil die Sekanten, wie dargestellt, in die Tangente t übergehen, ist es sinnvoll, diesen Grenzwert der Sekantensteigungen – wenn er als endlicher Wert existiert – als Steigung der Tangente t, die den Graphen von $K(x)$ im Punkt P_0 berührt, zu interpretieren.

Wegen seiner grundlegenden Bedeutung stellen wir auch dieses Resultat noch einmal gesondert heraus:

Wenn der Differenzialquotient bzw. die erste Ableitung $K'(x_0)$ von $K(x)$ an der Stelle x_0

$$K'(x_0) = \frac{dK}{dx}\|x = x_0\| = \lim_{\Delta x \to 0} \frac{\Delta K}{\Delta x}$$
$$= \lim_{\Delta x \to 0} \frac{K(x_0 + \Delta x) - K(x_0)}{\Delta x} = \lim_{x_1 \to x_0} \frac{K(x_1) - K(x_0)}{x_1 - x_0}$$

als endlicher Grenzwert existiert, ist er definitionsgemäß gleich der Steigung der Tangente, die den Graphen von $K(x)$ im Punkt P_0 berührt.

Kurz und prägnant ausgedrückt:

Die Tangentensteigung ist gleich dem Grenzwert der Sekantensteigungen.

Diese Erkenntnis können wir schon einmal nutzen, um die bereits angedeutete qualitative Aussage über die Grenzkosten der Firma *Metallpapier* für das Metallisieren zu treffen: Die Abb. 5.2–5.4 zeigen, dass die Kostenfunktion $K(x_0)$ mit größer werdendem x_0 wächst, dabei allerdings immer flacher wird. Dies bedeutet, dass auch die Tangente, die den Graphen von $K(x)$ im Punkt P_0 berührt, für jedes $x = x_0$ steigt, aber mit größer werdendem x_0 immer flacher verläuft. Anders ausgedrückt: Die Tangentensteigungen sind positiv, nähern sich für größer werdende Werte von x_0 aber immer mehr dem Wert 0. Da die Tangentensteigung für $x = x_0$ gleich der Ableitung $K'(x_0)$ von $K(x)$ an der Stelle x_0 und damit gleich den Grenzkosten für $x = x_0$ ist, bedeutet dies, dass die Grenzkosten der Firma *Metallpapier* für das Metallisieren mit zunehmender Anzahl $x = x_0$ herzustellender Etiketten immer geringer werden und sich dem Wert 0 € nähern. Dies ist ein plausibles Ergebnis: Mit immer größer werdender Zahl von Etiketten wird der pro Etikett anfallende Anteil der Fixkosten immer kleiner (die Fixkosten verteilen sich auf immer mehr Etiketten, d. h., der Quotient „Fixkosten : Anzahl Etiketten", der ja gleich dem Anteil der Fixkosten je Etikett ist, wird immer kleiner), und die Kosten je Etikett nähern sich dem sehr geringen Materialwert je Etikett.

Wir brauchen jedoch nicht bei qualitativen Ergebnissen stehen zu bleiben. Tatsächlich sind mittels Differenzen- und Differenzialquotienten (Ableitungen) auch sehr weitreichende quantitative Resultate möglich. Um zu diesen gelangen zu können, müssen wir nun auf große Exaktheit Wert legen, damit wir später nicht unnötigerweise über begriffliche Unschärfe stolpern. Ohne gedankliche Klarheit in den Grundlagen lässt sich ein sicheres Verständnis für die Differenzialrechnung und deren Anwendungen nicht erreichen. Wir beginnen daher damit, eine von geometrischen Vorstellungen unabhängige Definition der Differenzierbarkeit einer Funktion $f(x)$ an der Stelle $x = x_0$ zu geben. Hierbei gehen wir wie immer in diesem Buch davon aus, dass $f(x)$ eine reellwertige Funktion ist.

Eine Funktion $f(x)$ heißt an der Stelle $x = x_0$ **differenzierbar**, wenn die Differenzenquotienten

$$\frac{\Delta f}{\Delta x} = \frac{f(x_0 + \Delta x) - f(x_0)}{\Delta x}$$

für beliebiges $\Delta x \to 0$ gegen *einen und denselben* endlichen Grenzwert streben. Dieser Grenzwert heißt **Differenzialquotient von** $y = f(x)$ **an der Stelle** $x = x_0$ und wird mit $\frac{dy}{dx}\|x = x_0\|$ oder $\frac{d}{dx}f(x_0)$ bezeichnet. Andere Bezeichnungen sind $y'(x_0)$ bzw. $f'(x_0)$, in Zeichen:

$$\frac{dy}{dx}|x = x_0| = \frac{d}{dx}f(x_0) = y'(x_0) = f'(x_0)$$
$$= \lim_{\Delta x \to 0} \frac{\Delta f}{\Delta x} = \lim_{\Delta x \to 0} \frac{f(x_0 + \Delta x) - f(x_0)}{\Delta x}.$$

Anstelle von Differenzialquotient ist auch die Bezeichnung **Ableitung** gebräuchlich.

Geometrische Interpretation: Der Wert von $f'(x_0)$ wird als Steigung der Tangente im Punkt $P_0 = (x_0, f(x_0))$ an den zu $y = f(x)$ gehörenden Graphen definiert. Die Tangentensteigung kann damit als Grenzwert von Sekantensteigungen – die Tangente als Grenzfall von Sekanten – interpretiert werden. Die Tangentensteigung im Punkt P_0 wird mit der „Steigung der Kurve $y = f(x)$ an der Stelle $x = x_0$" identifiziert.

Lassen Sie uns nun diese Definition und damit verbundene Schlussfolgerungen im Sinne der oben geforderten Exaktheit diskutieren.

- Als Erstes sei bemerkt, dass wir die Differenzierbarkeit einer Funktion zunächst als lokale Eigenschaft erklärt haben („$y = f(x)$ heißt an der Stelle $x = x_0$ differenzierbar, wenn"). Wir kommen gleich darauf zurück, wann wir eine Funktion als differenzierbar (in einem Intervall) bezeichnen wollen.
- Da in der Definition der Differenzierbarkeit von $y = f(x)$ an der Stelle $x = x_0$ beliebiges $\Delta x \to 0$ zugelassen ist und die Differenzenquotienten neben dem Wert $f(x_0)$ stets auch den Wert $f(x_0 + \Delta x)$ enthalten, muss $y = f(x)$ in einer bestimmten Umgebung von x_0, d. h. in einem Intervall, das x_0 enthält, definiert sein.
- Indem wir fordern, dass der Grenzwert endlich ist, schließen wir den „Nicht-Normalfall" aus, dass der Graph von $y = f(x)$ an der Stelle $x = x_0$ wie in Abb. 5.5 eine Tangente besitzt, die senkrecht zur x-Achse verläuft und damit die Steigung $+\infty$ hat.
- Indem wir außerdem fordern, dass die Differenzenquotienten für beliebiges $\Delta x \to 0$ gegen *einen und denselben* endlichen Grenzwert gehen, schließen wir den weiteren „Nicht-Normalfall" aus, dass der Graph der Funktion $y = f(x)$ an der Stelle $x = x_0$ wie in Abb. 5.6 eine „Ecke" oder „Spitze" besitzt. In diesem Fall sind die Differenzenquotienten (Sekantensteigungen) bei Annäherung von P_1 von rechts an P_0 nämlich negativ (da $\Delta f < 0$ und $\Delta x > 0$) und bei Annäherung von P_1 von links an P_0 positiv (da $\Delta f > 0$ und $\Delta x > 0$), können also nicht den gleichen Grenzwert besitzen. Nach unserer Definition ist $y = f(x)$ an der Stelle $x = x_0$ damit nicht differenzierbar. Das passt zu der geometrischen Situation, dass der Graph in der Spitze keine sinnvoll definierbare Tangente besitzen kann.
- Die differenzielle Schreibweise $\frac{dy}{dx}$ als Quotient der Differenziale dy und dx hat Vor- und Nachteile. Zum einen

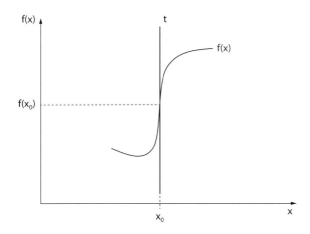

Abb. 5.5 „Nicht-Normalfall" senkrechte Tangente

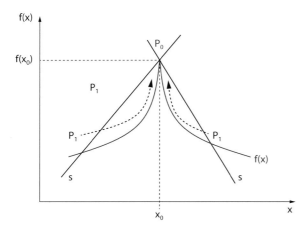

Abb. 5.6 „Nicht-Normalfall" Spitze

soll sie – historisch bedingt – berücksichtigen, dass der Differenzialquotient als Grenzwert von Differenzenquotienten definiert ist. Damit wird jedoch eine Fehldeutung der Ausdrücke dx und dy als „unendlich kleine Größen" nahegelegt, denn der Begriff des „unendlich Kleinen" ist ein Widerspruch in sich. Zum anderen erlaubt die differenzielle Schreibweise, einige kompliziertere Differenziationsregeln in besonders einfacher und suggestiver Gestalt zu formulieren. Hierin liegt ihre Stärke; wir kommen darauf zurück.

Die ersten beiden der vorangehenden Anmerkungen verweisen darauf, dass wir es mit der Definition der Differenzierbarkeit nicht bei der Betrachtung an der Stelle $x = x_0$ bewenden lassen wollen und müssen. In der Regel ist eine Funktion nicht nur an einer festen Stelle differenzierbar. Dies führt uns zum nächsten Merksatz.

> Eine Funktion $f(x)$ heißt im offenen Intervall $(a, b) \subset \mathbb{D}(f) \subset \mathbb{R}$ **differenzierbar**, wenn sie an jeder Stelle $x_0 \in (a, b)$ differenzierbar ist (zur Erinnerung: $\mathbb{D}(f)$ ist der Definitionsbereich von f).

Lassen Sie uns auch diese Definition und damit verbundene Schlussfolgerungen im Sinne der oben geforderten Exaktheit diskutieren.

- Bereits im Zusammenhang mit der Definition der Differenzierbarkeit von $y = f(x)$ an der Stelle $x = x_0$ haben wir die Voraussetzung dargelegt, dass $y = f(x)$ dafür in einer bestimmten Umgebung von x_0 definiert sein muss. Das heißt, die Funktion $y = f(x)$ kann nur dann an der Stelle $x = x_0$ differenzierbar sein, wenn x_0 ein *innerer* Punkt des Definitionsbereiches $\mathbb{D}(f)$ von f ist. Diese Voraussetzung ist durch die Bedingung *offenes* Intervall im vorangehenden Merksatz gewährleistet.
- Ist eine Funktion $y = f(x)$ in einem (offenen) Intervall $I \subset \mathbb{R}$ differenzierbar, so kann jedem $x \in I$ die reelle Zahl $f'(x)$ eindeutig zugeordnet werden.

Die letzte Anmerkung führt uns ebenfalls zu einem weiteren Merksatz.

> Die Funktion $y = f(x)$ sei in einem offenen Intervall $I = (a, b) \subset \mathbb{R}$ differenzierbar. Dann wird durch die Zuordnung $x \to f'(x)$ eine neue Funktion $f' : I \to R$ definiert. Die Funktion $f'(x)$ heißt **Ableitungsfunktion** von $f(x)$.

Mit dieser Erklärung ändern wir auch die Bezeichnungsweise für Differenzen- und Differenzialquotienten. Ist klar bzw. zu vermuten, dass eine Funktion nicht nur an einer festen Stelle $x_0 \in \mathbb{D}(f) \subset \mathbb{R}$, sondern auf einem offenen Intervall differenzierbar ist, wird üblicherweise auf den Index verzichtet und die Schreibweise

$$\frac{\Delta f}{\Delta x} = \frac{f(x + \Delta x) - f(x)}{\Delta x} \,,$$

$$\frac{dy}{dx} = y'(x) = y' = f'(x)$$

$$= \lim_{\Delta x \to 0} \frac{\Delta f}{\Delta x} = \lim_{\Delta x \to 0} \frac{f(x + \Delta x) - f(x)}{\Delta x}$$

verwendet. Bezeichnungstechnisch wird dabei nicht mehr zwischen einer festen Zahl $x \in \mathbb{D}(f)$ und der Variablen x unterschieden. Die richtige Interpretation sollte sich dabei aus dem jeweiligen Zusammenhang ergeben.

Zusammenfassung

In den Wirtschaftswissenschaften kommt **Differenzenquotienten**

$$\frac{\Delta f}{\Delta x} = \frac{f(x_0 + \Delta x) - f(x_0)}{\Delta x}$$

wirtschaftswissenschaftlicher Funktionen f eine erhebliche Bedeutung zu. Sie beschreiben, um welche Größe Δf sich der Funktionswert von f ändert, wenn x von x_0 um Δx auf $x_0 + \Delta x$ geändert wird.

Diese Differenzenquotienten sind oft recht unhandlich zu berechnen. Leichter zu bewerkstelligen ist häufig der Umgang mit dem Grenzwert von $\frac{\Delta f}{\Delta x}$ für $\Delta x \rightarrow 0$, sofern dieser als eindeutiger, endlicher Wert, d. h. als eine eindeutige reelle Zahl, existiert. Es lohnt sich also, diesen Grenzwert genauer zu betrachten und mit ihm arbeiten zu können. Folgende Begriffsdefinitionen haben sich durchgesetzt:

Eine Funktion $f(x)$ heißt an der Stelle $x = x_0$ **differenzierbar**, wenn die Differenzenquotienten

$$\frac{\Delta f}{\Delta x} = \frac{f(x_0 + \Delta x) - f(x_0)}{\Delta x}$$

für beliebiges $\Delta x \rightarrow 0$ gegen *einen und denselben* endlichen Grenzwert streben. Dieser Grenzwert heißt **Differenzialquotient von $y = f(x)$ an der Stelle $x = x_0$** und wird mit $\frac{dy}{dx}\|x = x_0\|$ oder $\frac{d}{dx}f(x_0)$ bezeichnet. Andere Bezeichnungen sind $y'(x_0)$ bzw. $f'(x_0)$, in Zeichen:

$$\frac{dy}{dx}|x = x_0| = \frac{d}{dx}f(x_0) = y'(x_0) = f'(x_0) = \lim_{\Delta x \to 0} \frac{\Delta f}{\Delta x}$$
$$= \lim_{\Delta x \to 0} \frac{f(x_0 + \Delta x) - f(x_0)}{\Delta x}.$$

Anstelle von Differenzialquotient ist auch die Bezeichnung **Ableitung** gebräuchlich.

Differenzen- und Differenzialquotienten lassen sich geometrisch interpretieren: Der Differenzenquotient $\frac{\Delta f}{\Delta x}$ ist gleich der Steigung der durch die Punkte $P_0 = (x_0, f(x_0))$ und $P = (x_0 + \Delta x, f(x_0 + \Delta x))$ verlaufenden Sekante des zu $y = f(x)$ gehörenden Graphen. Ist $f(x)$ an der Stelle $x = x_0$ differenzierbar, dann besitzt der Graph von $y = f(x)$ bei $x = x_0$ eine Tangente, und diese kann als Grenzfall von Sekanten des Graphen von $y = f(x)$ durch den Punkt $P_0 = (x_0, f(x_0))$ interpretiert werden. Demgemäß kann die Tangentensteigung damit als Grenzwert von Sekantensteigungen gedeutet und der Wert von $f'(x_0)$ kann als Steigung der Tangente im Punkt $P_0 = (x_0, f(x_0))$ an den zu $y = f(x)$ gehörenden Graphen definiert werden. Diese Tangentensteigung im Punkt P_0 wird mit der **Steigung der Kurve $y = f(x)$ an der Stelle $x = x_0$** identifiziert.

Die so definierte Differenzierbarkeit ist zunächst eine lokale Eigenschaft einer Funktion $f(x)$. Wir können aber über die Einschränkung auf die Stelle $x = x_0$ hinausgehen und die Differenzierbarkeit von $f(x)$ in einem Intervall betrachten:

Wir nennen eine Funktion $f(x)$ im offenen Intervall $(a, b) \subset \mathbb{D}(f) \subset \mathbb{R}$ **differenzierbar**, wenn sie an jeder Stelle $x_0 \in (a, b)$ differenzierbar ist (zur Erinnerung: $\mathbb{D}(f)$ ist der Definitionsbereich von f).

Ist die Funktion $y = f(x)$ in einem (offenen) Intervall $I \subset \mathbb{R}$ differenzierbar, so erkennen wir daraus, dass dann jedem $x \in I$ die reelle Zahl $f'(x)$ eindeutig zugeordnet

werden kann, und kommen so zum Begriff der Ableitungsfunktion:

Die Funktion $y = f(x)$ sei in einem offenen Intervall $I = (a, b) \subset \mathbb{R}$ differenzierbar. Dann wird durch die Zuordnung $x \rightarrow f'(x)$ eine neue Funktion $f' : I \rightarrow R$ definiert. Die Funktion $f'(x)$ heißt **Ableitungsfunktion** von $f(x)$.

Mit dieser Erklärung ändern wir nun noch die Bezeichnungsweise für Differenzen- und Differenzialquotienten. Ist klar bzw. zu vermuten, dass eine Funktion nicht nur an einer festen Stelle $x_0 \in \mathbb{D}(f) \subset \mathbb{R}$, sondern auf einem offenen Intervall differenzierbar ist, wird üblicherweise auf den Index verzichtet und die Schreibweise

$$\frac{\Delta f}{\Delta x} = \frac{f(x + \Delta x) - f(x)}{\Delta x},$$
$$\frac{dy}{dx} = y'(x) = y' = f'(x) = \lim_{\Delta x \to 0} \frac{\Delta f}{\Delta x}$$
$$= \lim_{\Delta x \to 0} \frac{f(x + \Delta x) - f(x)}{\Delta x}$$

verwendet. Bezeichnungstechnisch wird dabei nicht mehr zwischen einer festen Zahl $x \in \mathbb{D}(f)$ und der Variablen x unterschieden. Die richtige Interpretation sollte sich dabei aus dem jeweiligen Zusammenhang ergeben.

5.2 Mit Differenzenquotienten arbeiten – Wie Ableitungen „per Hand" bestimmt werden können

Jetzt ist es an der Zeit, die ersten konkreten Beispiele zu betrachten, also Ableitungen zu berechnen. Als Handwerkszeug stehen uns Differenzenquotienten zur Verfügung. Wir müssen diese ermitteln und dann den Grenzübergang für $\Delta x \rightarrow 0$ durchführen. Beginnen wir mit ganz einfachen Funktionen.

Beispiel

Sei $a \in \mathbb{R}$ irgendeine beliebige, aber fest gewählte reelle Zahl. Wir suchen die Ableitungsfunktion $f'(x)$ der konstanten Funktion $f(x) = a$.

Für den Differenzenquotienten ergibt sich an jeder festen Stelle $x \in \mathbb{R}$ und für jedes $\Delta x \neq 0$:

$$\frac{\Delta y}{\Delta x} = \frac{f(x + \Delta x) - f(x)}{\Delta x} = \frac{a - a}{\Delta x}$$
$$= \frac{0}{\Delta x} = 0$$

und damit

$$f'(x) = \lim_{\Delta x \to 0} \frac{f(x + \Delta x) - f(x)}{\Delta x} = \lim_{\Delta x \to 0} 0 = 0.$$

Das bedeutet:

Die konstante Funktion $f(x) = a$ ist auf ganz $\mathbb{R}$ differenzierbar, und ihre Ableitungsfunktion ist die konstante Funktion $f'(x) = 0$.

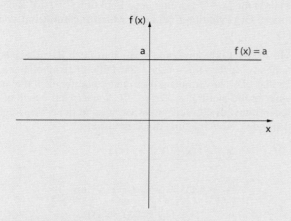

Abb. 5.7 Graph der Funktion $f(x) = a$

Dieses Ergebnis leuchtet unmittelbar ein, wenn wir uns den geometrischen Zusammenhang der Ableitung einer Funktion in einem Punkt mit der Steigung der Tangente an den Graphen der Funktion in diesem Punkt verdeutlichen: Der Graph der konstanten Funktion $f(x) = a$ ist eine Parallele zur x-Achse, die die y-Achse beim Achsenabschnitt a schneidet. Die Steigung dieser Geraden ist in jedem Punkt gleich 0 (betrachten Sie beispielsweise ein Steigungsdreieck: Wir gehen von irgendeinem Punkt des Graphen um eine Einheit nach rechts und müssen dann 0 Einheiten nach oben gehen, um wieder auf den Graphen zu stoßen). Da der Graph von $f(x) = a$ für jedes x gleich seiner eigenen Tangente ist, ist damit auch die Steigung der Tangente in jedem Punkt gleich 0. Die Tangentensteigung ist wiederum gleich der ersten Ableitung, sodass $f'(x) = 0$ klar wird (s. Abb. 5.7). Beispielsweise ist damit $f'(-4) = f'(17) = 0$. ◄

Beispiel

Betrachten wir jetzt die Funktion $f(x) = x$.

Für den Differenzenquotienten ergibt sich an jeder festen Stelle $x \in \mathbb{R}$ und für jedes $\Delta x \neq 0$:

$$\frac{\Delta y}{\Delta x} = \frac{f(x + \Delta x) - f(x)}{\Delta x} = \frac{x + \Delta x - x}{\Delta x}$$
$$= \frac{\Delta x}{\Delta x} = 1$$

und damit

$$f'(x) = \lim_{\Delta x \to 0} \frac{f(x + \Delta x) - f(x)}{\Delta x} = \lim_{\Delta x \to 0} 1 = 1.$$

Das bedeutet:

Die Funktion $f(x) = x$ ist auf ganz $\mathbb{R}$ differenzierbar, und ihre Ableitungsfunktion ist die konstante Funktion $f'(x) = 1$.

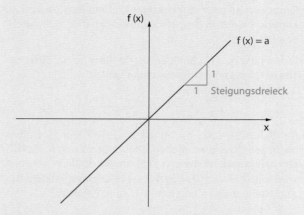

Abb. 5.8 Graph der Funktion $f(x) = x$

Auch dieses Ergebnis leuchtet unmittelbar ein, wenn wir uns den geometrischen Zusammenhang der Ableitung einer Funktion in einem Punkt mit der Steigung der Tangente an den Graphen der Funktion in diesem Punkt verdeutlichen: Der Graph der Funktion $f(x) = x$ ist die in Abb. 5.8 dargestellte Winkelhalbierende des Koordinatenkreuzes. Die Steigung dieser Geraden ist in jedem Punkt gleich 1 (betrachten Sie beispielsweise ein Steigungsdreieck: Wir gehen von irgendeinem Punkt des Graphen um eine Einheit nach rechts und müssen dann eine Einheit nach oben gehen, um wieder auf den Graphen zu stoßen). Da der Graph von $f(x) = x$ für jedes x gleich seiner eigenen Tangente ist, ist folglich auch die Steigung der Tangente in jedem Punkt gleich 1. Die Tangentensteigung ist wiederum gleich der ersten Ableitung, sodass $f'(x) = 1$ ersichtlich wird. Beispielsweise ist damit $f'(23) = f'(400) = 1$. ◄

―――――――――――― **Aufgabe 5.1** ――――――――――――

Nun gehen wir über zur Funktion $f(x) = x^2$.

Für den Differenzenquotienten ergibt sich (mithilfe der 1. binomischen Formel oder durch Ausmultiplizieren) an jeder festen Stelle $x \in \mathbb{R}$ und für jedes $\Delta x \neq 0$:

$$\frac{\Delta y}{\Delta x} = \frac{f(x + \Delta x) - f(x)}{\Delta x} = \frac{(x + \Delta x)^2 - x^2}{\Delta x}$$
$$= \frac{x^2 + 2 \cdot x \cdot \Delta x + (\Delta x)^2 - x^2}{\Delta x}$$

und damit

$$\frac{\Delta y}{\Delta x} = \frac{2 \cdot x \cdot \Delta x + \Delta x^2}{\Delta x} = \frac{\Delta x \cdot (2x + \Delta x)}{\Delta x} = 2x + \Delta x.$$

Hierzu sei bemerkt, dass Ausklammern und Kürzen von Δx wegen $\Delta x \neq 0$ zulässige Rechenoperationen sind. Es folgt

$$f'(x) = \lim_{\Delta x \to 0} \frac{f(x + \Delta x) - f(x)}{\Delta x} = \lim_{\Delta x \to 0} (2x + \Delta x)$$
$$= \lim_{\Delta x \to 0} (2x) + \lim_{\Delta x \to 0} \Delta x = 2x.$$

Das bedeutet:

Die Funktion $f(x) = x^2$ ist auf ganz $\mathbb{R}$ differenzierbar, und ihre Ableitungsfunktion ist die Funktion $f'(x) = 2x$.

Damit gilt beispielsweise $f'(-3) = -6$ sowie $f'(0) = 0$ und $f'(3) = 6$.

Wir empfehlen Ihnen, den Graphen von $f(x) = x^2$, die sogenannte Normalparabel, in einem Koordinatensystem darzustellen und die Tangenten für $x = -3$ sowie $x = 0$ und $x = 3$ einzuzeichnen. Anhand der zugehörigen Steigungsdreiecke werden Sie erkennen, dass es sich um Geraden mit den Steigungen -6 bzw. 0 bzw. 6 handelt.

Beispiel

Wir untersuchen jetzt die nächstkompliziertere Funktion $f(x) = x^3$.

Für den Differenzenquotienten ergibt sich (durch Ausmultiplizieren) an jeder festen Stelle $x \in \mathbb{R}$ und für jedes $\Delta x \neq 0$:

$$\frac{\Delta y}{\Delta x} = \frac{f(x + \Delta x) - f(x)}{\Delta x} = \frac{(x + \Delta x)^3 - x^3}{\Delta x}$$
$$= \frac{x^3 + 3x^2 \cdot \Delta x + 3x \cdot (\Delta x)^2 + (\Delta x)^3 - x^3}{\Delta x}$$

und damit

$$\frac{\Delta y}{\Delta x} = \frac{3x^2 \cdot \Delta x + 3x \cdot (\Delta x)^2 + (\Delta x)^3}{\Delta x}$$
$$= \frac{\Delta x \cdot (3x^2 + 3x \cdot \Delta x + (\Delta x)^2)}{\Delta x}$$
$$= 3x^2 + 3x \cdot \Delta x + (\Delta x)^2.$$

Hierzu sei abermals bemerkt, dass Ausklammern und Kürzen von Δx wegen $\Delta x \neq 0$ zulässige Rechenoperationen sind. Es folgt

$$f'(x) = \lim_{\Delta x \to 0} \frac{f(x + \Delta x) - f(x)}{\Delta x}$$
$$= \lim_{\Delta x \to 0} (3x^2 + 3x \cdot \Delta x + (\Delta x)^2)$$
$$= \lim_{\Delta x \to 0} (3x^2) + \lim_{\Delta x \to 0} (3x \cdot \Delta x) + \lim_{\Delta x \to 0} (\Delta x)^2 = 3x^2.$$

Zur Erläuterung sei angemerkt, dass $3x$ für fest gewähltes $x \in \mathbb{R}$ eine feste Zahl ist (beispielsweise gleich 21 für $x = 7$) und $3x \cdot \Delta x$ (im Beispiel $21 \cdot \Delta x$) damit für $\Delta x \to 0$ gegen null geht. Außerdem sei erwähnt, dass $(\Delta x)^2$ ebenfalls gegen null geht, wenn Δx gegen null geht.

Das bedeutet:

Die Funktion $f(x) = x^3$ ist auf ganz $\mathbb{R}$ differenzierbar, und ihre Ableitungsfunktion ist die Funktion $f'(x) = 3x^2$.

Damit gilt beispielsweise $f'(-2) = 12$ sowie $f'(0) = 0$ und $f'(2) = 12$. ◄

Beispiel

Die bisherigen Beispiele waren wahrscheinlich nicht sehr kompliziert für Sie. Gleichwohl ist zu erkennen, dass das Rechnen mit Differenzenquotienten etwas Zeit erfordert und insbesondere verlangt, dass wir uns nicht verrechnen.

Ein Grundprinzip der Mathematik besteht nun darin zu schauen, ob die Beispiele irgendwelche Gesetzmäßigkeiten für Ableitungen erkennen lassen, sodass wir diese formulieren, ein für alle Mal beweisen und uns zukünftig bei der Berechnung von Ableitungen zunutze machen können.

Hier kommt es uns nun nicht auf Beweise an, sondern vielmehr darauf, mathematisches Handwerkszeug für die Wirtschaftswissenschaften bereitzustellen. Wir führen keine strengen mathematischen Beweise, sondern versuchen stattdessen, die wesentlichen Ideen, Gedanken und Begründungen hinter mathematischen Sachverhalten plausibel zu machen. Dieses Vorgehen lässt sich hier auch wunderbar demonstrieren: Tatsächlich zeigen die bisherigen Beispiele zum Ableiten ein durchgängiges Prinzip, das wir ohne weitere Umschweife formulieren können:

Die Funktion $f(x) = x^n$ mit festem $n \in \mathbb{N}$ ist auf ganz $\mathbb{R}$ differenzierbar, und ihre Ableitungsfunktion ist die Funktion $f'(x) = n \cdot x^{n-1}$.

Wir erhalten diese Regel, indem wir die beispielsweise für $f(x) = x^3$ dargestellte Methodik als Muster nutzen. Wir bilden also wieder den Differenzenquotienten, berechnen diesen durch Ausmultiplizieren, klammern Δx aus, kürzen und führen schließlich den Grenzübergang für Δx gegen null durch. ◄

Beispiel

Das Ergebnis aus dem vorangehenden Beispiel besitzt auch für andere Exponenten als nur $n \in \mathbb{N}$ Gültigkeit! Konkret gilt:

Kapitel 5

Die Funktion $f(x) = x^\alpha$ hat die Ableitung $f'(x) = \alpha \cdot x^{\alpha-1}$, wenn gilt:

a. $\alpha \in \mathbb{N}$ und $x \in \mathbb{R}$ oder
b. $\alpha \in \mathbb{Z}$ und $x \in \mathbb{R}$ und $x \neq 0$ oder
c. $\alpha \in \mathbb{R}$ und $x \in \mathbb{R}$ und $x > 0$.

Machen wir uns die Tragweite dieser Aussage am Fall b. bewusst:

Wenn wir beispielsweise $\alpha = -1$ wählen, also nach der Ableitungsfunktion von $f(x) = x^{-1} = \frac{1}{x}$ für $x \in \mathbb{R}$ und $x \neq 0$ fragen, liefert sie uns $f'(x) = \alpha \cdot x^{\alpha-1} = (-1) \cdot x^{-1-1} = -x^{-2} = -\frac{1}{x^2}$.

Analog erhalten wir für $\alpha = -2$ sowie $x \in \mathbb{R}$ und $x \neq 0$ die Ableitungsfunktion $f'(x) = (-2) \cdot x^{-2-1} = -(2) \cdot x^{-3} = -(2) \cdot \frac{1}{x^3}$. ◀

Beispiel

Betrachten wir jetzt die Exponentialfunktion $f(x) = e^x$. Diese sogenannte e-Funktion gehört zu den für die Wirtschaftswissenschaften interessanten Funktionen. Ihr Differenzenquotient ergibt sich zu

$$\frac{\Delta y}{\Delta x} = \frac{f(x + \Delta x) - f(x)}{\Delta x} = \frac{e^{x+\Delta x} - e^x}{\Delta x}.$$

Hier können wir e^x ausklammern und erhalten

$$\frac{\Delta y}{\Delta x} = e^x \cdot \frac{e^{\Delta x} - 1}{\Delta x}.$$

Führen wir nun den Grenzübergang für Δx gegen null durch, so ändert dies nichts am Faktor e^x, da dieser ja von Δx unabhängig ist, also immer denselben Wert e^x besitzt – egal, welches Δx wir wählen. Der Term $\frac{e^{\Delta x}-1}{\Delta x}$ muss dagegen sehr viel genauer betrachtet werden, weil $e^{\Delta x}$ für $\Delta x \to 0$ gegen $e^0 = 1$ strebt und der ganze Bruch damit für $\Delta x \to 0$ gegen $\frac{1-1}{0} = \frac{0}{0}$, einen unbestimmten Wert, zu gehen scheint. Tatsächlich zeigen detailliertere mathematische Betrachtungen, auf die wir hier aber nicht eingehen wollen, dass der Term $\frac{e^{\Delta x}-1}{\Delta x}$ für Δx gegen null gegen 1 strebt. Daraus folgt:

$$f'(x) = (e^x)' = \lim_{\Delta x \to 0} e^x \cdot \frac{e^{\Delta x} - 1}{\Delta x}$$

$$= \lim_{\Delta x \to 0} e^x \cdot \lim_{\Delta x \to 0} \frac{e^{\Delta x} - 1}{\Delta x}$$

$$= e^x \cdot \lim_{\Delta x \to 0} \frac{e^{\Delta x} - 1}{\Delta x} = e^x \cdot 1 = e^x.$$

Anders ausgedrückt:

Die Funktion $f(x) = e^x$ ist auf ganz $\mathbb{R}$ differenzierbar, und ihre Ableitungsfunktion ist die Funktion $f'(x) = e^x$. ◀

Gut zu wissen

Das ist ein ausgesprochen bemerkenswertes Resultat! Es besagt nämlich $f(x) = f'(x)$ für jedes $x \in \mathbb{R}$, d. h., dass die Steigung der Exponentialfunktion an jeder Stelle $x \in \mathbb{R}$ gleich ihrem Funktionswert ist!

Beispielsweise hat die Exponentialfunktion für $x = 0$ den Funktionswert $f(0) = e^0 = 1$ und die Steigung $f'(0) = e^0 = 1$ sowie für $x = 2$ den Funktionswert $f(2) = e^2 \approx 7{,}4$ und die Steigung $f'(2) = e^2 \approx 7{,}4$.

Diese Eigenschaft kommt ausschließlich der Exponentialfunktion $f(x) = e^x$ und ihren Vielfachen $f(x) = c \cdot e^x$ ($c \in \mathbb{R}$) zu!

Das führt dazu, dass wir mit der „natürlichen" Exponentialfunktion e^x häufig leichter als mit allen anderen Exponentialfunktionen a^x mit beliebiger Basis $a > 0$ arbeiten können und sie daher oft den anderen Exponentialfunktionen vorziehen. ◀

Beispiel

Betrachten wir jetzt die natürliche Logarithmusfunktion. Sie gehört ebenfalls zu den für die Wirtschaftswissenschaften interessanten Funktionen.

Ohne die erforderliche mathematische Begründung darstellen zu wollen, sei auf die bemerkenswerte Ableitung des natürlichen Logarithmus verwiesen:

Die für $x > 0$ definierte natürliche Logarithmusfunktion $f(x) = \ln x$ ist für jedes für $x > 0$ differenzierbar und besitzt die Ableitungsfunktion $f'(x) = \frac{1}{x}$. ◀

Gut zu wissen

Das ist ebenfalls eine ausgesprochen bedeutungsvolle Erkenntnis! Sie besagt, dass von allen Logarithmusfunktionen $f(x) = \log_a x$ der natürliche Logarithmus (mit $a = e$, wobei e die Euler'sche Zahl ist) die einfachste Ableitung hat! (Für $a \neq e$ hat $f(x) = \log_a x$ die Ableitung $f'(x) = \frac{1}{x \cdot \ln a}$. Dies hier zunächst als Information. Wir kommen später darauf zurück.) Entsprechend wird der natürliche Logarithmus oft anderen Logarithmen wie etwa dem dekadischen Logarithmus zur Basis $a = 10$ vorgezogen.

Interessant ist außerdem, dass über die Ableitung damit ein Zusammenhang zwischen der elementarsten gebrochen rationalen Funktion $\frac{1}{x}$ und der davon so grundverschiedenen transzendentalen Funktion $\ln x$ besteht! ◀

Zusammenfassung

Die konstante Funktion $f(x) = a$ ist auf ganz $\mathbb{R}$ differenzierbar, und ihre Ableitungsfunktion ist die konstante Funktion $f'(x) = 0$.

Die Funktion $f(x) = x$ ist auf ganz $\mathbb{R}$ differenzierbar, und ihre Ableitungsfunktion ist die konstante Funktion $f'(x) = 1$.

Die Funktion $f(x) = x^2$ ist auf ganz $\mathbb{R}$ differenzierbar, und ihre Ableitungsfunktion ist die Funktion $f'(x) = 2x$.

Die Funktion $f(x) = x^3$ ist auf ganz $\mathbb{R}$ differenzierbar, und ihre Ableitungsfunktion ist die Funktion $f'(x) = 3x^2$.

Die Funktion $f(x) = x^n$ mit festem $n \in \mathbb{N}$ ist auf ganz $\mathbb{R}$ differenzierbar, und ihre Ableitungsfunktion ist die Funktion $f'(x) = n \cdot x^{n-1}$.

Die Funktion $f(x) = x^\alpha$ hat die Ableitung $f'(x) = \alpha \cdot x^{\alpha-1}$, wenn gilt:

a. $\alpha \in \mathbb{N}$ und $x \in \mathbb{R}$ oder
b. $\alpha \in \mathbb{Z}$ und $x \in \mathbb{R}$ und $x \neq 0$ oder
c. $\alpha \in \mathbb{R}$ und $x \in \mathbb{R}$ und $x > 0$.

Die Funktion $f(x) = e^x$ ist auf ganz $\mathbb{R}$ differenzierbar, und ihre Ableitungsfunktion ist die Funktion $f'(x) = e^x$.

Die für $x > 0$ definierte natürliche Logarithmusfunktion $f(x) = \ln x$ ist für jedes für $x > 0$ differenzierbar und besitzt die Ableitungsfunktion $f'(x) = \frac{1}{x}$.

5.3 Ableitungsregeln – Wie Funktionen geschickt und elegant abgeleitet werden können

Die vorangehenden Beispiele haben uns gezeigt, wie wir Grenzwerte von Differenzenquotienten bestimmen und so zu recht interessanten – und vielleicht auch für Sie überraschenden – Ergebnissen bei der Ableitung von Funktionen kommen können.

Die Beispiele lassen aber auch vermuten, dass uns für das Ableiten gewisser Funktionen recht klare Regeln zur Verfügung stehen können. Diese Vermutung bestätigt sich! Konkret gelten folgende Differenziationsregeln:

Gut zu wissen

Konstanter-Faktor-Regel: Die Funktion $g(x)$ sei im offenen Intervall $(a, b) \subset \mathbb{R}$ differenzierbar, und es sei $\alpha \in \mathbb{R}$ eine feste (reelle) Zahl. Dann ist auch $f(x) = \alpha \cdot g(x)$ im offenen Intervall (a, b) differenzierbar, und es gilt:

$$f'(x) = \alpha \cdot g'(x) .$$

In Worten: Die erste Ableitung des Vielfachen einer Funktion ist gleich dem Vielfachen der ersten Ableitung dieser Funktion (oder kurz: ein konstanter Faktor bleibt beim Ableiten erhalten). ◄

Beispiel

Damit können wir beispielsweise sofort die Ableitung von $f(x) = 7x^3$ ablesen: Wegen $\alpha = 7$ ist das das Siebenfache der Ableitung von x^3, also das Siebenfache von $3x^2$:

$$f(x) = 7 \cdot x^3 \rightarrow f'(x) = 7 \cdot (x^3)' = 7 \cdot (3x^2) = 21 \cdot x^2 .$$

◄

Gut zu wissen

Summenregel: Die Funktionen $g(x)$ und $h(x)$ seien im offenen Intervall $(a, b) \subset \mathbb{R}$ differenzierbar. Dann ist auch $f(x) = g(x) + h(x)$ im offenen Intervall (a, b) differenzierbar, und es gilt:

$$f'(x) = g'(x) + h'(x) .$$

In Worten: Die erste Ableitung der Summe zweier Funktionen ist gleich der Summe der ersten Ableitungen dieser Funktionen (oder kurz: eine Summe wird differenziert, indem jeder Summand einzeln differenziert wird). ◄

––––––––––– **Aufgabe 5.2** –––––––––––
Betrachten wir die Funktion $f(x) = e^x + \ln x$ für $x > 0$. Darin ist $g(x) = e^x$ und $h(x) = \ln x$, also $g'(x) = e^x$ und $h'(x) = \frac{1}{x}$ und damit $f'(x) = e^x + \frac{1}{x}$.

Gut zu wissen

Produktregel: Die Funktionen $g(x)$ und $h(x)$ seien im offenen Intervall $(a, b) \subset \mathbb{R}$ differenzierbar. Dann ist auch $f(x) = g(x) \cdot h(x)$ im offenen Intervall (a, b) differenzierbar, und es gilt:

$$f'(x) = g'(x) \cdot h(x) + g(x) \cdot h'(x) .$$

In Worten: Die Ableitung des Produktes zweier Funktionen ist gleich der Ableitung der ersten Funktion multipliziert mit der zweiten Funktion plus der ersten Funktion multipliziert mit der Ableitung der zweiten Funktion. ◄

Kapitel 5

Beispiel

Betrachten wir die Funktion $f(x) = e^x \cdot \ln x$ für $x > 0$. Darin ist $g(x) = e^x$ und $h(x) = \ln x$, also $g'(x) = e^x$ und $h'(x) = \frac{1}{x}$ und damit $f'(x) = e^x \cdot \ln x + e^x \cdot \frac{1}{x} = e^x(\ln x + \frac{1}{x})$. ◄

Gut zu wissen

Quotientenregel: Die Funktionen $g(x)$ und $h(x)$ seien im offenen Intervall $(a, b) \subset \mathbb{R}$ differenzierbar. Dann ist auch $f(x) = \frac{g(x)}{h(x)}$ im offenen Intervall (a, b) mit Ausnahme eventueller Nullstellen von $h(x)$ differenzierbar, und es gilt:

$$f'(x) = \frac{g'(x) \cdot h(x) - g(x) \cdot h'(x)}{(h(x))^2}.$$

In Worten: Die Ableitung des Bruches zweier Funktionen ist gleich der Ableitung der Zählerfunktion multipliziert mit der Nennerfunktion minus der Zählerfunktion multipliziert mit der Ableitung der Nennerfunktion und das Ganze dividiert durch das Quadrat der Nennerfunktion. ◄

Beispiel

Betrachten wir die Funktion $f(x) = \frac{x^2+1}{2x+1}$ für $x \neq -0{,}5$. Darin ist $g(x) = x^2 + 1$ und $h(x) = 2x + 1$, also $g'(x) = 2x$ und $h'(x) = 2$ und damit $f'(x) = \frac{2x \cdot (2x+1) - (x^2+1) \cdot 2}{(2x+1)^2} = \frac{4x^2+2x-2x^2-2}{(2x+1)^2} = \frac{2x^2+2x-2}{(2x+1)^2}$, also schließlich $f'(x) = 2\frac{x^2+x-1}{(2x+1)^2}$. ◄

Aufgabe 5.3

Beispiel: $y = \frac{x^2-1}{x^2+1} \to y' = \frac{2x \cdot (x^2+1) - (x^2-1) \cdot 2x}{(x^2+1)^2} = \frac{2x^3+2x-2x^3+2x}{(x^2+1)^2} = \frac{4x}{(x^2+1)^2}$. (Hinweis: Da $x^2 + 1 > 0$ für alle reellen Zahlen x, hat das Nennerpolynom keine Nullstellen. Somit ist die betrachtete Funktion für ganz $\mathbb{R}$ differenzierbar.)

Gut zu wissen

Kettenregel: Die Funktion $y = (f \circ g)(x) = f(g(x))$ für $x \in (a, b) \subset \mathbb{R}$ sei eine aus den Funktionen $f(g)$ und $g(x)$ zusammengesetzte („verkettete") Funktion. Die Ableitung $f'(g)$ der äußeren Funktion nach g sowie die Ableitung $g'(x)$ der inneren Funktion nach x (mit $g = g(x)$) mögen existieren. Dann ist auch die verkettete Funktion $y = f(g(x))$ an der Stelle $x \in (a, b)$ differen-

zierbar, und es gilt:

$$f'(x) = f'(g) \cdot g'(x)$$

bzw. in der gut zu merkenden differenziellen Gestalt

$$\frac{df}{dx} = \frac{df}{dg} \cdot \frac{dg}{dx}.$$

In Worten: Die Ableitung einer verketteten Funktion ist gleich der Ableitung ihrer äußeren Funktion multipliziert mit der Ableitung ihrer inneren Funktion – kurz: äußere Ableitung mal innere Ableitung.

In der Praxis kommt es vor, dass im Zusammenhang mit der Kettenregel auch der Begriff des **Nachdifferenzierens** verwendet wird. Gemeint ist damit das Multiplizieren der äußeren Ableitung $f'(g)$ mit der inneren Ableitung $g'(x)$. ◄

Beispiel

Betrachten wir die ganzrationale Funktion 2-ten Grades $f(x) = (2x + 3)^2$. Um $f'(x)$ zu erhalten, könnten wir die Klammer ausmultiplizieren (1. binomische Formel!) und $f(x)$ anschließend mithilfe unseres obigen Ergebnisses über die Ableitung ganzrationaler Funktionen n-ten Grades ableiten. Führen Sie dies doch als kleine Übung durch und vergleichen Sie ihr Resultat mit unserem Ergebnis via Kettenregel: Wir können $f(x) = (2x + 3)^2$ nämlich auch als Verkettung $f(g(x))$ der Funktionen $f(g) = g^2$ und $g(x) = 2x + 3$ lesen. Aus der Kettenregel folgt dann $f'(x) = f'(g) \cdot g'(x) = 2g \cdot 2 = 4g$ und damit $f'(x) = 4 \cdot (2x + 3)$.

Das Ableiten unter Verwendung der 2. binomischen Formel wäre bei der Funktion $f(x) = (4 - 3x)^3$ schon aufwendiger. Wir können $f(x)$ aber auch als Verkettung $f(g(x))$ der Funktionen $f(g) = g^3$ und $g(x) = 4 - 3x$ sehen und die Kettenregel anwenden. Dann erhalten wir $f'(x) = f'(g) \cdot g'(x) = 3g^2 \cdot (-3) = -9g^2 = -9 \cdot (4 - 3x)^2$. ◄

Aufgabe 5.4

Beim nächsten Beispiel beweist die Kettenregel ihre Überlegenheit endgültig:

Sei $f(x) = (x^2 + x + 1)^5$. Mit $g(x) = x^2 + x + 1$ als innerer und $f(g) = g^5$ als äußerer Funktion ergibt sich $f'(x) = f'(g) \cdot g'(x) = 5g^4 \cdot (2x + 1) = 5 \cdot (x^2 + x + 1)^4 \cdot (2x + 1)$.

Jetzt wäre die algebraische Struktur der Lösung mit konventionellen Mitteln wohl nicht mehr erkennbar gewesen – abgesehen vom Aufwand, den allein das Ausmultiplizieren des Terms $(x^2 + x + 1)^5$ erfordert hätte.

Zusammenfassung

Beim Differenzieren von Funktionen gelten Regeln, die uns das Ableiten erheblich vereinfachen können. Insbesondere ist es mit ihrer Hilfe möglich, viele Funktionen ohne Rückgriff auf Differenzenquotienten und die zugehörige Grenzwertbildung abzuleiten. Es gelten folgende grundlegenden Ableitungsregeln:

Konstanter-Faktor-Regel

$$f(x) = \alpha \cdot g(x) \rightarrow f'(x) = \alpha \cdot g'(x).$$

Im Detail: Sei $\alpha \in \mathbb{R}$ eine feste (reelle) Zahl. Wenn die Funktion $g(x)$ im offenen Intervall (a, b) differenzierbar ist, dann ist auch die Funktion $f(x) = \alpha \cdot g(x)$ im offenen Intervall (a, b) differenzierbar, und es gilt $f'(x) = \alpha \cdot g'(x)$.

Kurz: Ein konstanter Faktor kann vor die Ableitung gezogen werden.

Summenregel

$$f(x) = g(x) + h(x) \rightarrow f'(x) = g'(x) + h'(x).$$

Im Detail: Wenn die Funktionen $g(x)$ und $h(x)$ im offenen Intervall $(a, b) \subset \mathbb{R}$ differenzierbar sind, dann ist auch die Funktion $f(x) = g(x) + h(x)$ im offenen Intervall (a, b) differenzierbar, und es gilt $f'(x) = g'(x) + h'(x)$.

Kurz: Die Ableitung einer Summe ist gleich der Summe der Ableitungen der Summanden.

Produktregel

$$f(x) = g(x) \cdot h(x) \rightarrow f'(x) = g'(x) \cdot h(x) + g(x) \cdot h'(x).$$

Im Detail: Wenn die Funktionen $g(x)$ und $h(x)$ im offenen Intervall $(a, b) \subset \mathbb{R}$ differenzierbar sind, dann ist auch $f(x) = g(x) \cdot h(x)$ im offenen Intervall (a, b) differenzierbar, und es gilt $f'(x) = g'(x) \cdot h(x) + g(x) \cdot h'(x)$.

Quotientenregel

$$f(x) = \frac{g(x)}{h(x)} \rightarrow f'(x) = \frac{g'(x) \cdot h(x) - g(x) \cdot h'(x)}{(h(x))^2}.$$

Im Detail: Wenn die Funktionen $g(x)$ und $h(x)$ im offenen Intervall $(a, b) \subset \mathbb{R}$ differenzierbar sind, dann ist auch $f(x) = \frac{g(x)}{h(x)}$ im offenen Intervall (a, b) mit Ausnahme eventueller Nullstellen von $h(x)$ differenzierbar, und es gilt $f'(x) = \frac{g'(x) \cdot h(x) - g(x) \cdot h'(x)}{(h(x))^2}$.

Kettenregel

$$y = f(g(x)) \rightarrow f'(x) = f'(g) \cdot g'(x) \text{ bzw. } \frac{df}{dx} = \frac{df}{dg} \cdot \frac{dg}{dx}.$$

Im Detail: Wenn die Funktionen $g(x)$ im offenen Intervall $(a, b) \subset \mathbb{R}$ und $f(g)$ im offenen Intervall $(g(a), g(b)) \subset \mathbb{R}$ differenzierbar sind, dann ist auch $f(g(x))$ im offenen Intervall (a, b) differenzierbar, und es gilt $f'(x) = f'(g) \cdot g'(x)$ bzw. in der gut zu merkenden differenziellen Gestalt $\frac{df}{dx} = \frac{df}{dg} \cdot \frac{dg}{dx}$.

Kurz: Die Ableitung einer Verkettung ist gleich äußere Ableitung mal innere Ableitung.

5.4 Weitere nützliche Ableitungstechniken und Ableitungen – Wie wir uns das Ableiten weiterhin erleichtern können

Mithilfe der grundlegenden Ableitungsregeln, die wir in Abschn. 5.3 dargestellt und erläutert haben, können weitere Ableitungsregeln bewiesen werden. Hier lassen wir die detaillierten mathematischen Begründungen außer Acht, da es uns vornehmlich auf die Ableitungsregeln ankommt.

Aus der Konstanter-Faktor-Regel und der Summenregel resultiert in Verbindung mit dem Wissen, dass die Ableitung von x^n gleich $n \cdot x^{n-1}$ ist, folgende Aussage zur Ableitung von ganzrationalen bzw. Polynomfunktionen:

Gut zu wissen

Ableitung ganzrationaler Funktionen

$$f(x) = a_n x^n + a_{n-1} x^{n-1} + \cdots + a_2 x^2 + a_1 x + a_0$$
$$\rightarrow f'(x) = n \cdot a_n x^{n-1} + (n-1) \cdot a_{n-1} x^{n-2}$$
$$+ \cdots + 2 \cdot a_2 x + a_1.$$

Im Detail: Jede ganzrationale Funktion n-ten Grades $f(x) = a_n x^n + a_{n-1} x^{n-1} + \cdots + a_2 x^2 + a_1 x + a_0$ ist auf ganz $\mathbb{R}$ differenzierbar. Die Ableitungsfunktion ist eine ganzrationale Funktion vom Grad $(n-1)$ und hat die Gestalt $f'(x) = n \cdot a_n x^{n-1} + (n-1) \cdot a_{n-1} x^{n-2} + \cdots + 2 \cdot a_2 x + a_1$. ◄

Beispiel

Sei $f(x) = 3x^5 - 12x^3 + 7x^2 - 2x + 77$. Dann erhalten wir:
$f'(x) = 5 \cdot 3x^4 - 3 \cdot 12x^2 + 2 \cdot 7x - 2 = 15x^4 - 36x^2 + 14x - 2$. ◄

Aufgrund der bis hierhin verfügbaren Ableitungsregeln ist es nun möglich, gebrochen rationale Funktionen nach rein formalen Kriterien zu differenzieren, ohne den Grenzwert-Charakter der Ableitung noch einmal bedenken zu müssen.

Kapitel 5

Gut zu wissen

Ableitung gebrochen rationaler Funktionen

$$f(x) = \frac{Z(x)}{N(x)}$$
$$= \frac{a_n x^n + a_{n-1} x^{n-1} + \cdots + a_2 x^2 + a_1 x + a_0}{b_m x^m + b_{m-1} x^{m-1} + \cdots + b_2 x^2 + b_1 x + b_0}$$
$$\to f'(x) = \frac{Z'(x) \cdot N(x) - Z(x) \cdot N'(x)}{(N(x))^2}.$$

Im Detail: Jede gebrochen rationale Funktion von der Gestalt

$$f(x) = \frac{Z(x)}{N(x)}$$
$$= \frac{a_n x^n + a_{n-1} x^{n-1} + \cdots + a_2 x^2 + a_1 x + a_0}{b_m x^m + b_{m-1} x^{m-1} + \cdots + b_2 x^2 + b_1 x + b_0}$$

ist auf ganz $\mathbb{R}$ mit Ausnahme der Nullstellen des Nennerpolynoms $N(x)$ differenzierbar. Die Ableitungsfunktion ist eine gebrochen rationale Funktion und hat die Gestalt $f'(x) = \frac{Z'(x) \cdot N(x) - Z(x) \cdot N'(x)}{(N(x))^2}$. ◄

Beispiel

Sei $f(x) = \frac{2x^4 + 3x^2 + 4x + 7}{3x^3 - x^2 + 5}$. Dann ist $Z(x) = 2x^4 + 3x^2 + 4x + 7$, also $Z'(x) = 4 \cdot 2x^3 + 2 \cdot 3x + 4 = 8x^3 + 6x + 4$ und $N(x) = 3x^3 - x^2 + 5$, also $N'(x) = 3 \cdot 3x^2 - 2x = 9x^2 - 2x$. Hieraus folgt:

$$f'(x) = \frac{Z'(x) \cdot N(x) - Z(x) \cdot N'(x)}{(N(x))^2}$$
$$= \frac{(8x^3 + 6x + 4) \cdot (3x^3 - x^2 + 5)}{(3x^3 - x^2 + 5)^2}$$
$$\quad - \frac{(2x^4 + 3x^2 + 4x + 7) \cdot (9x^2 - 2x)}{(3x^3 - x^2 + 5)^2}.$$

Ausmultiplizieren und Zusammenfassen gleicher Potenzen von x liefern uns das Endergebnis:

$$f'(x) = \frac{6x^6 - 4x^5 - 9x^4 + 16x^3 - 59x^2 + 44x + 20}{9x^6 - 6x^5 + x^4 + 30x^3 - 10x^2 + 25}.$$

Rechnen Sie zur Übung einfach nach. ◄

Eine Funktion, die eine Verkettung von mehr als zwei Funktionen ist, kann durch mehrmalige Anwendung der Kettenregel abgeleitet werden.

Gut zu wissen

Ableitung einer Verkettung von mehr als zwei Funktionen (allgemeine Kettenregel)

$$f(x) = f(g_1(g_2(g_3 \cdots (g_n(x) \cdots))))$$
$$\to f'(x) = \frac{df}{dx} = \frac{df}{dg_1} \cdot \frac{dg_1}{dg_2} \cdot \frac{dg_2}{dg_3} \cdot \ldots \cdot \frac{dg_n}{dx}.$$

Im Detail: Eine Funktion von der Gestalt $f(g_1(g_2(g_3 \cdots (g_n(x) \cdots))))$ kann durch mehrmalige Anwendung der Kettenregel abgeleitet werden. Die Ableitungsfunktion hat die Gestalt $f'(x) = \frac{df}{dx} = \frac{df}{dg_1} \cdot \frac{dg_1}{dg_2} \cdot \frac{dg_2}{dg_3} \cdot \ldots \cdot \frac{dg_n}{dx}$. ◄

Beispiel

Sei $f(x) = (\ln(x^2 + 1))^3$. Dann ist $f(x) = g_1(g_2(g_3(x)))$ mit $g_1(g_2) = g_2^3$ und $g_2(g_3) = \ln g_3$ sowie $g_3(x) = x^2 + 1$. Also ist $g_1'(g_2) = 3 \cdot g_2^2$ und $g_2'(g_3) = \frac{1}{g_3}$ sowie $g_3'(x) = 2x$ und damit

$$f'(x) = g_1'(g_2) \cdot g_2'(g_3) \cdot g_3'(x)$$
$$= 3 \cdot g_2^2 \cdot \frac{1}{g_3} \cdot g_3'(x) = 3 \cdot (\ln g_3)^2 \cdot \frac{1}{x^2 + 1} \cdot 2x$$
$$= 3 \cdot (\ln(x^2 + 1))^2 \cdot \frac{1}{x^2 + 1} \cdot 2x$$
$$= \frac{6x \cdot (\ln(x^2 + 1))^2}{x^2 + 1}. \quad ◄$$

Betrachten wir jetzt eine Funktion $f : y = f(x)$, die differenzierbar ist und die Umkehrfunktion $f^{-1} : x = f^{-1}(y)$ besitzt. Zwischen der Ableitung f' der Funktion f und der Ableitung $(f^{-1})'$ ihrer Umkehrfunktion f^{-1} besteht ein interessanter Zusammenhang. Um diesen zu erhalten, gehen wir auf die Definition der Umkehrfunktion zurück. Danach gilt:

$$f^{-1}(f(x)) = x \tag{5.4}$$

für alle x im Definitionsbereich von f. Nun leiten wir die rechte und die linke Seite von (5.4) ab. Auf der linken Seite nutzen wir die Kettenregel. Auf der rechten Seite machen wir davon Gebrauch, dass $x' = 1$ ist. Aus (5.4) wird damit die Gleichung

$$(f^{-1}(y))' \cdot f'(x) = 1, \tag{5.4'}$$

und hieraus erhalten wir für $f'(x) \neq 0$ und $(f^{-1}(y))' \neq 0$, dass die Ableitung einer Funktion und die Ableitung ihrer Umkehrfunktion Kehrwerte voneinander sind: $f'(x) = \frac{1}{(f^{-1}(y))'}$ bzw. $(f^{-1}(y))' = \frac{1}{f'(x)}$ $((f'(x) \neq 0, (f^{-1}(y))' \neq 0))$.

Gut zu wissen

Zusammenhang zwischen den Ableitungen einer Funktion $f : y = f(x)$ **und ihrer Umkehrfunktion** $f^{-1} : x = f^{-1}(y)$

$$f'(x) = \frac{1}{(f^{-1}(y))'} \quad \text{bzw.}$$

$$(f^{-1}(y))' = \frac{1}{f'(x)} \quad (f'(x) \neq 0, (f^{-1}(y))' \neq 0).$$

Die Ableitungen von Funktion und Umkehrfunktion sind Kehrwerte voneinander! ◀

─────────── **Aufgabe 5.5** ───────────

Nehmen wir an, die Ableitung der natürlichen Logarithmusfunktion $y = f(x) = \ln x$ sei uns nicht bekannt. Wir wissen, dass die natürliche Logarithmusfunktion die Umkehrfunktion der natürlichen Exponentialfunktion ist, d. h., dass $f^{-1}(y) = e^y$ ist. Hieraus folgt $f'(x) = (\ln x)' = \frac{1}{(f^{-1}(y))'} = \frac{1}{e^y} = \frac{1}{e^{\ln x}} = \frac{1}{x}$. Umgekehrt hätten wir aus der bekannten Ableitung der natürlichen Logarithmusfunktion auch auf die Ableitung der natürlichen Exponentialfunktion schließen können. Probieren Sie das doch aus!

Wir haben bereits festgestellt, dass die Ableitung der e-Funktion, also der natürlichen Exponentialfunktion $f(x) = e^x$, gleich dieser Funktion ist: $f'(x) = e^x$. Welche Ableitung hat die allgemeine Exponentialfunktion $f(x) = a^x$ mit konstantem $a > 0$ als Basis?

Erinnern wir uns daran, dass die natürliche Exponentialfunktion und die natürliche Logarithmusfunktion Umkehrfunktionen voneinander sind. Daher können wir $a = e^{\ln a}$ schreiben und erhalten

$$f(x) = a^x = (e^{\ln a})^x.$$

Aus den Potenzgesetzen folgt $(e^{\ln a})^x = e^{x \cdot \ln a}$ und damit $f'(x) = (e^{x \cdot \ln a})'$. Jetzt haben wir eine verkettete Funktion vorliegen, nämlich die Exponentialfunktion e^y (äußere Funktion) verkettet mit $y = x \cdot \ln a$ (innere Funktion). Die Ableitung dieser verketteten Funktion erhalten wir mit der Kettenregel als Produkt der äußeren und der inneren Ableitung. Die Ableitung der Exponentialfunktion ist e^y, die Ableitung von $y = x \cdot \ln a = (\ln a) \cdot x$ ist $y' = \ln a$. Also gilt $(a^x)' = e^y \cdot \ln a$. Wir erinnern uns, dass $e^{x \cdot \ln a} = (e^{\ln a})^x = a^x$ ist und erkennen damit $f'(x) = (a^x)' = a^x \cdot \ln a$.

Betrachten wir allgemeiner $f(x) = a^{g(x)}$, ersetzen wir also x im Exponenten von a^x durch die Funktion $g(x)$, so erhalten wir mit ähnlichen Überlegungen (Stichwort: Anwendung der allgemeinen Kettenregel auf eine Verkettung von drei Funktionen) $f'(x) = a^{g(x)} \cdot g'(x) \cdot \ln a$.

Zusammengefasst gelten damit folgende Regeln für die Ableitung der allgemeinen Exponentialfunktion:

Gut zu wissen

Ableitung der allgemeinen Exponentialfunktion mit konstantem $a > 0$ **als Basis**

$$f(x) = a^x \rightarrow f'(x) = a^x \cdot \ln a.$$

$$f(x) = a^{g(x)} \rightarrow f'(x) = a^{g(x)} \cdot g'(x) \cdot \ln a. \quad ◀$$

Beispiel

Sei $f(x) = 3^{e^x}$. Dann ist $f(x) = a^{g(x)}$ mit $a = 3$ und $g(x) = e^x$. Nach der zweiten der beiden Regeln erhalten wir $f'(x) = a^{g(x)} \cdot g'(x) \cdot \ln a = 3^{e^x} \cdot e^x \cdot \ln 3$. ◀

Betrachten wir jetzt analog die allgemeine Logarithmusfunktion $f : y = f(x) = \log_a x$ mit $x > 0$ und einer beliebigen Basis $a > 0, a \neq 1$. Die Umkehrfunktion ist $f^{-1} : x = f^{-1}(y) = a^y$. Damit ergibt sich mittels des Zusammenhangs $f'(x) = \frac{1}{(f^{-1}(y))'}$ zwischen der Ableitung einer Funktion und ihrer Umkehrfunktion, dass $(\log_a x)' = \frac{1}{(a^y)'}$ ist. Wegen $(a^y)' = a^y \cdot \ln a$ als Ableitung der allgemeinen Exponentialfunktion und $a^y = x$ erhalten wir schließlich $(\log_a x)' = \frac{1}{x \cdot \ln a}$.

Ersetzen wir x in $f(x) = \log_a x$ durch $g(x) > 0$, können wir ähnlich wie zuvor argumentieren und erhalten $(\log_a g(x))' = \frac{g'(x)}{g(x) \cdot \ln a}$.

─────────── **Aufgabe 5.6** ───────────

Speziell für den Fall, dass a gleich der Euler'schen Zahl e ist, wird daraus $(\ln g(x))' = \frac{g'(x)}{g(x)}$; denn in diesem Fall ist der Logarithmus $\log_a = \log_e$ ja gleich dem natürlichen Logarithmus $\ln$, und es ist $\ln a = \ln e = 1$.

Zusammengefasst gelten damit folgende Regeln für die Ableitung der allgemeinen Logarithmusfunktion.

Gut zu wissen

Ableitung der allgemeinen Logarithmusfunktion mit konstantem $a > 0, a \neq 1$ **als Basis**

$$f(x) = \log_a x \rightarrow f'(x) = \frac{1}{x \cdot \ln a} \quad (x > 0).$$

$$f(x) = \log_a g(x) \rightarrow f'(x) = \frac{g'(x)}{g(x) \cdot \ln a} \quad (g(x) > 0).$$

$$f(x) = \ln g(x) \rightarrow f'(x) = \frac{g'(x)}{g(x)} \quad (g(x) > 0). \quad ◀$$

Kapitel 5

Beispiel

Sei $f(x) = \log_{10}(x^3 - 2x^2)$. Dann ist $f(x) = \log_a g(x)$ mit $a = 10$ und $g(x) = x^3 - 2x^2$. Nach der zweiten der beiden Regeln erhalten wir $f'(x) = \frac{g'(x)}{g(x)\cdot\ln a} = \frac{3x^2-4x}{(x^3-2x^2)\cdot\ln 10}$. ◄

Zu guter Letzt möchten wir Ihnen noch eine Regel zum Differenzieren vorstellen, die sich für Funktionen f mit der Gestalt $f(x) = \frac{u_1(x)\cdot u_2(x)\cdots u_n(x)}{v_1(x)\cdot v_2(x)\cdots v_m(x)}$ anbieten kann. Hierin können die u_i und v_k auch Potenzen von x oder Exponentialfunktionen sein.

Grundsätzlich ist es möglich, die Ableitung einer derartigen Funktion mittels mehrmaliger Anwendung der Produkt- und der Quotientenregel zu bestimmen. Dies kann sich aber beliebig kompliziert und damit fehleranfällig gestalten.

Wenn $u_i(x) > 0$ und $v_k(x) > 0$ gilt, können wir einen anderen – vielfach leichteren – Weg wählen: Indem wir beide Seiten der Gleichung $f(x) = \frac{u_1(x)\cdot u_2(x)\cdots u_n(x)}{v_1(x)\cdot v_2(x)\cdots v_m(x)}$ mithilfe des natürlichen Logarithmus logarithmieren und die Logarithmengesetze anwenden, erhalten wir

$$\ln f(x) = \ln u_1(x) + \ln u_2(x) + \cdots + \ln u_n(x)$$
$$- \ln v_1(x) - \ln v_2(x) - \cdots - \ln v_m(x). \qquad (5.5)$$

Ableiten dieser Gleichung führt zu

$$(\ln f(x))' = (\ln u_1(x))' + (\ln u_2(x))' + \cdots + (\ln u_n(x))'$$
$$- (\ln v_1(x))' - (\ln v_2(x))' - \cdots - (\ln v_m(x))'. \quad (5.5')$$

Wegen der zuvor dargelegten Regel $(\ln g(x))' = \frac{g'(x)}{g(x)}$ $(g(x) > 0)$ können wir $(5.5')$ umschreiben:

$$\frac{f'(x)}{f(x)} = \frac{u_1'(x)}{u_1(x)} + \frac{u_2'(x)}{u_2(x)} + \cdots + \frac{u_n'(x)}{u_n(x)} - \frac{v_1'(x)}{v_1(x)}$$
$$- \frac{v_2'(x)}{v_2(x)} - \cdots - \frac{v_m'(x)}{v_m(x)}. \qquad (5.5'')$$

Multiplikation von $(5.5'')$ mit $f(x) = \frac{u_1(x)\cdot u_2(x)\cdots u_n(x)}{v_1(x)\cdot v_2(x)\cdots v_m(x)}$ führt uns zur gesuchten Ableitung:

$$f'(x) = \left(\frac{u_1'(x)}{u_1(x)} + \frac{u_2'(x)}{u_2(x)} + \cdots + \frac{u_n'(x)}{u_n(x)} - \frac{v_1'(x)}{v_1(x)}\right.$$
$$\left. - \frac{v_2'(x)}{v_2(x)} - \cdots - \frac{v_m'(x)}{v_m(x)}\right) \cdot f(x)$$

bzw.

$$f'(x) = \left(\frac{u_1'(x)}{u_1(x)} + \frac{u_2'(x)}{u_2(x)} + \cdots + \frac{u_n'(x)}{u_n(x)} - \frac{v_1'(x)}{v_1(x)}\right.$$
$$\left. - \frac{v_2'(x)}{v_2(x)} - \cdots - \frac{v_m'(x)}{v_m(x)}\right)$$
$$\cdot \frac{u_1(x)\cdot u_2(x)\cdots u_n(x)}{v_1(x)\cdot v_2(x)\cdots v_m(x)}.$$

Zusammengefasst ist diese Regel bekannt unter dem Stichwort logarithmische Ableitung.

Gut zu wissen

Logarithmische Ableitung

$$f(x) = \frac{u_1(x)\cdot u_2(x)\cdots u_n(x)}{v_1(x)\cdot v_2(x)\cdots v_m(x)} (u_i(x) > 0, v_k(x) > 0)$$

$$\rightarrow f'(x) = \left(\frac{u_1'(x)}{u_1(x)} + \frac{u_2'(x)}{u_2(x)} + \cdots + \frac{u_n'(x)}{u_n(x)} - \frac{v_1'(x)}{v_1(x)}\right.$$
$$\left. - \frac{v_2'(x)}{v_2(x)} - \cdots - \frac{v_m'(x)}{v_m(x)}\right) \cdot f(x). ◄$$

—————— **Aufgabe 5.7** ——————

Sei $f(x) = \frac{(x^2+1)\cdot x^3\cdot(x+4)}{\sqrt{x^3+2}\cdot(4x^5+3)^7}$. Wir betrachten $f(x)$ für alle $x \in \mathbb{R}$, für die die Funktionen $u_1(x) = (x^2 + 1)$ und $u_2(x) = x^3$ und $u_3(x) = x + 4$ sowie $v_1(x) = \sqrt{x^3+2} = (x^3+2)^{\frac{1}{2}}$ und $v_2(x) = (4x^5+3)^7$ größer 0 sind. Dann können wir die logarithmische Ableitung nutzen und erhalten:

$$f'(x) = \left(\frac{2x}{x^2+1} + \frac{3x^2}{x^3} + \frac{1}{x+4} - \frac{\frac{1}{2}\cdot(x^3+2)^{-\frac{1}{2}}\cdot 3x^2}{(x^3+2)^{\frac{1}{2}}}\right.$$
$$\left. - \frac{7\cdot(4x^5+3)^6\cdot 20\cdot x^4}{(4x^5+3)^7}\right) \cdot f(x)$$

$$= \left(\frac{2x}{x^2+1} + \frac{3}{x} + \frac{1}{x+4}\right.$$
$$\left. - \frac{3x^2}{2\cdot(x^3+2)} - \frac{140\cdot x^4}{4x^5+3}\right) \cdot f(x)$$

$$= \left(\frac{2x}{x^2+1} + \frac{3}{x} + \frac{1}{x+4} - \frac{3x^2}{2x^3+4} - \frac{140x^4}{4x^5+3}\right)$$
$$\cdot \frac{(x^2+1)\cdot x^3\cdot(x+4)}{\sqrt{x^3+2}\cdot(4x^5+3)^7}.$$

Zusammenfassung

Ergänzend zu den bisher betrachteten grundlegenden Ableitungsregeln gelten folgende Regeln für das Differenzieren von Funktionen:

Ableitung ganzrationaler Funktionen

$$f(x) = a_n x^n + a_{n-1} x^{n-1} + \cdots + a_2 x^2 + a_1 x + a_0$$
$$\rightarrow f'(x) = n \cdot a_n x^{n-1} + (n-1)\cdot a_{n-1} x^{n-2} + \cdots$$
$$+ 2\cdot a_2 x + a_1.$$

Im Detail: Jede ganzrationale Funktion n-ten Grades $f(x) = a_n x^n + a_{n-1} x^{n-1} + \cdots + a_2 x^2 + a_1 x + a_0$ ist auf ganz $\mathbb{R}$ differenzierbar. Die Ableitungsfunktion ist eine ganzrationale Funktion vom Grad $(n-1)$ und hat die Gestalt $f'(x) = n\cdot a_n x^{n-1} + (n-1)\cdot a_{n-1} x^{n-2} + \cdots + 2\cdot a_2 x + a_1$.

Kapitel 5

Ableitung gebrochen rationaler Funktionen

$$f(x) = \frac{Z(x)}{N(x)} = \frac{a_n x^n + a_{n-1} x^{n-1} + \cdots}{b_m x^m + b_{m-1} x^{m-1} + \cdots}$$

$$\frac{\cdots + a_2 x^2 + a_1 x + a_0}{\cdots + b_2 x^2 + b_1 x + b_0}$$

$$\to f'(x) = \frac{Z'(x) \cdot N(x) - Z(x) \cdot N'(x)}{(N(x))^2}.$$

Im Detail: Jede gebrochen rationale Funktion von der Gestalt

$$f(x) = \frac{Z(x)}{N(x)}$$

$$= \frac{a_n x^n + a_{n-1} x^{n-1} + \cdots + a_2 x^2 + a_1 x + a_0}{b_m x^m + b_{m-1} x^{m-1} + \cdots + b_2 x^2 + b_1 x + b_0}$$

ist auf ganz $\mathbb{R}$ mit Ausnahme der Nullstellen des Nennerpolynoms $N(x)$ differenzierbar. Die Ableitungsfunktion ist eine gebrochen rationale Funktion und hat die Gestalt $f'(x) = \frac{Z'(x) \cdot N(x) - Z(x) \cdot N'(x)}{(N(x))^2}$.

Ableitung einer Verkettung von mehr als zwei Funktionen (allgemeine Kettenregel)

$$f(x) = f(g_1(g_2(g_3 \cdots (g_n(x) \cdots))))$$

$$\to f'(x) = \frac{df}{dx} = \frac{df}{dg_1} \cdot \frac{dg_1}{dg_2} \cdot \frac{dg_2}{dg_3}$$

$$\cdots \cdot \frac{dg_n}{dx}.$$

Im Detail: Eine Funktion von der Gestalt $f(g_1(g_2(g_3 \cdots (g_n(x) \cdots))))$ kann durch mehrmalige Anwendung der Kettenregel abgeleitet werden. Die Ableitungsfunktion hat die Gestalt $f'(x) = \frac{df}{dx} = \frac{df}{dg_1} \cdot \frac{dg_1}{dg_2} \cdot \frac{dg_2}{dg_3} \cdot \cdots \cdot \frac{dg_n}{dx}$.

Zusammenhang zwischen den Ableitungen einer Funktion $f : y = f(x)$ und ihrer Umkehrfunktion $f^{-1} : x = f^{-1}(y)$

$$f'(x) = \frac{1}{(f^{-1}(y))'} \quad \text{bzw.}$$

$$(f^{-1}(y))' = \frac{1}{f'(x)} (f'(x) \neq 0, (f^{-1}(y))' \neq 0).$$

Im Detail: Die Ableitungen von Funktion und Umkehrfunktion sind Kehrwerte voneinander!

Ableitung der allgemeinen Exponentialfunktion mit konstantem $a > 0$ als Basis

$$f(x) = a^x \to f'(x) = a^x \cdot \ln a.$$

$$f(x) = a^{g(x)} \to f'(x) = a^{g(x)} \cdot g'(x) \cdot \ln a.$$

Ableitung der allgemeinen Logarithmusfunktion mit konstantem $a > 0$, $a \neq 1$ als Basis

$$f(x) = \log_a x \to f'(x) = \frac{1}{x \cdot \ln a} \quad (x > 0).$$

$$f(x) = \log_a g(x) \to f'(x) = \frac{g'(x)}{g(x) \cdot \ln a} \quad (g(x) > 0).$$

$$f(x) = \ln g(x) \to f'(x) = \frac{g'(x)}{g(x)} \quad (g(x) > 0).$$

Logarithmische Ableitung

$$f(x) = \frac{u_1(x) \cdot u_2(x) \cdot \cdots \cdot u_n(x)}{v_1(x) \cdot v_2(x) \cdot \cdots \cdot v_m(x)}$$

$$(u_i(x) > 0, v_k(x) > 0)$$

$$\to f'(x) = \left(\frac{u_1'(x)}{u_1(x)} + \frac{u_2'(x)}{u_2(x)} + \cdots + \frac{u_n'(x)}{u_n(x)} \right.$$

$$\left. - \frac{v_1'(x)}{v_1(x)} - \frac{v_2'(x)}{v_2(x)} - \cdots - \frac{v_m'(x)}{v_m(x)} \right) \cdot f(x).$$

Damit wir den Wald vor lauter Bäumen nicht aus den Augen verlieren, stellen wir hier unsere bisherigen Ergebnisse zu Ableitungen und Ableitungsregeln noch einmal in Tab. 5.1 zusammen.

5.5 Höhere Ableitungen – Was wir tun können, wenn die erste Ableitung nicht ausreicht

In den Wirtschaftswissenschaften stoßen wir immer wieder auf Fragestellungen, bei denen die erste Ableitung einer betrachteten Funktion nicht genügend Aussagen über diese Funktion und deren Verhalten ermöglicht. In diesen Fällen – vergleichen Sie etwa unsere später folgenden Beispiele zur Kurvendiskussion – kommen wir zu interessanten Ergebnissen, wenn wir die sogenannte zweite Ableitung sowie gegebenenfalls ergänzend auch die sogenannte dritte Ableitung der ursprünglichen Funktion untersuchen. Höhere als dritte Ableitungen werden wir nicht betrachten. Der Vollständigkeit wegen seien sie hier aber auch erwähnt.

Wir betrachten eine differenzierbare Funktion $y = f(x)$. Die Ableitungsfunktion $y' = f'(x)$ ist in der Regel wieder eine differenzierbare Funktion. Wir können also die erste Ableitung $(y')' = (f'(x))'$ von $y' = f'(x)$ – folglich die erste Ableitung der ersten Ableitung – bilden.

Diese Funktion $(y')' = (f'(x))'$ nennen wir die **zweite Ableitung der Funktion $y = f(x)$** und schreiben kurz

Kapitel 5

Tab. 5.1 Ableitungen und Ableitungsregeln

Funktion $y = f(x)$	Ableitung $y' = f'(x)$	Bezeichnung/Bemerkung
$y = a$	$y' = 0$	$a \in \mathbb{R}, a = \text{constant}$
$y = x$	$y' = 1$	$x \in \mathbb{R}$
$y = x^2$	$y' = 2x$	$x \in \mathbb{R}$
$y = x^3$	$y' = 3x^2$	$x \in \mathbb{R}$
$y = x^n$	$y' = n \cdot x^{n-1}$	$x \in \mathbb{R}, n \in \mathbb{N}$ fest gewählt
$y = x^\alpha$	$y' = \alpha \cdot x^{\alpha-1}$	für a) $\alpha \in \mathbb{N}$ und $x \in \mathbb{R}$ oder b) $\alpha \in \mathbb{Z}$ und $x \in \mathbb{R}$ und $x \neq 0$ oder c) $\alpha \in \mathbb{R}$ und $x \in \mathbb{R}$ und $x > 0$
$y = e^x$	$y' = e^x$	$x \in \mathbb{R}$
$y = \ln x$	$y' = \dfrac{1}{x}$	$x \in \mathbb{R}$ und $x > 0$
$y = \alpha \cdot g(x)$	$y' = \alpha \cdot g'(x)$	Konstanter-Faktor-Regel $\alpha \in \mathbb{R}, \alpha$ fest
$y = g(x) + h(x)$	$y' = g'(x) + h'(x)$	Summenregel
$y = g(x) \cdot h(x)$	$y' = g'(x) \cdot h(x) + g(x) \cdot h'(x)$	Produktregel
$y = \dfrac{g(x)}{h(x)}$	$y' = \dfrac{g'(x) \cdot h(x) - g(x) \cdot h'(x)}{(h(x))^2}$	Quotientenregel $h(x) \neq 0$
$y = f(g(x))$	$y' = f'(x) = f'(g) \cdot g'(x)$ bzw. $\dfrac{df}{dx} = \dfrac{df}{dg} \cdot \dfrac{dg}{dx}$	Kettenregel
$y = a_n x^n + a_{n-1} x^{n-1} + \cdots + a_2 x^2 + a_1 x + a_0$	$y' = n \cdot a_n x^{n-1} + (n-1) \cdot a_{n-1} x^{n-2} + \cdots + 2 \cdot a_2 x + a_1$	Ganzrationale Funktion n-ten Grades $x \in \mathbb{R}$
$y = \dfrac{Z(x)}{N(x)} = $ $\dfrac{a_n x^n + a_{n-1} x^{n-1} + \cdots + a_2 x^2 + a_1 x + a_0}{b_m x^m + b_{m-1} x^{m-1} + \cdots + b_2 x^2 + b_1 x + b_0}$	$y' = \dfrac{Z'(x) \cdot N(x) - Z(x) \cdot N'(x)}{(N(x))^2}$	Gebrochen rationale Funktion $x \in \mathbb{R}$ und $N(x) \neq 0$
$y = f(g_1(g_2(g_3 \cdots (g_n(x) \cdots))))$	$y' = \dfrac{df}{dx} = \dfrac{df}{dg_1} \cdot \dfrac{dg_1}{dg_2} \cdot \dfrac{dg_2}{dg_3} \cdot \ldots \cdot \dfrac{dg_n}{dx}$	Allgemeine Kettenregel
$f : y = f(x)$ mit Umkehrfunktion $f^{-1} : x = f^{-1}(y)$	$f'(x) = \dfrac{1}{(f^{-1}(y))'}$ bzw. $(f^{-1}(y))' = \dfrac{1}{f'(x)}$	Ableitung der Umkehrfunktion $f'(x) \neq 0$, $(f^{-1}(y))' \neq 0$
$y = a^x$	$y' = a^x \cdot \ln a$	Allgemeine Exponentialfunktion $a > 0$
$y = a^{g(x)}$	$y' = a^{g(x)} \cdot g'(x) \cdot \ln a$	Allgemeine Exponentialfunktion $a > 0$
$y = \log_a x$	$y' = \dfrac{1}{x \cdot \ln a}$	Allgemeine Logarithmusfunktion $a > 0, a \neq 1, a = \text{constant}$ $x > 0$
$y = \log_a g(x)$	$y' = \dfrac{g'(x)}{g(x) \cdot \ln a}$	Allgemeine Logarithmusfunktion $a > 0, a \neq 1, a = \text{constant}$ $g(x) > 0$
$y = \ln g(x)$	$y' = \dfrac{g'(x)}{g(x)}$	Natürliche Logarithmusfunktion $g(x) > 0$
$y = \dfrac{u_1(x) \cdot u_2(x) \cdot \ldots \cdot u_n(x)}{v_1(x) \cdot v_2(x) \cdot \ldots \cdot v_m(x)}$	$y' = \left(\dfrac{u_1'(x)}{u_1(x)} + \dfrac{u_2'(x)}{u_2(x)} + \cdots + \dfrac{u_n'(x)}{u_n(x)} - \dfrac{v_1'(x)}{v_1(x)} - \dfrac{v_2'(x)}{v_2(x)} - \cdots - \dfrac{v_m'(x)}{v_m(x)} \right) \cdot f(x)$	Logarithmische Ableitung $u_i(x) > 0, v_k(x) > 0$

Kapitel 5

$(y')' = y''$ sowie $(f'(x))' = f''(x)$, also $y'' = f''(x)$ bzw. in Differenzialschreibweise

$$\frac{d}{dx}\left(\frac{dy}{dx}\right) = \frac{d^2 y}{dx^2} = \frac{d}{dx}\left(\frac{df(x)}{dx}\right) = \frac{d^2 f(x)}{d^2 x} \, .$$

Entsprechend definieren wir die **dritte Ableitung** $y''' = f'''(x)$ **von** $f(x)$ als Ableitung von $f''(x)$, die **vierte Ableitung von** $f(x)$ als Ableitung von $f'''(x)$ etc.

So können sukzessive immer höhere Ableitungen der ursprünglichen Funktion $y = f(x)$ gebildet werden, solange die jeweils letzte Ableitung erneut differenzierbar ist. Kann dieser Prozess unbegrenzt wiederholt werden, heißt $y = f(x)$ **unendlich oft differenzierbar**.

Höhere als dritte Ableitungen werden üblicherweise nicht mehr durch Striche, sondern durch in Klammern gesetzte Exponenten bezeichnet:

4. Ableitung: $y^{(4)} = f^{(4)}(x)$,

5. Ableitung: $y^{(5)} = f^{(5)}(x), \ldots,$

n-te Ableitung: $y^{(n)} = f^{(n)}(x)$.

──────────── **Aufgabe 5.8** ────────────

Sei $f(x) = 2x^3 - 3x^2 + 5x + 7$. Dann ist:

$$f'(x) = 6x^2 - 6x + 5$$
$$f''(x) = 12x - 6$$
$$f'''(x) = 12$$
$$f^{(4)}(x) = 0$$
$$f^{(n)}(x) = 0 \quad (n > 4).$$

Beispiel

Sei $f(x) = e^x (x \in \mathbb{R})$. Dann gilt $f'(x) = e^x$ und damit $f''(x) = e^x$ sowie $f'''(x) = e^x$ usw. Dies zeigt, dass die e-Funktion $f(x) = e^x$ beliebig oft („unendlich oft") differenzierbar ist und die n-te Ableitung $f^{(n)}(x) = e^x (n \geq 1)$ besitzt. ◄

Beispiel

Sei $f(x) = \ln x (x > 0)$. Dann ist $f'(x) = \frac{1}{x} = x^{-1}$ und damit $f''(x) = (-1) \cdot x^{-2} = -\frac{1}{x^2}$ sowie $f'''(x) = 1 \cdot 2 \cdot \frac{1}{x^3}$ und $f^{(4)}(x) = -1 \cdot 2 \cdot 3 \cdot \frac{1}{x^4}$. Allgemein ergibt sich daraus $f^{(n)}(x) = (\ln x)^{(n)} = (-1)^{n-1} \cdot \frac{(n-1)!}{x^n} (n = 1, 2, 3, \cdots; x > 0)$, wobei zu beachten ist, dass die Fakultät von 0 gleich 1 ist $(0! = 1)$ und dass $(-1)^0 = 1$ ist. Neben der e-Funktion ist also auch die natürliche Logarithmusfunktion beliebig oft differenzierbar. ◄

5.6 Grenzfunktionen und Differenziale – Wie wir die erste Ableitung wirtschaftswissenschaftlich interpretieren können

Erinnern wir uns an den Beginn dieses Kapitels. Dort ging es um die Frage, wie sich die Kosten $K(x)$ von *Metallpapier* für die Herstellung von Flaschenetiketten durch Metallisierung än-

dern, wenn die Produktionsmenge x der Flaschenetiketten vom ursprünglichen Wert x_0 auf den Wert x_1 geändert wird. Diese Aufgabenstellung hat uns zur ersten Ableitung $K'(x_0)$ von $K(x)$ für $x = x_0$ geführt.

Aus wirtschaftswissenschaftlicher Sicht beschreibt $K'(x_0)$ die sogenannten **Grenzkosten** von *Metallpapier* für die Herstellung von Flaschenetiketten durch Metallisierung und gibt die Kostenänderung je „beliebig kleiner" zusätzlicher Produktionseinheit an, wenn die Produktion von x_0 Produktionseinheiten um diese „beliebig kleine" zusätzliche Produktionseinheit hochgefahren wird.

Mithilfe von $K'(x_0)$ konnten wir also die Frage beantworten, wie sich die Produktionskosten $K(x)$ **durchschnittlich** bezogen auf die Änderung der Produktionsmenge x um eine „genügend kleine" Produktionseinheit ändern.

Derartige Überlegungen und Aufgaben treten so oder ähnlich auch in Verbindung mit anderen wirtschaftswissenschaftlichen Funktionen wie beispielsweise der Erlös- und der Gewinnfunktion $E(x)$ und $G(x)$ aus Kap. 4 über reelle Funktionen auf. Bei dieser sogenannten **Marginalanalyse** wird immer nach den Auswirkungen einer geringfügigen (marginalen) Änderung Δx unserer Variablen x von einem gegebenen Wert x_0 aus auf die jeweils betrachtete wirtschaftswissenschaftliche Funktion $f(x)$ gefragt. Die erste Ableitung $f'(x_0)$ gibt dann an, wie sich $f(x)$ verändert, wenn x von x_0 ausgehend um eine hinreichend kleine Einheit Δx geändert wird. Die Anforderung „hinreichend klein" wird dabei durch den **Grenz**übergang $\Delta x \to 0$ realisiert. Daher sprechen wir dann auch von den **Grenz**kosten $K'(x_0)$, **Grenz**erlösen $E'(x_0)$, **Grenz**gewinnen $G'(x_0)$ etc. anstelle von Kosten, Erlösen und Gewinnen. Diese beschreiben, wie sich die Produktionskosten, Erlöse, Gewinne etc. **durchschnittlich** bezogen auf die Änderung der Produktionsmenge x um eine „genügend kleine" Produktionseinheit ändern.

In der Praxis stellt sich aber nicht nur die Frage nach diesen Durchschnittswerten („Änderungsverhältnissen"), sondern auch die Frage, welche **absolute** Änderung des Wertes der jeweils betrachteten Funktion aus einer gegebenen Änderung der Anzahl der Produktionseinheiten resultiert.

Diese Frage können wir ebenfalls mithilfe der ersten Ableitung beantworten! Betrachten wir dazu die in Abb. 5.9 gemeinsam mit ihrer Tangente t im Punkt P_0 erneut dargestellte Kostenfunktion $K(x)$ für die Metallisierung von Flaschenetiketten.

Mit den Bezeichnungen aus Abb. 5.9 lässt sich unsere Frage so formulieren: Um welchen Wert ΔK ändert sich $K(x)$, wenn x von x_0 auf $x_0 + \Delta x$ geändert wird?

Wenn wir für $K(x)$ eine halbwegs einfache Funktionsgleichung vorliegen haben, können wir $x_0 + \Delta x$ einsetzen und $K(x_0 + \Delta x)$ zu berechnen versuchen. Mit Rückblick auf die weiter oben „per Hand" durchgeführte Berechnung von Differenzenquotienten erinnern wir uns daran, dass dies schon bei einfachen Funktionen ziemlich umständlich und fehlerträchtig sein kann. Daher wählen wir hier einen eleganteren Weg.

Die in Abb. 5.9 eingezeichnete Tangente $t = t(x)$ an den Graphen von $K(x)$ im Punkt $P_0 = (x_0, K(x_0))$ kann in einer nicht zu großen Umgebung von x_0 und damit für relativ kleine Δx als

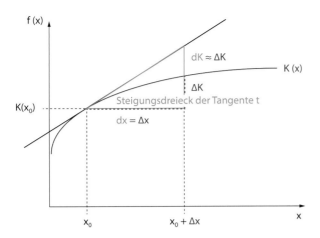

Abb. 5.9 Angenommene Kostenfunktion für die Metallisierung von Flaschen-etiketten mit zugehöriger Tangente t im Punkt P_0

Näherung für $K(x)$ betrachtet werden, da sie mit $K(x)$ im Punkt P_0 übereinstimmt ($P_0 = (x_0, K(x_0)) = (x_0, t(x_0))$) und dort die gleiche Steigung $K'(x_0)$ aufweist.

Entsprechend kann die aus der Änderung der Variablen x von x_0 auf $x_0 + \Delta x$ resultierende – und hier gesuchte – Änderung ΔK von $K(x)$ näherungsweise mit der Änderung dK der Tangenten-funktion gleichgesetzt werden: $\Delta K \approx dK$.

Der Wert von dK wiederum lässt sich aus Abb. 5.9 ermitteln: Das grün eingezeichnete Dreieck ist ein Steigungsdreieck der Tangente t. Die Steigung von t ist damit zum einen gleich dem Quotienten $\frac{dK}{dx}$ der sogenannten **Differenziale** dK und dx. Zum anderen ist die Steigung von t aber auch gleich $K'(x_0)$. Somit gilt $\frac{dK}{dx} = K'(x_0)$, und durch Multiplikation dieser Gleichung mit $dx (\neq 0)$ erhalten wir $dK = K'(x_0) \cdot dx$.

Das heißt: Die Funktion $K(x)$ ändert sich um den Wert $\Delta K \approx dK = K'(x_0) \cdot dx$, wenn x von x_0 auf $x_0 + \Delta x = x_0 + dx$ geändert wird. – Diese Überlegungen gelten nicht nur für die Kostenfunktion, sondern entsprechend auch für andere wirt-schaftswissenschaftliche Funktionen $f(x)$.

Über diese Betrachtung von Differenzialen schließt sich nun auch der Kreis zum Begriff **Differenzialquotient**, den wir am Anfang unserer Betrachtungen zur Differenzialrechnung einge-führt haben: Die Bezeichnung Differenzialquotient fußt darauf, dass die erste Ableitung $f'(x)$ der Funktion $f(x)$ gleich $\frac{df}{dx}$, also gleich dem Quotienten der Differenziale df und $dx (x \neq 0)$ ist!

In den Wirtschaftswissenschaften wird durchaus gerne mit Dif-ferenzialen gearbeitet. Als Beispiele seien die sogenannten „Elastizitäten" (s. Abschn. 5.8) erwähnt. Entsprechend stellt sich die Frage, ob es Rechenregeln für Differenziale gibt. Diese können wir bejahen. Tatsächlich lassen sich aufgrund des Zu-sammenhangs $df = f'(x) \cdot dx (dx \neq 0)$ Regeln für Differenziale ableiten, die den Regeln für das Differenzieren von Funktionen entsprechen. Konkret gilt u. a.:

$$y = \alpha \cdot g(x) \rightarrow dy = \alpha \cdot dg \quad (\alpha \in \mathbb{R}, \alpha \text{ fest})$$
$$y = g(x) + h(x) \rightarrow dy = dg + dh$$

$$y = g(x) \cdot h(x) \rightarrow dy = h \cdot dg + g \cdot dh$$
$$y = \frac{g(x)}{h(x)} \rightarrow dy = \frac{h \cdot dg - g \cdot dh}{h^2} \quad (h \neq 0).$$

Zusammenfassung

Die sogenannte **Marginalanalyse** einer wirtschaftswis-senschaftlichen Funktion $f(x)$ untersucht das Änderungs-verhalten von $f(x)$ im Falle einer geringfügigen (mar-ginalen) Änderung Δx unserer Variablen x von einem gegebenen Wert x_0 auf den Wert $x_0 + \Delta x$. Danach ist die **Grenzfunktion** $f'(x_0)$ näherungsweise gleich der **durch-schnittlichen** Änderung $\frac{\Delta f}{\Delta x}$ von $f(x)$ bezogen auf die Änderung von x um eine genügend kleine Einheit Δx von einem gegebenen Wert x_0 auf den Wert $x_0 + \Delta x$.

Umgekehrt gibt das **Differenzial** $df = f'(x_0) \cdot dx (dx \neq 0)$ für jedes x_0 im Definitionsbereich von $f(x)$ den **absoluten** Wert an, um wie viele Einheiten sich $f(x)$ näherungswei-se ändert, wenn x_0 um das beliebig kleine Differenzial $dx = \Delta x \neq 0$ geändert wird. Der Grund hierfür besteht darin, dass das Differenzial df die Änderung der Tangen-te in $P(x_0, f(x_0))$ an den Graphen von $f(x)$ beschreibt, wenn x_0 um $dx \neq 0$ geändert wird, und dass df für klei-nes dx ungefähr gleich der Änderung Δf der Funktion in $P(x_0, f(x_0))$ ist, wenn x_0 um $dx \neq 0$ geändert wird. Die-se Approximation von Δf durch df ist umso genauer, je kleiner $dx = \Delta x$ ist.

Aus dem Zusammenhang $df = f'(x) \cdot dx (dx \neq 0)$ zwi-schen den Differenzialen und der ersten Ableitung einer Funktion ergeben sich Regeln für Differenziale, die analog den Regeln für das Differenzieren von Funktionen sind. So gilt u. a.:

$$y = \alpha \cdot g(x) \rightarrow dy = \alpha \cdot dg \quad (\alpha \in \mathbb{R}, \alpha \text{ fest})$$
$$y = g(x) + h(x) \rightarrow dy = dg + dh$$
$$y = g(x) \cdot h(x) \rightarrow dy = h \cdot dg + g \cdot dh$$
$$y = \frac{g(x)}{h(x)} \rightarrow dy = \frac{h \cdot dg - g \cdot dh}{h^2} \quad (h \neq 0).$$

5.7 Kurvendiskussion – Was uns die Differenzialrechnung im Detail über die Eigenschaften von Funktionen verrät

Die bisherigen Darlegungen zur Differenzialrechnung waren darauf ausgerichtet, das Änderungsverhalten von Funktionen zu untersuchen. Tatsächlich gestattet uns die Differenzialrechnung aber auch, detailliertere Aussagen über das Verhalten wirt-schaftswissenschaftlicher Funktionen $f(x)$ zu treffen. So können wir mit ihrer Hilfe beispielsweise ermitteln, in welchen Berei-chen eine Funktion wächst oder fällt, wo sie ihre **Extremwerte**,

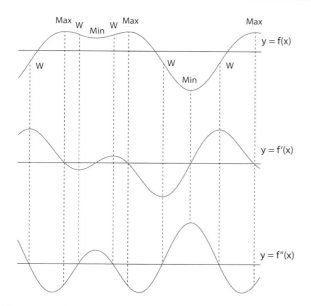

Abb. 5.10 Qualitative Darstellung des Verlaufs der Graphen von $f(x)$ und $f'(x)$ sowie $f''(x)$ mit zugehöriger Charakterisierung von ausgezeichneten Kurvenpunkten (lokale Extremwerte, Wendepunkte)

d. h. ihre kleinsten oder größten Werte annimmt (z. B. Kostenminimum oder -maximum), wo sie **Wendepunkte** besitzt etc. Bevor wir konkret in diese sogenannte **Kurvendiskussion** einsteigen können, machen wir uns grundlegende Zusammenhänge anhand der qualitativen Darstellung des Verlaufs der Graphen von $f(x)$ und $f'(x)$ sowie $f''(x)$ in Abb. 5.10 klar.

Als Erstes bewegen wir uns dazu auf dem Graphen von $f(x)$ von links nach rechts und betrachten die sogenannten lokalen Maxima *Max* und lokalen Minima *Min* der Kurve.

Die Funktion ist zunächst wachsend, d. h., die Kurve steigt an, ihre Steigung (= Tangentensteigung = erste Ableitung) ist positiv. Gleichwohl sehen wir, dass der Anstieg beständig abnimmt und den Wert null im ersten lokalen Maximum *Max* erreicht. *Achtung*: In diesem Fall gilt $f'(x) = 0$ und $f''(x) < 0$.

Danach ist $f(x)$ fallend, d. h., die Steigung (= Tangentensteigung = erste Ableitung) des Graphen ist negativ. Wir sehen aber, dass $f(x)$ immer weniger stark fällt und das Gefälle im ersten lokalen Minimum *Min* gleich null ist. *Achtung*: In diesem Fall gilt $f'(x) = 0$ und $f''(x) > 0$.

Jetzt steigt der Graph wieder bis zum nächsten lokalen Maximum *Max*, die Steigung ist positiv, wird im lokalen Maximum *Min* wieder gleich null und dann negativ. Die Betrachtungen wiederholen sich nun sinngemäß, bis wir den rechten Rand des Graphen erreicht haben.

Zum Zweiten bewegen wir uns noch einmal auf dem Graphen von $f(x)$ von links nach rechts und betrachten seine Wendepunkte *W*. Wir erkennen analog zu den Ausführungen zu Maxima und Minima, dass $f(x)$ dort Wendepunkte *W*, also einen Wechsel der Krümmung besitzt, wo $f'(x)$ Maxima bzw. Minima hat. *Achtung*: In diesen Fällen gilt $f''(x) = 0$ und $f'''(x) \neq 0$.

Abbildung 5.10 können weitere Details über die **Monotonie** von $f(x)$ (monoton steigend/ fallend) sowie über das **Krümmungsverhalten** (Rechtskrümmung/Linkskrümmung) entnommen werden. Diese fassen wir jetzt mit den obigen Resultaten zusammen.

Die Funktion $y = f(x)$ sei mindestens drei Mal differenzierbar. Dann gilt:

- $y = f(x)$ ist **monoton wachsend**, wenn $f'(x) \geq 0$ ist,
- $y = f(x)$ ist **monoton fallend**, wenn $f'(x) \leq 0$ ist,
- $y = f(x)$ ist **linksgekrümmt (konvex)**, wenn $f''(x) > 0$ ist,
- $y = f(x)$ ist **rechtsgekrümmt (konkav)**, wenn $f''(x) < 0$ ist.

Außerdem besitzt der Graph von $y = f(x)$ an der Stelle $x = x_0$

- ein **lokales Maximum**, wenn $f'(x_0) = 0$ und $f''(x_0) < 0$ ist,
- ein **lokales Minimum**, wenn $f'(x_0) = 0$ und $f''(x_0) > 0$ ist,
- einen **Wendepunkt**, wenn $f''(x_0) = 0$ und $f'''(x_0) \neq 0$ ist,
- einen **Sattelpunkt**, wenn $f'(x_0) = f''(x_0) = 0$ und $f'''(x_0) \neq 0$ ist.

Ein **Sattelpunkt** ist der Spezialfall eines Wendepunktes mit einer waagerechten Tangente. Da Abb. 5.10 keinen Sattelpunkt aufweist, wird dieser Fall hier noch einmal besonders vorgestellt (s. Abb. 5.11).

Anhand Abb. 5.10 können wir erkennen, dass eine Funktion $y = f(x)$ in ihrem Definitionsbereich mehrere lokale Maxima und lokale Minima besitzen kann. Die Frage nach dem größten bzw. kleinsten Wert von $y = f(x)$ im Definitionsbereich, also die Frage nach dem sogenannten **absoluten Maximum** bzw. nach dem **absoluten Minimum** von $y = f(x)$ im Definitionsbereich können wir beantworten, indem wir zunächst das lokale Maximum bzw. lokale Minimum mit dem größten bzw. kleinsten Wert von $f(x)$ auswählen und dann noch die

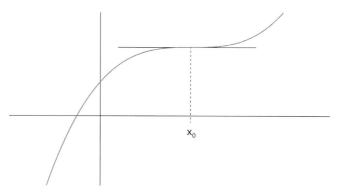

Abb. 5.11 Grafische Darstellung eines Sattelpunktes bei $x = x_0$

Kapitel 5

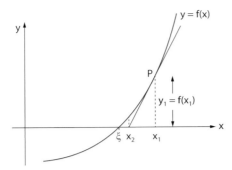

Abb. 5.12 Grafische Darstellung des Newton'schen Näherungsverfahrens (Tangentenverfahren)

Werte von $f(x)$ an den beiden Enden des Definitionsbereiches betrachten (wirtschaftswissenschaftliche Funktionen haben in der Regel einen begrenzten Definitionsbereich, obwohl das selten explizit erwähnt wird). Der größte dieser Funktionswerte ist das absolute Maximum, der kleinste das absolute Minimum von $f(x)$. Wenn ein derartiger Extremwert am Rande des Definitionsbereiches liegt, sprechen wir von einem **Randmaximum** oder einem **Randminimum**. Das absolute Maximum oder Minimum einer Funktion in ihrem Definitionsbereich kann demnach ein lokales Maximum oder Minimum oder ein Randmaximum oder -minimum sein.

Damit ist mit einer Ausnahme das hier vorgesehene Rüstzeug für detailliertere **Kurvendiskussionen** bereitgestellt. Diese Ausnahme besteht darin, dass es im Falle komplizierterer Funktionen $y = f(x)$ keinen einfachen, uns bekannten Weg zur Bestimmung der Nullstellen der Funktion, d. h. zur Lösung der Gleichung $f(x) = 0$ zu geben braucht. In derartigen Situationen können wir aber versuchen, Näherungslösungen für die Nullstellen zu finden. Hierfür gibt es mit dem sogenannten **Newton'schen Näherungsverfahren** ein sehr hilfreiches Instrument. Dieses auch als **Tangentenverfahren** bekannte Werkzeug möchten wir Ihnen jetzt vorstellen. Am einfachsten geht das anhand einer Skizze. Betrachten wir dazu Abb. 5.12.

Wir nehmen an, dass die darin dargestellte Funktion $y = f(x)$ die Nullstelle $x = \xi$ besitzt, dass also $f(\xi) = 0$ ist, und dass wir diese Nullstelle nicht mit elementaren Methoden berechnen können.

Aus Abb. 5.12 können wir ablesen, dass $x = x_1$ als Näherungswert für ξ betrachtet werden kann. Jetzt bestimmen wir $y_1 = f(x_1)$ und erhalten so den Punkt $P = (x_1, f(x_1))$. Wir legen die Tangente durch P an den Graphen von $f(x)$. Diese schneidet die x-Achse bei $x = x_2$. In der Regel ist $x = x_2$ ein besserer Näherungswert für ξ als x_1. Nun setzen wir das Verfahren in gleicher Weise mit x_2 anstelle von x_1 fort und erhalten eine weitere Näherung x_3. Danach bestimmen wir $x_4, x_5, \cdots$ und erhalten so iterativ weitere Näherungswerte für ξ. Abbildung 5.12 deutet bereits an, dass die x_n normalerweise sehr rasch gegen die gesuchte Nullstelle $x = \xi$ streben, d. h., dass x_n für größer werdendes $n = 1, 2, 3, \cdots$ immer besser mit der tatsächlichen Nullstelle $x = \xi$ übereinstimmt.

Neben dieser grafischen Veranschaulichung des Verfahrens liefert Abb. 5.12 auch einen Weg, die x_n rechnerisch zu ermitteln. Aus unserem Einführungsabschnitt bezüglich Funktionen kennen wir die Punkt-Richtungs-Form der Geradengleichung. Danach lässt sich die Tangente im Punkt $P = (x_1, f(x_1))$ in der Gestalt

$$y - f(x_1) = m \cdot (x - x_1) \tag{5.6}$$

schreiben, wobei m die Steigung dieser Tangente ist. Nun ist diese Steigung wiederum gleich der ersten Ableitung von $f(x)$ für $x = x_1$, also $m = f'(x_1)$. Damit erhalten wir aus (5.6)

$$y - f(x_1) = f'(x_1) \cdot (x - x_1). \tag{5.6'}$$

Bei x_2 handelt es sich um eine Nullstelle der Tangente. Wenn wir $x = x_2$ in (5.6') einsetzen, dürfen wir damit auch $y = 0$ setzen und erhalten

$$0 - f(x_1) = f'(x_1) \cdot (x_2 - x_1) \tag{5.6''}$$

bzw.

$$-f(x_1) = f'(x_1) \cdot (x_2 - x_1). \tag{5.6'''}$$

Diese Gleichung lösen wir nun nach dem Näherungswert x_2 für den gesuchten Wert ξ auf, indem wir beide Seiten zunächst durch $f'(x_1)$ dividieren – hierbei müssen wir $f'(x_1) \neq 0$ annehmen, was aber auch zur Situation in Abb. 5.12 passt, da die Tangente durch P ja keine Parallele zur x-Achse ist – und dann auf beiden Seiten x_1 addieren. Wir erhalten:

$$x_2 = x_1 - \frac{f(x_1)}{f'(x_1)}. \tag{5.6''''}$$

Führen wir diese Rechnung für x_3 durch, erhalten wir analog

$$x_3 = x_2 - \frac{f(x_2)}{f'(x_2)}. \tag{5.6'''''}$$

Daraus können wir $x_4 = x_3 - \frac{f(x_3)}{f'(x_3)}$ und $x_5 = x_4 - \frac{f(x_4)}{f'(x_4)}$ sowie sukzessive nach der allgemeinen Rechenvorschrift

$$x_{n+1} = x_n - \frac{f(x_n)}{f'(x_n)} \quad (n = 1, 2, 3, \cdots) \tag{5.7}$$

weitere, immer bessere Näherungswerte für die gesuchte Nullstelle ξ berechnen.

Dieses Näherungsverfahren kann unbedenklich angewendet werden, wenn $f'(x) \neq 0$ in einer passenden Umgebung von ξ gilt (dann ist die Division durch $f'(x_n)$ erlaubt). Es führt besonders schnell zum Ziel, wenn der Graph von $f(x)$ die x-Achse sehr steil in ξ schneidet. In diesem Fall sind nämlich die Tangenten in Abb. 5.12 mit den Nullstellen $x_2, x_3, \cdots$ ebenfalls sehr steil und damit die Abstände zwischen den $x_2, x_3, \cdots$ sehr schnell sehr klein.

Das Newton'sche Näherungsverfahren setzt einen bereits möglichst gut gewählten Näherungswert x_1 als Startwert voraus. Hier kann es Schwierigkeiten geben. Wählt man x_1 „blind", kann es zu Überraschungen kommen. Die x_n brauchen dann gar keine Näherung für ξ zu liefern! Einen geeigneten Startwert x_1

Tab. 5.2 Wertetabelle

x	-4	-3	-2	-1	0	1	2	3	4	5
$f(x)$	-1016	490	656	292	-200	-706	-1280	-2024	-2968	-3950

können wir finden, indem wir eine Wertetabelle zu $f(x)$ anlegen und den Graphen von $f(x)$ danach in ein Koordinatensystem eintragen.

Wie jedes Iterationsverfahren ist das Newton'sche Näherungsverfahren besonders computertauglich. Die Rechenvorschrift wird ständig wiederholt und kann als Programmschleife realisiert werden. Man bricht den Rechenprozess ab, wenn sich im Rahmen der gewählten Genauigkeit bei den x_n keine Änderungen mehr ergeben. Einzige Schwierigkeit: die bereits angesprochene geeignete Wahl der ersten Näherung x_1.

Das **Newton'sche Näherungsverfahren (Tangentenverfahren)** ist eine iterative Methode zur (näherungsweisen) Lösung von Gleichungen der Gestalt $f(x) = 0$. Dabei wird $y = f(x)$ als differenzierbar vorausgesetzt und die gesuchte Lösung mit ξ bezeichnet (es gelte also $f(\xi) = 0$). Ausgehend von einem in der Regel noch groben Näherungswert x_1 für ξ wird sukzessive eine Folge von Zahlen $x_2, x_3, \cdots$ nach der allgemeinen Vorschrift

$$x_{n+1} = x_n - \frac{f(x_n)}{f'(x_n)} \ (n = 1, 2, 3, \cdots)$$

berechnet. Unter den Voraussetzungen, dass $f'(x) \neq 0$ in einer passenden Umgebung von ξ ist und dass x_1 hinreichend dicht bei ξ liegt, nähern sich die x_n mit wachsendem n der gesuchten Nullstelle ξ an.

Beispiel

Gesucht ist eine Nullstelle der Funktion

$$f(x) = x^5 - 7x^4 - 500x - 200.$$

Es handelt sich um ein Polynom fünften Grades, dem man die Nullstellen auch nicht durch Ausklammern entlocken kann. Wir bemühen also das Newton'sche Näherungsverfahren. Zunächst benötigen wir zu dessen Anwendung folgende Informationen:

1. einen Startwert und
2. die Funktionsgleichung, deren Ableitung und die Iterationsvorschrift.

Um einen Startwert zu finden, legen wir eine kleine Wertetabelle (s. Tab. 5.2) an.

An den Vorzeichenwechseln der Funktionswerte $f(x)$ erkennen wir schon zwei Intervalle, die Nullstellen enthalten müssen: das Intervall $[-4, -3]$ und das Intervall $[-1, 0]$.

Für unser Beispiel wählen wir das zweite Intervall, und als Startwert für das Newton-Verfahren nutzen wir -1.

Die Iterationsvorschrift lautet

$$x_{n+1} = x_n - \frac{f(x_n)}{f'(x_n)} (n = 1, 2, 3, \cdots).$$

Wir setzen nun die Funktion sowie deren erste Ableitung ein

$$x_{n+1} = x_n - \frac{x_n^5 - 7x_n^4 - 500x_n - 200}{5x_n^4 - 28x_n^3 - 500} \ (n = 1, 2, 3, \cdots)$$

und zeigen die Anwendung des Newton'schen Näherungsverfahrens anhand der ersten drei Iterationsschritte:

1. **Wert in Iterationsvorschrift einsetzen**
   Wir beginnen hier mit dem Startwert -1.

   $$x_2 = -1 - \frac{(-1)^5 - 7 \cdot (-1)^4 - 500 \cdot (-1) - 200}{5 \cdot (-1)^4 - 28 \cdot (-1)^3 - 500}$$

   $$x_2 = -1 - \frac{(-1) - 7 + 500 - 200}{5 + 28 - 500}$$

   $$x_2 = -1 - \frac{292}{-467}$$

   $$x_2 = -\frac{175}{467} \approx -0{,}37473.$$

2. **Ergebnis der Berechnung auf Genauigkeit prüfen**
   Wir müssen die Frage klären, inwieweit sich der Wert geändert hat, d. h. inwieweit sich x_1 und x_2 voneinander unterscheiden. Wir sehen, dass unser Iterationswert von -1 auf $-0{,}37473$ gewachsen ist. Die Differenz zwischen x_1 und x_2 ist noch recht groß. Damit liegt der Schluss nahe, dass sich ein weiterer Iterationschritt lohnt, da wir noch nicht nahe genug an der gesuchten Nullstelle sind.

3. **Einsetzen des Ergebnisses in die Iterationsvorschrift**
   Wir nutzen $-0{,}37473$ als neuen (besseren) Startwert des Verfahrens und wenden damit die Iterationsvorschrift an.

Hier erhalten wir:

$$x_2 = -1$$

$$- \frac{(-0{,}37473)^5 - 7 \cdot (-0{,}37473)^4 \cdots}{5 \cdot (-0{,}37473)^4 - 28 \cdot (-0{,}37473)^3 - 500}$$

$$\cdots \frac{\cdots - 500 \cdot (-0{,}37473) - 200}{5 \cdot (-0{,}37473)^4 - 28 \cdot (-0{,}37473)^3 - 500}$$

$$x_2 = -0{,}40037.$$

Kapitel 5

Tab. 5.3 Ergebnisse der nächsten Iterationsschritte

Nr.	x_n bzw. x_{n+1}	$f(x_n)$	$f'(x_n)$	$\frac{f(x_n)}{f'(x_n)}$	x_{n+1}
0	$-1{,}00000$	$292{,}00000$	$-467{,}00000$	$-0{,}62527$	$-0{,}37473$
1	$-0{,}37473$	$-12{,}77926$	$-498{,}42800$	$0{,}02564$	$-0{,}40037$
2	$-0{,}40037$	$-0{,}00443$	$-498{,}07453$	$0{,}00001$	$-0{,}40038$
3	$-0{,}40038$	$0{,}00000$	$-498{,}07440$	$0{,}00000$	$-0{,}40038$
4	$-0{,}40038$	$0{,}00000$	$-498{,}07440$	$0{,}00000$	$-0{,}40038$

Die Tab. 5.3 zeigt die Ergebnisse der nächsten Iterationsschritte.

Wir sehen in der linken Spalte die Ergebnisse jedes Iterationsschrittes. Bereits vom 3. auf den 4. Schritt ändert sich der Wert von $x_3 = -0{,}40037$ auf $x_4 = -0{,}40037$ nicht mehr. Offenbar haben wir die Nullstelle auf fünf Dezimalstellen genau bestimmt, und wir können das Verfahren hier abbrechen. ◀

Gut zu wissen

Wie das obige Beispiel zeigt, ist das Newton'sche Näherungsverfahren sehr rechenaufwendig. In der Praxis wird das Verfahren daher mittels PC-Programmen angewendet. Auch wenn dies nicht immer offensichtlich ist: Das Newton'sche Näherungsverfahren ist eines der am meisten benutzten Näherungsverfahren! ◀

Nun haben wir den Werkzeugkoffer für Kurvendiskussionen beieinander! Für eine hinreichend oft differenzierbare wirtschaftswissenschaftliche Funktion erlaubt er u. a., Angaben zum Verlauf ihres Graphen zu treffen und markante Kurvenpunkte (Nullstellen, Extremwerte, Wendepunkte) zu bestimmen. Der nachstehende Katalog enthält die bei einer Kurvendiskussion üblichen Fragestellungen.

Bei der **Kurvendiskussion** wird eine hinreichend oft differenzierbare Funktion $y = f(x)$ auf charakteristische Merkmale hin untersucht, um einen Überblick über den Verlauf des Graphen zu gewinnen und diesen skizzieren zu können.

Folgende Gesichtspunkte sollten bei einer Kurvendiskussion berücksichtigt werden:

- Feststellung des Definitionsbereichs $\mathbb{D}(f)$,
- Untersuchung auf Symmetrieeigenschaften (gerade oder ungerade Funktion),
- Untersuchung auf Periodizität (eine periodische Funktion braucht nur für den Bereich eines Periodenintervalls diskutiert zu werden),
- Nullstellen (Lösung der Gleichung $f(x) = 0$),
- Polstellen (u. a. ein Charakteristikum gebrochen rationaler Funktionen),
- asymptotisches Verhalten für $x \to \pm\infty$ (gegebenenfalls auch an den Randpunkten von $\mathbb{D}(f)$),

- lokale Extremwerte (Lösung der Gleichung $f'(x) = 0$ und Entscheidung über die Natur der Kurvenpunkte mithilfe der zweiten Ableitung gemäß dem vorangehenden Rüstzeug),
- Wendepunkte (Lösung der Gleichung $f''(x) = 0$, gegebenenfalls Prüfung des Ergebnisses mithilfe der dritten Ableitung).

Ergänzend kann es hilfreich sein, einige leicht berechenbare Funktionswerte zu bestimmen und in einer Wertetabelle zu notieren – insbesondere den Wert $f(0)$, der den Schnittpunkt des Graphen von $f(x)$ mit der y-Achse markiert (falls $x = 0$ zu $\mathbb{D}(f)$ gehört).

Zusammenfassung

Die Funktion $y = f(x)$ sei mindestens drei Mal differenzierbar. Dann gilt:

- $y = f(x)$ ist **monoton wachsend**, wenn $f'(x) \geq 0$ ist,
- $y = f(x)$ ist **monoton fallend**, wenn $f'(x) \leq 0$ ist,
- $y = f(x)$ ist **linksgekrümmt (konvex)**, wenn $f''(x) > 0$ ist,
- $y = f(x)$ ist **rechtsgekrümmt (konkav)**, wenn $f''(x) < 0$ ist.

Außerdem besitzt der Graph von $y = f(x)$ an der Stelle $x = x_0$

- ein **lokales Maximum**, wenn $f'(x_0) = 0$ und $f''(x_0) < 0$ ist,
- ein **lokales Minimum**, wenn $f'(x_0) = 0$ und $f''(x_0) > 0$ ist,
- einen **Wendepunkt**, wenn $f''(x_0) = 0$ und $f'''(x_0) \neq 0$ ist,
- einen **Sattelpunkt**, wenn $f'(x_0) = f''(x_0) = 0$ und $f'''(x_0) \neq 0$ ist.

Das **Newton'sche Näherungsverfahren (Tangentenverfahren)** ist eine iterative Methode zur (näherungsweisen) Lösung von Gleichungen der Gestalt $f(x) = 0$. Dabei wird $y = f(x)$ als differenzierbar vorausgesetzt und die gesuchte Lösung mit ξ bezeichnet (es gelte also $f(\xi) = 0$). Ausgehend von einem in der Regel noch groben Näherungswert x_1 für ξ, wird sukzessive eine Folge von Zahlen $x_2, x_3, \cdots$ nach der allgemeinen Vorschrift

$$x_{n+1} = x_n - \frac{f(x_n)}{f'(x_n)} \quad (n = 1, 2, 3, \cdots)$$

Kapitel 5

berechnet. Unter den Voraussetzungen, dass $f'(x) \neq 0$ in einer passenden Umgebung von ξ ist und dass x_1 hinreichend dicht bei ξ liegt, nähern sich die x_n mit wachsendem n der gesuchten Nullstelle ξ an.

Bei der **Kurvendiskussion** wird eine hinreichend oft differenzierbare Funktion $y = f(x)$ auf charakteristische Merkmale hin untersucht, um einen Überblick über den Verlauf des Graphen zu gewinnen und diesen skizzieren zu können.

Folgende Gesichtspunkte sollten bei einer Kurvendiskussion berücksichtigt werden:

- Feststellung des Definitionsbereichs $\mathbb{D}(f)$,
- Untersuchung auf Symmetrieeigenschaften (gerade oder ungerade Funktion),
- Untersuchung auf Periodizität (eine periodische Funktion braucht nur für den Bereich eines Periodenintervalls diskutiert zu werden),
- Nullstellen (Lösung der Gleichung $f(x) = 0$),
- Polstellen (u. a. ein Charakteristikum gebrochen rationaler Funktionen),
- asymptotisches Verhalten für $x \to \pm\infty$ (gegebenenfalls auch an den Randpunkten von $\mathbb{D}(f)$),
- lokale Extremwerte (Lösung der Gleichung $f'(x) = 0$ und Entscheidung über die Natur der Kurvenpunkte mithilfe der zweiten Ableitung gemäß dem vorangehenden Rüstzeug),
- Wendepunkte (Lösung der Gleichung $f''(x) = 0$, gegebenenfalls Prüfung des Ergebnisses mit Hilfe der dritten Ableitung).

Ergänzend kann es hilfreich sein, einige leicht berechenbare Funktionswerte zu bestimmen und in einer Wertetabelle zu notieren – insbesondere den Wert $f(0)$, der den Schnittpunkt des Graphen von $f(x)$ mit der y-Achse markiert (falls $x = 0$ zu $\mathbb{D}(f)$ gehört).

Lassen Sie uns unseren Werkzeugkasten nun anhand einiger ökonomischer Funktionen einsetzen!

─────────────── **Aufgabe 5.9** ───────────────

Die Firma *Veggiefresh* beliefert Restaurants mit Frischgemüse, das sie selbst anbaut und erntet. Sie verkauft ihr Gemüse mit einem Gewinn, der der Funktion $G(x) = -4x^2 + 80x$ folgt (mit x als verkaufter Gemüsemenge). Lassen Sie uns diese Funktion diskutieren. Wir beginnen mit den Ableitungen:

$$G'(x) = -8x + 80$$
$$G''(x) = -8$$
$$G'''(x) = 0\,.$$

Nun zu den einzelnen Untersuchungskriterien:

- **Definitionsbereich:** Die Funktion $G(x)$ ist rein mathematisch betrachtet für alle reellen Zahlen x definiert. Allerdings können die verkauften Gemüsemengen nichtnegativ sein. Daher ist $\mathbb{D}(G) = \{x : x \geq 0\}$.
- **Symmetrieeigenschaften:** Wir wissen bereits aus Kap. 4, dass $G(x)$ eine nach unten geöffnete Parabel mit der Symmetrieachse $x = 10$ (Parallele zur y-Achse durch $x = 10$) ist. Das ist gleichbedeutend mit $G(10 + a) = G(10 - a)$ für jede Zahl $a \geq 0$. So gilt beispielsweise für $a = 5$: $G(10 + a) = G(15) = 300$ und $G(10 - 5) = G(5) = 300$.
- **Periodizität:** Quadratische Funktionen sind nicht periodisch.
- **Nullstellen:** Es gilt $G(x) = 0 \Leftrightarrow -4x^2 + 80x = 0 \Leftrightarrow x \cdot (-4x + 80) = 0$. Damit ist $G(x) = 0$ für $x_1 = 0$ bzw. für $x_2 = 20$. *Veggiefresh* macht also nur dann Gewinn, wenn die verkaufte Gemüsemenge x zwischen 0 und 20 Verkaufseinheiten liegt: $0 \leq x \leq 20$. Daher ist es sinnvoll, den ursprünglichen Definitionsbereich $\mathbb{D}(G) = \{x : x \geq 0\}$ entsprechend einzuschränken: $\mathbb{D}(G) = \{x : 0 \leq x \leq 20\}$.
- **Polstellen:** Quadratische Funktionen haben keine Polstellen.
- **Asymptotisches Verhalten:** Quadratische Funktionen zeigen kein asymptotisches Verhalten.

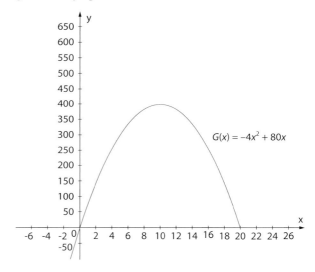

Abb. 5.13 Graph der Gewinnfunktion $G(x) = -4x^2 + 80x$

- **Lokale Extremwerte:** Wir wissen, dass die Gewinnfunktion ihr Maximum für $x = 10$ hat. Dies können wir hier bestätigen: Im Falle $x = 10$ ist $G'(x) = G'(10) = -80 + 80 = 0$ und $G''(x) = G''(10) = -8 < 0$. Damit sind die Bedingungen für ein lokales Maximum bei $x = 10$ erfüllt. Dies ist zugleich ein absolutes Maximum, da $G(x)$ in $\mathbb{D}(G) = \{x : 0 \leq x \leq 20\}$ genau nur dieses eine lokale Maximum besitzt und bei $x_1 = 0$ sowie bei $x_2 = 20$ Nullstellen und damit keine Randmaxima vorliegen.
- **Wendepunkte:** Quadratische Funktionen haben keine Wendepunkte.

Zur Erinnerung zeigt Abb. 5.13 den Graphen der betrachteten Funktion.

Kapitel 5

Aufgabe 5.10

Aus wirtschaftswissenschaftlicher Sicht bedeuten die Ergebnisse zu Nullstellen und lokalen Extremwerten aus Aufgabe 5.9, dass die Firma *Veggiefresh* nur dann einen Gewinn erzielt, wenn die verkaufte Gemüsemenge x zwischen 0 und 20 Einheiten liegt, und dass dieser Gewinn für die verkaufte Gemüsemenge $x = 20$ Einheiten maximal ist.

Die Firma *Veggiefresh* bedient sich eines Gewächshauses. Der Betrieb des Gewächshauses setzt eine minimale Außentemperatur von $-1{,}5\,°C$ voraus. Die Kosten K für den Betrieb des Gewächshauses (in Geldeinheiten) sind von der Außentemperatur t abhängig: $K = K(t)$. Bauartbedingt gilt:

$$K(t) = \frac{2t + 3}{t^2 + 1}.$$

Wir wollen den vorangehenden Katalog von Fragen zur Kurvendiskussion systematisch durcharbeiten und die Ergebnisse wirtschaftswissenschaftlich diskutieren! Es empfiehlt sich, zunächst die Ableitungen von $K(t)$ zu bilden. Unter Anwendung der Quotienten- und der Kettenregel erhalten wir:

$$K'(t) = \frac{2 \cdot (t^2 + 1) - 2t \cdot (2t + 3)}{(t^2 + 1)^2}$$

$$= \frac{2t^2 + 2 - 4t^2 - 6t}{(t^2 + 1)^2}$$

$$= (-2) \cdot \frac{t^2 + 3t - 1}{(t^2 + 1)^2}$$

$$K''(t) = (-2) \cdot \frac{(2t + 3) \cdot (t^2 + 1)^2}{(t^2 + 1)^4}$$

$$\frac{-4t \cdot (t^2 + 1) \cdot (t^2 + 3t - 1)}{(t^2 + 1)^4}$$

$$= (-2) \cdot \frac{(2t + 3) \cdot (t^2 + 1) - 4t \cdot (t^2 + 3t - 1)}{(t^2 + 1)^3}$$

$$= (-2) \cdot \frac{-2t^3 - 9t^2 + 6t + 3}{(t^2 + 1)^3}$$

$$= 2 \cdot \frac{2t^3 + 9t^2 - 6t - 3}{(t^2 + 1)^3}$$

$$K'''(t) = 2 \cdot \frac{(6t^2 + 18t - 6) \cdot (t^2 + 1)^3 - 6t \cdot (t^2 + 1)^2}{(t^2 + 1)^6}$$

$$\frac{-6t \cdot (t^2 + 1)^2 \cdot (2t^3 + 9t^2 - 6t - 3)}{(t^2 + 1)^6}$$

$$= 2 \cdot \frac{(6t^2 + 18t - 6) \cdot (t^2 + 1) - 6t \cdot (2t^3 + 9t^2 - 6t - 3)}{(t^2 + 1)^4}$$

$$= 2 \cdot \frac{-6t^4 - 36t^3 + 30t^2 + 36t - 6}{(t^2 + 1)^4}$$

$$= (-12) \cdot \frac{t^4 + 6t^3 - 5t^2 - 6t + 1}{(t^2 + 1)^4}.$$

Nun zu unserem Katalog:

- **Definitionsbereich:** Die Funktion $K(t)$ ist rein mathematisch betrachtet für alle reellen Zahlen t definiert. Da wir eine minimale Außentemperatur von $-1{,}5\,°C$ für den Betrieb des Gewächshauses voraussetzen, ist aber nur $t \geq -1{,}5$ sinnvoll. Die obere Grenze des Definitionsbereichs $\mathbb{D}(K)$ ergibt sich aus der maximal möglichen Außentemperatur des Gewächshauses. Diese nehmen wir abhängig von der Sonneneinstrahlung mit $70\,°C$ an. Damit ist $\mathbb{D}(K) = \{t : -1{,}5 \leq t \leq 70\}$.

- **Symmetrieeigenschaften:** Anhand einiger Zahlenbeispiele können wir feststellen, dass die Funktion $K(t)$ keine erkennbaren Symmetrieeigenschaften besitzt. Beispielsweise ist $K(-1) = -\frac{1}{2}$ und $K(1) = \frac{5}{2}$, weswegen $K(t)$ weder eine gerade noch eine ungerade Funktion ist.

- **Periodizität:** Ebenfalls zeigen einige Zahlenbeispiele, dass die Funktion nicht periodisch ist, dass sich die Funktionswerte also nicht nach einer festen Periode T wiederholen (es gibt kein festes T, sodass $K(t) = K(t + T)$ für alle $t \in \mathbb{D}(K)$ gilt).

- **Nullstellen:** Die Funktion $K(t)$ kann nur dort Nullstellen haben, wo der Zähler gleich null ist: $K(t_0) = 0 \Leftrightarrow 2t_0 + 3 = 0 \Leftrightarrow t_0 = -1{,}5$. Da $t_0 \in \mathbb{D}(K)$ ist, heißt dies, dass unsere Funktion eine einzige Nullstelle besitzt.

- **Polstellen:** Da der Nenner von $K(t)$ wegen $t^2 + 1 > 0$ für alle $t \in \mathbb{D}(K)$ positiv ist, hat $K(t)$ keine Polstellen (diese können nur bei Nullstellen des Nenners liegen).

- **Asymptotisches Verhalten:** Auch wenn $K(t)$ wirtschaftswissenschaftlich nur für t mit $-1{,}5 \leq t \leq 70$ sinnvoll definiert ist, können wir $K(t)$ mathematisch für $t \in \mathbb{R}$ betrachten und das Verhalten für $t \to \pm\infty$ untersuchen. Da $t^2 + 1$ für $t \to \pm\infty$ „schneller" gegen $+\infty$ geht als $2t + 3$ gegen $\pm\infty$, gilt $\lim_{t \to \pm\infty} K(t) = 0$. Für $t \to \pm\infty$ ist die x-Achse Asymptote.

- **Lokale Extremwerte:** Diese können – wenn überhaupt – nur dort liegen, wo $K'(t) = 0$ ist. Wegen $K'(t) = (-2) \cdot \frac{t^2 + 3t - 1}{(t^2 + 1)^2}$ kann das nur dort sein, wo $t^2 + 3t - 1 = 0$ ist. Mithilfe der p-q-Formel können wir diese quadratische Gleichung lösen und erhalten $t_{1,2} = -\frac{3}{2} \pm \sqrt{\frac{9}{4} + 1} = -\frac{3}{2} \pm \sqrt{\frac{13}{4}} = -\frac{3}{2} \pm \frac{1}{2} \cdot \sqrt{13}$ bzw. $t_1 \approx 0{,}30277$ und $t_2 \approx -3{,}30277$. Da $t_2 < -1{,}5$ ist und t_2 damit nicht zum Definitionsbereich $\mathbb{D}(K)$ gehört, kann ein lokaler Extremwert höchstens nur für $t_1 \approx 0{,}30277$ vorliegen. Einsetzen von $t_1 \approx 0{,}30277$ in die zweite Ableitung $K''(t)$ liefert $K''(t_1) \approx -6{,}05 < 0$. Damit besitzt $K(t)$ im Punkt $P_1 = (t_1, K(t_1)) \approx (0{,}30277, 3{,}30)$ ein lokales Maximum (Achtung: $K(t_1) \approx K(0{,}30277) \approx 3{,}30$). – Aufgrund von $K(t) \geq 0$ für $t \in \mathbb{D}(K)$ sowie $K(-1{,}5) = 0$ und $K(t) \to 0$ für $t \to +\infty$ hat $K(t)$ keine Randmaxima. Damit ist das lokale Maximum zugleich absolutes Maximum von $K(t)$.

- **Wendepunkte:** Wir müssen nach den Stellen suchen, für die $K''(t) = 0$ ist, und anhand der dritten Ableitung analysieren, ob dort Wendepunkte vorliegen und wie sich das Krümmungsverhalten gegebenenfalls ändert. Die Bedingung $K''(t) = 0$ ist nur dort erfüllt, wo $2t^3 + 9t^2 - 6t - 3 = 0$ ist. Diese Gleichung lösen wir mit dem Newton'schen

Näherungsverfahren. Wegen $2t^3 + 9t^2 - 6t - 3 = -3$ für $t = 0$ und $2t^3 + 9t^2 - 6t - 3 = 2$ für $t = 1$ kann man vermuten, dass der Graph von $K''(t)$ die t-Achse zwischen $t = 0$ und $t = 1$ schneidet, dass also $K''(t)$ eine Nullstelle zwischen $t = 0$ und $t = 1$ besitzt. Wir wählen daher $t_1 = 0,8$ als Startwert für das Newton'sche Näherungsverfahren. Damit ergeben sich $t_2 = t_1 - \frac{f(t_1)}{f'(t_1)} = 0,8 - \frac{f(0,8)}{f'(0,8)} \approx 0,88$ als zweite sowie $t_3 \approx 0,88 - \frac{f(0,88)}{f'(0,88)} \approx 0,876$ und $t_4 \approx 0,876 - \frac{f(0,876)}{f'(0,76)} \approx 0,876$ als dritte und vierte Näherung (Empfehlung: Rechnen Sie zur Übung nach). Wir setzen $t_4 \approx 0,876$ in die dritte Ableitung ein und erkennen $K'''(t_4) = (-12) \cdot \frac{0,876^4 + 6 \cdot 0,876^3 - 5 \cdot 0,876^2 - 6 \cdot 0,876 + 1}{(0,876^2 + 1)^4} \neq 0$. Damit hat $K(t)$ für $t \approx 0,876$ einen Wendepunkt. Ähnlich können wir feststellen, dass $K(t)$ für $t \approx -0,34$ sowie für $t \approx -5,04$ Wendepunkte besitzt. Von diesen drei Wendepunkten liegt der für $t \approx -5,04$ wegen $-5,04 < -1,5$ jedoch nicht mehr im Definitionsbereich $\mathbb{D}(K)$.

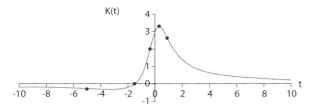

Abb. 5.14 Grafische Darstellung der Funktion $K(t) = \frac{2t+3}{t^2+1}$ für $t \in \mathbb{R}$

Nach Bedarf können wir nun noch einige Werte $K(t)$ für vorgegebene $t \in \mathbb{D}(K)$ bzw. $t \in \mathbb{R}$ berechnen und diese in eine Wertetabelle eintragen, um schließlich den Verlauf des Graphen von $K(t)$ zeichnen zu können. Diese Wertetabelle überlassen wir Ihnen zur Übung. Stattdessen gehen wir gleich zum Ergebnis in Abb. 5.14 über.

Wir durchlaufen die Kurve im Sinne der positiven t-Richtung. Bei großen negativen t-Werten beginnend besitzt die Kurve zunächst eine schwache Rechtskrümmung (um sich für $t \to -\infty$ der negativen t-Achse anschmiegen zu können). Bei $t \approx -5,04$ liegt ein Wendepunkt. Die Kurve geht in eine Linkskrümmung über, erreicht bei $t \approx -3,30$ ein schwach ausgeprägtes Minimum, schneidet die t-Achse im Punkt $(-1,5, 0)$ und hat bei $t \approx -0,34$ den nächsten Wendepunkt. Danach ist die Kurve wieder rechts gekrümmt, schneidet im Punkt $(0, 3)$ die y-Achse und erreicht ihr Maximum bei $t \approx 0,30$. Der letzte Wendepunkt liegt bei $t \approx 0,87$. Anschließend schmiegt sich die Kurve mit Linkskrümmung immer mehr der positiven t-Achse an. Wir sehen außerdem, dass $K(t)$ für $-1,5 \leq t \leq 0,30277$ monoton steigend und für $t \geq 0,30277$ monoton fallend ist. Wirtschaftswissenschaftlich betrachtet erkennen wir insbesondere, dass *Veggiefresh* im Falle $t \approx 0,30$ die höchsten Betriebskosten für das Gewächshaus kalkulieren muss, dass diese im Bereich zwischen $-1,5$ und $\approx 0,30$ relativ stark steigen und dann mit zunehmender Außentemperatur deutlich, aber etwas

weniger stark sinken und gegen null gehen. Etwa für $t \geq 10$ scheint ein recht kostengünstiger Betrieb des Gewächshauses möglich.

Beispiel

Betrachten wir nun noch die Produktionsfunktion $X(r) = -\frac{1}{5}r^5 + 4r^4$. Diese beschreibe die ausgebrachte Menge X, die ein Unternehmen mithilfe der Einsatzmenge r eines vorgegebenen Produktionsfaktors erzeugen kann. Wir interessieren uns für das absolute Maximum der ausgebrachten Menge in Abhängigkeit von der Einsatzmenge. Diese Frage ist gleichbedeutend mit der Suche nach Extremwerten der Funktion. Zur Beantwortung benötigen wir die Ableitungen von $X(r)$:

$$X'(r) = -r^4 + 16r^3,$$
$$X''(r) = -4r^3 + 32r^2,$$
$$X'''(r) = -12r^2 + 34r.$$

Außerdem ist es zur Beantwortung der Frage notwendig, den Definitionsbereich von $X(r)$ zu ermitteln: Die Funktion $X(r)$ ist rein mathematisch betrachtet für alle reellen Zahlen r definiert. Sinnvollerweise kann aber weder die Einsatzmenge r noch die ausgebrachte Menge $X(r)$ negativ sein. Daher ist $X(r)$ nur für die r mit $X(r) \geq 0$ und $r \geq 0$ zweckmäßig. Um diesen Bereich zu bestimmen, klammern wir r^4 aus und erhalten $X(r) = -\frac{1}{5}r^5 + 4r^4 = r^4(-\frac{1}{5}r + 4)$. Da $r^4 \geq 0$ für alle Werte von r gilt, ist $X(r)$ genau dann negativ, wenn $-\frac{1}{5}r + 4 < 0$ ist. Dies ist gleichbedeutend mit $4 < \frac{1}{5}r$ bzw. mit $20 < r$. Es muss also $r \leq 20$ sein, damit $X(r)$ nichtnegativ ist. Zusammengefasst haben wir damit $\mathbb{D}(X) = \{r : 0 \leq r \leq 20\}$.

Das absolute Maximum von $X(r)$ im Definitionsbereich kann folglich nur an den Rändern $r = 0$ bzw. $r = 20$ des Definitionsbereichs liegen (Randmaximum) oder ein lokales Maximum sein. Suchen wir damit also nach den Werten für r, für die ein lokales Maximum vorliegt. Dies ist der Fall, wenn $X'(r) = 0$ und $X''(r) < 0$ ist. Nullstellen der ersten Ableitung liegen wegen $X'(r) = r^3(-r + 16)$ offenbar für $r_1 = 0$ und $r_2 = 16$ vor. Für $r_1 = 0$ ist $X''(r) = 0$. Damit hilft uns unsere Regel für das Vorliegen eines lokalen Maximums nicht weiter. Das ist aber auch insofern erklärlich, da $r_1 = 0$ ein Rand des Definitionsbereichs und damit ein Kandidat für ein Randmaximum, nicht aber für ein lokales Maximum ist. Für $r_2 = 16$ ist dagegen $X''(r) = X''(16) = -4 \cdot 16^3 + 32 \cdot 16^2 = -4 \cdot 16^3 + 2 \cdot 16^3 = -2 \cdot 16^3 = -8192 < 0$. Bei $r_2 = 16$ liegt damit ein lokales Maximum der Produktionsfunktion $X(r)$ vor, und es gilt $X(r_2) = -\frac{1}{5}r_2^5 + 4r_2^4 =$

Kapitel 5

$16^4 \cdot (-\frac{1}{5} \cdot 16 + 4) = 16^4 \cdot \frac{4}{5} = 52.428,8$. Dieses lokale Maximum ist zugleich das gesuchte absolute Maximum, da $X(r)$ an den Rändern $r = 0$ und $r = 20$ des Definitionsbereichs wegen $X(r) = 0$ für $r = 0$ und $X(20) = 20^4 \cdot (-\frac{1}{5} \cdot 20 + 4) = 20^4 \cdot 0 = 0$ für $r = 20$ ist.

Die betrachtete Unternehmung bringt damit für $r_2 = 16$ Einheiten des Produktionsfaktors die größte Produktionsmenge $X(r_2) = 52.428,8$ Produktionseinheiten aus. ◄

5.8 Elastizitäten – Wie stark reagieren ökonomische Größen, wenn sich ihre Einflussgrößen ändern

Mit den bisher dargestellten Methoden der Differenzialrechnung können wir wirtschaftswissenschaftliche Funktionen offenbar schon sehr weitgehend untersuchen. So können wir Kosten- oder Gewinnmaxima ermitteln, wir können zeigen, für welche Werte der Einflussgröße die Funktion wächst oder fällt – also beispielsweise der Gewinn zu- oder abnimmt. Wir können aber auch darlegen, für welche Werte die erste und die zweite Ableitung der Funktion positiv sind, die Funktion also **progressiv** (überlinear) wächst, bzw. für welche Werte die erste Ableitung positiv und die zweite Ableitung negativ ist, die Funktion damit **degressiv** (unterlinear) wächst (s. Abb. 5.15) und ob sie asymptotisches Verhalten aufweist.

Diese Ergebnisse der Untersuchung wirtschaftswissenschaftlicher Funktionen reichen in der Praxis aber oft noch nicht ganz aus. So sind wir bisher noch nicht in der Lage, darzustellen, wie etwa das Nachfrageverhalten nach einem Gut auf Preisänderungen dieses Gutes reagiert. Es kann **elastisch** sein, d. h., Verbraucher können relativ stark auf relativ kleine Preisänderungen reagieren (etwa durch Ausweichen auf eine preiswertere Schokoladensorte, wenn die Lieblingssorte zu teuer geworden ist). Es kann aber auch **unelastisch** oder gar **starr** sein, wenn der Verbraucher relativ gering oder gar nicht auf Preisänderungen anspricht. Unelastisches Verhalten ist denkbar bei Gütern wie Butter oder Milch, die anders als Schokolade wenig entbehrlich und kaum substituierbar sind. Starres Verhalten kann notwendig sein, wenn es sich um unentbehrliche, nicht durch Substitute ersetzbare Güter handelt. Das kann eine Spezialmaschine in einer Werkstatt sein oder aber auch ein bestimmtes lebensnotwendiges Medikament, für das kein Generikum (Nachahmerpräparat) existiert.

Antworten auf entsprechende Fragestellungen liefert das Konzept der sogenannten **Elastizität** ökonomischer Funktionen. Hierbei werden relative Änderungen der betrachteten Funktionswerte $f(x)$ zu den relativen Änderungen ihrer Variablen x in Beziehung gesetzt. Die Elastizität gibt dann (näherungsweise) an, um wie viel Prozent sich der Funktionswert $f(x)$ ändert,

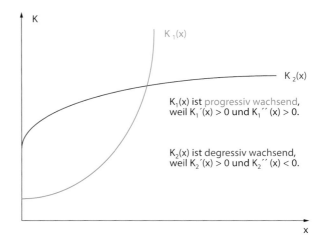

Abb. 5.15 Progressives und degressives Wachstum

wenn die Einflussgröße (Variable) x um ein Prozent geändert wird.

Machen wir uns diese Idee nun im Detail klar (s. Abb. 5.16).

Wir betrachten die Funktion $f(x)$ für $x = x_0$ und ändern die unabhängige Variable x um Δx. Gemäß Abb. 5.16 ändert sich $f(x)$ dann von $f(x_0)$ auf $f(x_0 + \Delta x)$. Den Unterschied zwischen den beiden Funktionswerten bezeichnen wir laut Abb. 5.16 mit Δf. Dann ist $\Delta f = f(x_0 + \Delta x) - f(x_0)$.

Wie in Abb. 5.16 dargestellt, gelte $x_0 \neq 0$ sowie $f(x_0) \neq 0$. Dann können wir die folgenden beiden Brüche bilden:

$$\frac{\Delta f}{f(x_0)} = \frac{f(x_0 + \Delta x) - f(x_0)}{f(x_0)} \tag{5.8}$$

$$\frac{\Delta x}{x_0}. \tag{5.9}$$

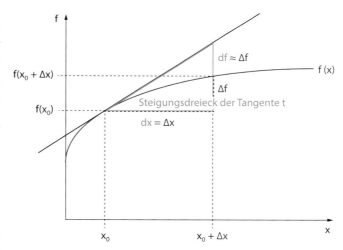

Abb. 5.16 Illustration von Elastizitäten

Der Bruch (5.8) beschreibt die relative Änderung des Funktionswertes aufgrund der relativen Änderung (5.9) der unabhängigen Variablen. Beide Brüche sind dimensionslos, haben also keine Maßeinheit wie etwa Euro oder Stück o. Ä. Wir können sie als Prozentsätze schreiben („prozentuale" Änderungen). Nun lässt sich der oben eingeführte Grundgedanke, relative Änderungen der betrachteten Funktionswerte $f(x)$ zu den relativen Änderungen ihrer Variablen x in Beziehung zu setzen, mathematisch ausdrücken. Diese Idee bedeutet nichts anderes als den Quotienten der beiden Brüche in (5.8) und (5.9) zu bilden! Dies führt uns zu nachstehendem Merksatz.

Wir betrachten eine Funktion $f(x)$ für $x = x_0$ und ändern x um Δx, d. h. von x_0 auf $x_0 + \Delta x$. Dies möge die Änderung Δf des Funktionswertes $f(x_0)$ auf $f(x_0 + \Delta x)$ bewirken (also: $\Delta f = f(x_0 + \Delta x) - f(x_0)$).

Nun setzen wir $x_0 \neq 0$ und $f(x_0) \neq 0$ voraus. Dann können wir die Brüche $\frac{\Delta f}{f(x_0)} = \frac{f(x_0 + \Delta x) - f(x_0)}{f(x_0)}$ und $\frac{\Delta x}{x_0}$ bilden und nennen das Verhältnis

$$\varepsilon_{f, x_0} = \frac{\frac{\Delta f}{f(x_0)}}{\frac{\Delta x}{x_0}} = \frac{\frac{f(x_0 + \Delta x) - f(x_0)}{f(x_0)}}{\frac{\Delta x}{x_0}} \qquad (5.10)$$

die **Bogenelastizität** oder **durchschnittliche Elastizität** der Funktion f bezüglich x_0 im Bereich (Intervall) von x_0 bis $x_0 + \Delta x$.

Der Zahlenwert der Bogenelastizität ε_{f, x_0} gibt an, um wie viel Prozent sich $f(x)$ durchschnittlich ändert, wenn x ausgehend von x_0 um 1 % geändert wird.

Auch wenn es vielleicht auf den ersten Blick nicht ganz deutlich wird, haben durchschnittliche Elastizitäten eine mathematische Struktur, die der von Differenzenquotienten sehr ähnlich ist. Entsprechend stellt sich das Rechnen mit Bogenelastizitäten als durchaus mühevoll heraus. Nun hilft uns aber unsere Erinnerung an die Differenzenquotienten und den Übergang zum Differenzialquotienten für $\Delta x \to 0$ weiter! Mit Differenzialquotienten lässt sich in der Regel leichter hantieren als mit Differenzenquotienten. Entsprechend hat es sich eingebürgert, auch bei Elastizitäten mit den Differenzialen df und dx (s. Abb. 5.16) anstelle der Differenzen Δf und Δx zu arbeiten!

Wir betrachten eine differenzierbare Funktion $f(x)$. Es gelte $x_0 \neq 0$ und $f(x_0) \neq 0$. Dann können wir die relativen Änderungen $\frac{df}{f(x_0)}$ und $\frac{dx}{x_0}$ bilden und nennen das Verhältnis

$$\varepsilon_{f, x_0} = \frac{\frac{df}{f(x_0)}}{\frac{dx}{x_0}} \qquad (5.11)$$

die **Punktelastizität der Funktion f bezüglich x_0** oder auch die **Punktelastizität der Funktion f an der Stelle x_0**.

Anstelle von Punktelastizität sprechen wir oft einfach von der **Elastizität**.

Wegen des Näherungscharakters des Differenzials df hinsichtlich Δf, also wegen $df \approx \Delta f$ (s. Abb. 5.16 und unsere früheren Ausführungen zu Differenzialen), gilt hier:

Der Zahlenwert der Elastizität ε_{f, x_0} gibt näherungsweise an, um wie viel Prozent sich $f(x)$ ändert, wenn x ausgehend von x_0 um 1 % geändert wird.

Jetzt stellt sich die Frage, wie Elastizitäten in der Praxis berechnet werden können und was sie dann ganz konkret aussagen.

Hinsichtlich der Berechnung können wir von der uns bekannten Gleichung für Differenziale Gebrauch machen. Es gilt nämlich $df = f'(x_0) \cdot dx \, (dx \neq 0)$. Eingesetzt in (5.11) erhalten wir

$$\varepsilon_{f, x_0} = \frac{\frac{df}{f(x_0)}}{\frac{dx}{x_0}} = \frac{\frac{f'(x_0) \cdot dx}{f(x_0)}}{\frac{dx}{x_0}} . \qquad (5.12)$$

Nun erinnern wir uns, dass zwei Brüche durcheinander dividiert werden, indem der Bruch im Nenner mit dem Kehrwert des Bruches im Zähler multipliziert wird. Damit wird (5.12) zu

$$\varepsilon_{f, x_0} = \frac{f'(x_0) \cdot dx}{f(x_0)} \cdot \frac{x_0}{dx} = \frac{f'(x_0) \cdot x_0}{f(x_0)} \cdot \frac{dx}{dx} = \frac{f'(x_0)}{f(x_0)} \cdot x_0 . \qquad (5.13)$$

Erinnern wir uns schließlich daran, dass wir überall dort, wo keine Verwechslungsgefahr besteht, auf Indizes verzichten, so erhalten wir:

$$\varepsilon_{f, x} = \frac{f'(x)}{f(x)} \cdot x . \qquad (5.14)$$

Aus (5.14) erkennen wir analog zu den Betrachtungen hinsichtlich der ersten Ableitung und der Ableitungsfunktion, dass es sich bei $\varepsilon_{f, x}$ selbst um eine Funktion von x handelt. Man nennt diese Funktion $\varepsilon_{f, x} = \varepsilon_{f, x}(x)$ **Elastizitätsfunktion**. Wir können uns merken, dass die unabhängige Variable der Elastizitätsfunktion immer gleich dem zweiten Index von ε ist.

Die **Elastizität** $\varepsilon_{f, x}(x)$ einer differenzierbaren Funktion $f(x)$ an der Stelle x lässt sich durch

$$\varepsilon_{f, x} = \varepsilon_{f, x}(x) = \frac{f'(x)}{f(x)} \cdot x \qquad (5.15)$$

berechnen. Bei $\varepsilon_{f, x} = \varepsilon_{f, x}(x)$ handelt es sich um eine Funktion von x, die sogenannte **Elastizitätsfunktion**.

Um die Elastizität von $f(x)$ an der Stelle x_0 zu berechnen, ermitteln wir die Elastizitätsfunktion gemäß (5.15) und setzen x_0 in das Ergebnis ein.

Kapitel 5

Bevor wir zu wirtschaftswissenschaftlichen Beispielen für Elastizitäten und deren Interpretation kommen, möchten wir auf einige interessante Gesetzmäßigkeiten hinweisen, die für Elastizitäten gelten:

Produktregel für Elastizitäten

$$f(x) = g(x) \cdot h(x) \rightarrow \varepsilon_{g \cdot h, x}(x) = \varepsilon_{g,x}(x) + \varepsilon_{h,x}(x).$$

Im Detail: Die Elastizität eines Produktes zweier Funktionen ist gleich der Summe der Elastizitäten der beiden einzelnen Funktionen.

Quotientenregel für Elastizitäten

$$f(x) = \frac{g(x)}{h(x)} \rightarrow \varepsilon_{g \cdot h, x}(x) = \varepsilon_{g,x}(x) - \varepsilon_{h,x}(x).$$

Im Detail: Die Elastizität eines Quotienten zweier Funktionen ist gleich der Differenz der Elastizitäten der beiden Einzelfunktionen (genauer: ist gleich der Elastizität der Zählerfunktion minus der Elastizität der Nennerfunktion).

Elastizität der Umkehrfunktion:

$$f : y = f(x) \text{ und } f^{-1} : x = f^{-1}(y) \rightarrow \varepsilon_{y,x}(x) = \frac{1}{\varepsilon_{x,y}(y)}.$$

Im Detail: Die Elastizität der Umkehrfunktion einer Funktion ist gleich dem Kehrwert der Elastizität der Funktion.

Lassen Sie uns nun einige Elastizitäten ermitteln und/oder ökonomisch deuten.

Beispiel

Ein Unternehmen setzt ein Produkt mit der Menge x auf dem Markt ab. Die zugehörige Nachfragefunktion sei $x(P) = 21 - 0,1 \cdot P$. Dann ist $x'(P) = -0,1$ und damit gemäß (5.15)

$$\varepsilon_{x,P} = \varepsilon_{x,P}(P) = \frac{x'(P)}{x(P)} \cdot P = \frac{-0,1}{21 - 0,1 \cdot P} \cdot P.$$

Betrachten wir den Fall, dass das Unternehmen den Stückpreis $P = 8$ festgelegt hat. Für diesen Wert gilt $\varepsilon_{x,P} = \varepsilon_{x,P}(8) = \frac{x'(8)}{x(8)} \cdot 8 = \frac{-0,1}{21-0,1 \cdot 8} \cdot 8 = \frac{-0,8}{20,2} \approx -0,04 = -4\%$. Das bedeutet, dass eine 1%-ige Preissteigerung bezogen auf $P = 8$ einen Nachfragerückgang um etwa 4% bzw. eine 1%ige Preissenkung bezogen auf $P = 8$ eine Nachfragesteigerung um etwa 4% nach sich zieht. ◄

Beispiel

Sei $C(I)$ eine Konsumfunktion in Abhängigkeit vom Einkommen I. Es gelte $\varepsilon_{C,I}(I) = 0,8$. Dann heißt dies, dass

---

eine 1%-ige Einkommenssteigerung den Konsum um 0,8% zunehmen lässt. Umgekehrt bedeutet ein 1%-iger Einkommensverlust einen Konsumrückgang um 0,8%. ◄

Aus der Festlegung der Elastizität gemäß (5.11) als Quotient folgt, dass die vorzeichenbezogenen Aussagen in beiden Beispielen verallgemeinert werden können: Eine negative Elastizität $\varepsilon_{f,x_0} < 0$ heißt, dass Zähler und Nenner in (5.11) verschiedene Vorzeichen haben müssen. Ist dagegen $\varepsilon_{f,x_0} > 0$, ergibt sich, dass Zähler und Nenner in (5.11) die gleichen Vorzeichen besitzen müssen. Ökonomisch gesehen zieht die Vermehrung (Verminderung) einer der beiden ins Verhältnis gesetzten Größen bei $\varepsilon_{f,x_0} < 0$ also die Verminderung (Vermehrung) der anderen Größe nach sich. Entsprechend hat die Vermehrung (Verminderung) einer der beiden ins Verhältnis gesetzten Größen bei $\varepsilon_{f,x_0} > 0$ die Vermehrung (Verminderung) der anderen Größe zur Folge.

Ist die Elastizität einer Funktion negativ, dann zieht die relative Vermehrung (Verminderung) einer der beiden ins Verhältnis gesetzten Größen eine relative Verminderung (Vermehrung) der anderen Größe nach sich. Ist die Elastizität der Funktion dagegen positiv, zieht die relative Vermehrung (Verminderung) einer der beiden ins Verhältnis gesetzten Größen eine relative Vermehrung (Verminderung) der anderen Größe nach sich.

Beispiel

Betrachten wir ein Unternehmen, das für den Absatz seines Produktes die Preis-Absatz-Funktion $P(x) = 180 - 3x$ festgestellt hat. Außerdem gelte die Kostenfunktion $K(x) = 1,3x^2 + 2x + 7$. Wir fragen nach der gewinnmaximalen Absatzmenge und ob die Nachfrage im Gewinnmaximum elastisch bezüglich des Preises ist (s. Kallischnigg et al. (2003), S. 284).

Zunächst ermitteln wir die Umsatzfunktion $U(x) = P(x) \cdot x = 180x - 3x^2$. Zusammen mit der Kostenfunktion $K(x)$ ergibt sich daraus die Gewinnfunktion $G(x) = U(x) - K(x) = 187x - 4,3x^2 - 7$.

Um das Gewinnmaximum zu bestimmen, leiten wir $G(x)$ zweimal ab:

$$G'(x) = 178 - 8,6x,$$
$$G''(x) = -8,6.$$

Aus $G'(x) = 0$ folgt $8,6x = 178$ und daraus $x = 20,698$. Für diesen Wert von x ist $G''(20,698) = -8,6 < 0$. Gerundet beträgt die gewinnmaximale Absatzmenge damit 21 Einheiten.

Die Nachfrage ergibt sich durch Auflösen der Preis-Absatz-Funktion nach x zu $x = 60 - \frac{1}{3} \cdot p$ (bitte selbst nachrechnen!). Damit ist $x'(p) = -\frac{1}{3}$ und wir erhalten $\varepsilon_{x,p} = \frac{x'(p) \cdot p}{x(p)} = -\frac{1}{3} \cdot \frac{p}{60 - \frac{1}{3}p} = \frac{-p}{180-p}$. Für das Gewinnmaximum bei $x = 21$ ist $p = 180 - 3 \cdot 21 = 117$ und damit $\varepsilon_{x,p} = \frac{-117}{180-117} = -1{,}857$. Das bedeutet, dass eine 1 %-ige Erhöhung (Senkung) des Preises bezogen auf das Gewinnmaximum eine knapp 2 %-ige Senkung (Erhöhung) der Nachfrage zur Folge hat. Die Nachfrage ist damit elastisch bezüglich des Preises, da eine relativ kleine Preisänderung eine relativ große Nachfrageänderung zur Folge hat. ◄

Im Falle $\varepsilon_{f,x} < -1$ oder $\varepsilon_{f,x} > 1$, d. h., wenn $\|\varepsilon_{f,x}\| > 1$ gilt, ist f **elastisch**, ändert sich relativ stärker als x.

Im Falle $-1 < \varepsilon_{f,x} < 0$ oder $0 < \varepsilon_{f,x} < 1$, d. h., wenn $\|\varepsilon_{f,x}\| < 1$ gilt, ist f **unelastisch**, ändert sich relativ weniger stark als x.

Im Falle $\varepsilon_{f,x} = -1$ oder $\varepsilon_{f,x} = 1$, d. h., wenn $\|\varepsilon_{f,x}\| = 1$ gilt, ist f **proportional elastisch**, ändert sich relativ genauso stark wie x.

Im Grenzfall $\varepsilon_{f,x} \to +\infty$ oder $\varepsilon_{f,x} \to -\infty$, d. h., wenn $\|\varepsilon_{f,x}\| \to +\infty$ gilt, ist f **vollkommen elastisch**, ändert sich also „unendlich stark", wenn sich x wenig ändert.

Im Grenzfall $\varepsilon_{f,x} = 0$ ist f **vollkommen unelastisch** (**starr**), ändert sich also gar nicht, wenn sich x wenig ändert.

Zusammenfassung

Die **Bogenelastizität** oder **durchschnittliche Elastizität** der Funktion f bezüglich x_0 im Bereich (Intervall) von x_0 bis $x_0 + \Delta x$

$$\varepsilon_{f,x_0} = \frac{\frac{\Delta f}{f(x_0)}}{\frac{\Delta x}{x_0}} = \frac{\frac{f(x_0 + \Delta x) - f(x_0)}{f(x_0)}}{\frac{\Delta x}{x_0}}$$

gibt an, um wie viel Prozent sich $f(x)$ durchschnittlich ändert, wenn x ausgehend von x_0 um 1 % geändert wird.

Die **Punktelastizität der Funktion f bezüglich x_0** oder auch die **Punktelastizität der Funktion f an der Stelle x_0**

$$\varepsilon_{f,x_0} = \frac{\frac{df}{f(x_0)}}{\frac{dx}{x_0}}$$

gibt näherungsweise an, um wie viel Prozent sich $f(x)$ ändert, wenn x ausgehend von x_0 um 1 % geändert wird.

Anstelle von Punktelastizität sprechen wir oft einfach von der **Elastizität**.

Die **Elastizität** $\varepsilon_{f,x}(x)$ einer differenzierbaren Funktion $f(x)$ an der Stelle x lässt sich durch

$$\varepsilon_{f,x} = \varepsilon_{f,x}(x) = \frac{f'(x)}{f(x)} \cdot x$$

berechnen. Bei $\varepsilon_{f,x} = \varepsilon_{f,x}(x)$ handelt es sich um eine Funktion von x, die sogenannte **Elastizitätsfunktion**.

Produktregel für Elastizitäten

$$f(x) = g(x) \cdot h(x) \to \varepsilon_{g \cdot h, x}(x) = \varepsilon_{g,x}(x) + \varepsilon_{h,x}(x) \,.$$

Im Detail: Die Elastizität eines Produktes zweier Funktionen ist gleich der Summe der Elastizitäten der beiden einzelnen Funktionen.

Quotientenregel für Elastizitäten

$$f(x) = \frac{g(x)}{h(x)} \to \varepsilon_{g \cdot h, x}(x) = \varepsilon_{g,x}(x) - \varepsilon_{h,x}(x) \,.$$

Im Detail: Die Elastizität eines Quotienten zweier Funktionen ist gleich der Differenz der Elastizitäten der beiden Einzelfunktionen (genauer: ist gleich der Elastizität der Zählerfunktion minus der Elastizität der Nennerfunktion).

Elastizität der Umkehrfunktion

$$f : y = f(x) \text{ und } f^{-1} : x = f^{-1}(y) \to \varepsilon_{y,x}(x) = \frac{1}{\varepsilon_{x,y}(y)} \,.$$

Im Detail: Die Elastizität der Umkehrfunktion einer Funktion ist gleich dem Kehrwert der Elastizität der Funktion.

Ist die Elastizität einer Funktion negativ, dann zieht die relative Vermehrung (Verminderung) einer der beiden ins Verhältnis gesetzten Größen eine relative Verminderung (Vermehrung) der anderen Größe nach sich. Ist die Elastizität der Funktion dagegen positiv, zieht die relative Vermehrung (Verminderung) einer der beiden ins Verhältnis gesetzten Größen eine relative Vermehrung (Verminderung) der anderen Größe nach sich.

Im Falle $\varepsilon_{f,x} < -1$ oder $\varepsilon_{f,x} > 1$, d. h., wenn $\|\varepsilon_{f,x}\| > 1$ gilt, ist f **elastisch**, ändert sich relativ stärker als x.

Im Falle $-1 < \varepsilon_{f,x} < 0$ oder $0 < \varepsilon_{f,x} < 1$, d. h., wenn $\|\varepsilon_{f,x}\| < 1$ gilt, ist f **unelastisch**, ändert sich relativ weniger stark als x.

Im Falle $\varepsilon_{f,x} = -1$ oder $\varepsilon_{f,x} = 1$, d. h., wenn $\|\varepsilon_{f,x}\| = 1$ gilt, ist f **proportional elastisch**, ändert sich relativ genauso stark wie x.

Im Grenzfall $\varepsilon_{f,x} \to +\infty$ oder $\varepsilon_{f,x} \to -\infty$, d. h., wenn $\|\varepsilon_{f,x}\| \to +\infty$ gilt, ist f **vollkommen elastisch**, ändert sich also „unendlich stark", wenn sich x wenig ändert.

Im Grenzfall $\varepsilon_{f,x} = 0$ ist f **vollkommen unelastisch** (**starr**), ändert sich also gar nicht, wenn sich x wenig ändert.

Kapitel 5

Mathematischer Exkurs 5.4: Was haben Sie gelernt?

Sie wissen jetzt, dass die Frage nach dem Änderungsverhalten einer Funktion $f(x)$ an der Stelle $x = x_0$ auf die **erste Ableitung** $f'(x)$ dieser Funktion an der Stelle $x = x_0$ führt und mit deren Hilfe beantwortet werden kann.

Die erste Ableitung von $f(x)$ an der Stelle $x = x_0$ wird auch **Differenzialquotient** von $f(x)$ an der Stelle $x = x_0$ genannt. Wir schreiben dafür:

$$f'(x_0) = \frac{df}{dx}\|x = x_0\| = \lim_{\Delta x \to 0} \frac{\Delta f}{\Delta x}$$
$$= \lim_{\Delta x \to 0} \frac{f(x_0 + \Delta x) - f(x_0)}{\Delta x} = \lim_{x_1 \to x_0} \frac{f(x_1) - f(x_0)}{x_1 - x_0}.$$

Geometrisch lässt sich $f'(x_0)$ als **Steigung der Tangente an den Graphen von $f(x)$ im Punkt $(x_0, f(x_0))$** interpretieren.

Wenn eine Funktion $f(x)$ eine erste Ableitung besitzt, sie also einmal differenzierbar ist, dann wird durch $f'(x)$ eine neue Funktion, die **Ableitungsfunktion** von $f(x)$ definiert.

In vielen Fällen ist $f(x)$ nicht nur einmal, sondern mehrmals nacheinander differenzierbar. Wir erhalten dann die **zweite, dritte, ..., n-te Ableitung von $f(x)$**.

Ist $f(x)$ mindestens dreimal differenzierbar, haben wir eine sehr gute Ausgangsbasis, um Eigenschaften von $f(x)$ wie Nullstellen, Monotonieverhalten (Wachtumsverhalten), Extremwerte und das Krümmungsverhalten (Wendepunkte) ermitteln und wirtschaftswissenschaftlich interpretieren zu können. Das Rezept zu einer derartigen **Kurvendiskussion** besteht grundsätzlich in der Betrachtung folgender Aspekte:

- Feststellung des Definitionsbereichs $\mathbb{D}(f)$,
- Untersuchung auf Symmetrieeigenschaften (gerade oder ungerade Funktion),
- Untersuchung auf Periodizität (eine periodische Funktion braucht nur für den Bereich eines Periodenintervalls diskutiert zu werden),
- Nullstellen (Lösung der Gleichung $f(x) = 0$),
- Polstellen (u. a. ein Charakteristikum gebrochen rationaler Funktionen),
- Asymptotisches Verhalten für $x \to \pm\infty$ (gegebenenfalls auch an den Randpunkten von $\mathbb{D}(f)$),
- Lokale Extremwerte (Lösung der Gleichung $f'(x) = 0$ und Entscheidung über die Natur der Kurvenpunkte mithilfe der zweiten Ableitung),
- Wendepunkte (Lösung der Gleichung $f''(x) = 0$, gegebenenfalls Prüfung des Ergebnisses mithilfe der dritten Ableitung).

Im Einzelfall kann auf Teile dieses Rezeptes verzichtet werden (etwa wenn wir uns nicht für das asymptotische Verhalten von $f(x)$ interessieren, weil der Definitionsbereich $\mathbb{D}(f)$ unserer Funktion begrenzt ist und sich Untersuchungen für $x \to \pm\infty$ damit erübrigen). Ergänzend kann es beispielsweise aber auch hilfreich sein, einige leicht berechenbare

Funktionswerte zu bestimmen und in einer Wertetabelle zu notieren – insbesondere den Wert $f(0)$, der den Schnittpunkt des Graphen von $f(x)$ mit der y-Achse markiert (falls $x = 0$ zu $\mathbb{D}(f)$ gehört).

Die Durchführung dieses Rezeptes gründet darauf, die Ableitungen von $f(x)$ zu ermitteln (sofern möglich bis zur dritten Ableitung) und dann Wachstumsverhalten, Krümmungsverhalten, Extremwerte etc. zu bestimmen.

Für das Ableiten stehen verschiedene Regeln zur Verfügung. Beispielhaft seien hier einige sehr grundlegende Regeln für das Differenzieren genannt:

Tab. 5.4 Regeln für das Differenzieren

$y = \alpha \cdot g(x)$	$y' = \alpha \cdot g'(x)$	Konstanter-Faktor-Regel $\alpha \in \mathbb{R}, \alpha$ fest
$y = g(x) + h(x)$	$y' = g'(x) + h'(x)$	Summenregel
$y = g(x) \cdot h(x)$	$y' = g'(x) \cdot h(x) + g(x) \cdot h'(x)$	Produktregel
$y = \dfrac{g(x)}{h(x)}$	$y' = \dfrac{g'(x) \cdot h(x) - g(x) \cdot h'(x)}{(h(x))^2}$	Quotientenregel $h(x) \neq 0$
$y = f(g(x))$	$y' = f'(x) = f'(g) \cdot g'(x)$ bzw. $\dfrac{df}{dx} = \dfrac{df}{dg} \cdot \dfrac{dg}{dx}$	Kettenregel

Wachstum und Krümmung können nun mittels der Zusammenhänge

- $y = f(x)$ ist **monoton wachsend**, wenn $f'(x) \geq 0$ ist,
- $y = f(x)$ ist **monoton fallend**, wenn $f'(x) \leq 0$ ist,
- $y = f(x)$ ist **linksgekrümmt (konvex)**, wenn $f''(x) > 0$ ist,
- $y = f(x)$ ist **rechtsgekrümmt (konkav)**, wenn $f''(x) < 0$ ist,

geklärt werden. Außerdem besitzt der Graph von $y = f(x)$ an der Stelle $x = x_0$

- ein **lokales Maximum**, wenn $f'(x_0) = 0$ und $f''(x_0) < 0$ ist,
- ein **lokales Minimum**, wenn $f'(x_0) = 0$ und $f''(x_0) > 0$ ist,
- einen **Wendepunkt**, wenn $f''(x_0) = 0$ und $f'''(x_0) \neq 0$ ist,
- einen **Sattelpunkt**, wenn $f'(x_0) = f''(x_0) = 0$ und $f'''(x_0) \neq 0$ ist.

Bei der Berechnung der Nullstellen von $f(x)$ oder der Nullstellen der Ableitungen von $f(x)$ können uns unsere Kenntnisse über Gleichungen weiterhelfen. Es kann aber auch sein, dass die Berechnung nicht auf elementarem Wege möglich ist. In diesem Fall kann sich das Newton'sche Näherungsverfahren zur schrittweisen Ermittlung der Nullstellen anbieten:

Kapitel 5

Das **Newton'sche Näherungsverfahren (Tangentenverfahren)** ist eine iterative Methode zur (näherungsweisen) Lösung von Gleichungen der Gestalt $f(x) = 0$. Dabei wird $y = f(x)$ als differenzierbar vorausgesetzt und die gesuchte Lösung mit ξ bezeichnet (es gelte also $f(\xi) = 0$). Ausgehend von einem in der Regel noch groben Näherungswert x_1 für ξ, wird sukzessive eine Folge von Zahlen $x_2, x_3, \cdots$ nach der allgemeinen Vorschrift

$$x_{n+1} = x_n - \frac{f(x_n)}{f'(x_n)} (n = 1, 2, 3, \cdots)$$

berechnet. Unter den Voraussetzungen, dass $f'(x) \neq 0$ in einer passenden Umgebung von ξ ist und dass x_1 hinreichend dicht bei ξ liegt, nähern sich die x_n mit wachsendem n der gesuchten Nullstelle ξ an.

Schließlich hat sich die sogenannte **Punktelastizität** oder auch **Elastizität** als ein wichtiges Konstrukt zur Untersuchung und Bewertung ökonomischer Sachverhalte herausgestellt. Elastizitäten zeigen, ob zwei Größen eher „locker" oder eher „fest" miteinander verknüpft sind, ob also Änderungen der einen Größe relativ größere oder kleinere Änderungen der anderen Größe nach sich ziehen.

Konkret gibt die **Punktelastizität der Funktion f bezüglich x_0** oder auch die **Punktelastizität der Funktion f an der Stelle x_0**

$$\varepsilon_{f, x_0} = \frac{\frac{df}{f(x_0)}}{\frac{dx}{x_0}}$$

näherungsweise an, um wie viel Prozent sich $f(x)$ ändert, wenn x ausgehend von x_0 um 1 % geändert wird. Diese **Elastizität** $\varepsilon_{f,x}(x)$ einer differenzierbaren Funktion $f(x)$ an der Stelle x lässt sich durch

$$\varepsilon_{f,x} = \varepsilon_{f,x}(x) = \frac{f'(x)}{f(x)} \cdot x$$

berechnen. Darüber hinaus gelten beispielsweise die Produkt- und Quotientenregel für Elastizitäten und können ebenfalls zur Bestimmung konkreter Elastizitäten eingesetzt werden.

Mathematischer Exkurs 5.5: Dieses reale Problem sollten Sie jetzt lösen können

Gewinnmaximierung durch Preisdifferenzierung

Ein Unternehmen setzt ein und dasselbe Produkt mit den Mengen x_1 und x_2 auf zwei verschiedenen Märkten 1 und 2 ab. Es gelten die Preis-Absatz-Funktionen $P_1(x_1) = 210 - 10 \cdot x_1$ und $P_2(x_2) = 125 - 2,5 \cdot x_2$. Die Kosten des Unternehmens lassen sich durch $K(x) = 2000 + 10 \cdot x$ beschreiben. (*Hinweis*: Diese Aufgabe entstammt Wendler und Tippe (2013), S. 111 ff.)

1. Ermitteln Sie die gewinnmaximierende Absatzmenge sowie den dann gültigen Preis für jeden der Märkte. Ermitteln Sie die dann vom Unternehmen insgesamt zu produzierende Menge des Produktes.
2. Ermitteln Sie die Gesamtkosten, den Gesamterlös sowie den Gesamtgewinn, die dem Unternehmen durch die Produktion dieser Menge entstehen. Überlegen Sie bitte, ob es zulässig ist, Gewinn bzw. Kosten für jeden Markt einzeln zu errechnen. (Lösungshinweis: Der Gesamtgewinn beträgt 322,50 €.)
3. Es wird nun angenommen, dass das Unternehmen das Produkt auf beiden Märkten zum gleichen Preis anbieten möchte. Lösen Sie bitte die folgenden Aufgaben:
   a. Ermitteln Sie aus den Preis-Absatz-Funktionen die Nachfrage-Funktionen $x_1(P_1)$ und $x_2(P_2)$.
   b. Geben Sie nun die Nachfrage-Funktion $x(P)$ an, die Sie erhalten, wenn das Produkt auf beiden Märkten den gleichen Preis besitzt, also keine Diskriminierung stattfindet.
   c. Ermitteln Sie aus der Nachfrage-Funktion $x(P)$ die Preis-Absatz-Funktion bei fehlender Diskriminierung.
   d. Berechnen Sie die gewinnmaximierende Absatzmenge und den dann gültigen Preis.
   e. Ermitteln Sie die Gesamtkosten, den Gesamterlös sowie den Gesamtgewinn, die dem Unternehmen durch die Produktion dieser Menge entstehen.
4. Welche Aussage können Sie hinsichtlich des Unternehmensgewinns mit und ohne Diskriminierung der Märkte bzw. der dort einkaufenden Kunden treffen? Fassen Sie Ihre Erkenntnisse zu einem prägnanten Merksatz zusammen.
5. Das hier betrachtete Modell beruht auf einigen Annahmen. Analysieren Sie Ihre Berechnungen sowie deren Voraussetzungen kritisch und nennen Sie problematische Voraussetzungen, die Sie bei der Berechnung genutzt haben.

Lösungsvorschlag (Zur Verbesserung der Lesbarkeit werden die Indizes der Variablen hier meist nicht aufgeführt.)

Kapitel 5

1. **Markt 1**
Erlös:

$$E_1(x) = x \cdot P_1(x)$$
$$E_1 = 210x - 10x^2.$$

Gewinn:

$$G_1(x) = E_1(x) - K(x) = 210x - 10x^2 - (2000 + 10x)$$
$$= 200x - 10x^2 - 2000$$
$$G_1'(x) = 200 - 20x$$
$$0 = 200 - 20x$$
$$x = 10$$
$$G_1''(x) = -20$$
$$G_1''(10) = -20 < 0.$$

Die gewinnmaximierende Absatzmenge beträgt 10 Stück.
Preis:

$$P_1(x) = 210 - 10x \rightarrow x = 10 \rightarrow P_1(10) = 110.$$

Der dann gültige Preis beträgt 110 €.

Markt 2
Erlös:

$$E_2(x) = x \cdot P_2(x)$$
$$E_2 = 125x - 2,5x^2.$$

Gewinn:

$$G_2(x) = E_2(x) - K(x)$$
$$= 125x - 2,5x^2 - (2000 + 10x)$$
$$= 115x - 2,5x^2 - 2000$$
$$G_1'(x) = 115 - 5x$$
$$0 = 115 - 5x$$
$$x = 23$$
$$G_2''(x) = -5$$
$$G_2''(23) = -5 < 0.$$

Die gewinnmaximierende Absatzmenge beträgt 23 Stück.
Preis:

$$P_2(x) = 125 - 2,5x \rightarrow x = 23 \rightarrow P_2(23) = 67,50.$$

Der dann gültige Preis beträgt 67,50 €. ($P_1 > P_2$)
Die vom Unternehmen insgesamt zu produzierende Menge beträgt

$$x_{\text{ges}} = x_1 + x_2 = 10 + 23 = 33$$

Stück.

2. Bei der Berechnung der Gesamtkosten dürfen die Kosten der einzelnen Märkte nicht einfach addiert werden,
da sonst die Fixkosten doppelt einfließen würden! Es gilt also nicht:

$$K(10) + K(23),$$

sondern

$$K_{\text{ges}} = K(33) = 2000 + 10 \cdot 33 = 2330.$$

Auch dürfen zur Ermittlung des Gesamtgewinns nicht die Einzelgewinne G_1 und G_2 ausgerechnet und einfach addiert werden, da auch dort die Fixkosten enthalten sind, diese aber nicht anteilig berücksichtigt (aufgeteilt) wurden. Es gilt also

$$G_{\text{ges}} = E_{\text{ges}} - K_{\text{ges}}$$
$$G_{\text{ges}} = P_1 \cdot x_1 + P_2 \cdot x_2 - K_{\text{ges}}$$
$$G_{\text{ges}} = 110 \cdot 10 + 67,5 \cdot 23 - 2330$$
$$G_{\text{ges}} = 2652,50 - 2330$$
$$G_{\text{ges}} = G(33) = 322,50.$$

Falls eine Diskriminierung der Märkte vorgenommen wird, beträgt der Gesamtgewinn 322,50 €. Für den Gesamterlös folgt:

$$E_{\text{ges}} = P_1 \cdot x_1 + P_2 \cdot x_2 = 110 \cdot 10 + 67,50 \cdot 23$$
$$= 2652,50.$$

3. Nacheinander folgen hier die Lösungen zu den Teilaufgaben:
   a. Die Nachfragefunktionen ergeben sich durch einfaches Umstellen (Auflösen) der Preis-Absatz-Funktionen nach x:

$$P_1(x_1) = 210 - 10x_1$$
$$P_1 + 10x_1 = 210$$
$$10x_1 = 210 - P_1$$
$$x_1(P_1) = 21 - 0,1 \cdot P_1.$$

Analog folgt

$$P_2(x_2) = 125 - 2,5x_2$$
$$P_2 + 2,5x_2 = 125$$
$$2,5x_2 = 125 - P_2$$
$$x_2(P_2) = 50 - 0,4 \cdot P_1.$$

   b. Wenn keine Diskriminierung stattfindet, besitzt das Produkt auf beiden Märkten den gleichen Preis. Es gilt $P_1 = P_2$ für

$$x_1(P_1) = 21 - 0,1 \cdot P_1$$
$$x_2(P_2) = 50 - 0,4 \cdot P_1.$$

Wir setzen $P = P_1 = P_2$. Die gesuchte Nachfragefunktion ergibt sich durch Addition der Nachfragefunktionen beider Märkte:

$$x(P) = 71 - 0,5 \cdot P.$$

c. Umstellen der Gleichung führt zur Preis-Absatz-Funktion:

$$x(P) = 71 - 0.5 \cdot P$$
$$\frac{x - 71}{-0.5} = P$$
$$P = 142 - 2x.$$

d. Gewinnmaximierende Absatzmenge:

$$G(x) = x \cdot P(x) - E(x)$$
$$G(x) = 142x - 2x^2 - (2000 + 10x)$$
$$G(x) = 132x - 2x^2 - 2000$$
$$G'(x) = 132 - 4x$$
$$0 = 132 - 4x$$
$$x = 33$$

$$G''(x) = -4$$
$$G''(33) = -4 < 0.$$

Gültiger Preis:

$$P(33) = 142 - 2 \cdot 33 = 76.$$

e. Ohne Diskriminierung:
Gesamtkosten: $K(33) = 2330$ wie oben

Gesamterlös: $E(33) = 33 \cdot 72 = 2508$
Gesamtgewinn: $G_{ges} = E(33) - K(33) = 178.$

4. Ein Unternehmen kann seinen Gewinn durch Diskriminierung der Märkte steigern.
5. Voraussetzung ist, dass sich die Preis-Absatz-Funktionen wie hier einfach zusammenfassen lassen.

Mathematischer Exkurs 5.6: Übungsaufgaben

(*Hinweis*: Diese Aufgaben sind teilweise an Wendler und Tippe (2013), S. 103 ff. angelehnt bzw. Kallischnigg et al. (2003), S. 102 f. (Elastizitäten) entnommen.)

1. Einfache Extremwertbestimmung

Aufgabe

Gegeben sei die Funktion $K(x) = 74 - (5 + x)^2 - (3 - rx)^2$, wobei r eine Konstante ist. Bestimmen Sie den Wert von x, für den $K(x)$ maximal wird.

Lösungsvorschlag

Wir suchen nach den Nullstellen von $K'(x)$ und überprüfen anhand $K''(x)$, ob dort ein Maximum vorliegt.

$$K(x) = 74 - (5 + x)^2 - (3 - rx)^2$$
$$= 74 - (25 + 10x + x^2) - (9 - 6rx + r^2x^2)$$
$$K(x) = -r^2x^2 - x^2 + 6rx - 10x + 40$$
$$K'(x) = -2r^2x - 2x + 6r - 10$$
$$K''(x) = -2r^2 - 2.$$

Nullstellen von $K(x)$ ermitteln:

$$K'(x) = 0$$
$$-2r^2x - 2x + 6r - 10 = 0$$
$$x = \frac{-5 + 3r}{1 + r^2}$$

Zweite Ableitung prüfen:

$$K''\left(\frac{-5 + 3r}{1 + r^2}\right) = -2r^2 - 2 < 0.$$

Wegen $K'(x) = 0$ und $K''(x) < 0$ hat $K(x)$ bei $x = \frac{-5+3r}{1+r^2}$ ein Maximum.

2. Zaunbau

Aufgabe

Ein Landwirt hat 2000 m Zaun zur Verfügung und möchte damit ein rechteckiges Feld einzäunen. Die Längsseite a des Feldes soll um den Wert x größer als 500 m sein: $a = 500 + x$. Welche Wahl von x ergibt die maximale Rechteckfläche?

Lösungsvorschlag

Bezeichne b die Breitseite des Rechtecks. Der Umfang U des Rechtecks ist $U = 2a + 2b$. Wegen $a = 500 + x$ folgt $b = 500 - x$. Der Flächeninhalt des Rechtecks ist $A = a \cdot b$, also $A = A(x) = (500 + x)(500 - x) = 250.000 - x^2$ (*Hinweis*: Wir haben die 3. binomische Formel verwendet). Gesucht ist das Maximum von $A(x)$. Wir bilden die erste und zweite Ableitung:

$$A'(x) = -2x,$$
$$A''(x) = -2 < 0.$$

Die erste Ableitung ist gleich null für $x = 0$. Die zweite Ableitung ist für diesen Wert von x negativ. Also hat $A(x)$ für $x = 0$ ein Maximum. Das bedeutet, dass der Flächeninhalt des Rechtecks für $x = 0$, d. h. für $a = b = 500$, maximal ist. Das gesuchte Rechteck ist ein Quadrat!

Kapitel 5

3. Ableitungen ausgewählter Funktionen

Aufgabe

Ermitteln Sie die Ableitungen der folgenden Funktionen:

a) $f(x) = 3x^4 + 2x^3 + \ln x + e^x \, (x > 0)$
b) $f(k) = \frac{2k^2 a}{b+k} \, (a, b \in \mathbb{R})$
c) $L(r) = 3\sqrt{2r + r^5 + 3}$
d) $P(q) = q^4 \cdot e^{5q}$
e) $M(l) = [\ln(3l + 1)]^2$.

Lösungsvorschlag

a) $f(x) = 3 \cdot 4x^3 + 2 \cdot 3x^2 + \frac{1}{x} + e^x = 12x^3 + 6x^2 + \frac{1}{x} + e^x$

b) $f'(k) = \frac{4ak(b+k) - 2k^2 a1}{(b+k)^2} = \frac{4akb + 4ak^2 - 2ak^2}{(b+k)^2} = \frac{2ak(2b+k)}{(b+k)^2}$

c) $L(r) = 3(2r + r^5 + 3)^{\frac{1}{2}} \to L'(r) = 3 \cdot \frac{1}{2}(2r + r^5 + 3)^{-\frac{1}{2}} \cdot$
$(2 + 5r^4) = \frac{3}{2} \frac{2 + 5r^4}{\sqrt{2r + r^5 + 3}}$

d) $P'(q) = 4q^3 \cdot e^{5q} + q^4 \cdot e^{5q} \cdot 5 = q^3 e^{5q}(4 + 5q)$

e) $M'(l) = 2 \cdot \ln(3l + 1) \cdot \frac{1}{3l+1} \cdot 3 = \frac{6\ln(3l+1)}{3l+1}$.

4. Kurvendiskussion

Aufgabe

Diskutieren Sie die Kostenfunktion $K(x) = x^4 - 8x^2 + 90 \, (x > 0)$ hinsichtlich etwaiger Extremwerte und Wendepunkte. Wie verhält sich $K(x)$ für $x \to +\infty$?

Lösungsvorschlag

Ableitungen:

$$K'(x) = 4x^3 - 16x = 4x(x^2 - 16)$$
$$K''(x) = 12x^2 - 16$$
$$K'''(x) = 24x.$$

Extremwerte:

$$K'(x) = 0$$
$$0 = 4x(x^2 - 16)$$
$$x_1 = 0, x_2 = 4, x_3 = -4.$$

Wegen der Vorgabe $x > 0$ braucht nur x_2 weiter betrachtet zu werden:

$$K''(x_2) = 12 \cdot 16 - 16 = 176 > 0.$$

Bei $x_2 = 4$ liegt damit ein Minimum vor.

Wendepunkte:

$$K''(x) = 0$$
$$0 = 12x^2 - 16$$
$$x_{4,5} = \pm\sqrt{\frac{4}{3}}.$$

Wegen der Vorgabe $x > 0$ braucht nur x_4 weiter betrachtet zu werden:

$$K'''(x_4) = 24 \cdot \sqrt{\frac{4}{3}} = \frac{48}{\sqrt{3}} > 0.$$

Bei $x_4 = \sqrt{\frac{4}{3}}$ liegt damit ein Wendepunkt (Linkskrümmung) vor.

Verhalten für $x \to +\infty$:

Für $x \to +\infty$ geht x^4 gegen $+\infty$, wohingegen $-8x^2$ gegen $-\infty$ geht. Der Term 90 bleibt konstant. Da x^4 für $x \to +\infty$ deutlich stärker wächst als $-8x^2$ fällt, gilt für die Kostenfunktion $K(x) = x^4 - 8x^2 + 90 \to +\infty$ für $x \to +\infty$.

5. Grenzkosten

Aufgabe

Ein Hersteller schätzt die Kostenfunktion für einen bestimmten Artikel in € mit

$$K(x) = 10x + 100\sqrt{x} + 10.000.$$

Bestimmen Sie die Grenzkosten für 100 Stück des Artikels. Interpretieren Sie das Berechnungsergebnis!

Lösungsvorschlag

Die Grenzkosten lassen sich mithilfe der ersten Ableitung der Kostenfunktion berechnen. Es ist also zunächst die Ableitung zu ermitteln und darin die Produktionsmenge von 100 Stück einzusetzen:

$$K(x) = 10x + 100\sqrt{x} + 10000 = 10x + 100x^{\frac{1}{2}} + 10.000$$
$$K'(x) = 10 + \frac{1}{2} \cdot 100x^{\frac{1}{2}} = 10 + \frac{50}{\sqrt{x}}$$
$$K'(100) = 10 + \frac{50}{\sqrt{100}} = 15.$$

Die Grenzkosten für 100 Stück des Artikels betragen 15 €, d. h., die angenäherten Kosten für die Herstellung des 101. Artikels betragen 15 €.

6. Elastizitäten

Aufgabe

Für ein Unternehmen mit Monopolstellung ist es möglich, den Preis des angebotenen Gutes selbstständig festzulegen. Die Menge y, die es dann bei einem Preis p absetzen kann, ist eine Funktion dieses Preises und drückt das Verhalten der Nachfrage aus. Diese Preis-Absatz-Funktion lautet $\frac{20}{p} - y + 10 = 0$.

a) Bestimmen Sie die Elastizitätsfunktion der Absatzmenge bezüglich des Preises.
b) Wie groß ist die Elastizität bei $p = 1$ und bei $p = 10$? Interpretieren Sie das Ergebnis.

c) Wie reagieren die Nachfrager, wenn das Unternehmen den Preis immer höher treibt? Was bedeutet das für den Umsatz des Unternehmens?

Lösungsvorschlag

a) $\varepsilon_{y,p} = \frac{y'(p) \cdot p}{y(p)} = -\frac{20}{p^2} \cdot \frac{p}{\frac{20}{p} + 10} = \frac{-2}{2+p}$.

b) $p = 1 \Rightarrow \varepsilon_{y,1} = -\frac{2}{3}$ und $p = 10 \Rightarrow \varepsilon_{y,10} = -\frac{1}{6}$.
Wird der Preis ausgehend von $p = 1$ ($p = 10$) um 1 % erhöht, so vermindert sich der Absatz um gerundet 0,17 % (0,167 %). Die Nachfrage wird unelastischer.

c) $p \to \infty \Rightarrow y \to 10$ oder $p \to \infty \Rightarrow \varepsilon_{y,p} \to 0$.
Dies bedeutet, dass der Umsatz immer größer wird: $p \to \infty \Rightarrow U \to \infty$.

Literatur

Kallischnigg, G., Kockelkorn, U., Dinge, A.: Mathematik für Volks- und Betriebswirte. Oldenbourg, München, Berlin (2003)
Wendler, T., Tippe, U.: Übungsbuch Mathematik für Wirtschaftswissenschaftler. Springer, Berlin, Heidelberg (2013)

Kapitel 5

Integralrechnung

6

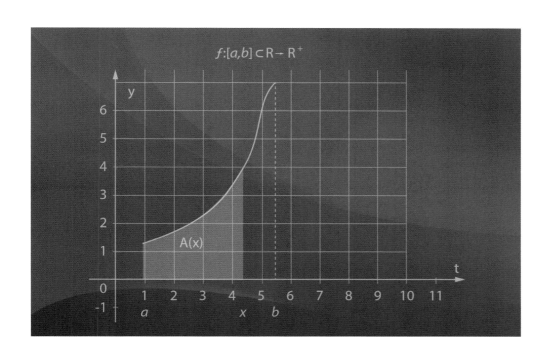

$$f:[a,b] \subset \mathbb{R} \to \mathbb{R}^+$$

6.1 Integralrechnung als Umkehrung der Differenzialrechnung –
Was ist ein „unbestimmtes Integral"? 195

6.2 Das bestimmte Integral – oder wie kann man krummlinig berandete
Flächen berechnen? 197

6.3 Wie können wir die Kosten- und Erlösfunktion geometrisch
interpretieren? 201

6.4 Wie können wir kompliziertere Integrale bestimmen
bzw. gibt es jeweils passende Integrationsmethoden? 203

6.5 Wie integriert man Funktionen über unendliche Intervalle? 206

Literatur 212

© Springer-Verlag Berlin Heidelberg 2017
B. Haack et al., *Mathematik für Wirtschaftswissenschaftler*, DOI 10.1007/978-3-642-55175-8_6

Mathematischer Exkurs 6.1: Worum geht es hier?

Wir haben uns bereits sehr intensiv mit der Differenzialrechnung und ihren Anwendungen auseinandergesetzt. Vereinfacht gesagt, sind wir dort von reellen Funktionen ausgegangen und haben versucht, systematisch die Funktionsverläufe zu verstehen. Wir haben dabei den Begriff der Ableitung bzw. höhere Ableitungen genutzt.

Historisch gesehen war die Integralrechnung hingegen eher geometrisch motiviert, indem man seit dem Altertum bereits versucht hat, allgemeine, krummlinig berandete Flächen zu berechnen. Erst durch die Mathematiker New-

ton und Leibniz konnte dieses Problem gehandhabt werden.

Dieses Kapitel beschäftigt sich nun damit, auf möglichst anschauliche Art diese Erkenntnisse darzustellen und insbesondere deren Relevanz für wirtschaftswissenschaftliche Fragestellungen deutlich zu machen. Dabei wird verständlich gemacht, inwiefern das „Flächenproblem" im Zusammenhang mit der Funktionenlehre bzw. der Differenzial- und Integralrechnung als Umkehrung der Differenzialrechnung zusammenhängt.

Mathematischer Exkurs 6.2: Was können Sie nach Abschluss dieses Kapitels?

Nach Abschluss dieses Kapitels haben Sie die grundlegenden Fragestellungen der Integralrechnung verstanden. Sie können unbestimmte und bestimmte Integrale lösen und kennen relevante wirtschaftswissenschaftliche Anwendungen. Ab-

schließend werden Sie mit uneigentlichen Integralen vertraut gemacht, die insbesondere bei statistischen Anwendungen eine große Rolle spielen.

Mathematischer Exkurs 6.3: Müssen Sie dieses Kapitel überhaupt durcharbeiten?

Wenn Sie die folgenden Aufgaben beherrschen, dann sind Sie bereits recht „gut im Stoff". Alle Aufgaben werden im Verlaufe des Kapitels berechnet:

6.1 Berechnen Sie alle Stammfunktionen der folgenden Funktionen:
   a. $f(x) = 2x$
   b. $f(x) = e^x + x^3$
   c. $f(t) = -t + \sqrt{t}$

6.2 Zeigen Sie, dass Folgendes gilt:
$$\int \ln x\, dx = x \ln x - x + C$$

6.3 Berechnen Sie die folgenden Integrale:
   a. $\int \frac{4}{x} - 2e^x + 3x^5$
   b. $\int \frac{(t+2)^2}{\sqrt{t}}\, dt$

6.4 Wie groß ist die Maßzahl der Fläche, die der Graph der Parabel $y = \frac{1}{2}x^2$ und das Intervall $[1, 2]$ einschließt?

6.5 Berechnen Sie die folgenden Integrale:

   a. $\int_1^4 2x^2 + e^x\, dx$
   b. $\int_0^1 e^{-at}\, dt$
   c. $\int_0^1 \frac{1}{2}e^{2t} + \frac{1}{t+1}\, dt$

6.6 Berechnen Sie die Maßzahl der Fläche, die der Graph $y(x) = x^2 + x - 2$ mit der x-Achse im Intervall $[-3, 2]$ einschließt.

6.7 Berechnen Sie die Fläche, die die Graphen der beiden Funktionen $f_1(x) = x^2 + x + 3$ und $f_2(x) = -x^2 + 6$ einschließen.

6.8 Bestimmen Sie das unbestimmte Integral $\int \frac{2x-3}{x^2-3x+5}\, dx$ (Brauch et al. 1977).

6.9 Berechnen Sie die folgenden Integrale mithilfe der Methode der partiellen Integration:
   a. $\int x \cdot e^x\, dx$
   b. $\int x^2 \cdot e^x\, dx$

6.10 Berechnen Sie das Integral $\int \frac{x}{\sqrt{1-x^2}}\, dx$ mithilfe der Substitutionsregel.

6.11 Berechnen Sie das bestimmte Integral $\int_0^1 x(x^2 + 5)^3\, dx$.

Kapitel 6

6.1   Integralrechnung als Umkehrung der Differenzialrechnung – Was ist ein „unbestimmtes Integral"?

Wir betrachten zu Beginn das folgende Beispiel:

Beispiel

Ein Unternehmen hat sich mit der Frage beschäftigt, wie sich die Produktionskosten für sein Kernprodukt (Toaster) entwickeln, wenn es die zu produzierende Stückzahl erhöht. Dabei hat man festgestellt, dass sich die Änderung der Produktionskosten je Mengeneinheit durch eine Grenzkostenfunktion $K'(x)$ darstellen lässt: $K'(x) = 2x^2 - 20x + 40$. Weiterhin ist bekannt, dass die Kosten bei einer Produktionsmenge von 10 Stück bei 97 € liegen.

Nun stellt sich die Frage: Wie lautet die Kostenfunktion $K(x)$?

Offensichtlich müssen wir jetzt im Gegensatz zu früher „umgekehrt vorgehen": War die Situation bis jetzt eher so, dass man eine Funktion $f(x)$ hatte, von der man die Ableitung $f'(x)$ berechnen sollte, so liegt uns nun die erste Ableitung vor, und wir suchen nach der Funktion $f(x)$.

In unserem Fall suchen wir diejenige Funktion $K(x)$, für die gilt $K'(x) = 2x^2 - 20x + 40$.

Wir schauen uns jetzt jeden einzelnen Term der Funktionsgleichung einzeln an und stellen fest, dass es ganz viele Funktionen $K(x)$ gibt, deren Ableitung $K'(x) = 2x^2 - 20x + 40$ ist, und zwar alle Funktionen der Form $K(x) = \frac{2}{3}x^3 - 10x^2 + 40x + C$, wobei $C \in \mathbb{R}$ eine (beliebige) reelle Konstante ist. Woher kommt diese Konstante?

Wir machen dazu einfach die Probe und differenzieren $K(x) = \frac{2}{3}x^3 - 10x^2 + 40x + C$ nach x:

$$K'(x) = \frac{2}{3}3x^2 - 20x + 40 = 2x^2 - 20x + 40 \,.$$

Offensichtlich haben wir die richtige Funktion bzw. die richtigen Funktionen (!) $K(x)$ gefunden.

Da die erste Ableitung einer konstanten Funktion stets null ist, fällt C beim Differenzieren weg, d. h., alle Funktionen der Form

$$K(x) = \frac{2}{3}x^3 - 10x^2 + 40x + C$$

besitzen als erste Ableitung $K'(x) = 2x^2 - 20x + 40$.

Wir haben es also mit unendlich vielen Möglichkeiten zu tun, die Kostenfunktion zu bestimmen – welche ist denn nun für unser Beispiel die richtige?

Glücklicherweise wissen wir noch etwas mehr: In der Aufgabenstellung hieß es: „Weiterhin ist bekannt, dass die Kosten bei einer Produktionsmenge von 10 Stück bei 97 € liegen", d. h., es gilt

$$K(10) = 97 \,.$$

Setzen wir das in die Gleichung für $K(x)$ ein, so erhalten wir:

$$K(10) = \frac{2}{3}10^3 - 10 \cdot 10^2 + 40 \cdot 10 + C = 97$$

$$\Leftrightarrow$$

$$C = 97 - \frac{2}{3}1000 + 1000 - 400 \approx 97 - 667 + 600$$
$$= 97 - 67 = 30 \,.$$

Also lautet unsere Lösung:

$$K(x) = \frac{2}{3}x^3 - 10x^2 + 40x + 30 \,.$$

Abbildung 6.1 zeigt die grafische Darstellung der Kostenfunktion:

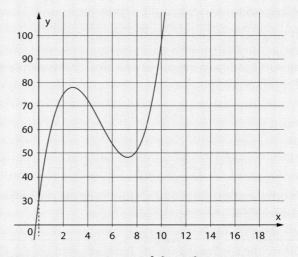

Abb. 6.1   Kostenfunktion $K(x) = \frac{2}{3}x^3 - 10x^2 + 40x + 30$

◀

Bereits an diesem einfachen Beispiel wird Folgendes klar.

1. Es scheint durchaus sinnvoll zu sein, nach einer Art Umkehrung der Differenzialrechnung zu fragen bzw. diese zu betrachten.
2. Diese Art der Umkehrung ist offensichtlich nicht eindeutig.

Diese beiden Aspekte veranlassen uns zu dem folgenden Merksatz:

Merksatz

Es seien $f(x)$ und $F(x)$ zwei reelle Funktionen mit der Eigenschaft $F(x)' = f(x)$ gegeben. Dann wird $F(x)$ als **Stammfunktion** von $f(x)$ bezeichnet. Die Berechnung aller Stammfunktionen zu einer gegebenen Funktion $f(x)$ bezeichnet man als **Integration**, und wir sagen, dass wir $f(x)$ (nach x) **integrieren**. Die Variable x bezeichnet man als **Integrationsvariable**, die beim Integrationsprozess entstehende Konstante C nennen wir **Integrationskonstante**.

Symbolisch beschreibt man den Sachverhalt wie folgt:

$$\int f(x)dx = F(x) + C$$

und stellt das sogenannte **unbestimmte Integral** der Funktion $f(x)$ dar.

Das Symbol $\int$ ist das **Integralzeichen**. Es erinnert an ein stilisiertes „S" und soll das Wort „Summe" andeuten. Noch ist nicht klar, welcher Zusammenhang zwischen einer Summe und der Integration besteht, doch werden wir das noch erkennen.

Die Integration ist sozusagen die Umkehrung der Differentiation. Das heißt, wenn wir eine Funktion zunächst differenzieren und dann das Ergebnis im Anschluss integrieren, erhalten wir unsere ursprüngliche Funktion (zuzüglich einer Konstanten). Umgekehrt (d. h. erst integrieren und dann differenzieren) gilt dies natürlich analog:

$$\int F'(x)dx = F(x) + C$$

und

$$\left(\int f(x)dx\right)' = \frac{d}{dx}\int f(x)dx = f(x).$$

Wir berechnen einfach einmal ein paar Beispiele und bedienen uns der **Aufgabe 6.1** aus Exkurs 6.3:

──────────── **Aufgabe 6.1** ────────────

Berechnen Sie alle Stammfunktionen der folgenden Funktionen:

a. $f(x) = 2x$: $\int f(x)dx = \int 2xdx = \frac{x^2}{2} + C$
b. $f(x) = e^x + x^3$: $\int f(x)dx = e^x + \frac{x^4}{4} + C$
c. $f(t) = -t + \sqrt{t}$: $\int f(x)dx = -\frac{t^2}{2} + \frac{2}{3}t^{\frac{3}{2}} + C = -\frac{t^2}{2} + \frac{2}{3}\sqrt{t^3} + C$.

Die Bestätigung des Ergebnisses können wir stets durch Differenziation der rechten Seite erreichen.

────────────────────────────────

Anhand des Beispiels sind uns bereits ein paar Regeln intuitiv klar geworden. So wissen wir beispielsweise aus der Differenzialrechnung, dass die „Ableitung einer Summe gleich der Summe der Ableitungen ist" $((f(x) + g(x))' = f'(x) + g'(x))$. Diese Regel hat uns bei den Teilaufgaben 6.1.b und 6.1.c auch bewogen, die Integrale „einzeln" zu berechnen.

Analog wissen wir aus der Differenzialrechnung, dass konstante Faktoren beim Differenzieren erhalten bleiben $((af(x))' = af'(x), a \in \mathbb{R})$. Auch das überträgt sich auf die Integration, sodass wir den folgenden Merksatz formulieren können:

Merksatz

Das Integral einer Summe ist gleich der Summe der Integrale:

$$\int f(x) + g(x)\,dx = \int f(x)\,dx + \int g(x)\,dx.$$

(Diese Regel kann natürlich auf mehr als zwei Funktionen erweitert werden.)

Konstante Faktoren können vor das Integral gezogen werden:

$$\int af(x)dx = a\int f(x)dx.$$

Wir haben bis jetzt quasi beiläufig einige Integrale kennengelernt. Auf der Basis unseres jetzigen Kenntnisstandes, gepaart mit unserem Wissen über die Differenzialrechnung, können wir an dieser Stelle die folgenden Integrale bestimmen:

Merksatz

1. $\int adx = a\int 1dx = a\int dx = ax + C$
2. $\int x^adx = \frac{1}{a+1}x^{a+1}, a \in \mathbb{R}, a \neq -1$
3. $\int e^xdx = e^x + C$ bzw. $\int e^{ax}dx = \frac{1}{a}e^{ax} + C$
4. $\int \frac{1}{x}dx = \ln|x| + C$, wir erinnern uns: Die Logarithmusfunktion ist nur für positive Werte definiert.

Gemeinsam mit den bereits bekannten Rechenregeln für Integrale können wir so schon eine beachtliche Anzahl von Integralen lösen. Zum Schluss fügen wir noch das unbestimmte Integral für $f(x) = \ln x$ hinzu (s. **Aufgabe 6.2** aus Exkurs 6.3)

──────────── **Aufgabe 6.2** ────────────

Zeigen Sie, dass Folgendes gilt:

$$\int \ln xdx = x\ln x - x + C. \qquad (6.1)$$

Was ist zu tun?

Wir müssen einfach nur die rechte Seite der Gleichung differenzieren und sehen, ob das Ergebnis mit dem Integranden übereinstimmt. Wir nutzen u. a. die Produktregel aus der Differenzialrechnung und erhalten

$$\frac{d}{dx}(x\ln x - x + C) = \ln x + x\left(\frac{1}{x}\right) - 1 = \ln x.$$

Somit stimmt die Gleichung.

────────────────────────────────

Abschließend eine Bemerkung dazu, ob bzw. wann das Integral $F(x)$ für eine gegebene Funktion $f(x)$ überhaupt existiert. Eigentlich benötigen wir hier den mathematischen Begriff der **Stetigkeit**, um die Existenz einer Stammfunktion zu sichern. Wir verzichten in diesem Buch aus Gründen der Einfachheit aber auf eine korrekte Definition und behelfen uns mit einer intuitiven Sichtweise. Die Graphen auf einem Intervall $[a, b]$ **stetiger Funktionen** sind so beschaffen, dass diese „ohne abzusetzen" gezeichnet werden können. Auf ihrem gesamten Definitionsbereich stetige Funktionen weisen u. a. keine „Sprungstellen" oder „Polstellen" auf und sind in gewisser Weise sehr „gutartig".

Gut zu wissen

Zu einer auf [a ,b] stetigen Funktion f gibt es unendlich viele Stammfunktionen.

Zwei Stammfunktionen unterscheiden sich nur durch eine additive Konstante C (das heißt: „Sobald wir eine Stammfunktion kennen, kennen wir sie alle!"). ◀

Wenden wir uns jetzt noch der **Aufgabe 6.3** zu, und wir werden sehen, wie leicht sich diese lösen lässt:

———————————— **Aufgabe 6.3** ————————————
Berechnen Sie die folgenden Integrale:

a. $\int \frac{4}{x} - 2e^x + 3x^5 dx = 4\ln|x| - 2e^x + \frac{1}{2}x^6 + C$

b. $\int \frac{(t+2)^2}{\sqrt{t}} dt = \int \frac{t^2+4t+4}{\sqrt{t}} dt = \int \frac{(t^2+4t+4)\sqrt{t}}{t} dt = \int t\sqrt{t} + 4\sqrt{t} + \frac{4}{\sqrt{t}} dt = \int t^{\frac{3}{2}} + 4t^{\frac{1}{2}} + 4t^{-\frac{1}{2}} dt = \frac{2}{5}t^{\frac{5}{2}} + \frac{8}{3}t^{\frac{3}{2}} + 8t^{\frac{1}{2}} + C = \frac{2}{5}\sqrt{t^5} + \frac{8}{3}\sqrt{t^3} + 8\sqrt{t} + C.$

6.2   Das bestimmte Integral – oder wie kann man krummlinig berandete Flächen berechnen?

Flächenberechnungen sind uns noch aus der Schule bekannt: Quadrate, Rechtecke und vieles mehr haben wir kennengelernt, Formeln für die Flächenberechnung – zumindest teilweise – haben wir immer noch parat.

Wenn wir die Fragestellung aber dahingehend erweitern, dass wir gerne Flächen berechnen möchten, die „krummlinig berandet" sind, dann wird das schon etwas komplizierter. Schon im antiken Griechenland hat man sich mit dieser Frage beschäftigt und eine Näherungsmethode entwickelt, die schlussendlich auch zur Formel zur Berechnung der Fläche eines Kreises und zur Kreiszahl π geführt hat. Aber auch diese Methode war begrenzt und nicht auf allgemeinere Fälle anwendbar. Erst mithilfe der Differenzial- und Integralrechnung (u. a. durch die Mathematiker Newton und Leibniz im 17./18. Jahrhundert) kam man der Sache näher.

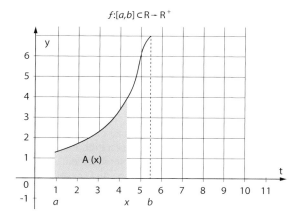

Abb. 6.2   Fläche unter einer Kurve

Um den Zusammenhang zwischen Flächenberechnung einerseits und dem Begriff des Integrals andererseits näherzukommen, gehen wir von der folgenden Situation aus:

Wir betrachten eine Funktion $f : [a, b] \subset \mathbb{R} \to \mathbb{R}^+$ und bezeichnen die unabhängige Variable an dieser Stelle mit t und nicht mit x wie so oft vorher. Es sei x ein Punkt, der zwischen a und b liegt. Uns interessiert nun die in Abb. 6.2 gekennzeichnete Fläche, die durch die Strecke $[a, x]$ und den Graphen der Funktion $f(t)$ eingeschlossen wird. Je nachdem, wo wir x platzieren, können wir eine andere Fläche vermuten. Das heißt, die gekennzeichnete Fläche A ist eine Funktion von x: $A = A(x)$, für die offensichtlich $A(a) = 0$ gilt. Darüber hinaus können wir feststellen, dass die Fläche A mit wachsendem x ebenfalls anwächst. $A(b)$ ergibt die Gesamtfläche A, die von der Strecke $[a, b]$ sowie dem Graphen von f eingeschlossen wird.

Die Idee, wie man die Fläche unter der Kurve berechnen bzw. approximieren kann, basiert darauf, dass man das Intervall $[a, x]$ in immer kleinere Teilintervalle unterteilt und die markierte Fläche durch die Summe von Rechteckflächen annähert (man sagt auch „approximiert"). *Achtung*: Hier taucht plötzlich der Begriff „Summe" auf, und in Abschn. 6.1 haben wir darauf verwiesen, dass das Symbol für das Integralzeichen an ein „S" als Anfangsbuchstabe des Wortes „Summe" erinnern soll.

Die ganz fundamentale Erkenntnis besteht nun darin, dass man tatsächlich einen Zusammenhang zwischen der Flächenfunktion $A(x)$ und der zugrundeliegenden Funktion $f(t)$ herstellen kann:

Merksatz

Die erste Ableitung der Funktion $A(x)$ entspricht in jedem Punkt $x \in [a, b]$ dem Funktionswert von f an der Stelle $t = x$:

$$A'(x) = f(x).$$

(Wir verzichten hier bekanntermaßen auf jeglichen Beweis – eine leicht nachvollziehbare Herleitung findet man u. a. in Sydsaeter (2004).)

Kapitel 6

Dieser Zusammenhang ist in der Tat bemerkenswert: Haben wir doch ausgehend von der Umkehrung der Differenzialrechnung ganz formal den Begriff der Stammfunktion bzw. des Integrals eingeführt und erleben hier, dass es einen Zusammenhang zwischen der Fläche A unter dem Graphen von f und ihrer Stammfunktion gibt:

Die Flächenfunktion $A(x)$ ist eine Stammfunktion von f!

Wir wissen mittlerweile auch, dass es zu einer gegebenen Funktion f unendlich viele Stammfunktionen gibt, die sich lediglich in einer Konstanten voneinander unterscheiden. Nehmen wir nun an, dass $F(x)$ eine Stammfunktion von $f(x)$ sei (und nennen die unabhängige Veränderliche wieder „x"), dann gilt demnach:

$$A(x) = F(x) + C.$$

Aus der Tatsache heraus, dass $A(a) = 0$ ist, folgt weiter

$$A(a) = 0 = F(a) + C$$

bzw.

$$C = -F(a).$$

Somit folgt für $A(x)$:

$$A(x) = F(x) - F(a) = \int f(x)dx - F(a). \qquad (6.2)$$

Diese Formel ist unabhängig von der Wahl der Stammfunktion, denn Stammfunktionen einer Funktion $f(x)$ unterscheiden sich nur in einer Konstanten. Wenn also beispielsweise $F(x)$ und $B(x)$ zwei Stammfunktionen zu $f(x)$ sind, dann gilt $F(x) = B(x) + C$.

Setzen wir dies in (6.2) ein, dann ergibt sich:

$$B(x) - B(a) = F(x) + C - (F(a) + C) = F(x) - F(a),$$

und wir erkennen: Die Formel (6.2) ist unabhängig von der Wahl der Stammfunktion!

An dieser Stelle widmen wir uns der **Aufgabe 6.4** aus Exkurs 6.3:

--------- **Aufgabe 6.4** ---------

Wie groß ist die Maßzahl der Fläche, die der Graph der Parabel $y = \frac{1}{2}x^2$ und das Intervall $[1, 2]$ einschließen?

Wir wenden die Gleichung $A(x) = F(x) - F(a) = \int f(x)dx - F(a)$ an und erhalten

$$A(x) = F(x) - F(a) = \frac{1}{6}x^3 - \frac{1}{6}1 = \frac{1}{6}\left(x^3 - 1\right)$$

bzw.

$$A(2) = \frac{1}{6}\left(2^3 - 1\right) = \frac{7}{6}.$$

Das heißt, die gesuchte Fläche ist $\frac{7}{6}$ Flächeneinheiten groß.

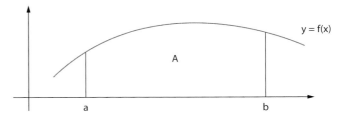

Abb. 6.3 Maßzahl $A = A(b)$

Unsere Überlegungen führen nun zu dem nächsten Begriff, dem sogenannten **bestimmten Integral**:

Wir betrachten jetzt noch einmal die Formel

$$A(x) = F(x) - F(a).$$

Wenn wir für x den rechten Randpunkt b unseres Definitionsbereichs einsetzen, dann erhalten wir

$$A(b) = F(b) - F(a).$$

$A(b)$ gibt uns die Maßzahl A der Fläche an, die vom Graphen von f und der x-Achse zwischen a und b eingeschlossen wird (s. Abb. 6.3).

Auf diese Weise haben wir eine Möglichkeit, krummlinig berandete Flächen zu berechnen, die von einer (sogenannten **stetigen**) Funktion f und einem festen Intervall auf der x-Achse begrenzt werden. Dies führt zu dem Begriff des **bestimmten Integrals**, das im Gegensatz zum unbestimmten Integral keine Funktion, sondern eine reelle Zahl liefert.

Merksatz

Es sei $f(x)$ eine auf $[a, b]$ definierte und für alle x aus dem Inneren des Intervalls stetige Funktion (d. h. der Graph der Funktion kann „ohne abzusetzen" gezeichnet werden), und es sei $F(x)$ eine Stammfunktion von $f(x)$. Dann bezeichnen wir die Differenz $F(b) - F(a)$ als das **bestimmte Integral** von f über $[a, b]$.

Symbolisch schreibt man das bestimmte Integral wie folgt:

$$\int\limits_a^b f(x)dx = [F(x)]_b^a = F(b) - F(a).$$

An dieser Stelle machen wir darauf aufmerksam, dass bei den Überlegungen zur Flächenfunktion noch zusätzlich vorausgesetzt worden ist, dass die Funktionswerte von f in dem betrachteten Intervall alle positiv sein sollen. Das ist im obigen Merksatz nicht der Fall! Hier wird das bestimmte Integral berechnet, völlig unabhängig davon, ob der Graph von f oberhalb, unterhalb oder „teils oberhalb, teils unterhalb" von der x-Achse verläuft.

Wir machen uns einmal an folgendem Beispiel klar, was passiert, wenn wir das bestimmte Integral von einer Funktion berechnen möchten, die teilweise unterhalb und teilweise oberhalb der x-Achse verläuft:

Beispiel

Es sei $f(x) = x^3$ auf dem Intervall $[-2, 2]$ gegeben. Wir möchten das bestimmte Integral $\int_{-2}^{2} x^3 dx$ berechnen. Zunächst benötigen wir eine (!) Stammfunktion. Diese lautet $F(x) = \frac{x^4}{4}$. Damit erhalten wir:

$$\int_{-2}^{2} x^3 dx = \left[\frac{x^4}{4}\right]_{-2}^{2} = \frac{16}{4} - \frac{16}{4} = 0,$$

d. h., das bestimmte Integral ist null, die Fläche unterhalb der Kurve ist aber sicher von null verschieden (s. Abb. 6.4):

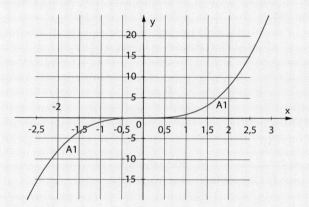

Abb. 6.4 $f(x) = x^3$

Ganz offensichtlich setzt sich die gesuchte Gesamtfläche A unterhalb der Kurve aus den beiden Flächenstücken A_1 und A_2 zusammen. A_1 liegt unterhalb der x-Achse, A_2 oberhalb.

Nun liegt der Verdacht nahe, dass der Wert eines bestimmten Integrals davon abhängt, ob der Graph der Funktion oberhalb oder unterhalb der x-Achse verläuft. Hierzu berechnen wir einfach nur die folgenden bestimmten (Teil-)Integrale:

$$\int_{-2}^{0} f(x)dx = \left[\frac{x^4}{4}\right]_{-2}^{0} = 0 - \frac{16}{4} = -4$$

und

$$\int_{0}^{2} f(x)dx = \left[\frac{x^4}{4}\right]_{0}^{2} = \frac{16}{4} - 0 = 4.$$

Daran wird Folgendes deutlich:

1. Dort, wo der Graph der Funktion unterhalb der x-Achse verläuft, ist das bestimmte Integral negativ.
2. Dort, wo der Graph der Funktion oberhalb der x-Achse verläuft, ist das bestimmte Integral positiv.
3. Die Beträge beider Teillösungen stimmen überein und ergeben in Summe die Gesamtfläche. (Die Tatsache, dass die Beträge beider Teillösungen übereinstimmen, liegt an der speziellen Struktur der Funktion $y = x^3$. Die Funktion ist ungerade, d. h., es gilt $f(x) = -f(-x)$, und ihr Graph verläuft punktsymmetrisch zum Ursprung.)

Wenn wir die Maßzahl der gesamten Fläche berechnen wollen, müssen wir offensichtlich so rechnen:

$$A = |A_1| + A_2 = 4 + 4 = 16 . \quad \blacktriangleleft$$

Im allgemeinen Fall, d. h., wenn $f(x)$ im betrachteten Intervall das Vorzeichen wechselt, müssen wir Folgendes beachten:

Gut zu wissen

Das bestimmte Integral gibt nicht immer die Maßzahl der gesuchten Fläche unterhalb der Kurve an!   ◄

Anhand Abb. 6.5 werden wir nun allgemein formulieren, was man beachten muss, wenn man Flächen unterhalb von Funktionsgraphen berechnen möchte.

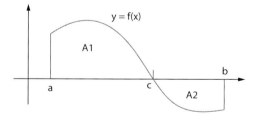

Abb. 6.5 Flächen unter dem Graphen von f

Das bestimmte Integral der Funktion $f(x)$ mit den Grenzen a und b beschreibt im skizzierten Fall nicht die **Gesamtfläche** A zwischen Funktionskurve und x-Achse, sondern die Differenz der beiden Maßzahlen A_1 und A_2. A_1 ist das bestimmte Integral von $f(x)$ mit den Grenzen a und c und A_2 das bestimmte Integral von $f(x)$ mit den Grenzen c und b. A_1 ist negativ und A_2 positiv, so dass ihre Summe nicht der Gesamtfläche unter der Kurve entspricht. Will man die Gesamtfläche A für das Intervall $[a, b]$ berechnen, muss man $A_1 + |A_2|$ berechnen.

Kapitel 6

Für die Flächenberechnung ist demnach Folgendes wichtig:

Gut zu wissen

Die Integralrechnung ordnet der Fläche zwischen Funktionskurve und x-Achse ein Vorzeichen zu. Verläuft die Kurve oberhalb der x-Achse, wird die Fläche positiv bewertet, verläuft die Fläche unterhalb der x-Achse, erhält die Fläche ein negatives Vorzeichen. Bei der Berechnung von Flächen darf über Nullstellen nicht „hinwegintegriert" werden. ◀

Was ist unter „hinwegintegrieren" zu verstehen?

Das bedeutet eigentlich nur, dass man bei Nullstellen etwas aufpassen muss und das gesamte Integral zerlegen soll:

Grundsätzlich kann man Integrale in Teilschritten berechnen. Liegt z. B. die in Abb. 6.4 gezeichnete Situation vor, dass c ein sogenannter „innerer Punkt" von $[a, b]$ sei (d. h. $a < c < b$), dann gilt:

$$\int_a^b f(x)\,dx = \int_a^c f(x)\,dx + \int_c^b f(x)\,dx$$

Die folgenden Eigenschaften bestimmter Integrale sollten wir im Hinterkopf behalten:

Merksatz

Es gilt stets

$$\int_a^a f(x)\,dx = 0 .$$

Das ist fast selbstverständlich: Schrumpft das Intervall $[a, b]$ auf einen Punkt zusammen, so ist die Maßzahl der Fläche null.

- Wichtig sind auch die folgenden Gleichungen:
$\int_a^b f(x)dx = -\int_b^a f(x)dx.$
- $\int_a^b \alpha f(x) + \beta g(x)dx = \alpha \int_a^b f(x)dx + \beta \int_a^b g(x)dx$, $\alpha, \beta \in \mathbb{R}$.
- Die bisher betrachteten Flächen waren nur teilweise durch Kurven und im Übrigen geradlinig begrenzt. Der nächste Satz hebt diese Beschränkung weitgehend auf: Die Funktionen $y = f(x)$ und $y = g(x)$ seien über das Intervall $I = [a, b]$ integrierbar. Für alle $x \in I$ gelte $g(x) < f(x)$. Dann lässt sich die Maßzahl der „über" dem Intervall $[a, b]$ gelegenen Fläche zwischen den beiden Funktionskurven durch

$$\int_a^b (f(x) - g(x))dx = \int_a^b f(x)dx - \int_a^b g(x)dx$$

berechnen (s. Abb. 6.6).

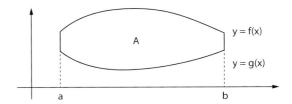

Abb. 6.6 Fläche zwischen zwei Kurven

Jetzt ist der Moment gekommen, uns den **Aufgaben 6.4–6.7** aus Exkurs 6.3 zu widmen:

────────── **Aufgabe 6.4** ──────────

Wie groß ist die Maßzahl der Fläche, die der Graph der Parabel $y = \frac{1}{2}x^2$ und das Intervall $[1, 2]$ einschließen?

Der Graph der Funktion verläuft komplett oberhalb der x-Achse, also gilt:

$$A = \int_1^2 \frac{1}{2}x^2 dx = \frac{1}{2}\int_1^2 x^2 dx = \frac{1}{2}\left[\frac{x^3}{3}\right]_1^2$$
$$= \frac{1}{2}\left(\frac{8}{3} - \frac{1}{3}\right) = \frac{7}{6} .$$

────────── **Aufgabe 6.5** ──────────

Berechnen Sie die folgenden Integrale:

a. $\int_1^4 2x^2 + e^x dx$
b. $\int_0^1 e^{-at} dt$
c. $\int_0^1 \frac{1}{2}e^{2t} + \frac{1}{t+1} dt.$

Lösung

a. $\int_1^4 2x^2 + e^x dx = \left[\frac{2}{3}x^3 + e^x\right]_1^4 = \frac{2}{3}4^3 + e^4 - \left(\frac{2}{3}1^3 + e^1\right) = \frac{128}{3} + e^4 - \frac{2}{3} - e = \frac{126}{3} + e^4 - e$
b. $\int_0^1 e^{-at} dt = \left[-\frac{1}{a}e^{-at}\right]_0^1 = -\frac{1}{a}e^{-1} + \frac{1}{a} = \frac{1}{a}\left(1 - \frac{1}{e}\right)$
c. $\int_0^1 \frac{1}{2}e^{2t} + \frac{1}{t+1} dt = \left[\frac{1}{4}e^{2t} + \ln|t + 1|\right]_0^1 = \frac{1}{4}e^2 + \ln 2 - \frac{1}{4}e^0 + \ln 1 = \frac{1}{4e^2} - \frac{1}{4} + \ln 2.$

────────── **Aufgabe 6.6** ──────────

Berechnen Sie die Maßzahl der Fläche, die der Graph $y(x) = x^2 + x - 2$ mit der x-Achse im Intervall $[-3, 2]$ einschließt.

Es handelt sich hier um eine quadratische Funktion, deren Graph eine Parabel ist. Sie ist nach oben geöffnet und besitzt die Nullstellen $x_1 = 1$ und $x_2 = -2$.

Kapitel 6

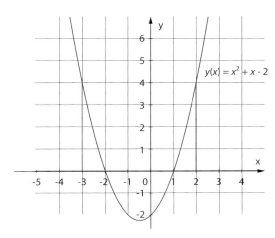

Abb. 6.7 $y(x) = x^2 + x - 2$

An Abb. 6.7 können wir erkennen, dass wir, um die Maßzahl der Fläche zu berechnen, die Nullstellen berücksichtigen müssen und nicht über sie „hinwegintegrieren" dürfen.

Die gesuchte Fläche A berechnet sich also wie folgt:

$$A = \int_{-3}^{-2} y(x)\, dx + \int_{-2}^{1} |y(x)|\, dx + \int_{1}^{2} y(x)\, dx.$$

Eine Stammfunktion zu $y(x) = x^2 + x - 2$ lautet $Y(x) = \frac{x^3}{3} + \frac{x^2}{2} - 2x$.

Im Intervall $[-2, 1]$ müssen wir die Funktion $|y(x)|$ betrachten und für sie eine Stammfunktion berechnen. Hier gilt: $|y(x)| = -x^2 - x + 2$. Die dazugehörige Stammfunktion ist dann: $Y(x) = -\frac{x^3}{3} - \frac{x^2}{2} + 2x$.

Damit erhalten wir für die Fläche:

$$A = \left[\frac{x^3}{3} + \frac{x^2}{2} - 2x\right]_{-3}^{-2} + \left[-\frac{x^3}{3} - \frac{x^2}{2} + 2x\right]_{-2}^{1}$$

$$+ \left[\frac{x^3}{3} + \frac{x^2}{2} - 2x\right]_{1}^{2}$$

$$= -\frac{8}{3} + \frac{4}{2} + 4 - \left(-\frac{27}{3} + \frac{9}{2} + 6\right)$$

$$+ \left(-\frac{1}{3} - \frac{1}{2} + 2 - \left(\frac{8}{3} - \frac{4}{2} - 4\right)\right)$$

$$+ \left(\frac{8}{3} + \frac{4}{2} - 4 - \left(\frac{1}{3} + \frac{1}{2} - 2\right)\right)$$

$$= -\frac{8}{3} + 6 + \frac{27}{3} - \frac{9}{2} - 6 - \frac{1}{3} - \frac{1}{2}$$

$$+ 2 - \frac{8}{3} + 6 + \frac{8}{3} - 2 - \frac{1}{3} - \frac{1}{2} + 2$$

$$= \frac{17}{3} + 8 - \frac{11}{2} = \frac{34 + 48 - 33}{6} = \frac{49}{6} = 8\frac{1}{6}.$$

Berechnen Sie die Fläche, die die Graphen der beiden Funktionen $f_1(x) = x^2 + x + 3$ und $f_2(x) = -x^2 + 6$ einschließen.

Wir berechnen zunächst die Schnittpunkte von $f_1(x)$ und $f_2(x)$ und lösen die Gleichung $x^2 + x + 3 = -x^2 + 6$ bzw. $2x^2 + x - 3 = 0$.

Daraus ergeben sich die beiden Lösungen $x_1 = 1$ und $x_2 = -\frac{3}{2}$. Der Sachverhalt spiegelt sich in Abb. 6.8 wider:

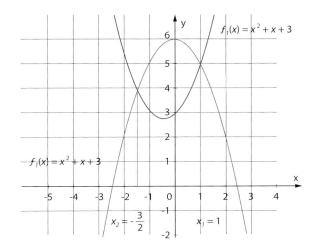

Abb. 6.8 Flächenberechnung zwischen zwei Kurven

Für die Maßzahl der Fläche erhalten wir nun:

$$A = \int_{-\frac{3}{2}}^{1} x^2 + x + 3\, dx = \left[\frac{x^3}{3} + \frac{x^2}{2} + 3x\right]_{-\frac{3}{2}}^{1}$$

$$= \frac{1}{3} + \frac{1}{2} + 3 - \left(-\frac{9}{8} + \frac{9}{8} - \frac{9}{2}\right) = \frac{1}{3} + \frac{1}{2} + 3 + \frac{9}{2}$$

$$= \frac{2 + 3 + 18 + 27}{6} = \frac{50}{6} = \frac{25}{3} = 8\frac{1}{3}.$$

6.3   Wie können wir die Kosten- und Erlösfunktion geometrisch interpretieren?

Jetzt haben wir das unbestimmte und das bestimmte Integral kennengelernt und möchten nun einen kleinen Abstecher in die praktische Anwendung wagen. Wir werden sehen, wie man die Fläche unter einer Kurve für die Praxis interpretieren kann und betrachten die erste Ableitung $K'(x) = 2x^2 - 20x + 40$ der Kostenfunktion $K(x)$ aus dem allerersten Beispiel: $K'(x)$ ist die **Grenzkostenfunktion** von $K(x)$ und beschreibt für jede Produktionsmenge x, wie sich die Produktionskosten bei Erhöhung der Produktionsmenge um eine Mengeneinheit ändern. Das unbestimmte Integral über die Grenzkostenfunktion $K'(x)$

Kapitel 6

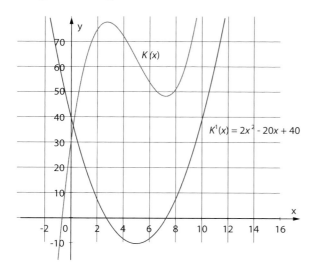

Abb. 6.9 Kosten- und Grenzkostenfunktion in einem Koordinatensystem

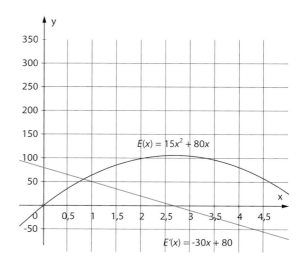

Abb. 6.10 Erlös- und Grenzerlösfunktion

entspricht einerseits der Kostenfunktion $K(x)$, andererseits kann es auch als die Fläche unter der Kurve von $K'(x)$ interpretiert werden:

Gut zu wissen

Die Fläche unter der Grenzkostenfunktion $K'(x)$ gibt damit anschaulich die Höhe der variablen Kosten $K(x)$ an. Bei dieser Interpretation wird der Begriff „Fläche" so interpretiert, dass sie mit negativem Vorzeichen versehen wird, wenn der Graph unterhalb der x-Achse verläuft. ◄

Abbildung 6.9 stellt unsere Kostenfunktion sowie ihre erste Ableitung graphisch dar.

Wir erweitern unser Beispiel etwas und gehen davon aus, dass die Erlösfunktion in unserem Fall wie folgt lautet:

$$E(x) = -15x^2 + 80x = x(-15x + 80).$$

Die Grenzerlösfunktion $E'(x)$ besitzt dann die Gestalt:

$$E'(x) = -30x + 80.$$

Sie beschreibt für jede Produktionsmenge x die Steigung der Erlöse.

Das Integral über die Grenzerlöse $E'(x)$ ergibt einerseits die Erlösfunktion $E(x)$, andererseits beschreibt sie die Fläche unter dem Graphen von $E'(x)$ in Abhängigkeit von x (s. oben das Beispiel mit der Kosten- und der Grenzkostenfunktion).

Gut zu wissen

Die Fläche unter der Grenzerlösfunktion $E'(x)$ ergibt anschaulich die Höhe der Erlöse $E(x)$. ◄

In unserem Fall ergibt sich die folgende grafische Darstellung in Abb. 6.10:

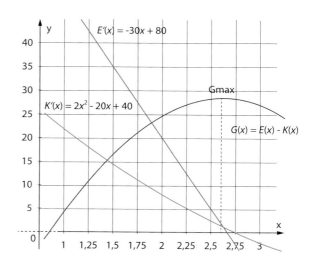

Abb. 6.11 Bestimmung des Gewinnmaximums

Der Gewinn $G(x) = E(x) - K(x) = -\frac{2}{3}x^3 - 5x^2 + 40x - 30$ (s. Abb. 6.11) steigt mit zunehmender Produktionsmenge so lange an, wie die Grenzerlöse größer als die Grenzkosten sind. Im Schnittpunkt ist das Gewinnmaximum G_{maximal} erreicht. Anschließend verläuft die Grenzerlösfunktion unterhalb der Grenzkostenkurve, sodass der Gewinn kleiner wird.

Auch wenn die letztgenannte Erkenntnis nicht zwingend zum Thema „Integralrechnung" gehört, passt sie thematisch durchaus hier hin und soll in folgendem Merksatz noch einmal manifestiert werden:

Merksatz

Das **Gewinnmaximum** ergibt sich aus dem Schnittpunkt von $K'(x)$ und $E'(x)$ bzw. aus der Gleichung $E'(x) = K'(x)$.

6.4 Wie können wir kompliziertere Integrale bestimmen bzw. gibt es jeweils passende Integrationsmethoden?

Die obigen Beispiele haben gezeigt, dass die Suche nach Stammfunktionen bisher im Wesentlichen auf **Grundintegrale** beschränkt blieb bzw. dass wir diese mittels einiger Rechenregeln „geschickt" kombiniert haben. Die Technik des Integrierens (d. h. die Suche nach Stammfunktionen) besteht allerdings darin, unbestimmte Integrale mithilfe allgemeiner Integrationsregeln so umzuformen, dass man auf Grundintegrale (oder zumindest auf schon bekannte Integrale) stößt und damit lösen kann. Die eigentliche Schwierigkeit dabei ist allerdings strategischer Natur: Anders als bei der Differenzialrechnung gibt es keine universell anwendbaren formalen Integrationsmethoden. Die Integralrechnung erfordert Intuition, man muss vorab entscheiden, welches Ziel mit Aussicht auf Erfolg angestrebt werden soll. Um solche Ziele überhaupt erkennen zu können, ist eine solide Kenntnis der Grundintegrale unerlässliche Voraussetzung. Einige Grundintegrale haben wir ganz am Anfang schon kennengelernt, doch benötigen wir sie hier noch öfter – daher noch einmal zur Erinnerung die (aller)wichtigsten Grundintegrale:

1. $\int x^\alpha dx = \frac{x^{\alpha+1}}{\alpha+1} + C$ für $\alpha \neq -1$
2. $\int \frac{1}{x} dx = \ln|x| + C$
3. $\int a^x dx = \frac{1}{\ln a} a^x + C, a > 0, a \neq 1$, insbesondere $\int e^x dx = e^x$.

Ganz besonders wichtig ist die folgende erste Integrationsregel:

Merksatz

Besitzt der Integrand die Form $\frac{f'(x)}{f(x)}$, dann gilt:

$$\int \frac{f'(x)}{f(x)} dx = \ln|f(x)| + C.$$

Diesen Sachverhalt kann man sich ganz leicht vor Augen halten. Wir nehmen der Einfachheit halber an, dass $f(x) > 0$ ist, und wenden auf die rechte Seite die Kettenregel an (d. h. wir differenzieren). Dann erhalten wir

$$\frac{d}{dx} \ln(f(x)) = \frac{1}{f(x)} f'(x) = \frac{f'(x)}{f(x)}.$$

Mithilfe dieser Regel können wir einige – etwas kompliziertere – Integrale berechnen als vorher, so wie z. B. die Integrale der **Aufgabe 6.8**:

——————— **Aufgabe 6.8** ———————
Bestimmen Sie das unbestimmte Integral

$$\int \frac{2x-3}{x^2 - 3x + 5} dx.$$

Wir stellen fest, dass gilt: $\frac{d}{dx} (x^2 - 3x + 5) = 2x - 3$. Der Zähler ist also die Ableitung des Nenners, d. h., wir erhalten als Lösung:

$$\int \frac{2x-3}{x^2 - 3x + 5} dx = \ln|x^2 - 3x + 5| + C.$$

Nach dieser kurzen Einleitung und Erinnerung an einige Grundlagen beginnen wir jetzt mit der ersten der beiden wichtigsten Integrationsregeln, der sogenannten **partiellen Integration** und der **Integration durch Substitution**. Beide Regeln stehen in engem Zusammenhang zu den bereits bekannten Differentiationsregeln, der Produktregel bzw. der Kettenregel.

Wir beginnen mit der partiellen Integration. Diese ist die „Umkehrung" der Produktregel

$$[f(x) \cdot g(x)]' = f'(x) \cdot g(x) + f(x) \cdot g'(x) \qquad (*)$$

der Differenzialrechnung. Integration beider Seiten von (*) führt zu:

$$\int [f(x) \cdot g(x)]' \, dx = \int f'(x) \cdot g(x) \, dx + \int f(x) \cdot g'(x) \, dx.$$

(Die Integrationskonstanten sind hier ohne Belang.) Nach Definition des unbestimmten Integrals (bzw. der Stammfunktionen) ist

$$\int [f(x) \cdot g(x)]' \, dx = f(x) \cdot g(x),$$

und wir erhalten eine Formel für die sogenannte **partielle Integration**:

$$\int f(x) \cdot g'(x) \, dx = f(x) \cdot g(x) - \int f'(x) \cdot g(x) dx.$$

Diese wichtige Formel muss erläutert werden, denn auf den ersten Blick scheint wenig gewonnen: Ein Integral wird durch ein anderes ersetzt! Was hilft uns das weiter?

Entscheidend ist die unterschiedliche Struktur der beiden Integrale.

Gut zu wissen

Voraussetzung für die Anwendung der partiellen Integration ist, dass sich der Integrand des Ausgangsintegrals als Produkt zweier Faktoren $f(x)$ und $g'(x)$ interpretieren lässt. Das Integral $\int f(x) \cdot g'(x) \, dx$ wird durch das Integral $\int f'(x) \cdot g(x) \, dx$ ersetzt – mit dem Ziel, **die Integrationsaufgabe zu vereinfachen**. Das setzt voraus, dass der Faktor $g'(x)$ auf elementare Weise integrierbar ist, um von $g'(x)$ auf $g(x)$ schließen zu können. ◄

Damit ist auch der Name „partielle" Integration erklärt (partiell = teilweise). Mit ein wenig Routine erkennt man schnell,

Kapitel 6

in welchen Fällen die Methode mit Aussicht auf Erfolg einge-setzt werden kann. In diesem Zusammenhang können wir uns der **Aufgabe 6.9** zuwenden:

─────────── **Aufgabe 6.9** ───────────

Berechnen Sie die folgenden Integrale mithilfe der Methode der partiellen Integration

a. $\int x \cdot e^x \, dx$:

Wir müssen uns zu Beginn entscheiden, wie wir die Funktionen $f(x)$ und $g(x)$ „geschickt" wählen. Hier bietet es sich an, $f(x) = x$ und $g'(x) = e^x$ zu setzen. Daraus ergibt sich $f'(x) = 1$ und $g(x) = e^x$. Anwendung der Formel für die partielle Integration

$$\int f(x) \cdot g'(x) \, dx = f(x) \cdot g(x) - \int f'(x) \cdot g(x) dx$$

liefert nun: $\int x e^x dx = x e^x - \int 1 \cdot e^x dx = x e^x - e^x + c = e^x(x - 1) + c$.

b. $\int x^2 \cdot e^x \, dx$:

Bei zweimaliger Anwendung der Methode kann auf gleiche Weise $\int x^2 \cdot e^x \, dx$ gelöst werden. Wir setzen $f(x) = x^2$ und $g'(x) = e^x$, woraus folgt: $g(x) = e^x$, und $f'(x) = 2x$. Damit erhalten wir

$$\int x^2 e^x dx = x^2 e^x - 2 \int x e^x dx .$$

Das Integral auf der rechten Seite kennen wir schon aus dem Teil a dieser Aufgabe und hilft uns hier weiter:

$$\int x^2 e^x dx = x^2 e^x - 2 \int x e^x dx$$
$$= x^2 e^x - 2 e^x(x - 1) + C$$
$$= e^x(x^2 - 2x + 2) + C .$$

Anhand der beiden Beispiele konnten wir erkennen, dass man manchmal mehr als einmal partiell integrieren muss, um zur Lösung zu kommen.

Jetzt sind wir auch soweit, eines der Grundintegrale selbst zu lösen:

Beispiel

$$\int \ln x \, dx = ?$$

Wir schreiben den Integranden als Produkt: $\ln x = 1 \cdot \ln x$ und setzen für $f(x) = \ln x$ und $g'(x) = 1$. Daraus ergibt sich $f'(x) = \frac{1}{x}$ und $g(x) = x$.

Also gilt:

$$\int \ln x \, dx = x \ln x - \int \frac{1}{x} x \, dx = x \ln x - x + C$$
$$= x(\ln x - 1) + C .$$

Dies ist die bekannte Formel für $\int \ln x \, dx$. ◄

Zusammenfassung

Die partielle Integration kann eingesetzt werden, um Integrale **systematisch zu vereinfachen**. Die Kunst besteht allerdings darin, dass man die Funktionen gemäß der Formel „geschickt" wählt. Geschickt bedeutet hier, dass wir die Funktionen so wählen, dass das Integral auf der rechten Seite der Formel „einfacher" (und nicht komplizierter!) als das Ausgangsintegral wird.

Es bleibt eine letzte allgemeine Integrationsregel zu behandeln, die das Äquivalent zur Kettenregel der Differenzialrechnung darstellt und als **Substitutionsmethode** (Integration durch Substitution) bekannt ist:

Sei $y = F(z)$ eine Stammfunktion zu $y = f(z)$, d. h., es gelte

$$F'(z) = f(z) \Leftrightarrow F(z) = \int f(z) dz \qquad (6.3)$$

(Der Strich bei $F'(z)$ steht für die Ableitung nach x.)

Zwischen den Variablen z und x bestehe ein funktionaler Zusammenhang:

$$z = g(x) .$$

Dann ist $F(z)$ eine sogenannte **mittelbare** Funktion von x. Das heißt, es gibt eine „innere Funktion" $g(x)$ und eine „äußere Funktion" $F(z)$, und wir rechnen in zwei Schritten.

1. Berechnung von $z = g(x)$.
2. Berechnung von $F(z) = F(g(x))$. Die Funktion $F(z)$ ist somit auch eine Funktion von x (denn mit x hat alles begonnen):

$$F(z) = F(g(x)) = G(x) . \qquad (**)$$

Anwendung der Kettenregel unter Berücksichtigung der Gleichungen $\frac{dz}{dx} = g'(x)$ und $\frac{dF}{dz} = f(z)$ ergibt:

$$\frac{dG}{dx} = \frac{dG}{dz} \cdot \frac{dz}{dx} = \frac{dF}{dz} \cdot \frac{dz}{dx} = f(z)g'(x) = f(g(x))g'(x) .$$

(Der Strich steht für „Ableitung nach x".)

Integration der letzten Gleichung auf beiden Seiten führt zu:

$$G(x) = \int f(g(x))g'(x) dx . \qquad (***)$$

Wegen $G(x) = F(z)$ und der Tatsache, dass $F(z)$ eine Stammfunktion von $f(z)$ ist, gilt:

$$\int f(g(x))g'(x) dx = \int f(z) dz , \quad z = g(x) .$$

Wir haben nun eine **zur Kettenregel äquivalente Integralformel** erhalten – allerdings in einer Fassung von geringer praktischer Bedeutung!

Nur selten wird uns ein Integrand von der speziellen Bauart $f(g(x))g'(x)$ begegnen. Vertauscht man jedoch die Variablen x und z und liest die Formel danach von **rechts nach links** (wir erinnern uns: diese Leserichtung war schon bei den binomischen Formeln hilfreich), so bekommt sie die Gestalt

$$\int f(x)dx = \int f(g(z))g'(z)dz, x = g(z).$$

Diese Formel bringt zum Ausdruck, wie sich ein Integral verändert, wenn durch die Substitution $x = g(z)$ anstelle der alten Integrationsvariablen x **eine neue Variable** z eingeführt wird. Dieses Vorgehen entspricht der sogenannten **Substitutionsmethode**.

Merksatz

Die zur Kettenregel der Differenzialrechnung äquivalente Integralformel

$$\int f(x)dx = \int f(g(z))g'(z)dz, \quad x = g(z)$$

beschreibt, wie sich ein unbestimmtes Integral bei **Einführung einer neuen Variablen** verändert. Besteht zwischen alter und neuer Variabler der Zusammenhang $x = g(z)$, so wird der Integrand $f(x)$ durch $f(g(z))$, das Differenzial dx durch $g'(z)dz$ ersetzt.

Gut zu wissen

Die Substitutionsmethode ist **das** Instrument der Integrationstechnik. Sie ist nahezu universell einsetzbar, führt allerdings nur dann zum Ziel, wenn $g(z)$ **geeignet** gewählt wird – oder anders formuliert: wenn $\int f(g(z)) \cdot g'(z)\,dz$ einfacher zu lösen ist, als $\int f(x)\,dx$. Hier gibt es nur wenige systematische Ansätze, vielmehr sind Intuition und Erfahrung gefragt. Deshalb bereitet die Integralrechnung den Lernenden anfangs ein wenig Schwierigkeiten – das ist aber ganz normal und kann durch Üben gebessert werden!

Bei **bestimmten Integralen** ändern sich zusätzlich die Integrationsgrenzen. (Es ist zu berücksichtigen, wie sich z verändert, wenn x im Intervall $[a, b]$ variiert.) Das mag u. U. zu Komplikationen führen, kann glücklicherweise aber auch prinzipiell umgangen werden. Wir kommen darauf in den Beispielen zurück. ◄

Beginnen wir mit dem ersten Beispiel und starten mit der **Aufgabe 6.10**:

——————————— Aufgabe 6.10 ———————————
Berechnen Sie das Integral $\int \frac{x}{\sqrt{1-x^2}}\,dx$ mithilfe der Substitutionsregel.
Hier bietet sich die Substitution $1 - x^2 = z$ an. Es gilt: $\frac{dz}{dx} = 2x \Leftrightarrow dx = \frac{dz}{2x}$.

Wir gehen jetzt so vor, dass wir alles, „was mit x zu tun hat, durch einen Ausdruck mit z zu ersetzen", anschließend integrieren und dann die Variable z wieder durch x ersetzen (**Rücksubstitution**):

$$\int \frac{x}{\sqrt{(1-x^2)}}dx = \int \frac{x}{\sqrt{z}} \cdot \frac{dz}{-2x}$$
$$= -\frac{1}{2}\int z^{-\frac{1}{2}}dz = -\frac{1}{2} \cdot \frac{z^{\frac{1}{2}}}{\frac{1}{2}} + C$$
$$= -\sqrt{z} + C = -\sqrt{1-x^2} + C.$$

An dieser Stelle ein kleiner *Hinweis* zum Verfahren:

Eigentlich wird in unserer Formel für die Substitutionsregel die Substitution $x = g(z)$ benutzt. Wir haben aber umgekehrt $z = 1 - x^2$ gesetzt, d. h. z als Funktion von x betrachtet. Eigentlich hätte man gemäß unserer Formel anstelle von $z = 1 - x^2$ zunächst die Umkehrform $x = \sqrt{1 - z}$ bilden und dann von

$$\frac{dx}{dz} = -\frac{1}{2\sqrt{1-z}} = -\frac{1}{2x}dx = -\frac{dz}{2x}$$

Gebrauch machen müssen. Aufgrund der Regel über die Differenziation mithilfe der Umkehrform läuft jedoch beides auf dasselbe hinaus:

$$\frac{dz}{dx} = -2x\frac{dx}{dz} = \frac{1}{dz/dx} = -\frac{1}{2x}dx = -\frac{dz}{2x}.$$

In der Praxis werden wir immer so verfahren, dass wir z **als Funktion von x** auffassen!

———————————————————————————

Wir bringen einige weitere Beispiele:

Beispiel

■ Es soll $\int \sqrt{3x - 5}\,dx$ berechnet werden. Hier bietet sich die (lineare) Substitution

$$z = 3x - 5$$

an. Mit $\frac{dz}{dx} = 3$ erhalten wir $dx = \frac{1}{3}dz$ sowie:

$$\int \sqrt{3x-5}dx = \int \sqrt{z} \cdot \frac{1}{3}dz$$
$$= \frac{1}{3} \cdot \frac{2}{3}z^{\frac{3}{2}} + C$$
$$= \frac{2}{9}\sqrt{(3x-5)^3} + C.$$

■ Jetzt berechnen wir einmal ein bestimmtes Integral aus der **Aufgabe 6.11** und widmen uns dabei insbesondere den Integrationsgrenzen: ◄

Kapitel 6

──────────── **Aufgabe 6.11** ────────────

Zu lösen ist das Integral

$$\int_0^1 x \left(x^2 + 5\right)^3 dx .$$

Da wir dieses Beispiel im Zusammenhang mit der Substitutionsmethode bringen, liegt die Vermutung nahe, dass wir dieses tatsächlich mit der genannten Methode lösen können. Wie kann man aber genau erkennen, dass man genau auf diese Weise weiterkommt? Hierfür schauen wir uns den Integranden $x(x^2 + 5)^3$ einmal genauer an:

Eine theoretische Möglichkeit wäre es, den Ausdruck $(x^2 + 5)^3$ auszumultiplizieren und das Ergebnis mit x zu multiplizieren. Das Resultat wäre in diesem Fall eine ganze rationale Funktion 7. Ordnung, die man leicht – ohne Substitutionsregel– integrieren könnte. Diese Methode ist aber alles andere als elegant, macht Mühe und kostet Zeit. Wer mag, kann es aber dennoch probieren – schon allein um zu prüfen, ob bzw. dass tatsächlich dasselbe Ergebnis am Ende herauskommt.

Wir machen es anders und stellen fest, dass der Integrand von einer ganz speziellen Gestalt ist:

Gehen wir einmal davon aus, dass wir den Ausdruck $x^2 + 5$ substituieren wollen durch $z = x^2 + 5$, dann stellen wir fest, dass die Ableitung $\frac{dz}{dx} = 2x$ beträgt. Dies entspricht (bis auf den Faktor 2) dem Faktor x vor der Klammer. Wir erinnern uns: Der Integrand lautet $x(x^2 + 5)^3$.

In diesem Fall empfiehlt es sich, die Substitution

$$z = x^2 + 5$$

vorzunehmen. Wir erhalten

$$\frac{dz}{dx} = 2x \quad \text{bzw.} \quad dx = \frac{dz}{2x}$$

und setzen dies in das Integral ein.

Wir erinnern uns vorher noch, dass wir ein **bestimmtes Integral** zu lösen haben. Wir haben also die **Integrationsgrenzen** zu beachten, die sich, wenn wir die Variable ändern, auch ändern.

Prinzipiell haben wir zwei Möglichkeiten:

1. Möglichkeit

Wir kümmern uns erst einmal nicht um die Integrationsgrenzen, sondern berechnen das unbestimmte Integral, um dann nach der Rücksubstitution die alten Grenzen einzusetzen:

Mit der obigen Substitution erhalten wir für das unbestimmte Integral: $\int x(x^2 + 5)^3 dx$:

$$\int x \left(x^2 + 5\right)^3 dx = \int \frac{x z^3}{2x} dz = \frac{1}{2} \int z^3 dz$$

$$= \frac{1}{2} \cdot \frac{z^4}{4} + C$$

$$= \frac{1}{8} \left(x^2 + 5\right)^4 + C .$$

(Der Faktor x konnte gegen die innere Ableitung – bis auf den Faktor 2 – gekürzt werden!)

Um das bestimmte Integral zu lösen, müssen wir nur noch Folgendes berechnen:

$$\int_0^1 x \left(x^2 + 5\right)^3 dx = \left[\frac{1}{8} \left(x^2 + 5\right)^4 \right]_0^1$$

$$= \frac{1}{8} 6^4 - \frac{1}{8} 5^4 = \frac{1}{8} \left(6^4 - 5^4\right) = \frac{671}{8} .$$

Oder wir rechnen wie folgt:

2. Möglichkeit

Wir führen die Substitution komplett durch und substituieren auch die Grenzen. Dann können wir das bestimmte Integral sofort ausrechnen und brauchen in diesem Fall keine Rücksubstitution mehr durchzuführen.

Wenn wir die Substitution

$$z = x^2 + 5$$

durchführen, dann ergibt sich für die Grenzen $x = 1$ und $x = 0$: $z = 6$ als neue obere und $z = 5$ als neue untere Grenze.

Unser bestimmtes Integral ist dann das folgende:

$$\int_0^1 x \left(x^2 + 5\right) dx = \frac{1}{2} \int_5^6 z^3 dz = \frac{1}{2} \left[\frac{z^4}{4} \right]_5^6$$

$$= \frac{1}{2} \left(\frac{6^4}{4} - \frac{5^4}{4} \right)$$

$$= \frac{1}{8} \left(6^4 - 5^4\right) = \frac{671}{8} .$$

Wir sehen: Beide Wege führen zum Ziel – welcher jeweils eingeschlagen wird, ist jedem selbst überlassen und eine wenig „Geschmackssache".

────────────────────────────────

Hiermit beenden wir unsere Ausführungen zu den Integrationsregeln, wohl wissend, dass hier ein großer Übungsbedarf besteht. Daher empfehlen wir auch, die Aufgaben am Ende des Kapitels ernsthaft auszuprobieren bzw. zu lösen!

6.5 Wie integriert man Funktionen über unendliche Intervalle?

Der Integralbegriff kann verallgemeinert werden. Bisher haben wir nur beschränkte Integrationsintervalle $[a, b]$ (und auf ihnen beschränkte Funktionen) betrachtet. Es ist jedoch manchmal sogar sinnvoll, Integrale vom Typ

$$\int_a^\infty f(x) \, dx \quad \text{oder} \quad \int_{-\infty}^b f(x) \, dx \quad \text{oder} \quad \int_{-\infty}^{+\infty} f(x) \, dx$$

zu betrachten. Das heißt, die Integrationsgrenzen „wachsen/fallen über alle Grenzen", und die Integrationsintervalle werden

„unendlich"! Solche Integrale (mit unbeschränktem Integrationsintervall und/oder unbeschränktem Integranden) werden **uneigentliche Integrale** genannt. Auch sie spielen in den Anwendungen, u. a in der Statistik, eine wichtige Rolle. Aus diesem Grunde wenden wir uns diesen speziellen Integralen zum Abschluss noch einmal zu und beginnen mit einem Beispiel aus der Statistik:

Beispiel

In der Statistik tauchen sogenannte **Dichtefunktionen** auf, die zu bestimmten **Verteilungen** gehören. Wir werden den Hintergrund hier nicht weiter hinterfragen, stellen aber fest, dass man z. B. bei der **Exponentialverteilung** die Funktion $f(x) = \lambda e^{-\lambda x}$ mit $x \geq 0$, $\lambda > 0$ betrachtet.

Beispielsweise verläuft der Graph der Funktion für $\lambda = 0,3$, d. h. von $f(x) = 0,3e^{-0,3x}$ wie folgt (s. Abb. 6.12):

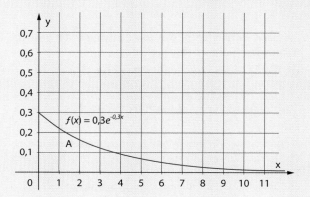

Abb. 6.12 Funktion $f(x) = 0,3e^{-0,3x}$

Die Graphen der allgemeinen Funktion $f(x) = \lambda e^{-\lambda x}$ verlaufen qualitativ sehr ähnlich. Der Schnittpunkt mit der y-Achse liegt bei λ, und die Kurve strebt gegen null, d. h., die x-Achse ist die Asymptote. (Wir erinnern uns: Man kann $f(x) = \lambda e^{-\lambda x}$ auch schreiben als $f(x) = \lambda \cdot \frac{1}{e^{\lambda x}}$. Für $x \to \infty$ strebt $e^{\lambda x}$ ebenfalls gegen unendlich, sodass $\lambda \cdot \frac{1}{e^{\lambda x}}$ sehr klein wird und gegen null strebt.)

In der Statistik ist jetzt folgende Fragestellung von Bedeutung:

Wie groß ist die vom Graphen der Funktion $f(x) = \lambda e^{-\lambda x}$ und der x-Achse eingeschlossene Fläche A?

Diese Art der Fragestellung ist wirklich neu: Haben wir vorher die Flächenberechnung mit bestimmten Integralen vorgenommen, die durch eine feste obere und untere Grenze charakterisiert waren, so haben wir jetzt keine feste obere Grenze (die untere Grenze ist 0), sondern ein Integral zu berechnen, das sinngemäß geschrieben werden kann als:

$$\int_0^\infty \lambda e^{-\lambda x} dx.$$

Das müssen wir jetzt doch etwas präzisieren, dann das Symbol „∞" ist keine Zahl – wie soll man das überhaupt als obere Grenze einsetzen?

Dazu stellen wir folgende Überlegung an: Wir berechnen zunächst einmal ein „normales" bestimmtes Integral mit einer festen oberen Grenze b:

$$\int_0^b \lambda e^{-\lambda x} dx = \lambda \left[\frac{1}{-\lambda} e^{-\lambda}\right]_0^b = -\left(e^{-b} - e^0\right) = -\frac{1}{e^b} + 1.$$

Das Ergebnis $-\frac{1}{e^b} + 1$ ist die Maßzahl der Fläche A, die durch den Graphen der Funktion $f(x) = \lambda e^{-\lambda x}$ und der x-Achse im Intervall $[0, b]$ eingeschlossen wird. Hier fällt auf, dass der Parameter λ überhaupt nicht mehr auftaucht! Die oben berechnete Fläche ist also unabhängig von λ! Das heißt, ob $\lambda = 0,3$, $\lambda = 0,1$ etc. ist – die Fläche ist immer gleich groß bzw. hängt nur noch von der oberen Grenze b ab (s. auch Abb. 6.13)

$$A = A(b) = -\frac{1}{e^b} + 1.$$

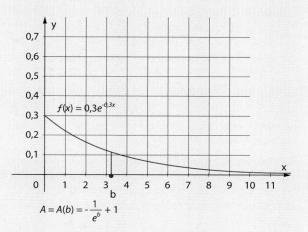

$$A = A(b) = -\frac{1}{e^b} + 1$$

Abb. 6.13 Fläche $A = A(b)$

Jetzt überlegen wir, was passiert, wenn b immer größer wird und gegen unendlich strebt, d. h. über alle Grenzen wächst. e^b wächst dann ebenfalls (sehr stark) an, sodass $\frac{1}{e^b}$ bzw. $-\frac{1}{e^b}$ gegen null strebt. Also passiert Folgendes:

$$A = A(b) = -\frac{1}{e^b} + 1 \underset{b \to \infty}{\to} 1.$$

Das führt uns zum folgenden **uneigentlichen Integral**:

$$\lambda \int_0^\infty e^{-\lambda x} dx = 1,$$

d. h., die Maßzahl der Fläche unterhalb der Kurve der Funktion $f(x) = \lambda e^{-\lambda x}$ für $x \to \infty$ beträgt 1. ◄

Kapitel 6

Merksatz

Man sagt, dass das **uneigentliche Integral** $\int_a^\infty f(x)dx$ **konvergiert**, wenn der Ausdruck $\int_a^b f(x)dx$ für $b \to \infty$ gegen einen festen Wert c strebt.

Hier steckt erneut der Grenzwertbegriff dahinter, den wir mathematisch nicht exakt definiert haben. Uns genügt (wieder einmal) die Anschauung!

Wir beenden das Thema **uneigentliche Integrale** mit einem weiteren Beispiel, das ebenfalls in der Statistik eine große Rolle spielt:

Beispiel

Ausgangspunkt bildet die Funktion $f(x) = xe^{-\alpha x^2}$, und wir analysieren zunächst einmal einige grundlegende Eigenschaften:

1. $f(x)$ ist für alle reellen Zahlen definiert.
2. Wegen $f(-x) = -xe^{-a(-x)^2} = -xe^{-ax^2} = -f(x)$ ist die Funktion $f(x)$ ungerade und ihr Graph verläuft spiegelbildlich zum Ursprung.
3. In $x = 0$ liegt eine Nullstelle vor.
4. Für $x \to \pm\infty$ gilt: Wegen $f(x) = -\frac{x}{e^{ax^2}}$ und der Tatsache, dass die Exponentialfunktion „schneller" groß wird als jede Potenz, gilt $f(x) \underset{x \to \pm\infty}{\to} 0$. Das heißt, die x-Achse ist Asymptote.

Soweit so gut. Wer mag, kann noch die Extrem- und Wendepunkte ausrechnen, sodass sich z. B. für $a = 1$ der folgende Graph in Abb. 6.14 ergibt.

Wir möchten nun die Fläche berechnen, die der Graph der Funktion $f(x) = xe^{-ax^2}$ mit der x-Achse einschließt. Die Grenzen sollen jetzt beide unendlich sein d. h., wir möchten das folgende uneigentliche Integral lösen:

$$\int_{-\infty}^{\infty} xe^{-ax^2}dx.$$

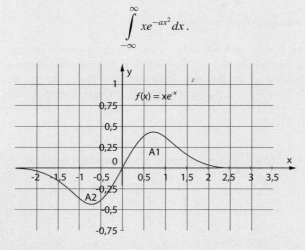

Abb. 6.14 Graph der Funktion $f(x) = xe^{-x^2}$ $(a = 1)$

Aufgrund der Punktsymmetrie zum Ursprung reicht es, wenn wir uns auf eine Hälfte der reellen Achse beschränken. Wenn also das uneigentliche Integral existiert und gegen eine festen Wert A strebt, dann gilt: $A = A_1 + A_2 = 2A_1 = 2A_2$, mit

$$A_1 = \int_{-\infty}^{0} |f(x)|dx \quad \text{und} \quad A_2 = \int_{-0}^{\infty} f(x)dx.$$

Wir beschränken uns auf die positive reelle Halbachse und berechnen A_2. Dabei gehen wir wieder genauso vor wie in dem ersten Beispiel zu den uneigentlichen Integralen. Wir berechnen zunächst für ein festes $b > 0$ das Integral

$$\int_0^b xe^{-ax^2}dx,$$

um dann zu überlegen, was mit dem Ausdruck passiert, wenn wir $b \to \infty$ streben lassen:

Wir lösen zunächst das unbestimmte Integral

$$\int xe^{-ax^2}dx.$$

Jetzt ist etwas Erfahrung nötig, um zu entscheiden, welche Integrationsmethode die passende ist. Auch wenn der Integrand ein Produkt zweier Funktionen ist, ist die partielle Integration hier nicht geeignet. Stattdessen erkennen wir, dass die Substitution

$$z = -ax^2$$

zu

$$\frac{dz}{dx} = -2ax \quad \text{und} \quad dx = -\frac{1}{2ax}dz$$

führt. Wir erhalten:

$$\int xe^{-ax^2}dx = -\int xe^z\left(\frac{1}{2ax}\right)dz = -\frac{1}{2a}\int e^z dz$$
$$= -\frac{1}{2a}e^z + C = -\frac{1}{2a}e^{-ax^2} + C.$$

Damit ergibt sich für das bestimmte Integral $\int_0^b xe^{-ax^2}dx$:

$$\int_0^b xe^{-ax^2}dx = -\frac{1}{2a}\left[e^{-ax^2}\right]_0^b = -\frac{1}{2a}\left(e^{-ab^2} - 1\right)$$
$$= \frac{1}{2a}\left(1 - \frac{1}{e^{ab^2}}\right).$$

Jetzt überlegen wir wieder, was passiert, wenn b „sehr groß" wird, d. h. wenn gilt $b \to \infty$. Dann wird der Nenner

e^{ab^2} sehr groß bzw. strebt gegen unendlich. Daraus folgt, dass

$$\frac{1}{e^{ab^2}} \underset{b \to \infty}{\to} 0.$$

Also erhalten wir das folgende Ergebnis:

$$\int_0^b xe^{-ax^2}\,dx \underset{b \to \infty}{\to} \frac{1}{2a},$$

d. h., die Fläche A beträgt $A = A_1 + |A_2| = 2A_1 = 2 \cdot \frac{1}{2a} = \frac{1}{a}$ Flächeneinheiten.

Für $a = 1$ gilt demnach für die Maßzahl A der Gesamtfläche unter der Kurve: $A = 1$.

Wenn wir nicht nach der Fläche, sondern lediglich nach dem **Wert des Integrals** $\int_{-\infty}^{\infty} xe^{-x^2}\,dx$ gefragt hätten, wäre das Ergebnis etwas anders gewesen: Die Maßzahlen der Flächen A_1 und A_2 sind zwar gleich, aber da der Graph der Funktion für negative x unterhalb der x-Achse verläuft, gilt:

$$\int_{-\infty}^0 xe^{-x^2}\,dx = -\frac{1}{a}.$$

Also gilt für das **unbestimmte Integral** $\int_{-\infty}^{\infty} xe^{-x^2}\,dx = 0.$ ◀

Hiermit beenden wir das Kapitel Integralrechnung und fassen zusammen:

Zusammenfassung

Die Integralrechnung löst das Flächenproblem durch einen Näherungsprozess: Krummlinig begrenzte Flächen werden durch Rechtecke approximiert, wobei das Flächenproblem auf die Suche nach Stammfunktionen zurückgeführt wird. Die Integralrechnung erweist sich damit zu weiten Teilen als rein technischer Vorgang: Zu einer gegebenen Funktion $y = f(x)$ sollen Stammfunktionen gefunden werden. Mit anderen Worten: Es sind unbestimmte Integrale der Gestalt $\int f(x)\,dx$ zu lösen.

Die Technik des Integrierens stützt sich hauptsächlich auf zwei allgemeine Regeln: die **partielle Integration** und die **Substitutionsmethode**. Beide Methoden sind äquivalent zu entsprechenden Regeln der Differenzialrechnung (Produktregel und Kettenregel). Während die Anwendung der partiellen Integration überschaubar bleibt, entzieht sich die Substitutionsmethode (zunächst!) weitgehend einer systematischen Behandlung, sie erfordert vielmehr ein hohes Maß an Erfahrung und Intuition. Insofern stellt die Integralrechnung deutlich höhere Anforderungen an Kreativität als die Differenzialrechnung.

(Stückweise) stetige Funktionen sind integrierbar. Damit ist die Existenz des **bestimmten** Integrals in nahezu allen praktisch relevanten Fällen gesichert. Das sollte aber nicht suggerieren, dass **unbestimmte** Integrale fast immer „gelöst" werden können und alles nur eine Frage der Erfahrung und des Geschicks sei. Vielmehr lässt sich (allerdings nur mit erheblichem Aufwand) **beweisen**, dass bereits verhältnismäßig einfach gebaute Funktionen keine durch elementare Funktionen darstellbare Stammfunktion besitzen. Erst im 19. Jahrhundert gelang der Beweis, dass dies in solchen (und vielen anderen) Fällen prinzipiell unmöglich ist. Hier ist eine eigentümliche Schwierigkeit der Integralrechnung angesprochen, die sie von der Differenzialrechnung unterscheidet. Die praktische Anwendung bleibt für uns aber auf jene Fälle beschränkt, wo elementar darstellbare Stammfunktionen existieren.

Der Integralbegriff kann verallgemeinert werden: Es ist manchmal sinnvoll, Integrale der Form $\int_a^{\infty} f(x)\,dx$ oder $\int_{-\infty}^b f(x)\,dx$ oder $\int_{-\infty}^{+\infty} f(x)\,dx$ zu betrachten. Solche Integrale (mit unbeschränktem Integrationsintervall und/oder unbeschränktem Integranden) werden **uneigentliche Integrale** genannt. Auch sie spielen in den Anwendungen eine wichtige Rolle.

Es ist das unvergängliche Verdienst von zwei großen Wissenschaftlern des 17. Jahrhunderts, Leibniz und Newton, die Differenzial- und Integralrechnung unabhängig voneinander und etwa zeitgleich theoretisch erfasst und praktisch nutzbar gemacht zu haben. Damit wurde der Grundstein zu völlig neuen Rechenverfahren gelegt, konnten Naturgesetze zum ersten Mal auf überzeugende Weise mathematisch beschrieben werden. Damit begann ein neues, naturwissenschaftlich geprägtes Zeitalter. Inzwischen ist die Differenzial- und Integralrechnung auch für viele Disziplinen außerhalb des mathematisch-naturwissenschaftlich-technischen Bereichs wie z. B. in den wirtschaftswissenschaftlichen Disziplinen zum unentbehrlichen Hilfsmittel geworden. Diesen Weg – zumindest in seinen Grundzügen – nachzuvollziehen, fällt vielleicht nicht immer leicht, ist aber unerlässlich für jede tiefere Einsicht in unsere Welt. Wir hoffen, dabei hilfreich zu sein.

Kapitel 6

Mathematischer Exkurs 6.4: Dieses reale Problem sollten Sie jetzt lösen können

Ein Anbieter produziert spezielle Lampen. Die Kapazitätsgrenze liegt bei 200 Stück am Tag. Die Lampen können zu einem festen Marktpreis von $p = 40\,€$ pro Stück abgesetzt werden. Die Fixkosten belaufen sich auf $10\,€$.

Das Controlling hat den Steigungsverlauf der Gewinnfunktion in Abhängigkeit von der verkauften Menge näherungsweise durch die folgende **Grenzgewinnfunktion** beschreiben können;

$$G'(x) = -2x^2 + 20x.$$

Aufgabe

Ermitteln Sie die Gewinnfunktion.

Wir wissen: Die Gewinnfunktion $G(x)$ erhalten wir durch Integrieren von $G'(x)$, d. h.

$$G(x) = \int -2x^2 + 20x\,dx = -\frac{2}{3}x^3 + 10x + C.$$

Andererseits wissen wir auch, dass sich der Gewinn $G(x)$ aus der Differenz

$$G(x) = E(x) - K(x)$$

zusammensetzt.

$E(x)$ ist dabei die **Erlösfunktion** und $K(x)$ die **Kostenfunktion**. Letztere setzt sich wiederum aus den variablen Kosten $K_{var}(x)$ und fixen Kosten K_{fix} zusammen:

$$K(x) = K_{var(x)} + K_{fix}.$$

In unserem Fall ist $K_{fix} = 10$, und aus $G(x) = E(x) - K_{var}(x) - K_{fix}$ folgt, dass

$$C = -K_{fix} = -10.$$

Also erhalten wir als Gewinnfunktion:

$$G(x) = -\frac{2}{3}x^3 + 10x^2 - 10.$$

Mathematischer Exkurs 6.5: Übungsaufgaben

1. Berechnen Sie alle Stammfunktionen der folgenden Funktionen:
   a. $f(x) = -x + 5$
   b. $f(x) = e^{-x} + x^{-3}$
   c. $f(t) = -2t + \sqrt{2t + 1}$.
2. Berechnen Sie die folgenden Integrale:
   a. $\int x \ln x\,dx\ C$
   b. $\int_0^1 x^q(x^r + 2)dx,\ q, r > 0$
   c. $\int 2x\sqrt{x^2 + 4}dx$
   d. $\int (x^2 + 2)e^{-x}dx$.
3. Wie groß ist die Maßzahl der Fläche, die der Graph der Funktion $y = -\frac{1}{3}x^2 + 3$ und das Intervall $[-3, 4]$ einschließen?
4. Berechnen Sie die Fläche, die die Graphen der beiden Funktionen $f_1(x) = x^2 + 2x + 1$ und $f_2(x) = -\frac{1}{2}x^2 + 2$ einschließen.
5. Lösen Sie das unbestimmte Integral $\int \frac{3x^2-4x+5}{x^3-2x^2+5x}dx$.
6. Bestimmen Sie die folgenden uneigentlichen Integrale:
   a. $\int_1^\infty \frac{1}{x^2}dx$
   b. $\int_{-\infty}^0 e^{2x}dx$.

Lösungen

1. a. $f(x) = -x + 5$
   Lösung: $F(x) = -\frac{x^2}{2} + 5x + C$
   b. $f(x) = e^{-x} + x^{-3}$
   Lösung: $F(x) = -e^{-x} - \frac{1}{2}x^{-2} + C$
   c. $f(t) = -2t + \sqrt{2t + 1}$
   Lösung: $F(t) = -t^2 + \frac{1}{3}(2t + 1)^{\frac{3}{2}} + C$.
2. a. $\int x \ln x\,dx$
   Lösung: partielle Integration

$$\int x \ln x\,dx = \frac{x^2}{2}\ln x - \int \frac{x^2}{2}\cdot\frac{1}{x}dx$$
$$= \frac{x^2}{2}\ln x - \frac{1}{2}\int x\,dx$$
$$= \frac{x^2}{2}\ln x - \frac{1}{4}x^2 + C.$$

   b. $\int_0^1 x^q(x^r + 2)dx,\ q, r > 0$

c. Lösung:

$$\int_0^1 x^q \left(x^r + 2\right) dx = \int_0^1 x^{q+r} + 2x^q dx$$

$$= \left[\frac{x^{q+r+1}}{q+r+1} + \frac{2x^{q+1}}{q+1}\right]_0^1$$

$$= \frac{1}{q+r+1} + \frac{2}{q+1} - 0$$

$$= \frac{1}{q+r+1} + \frac{2}{q+1}.$$

d. $\int 2x\sqrt{x^2 + 4}\,dx$

Lösung: Integration durch Substitution. Wir setzen $z = x^2 + 4$. Dann ist $\frac{dz}{dx} = 2x \Rightarrow dx = \frac{dz}{2x}$.

Einsetzen in das Integral liefert:

e. $\int 2x\sqrt{x^2 + 4}\,dx = \int 2x\sqrt{(z)} \cdot \frac{dz}{2x} = \int \sqrt{z}\,dz = \frac{2}{3}z^{\frac{3}{2}} + C = \frac{2}{3}\sqrt{(x^2 + 4)^3} + C$

f. $\int (x^2 + 2)e^{-x}dx$

Lösung: Integration durch partielle Integration: Wir setzen $f = x^2 + 2$, dann gilt $f' = 2x$, und wir setzen $g' = e^{-x}$, woraus $g = -e^{-x}$ folgt.

Einsetzen in die Formel $\int fg' = fg - \int f'g$ ergibt:

$$\int \left(x^2 + 2\right) e^{-x}dx = -\left(x^2 + 2\right) e^{-x} + 2\int xe^{-x}dx.$$

Nun müssen wir das rechte Integral $\int xe^{-x}dx$ nochmals mittels partieller Integration lösen: Wir setzen hier ganz entsprechend $f = x$ und $g = e^{-x}$, sodass $f' = 1$ und $g' = -e^{-x}$, und erhalten:

$$\int xe^{-x}dx = xe^{-x} + \int e^{-x}dx = xe^{-x} - e^{-x} + c.$$

Somit ergibt sich für das ursprüngliche Integral:

$$\int \left(x^2 + 2\right) e^{-x}dx$$

$$= -\left(x^2 + 2\right) e^{-x} + 2\int xe^{-x}dx$$

$$= -\left(x^2 + 2\right) e^{-x} + 2xe^{-x} - 2e^{-x} + C$$

$$= -x^2e^{-x} - 2e^{-x} + 2xe^{-x} - 2e^{-x} + C$$

$$= x^2e^{-x} + 2xe^{-x} - 4e^{-x} + C$$

$$= e^{-x}\left(x^2 + 2x - 4\right) + C.$$

3. Lösung: Wir zeichnen zunächst den Graphen (s. Abb. 6.15).

Wir stellen fest, dass die beiden Nullstellen bei -3 und 3 legen. Zwischen -3 und 3 liegt der Graph der Funktion oberhalb der x-Achse, d. h., die Maßzahl der dort vom Graphen und der x-Achse eingeschlossenen Fläche ist gleich dem bestimmten Integral $\int_{-3}^3 (-\frac{1}{3}x^2 + 3)dx$. Aufgrund der

Achsensymmetrie können wir das noch etwas vereinfachen:

$$\int_{-3}^3 \left(-\frac{1}{3}x^2 + 3\right) dx = 2\int_0^3 \left(-\frac{1}{3}x^2 + 3\right) dx.$$

Bezüglich des Intervalls $[3, 4]$ müssen wir das Integral $\int_3^4 \left|-\frac{1}{3}x^2 + 3\right|$ berechnen (Funktionswerte sind negativ).

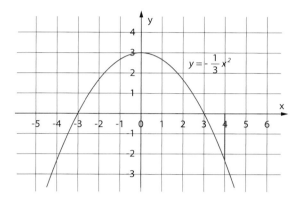

Abb. 6.15 Graph der Funktion $y = -\frac{1}{3}x^2 + 3$

Für die Maßzahl A der Gesamtfläche erhalten wir also:

$$A = 2\int_0^3 \left(-\frac{1}{3}x^2 + 3\right) + \int_3^4 \left|-\frac{1}{3}x^2 + 3\right| dx$$

$$= 2\left[-\frac{1}{9}x^3 + 3x\right]_0^3 + \int_3^4 \left(\frac{1}{3}x^2 - 3\right) dx$$

$$= 2\left(-\frac{1}{9} \cdot 27 + 9 - 0\right) + \left[\frac{1}{9}x^3 - 3x\right]_3^4$$

$$= 12 + \left(\frac{64}{9} - 12 - \frac{27}{9} + 9\right)$$

$$= 12 - 3 + \frac{37}{9} = \frac{118}{9}.$$

4. Lösung: Wir berechnen zunächst die Schnittpunkte beider Graphen:

$$x^2 + 2x + 1 = -\frac{1}{2}x^2 + 2.$$

Daraus erhalten wir:

$$\frac{3}{2}x^2 + 2x - 1 = 0$$

bzw.

$$x^2 + \frac{4}{3}x - \frac{2}{3} = 0.$$

Kapitel 6

Die Nullstellen werden mittels der p-q-Formel berechnet:

$$x_{1,2} = -\frac{2}{3} \pm \sqrt{\frac{4}{9} + \frac{2}{3}} = x_{1,2} = -\frac{2}{3} \pm \frac{\sqrt{10}}{3}$$
$$= \frac{1}{3}\left(-2 \pm \sqrt{10}\right).$$

Wir setzen für $\sqrt{10} \approx 3{,}16$ an und bekommen als Lösungen: $x_1 \approx \frac{1{,}16}{3} = 0{,}39$ und für $x_2 \approx -\frac{5{,}16}{3} = -1{,}72$. Dies deckt sich auch mit Abb. 6.16:

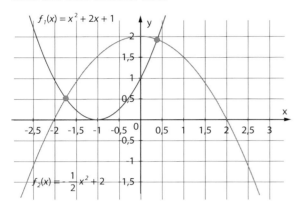

Abb. 6.16 Darstellung der eingeschlossenen Fläche der beiden Graphen von $f_1(x)$

Jetzt müssen wir „nur" noch das folgende Integral berechnen und erhalten die Fläche zwischen den beiden Kurven:

$$A = \int\limits_{-1,72}^{0,39} f_2(x) - f_1(x)\,dx = \int\limits_{-1,72}^{0,39} -\frac{3}{2}x^2 - 2x + 1\,dx$$
$$= \left[-\frac{1}{2}x^3 - x^2 + x\right]_{-1,72}^{0,39} = 0{,}29 - (-2{,}13) = 2{,}42.$$

5. Lösung: Dieser Integrand besitzt die Gestalt:

$$\frac{f'(x)}{f(x)}.$$

In diesem Fall haben wir gelernt, dass das Integral dann wie folgt gelöst wird:

$$\int \frac{f'(x)}{f(x)}\,dx = \ln|f(x)| + c.$$

Also erhalten wir

$$\int \frac{3x^2 - 4x + 5}{x^3 - 2x^2 + 5x}\,dx = \ln|x^3 - 2x^2 + 5x| + C.$$

6. a. $\int\limits_{1}^{\infty} \frac{1}{x^2}\,dx$

Lösung: Wir lösen zunächst das Integral $\int_1^b \frac{1}{x^2}\,dx$, mit $(b > 0)$ und erhalten:

$$\int\limits_{1}^{b} \frac{1}{x^2}\,dx = \left[-\frac{1}{x}\right]_1^b = -\frac{1}{b} - (-1) = -\frac{1}{b} + 1.$$

Jetzt lassen wir b immer größer werden (gegen unendlich streben), dann gilt:

$$\frac{1}{b} \underset{b \to \infty}{\to} 0 \quad \text{und} \quad -\frac{1}{b} + 1 \underset{b \to \infty}{\to} 1.$$

Also gilt:

$$\int\limits_{1}^{\infty} \frac{1}{x^2}\,dx = 1.$$

b. $\int\limits_{-\infty}^{0} e^{2x}\,dx$

Lösung: Hier lösen wir für ein festes $b < 0$ das Integral

$$\int\limits_{b}^{0} e^{2x}\,dx = \left[\frac{1}{2}e^{2x}\right]_b^0 = \frac{1}{2}e^0 - \frac{1}{2}e^b = \frac{1}{2} - \frac{1}{2}e^b.$$

Lassen wir b nun gegen $-\infty$ streben, dann gilt: $\frac{1}{2}e^b \underset{b \to -\infty}{\to} 0$, und es folgt:

$$\int\limits_{b}^{0} e^{2x}\,dx = \frac{1}{2}.$$

Literatur

Brauch, W., Dreyer, H., Haacke. W.: Mathematik für Ingenieure. Teubner, Stuttgart (1977)

Sydsaeter, K.: Mathematik für Wirtschaftswissenschaftler. Pearson Studium, München (2004)

Kapitel 6

Differenzialrechnung für Funktionen mit mehreren Variablen

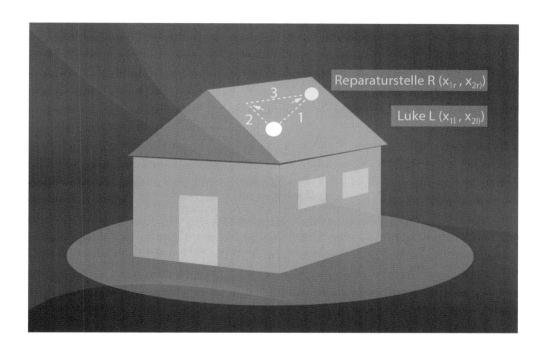

7.1 Funktionen mit mehreren Veränderlichen – Was ist das
und wie können wir sie veranschaulichen? 216

7.2 Partielle Ableitungen – Wie wir Steigungen
von Funktionsflächen bestimmen können 218

7.3 Partielle Ableitungen interpretieren – Wie wir Charakteristika
von Funktionen mit mehreren Variablen bestimmen können 222

7.4 Partielle Ableitungen nutzen – Wie wir ökonomische Fragestellungen
mit Funktionen mit mehreren Veränderlichen beantworten können . . .228

Literatur 239

© Springer-Verlag Berlin Heidelberg 2017
B. Haack et al., *Mathematik für Wirtschaftswissenschaftler*, DOI 10.1007/978-3-642-55175-8_7

Mathematischer Exkurs 7.1: Worum geht es hier?

Betrachten wir den Copyshop *Druckschön*. Die zukünftigen Absolventen der nahegelegenen Hochschule lassen dort ihre Bachelor- und Masterarbeiten drucken und binden. Wovon hängt der Preis P ab, den die Absolventen für ein fertiges Exemplar ihrer Arbeit bezahlen müssen?

Die Antwort ist grundsätzlich recht einfach: Jede kopierte Seite muss ebenso vergütet werden wie die Bindung. Natürlich möchte sich *Druckschön* auch die entstandenen Arbeitsaufwände, Ladenmieten, Wartungsgebühren für die Kopierer etc. anteilig (d. h. pro Kopie) ausgleichen lassen und einen Gewinn erwirtschaften. Nehmen wir an, dass *Druckschön* hierfür einen prozentualen Aufschlag auf die Summe aus den Kosten für die gedruckten Seiten und die Bindung kalkuliert.

Wenn wir die Anzahl kopierter Seiten mit x_1, die Kosten pro kopierter Seite (in €) mit x_2, die Kosten für die gewählte Bindung (in €) mit x_3 und den prozentualen Aufschlag mit x_4 bezeichnen, erkennen wir, dass der Preis P für ein Exemplar der Abschlussarbeit durch

$$P = (x_1 \cdot x_2 + x_3) \cdot (1 + x_4)$$

gegeben ist. Ein Beispiel möge dies verdeutlichen: Die Thesis von Christina habe $x_1 = 83$ Seiten. Jede kopierte Seite möge $x_2 = 2\,\text{ct.} = 0,02\,€$ kosten. Christina entscheide sich für einen Festeinband mit Aufdruck „Masterarbeit" für $x_3 = 15,99\,€$, und *Druckschön* möge mit dem Aufschlag $x_4 = 15\,\% = 0,15$ rechnen. Dann muss Christina

$$P = (83 \cdot 0,02\,€ + 15,99\,€)(1 + 0,15)$$
$$= 20,2975 \approx 20,30\,€$$

für ein Exemplar ihrer Arbeit bezahlen.

Mit Blick darauf, dass es sich bei den Größen x_1 bis x_4 um voneinander unabhängige Variablen handelt (die Seitenzahl kann beliebig variieren, *Druckschön* kann Papier verschiedener Qualitäten anbieten, die Bindung kann unterschiedlich gewählt und der Zuschlag kann beispielsweise abhängig von der Wettbewerbssituation, der *Druckschön* unterliegt, festgelegt werden) erkennen wir, dass der Preis P eine Funktion eben dieser vier Variablen ist:

$$P = P(x_1, x_2, x_3, x_4).$$

Derartige Situationen sind in den Wirtschaftswissenschaften an der Tagesordnung. Wir haben es dort in der Regel viel häufiger mit Funktionen mehrerer Variablen als mit Funktionen einer Variablen zu tun. Diese Funktionen sind dann analog den Funktionen einer Variablen zu untersuchen. Entsprechend geht es hier darum, die in Kap. 5 eingeführten mathematischen Methoden und Werkzeuge auf Funktionen mit mehreren Variablen zu übertragen. Wir werden uns dabei zum Teil auf **Funktionen zweier Variablen** konzentrieren, da diese mit zu den häufigsten Funktionen in den Wirtschaftswissenschaften gehören, sie zugleich noch halbwegs einfach und übersichtlich sind, grafische Veranschaulichungen ermöglichen und unsere Resultate als vergleichbar für Funktionen mit mehr als zwei Variablen gelten.

Mathematischer Exkurs 7.2: Was können Sie nach Abschluss dieses Kapitels?

Sie besitzen nach Abschluss des Kapitels vertiefte Kenntnisse und Fertigkeiten zur systematischen Untersuchung der Eigenschaften von Funktionen mit mehreren unabhängigen Variablen mit den Mitteln der Differenzialrechnung. Konkret kennen und verstehen Sie

■ Funktionen mit mehreren unabhängigen Variablen wie
  – Funktionsgleichung,
  – Definitionsbereich,
  – Wertetabelle,
  – Darstellung im $\mathbb{R}^2$,
  – Höhenlinien,
  – partielle Ableitungen erster, zweiter, ..., n-ter Ordnung und die zugehörigen partiellen Ableitungsfunktionen,

■ Zusammenhänge von
  – Änderungstendenzen,
  – partiellen Differenzialen,
  – totalem Differenzial,
■ wichtige Eigenschaften von Funktionen mit mehreren Variablen sowie mathematische Hilfsmittel zu deren Untersuchung wie
  – Monotonieverhalten,
  – Krümmungsverhalten,
  – lokale Extremwerte,
■ sowie einige Werkzeuge zur Beantwortung ökonomischer Fragestellungen mittels der Differenzialrechnung für Funktionen mit mehreren Variablen wie

- Gewinnmaximierung durch Preisdifferenzierung (Extremwertproblem ohne Nebenbedingung),
- Finden einer Ausgleichsgeraden/Methode der kleinsten Quadrate (Extremwertproblem ohne Nebenbedingung),
- Finden einer Minimalkostenkombination (Extremwertproblem mit Nebenbedingung/Methode der Lagrange-Multiplikatoren),
- Vergleich und Interpretation von partiellen Elastizitäten, Homogenitätsgrad einer Funktion und Skalenelastizitäten.

Sie werden damit in der Lage sein,

- Ansätze und Wege zu finden, zahlreiche „handelsübliche" Funktionen mit mehreren Variablen im Detail zu analysieren,
- Aussagen über die Eigenschaften dieser Funktionen, wie beispielsweise die Existenz und Lage von Extremwerten zu treffen,
- einfache wirtschaftswissenschaftliche Interpretationen der ermittelten Funktionseigenschaften abzuleiten,
- Ihre Lösungen und Lösungswege kritisch zu prüfen und deren mathematische Korrektheit zu bewerten.

Mathematischer Exkurs 7.3: Müssen Sie dieses Kapitel überhaupt durcharbeiten?

Sie haben sich bereits in der Schule oder wo auch immer mit der Differenzialrechnung von reellen Funktionen mit mehreren Variablen befasst? Sie wissen, dass die Grundidee in der partiellen Ableitung einer derartigen Funktion und in der Analyse der partiellen Ableitungen dieser Funktion besteht? Sie können partielle Ableitungen bilden und diese untersuchen?

Testen Sie hier, ob Ihr Wissen und Ihre rechnerischen Fertigkeiten ausreichen, um dieses Kapitel gegebenenfalls einfach zu überspringen. Lösen Sie dazu die folgenden Testaufgaben.

Alle Aufgaben werden innerhalb der folgenden Abschnitte besprochen bzw. es wird Bezug darauf genommen.

7.1 Sei $y = f(x_1, x_2) = x_1^2 + x_2^2$. Welchen Definitionsbereich hat diese Funktion und welche Funktionswerte $f(2, 2)$, $f(0, 0), f(-1, 3), f(3, -1), f(-2, -2)$?

7.2 Sei $f(x_1, x_2) = (x_1 - 3)^2 - (x_2 + 2)^3 + 5 \cdot x_1 \cdot x_2$. Gesucht sind die Steigungen von f im Punkt $P_0(2, 1)$ in Richtung x_1 bzw. in Richtung x_2.

7.3 Sei $K(s, t) = s^2 \cdot \ln t + e^{2s} + s \cdot t \, (t > 0, s > 0)$. Gesucht sind alle partiellen Ableitungen erster Ordnung von $K(s, t)$.

7.4 Sei $g(x, y, z) = x \cdot y \cdot z + x \cdot y^2 + e^z$. Gesucht sind die partiellen Ableitungen zweiter Ordnung g''_{xx} und g''_{yy} sowie g''_{zz} von $g(x, y, z)$.

7.5 Sei $X(A, K) = 5 \cdot A^{0,3} \cdot K^{0,6}$ eine Produktionsfunktion mit $X(A, K)$ als ausgebrachter Menge, A als Arbeitsinput und K als Kapitalinput. Gesucht ist das totale Differenzial dA. Wie können wir es interpretieren?

7.6 Sei $K(s, t) = s^2 \cdot \ln t + e^{2s} + s \cdot t \, (t > 0, s > 0)$. Welches Monotonie- und Krümmungsverhalten besitzt $K(s, t)$ in Richtung t?

7.7 Bestimmen Sie alle lokalen Extremwerte von $f(x_1, x_2) = x_1^2 + x_2^2$.

7.8 Ein Unternehmen setzt ein und dasselbe Produkt mit den Mengen x_1 und x_2 auf zwei verschiedenen Märkten 1 und 2 ab. Es gelten die Preis-Absatz-Funktionen $P_1(x_1) = 210 - 10 \cdot x_1$ und $P_2(x_2) = 125 - 2,5 \cdot x_2$. Die Kosten des Unternehmens lassen sich durch $K(x) = 2000 + 10 \cdot x$ mit $x = x_1 + x_2$, also durch $K(x_1, x_2) = 2000 + 10 \cdot (x_1 + x_2)$ beschreiben. Ermitteln Sie die gewinnmaximierende Absatzmenge sowie den dann gültigen Preis für jeden der Märkte. Ermitteln Sie die dann vom Unternehmen insgesamt zu produzierende Menge des Produkts.

7.9 Zu den gegebenen Wertepaaren gemäß Tab. 7.1

Tab. 7.1 Wertepaare

x_i	1	2	3	5	6	7
y_i	1	1	2	3	5	6

soll eine Regressionsgerade $f(x) = ax + b$ bestimmt werden.

7.10 Sei $X(A, M) = 5 \cdot A^{0,3} \cdot M^{0,6}$ die durch eine Produktion ausgebrachte Menge in Abhängigkeit vom Arbeitsinput A und Materialinput M. Seien r_A und r_M gegebene, feste Faktorpreise. Gesucht ist das Minimum der Kostenfunktion $K(A, M) = r_A \cdot A + r_M \cdot M$ unter der Nebenbedingung $X(A, M) = X_0 = 100$.

7.11 Berechnen Sie die partiellen Elastizitäten und den Homogenitätsgrad von $X(A, M) = 5 \cdot A^{0,3} \cdot M^{0,6}$.

7.1 Funktionen mit mehreren Veränderlichen – Was ist das und wie können wir sie veranschaulichen?

In Analogie zu den bisher untersuchten Funktionen der Art $y = f(x)$ mit $x \in \mathbb{R}$ als der sogenannten unabhängigen Variablen und $f(x) \in \mathbb{R}$ als Funktionswert bzw. abhängig Veränderlicher an der Stelle x betrachten wir jetzt Konstrukte der Gestalt $y = f(x_1, x_2, \ldots, x_n)$.

Merksatz

Wir gehen davon aus, dass $x_1, x_2, \ldots, x_n$ reellwertige, voneinander unabhängige Veränderliche sind

$$x_i \in \mathbb{R} \quad (i = 1, 2, \ldots, n)$$

und nennen eine Vorschrift f, mit der jeder zum Definitionsbereich $\mathbb{D}(f)$ von f gehörenden Kombination $(x_1, x_2, \ldots, x_n)$ der Veränderlichen genau ein Wert $f(x_1, x_2, \ldots, x_n) \in \mathbb{R}$ zugeordnet wird, eine reelle **Funktion f der n unabhängigen Variablen $x_1, x_2, \ldots, x_n$**. Als Zuordnungsvorschrift benutzen wir die **Funktionsgleichung**

$$y = f(x_1, x_2, \ldots, x_n) .$$

Der **Definitionsbereich** $\mathbb{D}(f)$ der so erklärten Funktion f wird oft in der Form

$$\mathbb{D}(f) = \mathbb{D}_{x_1}(f) \times \mathbb{D}_{x_2}(f) \times \ldots \times \mathbb{D}_{x_n}(f)$$

geschrieben. Wenn es keine Einschränkungen für die x_i gibt, wenn also $\mathbb{D}_{x_i}(f) = \mathbb{R}$ für alle i von 1 bis n gilt, ist $\mathbb{D}(f) = \mathbb{R} \times \mathbb{R} \times \ldots \times \mathbb{R}$, und wir schreiben kurz $\mathbb{D}(f) = \mathbb{R}^n$.

Gut zu wissen

Wie wir bereits im Zusammenhang mit den Funktionen einer Variablen gesehen haben, kommt es bei ökonomischen Größen oft vor, dass diese in der Praxis „diskrete" Werte annehmen. So werden etwa Pkw nur in Stückzahlen $1, 2, 3, \ldots$ verkauft; Stückzahlen wie 1,4 oder 5,7 kommen in der Realität nicht vor. Beispielsweise bei der Betrachtung von Grenzkosten haben wir aber mit Erfolg beliebig kleine Veränderungen der untersuchten Größe betrachtet – also etwa Stückzahlen, die kleiner als 1 sind (erinnern Sie sich an das Beispiel der Flaschenetiketten, die durch Metallisieren hergestellt werden). Für unsere mathematischen Überlegungen erweist es sich also durchaus als sinnvoll, auch Werte unserer Variablen zuzulassen, die praktisch nicht vorkommen mögen, die aber mathematisch erlaubt sind. In diesem Sinne nehmen wir hier

wie auch bei den Funktionen einer Veränderlichen für unser mathematisches Vorgehen immer den maximalen Definitionsbereich an – sofern nichts anderes geschrieben wird. Das kann dazu führen, dass wir mathematisch gesehen mit einem „Kontinuum" wie etwa mit allen positiven reellen Zahlen statt mit diskreten Werten wie beispielsweise $1, 2, 3, \ldots$ arbeiten. Dies ist bei der ökonomischen Interpretation unserer mathematischen Ergebnisse zu berücksichtigen, indem wir uns dort auf die diskreten Werte konzentrieren (und nicht auf das Kontinuum). ◄

—————— Aufgabe 7.1 ——————

Sei $y = f(x_1, x_2) = x_1^2 + x_2^2$. Welchen Definitionsbereich hat diese Funktion und welche Funktionswerte $f(2, 2), f(0, 0), f(-1, 3), f(3, -1), f(-2, -2)$?

Offenbar ist f für jede Zahlenkombination $(x_1, x_2) \in \mathbb{R}^2$ definiert. Also ist $\mathbb{D}(f) = \mathbb{R} \times \mathbb{R} = \mathbb{R}^2$.

Einsetzen der vorgegebenen Werte in die Funktionsgleichung liefert

$$f(2, 2) = 8, f(0, 0) = 0, f(-1, 3) = 10, f(3, -1)$$
$$= 10, f(-2, -2) = 8 .$$

Diese Ergebnisse können wir auch in einer **Wertetabelle** mit den beiden **Eingängen** x_1 und x_2 darstellen. Wir haben die Wertetabelle (s. Tab. 7.2) etwas umfangreicher ausgefüllt und die eben gesuchten Funktionswerte $f(2, 2)$, $f(0, 0)$, $f(-1, 3)$, $f(3, -1), f(-2, -2)$ fett hervorgehoben:

Tab. 7.2 Wertetabelle

x_1	x_2						
	−3	−2	−1	0	1	2	3
−3	18	13	10	9	10	13	18
−2	13	**8**	5	4	5	8	13
−1	10	5	2	1	2	5	**10**
0	9	4	1	**0**	1	4	9
1	10	5	2	1	2	5	10
2	13	8	5	4	5	**8**	13
3	18	13	**10**	9	10	13	18

Wertetabellen von Funktionen mit mehr als zwei Variablen lassen sich nicht mehr so einfach aufbauen. Hierüber wollen wir uns an dieser Stelle aber keine weiteren Gedanken machen, da wir uns ja vornehmlich auf Funktionen mit zwei Variablen konzentrieren wollen.

Kommen wir stattdessen zur Frage der grafischen Darstellung von Funktionen zweier Variablen.

Wir wissen, dass sich die Graphen von Funktionen $y = f(x)$ in einem zweidimensionalen Koordinatensystem mit den Achsen x und y wiedergeben lassen. Ähnlich können wir $y = f(x_1, x_2)$ in einem dreidimensionalen Koordinatensystem mit den Achsen x_1 und x_2 sowie y veranschaulichen.

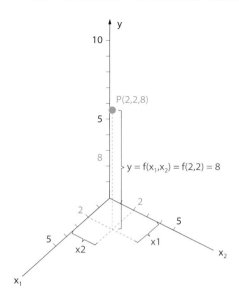

Abb. 7.1 Prinzip zur Darstellung eines Punktes einer Funktion $y = f(x_1, x_2)$

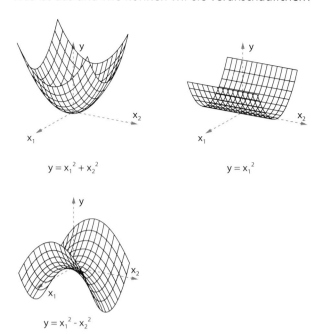

Abb. 7.2 Darstellung ausgewählter Funktionen $y = f(x_1, x_2)$. (Quelle: Wikipedia. https://upload.wikimedia.org/wikipedia/commons/e/e2/Hyperparab-s.svg; Zugriff: 20.04.2016)

Abbildung 7.1 zeigt das Prinzip, wie der im vorangehenden Beispiel berechnete Punkt $P(2, 2, 8)$ des Graphen der Funktion $y = f(x_1, x_2) = x_1^2 + x_2^2$ im Koordinatensystem dargestellt wird: Wir müssen dazu nacheinander die Koordinaten $x_1 = 2$ und $x_2 = 2$ sowie $y = f(x_1, x_2) = 8$ an den Achsen abtragen und erhalten so den gesuchten Punkt P. Jeden weiteren Punkt auf dem Graphen der betrachteten Funktion könnten wir in gleicher Weise darstellen. Seine Koordinaten sind $(x_1, x_2, y) = (x_1, x_2, f(x_1, x_2))$.

Zusammengenommen bilden diese Punkte häufig eine Fläche im dreidimensionalen Raum, sodass wir statt des Begriffs „Graph der Funktion" synonym auch den Begriff **Funktionsfläche** verwenden.

Abbildung zeigt einige Landschaftsverläufe in perspektivischer Darstellung. Der blau umrandete Teil gibt diese Landschaften in der Seitenansicht wieder, der rot umrandete in der Draufsicht.

In der Seitenansicht erkennen Sie, dass wir die Landschaften mit Ebenen geschnitten haben, die alle den gleichen Abstand voneinander aufweisen und parallel zum Boden verlaufen. Die Schnittlinie einer Ebene mit einer der Landschaftsformatio-

Beispiel

Hätten wir die Möglichkeit, zahlreiche Punkte von $y = x_1^2 + x_2^2$ in das Koordinatensystem einzuzeichnen, entstünde daraus die in Abb. 7.2 dargestellte Funktionsfläche von $y = x_1^2 + x_2^2$. Die Abbildung zeigt darüber hinaus die Funktionsflächen von $y = x_1^2$ und $y = x_1^2 - x_2^2$. ◄

Funktionsflächen wie die in Abb. 7.2 zu zeichnen, kann – trotz des Einsatzes moderner IT-Programme zum Darstellen von Funktionsverläufen – recht kompliziert sein. Außerdem braucht selbst der Graph einer Funktion von zwei unabhängigen Variablen überhaupt keine „schöne", gut zeichenbare Funktionsfläche zu sein. Daher möchten wir Ihnen hier noch einen weiteren Weg vorstellen, wie man sich einen Überblick vom Verlauf des Graphen einer Funktion von zwei Variablen verschaffen kann. Dieser Ansatz basiert auf der Idee der aus der Kartografie bekannten **Höhenlinien**.

Abbildung 7.3 stellt schematisch dar, wie mit den Linien gleicher Höhe gearbeitet wird: Der grün eingerahmte Teil der

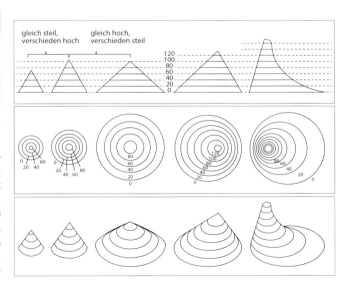

Abb. 7.3 Höhenlinien in der Kartografie (Quelle: Universität Bayreuth. http://did.mat.uni-bayreuth.de/~wn/ss_01/kurz/seminar/www.stud.uni-bayreuth.de/kurz/mathesem_ss01/mdidsem_ss01_img49.gif; Zugriff: 03.03.2014)

nen ist eine sogenannte **Höhenlinie** (auch **Niveaulinie** genannt) dieser Landschaft. Sie verbindet alle Punkte der Landschaftsformation miteinander, die die gleiche Höhe über dem Erdboden besitzen, nämlich die Höhe der Schnittebene über dem Erdboden. Diese Höhenlinien erkennen Sie auch in der perspektivischen Darstellung (grün umrandet) sowie in der Draufsicht auf die Landschaften (rot umrandet).

Hier interessiert uns die Draufsicht. Sie gibt das Bild wieder, das wir aus Landkarten kennen. Die eingetragenen Höhenlinien geben einen Eindruck der jeweiligen Landschaft wieder. Insbesondere zeigen sie, wo die Landschaft stark bzw. weniger stark fällt oder steigt, nämlich dort, wo die Höhenlinien dicht bzw. weniger dicht nebeneinander liegen.

Wir nutzen die Draufsicht, um uns ein Bild vom Verlauf einer Funktion $y = f(x_1, x_2)$ zu verschaffen. Dazu wählen wir nacheinander verschiedene konstante Werte $c \in \mathbb{R}$ (das sind die gewählten Höhen unserer Schnittebenen ober- bzw. unterhalb der durch die Koordinatenachsen x_1 und x_2 aufgespannten Ebene) und tragen die Linien für $y = c$ in das Koordinatensystem mit den Achsen x_1 und x_2 ein. Im Falle $f(x_1, x_2) = x_1^2 + x_2^2$, also $x_1^2 + x_2^2 = c$, sind dies Kreise mit dem Radius $\sqrt{c}$ um den Ursprung des Koordinatensystems. Für $f(x_1, x_2) = x_1^2$, also $x_1^2 = c$, erhalten wir dagegen die durch $x_1 = \pm\sqrt{c}$ beschriebenen Parallelen zur x_2-Achse als Höhenlinien (s. Abb. 7.4 und 7.5).

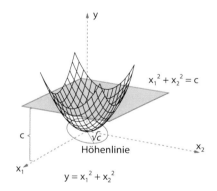

Abb. 7.4 Höhenlinie von $y = x_1^2 + x_2^2$

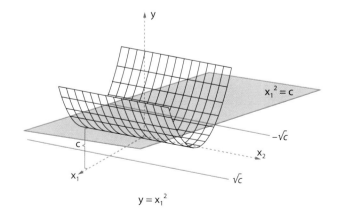

Abb. 7.5 Höhenlinien von $y = x_1^2$

Je nachdem, welche ökonomische Funktion wir betrachten, haben die Höhenlinien spezielle Namen. So sprechen wir im Falle einer Produktionsfunktion von **Isoquanten** („gleiche ausgebrachte Menge") bzw. von **Indifferenzkurven** im Falle einer Nutzenfunktion, aber auch von **Isokostenkurven**, **Isogewinnkurven**, **Kostenisoquanten** etc. Wir kommen hierauf im Zusammenhang mit konkreten Beispielen zurück.

Zusammenfassung

Seien $x_1, x_2, \ldots, x_n$ reellwertige, voneinander unabhängige Veränderliche, und sei $y = f(x_1, x_2, \ldots, x_n)$ eine Zuordnungsvorschrift, die jeder zulässigen Zahlenkombination $(x_1, x_2, \ldots, x_n)$ der Veränderlichen genau einen Wert $f(x_1, x_2, \ldots, x_n) \in \mathbb{R}$ zuordnet. Dann nennen wir **f eine reelle Funktion der n unabhängigen Variablen $x_1, x_2, \ldots, x_n$** und bezeichnen die Menge $\mathbb{D}(f) = \mathbb{D}_{x_1}(f) \times \mathbb{D}_{x_2}(f) \times \ldots \times \mathbb{D}_{x_n}(f)$ der zulässigen Zahlenkombinationen $(x_1, x_2, \ldots, x_n)$ als **Definitionsbereich von f**. Es gilt $\mathbb{D}(f) \subseteq \mathbb{R}^n$.

Funktionen insbesondere von zwei Veränderlichen lassen sich mittels **Wertetabellen**, **Funktionsflächen** und auch mithilfe von **Höhenlinien** darstellen. Je nach der betrachteten ökonomischen Funktion verwenden wir statt Höhenlinie auch die Begriffe **Isoquanten** („gleiche ausgebrachte Menge") bzw. **Indifferenzkurven** im Falle einer Nutzenfunktion, aber auch **Isokostenkurven**, **Isogewinnkurven**, **Kostenisoquanten** etc.

7.2 Partielle Ableitungen – Wie wir Steigungen von Funktionsflächen bestimmen können

Erinnern wir uns an unsere Untersuchungen von Funktionen einer Variablen. Dort haben sich Ableitungen der jeweiligen Funktion als ein zentrales Instrument erwiesen, um Eigenschaften wie Monotonie, Extremwerte, Krümmungsverhalten etc. dieser betrachteten Funktion ermitteln und daraus ökonomische Aussagen ableiten zu können.

Entsprechend fragen wir auch hier nach den Ableitungen von Funktionen mehrerer Variablen. Wie können wir diese definieren und ermitteln? In einem weiteren Abschnitt kommen wir dann darauf zu sprechen, wie wir mit diesen Ableitungen arbeiten und so beispielsweise die genannten Charakteristika wirtschaftswissenschaftlich relevanter Funktionen bestimmen können.

Beginnen wir der Einfachheit halber mit einer Funktion $f(x_1, x_2)$ zweier Variablen. Im Falle der Funktion $g(x)$ einer Variablen x haben wir die erste, zweite, dritte, ... Ableitung von g nach dieser Variablen gebildet – beispielsweise die erste Ableitung $g'(x) = \frac{dg}{dx} = \frac{d}{dx}g$. Wie ist es nun bei $f(x_1, x_2)$? Die Ableitung

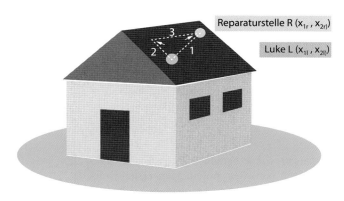

Abb. 7.6 Verschieden steile Wege des Dachdeckers von der Dachluke *L* zur Reparaturstelle *R*

nach nur einer der Variablen x_1 bzw. x_2 kann keine befriedigende Antwort sein: Warum sollten wir genau nach x_1 und nicht nach x_2 oder umgekehrt genau nach x_2 und nicht nach x_1 ableiten? Kann es aber alternativ eine Ableitung von $f(x_1, x_2)$ nach beiden Variablen geben und, wenn ja, wie sieht diese aus bzw. wie können wir sie mathematisch beschreiben?

Um zu einer Antwort zu kommen, erinnern wir uns an die anschauliche Bedeutung der ersten Ableitung von $g(x)$ an der Stelle x_0. Sie entspricht der Steigung des Graphen von $g(x)$ an dieser Stelle und kann als Steigung der Tangente von $g(x)$ im Punkt $P(x_0, g(x_0))$ gesehen werden. Danach können wir die Frage stellen, welche Steigung $f(x_1, x_2)$ an der Stelle (x_{1_0}, x_{2_0}) hat, und wir können diese als Ableitung von $f(x_1, x_2)$ zu interpretieren versuchen.

Zur Beantwortung der Frage nach der Steigung von $f(x_1, x_2)$ an der Stelle (x_{1_0}, x_{2_0}) betrachten wir einen Dachdecker, der das Dach des Hauses in Abb. 7.6 an der Reparaturstelle $R(x_{1_r}, x_{2_r})$ ausbessern soll. Er kann das Dach über die Luke $L(x_{1_l}, x_{2_l})$ betreten. Um zu R zu gelangen, kann der Dachdecker mehrere verschiedene Wege wählen. Er kann beispielsweise den direkten Weg 1 nehmen, er kann sich aber auch entlang Weg 2 auf die Höhe der Reparaturstelle begeben und sich dann seitlich längs von Weg 3 zu ihr vorarbeiten. Wir sehen, dass der Dachdecker verschieden steile Wege einschlagen kann – und zwar sogar beliebig viele verschiedene Wege mit verschiedenen „Steilheiten"! Je nachdem, wie der Dachdecker vom Punkt L aus über das Dach zum Punkt R läuft, nimmt er die Dachfläche unterschiedlich steil wahr.

Da wir das Dach in Abb. 7.6 als Beispiel für die Funktionsfläche einer Funktion $f(x_1, x_2)$ interpretieren können, zeigt sich, dass wir offenbar keine sinnvolle Antwort auf die gestellte Frage geben können. Wir können also nicht sagen, **welche** Steigung $f(x_1, x_2)$ an der Stelle (x_{1_0}, x_{2_0}) hat – es sind verschiedenen Steigungen („Steilheiten") möglich.

Das Beispiel zeigt uns aber auch einen **Lösungsansatz** auf: Wir können in jedem Fall nach der **Steigung** fragen, die $f(x_1, x_2)$ an der Stelle (x_{1_0}, x_{2_0}) **in einer bestimmten Richtung** hat, und da die beiden Koordinatenachsen x_1 und x_2 ausgezeichnete Richtungen darstellen, erscheint es sinnvoll, diese Frage zunächst genau auf diese beiden Richtungen zu beziehen:

Welche Steigung hat der Graph von $f(x_1, x_2)$ in x_1-Richtung, welche in x_2-Richtung?

Betrachten wir Abb. 7.7. Darin ist ein Teil der Funktionsfläche einer Funktion $y = f(x_1, x_2)$ dargestellt. Wir suchen die Steigungen von f im Punkt $P_0 = P_0(x_{1_0}, x_{2_0})$ in Richtung x_1 bzw. in Richtung x_2.

Die Suche in Richtung x_1 – genauer: die Suche in Richtung x_1 durch P_0 – bedeutet, dass wir $x_2 = x_{2_0}$ fest wählen und x_1 variieren (in Abb. 7.7 von hinten nach vorn durch $x_1 = x_{1_0}$ laufen lassen). Der zugehörige Teil der Funktionsfläche von $f(x_1, x_2)$ ist dann gleich der Schnittkurve $y^\sim = f(x_1, x_{2_0})$ der Funktionsfläche von $f(x_1, x_2)$ mit der zur (x_1, y)-Ebene parallelen Ebene durch $x_2 = x_{2_0}$. Die gesuchte Steigung von f im Punkt $P_0 = P_0(x_{1_0}, x_{2_0})$ in Richtung x_1 ist damit gleich der Steigung von $y^\sim$ für $x_2 = x_{2_0}$.

Auch wenn es auf den ersten Blick kompliziert erscheinen mag, sind wir jetzt am Ziel unserer Überlegungen angekommen. Bei $y^\sim = f(x_1, x_{2_0})$ handelt es sich nämlich wegen $x_{2_0} = $ constant um eine nur von der Variablen x_1 abhängige Funktion $y^\sim = y^\sim(x_1)$, und für diese kennen wir die gesuchte Steigung: Sie wird durch die „gewöhnliche" Ableitung von $y^\sim(x_1)$ nach x_1 beschrieben! Damit gilt:

Die gesuchte Steigung von f im Punkt $P_0 = P_0(x_{1_0}, x_{2_0})$ in Richtung x_1 ist gleich der ersten Ableitung von $y^\sim$ für $x_1 = x_{1_0}$, also gleich $y^{\sim\prime}(x_{1_0})$!

Analog erhalten wir:

Die gesuchte Steigung von f im Punkt $P_0 = P_0(x_{1_0}, x_{2_0})$ in Richtung x_2 ist gleich der ersten Ableitung von $y^\wedge$ für $x_2 = x_{2_0}$, also gleich $y^{\wedge\prime}(x_{2_0})$!

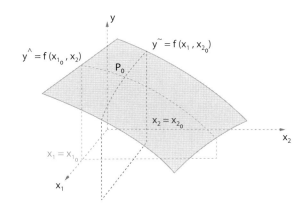

Abb. 7.7 Steigungen der Funktion $y = f(x_1, x_2)$ im Punkt P_0 in x_1- bzw. in x_2-Richtung (Quelle: Nach Arcor http://home.arcor.de/muten_roshi/htmls/grad_voll-Dateien/image010.jpg [Zugriff: 01.03.2014])

Aufgabe 7.2

Sei $f(x_1, x_2) = (x_1 - 3)^2 - (x_2 + 2)^3 + 5 \cdot x_1 \cdot x_2$. Gesucht sind die Steigungen von f im Punkt $P_0(2, 1)$ in Richtung x_1 bzw. in Richtung x_2.

Zur Ermittlung der Steigung in Richtung x_1 setzen wir $x_2 = 1$ fest. Dann ist

$$f(x_1, x_2) = f(x_1, 1) = (x_1 - 3)^2 - (1 + 2)^3 + 5 \cdot x_1 \cdot 1$$
$$= (x_1 - 3)^2 - 27 + 5 \cdot x_1$$

und damit (Achtung: Kettenregel)

$$\frac{d}{dx_1} f(x_1, 1) = 2 \cdot (x_1 - 3) \cdot 1 + 5,$$

also

$$\frac{d}{dx_1} f(2, 1) = 2 \cdot (2 - 3) \cdot 1 + 5 = 3.$$

Zur Ermittlung der Steigung in Richtung x_2 setzen wir $x_1 = 2$ fest. Dann ist

$$f(x_1, x_2) = f(2, x_2) = (2 - 3)^2 - (x_2 + 2)^3 + 5 \cdot 2 \cdot x_2$$
$$= 1 - (x_2 + 2)^3 + 10 \cdot x_2$$

und damit (Achtung: Kettenregel)

$$\frac{d}{dx_2} f(2, x_2) = -3 \cdot (x_2 + 2)^2 \cdot 1 + 10,$$

also

$$\frac{d}{dx_2} f(2, 1) = -3 \cdot (1 + 2)^2 \cdot 1 + 10 = -17.$$

Merksatz

Sei $f(x_1, x_2)$ eine Funktion zweier unabhängiger Variablen x_1 und x_2. Wir nennen $f(x_1, x_2)$ im Punkt $P_0(x_{1_0}, x_{2_0}) \in \mathbb{D}(f)$ nach der ersten Variablen x_1 **partiell differenzierbar**, wenn die nur von x_1 abhängige Funktion $f(x_1, x_{2_0})$ in x_{1_0} nach x_1 differenzierbar ist. Die entsprechende Ableitung von f heißt dann **partielle Ableitung von f nach x_1 an der Stelle $x_1 = x_{1_0}$**. Oft sprechen wir auch von der **partiellen Ableitung erster Ordnung von f nach x_1 an der Stelle $x_1 = x_{1_0}$**.

Zur Unterscheidung der partiellen Ableitung (erster Ordnung) von den bisher betrachteten „gewöhnlichen" Ableitungen verwenden wir die Schreibweise

$$\frac{\partial f}{\partial x_1} = \frac{\partial}{\partial x_1} f = f'_{x_1}.$$

Insbesondere dient das Symbol ∂ anstelle von d dazu, die partielle Ableitung $\frac{\partial f}{\partial x_i}$ auch „optisch" von gewöhnlichen Ableitungen $\frac{df}{dx_i}$ zu unterscheiden!

Analog nennen wir $f(x_1, x_2)$ im Punkt $P_0(x_{1_0}, x_{2_0}) \in \mathbb{D}(f)$ nach der zweiten Variablen x_2 **partiell differenzierbar**, wenn die nur von x_2 abhängige Funktion $f(x_{1_0}, x_2)$ in x_{2_0} nach x_2 differenzierbar ist, und schreiben diese **partielle Ableitung erster Ordnung von f nach x_2** in der Form

$$\frac{\partial f}{\partial x_2} = \frac{\partial}{\partial x_2} f = f'_{x_2}.$$

Hängt f von n Variablen ab, $f = f(x_1, x_2, \ldots, x_n)$, werden die partiellen Ableitungen erster Ordnung $f'_{x_i} (i = 1, 2, \ldots, n)$ entsprechend definiert, d.h., wir setzen alle Variablen bis auf x_i konstant und bilden die gewöhnliche Ableitung von f nach x_i ($i = 1, 2, \ldots, n$). Insgesamt gibt es dann n partielle Ableitungen erster Ordnung von f!

Ebenso wie bei den gewöhnlichen Ableitungen sind die partiellen Ableitungen f'_{x_i} in der Regel selbst wieder Funktionen der Variablen $x_1, x_2, \ldots, x_n$: $f'_{x_i} = f'_{x_i}(x_1, x_2, \ldots, x_n)$.

Da partielle Ableitungen spezielle gewöhnliche Ableitungen sind, gelten für sie alle bekannten Ableitungsregeln. Hierbei müssen wir aber darauf achten, alle Variablen außer x_i konstant zu halten!

Aufgabe 7.3

Sei $K(s, t) = s^2 \cdot \ln t + e^{2s} + s \cdot t$ $(t > 0, s > 0)$. Gesucht sind alle partiellen Ableitungen erster Ordnung von $K(s, t)$.

Wir setzen zunächst t konstant und erhalten

$$\frac{\partial K}{\partial s}(s, t) = K'_s(s, t) = 2s \cdot \ln t + 2 \cdot e^{2s} + t.$$

Nun setzen wir s konstant und erhalten

$$\frac{\partial K}{\partial t}(s, t) = K'_t(s, t) = s^2 \cdot \frac{1}{t} + s.$$

Beispiel

Sei $g(x, y, z) = x \cdot y \cdot z + x \cdot y^2 + e^z$. Gesucht sind alle partiellen Ableitungen von $g(x, y, z)$.

Wir erhalten:

$$\frac{\partial g}{\partial x}(x, y, z) = g'_x(x, y, z) = y \cdot z + y^2$$

$$\frac{\partial g}{\partial y}(x, y, z) = g'_y(x, y, z) = x \cdot z + 2x \cdot y$$

$$\frac{\partial g}{\partial z}(x, y, z) = g'_z(x, y, z) = x \cdot y + e^z.$$ ◄

Beispiel

Sei $U(r, k) = \sqrt{r^2 + k^2}$. Gesucht sind alle partiellen Ableitungen von $U(r, k) = \sqrt{r^2 + k^2}$.

Wir erhalten:

$$\frac{\partial U}{\partial r}(r, k) = U'_r(r, k) = 2r \cdot \frac{1}{2} \cdot \frac{1}{\sqrt{r^2 + k^2}} = \frac{r}{\sqrt{r^2 + k^2}}$$

$$\frac{\partial U}{\partial k}(r, k) = U'_k(r, k) = 2k \cdot \frac{1}{2} \cdot \frac{1}{\sqrt{r^2 + k^2}} = \frac{k}{\sqrt{r^2 + k^2}}.$$
◀

Ebenso wie im Falle der Funktionen einer Variablen benötigen wir auch bei den Funktionen mehrerer Variablen gelegentlich höhere partielle Ableitungen. Kommen wir zuerst zu den partiellen Ableitungen zweiter Ordnung:

Wir nehmen an, dass die n partiellen Ableitungen erster Ordnung $f'_{x_i} = f'_{x_i}(x_1, x_2, \ldots, x_n)(i = 1, 2, \ldots, n)$ der Funktion $f = f(x_1, x_2, \ldots, x_n)$ selbst wieder Funktionen der Variablen $x_1, x_2, \ldots, x_n$ sind und partiell abgeleitet werden können. Dann können wir für jede dieser n Funktionen ihre jeweils n partiellen Ableitungen (erster Ordnung) bestimmen und erhalten so insgesamt $n \cdot n = n^2$ neue partielle Ableitungen, die sogenannten **partiellen Ableitungen zweiter Ordnung von** $f = f(x_1, x_2, \ldots, x_n)$.

Differenzieren wir die n^2 partiellen Ableitungen zweiter Ordnung erneut partiell nach den Variablen $x_1, x_2, \ldots, x_n$, erhalten wir $n \cdot n^2 = n^3$ **partielle Ableitungen dritter Ordnung**. Ähnlich kommen wir zu den **partiellen Ableitungen vierter, fünfter, ... Ordnung**.

In den Wirtschaftswissenschaften werden in der Regel nur die partiellen Ableitungen erster und zweiter Ordnung benötigt. Daher gehen wir nur auf diese konkreter ein und erklären jetzt präzise, was partielle Ableitungen zweiter Ordnung sind.

Merksatz

Sei $f = f(x_1, x_2, \ldots, x_n)$ eine Funktion der unabhängigen Variablen $x_1, x_2, \ldots, x_n$, die partiell in erster Ordnung nach allen diesen Variablen differenzierbar ist. Durch partielles Differenzieren der n partiellen Ableitungen $\frac{\partial f}{\partial x_i}$ erster Ordnung von f ($i = 1, 2, \ldots, n$) nach x_j ($j = 1, 2, \ldots, n$) erhalten wir die insgesamt n^2 **partiellen Ableitungen zweiter Ordnung von** $f = f(x_1, x_2, \ldots, x_n)$ nach x_i, x_j, geschrieben

$$\frac{\partial}{\partial x_j}\left(\frac{\partial f}{\partial x_i}\right)(x_1, x_2, \ldots, x_n) = \frac{\partial^2}{\partial x_j \partial x_i}f(x_1, x_2, \ldots, x_n)$$

$$= \frac{\partial^2 f(x_1, x_2, \ldots, x_n)}{\partial x_j \partial x_i}$$

$$= f''_{x_i x_j}(x_1, x_2, \ldots, x_n).$$

Wenn zweimal nach derselben Variablen x_i differenziert wird, schreiben wir oft auch $\frac{\partial^2 f}{\partial x_i \partial x_i} = \frac{\partial^2 f}{\partial x_i^2}$.

Beispiel

Sei $K(s, t) = s^2 \cdot \ln t + e^{2s} + s \cdot t$ ($t > 0, s > 0$). Gesucht sind alle partiellen Ableitungen zweiter Ordnung von $K(s, t)$.

Aufgrund des passenden vorangehenden Beispiels kennen wir die partiellen Ableitungen erster Ordnung von $K(s, t)$:

$$K'_s(s, t) = 2s \cdot \ln t + 2 \cdot e^{2s} + t$$

$$K'_t(s, t) = s^2 \cdot \frac{1}{t} + s = \frac{s^2}{t} + s.$$

Diese müssen jeweils nach s und t partiell abgeleitet werden. Wir erhalten insgesamt vier partielle Ableitungen zweiter Ordnung:

$$K''_{ss}(s, t) = 2 \cdot \ln t + 2 \cdot 2 \cdot e^{2s} = 2\ln t + 4 \cdot e^{2s}$$

$$K''_{st}(s, t) = 2s \cdot \frac{1}{t} + 1 = \frac{2s}{t} + 1$$

$$K''_{ts}(s, t) = \frac{2s}{t + 1}$$

$$K''_{tt}(s, t) = (-1) \cdot s^2 \cdot t^{-2} = -\frac{s^2}{t^2}.$$
◀

―――――――――― Aufgabe 7.4 ――――――――――

Sei $g(x, y, z) = x \cdot y \cdot z + x \cdot y^2 + e^z$. Gesucht sind die partiellen Ableitungen zweiter Ordnung g''_{xx} und g''_{yy} sowie g''_{zz} von $g(x, y, z)$.

Wir kennen aufgrund des passenden vorangehenden Beispiels

$$g'_x(x, y, z) = y \cdot z + y^2$$

$$g'_y(x, y, z) = x \cdot z + 2x \cdot y$$

$$g'_z(x, y, z) = x \cdot y + e^z$$

und erhalten daraus

$$g''_{xx}(x, y, z) = 0$$

$$g''_{yy}(x, y, z) = 2x$$

$$g''_{zz}(x, y, z) = e^z.$$

Zusammenfassung

Sei $f = f(x_1, x_2, \ldots, x_n)$ eine Funktion mit n voneinander unabhängigen Variablen $x_1, x_2, \ldots, x_n$. Wir nennen f im

Punkt $P_0(x_{1_0}, x_{2_0}, \ldots, x_{n_0}) \in \mathbb{D}(f)$ nach der Variablen x_i **partiell differenzierbar**, wenn f nach x_i unter Konstanthaltung aller übrigen Variablen „gewöhnlich" differenzierbar ist. Die entsprechende Ableitung von f heißt dann **partielle Ableitung von f nach x_i an der Stelle $x_i = x_{i_0}$**. Oft sprechen wir auch von der **partiellen Ableitung erster Ordnung von f nach x_i an der Stelle $x_i = x_{i_0}$**.

Zur Unterscheidung der partiellen Ableitung (erster Ordnung) von den bisher betrachteten „gewöhnlichen" Ableitungen verwenden wir die Schreibweise

$$\frac{\partial f}{\partial x_i} = \frac{\partial}{\partial x_i} f = f'_{x_i}.$$

Hängt f von n Variablen ab, $f = f(x_1, x_2, \ldots, x_n)$, gibt es demnach n partielle Ableitungen erster Ordnung f'_{x_i} ($i = 1, 2, \ldots, n$) von f!

Sei $f = f(x_1, x_2, \ldots, x_n)$ eine Funktion der unabhängigen Variablen $x_1, x_2, \ldots, x_n$, die partiell in erster Ordnung nach allen diesen Variablen differenzierbar ist. Durch partielles Differenzieren der n partiellen Ableitungen $\frac{\partial f}{\partial x_i}$ erster Ordnung von f ($i = 1, 2, \ldots, n$) nach x_j ($j = 1, 2, \ldots, n$) erhalten wir die insgesamt n^2 **partiellen Ableitungen zweiter Ordnung von $f = f(x_1, x_2, \ldots, x_n)$** nach x_i, x_j, geschrieben

$$\frac{\partial}{\partial x_j} \left(\frac{\partial f}{\partial x_i} \right)(x_1, x_2, \ldots, x_n) = \frac{\partial^2}{\partial x_j \partial x_i} f(x_1, x_2, \ldots, x_n)$$

$$= \frac{\partial^2 f(x_1, x_2, \ldots, x_n)}{\partial x_j \partial x_i}$$

$$= f''_{x_i x_j}(x_1, x_2, \ldots, x_n).$$

Wenn zweimal nach derselben Variablen x_i differenziert wird, schreiben wir oft auch $\frac{\partial^2 f}{\partial x_i \partial x_i} = \frac{\partial^2 f}{\partial x_i^2}$.

7.3 Partielle Ableitungen interpretieren – Wie wir Charakteristika von Funktionen mit mehreren Variablen bestimmen können

Wir wollen jetzt den Werkzeugkasten zur Untersuchung von Funktionen f mit mehreren Variablen x_i vervollständigen, indem wir folgende Fragen beantworten:

1. Wie ändert sich f bei kleinen Änderungen der Variablen x_i?
2. Welche Aussagen sind über das Monotonie- und das Krümmungsverhalten von f möglich?
3. Wann hat f lokale (bzw. relative) Extremwerte?

Kommen wir also zunächst zu den Änderungen von f bei kleinen Änderungen der Variablen x_i und erinnern wir uns daran, dass wir eine vergleichbare Thematik bereits im Zusammenhang mit den Funktionen einer Variablen erörtert haben.

Dort haben wir für Funktionen $g(x)$ einerseits festgestellt, dass die erste (gewöhnliche) Ableitung $g'(x_0)$ näherungsweise angibt, um wie viele Einheiten sich der Funktionswert $g(x_0)$ ändert, wenn x um eine genügend kleine Einheit Δx von einem gegebenen Wert x_0 auf den Wert $x_0 + \Delta x$ geändert wird.

Andererseits haben wir herausgefunden, dass das **Differenzial** $dg = g'(x_0) \cdot dx$ ($dx \neq 0$) für jedes x_0 im Definitionsbereich von $g(x)$ den absoluten Wert angibt, um wie viele Einheiten sich $g(x)$ näherungsweise ändert, wenn x_0 um das beliebig kleine Differenzial $dx = \Delta x \neq 0$ geändert wird.

Nun ist eine partielle Ableitung f'_{x_i} nichts anderes als eine gewöhnliche Ableitung von f nach x_i unter der Bedingung, dass alle anderen Variablen konstant gehalten werden. Damit können wir einerseits sofort feststellen:

Merksatz

Die Ableitung $f'_{x_i}(x_{1_0}, x_{2_0}, \ldots, x_{n_0})$ gibt näherungsweise an, um wie viele Einheiten sich der Funktionswert $f(x_{1_0}, x_{2_0}, \ldots, x_{n_0})$ ändert, wenn x_i um eine genügend kleine Einheit Δx_i von einem gegebenen Wert x_{i_0} auf den Wert $x_{i_0} + \Delta x_i$ geändert wird und alle anderen Variablen konstant gehalten werden, d. h., wenn die Änderung in x_i-Richtung erfolgt.

Andererseits können wir den Begriff und die Definition des Differenzials sinnvoll auf Funktionen mit mehreren Variablen übertragen, indem wir das **partielle Differenzial** df_{x_i} durch $df_{x_i} = f'_{x_i} \cdot dx_i (i = 1, 2, \ldots, n)$ festlegen. Dann gilt:

Merksatz

Das **partielle Differenzial** $df_{x_i} = f'_{x_i} \cdot dx_i (i = 1, 2, \ldots, n)$ gibt den absoluten Wert an, um wie viele Einheiten sich $f(x_1, x_2, \ldots, x_n)$ näherungsweise ändert, wenn x_i um das beliebig kleine Differenzial dx_i geändert wird und alle anderen Variablen konstant gehalten werden, d. h. wenn die Änderung in x_i-Richtung erfolgt.

Das letzte Resultat können wir relativ leicht in Bezug auf die Frage erweitern, wie sich $f(x_1, x_2, \ldots, x_n)$ näherungsweise ändert, wenn alle Variablen gleichzeitig geändert werden, nämlich x_1 um dx_1 sowie x_2 um dx_2 und so fort einschließlich der Änderung von x_n um dx_n.

Betrachten wir dazu noch einmal unseren Dachdecker. Er hat verschiedene Möglichkeiten, von der Dachluke zur reparaturbedürftigen Stelle auf dem Dach zu gelangen (s. Abb. 7.8).

Die Abbildung legt nahe, dass sich die Änderung entlang des Weges 1 (hier bewegt sich der Dachdecker **gleichzeitig** in beide

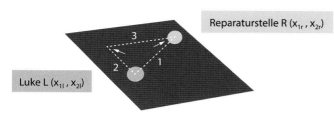

Luke L (x_{1l}, x_{2l})

Reparaturstelle R (x_{1r}, x_{2r})

Abb. 7.8 Verschiedene Wege des Dachdeckers von der Luke *L* zur Reparaturstelle *R*

Richtungen x_1 und x_2) als Summe aus den Änderungen entlang der Wege 2 und 3 (hier bewegt sich der Dachdecker **nacheinander** in die Richtungen von x_1 und x_2) beschreiben lässt: Der Dachdecker kommt in beiden Fällen zum gleichen Ziel, und dieses erreicht er entweder über den direkten Weg 1 oder aber indem er die beiden Wege 2 und 3 nacheinander abschreitet, sie also zu seinem Gesamtweg 2 + 3 addiert. Übertragen wir diesen Gedanken auf unsere Änderungen von x_1 um dx_1 sowie von x_2 um dx_2 und so fort einschließlich der Änderung von x_n um dx_n, können wir feststellen, dass sich die gesuchte gesamte Änderung von f bei gleichzeitiger Änderung aller Variablen offenbar sinnvoll durch die Summe der partiellen Differenziale von f angeben lässt:

$$df_{x_1} + df_{x_2} + \ldots + df_{x_n} = f'_{x_1} \cdot dx_1 + f'_{x_2} \cdot dx_2 + \ldots + f'_{x_n} \cdot dx_n \,.$$

Wir nennen diese Summe das **totale (vollständige) Differenzial** von f, geschrieben df, also

$$
\begin{aligned}
df &= df_{x_1} + df_{x_2} + \ldots + df_{x_n} \\
&= f'_{x_1} \cdot dx_1 + f'_{x_2} \cdot dx_2 + \ldots + f'_{x_n} \cdot dx_n \,,
\end{aligned}
$$

und halten fest:

Merksatz

Das **totale Differenzial** $df = df_{x_1} + df_{x_2} + \ldots + df_{x_n} = f'_{x_1} \cdot dx_1 + f'_{x_2} \cdot dx_2 + \ldots + f'_{x_n} \cdot dx_n$ gibt den absoluten Wert an, um wie viele Einheiten sich $f(x_1, x_2, \ldots, x_n)$ näherungsweise ändert, wenn gleichzeitig alle Variablen x_i geändert werden, und zwar jeweils um das beliebig kleine Differenzial $dx_i (i = 1, 2, \ldots, n)$.

--- **Aufgabe 7.5** ---

Sei $X(A, K) = 5 \cdot A^{0,3} \cdot K^{0,6}$ eine Produktionsfunktion mit $X(A, K)$ als ausgebrachter Menge, A als Arbeitsinput und K als Kapitalinput. Gesucht ist das totale Differenzial dX. Wie können wir es interpretieren?

Es gilt

$$\frac{\partial X(A, K)}{\partial A} = 5 \cdot 0{,}3 \cdot A^{-0,7} \cdot K^{0,6} = 1{,}5 \cdot A^{-0,7} \cdot K^{0,6}$$

sowie

$$\frac{\partial X(A, K)}{\partial K} = 5 \cdot A^{0,3} \cdot 0{,}6 \cdot K^{-0,4} = 3 \cdot A^{0,3} \cdot K^{-0,4}$$

und damit

$$
\begin{aligned}
dX = dX(A, K) &= \frac{\partial X(A, K)}{\partial A} \cdot dA + \frac{\partial X(A, K)}{\partial K} \cdot dK \\
&= 1{,}5 \cdot A^{-0,7} \cdot K^{0,6} \cdot dA + 3 \cdot A^{0,3} \cdot K^{-0,4} \cdot dK \,.
\end{aligned}
$$

Nehmen wir beispielhaft an, dass der Arbeitsinput $A = 15$ und der Kapitalinput $K = 12$ ist, erhalten wir

$$
\begin{aligned}
dX &= 1{,}5 \cdot A^{-0,7} \cdot K^{0,6} \cdot dA + 3 \cdot A^{0,3} \cdot K^{-0,4} \cdot dK \\
&= 1{,}5 \cdot 15^{-0,7} \cdot 12^{0,6} \cdot dA + 3 \cdot 15^{0,3} \cdot 12^{-0,4} \cdot dK \,,
\end{aligned}
$$

also

$$dX = dX(15, 12) \approx 1{,}00077426 \cdot dA + 2{,}50193564 \cdot dK \,.$$

Ändern wir nun etwa den Arbeitsinput von $A = 15$ auf $A = 15{,}2$ Einheiten sowie den Kapitalinput von $K = 12$ auf $K = 11{,}7$ Einheiten, erhöhen wir also den Arbeitsinput um $dA = 0{,}2$ und reduzieren den Kapitalinput um $dK = -0{,}3$, so erhalten wir

$$
\begin{aligned}
dX(15, 12) &\approx 1{,}00077426 \cdot 0{,}2 + 2{,}50193564 \cdot (-0{,}3) \\
&\approx -0{,}550425841 \approx -0{,}56 \,.
\end{aligned}
$$

Dies bedeutet, dass sich die ausgebrachte Menge $X(A, K) = X(15, 12)$ bei diesen Inputänderungen um 0,56 Einheiten reduziert!

Gut zu wissen

Funktionen vom Typ $F(x, y) = Ax^a y^b$ mit Konstanten A, a, b wie im vorhergehenden Beispiel kommen relativ häufig in den Wirtschaftswissenschaften vor. Sie werden nach zwei amerikanischen Wissenschaftlern auch **Cobb-Douglas-Funktionen** genannt. Offenbar ist die eben betrachtete Produktionsfunktion $X(A, K) = 5 \cdot A^{0,3} \cdot K^{0,6}$ eine Cobb-Douglas-Funktion (um dies zu erkennen, müssen wir nur die Bezeichnungen ändern: $X \to F$ sowie $A \to x$ und $K \to y$; dann sehen wir, dass $X(A, K)$ eine Cobb-Douglas-Funktion $F(x, y)$ mit den Konstanten $A = 5$ und $a = 0{,}3$ sowie $b = 0{,}6$ ist). ◄

Beispiel

Sei $g(x, y, z) = x \cdot y \cdot z + x \cdot y^2 + e^z$. Gesucht ist das totale Differenzial für die Inputkombination $(x, y, z) = (3, 2, 1)$ und die Veränderungen $dx = -0{,}2$ sowie $dy = 0{,}1$ und $dz = 0$.

Wir wissen aufgrund des passenden vorangehenden Beispiels

$$
\begin{aligned}
g'_x(x, y, z) &= y \cdot z + y^2 \\
g'_y(x, y, z) &= x \cdot z + 2x \cdot y \\
g'_z(x, y, z) &= x \cdot y + e^z
\end{aligned}
$$

und erhalten daraus

$$dg = dg(x, y, z)$$
$$= (y \cdot z + y^2) \cdot dx$$
$$+ (x \cdot z + 2x \cdot y) \cdot dy + (x \cdot y + e^z) \cdot dz,$$

also

$$dg(x, y, z) = dg(3, 2, 1)$$
$$= (1 \cdot 2 + 2^2) \cdot dx + (3 \cdot 1 + 2 \cdot 3 \cdot 2) \cdot dy$$
$$+ (3 \cdot 2 + e^1) \cdot dz$$

und damit

$$dg(3, 2, 1) = 6 \cdot dx + 15 \cdot dy + (6 + e) \cdot dz$$
$$= 6 \cdot (-0{,}2) + 15 \cdot 0{,}1 + (6 + e) \cdot 0 = 0{,}3 .$$

◀

Das gewählte Vorgehen, unsere Überlegungen und Ergebnisse hinsichtlich Funktionen mit einer Variablen auf Funktionen mit mehreren Variablen zu übertragen, scheint ein vernünftiger Ansatz zu sein, um Aussagen über Funktionen mit mehreren Variablen treffen zu können. Daher verfahren wir nun entsprechend bei unserer nächsten offenen Frage:

Welche Aussagen sind über das Monotonie- und das Krümmungsverhalten von f möglich?

Auch hier können wir davon Gebrauch machen, dass partielle Ableitungen spezielle gewöhnliche Ableitungen sind. Wir können also unsere Ergebnisse über das Monotonie- und Krümmungsverhalten von Funktionen einer Variablen passend übertragen und erhalten folgende Resultate.

Merksatz

Sei $y = f(x_1, x_2, \ldots, x_n)$ eine Funktion der unabhängigen Variablen $x_1, x_2, \ldots, x_n$. Wir nehmen der Einfachheit wegen an, dass f ausreichend oft nach allen diesen Variablen partiell differenzierbar ist. Dann gilt:

- $f(x_1, x_2, \ldots, x_n)$ ist **monoton wachsend in Richtung von x_i**, wenn $f'_{x_i}(x_1, x_2, \ldots, x_n) \geq 0$ ist,
- $f(x_1, x_2, \ldots, x_n)$ ist **monoton fallend in Richtung von x_i**, wenn $f'_{x_i}(x_1, x_2, \ldots, x_n) \leq 0$ ist,
- $f(x_1, x_2, \ldots, x_n)$ ist **linksgekrümmt (konvex) in Richtung von x_i**, wenn $f''_{x_i x_i}(x_1, x_2, \ldots, x_n) > 0$ ist,
- $f(x_1, x_2, \ldots, x_n)$ ist **rechtsgekrümmt (konkav) in Richtung von x_i**, wenn $f''_{x_i x_i}(x_1, x_2, \ldots, x_n) < 0$ ist.

Gut zu wissen

Hier ist wieder der Zusatz **in Richtung von x_i** von erheblicher Bedeutung. Wir können das geschilderte Monotonie- bzw. Krümmungsverhalten nur für den Fall behaupten, dass wir alle anderen Variablen außer x_i konstant halten, uns also auf dem Graphen von $f(x_1, x_2, \ldots, x_n)$ eben genau in Richtung von x_i bewegen!

Kann es schon schwierig bis ausgeschlossen sein, sich das Monotonie- und Krümmungsverhalten von Funktionen mit zwei Variablen vorzustellen oder es möglichst vollständig in einem dreidimensionalen Koordinatensystem mit den Koordinatenachsen x_1 sowie x_2 und y grafisch wiederzugeben, so wird es bei Funktionen mit drei oder mehr Variablen schlicht unausführbar sein, die zugehörige Funktionsfläche möglichst komplett abzubilden, da wir uns mit der Funktionsfläche in einem unserer Anschauung nicht mehr zugänglichen Raum mit vier oder mehr Dimensionen bewegen! Gleichwohl erlaubt uns die Mathematik, auch hier von Monotonie und Krümmung zu sprechen! Wir sehen also, dass uns die Mathematik durchaus mächtige Werkzeuge bereitstellt, die weit über unsere sichtbare Welt hinausgehen und auch dort eingesetzt werden können, wo keine Anschaulichkeit mehr gegeben ist!

◀

--- **Aufgabe 7.6** ---

Sei $K(s, t) = s^2 \cdot \ln t + e^{2s} + s \cdot t$ ($t > 0$, $s > 0$). Welches Monotonie- und Krümmungsverhalten besitzt $K(s, t)$ in Richtung t?

Aufgrund des passenden vorangehenden Beispiels kennen wir die partiellen Ableitungen erster Ordnung von $K(s, t)$

$$K'_s(s, t) = 2s \cdot \ln t + 2 \cdot e^{2s} + t$$
$$K'_t(s, t) = s^2 \cdot \frac{1}{t} + s = \frac{s^2}{t} + s$$

sowie die insgesamt vier partiellen Ableitungen zweiter Ordnung von $K(s, t)$

$$K''_{ss}(s, t) = 2 \cdot \ln t + 2 \cdot 2 \cdot e^{2s} = 2\ln t + 4 \cdot e^{2s}$$
$$K''_{st}(s, t) = 2s \cdot \frac{1}{t} + 1 = \frac{2s}{t} + 1$$
$$K''_{ts}(s, t) = \frac{2s}{t} + 1$$
$$K''_{tt}(s, t) = (-1) \cdot s^2 \cdot t^{-2} = -\frac{s^2}{t^2} .$$

Zur Beantwortung unserer Fragestellung zur Monotonie ist nur $K'_t(s, t)$ zu betrachten. Wegen $t > 0$ und $s > 0$ sowie $s^2 \geq 0$ ist $K'_t(s, t) = \frac{s^2}{t} + s > 0$. Das heißt, dass $K(s, t)$ in Richtung t monoton wachsend ist!

Das Krümmungsverhalten in Richtung t ergibt sich aus dem Vorzeichen von $K''_{tt}(s,t)$. Wir erkennen, dass $K''_{tt}(s,t) = -\frac{s^2}{t^2} < 0$ für alle Werte $t > 0$ und $s > 0$ ist (sogar für alle t und s aus $\mathbb{R}$). Das heißt, dass $K(s,t)$ in Richtung t rechtsgekrümmt ist.

Beispiel

Sei $X(A,K) = 5 \cdot A^{0,3} \cdot K^{0,6}$ die bereits bekannte Produktionsfunktion mit $X(A,K)$ als ausgebrachter Menge, A als Arbeitsinput und K als Kapitalinput. Welches Monotonie- und Krümmungsverhalten besitzt $X(A,K)$ unter den ökonomisch sinnvollen Annahmen $A > 0$ und $K > 0$?

Es gilt

$$\frac{\partial X(A,K)}{\partial A} = 5 \cdot 0,3 \cdot A^{-0,7} \cdot K^{0,6} = 1,5 \cdot A^{-0,7} \cdot K^{0,6}$$

sowie

$$\frac{\partial X(A,K)}{\partial K} = 5 \cdot A^{0,3} \cdot 0,6 \cdot K^{-0,4} = 3 \cdot A^{0,3} \cdot K^{-0,4}$$

und damit $X'_A(A,K) > 0$ sowie $X'_A(A,K) > 0$ für alle Werte $A > 0$ und $K > 0$. Das bedeutet, dass die ausgebrachte Menge sowohl hinsichtlich des Arbeitsinputs als auch hinsichtlich des Kapitalinputs monoton wachsend ist.

Weiterhin erhalten wir

$$X''_{AA}(A,K) = \frac{\partial^2 X(A,K)}{\partial A^2} = 1,5 \cdot (-0,7) \cdot A^{-1,7} \cdot K^{0,6}$$
$$= -1,05 \cdot A^{-1,7} \cdot K^{0,6} < 0$$

und

$$X''_{KK}(A,K) = \frac{\partial^2 X(A,K)}{\partial K^2} = 3 \cdot A^{0,3} \cdot (-0,4) \cdot K^{-1,4}$$
$$= -1,2 \cdot A^{0,3} \cdot K^{-1,4} < 0.$$

Dies bedeutet, dass $X(A,K)$ sowohl in Richtung von A als auch in Richtung von K rechtsgekrümmt (konkav) ist. In Verbindung mit der Aussage zur Monotonie von $X(A,K)$ wiederum heißt das aber, dass sich das Wachstum von $X(A,K)$ sowohl in Richtung von A als auch in Richtung von K mit wachsendem A bzw. K verlangsamt: Die ausgebrachte Menge wächst in Richtung A bzw. in Richtung K degressiv (unterlinear), also mit abnehmender positiver Steigerungsrate (s. Prinzipskizze in Abb. 7.9).

Abb. 7.9 Degressives Wachstum ◄

Von den eingangs gestellten Fragen bleibt nun nur noch die dritte zu beantworten:

Wann hat die Funktion $f = f(x_1, x_2, \ldots, x_n)$ lokale Extremwerte?

Merksatz

Extremwerte von Funktionen mit mehreren Veränderlichen lassen sich ähnlich definieren wie die von Funktionen einer Variablen. Die grundsätzliche Idee ist, dass die Funktion $f = f(x_1, x_2, \ldots, x_n)$ einen **lokalen Extremwert** in einem Punkt $P_0 = P_0(x_{1_0}, x_{2_0}, \ldots, x_{n_0})$ ihres Definitionsbereichs $\mathbb{D}(f)$ besitzt, wenn $f(P_0) = f(x_{1_0}, x_{2_0}, \ldots, x_{n_0})$ in einer Umgebung von P_0 größer oder kleiner als alle anderen Funktionswerte von f ist. Im ersten Fall liegt bei P_0 ein **lokales Maximum** der Funktion vor, im zweiten Fall ein **lokales Minimum**. Statt der Begriffe lokaler Extremwert, lokales Maximum und lokales Minimum werden häufig auch die Bezeichnungen **relativer Extremwert** sowie **relatives Maximum** und **relatives Minimum** verwendet.

Verdeutlichen wir uns diese Festlegung anhand der Beispielfunktionen in Abb. 7.10.

Aus der Abbildung wird ersichtlich, dass $y = x_1^2 + x_2^2$ ein lokales Minimum bei $P_0 = (0,0)$ besitzt. Der Funktionswert ist $y = 0$. Er ist kleiner als alle anderen Werte von $y = x_1^2 + x_2^2$ für $(x_1, x_2) \neq (0,0)$. Die Funktion $y = x_1^2 + x_2^2$ besitzt daher bei $P_0 = (0,0)$ ein sogenanntes **absolutes Minimum**.

Weiterhin zeigt Abb. 7.10, dass alle Punkte $(0, x_2)$ für beliebiges $x_2 \in \mathbb{R}$ lokale Minima der Funktion $y = x_1^2$ sind. Die Menge dieser Punkte ist gleich der Koordinatenachse x_2, in der sich der Graph von $y = x_1^2$ und die durch die Koordinatenachsen x_1 und x_2 aufgespannte Ebene berühren.

Hinsichtlich der Funktion $y = x_1^2 - x_2^2$ liefert Abb. 7.10 keine klare Erkenntnis, ob möglicherweise in der Mitte des „Sattels" ein Extremwert vorliegt. Spätestens jetzt hilft uns die Anschauung nicht mehr weiter, sodass wir ein passendes Werkzeug benötigen, um auf die Existenz von Extremwerten schließen zu können.

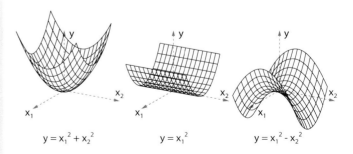

Abb. 7.10 Lokale Extremwerte ausgewählter Funktionen mit mehreren Veränderlichen

Das gesuchte Instrument können wir grundsätzlich wieder aus dem Bereich der Funktionen einer Variablen entnehmen. Wie wir wissen, hat eine derartige Funktion einen relativen Extremwert bei x_0, wenn die erste Ableitung der Funktion bei x_0 gleich 0 und die zweite Ableitung bei x_0 ungleich 0 ist. Die Bedingung hinsichtlich der ersten Ableitung bedeutet, dass die Tangente an den Graphen der Funktion die Steigung 0 haben muss. Im Falle einer Funktion $f = f(x_1, x_2, \ldots, x_n)$ mit n voneinander unabhängigen Variablen gibt es nicht eine zu betrachtende Tangente, sondern wir müssen die Tangenten in alle Richtungen $x_i (i = 1, 2, \ldots, n)$ ins Auge fassen. Tatsächlich lautet die Grundvoraussetzung (**notwendige Bedingung**) für das Vorliegen eines lokalen Extremwerts, dass alle diese Tangenten die Steigung 0 haben müssen. Formal ausgedrückt heißt dies, dass

$$f'_{x_1}(x_{1_0}, x_{2_0}, \ldots, x_{n_0}) = f'_{x_2}(x_{1_0}, x_{2_0}, \ldots, x_{n_0})$$
$$= \ldots = f'_{x_n}(x_{1_0}, x_{2_0}, \ldots, x_{n_0}) = 0$$

erfüllt sein muss, damit $f = f(x_1, x_2, \ldots, x_n)$ bei $P_0 = P_0(x_{1_0}, x_{2_0}, \ldots, x_{n_0})$ einen lokalen Extremwert haben *kann*! „Haben können" heißt aber nicht „haben müssen"! Ebenso wie bei den Funktionen einer Variablen müssen bei Funktionen $f = f(x_1, x_2, \ldots, x_n)$ mit n voneinander unabhängigen Variablen eine oder mehrere zusätzliche, sogenannte **hinreichende Bedingungen** erfüllt sein, damit bestimmt ein lokaler Extremwert vorliegt. Wie viele Bedingungen tatsächlich erfüllt sein müssen, hängt von der Anzahl n der Variablen ab. Im Falle einer Funktion mit zwei Variablen muss genau eine derartige Bedingung erfüllt sein. Diese können wir nicht mehr anschaulich erläutern, sondern nur noch konkret formulieren.

Merksatz

Sei $f = f(x_1, x_2)$ eine Funktion mit zwei voneinander unabhängigen Variablen x_1 und x_2. Die Funktion f sei zweimal partiell differenzierbar, d. h., es mögen die partiellen Ableitungen erster Ordnung f'_{x_1} und f'_{x_2} sowie die partiellen Ableitungen zweiter Ordnung $f''_{x_1 x_1}$ und $f''_{x_1 x_2}$ ebenso wie $f''_{x_2 x_1}$ und $f''_{x_2 x_2}$ existieren. Dann gilt: Die Funktion f besitzt an der Stelle $P_0 = P_0(x_{1_0}, x_{2_0})$ einen **lokalen Extremwert**, wenn die Bedingungen

$$f'_{x_1}(x_{1_0}, x_{2_0}) = f'_{x_2}(x_{1_0}, x_{2_0}) = 0$$

und

$$f''_{x_1 x_1}(x_{1_0}, x_{2_0}) \cdot f''_{x_2 x_2}(x_{1_0}, x_{2_0}) - (f''_{x_1 x_2}(x_{1_0}, x_{2_0}))^2 > 0$$

erfüllt sind.

Sofern $f''_{x_1 x_1}(x_{1_0}, x_{2_0}) < 0$ ist, handelt es sich um ein **lokales Maximum**. Ist $f''_{x_1 x_1}(x_{1_0}, x_{2_0}) > 0$, liegt ein **lokales Minimum** vor.

Gut zu wissen

Um etwaige Extrema einer Funktion mit zwei Variablen zu finden, müssen wir demnach zunächst die partiellen Ableitungen erster Ordnung dieser Funktion bilden. Dann suchen wir die Nullstellen dieser partiellen Ableitungen erster Ordnung und überprüfen für diese Nullstellen, ob die bezüglich der partiellen Ableitungen zweiter Ordnung formulierte Bedingung $f''_{x_1 x_1} \cdot f''_{x_2 x_2} - (f''_{x_1 x_2})^2 > 0$ erfüllt ist. Falls ja, liegt ein lokaler Extremwert vor. Mittels Prüfung, ob $f''_{x_1 x_1} < 0$ oder $f''_{x_1 x_1} > 0$ gilt, kann schließlich festgestellt werden, ob der Extremwert ein lokales Maximum oder Minimum ist.

Wichtig ist in diesem Zusammenhang noch der Hinweis, dass die Bedingungen

$$f'_{x_1}(x_{1_0}, x_{2_0}) = f'_{x_2}(x_{1_0}, x_{2_0}) = 0$$

mit dem logischen „und" ($\bigwedge$), deutlicher geschrieben als

$$f'_{x_1}(x_{1_0}, x_{2_0}) = 0 \bigwedge f'_{x_2}(x_{1_0}, x_{2_0}) = 0,$$

ein Gleichungssystem mit den beiden Unbekannten x_1 und x_2 bilden, dessen Lösungen (x_{1_0}, x_{2_0}) zu suchen sind.

◄

---- **Aufgabe 7.7** ----

Bestimmen Sie alle lokalen Extremwerte von $f(x_1, x_2) = x_1^2 + x_2^2$.

Es gilt:

$$f'_{x_1}(x_1, x_2) = 2x_1 \quad \text{und} \quad f'_{x_2}(x_1, x_2) = 2x_2.$$

Damit sind die Bedingungen $f'_{x_1}(x_1, x_2) = 0$ und $f'_{x_2}(x_1, x_2) = 0$ genau nur für $x_1 = x_2 = 0$ erfüllt. Das heißt, dass $f(x_1, x_2) = x_1^2 + x_2^2$ genau nur bei $P_0 = P_0(0, 0)$ einen lokalen Extremwert besitzen *kann*. Wir müssen die zweite Bedingung prüfen, um festzustellen, ob bei $(0, 0)$ tatsächlich ein Extremwert vorliegt. Wegen $f''_{x_1 x_1}(x_1, x_2) = 2$ und $f''_{x_2 x_2}(x_1, x_2) = 2$ sowie $f''_{x_1 x_2}(x_1, x_2) = 0$ ist

$$f''_{x_1 x_1}(0, 0) \cdot f''_{x_2 x_2}(0, 0) - (f''_{x_1 x_2}(0, 0))^2 = 2 \cdot 2 - 0^2$$
$$= 4 > 0.$$

Damit hat $f(x_1, x_2) = x_1^2 + x_2^2$ bei $P_0 = P_0(0, 0)$ tatsächlich einen lokalen Extremwert. Wegen $f''_{x_1 x_1}(0, 0) = 2 > 0$ ist es ein lokales Minimum. Es gilt $f(0, 0) = 0$. – Die anschaulichen Überlegungen anhand Abb. 7.10 haben sich damit bestätigt! Unsere Funktion besitzt genau einen lokalen Extremwert, nämlich ein lokales Minimum bei $P_0 = P_0(0, 0)$.

Beispiel

Sei $f(x_1, x_2) = x_1^2$. Dann gilt:

$$f'_{x_1}(x_1, x_2) = 2x_1 \quad \text{und} \quad f'_{x_2}(x_1, x_2) = 0.$$

Damit sind die Bedingungen $f'_{x_1}(x_1, x_2) = 0$ und $f'_{x_2}(x_1, x_2) = 0$ genau nur für alle Punkte $(x_1, x_2) = (0, x_2)$ mit beliebigem $x_2 \in \mathbb{R}$ erfüllt. Das heißt, dass $f(x_1, x_2) = x_1^2$ in allen Punkten $(0, x_2)$ mit beliebigem $x_2 \in \mathbb{R}$ einen lokalen Extremwert besitzen *kann*. Wir müssen die zweite Bedingung prüfen, um festzustellen, ob in jedem der Punkte $(0, x_2)$ tatsächlich ein Extremwert vorliegt. Wegen $f''_{x_1 x_1}(x_1, x_2) = 2$ und $f''_{x_2 x_2}(x_1, x_2) = 0$ sowie $f''_{x_1 x_2}(x_1, x_2) = 0$ ist

$$f''_{x_1 x_1}(0, x_2) \cdot f''_{x_2 x_2}(0, x_2) - (f''_{x_1 x_2}(0, x_2))^2 = 2 \cdot 0 - 0^2$$
$$= 0.$$

Also ist die zweite (hinreichende) Bedingung nicht erfüllt. Unser Merksatz lässt daher leider keine endgültige Aussage über mögliche lokale Extremwerte von $f(x_1, x_2) = x_1^2$ zu! – Weitergehende mathematische Hilfsmittel bestätigen aber unsere anschaulich gewonnene Erkenntnis, dass $f(x_1, x_2) = x_1^2$ in allen Punkten $(0, x_2)$ mit beliebigem $x_2 \in \mathbb{R}$ einen lokalen Extremwert besitzt. Die Menge dieser Punkte ist gleich der x_2-Koordinatenachse. ◄

Beispiel

Sei $f(x_1, x_2) = x_1^2 - x_2^2$. Dann gilt:

$$f'_{x_1}(x_1, x_2) = 2x_1 \quad \text{und} \quad f'_{x_2}(x_1, x_2) = -2x_2.$$

Damit sind die Bedingungen $f'_{x_1}(x_1, x_2) = 0$ und $f'_{x_2}(x_1, x_2) = 0$ genau nur für $x_1 = x_2 = 0$ erfüllt. Das heißt, dass $f(x_1, x_2) = x_1^2 - x_2^2$ bei $P_0 = P_0(0, 0)$ einen lokalen Extremwert besitzen *kann*. Wir müssen die zweite Bedingung prüfen, um festzustellen, ob bei $(0, 0)$ tatsächlich ein Extremwert vorliegt. Wegen $f''_{x_1 x_1}(x_1, x_2) = 2$ und $f''_{x_2 x_2}(x_1, x_2) = -2$ sowie $f''_{x_1 x_2}(x_1, x_2) = 0$ ist

$$f''_{x_1 x_1}(0, 0) \cdot f''_{x_2 x_2}(0, 0) - (f''_{x_1 x_2}(0, 0))^2 = 2 \cdot (-2) - 0^2$$
$$= -4 < 0.$$

Also ist die zweite (hinreichende) Bedingung nicht erfüllt. Unser Merksatz lässt daher leider keine endgültige Aussage über mögliche lokale Extremwerte von $f(x_1, x_2) = x_1^2 - x_2^2$ zu! – Allerdings zeigen mathematische Überlegungen, dass $f''_{x_1 x_1}(0, 0) \cdot f''_{x_2 x_2}(0, 0) - (f''_{x_1 x_2}(0, 0))^2 < 0$ hinreichend für einen sogenannten **Sattelpunkt** der Funktion ist. Die Funktion $f(x_1, x_2) = x_1^2 - x_2^2$ hat also bei $(0, 0)$ einen Sattelpunkt. – Dies können wir uns auch anhand Abb. 7.10 überlegen: Nehmen wir die x_1-y-Ebene

als Schnittebene, so sehen wir, dass die Schnittkurve dieser Ebene mit der Funktionsfläche von $f(x_1, x_2) = x_1^2 - x_2^2$ bei $(0, 0)$ ein lokales Minimum hat. Nehmen wir dagegen die x_2-y-Ebene als Schnittebene, so sehen wir, dass die Schnittkurve dieser Ebene mit der Funktionsfläche von $f(x_1, x_2) = x_1^2 - x_2^2$ bei $(0, 0)$ ein lokales Maximum hat! Vergleichen Sie dieses Verhalten mit der Gestalt eines Reitsattels! ◄

Zusammenfassung

Sei $y = f(x_1, x_2, \ldots, x_n)$ eine Funktion der unabhängigen Variablen $x_1, x_2, \ldots, x_n$.

Die Ableitung $f'_{x_i}(x_{1_0}, x_{2_0}, \ldots, x_{n_0})$ gibt näherungsweise an, um wie viele Einheiten sich der Funktionswert $f(x_{1_0}, x_{2_0}, \ldots, x_{n_0})$ ändert, wenn x_i um eine genügend kleine Einheit Δx_i von einem gegebenen Wert x_{i_0} auf den Wert $x_{i_0} + \Delta x_i$ geändert wird und alle anderen Variablen konstant gehalten werden, d. h. wenn die Änderung in x_i-Richtung erfolgt.

Das **partielle Differenzial** $df_{x_i} = f'_{x_i} \cdot dx_i$ $(i = 1, 2, \ldots, n)$ gibt den absoluten Wert an, um wie viele Einheiten sich $f(x_1, x_2, \ldots, x_n)$ näherungsweise ändert, wenn x_i um das beliebig kleine Differenzial dx_i geändert wird und alle anderen Variablen konstant gehalten werden, d. h. wenn die Änderung in x_i-Richtung erfolgt.

Das **totale Differenzial** $df = df_{x_1} + df_{x_2} + \ldots + df_{x_n} = f'_{x_1} \cdot dx_1 + f'_{x_2} \cdot dx_2 + \ldots + f'_{x_n} \cdot dx_n$ gibt den absoluten Wert an, um wie viele Einheiten sich $f(x_1, x_2, \ldots, x_n)$ näherungsweise ändert, wenn gleichzeitig alle Variablen x_i geändert werden, und zwar jeweils um das beliebig kleine Differenzial $dx_i (i = 1, 2, \ldots, n)$.

Sei f ausreichend oft nach allen Variablen partiell differenzierbar. Dann gilt:

- $f(x_1, x_2, \ldots, x_n)$ ist **monoton wachsend in Richtung von x_i**, wenn $f'_{x_i}(x_1, x_2, \ldots, x_n) \geq 0$ ist,
- $f(x_1, x_2, \ldots, x_n)$ ist **monoton fallend in Richtung von x_i**, wenn $f'_{x_i}(x_1, x_2, \ldots, x_n) \leq 0$ ist,
- $f(x_1, x_2, \ldots, x_n)$ ist **linksgekrümmt (konvex) in Richtung von x_i**, wenn $f''_{x_i x_i}(x_1, x_2, \ldots, x_n) > 0$ ist,
- $f(x_1, x_2, \ldots, x_n)$ ist **rechtsgekrümmt (konkav) in Richtung von x_i**, wenn $f''_{x_i x_i}(x_1, x_2, \ldots, x_n) < 0$ ist.

Die Funktion $f = f(x_1, x_2, \ldots, x_n)$ besitzt einen **lokalen Extremwert** in einem Punkt $P_0 = P_0(x_{1_0}, x_{2_0}, \ldots, x_{n_0})$ ihres Definitionsbereichs $\mathbb{D}(f)$, wenn $f(P_0) = f(x_{1_0}, x_{2_0}, \ldots, x_{n_0})$ in einer Umgebung von P_0 größer oder kleiner als alle anderen Funktionswerte von f ist. Im ersten Fall liegt bei P_0 ein **lokales Maximum** der Funktion vor, im zweiten Fall ein **lokales Minimum**. Statt der Begriffe lokaler Extremwert, lokales Maximum und lokales Minimum werden häufig auch die Bezeichnungen

relativer Extremwert sowie **relatives Maximum** und **relatives Minimum** verwendet.

Sei f speziell eine zweimal partiell differenzierbare Funktion mit zwei voneinander unabhängigen Variablen x_1 und x_2. Dann gilt: Die Funktion $f = f(x_1, x_2)$ besitzt an der Stelle $P_0 = P_0(x_{1_0}, x_{2_0})$ einen **lokalen Extremwert**, wenn die Bedingungen

$$f'_{x_1}(x_{1_0}, x_{2_0}) = f'_{x_2}(x_{1_0}, x_{2_0}) = 0$$

und

$$f''_{x_1 x_1}(x_{1_0}, x_{2_0}) \cdot f''_{x_2 x_2}(x_{1_0}, x_{2_0}) - (f''_{x_1 x_2}(x_{1_0}, x_{2_0}))^2 > 0$$

erfüllt sind.

Sofern $f''_{x_1 x_1}(x_{1_0}, x_{2_0}) < 0$ ist, handelt es sich um ein **lokales Maximum**. Ist $f''_{x_1 x_1}(x_{1_0}, x_{2_0}) > 0$, liegt ein **lokales Minimum** vor.

7.4 Partielle Ableitungen nutzen – Wie wir ökonomische Fragestellungen mit Funktionen mit mehreren Veränderlichen beantworten können

In diesem Abschnitt möchten wir Ihnen nun noch einige typische wirtschaftswissenschaftliche Aufgaben vorstellen, die mithilfe der Differenzialrechnung für Funktionen mit mehreren Variablen gelöst werden können. Kommen wir dazu zunächst auf ein Problem zurück, das wir bereits im Zusammenhang mit der Differenzialrechnung für Funktionen mit einer Variablen behandelt haben und das wir jetzt mit den Methoden und Werkzeugen der Differenzialrechnung für Funktionen mit mehreren Variablen bearbeiten wollen:

7.4.1 Gewinnmaximierung durch Preisdifferenzierung

─────── **Aufgabe 7.8** ───────
Ein Unternehmen setzt ein und dasselbe Produkt mit den Mengen x_1 und x_2 auf zwei verschiedenen Märkten 1 und 2 ab. Es gelten die Preis-Absatz-Funktionen $P_1(x_1) = 210 - 10 \cdot x_1$ und $P_2(x_2) = 125 - 2,5 \cdot x_2$. Die Kosten des Unternehmens lassen sich durch $K(x) = 2000 + 10 \cdot x$ mit $x = x_1 + x_2$, also durch $K(x_1, x_2) = 2000 + 10 \cdot (x_1 + x_2)$ beschreiben. (*Hinweis*: Diese Aufgabe entstammt Wendler und Tippe (2013), S. 111 ff.)

Ermitteln Sie die gewinnmaximierende Absatzmenge sowie den dann gültigen Preis für jeden der Märkte. Ermitteln Sie die dann

vom Unternehmen insgesamt zu produzierende Menge des Produkts.

─────────────────────

Lösungsvorschlag

Der Gewinn G des Unternehmens hängt wie folgt von seinen Kosten K und den beiden Teilerlösen E_1 und E_2 ab, die das Unternehmen auf den beiden Teilmärkten erzielen kann:

$$G = E_1 + E_2 - K.$$

Ausgehend von den Preis-Absatz-Funktionen und der Kostenfunktion erhalten wir den Gewinn G als eine Funktion der beiden Variablen x_1 und x_2:

$$G = G(x_1, x_2) = x_1 \cdot P_1(x_1) + x_2 \cdot P_2(x_2) - K(x_1, x_2)$$
$$G(x_1, x_2) = 210x_1 - 10x_1^2 + 125x_2 - 2,5x_2^2 - 2000$$
$$- 10 \cdot (x_1 + x_2)$$
$$G(x_1, x_2) = 200x_1 - 10x_1^2 + 115x_2 - 2,5x_2^2 - 2000.$$

Gesucht sind lokale Maxima dieser Funktion. Dazu müssen wir „simultan" die Nullstellen von G'_{x_1} und G'_{x_2} bestimmen, also das Gleichungssystem

$$G'_{x_1}(x_1, x_2) = 200 - 20x_1 = 0$$
$$G'_{x_2}(x_1, x_2) = 115 - 5x_2 = 0$$

lösen. Bereits durch **scharfes Hinsehen** erkennen wir, dass dieses Gleichungssystem die Lösung $(x_{1_0}, x_{2_0}) = (10, 23)$ besitzt. Nun ist

$$G''_{x_1 x_1}(x_1, x_2) = -20,$$
$$G''_{x_2 x_2}(x_1, x_2) = -5,$$
$$G''_{x_1 x_2}(x_1, x_2) = 0,$$

also

$$G''_{x_1 x_1}(10, 23) \cdot G''_{x_2 x_2}(10, 23) - (G''_{x_1 x_2}(10, 23))^2$$
$$= (-20) \cdot (-5) - 0^2 = 100 > 0.$$

Damit liegt bei $(x_{1_0}, x_{2_0}) = (10, 23)$ ein lokaler Extremwert des Gewinns vor. Wegen $G''_{x_1 x_1}(10, 23) = -20 < 0$ handelt es sich um ein lokales Maximum. Das Unternehmen erwirtschaftet in diesem Fall den Gewinn $G(10, 23) = 2000 - 1000 + 2645 - 1322,5 - 2000 = 322,50$. – Wir erhalten (zum Glück!) dasselbe Resultat wie unter Anwendung der Differenzialrechnung von Funktionen mit einer Variablen.

7.4.2 Eine Ausgleichsgerade finden

Aufgabe

In den Wirtschaftswissenschaften kommt es des Öfteren vor, dass Daten aus Beobachtungen, Umfragen o. Ä. vorliegen und

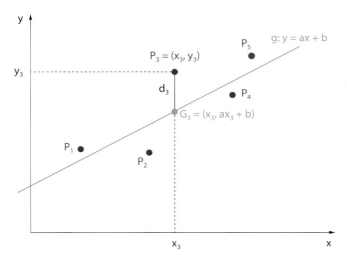

Abb. 7.11 Ausgleichsgerade g zu den Punkten $P_1, P_2, \ldots, P_5$. Nach Fetzer und Fränkel (1982), S. 144

nach einem funktionalen Zusammenhang zwischen diesen gesucht wird. Konkret kann es beispielsweise sein, dass eine Befragung n ausgewählter Personen Angaben zu Konsum C_i und Einkommen I_i je Person i ($i = 1, 2, \ldots, n$) geliefert hat und eine sogenannte **Regressionsfunktion** ermittelt werden soll, die diese Daten (C_k, I_k) ($k = 1, 2, \ldots, n$) „möglichst gut" annähert. Wie kann diese Regressionsfunktion bestimmt werden? (*Hinweis*: Diese Aufgabe entstammt Fetzer und Fränkel (1982), S. 144 ff.)

Gut zu wissen

Wir konzentrieren uns hier nur auf den Fall einer linearen Regressionsfunktion. Es sind aber auch andere Regressionsfunktionstypen wie etwa quadratische Funktionen, Exponentialfunktionen etc. denkbar und in der Praxis auch zu finden. ◄

Lösungsvorschlag

Die vorliegende Aufgabe ist ein Problem der sogenannten **Ausgleichsrechnung**. Wir wollen es hier für den Fall betrachten, dass n ($n > 1$) Punkte $P_i = P_i(x_i, y_i) = (x_i, y_i)$ ($i = 1, 2, \ldots, n$) in der x-y-Ebene gegeben sind, wobei nicht alle x_i gleich sind. Wie in Abb. 7.11 angedeutet, soll nun eine Gerade g so durch diesen „Punkthaufen" gelegt werden, dass sie „möglichst gut" durch die Punkte hindurchgeht bzw. – anders formuliert – die Punkte „möglichst gut" annähert. Gesucht ist die Gleichung dieser sogenannten **Ausgleichsgeraden**!

Die Ausgleichsgerade g lässt sich allgemein durch die Gleichung $y = ax + b$ beschreiben. Gesucht sind damit Werte für a und b, sodass diese Gerade „möglichst gut" durch den Punkthaufen hindurchgeht.

Um a und b sinnvoll bestimmen zu können, müssen wir jetzt klären, wie wir die ominöse Formulierung „möglichst gut" genau

verstanden wissen wollen. Betrachten wir dazu beispielhaft den Punkt P_3 mit den Koordinaten (x_3, y_3). Dieser hat in y-Richtung den Abstand $d_3 = \|ax_3 + b - y_3\|$ vom Geradenpunkt G_3 mit den Koordinaten $(x_3, g(x_3)) = (x_3, ax_3 + b)$. Entsprechendes gilt für die anderen Punkte P_i ($i = 1, 2, \ldots, n$). In der Ausgleichsrechnung hat sich nun eingebürgert, die **Abweichungsquadrate** $d_i^2 = \|ax_i + b - y_i\|^2 = (ax_i + b - y_i)^2$ für $i = 1, 2, \ldots, n$ zu nutzen und „möglichst gut" so zu verstehen, dass die Summe dieser Abweichungsquadrate

$$\sum_{i=1}^{n} d_i^2 = \sum_{i=1}^{n} \|ax_i + b - y_i\|^2 = \sum_{i=1}^{n} (ax_i + b - y_i)^2$$

ihr absolutes Minimum annimmt. Das bedeutet, dass a und b so zu bestimmen sind, dass die von den beiden Variablen a und b abhängige Funktion

$$f(a, b) = \sum_{i=1}^{n} (ax_i + b - y_i)^2$$

das absolute Minimum annimmt. Wir werden sehen, dass a und b durch diese Forderung eindeutig festgelegt sind.

Gut zu wissen

Der hier genutzte Ansatz ist in der Mathematik unter dem Stichwort **Methode der kleinsten Quadrate** bekannt. Die mit seiner Hilfe bestimmte Ausgleichsgerade g wird oft auch als **Regressionsgerade** oder **Trendgrade** bezeichnet. ◄

Zur Ermittlung von a und b können wir unser bekanntes Instrumentarium für die Suche nach Extremwerten von Funktionen mit mehreren Veränderlichen – hier konkret mit den beiden Veränderlichen a und b – einsetzen. Da $f(a, b)$ überall partiell differenzierbar ist, lautet die notwendige Bedingung für die etwaige Minimumstelle

$$f_a'(a, b) = f_b'(a, b) = 0.$$

Mithilfe der Kettenregel und des Zusammenhangs $\sum_{i=1}^{n} b = b \cdot n$ erhalten wir das entsprechende lineare Gleichungssystem

$$f_a'(a, b) = 2 \cdot \sum_{i=1}^{n} x_i \cdot (ax_i + b - y_i)$$

$$= 2 \cdot \left[a \cdot \sum_{i=1}^{n} x_i^2 + b \cdot \sum_{i=1}^{n} x_i - \sum_{i=1}^{n} x_i \cdot y_i \right] = 0$$

$$f_b'(a, b) = 2 \cdot \sum_{i=1}^{n} (ax_i + b - y_i)$$

$$= 2 \cdot \left[a \cdot \sum_{i=1}^{n} x_i + b \cdot n - \sum_{i=1}^{n} y_i \right] = 0.$$

Indem wir die zweite Gleichung zunächst durch 2 dividieren und dann nach b auflösen, gewinnen wir

$$b = \frac{\sum\limits_{i=1}^{n} y_i - a \cdot \sum\limits_{i=1}^{n} x_i}{n}.$$

Diesen Wert können wir in das Gleichungssystem einsetzen und es dann mit den bekannten Methoden zur Lösung linearer Gleichungssysteme nach a auflösen. Als Resultat erhalten wir

$$a = \frac{n \cdot \sum\limits_{i=1}^{n} x_i \cdot y_i - (\sum\limits_{i=1}^{n} x_i) \cdot (\sum\limits_{i=1}^{n} y_i)}{n \cdot \sum\limits_{i=1}^{n} x_i^2 - (\sum\limits_{i=1}^{n} x_i)^2}$$

(rechnen Sie übungshalber gerne nach). Wegen der Forderung, dass nicht alle x_i einander gleich sein sollen, ist der Nenner von a ungleich null (auch dies als mögliche Übung für Sie). Damit haben wir das lineare Gleichungssystem eindeutig gelöst. Wir sparen uns hier den etwas rechenaufwendigen Nachweis, dass für diese Werte von a und b

$$f''_{aa}(a,b) \cdot f''_{bb}(a,b) - (f''_{ab}(a,b))^2 > 0$$

und

$$f''_{aa}(a,b) > 0$$

gelten, die Funktion $f(a,b)$ der Abweichungsquadrate also genau für diese Werte von a und b minimal und die zugehörige Gerade $g : y = ax + b$ zur gesuchten Ausgleichsgeraden wird.

──────────── **Aufgabe 7.9** ────────────
Zu den gegebenen Wertepaaren gemäß Tab. 7.3

Tab. 7.3 Wertepaare

x_i	1	2	3	5	6	7
y_i	1	1	2	3	5	6

soll eine Regressionsgerade $f(x) = ax + b$ bestimmt werden. (*Hinweis*: Dieses Beispiel entstammt Tietze (1999), S. 7–58.)

Lösungsvorschlag

Wir können die eben hergeleiteten Formeln für a und b verwenden. Um mit diesen einigermaßen übersichtlich arbeiten zu können, lohnt es sich, Tab. 7.4 anzulegen.

Die erhaltenen Werte setzen wir in die genannten Formeln ein (nachrechnen als mögliche Übungsaufgabe!) und gewinnen so

$$b = -\frac{3}{7}$$

Tab. 7.4 Summenermittlung

	x_i	y_i	x_i^2	$x_i y_i$
	1	1	1	1
	2	1	4	2
	3	2	9	6
	5	3	25	15
	6	5	36	30
	7	6	49	42
$\sum (n = 6)$	24 ($\sum x_i$)	18 ($\sum y_i$)	124 ($\sum x_i^2$)	96 ($\sum x_i y_i$)

sowie

$$a = \frac{6}{7}$$

und damit die Regressionsgerade

$$f(x) = \frac{6}{7}x - \frac{3}{7}.$$

Das Ergebnis haben wir in Abb. 7.12 skizziert.

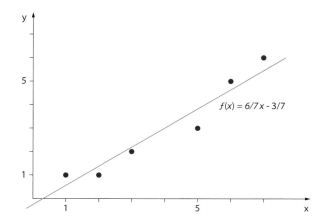

Abb. 7.12 Ausgleichsgerade f zu gegebenen Wertepaaren. Nach Tietze (1999), S. 7–58

7.4.3 Eine Minimalkostenkombination finden

Aufgabe

Die eben behandelte Suche nach einer Ausgleichsgeraden hat uns auf ein Extremwertproblem geführt, das eine ökonomisch durchaus besondere Eigenschaft besitzt: Es handelt sich um die Suche nach einem **Extremwert, ohne** dass hierbei irgendwelche einschränkenden **Nebenbedingungen** zu beachten wären. In den Wirtschaftswissenschaften kommt es dagegen mehr als häufig darauf an, **Extremwerte mit** Rücksicht auf **Nebenbedingungen** zu bestimmen. Konkret ist es oft sogar so, dass die Lösung eines ökonomischen Optimierungsproblems ohne Nebenbedingungen eher unsinnig ist. Betrachten wir als Beispiel die Minimierung von Kosten der Produktion eines bestimmten Gutes in Abhängigkeit von der ausgebrachten Menge des Gutes. Geben wir keine Nebenbedingung vor, leuchtet wahrscheinlich sofort ein, dass die Kosten minimal– nämlich gleich null – sind, wenn nichts produziert wird. Wirtschaftswissenschaftlich betrachtet ist diese triviale Lösung völlig uninteressant und geht auch an der Praxis vorbei: Das betrachtete Unternehmen möchte sein Gut ja in einer bestimmten, von null verschiedenen Stückzahl produzieren und verkaufen. Eine Nebenbedingung besteht also darin, dass eine gegebene Stückzahl des Gutes produziert werden muss. Jetzt ist zu fragen, welches die geringsten Produktionskosten für das Gut sind, wenn die festgelegte Stückzahl hergestellt werden soll.

Lösungsvorschlag

Die vorliegende Aufgabe ist ein Vertreter des Problemtyps **Optimierung (Extremwertbestimmung) unter Nebenbedingungen**. Sie kann mithilfe der Methode der **Lagrange-Multiplikatoren** gelöst werden.

Um die Methode der **Lagrange-Multiplikatoren** zu erläutern, betrachten wir exemplarisch eine Produktionsfunktion $X(A, M)$ mit $X(A, M)$ als ausgebrachter Menge in Abhängigkeit vom Arbeitsinput A und Materialinput M. Welche Faktoreinsatzmengenkombination (A_0, M_0) muss die produzierende Unternehmung wählen, damit (bei gegebenen, festen Faktorpreisen r_A und r_M) eine vorgegebene Ausbringungsmenge X_0 zu möglichst geringen Faktorkosten produziert werden kann? Die gesuchte Faktoreinsatzmengenkombination (A_0, M_0) ist dann eine sogenannte **Minimalkostenkombination**.

Dieses **Optimierungsproblem** lässt sich mathematisch wie folgt beschreiben:

Gesucht ist das Minimum der Kostenfunktion $K(A, M) = r_A \cdot A + r_M \cdot M$ unter der Nebenbedingung $X(A, M) = X_0 = $ constant bzw. $X(A, M) - X_0 = 0$.

Die Methode der Lagrange-Multiplikatoren besteht darin, zunächst einen sogenannten **Lagrange-Multiplikator** λ einzuführen (dessen konkreten Wert wir nicht kennen!) und mit seiner Hilfe die zu optimierende Funktion $K(A, M)$ – die sogenannte **Zielfunktion** – und die Nebenbedingung zur sogenannten **Lagrange-Funktion**

$$\mathcal{L}(A, M) = K(A, M) - \lambda \cdot (X(A, M) - X_0)$$

zusammenzufügen.

Das Besondere dieser Funktion ist, dass die Lösung unseres Optimierungsproblems von sehr wenigen Ausnahmen abgesehen nur ein Punkt sein kann, in dem die partiellen Ableitungen erster Ordnung von $\mathcal{L}(A, M)$ für ein passendes λ gleich null sind.

Daher heißt der nächste Schritt der Methode der Lagrange-Multiplikatoren, die beiden partiellen Ableitungen erster Ordnung $\mathcal{L}_A(A, M)$ und $\mathcal{L}_M(A, M)$ von $\mathcal{L}(A, M)$ zu bilden und diese gleich null zu setzen. Beachten Sie hierbei, dass λ eine Konstante ist! Zusammen mit der Nebenbedingung erhalten wir so das folgende, aus drei Gleichungen bestehende Gleichungssystem:

$$\mathcal{L}_A(A, M) = K_A(A, M) - \lambda \cdot X_A(A, M) = 0$$
$$\mathcal{L}_M(A, M) = K_M(A, M) - \lambda \cdot X_M(A, M) = 0$$
$$X(A, M) = X_0 .$$

Dieses Gleichungssystem ist für die Unbekannten A und M sowie λ zu lösen. Wir gewinnen damit Punkte (A_0, M_0), die Extremwerte der Zielfunktion sein *können*. Ob sie es wirklich sind, ist anhand einer geeigneten hinreichenden Bedingung zu prüfen, und dann ist noch festzustellen, ob es sich um Maxima oder Minima handelt. Damit ist auch der letzte Schritt auf der Suche nach Extremwerten unter Nebenbedingungen erledigt.

Gut zu wissen

Im Falle mehrerer Nebenbedingungen müssen wir einen eigenen Lagrange-Multiplikator λ_j für jede Nebenbedingung einführen. Nehmen wir an, unsere Zielfunktion wäre $y = f(x_1, x_2, \ldots, x_n)$ und es gäbe m Nebenbedingungen $g_j(x_1, x_2, \ldots, x_n) = g_{j_0} (j = 1, 2, \ldots, m)$. Dann lautete unsere Lagrange-Funktion

$$\mathcal{L}(x_1, x_2, \ldots, x_n) = f(x_1, x_2, \ldots, x_n)$$
$$- \sum_{j=1}^{m} \lambda_j \cdot (g_j(x_1, x_2, \ldots, x_n) - g_{j_0}) . \quad \blacktriangleleft$$

──────── **Aufgabe 7.10** ────────

Sei nun – wieder einmal – die konkrete Produktionsfunktion $X(A, M) = 5 \cdot A^{0,3} \cdot M^{0,6}$ mit $X(A, M)$ als ausgebrachter Menge in Abhängigkeit vom Arbeitsinput A und Materialinput M gegeben. Seien r_A und r_M gegebene, feste Faktorpreise und sei $X_0 = 100$ die festgelegte ausgebrachte Menge. Gesucht ist die Faktoreinsatzmengenkombination (A_0, M_0), für die die Ausbringungsmenge $X_0 = 100$ zu möglichst geringen Faktorkosten produziert werden kann. Diese Suche nach einer Minimalkostenkombination können wir auch so formulieren:

Gesucht ist das Minimum der Kostenfunktion $K(A, M) = r_A \cdot A + r_M \cdot M$ unter der Nebenbedingung $X(A, M) = 5 \cdot A^{0,3} \cdot M^{0,6} = X_0 = 100$ bzw. $5 \cdot A^{0,3} \cdot M^{0,6} - 100 = 0$.

Wir lösen diese Aufgabe mittels Lagrange-Multiplikatoren. Da genau eine Nebenbedingung vorliegt ($X_0 = 100$), benötigen wir einen Multiplikator λ und erhalten folgende Lagrange-Funktion:

$$\mathcal{L}(A, M) = K(A, M) - \lambda \cdot (X(A, M) - X_0)$$

bzw. nach Einsetzen

$$\mathcal{L}(A, M) = r_A \cdot A + r_M \cdot M - \lambda \cdot (5 \cdot A^{0,3} \cdot M^{0,6} - 100) ,$$

also

$$\mathcal{L}(A, M) = r_A \cdot A + r_M \cdot M - \lambda \cdot 5 \cdot A^{0,3} \cdot M^{0,6} - 100 \cdot \lambda .$$

Hieraus ergibt sich folgendes Gleichungssystem

$$\mathcal{L}_A(A, M) = r_A - \lambda \cdot 1,5 \cdot A^{-0,7} \cdot M^{0,6} = 0 \quad (7.1)$$
$$\mathcal{L}_M(A, M) = r_M - \lambda \cdot 3 \cdot A^{0,3} \cdot M^{-0,4} = 0 \quad (7.2)$$
$$5 \cdot A^{0,3} \cdot M^{0,6} = 100 . \quad (7.3)$$

Aus der Nebenbedingung (7.3) erhalten wir durch Auflösen nach A bzw. M

$$A^{0,3} = 20 \cdot M^{-0,6} \quad (7.4)$$
$$M^{0,6} = 20 \cdot A^{-0,3} . \quad (7.5)$$

Einsetzen von $M^{0,6}$ gemäß (7.5) in (7.1) und von $A^{0,3}$ gemäß (7.4) in (7.2) liefert die Gleichungen

$$r_A - \lambda \cdot 1{,}5 \cdot A^{-0,7} \cdot M^{0,6}$$
$$= r_A - \lambda \cdot 1{,}5 \cdot A^{-0,7} \cdot 20 \cdot A^{-0,3}$$
$$= r_A - \lambda \cdot 30 \cdot A^{-1} = 0 \qquad (7.6)$$
$$r_M - \lambda \cdot 3 \cdot A^{0,3} \cdot M^{-0,4}$$
$$= r_M - \lambda \cdot 3 \cdot 20 \cdot M^{-0,6} \cdot M^{-0,4}$$
$$= r_M - \lambda \cdot 60 \cdot M^{-1} = 0 \qquad (7.7)$$

Nun multiplizieren wir (7.6) mit A sowie (7.7) mit M und erhalten

$$A \cdot r_A - 30 \cdot \lambda = 0 \qquad (7.8)$$
$$M \cdot r_M - 60 \cdot \lambda = 0 . \qquad (7.9)$$

Indem wir (7.8) mit 2 multiplizieren und davon (7.9) abziehen, ergibt sich

$$2 \cdot A \cdot r_A - M \cdot r_M = 0 \qquad (7.10)$$

und daraus schließlich

$$A = \frac{M \cdot r_M}{2 \cdot r_A} . \qquad (7.11)$$

Zur Erinnerung: Wir suchen Werte für A und M, die das Gleichungssystem (7.1)–(7.3) erfüllen! Indem wir A aus (7.11) in (7.5) einsetzen, kommen wir unserem Ziel ein wesentliches Stück näher, erhalten wir doch mit

$$M^{0,6} = 20 \cdot \left(\frac{M \cdot r_M}{2 \cdot r_A} \right)^{-0,3} \qquad (7.12)$$

eine Gleichung, die wir nach M auflösen können (denken Sie bei den folgenden Rechenschritten immer daran, dass $M > 0$ gilt): Wir multiplizieren (7.12) mit $M^{0,3}$ und nutzen die Potenzgesetze:

$$M^{0,9} = 20 \cdot \left(\frac{r_M}{2 \cdot r_A} \right)^{-0,3} = 20 \cdot 2^{0,3} \cdot \left(\frac{r_A}{r_M} \right)^{0,3} . \qquad (7.13)$$

Wegen $M^{0,9} = M^{\frac{9}{10}}$ können wir (7.13) nach M auflösen, indem wir beide Seiten der Gleichung mit $\frac{10}{9}$ potenzieren:

$$M = 20^{\frac{10}{9}} \cdot 2^{\frac{3}{10} \cdot \frac{10}{9}} \cdot \left(\frac{r_A}{r_M} \right)^{\frac{3}{10} \cdot \frac{10}{9}}$$
$$= 20^{\frac{10}{9}} \cdot 2^{\frac{1}{3}} \cdot \left(\frac{r_A}{r_M} \right)^{\frac{1}{3}} \approx 35{,}151 \cdot \left(\frac{r_A}{r_M} \right)^{\frac{1}{3}} . \qquad (7.14)$$

Einsetzen von M gemäß (7.14) in (7.11) liefert nach ähnlicher Rechnung

$$A = 2^{-1} \cdot M \cdot \left(\frac{r_A}{r_M} \right)^{-1} = 2^{-1} \cdot 20^{\frac{10}{9}} \cdot 2^{\frac{1}{3}} \cdot \left(\frac{r_A}{r_M} \right)^{\frac{1}{3}} \cdot \left(\frac{r_A}{r_M} \right)^{-1}$$
$$= 20^{\frac{10}{9}} \cdot 2^{-\frac{2}{3}} \cdot \left(\frac{r_A}{r_M} \right)^{-\frac{2}{3}} \approx 17{,}575 \cdot \left(\frac{r_A}{r_M} \right)^{-\frac{2}{3}} . \qquad (7.15)$$

Einsetzen dieser Ergebnisse

$$M = 20^{\frac{10}{9}} \cdot 2^{\frac{1}{3}} \cdot \left(\frac{r_A}{r_M} \right)^{\frac{1}{3}} \approx 35{,}151 \cdot \left(\frac{r_A}{r_M} \right)^{\frac{1}{3}}$$
$$A = 20^{\frac{10}{9}} \cdot 2^{-\frac{2}{3}} \cdot \left(\frac{r_A}{r_M} \right)^{-\frac{2}{3}} \approx 17{,}575 \cdot \left(\frac{r_A}{r_M} \right)^{-\frac{2}{3}}$$

in die Ausgangsgleichungen (7.1)–(7.3) zeigt, dass wir damit eine Faktoreinsatzmengenkombination (A_0, M_0) gefunden haben, die die Lösung unseres Extremwertproblems sein kann. Die Überprüfung, dass es sich tatsächlich um ein lokales Minimum der Kostenfunktion $K(A, M) = r_A \cdot A + r_M \cdot M$ handelt, liefert ein positives Resultat und wird hier nicht durchgeführt. Insgesamt erhalten wir so das Ergebnis, dass die Ausbringungsmenge $X_0 = 100$ im Falle der Faktoreinsatzmengenkombination

$$(A_0, M_0) \approx \left(17{,}575 \cdot \left(\frac{r_A}{r_M} \right)^{-\frac{2}{3}}, 35{,}151 \cdot \left(\frac{r_A}{r_M} \right)^{\frac{1}{3}} \right)$$

mit r_A und r_M als gegebene, feste Faktorpreise zu den geringsten Kosten produziert werden kann. Diese Kosten sind

$$K(A_0, M_0) = r_A \cdot A_0 + r_M \cdot M_0$$
$$\approx r_A \cdot 17{,}575 \cdot \left(\frac{r_A}{r_M} \right)^{-\frac{2}{3}} + r_M \cdot 35{,}151 \cdot \left(\frac{r_A}{r_M} \right)^{\frac{1}{3}} .$$

Gut zu wissen

Die beispielhafte Anwendung der Lagrange-Methode zeigt ein interessantes Phänomen: Wir haben zwar den Lagrange-Multiplikator λ benötigt, um die Lagrange-Funktion aufstellen und damit das Extremwertproblem lösen zu können, haben dabei aber keinen konkreten Wert von λ berechnet bzw. gebraucht! Der Multiplikator hat sich zwischenzeitlich beinahe klammheimlich aus der Rechnung verabschiedet! Das ist kein Einzelfall, sondern die Regel. Wir nutzen λ lediglich als eine „Krücke", um unser Gleichungssystem aufstellen zu können. Beim Lösen dieses Systems eliminieren wir λ (im Beispiel in (7.8)–(7.10)) und konzentrieren uns dann nur noch auf die eigentlich gesuchten Größen, nicht aber mehr auf die Hilfsgröße λ! ◄

7.4.4 Partielle Elastizitäten bestimmen

Aufgabe

Betrachtet wird eine Funktion $f = f(x_1, x_2, \ldots, x_n)$ von n unabhängigen Variablen $x_1, x_2, \ldots, x_n$. Um wie viel Prozent ändert sich der Funktionswert von f näherungsweise, wenn die unabhängige Variable x_i um 1 % verändert wird und die anderen Variablen konstant gehalten werden?

Lösungsvorschlag

Diese Frage lässt sich beantworten, indem wir das von Funktionen einer Variablen bekannte Konzept der Elastizitäten (genauer: der Punktelastizitäten) auf Funktionen mit mehreren Variablen übertragen, gibt doch die Elastizität einer Funktion mit einer Variablen näherungsweise die prozentuale Änderung des Funktionswertes infolge einer 1 %-igen Änderung der unabhängigen Variablen an! Lassen Sie uns diesen Ansatz gleich in einen Merksatz gießen.

Merksatz

Wir betrachten eine Funktion $f = f(x_1, x_2, \ldots, x_n)$ von n unabhängigen Variablen $x_1, x_2, \ldots, x_n$ mit ihren partiellen Ableitungen erster Ordnung f'_{x_i} $(i = 1, 2, \ldots, n)$. Es gelte $x_{i_0} \neq 0$ $(i = 1, 2, \ldots, n)$ und $f(x_{1_0}, x_{2_0}, \ldots, x_{n_0}) \neq 0$. Dann können wir die relativen Änderungen $\frac{df_{x_i}}{f(x_{1_0}, x_{2_0}, \ldots, x_{n_0})}$ und $\frac{dx_i}{x_{i_0}}$ unter Konstanthaltung aller anderen Variablen bilden und nennen das Verhältnis

$$\varepsilon_{f, x_{i_0}} = \frac{\frac{df_{x_i}}{f(x_{1_0}, x_{2_0}, \ldots, x_{n_0})}}{\frac{dx_i}{x_{i_0}}}$$

die **partielle Elastizität der Funktion f bezüglich x_i an der Stelle** $(x_{1_0}, x_{2_0}, \ldots, x_{n_0})$.

Wegen des Näherungscharakters des Differenzials df hinsichtlich Δf gilt:

Der Zahlenwert der partiellen Elastizität $\varepsilon_{f, x_{i_0}}$ gibt näherungsweise an, um wie viel Prozent sich $f(x_1, x_2, \ldots, x_n)$ ändert, wenn $(x_1, x_2, \ldots, x_n)$ ausgehend von $(x_{1_0}, x_{2_0}, \ldots, x_{n_0})$ um 1 % in Richtung von x_i geändert wird und alle anderen Variablen konstant gehalten werden.

Die partielle Elastizität $\varepsilon_{f, x_i}(x_1, x_2, \ldots, x_n)$ lässt sich durch

$$\varepsilon_{f, x_i} = \varepsilon_{f, x_i}(x_1, x_2, \ldots, x_n) = \frac{f'_{x_i}(x_1, x_2, \ldots, x_n)}{f(x_1, x_2, \ldots, x_n)} \cdot x_i \quad (7.16)$$

berechnen. Bei $\varepsilon_{f, x_i} = \varepsilon_{f, x_i}(x_1, x_2, \ldots, x_n)$ handelt es sich um eine Funktion von $(x_1, x_2, \ldots, x_n)$. Wir nennen sie in Analogie zur Begriffsbildung bei Funktionen mit einer Variablen **partielle Elastizitätsfunktion**.

Um die partielle Elastizität von $f(x_1, x_2, \ldots, x_n)$ an der Stelle $(x_{1_0}, x_{2_0}, \ldots, x_{n_0})$ zu berechnen, ermitteln wir die Elastizitätsfunktion gemäß (7.16) und setzen $(x_{1_0}, x_{2_0}, \ldots, x_{n_0})$ in das Ergebnis ein.

Gut zu wissen

Aufgrund der Definition der partiellen Elastizität in Analogie zur Elastizität von Funktionen einer Variablen gelten alle dortigen Aussagen und Ergebnisse entsprechend auch für partielle Elastizitäten. In diesem Fall müssen wir nur immer wieder daran denken, dass wir eine Variable ändern und alle anderen konstant halten! ◄

──────── **Aufgabe 7.11** ────────

Betrachten wir noch einmal die schon häufiger untersuchte Produktionsfunktion $X(A, M) = 5 \cdot A^{0,3} \cdot M^{0,6}$ mit $X(A, M)$ als ausgebrachter Menge in Abhängigkeit vom Arbeitsinput A und Materialinput M. Es ist sinnvoll zu fragen, welche partielle Elastizität diese Cobb-Douglas-Funktion $X(A, M)$ bei Änderung von

A und festem M bzw. bei Änderung von M und festem A aufweist. Gesucht sind also die partiellen Elastizitäten $\varepsilon_{X, A}$ und $\varepsilon_{X, M}$.

Aus (7.16) folgt zunächst

$$\varepsilon_{X, A}(A, M) = \frac{X'_A(A, M)}{X(A, M)} \cdot A = \frac{1,5 \cdot A^{-0,7} \cdot M^{0,6}}{5 \cdot A^{0,3} \cdot M^{0,6}} \cdot A$$
$$= 0,3 \cdot A^{-1} \cdot A = 0,3 \quad (7.17)$$

und entsprechend

$$\varepsilon_{X, M}(A, M) = \frac{X'_M(A, M)}{X(A, M)} \cdot M = \frac{3 \cdot A^{0,3} \cdot M^{-0,4}}{5 \cdot A^{0,3} \cdot M^{0,6}} \cdot M$$
$$= 0,6 \cdot M^{-1} \cdot M = 0,6. \quad (7.18)$$

Das bedeutet, dass $X(A, M)$ für jedes Ausgangsniveau (A, M) das gleiche partielle Elastizitätsverhalten zeigt: Seien A und M beliebig (aber natürlich ökonomisch sinnvoll) gewählte Werte für den Arbeits- und den Materialinput. Wird A nun um 1 % geändert und M konstant gehalten, ändert sich $X(A, M)$ gemäß (7.17) näherungsweise um 0,3 %. Wird A dagegen konstant gehalten und M um 1 % geändert, ändert sich $X(A, M)$ gemäß (7.18) näherungsweise um 0,6 %. – *Hinweis:* Die in Aufgabe 7.11 noch gestellte Frage nach dem Homogenitätsgrad der betrachteten Funktion wird anschließend beantwortet. Dazu ist erforderlich zu klären, was wir unter dem Homogenitätsgrad einer Funktion verstehen wollen.

Gut zu wissen

Betrachten wir nun zum letzten Mal die bekannte Produktionsfunktion $X(A, M) = 5 \cdot A^{0,3} \cdot M^{0,6}$ mit $X(A, M)$ als ausgebrachter Menge in Abhängigkeit vom Arbeitsinput A und Materialinput M.

In der Praxis wird oft die Frage gestellt, wie sich die Funktion $X(A, M)$ ändert, wenn der Arbeitsinput A und der Materialinput M in gleicher Weise verändert werden – beispielsweise beide um 10 % erhöht oder beide um 5 % reduziert werden.

Mathematisch formuliert bedeutet dies zu fragen, welchen Funktionswert X annimmt, wenn A und M mit demselben Faktor $t > 0$ multipliziert werden. Gesucht ist also $X(t \cdot A, t \cdot M)$.

Aus $X(A, M) = 5 \cdot A^{0,3} \cdot M^{0,6}$ erhalten wir mittels der Potenzgesetze die Antwort

$$X(t \cdot A, t \cdot M) = 5 \cdot (t \cdot A)^{0,3} \cdot (t \cdot M)^{0,6}$$
$$= 5 \cdot t^{0,3} \cdot A^{0,3} \cdot t^{0,6} \cdot M^{0,6}$$
$$= t^{0,9} \cdot 5 \cdot A^{0,3} \cdot M^{0,6},$$

also

$$X(t \cdot A, t \cdot M) = t^{0,9} \cdot X(A, M).$$

Von irgendeinem Ausgangspunkt (A, M) im Definitionsbereich von $X(A, M)$ gestartet, erhalten wir den Funktionswert $X(t \cdot A, t \cdot M)$ für irgendein $t > 0$ also immer dadurch, dass wir $X(A, M)$ mit $t^{0,9}$ multiplizieren. Diese Eigenschaft unserer Produktionsfunktion ist ökonomisch interessant und bekommt daher einen eigenen Namen:

Wir nennen eine Funktion $f(x_1, x_2, \ldots, x_n)$ **homogen vom Grad r**, wenn es ein r gibt, sodass für alle $(x_1, x_2, \ldots, x_n) \in \mathbb{D}(f)$ und alle $t > 0$ gilt

$$f(tx_1, tx_2, \ldots, tx_n) = t^r \cdot f(x_1, x_2, \ldots, x_n). \quad (7.19)$$

Die von uns hier betrachtete Cobb-Douglas-Funktion $X(A, M)$ ist danach eine homogene Funktion vom Grad $r = 0,9$.

Ökonomisch lässt sich die Homogenität vom Grad r wie folgt interpretieren: Ist $r = 1$, wird (7.19) zu

$$f(tx_1, tx_2, \ldots, tx_n) = t \cdot f(x_1, x_2, \ldots, x_n).$$

Das heißt, werden alle Inputgrößen mit demselben Faktor t multipliziert, wird t-mal so viel Output wie vorher produziert. Eine Verdopplung (Verdreifachung, Vervierfachung, ...) aller Inputfaktoren führt zu einer Verdopplung (Verdreifachung, Vervierfachung, ...) der ausgebrachten Menge. Wir sprechen hier von **konstanten Skalenerträgen**. Ist der Homogenitätsgrad dagegen $r < 1$, wächst die ausgebrachte Menge also nicht proportional mit allen Inputfaktoren, sondern geringer, sprechen wir von **fallenden Skalenerträgen**. Umgekehrt sprechen wir für $r > 1$ von **steigenden Skalenerträgen**. Bei fallenden Skalenerträgen ist die Vergrößerung aller Inputfaktoren um denselben Faktor ökonomisch eher nicht sinnvoll. Bei steigenden Skalenerträgen ist sie es auf jeden Fall. Dann können die in der Wirtschaft so gerne gesehenen (positiven) **Skaleneffekte** erreicht werden.

Detailliertere Betrachtungen zum Skalenverhalten einer Produktion lassen sich vornehmen, wenn noch die sogenannte **Skalenelastizität** der Produktionsfunktion als Maß für die relative Änderung der ausgebrachten Menge bei Änderung aller Inputgrößen um denselben Prozentsatz eingeführt und untersucht wird. Hierauf wollen wir verzichten. Gleichwohl möchten wir Ihnen zum Abschluss dieser Überlegungen noch einen interessanten Zusammenhang zwischen dem Homogenitätsgrad einer homogenen Funktion, ihren partiellen Elastizitäten und ihrer Skalenelastizität mit auf den Weg geben.

Vergleichen wir dazu den **Homogenitätsgrad** $r = 0,9$ von $X(A, M) = 5 \cdot A^{0,3} \cdot M^{0,6}$ mit den partiellen Elastizitäten (7.17) und (7.18) von $X(A, M)$, fällt auf, dass

$r = \varepsilon_{X,A}(A, M) + \varepsilon_{X,M}(A, M)$ ist, dass der Homogenitätsgrad der Funktion also gleich der Summe ihrer partiellen Elastizitäten ist. Das ist kein Zufall! Tatsächlich lässt sich mathematisch nachweisen, dass der Homogenitätsgrad jeder homogenen Funktion gleich der Summe aller ihrer partiellen Elastizitäten ist! Und mehr noch lässt sich zeigen, dass der Homogenitätsgrad jeder homogenen Funktion gleich ihrer Skalenelastizität ist. Also gilt:

f homogen $\rightarrow$ Homogenitätsgrad von f
$$= \sum \text{partielle Elastizitäten von } f$$
$$= \text{Skalenelastizität von } f. \qquad \blacktriangleleft$$

Zusammenfassung

Die Suche nach einer Regressionsgeraden mittels der Methode der kleinsten Quadrate führt uns auf ein klassisches Extremwertproblem für Funktionen mit mehreren Variablen. Im Zusammenhang mit der Suche nach Extremwerten von Funktionen mit mehreren Variablen können jedoch anders als bei Funktionen mit nur einer Variablen zwei verschiedene Typen von Aufgabenstellungen auftreten: ein Extremwertproblem mit oder ohne Nebenbedingungen. Der häufigere Fall in den Wirtschaftswissenschaften ist die Optimierung unter Nebenbedingungen. Derartige Aufgaben werden mithilfe der Methode der **Lagrange-Multiplikatoren** gelöst.

Kennzeichen dieser Methode ist, je Nebenbedingung einen **Lagrange-Multiplikator λ** einzuführen und mit seiner Hilfe die sogenannte **Zielfunktion** und die Nebenbedingungen zur sogenannten **Lagrange-Funktion** zusammenzufügen. Die Nebenbedingungen und die partiellen Ableitungen der Lagrange-Funktion liefern ein Gleichungssystem, dessen Lösungen Kandidaten für Extremwerte der Zielfunktion sind. Ob sie es wirklich sind, ist mittels der hinreichenden Bedingung für Extremwerte ohne Nebenbedingungen zu prüfen. Außerdem ist zu entscheiden, ob die etwaigen Extremwerte Minima oder Maxima sind.

Partielle Elastizitäten geben näherungsweise an, um wie viel Prozent sich eine Funktion mit mehreren Variablen ändert, wenn genau eine Variable um 1 % verändert wird und alle anderen konstant gehalten werden. Die partielle Elastizität $\varepsilon_{f,x_i}(x_1, x_2, \ldots, x_n)$ lässt sich durch

$$\varepsilon_{f,x_i} = \varepsilon_{f,x_i}(x_1, x_2, \ldots, x_n) = \frac{f'_{x_i}(x_1, x_2, \ldots, x_n)}{f(x_1, x_2, \ldots, x_n)} \cdot x_i$$

berechnen. Für sie gelten die Gesetzmäßigkeiten der Elastizität einer Funktion einer Variablen. Insbesondere gilt im Falle einer **homogenen Funktion vom Grad r**, dass ihr **Homogenitätsgrad r** gleich der Summe aller ihrer partiellen Elastizitäten und gleich ihrer **Skalenelastizität** ist!

Mathematischer Exkurs 7.4: Was haben Sie gelernt?

Sie kennen jetzt den Begriff einer **Funktion von n unabhängigen Variablen** sowie Beispiele derartiger Funktionen wie etwa Cobb-Douglas-Funktionen. Für Funktionen mit zwei Variablen haben Sie eine Vorstellung gewonnen, wie diese mithilfe von Wertetabellen, Höhenlinien und Funktionsflächen dargestellt werden können.

Weiterhin wissen Sie, dass die **partiellen Ableitungen** bei Funktionen mit mehreren Variablen in die Rolle der „gewöhnlichen" Ableitung bei Funktionen mit einer Variablen „geschlüpft" sind. Partielle Ableitungen sind als gewöhnliche Ableitungen der Funktionen mit mehreren Veränderlichen in Richtung genau einer dieser Variablen definiert, d. h., partielle Ableitungen nach einer Variablen werden gebildet, indem alle anderen Variablen konstant gehalten werden und die gewöhnliche Ableitung der betrachteten Funktion nach der ausgewählten Variablen bestimmt wird. Zur Unterscheidung der partiellen Ableitung von $f(x_1, x_2, \ldots, x_n)$ nach x_i und der gewöhnlichen Ableitung von $g(x)$ nach x schreiben wir $\frac{\partial f}{\partial x_i}$ anstelle von $\frac{dg}{dx}$.

Da partielle Ableitungen spezielle gewöhnliche Ableitungen sind, gelten für sie alle bekannten Ableitungsregeln. Hierbei müssen wir aber darauf achten, alle Variablen außer x_i konstant zu halten!

Analog zu den Funktionen mit einer Variablen geben partielle Ableitungen $f'_{x_i}(x_{1_0}, x_{2_0}, \ldots, x_{n_0})$ näherungsweise an, um wie viele Einheiten sich der Funktionswert $f(x_{1_0}, x_{2_0}, \ldots, x_{n_0})$ ändert, wenn x_i um eine genügend kleine Einheit Δx_i von einem gegebenen Wert x_{i_0} auf den Wert $x_{i_0} + \Delta x_i$ geändert wird und alle anderen Variablen konstant gehalten werden, d. h. wenn die Änderung in x_i-Richtung erfolgt.

Ebenso analog gibt das **partielle Differenzial** $df_{x_i} = f'_{x_i} \cdot dx_i$ $(i = 1, 2, \ldots, n)$ den absoluten Wert an, um wie viele Einheiten sich $f(x_1, x_2, \ldots, x_n)$ näherungsweise ändert, wenn x_i um das beliebig kleine Differenzial dx_i geändert wird und alle anderen Variablen konstant gehalten werden, d. h. wenn die Änderung in x_i-Richtung erfolgt.

Um Änderungen „in alle Richtungen" berücksichtigen zu können, wird das **totale Differenzial** $df = df_{x_1} + df_{x_2} + \ldots + df_{x_n} = f'_{x_1} \cdot dx_1 + f'_{x_2} \cdot dx_2 + \ldots + f'_{x_n} \cdot dx_n$ eingeführt. Es gibt den absoluten Wert an, um wie viele Einheiten sich $f(x_1, x_2, \ldots, x_n)$ näherungsweise ändert, wenn gleichzeitig alle Variablen x_i geändert werden, und zwar jeweils um das beliebig kleine Differenzial dx_i $(i = 1, 2, \ldots, n)$.

Neben diesem Änderungsverhalten können Sie auch das Monotonie- und Krümmungsverhalten von hinreichend oft partiell differenzierbaren Funktionen $y = f(x_1, x_2, \ldots, x_n)$ beschreiben:

- $f(x_1, x_2, \ldots, x_n)$ ist **monoton wachsend in Richtung von x_i**, wenn $f'_{x_i}(x_1, x_2, \ldots, x_n) \geq 0$ ist,
- $f(x_1, x_2, \ldots, x_n)$ ist **monoton fallend in Richtung von x_i**, wenn $f'_{x_i}(x_1, x_2, \ldots, x_n) \leq 0$ ist,

- $f(x_1, x_2, \ldots, x_n)$ ist **linksgekrümmt (konvex) in Richtung von x_i**, wenn $f''_{x_i x_i}(x_1, x_2, \ldots, x_n) > 0$ ist,
- $f(x_1, x_2, \ldots, x_n)$ ist **rechtsgekrümmt (konkav) in Richtung von x_i**, wenn $f''_{x_i x_i}(x_1, x_2, \ldots, x_n) < 0$ ist.

Weiterhin wissen Sie, dass **Extremwerte von Funktionen mit mehreren Veränderlichen** ähnlich definiert werden wie die von Funktionen einer Variablen und dass bei mehreren Variablen ähnliche notwendige und hinreichende Bedingungen für Extremwerte wie die bei Funktionen einer Variablen gelten:

Sei $f = f(x_1, x_2)$ eine Funktion mit zwei voneinander unabhängigen Variablen x_1 und x_2. Die Funktion f sei zweimal partiell differenzierbar, d. h., es mögen die partiellen Ableitungen erster Ordnung f'_{x_1} und f'_{x_2} sowie die partiellen Ableitungen zweiter Ordnung $f''_{x_1 x_1}$ und $f''_{x_1 x_2}$ ebenso wie $f''_{x_2 x_1}$ und $f''_{x_2 x_2}$ existieren. Dann gilt: Die Funktion f besitzt an der Stelle $P_0 = P_0(x_{1_0}, x_{2_0})$ einen **lokalen Extremwert**, wenn die Bedingungen

$$f'_{x_1}(x_{1_0}, x_{2_0}) = f'_{x_2}(x_{1_0}, x_{2_0}) = 0$$

und

$$f''_{x_1 x_1}(x_{1_0}, x_{2_0}) \cdot f''_{x_2 x_2}(x_{1_0}, x_{2_0}) - (f''_{x_1 x_2}(x_{1_0}, x_{2_0}))^2 > 0$$

erfüllt sind.

Sofern $f''_{x_1 x_1}(x_{1_0}, x_{2_0}) < 0$ ist, handelt es sich um ein **lokales Maximum**. Ist $f''_{x_1 x_1}(x_{1_0}, x_{2_0}) > 0$, liegt ein **lokales Minimum** vor.

Im Gegensatz zu den Funktionen einer Variablen führen Funktionen mehrerer Variablen nicht nur zu **Extremwertproblemen** ohne Nebenbedingungen (Beispiel: Berechnung der Koeffizienten einer **Regressionsgeraden** mit der **Methode der kleinsten Quadrate**), sondern auch zu solchen mit Nebenbedingungen. Für diesen Fall kennen Sie die **Methode der Lagrange-Multiplikatoren** und können sie einsetzen, um anstehende Extremwertaufgaben zu lösen.

Die bestehende Analogie zwischen Funktionen mit einer und solchen mit mehreren Variablen wird schließlich auch im Falle der Elastizitäten fortgesetzt. Die durch

$$\varepsilon_{f, x_{i_0}} = \frac{\frac{df_{x_i}}{f(x_{1_0}, x_{2_0}, \ldots, x_{n_0})}}{\frac{dx_i}{x_{i_0}}}$$

definierte **partielle Elastizität der Funktion f bezüglich x_i an der Stelle $(x_{1_0}, x_{2_0}, \ldots, x_{n_0})$** lässt sich dann mittels

$$\varepsilon_{f, x_i} = \varepsilon_{f, x_i}(x_1, x_2, \ldots, x_n) = \frac{f'_{x_i}(x_1, x_2, \ldots, x_n)}{f(x_1, x_2, \ldots, x_n)} \cdot x_i$$

berechnen. Sie gibt näherungsweise an, um wie viel Prozent sich $f(x_1, x_2, \ldots, x_n)$ ändert, wenn $(x_1, x_2, \ldots, x_n)$ ausgehend von $(x_{1_0}, x_{2_0}, \ldots, x_{n_0})$ um 1 % in Richtung von x_i geändert wird und alle anderen Variablen konstant gehalten werden. Speziell im Fall homogener **Funktionen** bestehen interessante Zusammenhänge zwischen den verschiedenen Elastizitäten und dem **Homogenitätsgrad** der Funktion. So ist die Summe der partiellen Elastizitäten einer homogenen Funktion gleich ihrem Homogenitätsgrad! **Cobb-Douglas-Funktionen** sind Beispiele für homogene Funktionen.

Mathematischer Exkurs 7.5: Dieses reale Problem sollten Sie jetzt lösen können

Einem Haushalt steht eine bestimmte Geldmenge $C = 537$ für Konsumzwecke zur Verfügung, die er auf drei verschiedene Konsumgüter x und y sowie z verteilen kann. Die zugehörigen Preise $p_x = 1$ und $p_y = 6$ sowie $p_z = 3$ seien unabhängig von der Nachfrage nach den Gütern. Weiterhin kann jedem Gut ein bestimmter Nutzen U zugeordnet werden, der abhängig von der jeweiligen Menge ist:

$$U_x = 2 \cdot \sqrt{x}$$
$$U_y = 16 \cdot \sqrt{y}$$
$$U_z = 24 \cdot \sqrt{z} \,.$$

Gesucht ist die Mengenkombination (x, y, z), für die der Gesamtnutzen des Haushalts maximiert wird. Der Einfachheit halber wird dabei unterstellt, dass sich der Gesamtnutzen additiv aus den Einzelnutzen zusammensetzt. (*Hinweis*: Diese Aufgabe ist Kallischnigg et al. (2003), S. 119 entnommen.)

Lösungsvorschlag

Wir betrachten die Nutzenfunktion

$$
\begin{aligned}
U(x, y, z) &= U_x + U_y + U_z \\
&= 2 \cdot \sqrt{x} + 16 \cdot \sqrt{y} + 24 \cdot \sqrt{z} \, (x, y, z > 0)
\end{aligned}
$$

als Zielfunktion. Diese ist unter der Nebenbedingung

$$x + 6y + 3z = 537$$

zu maximieren. Es liegt damit ein Extremwertproblem mit Nebenbedingung vor. Zu seiner Lösung nutzen wir die Methode der Lagrange-Multiplikatoren und definieren folgende Lagrange-Funktion:

$$
\begin{aligned}
\mathcal{L} &= \mathcal{L}(x, y, z, \lambda) \\
&= 2 \cdot \sqrt{x} + 16 \cdot \sqrt{y} + 24 \cdot \sqrt{z} + \lambda \cdot (537 - (x + 6y + 3z)) \,.
\end{aligned}
$$

Nun ermitteln wir alle partiellen Ableitungen erster Ordnung der Lagrange-Funktion, setzen diese partiellen Ableitungen gleich null und lösen das Gleichungssystem:

$$\mathcal{L}'_x = \frac{2}{2 \cdot \sqrt{x}} - \lambda = 0 \Rightarrow x = \frac{1}{\lambda^2}$$

$$\mathcal{L}'_y = \frac{16}{2 \cdot \sqrt{x}} - 6 \cdot \lambda = 0 \Rightarrow y = \frac{16}{9 \cdot \lambda^2}$$

$$\mathcal{L}'_z = \frac{24}{2 \cdot \sqrt{x}} - 3 \cdot \lambda = 0 \Rightarrow z = \frac{16}{\lambda^2}$$

$$\mathcal{L}'_\lambda = 537 - x - 6 \cdot y - 3 \cdot z = 0 \,.$$

Einsetzen der Lösungen für x und y sowie z in die letzte Gleichung liefert

$$
\begin{aligned}
537 - \frac{1}{\lambda^2} - 6 \cdot \frac{16}{9 \cdot \lambda^2} - 3 \cdot \frac{16}{\lambda^2} &= 537 - \frac{3 + 32 + 144}{3 \cdot \lambda^2} \\
&= 537 - \frac{179}{3 \cdot \lambda^2} \\
&= 0 \Rightarrow \lambda^2 = \frac{1}{9} \,.
\end{aligned}
$$

Hieraus erhalten wir nun durch Einsetzen von λ in die obigen Gleichungen für x und y sowie z jeweils in Abhängigkeit von λ

$$x = 9$$
$$y = 16$$
$$z = 144$$

und daraus

$$
\begin{aligned}
U(x, y, z) &= U_x + U_y + U_z = 2 \cdot \sqrt{x} + 16 \cdot \sqrt{y} + 24 \cdot \sqrt{z} \\
&= 2 \cdot 3 + 16 \cdot 4 + 24 \cdot 12 = 358 \,.
\end{aligned}
$$

Der betrachtete Haushalt erzielt damit mit der Mengenkombination $(x, y, z) = (9, 16, 144)$ den Nutzen $U(x, y, z) = 358$. Dies kann ein Nutzenmaximum sein, muss es aber nicht. Indem wir einige Nutzenwerte in der Nähe von $(9, 16, 144)$ berechnen, sehen wir, dass die ermittelte Lösung aber sehr wahrscheinlich ein Nutzenmaximum realisiert:

$$U(x, y, z) = U(8{,}9; 16{,}1; 143{,}833) = 357{,}9995$$
$$U(x, y, z) = U(9{,}1; 15{,}9; 144{,}167) = 357{,}9995$$
$$U(x, y, z) = U(9{,}1; 16{,}033; 143{,}9) = 357{,}9999 \,.$$

Hierzu noch der Hinweis, dass wir jeweils zwei Variablen variiert haben. Die dritte ergab sich damit aus der Nebenbedingung.

Und abschließend noch die Bemerkung, dass wir hier einen Lösungsweg vorliegen haben, bei dem der Lagrange-Multiplikator λ nicht eliminiert, sondern konkret berechnet wurde!

Mathematischer Exkurs 7.6: Übungsaufgaben

1. Partielle Ableitungen ermitteln

Aufgabe

Gegeben sei die Funktion $V(x,r) = 7x - (2 + r)^2 - (rx)^2$ $(x, r > 0)$. Gesucht sind die partiellen Ableitungen erster und zweiter Ordnung von $V(x,r)$. Besitzt $V(x,r)$ lokale Extremwerte?

Lösungsvorschlag

Wir beseitigen zunächst die Klammern und leiten dann partiell ab. Alternativ könnten wir auch gleich partiell ableiten, müssten dann aber mit der Kettenregel arbeiten.

$$V(x,r) = 7x - (2 + r)^2 - (rx)^2 = 7x - 4 - 4r - r^2 - r^2x^2$$
$$V'_x(x,r) = 7 - 2r^2x$$
$$V'_r(x,r) = -4 - 2r - 2rx^2$$
$$V''_{xx}(x,r) = -2r^2$$
$$V''_{xr}(x,r) = -4r$$
$$V''_{rr}(x,r) = -2 - 2x^2$$
$$V''_{rx}(x,r) = -4rx.$$

Notwendige Bedingungen für lokale Extremwerte sind

$$V'_x(x,r) = 7 - 2r^2x = 0$$
$$V'_r(x,r) = -4 - 2r - 2rx^2 = 0.$$

Wir lösen die erste dieser beiden Gleichungen nach x auf und setzen das Ergebnis

$$x = \frac{7}{2r^2}$$

in die zweite Gleichung ein:

$$-4 - 2r - 2r\frac{49}{4r^4} = 0$$
$$-4 - 2r - \frac{49}{2r^3} = 0.$$

Da wir $r > 0$ vorausgesetzt haben, gilt $2r > 0$, also $-2r < 0$ sowie $\frac{49}{2r^3} > 0$, also $-\frac{49}{2r^3} < 0$. Die linke Seite unserer letzten Gleichung ist damit immer kleiner null! Also hat diese Gleichung keine Lösung! Folglich ist eine notwendige Bedingung für einen lokalen Extremwert von $V(x,r)$ niemals erfüllt. Das heißt, dass $V(x,r)$ keinen lokalen Extremwert besitzt!

2. Totales Differenzial berechnen

Aufgabe

Gegeben sei die Produktionsfunktion $X(u,v,w) = u \cdot v \cdot w \cdot e^{u \cdot v \cdot w}$. Berechnen Sie das totale Differenzial dieser Funktion und interpretieren Sie es für $(u,v,w) = (1,2,5)$ und $du = dv = dw = 0,2$.

Lösungsvorschlag

Das gesuchte totale Differenzial ist

$$dX = dX_u + dX_v + dX_w = X'_u \cdot du + X'_v \cdot dv + X'_w \cdot dw.$$

Weiterhin ist (Anwendung von Summenregel und Kettenregel!)

$$\begin{aligned}X'_u &= v \cdot w \cdot e^{u \cdot v \cdot w} + u \cdot v \cdot w \cdot v \cdot w \cdot e^{u \cdot v \cdot w}\\ &= v \cdot w \cdot e^{u \cdot v \cdot w} \cdot (1 + u \cdot v \cdot w)\\ X'_v &= u \cdot w \cdot e^{u \cdot v \cdot w} \cdot (1 + u \cdot v \cdot w)\\ X'_w &= u \cdot v \cdot e^{u \cdot v \cdot w} \cdot (1 + u \cdot v \cdot w).\end{aligned}$$

Also ist

$$\begin{aligned}dX &= v \cdot w \cdot e^{u \cdot v \cdot w} \cdot (1 + u \cdot v \cdot w) \cdot du\\ &\quad + u \cdot w \cdot e^{u \cdot v \cdot w} \cdot (1 + u \cdot v \cdot w) \cdot dv\\ &\quad + u \cdot v \cdot e^{u \cdot v \cdot w} \cdot (1 + u \cdot v \cdot w) \cdot dw.\end{aligned}$$

Wir können $e^{u \cdot v \cdot w} \cdot (1 + u \cdot v \cdot w)$ ausklammern und erhalten

$$\begin{aligned}dX &= e^{u \cdot v \cdot w} \cdot (1 + u \cdot v \cdot w)\\ &\quad \cdot (v \cdot w \cdot du + u \cdot w \cdot dv + u \cdot v \cdot dw).\end{aligned}$$

Nehmen wir an, der Input sei $(u,v,w) = (1,2,5)$. Nehmen wir außerdem an, dass wir die Inputfaktoren um $du = dv = dw = 0,2$ ändern. Dann ist

$$\begin{aligned}dX &= e^{10} \cdot 11 \cdot (10 \cdot 0,2 + 5 \cdot 0,2 + 2 \cdot 0,2)\\ &= 37,4 \cdot e^{10} \approx 824.000.\end{aligned}$$

Die Produktion ändert sich damit näherungsweise um sagenhafte 824.000 Einheiten, wenn die drei Inputfaktoren jeweils um 0,2 geändert werden!

3. Monotonie- und Krümmungsverhalten untersuchen

Aufgabe

Gegeben sei die Produktionsfunktion $X(r,t) = 2 \cdot r^{0,2} \cdot t^{0,4}$ $(r, t > 0)$. Welches Monotonie- und Krümmungsverhalten besitzt diese Funktion?

Lösungsvorschlag

Zur Beantwortung der Fragestellung benötigen wir folgende partiellen Ableitungen: X'_r und X'_t für das Monotonieverhalten sowie X''_{rr} und X''_{tt} für das Krümmungsverhalten:

$$\begin{aligned}X'_r &= 2 \cdot 0,2 \cdot r^{-0,8} \cdot t^{0,4} = 0,4 \cdot r^{-0,8} \cdot t^{0,4}\\ X'_t &= 2 \cdot r^{0,2} \cdot 0,4 \cdot t^{-0,6} = 0,8 \cdot r^{0,2} \cdot t^{-0,6}\\ X''_{rr} &= 0,4 \cdot (-0,8) \cdot r^{-1,8} \cdot t^{0,4} = -0,32 \cdot r^{-1,8} \cdot t^{0,4}\\ X''_{tt} &= 0,8 \cdot r^{0,2} \cdot (-0,6) \cdot t^{-1,6} = -0,48 \cdot r^{0,2} \cdot t^{-1,6}.\end{aligned}$$

Da die Potenzen von r und t in allen vier Gleichungen positiv sind, folgt $X'_r > 0$ und $X'_t > 0$ sowie $X''_{rr} < 0$ und $X''_{tt} < 0$ im gesamten Definitionsbereich von X. Die Produktionsfunktion ist damit sowohl in Richtung r bei konstantem t als auch in Richtung t bei konstantem r monoton wachsend und rechtsgekrümmt (konkav). Sie besitzt also degressives Wachstum.

4. Aufteilung einer Kapitalmenge auf zwei Produktionslinien

Aufgabe

Betrachtet wird ein Unternehmen mit zwei voneinander unabhängigen Produktionslinien. Der Gewinn je Produktionslinie ist eine Funktion des eingesetzten Kapitals. Mit x_1 und x_2 als die beiden eingesetzten Kapitalmengen mögen die Gewinne

$$G_1 = 120 \cdot \sqrt{x_1}$$

und

$$G_2 = 160 \cdot \sqrt{x_2}$$

betragen. Das insgesamt verfügbare Kapital sei $K = 4.000.000\,€$. Für welche Verteilung dieser Kapitalmenge auf beide Produktionslinien kann der Unternehmensgewinn maximal sein? Was ist zu tun, um zu klären, ob die Verteilung tatsächlich gewinnmaximierend ist? (*Hinweis*: Diese Aufgabe ist im Wesentlichen Kallischnigg et al. (2003), S. 116 entnommen.)

Lösungsvorschlag

Die Aufgabenstellung kann so interpretiert werden, dass nach den (x_1, x_2) gesucht wird, für die der Gesamtgewinn $G = G_1 + G_2$ unter der Nebenbedingung $x_1 + x_2 = 4.000.000$ maximal sein *kann*. Wir beantworten diese Frage unter Nutzung der Methode von Lagrange. Da

$$G(x_1, x_2) = 120 \cdot \sqrt{x_1} + 160 \cdot \sqrt{x_2} = 120 \cdot x_1^{0,5} + 160 \cdot x_2^{0,5}$$

unter der Nebenbedingung

$$x_1 + x_2 = 4.000.000$$

zu minimieren ist, lautet unsere Lagrange-Funktion

$$\mathcal{L}(x_1, x_2, \lambda) = 120 \cdot x_1^{0,5} + 160 \cdot x_2^{0,5} + \lambda \cdot (x_1 + x_2 - 4.000.000).$$

Sie besitzt folgende partiellen Ableitungen erster Ordnung, die wir gleich null setzen, damit die notwendigen Bedingungen für einen Extremwert erfüllt sind:

$$\mathcal{L}'_{x_1} = 60 \cdot x_1^{-0,5} + \lambda = 0$$
$$\mathcal{L}'_{x_2} = 80 \cdot x_2^{-0,5} + \lambda = 0$$
$$\mathcal{L}'_{\lambda} = x_1 + x_2 - 4.000.000 = 0.$$

Wir setzen die ersten beiden Gleichungen dieses Gleichungssystems gleich:

$$60 \cdot x_1^{-0,5} + \lambda = 80 \cdot x_2^{-0,5} + \lambda.$$

Nun subtrahieren wir λ auf beiden Seiten dieser Gleichung und multiplizieren sie mit x_1 und x_2:

$$60 \cdot x_2^{0,5} = 80 \cdot x_1^{0,5}.$$

Quadrieren liefert

$$3600 \cdot x_2 = 6400 \cdot x_1$$

und daraus folgt

$$x_1 = \frac{3600 \cdot x_2}{6400} = \frac{9}{16} \cdot x_2.$$

Dieses Resultat setzen wir in die dritte Gleichung unseres Gleichungssystems ein

$$\mathcal{L}'_\lambda = x_1 + x_2 - 4.000.000 = \frac{9}{16} \cdot x_2 + x_2 - 4.000.000$$
$$= \frac{25}{16} \cdot x_2 - 4.000.000 = 0.$$

Auflösen nach x_2 liefert nun

$$x_2 = \frac{4000000 \cdot 16}{25} = 2.560.000$$

und damit

$$x_1 = 4.000.000 - 2.560.000 = 1.440.000.$$

Der Unternehmensgewinn *kann* maximal sein, wenn die eingesetzte Kapitalmenge von $4.000.000\,€$ so aufgeteilt wird, dass $1.440.000\,€$ auf die erste und $2.560.000\,€$ auf die zweite Produktionslinie entfallen.

Da wir bisher nur die notwendigen Bedingungen für das Gewinnmaximum geprüft haben, müssten wir uns noch davon überzeugen, dass für $(x_1, x_2) = (1.440.000, 2.560.000)$ tatsächlich auch eine hinreichende Bedingung für ein Maximum erfüllt ist. Dazu könnten wir Funktionswerte in der Nähe von $(1.440.000, 2.560.000)$ berechnen und mit $G(1.440.000, 2.560.000)$ vergleichen. Wir könnten aber auch mit der bekannten hinreichenden Bedingung für einen Extremwert arbeiten.

5. Partielle Elastizitäten interpretieren

Aufgabe

Gegeben sei die Produktionsfunktion $X(p, q) = 2 \cdot p \cdot q^2 - p^2 \cdot q + 3 \cdot q^3$. Gesucht sind die partiellen Elastizitäten von $X(p, q)$. Welche Bedeutung haben diese (bitte an einem Zahlenbeispiel veranschaulichen)? Kann eine Aussage über die Summe der partiellen Elastizitäten getroffen werden?

Lösungsvorschlag

Wir berechnen zunächst die partielle Elastizität $\varepsilon_{X,p}$:

$$\varepsilon_{X,p} = \frac{X'_p(p,q)}{X(p,q)} \cdot p = \frac{2 \cdot q^2 - 2 \cdot p \cdot q}{2 \cdot p \cdot q^2 - p^2 \cdot q + 3 \cdot q^3} \cdot p$$
$$= \frac{2 \cdot p \cdot q^2 - 2 \cdot p^2 \cdot q}{2 \cdot p \cdot q^2 - p^2 \cdot q + 3 \cdot q^3} .$$

Und nun die partielle Elastizität $\varepsilon_{X,q}$:

$$\varepsilon_{X,q} = \frac{X'_q(p,q)}{X(p,q)} \cdot q = \frac{4 \cdot p \cdot q - p^2 + 9 \cdot q^2}{2 \cdot p \cdot q^2 - p^2 \cdot q + 3 \cdot q^3} \cdot q$$
$$= \frac{4 \cdot p \cdot q^2 - p^2 \cdot q + 9 \cdot q^3}{2 \cdot p \cdot q^2 - p^2 \cdot q + 3 \cdot q^3} .$$

Bevor wir diese partiellen Elastizitäten zahlenmäßig interpretieren, bilden wir zunächst ihre Summe:

$$\varepsilon_{X,p} + \varepsilon_{X,q} = \frac{2 \cdot p \cdot q^2 - 2 \cdot p^2 \cdot q}{2 \cdot p \cdot q^2 - p^2 \cdot q + 3 \cdot q^3}$$
$$+ \frac{4 \cdot p \cdot q^2 - p^2 \cdot q + 9 \cdot q^3}{2 \cdot p \cdot q^2 - p^2 \cdot q + 3 \cdot q^3} .$$

Wir können diese Summe auf einen Bruchstrich bringen, da beide Summanden denselben Nenner haben:

$$\varepsilon_{X,p} + \varepsilon_{X,q}$$
$$= \frac{2 \cdot p \cdot q^2 - 2 \cdot p^2 \cdot q + 4 \cdot p \cdot q^2 - p^2 \cdot q + 9 \cdot q^3}{2 \cdot p \cdot q^2 - p^2 \cdot q + 3 \cdot q^3}$$
$$= \frac{6 \cdot p \cdot q^2 - 3 \cdot p^2 \cdot q + 9 \cdot q^3}{2 \cdot p \cdot q^2 - p^2 \cdot q + 3 \cdot q^3} = 3 .$$

Dieses Ergebnis ist interessant. Wenn wir wüssten, dass die Funktion homogen ist, könnten wir es sofort in dem Sinne

interpretieren, dass $X(p,q)$ den Homogenitätsgrad 3 besitzt. Schauen wir also, ob $X(p,q)$ homogen ist. Dazu wählen wir ein $t > 0$ und berechnen $X(t \cdot p, t \cdot q)$:

$$X(t \cdot p, t \cdot q) = 2 \cdot t \cdot p \cdot t^2 \cdot q^2 - t^2 \cdot p^2 \cdot t \cdot q + 3 \cdot t^3 \cdot q^3 .$$

Wir können t^3 ausklammern und erhalten

$$X(t \cdot p, t \cdot q) = t^3 \cdot (2 \cdot p \cdot q^2 - p^2 \cdot q + 3 \cdot q^3) = t^3 \cdot X(p,q) .$$

Tatsächlich ist $X(p,q)$ eine homogene Funktion! Der Homogenitätsgrad ist $r = 3$. Wir erkennen damit auch, dass diese Funktion für steigende Skalenerträge steht.

Gehen wir nun noch beispielhaft von den Inputfaktoren $p = 5$ und $q = 10$ aus. Dann erhalten wir

$$\varepsilon_{X,p} = \frac{2 \cdot p \cdot q^2 - 2 \cdot p^2 \cdot q}{2 \cdot p \cdot q^2 - p^2 \cdot q + 3 \cdot q^3}$$
$$= \frac{2 \cdot 5 \cdot 100 - 2 \cdot 25 \cdot 10}{2 \cdot 5 \cdot 100 - 25 \cdot 10 + 3 \cdot 1000} = \frac{500}{3750} \approx 0{,}13$$

und

$$\varepsilon_{X,q} = \frac{4 \cdot p \cdot q^2 - p^2 \cdot q + 9 \cdot q^3}{2 \cdot p \cdot q^2 - p^2 \cdot q + 3 \cdot q^3}$$
$$= \frac{4 \cdot 5 \cdot 100 - 25 \cdot 10 + 9 \cdot 1000}{2 \cdot 5 \cdot 100 - 25 \cdot 10 + 3 \cdot 1000} = \frac{10.750}{3750} = 2{,}87 .$$

Eine Änderung von p um 1 % bei konstantem q bewirkt demnach näherungsweise eine Änderung der ausgebrachten Menge $X(p,q)$ um 0,13 %. Eine Änderung von q um 1 % bei konstantem p bewirkt demnach näherungsweise eine Änderung der ausgebrachten Menge $X(p,q)$ um 2,87 %. Die ausgebrachte Menge ist bei $(5,10)$ folglich unelastisch gegenüber dem Inputfaktor p, aber elastisch gegenüber dem Inputfaktor q.

Literatur

Fetzer, A., Fränkel, H.: Mathematik – Lehrbuch für Fachhochschulen, Bd. 3. VDI Verlag, Düsseldorf (1982)

Kallischnigg, G., Kockelkorn, U., Dinge, A.: Mathematik für Volks- und Betriebswirte. Oldenbourg, München, Berlin (2003)

Tietze, J.: Einführung in die angewandte Wirtschaftsmathematik. Vieweg, Braunschweig, Wiesbaden (1999)

Wendler, T., Tippe, U.: Übungsbuch Mathematik für Wirtschaftswissenschaftler. Springer Berlin, Heidelberg (2013)

Lineare Algebra

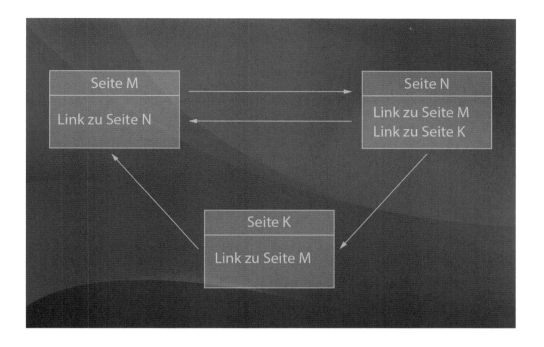

8.1 Grundlagen 244

8.2 Lösung komplexerer linearer Gleichungssysteme
mit der Matrizenrechnung 260

8.3 Determinanten 272

8.4 Input-Output-Rechnung 287

8.5 Lineare Optimierung 298

8.6 Anhang 314

Literatur 316

© Springer-Verlag Berlin Heidelberg 2017
B. Haack et al., *Mathematik für Wirtschaftswissenschaftler*, DOI 10.1007/978-3-642-55175-8_8

Mathematischer Exkurs 8.1: Worum geht es hier?

Zugegeben, das Teilgebiet der linearen Algebra erfreut sich nicht immer großer Beliebtheit. Bei genauerem Hinsehen werden Sie jedoch feststellen, dass zahlreiche praktische Probleme letztendlich nur mit den Methoden dieses Wissenschaftsgebiets gelöst werden können. Sie kennen Google und vertrauen den Ergebnissen der Suchmaschine? Sie wissen, dass man Produktionsmengen eines Unternehmens so steuern kann, dass man Absatz oder Gewinn maximiert? All diese Fragestellungen führen letztendlich auf die Lösung eines (linearen) Gleichungssystems oder einer Aufgabe zur linearen Optimierung. In diesem Kapitel sollen Sie die Vektoren und Matrizen als Hilfsmittel zur verkürzten Schreibweise verschlungener Probleme kennenlernen. Anschließend sollen diese Hilfsmittel genutzt werden, um auch komplexere lineare Gleichungs- und Ungleichungssysteme zu lösen und Antworten auf die o. g. Fragen zu geben. In Abschn. 8.4 „Input-Outputrechnung" werden wir dann die Anwendung

der Berechnungen an Beispielen demonstrieren. Sie werden dort sehr schnell erkennen, dass die nun bekannten „Tools" sehr gut geeignet sind, Ordnung in eine Berechnung zu bringen. Weitere Hilfsmittel wie z. B. Determinanten werden Ihnen dabei das Leben erleichtern. Am Ende des Kapitels erweitern wir die Betrachtungen auf die Lösung linearer Optimierungsprobleme, die wir letztendlich auch wieder auf Gleichungssysteme reduzieren.

In allen Abschnitten des Kapitels wird auf die Lösung der mathematischen Fragestellungen mit Microsoft Excel eingegangen. Anhand von Screenshots wird Ihnen ein mögliches Vorgehen zur Lösung demonstriert. So erhalten Sie sehr gut brauchbare Hinweise zu Methoden des systematischen Einsatzes dieser Tabellenkalkulation, die stets funktionieren und gleichzeitig auch in anderen Zusammenhängen praktisch nutzbar sind.

Mathematischer Exkurs 8.2: Was können Sie nach Abschluss dieses Kapitels?

Nach Abschluss der Bearbeitung des Kapitels sind Sie in der Lage,

- lineare Gleichungssysteme mit dem Gauß'schen Algorithmus inklusive Pivotisierung zu lösen,
- Matrizen und Vektoren zu nutzen, um komplexere mathematische Modelle übersichtlich aufzuschreiben,
- Determinanten jeder Ordnung zu berechnen und sie als Werkzeug zur Ermittlung von Lösungen linearer Gleichungssysteme einzusetzen,

- praktische Anwendungen zur Berechnung von Rohstoff-, Produktions- und Verkaufsmengen mithilfe der Matrizenrechnung durchzuführen und inverse Matrizen zielgerichtet zur Lösung einzusetzen sowie
- einfachere Maximierungs- und Minimierungsprobleme grafisch, rechnerisch oder mit Microsoft Excel zu bewältigen.

Mathematischer Exkurs 8.3: Müssen Sie dieses Kapitel überhaupt durcharbeiten?

Wenn Sie die folgenden Aufgaben problemlos lösen können, dann ist es eher nicht erforderlich, das folgende Kapitel durchzuarbeiten. Die Übungen geben Ihnen auf jeden Fall aber Hinweise zu seinem Inhalt.

8.1 Schreiben Sie das lineare Gleichungssystem

$$2 \cdot x_1 + 2 \cdot x_2 + 4 \cdot x_3 = 2$$
$$4 \cdot x_1 + 6 \cdot x_2 + 5 \cdot x_3 = 2$$
$$2 \cdot x_1 + 3 \cdot x_2 + 3 \cdot x_3 = 4$$

in Matrizenschreibweise der Form $A \cdot x = b$ und lösen Sie dieses bitte mit dem Gauß'schen Algorithmus inklusive Pivotisierung. Die Lösung finden Sie in Abschn. 8.2 „Lösung komplexerer linearer Gleichungssysteme mit der Matrizenrechnung".

8.2 Lösen Sie nun das obige lineare Gleichungssystem bitte mithilfe von Determinanten (Regel von Cramer). Die Lösung finden Sie in Abschn. 8.3 „Determinanten".

8.3 Eine Bäckerei produziert die Kuchensorten „Russischen Zupfkuchen" und „Quark-Marmorkuchen". Das Produktionsszenario zeigt Tab. 8.1. Ermitteln Sie bitte die einzukaufenden Rohstoffmengen auf der linken und die verkaufbaren Mengen auf der rechten Seite der Grafik. Die Lösung finden Sie in Abschn. 8.4 „Input-Output-Rechnung".

8.4 Ermitteln Sie die Lösung des folgenden linearen Optimierungsproblems grafisch, rechnerisch oder mit dem PC. Die Lösung finden Sie in Abschn. 8.5 „Lineare Optimierung".

$$x_1 \geq 0$$
$$x_2 \geq 0$$
$$2x_1 + 3x_2 \leq 21$$
$$1x_1 + 3x_2 \leq 18$$
$$3x_1 + 1x_2 \leq 21$$
$$Z(x_1, x_2) = x_1 + x_2$$

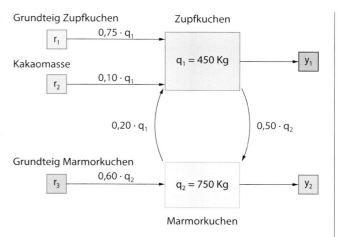

Abb. 8.1 Gozintograph Beispiel Großbäckerei

Kapitel 8

8.1 Grundlagen

8.1.1 Vektoren und Matrizen

Wichtige Grundbegriffe der linearen Algebra sind Vektoren und Matrizen. Zu Beginn dieses Abschnitts möchten wir deswegen in einem ausführlichen Beispiel deren Bedeutung und Einsatzmöglichkeiten erläutern. Gegeben sei ein Beispielunternehmen, welches insgesamt vier Produkte an drei Kunden verkauft (in Anlehnung an Rödder und Zörnig (1996), S. 1 ff.).

Beispiel

Ein Unternehmen verkaufe insgesamt vier verschiedene Produkte und verfüge über einen Kundenstamm von insgesamt vier Kunden.

Es gelten die folgenden Vereinbarungen:

i ... Anzahl der Produkte mit $i = 1, 2, \ldots, m$
j ... Anzahl der Kunden mit $j = 1, 2, \ldots, n$
P_i ... Produkt i
K_j ... Kunde j.

Der Preis des Produkts 1 soll $10 \, €$ betragen, der des Produkts 2 genau $4 \, €$, des dritten Produkts $6 \, €$ und schlussendlich des vierten Produkts $2 \, €$. Damit lassen sich die Preise in der Zusammenfassung sehr kompakt als Vektor schreiben: Als Zeilen- bzw. als Spaltenvektor schreiben wir die Preise als

$$(10; 4; 6; 2) \quad \text{bzw.} \quad \begin{pmatrix} 10 \\ 4 \\ 6 \\ 2 \end{pmatrix}.$$

Bemerken Sie bitte, dass die Elemente des Zeilenvektors hier durch ein Semikolon getrennt wurden. Hintergrund ist die Tatsache, dass ansonsten die Verwendung und Trennung von Dezimalzahlen nicht eindeutig geregelt wäre, da sie selbst ein Komma enthalten.

Die beiden Vektoren lassen sich ineinander überführen, indem man Zeilen und Spalten miteinander vertauscht. Man spricht in diesem Zusammenhang auch vom sogenannten **Transponieren**. Diese Operation für Vektoren und Matrizen werden wir wenig später noch einmal aufgreifen. Doch weiter am Beispiel des Unternehmens.

Wir wollen nun drei verschiedene Kunden betrachten, die die Produkte kaufen. Stellt man die Ordermengen tabellarisch dar, so könnte dies wie folgt aussehen (s. Tab. 8.1):

Tab. 8.1 Ordermengen

	Produkt 1	Produkt 2	Produkt 3	Produkt 4
Kunde 1	20	300	10	100
Kunde 2	55	80	0	210
Kunde 3	0	1000	70	350

Solche Darstellungen sind bereits einfach zu lesen, und Sie erkennen sofort, dass Kunde 2 das Produkt 3 und Kunde Nummer 3 das Produkt 1 nicht bestellt haben. Dennoch ist diese Darstellung als Tabelle relativ umfangreich! Zum Beispiel ist es unnötig, die Zeilenköpfe und die Spaltenköpfe mitzuschreiben. Wenn der Leser weiß, dass die Produkte in den Spalten und die Kunden in den Zeilen stehen, erschließt sich dieser Sachverhalt von selbst. Man kann die Bestellmenge also auch kurz in Form einer sogenannten **Matrix** aufschreiben:

$$\begin{pmatrix} 20 & 300 & 10 & 100 \\ 55 & 80 & 0 & 210 \\ 0 & 1000 & 70 & 350 \end{pmatrix}.$$

Die Matrix besitzt drei Zeilen und vier Spalten. Dies sind die sogenannten **Dimensionen einer Matrix**, und man gibt sie kurz in der Form 3×4 (sprich „drei kreuz vier") an. Es wird stets die Anzahl der Zeilen als Erstes genannt! ◄

Allgemein lässt sich eine Matrix mit m Zeilen und n Spalten auch wie folgt schreiben:

$$\begin{pmatrix} a_{11} & \cdots & a_{1n} \\ \vdots & \ddots & \vdots \\ a_{m1} & \cdots & a_{mn} \end{pmatrix}.$$

Die Indizes der Matrixelemente a_{11} bis a_{mn} werden in der Form „Zeile Spalte" angegeben. Das letzte Element hat dann allgemein die Form a_{mn}, da m Zeilen und n Spalten bei einer Matrix vorhanden sind.

Merksatz

Bei Vektoren werden die Werte zeilen- oder spaltenweise aufgeführt, wohingegen Matrizen mehrere Zeilen bzw. Spalten als Zusammenfassung enthalten. Vektoren sind demnach als spezielle Form von Matrizen aufzufassen. Es reicht deshalb aus, künftig ausschließlich von Matrizen zu sprechen!

Als Dimension einer Matrix wird die Anzahl der Zeilen und die Anzahl der Spalten angegeben. Die Schreibweise $m \times n$ bedeutet dabei: Anzahl der Zeilen ist m und Anzahl der Spalten ist n.

8.1.2 Sonderformen von Matrizen

Quadratische Matrix Eine quadratische Matrix liegt vor, wenn die Anzahl der Zeilen m der Anzahl der Spalten n entspricht. Dann gilt $m = n$.

allgemeine Form ($m = n$)   Beispiel ($m = n = 3$)

$$\begin{pmatrix} a_{11} & 0 & \cdots & 0 \\ 0 & a_{22} & & 0 \\ \vdots & & \ddots & \vdots \\ 0 & \cdots & 0 & a_{nn} \end{pmatrix} \qquad \begin{pmatrix} 1 & 3 & -4 \\ 3 & 12 & -2 \\ -4 & -2 & 5 \end{pmatrix}.$$

Diagonalmatrix Eine quadratische Matrix wird als Diagonalmatrix bezeichnet, wenn alle Elemente, die nicht auf der Hauptdiagonalen liegen, null sind. Die Hauptdiagonale verläuft von links oben nach rechts unten.

allgemeine Form ($m = n$)   Beispiel

$$\begin{pmatrix} a_{11} & 0 & \cdots & 0 \\ 0 & a_{22} & & 0 \\ \vdots & & \ddots & \vdots \\ 0 & \cdots & 0 & a_{nn} \end{pmatrix} \qquad \begin{pmatrix} 2 & 0 & 0 & 0 \\ 0 & -3 & 0 & 0 \\ 0 & 0 & 7 & 0 \\ 0 & 0 & 0 & 3 \end{pmatrix}.$$

Merke: Als Hauptdiagonale einer quadratischen Matrix bezeichnet man diejenigen Elemente von links oben nach rechts unten. Die Elemente a_{11} und a_{nn} bilden deren Enden. Als Nebendiagonale werden die Elemente von links unten nach rechts oben bezeichnet. Die Elemente a_{n1} und a_{1n} bilden deren Enden.

Einheitsmatrix Die Einheitsmatrix ist eine spezielle Form der Diagonalmatrix, bei der die Elemente der Hauptdiagonalen alle den Wert eins annehmen.

allgemeine Form ($m = n$)   Beispiel $m = n = 4$

$$E = \begin{pmatrix} 1 & 0 & \cdots & \cdots & 0 \\ 0 & 1 & & & \vdots \\ \vdots & & 1 & & \vdots \\ \vdots & & & \ddots & \vdots \\ 0 & \cdots & \cdots & 0 & 1 \end{pmatrix} \qquad \begin{pmatrix} 1 & 0 & 0 & 0 \\ 0 & 1 & 0 & 0 \\ 0 & 0 & 1 & 0 \\ 0 & 0 & 0 & 1 \end{pmatrix}.$$

Es existieren also unendlich viele Einheitsmatrizen, da deren Dimension zwar quadratisch ist, sie aber beliebig groß sein kann. Es existiert nicht „die" Einheitsmatrix. Die Multiplikation einer Matrix mit einer „Einheitsmatrix" entsprechender Dimension führt zu keiner Veränderung der Ausgangsmatrix. Die Einheitsmatrizen stellen also das „Einselement" der Matrizenmultiplikation dar. Genau wie dies bei der Multiplikation reeller Zahlen die Zahl „1" ist. Auch hier gilt: $x \cdot 1 = 1 \cdot x = x$.

Merksatz

Einheitsmatrizen werden mit E (oder manchmal auch mit I für den englischen Begriff „identity" = Einselement) be-

zeichnet und besitzen die Form

$$E = \begin{pmatrix} 1 & 0 & \cdots & \cdots & 0 \\ 0 & 1 & & & \vdots \\ \vdots & & 1 & & \vdots \\ \vdots & & & \ddots & \vdots \\ 0 & \cdots & \cdots & 0 & 1 \end{pmatrix}.$$

Im Allgemeinen wird ihre Dimension nicht angegeben! Der kundige Leser einer Aufgabe oder einer Abhandlung kann immer davon ausgehen, dass E die „passende" Dimension aufweist. Soll also $A \cdot E$ berechnet werden, wobei A die Dimension $m \times n$ aufweist, so wird E immer quadratisch und von der Form $n \times n$ sein.

Nullmatrizen Alle Elemente der Matrix sind gleich null. Die Matrix muss nicht notwendigerweise quadratisch sein.

allgemeine Form   Beispiel

$$O = \begin{pmatrix} a_{11} & a_{12} & \cdots & a_{1n} \\ a_{21} & a_{22} & \cdots & a_{2n} \\ \vdots & \vdots & & \vdots \\ a_{m1} & a_{m2} & & a_{mn} \end{pmatrix} \qquad \begin{pmatrix} 0 & 0 \\ 0 & 0 \\ 0 & 0 \end{pmatrix}.$$

Nullmatrizen werden genau wie Einheitsmatrizen immer in der „passenden" Dimension gewählt, obwohl einfach nur die Notation O in den Formeln benutzt wird (s. obige Anmerkungen zu Einheitsmatrizen).

Obere und untere Dreiecksmatrix Unter einer Dreiecksmatrix wird eine quadratische Matrix verstanden, in der alle Elemente unterhalb (obere Dreiecksmatrix) bzw. oberhalb (untere Dreiecksmatrix) der Hauptdiagonale gleich null sind.

obere Dreiecksmatrix   Beispiel

$$\begin{pmatrix} a_{11} & a_{21} & a_{31} & \cdots & a_{1n} \\ 0 & a_{22} & & \cdots & a_{2n} \\ 0 & 0 & a_{33} & & \vdots \\ \vdots & & & \ddots & \vdots \\ 0 & \cdots & \cdots & 0 & a_{mn} \end{pmatrix} \qquad \begin{pmatrix} -2 & 1 & 10 & -5 \\ 0 & 4 & -3 & 9 \\ 0 & 0 & 1 & 2 \\ 0 & 0 & 0 & 11 \end{pmatrix}$$

untere Dreiecksmatrix   Beispiel

$$\begin{pmatrix} a_{11} & 0 & 0 & \cdots & 0 \\ a_{21} & a_{22} & 0 & \cdots & 0 \\ \vdots & & a_{32} & & 0 \\ \vdots & & & \ddots & \vdots \\ a_{n1} & \cdots & \cdots & \cdots & a_{mn} \end{pmatrix} \qquad \begin{pmatrix} -2 & 0 & 0 & 0 \\ 1 & 4 & 0 & 0 \\ 10 & -3 & 1 & 0 \\ -5 & 9 & 2 & 11 \end{pmatrix}.$$

Kapitel 8

Skalarmatrix Eine Skalarmatrix ist ein skalares Vielfaches der Einheitsmatrix. Sie hat auf der Hauptdiagonalen ein Element a und sonst nur Nullen.

allgemeine Form

$$\begin{pmatrix} a & 0 & \cdots & \cdots & 0 \\ 0 & a & & & \vdots \\ \vdots & & a & & \vdots \\ \vdots & & & \ddots & \vdots \\ 0 & \cdots & \cdots & 0 & a \end{pmatrix}$$

Beispiel

$$\begin{pmatrix} 4 & 0 & 0 & 0 \\ 0 & 4 & 0 & 0 \\ 0 & 0 & 4 & 0 \\ 0 & 0 & 0 & 4 \end{pmatrix}.$$

8.1.3 Matrixoperationen

Nun sollen die wichtigsten Rechenoperationen (kurz: Operationen) für Matrizen bzw. Vektoren vorgestellt werden. Diese werden später u. a. beim Lösen von linearen Gleichungssystemen eingesetzt.

8.1.3.1 Transponieren einer Matrix

Vertauscht man die Zeilen und Spalten einer Matrix, so spricht man vom sogenannten **Transponieren**. Eine 3×4-Matrix wird dann zu einer 4×3-Matrix.

$$\begin{pmatrix} 20 & 300 & 10 & 100 \\ 55 & 80 & 0 & 210 \\ 0 & 1000 & 70 & 350 \end{pmatrix}^T = \begin{pmatrix} 20 & 55 & 0 \\ 300 & 80 & 1000 \\ 10 & 0 & 70 \\ 100 & 210 & 350 \end{pmatrix}.$$

Merksatz

Beim Transponieren einer Matrix werden deren Zeilen und Spalten vertauscht. Allgemein gilt

$$\begin{pmatrix} a_{11} & \cdots & a_{1n} \\ \vdots & \ddots & \vdots \\ a_{m1} & \cdots & a_{mn} \end{pmatrix}^T$$

$$= \begin{pmatrix} a_{11} & \cdots & a_{1n\ NEU} = a_{m1\ ALT} \\ \vdots & \ddots & \vdots \\ a_{m1\ NEU} = a_{1n\ ALT} & \cdots & a_{mn} \end{pmatrix}.$$

Bei einer quadratischen Matrix spiegelt man die Elemente an der Hauptdiagonalen! Ist eine Matrix quadratisch, dann bleiben die Elemente der Hauptdiagonalen beim Transponieren erhalten.

Es gilt folgende Rechenregel mit A als Matrix.

$$\left(A^T\right)^T = A \quad \left(A^T\right)^T = A \quad (A \cdot B)^T = B^T \cdot A^T.$$

Beispiele

$$\left(A^T\right)^T = \left(\begin{pmatrix} 4 & 3 \\ 7 & 2 \end{pmatrix}^T\right)^T$$

$$= \begin{pmatrix} 4 & 7 \\ 3 & 2 \end{pmatrix}^T$$

$$= \begin{pmatrix} 4 & 3 \\ 7 & 2 \end{pmatrix} = A. \qquad \blacktriangleleft$$

8.1.3.2 Matrizenmultiplikation

Matrizen werden nicht nur definiert, um Schreibarbeit zu sparen, sondern man benutzt sie zum Rechnen. Wir wollen Ihnen an dieser Stelle die verschiedenen Matrixoperationen erläutern und deren Sinn verdeutlichen. Dazu führen wir das obige Beispiel der Bestellungen für vier Produkte durch drei Kunden fort.

Beispiel

Die Bestellungen je Kunde sind durch die folgende Matrix gegeben:

$$\begin{pmatrix} 20 & 300 & 10 & 100 \\ 55 & 80 & 0 & 210 \\ 0 & 1000 & 70 & 350 \end{pmatrix}.$$

Die Kunden stehen in den Zeilen, die Bestellmengen je Produkt in den Spalten. Kunde 2 bestellt demnach von Produkt 4 genau 210 Stück. Aufgrund der konjunkturell schwierigen Lage im kommenden Jahr rechnet die betrachtete Firma mit einem Rückgang der Bestellungen um 20 %. Die Bestellmenge je Kunde ist zu prognostizieren.

Lösung

Offensichtlich betragen die Bestellungen je Kunde 80 % der Bestellungen des Vorjahres. Es wird von einem konstanten Rückgang der Bestellungen auf breiter Front ausgegangen, unabhängig vom Kunden und Produkt selbst. Aus diesem Grund können alle Bestellmengen mit dem Wert 0,80 multipliziert werden. Da es sich bei dieser Rechnung um die Multiplikation der Matrix mit einer einzelnen Zahl handelt, spricht man auch von einer **Multiplikation mit einem Skalar**.

Folgende Rechnung ist auszuführen:

$$0,80 \cdot \begin{pmatrix} 20 & 300 & 10 & 100 \\ 55 & 80 & 0 & 210 \\ 0 & 1000 & 70 & 350 \end{pmatrix}$$

$$= \begin{pmatrix} 16 & 240 & 8 & 80 \\ 44 & 64 & 0 & 168 \\ 0 & 800 & 56 & 280 \end{pmatrix}.$$

Das Unternehmen kann demnach vom Kunden 2 im nächsten Jahr mit einer Bestellung von 168 Stück des Produkts 4 rechnen. Alle anderen Bestellmengen je Kunde bzw. je Produkt können ebenfalls der Matrix entnommen werden. ◄

Merksatz

Eine Matrix wird mit einem reellen Wert bzw. einem sogenannten **Skalar** von links oder von rechts multipliziert, indem jedes Matrixelement mit dem Wert multipliziert wird.

Es gilt

$$w \cdot \begin{pmatrix} a_{11} & \cdots & a_{1n} \\ \vdots & \ddots & \vdots \\ a_{m1} & \cdots & a_{mn} \end{pmatrix}$$

$$= \begin{pmatrix} a_{11} & \cdots & a_{1n} \\ \vdots & \ddots & \vdots \\ a_{m1} & \cdots & a_{mn} \end{pmatrix} \cdot w$$

$$= \begin{pmatrix} w \cdot a_{11} & \cdots & w \cdot a_{1n} \\ \vdots & \ddots & \vdots \\ w \cdot a_{m1} & \cdots & w \cdot a_{mn} \end{pmatrix} .$$

Etwas komplexer ist allerdings die Multiplikation einer Matrix mit einer anderen Matrix! Hier sind verschiedene Schwierigkeiten zu lösen. Im Folgenden wollen wir dieses Thema durch die Multiplikation einer Matrix mit einem Vektor einleiten, der ein Sonderfall einer Matrix ist. Anhand dieses Beispiels kann sehr gut die Methodik der Multiplikation erläutert und so anschließend zur Multiplikation zweier Matrizen übergegangen werden. Wir bedienen uns wieder des Ausgangsbeispiels von Bestellmengen für verschiedene Produkte und versuchen, über deren Preise die Endsumme zu ermitteln, die jeder Kunde für seine Bestellung jeweils zu zahlen hat.

Beispiel

Gegeben sind die Ausgangsbestellmengen je Kunde und Produkt als Matrix sowie die zugehörigen Preise der jeweiligen Produkte als Spaltenvektor:

Bestellungen je Kunde und Produkt   Preis je Produkt

$$\begin{pmatrix} 20 & 300 & 10 & 100 \\ 55 & 80 & 0 & 210 \\ 0 & 1000 & 70 & 350 \end{pmatrix} \qquad \begin{pmatrix} 10 \\ 4 \\ 6 \\ 2 \end{pmatrix} .$$

Gesucht sind die Gesamtpreise der Bestellungen je Kunde.

Lösung

Um diese Aufgabe ohne Matrizenrechnung zu lösen, würde man folgende Rechnung für den Kunden 1 durchführen

$$20 \cdot 10 + 300 \cdot 4 + 10 \cdot 6 + 100 \cdot 2 = 1660 .$$

Kunde 1 hat also 1660 € für die Gesamtbestellung der vier Produkte zu entrichten.

Dies ist auch schon die Lösung, wie man mit Matrizen und Vektoren bei der Multiplikation umgeht! Die Bestellmengen sollen mit den Preisen multipliziert werden. In der folgenden Formel sind deswegen nicht nur die Matrizen, sondern auch die Multiplikationsrichtungen eingezeichnet. Um Flüchtigkeitsfehler zu vermeiden, sollten Sie zeilenweise vorgehen. Da zunächst für den ersten Kunden nur die erste Zeile der Bestellmengenmatrix benötigt wird, sollten Sie die anderen Zahlen von Zeile 2 und 3 zugedeckt halten.

$$\underset{}{\begin{pmatrix} 20 & 300 & 10 & 100 \\ 55 & 80 & 0 & 210 \\ 0 & 1000 & 70 & 350 \end{pmatrix}} \overset{\text{Richtung} \rightarrow}{} \cdot \begin{pmatrix} 10 \\ 4 \\ 6 \\ 2 \end{pmatrix} \downarrow \text{Richtung}$$

Anschließend multiplizieren Sie jedes Matrixelement der ersten Zeile mit dem jeweils zugehörigen Element des Preisvektors, der hier ein Spaltenvektor ist. Danach bedienen Sie sich der zweiten Zeile und multiplizieren wieder jedes Element der Bestellmengenmatrix mit dem entsprechenden Preis. Demzufolge ist die folgende Rechnung durchzuführen:

$$55 \cdot 10 + 80 \cdot 4 + 0 \cdot 6 + 210 \cdot 2 = 1290 .$$

Für die dritte Zeile folgt:

$$0 \cdot 10 + 1000 \cdot 4 + 70 \cdot 6 + 350 \cdot 2 = 5120 .$$

Das Ergebnis lautet dann

$$\begin{pmatrix} \boxed{20 \quad 300 \quad 10 \quad 100} \\ 55 \quad 80 \quad 0 \quad 210 \\ 0 \quad 1000 \quad 70 \quad 350 \end{pmatrix} \cdot \begin{pmatrix} 10 \\ 4 \\ 6 \\ 2 \end{pmatrix} \downarrow \text{Richtung}$$

$$= \begin{pmatrix} 1660 \\ 1290 \\ 5120 \end{pmatrix} . \qquad ◄$$

Das obige Beispiel gibt uns einen sehr guten Eindruck, wie bei der Multiplikation von Matrizen mit Vektoren vorzugehen ist! Das Beispiel soll an dieser Stelle auch noch weiter analysiert werden, weil es wertvolle Informationen zur Systematik der Berechnungen liefert.

Zunächst soll die Frage der Ausführbarkeit der Multiplikation untersucht werden. Wäre es möglich gewesen, die Berechnungen auch auszuführen, wenn der Spaltenvektor mit den Preisen lediglich drei Zeilen besitzen würde? Nein, denn dann würde der Preis für das vierte Produkt in Höhe von 2 € fehlen. Es sollte also helfen, die Dimensionen der beteiligten Größen zu untersuchen.

Wir stellen fest, dass die Matrix die Dimension 3×4 und der Vektor als spezielle Matrix die Dimension 4×1 besitzen. Der Ergebnisvektor mit dem Gesamtpreis je Kunde besitzt dagegen die Dimension 3×1.

Schreiben wir uns dies auf, so erkennen wir ein System!

$$3 \times \underbrace{4 \cdot 4}_{\text{Gleich!}} \times 1 = 3 \times 1.$$

Wir rechnen also mit den Dimensionen der beteiligten Größen. So ist erkennbar, ob die Multiplikation überhaupt ausführbar ist und welche Dimension das Ergebnis besitzt.

Merksatz

Für die Multiplikation von Matrizen und Vektoren bzw. von Matrizen mit Matrizen gelten folgende Regeln:

1. Die Multiplikation ist ausführbar, wenn die Anzahl der Spalten der ersten Matrix gleich der Anzahl der Zeilen der zweiten Matrix ist.
2. Das Ergebnis einer Matrizenmultiplikation ist wieder eine Matrix. Deren Zeilenzahl ist gleich der Anzahl der Zeilen der ersten Matrix. Deren Spaltenzahl ist gleich der Anzahl der Spalten der zweiten Matrix.
3. Sind zwei Matrizen miteinander multiplizierbar, d. h. treffen obige Bedingungen zu, so nennt man beide Matrizen miteinander verknüpfbar.
4. Es gilt $m \times n \cdot n \times k = m \times k$.

Für die Multiplikation von Matrizen ist folgendermaßen vorzugehen:

1. Dimension der ersten und der zweiten Matrix ermitteln.
2. Prüfen, ob beide Matrizen zueinander passen, d. h. ob die Spaltenzahl der ersten Matrix gleich der Zeilenzahl der zweiten Matrix ist und damit beide Matrizen miteinander verknüpfbar sind.
3. Dimension des Ergebnisses festlegen, indem man die Anzahl der Zeilen der ersten Matrix und die Anzahl der Spalten der zweiten Matrix benutzt.
4. Nun sind die Zeilen der ersten Matrix mit den Spalten der zweiten Matrix Zeile für Zeile wie folgt zu „multiplizieren": erstes Spaltenelement der ersten Matrix * erstes Zeilenelement der zweiten Matrix + zweites Spaltenelement der ersten Matrix * zweites Zeilenelement der zweiten Matrix $+ \cdots +$ letztes Spaltenelement der ersten Matrix * letztes Zeilenelement der zweiten Matrix.

Das Verfahren soll zu Übungszwecken nochmals mithilfe einer Bestellmatrix für zwei Kunden und drei Produkte und für andere Preise gezeigt werden.

Beispiel

Gegeben sind die Bestellmengen für Kunden und Produkte sowie der Preisvektor mit

$$\begin{pmatrix} 10 & 120 & 4 \\ 25 & 0 & 7 \end{pmatrix} \text{ und } \begin{pmatrix} 6 \\ 2 \\ 0,5 \end{pmatrix}.$$

Gesucht sind das Ergebnis der Matrizenmultiplikation und damit die Rechnungsbeträge, die die einzelnen Kunden für ihre Bestellungen bezahlen müssen.

Lösung

Die Aufgabe besteht also darin, die Matrizenmultiplikation durchzuführen. Wir verfahren nach obigem Algorithmus.

1. Dimensionen der Matrizen ermitteln:
   Diese sind 2×3 und 3×1.
2. „Multiplizieren" beider Dimensionsangaben:

$$2 \times \underbrace{3 \cdot 3}_{\text{Gleich!}} \times 1 = 2 \times 1.$$

Damit sind beide Matrizen miteinander verknüpfbar. Die Multiplikation ist ausführbar.
3. Dimension des Ergebnisses festlegen:
   Das Ergebnis hat die Dimension 2×1. Es handelt sich also um einen Spaltenvektor mit zwei Zeilen.
4. Multiplizieren der Matrizen:

$$\begin{pmatrix} 10 & 120 & 4 \\ 25 & 0 & 7 \end{pmatrix} \cdot \begin{pmatrix} 6 \\ 2 \\ 0,5 \end{pmatrix}$$

$$= \begin{pmatrix} 10 \cdot 6 + 120 \cdot 2 + 4 \cdot 0,5 \\ 25 \cdot 6 + 0 \cdot 2 + 7 \cdot 0,5 \end{pmatrix}$$

$$= \begin{pmatrix} 302 \\ 153,50 \end{pmatrix}.$$

Der erste Kunde hat demnach $302 €$ zu zahlen, der zweite $153,50 €$. ◄

Gut zu wissen

Schema von Falk als andere Variante der Matrixmultiplikation: Das sogenannte „Falk-Schema" ist eine andere Methode, Matrizen zu multiplizieren. Wir nehmen an, dass wir die Voraussetzungen für die Matrizenmultiplikation bereits geprüft haben (Schritte 1–3 des obigen Schemas), und zeigen hier das Verfahren nach Falk (s. Abb. 8.2).

$A \cdot B = C$			6
			2
			0,5
10	120	4	302
25	0	7	153,50

Abb. 8.2 Falk-Schema ◄

Beispiel

Ein weiteres, etwas komplexeres Beispiel soll die Anwendung des Schemas von Falk nochmals verdeutlichen (s. Abb. 8.3).

$A \cdot B = C$					0	4	6
					-1	2	-2
					3	4	1
					-4	7	0
					1	-2	6
1	-0,5	0	1,5	-2	-7,5	$c_{1,2}$	-5
6	4	-2	1	0	-14	31	26
0,5	3	-1	-3	10	$c_{3,1}$	-37	56
2	2	-6	1	4	-20	-13	$c_{3,3}$

Abb. 8.3 Komplexeres Beispiel für das Schema von Falk

Es ist recht mühselig, alle Elemente der Ergebnismatrix auszurechnen. Immerhin handelt es sich um zwölf Elemente, wie die Prüfung der Matrixdimensionen schnell zeigt:

$$4 \times \underbrace{5 \cdot 5}_{\text{Gleich!}} \times 3 = 4 \times 3 .$$

Wir wollen uns an dieser Stelle deshalb drei ausgewählten Elementen der Ergebnismatrix widmen. Dies sind die Matrixelemente c_{12} und c_{31} sowie c_{33}, deren Berechnung wir hier zeigen.

Die Indizes der gesuchten Matrixelemente bestimmen zugleich die Zeile und die Spalte der Ausgangsmatrizen, die hier zu multiplizieren sind. Für das Element c_{12} ist demnach die erste Zeile von Matrix A zu verwenden und die zweite Spalte von Matrix B.

Die Berechnungen ergeben folgende Werte:

$$c_{12} = 1 \cdot 4 + (-0,5 \cdot 2) + 0 \cdot 4 + 1,5 \cdot 7 + (-2) \cdot (-2)$$
$$= 17,5 ,$$
$$c_{31} = 0,5 \cdot 0 + 3 \cdot (-1) + (-1) \cdot 3 + (-3) \cdot (-4)$$
$$+ 10 \cdot 1 = 16 ,$$

$$c_{33} = 2 \cdot 6 + 2 \cdot (-2) + (-6) \cdot 1 + 1 \cdot 0 + 4 \cdot 6$$
$$= 26 .$$

Für die Berechnung der anderen Elemente der Ergebnismatrix gilt dieses System entsprechend. ◄

Merksatz

Für das Multiplizieren zweier Matrizen müssen die Dimensionen der Matrizen verknüpfbar sein. Das heißt, die Anzahl der Spalten der ersten Matrix muss der Anzahl der Zeilen der zweiten Matrix entsprechen. Daraus folgt, dass die Faktoren nicht vertauscht werden können – die Matrizenmultiplikation ist also nicht kommutativ.

Zur Multiplikation zweier Matrizen sind einzelne Zeilen und Spalten der Ausgangsmatrizen zu multiplizieren. Ist das Element c_{kl} der Ergebnismatrix gesucht, so wählt man Zeile k der ersten Matrix und Spalte l der zweiten Matrix. Das Produkt beider Vektoren ergibt das Ergebnis für Element c_{kl}. Die vorangegangenen Beispiele zeigen das Verfahren für die Multiplikation einer $m \times n$- und einer $n \times p$- zu einer $m \times p$-Matrix.

Die Matrizenmultiplikation kann auch mit dem Schema von Falk durchgeführt werden. Schematisch zeigt dies Abb. 8.4.

Es gelten die folgenden Rechenregeln für die Matrizenmultiplikation:

Multiplikation mit einer Nullmatrix:

$$O \cdot A = A \cdot O = O$$

			b_{11}	b_{12}	$\dots$	b_{1p}
			b_{21}	b_{22}	$\dots$	b_{2p}
			$\vdots$	$\vdots$		$\vdots$
			b_{n2}	b_{n2}	$\dots$	b_{mp}
			$c_{32} = a_{31} b_{12} + a_{32} b_{22} + \dots + a_{3n} b_{n1}$			
a_{11} a_{12}	$\dots$	a_{1n}	c_{11}	c_{12}	$\dots$	c_{1p}
a_{21} a_{22}	$\dots$	a_{2n}	c_{21}	c_{22}	$\dots$	c_{2p}
a_{31} a_{32}	$\dots$	a_{3n}	c_{31}	c_{32}	$\dots$	c_{3p}
$\vdots$ $\vdots$	$\vdots$	$\vdots$	$\vdots$	$\vdots$		$\vdots$
a_{m1} a_{m2}	$\dots$	a_{mn}	c_{m1}	c_{m2}	$\dots$	c_{mp}

Abb. 8.4 Schematische Darstellung des Schemas von Falk zur Matrizenmultiplikation

Kapitel 8

Multiplikation mit einer Einheitsmatrix:

$$E \cdot A = A \cdot E = E$$

Assoziativgesetz:

$$A \cdot B \cdot C = (A \cdot B) \cdot C = A \cdot (B \cdot C)$$
$$(r \cdot A) \cdot (s \cdot B) = (rs) \cdot (A \cdot B), \quad \text{wobei } r, s \in \mathbb{R}$$

Distributivgesetz:

$$(A + B) \cdot C = A \cdot C + B \cdot C$$
$$A \cdot (B + C) = A \cdot B + A \cdot C.$$

Achtung Das Kommutativgesetz gilt nicht für die Matrizenmultiplikation! Im Allgemeinen ist $A \cdot B \neq B \cdot A$. Wir können zwar eine 3×4-Matrix A mit einer 4×2-Matrix B in der Reihenfolge $A \cdot B$ multiplizieren. Umgekehrt kann aber B nicht in der Reihenfolge $B \cdot A$ mit A multipliziert werden, da B nur zwei Spalten, A aber drei Zeilen besitzt. ◄

8.1.3.3 Matrizenaddition und -subtraktion

Im Gegensatz zur Multiplikation von Matrizen sind die Matrizenaddition und -subtraktion einfacher auszuführen! Wir zeigen dies an zwei Beispielen.

Beispiel

Gegeben seien die Bestellmengen je Kunde und Produkt für zwei verschiedene Jahre durch die folgenden Matrizen:

Jahr 1

$$\text{Kunden} \downarrow \quad \overset{\text{Produkte} \rightarrow}{\begin{pmatrix} 20 & 300 & 10 & 100 \\ 55 & 80 & 0 & 210 \\ 0 & 1000 & 70 & 350 \end{pmatrix}},$$

Jahr 2

$$\text{Kunden} \downarrow \quad \overset{\text{Produkte} \rightarrow}{\begin{pmatrix} 16 & 240 & 8 & 80 \\ 44 & 64 & 0 & 168 \\ 0 & 800 & 56 & 280 \end{pmatrix}}.$$

Gesucht sind die Gesamtbestellmengen. Um diese zu berechnen, sind die Matrizen natürlich zu addieren! Die Operation „Addition" ist für Matrizen nur ausführbar, wenn beide Matrizen über die gleiche Dimension verfügen. Dies ist hier mit 3×4 der Fall!

Als Ergebnis erhält man durch sukzessives Addieren der jeweils korrespondierenden Matrixelemente schnell die Ergebnismatrix:

$$\begin{pmatrix} 20 & 300 & 10 & 100 \\ 55 & 80 & 0 & 210 \\ 0 & 1000 & 70 & 350 \end{pmatrix} + \begin{pmatrix} 16 & 240 & 8 & 80 \\ 44 & 64 & 0 & 168 \\ 0 & 800 & 56 & 280 \end{pmatrix}$$
$$= \begin{pmatrix} 36 & 540 & 18 & 180 \\ 99 & 144 & 0 & 378 \\ 0 & 1800 & 126 & 630 \end{pmatrix}.$$

Die Ergebnismatrix enthält die Bestellmengen für beide Jahre zusammen. Kunde 3 hat z. B. $1000 + 800 = 1800$ Stück des Produkts 2 bestellt. ◄

Beispiel

Wir zeigen nun die Subtraktion von Matrizen. Gegeben seien wieder die Ausgangsmatrizen aus der vorangegangenen Übung, und es soll berechnet werden, wie groß der Rückgang der Bestellungen vom ersten Jahr im Vergleich zum zweiten Jahr ist. Dazu sind beide Matrizen zu subtrahieren.

Dies geschieht einfach über die Subtraktion der einzelnen korrespondierenden Matrixelemente, wie die folgende Beispielrechnung zeigt:

$$\begin{pmatrix} 20 & 300 & 10 & 100 \\ 55 & 80 & 0 & 210 \\ 0 & 1000 & 70 & 350 \end{pmatrix} - \begin{pmatrix} 16 & 240 & 8 & 80 \\ 44 & 64 & 0 & 168 \\ 0 & 800 & 56 & 280 \end{pmatrix}$$
$$= \begin{pmatrix} 4 & 60 & 2 & 20 \\ 11 & 16 & 0 & 42 \\ 0 & 200 & 14 & 70 \end{pmatrix}.$$

Zur Interpretation des Berechnungsergebnisses ist zu sagen, dass es sich um einen Rückgang der Bestellmengen handelt. Kunde 1 bestellt beispielsweise vier Stück des Produkts 1 weniger.

Natürlich hätten wir das gleiche Ergebnis auch durch Multiplikation der ersten Matrix mit 0,2 erhalten. Denn es handelt sich um einen 20 %-igen Rückgang der Bestellungen:

$$0{,}2 \cdot \begin{pmatrix} 20 & 300 & 10 & 100 \\ 55 & 80 & 0 & 210 \\ 0 & 1000 & 70 & 350 \end{pmatrix}$$
$$= \begin{pmatrix} 4 & 60 & 2 & 20 \\ 11 & 16 & 0 & 42 \\ 0 & 200 & 14 & 70 \end{pmatrix}. \quad ◄$$

Merksatz

Die Addition und auch die Subtraktion von Matrizen sind ausführbar, wenn beide beteiligten Matrizen exakt die gleiche Dimension besitzen. Die Ergebnismatrix wird ermittelt, indem die Matrixelemente der beiden Ausgangsmatrizen einzeln addiert bzw. subtrahiert werden. Die Ergebnismatrix besitzt die gleiche Dimension wie die Ausgangsmatrizen.

$$\begin{pmatrix} a_{11} & a_{12} & \cdots & a_{1n} \\ a_{21} & a_{22} & \cdots & a_{2n} \\ \vdots & \vdots & & \vdots \\ a_{m1} & a_{m2} & \cdots & a_{mn} \end{pmatrix} + \begin{pmatrix} b_{11} & b_{12} & \cdots & b_{1n} \\ b_{21} & b_{22} & \cdots & b_{2n} \\ \vdots & \vdots & & \vdots \\ b_{m1} & b_{m2} & \cdots & b_{mn} \end{pmatrix}$$

$$= \begin{pmatrix} a_{11}+b_{11} & a_{12}+b_{12} & \cdots & a_{1n}+b_{1n} \\ a_{21}+b_{21} & a_{22}+b_{22} & \cdots & a_{2n}+b_{2n} \\ \vdots & \vdots & & \vdots \\ a_{m1}+b_{m1} & a_{m2}+b_{m2} & \cdots & a_{mn}+b_{mn} \end{pmatrix}$$

$$\begin{pmatrix} a_{11} & a_{12} & \cdots & a_{1n} \\ a_{21} & a_{22} & \cdots & a_{2n} \\ \vdots & \vdots & & \vdots \\ a_{m1} & a_{m2} & \cdots & a_{mn} \end{pmatrix} - \begin{pmatrix} b_{11} & b_{12} & \cdots & b_{1n} \\ b_{21} & b_{22} & \cdots & b_{2n} \\ \vdots & \vdots & & \vdots \\ b_{m1} & b_{m2} & \cdots & b_{mn} \end{pmatrix}$$

$$= \begin{pmatrix} a_{11}-b_{11} & a_{12}-b_{12} & \cdots & a_{1n}-b_{1n} \\ a_{21}-b_{21} & a_{22}-b_{22} & \cdots & a_{2n}-b_{2n} \\ \vdots & \vdots & & \vdots \\ a_{m1}-b_{m1} & a_{m2}-b_{m2} & \cdots & a_{mn}-b_{mn} \end{pmatrix}.$$

Es gelten die folgenden Rechenregeln für die Matrizenaddition:

Addition einer Nullmatrix:

$$O + A = A + O = A$$

Kommutativgesetz:

$$A + B = B + A$$

Assoziativgesetz:

$$A + B + C = (A + B) + C = A + (B + C)$$
$$A + 0 = A$$
$$A + (-A) = 0.$$

Es gelten die folgenden Rechenregeln für die Matrizensubtraktion:

Subtraktion einer Nullmatrix:

$$A - 0 = A$$

Subtraktion von der Nullmatrix:

$$O - A = -A$$

Assoziativgesetz:

$$A - B - C = (A - B) - C = A - (B - C).$$

8.1.3.4 Invertieren von Matrizen

Mithilfe des Invertierens einer Matrix ermittelt man diejenige Matrix, die multipliziert mit der Ausgangsmatrix die Einheitsmatrix ergibt. Diese sogenannte **inverse Matrix** – oder kurz: die **Inverse** – erlaubt beispielsweise die Lösung eines Gleichungssystems der Form

$$Ax = b.$$

Hier ist A eine Matrix und b ein Vektor. Gesucht wird der Lösungsvektor x, der jede Gleichung in eine wahre Aussage überführt. Da man nicht einfach durch die Matrix A dividieren kann, denn die Matrizendivision ist nicht definiert, lohnt es sich, sich mit dem Invertieren genauer zu befassen.

Merksatz

Die Matrix A^{-1} ist eine Inverse der quadratischen Matrix A, wenn gilt:

$$A \cdot A^{-1} = E \text{ sowie } A^{-1} \cdot A = E.$$

Beachten Sie, dass A quadratisch sein muss! Beachten Sie außerdem, dass beide o. g. Bedingungen $A \cdot A^{-1} = E$ und $A^{-1} \cdot A = E$ erfüllt sein müssen, damit wir eine Inverse zu A vorliegen haben. Dies hat seinen Grund darin, dass die Matrizenmultiplikation nicht kommutativ ist. Beide Faktoren eines Produktes können also bei der Matrizenmultiplikation nicht vertauscht werden (s. hierzu auch Abschn. 8.1.3.2).

Zum **Invertieren einer Matrix** können Sie verschiedene Algorithmen verwenden. Wir zeigen an dieser Stelle das übliche Verfahren mithilfe des **Gauß-Jordan-Algorithmus**. Dieser beruht auf folgendem Prinzip:

1. Schreiben Sie die Ausgangsmatrix sowie eine Einheitsmatrix von gleicher Dimension nebeneinander.
2. Wenden Sie die erlaubten Rechenschritte auf beide Matrizen gleichzeitig und in gleicher Weise an. Führen Sie also die jeweiligen Schritte für beide Matrizen gleich aus! Rechnen Sie so lange, bis auf der linken Seite die Einheitsmatrix steht.
3. Steht auf der linken Seite die Einheitsmatrix, kann die Berechnung beendet und die Inverse auf der rechten Seite abgelesen werden. Es ist jedoch nicht in jedem Fall möglich, eine Inverse zu ermitteln und damit diesen Zustand zu erreichen.

Um diesen Algorithmus umzusetzen, sind folgende Rechenschritte erlaubt:

- Multiplikation einer Zeile einer Matrix mit einer Zahl ungleich null,
- Addition des Vielfachen einer Zeile zu einer anderen Zeile,
- Vertauschen von Zeilen.

Merksatz

Besitzt eine Matrix eine Inverse, so heißt sie invertierbar. Man nennt sie dann auch reguläre Matrix. Es gilt dann $A \cdot A^{-1} = E$ sowie $A^{-1} \cdot A = E$. Sonst nennt man sie singulär.

Beispiel

Ermittelt werden soll die Inverse von

$$A = \begin{pmatrix} 2 & 1 \\ -4 & 3 \end{pmatrix}.$$

Schritt 1: Ausgangsmatrix sowie eine Einheitsmatrix von gleicher Dimension nebeneinanderschreiben

$$\left(\begin{array}{cc|cc} 2 & 1 & 1 & 0 \\ -4 & 3 & 0 & 1 \end{array} \right).$$

Schritt 2: Anwendung der erlaubten Rechenschritte auf beide (!) Matrizen, bis auf der linken Seite die Einheitsmatrix steht.

Zeile 1 wird mit 2 multipliziert und zur Zeile 2 addiert. So erhalten wir eine neue Zeile 2.

Zeile $1 \cdot 2 +$ Zeile $2 \rightarrow$ Zeile 2

$$\left(\begin{array}{cc|cc} 2 & 1 & 1 & 0 \\ 0 & 5 & 2 & 1 \end{array} \right).$$

Zeile 2 wird mit $-\frac{1}{5}$ multipliziert und zur Zeile 1 addiert. So erhalten wir eine neue Zeile 1.

Zeile $2 \cdot \left(-\frac{1}{5}\right) +$ Zeile $1 \rightarrow$ Zeile 1

$$\left(\begin{array}{cc|cc} 2 & 0 & \frac{3}{5} & -\frac{1}{5} \\ 0 & 5 & 2 & 1 \end{array} \right).$$

Multiplikation der Zeile 1 mit $\frac{1}{2}$.

Zeile $1 \cdot \frac{1}{2} \rightarrow$ Zeile 1

$$\left(\begin{array}{cc|cc} 1 & 0 & \frac{3}{10} & -\frac{1}{10} \\ 0 & 5 & 2 & 1 \end{array} \right).$$

Multiplikation der Zeile 2 mit $\frac{1}{5}$.

Zeile $2 \cdot \frac{1}{5} \rightarrow$ Zeile 2

$$\left(\begin{array}{cc|cc} 1 & 0 & \frac{3}{10} & -\frac{1}{10} \\ 0 & 1 & \frac{2}{5} & \frac{1}{5} \end{array} \right).$$

Schritt 3: Steht auf der linken Seite die Einheitsmatrix, kann die Berechnung beendet und die Inverse rechts abgelesen werden.

Die Inverse der Matrix von $A = \begin{pmatrix} 2 & 1 \\ -4 & 3 \end{pmatrix}$ ist damit

$$A^{-1} = \begin{pmatrix} \frac{3}{10} & -\frac{1}{10} \\ \frac{2}{5} & \frac{1}{5} \end{pmatrix}.$$

Wir führen die Probe aus und testen die Bedingungen $A \cdot A^{-1} = E$ sowie $A^{-1} \cdot A = E$:

$$A \cdot A^{-1} = \begin{pmatrix} 2 & 1 \\ -4 & 3 \end{pmatrix} \cdot \begin{pmatrix} \frac{3}{10} & -\frac{1}{10} \\ \frac{2}{5} & \frac{1}{5} \end{pmatrix}$$

$$= \begin{pmatrix} 2 \cdot \frac{3}{10} + 1 \cdot \frac{2}{5} & 2 \cdot \left(-\frac{1}{10}\right) + 1 \cdot \frac{1}{5} \\ -4 \cdot \frac{3}{10} + 3 \cdot \frac{2}{5} & -4 \cdot \left(-\frac{1}{10}\right) + 3 \cdot \frac{1}{5} \end{pmatrix}$$

$$= \begin{pmatrix} \frac{6}{10} + \frac{2}{5} & -\frac{2}{10} + \frac{1}{5} \\ -\frac{12}{10} + \frac{6}{5} & \frac{4}{10} + \frac{3}{5} \end{pmatrix}$$

$$= \begin{pmatrix} 1 & 0 \\ 0 & 1 \end{pmatrix}.$$

$$A^{-1} \cdot A = \begin{pmatrix} \frac{3}{10} & -\frac{1}{10} \\ \frac{2}{5} & \frac{1}{5} \end{pmatrix} \cdot \begin{pmatrix} 2 & 1 \\ -4 & 3 \end{pmatrix}$$

$$= \begin{pmatrix} \frac{3}{10} \cdot 2 + \left(-\frac{1}{10}\right) \cdot (-4) & \frac{3}{10} \cdot 1 + \left(-\frac{1}{10}\right) \cdot 3 \\ \frac{2}{5} \cdot 2 + \frac{1}{5} \cdot (-4) & \frac{2}{5} \cdot 1 + \frac{1}{5} \cdot 3 \end{pmatrix}$$

$$= \begin{pmatrix} \frac{6}{10} + \frac{4}{10} & \frac{3}{10} - \frac{3}{10} \\ \frac{4}{5} - \frac{4}{5} & \frac{2}{5} + \frac{3}{5} \end{pmatrix}$$

$$= \begin{pmatrix} 1 & 0 \\ 0 & 1 \end{pmatrix}. \qquad \blacktriangleleft$$

Gut zu wissen

Für Matrizen der Dimension 2×2 ist die Inverse mit folgender Regel einfach zu ermitteln:

Wenn $A = \begin{pmatrix} a & b \\ c & d \end{pmatrix}$ regulär ist, dann ist

$$A^{-1} = \frac{1}{a \cdot d - c \cdot b} \cdot \begin{pmatrix} d & -b \\ -c & a \end{pmatrix}$$

... oder in anderer Matrixschreibweise:

Wenn $A = \begin{pmatrix} a_{11} & a_{12} \\ a_{21} & a_{22} \end{pmatrix}$ regulär ist, dann ist

$$A^{-1} = \frac{1}{a_{11} \cdot a_{22} - a_{21} \cdot a_{12}} \cdot \begin{pmatrix} a_{22} & -a_{12} \\ -a_{21} & a_{11} \end{pmatrix}.$$

Merkhilfe: „1 dividiert durch das Produkt der Hauptdiagonalen abzüglich des Produkts der Nebendiagonalen."

Das Ergebnis wird anschließend multipliziert mit der Matrix, die sich aus dem Vertauschen der Elemente auf der Hauptdiagonalen und der Multiplikation der Elemente der Nebendiagonalen mit −1 ergibt. ◄

Beispiel

Wir nutzen obige Regel und ermitteln die Inverse von

$$A = \begin{pmatrix} 2 & 1 \\ -4 & 3 \end{pmatrix}$$

nochmals. Die Berechnung geht sehr schnell:

$$A^{-1} = \frac{1}{a \cdot d - c \cdot b} \cdot \begin{pmatrix} d & -b \\ -c & a \end{pmatrix}$$

$$A^{-1} = \frac{1}{6 - (-4)} \cdot \begin{pmatrix} 3 & -1 \\ -(-4) & 2 \end{pmatrix}$$

$$A^{-1} = \begin{pmatrix} \frac{3}{10} & -\frac{1}{10} \\ \frac{2}{5} & \frac{1}{5} \end{pmatrix}.$$ ◄

Das bisherige Beispiel war recht übersichtlich. Wir widmen uns nun der Invertierung einer 3×3-Matrix.

Beispiel

Gesucht ist die Inverse von

$$A = \begin{pmatrix} 2 & 2 & 4 \\ 4 & 6 & 5 \\ 2 & 3 & 3 \end{pmatrix}.$$

Diese soll mithilfe des Gauß-Jordan-Algorithmus ermittelt werden. Die gerade gezeigte Regel können wir hier nicht anwenden. Sie gilt nur für Matrizen der Dimension 2×2. Hier liegt aber eine Matrix der Dimension 3×3 vor.

Schritt 1: Ausgangsmatrix sowie eine Einheitsmatrix von gleicher Dimension nebeneinanderschreiben

$$\left(\begin{array}{ccc|ccc} 2 & 2 & 4 & 1 & 0 & 0 \\ 4 & 6 & 5 & 0 & 1 & 0 \\ 2 & 3 & 3 & 0 & 0 & 1 \end{array} \right).$$

Schritt 2: Anwendung der erlaubten Rechenschritte auf beide (!) Matrizen, bis auf der linken Seite die Einheitsmatrix steht

Multiplikation von Zeile 1 mit −1 und Addition zu Zeile 3

Zeile 1 · (−1) + Zeile 3 → Zeile 3

$$\left(\begin{array}{ccc|ccc} 2 & 2 & 4 & 1 & 0 & 0 \\ 4 & 6 & 5 & 0 & 1 & 0 \\ 0 & 1 & -1 & -1 & 0 & 1 \end{array} \right).$$

Multiplikation von Zeile 1 mit −2 und Addition zu Zeile 2

Zeile 1 · (−2) + Zeile 2 → Zeile 2

$$\left(\begin{array}{ccc|ccc} 2 & 2 & 4 & 1 & 0 & 0 \\ 0 & 2 & -3 & -2 & 1 & 0 \\ 0 & 1 & -1 & -1 & 0 & 1 \end{array} \right).$$

Multiplikation von Zeile 2 mit $\left(-\frac{1}{2}\right)$ und Addition zu Zeile 3

Zeile 2 · $\left(-\frac{1}{2}\right)$ + Zeile 3 → Zeile 3

$$\left(\begin{array}{ccc|ccc} 2 & 2 & 4 & 1 & 0 & 0 \\ 0 & 2 & -3 & -2 & 1 & 0 \\ 0 & 0 & \frac{1}{2} & 0 & -\frac{1}{2} & 1 \end{array} \right).$$

Multiplikation von Zeile 3 mit 6 und Addition zu Zeile 2

Zeile 3 · 6 + Zeile 2 → Zeile 2

$$\left(\begin{array}{ccc|ccc} 2 & 2 & 4 & 1 & 0 & 0 \\ 0 & 2 & 0 & -2 & -2 & 6 \\ 0 & 0 & \frac{1}{2} & 0 & -\frac{1}{2} & 1 \end{array} \right).$$

Multiplikation von Zeile 2 mit (−1) und Addition zu Zeile 1

Zeile 2 · (−1) + Zeile 1 → Zeile 1

$$\left(\begin{array}{ccc|ccc} 2 & 0 & 4 & 3 & 2 & -6 \\ 0 & 2 & 0 & -2 & -2 & 6 \\ 0 & 0 & \frac{1}{2} & 0 & -\frac{1}{2} & 1 \end{array} \right).$$

Multiplikation von Zeile 3 mit (−8) und Addition zu Zeile 1

Zeile 3 · (−8) + Zeile 1 → Zeile 1

$$\left(\begin{array}{ccc|ccc} 2 & 0 & 0 & 3 & 6 & -14 \\ 0 & 2 & 0 & -2 & -2 & 6 \\ 0 & 0 & \frac{1}{2} & 0 & -\frac{1}{2} & 1 \end{array} \right).$$

Zeile 1 : 2 → Zeile 1

Zeile 2 : 2 → Zeile 2

Zeile 3 · 2 → Zeile 3

$$\left(\begin{array}{ccc|ccc} 1 & 0 & 0 & \frac{3}{2} & 3 & -7 \\ 0 & 1 & 0 & -1 & -1 & 3 \\ 0 & 0 & 1 & 0 & -1 & 2 \end{array} \right).$$

Schritt 3: Steht auf der linken Seite die Einheitsmatrix, kann die Berechnung beendet und die Inverse rechts abgelesen werden

Die Inverse von $A = \begin{pmatrix} 2 & 2 & 4 \\ 4 & 6 & 5 \\ 2 & 3 & 3 \end{pmatrix}$ ist damit

$$A^{-1} = \begin{pmatrix} \frac{3}{2} & 3 & -7 \\ -1 & -1 & 3 \\ 0 & -1 & 2 \end{pmatrix}.$$

Probe: Es gilt

$$\begin{pmatrix} 2 & 2 & 4 \\ 4 & 6 & 5 \\ 2 & 3 & 3 \end{pmatrix} \cdot \begin{pmatrix} \frac{3}{2} & 3 & -7 \\ -1 & -1 & 3 \\ 0 & -1 & 2 \end{pmatrix} = \begin{pmatrix} 1 & 0 & 0 \\ 0 & 1 & 0 \\ 0 & 0 & 1 \end{pmatrix}$$

und

$$\begin{pmatrix} \frac{3}{2} & 3 & -7 \\ -1 & -1 & 3 \\ 0 & -1 & 2 \end{pmatrix} \cdot \begin{pmatrix} 2 & 2 & 4 \\ 4 & 6 & 5 \\ 2 & 3 & 3 \end{pmatrix} = \begin{pmatrix} 1 & 0 & 0 \\ 0 & 1 & 0 \\ 0 & 0 & 1 \end{pmatrix}.$$

Eine Prüfung des Ergebnisses kann auch mit Microsoft Excel sehr einfach erfolgen, wie in Abschn. 8.1.4 gezeigt wird. Die Probe finden Sie in der Excel-Datei „Uebung Probe Matrixinversion 01.xlsx". ◄

Merksatz

Es gelten folgende Rechenregeln für das Invertieren von Matrizen:

$$\left(A^{-1}\right)^T = \left(A^T\right)^{-1}$$
$$(A \cdot B)^{-1} = B^{-1} \cdot A^{-1}.$$

Interessant ist nun herauszufinden, wann eine Matrix invertierbar, d. h. **regulär** ist. Hierzu ist es wichtig, dass Sie den Begriff des Rangs einer Matrix verstehen, der im Folgenden erläutert wird.

Merksatz

Der Rang einer $m \times n$-Matrix entspricht der Maximalzahl der linear unabhängigen Zeilen bzw. **linear unabhängigen** Spalten der Matrix! Das bedeutet, dass eine Zeile oder Spalte ein Vielfaches einer anderen Zeile/Spalte ist. Gewählt wird der kleinere der beiden Werte!

Damit ...

- ist er kleiner oder gleich der Zahl der Zeilen sowie kleiner oder gleich der Zahl der Spalten,
- ändert er sich nicht durch Zeilenoperationen,
- ändert er sich nicht durch Spaltenoperationen.

Bei der Berechnung der Inversen (beispielsweise mit dem Gauß-Jordan-Verfahren) kann es passieren, dass bei der Anwendung der für die Matrixinversion erlaubten Operationen – wie z. B. dem Multiplizieren einer Zeile und Addieren zu einer anderen Zeile – eine Zeile komplett nur noch aus Nullen besteht. Sie besitzt dann keinerlei Informationsgehalt mehr! Wir zeigen dies am folgenden Beispiel.

Beispiel

Wollen Sie den Rang einer Matrix bestimmen, so müssen Sie die Matrix in die obere Dreiecksform bringen (s. Abschn. 8.1.2). Der Rang der Matrix ist dann gleich der Anzahl der Zeilen, die nicht komplett null sind. Wir beschäftigen uns mit dem Beispiel

$$A = \begin{pmatrix} -2 & -1 & -3 \\ 0 & 18 & 12 \\ 0 & 9 & 6 \end{pmatrix}.$$

Wir multiplizieren die Zeile 2 mit $-1/2$, addieren sie zur Zeile 3 und erhalten

$$\begin{pmatrix} -2 & -1 & -3 \\ 0 & 18 & 12 \\ 0 & 0 & 0 \end{pmatrix}.$$

Diese Matrix hat bereits die Form einer oberen Dreiecksmatrix, weil alle Elemente unterhalb der Hauptdiagonalen null sind. Dass auch ein Element der Hauptdiagonalen selbst null ist, spielt dabei keine Rolle. Es liegt eine Matrix in oberer Dreiecksform bzw. Zeilenstufenform vor. Die Anzahl der von null verschiedenen Zeilen beträgt 2. Damit beträgt ihr Rang 2.

Das Ergebnis ist auch unmittelbar einsichtig: Die Zeile 3 ist ein Vielfaches von Zeile 2. Es steuert somit nur eine Zeile von beiden „neue Informationen bei". Man sagt auch „die Zeile 3 ist **linear abhängig** von Zeile 2". Die Anzahl der linear unabhängigen Zeilen beträgt 2, was gleich dem Rang der Matrix ist. ◄

Merksatz

Zur Bestimmung des Rangs einer Matrix sind folgende Operationen zulässig:

- Vertauschen zweier Zeilen,
- Multiplizieren einer Zeile mit einer Zahl ungleich null,
- Addition einer Zeile zu einer anderen Zeile.

Entspricht der Rang einer quadratischen Matrix der Anzahl ihrer Zeilen bzw. Spalten, so hat diese vollen Rang und ist **regulär**, d. h., es existiert eine Inverse.

Gut zu wissen

Bei der Bestimmung des Rangs einer Matrix – und nur dann (!) – können ausnahmsweise auch Spalten miteinander vertauscht werden, um die Matrix in die obere Dreiecksmatrix zu bringen. Dies kann teilweise den Aufwand erheblich reduzieren, ist aber, wie gesagt, nur in diesem Fall zulässig. ◄

8.1.4 Matrixoperationen mit Microsoft Excel

Transponieren *Das Transponieren von Vektoren und Matrizen kann mit einem kleinen Trick auch in Excel sehr einfach umgesetzt werden.* Transponiert werden soll die Matrix

$$\begin{pmatrix} 10 & 120 & 4 \\ 25 & 0 & 7 \end{pmatrix}.$$

Abbildung 8.5 zeigt die Ausgangsmatrix und das Ergebnis.

Zu Übungszwecken finden Sie die Daten in der Excel-Datei „Uebung Transponieren einer Matrix mit Excel.xlsx".

Um die Operation „Transponieren" in Excel durchzuführen, markieren Sie den Bereich der Ausgangsmatrix B3 bis D4 in Abb. 8.6 oben mit der Maus und wählen dann „Bearbeiten/Kopieren". Nun klicken Sie den Zielbereich, also beispielsweise die Zielzelle F3 an und aktivierten diese.

Bitte wählen Sie nun nicht (!) die Funktion „Bearbeiten/Einfügen", sondern klicken Sie auf „Bearbeiten/Inhalte Einfügen" (s. Abb. 8.6). Aktivieren Sie dann die Option „Werte" einfügen und die Option „Transponieren". Die Bestätigung mit OK führt das Transponieren der Matrix aus (s. Abb. 8.6).

Matrizenmultiplikation *Die folgende Beispielrechnung ist in Datei „Uebung Matrizenmultiplikation mit Excel.xlsx" ausgeführt.* Die Multiplikation von Matrizen und damit auch die

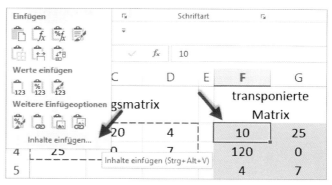

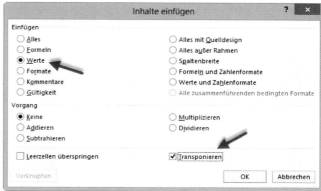

Abb. 8.6 Transponieren in Excel durch „Inhalte einfügen"

	C	D	E	F	G	H	I	J	K	L	M	N	O
20	Matrix 1						Matrix 2				Ergebnis		
21	1	-0,5	0	1,5	-2		0	4	6		-7,5	17,5	-5
22	6	4	-2	1	0	*	-1	2	-2		-14	31	26
23	0,5	3	-1	-3	10		3	4	1		16	-37	56
24	0,5	3	-1	-3	10		-4	7	0		16	-37	56
25	2	2	-6	1	4		1	-2	6		-20	-13	26

Abb. 8.7 Matrizenmultiplikation mit Microsoft Excel

Durchführung der Berechnung von Skalarprodukten (Multiplikation zweier Vektoren) werden in Microsoft Excel über die Funktion „MMULT" unterstützt. Der Funktion müssen zwei Argumente übergeben werden: Als Erstes der Zeilenvektor der Ausgangsmatrix A und als Zweites der Spaltenvektor der Matrix B.

Abbildung 8.7 zeigt eine Beispielrechnung, wie sie beim Schema von Falk in Abschn. 8.1.3.2 bereits vorgestellt wurde.

Die Formel für die Zelle M21 lautet hier „=MMULT(C21:G21, I21:I25)" und ergibt den Wert $-7,5$. Die Excel-Funktion multipliziert also die jeweiligen Elemente der übergebenen Vektoren und addiert die Ergebnisse sukzessive. Für fortgeschrittene Benutzer sei auf die komfortablere Variante mit absoluter und rela-

	A	B	C	D	E	F	G
2		Ausgangsmatrix				transponierte Matrix	
3		10	120	4		10	25
4		25	0	7		120	0
5						4	7

Abb. 8.5 Transponieren einer Matrix mit Excel

Kapitel 8

	C	D	E	F	G	H	I	J	K	L	M	N	O	P
20	Matrix 1					Matrix 2					Ergebnis			
21	20	300	10	100		16	240	8	80		36	540	18	180
22	55	80	0	210	+	44	64	0	168		99	144	0	378
23	0	1.000	70	350		0	800	56	280		0	1.800	126	630

Abb. 8.8 Matrizenaddition mit Microsoft Excel

	C	D	E	F	G	H	I	J	K	L	M	N	O	P
20	Matrix 1					Matrix 2					Ergebnis			
21	20	300	10	100		16	240	8	80		4	60	2	20
22	55	80	0	210	-	44	64	0	168		11	16	0	42
23	0	1.000	70	350		0	800	56	280		0	200	14	70

Abb. 8.9 Matrizensubtraktion mit Microsoft Excel

tiver Adressierung der Zeilen verwiesen, um die AutoAusfüllen-Funktionalität von Excel nutzen zu können.

Die Formel in der Zelle M21 ist dann

$$= \text{MMULT}(\$C21:\$G21, I\$21:I\$25).$$

Durch die Dollarzeichen „$" werden die Spalten bzw. die Zeilen der Zellbezüge so fixiert, dass sie sich beim Kopieren der Formel nach unten und nach rechts nur teilweise ändern.

Addition und Subtraktion Die Matrizenaddition und auch die -subtraktion werden elementweise durchgeführt, sodass einfache Excel-Formeln ausreichen, um diese Operationen mit dem Programm umzusetzen. Abbildung 8.8 zeigt die Addition der auch im Übungsbeispiel des Abschnitts verwendeten Matrizen. Die Formeln in der Zelle M21 ist „=C21+H21".

Für die Subtraktion der Matrizen gilt das gleiche Prinzip der elementweisen Berechnung (s. Abb. 8.9). Die Formel in der Zelle M27 ist „=C27−H27".

Zusammenfassung

Nach der Bearbeitung des Abschnitts können Sie nun

- beschreiben, was ein Vektor und eine Matrix ist,
- den Unterschied zwischen Zeilen- und Spaltenvektor angeben,
- Vektoren und Matrizen transponieren,
- Beispiele für verschiedene Typen von Matrizen (Einheitsmatrix, obere/untere Dreiecksmatrix) angeben,
- die Dimension einer Matrix angeben,
- Matrizen invertieren, den Rang einer Matrix bestimmen und
- die Matrizenaddition, -subtraktion und -multiplikation ausführen.

8.1.5 Übungen

1. Die Preise der Produkte im Einführungsbeispiel lassen sich als Zeilen- bzw. als Spaltenvektoren schreiben. Diese waren

$$(10; 4; 6; 2) \quad \text{bzw.} \quad \begin{pmatrix} 10 \\ 4 \\ 6 \\ 2 \end{pmatrix}.$$

Geben Sie mithilfe der Operation „Transponieren" an, wie beide Vektoren jeweils ineinander überführt werden können.
2. Transponieren Sie die folgenden beiden Matrizen
   a.
   $$A = \begin{pmatrix} 15 & 80 \\ 75 & 10 \\ 0 & 8 \end{pmatrix}$$
   b.
   $$B = \begin{pmatrix} 0 & 4 & -1 \\ 1 & 2 & 1 \end{pmatrix}$$
   c. Eine Matrix habe die Dimension 5×2 und wird nun transponiert. Welche Dimension hat die Ergebnismatrix?
3. Gegeben sind folgende Matrizen:
   $$A = \begin{pmatrix} 2 & 1 & 3 \\ 0 & 2 & -1 \\ 1 & 0 & 1 \end{pmatrix}$$
   $$B = \begin{pmatrix} -1 & 0 & 4 \\ 1 & 1 & 2 \end{pmatrix}$$
   $$C = \begin{pmatrix} 0 & -1 \\ 4 & -1 \\ 1 & 1 \end{pmatrix}.$$
   Bitte berechnen Sie:
   a. $B^T + C$
   b. $A \cdot B^T$
   c. $B \cdot A^T$
   d. $A \cdot C \cdot B$
   e. $B^T - C$
   f. $A \cdot B$
   g. $A \cdot E$.
   h. Führen Sie die Matrizenaddition und -subtraktion aus Abschn. 8.1.3.3 mit Microsoft Excel durch. Nutzen Sie dazu die Datei „Uebung Matrizenaddition und -subtraktion mit Excel".
4. Zeigen Sie an einem selbstgewählten Beispiel, dass das Kommunikativgesetz für die Matrizenmultiplikation nicht allgemeingültig ist, dass heißt Matrizen bei der Multiplikation nicht vertauscht werden können.
5. Ermitteln Sie die Inversen der folgenden Matrizen
   (a)
   $$\begin{pmatrix} 1 & 2 \\ 3 & 4 \end{pmatrix}$$

(b)

$$\begin{pmatrix} 2 & 3 \\ 1 & 2 \end{pmatrix}.$$

6. Die folgende Möglichkeit zur Berechnung der Inversen einer 2×2-Matrix ist Ihnen aus der Theorie in Abschn. 8.1.3.4 bekannt.
Wenn

$$A = \begin{pmatrix} a & b \\ c & d \end{pmatrix}$$

regulär ist, dann lässt sich deren Inverse mit

$$A^{-1} = \frac{1}{a \cdot d - c \cdot b} \cdot \begin{pmatrix} d & -b \\ -c & a \end{pmatrix}$$

berechnen. Zeigen Sie die Korrektheit dieser Regel.

7. Ermitteln Sie jeweils den Rang der folgenden Matrizen:
a.

$$\begin{pmatrix} -5 & 3 & 2 \\ 0 & 2 & 1 \\ 0 & 4 & 2 \end{pmatrix}$$

b.

$$\begin{pmatrix} 2 & 0 & 9 \\ -4 & 0 & 1 \\ 4 & 7 & -1 \end{pmatrix}$$

c.

$$\begin{pmatrix} 10 & 2 \\ 1 & 8 \\ 4 & 0 \end{pmatrix}.$$

8. Ermitteln Sie die Inverse A^{-1} von

$$A = \begin{pmatrix} 1 & 0 & -2 \\ 1 & 2 & -3 \\ 3 & 1 & 3 \end{pmatrix}$$

unter Nutzung des Gauß-Jordan-Algorithmus.

9. Im Folgenden sollen A und B Matrizen und x und y Vektoren sein. E ist die Einheitsmatrix und O die Nullmatrix jeweils von passender Dimension. Vereinfachen Sie die folgenden Gleichungen soweit wie möglich.
a. $x = (A - O) \cdot E \cdot y$
b. $x = E \cdot A \cdot y \cdot B$
c. $x = y - B \cdot y$
Lösen Sie diese bitte nach x auf:
d. $y = A \cdot x$
e. $y = (E - A) \cdot x$.

Lösungen

1. Es gilt:

$$(10; 4; 6; 2)^T = \begin{pmatrix} 10 \\ 4 \\ 6 \\ 2 \end{pmatrix} \text{ bzw. } \begin{pmatrix} 10 \\ 4 \\ 6 \\ 2 \end{pmatrix}^T = (10; 4; 6; 2)$$

2. Die Lösungen der Teilaufgaben sind:
a.

$$\begin{pmatrix} 15 & 80 \\ 75 & 10 \\ 0 & 8 \end{pmatrix}^T = \begin{pmatrix} 15 & 75 & 0 \\ 80 & 10 & 8 \end{pmatrix} = A^T_{(3;2)}$$

b.

$$\begin{pmatrix} 0 & 4 & -1 \\ 1 & 2 & 1 \end{pmatrix}^T = \begin{pmatrix} 0 & 1 \\ 4 & 2 \\ -1 & 1 \end{pmatrix} = B^T_{(2;3)}$$

c. Die Dimension der gegebenen Matrix bedeutet, dass sie fünf Zeilen und zwei Spalten besitzt. Beim Transponieren werden Zeilen und Spalten vertauscht. Die Ergebnismatrix hat deshalb die Dimension 2×5, also zwei Zeilen und fünf Spalten.

3. Die Lösungen der Teilaufgaben sind:
a. 1. Schritt: $B_{(2;3)}$ muss transponiert werden

$$B^T_{(3;2)} = \begin{pmatrix} -1 & 1 \\ 0 & 1 \\ 4 & 2 \end{pmatrix}.$$

2. Schritt: Berechnung von $B^T + C$

$$B^T_{(3;2)} + C_{(3;2)} = \begin{pmatrix} -1 & 1 \\ 0 & 1 \\ 4 & 2 \end{pmatrix} + \begin{pmatrix} 0 & -1 \\ 4 & -1 \\ 1 & 1 \end{pmatrix}$$
$$= \begin{pmatrix} -1 & 0 \\ 4 & 0 \\ 5 & 3 \end{pmatrix}.$$

b.

$$A_{(3;3)} \cdot B^T_{(3;2)} = \begin{pmatrix} 2 & 1 & 3 \\ 0 & 2 & -1 \\ 1 & 0 & 1 \end{pmatrix} \cdot \begin{pmatrix} -1 & 1 \\ 0 & 1 \\ 4 & 2 \end{pmatrix}$$
$$= \begin{pmatrix} 2 \cdot (-1) + 1 \cdot 0 + 3 \cdot 4; & 2 \cdot 1 + 1 \cdot 1 + 3 \cdot 2 \\ 0 \cdot (-1) + 2 \cdot 0 + (-1) \cdot 4; & 0 \cdot 1 + 2 \cdot 1 + (-1) \cdot 2 \\ 1 \cdot (-1) + 0 \cdot 0 + 1 \cdot 4; & 1 \cdot 1 + 0 \cdot 1 + 1 \cdot 2 \end{pmatrix}$$
$$= \begin{pmatrix} 10 & 9 \\ -4 & 0 \\ 3 & 3 \end{pmatrix}.$$

c. 1. Schritt: $A_{(3;3)}$ muss transponiert werden

$$A^T_{(3;3)} = \begin{pmatrix} 2 & 0 & 1 \\ 1 & 2 & 0 \\ 3 & -1 & 1 \end{pmatrix}.$$

Kapitel 8

2. Schritt:

$$B_{(2;3)} \cdot A_{(3;3)}^T = \begin{pmatrix} -1 & 0 & 4 \\ 1 & 1 & 2 \end{pmatrix} \cdot \begin{pmatrix} 2 & 0 & 1 \\ 1 & 2 & 0 \\ 3 & -1 & 1 \end{pmatrix}$$

$$= \begin{pmatrix} 10 & 9 \\ -4 & 0 \\ 3 & 3 \end{pmatrix}.$$

d. 1. Schritt: $A_{(3;3)}$ und $C_{(3;2)}$ werden miteinander multipliziert

$$A_{(3;3)} \cdot C_{(3;2)} = \begin{pmatrix} 2 & 1 & 3 \\ 0 & 2 & -1 \\ 1 & 0 & 1 \end{pmatrix} \cdot \begin{pmatrix} 0 & -1 \\ 4 & -1 \\ 1 & 1 \end{pmatrix}$$

$$= \begin{pmatrix} 7 & 0 \\ 8 & -3 \\ 1 & 0 \end{pmatrix}.$$

2. Schritt: Nun wird $(A_{(3;3)} \cdot C_{(3;2)})$ mit $B_{(2;3)}$ multipliziert

$$(A_{(3;3)} \cdot C_{(3;2)}) \cdot B_{(2;3)} = \begin{pmatrix} 7 & 0 \\ 8 & -3 \\ 1 & 0 \end{pmatrix} \cdot \begin{pmatrix} -1 & 0 & 4 \\ 1 & 1 & 2 \end{pmatrix}$$

$$= \begin{pmatrix} -7 & 0 & 14 \\ -11 & -3 & 26 \\ -1 & 0 & 4 \end{pmatrix}.$$

e.

$$B^T - C_{(2;3)} = \begin{pmatrix} -1 & 1 \\ 0 & 1 \\ 4 & 2 \end{pmatrix} - \begin{pmatrix} 0 & -1 \\ 4 & -1 \\ 1 & 1 \end{pmatrix}$$

$$= \begin{pmatrix} -1 & 0 \\ -4 & 2 \\ 3 & 1 \end{pmatrix}.$$

f. Die Dimensionen sind 3×3 und 2×3. Die „Multiplikation" der Dimensionsangaben lautet $3 \times 3 \cdot 2 \times 3$. Da die beiden mittleren Werte ungleich sind, sind die Matrizen nicht miteinander verknüpfbar. Die Multiplikation von $A_{(3;3)}$ und $B_{(2;3)}$ kann nicht gelöst werden.

g.

$$A_{(3;3)} \cdot E_{(3;3)} = \begin{pmatrix} 2 & 1 & 3 \\ 0 & 2 & -1 \\ 1 & 0 & 1 \end{pmatrix} \cdot \begin{pmatrix} 1 & 0 & 0 \\ 0 & 1 & 0 \\ 0 & 0 & 1 \end{pmatrix}$$

$$= \begin{pmatrix} 2 & 1 & 3 \\ 0 & 2 & -1 \\ 1 & 0 & 1 \end{pmatrix}.$$

Somit stellt man fest, dass die Multiplikation mit der Einheitsmatrix keine Auswirkungen hat.

h. Die Lösung für die Matrizenaddition und -subtraktion aus Abschn. 8.1.3.3 finden Sie in der Microsoft Excel-Datei „Uebung Matrizenaddition und -subtraktion mit Excel".

4. Um zwei Matrizen miteinander zu multiplizieren, muss deren Dimension miteinander verknüpfbar sein. Die Anzahl der Spalten der ersten Matrix muss also identisch sein mit der Anzahl der Zeilen der zweiten Matrix. Diese Bedingung ist nun leider nicht immer zu erfüllen, und sie steht dem Vertauschen von Faktoren im Wege. Um zu zeigen, dass das Kommunikativgesetz für die Matrizenmultiplikation nicht allgemeingültig ist, reicht es aus, ein Gegenbeispiel anzugeben.

Gegeben sind die zwei Matrizen

$$A = \begin{pmatrix} a_{11} & a_{12} \\ a_{21} & a_{22} \\ a_{31} & a_{32} \end{pmatrix} \text{ sowie } B = \begin{pmatrix} b_{11} & b_{12} \\ b_{21} & b_{22} \end{pmatrix}.$$

Diese besitzen die Dimensionen 3×2 und 2×2. Die Multiplikation $A \cdot B$ ist ausführbar und liefert eine Matrix der Dimension 3×2. Hingegen ist die Berechnung von $B \cdot A$ nicht möglich, da die Matrix B über zwei Spalten und die Matrix A über drei Zeilen verfügt. Beide Matrizen sind so nicht verknüpfbar! Das Kommunikativgesetz gilt also nicht für die Multiplikation von Matrizen! *Merke*: Bei der Multiplikation von Matrizen kann man die Reihenfolge der Matrizen nicht vertauschen!

5. Die Inversen sind:
a.

$$\begin{pmatrix} -2 & 1 \\ \frac{3}{2} & -\frac{1}{2} \end{pmatrix}$$

b.

$$\begin{pmatrix} 2 & -3 \\ -1 & 2 \end{pmatrix}.$$

6. Die Matrix A^{-1} ist eine Inverse der Matrix A, wenn gilt: $A \cdot A^{-1} = E$ sowie $A^{-1} \cdot A = E$. Wir weisen die erste Beziehung hier nach.

Es ist

$$A^{-1} = \frac{1}{ad - cb} \cdot \begin{pmatrix} d & -b \\ -c & a \end{pmatrix}.$$

Damit gilt:

$$A \cdot A^{-1} = \begin{pmatrix} a & b \\ c & d \end{pmatrix} \cdot \frac{1}{ad - cb} \begin{pmatrix} d & -b \\ -c & a \end{pmatrix}$$

$$= \frac{1}{ad - cb} \begin{pmatrix} a & b \\ c & d \end{pmatrix} \cdot \begin{pmatrix} d & -b \\ -c & a \end{pmatrix}$$

$$= \frac{1}{ad - cb} \begin{pmatrix} ad + b \cdot (-c) & a \cdot (-b) + b \cdot a \\ cd + d(-c) & c \cdot (-b) + d \cdot a \end{pmatrix}$$

$$= \frac{1}{ad - cb} \begin{pmatrix} ad - bc & -ab + ba \\ cd - cd & -cb + ad \end{pmatrix}$$

$$= \frac{1}{ad - cb} \begin{pmatrix} ad - cb & 0 \\ 0 & ad - cb \end{pmatrix}$$

$$= \begin{pmatrix} 1 & 0 \\ 0 & 1 \end{pmatrix} = E.$$

7. a. Zur Bestimmung des Rangs der Matrix muss diese in eine obere Dreiecksform überführt werden. Man erkennt im vorliegenden Fall bereits, dass Zeile 3 das Doppelte von Zeile 2 ist. Beide Zeilen sind linear abhängig. Der Rang der Matrix ist also höchstens 2. Die folgenden Rechenschritte zeigen, dass er tatsächlich gleich 2 ist:

$$\begin{pmatrix} -5 & 3 & 2 \\ 0 & 2 & 1 \\ 0 & 4 & 2 \end{pmatrix}$$

Zeile 2 · (−2) + Zeile 3 → Zeile 3

$$\begin{pmatrix} -5 & 3 & 2 \\ 0 & 2 & 1 \\ 0 & 0 & 0 \end{pmatrix}.$$

b. Ziel ist es, die Matrix in obere Dreiecksform zu überführen. Nachfolgend werden die Rechenschritte in Kurzform beschrieben.

$$\begin{pmatrix} 2 & 0 & 9 \\ -4 & 0 & 1 \\ 4 & 7 & -1 \end{pmatrix}$$

Zeile 1 ↔ Zeile 3

$$\begin{pmatrix} 4 & 7 & -1 \\ -4 & 0 & 1 \\ 2 & 0 & 9 \end{pmatrix}$$

Spalte 1 ↔ Spalte 2
Zur Erinnerung: Das Vertauschen von Spalten ist nur bei der Bestimmung des Rangs einer Matrix zulässig!

$$\begin{pmatrix} 7 & 4 & -1 \\ 0 & -4 & 1 \\ 0 & 2 & 9 \end{pmatrix}$$

Zeile 3 · 2 + Zeile 2 → Zeile 2

$$\begin{pmatrix} 7 & 4 & -1 \\ 0 & 0 & 19 \\ 0 & 2 & 9 \end{pmatrix}$$

Zeile 2 ↔ Zeile 3

$$\begin{pmatrix} 7 & 4 & -1 \\ 0 & 2 & 9 \\ 0 & 0 & 19 \end{pmatrix}$$

Die Matrix besitzt also vollen Rang, d. h., der Rang ist gleich der Anzahl der Zeilen und damit 3.

c. Gegeben ist:

$$\begin{pmatrix} 10 & 2 \\ 1 & 8 \\ 4 & 0 \end{pmatrix}.$$

Die durchzuführenden Berechnungen sind:
Zeile 2 · (−4) + Zeile 3 → Zeile 3

$$\begin{pmatrix} 10 & 2 \\ 1 & 8 \\ 0 & -32 \end{pmatrix}.$$

Der Rang von C ist jedoch nicht 3! Wir erinnern uns, dass der Rang maximal so groß sein kann, wie das Minimum von Zeilen und Spalten. Es gilt $\text{rang}(C) \leq \text{Min}\{m, n\}$, wenn C die Dimension $m \times n$ besitzt. Hier ist der Rang von C also 2.

8. Gegeben ist die Matrix

$$A = \begin{pmatrix} 1 & 0 & -2 \\ 1 & 2 & -3 \\ 3 & 1 & 3 \end{pmatrix}.$$

Gesucht ist die Inverse A^{-1}, die unter Nutzung des Gauß-Jordan-Algorithmus ermittelt werden soll.
Schritt 1: Die Ausgangsmatrix und eine Einheitsmatrix von gleicher Dimension nebeneinanderschreiben

$$\left(\begin{array}{ccc|ccc} 1 & 0 & -2 & 1 & 0 & 0 \\ 1 & 2 & -2 & 0 & 1 & 0 \\ 3 & 1 & -3 & 0 & 0 & 1 \end{array} \right).$$

Schritt 2: Anwendung der erlaubten Rechenschritte auf beide (!) Matrizen, bis auf der linken Seite die Einheitsmatrix steht; Multiplikation von Zeile 1 mit −3 und Addition zu Zeile 3
Zeile 1 · (−3) + Zeile 3 → Zeile 3

$$\left(\begin{array}{ccc|ccc} 1 & 0 & -2 & 1 & 0 & 0 \\ 1 & 2 & -2 & 0 & 1 & 0 \\ 0 & 1 & 3 & -3 & 0 & 1 \end{array} \right).$$

Multiplikation von Zeile 1 mit −1 und Addition zu Zeile 2:
Zeile 1 · (−1) + Zeile 2 → Zeile 2

$$\left(\begin{array}{ccc|ccc} 1 & 0 & -2 & 1 & 0 & 0 \\ 0 & 2 & 0 & -1 & 1 & 0 \\ 0 & 1 & 3 & -3 & 0 & 1 \end{array} \right).$$

Multiplikation von Zeile 2 mit $\left(-\frac{1}{2}\right)$ und Addition zu Zeile 3:
Zeile 2 · $\left(-\frac{1}{2}\right)$ + Zeile 3 → Zeile 3.

$$\left(\begin{array}{ccc|ccc} 1 & 0 & -2 & 1 & 0 & 0 \\ 0 & 2 & 0 & -1 & 1 & 0 \\ 0 & 0 & 3 & -\frac{5}{2} & -\frac{1}{2} & 1 \end{array} \right).$$

Multiplikation von Zeile 3 mit $\frac{2}{3}$ und Addition zu Zeile 1:
Zeile 3 · $\left(\frac{2}{3}\right)$ + Zeile 1 → Zeile 1.

$$\left(\begin{array}{ccc|ccc} 1 & 0 & 0 & -\frac{2}{3} & -\frac{1}{3} & \frac{2}{3} \\ 0 & 2 & 0 & -1 & 1 & 0 \\ 0 & 0 & 3 & -\frac{5}{2} & -\frac{1}{2} & 1 \end{array} \right).$$

Multiplikation von Zeile 2 mit $\frac{1}{2}$ sowie Multiplikation von Zeile 3 mit $\frac{1}{3}$:
Zeile $2 \cdot \left(\frac{1}{2}\right) \to$ Zeile 2 und Zeile $3 \cdot \left(\frac{1}{3}\right) \to$ Zeile 3.

$$\left(\begin{array}{ccc|ccc} 1 & 0 & 0 & -\frac{2}{3} & -\frac{1}{3} & \frac{2}{3} \\ 0 & 1 & 0 & -\frac{1}{2} & \frac{1}{2} & 0 \\ 0 & 0 & 1 & -\frac{5}{6} & -\frac{1}{6} & \frac{1}{3} \end{array}\right).$$

Schritt 3: Steht auf der linken Seite die Einheitsmatrix, kann die Berechnung beendet und die Inverse rechts abgelesen werden

Die Inverse von $A = \begin{pmatrix} 1 & 0 & -2 \\ 1 & 2 & -3 \\ 3 & 1 & 3 \end{pmatrix}$ ist damit

$$A^{-1} = \begin{pmatrix} -\frac{2}{3} & -\frac{1}{3} & \frac{2}{3} \\ -\frac{1}{2} & \frac{1}{2} & 0 \\ -\frac{5}{6} & -\frac{1}{6} & \frac{1}{3} \end{pmatrix}.$$

Probe: Es gilt

$$\begin{pmatrix} 1 & 0 & -2 \\ 1 & 2 & -3 \\ 3 & 1 & 3 \end{pmatrix} \cdot \begin{pmatrix} -\frac{2}{3} & -\frac{1}{3} & \frac{2}{3} \\ -\frac{1}{2} & \frac{1}{2} & 0 \\ -\frac{5}{6} & -\frac{1}{6} & \frac{1}{3} \end{pmatrix} = \begin{pmatrix} 1 & 0 & 0 \\ 0 & 1 & 0 \\ 0 & 0 & 1 \end{pmatrix}$$

und

$$\begin{pmatrix} -\frac{2}{3} & -\frac{1}{3} & \frac{2}{3} \\ -\frac{1}{2} & \frac{1}{2} & 0 \\ -\frac{5}{6} & -\frac{1}{6} & \frac{1}{3} \end{pmatrix} \cdot \begin{pmatrix} 1 & 0 & -2 \\ 1 & 2 & -3 \\ 3 & 1 & 3 \end{pmatrix} = \begin{pmatrix} 1 & 0 & 0 \\ 0 & 1 & 0 \\ 0 & 0 & 1 \end{pmatrix}.$$

Die Probe kann auch mithilfe von Microsoft Excel erfolgen (s. hierzu Abschn. 8.1.4). Die Datei „Uebung Probe Matrixinversion 02.xlsx" enthält die Lösung.

9. a. $x = (A - O) \cdot E \cdot y$

Die Nullmatrix können wir bei der Subtraktion vernachlässigen. Zudem entfällt die Einheitsmatrix bei der Multiplikation.

$$x = A \cdot y$$

b. $x = E \cdot A \cdot y \cdot B$

Auch hier können wir die Einheitsmatrix bei der Multiplikation vernachlässigen. Allerdings dürfen die Matrizen hier nicht geordnet werden, denn die Matrizenmultiplikation ist nicht kommutativ und i. A. gilt $A \cdot y \cdot B \neq A \cdot B \cdot y$. Die Lösung ist $x = A \cdot y \cdot B$.

c. $x = y - B \cdot y$

Wir können mit der Einheitsmatrix erweitern zu

$$x = E \cdot y - B \cdot y.$$

Anschließend können wir nach rechts ausklammern.

$$x = (E - B) \cdot y.$$

Auch hier wäre wieder $x = y \cdot (E - B)$ nicht korrekt, denn i. A. gilt $y \cdot (E - B) \neq (E - B) \cdot y$.

d. $y = A \cdot x$

Wir multiplizieren von links mit A^{-1} und erhalten

$$A^{-1} \cdot y = A^{-1} \cdot A \cdot x.$$

Gemäß Definition der inversen Matrix gilt $A^{-1} \cdot A = E$ mit A^{-1} als Einheitsmatrix. Damit erhalten wir

$$A^{-1} \cdot y = E \cdot x$$
$$A^{-1} \cdot y = x$$
$$x = A^{-1} \cdot y.$$

e. $y = (E - A) \cdot x$

Wir multiplizieren von links mit $(E - A)^{-1}$ und erhalten

$$(E - A)^{-1} \cdot y = (E - A)^{-1} \cdot (E - A) \cdot x.$$

Gemäß Definition der inversen Matrix gilt $(E - A)^{-1} \cdot (E - A) = E$ mit als Einheitsmatrix. Damit erhalten wir

$$(E - A)^{-1} \cdot y = E \cdot x$$
$$(E - A)^{-1} \cdot y = x$$
$$x = (E - A)^{-1} \cdot y.$$

8.2 Lösung komplexerer linearer Gleichungssysteme mit der Matrizenrechnung

Nun, Sie werden sich vielleicht über die Tatsache geärgert haben, dass die Matrizenrechnung schnell unübersichtlich wird und teilweise eben auch leider komplex ist.

Wozu das Ganze? Die Matrizenrechnung kann hervorragend eingesetzt werden, um Gleichungssysteme zu lösen. Wir wollen Ihnen den Sinn und Zweck der vorangegangenen Erörterungen nun ganz schnell am Beispiel der Lösung solcher Gleichungssysteme deutlich machen.

Die folgenden Abhandlungen zeigen Ihnen, wie Sie all die bekannten Methoden nutzbringend einsetzen können, um praktische Probleme zu lösen. Dies zeigt auch der gleich folgende Abschnitt „Gut zu wissen", den Sie lesen sollten, um die Tragweite der Lösung von Gleichungssystemen zu erfassen und damit die Notwendigkeit derartiger Rechnungen besser zu akzeptieren.

Grundlagen des Lösens kleinerer linearer Gleichungssysteme, wie sie in Kap. 3 gezeigt wurden, greifen wir hier auf und führen diese fort.

Gut zu wissen

Wozu man Gleichungssysteme benötigt!

Wir widmen uns der Grundform eines Gleichungssystems und erläutern diese an einem Beispiel. Und dies ist nicht irgendein Beispiel, denn die Bewertung von Internetseiten und deren Wichtigkeit, dem sogenannten **Rank** bzw. das *Page ranking* beruht auf der Lösung von Gleichungssystemen (s. SPIEGEL-Online (2009)).

Gegeben sein soll ein „Mini-Internet" gemäß Abb. 8.10. Das Mini-Web besteht aus insgesamt drei Webseiten. Der *PageRank* ist nun nichts anderes, als die Wahrscheinlichkeit, dass ein Benutzer „zufällig" genau diese Seite ansteuert. Hierzu stehen ihm zwei verschiedene Möglichkeiten zur Verfügung:

■ Er klickt mit einer Wahrscheinlichkeit d auf irgendeinen Link oder
■ der „Zufallssurfer" gibt die Webadresse einer Seite direkt im Webbrowser ein. Die Wahrscheinlichkeit hierfür entspricht der Gegenwahrscheinlichkeit von d, also $1 - d$. Denn es gibt nur zwei Wege die Seite zu erreichen. Die Wahrscheinlichkeiten dafür müssen zusammen eins ergeben. Es gilt $d + (1 - d) = 1$.

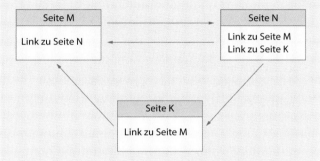

Abb. 8.10   Beispiel eines Miniwebs zur Berechnung des *PageRanks*

Für den weiteren Algorithmus vereinbaren wir nun, dass die Wahrscheinlichkeit dafür, dass sich der Benutzer gerade auf einer der Seiten M, N oder K befindet, mit $P(M)$, $P(N)$ bzw. $P(K)$ bezeichnet werden soll.

Wie groß ist nun die Wahrscheinlichkeit, dass der Benutzer die Seite M ansteuert, wenn er nicht bereits schon dort ist? Hier ist offenbar neben der direkten Eingabe der Webadresse von M auch die Vernetzung der Seiten untereinander mit in Betracht zu ziehen!

Die Gesamtwahrscheinlichkeit $P(M)$ ist die Summe aus den beiden weiter oben genannten Fällen: Der Benutzer gibt mit einer Wahrscheinlichkeit von $(1-d)$ die Webseitenadresse direkt ein, was bei drei Seiten letztendlich der Wahrscheinlichkeit

$$\frac{(1-d)}{3}$$

entspricht. Wir können hier den statistischen Wahrscheinlichkeitsbegriff nutzen, wie er später in Kap. 11 behandelt wird.

Alternativ kann der Nutzer von den Seiten N oder K auf M gelangen. Er folgt dann dem Link auf Seite N oder dem Link auf Seite K. Die Wahrscheinlichkeit hierfür ist $\frac{P(N)}{2} + P(K)$. $\frac{P(N)}{2}$ deshalb, weil auf Seite N zwei Links stehen und nur einer davon zu Seite M führt. Dies gilt aber nur unter der Bedingung, dass er mit einer

Wahrscheinlichkeit von d überhaupt auf Links klickt. Die Gesamtwahrscheinlichkeit ist also

$$d \cdot \left(\frac{P(N)}{2} + P(K) \right).$$

Für die Seite M können wir beide jetzt betrachteten Fälle zusammenfassen und die Summe der Wahrscheinlichkeiten bilden:

$$P(M) = \frac{(1-d)}{3} + d \cdot \left(\frac{P(N)}{2} + P(K) \right).$$

Für die anderen beiden Seiten folgt dies analog, wir müssen nur beachten, dass die Anzahl der eingehenden (!) Links dort anders ist

$$P(N) = \frac{(1-d)}{3} + d \cdot P(M)$$

$$P(K) = \frac{(1-d)}{3} + d \cdot \frac{P(N)}{2}.$$

Und schon haben wir unser Gleichungssystem! Leider ist die Anzahl der Variablen in diesem Fall vier und die Anzahl der Gleichungen nur drei. Das ist ungünstig, weil das Gleichungssystem dann nicht eindeutig lösbar wäre (s. Kap. 3).

Google behilft sich laut verschiedenen Quellenangaben (s. SPIEGEL-Online (2009)), indem die Wahrscheinlichkeit, dass ein Benutzer einen Link anklickt, auf 15 % gesetzt wird. Das bedeutet in unserem Fall $d = 0{,}15$. Damit können wir unser Gleichungssystem etwas vereinfachen, indem wir auch gleich mit Dezimalzahlen rechnen:

$$P(M) = \frac{(1-d)}{3} + d \cdot \left(\frac{P(N)}{2} + P(K) \right)$$

$$= \frac{(1-0{,}15)}{3} + \frac{15}{100} \cdot \left(\frac{P(N)}{2} + P(K) \right)$$

$$= \frac{17}{60} + \frac{15}{200} \cdot P(N) + \frac{15}{100} \cdot P(K)$$

$$P(N) = \frac{(1-d)}{3} + d \cdot P(M)$$

$$= \frac{(1-0{,}15)}{3} + \frac{15}{100} \cdot P(M)$$

$$= \frac{17}{60} + \frac{15}{100} \cdot P(M)$$

$$P(K) = \frac{(1-d)}{3} + d \cdot \frac{P(N)}{2}$$

$$= \frac{(1-0{,}15)}{3} + \frac{15}{100} \cdot \frac{P(N)}{2}$$

$$= \frac{17}{60} + \frac{15}{200} \cdot P(N).$$

Kapitel 8

In der Zusammenfassung ist also:

$$P(M) = \frac{17}{60} + \frac{15}{200} \cdot P(N) + \frac{15}{100} \cdot P(K)$$

$$P(N) = \frac{17}{60} + \frac{15}{100} \cdot P(M)$$

$$P(K) = \frac{17}{60} + \frac{15}{200} \cdot P(N).$$

Wir erhalten ein relativ einfaches Gleichungssystem, mit dem sich die Wahrscheinlichkeit ermitteln lässt, dass ein Internetnutzer auf einer der Webseiten M, N oder K „landet".

Die Lösung des Gleichungssystems sollen Sie am Ende von Abschn. 8.2.5 als Übung 2 bitte selbst ermitteln. Natürlich wird auch die Lösung gezeigt. ◀

8.2.1 Gleichungssysteme in Matrizenschreibweise

Ausgangspunkt der folgenden Erläuterungen zu Lösungsmöglichkeiten eines linearen Gleichungssystems soll das folgende Beispiel sein:

$$2 \cdot x_1 + 2 \cdot x_2 + 4 \cdot x_3 = 2$$
$$4 \cdot x_1 + 6 \cdot x_2 + 5 \cdot x_3 = 2$$
$$2 \cdot x_1 + 3 \cdot x_2 + 3 \cdot x_3 = 4.$$

Wir stellen fest, dass die Variablen bereits der Reihenfolge nach von links nach rechts sortiert sind! Eine Umordnung wäre aufgrund der Kommutativität der Addition aber auch unproblematisch.

Um die Schreibweise des linearen Gleichungssystems einfacher zu gestalten und die Übersichtlichkeit zu erhöhen, werden eine Matrix und zwei Vektoren definiert:

$$A = \begin{pmatrix} 2 & 2 & 4 \\ 4 & 6 & 5 \\ 2 & 3 & 3 \end{pmatrix} \text{ sowie } x = \begin{pmatrix} x_1 \\ x_2 \\ x_3 \end{pmatrix} \text{ und } b = \begin{pmatrix} 2 \\ 2 \\ 4 \end{pmatrix}.$$

Damit bringen wir die Koeffizienten des Gleichungssystems in der Matrix A unter und die Werte auf der rechten Seite der Gleichungen im Vektor b.

Aufgrund der in Abschn. 8.1.3.2 definierten Matrizenmultiplikation können wir das Gleichungssystem nun wie folgt schreiben:

$$A \cdot x = b \text{ bzw. } \begin{pmatrix} 2 & 2 & 4 \\ 4 & 6 & 5 \\ 2 & 3 & 3 \end{pmatrix} \cdot \begin{pmatrix} x_1 \\ x_2 \\ x_3 \end{pmatrix} = \begin{pmatrix} 2 \\ 2 \\ 4 \end{pmatrix}.$$

Diese Schreibweise für ein lineares Gleichungssystem ist wesentlich übersichtlicher und spart viel Schreibaufwand! Bitte

überzeugen Sie sich durch Ausmultiplizieren, dass es sich tatsächlich um das gleiche System handelt, wie es weiter oben in Form von Einzelgleichungen gegeben ist.

Wir erkennen leicht, dass es sich um ein System mit drei Unbekannten und drei Gleichungen handelt. Es besteht demnach die Möglichkeit der eindeutigen Lösung des Gleichungssystems (s. Kap. 3).

Merksatz

Ein lineares Gleichungssystem wird in der Form $A \cdot x = b$ notiert. Dabei ist A die sogenannte **Koeffizientenmatrix** und b der Vektor der sogenannten **Absolutglieder**. Sind die Werte von b alle gleich null, so bezeichnet man das Gleichungssystem als homogen, ansonsten als inhomogen.

Ein Gleichungssystem wird durch folgende Schritte in eine Matrixschreibweise der Form $A \cdot x = b$ überführt:

Schritt 1: Umstellen des Gleichungssystems, sodass die Unbekannten mit ihren Koeffizienten auf der linken Seite und die konstanten Werte auf der rechten Seite stehen.

Schritt 2: Ordnen der Variablen von links nach rechts in Reihenfolge der Indizes

$$\begin{array}{cccccc} a_{11} \cdot x_1 + & a_{12} \cdot x_2 + & \ldots + & a_{1n} \cdot x_n & = & b_1 \\ a_{21} \cdot x_1 + & a_{22} \cdot x_2 + & \ldots + & a_{2n} \cdot x_n & = & b_2 \\ \vdots & \vdots & & \vdots & & \vdots \\ a_{m1} \cdot x_1 + & a_{m2} \cdot x_2 + & \ldots + & a_{mn} \cdot x_n & = & b_m \end{array}.$$

Schritt 3: Die Werte der Koeffizienten bilden die Koeffizientenmatrix A; sind Variablen x_i nicht vorhanden, so ist deren Koeffizient null und das entsprechende Element a_{ij} von A wird auf null gesetzt!

$$A = \begin{pmatrix} a_{11} & a_{12} & \cdots & a_{1n} \\ a_{21} & a_{22} & \cdots & a_{2n} \\ \vdots & \vdots & \cdots & \vdots \\ a_{m1} & a_{m2} & \cdots & a_{mn} \end{pmatrix}.$$

Schritt 4: Definition des Vektors der Unbekannten sowie des Vektors der konstanten Absolutglieder

$$x = \begin{pmatrix} x_1 \\ x_2 \\ \vdots \\ x_n \end{pmatrix}$$

und

$$b = \begin{pmatrix} b_1 \\ b_2 \\ \vdots \\ b_m \end{pmatrix}$$

Schritt 5: Als Ergebnis folgt durch eine zusammenfassende Schreibweise

$$\begin{pmatrix} a_{11} & a_{12} & \cdots & a_{1n} \\ a_{21} & a_{22} & \cdots & a_{2n} \\ \vdots & \vdots & \cdots & \vdots \\ a_{m1} & a_{m2} & \cdots & a_{mn} \end{pmatrix} \cdot \begin{pmatrix} x_1 \\ x_2 \\ \vdots \\ x_n \end{pmatrix} = \begin{pmatrix} b_1 \\ b_2 \\ \vdots \\ b_m \end{pmatrix}.$$

8.2.2 Gauß'scher Algorithmus mit Pivotisierung

Es gilt das lineare Gleichungssystem zu lösen, welches wir aus dem vorangegangenen Abschnitt schon kennen. Wir haben dieses bereits in die Matrixschreibweise $A \cdot x = b$ überführt:

$$\begin{pmatrix} 2 & 2 & 4 \\ 4 & 6 & 5 \\ 2 & 3 & 3 \end{pmatrix} \cdot \begin{pmatrix} x_1 \\ x_2 \\ x_3 \end{pmatrix} = \begin{pmatrix} 2 \\ 2 \\ 4 \end{pmatrix}.$$

Zum Lösen sollen äquivalente Umformungen dienen, die die Koeffizientenmatrix in eine Diagonalmatrix bzw. sogar eine Einheitsmatrix überführen. Das Gleichungssystem hat am Schluss der Umformungen die folgende Form:

$$\begin{pmatrix} 1 & 0 & 0 \\ 0 & 1 & 0 \\ 0 & 0 & 1 \end{pmatrix} \cdot \begin{pmatrix} x_1 \\ x_2 \\ x_3 \end{pmatrix} = \begin{pmatrix} c_1^{Lsg} \\ c_2^{Lsg} \\ c_3^{Lsg} \end{pmatrix}.$$

Es wird der Gauß'sche Algorithmus benutzt, bei dem eine sogenannte **Pivotisierung** vorgenommen wird. Hierzu wird stets ein Element, das sogenannte **Pivotelement** (engl. Pivot = Drehpunkt) ausgewählt, welches als Vorgabe für die folgenden Umformungen dient.

Wir wollen hier zur Demonstration stets die Elemente der Hauptdiagonalen als Pivotelemente wählen. Dass dies nicht notwendigerweise so sein muss, erklärt sich schon aus dem Fakt, dass Sie Zeilen und Spalten einer Matrix bzw. des Gleichungssystems beliebig vertauschen können. Beachten Sie aber, dass beim Vertauschen von Werten der Matrix auch die Werte auf der rechten Seite des Systems entsprechend vertauscht werden müssen!

Es wird das Element a_{11} als Pivotelement gewählt. Die Pivotzeile und die Pivotspalte sind in den folgenden Darstellungen grau.

$$\left(\begin{array}{ccc|c} 2 & 2 & 4 & 2 \\ 4 & 6 & 5 & 2 \\ 2 & 3 & 3 & 4 \end{array} \right)$$

Division der ersten Zeile durch 2, um für $a_{11} = 1$ zu erhalten.

$$\left(\begin{array}{ccc|c} 1 & 1 & 2 & 1 \\ 4 & 6 & 5 & 2 \\ 2 & 3 & 3 & 4 \end{array} \right)$$

Multiplikation der ersten Zeile mit -4 und Addition zur zweiten Zeile, damit a_{21} null wird:

$$\left(\begin{array}{ccc|c} 1 & 1 & 2 & 1 \\ 0 & 2 & -3 & -2 \\ 2 & 3 & 3 & 4 \end{array} \right)$$

Multiplikation der ersten Zeile mit -2 und Addition zur dritten Zeile, damit a_{31} null wird:

$$\left(\begin{array}{ccc|c} 1 & 1 & 2 & 1 \\ 0 & 2 & -3 & -2 \\ 0 & 1 & -1 & 2 \end{array} \right)$$

Auf einen Zeilentausch von zweiter und dritter Zeile wird verzichtet, um das System zur Lösung systematisch darstellen zu können. Dies, obwohl a_{32} bereits den Wert eins besitzt. Element a_{22} wird als Pivotelement festgelegt.

$$\left(\begin{array}{ccc|c} 1 & 1 & 2 & 1 \\ 0 & 2 & -3 & -2 \\ 0 & 1 & -1 & 2 \end{array} \right)$$

Division der zweiten Zeile durch 2:

$$\left(\begin{array}{ccc|c} 1 & 1 & 2 & 1 \\ 0 & 1 & -\frac{1}{2} & -1 \\ 0 & 1 & -1 & 2 \end{array} \right)$$

Multiplikation der zweiten Zeile mit -1 und Addition zur dritten Zeile:

$$\left(\begin{array}{ccc|c} 1 & 1 & 2 & 1 \\ 0 & 1 & -\frac{3}{2} & -1 \\ 0 & 0 & \frac{1}{2} & 3 \end{array} \right)$$

Beachten Sie, dass wir die Matrix nicht nur in eine obere Dreiecksmatrix, sondern in eine Diagonalmatrix überführen wollen. Deshalb ist das Element a_{12} noch zu eliminieren.

Multiplikation der zweiten Zeile mit -1 und Addition zur ersten Zeile, damit a_{12} null wird:

$$\left(\begin{array}{ccc|c} 1 & 0 & \frac{7}{2} & 2 \\ 0 & 1 & -\frac{3}{2} & -1 \\ 0 & 0 & \frac{1}{2} & 3 \end{array} \right)$$

Beachten Sie unbedingt, dass die Elemente der Pivotspalte nun mit Ausnahme des Pivotelements alle null sind!

Zur Bearbeitung der dritten Spalte wählen Sie nun Element a_{33} als Pivotelement.

$$\left.\begin{array}{cc c} 1 & 0 & \frac{7}{2} \\ 0 & 1 & -\frac{3}{2} \\ 0 & 0 & \frac{1}{2} \end{array}\right| \begin{array}{c} 2 \\ -1 \\ 3 \end{array}$$

Division der dritten Zeile durch $\frac{1}{2}$, damit a_{33} eins wird:

$$\left.\begin{array}{cc c} 1 & 0 & \frac{7}{2} \\ 0 & 1 & -\frac{3}{2} \\ 0 & 0 & 1 \end{array}\right| \begin{array}{c} 2 \\ -1 \\ 6 \end{array}$$

Multiplikation der dritten Zeile mit $\frac{3}{2}$ und Addition zur zweiten Zeile, damit a_{23} null wird:

$$\left.\begin{array}{cc c} 1 & 0 & \frac{7}{2} \\ 0 & 1 & 0 \\ 0 & 0 & 1 \end{array}\right| \begin{array}{c} 2 \\ 8 \\ 6 \end{array}$$

Multiplikation der dritten Zeile mit $-\frac{7}{2}$ und Addition zur ersten Zeile, damit a_{13} null wird:

$$\left.\begin{array}{cc c} 1 & 0 & 0 \\ 0 & 1 & 0 \\ 0 & 0 & 1 \end{array}\right| \begin{array}{c} -19 \\ 8 \\ 6 \end{array}$$

Wir erhalten das folgende Gleichungssystem $A \cdot x = b$ mit der Diagonal- und Einheitsmatrix A:

$$\begin{pmatrix} 1 & 0 & 0 \\ 0 & 1 & 0 \\ 0 & 0 & 1 \end{pmatrix} \cdot \begin{pmatrix} x_1 \\ x_2 \\ x_3 \end{pmatrix} = \begin{pmatrix} -19 \\ 8 \\ 6 \end{pmatrix}.$$

Auf der linken Seite des Gleichungssystems wird eine Einheitsmatrix mit dem Lösungsvektor multipliziert. Damit erhalten wir den Lösungsvektor, und unser Ergebnis lautet:

$$\begin{pmatrix} 1 & 0 & 0 \\ 0 & 1 & 0 \\ 0 & 0 & 1 \end{pmatrix} \cdot \begin{pmatrix} x_1 \\ x_2 \\ x_3 \end{pmatrix} = \begin{pmatrix} x_1 \\ x_2 \\ x_3 \end{pmatrix} = \begin{pmatrix} -19 \\ 8 \\ 6 \end{pmatrix}$$

$$x_1 = -19$$
$$x_2 = 8$$
$$x_3 = 6.$$

Als Lösungsvektor des linearen Gleichungssystems erhalten wir den Vektor

$$x = (-19; 8; 6)^T.$$

Den Algorithmus zur Lösung eines linearen Gleichungssystems mithilfe der sogenannten Pivotisierung können wir gemäß obigem Beispiel vorläufig wie folgt formulieren:

1. Wahl des Pivotelements.
2. Alle Elemente der Pivotzeile werden durch das Pivotelement dividiert.

3. Alle anderen Elemente rechts (!) von der Pivotspalte ergeben sich aus: neuer Wert = alter Wert − Element der Pivotzeile · Element der Pivotspalte.
4. Die Elemente der Pivotspalte werden bis auf das Pivotelement null gesetzt.

Die vorangegangene Beispielrechnung kann mithilfe des Algorithmus also verkürzt wie folgt dargestellt werden:

Schritt 1: Wahl des Elements a_{11} als Pivotelement

$$\left.\begin{array}{ccc} 2 & 2 & 4 \\ 4 & 6 & 5 \\ 2 & 3 & 3 \end{array}\right| \begin{array}{c} 2 \\ 2 \\ 4 \end{array}$$

Schritt 2: Alle Elemente der Pivotzeile durch das Pivotelement dividieren

$$\left.\begin{array}{ccc} 1 & 1 & 2 \\ 4 & ? & \dots \\ 2 & ? & \dots \end{array}\right| \begin{array}{c} 1 \\ ? \\ ? \end{array}$$

Schritt 3: Die Berechnung der noch fehlenden Elemente wollen wir am Beispiel a_{22} zeigen

Die Kurzform lautete:

neuer Wert = alter Wert − Element der Pivotzeile · Element der Pivotspalte.

Damit folgt

$$a_{22}^{\text{neu}} = 6 - 1 \cdot 4 = 2.$$

Grafisch kann dies wie folgt veranschaulicht werden:

$$\left.\begin{array}{ccc} 1 & 1 & 2 \\ 4 & 6 & 5 \\ 2 & 3 & 3 \end{array}\right| \begin{array}{c} 1 \\ 2 \\ 4 \end{array}$$

Beachten Sie unbedingt die Veranschaulichung der obigen Formel durch die „kreisförmige" Auswahl der Elemente im Uhrzeigersinn! Diese bezeichnen wir als **Kreisregel**:

1. Wir beginnen bei dem alten Wert 6 für a_{22}.
2. Es wird für die Subtraktion der Wert $a_{12} = 1$ in der Pivotzeile gewählt und
3. mit dem Element $a_{21} = 4$ in der Pivotspalte multipliziert.

Merksatz

Generell gilt bei der **Kreisregel**: „neuer Wert" = „alter Wert − Wert aus Pivotzeile/Wert in Pivotspalte ∗ Wert in Pivotzeile".

Befindet sich der gesuchte Wert unterhalb der Pivotzeile, dann wird die Kreisregel entgegen dem Uhrzeigersinn, ansonsten mit dem Uhrzeigersinn genutzt.

Wir erhalten also $a_{22}^{\text{neu}} = 6 - 1 \cdot 4 = 2$. Alle anderen Elemente ergeben sich analog.

$$a_{23}^{\text{neu}} = 5 - 2 \cdot 4 = -3$$
$$b_2^{\text{neu}} = 2 - 1 \cdot 4 = -2$$

$$a_{32}^{\text{neu}} = 3 - 1 \cdot 2 = 1$$
$$a_{33}^{\text{neu}} = 3 - 2 \cdot 2 = -1$$
$$b_3^{\text{neu}} = 4 - 1 \cdot 2 = 2 \, .$$

Wir erhalten

$$\left[\begin{array}{ccc|c} 1 & 1 & 2 & 1 \\ 4 & 2 & -3 & -2 \\ 2 & 1 & -1 & 2 \end{array}\right]$$

Abschließend werden die Elemente der Pivotspalte bis auf das Pivotelement gemäß Schritt 4 auf null gesetzt! Wir erhalten

$$\left[\begin{array}{ccc|c} 1 & 1 & 2 & 1 \\ 0 & 2 & -3 & -2 \\ 0 & 1 & -1 & 2 \end{array}\right]$$

Dies ist *ein* vollständiger Pivotisierungsschritt hin zur Umformung in eine Einheitsmatrix. Wir wollen den Algorithmus gleich wieder anwenden, jedoch zunächst erst einmal zusammenfassen!

Merksatz

Der Algorithmus für die Lösung eines linearen Gleichungssystems mithilfe der sogenannten Pivotisierung besteht aus folgenden vier Schritten

1. Wahl des Pivotelements.
2. Alle Elemente der Pivotzeile werden durch das Pivotelement dividiert.
3. Die Elemente der Pivotspalte werden bis auf das Pivotelement null.
4. Alle anderen Elemente ergeben sich mit der Kreisregel aus folgender Formel:

$$\text{alter Wert} - \frac{\text{Element der Pivotzeile}}{\text{Pivotelement}} \cdot \text{Element der Pivotspalte.}$$

Befindet sich das gesuchte Element über der Pivotzeile, so wird die Kreisregel im Uhrzeigersinn angewandt, ansonsten gegen den Uhrzeigersinn.

Für einen weiteren Pivotisierungsschritt wählen wir das nächste Pivotelement und benutzen hier a_{22}.

$$\left[\begin{array}{ccc|c} 1 & 1 & 2 & 1 \\ 0 & 2 & -3 & -2 \\ 0 & 1 & -1 & 2 \end{array}\right]$$

Für die Matrix folgt mit Schritt 2 und 3 unseres Algorithmus die Form

$$\left[\begin{array}{ccc|c} 1 & 0 & ? & ? \\ 0 & 1 & -\frac{3}{2} & -1 \\ 0 & 0 & ? & ? \end{array}\right]$$

Die noch fehlenden Elemente (und nur diese!) ober- und unterhalb der Pivotzeile und rechts von der Pivotspalte werden mithilfe der Kreisregel berechnet. Zu beachten ist, dass die Kreisregel im Uhrzeigersinn angewandt wird, sofern das gesuchte neue Element über der Pivotzeile steht.

Für das Element a_{13} gilt deshalb

$$a_{13}^{\text{neu}} = 2 - \frac{-3}{2} \cdot 1 = \frac{7}{2} \, .$$

Ansonsten – also wenn das gesuchte Element unterhalb der Pivotzeile steht – wird die Regel gegen den Uhrzeigersinn angewandt.

Für das Element a_{33} gilt deshalb

$$a_{33}^{\text{neu}} = -1 - \frac{-3}{2} \cdot 1$$

1. Zeile	$2 - \frac{-3}{2} \cdot 1 = \frac{7}{2}$	$1 - \frac{-2}{2} \cdot 1 = 2$
3. Zeile	$-1 - \frac{-3}{2} \cdot 1 = \frac{1}{2}$	$2 - \frac{-2}{2} \cdot 1 = 3$

und damit erhalten wir das vorläufige Ergebnis

$$\left[\begin{array}{ccc|c} 1 & 0 & \frac{7}{2} & 2 \\ 0 & 1 & -\frac{3}{2} & -1 \\ 0 & 0 & \frac{1}{2} & 3 \end{array}\right]$$

Für den letzten Schritt wählen wir das Pivotelement a_{33}.

$$\left[\begin{array}{ccc|c} 1 & 0 & \frac{7}{2} & 2 \\ 0 & 1 & -\frac{3}{2} & -1 \\ 0 & 0 & \frac{1}{2} & 3 \end{array}\right]$$

Die neuen Matrixwerte folgen mithilfe der Kreisregel:

1. Zeile	$2 - \frac{3}{1} \cdot \frac{7}{2} = -19$
2. Zeile	$-1 - \frac{3}{1} \cdot \left(-\frac{3}{2}\right) = 8$

Die gesuchte endgültige Form des linearen Gleichungssystems ist demnach

$$\left[\begin{array}{ccc|c} 1 & 0 & 0 & -19 \\ 0 & 1 & 0 & 8 \\ 0 & 0 & 1 & 6 \end{array}\right]$$

Man bezeichnet diese Form als kanonische Form des Gleichungssystems. Nach der Anwendung des Gauß'schen Algorithmus mit Pivotisierung lässt sich die Lösung nun sehr einfach ablesen. Es gilt

$$x = \begin{pmatrix} -19 \\ 8 \\ 6 \end{pmatrix}$$

bzw.

$$x^T = (-19; 8; 6) \, .$$

Kapitel 8

8.2.3 Gleichungssysteme mit Microsoft Excel lösen

Das Gleichungssystem

$$\begin{pmatrix} 2 & 2 & 4 \\ 4 & 6 & 5 \\ 2 & 3 & 3 \end{pmatrix} \cdot \begin{pmatrix} x_1 \\ x_2 \\ x_3 \end{pmatrix} = \begin{pmatrix} 2 \\ 2 \\ 4 \end{pmatrix}$$

per Hand zu lösen war nicht komfortabel. Und um ehrlich zu sein: Es ist wichtig, Lösungsverfahren wie den Gauß'schen Algorithmus zu kennen und deren Grundprinzipien zu verstehen. In der Praxis wird eine solche Aufgabe jedoch in der Regel mit dem Computer gelöst. Wir wollen Ihnen an dieser Stelle eine weitere Möglichkeit zeigen, wie Sie mit gängigen Computeranwendungen, wie beispielsweise Microsoft Excel, derartige Probleme lösen. Dies auch ohne den Pivotisierungsalgorithmus zu nutzen.

Gut zu wissen

Es gibt Computer Algebra Systeme (CAS), die dazu dienen, algebraische Ausdrücke zu bearbeiten, d. h., diese Programme können mathematische Aufgaben mit symbolischen Ausdrücken (wie Variablen oder Matrizen) lösen, können Terme umformen, Gleichungen und Gleichungssysteme lösen, differenzieren, integrieren und vieles mehr. Matlab, Maple und Mathematica sind einige der bekanntesten Computer Algebra Systeme, die heute zur Anwendung kommen. ◄

Die Anwendung Microsoft Excel ist zwar nicht gerade prädestiniert dafür, als Ersatz für Computer Algebra Systeme zu dienen, doch ist es sicherlich eine Applikation, die weitverbreitet ist. Wir wollen deshalb hier auf Grundfunktionalitäten der Anwendung zurückgreifen, um das o. g. lineare Gleichungssystem mit dem Rechner zu lösen.

Wir gehen dabei davon aus, dass die Anwendung Microsoft Excel ab Version 2010 zur Verfügung steht. Das Lösungstool für komplexere algebraische Probleme oder auch Aufgabenstellungen der linearen Optimierung (s. Abschn. 8.5 und hier speziell Unterabschn. 8.5.3) ist der sogenannte **Solver**. Dessen Funktionsweise können Sie relativ schnell verstehen, sodass wir hier auf die Erläuterung aller Optionen verzichten wollen.

Kontrollieren Sie gegebenenfalls zunächst, ob Ihnen der Solver in Microsoft Excel zur Verfügung steht.

1. Wählen Sie im Menü von Microsoft Excel den Eintrag „Daten".
2. Kontrollieren Sie, ob auf der rechten Seite des Menüs die Schaltfläche mit der Beschriftung „Solver" erscheint. Dies zeigt auch Abb. 8.11.

Sollte diese Schaltfläche nicht angezeigt werden, so verfahren Sie wie im Anhang, Abschn. 8.6.1 „Aktivierung des Solvers in Microsoft Excel" beschrieben.

Die technischen Voraussetzungen für die Verwendung des Solvers zur Lösung eines linearen Gleichungssystems sind nun geschaffen, und wir können das Verfahren zur Lösung mit Excel erklären.

Zur Orientierung zeigen wir das Lösungsschema in Abb. 8.12 und erklären dieses schrittweise. Die fertige Excel-Datei finden Sie unter dem Namen „Lsg lineares Gleichungssystem mit Solver" in den Dateien zum Buch.

Zunächst wird das Gleichungssystem inklusive der vorgegebenen Werte in Excel umgesetzt:

1. Geben Sie die Werte der Elemente der Koeffizientenmatrix in Excel ein. Dies sind die Zellen C13 bis E15.
2. Die Werte der Variablen x_1, x_2 sowie x_3 kennen wir noch nicht und geben deshalb an dieser Stelle *beliebige Werte* vor. Wir wählen beispielsweise den Wert „1,00" für jede dieser Variablen (s. Zellen G13 bis G15).
3. Die Resultate der Multiplikation der Koeffizientenmatrix mit dem Vektor müssen in den Zellen I13 bis I15 stehen.

	B	C	D	E	F	G	H	I
2	Lösung eines linearen Gleichungssystems mit dem Excel - SOLIVER							
3	gegebene Aufgabe:							
4								
...								
10								
11	Umsetzung in Excel:							
12		Koeffizientenmatrix						
13		2	2	4		1,00		8,00
14		4	6	5	*	1,00	=	15,00
15		2	3	3		1,00		8,00

Abb. 8.12 Lösungsschema für ein lineares Gleichungssystem mit dem Solver von Microsoft Excel

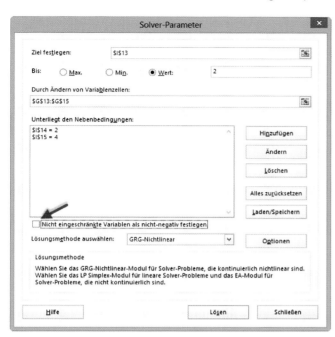

Abb. 8.13   Parameter im Solver zur Lösung eines linearen Gleichungssystems

Abb. 8.14   Definition der Nebenbedingungen zur Lösung im Solver

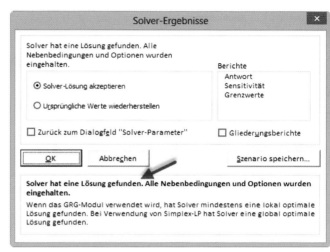

Abb. 8.15   Bestätigung der erfolgreichen Berechnung mit dem Solver

4. Um die Multiplikation der Matrix mit dem Vektor durchzuführen, kann eine einfache Formel „per Hand" eingetragen werden. Diese lautet für die Zelle I13:
„= C13*$G$13+D13*$G$14+E13*$G$15".
Die Dollarzeichen für die absoluten Bezüge dienen dem problemlosen Kopieren im nächsten Schritt.
Zur Umsetzung der gleichen Rechnung greifen wir hier jedoch auf die etwas elegantere Excel-Funktion „MMULT" zurück, die wir bereits in Abschn. 8.1.3 bei der Besprechung der Matrizenoperationen diskutiert haben. Als erster Parameter muss der Funktion eine Zeile der Koeffizientenmatrix übergeben werden und als zweiter Parameter der Bereich G13 bis G15 mit den im Schritt 2 vorgegebenen beliebigen Werten.
Es folgt die Formel
„= MMULT(C13:E13;$G$13:$G$15)"
in Zelle I13. Zu beachten ist hierbei der absolute Zellbezug mit den $-Zeichen für den zweiten Parameter!
5. Unabhängig davon, welchen der o. g. beiden Wege Sie beschritten haben, ist nun die Formel in die Zellen I14 und I15 zu kopieren bzw. mit der Maus auszufüllen. Nutzen Sie dazu die AutoAusfüllen-Funktionalität von Excel.
Wir erhalten das vorläufige Ergebnis $(8; 15; 8)^T$. Dieses ist noch nicht korrekt, weil die eingesetzten Werte der Variablen x_1 und x_2 sowie x_3 mit „1,00" willkürlich gewählt wurden.
6. Wir nutzen den Excel Solver zur Lösung des Gleichungssystems wie folgt:
   a. Rufen Sie den Solver im Menü „Daten" auf (s. Abb. 8.11).
   b. Definieren Sie als Zielwert im Feld „Ziel festlegen" das erste Element des Vektors der Berechnungsergebnisse, hier also Zelle I13.

c. Setzen Sie die Option im Feld „Bis" auf „Wert" und geben Sie den zu errechnenden Zielwert 2 ein.
d. Im Feld „Durch Ändern von Variablenzellen" muss der Bereich G13 bis G15 hinterlegt werden (s. Mitte der Abb. 8.13: „$G$13:$G$15").
e. Die restlichen Werte des Vektors der Berechnungsergebnisse sind als Nebenbedingungen zu hinterlegen. Klicken Sie hierzu auf „Hinzufügen" und definieren Sie die Bedingungen „I14=2" sowie „I15=2" (s. Abb. 8.14). Achten Sie dabei auf die Verwendung des Gleichheitszeichens statt der Relationszeichens „≤"! Bestätigen Sie mit „OK".
Wichtig: Deaktivieren Sie unbedingt die Option „Nicht eingeschränkte Variablen als nicht-negativ festlegen"! Siehe Pfeil in Abb. 8.13.
Ansonsten wird Excel im vorliegenden Beispiel keine Lösung ermitteln können, da einer der Werte des Lösungsvektors negativ ist.
Das Dialogfeld soll abschließend die Einstellungen gemäß Abb. 8.13 aufweisen. Bestätigen Sie die Angaben mit einem Klick auf die Schaltfläche „Lösen" rechts unten im Dialogfenster.
f. Nach kurzer Berechnung wird Excel darauf hinweisen, eine Lösung gefunden zu haben. Beachten Sie die Meldung im unteren Teil des Dialogfensters in Abb. 8.15 und bestätigen Sie die Übernahme der gefundenen Lösung ins Tabellenblatt mit einem Klick auf „OK".

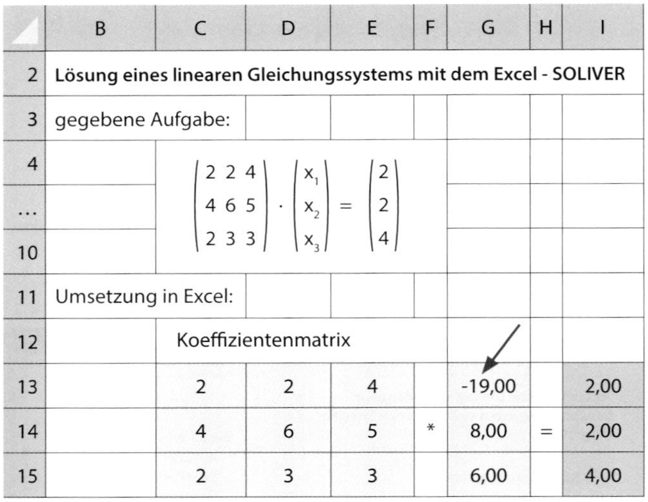

	B	C	D	E	F	G	H	I
2	Lösung eines linearen Gleichungssystems mit dem Excel - SOLIVER							
3	gegebene Aufgabe:							
4								
...								
10								
11	Umsetzung in Excel:							
12		Koeffizientenmatrix						
13		2	2	4		-19,00		2,00
14		4	6	5	*	8,00	=	2,00
15		2	3	3		6,00		4,00

In row 4 (spanning rows 4, ..., 10):

$$\begin{pmatrix} 2 & 2 & 4 \\ 4 & 6 & 5 \\ 2 & 3 & 3 \end{pmatrix} \cdot \begin{pmatrix} x_1 \\ x_2 \\ x_3 \end{pmatrix} = \begin{pmatrix} 2 \\ 2 \\ 4 \end{pmatrix}$$

Abb. 8.16 Lösung eines linearen Gleichungssystems in Microsoft Excel

Die Lösung, die bereits aus dem Abschn. 8.2.2 bekannt ist, können Sie so auch mit dem Solver von Microsoft Excel ermitteln (s. Abb. 8.16). Dieses Verfahren funktioniert in der Regel für alle lösbaren Gleichungssysteme.

8.2.4 Verwendung der Inversen zur Lösung eines Gleichungssystems

Im vorliegenden Kapitel wurde Ihnen in Abschn. 8.1.3.4 der Gauß-Jordan-Algorithmus zur Ermittlung der Inversen einer Matrix gezeigt. Dieser funktioniert, wenn die Matrix invertierbar, also regulär ist. Bereits in Kap. 3 haben wir einfachere Verfahren zur Lösung eines linearen Gleichungssystems diskutiert, die in Abschn. 8.2.2 mit dem Gauß'schen Algorithmus nochmals ergänzt wurden.

All diese Verfahren sind nützlich und werden in der Praxis auch in dieser Form benutzt. Ein Verfahren, welches sich der Matrixschreibweise eines linearen Gleichungssystems bedient und anschließend die Koeffizientenmatrix invertiert, fehlt uns allerdings noch. Wir wollen dieses Verfahren hier erläutern und zur Lösung einiger Beispiele anwenden.

Ein lineares Gleichungssystem kann in der Form

$$A \cdot x = b$$

geschrieben werden.

Zudem wissen wir, dass wir mit Matrizen rechnen können. Unbedingt zu beachten ist aber, dass die Matrizenmultiplikation nicht kommutativ ist (s. Rechenregeln in Abschn. 8.1.3.2). Wenn wir also Matrizen multiplizieren, so müssen wir die Multiplikation gleich von der richtigen Seite durchführen, da eine Vertauschung später nicht mehr möglich ist.

Beide Seiten des obigen Gleichungssystems werden deshalb bewusst von links mit der Inversen von Matrix A, also mit A^{-1} multipliziert. Wir erhalten

$$A^{-1} \cdot A \cdot x = A^{-1} \cdot b.$$

Bei der Definition der inversen Matrix von A haben wir für A^{-1} die Bedingung $A \cdot A^{-1} = E$ sowie $A^{-1} \cdot A = E$ aufgestellt. Dabei ist E die Einheitsmatrix, die in der Hauptdiagonalen Einsen und sonst Nullen enthält. Aus der obigen Gleichung folgt demnach

$$\underbrace{A^{-1} \cdot A}_{=E} \cdot x = A^{-1} \cdot b.$$

Multipliziert man einen Vektor x mit der Einheitsmatrix, so erhält man wiederum den Vektor selbst. Es gilt also

$$\underbrace{E \cdot x}_{=x} = A^{-1} \cdot b$$
$$x = A^{-1} \cdot b.$$

Dies ist ein sehr wertvolles Ergebnis!

Merksatz

Ist die Koeffizientenmatrix A eines linearen Gleichungssystems $A \cdot x = b$ regulär (also invertierbar), so erhält man die Lösung des Gleichungssystems durch Multiplikation der Inversen A^{-1} von links mit dem Vektor b. Für den Lösungsvektor des Gleichungssystems gilt $x = A^{-1} \cdot b$.

In Abschn. 8.2.2 haben wir das Gleichungssystem

$$\begin{pmatrix} 2 & 2 & 4 \\ 4 & 6 & 5 \\ 2 & 3 & 3 \end{pmatrix} \cdot \begin{pmatrix} x_1 \\ x_2 \\ x_3 \end{pmatrix} = \begin{pmatrix} 2 \\ 2 \\ 4 \end{pmatrix}$$

mit dem Gauß'schen Algorithmus gelöst. Die Inverse der Koeffizientenmatrix wurde in Abschn. 8.1.3.4 ermittelt. Wir haben gezeigt, dass

$$A^{-1} = \begin{pmatrix} \frac{3}{2} & 3 & -7 \\ -1 & -1 & 3 \\ 0 & -1 & 2 \end{pmatrix}$$

die Inverse ist, da die Beziehungen $A \cdot A^{-1} = E$ sowie $A^{-1} \cdot A = E$ gelten.

Wir nutzen die gerade hergeleitete Beziehung $x = A^{-1} \cdot b$ und ermitteln die Lösung des linearen Gleichungssystems. Setzen wir zunächst die bereits bekannten Größen in diese Formel ein:

$$x = A^{-1} \cdot b$$
$$x = \begin{pmatrix} \frac{3}{2} & 3 & -7 \\ -1 & -1 & 3 \\ 0 & -1 & 2 \end{pmatrix} \cdot \begin{pmatrix} 2 \\ 2 \\ 4 \end{pmatrix}.$$

Einfaches Multiplizieren beider Matrizen ergibt den Lösungsvektor

$$x = \begin{pmatrix} -19 \\ 8 \\ 6 \end{pmatrix}.$$

Diesen haben wir auch bei der Lösung des Gleichungssystems mit dem Gauß'schen Algorithmus in Abschn. 8.2.2 erhalten. Die Berechnungen sind zudem der Microsoft Excel-Datei „Uebung Matrizenmultiplikation mit Excel Beispiel 002.xlsx" zu entnehmen.

Zusammenfassung

In diesem Abschnitt haben Sie verschiedene Möglichkeiten zur Lösung von linearen Gleichungssystemen kennengelernt. Diese sind teilweise komplex, werden jedoch in der Praxis tatsächlich genutzt und meist auch in Computerprogrammen umgesetzt.

Sie sind aufgrund der Bearbeitung des Abschnitts nun in der Lage,

- lineare Gleichungssysteme mit dem Gauß'schen Algorithmus mit Pivotisierung zu lösen,
- Excel einzusetzen und die Lösung eines linearen Gleichungssystems zu berechnen und
- die Inverse der Koeffizientenmatrix zu bestimmen und zur Lösung eines Gleichungssystems einzusetzen.

8.2.5 Übungen

1. Schreiben Sie folgende linearen Gleichungssysteme bitte in Matrizenschreibweise:
   a.
   $$-x_2 + 4x_1 = 12$$
   $$-3 = 7x_2$$
   b.
   $$5x_1 + 3x_3 - 2 = 15$$
   $$x_2 + 15x_1 + 20 = 50$$
   $$-25 = 10x_3 - 12x_2.$$

2. In der Einführung zu Abschn. 8.2 haben wir den Algorithmus zur Berechnung der Wahrscheinlichkeit des Aufrufs einer Webseite durch einen beliebigen Internetnutzer vorgestellt. Dieses Problem führte letztendlich auf das folgende lineare Gleichungssystem:

   $$P(M) = \frac{17}{60} + \frac{15}{200} \cdot P(N) + \frac{15}{100} \cdot P(K)$$

   $$P(N) = \frac{17}{60} + \frac{15}{100} \cdot P(M)$$

   $$P(K) = \frac{17}{60} + \frac{15}{200} \cdot P(N).$$

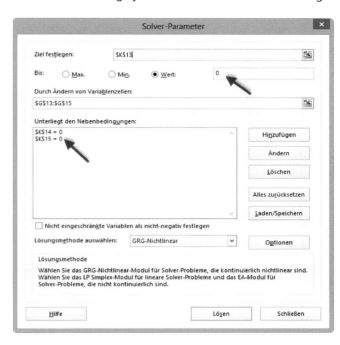

Abb. 8.17 Parameter des Excel-Solvers

Das Gleichungssystem soll nun strukturiert gelöst werden. Bearbeiten Sie dazu bitte die folgenden Fragestellungen.

a. Formen Sie das Gleichungssystem in Matrizenschreibweise um, sodass es der Form $A \cdot x = b$ entspricht. Kürzen Sie die Brüche nun soweit wie möglich.

b. Die Lösung des Gleichungssystems soll nun mit Microsoft Excel erfolgen, wie in Abschn. 8.2.3 gezeigt. Die Darstellung $A \cdot x = b$ ist dafür jedoch nicht sinnvoll! Der Grund liegt in der Eingabe der Parameter im Solver von Microsoft Excel. Die Pfeile in Abb. 8.17 zeigen die dafür relevanten Eingabefelder. Hier können Sie Brüche nur als Dezimalzahlen eingeben, was im vorliegenden Beispiel mit 17/60 nur näherungsweise und damit ungenau zu realisieren ist.
Formen Sie die Matrixschreibweise $A \cdot x = b$ deshalb in $A \cdot x - b = 0$ um!

c. Lösen Sie nun das Gleichungssystem mit Microsoft Excel, so wie in Abschn. 8.2.3 demonstriert. Die Pfeile in Abb. 8.17 verweisen bereits auf die ersten Parameter und geben Ihnen eine Hilfestellung. Natürlich können die Zellbezüge in Ihrer Lösung von denen der Abbildung abweichen.

d. Interpretieren Sie die Lösung sachlogisch.

e. Wie können Sie die berechnete Lösung einfach auf ihre Korrektheit prüfen?

3. Die Inverse der Koeffizientenmatrix

$$A = \begin{pmatrix} 1 & 0 & -2 \\ 1 & 2 & -3 \\ 3 & 1 & 3 \end{pmatrix}$$

US-Dollar pro Tonne

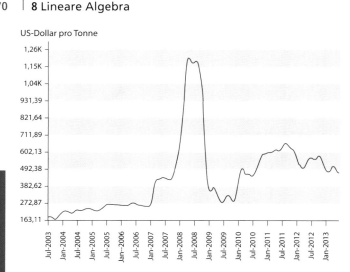

Abb. 8.18 Preisentwicklung von Diammoniumphosphat [USD/t], Standard-Größe, Masse, Spot-Preis. Nach indexmundi.com (2013)

sei gegeben mit

$$A^{-1} = \begin{pmatrix} -\frac{2}{3} & -\frac{1}{3} & \frac{2}{3} \\ -\frac{1}{2} & \frac{1}{2} & 0 \\ -\frac{5}{6} & -\frac{1}{6} & \frac{1}{3} \end{pmatrix}.$$

Ermitteln Sie die Lösung des linearen Gleichungssystems

$$\begin{pmatrix} 1 & 0 & -2 \\ 1 & 2 & -3 \\ 3 & 1 & 3 \end{pmatrix} \cdot \begin{pmatrix} x_1 \\ x_2 \\ x_3 \end{pmatrix} = \begin{pmatrix} 6 \\ -7 \\ 40 \end{pmatrix}.$$

4. Diammoniumphosphat ist ein weltweit in der Landwirtschaft eingesetztes Düngemittel. Dessen Preisentwicklung schwankte in den letzten Jahren stark und knickte insbesondere mit Ausbruch der Finanzmarktkrise im Jahr 2008 stark ein. Die Preisentwicklung je Tonne in US-Dollar zeigt Abb. 8.18.
Vertreter von Düngemittelunternehmen treffen sich jährlich auf einer Messe, an der Sie teilnehmen! Sie treffen Herrn Harke, Vertreter eines Düngemittelherstellers. Unvorsichtigerweise teilt er Ihnen mit, dass sein Unternehmen trotz der Finanzmarktkrise ab 2008 immer ca. die gleichen Mengen Dünger pro Tag habe verkaufen können. Dies bedeutet jedoch bei schwankenden Preisen nicht einen gleichbleibenden Umsatz! Denn im April 2008 betrug der Umsatz 324,5 T€ pro Tag und im Juni 2013 nur noch 215 T€.
Sie wissen, dass das Unternehmen lediglich zwei Produkte herstellt und recherchieren die monatlichen Durchschnittspreise am Markt aus Preisdatenbanken. Tabelle 8.2 zeigt Ihr Rechercheergebnis.

Tab. 8.2 Produktpreise zu unterschiedlichen Zeitpunkten

	Preis Dünger A in €/t	Preis Dünger B in €/t
April 2008	870	950
Juni 2013	975	470

Lösen Sie bitte die folgenden Teilaufgaben
a. Interpretieren Sie die vorliegenden Daten betriebswirtschaftlich.
b. Bestimmt werden sollen die Produktionsmengen des Konkurrenzunternehmens von Herrn Harke in 2008 sowie in 2013! Ermitteln Sie das zu lösende lineare Gleichungssystem.
c. Schreiben Sie das lineare Gleichungssystem in Matrizenschreibweise.
d. Wählen Sie ein möglichst einfaches Verfahren zur Lösung des linearen Gleichungssystems!
e. Interpretieren Sie das Berechnungsergebnis.

8.2.6 Lösungen

1. Es ergibt sich folgende Lösung der Teilaufgaben
a.
$$4x_1 - 1x_2 = 12$$
$$0x_1 - 7x_2 = 3$$
$$\begin{pmatrix} 4 & -1 \\ 0 & -7 \end{pmatrix} \cdot \begin{pmatrix} x_1 \\ x_2 \end{pmatrix} = \begin{pmatrix} 12 \\ 3 \end{pmatrix}.$$

Beachten Sie: In der zweiten Gleichung kommt x_1 nicht vor. Das heißt, der Koeffizient von x_1 ist null. Damit ist das Element a_{21} der Koeffizientenmatrix null.
b. Ausgangspunkt war das folgende Gleichungssystem:
$$5x_1 + 3x_3 - 2 = 15$$
$$x_2 + 15x_1 + 20 = 50$$
$$-25 = 10x_3 - 12x_2.$$

Dieses wird zunächst umgeformt:
$$5x_1 + 3x_3 = 17$$
$$15x_1 + x_2 = 30$$
$$12x_2 - 10x_3 = 25.$$

Nun kann die Matrixschreibweise problemlos angewandt werden:
$$\begin{pmatrix} 5 & 0 & 3 \\ 15 & 1 & 0 \\ 0 & 12 & -10 \end{pmatrix} \cdot \begin{pmatrix} x_1 \\ x_2 \\ x_3 \end{pmatrix} = \begin{pmatrix} 17 \\ 30 \\ 25 \end{pmatrix}.$$

2. Die Lösungen der Teilaufgaben sind folgende:
a. Aus dem gegebenen Gleichungssystem folgt
$$P(M) = \frac{15}{200}P(N) + \frac{15}{100}P(K) + \frac{17}{60}$$
$$P(N) = \frac{15}{100}P(M) + \frac{17}{60}$$
$$P(K) = \frac{15}{200}P(N) + \frac{17}{60}$$

$$P(M) = \frac{3}{40}P(N) + \frac{3}{20}P(K) + \frac{17}{60}$$

$$P(N) = \frac{3}{20}P(M) + \frac{17}{60}$$

$$P(K) = \frac{3}{40}P(N) + \frac{17}{60}$$

$$P(M) - \frac{3}{40}P(N) - \frac{3}{20}P(K) = \frac{17}{60}$$

$$-\frac{3}{20}P(M) + P(N) = \frac{17}{60}$$

$$-\frac{3}{40}P(N) + P(K) = \frac{17}{60}$$

$$\begin{pmatrix} 1 & -\frac{3}{40} & -\frac{3}{20} \\ -\frac{3}{20} & 1 & 0 \\ 0 & -\frac{3}{40} & 1 \end{pmatrix} \cdot \begin{pmatrix} M \\ N \\ K \end{pmatrix} = \begin{pmatrix} \frac{17}{60} \\ \frac{17}{60} \\ \frac{17}{60} \end{pmatrix}.$$

b.

$$\begin{pmatrix} 1 & -\frac{3}{40} & -\frac{3}{20} \\ -\frac{3}{20} & 1 & 0 \\ 0 & -\frac{3}{40} & 1 \end{pmatrix} \cdot \begin{pmatrix} M \\ N \\ K \end{pmatrix} - \begin{pmatrix} \frac{17}{60} \\ \frac{17}{60} \\ \frac{17}{60} \end{pmatrix} = \begin{pmatrix} 0 \\ 0 \\ 0 \end{pmatrix}.$$

c. Abbildung 8.19 zeigt die Lösung des Problems mithilfe von Microsoft Excel. Diese finden Sie in der Datei „Uebung lineares Gleichungssystem GOOGLE Pagerank.xlsx". Neu ist in diesem Fall, dass die konstanten Summanden mit zu berücksichtigen sind. Eine Begründung wurde in der vorhergehenden Teilaufgabe gegeben! Zur Lösung mit Microsoft Excel ist das Lösungsschema um die Spalte I zu ergänzen (s. Abb. 8.19). Die Formel in Zelle K13 lautet
=MMULT(C13:E13;$G$13:$G$15)+I13.
Als Startwerte für die Lösung mit dem Microsoft Excel Solver können sinnvollerweise eigentlich nicht jeweils die Werte „1,0" in die Zellen G13 bis G15 eingesetzt werden. Deren Summe ist dann 300 %, was praktisch unmöglich ist. Aber auch in diesem Fall ermittelt der Solver die korrekte Lösung, die Abb. 8.19 zeigt.
Wir erhalten:

$$P(M) = 35,49\,\%$$
$$P(N) = 33,66\,\%$$
$$P(L) = 30,86\,\%\,.$$

d. Der *PageRank* jeder Seite gibt die Bedeutung der Seite und damit deren „Wert" für den Besitzer wieder. Die Webseite M besitzt den höchsten *PageRank*, da die Wahrscheinlichkeit, dass ein Zufallssurfer auf diese Seite gelangt, am höchsten ist. Danach folgen die Seiten N sowie K. Der *PageRank* der Einzelseiten dieses „Miniwebs" unterscheidet sich jedoch mit einer Differenz von $35,49\,\% - 30,86\,\% = 4,63\,\%$ nicht sehr stark.

e. Eine einfache Probe ergibt sich aus der Summe der Wahrscheinlichkeiten. Diese ist mit $35,49\,\% + 33,66\,\% + 30,86\,\% = 100,01\,\%$ und damit bis auf Rundungsungenauigkeiten korrekt.

	C	D	E	F	G	H	I	J	K
12	Koeffizientenmatrix								
13	1	- 0,075	- 0,15		0,3549		- 0,2833		0,00
14	- 0,15	1	0	*	0,3366	+	- 0,2833	=	0,00
15	0	- 0,075	1		0,3086		- 0,2833		0,00

Abb. 8.19 Wahrscheinlichkeiten als Lösung des linearen Gleichungssystems

3. Gesucht ist die Lösung des linearen *Gleichungssystems*

$$\begin{pmatrix} 1 & 0 & -2 \\ 1 & 2 & -3 \\ 3 & 1 & 3 \end{pmatrix} \cdot \begin{pmatrix} x_1 \\ x_2 \\ x_3 \end{pmatrix} = \begin{pmatrix} 6 \\ -7 \\ 40 \end{pmatrix}.$$

In der Aufgabenstellung ist die Inverse der Koeffizientenmatrix gegeben mit

$$A^{-1} = \begin{pmatrix} -\frac{2}{3} & -\frac{1}{3} & \frac{2}{3} \\ -\frac{1}{2} & \frac{1}{2} & 0 \\ -\frac{5}{6} & -\frac{1}{6} & \frac{1}{3} \end{pmatrix}.$$

Aus der Beziehung $x = A^{-1} \cdot b$ kann deshalb die Lösung des Gleichungssystems direkt über eine Matrizenmultiplikation berechnet werden:

$$x = A^{-1} \cdot b$$

$$x = \begin{pmatrix} -\frac{2}{3} & -\frac{1}{3} & \frac{2}{3} \\ -\frac{1}{2} & \frac{1}{2} & 0 \\ -\frac{5}{6} & -\frac{1}{6} & \frac{1}{3} \end{pmatrix} \cdot \begin{pmatrix} 6 \\ -7 \\ 40 \end{pmatrix}.$$

Als Lösungsvektor erhalten wir

$$x = \begin{pmatrix} 12 \\ -5 \\ 3 \end{pmatrix}.$$

Die Lösung zeigt auch die Microsoft Excel-Tabelle „Lsg lineares Gleichungssystem mit Solver 002.xlsx".

4. Die Lösungen der Teilaufgaben sind folgende:
   a. Zunächst zur Dateninterpretation: Offenbar konnte das Unternehmen den Preis für das Produkt A um $(975 - 870)/870 = 0,121$ bzw. $12,1\,\%$ anheben. Gleichzeitig hat es den Preis für das Produkt B drastisch, nämlich um $(470 - 950)/950 = -0,505$ bzw. $50,5\,\%$ gesenkt.
   b. Wir benötigen zur Lösung offenbar das eigentliche Gleichungssystem, mit dessen Hilfe wir die Produktionsmengen des Unternehmens bestimmen können. Zur Lösung solcher Aufgaben denken Sie bitte an die wichtigsten Schritte zur Problemlösung, die Ihnen in Kap. 1 vorgestellt worden sind!
   Zu beachten ist, dass die Düngemittelpreise in € und der Umsatz in Tausend € angegeben sind! Sinnvollerweise

Kapitel 8

wählen wir für das Produkt „Dünger A" auch die Variable „x_1" und für das zweite Produkt „Dünger B" die Variable „x_2". Die Unterschiede bei der Groß- und Kleinschreibung sind sinnvoll, da Variablen bzw. unbekannte Werte in der Mathematik meist mit kleinen Buchstaben gekennzeichnet werden, sofern es sich nicht um komplexere Gebilde wie Matrizen handelt.

Die gegebenen Größen aus dem Beispiel führen uns für jeden der Zeitpunkte „April 2008" und „Juni 2013" zu einer Gleichung. Hierzu kombinieren wir die Angaben in Abb. 8.18 mit den Angaben des Unternehmensvertreters. Diese waren zusammengefasst:

- ca. immer die gleichen Verkaufsmengen,
- im April 2008 betrug der Umsatz pro Tag 324,5 T€,
- im Juni 2013 betrug der Umsatz pro Tag 215 T€.

Wir erhalten ein Gleichungssystem mit zwei Gleichungen und zwei Unbekannten. Wie später noch zu sehen sein wird, bestehen gute Chancen, dann eine eindeutige Lösung zu ermitteln, wenn die Anzahl der Unbekannten mindestens gleich der Anzahl der Gleichungen ist.

$$870 \cdot x_1 + 950 \cdot x_2 = 324.500$$
$$975 \cdot x_1 + 470 \cdot x_2 = 215.000$$

c. Die Matrizenschreibweise des linearen Gleichungssystems ist

$$\begin{pmatrix} 870 & 950 \\ 975 & 470 \end{pmatrix} \cdot \begin{pmatrix} x_1 \\ x_2 \end{pmatrix} = \begin{pmatrix} 324.500 \\ 215.000 \end{pmatrix}.$$

d. In Abschn. 8.1.3.4 wurde folgender Merksatz formuliert:

Wenn $A = \begin{pmatrix} a & b \\ c & d \end{pmatrix}$ regulär ist, dann ist $A^{-1} = \frac{1}{a \cdot d - c \cdot b} \cdot \begin{pmatrix} d & -b \\ -c & a \end{pmatrix}$.

Wir nehmen (übrigens zu Recht) an, dass A regulär ist, wenden diese Regel an und erhalten:

$$A^{-1} = \frac{1}{870 \cdot 470 - 975 \cdot 950} \cdot \begin{pmatrix} 470 & -950 \\ -975 & 870 \end{pmatrix}$$

$$A^{-1} = \frac{1}{-517.350} \cdot \begin{pmatrix} 470 & -950 \\ -975 & 870 \end{pmatrix}.$$

Mit der Regel $x = A^{-1} \cdot b$ erhalten wir die Lösung des Gleichungssystems

$$x = \frac{1}{-517.350} \cdot \begin{pmatrix} 470 & -950 \\ -975 & 870 \end{pmatrix} \cdot \begin{pmatrix} 324.500 \\ 215.000 \end{pmatrix}$$

$$x = \frac{1}{-517.350} \cdot \begin{pmatrix} -51.735.000 \\ -129.337.500 \end{pmatrix}$$

$$x \approx \begin{pmatrix} 100 \\ 250 \end{pmatrix}.$$

Die Lösung der Aufgabe mit Microsoft Excel enthält die Datei „Lsg lineares Gleichungssystem mit Solver 003.xlsx".

e. Das Konkurrenzunternehmen hat pro Tag 100 Tonnen des Düngers A und 250 Tonnen des Düngers B verkaufen können. Dies ist insofern nicht verwunderlich, als der Dünger B mit 470 € gegenüber Dünger A mit 975 € je Tonne deutlich preiswerter ist.

8.3 Determinanten

Die Matrizenrechnung hat bereits gezeigt, dass man auch in der Mathematik bestrebt ist, Schreibaufwand zu sparen, Berechnungen übersichtlich zu gestalten und Verfahren zu entwickeln, mit denen sich komplexe Berechnungen nachvollziehbar und relativ einfach durchführen lassen. Insofern können Sie das Thema „Determinanten" wiederum unter dem Aspekt der Effizienzsteigerung bei mathematischen Berechnungen betrachten. Es geht also darum, die Lösung von linearen Gleichungssystemen sehr schnell und übersichtlich zu ermitteln.

Genau wie Matrizen können auch Determinanten unterschiedliche Größen besitzen!

Merksatz

Eine Determinante ist eine Funktion, die einer quadratischen Matrix eine Zahl zuordnet. Mithilfe dieser Zahl kann man erkennen, ob ein lineares Gleichungssystem eindeutig lösbar ist. Darüber hinaus kann die Lösung des Systems mit der Determinanten ermittelt werden.

Zwischen einer Matrix A und deren Determinante $|A|$ besteht also eine eindeutige Beziehung. Ist die Matrix von der Dimension $n \times n$, so hat die zugehörige Determinante die Ordnung n.

Beispiel

Die Matrix $A = \begin{pmatrix} 2 & 1 \\ -4 & 3 \end{pmatrix}$

ist quadratisch mit der Dimension 2×2. Ihre Determinante hat die Ordnung 2. ◄

8.3.1 Determinanten einer 2 × 2-Matrix

In Abschn. 8.1.3.4 haben wir die Gültigkeit folgender Regel an einem Beispiel demonstriert:

Wenn

$$A = \begin{pmatrix} a_{11} & a_{12} \\ a_{21} & a_{22} \end{pmatrix}$$

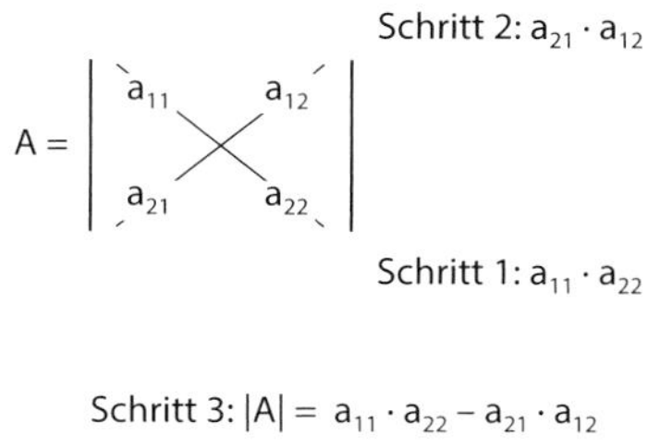

Schritt 2: $a_{21} \cdot a_{12}$

$$A = \begin{vmatrix} a_{11} & a_{12} \\ a_{21} & a_{22} \end{vmatrix}$$

Schritt 1: $a_{11} \cdot a_{22}$

Schritt 3: $|A| = a_{11} \cdot a_{22} - a_{21} \cdot a_{12}$

Abb. 8.20 Schema zur Berechnung der Determinante einer 2×2-Matrix

regulär ist, dann ist

$$A^{-1} = \frac{1}{a_{11} \cdot a_{22} - a_{21} \cdot a_{12}} \cdot \begin{pmatrix} a_{22} & -a_{12} \\ -a_{21} & a_{11} \end{pmatrix}.$$

Diese Formel macht deutlich, dass die inverse Matrix A^{-1} existiert, wenn $a_{11} \cdot a_{22} - a_{21} \cdot a_{12} \neq A$ ist. Damit bestimmt dieser Term, ob überhaupt eine Inverse von ermittelt werden kann. Wir bezeichnen den Wert des Terms $a_{11} \cdot a_{22} - a_{21} \cdot a_{12}$ als Determinante der 2×2-Matrix bzw. als Determinante der Ordnung 2.

Die Bezeichnung **Determinante der Ordnung 2** ergibt sich aus der Tatsache, dass lediglich quadratische Matrizen eine Determinante besitzen. Deshalb genügt eine Zahl, um deren Dimension zu charakterisieren. Wenn also feststeht, dass es sich um eine quadratische Matrix mit zwei linear unabhängigen Zeilen und zwei linear unabhängigen Spalten handelt, dann hat die zugehörige Determinante die Ordnung 2.

Merksatz

Wenn A eine quadratische Matrix mit linear unabhängigen Zeilen und Spalten (Rang = 2) ist, so bezeichnen wir deren Determinante mit $|A|$ oder $\det(A)$. Hat $|A|$ die Ordnung 2, so gilt

$$|A| = \det(A) = \begin{vmatrix} a_{11} & a_{12} \\ a_{21} & a_{22} \end{vmatrix} = a_{11} \cdot a_{22} - a_{21} \cdot a_{12}.$$

In Worten: Die Determinante berechnet man als Differenz des Produktes der Hauptdiagonalen und des Produktes der Nebendiagonalen (s. Abb. 8.20).

Beispiel

Zu berechnen ist die Determinante $|A|$ der Matrix

$$A = \begin{pmatrix} 2 & 1 \\ -4 & 3 \end{pmatrix}.$$

Mit der o. g. Formel folgt

$$|A| = \begin{vmatrix} a_{11} & a_{12} \\ a_{21} & a_{22} \end{vmatrix} = a_{11} \cdot a_{22} - a_{21} \cdot a_{12}$$

$$|A| = 2 \cdot 3 - (-4) \cdot 1 = 10.$$

Die Determinante von A ist ungleich null. Die Matrix ist also regulär. ◀

Merksatz

Determinanten besitzen die folgenden Eigenschaften:

1. Vertauscht man zwei Zeilen oder zwei Spalten einer Determinante, so wechselt die Determinante ihr Vorzeichen.
2. Das Multiplizieren einer Zeile mit einer Zahl ungleich null und die anschließende Addition zu einer anderen Zeile hat keine Auswirkung auf den Wert der Determinante!
3. Liegt eine Determinante der Ordnung 1 vor – sie besteht also lediglich aus einem Element –, so entspricht die Determinante dem einzigen in der Matrix enthaltenen Element $|a_{11}| = \det(a_{11}) = a_{11}$.
   Hinweis: Gemeint ist nicht der Betrag von a_{11}. Es ist also $\det(-1) = |-1| = -1$.
4. Sind alle Elemente einer Zeile oder Spalte null, so ist die Determinante null.
5. Sind zwei Zeilen oder zwei Spalten linear voneinander abhängig – sind sie also ein Vielfaches voneinander –, so ist die Determinante null.
6. Die Determinante der Transponierten einer Matrix ist identisch mit der Determinanten der Matrix selbst. Es gilt $|A| = |A^T|$.
7. Besitzt eine Matrix obere Dreiecksform, so entspricht ihre Determinante dem Produkt der Elemente der Hauptdiagonalen.
8. Quadratische Matrizen, deren Determinanten null sind, sind singulär. Eine Inverse ist für diese nicht berechenbar.

Regel 2 kann hervorragend eingesetzt werden, um den Arbeitsaufwand bei der Bestimmung von Determinanten zu reduzieren!

8.3.2 Determinanten einer 3×3-Matrix – Regel von Sarrus

Um Rechenaufwand zu sparen, verwenden wir zunächst die sogenannte **Regel von Sarrus**. Diese ermöglicht eine schnelle Berechnung der Determinanten einer 3×3-Matrix. Für andere Matrixdimensionen ist die Regel jedoch nicht anwendbar!

Kapitel 8

Später zeigen wir das allgemeingültige, aber kompliziertere Verfahren der Entwicklung nach Co-Faktoren.

Wir führen hier eine schrittweise **Erläuterung der Regel von Sarrus** an.

Schritt 1 Anhängen von zwei Spalten

Schreiben Sie die Determinante der Matrix auf und ergänzen Sie diese durch eine Kopie der ersten beiden Spalten, die Sie auf der rechten Seite anfügen.

$$\begin{vmatrix} a_{11} & a_{12} & a_{13} \\ a_{21} & a_{22} & a_{23} \\ a_{31} & a_{32} & a_{33} \end{vmatrix} \begin{matrix} a_{11} & a_{12} \\ a_{21} & a_{22} \\ a_{31} & a_{32} \end{matrix}$$

Schritt 2 Produkte parallel zur Hauptdiagonalen bilden und addieren

Berechnen Sie die Produkte derjenigen Elemente, die auf den Geraden parallel zur Hauptdiagonalen der Ausgangsmatrix liegen. Addieren Sie die Werte dieser drei Produkte.

$$\begin{vmatrix} a_{11} & a_{12} & a_{13} \\ a_{21} & a_{22} & a_{23} \\ a_{31} & a_{32} & a_{33} \end{vmatrix} \begin{matrix} a_{11} & a_{12} \\ a_{21} & a_{22} \\ a_{31} & a_{32} \end{matrix}$$

Zu berechnen ist also der Wert des Terms

$$a_{11} \cdot a_{22} \cdot a_{33} + a_{12} \cdot a_{23} \cdot a_{31} + a_{13} \cdot a_{21} \cdot a_{32} \,.$$

Schritt 3 Produkte parallel zur Nebendiagonalen bilden und addieren

Berechnen Sie die Produkte derjenigen Elemente, die auf den Geraden parallel zur Nebendiagonalen der Ausgangsmatrix liegen. Addieren Sie die Werte dieser drei Produkte.

$$\begin{vmatrix} a_{11} & a_{12} & a_{13} \\ a_{21} & a_{22} & a_{23} \\ a_{31} & a_{32} & a_{33} \end{vmatrix} \begin{matrix} a_{11} & a_{12} \\ a_{21} & a_{22} \\ a_{31} & a_{32} \end{matrix}$$

Zu berechnen ist also der Wert des Terms

$$a_{31} \cdot a_{22} \cdot a_{13} + a_{32} \cdot a_{23} \cdot a_{11} + a_{33} \cdot a_{21} \cdot a_{12} \,.$$

Schritt 4 Teilergebnisse subtrahieren

Subtrahieren Sie die Werte der gerade berechneten Summen

$$a_{11} \cdot a_{22} \cdot a_{33} + a_{12} \cdot a_{23} \cdot a_{31} + a_{13} \cdot a_{21} \cdot a_{32}$$
$$- (a_{31} \cdot a_{22} \cdot a_{13} + a_{32} \cdot a_{23} \cdot a_{11} + a_{33} \cdot a_{21} \cdot a_{12}) \,.$$

Oft findet man auch die folgende Variante des Schrittes 3: Versehen Sie alle Produkte der Werte parallel zur Nebendiagonalen mit einem negativen Vorzeichen. Damit folgt

$$a_{11} \cdot a_{22} \cdot a_{33} + a_{12} \cdot a_{23} \cdot a_{31} + a_{13} \cdot a_{21} \cdot a_{32}$$
$$- a_{31} \cdot a_{22} \cdot a_{13} - a_{32} \cdot a_{23} \cdot a_{11} - a_{33} \cdot a_{21} \cdot a_{12} \,.$$

Der Wert ist natürlich der gleiche und ergibt sich durch das Auflösen der Klammer im o. g. Term.

Merksatz

Die Berechnung der Determinanten der Ordnung 3, also von 3×3-Matrizen, kann mit der Regel von Sarrus erfolgen. Diese basiert auf vier Schritten, die Abb. 8.21 zeigt.

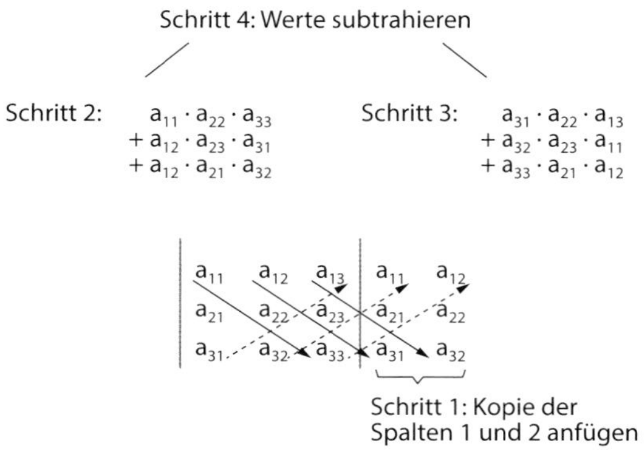

Abb. 8.21 Schema zur Berechnung der Determinante einer 3×3-Matrix mit der Regel von Sarrus

Anwendung der Regel von Sarrus

$$A = \begin{pmatrix} 2 & 2 & 4 \\ 4 & 6 & 5 \\ 2 & 3 & 3 \end{pmatrix} \,.$$

Schritt 1: Anhängen von zwei Spalten

Wir ergänzen die Ausgangsdeterminante durch eine Kopie der ersten beiden Spalten auf der rechten Seite.

$$\begin{vmatrix} 2 & 2 & 4 \\ 4 & 6 & 5 \\ 2 & 3 & 3 \end{vmatrix} \begin{matrix} 2 & 2 \\ 4 & 6 \\ 2 & 3 \end{matrix} \,.$$

Schritt 2: Produkte parallel zur Hauptdiagonalen bilden und addieren

Das Produkt der Elemente auf und parallel zur Hauptdiagonalen ist zu berechnen und die Werte sind zu addieren.

$$\begin{vmatrix} 2 & 2 & 4 \\ 4 & 6 & 5 \\ 2 & 3 & 3 \end{vmatrix} \begin{matrix} 2 & 2 \\ 4 & 6 \\ 2 & 3 \end{matrix} \,.$$

Auszurechnen ist

$$2 \cdot 6 \cdot 3 + 2 \cdot 5 \cdot 2 + 4 \cdot 4 \cdot 3 = 104 \,.$$

Schritt 3: Produkte parallel zur Nebendiagonalen bilden und addieren

Das Produkt der Elemente auf und parallel zur Nebendiagonalen ist zu berechnen und die Werte sind zu addieren.

$$\begin{vmatrix} 2 & 2 & 4 & 2 & 2 \\ 4 & 6 & 5 & 4 & 6 \\ 2 & 3 & 3 & 2 & 3 \end{vmatrix}.$$

Auszurechnen ist

$$2 \cdot 6 \cdot 4 + 3 \cdot 5 \cdot 2 + 3 \cdot 4 \cdot 2 = 102.$$

Schritt 4: Teilergebnisse subtrahieren

Wir subtrahieren die gerade berechneten beiden Werte und erhalten die Determinante der Ausgangsmatrix.

$$|A| = 104 - 102 = 2. \qquad \blacktriangleleft$$

Gut zu wissen

Die Regel von Sarrus lässt sich aufgrund ihrer einfachen Struktur hervorragend mit einem Computer umsetzen. Abbildung 8.22 zeigt ein Beispiel, welches Sie in der Datei „Determinante der Ordnung 3 berechnen – Regel von Sarrus.xlsx" finden. Zunächst werden die ersten beiden Spalten über Zellbezüge kopiert. Zelle F13 enthält somit den Verweis „=C13" usw. In Zelle I14 wird dann die Formel gemäß Regel von Sarrus umgesetzt. Sie lautet

=(C13*D14*E15+D13*E14*F15+E13*F14*G15)-
(C15*D14*E13+D15*E14*F13+E15*F14*G13).

	C	D	E	F	G	H	I
12	Determinante			ergänzte Spalten			Ergebnis
13	1	0	-2	1	0		
14	1	2	-3	1	2	=	**19**
15	3	1	-3	3	1		

Abb. 8.22 Regel von Sarrus, umgesetzt in Microsoft Excel ◄

In Abschn. 8.3.1 haben wir die Rechenregeln für Determinanten besprochen (siehe Merksatz). Diese wollen wir nun nutzen, um neben der Regel für Determinanten von 2×2 Matrizen sowie der Regel von Sarrus für 3×3 Matrizen eine weitere Methode vorzustellen.

Wir nutzen die Rechenregeln zur Überführung der Determinante in eine obere Dreiecksform:

$$\begin{vmatrix} 2 & 1 \\ -4 & 3 \end{vmatrix}$$

Zeile $1 \cdot (2) +$ Zeile $2 \rightarrow$ Zeile 2

$$\begin{vmatrix} 2 & 1 \\ 0 & 5 \end{vmatrix}.$$

Die Matrix besitzt nun obere Dreiecksform. Das Produkt der Elemente der Hauptdiagonalen führt zur Determinante $2 \cdot 5 = 10$.

Gut zu wissen

Die Determinante einer regulären quadratischen Matrix kann einfach berechnet werden, sofern sie obere Dreiecksform besitzt. Hierzu sind die Elemente der Hauptdiagonalen zu multiplizieren. Vgl. Regel 7 der Eigenschaften der Matrizen in Abschn. 8.3.1. Diese Eigenschaft können Sie hervorragend nutzen, um die Determinante auch höherer Ordnung zu bestimmen! Beachten Sie lediglich die Regel, dass es bei einer Determinanten möglich ist, das Vielfache einer Zeile oder Spalte zu einer anderen zu addieren. Beim Vertauschen ändert sich allerdings das Vorzeichen! ◄

Das Verfahren funktioniert auch für Determinanten der Ordnung 3. Beachten Sie aber, dass das hier benutzte Verfahren sehr schnell unübersichtlich wird, wenn Brüche als Determinantenelemente auftauchen!

$$\begin{vmatrix} 1 & 0 & -2 \\ 1 & 2 & -3 \\ 3 & 1 & 3 \end{vmatrix}$$

Zeile $1 \cdot (-1) +$ Zeile $2 \rightarrow$ Zeile 2

$$\begin{vmatrix} 1 & 0 & -2 \\ 0 & 2 & -1 \\ 3 & 1 & 3 \end{vmatrix}$$

Zeile $1 \cdot (-3) +$ Zeile $3 \rightarrow$ Zeile 3

$$\begin{vmatrix} 1 & 0 & -2 \\ 0 & 2 & -1 \\ 0 & 1 & 9 \end{vmatrix}$$

Zeile $2 \cdot (-\frac{1}{2}) +$ Zeile $3 \rightarrow$ Zeile 3

$$\begin{vmatrix} 1 & 0 & -2 \\ 0 & 2 & -1 \\ 0 & 0 & \frac{19}{2} \end{vmatrix}.$$

Das Produkt der Elemente der Hauptdiagonalen führt zur Determinante

$$1 \cdot 2 \cdot \frac{19}{2} = 19.$$

Betont sei nochmals, dass die Eleganz des Verfahrens hier in den Beispielen darüber hinwegtäuscht, dass es schnell kompliziert wird, wenn Brüche auftauchen! Natürlich können auf diese Weise jedoch auch Determinanten höherer Ordnung bestimmt werden.

Kapitel 8

8.3.3 Determinanten von $n \times n$-Matrizen – Entwicklung nach Co-Faktoren

In den bisherigen Ausführungen haben wir gezeigt, wie Determinanten von Matrizen der Dimension 2×2 sowie 3×3 berechnet werden. Diese Regeln sind leider nicht (auch nicht modifiziert) auf Determinanten für Matrizen höherer Dimension übertragbar. Im Folgenden zeigen wir ausführlich ein Verfahren, welches angewandt werden kann, um auch solche Determinanten zu berechnen. Man nennt es auch den **Entwicklungssatz von Laplace**.

Der hier zu zeigende Algorithmus der Zerlegung in Co-Faktoren beinhaltet grob die folgenden Schritte:

1. Zerlegung der Determinante der Ordnung n in mehrere kleinere Determinanten (sogenannte **Minoren**), bis diese eine Ordnung maximal 3 oder auch 2 aufweisen, also Determinanten von 3×3- oder 2×2-Matrizen entsprechen.
2. Berechnung der kleineren Determinanten und Zusammenführen der Zwischenergebnisse.

Merksatz

Werden von einer Determinante mit n Zeilen und Spalten die Zeile k und die Spalte l gestrichen, so erhält man eine Determinante der Ordnung $n - 1$. Die kleinere Determinante wird als Minor M_{kl} bezeichnet. Der Index des Minors gibt die Nummer der gestrichenen Zeile und Spalte an.

Aus der Ausgangsdeterminante

$$
\begin{array}{ccccccc}
a_{11} & \cdots & a_{1\,l-1} & a_{1\,l} & a_{1\,l+1} & \cdots & a_{1n} \\
\vdots & & \vdots & \vdots & \vdots & & \vdots \\
a_{k-1\,1} & \cdots & a_{k-1\,l-1} & a_{k-1\,l} & a_{k-1\,l+1} & \cdots & a_{k-1\,n} \\
a_{k1} & \cdots & a_{k\,l-1} & a_{kl} & a_{k\,l+1} & \cdots & a_{kn} \\
a_{k+1\,1} & \cdots & a_{k+1\,l-1} & a_{k+1\,l} & a_{k+1\,l+1} & \cdots & a_{k+1\,n} \\
\vdots & & \vdots & \vdots & \vdots & & \vdots \\
a_{m1} & \cdots & a_{m\,l-1} & a_{ml} & a_{m\,l+1} & \cdots & a_{mn}
\end{array}
$$

wird dann

$$
M_{kl} = \begin{vmatrix}
a_{11} & \cdots & a_{1\,l-1} & a_{1\,l+1} & \cdots & a_{1n} \\
\vdots & & \vdots & \vdots & & \vdots \\
a_{k-1\,1} & \cdots & a_{k-1\,l-1} & a_{k-1\,l+1} & \cdots & a_{k-1\,n} \\
a_{k+1\,1} & \cdots & a_{k+1\,l-1} & a_{k+1\,l+1} & \cdots & a_{k+1\,n} \\
\vdots & & \vdots & \vdots & & \vdots \\
a_{m1} & \cdots & a_{m\,l-1} & a_{m\,l+1} & \cdots & a_{mn}
\end{vmatrix}.
$$

Anschließend wird der Minor mit dem Term $(-1)^{k+l} \cdot a_{kl}$ multipliziert, um den Co-Faktor C_{kl} zu erhalten.

Beispiel

Ausgangspunkt soll der einfachste Fall einer Determinante der Ordnung 2 sein.

$$
|A| = \begin{vmatrix} a_{11} & a_{12} \\ a_{21} & a_{22} \end{vmatrix}.
$$

Dann haben wir die Möglichkeit, eine von zwei Zeilen und eine von zwei Spalten gleichzeitig zu streichen. Es gibt damit zwei verschiedene Minoren dieser Determinanten. Für die Berechnung der Determinante $|A|$ benötigen wir lediglich zwei von ihnen. Wir entwickeln die Determinante nach der ersten Zeile. Diese wird festgehalten, und nach und nach werden alle verfügbaren Spalten durchlaufen. ◄

Merksatz

Um eine Determinante zu berechnen, benutzt man Minoren. Man sagt auch, man entwickelt die Determinante nach einer Zeile oder Spalte. Dieser Ansatz geht auf Laplace zurück. Deshalb bezeichnet man ihn auch als **Entwicklungssatz nach Laplace**.

Entwickelt man nach einer Zeile, so wird diese festgehalten und alle Spalten werden nacheinander durchlaufen. Damit erhält man n Minoren. Entsprechendes gilt für die Entwicklung nach einer Spalte.

Im vorliegenden Fall entscheiden wir uns für die Entwicklung nach der ersten Zeile. Wir setzen also $m = 1$ und lassen k die Werte eins und zwei durchlaufen. Die übrig bleibenden Minoren entsprechen damit lediglich einer einzelnen Zahl.

Das Streichen der ersten Zeile und ersten Spalte der Ausgangsdeterminante

$$
\begin{vmatrix} a_{11} & a_{12} \\ a_{21} & a_{22} \end{vmatrix}
$$

führt zum Minor

$$
M_{11} = |a_{22}|_{\text{Determinate!}} = a_{22}.
$$

Für die Berechnung der Determinanten haben wird Regel 3 aus Abschn. 8.3.1 benutzt.

Analog erhalten wir durch Streichen der ersten Zeile und der zweiten Spalte der Ausgangsdeterminante

$$
\begin{vmatrix} a_{11} & a_{12} \\ a_{21} & a_{22} \end{vmatrix}
$$

den Minor

$$M_{12} = |a_{21}|_{\text{Determinate!}} = a_{21} \, .$$

Um die Determinante der Ausgangsmatrix

$$\begin{vmatrix} a_{11} & a_{12} \\ a_{21} & a_{22} \end{vmatrix}$$

zu ermitteln, kombinieren wir die o. g. Minoren jeweils mit dem Faktor $(-1)^{k+l} \cdot a_{kl}$. Dabei ist k die Nummer der Zeile, die gestrichen wurde und l die Nummer der Spalte. Das Element a_{kl} steht also genau im Schnittpunkt der oben gestrichenen Zeile und Spalte!

Für die Determinante von A gilt nun

$$|A| = (-1)^{1+1} \cdot a_{11} \cdot |M_{11}| + (-1)^{1+2} \cdot a_{12} \cdot |M_{12}|$$
$$|A| = 1 \cdot a_{11} \cdot |M_{11}| + (-1) \cdot a_{12} \cdot |M_{12}|$$
$$|A| = a_{11} \cdot |M_{11}| - a_{12} \cdot |M_{12}|$$
$$|A| = a_{11} \cdot a_{22} - a_{12} \cdot a_{21} \, .$$

Diese Formel kennen wir bereits aus Abschn. 8.3.1. Das gezeigte Verfahren hilft uns, auch Determinanten komplexerer Matrizen bzw. höherer Ordnung zu berechnen. Zunächst fassen wir jedoch den Algorithmus zusammen.

Merksatz

Eine Determinante der Ordnung n lässt sich mit folgenden Schritten berechnen:

1. Man wählt eine Zeile k der Ausgangsdeterminante, in der möglichst viele Nullen vorkommen.
2. Man berechnet die Determinante, indem nun alle Spalten von 1 bis n nacheinander durchlaufen werden und folgende Formel benutzt wird:

$$|A| = \sum_{l=1}^{n} (-1)^{k+l} \cdot a_{kl} \cdot M_{kl} \, .$$

M_{kl} ist der Minor, der durch das Streichen der k-ten Zeile und l-ten Spalte der Ausgangsmatrix entsteht.

Der Term $C_{kl} = (-1)^{k+l} \cdot M_{kl}$ wird als Co-Faktor bezeichnet. Man nutzt dies zur Formulierung des obigen Algorithmus für die Berechnung von Determinanten und erhält

$$|A| = \sum_{l=1}^{n} a_{kl} \cdot C_{kl} \, .$$

Natürlich funktioniert das Verfahren auch, wenn man statt der Spalten die Zeilen durchläuft und damit k als Laufindex für das Summenzeichen wählt. Dann wird die Entwicklungsspalte l fest vorgegeben, und es gilt:

$$|A| = \sum_{k=1}^{m} a_{kl} \cdot C_{kl} \, .$$

Beispiel

Wir zeigen das Verfahren nochmals konkret an einem einfachen Beispiel. Gesucht ist die Determinante der Matrix

$$A = \begin{pmatrix} 2 & 1 \\ -4 & 3 \end{pmatrix} \, .$$

Schritt 1: Entwicklungszeile wählen und Minoren bestimmen

Wir entwickeln die Determinante $|A|$ nach der ersten Zeile und wählen $k = 1$. Um die Determinante zu berechnen, schauen wir uns die Minoren an, indem wir stets die erste Zeile streichen und dann nacheinander alle Spalten durchlaufen. Wir erhalten durch Streichen der ersten Zeile und der ersten Spalte

$$\begin{vmatrix} 2 & 1 \\ -4 & 3 \end{vmatrix}$$

den Minor $M_{11} = 3$ und durch Streichen der ersten Zeile und der zweiten Spalte

$$\begin{vmatrix} 2 & 1 \\ -4 & 3 \end{vmatrix}$$

den Minor $M_{12} = -4$ (nicht 4!). (Siehe Eigenschaft 3 von Determinanten in Abschn. 8.3.1.)

Die Werte der Minoren können hier bereits berechnet werden. Haben die Minoren immer noch eine Ordnung größer 3, so ist der Algorithmus erneut zu durchlaufen und die Minoren sind weiter zu zerlegen.

Schritt 2: Formel anwenden und Determinante bestimmen

Es ist dann

$$\begin{aligned} |A| &= \sum_{l=1}^{n} (-1)^{k+l} \cdot a_{kl} \cdot M_{kl} \\ &= (-1)^{1+1} \cdot a_{11} \cdot M_{11} + (-1)^{1+2} \cdot a_{12} \cdot M_{12} \\ &= (-1)^{2} \cdot 2 \cdot 3 + (-1)^{3} \cdot 1 \cdot (-4) \\ &= 1 \cdot 2 \cdot 3 + (-1) \cdot 1 \cdot (-4) = 6 + 4 = 10 \, . \end{aligned}$$

Dies entspricht dem Ergebnis aus Abschn. 8.3.1. ◀

Gut zu wissen

Die Formel zur Berechnung der Determinanten scheint hier nicht besonders einfach zu sein. Dieser Eindruck täuscht jedoch! Wir zeigen eine Merkhilfe, mit der Sie auf die Formel gut und gern verzichten können. Sie erhalten dann vielleicht nicht die kürzeste Rechnung, doch eine, bei der kaum Fehler auftreten können.

Schritt 0: Ausgangsmatrix durch Vorzeichen der Minoren ergänzen

Schreiben Sie die Ausgangsdeterminante auf. Ergänzen Sie ganz oben eine Zeile, in der Sie abwechselnd „+" und dann „−" notieren.

$$
\begin{array}{cc} + & - \\ \begin{vmatrix} 2 & 1 \\ -4 & 3 \end{vmatrix} \end{array}
$$

Schritt 1: Entwicklungszeile wählen und Minoren bestimmen

Nun nutzen Sie unbedingt die erste (!) Zeile zur Entwicklung der Determinante! Sonst stimmen die gerade notierten Vorzeichen nicht.

Als Minoren erhalten wir hier $M_{11} = \det(3) = |3| = 3$ und $M_{12} = \det(-4) = \underbrace{|-4|}_{\text{Determinante}} = -4$.

Bitte beachten Sie unbedingt, dass es sich um Determinanten und nicht um Beträge handelt, denn $\det(-4)$ ist -4.

Schritt 3: Formel anwenden und Determinante bestimmen

Durchlaufen Sie nun von links nach rechts alle Spalten und notieren Sie das Ergebnis gemäß der Faustformel

„Vorzeichen · Wert im ‚Fadenkreuz' der gelöschten Zeile und Spalte · Minnor".

Wir erhalten

$$
|A| = (+1) \cdot 2 \cdot \underbrace{|3|}_{\substack{\text{Deter-} \\ \text{minante} \\ \text{von 3,} \\ \text{nicht} \\ \text{Betrag!}}} + (-1) \cdot 1 \cdot \underbrace{|-4|}_{\substack{\text{Deter-} \\ \text{minante} \\ \text{von -4,} \\ \text{nicht} \\ \text{Betrag!}}}
$$

$$
= 6 + 4 = 10. \qquad \blacktriangleleft
$$

Beispiel

Gesucht ist die Determinante der Matrix

$$
A = \begin{pmatrix} 1 & 0 & -2 \\ 1 & 2 & -3 \\ 3 & 1 & 3 \end{pmatrix}.
$$

Wir nutzen den gerade gezeigten Algorithmus und entwickeln die Determinante der Matrix nach der ersten Zeile.

Schritt 0: Ausgangsmatrix durch Vorzeichen der Minoren ergänzen

$$
\begin{array}{ccc} + & - & + \\ \begin{vmatrix} 1 & 0 & -2 \\ 1 & 2 & -3 \\ 3 & 1 & 3 \end{vmatrix} \end{array}.
$$

Schritt 1: Entwicklungszeile wählen und Minoren bestimmen

Die Entwicklungszeile muss hier die erste Zeile sein, da sonst die gerade notierten Vorzeichen nicht korrekt sind! Wir bestimmen die Minoren, indem wir nacheinander die Spalten von links nach rechts streichen. Wir erhalten

$$
M_{11} = \begin{vmatrix} 2 & -3 \\ 1 & 3 \end{vmatrix} = 2 \cdot 3 - 1 \cdot (-3) = 9
$$

$$
M_{12} = \begin{vmatrix} 1 & -3 \\ 3 & 3 \end{vmatrix} = 1 \cdot 3 - 3 \cdot (-3) = 12
$$

$$
M_{13} = \begin{vmatrix} 1 & 2 \\ 3 & 1 \end{vmatrix} = 1 \cdot 1 - 3 \cdot 2 = -5.
$$

Schritt 2: „Faustformel" anwenden und Determinante bestimmen

„Vorzeichen · Wert im ‚Fadenkreuz' der gelöschten Zeile und Spalte · Minor"

$$
|A| = (+1) \cdot 1 \cdot M_{11}
$$
$$
\quad + (-1) \cdot 0 \cdot M_{12} + (+1) \cdot (-2) \cdot M_{13}
$$

$$
|A| = (+1) \cdot 1 \cdot \begin{vmatrix} 2 & -3 \\ 1 & 3 \end{vmatrix} + (-1) \cdot 0 \cdot \begin{vmatrix} 1 & -3 \\ 3 & 3 \end{vmatrix}
$$

$$
\quad + (+1) \cdot (-2) \cdot \begin{vmatrix} 1 & 2 \\ 3 & 1 \end{vmatrix}
$$

$$
|A| = (+1) \cdot 1 \cdot 9 + (-1) \cdot 0 \cdot 12 + (+1) \cdot (-2) \cdot (-5).
$$

Der zweite Summand braucht nicht berücksichtigt zu werden, da einer der Werte null ist. Hiermit wird Ihnen offensichtlich, dass es immer sinnvoll ist, eine Zeile zu nutzen, die möglichst viele Nullen enthält! Sollte dies nicht die erste Zeile sein, so müssen Sie die Vorzeichen gemäß $|A| = \sum_{l=1}^{n} (-1)^{k+l} \cdot a_{kl} \cdot M_{kl}$ anpassen. Das heißt, bei einer ungeraden Zeile starten Sie mit „+" und bei einer geraden Zeilennummer mit „−". Dann können Sie das Verfahren analog verwenden.

Wir erhalten hier das Endergebnis:

$$
|A| = (+1) \cdot 1 \cdot 9 + (+1) \cdot (-2) \cdot (-5)
$$
$$
|A| = 9 + 10 = 19.
$$

Dieses hatten wir bereits in Abschn. 8.3.2 mit der Regel von Sarrus bestimmt. $\qquad \blacktriangleleft$

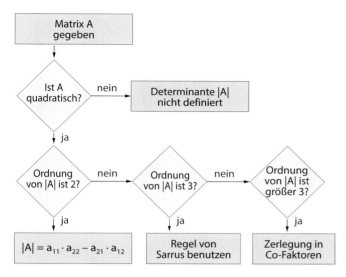

Abb. 8.23 Systematisierung der Berechnung von Determinanten

Die Berechnung einer Determinante beliebiger Ordnung kann also mithilfe der Zerlegung in Co-Faktoren erfolgen. Beispielhaft zeigen wir dies für eine Determinante der Ordnung 3.

$$\begin{vmatrix} a_{11} & a_{12} & a_{13} \\ a_{21} & a_{22} & a_{23} \\ a_{31} & a_{32} & a_{33} \end{vmatrix} = a_{11} \begin{vmatrix} a_{22} & a_{23} \\ a_{32} & a_{33} \end{vmatrix}$$
$$- a_{12} \begin{vmatrix} a_{21} & a_{23} \\ a_{31} & a_{33} \end{vmatrix} + a_{13} \begin{vmatrix} a_{21} & a_{22} \\ a_{31} & a_{32} \end{vmatrix}.$$

In Abb. 8.23 finden Sie das Vorgehen zur Berechnung von Determinanten mit allen bisher bekannten Verfahren nochmals veranschaulicht.

8.3.4 Lösung linearer Gleichungssysteme mithilfe von Determinanten – Regel von Cramer

Nachdem wir nun die Berechnung der Determinanten zweiter, dritter und höherer Ordnung gezeigt haben, sollen diese Verfahren zur Berechnung der Lösung linearer Gleichungssysteme benutzt werden. Wir zeigen die sogenannte **Regel von Cramer** wiederum an bereits bekannten Beispielen aus anderen Abschnitten und verallgemeinern das Rechenverfahren.

Gesucht ist die Lösung des linearen Gleichungssystems der Form $A \cdot x = b$ mit zwei Gleichungen und zwei Unbekannten:

$$\begin{pmatrix} 2 & 1 \\ -4 & 3 \end{pmatrix} \cdot \begin{pmatrix} x_1 \\ x_2 \end{pmatrix} = \begin{pmatrix} 17 \\ 11 \end{pmatrix}.$$

Merksatz

Ein Gleichungssystem darf für die Anwendung der Regel von Cramer nicht unterbestimmt oder überbestimmt sein. Die Anzahl der Variablen muss der Anzahl der Gleichungen entsprechen.

Zur Lösung betrachten wir die Determinante der Koeffizientenmatrix

$$|A| = \begin{vmatrix} 2 & 1 \\ -4 & 3 \end{vmatrix} = 6 - (-4) = 10.$$

Die Regel von Cramer besagt nun, dass man durch geschicktes Ersetzen der Spalten der Determinante $|A|$ durch den Ergebnisvektor die Lösung schnell ausrechnen kann. Dabei wird für die Berechnung von x_1 die erste Spalte ersetzt, für x_2 die zweite etc. Abschließend wird durch die Determinante der Ausgangsmatrix selbst dividiert. Die Rechnung sieht für das Beispiel wie folgt aus:

$$x_1 = \frac{\begin{vmatrix} 17 & 1 \\ 11 & 3 \end{vmatrix}}{|A|} = \frac{17 \cdot 3 - 11 \cdot 1}{10} = \frac{40}{10} = 4$$

und

$$x_2 = \frac{\begin{vmatrix} 2 & 17 \\ -4 & 11 \end{vmatrix}}{|A|} = \frac{2 \cdot 11 - (-4) \cdot 17}{10} = \frac{90}{10} = 9.$$

Dieses Verfahren funktioniert auch für Gleichungssysteme mit drei und mehr Unbekannten!

Merksatz

Ein eindeutig lösbares Gleichungssystem mit n Gleichungen und n Unbekannten lässt sich mit der Regel von Cramer wie folgt lösen:

Schritt 1: Matrixschreibweise des Gleichungssystems

Das Gleichungssystem ist in Matrizenschreibweise der Form $A \cdot x = b$ umzuformen.

Schritt 2: Berechnung von $|A|$

Zu berechnen ist die Determinante $|A|$.

Schritt 3: Berechnen der Elemente x_j des Lösungsvektors mittels Ersetzen der Spalte j von $|A|$ durch b

Die Werte der unbekannten Variablen x_j ergeben sich aus der Ersetzung der j-ten Spalte der Ausgangsdeterminante durch den Vektor b der Absolutglieder.

$$x_j = \frac{\begin{vmatrix} a_{11} & \cdots & a_{1\,i-1} & b_1 & a_{1\,j+1} & \cdots & a_{1n} \\ \vdots & & \vdots & \vdots & \vdots & & \vdots \\ a_{n1} & \cdots & a_{n\,i-1} & b_n & a_{n\,j+1} & \cdots & a_{nn} \end{vmatrix}}{|A|}.$$

Kapitel 8

Die Regel von Cramer besitzt den Nachteil, dass sie nur anwendbar ist, wenn eine eindeutige Lösung existiert, also $|A| \neq 0$ ist.

Beispiel

Wir zeigen das Verfahren nochmals an einem Beispiel:

Schritt 1: Matrixschreibweise des Gleichungssystems

Das Gleichungssystem

$$\begin{pmatrix} 2 & 2 & 4 \\ 4 & 6 & 5 \\ 2 & 3 & 3 \end{pmatrix} \cdot \begin{pmatrix} x_1 \\ x_2 \\ x_3 \end{pmatrix} = \begin{pmatrix} 2 \\ 2 \\ 4 \end{pmatrix}$$

ist zu lösen. Es ist bereits in Matrixschreibweise gegeben.

Schritt 2: Berechnung von $|A|$

Die Lösung hatten wir in Abschn. 8.3.2 mithilfe der Regel von Sarrus bereits erarbeitet.

$$|A| = \begin{vmatrix} 2 & 2 & 4 \\ 4 & 6 & 5 \\ 2 & 3 & 3 \end{vmatrix} = 2.$$

Schritt 3: Berechnen der x_j mittels Ersetzen der Spalte j von $|A|$ durch b

Um x_1 auszurechnen, ersetzen wir die erste Spalte von $|A|$ durch b und dividieren abschließend durch $|A|$ selbst.

Für $j = 1$ bis $j = 3$ erhalten wir die folgenden Ergebnisse. Die Berechnung der Determinante der Ordnung 3 im Zähler kann mit der Regel von Sarrus erfolgen oder mit den in Abschn. 8.3.3 gezeigten beiden Verfahren. Aus Platzgründen verweisen wir hier auf die Lösung in der Excel-Datei „Beispiel fuer Regel von Cramer.xlsx". Diese können Sie schrittweise auch mit der Datei „Determinante der Ordnung 3 berechnen – Regel von Sarrus.xlsx" selbst herleiten.

$$x_1 = \frac{\begin{vmatrix} 2 & 2 & 4 \\ 2 & 6 & 5 \\ 4 & 3 & 3 \end{vmatrix}}{|A|} = \frac{-38}{2} = -19$$

$$x_2 = \frac{\begin{vmatrix} 2 & 2 & 4 \\ 4 & 2 & 5 \\ 2 & 4 & 3 \end{vmatrix}}{|A|} = \frac{16}{2} = 8$$

$$x_3 = \frac{\begin{vmatrix} 2 & 2 & 2 \\ 4 & 6 & 2 \\ 2 & 3 & 4 \end{vmatrix}}{|A|} = \frac{12}{2} = 6.$$

Das Gleichungssystem

$$\begin{pmatrix} 2 & 2 & 4 \\ 4 & 6 & 5 \\ 2 & 3 & 3 \end{pmatrix} \cdot \begin{pmatrix} x_1 \\ x_2 \\ x_3 \end{pmatrix} = \begin{pmatrix} 2 \\ 2 \\ 4 \end{pmatrix}$$

besitzt die eindeutige Lösung $x^T = (-19; 8; 6)$. Diese Lösung hatten wir auch in Abschn. 8.2.2 erarbeitet. ◄

8.3.5 Lösbarkeit eines linearen Gleichungssystems

In Kap. 3 wurde bereits an verschiedenen Beispielen gezeigt, dass ein lineares Gleichungssystem unlösbar sein kann (keine Lösung besitzt), eine Lösung haben kann oder unendlich viele Lösungen aufweist.

Wir wollen nun die Verbindung dieser Aussage zu der in diesem Kapitel vorgestellten Matrizenrechnung herstellen.

Merksatz

Ein lineares Gleichungssystem $A \cdot x = b$ kann keine, genau eine oder unendlich viele Lösungen besitzen. Es ist lösbar, wenn die

- Koeffizientenmatrix A regulär ist, d. h. ihre Inverse A^{-1} existiert,
- Koeffizientenmatrix die Form $n \times n$ hat und damit quadratisch ist und der Rang der Koeffizientenmatrix maximal, also gleich n ist,
- Determinante der Koeffizientenmatrix ungleich null ist.

Diese Regeln haben wir in diesem Kapitel mehrfach gezeigt. Wir wollen sie hier weiter vertiefen.

Wir gehen von einem linearen Gleichungssystem der Form $A \cdot x = b$ aus. Nun betrachten wir aber nicht allein die Koeffizientenmatrix A, sondern die erweiterte Koeffizientenmatrix $(A|b)$, die entsteht, indem wir den Vektor b der Absolutglieder von rechts anhängen.

Merksatz

Liegt ein lineares Gleichungssystem der Form $A \cdot x = b$ vor, so nennt man die Matrix $(A|b)$ **erweiterte Koeffizientenmatrix**. Diese entsteht, indem man den Vektor der Absolutglieder von rechts an die Matrix anhängt.

Beispiel

Betrachten wir zunächst ein Gleichungssystem, von dem wir wissen, dass es eine eindeutige Lösung besitzt (s. hierzu Abschn. 8.3.4):

$$\begin{pmatrix} 2 & 2 & 4 \\ 4 & 6 & 5 \\ 2 & 3 & 3 \end{pmatrix} \cdot \begin{pmatrix} x_1 \\ x_2 \\ x_3 \end{pmatrix} = \begin{pmatrix} 2 \\ 2 \\ 4 \end{pmatrix}.$$

Wir konstruieren nun die erweiterte Koeffizientenmatrix. Dabei trennen wir den Vektor der Absolutglieder durch eine senkrechte gestrichelte Linie von der Koeffizientenmatrix ab, und zwar um zu verdeutlichen, dass es sich nicht um ein Gleichungssystem mit drei Gleichungen und vier Unbekannten handelt:

$$\begin{pmatrix} 2 & 2 & 4 & | & 2 \\ 4 & 6 & 5 & | & 2 \\ 2 & 3 & 3 & | & 4 \end{pmatrix}.$$

Zu bestimmen ist nun der Rang der erweiterten Koeffizientenmatrix. Dazu ist diese in die obere Dreiecksform zu bringen (s. Abschn. 8.1.2). Den Begriff des Rangs haben wir in Abschn. 8.1.3 bei der Inversion von Matrizen definiert. Zulässige Operationen zur Ermittlung des Rangs sind:

- Vertauschen zweier Zeilen,
- Vertauschen zweier Spalten (nur bei Bestimmung des Rangs – sonst nicht!),
- Multiplizieren einer Zeile mit einer Zahl ungleich null,
- Addition einer Zeile zu einer anderen Zeile.

Wir demonstrieren dies am obigen Beispiel:

$$\begin{pmatrix} 2 & 2 & 4 & | & 2 \\ 4 & 6 & 5 & | & 2 \\ 2 & 3 & 3 & | & 4 \end{pmatrix}$$

Zeile $1 \cdot (-2)$ + Zeile 2 → Zeile 2

$$\begin{pmatrix} 2 & 2 & 4 & | & 2 \\ 0 & 2 & -3 & | & -2 \\ 2 & 3 & 3 & | & 4 \end{pmatrix}$$

Zeile $1 \cdot (-1)$ + Zeile 3 → Zeile 3

$$\begin{pmatrix} 2 & 2 & 4 & | & 2 \\ 0 & 2 & -3 & | & -2 \\ 0 & 1 & -1 & | & 2 \end{pmatrix}$$

Zeile $2 \cdot \left(-\dfrac{1}{2}\right)$ + Zeile 3 → Zeile 3

$$\begin{pmatrix} 2 & 2 & 4 & | & 2 \\ 0 & 2 & -3 & | & -2 \\ 0 & 0 & \frac{1}{2} & | & 3 \end{pmatrix}.$$

Diese Matrix besitzt obere Dreiecksform. Der Rang der erweiterten Koeffizientenmatrix ist drei. Er ist damit gleich dem Rang der Koeffizientenmatrix selbst und auch gleich der Anzahl der Unbekannten. Das lineare Gleichungssystem besitzt eine eindeutige Lösung.

Wir fassen das Verfahren zur Entscheidungsfindung über die Lösbarkeit eines linearen Gleichungssystems zunächst zusammen:

Schritt 1: Gleichungssystem in Matrizenschreibweise umformen, Anzahl der Unbekannten bestimmen

Schritt 2: Rang der Koeffizientenmatrix rang(A) bestimmen

Schritt 3: Rang der erweiterten Koeffizientenmatrix rang($A|b$) bestimmen

Schritt 4: Entscheidungsfindung gemäß der folgenden Regel (s. auch Abb. 8.24).

Zur Entscheidung betreffend die Lösbarkeit des linearen Gleichungssystems wird der Rang der erweiterten Koeffizientenmatrix mit dem Rang der Koeffizientenmatrix und (!) der Anzahl der Unbekannten verglichen. ◄

Merksatz

Entspricht der Rang der erweiterten Koeffizientenmatrix dem Rang der Koeffizientenmatrix und der Anzahl der Unbekannten, dann ist das Gleichungssystem eindeutig lösbar:

$$\mathrm{rang}(A, b) = \mathrm{rang}(A) = n.$$

Ist der Rang der erweiterten Koeffizientenmatrix zwar gleich dem Rang der Koeffizientenmatrix, sind beide jedoch kleiner als die Anzahl der Unbekannten, dann besitzt das Gleichungssystem unendlich viele Lösungen:

$$\mathrm{rang}(A, b) = \mathrm{rang}(A) < n.$$

Ist der Rang der erweiterten Koeffizientenmatrix größer als der Rang der Koeffizientenmatrix selbst, so besitzt das Gleichungssystem keine Lösungen:

$$\mathrm{rang}(A, b) > \mathrm{rang}(A).$$

Abbildung 8.24 zeigt das Entscheidungsschema über die Lösbarkeit eines linearen Gleichungssystems (LGS).

Beispiel

Gelöst werden soll das einfache lineare Gleichungssystem

$$\begin{pmatrix} 2 & 5 \\ 4 & 10 \end{pmatrix} \cdot \begin{pmatrix} x_1 \\ x_2 \end{pmatrix} = \begin{pmatrix} -7 \\ 12 \end{pmatrix}.$$

Kapitel 8

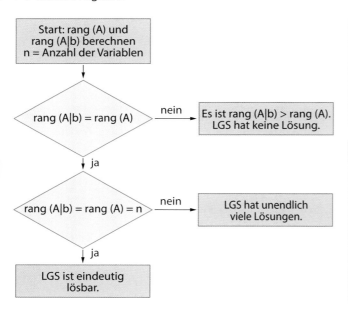

Abb. 8.24 Entscheidungsschema zur Lösbarkeit eines linearen Gleichungssystems

Schritt 4: Entscheidungsfindung zur Lösbarkeit gemäß Regel in Abb. 8.24

Da der Rang der erweiterten Koeffizientenmatrix größer ist als der Rang der Koeffizientenmatrix selbst, hat das Gleichungssystem keine Lösung. ◄

Gut zu wissen

Wie das obige Beispiel sehr gut zeigt, können Sie die Schritte 2 und 3 des Verfahrens zur Bestimmung der Anzahl der Lösungen eines linearen Gleichungssystems zusammenfassen. Wenn Sie den Rang der erweiterten Koeffizientenmatrix bestimmen, erhalten Sie automatisch auf der linken Seite des Strichs auch den Rang der Koeffizientenmatrix selbst. Zwei getrennte Berechnungen sind nach einigen Übungen also nicht erforderlich! ◄

Wie sieht das Verfahren aus, wenn wir ein Gleichungssystem vorliegen haben, das unendlich viele Lösungen besitzt? Hierzu passen wir das obige Beispiel an.

Schritt 1: Gleichungssystem in Matrizenschreibweise umformen, Anzahl der Unbekannten bestimmen

Dieser Schritt ist hier nicht mehr erforderlich, da die Matrixschreibweise bereits vorliegt. Die Anzahl der Unbekannten ist zwei.

Schritt 2: Rang der Koeffizientenmatrix rang(A) bestimmen

$$\begin{pmatrix} 2 & 5 \\ 4 & 10 \end{pmatrix}$$

Zeile $1 \cdot (-2) +$ Zeile $2 \rightarrow$ Zeile 2

$$\begin{pmatrix} 2 & 5 \\ 0 & 0 \end{pmatrix}.$$

Der Rang der Koeffizientenmatrix ist 1, da die beiden Zeilen der Matrix (und übrigens auch die Spalten) ein Vielfaches voneinander – also linear abhängig – sind.

Schritt 3: Rang der erweiterten Koeffizientenmatrix rang($A|b$) bestimmen

$$\begin{pmatrix} 2 & 5 & \vert & -7 \\ 4 & 10 & \vert & 12 \end{pmatrix}$$

Zeile $1 \cdot (-2) +$ Zeile $2 \rightarrow$ Zeile 2

$$\begin{pmatrix} 2 & 5 & \vert & -7 \\ 0 & 0 & \vert & 26 \end{pmatrix}.$$

Der Rang der erweiterten Koeffizientenmatrix ist 2.

Beispiel

Bestimmt werden soll die Anzahl der Lösungen des linearen Gleichungssystems

$$\begin{pmatrix} 2 & 5 \\ 4 & 10 \end{pmatrix} \cdot \begin{pmatrix} x_1 \\ x_2 \end{pmatrix} = \begin{pmatrix} -7 \\ -14 \end{pmatrix}.$$

Schritt 1: Gleichungssystem in Matrizenschreibweise umformen, Anzahl der Unbekannten bestimmen

Die Anzahl der Unbekannten ist zwei.

Schritt 2: Rang der Koeffizientenmatrix rang(A) bestimmen und

Schritt 3: Rang der erweiterten Koeffizientenmatrix rang($A|b$) bestimmen

Wir fassen nun Schritt 2 „Rang der Koeffizientenmatrix rang(A) bestimmen" und Schritt 3: „Rang der erweiterten Koeffizientenmatrix rang($A|b$) bestimmen" zusammen!

$$\begin{pmatrix} 2 & 5 & \vert & -7 \\ 4 & 10 & \vert & -14 \end{pmatrix}$$

Zeile $1 \cdot (-2) +$ Zeile $2 \rightarrow$ Zeile 2

$$\begin{pmatrix} 2 & 5 & \vert & -7 \\ 0 & 0 & \vert & 0 \end{pmatrix}.$$

Auf der linken Seite des Strichs können wir den Rang der Koeffizientenmatrix ablesen. Dieser ist 1. Bei Betrachtung des gesamten Ausdrucks sehen wir, dass der Rang der erweiterten Koeffizientenmatrix ebenfalls 1 ist!

Schritt 4: Entscheidungsfindung zur Lösbarkeit gemäß Regel in Abb. 8.24.

Da der Rang der erweiterten Koeffizientenmatrix gleich dem Rang der Koeffizientenmatrix selbst ist, müssen beide Werte noch mit der Anzahl der Unbekannten verglichen werden! Diese Anzahl ist mit dem Wert 2 größer als die Ränge mit jeweils 1. Damit ist das Gleichungssystem *unterbestimmt*! Es besitzt mehr Unbekannte als Gleichungen, die Informationen beisteuern. Damit hat das Gleichungssystem unendlich viele Lösungen. Wie man leicht sieht, ergibt sich aus

$$2x_1 + 5x_2 = -7$$

stets die Bedingung

$$x_2 = \frac{-2x_1 - 7}{5}$$

für alle $x_1 \in R$ und damit unendlich viele Lösungen. ◄

Gut zu wissen

Wir wollen hier den Bezug zur Praxis nicht verlieren und auf die Frage eingehen, ob derartige Untersuchungen wirklich notwendig sind. Um ehrlich zu sein: sehr selten! Liegt Ihnen ein lineares Gleichungssystem vor, welches beispielsweise über drei Unbekannte verfügt, dann wird es in der Regel nicht sinnvoll sein, den Rang der Matrix A sowie der erweiterten Koeffizientenmatrix zu bestimmen. Wenden Sie stattdessen sofort die Regel von Cramer an! Erhalten Sie dann in Schritt 2 „Berechnung von $|A|$" die Determinante ungleich null so wissen Sie, dass das Gleichungssystem eindeutig lösbar ist. Ist die Determinante gleich null, kann es unendlich viele oder keine Lösungen besitzen. ◄

Zusammenfassung

In diesem Abschnitt lernten Sie Determinanten als Hilfsmittel zur Lösung von linearen Gleichungssystemen kennen. Sofern die Dimension der Matrix kleiner gleich 3 ist, lässt sich deren Determinante in der Regel einfach bestimmen.

Sie sind nach der Bearbeitung des Abschnitts in der Lage,

- zu entscheiden, ob eine Matrix eine Determinante besitzt,
- Determinanten von Matrizen zweiter und dritter Ordnung zu bestimmen,
- lineare Gleichungssysteme mithilfe von Determinanten und der Regel von Cramer zu lösen und
- den Algorithmus zur Zerlegung in Co-Faktoren zu erläutern.

8.3.6 Übungen

1. Berechnen Sie die Determinanten folgender Matrizen:
   a.
   $$A = \begin{pmatrix} 7 & -8 \\ 0 & 1 \end{pmatrix}$$
   b.
   $$B = \begin{pmatrix} 7 & -8 \\ 0 & 1 \\ 4 & 3 \end{pmatrix}$$
   c.
   $$C = \begin{pmatrix} -2 & 8 \\ 2 & -8 \end{pmatrix}$$
   d.
   $$D = \begin{pmatrix} x_{11} & v \\ t & y_{22} \end{pmatrix}.$$

2. Begründen Sie am Beispiel einer Determinante der Ordnung 2 folgende Regel anschaulich: Quadratische Matrizen, deren Determinante null ist, sind singulär. Eine Inverse ist für diese nicht berechenbar.

3. Berechnen Sie die Determinante von
   $$A = \begin{pmatrix} 1 & 0 & -2 \\ 1 & 2 & -3 \\ 3 & 1 & 3 \end{pmatrix}$$
   mit der Regel von Sarrus.

4. Können Sie die Regel von Sarrus prinzipiell auch zur Berechnung von Determinanten der 2×2-Matrizen anwenden? Versuchen Sie, die Regel anzupassen und sinngemäß zu übertragen, sodass Sie sich die Regel
   $$|A| = \det(A) = \begin{vmatrix} a_{11} & a_{12} \\ a_{21} & a_{22} \end{vmatrix} = a_{11} \cdot a_{22} - a_{21} \cdot a_{12}$$
   einfach merken können.

5. Gegeben ist die Matrix
   $$\begin{vmatrix} a_{11} & a_{12} & a_{13} \\ a_{21} & a_{22} & a_{23} \\ a_{31} & a_{32} & a_{33} \end{vmatrix}.$$
   Geben Sie bitte die Minoren M_{11} und M_{32} an.

6. Geben Sie eine Erklärung für die Eigenschaft „Sind zwei Zeilen oder zwei Spalten linear voneinander abhängig – sind sie also ein Vielfaches voneinander –, so ist die Determinante null."

7. Die Determinante der folgenden Matrix soll bestimmt werden:
   $$A = \begin{pmatrix} 1 & 0 & -2 \\ 1 & 2 & -3 \\ 3 & 1 & 3 \end{pmatrix}.$$

Kapitel 8

In Abschn. 8.3.3 wurde die Determinante nach der ersten Zeile entwickelt und über die Minoren und Co-Faktoren das Ergebnis bestimmt. Entwickeln Sie nun die Determinante nach der zweiten Zeile, sodass Minoren der Ordnung 2 in der Formel enthalten sind. Berechnen Sie abschließend das Ergebnis.

8. Gegeben ist

$$A = \begin{pmatrix} 3 & -4 & 2 \\ 1 & 8 & -7 \\ 0 & 14 & 2 \end{pmatrix}.$$

Berechnen Sie $|A|$, indem Sie die Entwicklung nach Co-Faktoren für die erste Zeile durchführen. Verfahren Sie wie folgt:

a. Vereinfachen Sie die Determinante der Matrix, indem Sie zunächst die folgende Regel so einsetzen, dass in der ersten Zeile zwei Elemente null werden.

Regel: „Das Multiplizieren einer Zeile mit einer Zahl ungleich null und die anschließende Addition zu einer anderen Zeile hat keine Auswirkung auf den Wert der Determinante!"

b. Entwickeln Sie nun die Determinante nach der ersten Zeile und berechnen Sie deren Wert.

9. Berechnen Sie

$$|A| = \begin{vmatrix} 1 & 2 & -1 & 3 \\ 0 & 1 & 4 & 2 \\ 0 & 1 & 0 & 4 \\ 1 & 0 & 2 & 1 \end{vmatrix}.$$

10. Erläutern Sie anschaulich die Gültigkeit der Eigenschaft „Sind alle Elemente einer Zeile oder Spalte null, so ist die Determinante null" mithilfe der Methode der Berechnung mit Co-Faktoren.

11. Für welche Werte von t hat ein Gleichungssystem der Form $A \cdot x = b$ mit der Koeffizientenmatrix

$$A = \begin{pmatrix} 2 & t-1 \\ -5 & t \end{pmatrix}$$

genau eine Lösung? Nutzen Sie eine Eigenschaft der Determinante $|A|$, um die Lösung zu finden.

12. In Aufgabe 4 des Abschn. 8.2.6 war das lineare Gleichungssystem

$$870 \cdot x_1 + 950 \cdot x_2 = 324.500$$
$$975 \cdot x_1 + 470 \cdot x_2 = 215.000$$

zu lösen. Wir hatten hierzu die Inverse der Koeffizientenmatrix benutzt. Lösen Sie das Gleichungssystem nun mit der Regel von Cramer.

13. Das lineare Gleichungssystem
(I) $486 \cdot s + 130 \cdot t = 24{,}98$
(II) $46 \cdot s + 220 \cdot t = 18{,}98$
wurde in Kap. 3 mit dem Einsetzungsverfahren gelöst. Erarbeiten Sie nun bitte die Lösung mithilfe der Regel von Cramer.

14. Ermitteln Sie die Lösung des linearen Gleichungssystems

$$\begin{pmatrix} 1 & 0 & -2 \\ 1 & 2 & -3 \\ 3 & 1 & 3 \end{pmatrix} \cdot \begin{pmatrix} x_1 \\ x_2 \\ x_3 \end{pmatrix} = \begin{pmatrix} 6 \\ -7 \\ 40 \end{pmatrix}$$

mit der Regel von Cramer!

15. Abbildung 8.24 enthält keine Aussage für den Fall, dass rang$(A|b)$ < rang(A). Begründen Sie, weshalb dieser Fall gar nicht auftreten kann.

8.3.7 Lösungen

1. Die Determinanten der gegebenen Matrizen sind:
   a. $|A| = 7 \cdot 1 - 0 \cdot (-8) = 7$
   b. Die Matrix B hat die Dimension 3×2. Eine Determinante ist nur für quadratische Matrizen definiert. $|B|$ ist somit nicht definiert.
   c. $|C| = (-2) \cdot (-8) - 2 \cdot 8 = 0$
   d. $|D| = x_{11} \cdot y_{22} - t \cdot v$

2. In Abschn. 8.1.3.4 haben wir die Gültigkeit folgender Regel an einem Beispiel demonstriert

$$A^{-1} = \frac{1}{a_{11} \cdot a_{22} - a_{21} \cdot a_{12}} \cdot \begin{pmatrix} a_{22} & -a_{12} \\ -a_{21} & a_{11} \end{pmatrix}.$$

Zudem kennen wir die Determinante der rechten Matrix. Sie ist

$$|A| = \det(A) = \begin{vmatrix} a_{11} & a_{12} \\ a_{21} & a_{22} \end{vmatrix} = a_{11} \cdot a_{22} - a_{21} \cdot a_{12}.$$

Wenn nun $|A| = 0$ gilt, dann ist $a_{11} \cdot a_{22} - a_{21} \cdot a_{12} = 0$ und A^{-1} nicht berechenbar, weil der Term in der obigen Formel im Nenner steht.

3. Gegeben ist

$$A = \begin{pmatrix} 1 & 0 & -2 \\ 1 & 2 & -3 \\ 3 & 1 & 3 \end{pmatrix}$$

Schritt 1: Wir ergänzen die Ausgangsdeterminante durch eine Kopie der ersten beiden Spalten auf der rechten Seite

$$\begin{vmatrix} 1 & 0 & -2 \\ 1 & 2 & -3 \\ 3 & 1 & 3 \end{vmatrix} \begin{matrix} 1 & 0 \\ 1 & 2 \\ 3 & 1 \end{matrix}.$$

Schritt 2: Das Produkt der Elemente auf und parallel zur Hauptdiagonalen ist zu berechnen und die Werte sind zu addieren

Auszurechnen ist

$$1 \cdot 2 \cdot 3 + 0 \cdot (-3) \cdot 3 + (-2) \cdot 1 \cdot 1 = 6 + 0 - 2 = 4 \,.$$

Schritt 3: Das Produkt der Elemente auf und parallel zur Nebendiagonalen ist zu berechnen und die Werte sind zu addieren

$$\begin{vmatrix} 1 & 0 & -2 & 1 & 0 \\ 1 & 2 & -3 & 1 & 2 \\ 3 & 1 & 3 & 3 & 1 \end{vmatrix}$$

Auszurechnen ist

$$3 \cdot 2 \cdot (-2) + 1 \cdot (-3) \cdot 1 + 3 \cdot 1 \cdot 0 = -12 - 3 + 0 = -15 \,.$$

Schritt 4: Wir subtrahieren die gerade berechneten beiden Werte und erhalten die Determinante der Ausgangsmatrix. Achten Sie auf die korrekte Klammersetzung für den zweiten Ausdruck!

$$|A| = 4 - (-15) = 19 \,.$$

4. Ja, die Regel von Sarrus kann tatsächlich sinngemäß auf Matrizen der Dimension 2×2 angewandt werden! Wir zeigen dies schrittweise:
   Schritt 1: Aufschreiben der Determinante, allerdings ohne die Ergänzung von Spalten nach rechts!

$$\begin{vmatrix} a_{11} & a_{12} \\ a_{21} & a_{22} \end{vmatrix}$$

   Schritt 2: Berechnung des Produkts der Elemente auf der Hauptdiagonalen

$$\begin{vmatrix} a_{11} & a_{12} \\ a_{21} & a_{22} \end{vmatrix}$$

   Zu berechnen ist also der Wert des Terms:

$$a_{11} \cdot a_{22} \,.$$

   Schritt 3: Berechnen der Produkte der Elemente auf der Nebendiagonalen

$$\begin{vmatrix} a_{11} & a_{12} \\ a_{21} & a_{22} \end{vmatrix}$$

   Zu berechnen ist also der Wert des Terms:

$$a_{21} \cdot a_{12} \,.$$

   Schritt 4: Subtrahieren der gerade berechneten Produkte

$$a_{11} \cdot a_{22} - a_{21} \cdot a_{12} \,.$$

   Damit ergibt sich die bereits bekannte Regel

$$|A| = \det(A) = \begin{vmatrix} a_{11} & a_{12} \\ a_{21} & a_{22} \end{vmatrix} = a_{11} \cdot a_{22} - a_{21} \cdot a_{12} \,.$$

Die Regel von Sarrus kann mit wenigen Modifikationen auch als Merkhilfe für den Fall einer Determinante der Ordnung 2 eingesetzt werden. Dies zeigt auch Abb. 8.20. Für Determinanten ab der Ordnung 4 ist sie jedoch definitiv nicht einsetzbar!

5. Die Lösungen für die Minoren sind:

$$M_{11} = \begin{vmatrix} a_{11} & a_{12} & a_{13} \\ a_{21} & a_{22} & a_{23} \\ a_{31} & a_{32} & a_{33} \end{vmatrix} = \begin{vmatrix} a_{22} & a_{23} \\ a_{32} & a_{33} \end{vmatrix}$$

$$M_{32} = \begin{vmatrix} a_{11} & a_{12} & a_{13} \\ a_{21} & a_{22} & a_{23} \\ a_{31} & a_{32} & a_{33} \end{vmatrix} = \begin{vmatrix} a_{11} & a_{13} \\ a_{21} & a_{23} \end{vmatrix} \,.$$

6. Wenn eine Zeile einer Determinante ein Vielfaches einer anderen Zeile darstellt, so kann man beide addieren. Dann erhält man eine Zeile, in der lediglich Nullen enthalten sind. Damit ist die Determinante null.

7. Die Lösung ist

$$\begin{aligned}
|A| &= \sum_{l=1}^{n} a_{kl} \cdot C_{kl} \\
&= \sum_{L=1}^{n} (-1)^{k+l} \cdot a_{kl} \cdot M_{kl} \\
&= (-1)^{2+1} \cdot 1 \cdot \begin{vmatrix} 0 & -2 \\ 1 & 3 \end{vmatrix} + (-1)^{2+2} \cdot 2 \cdot \begin{vmatrix} 1 & -2 \\ 3 & 3 \end{vmatrix} \\
&\quad + (-1)^{2+3} \cdot (-3) \cdot \begin{vmatrix} 1 & 0 \\ 3 & 1 \end{vmatrix} \\
&= (-1) \cdot \begin{vmatrix} 0 & -2 \\ 1 & 3 \end{vmatrix} + 2 \cdot \begin{vmatrix} 1 & -2 \\ 3 & 3 \end{vmatrix} + 3 \cdot \begin{vmatrix} 1 & 0 \\ 3 & 1 \end{vmatrix} \\
&= (-1) \cdot [0 \cdot 3 - 1 \cdot (-2)] + 2 \cdot [1 \cdot 3 - 3 \cdot (-2)] \\
&\quad + 3 \cdot [1 \cdot 1 - 3 \cdot 0] \\
&= (-1) \cdot [0 + 2] + 2 \cdot [3 + 6] + 3 \cdot [1 - 0] \\
&= -2 + 18 + 3 \\
&= 19 \,.
\end{aligned}$$

8. Die Lösungen gemäß der zwei Teilaufgaben sind:
   a. Wir vereinfachen zunächst mit Regel 2 durch:
      Zeile $2 \cdot (-3) +$ Zeile $1 \to$ Zeile 1

$$\begin{vmatrix} 0 & -28 & 23 \\ 1 & 8 & -7 \\ 0 & 14 & 2 \end{vmatrix} \,.$$

   Zudem führen wir aus:
   Zeile $3 \cdot 2 +$ Zeile $1 \to$ Zeile 1

$$\begin{vmatrix} 0 & 0 & 27 \\ 1 & 8 & -7 \\ 0 & 14 & 2 \end{vmatrix} \,.$$

b. Jetzt entwickeln wir die Determinante nach Zeile 1.

$$|A| = (-1)^{1+1} \cdot 0 \cdot M_{11} + (-1)^{1+2} \cdot 0 \cdot M_{12}$$
$$+ (-1)^{1+3} \cdot 27 \cdot M_{13}$$
$$= 1 \cdot 27 \cdot M_{13}$$
$$= 27 \cdot \begin{vmatrix} 1 & 8 \\ 0 & 14 \end{vmatrix}$$
$$= 27 \cdot [1 \cdot 14 - 0 \cdot 8]$$
$$= 378 \,.$$

9. Gesucht ist die Determinante

$$|A| = \begin{vmatrix} 1 & 2 & -1 & 3 \\ 0 & 1 & 4 & 2 \\ 0 & 1 & 0 & 4 \\ 1 & 0 & 2 & 1 \end{vmatrix}$$

Es ist offenbar sinnvoll, hier nach der ersten Spalte zu entwickeln. Wir gehen zuvor jedoch noch einen Schritt weiter und multiplizieren die erste Zeile mit (-1) und addieren diese zur Zeile 4. Der Wert der Determinante ändert sich nicht! Zeile $1 \cdot (-1) +$ Zeile $4 \rightarrow$ Zeile 4

$$|A| = \begin{vmatrix} 1 & 2 & -1 & 3 \\ 0 & 1 & 4 & 2 \\ 0 & 1 & 0 & 4 \\ 0 & -2 & 3 & -2 \end{vmatrix} .$$

Wir halten Spalte 1 fest und durchlaufen alle Zeilen nacheinander. Wir erhalten mit $l = 1$

$$|A| = \sum_{k=1}^{n} (-1)^{k+l} \cdot a_{kl} \cdot M_{kl}$$
$$|A| = (-1)^{1+1} \cdot 1 \cdot M_{11} + (-1)^{2+1} \cdot 0 \cdot M_{21}$$
$$+ (-1)^{3+1} \cdot 0 \cdot M_{31} + (-1)^{4+1} \cdot 0 \cdot M_{41}$$
$$= (-1)^{1+1} \cdot 1 \cdot M_{11}$$
$$= M_{11}$$
$$= \begin{vmatrix} 1 & 4 & 2 \\ 1 & 0 & 4 \\ -2 & 3 & -2 \end{vmatrix} .$$

Nach der Regel von Sarrus folgt

$$= 1 \cdot 0 \cdot (-2) + 4 \cdot 4 \cdot (-2) + 2 \cdot 1 \cdot 3$$
$$- [(-2) \cdot 0 \cdot 2 + 3 \cdot 4 \cdot 1 + (-2) \cdot 1 \cdot 4]$$
$$= 0 + (-32) + 6 - (0 + 12 - 8)$$
$$= -32 + 6 - 4$$
$$= -30 \,.$$

10. Nehmen wir an, die Zeile k einer Determinante enthält ausschließlich Nullen. Wenden wir nun die Methode der Entwicklung in Co-Faktoren an, so werden die Elemente a_{kl} der bekannten Formel

$$|A| = \sum_{l=1}^{n} (-1)^{k+l} \cdot a_{kl} \cdot M_{kl}$$

stets null sein. Damit ist auch $|A| = 0$.

11. Ein lineares Gleichungssystem besitzt genau dann eine eindeutige Lösung, wenn gilt $|A| \neq 0$

$$|A| = \begin{vmatrix} 2 & t-1 \\ -5 & t \end{vmatrix} = 2t - (-5) \cdot (t-1)$$
$$= 2t - (-5t + 5) = 7t + 5 \,.$$

Alle Werte von t mit $7t + 5 = 0$ sind also auszuschließen. Demnach besitzt das lineare Gleichungssystem für $t = -\frac{7}{5}$ keine und für alle anderen Werte eine eindeutige Lösung.

12. Die Lösung des Gleichungssystems mit der Regel von Cramer erfolgt in den drei bekannten Schritten.
Schritt 1: Matrixschreibweise des Gleichungssystems

$$\begin{pmatrix} 870 & 950 \\ 975 & 470 \end{pmatrix} \cdot \begin{pmatrix} x_1 \\ x_2 \end{pmatrix} = \begin{pmatrix} 324.500 \\ 215.000 \end{pmatrix}$$

Schritt 2: Berechnung von $|A|$

$$|A| = \begin{vmatrix} 870 & 950 \\ 975 & 470 \end{vmatrix} = 870 \cdot 470 - 975 \cdot 950 = -517.350 \,.$$

Schritt 3: Berechnen der x_j durch Ersetzen der Spalte j von $|A|$ mit b
Um x_1 auszurechnen, ersetzen wir die erste Spalte von $|A|$ durch b – nachfolgend zu sehen durch die rechteckige Umrahmung – und dividieren abschließend durch $|A|$ selbst. Für $j = 1$ bis $j = 2$ erhalten wir die folgenden Ergebnisse:

$$x_1 = \frac{\begin{vmatrix} \boxed{\begin{array}{c} 324.500 \\ 215.000 \end{array}} & \begin{array}{c} 950 \\ 470 \end{array} \end{vmatrix}}{|A|} = \frac{-51.735.000}{-517.350} = 100 \,,$$

$$x_2 = \frac{\begin{vmatrix} \begin{array}{c} 870 \\ 975 \end{array} & \boxed{\begin{array}{c} 324.500 \\ 215.000 \end{array}} \end{vmatrix}}{|A|} = \frac{-129.337.500}{-517.350} = 250 \,.$$

Das Gleichungssystem besitzt die eindeutige Lösung $x^T = (100; 250)$.

13. Zu lösen ist
(I) $486 \cdot s + 130 \cdot t = 24{,}98$
(II) $46 \cdot s + 220 \cdot t = 18{,}98$.
Wir wenden wieder die Regel von Cramer in drei Schritten an.
Schritt 1: Matrixschreibweise des Gleichungssystems

$$\begin{pmatrix} 486 & 130 \\ 46 & 220 \end{pmatrix} \cdot \begin{pmatrix} s \\ t \end{pmatrix} = \begin{pmatrix} 24{,}98 \\ 18{,}98 \end{pmatrix} \,.$$

Die Tatsache, dass wir hier nicht die Variablennamen x_1 und x_2 vorfinden, hindert uns nicht in der sinngemäßen Anwendung der Regel von Cramer! Ein Austausch der Variablen und späterer Rücktausch wäre möglich, ist jedoch bei dieser Komplexität hier nicht erforderlich.

Schritt 2: Berechnung von $|A|$

$$|A| = \begin{vmatrix} 486 & 130 \\ 46 & 220 \end{vmatrix} = 486 \cdot 220 - 46 \cdot 130 = 100.940\,.$$

Schritt 3: Berechnen der gesuchten Größen – hier nicht x_j genannt (!) – durch Ersetzen der entsprechenden Spalte von $|A|$ mit b

$$s = \frac{\begin{vmatrix} 24{,}98 & 130 \\ 18{,}98 & 220 \end{vmatrix}}{|A|} = \frac{24{,}98 \cdot 220 - 18{,}98 \cdot 130}{100.940} = 0{,}03\,,$$

$$t = \frac{\begin{vmatrix} 486 & 24{,}98 \\ 46 & 18{,}98 \end{vmatrix}}{|A|} = \frac{486 \cdot 18{,}98 - 46 \cdot 24{,}98}{100.940} = 0{,}08\,.$$

Das Gleichungssystem besitzt die eindeutige Lösung $x^T = (0{,}03; 0{,}08)$.

14. Der **Schritt 1** „Matrixschreibweise des Gleichungssystems" entfällt, da das bereits in Matrixschreibweise vorliegt.

Schritt 2: Berechnung von $|A|$

Die Lösung kann mithilfe der Regel von Sarrus erfolgen (s. hierzu Abschn. 8.1.3.4!):

$$|A| = \begin{vmatrix} 1 & 0 & -2 \\ 1 & 2 & -3 \\ 3 & 1 & 3 \end{vmatrix} = 19\,.$$

Schritt 3: Berechnen der x_j durch Ersetzen der Spalte j von $|A|$ mit b

Die Berechnung der Determinante der Ordnung 3 im Zähler kann wieder mit der Regel von Sarrus erfolgen oder mit den im Abschn. 8.3.3 gezeigten beiden Verfahren. Wir verweisen auf die Lösung in der Excel-Datei „Beispiel 2 fuer Regel von Cramer.xlsx". Diese können Sie schrittweise auch mit der Datei „Determinante der Ordnung 3 berechnen - Regel von Sarrus.xlsx" selbst herleiten.

$$x_1 = \frac{\begin{vmatrix} 6 & 0 & -2 \\ -7 & 2 & -3 \\ 40 & 1 & 3 \end{vmatrix}}{|A|} = \frac{228}{19} = 12$$

$$x_2 = \frac{\begin{vmatrix} 1 & 6 & -2 \\ 1 & -7 & -3 \\ 3 & 40 & 3 \end{vmatrix}}{|A|} = \frac{-95}{19} = -5$$

$$x_3 = \frac{\begin{vmatrix} 1 & 0 & 6 \\ 1 & 2 & -7 \\ 3 & 1 & 40 \end{vmatrix}}{|A|} = \frac{57}{19} = 3\,.$$

Das Gleichungssystem besitzt die eindeutige Lösung $x^T = (12; -5; 3)$. Diese Lösung hatten wir auch in Abschn. 8.2.2 erarbeitet.

15. Der Rang einer Matrix kann bestimmt werden, indem man diese in die obere Dreiecksform überführt und dann beispielsweise die Zeilen zählt, die komplett ungleich null sind. Wenn A zwei Zeilen enthält, bei denen eine das Vielfache einer anderen ist, sind beide also linear abhängig. So wird eine Zeile komplett null und der Rang um eins kleiner. Denken wir uns nun die zugehörige erweiterte Matrix! Es ist gar nicht möglich, dass bei den Berechnungen mehr Zeilen „wegfallen", also null werden, als bei der Matrix A selbst! Deshalb muss der Rang der erweiterten Koeffizientenmatrix immer gleich oder größer dem Rang der Koeffizientenmatrix selbst sein!

8.4   Input-Output-Rechnung

Eine hervorragende Anwendung der Matrizenrechnung bietet die sogenannte **Input-Output-Rechnung**. Zunächst erklären wir, worum es geht, um danach die Methodik der Berechnung inklusive der Anwendung der Matrizenoperationen detailliert vorzustellen.

Ausgangspunkt und grundlegende Fragestellungen der Input-Output-Rechnung sind:

1. Wie lassen sich die internen Produktionsvorgänge in einem Unternehmen mathematisch abbilden?
2. Welche Menge an Rohstoffen muss ein Unternehmen kaufen, um eine bestimmte Menge von Produkten produzieren zu können?
3. Welche Menge der Produkte kann ein Unternehmen verkaufen, wenn es bestimmte Rohstoffmengen verarbeitet hat?

Diesen Themen wollen wir im Folgenden strukturiert nachgehen.

8.4.1   Mathematische Darstellung von Rohstoff-, Produktions- und Verkaufsmengen

Um das Grundprinzip der Input-Output-Rechnung zu erläutern, betrachten wir folgendes einfaches Beispiel: Eine Bäckerei bäckt Russischen Zupfkuchen und Quark-Marmorkuchen und verkauft diese Kuchensorten an die Kunden.

Russischer Zupfkuchen besteht aus einer Quarkmischung mit Schokoladenstreuseln obenauf. Der Quark-Marmorkuchen besteht aus Schokoladenteig und Vanilleteig.

Für die Herstellung der Marmorkuchen wird neben dem Schokoladenteig auch direkt die Quarkmischung der Russischen Zupfkuchen verwendet. Andersherum wird auch der Schokoladenteig des Quark-Marmorkuchens als Ausgangsbasis für den Belag des Zupfkuchens verwendet. Die Herstellung der Kuchen

Abb. 8.25 **a** Russischer Zupfkuchen (Pactes-Patisserie (2014)), **b** Quark-Marmorkuchen (Rosawunder (2014))

erfolgt in zwei unterschiedlichen Produktionshallen. Damit ergibt sich eine Wechselbeziehung zwischen den Hallen, weil diese jeweils den Teig für die andere Halle mitproduziert. Abbildung 8.25 zeigt beide Kuchenarten.

Das Produktionsszenario lässt sich grafisch veranschaulichen, so wie es Abb. 8.26 zeigt. Sie erkennen das Werksgelände der Bäckerei, den Weg der Rohstoffe in das Unternehmen sowie den Austausch der Teigwaren auf dem Gelände selbst.

Die Pfeile nach rechts aus dem Gelände heraus stehen für die verkauften Produktionsmengen. Pfeile, die das Werksgelände nicht verlassen, kennzeichnen den Transport von Teig, der auf dem Werksgelände stattfindet. Denn eine Fabrikhalle produziert jeweils eine Teigsorte für die andere mit.

Merksatz

Man spricht von Stoffen/Materialien mit **exogener** Verwendung, wenn diese von außen in das Werksgelände hinein transportiert oder an externe Kunden verkauft werden. Dagegen besitzen Stoffe oder auch Produkte, die das Werksgelände nicht verlassen, **endogene** Verwendung.

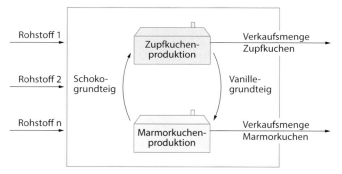

Abb. 8.26 Rohstoff- und Produktkreislauf in der Großbäckerei

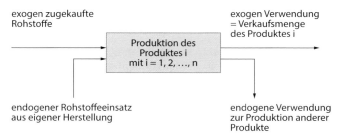

Abb. 8.27 Schematischer Produktionskreislauf für ein Produkt. Nach Rödder und Zörnig (1996)

Schauen wir uns eine der Werkshallen an, in denen entweder Zupfkuchen oder Quark-Marmorkuchen produziert wird, so gibt es dort jeweils vier ankommende oder wegführende Pfeile. Abbildung 8.27 stellt als Viereck die Werkshalle mit der jeweiligen Produktion dar. Folgende vier Pfeile sind zu erkennen:

1. exogen zugekaufte Rohstoffe,
2. endogen, also aus dem Betrieb selbst heraus zugelieferte Rohstoffe oder Ware,
3. exogen verkaufte Produktionsmengen sowie
4. endogen weiterverwendete Rohstoffmengen.

Wie gelangen wir nun von der grafischen Darstellung des Produkttransports zu einem mathematischen Modell, in dem wir die bereits bekannte Matrizenschreibweise nutzen?

Beispiel

In unserer Bäckerei sollen 450 kg Zupfkuchen und 750 kg Quark-Marmorkuchen produziert werden. Für die Herstellung von Zupfkuchen wird zu 20 % auf den Teig von Quark-Marmorkuchen, für die Herstellung von Quark-Marmorkuchen wird zu 50 % auf den Teig von Zupfkuchen zurückgegriffen.

Aber auch die Rohstoffe werden teilweise als Fertig-produkte eingekauft. Es gilt Folgendes: Der Zupfkuchen wird zu 75 % und der Quark-Marmorkuchen zu 60 % aus einem Fertigteig hergestellt. 10 % des Zupfkuchens bestehen aus Kakao.

Nun sind diese gegebenen Größen zunächst einmal schwierig nachzuvollziehen, solange wir sie nur als Text vor uns haben. In Kap. 1 haben wir Ihnen empfohlen, stets eine Skizze eines Sachverhaltes anzufertigen. Im vorliegenden Fall nennt man eine solche grafische Darstellung einen **Gozintograph**. ◄

Gut zu wissen

Zum Gozintographen gibt es eine interessante Geschichte: Der Erfinder Andrew Vazsonyi (1916–2003) gab der grafischen Darstellung in einer Präsentation eines komplizierten Problems der Produktionskontrolle 1956 diese Bezeichnung. Er erfand im gleichen Moment den Namen eines nie existierenden italienischen Mathematikers Zepartzat Gozinto. Dieser sollte für „the part that goes into" stehen und bezeichnet somit den Transport der Mengen auf dem Betriebsgelände. Auch Mathematiker können manchmal – zugegebenermaßen aber eher selten – lustige Leute sein. Für die gesamte Anekdote und weitere sehr interessante Details s. Operations Research Management Science – In Memoriam (2011). ◄

Doch zurück zum eigentlichen Problem: Wenn wir die gegebenen Stücke veranschaulichen wollen, so gelten generell folgende Regeln:

1. Die produzierten Produkte und deren Produktionsmengen werden in Knoten, d. h. entweder in Kreise oder in Kästchen, hineingeschrieben.
2. Die zuzuliefernden Rohstoffmengen sowie die Verkaufsmengen werden ebenfalls in Knoten oder Kästchen vermerkt.
3. Der Fluss der Rohstoffe wird durch einzelne Pfeile markiert. An den Pfeilen werden die prozentual (!) auszutauschenden Mengen eingetragen.

Befolgen wir diese Regeln, so erhalten wir im vorliegenden Beispiel die Abb. 8.28.

Beachten Sie bitte unbedingt die wirklich wichtige Beschriftung, die vom oberen Knoten zum unteren Knoten führt. Es ist klar, dass die 50 % hier vermerkt werden, weil der Marmorkuchen zu 50 % aus Zupfkuchen besteht. Aber: Gemeint sind nicht 50 % des Zupfkuchens, sondern 50 % multipliziert mit der Menge des herzustellenden (!) Marmorkuchens! Hier also $0{,}50 \cdot q_2$. Gleiches gilt auch für die Zulieferung der Rohstoffe zu den einzelnen Produkten bzw. Werkshallen. Bitte analysieren Sie detailliert die prozentualen Anteile und Beschriftungen an den Pfeilen in Abb. 8.28!

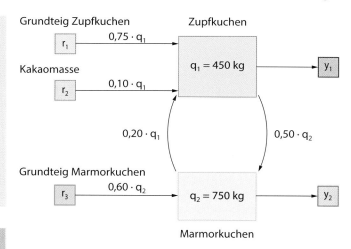

Abb. 8.28 Gozintograph Beispiel Großbäckerei

Merksatz

Der Gozintograph beschreibt den Materialfluss zur Produktion verschiedener Produkte. Zur Veranschaulichung werden Knoten und Pfeile/Kanten eingesetzt. Die prozentualen Anteile der auszutauschenden Mengen werden an den Kanten vermerkt. In den Knoten stehen die Zulieferungs-, Produktions- oder Verkaufsmengen.

Für die mathematische Darstellung müssen Symbole und Indizes vereinbart werden, die die Vorgänge auf dem Betriebsgelände beschreiben. Bei uns soll gelten:

i, j: Index der Produkte mit $i, j = 1, 2, \ldots, n$

q: Spaltenvektor der Produktionsmengen q_i (Bruttobedarfs-vektor)

y: Spaltenvektor der Verkaufsmengen y_i (Nettobedarfsvektor).

Da das Produkt 1, also der Zupfkuchen, mit einer Menge von 450 kg und der Quark-Marmorkuchen mit einer Menge von 750 kg produziert werden soll, ergibt sich der Vektor q direkt aus den gegebenen Daten

$$q = \left(\begin{array}{c} 450 \\ 750 \end{array} \right).$$

Wir wissen bereits, dass die gesuchten Matrizen und Vektoren zwei Zeilen beinhalten werden, da zwei Produkte verkauft werden sollen. Deren Mengen jedoch sind nicht identisch mit den Produktionsmengen, da beide Kuchenmassen auf dem Werksgelände zur internen (endogenen) Verwendung hin- und hergefahren werden. Ziel ist es ja gerade, die zu verkaufenden Mengen mit einer Berechnung zu bestimmen. Damit können die Komponenten des Vektors, der die Verkaufsmengen beinhaltet, noch nicht angegeben werden:

$$y = \left(\begin{array}{c} y_1 \\ y_2 \end{array} \right).$$

8.4.2 Matrixschreibweise des Input-Output-Modells

Um die Berechnungen zu vereinfachen, verzichten wir zunächst auf die Zulieferung von Rohstoffen und stellen uns vor, dass die Kuchen ohne Zulieferung von externer Seite produziert werden könnten. Sobald wir das Verfahren zur mathematischen Modellierung von Produktion und Verkauf verstanden haben, kümmern wir uns auch um die Zulieferung.

Soweit sind die Dinge sicherlich relativ einfach zu verstehen. Etwas komplizierter wird es allerdings, wenn wir den Transport der Kuchenmassen auf dem Werksgelände zwischen den beiden Produktionshallen betrachten wollen. Wir bezeichnen dies als endogene, also interne Verwendung. Und hier kommen die Matrizen ins Spiel!

Wir erschaffen uns eine quadratische Matrix P, deren Dimension gleich der Anzahl der Produkte ist. Bei n Produkten erhalten wir eine quadratische Matrix der Dimension $n \times n$. Hier also 2×2.

Es gilt allgemein, dass Werte für die Ausgangsprodukte in den Zeilen und die Zielwerkshallen bzw. die Zielprodukte in den Spalten dieser Matrix untergebracht werden.

$$P = \overset{\text{nach Produkt}}{\underset{\text{Produkt}}{\text{von}} \downarrow \begin{pmatrix} p_{11} & p_{12} \\ p_{21} & p_{22} \end{pmatrix}}.$$

Doch in der Matrix der Produktionskoeffizienten werden nicht die Produktionsmengen selbst vermerkt, denn die auf dem Werksgelände zu transportierenden Produktmengen hängen ja gerade von der Produktion in den einzelnen Hallen ab. Deshalb ist es sinnvoll, prozentuale Angaben als Dezimalzahlen in der Matrix unterzubringen.

Die einzelnen vier o. g. Matrixelemente erhalten wir wie folgt.

1. 50 % des Quark-Marmorkuchens werden aus dem Teig des Zupfkuchens hergestellt. Von Produkt 1 fließen also Mengen nach Produkt 2. Damit steht der Index Zeile 1 („von Produkt 1"), Spalte 2 („nach Produkt 2") für das Matrixelement fest. Es ist $p_{12} = 0{,}50$.
2. 20 % des Zupfkuchens werden aus dem Teig des Quark-Marmorkuchens hergestellt. Von Produkt 2 fließen also Mengen nach Produkt 1. Damit steht der Index Zeile 2, Spalte 1 für das Matrixelement fest. Es ist $p_{21} = 0{,}20$.
3. Alle nicht angesprochenen Matrixelemente werden null gesetzt.

Damit erhält man die Produktionskoeffizientenmatrix

$$P = \begin{pmatrix} 0 & 0{,}50 \\ 0{,}20 & 0 \end{pmatrix}.$$

Gut zu wissen

Aufgrund der Komplexität der Berechnungen ist der Einsatz von Computer Algebra Systemen (s. Abschn. 8.2.3)

zur Lösung von Input-Output-Problemen sinnvoll und üblich. Die Lösungen der hier diskutierten Aufgaben finden Sie als MAPLE-Datei sowie als PDF-Datei in den Dateien zum Buch wieder. Die Lösung zu diesem Beispiel finden Sie auch in der MAPLE-Datei „Input-Output-Rechnung Kuchenbeispiel". ◄

Zu allem Übel fehlt uns nun aber noch die Matrix für die Rohstoffkoeffizienten. Wenn Sie das System für die Produktionskoeffizientenmatrix verstanden haben, ist dies jedoch ein einfacher Schritt. In der Rohstoffkoeffizientenmatrix wird in den Zeilen der jeweilige Rohstoff vermerkt und in den Spalten das jeweilige Produkt, für dessen Herstellung er verwendet wird. Im Beispiel unserer Bäckerei haben wir drei Rohstoffe und zwei Produkte. Die Rohstoffkoeffizientenmatrix hat deshalb die Dimension 3×2.

Allgemein lässt sich hierfür schreiben:

$$R = \overset{\text{nach Produkt}}{\underset{\text{Rohstoff}}{\text{von}} \downarrow \begin{pmatrix} r_{11} & r_{12} \\ r_{21} & r_{22} \end{pmatrix}}.$$

Die einzelnen Werte der Matrix erhalten wir wieder wie folgt:

1. Wir beginnen mit den Rohstoffen. Rohstoff 1, also der eingekaufte Fertigteig des Zupfkuchens, wird angeliefert. Dieser stellt 75 % der Produktionsmenge des Zupfkuchens dar. Deshalb ist der Index des Elements der Rohstoffverbrauchsmatrix: Zeile 1 und Spalte 1. Somit ist $r_{11} = 0{,}75$.
2. Rohstoff 2, also die Kakaomasse, wird für den Zupfkuchen (Produkt 1) zu 10 % der Produktionsmenge des Zupfkuchens benötigt. Deshalb ist der Index des Elements der Rohstoffverbrauchsmatrix: Zeile 2 und Spalte 1. Somit ist $r_{21} = 0{,}10$.
3. Es verbleibt der Fertigteig des Quark-Marmorkuchens (Rohstoff 3), welcher zu 60 % der Produktion des Marmorkuchens (Produkt 2) zugemischt wird. Deshalb ist der Index des Elements der Rohstoffverbrauchsmatrix: Zeile 3 und Spalte 2. Somit ist $r_{32} = 0{,}10$.
4. Alle nicht angesprochenen Matrixelemente werden null gesetzt.

Für die vollständige Rohstoffkoeffizientenmatrix erhalten wir

$$R = \begin{pmatrix} 0{,}75 & 0 \\ 0{,}10 & 0 \\ 0 & 0{,}60 \end{pmatrix}.$$

Damit haben wir alle benötigten Größen zusammengestellt und die Vorarbeiten abgeschlossen.

Merksatz

Für die Input-Output-Rechnung werden fünf mathematisch relevante Größen benötigt:

1. Spaltenvektor q der Produktionsmengen jedes Produktes, auch Bruttobedarfsvektor genannt,
2. Spaltenvektor y der Verkaufsmengen, auch Nettobedarfsvektor genannt,
3. Spaltenvektor r der Rohstoffmengen, auch Rohstoffbedarfsvektor genannt,
4. Rohstoffkoeffizientenmatrix R, hier stehen in den Zeilen die Rohstoffe und in den Spalten die Produkte, für die diese benötigt werden,
5. Produktionskoeffizientenmatrix P, sie repräsentiert den Austausch von Produkten auf dem Werksgelände, d. h. die endogene Verwendung. In den Zeilen stehen die Ausgangsprodukte („von Produkt"), in den Spalten stehen die Produkte, für deren Produktion sie benutzt werden („nach Produkt").

Abbildung 8.29 verdeutlicht den Zusammenhang zwischen den betriebswirtschaftlichen Größen und den Matrizen- sowie Vektorbezeichnungen im Input-Output-Modell. Bitte verdeutlichen Sie sich, dass bei bekanntem Produktionsverfahren die Zusammensetzung der Produkte aus den Rohstoffen sowie den in anderen Werkshallen produzierten Produkten bekannt ist. Damit sind die Matrizen „Rohstoffverbrauchsmatrix" R und „Produktionskoeffizientenmatrix" P stets gegeben. Einige der verbleibenden Größen „Rohstoffbedarfsvektor" r, Bruttobedarfsvektor q oder Nettobedarfsvektor y können gesucht sein! Wir werden verschiedene Fälle im Folgenden betrachten und den unteren Teil der Abb. 8.29 zur Veranschaulichung der gegebenen und gesuchten Größen nutzen.

betriebswirtschaftliche Größe

Einkauf / Zulieferung   Verarbeitung & Produktion   Verkauf

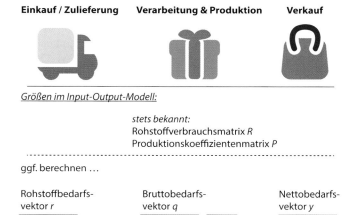

Größen im Input-Output-Modell:

stets bekannt:
Rohstoffverbrauchsmatrix R
Produktionskoeffizientenmatrix P

ggf. berechnen ...

Abb. 8.29 Gegenüberstellung der betriebswirtschaftlichen Größe mit dem Input-Output-Modell

8.4.3 Berechnung der Verkaufsmengen

Der Fluss der Rohstoffe auf dem Werksgelände wird durch die Produktionskoeffizientenmatrix P mathematisch dargestellt. Die Mengen der jeweils zu produzierenden Produkte sind Bestandteil des Bruttobedarfsvektors q. Wie erhält man nun daraus die Menge der zum Verkauf zur Verfügung stehenden Produkte und damit die Elemente des Nettobedarfsvektors y? Abbildung 8.30 zeigt die gegebenen und gesuchten Größen.

Abb. 8.30 Schematische Darstellung der gegebenen und gesuchten Größen

Um dies zu erfahren, schauen wir uns die Menge der zu produzieren Produkte an und überlegen dann nach Abzug der Mengen für die interne Verwendung, was am Ende des Prozesses für den Verkauf noch zur Verfügung steht.

Welche Mengen müssen produziert werden? Diese ergeben sich aus der Summe der Menge der Produkte y, die das Unternehmen verkaufen möchte, und der Menge, die zur internen Verwendung benutzt werden soll. Diese lassen sich mit der Produktionskoeffizientenmatrix P über $P \cdot q$ berechnen. Denn in P stehen die prozentualen Anteile der Produkte, die von Werkshalle zu Werkshalle ausgetauscht und für die Produktion anderer Produkte benötigt werden. Die Zusammenhänge verdeutlicht Abb. 8.31.

Es ist unbedingt zu beachten, dass es sich hierbei nicht um eine Gleichung mit drei „normalen" Variablen handelt, sondern um die beiden Vektoren y und q und die Matrix P. Dies ist deshalb von Bedeutung, weil wir die Gleichung nach dem Vektor für die Verkaufsmenge (Nettobedarfsvektor) umstellen müssen. Das Umstellen scheint zunächst einfach, denn wir erhalten:

$$q = y + P \cdot q$$
$$y = q - P \cdot q.$$

Prinzipiell könnte man hier bereits anfangen zu rechnen. Weitere Vereinfachungen sind jedoch möglich und an dieser Stelle üblich. Da es sich um Vektoren und Matrizen handelt, können wir aus den beiden Summanden auf der rechten Seite der Gleichung jedoch nicht einfach den gemeinsamen Term q ausklammern. Doch wir haben bereits bei der Betrachtung des

Produktionsmenge = Verkaufsmenge + interne Verwendung

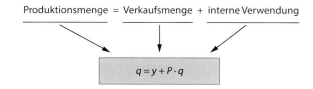

Abb. 8.31 Erläuterung der Berechnungsformel für die Produktionsmengen

Umgangs mit speziellen Matrizen in Abschn. 8.2.1 gelernt, dass bei der Multiplikation einer Matrix oder eines Vektors mit einer Einheitsmatrix keinerlei Veränderungen auftreten. Denn Einheitsmatrizen sind das Einselement der Matrizenmultiplikation. Aus diesem Grund können wir vor dem Vektor q auch die Multiplikation mit der Einheitsmatrix von links problemlos ergänzen. Siehe auch Aufgabe 9e in den Übungen in Abschn. 8.1.5. Damit erhalten wir eine etwas andere Form von obiger Gleichung:

$$y = E \cdot q - P \cdot q.$$

Nun können wir auf der rechten Seite den Bruttobedarfsvektor ausklammern.

$$y = (E - P) \cdot q.$$

Merksatz

Die Mengen der zum Verkauf zur Verfügung stehenden Produkte sind die Elemente des Nettobedarfsvektors y. Dieser lässt sich auf Basis der Produktionskoeffizientenmatrix und des Bruttobedarfsvektors mit der Gleichung

$$y = (E - P) \cdot q$$

berechnen.

Mithilfe dieser erarbeiteten Gleichung können wir nun problemlos den Nettobedarfsvektor im Beispiel bestimmen.

$$y = (E - P) \cdot q$$

$$y = \left[\begin{pmatrix} 1 & 0 \\ 0 & 1 \end{pmatrix} - \begin{pmatrix} 0 & 0,5 \\ 0,2 & 0 \end{pmatrix} \right] \cdot \begin{pmatrix} 450 \\ 750 \end{pmatrix}$$

$$y = \begin{pmatrix} 1 & -0,5 \\ -0,2 & 1 \end{pmatrix} \cdot \begin{pmatrix} 450 \\ 750 \end{pmatrix}$$

$$y = \begin{pmatrix} 75 \\ 660 \end{pmatrix}.$$

Dies bedeutet, dass 75 kg des weniger beliebten Zupfkuchens und 660 kg des von Kunden stark nachgefragten Quark-Marmorkuchens verkauft werden können!

Gut zu wissen

Aufgrund der Struktur der Gleichung $y = (E - P) \cdot q$ ergibt sich eine gute Möglichkeit der Kontrolle der ersten Berechnungen. Wenn die Matrix $(E - P)$ nicht in der Hauptdiagonale Einsen und in den anderen Positionen negative Werte aufweist, so liegt meist ein Fehler in der Rechnung vor! In der obigen Berechnung ist dies mit

$$\begin{pmatrix} 1 & -0,5 \\ -0,2 & 1 \end{pmatrix}$$

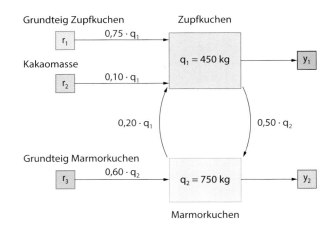

Abb. 8.32 Gozintograph Beispiel Großbäckerei

scheinbar nicht der Fall. Mit einiger Übung kann man sich somit einen Rechenschritt sparen und die Matrix direkt aufschreiben! ◄

Probe Zur besseren Nachvollziehbarkeit fügen wir hier die schematische Darstellung des Produktionsprozesses mit einigen ergänzten Mengen nochmals als Abb. 8.32 ein.

Hätten wir dieses Ergebnis auch ohne Matrizen- und Vektorenrechnung erhalten können? Ja, denn hier handelt es sich zum Lernen um ein relativ einfaches Beispiel. Wenn unsere Großbäckerei 750 kg Quark-Marmorkuchen produzieren möchte und allein dafür die Hälfte an Grundteig (nämlich den mit dem Schokoanteil) aus der Zupfkuchen-Produktion erhält, dann müssen vom Zupfkuchen $750 \cdot 0{,}5 = 375$ kg geliefert werden. Es werden aber nur 450 kg hergestellt. Damit verbleiben $450 - 375 = 75$ kg des Zupfkuchenteigs zum Backen übrig. Analog verhält es sich mit der Verkaufsmenge für den Quark-Marmorkuchen: Es werden 750 kg produziert. Für die Produktion von 450 kg Zupfkuchen sollen 20 % aus der Werkshalle Nr. 2 und damit aus der Produktion des Quark-Marmorkuchens kommen. Dies entspricht $450 \cdot 0{,}20 = 90$ kg. Vom Quark-Marmorkuchen können also 660 kg verkauft werden. Genau dies haben wir mit der obigen Rechnung gezeigt.

Dennoch ist das beschriebene Verfahren sehr wertvoll! Sind nämlich mehrere Produkte zu produzieren, wie dies in jeder Firma in der Regel der Fall ist, dann benötigt man ein übersichtliches Verfahren, wie wir es hier vorgestellt haben.

8.4.4 Berechnung der Rohstoffmengen

Nun müssen wir nur noch die Menge zuzuliefernder Rohstoffe und die Verkaufsmengen berechnen. Dazu werden die Verkaufsmengen, also der Nettobedarfsvektor, nicht benötigt. Dies zeigt Abb. 8.33 schematisch.

gesucht   gegeben   gesucht

Abb. 8.33 Schematische Darstellung der gegebenen und gesuchten Größen

Da die Nummer der zu produzieren Produkte die Spaltennummer der Rohstoffmatrix darstellt, können wir diese Matrix mit dem Bruttobedarfsvektor multiplizieren, um die Menge der einzukaufenden Rohstoffe zu erhalten. Klar ist, dass sich der Nettobedarfsvektor hierzu nicht eignet. Denn dann würden ja die Produktionsmengen zur endogenen Verwendung fehlen.

Merksatz

Sind die Produktionsmengen und damit die Elemente des Bruttobedarfsvektors q gegeben und kennt man darüber hinaus die Rohstoffverbrauchsmatrix R, so kann mithilfe der Gleichung $r = R \cdot q$ die Menge der benötigten Rohstoffe r berechnet werden.

Die Multiplikation der Rohstoffverbrauchsmatrix mit dem Bruttobedarfsvektor sieht wie folgt aus:

$$\begin{pmatrix} 0{,}75 & 0 \\ 0{,}10 & 0 \\ 0 & 0{,}60 \end{pmatrix} \cdot \begin{pmatrix} 450 \\ 750 \end{pmatrix} = \begin{pmatrix} 337{,}5 \\ 45 \\ 450 \end{pmatrix}.$$

Wir haben die anteiligen Rohstoffmengen mit den zu produzierenden Produktmengen multipliziert. Deshalb erhalten wir die Mengen für die Rohstoffe 1 bis 3. Demnach sind 337,5 kg Grundteig des Zupfkuchens, 45 kg Kakaomasse und 450 kg Grundteig des Quark-Marmorkuchens einzukaufen.

8.4.5 Ermittlung der Produktionsmengen

Wir haben nun fast alle Szenarien für ein produzierendes Unternehmen betrachtet. Lediglich der folgende Fall fehlt: Wie viele Produkte oder welche Mengen muss ein Unternehmen in jeder Werkshalle produzieren, wenn eine bestimmte Menge y verkauft werden soll bzw. Bestellungen in diesem Umfang vorliegen? Diese Frage ist aufgrund der auch für die interne Verwendung zu produzierenden Mengen nicht trivial. Denn die produzierten Mengen entsprechen nicht den Verkaufsmengen.

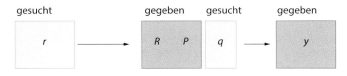

gesucht   gegeben   gesucht   gegeben

Abb. 8.34 Schematische Darstellung der gegebenen und gesuchten Größen

Gegeben sind also Verkaufsmengen y von rechts in Abb. 8.32. Zudem kennen wir das Geschehen auf dem Werksgelände, welches über die Produktionskoeffizientenmatrix P und die Rohstoffverbrauchsmatrix R beschrieben wird. Die produzierende Menge, also der Bruttobedarfsvektor q, ist gesucht. Abbildung 8.34 zeigt die gegebenen und gesuchten Größen schematisch.

Wir gehen von der Gleichung zur Berechnung der Rohstoffmengen aus

$$r = R \cdot q.$$

Zudem kennen wir die Formel

$$y = (E - P) \cdot q.$$

Diese Gleichung muss nach dem Vektor q umgestellt werden. (Siehe hierzu auch Übung 9e in Abschn. 8.1.5.)

Wir multiplizieren dazu die Gleichung von links mit $(E - P)^{-1}$ und erhalten

$$(E - P)^{-1} \cdot y = (E - P)^{-1} \cdot (E - P) \cdot q.$$

Gemäß Definition der inversen Matrix gilt $(E - P)^{-1} \cdot (E - P) = E$. Mit E als Einheitsmatrix erhalten wir damit

$$(E - P)^{-1} \cdot y = E \cdot q,$$
$$(E - P)^{-1} \cdot y = q,$$
$$q = (E - P)^{-1} \cdot y.$$

Zusammen mit der obigen Gleichung $r = R \cdot q$ für die Rohstoffmengen erhalten wir

$$r = R \cdot q,$$
$$r = R \cdot (E - P)^{-1} \cdot y.$$

Damit können wir aus den Verkaufsmengen die notwendigen Rohstoffmengen bestimmen. Es fehlt lediglich der letzte Schritt zur Berechnung der zu produzierenden Mengen q. Diese erhalten wir aus

$$r = R \cdot q$$

durch Umstellung nach q. Die Multiplikation der Gleichung mit der Inversen von R von links ergibt

$$R^{-1} \cdot r = R^{-1} \cdot R \cdot q,$$

und damit folgt über die Eigenschaft $R^{-1} \cdot R = E$ die Gleichung

$$R^{-1} \cdot r = E \cdot q,$$
$$q = R^{-1} \cdot r.$$

Für die beiden noch verbliebenen Fälle der Berechnung der Nettobedarfsmengen y aus den Bruttobedarfsmengen sowie umgekehrt geben wir an dieser Stelle die Formeln an. Deren Herleitung ist einfach. Sie soll als Übungsaufgabe erfolgen.

$$y = (E - P) \cdot R^{-1} \cdot r,$$
$$q = (E - P)^{-1} \cdot y.$$

Tab. 8.3 Übersicht zu den Formeln für die Berechnungen im Input-Output-Modell

Zusätzlich zu R und P gegebene Größe	Schematische Darstellung gegebener und gesuchter Größen			Formeln zur Berechnung der gesuchten Größen in korrekter Reihenfolge
q	gesucht $\boxed{r}$ $\longrightarrow$	gegeben $\boxed{R \;\; P}$ $\boxed{q}$ $\longrightarrow$	gesucht $\boxed{y}$	$y = (E - P) \cdot q$ $r = R \cdot q$ oder $r = R \cdot (E - P)^{-1} \cdot y$ falls $(E - P)$ regulär.
y	gesucht $\boxed{r}$ $\longrightarrow$	gegeben $\boxed{R \;\; P}$ gesucht $\boxed{q}$ $\longrightarrow$	gegeben $\boxed{y}$	$r = R \cdot (E - P)^{-1} \cdot y$ $q = (E - P)^{-1} \cdot y$ oder $q = R^{-1} \cdot r$ falls $(E - P)$ regulär sowie R quadratisch und regulär.
r	gegeben $\boxed{r}$ $\longrightarrow$	gegeben $\boxed{R \;\; P}$ gesucht $\boxed{q}$ $\longrightarrow$	gesucht $\boxed{y}$	$q = R^{-1} \cdot r$ $y = (E - P) \cdot q$ oder $y = (E - P) \cdot R^{-1} \cdot r$ falls R quadratisch und regulär.

Bitte beachten Sie jedoch unbedingt, dass wir inverse Matrizen nur für quadratische Matrizen definiert haben. Aus diesem Grund können obige Gleichungen nicht immer angewandt werden. Beispielsweise muss für den ersten Fall die Matrix R quadratisch sein! Das bedeutet, dass maximal genau so viele Rohstoffe wie Produkte für die Produktion benutzt werden dürfen. Mit Mathematikprogrammen (CAS), wie sie in Abschn. 8.2.3 kurz beschrieben wurden, können auch derartige Gleichungen gelöst werden. Wir sprechen dann von sogenannten **Pseudoinversen**!

Merksatz

Die Berechnung der in einem Input-Output-Modell gesuchten Größen hängt von den gegebenen Größen ab. Es gelten die in Tab. 8.3 dargestellten Zusammenhänge.

Den ersten und zweiten Fall gemäß Tab. 8.3 haben wir bereits in den vorangegangenen Abschnitten diskutiert. Wir wenden nun die Gleichungen für den letztgenannten Fall an.

Beispiel

Von einem Unternehmen ist das Produktionsverfahren bekannt, sodass die Produktionskoeffizientenmatrix und die Rohstoffverbrauchsmatrix aufgestellt werden konnten. Diese sind mit

$$P = \begin{pmatrix} 0 & 0{,}05 \\ 0{,}1 & 0 \end{pmatrix}$$

und

$$R = \begin{pmatrix} 1{,}5 & 0 \\ 0 & 2{,}0 \end{pmatrix}$$

gegeben. Das Unternehmen kann zudem von Rohstoff 1 genau 600 kg und von Rohstoff 2 genau 400 kg einkaufen. Wir wollen daraus die Mengen der zu produzierenden und zu verkaufenden Produkte berechnen. Die Lösungen finden Sie auch als MAPLE- und PDF-Datei unter dem Namen „Input-Output-Rechnung produzierendes Unternehmen".

Es liegt der in Abb. 8.35 gezeigte Fall der gegebenen und gesuchten Größen vor.

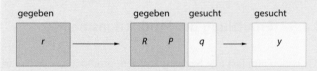

Abb. 8.35 Schematische Darstellung der gegebenen und gesuchten Größen

Für die Berechnung nutzen wir die in Tab. 8.3 vermerkten Formeln und durchlaufen damit die Skizze in Abb. 8.35 von links nach rechts.

Für die Berechnung der Bruttobedarfsmengen gilt

$$q = R^{-1} \cdot r.$$

Der Vektor r ist uns über die gekauften Rohstoffmengen bekannt. Er ist

$$r = \begin{pmatrix} 600 \\ 400 \end{pmatrix}.$$

Die Rohstoffverbrauchsmatrix ist hier quadratisch, sodass wir versuchen können, die Inverse zu ermitteln. Für

$$R = \begin{pmatrix} 1{,}5 & 0 \\ 0 & 2{,}0 \end{pmatrix}$$

nutzen wir die in Abschn. 8.1.3.4 gezeigte Formel: Wenn $R = \begin{pmatrix} a & b \\ c & d \end{pmatrix}$ regulär ist, dann ist

$$R^{-1} = \frac{1}{a \cdot d - c \cdot b} \cdot \begin{pmatrix} d & -b \\ -c & a \end{pmatrix}.$$

Wir erhalten mit $a = 1{,}5$ und $d = 2{,}0$ sowie $b = c = 0$ die Inverse

$$R^{-1} = \frac{1}{1{,}5 \cdot 2{,}0 - 0 \cdot 0} \cdot \begin{pmatrix} 2{,}0 & 0 \\ 0 & 1{,}5 \end{pmatrix},$$

$$R^{-1} = \begin{pmatrix} \frac{2}{3} & 0 \\ 0 & \frac{1}{2} \end{pmatrix}.$$

Für den Bruttobedarfsvektor folgt damit

$$q = R^{-1} \cdot r$$
$$q = \begin{pmatrix} \frac{2}{3} & 0 \\ 0 & \frac{1}{2} \end{pmatrix} \cdot \begin{pmatrix} 600 \\ 400 \end{pmatrix}$$
$$q = \begin{pmatrix} 400 \\ 200 \end{pmatrix}.$$

Es können demnach 400 kg von Produkt 1 und 200 kg von Produkt 2 produziert werden. Über die nun bereits ermittelten Größen können wir die Verkaufsmengen berechnen.

$$y = (E - P) \cdot q$$
$$y = \left(\begin{pmatrix} 1 & 0 \\ 0 & 1 \end{pmatrix} - \begin{pmatrix} 0 & 0{,}05 \\ 0{,}1 & 0 \end{pmatrix} \right) \cdot \begin{pmatrix} 400 \\ 200 \end{pmatrix}$$
$$y = \begin{pmatrix} 1 & -0{,}05 \\ -0{,}1 & 1 \end{pmatrix} \cdot \begin{pmatrix} 400 \\ 200 \end{pmatrix}$$
$$y = \begin{pmatrix} 390 \\ 160 \end{pmatrix}.$$

Von Produkt 1 können 390 kg und von Produkt 2 160 kg verkauft werden. ◄

Zusammenfassung

Die Beispiele in diesem Abschnitt sollten Ihnen zeigen, dass die Matrizenrechnung ein hilfreiches und wichtiges Werkzeug zur Notation von betriebswirtschaftlichen Zusammenhängen ist. Die Input-output-Rechnung beherrschen Sie und insbesondere sind Sie in der Lage,

- einen Gozintographen für einen gegebenen Stoffkreislauf zu erstellen,
- ein Input-Output-Problem in die Matrizenschreibweise zu überführen,
- aus dem Gozintographen die Matrizenschreibweise des Input-Output-Problems zu ermitteln und
- die Begriffe Nettobedarfsvektor, Bruttobedarfsvektor, Produktionskoeffizientenmatrix, Rohstoffverbrauchsmatrix sicher anzuwenden, um ein Input-Output-Problem zu lösen.

8.4.6 Übungen

1. Die Produktionskoeffizientenmatrix im Eingangsbeispiel dieses Abschnitts, in dem es um zwei zu produzierende Kuchensorten ging, war

$$P = \begin{pmatrix} 0 & 0{,}50 \\ 0{,}20 & 0 \end{pmatrix}.$$

Offenbar sind die Elemente der Hauptdiagonale alle null. Begründen Sie ausführlich mit eigenen Worten, warum dies eigentlich in allen Fällen so sein muss!

2. Die Rohstoffkoeffizientenmatrix im Beispiel der Bäckerei war

$$R = \begin{pmatrix} 0{,}75 & 0 \\ 0{,}10 & 0 \\ 0 & 0{,}60 \end{pmatrix}.$$

Hier sind in den einzelnen Spalten die Zuliefermengen für die Produkte notiert. Produkt 1 besteht also aus Rohstoff 1 und 2.

   a. Begründen Sie, weshalb die Summe aller Elemente nicht stets eins betragen muss, aber durchaus auch größer als eins sein kann.

   b. Welche Dimension hätte die Matrix, wenn für die Produktion der zwei Produkte insgesamt fünf Rohstoffe benötigt würden?

3. Erläutern Sie die Begriffe Bruttobedarfsvektor und Nettobedarfsvektor mit eigenen Worten.

4. Gegeben sind die Produktionskoeffizienten- sowie die Rohstoffverbrauchsmatrix. Leiten Sie eine Formel zur Berechnung der Nettobedarfsmengen y aus den Rohstoffverbrauchsmengen r unter Verwendung dieser Matrizen her. Stellen Sie dazu die Gleichung $r = R \cdot (E - P)^{-1} \cdot y$ nach y um. Wir setzen voraus, dass die Matrizen quadratisch und regulär sind.

Kapitel 8

5. Gegeben sind die Produktionskoeffizienten- sowie die Rohstoffverbrauchsmatrix. Leiten Sie eine Formel zur Berechnung der Rohstoffbedarfsmengen r aus den Nettobedarfsmengen y unter Verwendung dieser Matrizen her. Stellen Sie dazu die Gleichung $y = (E - P) \cdot q$ nach y um. Wir setzen voraus, dass die Matrizen quadratisch und regulär sind.

6. Weshalb sind die Diagonalelemente der Produktionskoeffizientenmatrix in der Regel null?

7. Es sind für ein Unternehmen die folgenden Matrizen gegeben:

$$P = \begin{pmatrix} 0 & 0{,}05 \\ 0{,}1 & 0 \end{pmatrix}$$

und

$$R = \begin{pmatrix} 1{,}5 & 0 \\ 0 & 2{,}0 \end{pmatrix}.$$

a. Benennen Sie die Matrizen.
b. Zeichnen Sie den Gozintographen.

8. Ein Unternehmen produziert zwei Flüssigkeiten. Von Flüssigkeit 1 sollen 180 Liter und von Flüssigkeit 2 sollen 270 Liter hergestellt werden.
Für die Produktion von einem Liter Flüssigkeit 2 werden 210 ml (21 %) der Flüssigkeit 1 benötigt. Umgekehrt benötigt man für die Produktion von einem Liter Flüssigkeit 1 ca. 450 ml von Flüssigkeit 2.
Zudem ist über die Produktion bekannt, dass für die Flüssigkeit 1 neben der Zulieferung von Flüssigkeit 2 noch zwei weitere Rohstoffe benötigt werden. Rohstoff 1 muss zu 90 % und Rohstoff 2 zu 40 % – gemessen an der Produktionsmenge von Flüssigkeit 1 – zugemischt werden. Für die Herstellung der Flüssigkeit 2 müssen 125 % des Rohstoffs 3 zugeführt werden.
a. Zeichnen Sie den Gozintographen.
b. Ermitteln Sie den Bruttobedarfsvektor sowie die Produktionskoeffizientenmatrix.
c. Berechnen Sie die Verkaufsmengen der beiden Flüssigkeiten.
d. Stellen Sie die Rohstoffverbrauchsmatrix auf und ermitteln Sie die Mengen der zuzuliefernden Rohstoffe.

8.4.7 Lösungen

1. Die Elemente der Hauptdiagonale einer Produktionskomponentenmatrix werden stets null sein, da deren Zeilen- und Spaltenindex immer gleich ist. Greifen wird uns das Beispiel Element p_{22} heraus, also in Zeile 2 und Spalte 2. Der dort vermerkte prozentuale Anteil würde angeben, welche Produktmenge von Produkt 2 nach Produkt 2 geliefert werden müsste. Damit wird ein Produkt aus sich selbst hergestellt, was nicht sinnvoll ist.

2. Lösung der Teilaufgaben:
a. Die Summe der zuzuliefernden Rohstoffmengen muss nicht immer 100 % ergeben, da auch Zulieferungen aus anderen Produktionsstandorten, also über die endogene Verwendung erfolgen. Dennoch kann die Summe aller

Rohstoffmengen durchaus über 100 % betragen, wenn nämlich bei der Produktion Abfälle entstehen.
b. Bei der Rohstoffverbrauchsmatrix stehen die Rohstoffe in den Zeilen und die Produkte in den Spalten. Die Ausgangsmatrix hat die Dimension 3×2. Bei der Verwendung von fünf Rohstoffen für zwei Produkte würde die Dimension 5×2 betragen.

3. In der Regel gilt, „brutto ist mehr als netto". Die produzierten Mengen müssen deswegen als Bruttobedarf bezeichnet werden, weil diese größer oder zumindest gleich sein müssen wie die Verkaufsmenge. Denn es kann nur das verkauft werden, was auch produziert wurde. Da die endogene Verwendung von Produkten dazu führt, dass nicht alles verkauft werden kann, sind die Produktionsmengen größer als die Verkaufsmengen. Die Verkaufsmengen müssen demnach dem Nettobedarfsvektor zugeordnet werden.

4. Gegeben ist die Gleichung

$$r = R \cdot (E - P)^{-1} \cdot y.$$

Wir multiplizieren von links mit R^{-1}. Dies setzt voraus, dass R quadratisch und regulär ist. Dies ist keine triviale Forderung, da dies bedeutet, dass maximal genauso viele Rohstoffe zur Produktion verwendet werden können, wie es Produkte gibt. Denn die Anzahl der Zeilen der Matrix R entspricht der Anzahl der Rohstoffe!

$$R^{-1} \cdot r = \underbrace{R^{-1} \cdot R}_{=E} \cdot (E - P)^{-1} \cdot y$$

$$R^{-1} \cdot r = E \cdot (E - P)^{-1} \cdot y$$

$$R^{-1} \cdot r = (E - P)^{-1} \cdot y.$$

Abschließend multiplizieren wir von links mit $(E - P)$

$$(E - P) \cdot R^{-1} \cdot r = \underbrace{(E - P) \cdot (E - P)^{-1}}_{=E} \cdot y$$

$$(E - P) \cdot R^{-1} \cdot r = y$$

$$y = (E - P) \cdot R^{-1} \cdot r.$$

5. Gegeben ist die Gleichung

$$y = (E - P) \cdot q.$$

Wir multiplizieren von links mit $(E - P)^{-1}$, vorausgesetzt $(E - P)$ ist regulär.

$$(E - P)^{-1} \cdot y = \underbrace{(E - P)^{-1} \cdot (E - P)}_{=E} \cdot q$$

$$(E - P)^{-1} \cdot y = E \cdot q$$

$$(E - P)^{-1} \cdot y = q$$

$$q = (E - P)^{-1} \cdot y.$$

6. Die Bedeutung der Elemente der Produktionskoeffizientenmatrix hatten wir uns wie folgt verdeutlicht:

$$P = \begin{array}{c} \text{von} \\ \text{Produkt} \end{array} \Bigg\downarrow \overset{\overrightarrow{\text{nach Produkt}}}{\begin{pmatrix} p_{11} & p_{12} \\ p_{21} & p_{22} \end{pmatrix}}.$$

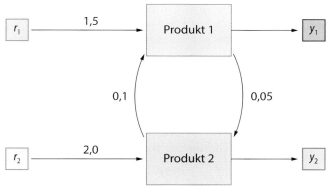

Abb. 8.36 Gozintograph der Produktion zweier Stoffe

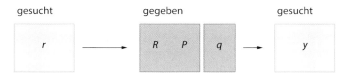

Abb. 8.37 Schematische Darstellung der gegebenen und gesuchten Größen

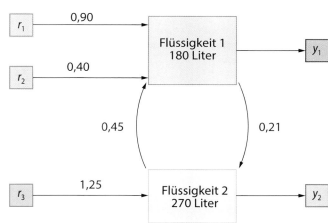

Abb. 8.38 Gozintograph der Produktion zweier Flüssigkeiten

Ist ein Diagonalelement $p_{i,i}$ ungleich null, so würde dies bedeuten, dass das Produkt i zur Produktion von sich selbst wieder verwendet wird. Dies ist meist nicht sinnvoll.

7. a. Gegeben sind die Produktionskoeffizientenmatrix

$$P = \begin{pmatrix} 0 & 0{,}05 \\ 0{,}1 & 0 \end{pmatrix} \quad \text{und}$$

die Rohstoffverbrauchsmatrix

$$R = \begin{pmatrix} 1{,}5 & 0 \\ 0 & 2{,}0 \end{pmatrix}.$$

b. Aus beiden o. g. Matrizen können wir erkennen, dass das Unternehmen zwei Produkte herstellt, denn P hat zwei Zeilen und R besitzt zwei Spalten. Das Element $p_{12} = 0{,}05$ (lies: „von Produkt 1 nach Produkt 2") zeigt uns an, dass 5 % der Produktionsmenge von Produkt 2 durch Produkt 1 gestellt werden. Entsprechend wird $p_{21} = 0{,}1$ interpretiert als „von Rohstoff 2 nach Rohstoff 1" in Höhe von 10 %.

Aus der Anzahl der Zeilen von Matrix R können wir schließen, dass zwei Rohstoffe zur Produktion extern zugekauft werden.

Den resultierenden Gozintographen zeigt Abb. 8.36.

8. Betrachtet man die gegebenen Größen in der Aufgabenstellung, so entspricht dies dem Lösungsschema gemäß Abb. 8.37. Die Gleichungen aus Tab. 8.3 können zur Lösung sukzessive genutzt werden. Die Lösungen liegen auch als MAPLE- bzw. PDF-Datei unter dem Namen „Input-Output-Rechnung Produktion von Flüssigkeiten" vor.

Die Lösungen der Teilaufgaben sind

a. Abbildung 8.38 zeigt den Gozintographen.

b. Der Bruttobedarfsvektor besteht aus den Produktionsmengen der Flüssigkeiten und ist hier

$$q = \begin{pmatrix} 180 \\ 210 \end{pmatrix}.$$

Die Matrixelemente der Produktionskoeffizientenmatrix folgen aus den Überlegungen „von Produkt 1 nach Produkt 2 → Element $p_{12} = 0{,}21$" sowie „von Produkt 2 nach Produkt 1 → Element $p_{21} = 0{,}45$". Beachten Sie, dass nicht 21 % der Flüssigkeit 1 zur Produktion von Flüssigkeit 2 benötigt werden, sondern $270 \cdot 0{,}21 = 56{,}7$ Liter! Für die Produktionskoeffizientenmatrix folgt:

$$P = \begin{pmatrix} 0 & 0{,}21 \\ 0{,}45 & 0 \end{pmatrix}.$$

c. Die Verkaufsmengen können einfach berechnet werden:

$$y = (E - P) \cdot q$$
$$y = \left(\begin{pmatrix} 1 & 0 \\ 0 & 1 \end{pmatrix} - \begin{pmatrix} 0 & 0{,}21 \\ 0{,}45 & 0 \end{pmatrix} \right) \cdot \begin{pmatrix} 180 \\ 210 \end{pmatrix}$$
$$y = \begin{pmatrix} 1 & -0{,}21 \\ -0{,}45 & 1 \end{pmatrix} \cdot \begin{pmatrix} 180 \\ 210 \end{pmatrix}$$
$$y = \begin{pmatrix} 135{,}9 \\ 129{,}0 \end{pmatrix}.$$

Von Flüssigkeit 1 können 135,9 Liter und von Flüssigkeit 2 können 129 Liter verkauft werden.

d. Die Elemente der Rohstoffverbrauchsmatrix ergeben sich aus folgenden Überlegungen: Rohstoff 1 zu 90 % der Produktionsmenge für Produkt 1 → Element $r_{11} = 0{,}90$, Rohstoff 2 zu 40 % der Produktionsmenge für Produkt 1 → Element $r_{21} = 0{,}40$, Rohstoff 3 zu 125 % der Produktionsmenge für Produkt 2 → Element $r_{32} = 1{,}25$.

Beachten Sie auch hier wieder, dass nicht 90 %! des Rohstoffes 1 für die Produktion von Flüssigkeit 1 benötigt werden, sondern $180 \cdot 0{,}90 = 162$ Liter, da 180 Liter hergestellt werden sollen!

Für die Rohstoffkoeffizientenmatrix und den Rohstoffbedarf folgt dann

$$R = \begin{pmatrix} 0{,}9 & 0 \\ 0{,}40 & 0 \\ 0 & 1{,}25 \end{pmatrix}$$

$$r = R \cdot q$$

$$r = \begin{pmatrix} 0{,}9 & 0 \\ 0{,}40 & 0 \\ 0 & 1{,}25 \end{pmatrix} \cdot \begin{pmatrix} 180 \\ 210 \end{pmatrix}$$

$$r = \begin{pmatrix} 162{,}0 \\ 72{,}0 \\ 262{,}5 \end{pmatrix}.$$

Es müssen also 162 Liter von Rohstoff 1 und 72 Liter von Rohstoff 2 sowie 262,5 Liter von Rohstoff 3 mindestens zur Verfügung stehen, um die gewünschten Mengen zu produzieren. Die Berechnung der Rohstoffmengen hätte auch mit der Gleichung

$$r = R \cdot (E - P)^{-1} \cdot y$$

erfolgen können. Diese ist jedoch aufgrund der zu berechnenden Inversen aufwendiger.

8.5 Lineare Optimierung

Der **Simplex-Algorithmus** soll anhand des folgenden Beispiels – in Anlehnung an Purkert (2001), S. 387–393 – erläutert werden: Ein Produkt kann mithilfe zwei verschiedener Verfahren aus insgesamt drei Komponenten hergestellt werden. Diese Komponenten stehen jedoch nur in begrenzter Menge zur Verfügung. Tab. 8.4 zeigt die Verbrauchskoeffizienten je Produkt und Komponente sowie die insgesamt zur Verfügung stehenden Mengen.

Es sollen nun die Mengeneinheiten des Endproduktes berechnet werden, die produziert werden müssen, um insgesamt möglichst viele Endprodukte herzustellen und die verfügbaren Komponentenmengen bestmöglich auszunutzen. Gesucht ist also eine optimale Strategie zur Produktion (vgl. Purkert (2001), S. 388).

Das mathematische Modell lässt sich wie folgt formulieren.

Tab. 8.4 Verbrauchskoeffizienten und Gesamtmengen

Verbrauchskoeffizienten			
Komponente	Verfahren 1	Verfahren 2	verfügbare Menge
K_1	2	3	21
K_2	1	3	18
K_3	3	1	21

Sind x_1 und x_2 die Mengen des Endproduktes, die nach dem Verfahren 1 bzw. 2 hergestellt werden, so ist die Summe der produzierten Mengen

$$Z(x_1, x_2) = x_1 + x_2$$

zu maximieren. Diese Funktion wird als Zielfunktion bezeichnet.

Aufgrund der vorgegebenen Komponentenmengen gilt folgendes System von Nebenbedingungen, das auch **Restriktionssystem** genannt wird:

$$x_1 \geq 0$$
$$x_2 \geq 0$$
$$2x_1 + 3x_2 \leq 21$$
$$1x_1 + 3x_2 \leq 18$$
$$3x_1 + 1x_2 \leq 21 \,.$$

Die ersten beiden Ungleichungen sind die **Nichtnegativitätsbedingungen**. Diese sind bei der Produktion von Stoffen selbstverständlich; aus mathematischer Sicht sind sie für die Suche einer nützlichen Lösung jedoch erforderlich.

Merksatz

Lineare Optimierungsprobleme lassen sich – hier gezeigt für ein Maximierungsproblem – immer durch drei Bestandteile kennzeichnen:

1. die lineare **Zielfunktion** $Z : R^n \to R$

$$Z(x_1, x_2) = c_1 x_1 + c_2 x_2 + \ldots + c_n x_n \to \text{Max.}$$

2. die **Nichtnegativitätsbedingungen**, die hier als erste beiden Ungleichungen zu sehen sind,

$$x_1 \geq 0, \ldots, x_n \geq 0 \,.$$

3. Die **Nebenbedingungen**, die als System linearer Ungleichungen angegeben werden,

$$a_{11} x_1 + a_{12} x_2 + \ldots + a_{1n} x_n \leq b_1$$
$$a_{21} x_1 + a_{22} x_2 + \ldots + a_{2n} x_n \leq b_2$$
$$\vdots$$
$$a_{m1} x_1 + a_{m2} x_2 + \ldots + a_{mn} x_n \leq b_m \,.$$

Das Wort „linear" verdeutlicht in jedem Fall, dass die Variablen jeweils die Potenz eins besitzen! (Siehe hierzu auch Kap. 4, in dem lineare Funktionen als Polynome ersten Grades vorgestellt wurden.)

Jedes geordnete Wertepaar $(x_1; x_2)$, welches das Restriktionssystem erfüllt, wird als **zulässige Lösung** bezeichnet. Nicht jede zulässige Lösung ist jedoch im Sinne der Aufgabe optimal! Zunächst soll der Bereich aller zulässigen Lösungen ermittelt werden, um anschließend aus dieser Lösungsmenge die **optimale Lösung** zu ermitteln.

8.5.1 Grafische Lösung einfacher Optimierungsprobleme

Wir erarbeiten zunächst eine grafische Lösung des eingangs dargestellten Problems!

Hierzu sind die Ungleichungen des Restriktionssystems mit Ausnahme der Nichtnegativitätsbedingungen so umzuformen, dass diese der Form $x_2 \leq m \cdot x_1 + n$ entsprechen. Diese Umformung hat zum Ziel, dass wir diese Ungleichung dann einfach grafisch veranschaulichen können. Denn aus der Kenntnis der linearen Funktionen (s. Kap. 4) wissen wir, dass diese die Form $y = mx + n$ besitzen. Setzen wir $y = x_2$ und $x = x_1$, so erkennt man direkt die Ähnlichkeit der Gleichung $x_2 = m \cdot x_1 + n$ und der hier noch vorliegenden Ungleichung $x_2 \leq m \cdot x_1 + n$. Wir suchen also ein System von Ungleichungen der Form

$$x_2 \leq \_x_1 + \_$$
$$x_2 \leq \_x_1 + \_$$
$$x_2 \leq \_x_1 + \_ .$$

Das Restriktionssystem lautet ohne die Nichtnegativitätsbedingungen:

$$2x_1 + 3x_2 \leq 21$$
$$1x_1 + 3x_2 \leq 18$$
$$3x_1 + 1x_2 \leq 21 .$$

Einfaches Umstellen führt zu:

$$x_2 \leq -\frac{2}{3}x_1 + 7$$
$$x_2 \leq -\frac{1}{3}x_1 + 6$$
$$x_2 \leq -3x_1 + 21 .$$

Diese Ungleichungen lassen sich sehr einfach grafisch darstellen. Wir fassen hierzu jede Ungleichung als Gleichung auf und zeichnen zunächst die entsprechende Gerade in ein Koordinatensystem ein.

Aus

$$x_2 \leq -\frac{2}{3}x_1 + 7$$

wird also zunächst

$$x_2 = -\frac{2}{3}x_1 + 7 .$$

Wir erhalten damit die Gerade im Koordinatensystem der Abb. 8.39, die durch den Punkt $(0; 7)$ verläuft. Genauso verfahren wir zunächst mit den verbleibenden beiden Ungleichungen.

Nun haben wir einen Teil der Ungleichung – nämlich das Ungleichheitszeichen – bei unseren Betrachtungen vernachlässigt. Diesen Mangel müssen wir abschließend beheben. Es ist sicher einfach zu erkennen, dass alle Werte von x_2, die jeweils unter der Geraden liegen, also kleiner (!) sind als die Werte auf der

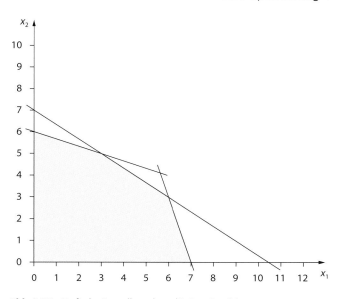

Abb. 8.39 Grafische Darstellung des zulässigen Bereichs

Gerade, zum zulässigen Bereich gehören (s. den grauen Bereich in Abb. 8.39 unterhalb aller eingezeichneten Geraden).

Wichtig (!) ist nun noch zu prüfen, ob die bisher vernachlässigten Nichtnegativitätsbedingungen den identifizierten zulässigen Bereich der Lösungen zulassen. Im vorliegenden Fall war dies

$$x_1 \geq 0$$
$$x_2 \geq 0 .$$

Da die beiden Ungleichungen den ersten Quadranten des kartesischen Koordinatensystems beschreiben und alle bisherigen Betrachtungen ebenfalls in diesem stattfanden, ergeben sich keine weiteren Einschränkungen.

Wir erhalten in der Gesamtbetrachtung aller Ungleichungen inklusive der Nichtnegativitätsbedingungen die Fläche mit den zulässigen Lösungen. Diesen Bereich bezeichnen wir als **zulässigen Bereich**. Er ist in Abb. 8.39 grau schraffiert.

> **Merksatz**
>
> Eine zulässige Lösung ist eine Kombination von Werten, die das System der Ungleichungen nach Einsetzen in eine wahre Aussage überführen. Derjenige Bereich, der alle zulässigen Lösungen enthält wird als zulässiger Bereich bezeichnet.

Wir suchen nun die Koordinaten aller Eckpunkte des zulässigen Bereichs. Diese entsprechen den Schnittpunkten der linearen Funktionen untereinander sowie der linearen Funktionen mit den Koordinatenachsen.

Die Eckpunkte des zulässigen Bereichs können aus Abb. 8.39 abgelesen oder rechnerisch ermittelt werden. Wir erhalten: $(0, 0), (7, 0), (6, 3), (3, 5), (0, 6)$.

Kapitel 8

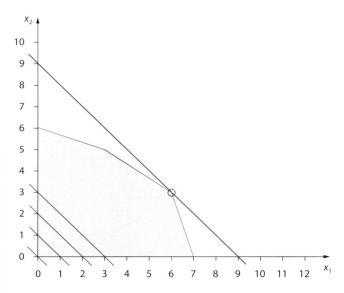

Abb. 8.40 Grafische Darstellung der optimalen Lösung

Merksatz

Die grafische Lösung eines linearen Maximierungsproblems ist möglich, wenn zwei unbekannte Variablen vorhanden sind. Zur Ermittlung der Lösung verfährt man wie folgt:

1. Überführen der Ungleichungen in die Form
   $x_2 \leq \_ x_1 + \_$.
2. Grafische Darstellung der Nebenbedingungen (Restriktionen/Ungleichungen) in einem Koordinatensystem.
3. Ermittlung des zulässigen Bereichs, der die Schnittfläche aller Ungleichungen darstellt.
4. Prüfung der Nichtnegativitätsbedingungen auf mögliche weitere Einschränkungen des zulässigen Bereichs.
5. Betrachtung der Zielfunktion und Start mit einer Geraden im Koordinatenursprung. Anschließende Verschiebung der Gerade, bis diese lediglich einen Punkt mit dem zulässigen Bereich gemeinsam hat. Dies ist dann – wenn vorhanden – die optimale Lösung.

Prinzipiell kann es für ein lineares Optimierungsproblem eine Lösung, mehrere Lösungen oder gar keine Lösung geben.

Die optimalen Lösungen eines linearen Optimierungsproblems liegen – außer im Fall einer konstanten Zielfunktion – immer auf dem Rand des zulässigen Bereichs. Die Variablen x_1 und x_2 bezeichnet man als Problem- oder Entscheidungsvariablen.

Um die optimale Lösung zu ermitteln, betrachten wir die Zielfunktion

$$Z(x_1, x_2) = x_1 + x_2 \,.$$

Wir wollen nun also im zulässigen Bereich denjenigen Punkt (x_1, x_2) ermitteln, der die Produktionsmenge maximiert!

Um diese optimale und zugleich zulässige Kombination der Variablen x_1 und x_2 zu ermitteln, zeichnen wir zunächst die lineare Funktion in das Koordinatensystem in Abb. 8.40 ein, welche den Zustand kennzeichnet, bei dem gar keine Endprodukte produziert werden. Hier gilt also $Z(x_1, x_2) = 0$ und demnach $0 = x_1 + x_2$ bzw. $x_2 = -x_1 + 0$. Wir erhalten die Gerade durch den Koordinatenursprung!

Die Gesamtproduktionsmenge aller Teile wird nun sukzessive erhöht. Abbildung 8.40 veranschaulicht diejenigen Geraden, für die $Z(x_1, x_2) = 1, 2, 3, \ldots$ gilt. Deren Geradengleichungen sind also $x_2 = -x_1 + 1$ und $x_2 = -x_1 + 2$ etc.

Der dabei entstehende Effekt zeigt sehr schön, wie die Gerade von links unten nach rechts oben zum Maximum verschoben wird. Dies erhöht die Gesamtproduktionsmenge sukzessive!

Die Gerade hat genau dann eine Lage erreicht, bei der sich die Gesamtproduktionsmenge nicht weiter steigern lässt, wenn sie noch einen einzigen Punkt mit der Fläche der zulässigen Lösungen gemeinsam hat.

Die Geradengleichung für die maximale Gesamtproduktionsmenge lautet

$$x_2 = -x_1 + 9 \,.$$

Sie berührt den zulässigen Bereich an der Ecke $(6, 3)$. Dies ist offenbar die optimale Lösung. Die maximale erzielbare Produktionsmenge unter den gegebenen Nebenbedingungen beträgt $6 + 3 = 9$ Mengeneinheiten.

8.5.2 Rechnerische Lösung – Simplex-Algorithmus

Die grafische Lösung dieser Aufgabe erforderte doch schon erhebliche Anstrengungen. Zudem versagt diese Methode bei mehr als drei Variablen, weil mehr als drei Dimensionen grafisch nicht mehr darstellbar sind.

Der sogenannte **Simplex-Algorithmus** hilft uns bei der rechnerischen Lösung auch komplexerer Probleme. Er wurde 1947 von George Bernard Dantzig vorgestellt. Der Algorithmus soll folgend am gleichen Beispiel, das zuvor grafisch gelöst wurde, veranschaulicht werden. Strukturell gehen wir bei der Erläuterung ähnlich vor, wie auch Purkert (2001), S. 393–403.

Gut zu wissen

Der Name des Simplex-Algorithmus beruht auf dem Ansatz, den wir in Abschn. 8.5.1 zur grafischen Lösung eines linearen Optimierungsproblems gesehen haben. Hier wurde der zulässige Bereich (s. Abb. 8.39) als Teilmenge des zweidimensionalen Raumes R^2 konstruiert, um diesen dann für die Suche der optimalen Lösung zu benutzen.

Der Rand des zulässigen Bereiches besteht aus Geraden bzw. Linien. Diese sind eindimensionale Gebilde in einem zweidimensionalen Raum, besitzen also die Dimension $n - 1$. Man bezeichnet Objekte, auf die eine solche Beziehung zutrifft (sogenannte Kodimension 1) als **Hyperflächen**. Flächen sind Hyperflächen im R^3 und Geraden sind Hyperflächen (kein Druckfehler!) im R^2.

Die Hyperflächen oder Hyperebenen bilden den zulässigen Bereich. Ein solches Gebilde wird als Simplex bezeichnet.

Einige Details zum Erfinder des Algorithmus (in Anlehnung an Casti (1996), S. 177): Im Jahre 1947 stand George B. Dantzig, der als mathematischer Berater für den obersten Rechnungsprüfer der US-amerikanischen Air Force im Pentagon angestellt war, vor der Planungsaufgabe, die Verteilung von Ressourcen wie Personal, Finanzen, Flugzeuge etc. so kostengünstig wie möglich zu lösen. Doch es gab ökonomische Probleme, weshalb sich Dantzig an Wirtschaftswissenschaftler wandte. Er ging davon aus, dass diese bereits eine Technik entwickelt hatten, um diese Herausforderungen der linearen Programmierung zu meistern. Da dies nicht der Fall war, beschloss Dantzig, selbst eine Lösung zu finden.

Aus seinen Beobachtungen heraus stellte er fest, dass das zulässige Gebiet ein Gebilde (Polytop) bzw. eine Menge ist, bei dem oder der sich der optimale Punkt an einer der Ecken dieser Mengen befinden muss. Des Weiteren fand er heraus, dass die Zielfunktion i. A. an jedem Eckpunkt einen anderen Wert hat und es demzufolge möglich ist, an jedem beliebigen Eckpunkt zu starten. So wie ein Käfer, der die Kanten entlangläuft, bis er den Punkt mit der größten Futtermenge erreicht. So beginnt man mit einem bestimmten Wert für die Zielfunktion, und um diese zu verbessern, läuft man von einem Eckpunkt zu einem benachbarten Eckpunkt, bis man die optimale Lösung ermittelt hat. ◄

Wir erinnern uns an die komplette Schreibweise des linearen Optimierungsproblems mit Nichtnegativitätsbedingungen, Restriktionssystem und Zielfunktion:

$$x_1 \geq 0$$
$$x_2 \geq 0$$
$$2x_1 + 3x_2 \leq 21$$
$$1x_1 + 3x_2 \leq 18$$
$$3x_1 + 1x_2 \leq 21$$
$$Z(x_1, x_2) = x_1 + x_2 \, .$$

Das Ungleichungssystem besitzt die Form

$$a_{11}x_1 + a_{12}x_2 + \ldots + a_{1n}x_n \leq b_1$$
$$a_{21}x_1 + a_{22}x_2 + \ldots + a_{2n}x_n \leq b_2$$

$$\vdots$$
$$a_{m1}x_1 + a_{m2}x_2 + \ldots + a_{mn}x_n \leq b_m$$

Mit Ungleichungen lässt sich etwas schwer rechnen. Warum also nicht aus den Ungleichungen zunächst Gleichungen formulieren und diese dann geschickt lösen!

Wir ersetzen deshalb im obigen Ungleichungssystem die Ungleichheitszeichen durch Gleichheitszeichen und wenden einen Trick an. Dieser besteht darin, sogenannte Schlupfvariablen einzuführen! Damit wir diese von den Entscheidungsvariablen x_i unterscheiden können, wählen wir die Bezeichnungen y_1, y_2 und y_3 etc.

Für jede Ungleichung muss eine solche Schlupfvariable separat definiert werden! Durch dieses Vorgehen können wir – auch wenn die Werte der neuen Variablen noch unbekannt sind – die Ungleichungen als Gleichungen schreiben:

$$
\begin{aligned}
2x_1 + 3x_2 + y_1 & = 21 \\
1x_1 + 3x_2 + y_2 & = 18 \\
3x_1 + 1x_2 + y_3 &= 21
\end{aligned}
$$

An dieser Stelle wird auch die Bezeichnung Schlupfvariable klar! Auch wenn wir deren Wert jeweils noch nicht kennen, so füllt sie aber für uns eine unbekannte Lücke, die entsteht, wenn wir statt der Ungleichung eine Gleichung betrachten! Schlupfvariablen helfen uns, das Problem etwas zu vereinfachen. Oft werden die Variablen auch als „Überschussvariablen" bezeichnet. Für sie gilt immer, dass $y_1 \geq 0$ und $y_2 \geq 0$ etc. ist.

Merksatz

Bei einem linearen Optimierungsproblem liegen die Nebenbedingungen als Ungleichungen vor:

$$a_{11}x_1 + a_{12}x_2 + \ldots + a_{1n}x_n \leq b_1 \, .$$

Diese werden durch die Einführung von Schlupfvariablen, z. B. y_1, in Ungleichungen überführt:

$$a_{11}x_1 + a_{12}x_2 + \ldots + a_{1n}x_n + y_1 \leq b_1 \, .$$

Da der Wert der Schlupfvariablen immer größer oder gleich null ist, wird den Negativitätsbedingungen eine zusätzliche Bedingung hinzugefügt:

$$y_1 \geq 0 \, .$$

Damit wird die Zahl der Variablen je Ungleichung von n auf $n+1$ erhöht. Das gesamte Ungleichungssystem besteht aus m Ungleichungen. Aufgrund der Hinzunahme der m Nichtnegativitätsbedingungen erhalten wir ein System mit $n + m$ Ungleichungen.

Kapitel 8

Tab. 8.5 Gleichungssystem inkl. Schlupfvariablen in tabellarischer Form

x_1	x_2	y_1	y_2	y_3	b
2	3	1	0	0	21
1	3	0	1	0	18
3	1	0	0	1	21

Tab. 8.6 Eine Lösung für $x_1 = x_2 = 0$

x_1	x_2	y_1	y_2	y_3	b
$2 \cdot 0$	$3 \cdot 0$	1	0	0	21
$1 \cdot 0$	$3 \cdot 0$	0	1	0	18
$3 \cdot 0$	$1 \cdot 0$	0	0	1	21

In Anlehnung an die Matrixschreibweise eines linearen Gleichungssystems können wir das Gleichungssystem

$$
\begin{aligned}
2x_1 + 3x_2 + y_1 \quad\quad\quad\quad &= 21 \\
1x_1 + 3x_2 \quad +y_2 \quad\quad &= 18 \\
3x_1 + 1x_2 \quad\quad\quad +y_3 &= 21
\end{aligned}
$$

für das Beispiel in tabellarischer Form wie folgt notieren (s. Tab. 8.5).

Zu beachten ist insbesondere die Diagonalform im mittleren Teil von Tab. 8.5 (Spalte 3 bis 5 mit jeweils einem Einheitsvektor)! Dies kommt aufgrund der jeweils anderen Schlupfvariablen in jeder Gleichung zustande.

Wie können wir dieses Gleichungssystem nun lösen?

Eine Basislösung des Systems erhält man sofort, wenn man alle Problemvariablen x_i null setzt. Hier folgt mit $x_1 = x_2 = 0$ sofort die Lösung in Tab. 8.6.

Übersetzt man Tab. 8.6 wieder zurück in eine Gleichung, so steht dort

$$
\begin{aligned}
2 \cdot 0 + 3 \cdot 0 \quad +y_1 \quad\quad\quad\quad &= 21 \\
1 \cdot 0 + 3 \cdot 0 \quad\quad +y_2 \quad\quad &= 18 \\
3 \cdot 0 + 1 \cdot 0 \quad\quad\quad\quad +y_3 &= 21
\end{aligned}
$$

und es folgt $y_1 = 21$, $y_2 = 18$ und $y_3 = 21$, als Zeilenvektor (s. Abschn. 8.1.1) geschrieben also $(0, 0, 21, 18, 21)^T$. Dies entspricht der Ecke $(0, 0)$ des zulässigen Bereiches, die wir im Diagramm in Abb. 8.39 bereits eingezeichnet haben.

Damit haben wir die Werte der Variablen, die nicht x_1 oder x_2 sind, ermitteln können! Sicher gibt es noch weitere solche Basislösungen, die wir direkt aus den Erkenntnissen der grafischen Betrachtungen im vorangegangenen Abschn. 8.5.2 einfach erkennen können.

Wir erinnern uns an alle Eckpunkte des zulässigen Bereichs: $(0, 0)$, $(7, 0)$, $(6, 3)$, $(3, 5)$, $(0, 6)$.

Diese werden wir nun benutzen. Wir ermitteln aus den Koordinaten der noch verbleibenden Ecken und der bereits bekannten tabellarischen Darstellung des Gleichungssystems die Werte der Schlupfvariablen (s. Tab. 8.5).

Tab. 8.7 Gleichungssystem inklusive Zielfunktion

x_1	x_2	y_1	y_2	y_3	Z	b
2	3	1	0	0	0	21
1	3	0	1	0	0	18
3	1	0	0	1	0	21
-1	-1	0	0	0	1	0

Wir setzen also im ersten Fall $x_1 = 7$ und $x_2 = 0$ ein und erhalten

$$
\begin{aligned}
2 \cdot 7 + 3 \cdot 0 \quad +y_1 \quad\quad\quad\quad &= 21 \\
1 \cdot 7 + 3 \cdot 0 \quad\quad +y_2 \quad\quad &= 18 \\
3 \cdot 7 + 1 \cdot 0 \quad\quad\quad\quad +y_3 &= 21
\end{aligned}
$$

sowie $y_1 = 21 - 14 = 7$, $y_2 = 18 - 7 = 15$ und $y_3 = 21 - 21 = 0$. Insgesamt als Lösungsvektor bzw. Basislösung ist also $(7, 0, 7, 15, 0)^T$ gegeben.

Insgesamt erhalten wir auf diesem Weg folgende Basislösungen:

$$
\begin{aligned}
(0, 0, 21, 18, 21)^T &\quad \text{entspricht der Ecke } (0, 0) \\
(7, 0, 7, 15, 0)^T &\quad \text{entspricht der Ecke } (7, 0) \\
(6, 3, 0, 3, 0)^T &\quad \text{entspricht der Ecke } (6, 3) \\
(3, 5, 0, 0, 7)^T &\quad \text{entspricht der Ecke } (3, 5) \\
(0, 6, 3, 0, 15)^T &\quad \text{entspricht der Ecke } (0, 6) .
\end{aligned}
$$

Diese Lösungsvektoren sind gekennzeichnet durch mindestens zwei Werte/Elemente, die null sind!

Merksatz

Basislösungen erhält man aus den Eckpunkten des zulässigen Bereichs. Diese sind gekennzeichnet durch das Verschwinden von insgesamt n Variablen, deren Koeffizienten null sind.

Zur Ermittlung weiterer Lösungen des Gleichungssystems verwenden wir im Prinzip das gleiche Verfahren. Durch Vertauschen der Spalten in sogenannten Pivotschritten werden Basisvariablen zu Nichtbasisvariablen und umgekehrt.

Dem Gleichungssystem wird zunächst die Zielfunktion $Z(x_1, x_2) = x_1 + x_2$ als separate letzte Zeile hinzugefügt. Dies zeigt Tab. 8.7. Zugleich wird eine weitere Spalte hinzugefügt, da die Variable Z zusätzlich in der Zielfunktionszeile auftritt. Denn aus $x_1 + x_2 = Z$ folgt $-1x_1 - 1x_2 + 1 \cdot Z = 0$.

Ziel des Simplex-Verfahrens ist es nun, Einheitsvektoren in den Spalten der x_i zu erzeugen. Hierzu wird der Gauß'sche Algorithmus mit Pivotisierung verwandt, den Sie aus Abschn. 8.2.1 kennen. Pivotzeile und Pivotspalte ergeben sich aus den nachfolgend genannten Regeln.

Tab. 8.8 Veranschaulichung der Kreisregel

x_1	x_2	y_1	y_2	y_3	Z	b	$\frac{b_i}{a_{ik}}$
2	3	1	0	0	0	21	$\frac{21}{2}=10{,}5$
1	3	0	1	0	0	18	$\frac{18}{1}=18$
3	1	0	0	1	0	21	$\frac{21}{3}=7$
-1	-1	0	0	0	1	0	–

Tab. 8.9 Zwischenergebnis

x_1	x_2	y_1	y_2	y_3	Z	b	$\frac{b_i}{a_{ik}}$
0	$\frac{7}{3}$	1	0	$-\frac{2}{3}$	0	7	
0	$\frac{8}{3}$	0	1	$-\frac{1}{3}$	0	11	
1	$\frac{1}{3}$	0	0	$\frac{1}{3}$	0	7	
0	$-\frac{2}{3}$	0	0	$\frac{1}{3}$	1	7	

1. Regel Für einen sogenannten Basistausch wird immer eine Spalte benutzt, die in der Zielfunktionszeile einen negativen (!) Wert besitzt. Wir nutzen hier denjenigen Wert, der betragsmäßig (!) am größten ist!

2. Regel (Engpassbedingung) Es wird die mit der ersten Regel festgelegte Spalte betrachtet. In dieser Spalte wird diejenige Zeile benutzt, deren Quotient $\frac{b_i}{a_{ik}}$ mit a_{ik} den kleinsten Wert aufweist.

Im vorliegenden Fall enthalten die ersten beiden Spalten der Zielfunktionszeile jeweils den negativen Wert -1. Beide sind betragsmäßig gleich. Wir können gemäß Regel 1 eine der Spalten frei wählen. Wir entscheiden uns für die erste Spalte.

In dieser Spalte 1 muss das neue Pivotelement bestimmt werden. Dazu fehlt uns noch die zu nutzende Zeile, die wir mit der Engpassbedingung ermitteln. Zur Berechnung der Werte für die Engpassbedingung wird eine neue Spalte eingefügt. (Siehe hierzu die letzte Spalte von Tab. 8.8.) Nun dividieren wir die Elemente aus der Spalte b (vorletzte Spalte) mit den Elementen der gerade bestimmten Spalte Nummer 1. Im ersten Fall also 21, dividiert durch 2.

Aus den Berechnungen zur Engpassbedingung folgt, dass Zeile 3 den kleinsten Wert 7 enthält und damit auszuwählen ist. Das Pivotelement ist demnach $a_{31}=3$.

In der ersten Spalte ersetzt man alle Werte durch null und das Pivotelement durch eins. (Siehe Tab. 8.9!)

Die Werte der Pivotzeile werden durch das Pivotelement dividiert. Siehe vorletzte Zeile in Tab. 8.9.

Alle anderen Werte werden mithilfe der **Kreisregel** berechnet. Die Kreisregel ist uns aus Abschn. 8.2.2 bekannt! Zu beachten ist, dass die Kreisregel im Uhrzeigersinn angewandt wird, sofern das gesuchte neue Element über der Pivotzeile steht. (Siehe Pfeile in Tab. 8.8.)

Für das Element a_{12} gilt deshalb

$$a_{12}^{\text{neu}} = 3 - \frac{1}{3}\cdot 2\,.$$

Tab. 8.10 Nebenrechnungen der Pivotisierung mithilfe der Kreisregel

1. Zeile	2. Zeile	4. Zeile
$3-\frac{1}{3}\cdot 2=\frac{7}{3}$	$3-\frac{1}{3}\cdot 1=\frac{8}{3}$	$-1-\frac{1}{3}\cdot(-1)=-\frac{2}{3}$
$1-\frac{0}{3}\cdot 2=1$	$0-\frac{0}{3}\cdot 1=0$	$0-\frac{0}{3}\cdot(-1)=0$
$0-\frac{0}{3}\cdot 2=0$	$1-\frac{0}{3}\cdot 1=1$	$0-\frac{0}{3}\cdot(-1)=0$
$0-\frac{1}{3}\cdot 2=\frac{2}{3}$	$0-\frac{1}{3}\cdot 1=-\frac{1}{3}$	$0-\frac{1}{3}\cdot(-1)=\frac{1}{3}$
$0-\frac{0}{3}\cdot 2=0$	$0-\frac{0}{3}\cdot 1=0$	$1-\frac{0}{3}\cdot(-1)=1$
$21-\frac{21}{3}\cdot 2=7$	$18-\frac{21}{3}\cdot 1=11$	$0-\frac{21}{3}\cdot(-1)=7$

Ist ein Wert unterhalb der Pivotzeile zu berechnen, verfährt man wie gewohnt entgegen dem Uhrzeigersinn! (Siehe hierzu die Berechnung der Werte der letzten Zeile.)

Für $a_{4,1}$ gilt

$$a_{41}^{\text{neu}} = -1 - \frac{1}{3}\cdot(-1)\,.$$

Tabelle 8.10 enthält alle Nebenrechnungen der Pivotisierung mithilfe der Kreisregel.

Man erhält Tab. 8.9.

Das zweite Element der Zielfunktionszeile ist negativ. Damit muss ein weiterer Pivotschritt durchgeführt werden.

Aufgrund der Regel 1, dass diejenige Spalte benutzt wird, in der in der Zeile der Zielfunktion (noch) ein negativer Wert steht, wird Spalte 2 ausgewählt. Um die Engpassbedingung (Regel 2) anwenden zu können, dividieren wir die Elemente der letzten Spalte (genannt b_i) durch das jeweilige Element dieser Spalte (genannt $a_{i,k}$). Das Ergebnis zeigt die letzte Spalte von Tab. 8.11. Der kleinste Wert hier ist 3, sodass wir gemäß Engpassbedingungen die erste Zeile nutzen, um das Pivotelement für den nächsten Schritt zu bestimmen.

Tab. 8.11 Zwischenergebnis

x_1	x_2	y_1	y_2	y_3	Z	b	$\frac{b_i}{a_{ik}}$
0	$\frac{7}{3}$	1	0	$-\frac{2}{3}$	0	7	3
0	$\frac{8}{3}$	0	1	$-\frac{1}{3}$	0	11	$\frac{23}{8}=4{,}125$
1	$\frac{1}{3}$	0	0	$\frac{1}{3}$	0	7	21
0	$-\frac{2}{3}$	0	0	$\frac{1}{3}$	1	7	

Die Berechnung der neuen Matrixelemente erfolgt nun nur noch ab der Spalte 3. Die Nebenberechnungen sind in Tab. 8.12 zu finden.

Wir erhalten Tab. 8.13 als neues Ergebnis.

Tab. 8.12 Nebenrechnungen gemäß Kreisregel

2. Zeile	$0 - \frac{1}{3} \cdot \frac{8}{3} = -\frac{8}{7}$	$1 - \frac{0}{3} \cdot \frac{8}{3} = 1$	$-\frac{1}{3} - \frac{-\frac{2}{3}}{\frac{7}{3}} \cdot \frac{8}{3} = \frac{3}{7}$	$0 - \frac{0}{3} \cdot \frac{8}{3} = 0$	$11 - \frac{7}{3} \cdot \frac{8}{3} = 3$
3. Zeile	$0 - \frac{1}{3} \cdot \frac{1}{3} = -\frac{1}{7}$	$0 - \frac{0}{3} \cdot \frac{1}{3} = 0$	$\frac{1}{3} - \frac{-\frac{2}{3}}{\frac{7}{3}} \cdot \frac{1}{3} = \frac{9}{21}$	$0 - \frac{0}{3} \cdot \frac{1}{3} = 0$	$7 - \frac{7}{3} \cdot \frac{1}{3} = 6$
4. Zeile	$0 - \frac{1}{3} \cdot (-\frac{2}{3}) = \frac{2}{7}$	$0 - \frac{0}{3} \cdot (-\frac{2}{3}) = 0$	$\frac{1}{3} - \frac{-\frac{2}{3}}{\frac{7}{3}} \cdot (-\frac{2}{3}) = \frac{3}{21}$	$1 - \frac{0}{3} \cdot (-\frac{2}{3}) = 1$	$7 - \frac{7}{3} \cdot (-\frac{2}{3}) = 9$

Tab. 8.13 Zwischenergebnis

x_1	x_2	y_1	y_2	y_3	Z	b
0	1	$\frac{3}{7}$	0	$-\frac{2}{7}$	0	3
0	0	$-\frac{8}{7}$	1	$\frac{3}{7}$	0	3
1	0	$-\frac{1}{7}$	0	$\frac{9}{21}$	0	6
0	0	$\frac{2}{7}$	0	$\frac{3}{21}$	1	9

Gut zu wissen

Der Algorithmus ist nicht gerade übersichtlich. Eine Verkürzung ergibt sich, wenn die Spalte für Z weggelassen wird. Dadurch reduzieren sich die Nebenrechnungen.

Im Internet gibt es zahlreiche Tools zur Durchführung der Berechnungen und zur Kontrolle der eigenen Ergebnisse. Beispielsweise sei hier auf http://simplexsolver. jumland.de/ oder http://simplexrechner.matthias-priebe. de verwiesen. Es gibt viele verschiedene Abwandlungen der Berechnungsschritte des Simplex-Algorithmus. Die Ergebnisse und die meisten Zwischenergebnisse sind jedoch identisch. ◄

Alle Elemente der letzten Zeile sind nach diesem 2. Pivotschritt nun positiv, sodass kein weiterer Berechnungsschritt erforderlich ist und die optimale Lösung abgelesen werden kann. Dabei sind die Spalten mit den Schlupfvariablen (Nichtbasisvariablen) zu vernachlässigen. Wir erhalten aus der ersten Zeile von Tab. 8.13 $x_2 = 3$ sowie aus der dritten Zeile $x_1 = 6$. Die Gesamtproduktionsmenge beträgt laut der Zielfunktion $Z(x_1, x_2) = x_1 + x_2 = 6 + 3 = 9$.

Merksatz

Die Simplex-Methode ist eine iterative Methode zur Lösung eines linearen Optimierungsproblems mit n Variablen. Sie wird wie folgt angewandt:

1. Aufstellen des Ungleichungssystems, bestehend aus Zielfunktion, Nichtnegativitätsbedingungen und Nebenbedingungen.
2. Einführung einer Schlupfvariablen je Nebenbedingung und damit Überleitung der Ungleichungen in Gleichungen.
3. Erstellen der Ausgangstabelle aus den Gleichungen.
4. Hinzufügen der Zielfunktion als letzte Zeile der erstellten Tabelle.
5. Identifikation des Pivotelementes mithilfe der o. g. Regeln 1 und 2.

6. Berechnen einer neuen Tabelle durch Ausführen eines Pivotschrittes.
7. Prüfen, ob in der letzten Zeile mindestens ein Element negativ ist. Wenn ja, dann weiter mit Schritt 5.
8. Beenden des Algorithmus und Ablesen der Lösung.

Die wichtigsten Berechnungsschritte zeigt auch Abb. 8.41.

Wir haben uns bisher lediglich mit einem Maximierungsproblem beschäftigt. Die folgende Merkregel zeigt, wie wir mit dem gleichen Verfahren auch ein Minimierungsproblem lösen können!

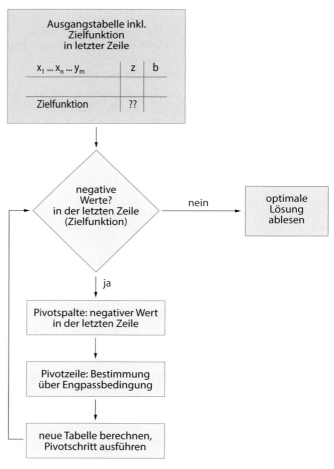

Abb. 8.41 Berechnungsschritte des Simplex-Algorithmus. In Anlehnung an Purkert (2001), S. 401

Merksatz

Soll der Wert einer Zielfunktion eines linearen Optimierungsproblems minimiert werden, so multiplizieren wir alle Koeffizienten der Zielfunktion mit dem Wert „-1" und wenden das hier gezeigte Verfahren zur Lösung analog an.

Alternativ kann auch die Multiplikation mit „-1" entfallen. Dann bestimmt stets der größte Eintrag in der Zielfunktionszeile die Pivotspalte (und nicht mehr der kleinste). Der Algorithmus endet, wenn alle Werte in der Zielfunktionszeile kleiner oder gleich null sind.

8.5.3 Optimale Lösung mit dem Computer ermitteln

Zur Lösung dieses linearen Optimierungsproblems wollen wir auf das Tool „What's Best!" der Fa. Lindo Systems Inc. zurückgreifen. Es zeichnet sich durch eine einfache Bedienung aus und ist für einen ausreichend langen Zeitraum kostenlos nutzbar. Weitere Angaben zum Download und zur Installation des Tools entnehmen Sie bitte dem Anhang, Abschn. 8.6.2. Wir gehen hier von der Verfügbarkeit des Tools innerhalb von Microsoft Excel aus. Eine weitere Lösung des Problems finden Sie in der MAPLE-Datei bzw. gleichnamigen PDF-Datei „LOP Problem Visualisierung".

Die Lösung mit dem Tool „What's Best" wird nachfolgend schrittweise vorgestellt. Als Aufgabe wählen wir die gleiche Fragestellung wie in den vorangegangenen Abschnitten zur grafischen und rechnerischen Lösung mit dem Simplex-Algorithmus. Die Lösung ist als Datei unter dem Namen „Lsg lineares Gleichungssystem mit LINDO.xlsx" verfügbar.

Die wichtigsten Bestandteile des Lösungsschemas zeigt Abb. 8.42. Wir beschreiben das Verfahren zur Lösung, indem

	A	B	C	D	E	F	G	H	I
29		Koeffizienten im Restriktionssystem			variable Größen		Ist	Constraints	Soll
30		2	3		1		5	<=	21
31		1	3	*	1	=	4	<=	18
32		3	1				4	<=	21
33									
34		*Zielfunktion:*							
35			Wert =		2				

Abb. 8.42 Lösungsschema eines linearen Optimierungsproblems mit „What's Best!"

K x Make Adjustable

K x Remove Adjustable

Adjustable

Abb. 8.43 Schaltflächen zur Markierung der Zellen mit variablem Wert

<= Less Than

>= Greater Than

= Equal To

Constraints

Abb. 8.44 Schaltflächen zum Setzen der Ungleichheitszeichen des Restriktionssystems

wir diese Abbildung von links nach rechts schrittweise durchlaufen.

Zunächst wird das Restriktionssystem in Microsoft Excel umgesetzt. Dabei unterscheiden wir zwischen der linken Seite der Ungleichungen und der rechten. Wir fassen zunächst die linke Seite als lineares Gleichungssystem auf und setzen dieses, wie in Abschn. 9.2.3 bei der Lösung solcher Gleichungssysteme mit Excel gezeigt, um. In den Zellen B30 bis C32 legen wir die Koeffizienten der Problemvariablen x_1 sowie x_2 ab. Die Werte dieser Variablen sollen später ermittelt werden.

Für die Werte der Problemvariablen in den Zellen E30 sowie E31 geben wir beliebige (!) positive Werte vor, die im Berechnungsverlauf dann automatisch angepasst werden. In die Zellen E30 sowie E31 tragen wir daher jeweils den Wert eins ein.

Damit das Tool „What's Best!" erkennt, welche Zellen auf der Suche nach der korrekten Lösung angepasst werden können, markieren wir die Zellen E30 sowie E31 und klicken dann auf die Schaltfläche „Make Adjustable", die Abb. 8.43 zeigt.

Natürlich entsprechen die Resultate noch nicht den gesuchten Werten. Wir berechnen sie dennoch als „IST-Werte". Dazu nutzen wir die Excel-Funktion „MMULT" (s. Abschn. 8.2.3). Die Formel in Zelle G30 der Abb. 8.42 lautet

$$= \text{MMULT(B30:C30;\$E\$30:\$E\$31)}.$$

Diese Formel kopieren wir in die Zellen G31 und G32.

Nun sind die Soll-Werte, die auf der rechten Seite jeder Ungleichung stehen, noch im Tabellenblatt unterzubringen. Die Werte werden einfach in die Zellen I30 bis I32 eingetragen, um sie später automatisch mit den berechneten IST-Werten zu vergleichen.

Um „What's Best!" mitzuteilen, welche Relationen zwischen den Ist- und den Soll-Werten eingehalten werden müssen, sind die Nebenbedingungen (engl. *Constraints*) zu definieren. Markieren Sie dazu die Zellen H30 bis H32 und klicken Sie die rechte obere Schaltfläche „<= Less Than" gemäß Abb. 8.44.

Im letzten Schritt ist die Zielfunktion $Z(x_1, x_2) = x_1 + x_2$ in Excel zu definieren. In Zelle E35 geben wir dazu die Formel „=E30+E31" ein.

Damit „What's Best!" die Zielfunktion als Maximierungskriterium erkennt, klicken Sie auf die Schaltfläche „Maximize", die Abb. 8.45 zeigt.

Kapitel 8

Model Definition

Abb. 8.45 Schaltflächen zur Festlegung der Zielfunktion

Solve

Solvers

Abb. 8.46 Schaltfläche zur Lösung des linearen Optimierungsproblems

Damit haben wir die Berechnungslogik des Ungleichungssystems in Excel abgebildet. Auf die Eingabe der Nichtnegativitätsbedingungen haben wir verzichtet. „What's Best!" nimmt an, dass die gesuchten Werte in E30 und E31 stets größer null sein sollen.

Klicken Sie auf die Schaltfläche „Solve", die Abb. 8.46 zeigt.

Bei der Lösung erzeugt „What's Best!" ein neues Tabellenblatt mit dem Namen „WB! Status". Dieses enthält zusätzliche Informationen, die wir hier aber nicht interpretieren wollen. Wichtig ist aber, dass Sie den Eintrag „SOLUTION STATUS: GLOBALLY OPTIMAL" oder „FEASIBLE" hier vorfinden!

Die Lösung des linearen Optimierungsproblems konnte ermittelt werden, und Sie erhalten diese mit $x_1 = 6$ sowie $x_2 = 3$ in den Zellen E30 und E31 im Tabellenblatt angezeigt (s. Abb. 8.47). Damit ist die Bearbeitung beendet.

Die Gesamtproduktionsmenge beträgt laut der Zielfunktion $Z(x_1, x_2) = x_1 + x_2 = 6 + 3 = 9$. Wir können sie in Zelle E35 finden.

	A	B	C	D	E	F	G	H	I
29		Koeffizienten im Restriktionssystem			variable Größen		Ist	Constraints	Soll
30		2	3		6		21	=<=	21
31		1	3	*	3	=	15	<=	18
32		3	1				21	=<=	21
33									
34		*Zielfunktion:*							
35			Wert =		9				

Abb. 8.47 Schaltfläche zur Lösung des linearen Optimierungsproblems

Merksatz

Zur Lösung eines linearen Optimierungsproblems mit dem PC sind prinzipiell das Restriktionssystem sowie die Zielfunktion für den Computer verständlich einzugeben. Auf die Eingabe der Nichtnegativitätsbedingungen wird meist verzichtet, denn die PC-Programme gehen stets davon aus, dass die gesuchten Werte der Problemvariablen nichtnegativ sein sollen. Bei der Nutzung des Tools „Whats Best!" sind folgende Schritte einzuhalten:

1. Definieren der Matrix der Koeffizienten der Problemvariablen x_i.
2. Eingabe von beliebigen positiven Werten für die Problemvariablen. Diese werden als Startwerte bei der Suche nach der optimalen Lösung genutzt.
3. Kennzeichnen der zur Lösung des Problems zu modifizierenden Zellen

Adjustable

4. Berechnen der Ist-Werte durch Matrixmultiplikation mit der Excel-Funktion MMULT.
5. Setzen der Ungleichheitszeichen zwischen den Ist- und den Soll-Werten (*Constraints*).

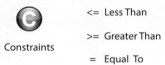

Constraints

6. Definieren der rechten Seite der Restriktionsgleichungen (Soll-Werte) durch Eingabe der Zahlen auf der rechten Seite der Ungleichheitszeichen.
7. Definieren der zu optimierenden Zielfunktion in Form einer Excel-Formel.
8. Kennzeichnen der Zielfunktion.

Model Definition

9. Berechnen der Lösung mit What's Best über die Schaltfläche „Solve".

Solve

Solvers

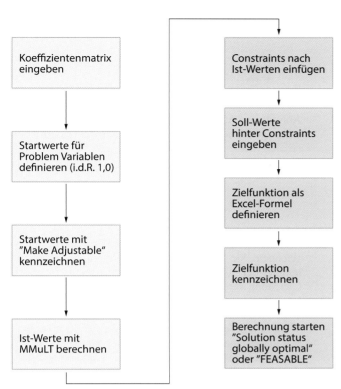

Abb. 8.48 Lösung einer linearen Optimierungsaufgabe mit „What's Best!" von LINDO Systems Inc.

Abbildung 8.48 zeigt den Ablaufplan für die Lösung eines linearen Optimierungsproblems mit dem Tool „What's Best!" von LINDO Systems Inc. Es sei nochmals auf die Installationsanleitung in Abschn. 8.6.2 hingewiesen.

In diesem Abschnitt haben wir die Lösung eines Maximierungsproblems gezeigt. Die Lösungen eines Minimierungsproblems bestimmen Sie auf die gleiche Weise, jedoch definieren Sie die Zielfunktion als zu minimierend, indem Sie die Schaltfläche „Minimize" in Abb. 8.45 nutzen.

Zusammenfassung

In diesem Abschnitt konnten Sie erkennen, dass lineare Optimierungsprobleme letztendlich auf ein System linearer Ungleichungen zurückgeführt werden können, welches wiederum durch Überführung in ein lineares Gleichungssystem gelöst wird. Der Simplex-Algorithmus wurde genutzt, um die optimale Lösung in verschiedenen Anwendungsfällen zu ermitteln.

Sie sind nun insbesondere in der Lage,

- ein lineares Optimierungsproblem mathematisch zu erfassen,
- Nichtnegativitätsbedingungen sinnvoll festzulegen,
- ein lineares Optimierungsproblem mithilfe der linearen Algebra und des PC-Einsatzes zu lösen sowie

- wesentliche Aspekte des Lösungsverfahrens in einfachen Beispielen grafisch zu erläutern.

8.5.4 Übungen

1. Gegeben ist folgendes lineares Optimierungsproblem:
   Zielfunktion: $Z(x_1, x_2) = 3x_1 + 7x_2 \rightarrow$ Maximum.
   Nebenbedingungen:

$$1x_1 + 5x_2 \leq 30$$
$$2x_1 + 4x_2 \leq 28$$
$$3x_1 + 2x_2 \leq 25 .$$

   Nichtnegativitätsbedingungen:

$$x_1 \geq 0$$
$$x_2 \geq 0 .$$

   Lösen Sie die folgenden Teilaufgaben:
   a. Ermitteln Sie grafisch näherungsweise die Lösung des linearen Optimierungsproblems.
   b. Berechnen Sie die Lösung mithilfe des Simplex-Algorithmus manuell. Ermitteln Sie auch den Wert der Zielfunktion für die gefundene Lösung.
   c. Nutzen Sie das Tool „What's Best!" und prüfen Sie die Korrektheit Ihrer Lösung.

2. Ein Unternehmen produziert Limonaden vom Typ A und B. Es soll die Produktion für den nächsten Monat optimiert werden. Ein Vertrag mit einem Großkunden liegt vor. Er wird 800 Kästen des Typs A abnehmen. Insgesamt kann das Unternehmen auf der Abfüllanlage pro Woche 1500 Einheiten produzieren. Dabei dauert die Produktion für einen Kasten vom Typ A drei Minuten und von Typ B eine halbe Minute. Produziert werden kann 23 Stunden pro Tag an fünf Tagen in der Woche. Über die Produktionskosten ist bekannt, dass ein Kasten vom Typ A 3 € kostet und vom Typ B 2 €. Die Produktionskosten sollen natürlich minimiert werden, indem die vorliegenden Bestellungen bedient, aber ansonsten die „richtigen" Mengen produziert werden. Lösen Sie bitte die folgenden Teilaufgaben.
   a. Um die Ungleichungen für das lineare Optimierungsproblem zu finden, ist das in Abb. 8.49 gegebene Lösungsschema bekannt. Füllen Sie die fehlenden Zellen mit den gemäß Aufgabenstellung gegebenen Werten aus.
   b. Notieren Sie nun die komplette mathematische Schreibweise des linearen Optimierungsproblems.
   c. Skizzieren Sie den Bereich der zulässigen Lösungen.
   d. Ermitteln Sie die Lösung des Optimierungsproblems mit dem Tool „What's Best!".
   e. Interpretieren Sie die Lösung aus betriebswirtschaftlicher Sicht.
   f. Welche Mengen sollte das Unternehmen jeweils produzieren, wenn es je Kasten der Limonade des Typs A einen Gewinn von 2 € und des Typs B von 1 € generiert? Nutzen Sie zur Beantwortung der Frage bitte ausschließlich die Skizze des Bereichs der zulässigen Lösungen.

Kapitel 8

	Limonade A	Limonade B	Summe
Nachfrage Großkunde (Kästen)		0,00	800,00
Gesamtproduktion (Kästen)	1,00	1,00	
Produktionsdauer (min)	3,00	0,50	

Abb. 8.49 Lösungsschema für Nebenbedingungen

8.5.5 Lösungen

1. Die Lösungen der Teilaufgaben sind:
   a. Wir formen jede Ungleichung in die Normalform um und erhalten:

$$1x_1 + 5x_2 \leq 30$$
$$5x_2 \leq -1x_1 + 30$$
$$x_2 = -\frac{1}{5}x_1 + 6.$$

Für die anderen Ungleichungen folgt entsprechend

$$2x_1 + 4x_2 \leq 28$$
$$4x_2 \leq -2x_1 + 28$$
$$x_2 \leq -\frac{1}{2}x_1 + 7$$

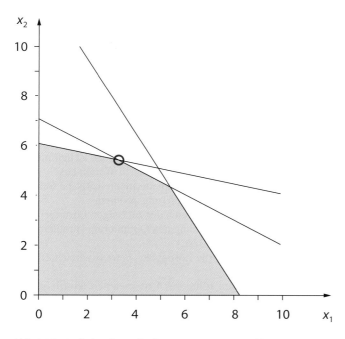

x_2

Abb. 8.50 Grafische Lösung des linearen Optimierungsproblems

sowie

$$3x_1 + 2x_2 \leq 25$$
$$2x_2 \leq -3x_1 + 25$$
$$x_2 \leq -\frac{3}{2}x_1 + 12{,}5.$$

Abbildung 8.50 zeigt die Geraden sowie den Bereich der zulässigen Lösung. Durch Umformung der Zielfunktion erhalten wir

$$Z(x_1, x_2) = 3x_1 + 7x_2$$
$$0 = 3x_1 + 7x_2$$
$$x_2 = -\frac{3}{7}x_1 + 0.$$

Wir können diese Gerade in ein Koordinatensystem einzeichnen. Sie verläuft durch den Ursprung. Durch Erhöhung der additiven Konstanten ganz rechts in obiger Gleichung verschieben wir die Gerade nach rechts oben im Koordinatensystem. Der letzte Schnittpunkt mit dem zulässigen Bereich ist in Abb. 8.50 wiedergegeben.
Wir können die Lösung $x_1 \approx 3{,}5$ und $x_2 \approx 5{,}5$ ablesen.

b. Wir finden einen negativen Wert in der ersten und zweiten Spalte der Zielfunktionszeile. Aber -7 ist betragsmäßig größer als -3. Wir wählen gemäß Tab. 8.14 Regel 1 deshalb die Spalte 2.

Tab. 8.14 Gleichungssystem in tabellarischer Form

x_1	x_2	y_1	y_2	y_3	Z	b
1	5	1	0	0	0	30
2	4	0	1	0	0	28
3	2	0	0	1	0	25
-3	-7	0	0	0	1	0

Nun ist die Engpassbedingung (Regel 2) anzuwenden. Dazu sind die b_i in der letzten Spalte von Tab. 8.14 durch die Elemente a_{ik} der gerade festgelegten Pivotspalte – also der zweiten Spalte – zu dividieren. Das Ergebnis zeigt Tab. 8.15 in der letzten Spalte.

Tab. 8.15 Zwischenergebnis

x_1	x_2	y_1	y_2	y_3	Z	b	$\frac{b_L}{a_{ik}}$
1	5	1	0	0	0	30	$\frac{30}{5} = 6$
2	4	0	1	0	0	28	$\frac{28}{4} = 7$
3	2	0	0	1	0	25	$\frac{25}{2} = 12{,}5$
-3	-7	0	0	0	1	0	

Der kleinste Wert ist 6. Wir wählen damit die Zeile 1 als Pivotzeile.
Das Pivotelement befindet sich in der Zeile 1 und Spalte 2. Wir wenden die Kreisregel zur Berechnung der neuen Werte der Tabelle an. Zuvor setzen wir die Elemente der Pivotspalte auf 0, mit Ausnahme des Pivotelements, welches 1 ist. Die Elemente der Pivotzeile werden durch das Pivotelement, also durch 5 dividiert (s. Tab. 8.16).

Tab. 8.16 Zwischenergebnis

x_1	x_2	y_1	y_2	y_3	Z	b
$\frac{1}{5}$	1	$\frac{1}{5}$	0	0	0	6
	0					
	0					
	0					

Für die noch verbleibenden Elemente werden die folgenden Nebenrechnungen gemäß der Kreisregel durchgeführt (s. Tab. 8.17).

Tab. 8.17 Nebenrechnungen gemäß Kreisregel

2. Zeile	3. Zeile	4.Zeile
$2 - \frac{1}{5}\cdot 4 = \frac{6}{5}$	$3 - \frac{1}{5}\cdot 2 = \frac{13}{5}$	$-3 - \frac{1}{5}\cdot(-7) = -\frac{8}{5}$
$0 - \frac{1}{5}\cdot 4 = \frac{4}{5}$	$0 - \frac{1}{5}\cdot 2 = -\frac{2}{5}$	$0 - \frac{1}{5}\cdot(-7) = \frac{7}{5}$
$1 - \frac{0}{5}\cdot 4 = 1$	$0 - \frac{0}{5}\cdot 2 = 0$	$0 - \frac{0}{5}\cdot(-7) = 0$
$0 - \frac{0}{5}\cdot 4 = 0$	$1 - \frac{0}{5}\cdot 2 = 1$	$0 - \frac{0}{5}\cdot(-7) = 0$
$0 - \frac{0}{5}\cdot 4 = 0$	$0 - \frac{0}{5}\cdot 2 = 0$	$1 - \frac{0}{5}\cdot(-7) = 1$
$28 - \frac{30}{5}\cdot 4 = 4$	$25 - \frac{30}{5}\cdot 2 = 13$	$0 - \frac{30}{5}\cdot(-7) = 42$

Wir erhalten die Werte in Tab. 8.18:

Tab. 8.18 Zwischenergebnis

x_1	x_2	y_1	y_2	y_3	Z	b
$\frac{1}{5}$	1	$\frac{1}{5}$	0	0	0	6
$\frac{6}{5}$	0	$-\frac{4}{5}$	1	0	0	4
$\frac{13}{5}$	0	$-\frac{2}{5}$	0	1	0	13
$-\frac{8}{5}$	0	$\frac{7}{5}$	0	0	1	42

Da sich in der letzten Zeile immer noch ein negativer Wert befindet, muss noch ein Pivotschritt durchgeführt werden. Die Pivotspalte steht nach Regel 1 mit der Spalte 1 bereits fest. Wir suchen mit der Engpassbedingung die Pivotzeile. Dazu dividieren wir die Werte b_i der Spalte „b" durch die Elemente a_{ik} der gerade identifizierten Pivotspalte. Wir erhalten Tab. 8.19.

Tab. 8.19 Zwischenergebnis

x_1	x_2	y_1	y_2	y_3	Z	b	$\frac{b_i}{a_{ik}}$
$\frac{1}{5}$	1	$\frac{1}{5}$	0	0	0	6	$6 : \frac{1}{5} = 30$
$\frac{6}{5}$	0	$-\frac{4}{5}$	1	0	0	4	$4 : \frac{6}{5} = \frac{10}{3}$
$\frac{13}{5}$	0	$-\frac{2}{5}$	0	1	0	13	$13 : \frac{13}{5} = 5$
$-\frac{8}{5}$	0	$\frac{7}{5}$	0	0	1	42	

Das Pivotelement befindet sich in der 1. Spalte und in der 2. Zeile. Wir setzen die Elemente der Pivotspalte wieder auf 0, das Pivotelement auf 1. Die anderen Elemente der Pivotzeile dividieren wir durch das Pivotelement, also durch $\frac{6}{5}$. Wir erhalten zunächst Tab. 8.20.

Tab. 8.20 Zwischenergebnis

x_1	x_2	y_1	y_2	y_3	Z	b
0	1					
1	0	$-\frac{2}{3}$	$\frac{5}{6}$	0	0	$\frac{10}{3}$
0	0					
0	0					

Die Nebenrechnungen in Tab. 8.21 zeigen die Anwendung der Kreisregel. Diese muss nun ab der 3. Spalte angewendet werden. Tab. 8.22 zeigt das Ergebnis.

Tab. 8.21 Nebenrechnungen gemäß Kreisregel

1. Zeile	3. Zeile	4.Zeile
$\frac{1}{5} - \frac{-\frac{4}{5}}{\frac{6}{5}}\cdot\frac{1}{5} = \frac{1}{3}$	$-\frac{2}{5} - \frac{-\frac{4}{5}}{\frac{6}{5}}\cdot\frac{13}{5} = \frac{4}{3}$	$\frac{7}{5} - \frac{-\frac{4}{5}}{\frac{6}{5}}\cdot(-\frac{8}{5}) = \frac{1}{3}$
$0 - \frac{1}{\frac{6}{5}}\cdot\frac{1}{5} = -\frac{1}{6}$	$0 - \frac{1}{\frac{6}{5}}\cdot\frac{13}{5} = -\frac{13}{6}$	$0 - \frac{1}{\frac{6}{5}}\cdot(-\frac{8}{5}) = \frac{4}{3}$
$0 - \frac{0}{\frac{6}{5}}\cdot\frac{1}{5} = 0$	$1 - \frac{0}{\frac{6}{5}}\cdot\frac{13}{5} = 1$	$0 - \frac{0}{\frac{6}{5}}\cdot(-\frac{8}{5}) = 0$
$0 - \frac{0}{\frac{6}{5}}\cdot\frac{1}{5} = 0$	$0 - \frac{0}{\frac{6}{5}}\cdot\frac{13}{5} = 0$	$1 - \frac{0}{\frac{6}{5}}\cdot(-\frac{8}{5}) = 1$
$6 - \frac{4}{\frac{6}{5}}\cdot\frac{1}{5} = \frac{16}{3}$	$13 - \frac{4}{\frac{6}{5}}\cdot\frac{13}{5} = \frac{13}{3}$	$42 - \frac{4}{\frac{6}{5}}\cdot(-\frac{8}{5}) = 47\frac{1}{3}$

Tab. 8.22 Endergebnis

x_1	x_2	y_1	y_2	y_3	Z	b
0	1	$\frac{1}{5}$	$-\frac{1}{6}$	0	0	$\frac{16}{3}$
1	0	$-\frac{2}{3}$	$\frac{5}{6}$	0	0	$\frac{10}{3}$
0	0	$\frac{4}{3}$	$-\frac{13}{6}$	1	0	$\frac{13}{3}$
0	0	$\frac{1}{3}$	$\frac{4}{3}$	0	1	$47\frac{1}{3}$

Damit ist kein weiterer Pivotschritt erforderlich, denn alle Elemente der letzten Zeile sind größer gleich null. Wir können die Lösung ablesen. Dabei sind die Spalten mit den Schlupfvariablen (Nichtbasisvariablen) zu vernachlässigen. Aus der ersten Zeile folgt $x_2 = \frac{16}{3}$ und aus der zweiten Zeile $x_1 = \frac{10}{3}$. Der Wert der Zielfunktion an der ermittelten Stelle ist damit $Z(x_1, x_2) = 3\cdot\frac{10}{3} + 7\cdot\frac{16}{3} = 47\frac{1}{3}$.

c. Das Lösungsschema in Microsoft Excel sowie die durch das Tool „What's Best!" berechneten Lösungen zeigt Abb. 8.51. Siehe auch Excel-Tabelle „LOESUNG LOP Problem Uebung 1.xlsx".

2. Die Lösungen der Teilaufgaben sind.

a. Aus der Aufgabe ergeben sich die Daten gemäß Abb. 8.52. Die Gesamtproduktionskapazität in Minuten folgt aus der Rechnung 5 Tage à 23 Stunden zu 60 Minuten.

b. Wenn wir die Produktionsmengen für Limonade A mit x_1 und die von Limonade B mit x_2 bezeichnen, erhalten wir die folgende komplette mathematische Schreibweise des linearen Optimierungsproblems:
Zielfunktion: $Z(x_1, x_2) = 3x_1 + 2x_2 \rightarrow$ Minimum.

Kapitel 8

	B	C	D	E	F	G	H	I
29	Koeffizienten im Restriktionssystem			variable Größen		IST	Cons-traints	
30	1	5		3,33		30,00	=<=	30
31	2	4	*	5,33	=	28,00	=<=	28
32	3	2				20,67	<=	25
33								
34	*Zielfunktion:*							
35		Wert =		47,33				

Abb. 8.51 Lösung des linearen Optimierungsproblems mit „What's Best!" von LINDO Systems Inc.

	Limonade A	Limonade B	Summe
Nachfrage Großkunde (Kästen)	1,00	0,00	800,00
Gesamtproduktion (Kästen)	1,00	1,00	1.500,00
Produktionsdauer (min)	3,00	0,50	6.900,00

Abb. 8.52 Vollständiges Lösungsschema für Nebenbedingungen

Nebenbedingungen:

$$1x_1 + 0x_2 \geq 800$$
$$1x_1 + 1x_2 \geq 1500$$
$$3x_1 + 0{,}5x_2 \leq 6900$$

Nichtnegativitätsbedingungen:

$$x_1 \geq 0$$
$$x_2 \geq 0$$

c. Abbildung 8.53 zeigt den zulässigen Bereich. Zu erkennen ist, dass die letzte Ungleichung $3x_1 + 0{,}5x_2 \leq 6900$ für die Lösung des Problems unbedeutend ist, da die linke untere Ecke die Lösung darstellt.

d. Die Lösung des Optimierungsproblems mit dem Tool „What's Best!" zeigt Abb. 8.54. Diese finden Sie in der Datei „LOESUNG LOP Problem Limonadenproduktion". Eine MAPLE-Lösungen und deren PDF-Datei existiert ebenfalls unter dem gleichen Namen. Beachten Sie bitte die Nebenbedingungen in der Spalte J und insbesondere in der Zelle J28. Für die Zielfunktion in Zelle G31 muss die Formel „=3*G26+2*G27" verwendet werden. Zudem ist diese als zu minimierend zu kennzeichnen!

e. Die Produktionskosten für 800 Kästen des Typs A und 700 Kästen des Typs B liegen bei 3800 €. Bei der Lösung fällt auf, dass natürlich lediglich 800 Kästen des Typs A

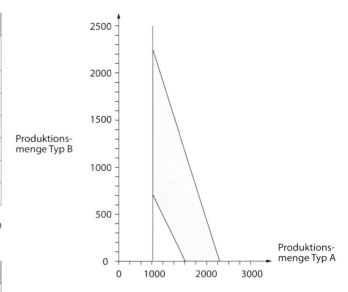

Abb. 8.53 Veranschaulichung des zulässigen Bereichs

	D	E	F	G	H	I	J	K
24	Koeffizienten im Restriktions-system			variable Größen		IST	Cons-traints	SOLL
25	Limo-nade A	Limo-nade B		Produktions-mengen				
26	1,00	0,00	*	800,00		800,00	=>=	800,00
27	1,00	1,00		700,00	=	1.500,00	=>=	1.500,00
28	3,00	0,50				2.750,00	<=	6.900,00
29								
30	*Zielfunktion:*							
31		Wert=		3.800,00				

Abb. 8.54 Lösung des Minimierungsproblems mit LINDO „What's Best!"

zu produzieren sind, da hier die Produktionskosten mit 3 € pro Kasten auch am höchsten liegen. Denn wir wollten die Produktionskosten minimieren! Ein Unternehmen ist jedoch in erster Linie nicht nur an der Minimierung der Produktionskosten, sondern an der Maximierung des Gewinns (nicht des Umsatzes) interessiert.

f. Die Lösungen sind aus Abb. 8.53 sowie durch einige Überlegungen einfach zu finden: Wenn Typ A mehr Gewinn generiert als Typ B, so wird das Unternehmen rein gewinnorientiert lediglich Typ A produzieren. Und zwar so viel, wie es aufgrund der Begrenzung der Produktionskapazität produzieren kann. Im vorliegenden Fall ist dies die obere Ecke des zulässigen Bereichs bei 2300 Kästen des Typs A.

Mathematischer Exkurs 8.4: Was haben Sie in diesem Kapitel gelernt?

Durch die Bearbeitung des Kapitelinhalts haben Sie sich mit den Grundlagen der Arbeit mit Matrizen und Vektoren vertraut gemacht. Sie beherrschen die grundlegenden Rechenarten mit Matrizen und die wesentlichen Grundbegriffe, wie den der Dimension einer Matrix. Zudem können Sie den Begriff der Determinante erläutern. Im Wesentlichen wurden Ihnen dann Verfahren zur Lösung von Gleichungssystemen vorgestellt und an praktischen Beispielen erläutert. Eine Zusammenfassung der Verfahren zeigt Tab. 8.23.

Im vorletzten Teil des Kapitels haben Sie an Beispielen der Input-Output-Rechnung den Umgang mit Matrizen geübt und einen Einblick in die reale Nutzung der Methoden der linearen Algebra erhalten.

Die Überlegungen zu linearen Gleichungssystemen wurden abschließend im Bereich der linearen Optimierung erweitert durch die Betrachtung der Lösung von Ungleichungssystemen. Diese haben wir auf die Lösung von linearen Gleichungssystemen zurückgeführt.

Tab. 8.23 Grundlegende Verfahren zur Lösung linearer Gleichungssysteme in der Übersicht

Methode	Elementare Verfahren	Gauß'scher Algorithmus	Matrixinversion	Regel von Cramer (Nutzung von Determinanten)
Kapitel/Abschnitt	3	8.2.2	8.2.4	8.3.4
Rechenverfahren	– Gleichsetzung – Addition – Einsetzverfahren	– mit Pivotisierung – ohne Pivotisierung	– Anwendung des Gauß-Jordan-Algorithmus zur Ermittlung der inversen Matrix	– Regel für 2×2-Matrizen – Regel von Sarrus für 3×3-Matrizen – Entwicklung nach Co-Faktoren
Vor-/Nachteile	+ einfach erlernbar + auch anwendbar, wenn nicht eindeutig lösbar – fehleranfällig, weil unübersichtlich	+ auch anwendbar, wenn nicht eindeutig lösbar + mit Pivotisierung sehr effizient – Pivotisierung unübersichtlich	+ einfach erlernbar + übersichtlich – Matrizenschreibweise erforderlich – nur bei eindeutig lösbaren Gleichungssystemen anwendbar	

Kapitel 8

Mathematischer Exkurs 8.5: Diese Aufgaben sollten Sie nun lösen können

1. Die beiden Matritzen A und B seien gegeben mit:

$$A = \begin{pmatrix} 4 & 3 \\ 7 & 2 \end{pmatrix}$$

$$B = \begin{pmatrix} 9 & -2 \\ 1 & 8 \end{pmatrix},$$

Zeigen Sie an diesem Beispiel, dass die folgenden Rechenregeln mit A und B als Matritzen gleicher Dimension gelten. Berechnen Sie dazu jeweils das Ergebnis auf der linken und rechten Seite und vergleichen Sie diese Resultate.

$$(A + B)^T = A^T + B^T$$
$$(A \cdot B)^T = B^T \cdot A^T.$$

2. Berechnen Sie die Determinanten folgender Matrizen:
a.
$$A = \begin{pmatrix} 7 & -8 \\ 0 & 1 \end{pmatrix}$$

b.
$$B = \begin{pmatrix} -2 & 9 & 0 \\ 5 & -1 & 7 \\ 1 & 3 & 10 \end{pmatrix}.$$

3. In Abschn. 3.6 wurde folgendes lineares Gleichungssystem mit dem Gauß'schen Algorithmus gelöst:
(I) $\quad 3h + 4m + 2p = 20$
(II) $\quad 2h + 1m + 2p = 9$
(III) $6h + 2m + 3p = 21$.
Geben Sie zunächst die Matrizenschreibweise des Gleichungssystems an und lösen Sie dieses mit einem von Ihnen gewählten geeigneten Verfahren, welches Sie in diesem Kap. 8 „Lineare Algebra" kennengelernt haben.

4. Abbildung 8.55 zeigt die bekannten Eckdaten der Produktionslinie eines Unternehmens in Form eines Gozintographen. Berechnen Sie die Verkaufsmengen sowie die Mengen der einzukaufenden Rohstoffe.

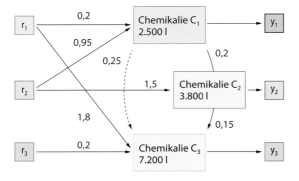

Abb. 8.55 Gozintograph einer Produktionslinie für Chemikalien

Lösungen

1. Die Lösungen der Teilaufgaben sind:

$$(A + B)^T = \left(\begin{pmatrix} 4 & 3 \\ 7 & 2 \end{pmatrix} + \begin{pmatrix} 9 & -2 \\ 1 & 8 \end{pmatrix} \right)^T$$

$$= \begin{pmatrix} 13 & 1 \\ 8 & 10 \end{pmatrix}^T$$

$$= \begin{pmatrix} 13 & 8 \\ 1 & 10 \end{pmatrix}$$

$$A^T + B^T = \begin{pmatrix} 4 & 3 \\ 7 & 2 \end{pmatrix}^T + \begin{pmatrix} 9 & -2 \\ 1 & 8 \end{pmatrix}^T$$

$$= \begin{pmatrix} 4 & 7 \\ 3 & 2 \end{pmatrix} + \begin{pmatrix} 9 & 1 \\ -2 & 8 \end{pmatrix}$$

$$= \begin{pmatrix} 13 & 8 \\ 1 & 10 \end{pmatrix}$$

$$(A \cdot B)^T = \left(\begin{pmatrix} 4 & 3 \\ 7 & 2 \end{pmatrix} \cdot \begin{pmatrix} 9 & -2 \\ 1 & 8 \end{pmatrix} \right)^T$$

$$= \begin{pmatrix} 39 & 16 \\ 65 & 2 \end{pmatrix}^T$$

$$= \begin{pmatrix} 39 & 65 \\ 16 & 2 \end{pmatrix}$$

$$B^T \cdot A^T = \begin{pmatrix} 9 & -2 \\ 1 & 8 \end{pmatrix}^T \cdot \begin{pmatrix} 4 & 3 \\ 7 & 2 \end{pmatrix}^T$$

$$= \begin{pmatrix} 9 & 1 \\ -2 & 8 \end{pmatrix} \cdot \begin{pmatrix} 4 & 7 \\ 3 & 2 \end{pmatrix}$$

$$= \begin{pmatrix} 39 & 65 \\ 16 & 2 \end{pmatrix}.$$

2. Zu berechnen sind die Determinante einer 2×2- und einer 3×3-Matrix. Für beide Fälle haben Sie in Abschn. 8.3.3 entsprechende einfache Algorithmen kennengelernt. Wir zeigen hier die Lösung:
a.

$$|A| = \det(A) = \begin{vmatrix} a_{11} & a_{12} \\ a_{21} & a_{22} \end{vmatrix} = a_{11} \cdot a_{22} - a_{21} \cdot a_{12}$$

$$|A| = \det(A) = 7 \cdot 1 - 0 \cdot (-8) = 7.$$

b. Anwendung der Regel von Sarrus
Schritt 1: Anhängen von zwei Spalten

$$\begin{vmatrix} -2 & 9 & 0 \\ 5 & -1 & 7 \\ 1 & 3 & 10 \end{vmatrix} \begin{matrix} -2 & 9 \\ 5 & -1 \\ 1 & 3 \end{matrix}$$

Schritt 2: Produkte parallel zur Hauptdiagonalen bilden und addieren

$$-2 \cdot (-1) \cdot 10 + 9 \cdot 7 \cdot 1 + 0 \cdot 5 \cdot 3 = 20 + 63 + 0 = 83 \,.$$

Schritt 3: Produkte parallel zur Nebendiagonalen bilden und addieren

$$1 \cdot (-1) \cdot 0 + 3 \cdot 7 \cdot (-2) + 10 \cdot 5 \cdot 9 = 0 - 42 + 450 = 408 \,.$$

Schritt 4: Teilergebnisse subtrahieren
Wir subtrahieren die gerade berechneten beiden Werte und erhalten die Determinante der Ausgangsmatrix.

$$|B| = 83 - 408 = -325 \,.$$

Hinweis: Sie finden die Lösung auch als Excel-Tabelle unter dem Dateinamen „Determinante der Ordnung 3 berechnen – Regel von Sarrus Teil 2.xlsx".

3. Zu lösen ist das Gleichungssystem
   (I) $3h + 4m + 2p = 20$
   (II) $2h + 1m + 2p = 9$
   (III) $6h + 2m + 3p = 21$.
   Es handelt sich um ein inhomogenes Gleichungssystem, das wir mit der Regel von Cramer lösen wollen.
   Schritt 1: Matrixschreibweise des Gleichungssystems
   Zunächst formen wir das Gleichungssystem in Matrizenschreibweise um und erhalten

$$\begin{pmatrix} 3 & 4 & 2 \\ 2 & 1 & 2 \\ 6 & 2 & 3 \end{pmatrix} \cdot \begin{pmatrix} h \\ m \\ p \end{pmatrix} = \begin{pmatrix} 20 \\ 9 \\ 21 \end{pmatrix} \,.$$

Schritt 2: Berechnung von $|A|$
Die Lösung erhalten wir mithilfe der Regel von Sarrus. Diese finden Sie auch in der Excel-Datei „Determinante der Ordnung 3 berechnen – Regel von Sarrus Teil 3.xlsx".

$$|A| = \begin{vmatrix} 3 & 4 & 2 \\ 2 & 1 & 2 \\ 6 & 2 & 3 \end{vmatrix} = 17 \,.$$

Schritt 3: Berechnen der x_j mittels Ersetzen der Spalte j von $|A|$ durch b
Um x_1 auszurechnen, ersetzen wir die erste Spalte von $|A|$ durch b und dividieren abschließend durch $|A|$ selbst.
Für $j = 1$ bis 3 erhalten wir die folgenden Ergebnisse: Die Berechnung der Determinante der Ordnung 3 im Zähler kann mit der Regel von Sarrus erfolgen oder mit den in Abschn. 8.3.3 gezeigten beiden Verfahren. Aus Platzgründen verweisen wir hier auf die Lösung in der Excel-Datei „Beispiel fuer Regel von Cramer.xlsx". Diese können Sie schrittweise auch mit der Datei „Determinante der Ordnung 3 berechnen – Regel von Sarrus.xlsx"

selbst herleiten.

$$x_1 = \frac{\begin{vmatrix} 20 & 4 & 2 \\ 9 & 1 & 2 \\ 21 & 2 & 3 \end{vmatrix}}{|A|} = \frac{34}{17} = 2$$

$$x_2 = \frac{\begin{vmatrix} 3 & 20 & 2 \\ 2 & 9 & 2 \\ 6 & 21 & 3 \end{vmatrix}}{|A|} = \frac{51}{17} = 3$$

$$x_3 = \frac{\begin{vmatrix} 3 & 4 & 20 \\ 2 & 1 & 9 \\ 6 & 2 & 21 \end{vmatrix}}{|A|} = \frac{17}{17} = 1 \,.$$

Das Gleichungssystem

$$\begin{pmatrix} 3 & 4 & 2 \\ 2 & 1 & 2 \\ 6 & 2 & 3 \end{pmatrix} \cdot \begin{pmatrix} h \\ m \\ p \end{pmatrix} = \begin{pmatrix} 20 \\ 9 \\ 21 \end{pmatrix} \,.$$

besitzt die eindeutige Lösung $x^T = (2; 3; 1)$. Diese Lösung hatten wir auch in Abschn. 3.6 erarbeitet.

4. Die Produktionsmengen stehen in den jeweiligen Vierecken mit der Chemikalienbezeichnung. Damit erhalten wir die Elemente des Bruttobedarfsvektors

$$q = \begin{pmatrix} 2500 \\ 3800 \\ 7200 \end{pmatrix} \,.$$

Aus dem Gozintographen kann die Produktionskoeffizientenmatrix abgelesen werden. Wir geben die Interpretation der gegebenen Größen aus der Grafik an und schreiben dann das jeweilige Matrixelement auf.
„Pfeil von Produkt 1 nach Produkt 2" $p_{12} = 0{,}2$
„Pfeil von Produkt 2 nach Produkt 3" $p_{23} = 0{,}15$
„Pfeil von Produkt 1 nach Produkt 3" $p_{13} = 0{,}25$
Wir erhalten die Matrix

$$P = \begin{pmatrix} 0 & 0{,}2 & 0{,}15 \\ 0 & 0 & 0{,}25 \\ 0 & 0 & 0 \end{pmatrix} \,.$$

Zudem lesen wir die Elemente der Rohstoffverbrauchsmatrix aus dem Gozintographen ab:
„Pfeil von Rohstoff 1 nach Produkt 1" $r_{11} = 0{,}2$
„Pfeil von Rohstoff 1 nach Produkt 3" $r_{13} = 1{,}8$
„Pfeil von Rohstoff 2 nach Produkt 1" $r_{21} = 0{,}95$
„Pfeil von Rohstoff 2 nach Produkt 2" $r_{22} = 1{,}5$
„Pfeil von Rohstoff 3 nach Produkt 3" $r_{33} = 0{,}2$

Wir erhalten die Matrix

$$R = \begin{pmatrix} 0,2 & 0 & 1,8 \\ 0,95 & 1,5 & 0 \\ 0 & 0 & 0,2 \end{pmatrix}.$$

Es liegt der in Abb. 8.56 gezeigte Fall der gegebenen und gesuchten Größen vor.

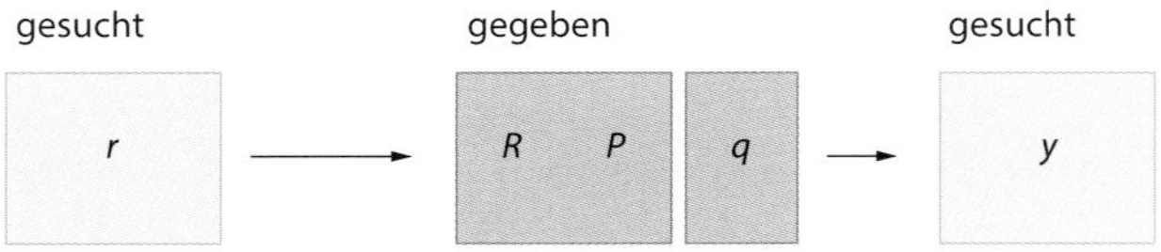

Abb. 8.56 Schematische Darstellung der gegebenen und gesuchten Größen

Für die Berechnung nutzen wir die in Tab. 8.3 vermerkten Formeln. Die Lösungen liegen auch als MAPLE- bzw. PDF-Datei unter dem Namen Input-Output-Rechnung Uebung Chemikalien vor. Für die Berechnung der Rohstoffmengen gilt

$$r = R \cdot q$$
$$r = \begin{pmatrix} 0,2 & 0 & 1,8 \\ 0,95 & 1,5 & 0 \\ 0 & 0 & 0,2 \end{pmatrix} \cdot \begin{pmatrix} 2500 \\ 3800 \\ 7200 \end{pmatrix}$$
$$r = \begin{pmatrix} 13.460 \\ 8075 \\ 1440 \end{pmatrix}.$$

Von Rohstoff 1 sind demnach 13.460 Liter, von Rohstoff 2 entsprechend 8075 Liter und von Rohstoff 3 genau 7200 Liter einzukaufen, um die geforderten Produktionsmengen zu erzielen.

Mit den gegebenen Größen können auch die Verkaufsmengen bzw. die Elemente des Nettobedarfsvektors berechnet werden:

$$y = (E - P) \cdot q$$
$$y = \left(\begin{pmatrix} 1 & 0 & 0 \\ 0 & 1 & 0 \\ 0 & 0 & 1 \end{pmatrix} - \begin{pmatrix} 0 & 0,2 & 0,15 \\ 0 & 0 & 0,25 \\ 0 & 0 & 0 \end{pmatrix} \right) \cdot \begin{pmatrix} 2500 \\ 3800 \\ 7200 \end{pmatrix}$$
$$y = \begin{pmatrix} 1 & -0,2 & -0,15 \\ 0 & 1 & -0,25 \\ 0 & 0 & 1 \end{pmatrix} \cdot \begin{pmatrix} 2500 \\ 3800 \\ 7200 \end{pmatrix}$$
$$y = \begin{pmatrix} 660 \\ 2000 \\ 7200 \end{pmatrix}.$$

Von Chemikalie 1 können demnach 660 Liter und von Chemikalie 2 genau 2000 Liter verkauft werden. Chemikalie 3 kann ohne Abzüge von der Produktionsmenge verkauft werden, sodass alle 7200 Liter für den Verkauf zur Verfügung stehen.

8.6 Anhang

8.6.1 Aktivierung des Solvers in Microsoft Excel

Gehen Sie zur Aktivierung des Solvers wie folgt vor:

1. Starten Sie Microsoft Excel.
2. Wählen Sie im Menü den Eintrag „Daten".
3. Kontrollieren Sie, ob auf der rechten Seite des Menüs die Schaltfläche mit der Beschriftung „Solver" erscheint. Dies zeigt auch Abb. 8.57.

Sollte diese Schaltfläche nicht angezeigt werden, so verfahren Sie wie folgt:

1. Wählen Sie im Menü „Datei" den Eintrag „Optionen".
2. Im sich öffnenden Dialogfenster wählen Sie auf der linken Seite den Eintrag „Add-Ins".
3. Suchen Sie dann in der Liste der Add-Ins den „Solver", so wie es Abb. 8.58 zeigt.

4. Klicken Sie nun im unteren Teil des Dialogfensters auf die Schaltfläche „Gehe zu . . . ".
5. Gewähren Sie den Eintrag „Solver" (s. hierzu Abb. 8.59).
6. Bestätigen Sie mit „OK".
7. Kontrollieren Sie abschließend, dass nun die Schaltfläche „Solver" so, wie in Abb. 8.57 zu sehen, angezeigt wird.

8.6.2 Installation des Tools „What's Best!" von „LINDO SYSTEMS INC"

Rufen Sie die Website von Lindo Systems Inc. auf: http://www.lindo.com/

1. Wählen Sie „Downloads".
2. Wählen Sie „Download What'sBest!".
3. Laden Sie die für Ihr PC-System passende Version des Tools „What's Best!" herunter. Leider ist hierzu die Angabe persönlicher Daten bzw. zumindest einer funktionierenden E-Mail-Adresse erforderlich.

Abb. 8.57 Schaltfläche des „Solvers" im Menü „Daten" von Microsoft Excel

Abb. 8.58 Solver im Menü „Add-Ins" von Microsoft Excel

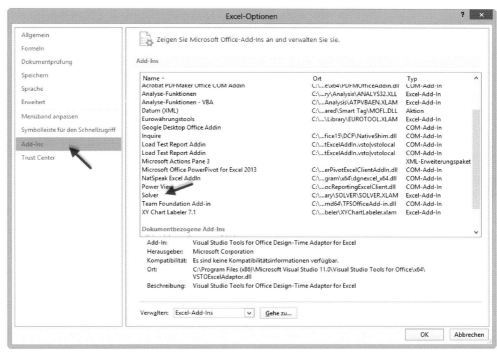

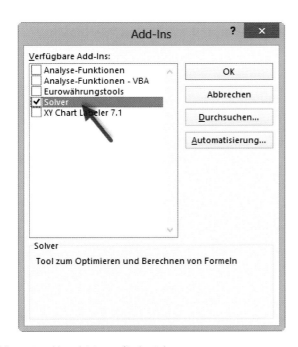

Abb. 8.59 Add-In Aktivierung für den Solver

Achten Sie dabei auf die korrekte Versionsangabe von Microsoft Excel sowie die korrekte Betriebssystemversion 32- oder 64-Bit.

4. Sie erhalten den Link zum Download der angeforderten Version per Mail.

5. Laden Sie die Installationsdatei herunter.

6. Schließen Sie Microsoft Excel.

7. Installieren Sie das Tool durch Doppelklick auf die Datei „Setup.exe".

   Sofern Sie keine individuellen Einstellungen bei der Installation vornehmen und auch Ihr Microsoft Office standardmäßig installiert ist, werden bei der Installation verschiedene Dateien in das Verzeichnis „C:\Program Files\Microsoft Office\OfficeXX\Library\LindoWB\" gelegt. „XX" steht hierbei für die von Ihnen benutzte Version von Microsoft Office. Im Falle von Microsoft Office 2012 gilt „XX=14". Bei Microsoft Office 2015 gilt „XX=15", also „C:\Program Files\Microsoft Office\Office15\Library\LindoWB\".

   Am Ende der Installation wird Microsoft Excel geöffnet, und es sollte die Datei „Wbintr.xls" einmalig geladen worden sein (s. Abb. 8.60).

8. Kontrollieren Sie in jedem Fall, ob die Installation erfolgreich verlief. Starten Sie hierzu Microsoft Excel und klicken Sie auf den Menüeintrag „What's Best!" ganz rechts, so wie es Abb. 8.61 zeigt.

Abb. 8.60 Datei „Wbintr.xls", welche am Ende der Installation von „What's Best!" geladen wird

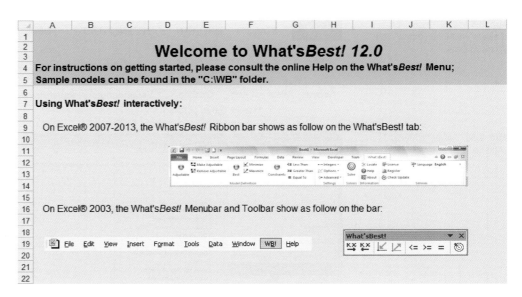

Abb. 8.61 Menü von „Whats'Best" der Lindo Systems Inc.

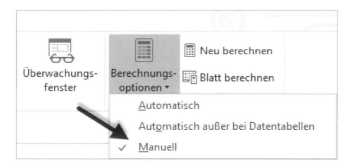

Abb. 8.62 Manuelle vs. automatische Berechnung bei der Aktualisierung von Tabellenblättern

Achtung: Sobald Sie das Tool „What's Best" installieren, wird Excel jegliche Berechnungen nicht mehr automatisch durchführen. Verantwortlich hierfür ist die Funktion „Automatisch berechnen". Kontrollieren bzw. ändern Sie die Einstellungen wie folgt:

1. Rufen Sie das Menü „Formeln" auf.
2. Wählen Sie auf der rechten Seite die Schaltfläche „Berechnungsoptionen" (s. Abb. 8.62).
3. Aktivieren Sie die automatische Berechnung.

Literatur

Casti, J.L.: Die großen Fünf: Mathematische Theorien, die unser Jahrhundert prägten, 1. Aufl. Birkhäuser, Basel (1996)

indexmundi.com: „DAP Düngemittel – monatlicher Preis – Rohstoffpreise – Preis Charts und Daten – IndexMundi". http://www.indexmundi.com/de/rohstoffpreise/?ware=dap-dungemittel&monate=120 (2013). Zugegriffen: 9.8.2013

Operations Research Management Science: „Operations Research Management Science – In Memoriam". http://www.orms-today.org/orms-2-04/frmemoriam.html (2011). Zugegriffen: 29.08.2013

Purkert, W.: Brückenkurs Mathematik für Wirtschaftswissenschaftler. Teubner-Lehrbuch, 4., durchges. Aufl. Teubner, Stuttgart, Leipzig, Wiesbaden (2001)

Spiegel-Online: „Numerator: Wie Google mit Milliarden Unbekannten rechnet". http://www.spiegel.de/wissenschaft/mensch/numerator-wie-google-mit-milliarden-unbekannten-rechnet-a-646448-2.html (2009). Zugegriffen: 20.6.2014

Pactes-Patisserie: http://pactes-patisserie.blogspot.de/2013/01/russischer-zupfkuchen-kasekuchen-mal.html (2014). Zugegriffen: 20.6.2014

Rödder, W., Zörnig, P.: Wirtschaftsmathematik für Studium und Praxis. Springer-Lehrbuch, Springer, Berlin (1996)

Rosawunder: http://www.rosawunder.de/2012/02/marmorkuchen.html (2014). Zugegriffen: 20.6.2014

Finanzmathematik

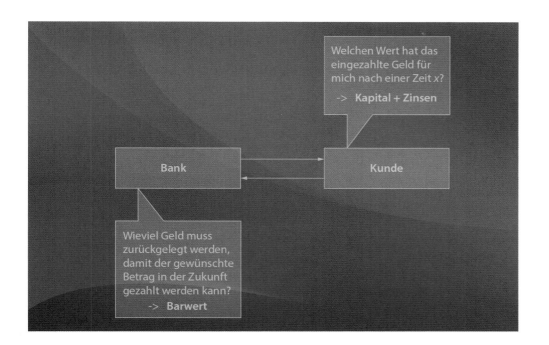

9.1 Wichtige Begriffe und Finanzmarktprodukte verstehen 320

9.2 Grundlagen der Zinsrechnung 327

9.3 Barwertrechnung 347

9.4 Renten und Ratenzahlungen 354

9.5 Tilgungsrechnung 370

9.6 Abschreibungen und andere Anwendungen der Finanzmathematik . . .382

Literatur 392

© Springer-Verlag Berlin Heidelberg 2017
B. Haack et al., *Mathematik für Wirtschaftswissenschaftler*, DOI 10.1007/978-3-642-55175-8_9

Mathematischer Exkurs 9.1: Worum geht es hier?

Finanzmathematik ist wichtig. Ausgehend von allen Wirtschaftsbereichen zieht sie sich bis in unser Privatleben. Ob nun eine Firma eine Maschine kaufen möchte oder ein Haus finanziert werden soll oder aber Aktien oder auch Anleihen in Finanzgeschäften von Bedeutung sind: Ohne spezielle mathematische Methoden geht es nicht. Ziel des folgenden Kapitels ist es, Ihnen die Grundlagen zu den gängigsten finanzmathematischen Berechnungen zu vermitteln und Ihnen anhand von Beispielen die prinzipielle Denkweise in diesem Bereich der Mathematik zu verdeutlichen.

Um einen guten Einstieg in die Welt der Finanzmathematik zu erhalten, werden zunächst grundlegende Begriffe und Produkte der Finanzmärkte vorgestellt. Einen Schwerpunkt wird dabei immer wieder die Produktkategorie **Anleihen** einneh-

men. Sie stellt eine recht einfach zu verstehende Methode der Beschaffung von Liquidität für Unternehmen dar und ist gleichzeitig ein relativ gängiges Investment auch für Privatanleger.

Natürlich ist es unumgänglich, die Grundlagen der Zinsrechnung anzusprechen und darauf aufbauend die Barwertrechnung zu erläutern. Wir hoffen, dass gerade die Erläuterungen im Abschn. 9.3 „Barwertrechnung" dazu beitragen, die Notwendigkeit solcher finanzmathematischer Überlegungen zu verdeutlichen. Daran anschließend sollen Rentenzahlungen sowie die Tilgungsrechnung erläutert werden. Den Abschluss des Kapitels bilden Abschreibungen, bei denen, ausgehend von gesetzlichen Regelungen, auf die lineare und die geometrisch-degressive Abschreibungsmethodik eingegangen wird.

Mathematischer Exkurs 9.2: Was können Sie nach Abschluss dieses Kapitels?

Nachdem Sie dieses Kapitel durchgearbeitet haben, sind Sie in der Lage,

■ wichtige Begriffe der Finanzmathematik mit eigenen Worten zu erläutern,

■ die Funktionsweise einer Anleihe zu verstehen,

■ komplexe Aufgaben aus der Zinsrechnung und der Barwertrechnung selbstständig zu lösen,

■ die Grundprinzipien der Rentenrechnung zu erläutern und einfache Übungen zur Verrentung von Kapital zu lösen,

■ die Barwertrechnung auf Rentenzahlungen anzuwenden

und den notwendigen Initialbetrag für eine Verrentung zu ermitteln,

■ das Grundprinzip der Preisangabenverordnung zur Ermittlung des effektiven Jahreszinses eines Bankkredites anzuwenden,

■ unterschiedliche Tilgungsszenarien anhand von Tilgungsplänen zu diskutieren und

■ die Notwendigkeit von Abschreibungen zu erläutern sowie die lineare und die geometrisch-degressive Abschreibungsmethode anzuwenden.

Mathematischer Exkurs 9.3: Müssen Sie dieses Kapitel überhaupt durcharbeiten?

Hier präsentieren wir Ihnen eine Auswahl von Übungsaufgaben, die repräsentativ für die zu besprechenden Inhalte im folgenden Kapitel sind. Sollten Sie merken, dass bei der Bearbeitung solcher Fragestellungen Probleme entstehen, Sie jedoch mit derartigen Inhalten umgehen müssen bzw. sich dafür interessieren, sollten Sie dieses Kapitel intensiv durcharbeiten.

Testen Sie zunächst, ob Ihr Wissen und Ihre rechnerischen Fertigkeiten ausreichen, um dieses Kapitel gegebenenfalls einfach zu überspringen. Lösen Sie dazu die folgenden Aufgaben.

9.1 5000 € werden am 15. Mai 2013 auf ein Sparkonto einzahlt. Es wird ein Zins von 2,73 % p. a. zugrunde gelegt

und der Einzahlungstag soll nicht mitgezählt werden. Über welches Kapital verfügt der Anleger, wenn er sich das Kapital am 10. Februar 2015 auszahlen lässt? Die Lösung finden Sie zu Beginn von Abschn. 9.2.1.4.

9.2 Ein Kapital von 7500 € wird auf ein Sparkonto eingezahlt, welches vierteljährig (!) mit 0,6 % verzinst wird. Die Einzahlung erfolgt zu Beginn eines Quartals.

   a. Welches Endkapital ergibt sich nach fünf Jahren? Muss der Zins größer oder kleiner 2,40 % sein (Begründung)?

   b. Welchen Zinssatz müsste die Bank dem Sparer bei monatlicher (!) Zinszahlung bieten, damit dieser den gleichen Endbetrag anspart?

Die Lösung finden Sie zu Beginn von Abschn. 9.2.1.5.

9.3 Herr Meyer konnte durch Investments am Aktienmarkt in den letzten zehn Jahren eine Rendite von 10 % auf sein eingesetztes Kapital erwirtschaften. Nun möchte er von der Preisentwicklung auf dem Immobilienmarkt profitieren. Er denkt über den Kauf einer Wohnung in Berlin für 250.000 € nach. Diese, so der Immobilienmakler, ist in ebenfalls zehn Jahren ca. 300.000 € Wert. Sollte Herr Meyer die Wohnung kaufen?

Die Lösung finden Sie in Abschn. 9.3.3 unter Aufgabe 3.

9.4 Familie Ehlert zahlt ein Darlehen von 50.000 € mit folgenden Tilgungsraten (ohne Zinsen) jeweils zum Jahresende: 5000, 7000, 10.000, 12.000 und 16.000 € vollständig zurück. Die Zinsen werden am Jahresende auf die Restschuld ermittelt. Der Zinssatz beträgt 7,00 % p. a.

a. Notieren Sie tabellarisch die Tilgungszeitpunkte, die Restschuld zu Beginn jedes Jahres, die Zinszahlungen, die Tilgung sowie die insgesamt an die Bank zu überweisende Rate (Tilgungsplan).

b. Berechnen Sie nun die Werte eines zweiten Tilgungsplanes für die Familie, bei dem konstante Tilgungsraten (ohne Zinsen) in Höhe von 10.000 € gezahlt werden. Sind dann auch die Raten an die Bank gleich?

c. Berechnen Sie den effektiven Zinssatz p. a., der beim letzten Tilgungsplan zugrunde gelegt wird.

Die Lösung der Aufgabe finden Sie in Abschn. 9.5.2.

9.1 Wichtige Begriffe und Finanzmarktprodukte verstehen

In der Finanzmathematik werden vielfältige Begriffe aus der Welt der Finanzmärkte wie Anleihen, Kurs, Rendite, Effektivzins etc. verwendet. Nicht immer sind diese dem Leser vollkommen bekannt. Dieser Abschnitt soll Sie mit den grundlegenden Begrifflichkeiten vertraut machen und die Zusammenhänge auf verständlichem Niveau erklären.

Die Finanzmathematik ist ein Teilgebiet der angewandten Mathematik (s. Abb. 9.1). Sie widmet sich im Wesentlichen allen Fragestellungen, die sich auf Berechnungen mit Prozentsätzen zurückführen lassen. Abbildung 9.2 zeigt die wichtigsten Unterthemen der Finanzmathematik. In den folgenden Abschnitten werden die dort aufgeführten Themen aufeinander aufbauend behandelt.

Um einen Einstieg in die Thematik aus praxisnaher Sicht zu erlangen, wollen wir uns verschiedener Finanzmarktprodukte

bedienen und stoßen so auf Berechnungsgrößen, wie Nominal- und Effektivzins sowie Rendite. Auf Besonderheiten, die die Berechnung der Rendite einer Geldanlage eigentlich erschweren, wird dabei bewusst verzichtet.

In diesem Abschnitt werden folgende Inhalte behandelt:

- generelle Struktur der Finanzmärkte,
- Funktionsweise wichtiger Finanzmarktprodukte wie Anleihen und Darlehen,
- Unterschied zwischen Nominal- und Effektivzins,
- Barwertrechnung für Investitionsentscheidungen,
- Tilgungsrechnung für Darlehen sowie
- Abschreibungsrechnungen zur Ermittlung des „Zeitwertes" eines Wirtschaftsgutes.

9.1.1 Theorie

Wenn wir uns im Folgenden verschiedenen Produkten zuwenden, die an Finanzmärkten gehandelt werden, so sollte uns klar sein, dass es hierfür nicht „den" Markt für einen bestimmten Produkttyp, wie z. B. Anleihen, gibt. Vielmehr hat die Vielzahl von Anforderungen der Kunden und der Banken zu einer Vielzahl an Ausprägungen für jede der Produktkategorien geführt.

Ursächlich hierfür sind u. a. folgende Trends (s. Martin (2001), S. 3):

- weltweite Deregulierung von Finanzinstitutionen und Finanzmärkten,
- Entwicklung von komplexen Finanzmarktprodukten,
- Zunahme des Handels mit Währungen,
- Trend zur Absicherung von Risiken wie z. B. Krediten, anstatt der Durchführung traditioneller vermittelnder Finanzmarktgeschäfte zwischen Geldgebern und -nehmern,
- Realisierung kurzfristiger Gewinne durch Fondsmanager,
- Einfluss des technologischen Fortschritts hin zur schnellen Datenverarbeitung/-übertragung sowie zur Erstellung komplexer Finanzmarktmodelle,
- Marktteilnehmer können innerhalb kürzester Zeit auf neue Informationen reagieren und Finanzmarktprodukte kaufen und verkaufen.

Abbildung 9.3 zeigt die wichtigsten Finanzmärkte sowie die an ihnen gehandelten Produkte. Zudem sind weitere Begriffe genannt, die auf dem jeweiligen Markt eine wichtige Rolle spielen.

Die Fülle verschiedener Märkte und Produkte zeigt, dass es schwer möglich ist, alle Facetten zu behandeln. Aus diesem Grund geht es hier darum, die Grundzüge bzw. Mechanismen wichtiger Produkte zu verstehen und einen Weg zu finden, diese rechnerisch zu erfassen und auf Basis der Ergebnisse zu bewerten!

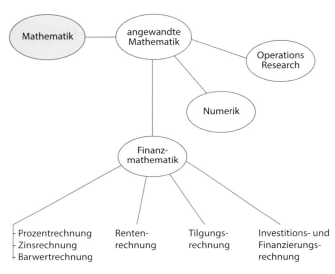

Abb. 9.1 Einordnung der Finanzmathematik und deren wichtigsten Teilgebiete

Abb. 9.2 Themengebiete der Finanzmathematik

Abb. 9.3 Finanzmärkte und
deren Produkte im Überblick.
Nach SimpleClearEasy (2012)

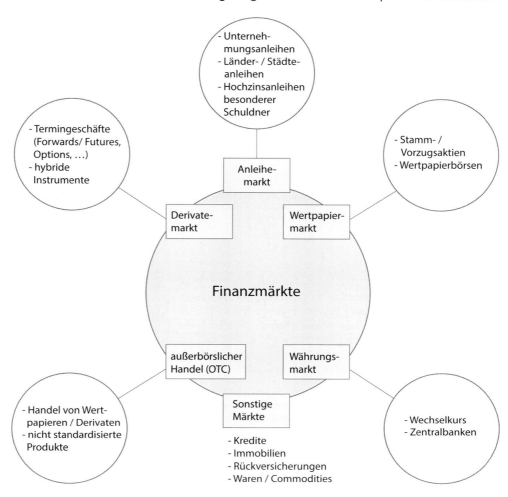

9.1.1.1   Bedeutung der Bewertung von Finanzmarktprodukten

Ziel des Einsatzes eines Finanzmarktproduktes ist das Generieren eines Gewinns für eine Person oder ein Unternehmen. Dies kann sowohl ein Gewinn in Form von Kapital als auch in Form von vermindertem Risiko sein. Bei allen dazu notwendigen Überlegungen geht es im Wesentlichen darum herauszufinden, was der relative (!) Wert eines Finanzmarktproduktes gegenüber einer anderen Anlagealternative ist. Kosten für den Kauf und Verkauf, Gewinne oder Verluste sowie die Zeitpunkte von Zahlungen sind hierbei zu berücksichtigen.

Der Preis eines Produktes wird als gegeben hingenommen, da er vom Markt bestimmt wird und durch (legale) Methoden nicht zu beeinflussen ist. Zu beachten ist jedoch der Unterschied zwischen Preis und Wert eines Produktes. Die Marktteilnehmer können aufgrund unterschiedlicher Einschätzungen von Risiken und Chancen zu verschiedenen Werteinschätzungen kommen. Deshalb werden Finanzmarktprodukte gehandelt. Der dann letztendlich bei einer solchen Transaktion gezahlte Geldbetrag ist der Preis. Für weitere Ausführungen dazu sei auf Martin (2001), S. 25 ff. verwiesen.

Merksatz

Der **Preis** eines Finanzmarkproduktes ist derjenige Geldbetrag, welcher zu einem genau festgelegten Zeitpunkt zu zahlen ist, wenn das Produkt ver- oder gekauft wird. Der Preis ist gegeben durch einen abruf- oder aushandelbaren Marktpreis, den sogenannten **Kurs**. Er wird durch vielfältige Faktoren, wie z. B. durch die in Aussicht stehenden Zinsen bzw. den Zinssatz beeinflusst.

9.1.1.2   Die wichtigsten Finanzmarktprodukte in Kürze

Wie Abb. 9.3 zeigt, kann ein Anleger aus einer Vielzahl verschiedener Produktklassen wie Aktien, Anleihen, Derivate (Termingeschäfte) und Sparverträge wählen, die auf verschiedenen Märkten gehandelt werden. Die Funktionsweise der wichtigsten Produkte soll hier erläutert werden. Sofern Sie an weiteren banktechnischen Details interessiert sind, sei beispielsweise auf Tolkmitt (2007), S. 96 ff. verwiesen.

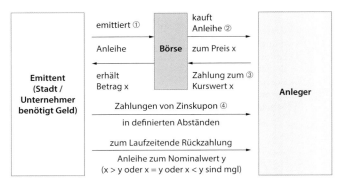

Abb. 9.4 Funktionsprinzip einer Anleihe

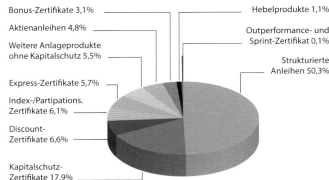

Abb. 9.5 Marktvolumen von Zertifikaten nach Produktkategorie in Deutschland, Stand 6/2012 (s. DDV/Zertifikate in Zahlen (2012), S. 10)

Anleihen

Anleihen sind Schuldverschreibungen, bei denen ein Kapitalanleger dem Herausgeber (Emittent) der Anleihe Geld leiht, beispielsweise einem Unternehmen oder einem Staat. Der Anleger erhält dafür im Gegenzug in zeitlich konstanten und genau definierten Abständen eine Zinszahlung (Kupon). Am Ende der Laufzeit der Anleihe zahlt das Unternehmen bzw. der Staat das geliehene Geld an den Anleger zurück. Abbildung 9.4 stellt das Funktionsprinzip einer Anleihe nochmals dar.

Der Anleger verfügt am Ende der Laufzeit der Anleihe wieder über sein Kapital und die bis dahin gezahlten Zinsen. Ein Kapitalverlust ist möglich, wenn der Emittent der Anleihe in Zahlungsschwierigkeiten gerät (Emittentenrisiko).

Die hier interessierenden Zinsen beziehen sich auf den sogenannten **Nennwert einer Anleihe** (Schritt 1 in Abb. 9.4). Dieser wird sich in der Regel vom Preis der Anleihe unterscheiden. Erwirbt ein Anleger eine Anleihe für einen Nennwert von 1000 €, so bedeutet dies jedoch nicht, dass er dafür auch 1000 € zu bezahlen hat. Vielmehr ist lediglich derjenige Betrag aufzuwenden, der sich aus dem sogenannten **Kurs der Anleihe** am Markt ergibt (Schritte 2 und 3 in Abb. 9.4). Besteht auf dem Finanzmarkt die Befürchtung, dass der Emittent die Anleihe nicht vollständig zurückzahlen kann, so werden die Anleger die Anleihe für einen Preis (Kurswert) unter dem Nominalwert am Markt anbieten. Beispielsweise also für 950 € statt für 1000 €. Umgekehrt können Anleihen eines erfolgreichen Emittenten aber auch so gefragt sein, dass der Kurs über dem Nennwert der Anleihe liegt. Das ist derzeit beispielsweise die Bundesrepublik Deutschland.

Zertifikate

Zertifikate zählen zu den sogenannten **Finanzinnovationen**, die in vielfältiger Form den Wunsch der Finanzmarktteilnehmer nach einer Kombination verschiedener Eigenschaften anderer Produkte erfüllen sollen. Strukturierte Anleihen machen dabei den größten Teil des Marktes in Deutschland aus. Bei ihnen handelt es sich um festverzinsliche Wertpapiere (Anleihen), die jedoch mit verschiedenen Zusatzbedingungen kombiniert wurden (siehe hierzu auch Abb. 9.5). Die Höhe der Zinszah-

lungen hängt dabei von der Wertentwicklung des Basiswertes ab (s. DDV/Zertifikate in Zahlen (2012), S. 5).

Indexzertifikate

Indexzertifikate sind an die Entwicklung eines Index (z. B. des Aktienindex DAX) geknüpft. Mit ihnen wird das Recht auf eine Zahlung in Abhängigkeit der Indexentwicklung in einer Zeitspanne oder des Indexstandes zu einem bestimmten Zeitraum verbrieft. Darüber hinaus gibt es zahlreiche weitere Zertifikatformen wie Kapitalschutz-Zertifikate, Discount-Zertifikate etc.

Ähnlich wie bei Anleihen ist für den Anleger bedeutsam, dass das in Zertifikate investierte Vermögen im Falle der Insolvenz der herausgebenden Bank (Emittent mit Emittentenrisiko) nicht geschützt ist.

Darlehen/Kredit

Als Darlehen bezeichnet man einen sogenannten **schuldrechtlichen Vertrag**, mit dem der Darlehensgeber dem Darlehensnehmer – also dem Schuldner – Geld oder Gegenstände (sogenannte vertretbare Sachen) für eine bestimmte Zeit überlässt. Wir werden im Folgenden nicht von Darlehensgebern, sondern von Banken sprechen, um die Formulierungen zu vereinfachen. Im Bankenbereich wird zudem der Begriff des Darlehens mit dem des Kredits im Wesentlichen gleichgesetzt. Ein solcher Kredit funktioniert wie folgt:

1. Mit einem Vertrag verpflichtet sich die Bank, dem Kunden eine Darlehenssumme zu überlassen. In der Regel geschieht dies für einen bestimmten Zweck, z. B. für den Kauf eines Hauses, sodass der Kunde nicht frei über das Geld verfügen kann.
2. Der Kunde (Darlehensnehmer) verpflichtet sich, den geschuldeten Zins sowie den geliehenen Betrag zu genau vereinbarten Zeitpunkten in Raten zurückzuzahlen.
3. Zudem verpflichtet sich der Kunde, dem Darlehensgeber/der Bank gewisse Sicherheiten zu stellen. So kann die Bank beispielsweise bei Zahlungsschwierigkeiten des Kunden unter bestimmten Bedingungen das Haus verkaufen und den dabei erlösten Betrag behalten.

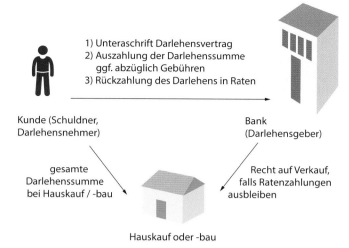

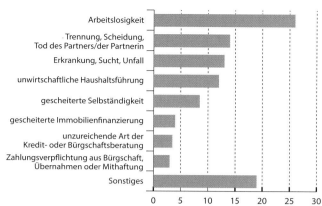

Abb. 9.7 Gründe für Überschuldung – Hauptauslöser im Jahr 2012. Nach DESTATIS-Website (2013)

Abb. 9.6 Grundprinzip eines Hypothekendarlehens

4. Das Darlehensverhältnis endet in der Regel, wenn die vereinbarten Zinsen sowie das geliehene Geld zurückgezahlt wurden.

Es werden diverse Arten von Darlehen unterschieden. Entweder kann dafür die Art der geliehenen Sache oder die Beschreibung der fälligen Beträge genutzt werden. So gibt es z. B. ein Sachdarlehen, bei dem ein Gegenstand ausgeliehen wird, oder auch ein Konsumentendarlehen, bei dem der Kunde Geld erhält, um ein Konsumgut (z. B. einen Fernseher) erwerben zu können.

Bedeutsam ist aber auch die Unterscheidung nach der Art der Rückzahlungsmodalitäten, der sogenannten **Tilgung** des Darlehens. Man unterscheidet u. a.:

- Endfällige Darlehen: Der Darlehensnehmer/Schuldner zahlt den geliehenen Betrag am Ende der Laufzeit des Vertrages zurück. Während der Laufzeit des Darlehens muss der Schuldner lediglich die Zinsen bezahlen.
- Ratendarlehen: Die zu zahlenden Zinsen werden dem Darlehensbetrag zu Beginn der Laufzeit hinzugerechnet. Anschließend erfolgt die Rückzahlung in gleichen Raten.
- Annuitätendarlehen: In (jährlich) gleichbleibenden Zahlungen werden die Zinsen bezahlt sowie das Darlehen nach und nach getilgt. Der Anteil der Zinsen an den gleichbleibenden Raten nimmt dabei ab und der Anteil der Tilgung steigt.

Zudem soll an dieser Stelle auf den wichtigen Begriff des **Hypothekendarlehens** eingegangen werden. Hypothekendarlehen werden für den Bau oder den Kauf eines Hauses genutzt. Während bei einem Konsumentenkredit die Bank das Geld an den Kunden ausgibt, um ihm den Kauf eines teureren Produktes zu ermöglichen, vertraut sie darauf, dass er den Kredit auch zurückzahlt. Bei größeren Beträgen, wie diese z. B. beim Hauskauf fällig sind, sichern sich Banken ab. Abbildung 9.6 zeigt das Grundprinzip eines Hypothekendarlehens.

Der Darlehensnehmer, also der Kunde, sichert in einem Vertrag der Bank das Recht zu, dass diese die gebaute oder erworbene Immobilie verkaufen darf, wenn er oder sie selbst in Zahlungsschwierigkeiten gerät. Unter gesetzlich genau geregelten Bedingungen darf die Bank im Fall sogenannter **Zahlungsstörungen** nach Setzung verschiedener Fristen das Haus verkaufen und den erlösten Betrag zur Tilgung des Kredites nutzen. Reicht der für das Haus erlöste Verkaufspreis nicht aus, um die bei der Bank noch bestehenden Schulden zu decken, so verbleibt für den Darlehensnehmer eine Restschuld, die er entsprechend abzutragen hat.

Abbildung 9.7 zeigt die Gründe für Überschuldungen – wobei immer nur ein Hauptauslöser erfasst wurde. Demnach führen Immobilienfinanzierungen in 4 % der Fälle alleinig zu einer Überschuldung. In den anderen aufgeführten Fällen können sie ebenfalls beteiligt sein. Erfasst wird in der Statistik lediglich der Hauptgrund.

9.1.1.3 Nebenkosten beim Kauf eines Finanzmarktproduktes

Beim dem eben diskutierten Hypothekendarlehen für den Kauf eines Hauses entstehen wie beim Kauf oder Verkauf von Finanzmarkprodukten generell Kosten für die Bank. So müssen Kreditanträge bearbeitet und die Rückzahlung in Raten überwacht werden. Bei Wertpapieren oder Anleihen werden zudem komplexe Handelsplattformen genutzt, bei deren Betrieb hohe IT-Kosten anfallen. Um diese und andere Kosten zu decken, hat der Kunde bei jedem Geschäft entsprechende Gebühren zu zahlen.

Die Besonderheit im Bankenbereich besteht darin, dass die Gebühren meist nicht in absoluten Beträgen, sondern als prozentualer „Aufpreis" zum eigentlichen Produktpreis berechnet werden.

Dieses auf den ersten Blick eher komplizierte Verfahren kennen Sie! Im Falle eines Auslandsaufenthaltes muss beispielsweise Geld in eine andere Währung umgetauscht werden. Normalerweise erwartet man, dass der Wechselkurs der Börse genutzt wird und man als Kunde eine zusätzliche, feste Gebühr zu zahlen hat. Am Schalter der Bank oder der Wechselstube stellt man jedoch fest, dass sich stattdessen der Kauf- und Verkaufskurs der gewünschten Währung unterscheiden. Die Bank orientiert sich zwar am Kurs der Währung an der Börse, verkauft die Währung jedoch zu einem höheren Preis, also oberhalb des Wechselkurses. Die Differenz zwischen dem Wechselkurs an der Börse und dem für das Bankgeschäft zugrundeliegenden Kurs bezeichnet man als Aufgeld bzw. **Agio**. Im Falle des Ankaufs von ausländischer Währung kaufen Kreditinstitute unterhalb des offiziellen Wechselkurses. Sie erheben ein **Disagio** (Abgeld oder Abschlag).

Auf diese Weise wird am Finanzmarkt oft verfahren. Beim Kauf einer Anleihe beispielsweise ist ein Disagio und beim Verkauf ein Agio zu zahlen. Diese Art des Vorgehens zur Verrechnung von Gebühren ist auch im Falle eines Darlehensvertrages zu beobachten.

Beispiel

Ein Darlehensvertrag wird über eine Darlehenssumme von 150.000 € geschlossen. Der Kunde verpflichtet sich darin zudem, bei Auszahlung des Kredits einen Teil des Kreditbetrags (Disagio) in Höhe von 5 % der Darlehenssumme an die Bank als Gebühr zu zahlen. Ermitteln Sie den ausgezahlten Betrag.

Lösung

Höhe des Disagios $150.000 \cdot 0,05 = 7500$ €

ausgezahlter Betrag $150.000 - 7500 = 142.500$ € ◄

Merksatz

Bei Finanzmarktgeschäften werden die Gebühren und sonstige Kosten in der Regel nicht als feste Beträge, sondern als Auf- oder Abschläge von Kursen oder Darlehenssummen o. Ä. prozentual berechnet. Diese bezeichnet man als **Agio** bzw. **Disagio**. Im Fall eines Kredites ist aufgrund des Disagios der Auszahlungsbetrag niedriger als der Darlehensbetrag.

9.1.1.4 Unterscheidung von Nominal- und Effektivzins

Die Vergütung der Bank oder der am Handel von Finanzmarktprodukten beteiligten Partner führt zu unterschiedlichen Formen der Angabe von Renditen. Oft wird aus Werbegründen dabei auf den Nominalzins hingewiesen. Dieser berücksichtigt jedoch nicht die Bearbeitungsgebühr. Vielmehr wird zu dessen Berechnung der Nominalwert des Produktes herangezogen. Im Gegensatz dazu nutzt man bei der Berechnung des Effektivzinses alle tatsächlich zu zahlenden Beträge.

Merksatz

Der Nominalzins ist der auf den Nennwert (!) bezogene Prozentsatz, mit dem der Ertrag eines Investments (z. B. Wertpapiers) oder der Aufwand bei einem Kredit berechnet wird.

Der Effektivzins soll den tatsächlichen Ertrag eines Investments oder die tatsächlichen Kosten eines Kredites erfassen. Meist handelt es sich um eine rein „fiktive" Größe, die zum Vergleich verschiedener Finanzmarktprodukte genutzt wird. Grundlage der Effektivzinsberechnung ist beispielsweise die Preisangabenverordnung (PAngV).

Beispiel

Eine Anleihe besitzt einen Nominalwert von 100 €. Der Zinskupon – also die zu zahlenden Zinsen in € – beträgt 6 % p. a. Die Anleihe wird zu einem Kurs von 110 € gehandelt, und die verbleibende Restlaufzeit beträgt ein Jahr bis zur Fälligkeit bzw. Rückzahlung der Anleihe. Zu ermitteln sind die Nominal- und die Effektivverzinsung des eingesetzten Kapitals.

Lösung

Der Nominalzins ergibt sich aus den Anleihebedingungen. Diese sehen laut Aufgabenstellung vor, dass der Anleger 6 % p. a. erhält. Dies ist die Nominalverzinsung.

Da sich Kurswert und Nominalwert unterscheiden, ist es wichtig, die effektive Verzinsung zu berechnen. Allgemein gilt

$$\text{Rendite} = \frac{\text{Ertrag} - \text{Aufwand}}{\text{Aufwand}}.$$

Zur Beantwortung dieser Art von Fragestellungen wollen wir uns vornehmen, stets die Höhe des eingesetzten Kapitals, also des Aufwands, sowie des erzielten Gesamtertrags am Ende der Laufzeit zu ermitteln.

Aufwand: 110 (das ist nämlich der Kurswert, also der zu zahlende Betrag)

Ertrag: $100 + \underbrace{100 \cdot 0,06}_{\text{Zinsen für 1 Jahr}} = 106$ (der Ertrag wird auf den Nominalwert berechnet)

$$\text{Rendite} = \frac{106 - 110}{110} = -0,0364 = -3,64\,\%.$$

Dieser Wert entspricht der „wirklichen" Verzinsung des eingesetzten Kapitals, was man als Effektivverzinsung bezeichnet. Hier lohnt sich der Kauf der Anleihe also nicht, da die Verzinsung negativ ist. ◄

Merksatz

Bei Finanzprodukten ist zwischen **Kurs** und **Verzinsung** (Rendite) zu unterscheiden! Am Kapitalmarkt wird stets nur der Preis eines Produktes in Form des Kurses festgelegt. Liegen dem Produkt Zinszahlungen, wie z. B. bei Anleihen, zugrunde, so ergibt sich daraus die Rendite für den Anleger. Bei einem Investment in ein Finanzmarktprodukt sind zusätzlich die Differenz zwischen Kauf- und Rückgabe-/Verkaufspreis und die Restlaufzeit zu beachten.

Ausschlaggebend für Kauf oder Verkauf eines Produktes sollte nicht die Höhe der versprochenen Zinszahlungen (Zinskupon), sondern die Rendite sein. Diese setzt Nennwert, Kurs und Restlaufzeit miteinander ins Verhältnis.

Gut zu wissen

Die Berechnung der Rendite einer Anleihe mit einer Laufzeit von über einem Jahr bedarf eines komplexeren mathematischen Verfahrens. Mithilfe der folgenden Formel kann sie jedoch näherungsweise bestimmt werden:

$$R = \frac{p + \frac{RK-K}{n}}{K},$$

wobei die Symbole folgende Bedeutung besitzen:

R jährliche Rendite einer Anleihe

p Nominalverzinsung in % p. a.

n Restlaufzeit in Jahren

RK Rückzahlungskurs (in der Regel 100 oder 1000)

K aktueller Kurs der Anleihe.

Liegt der Kurs der Anleihe über dem Nennwert, spricht man auch von Kauf „über pari", darunter von „unter pari". ◄

Beispiel

Rendite einer Bundesanleihe:

Am 1.3.2013 galten für eine von der Bundesrepublik Deutschland an den Markt gebrachte Bundesanleihe (WKN 114159) folgende Eckdaten:

nominaler Zinssatz: 2,00 %

Fälligkeit: 26.2.2016

Kurs: 105,69 €

Gesucht ist die Rendite der Anleihe.

Lösung

Erwirbt man diese Anleihe, so sind 105,69 € zu zahlen. Am 26.2.2016 erhält der Anleger jedoch „nur" den Nennwert von 100 € zurück. Der Verlust durch den sinkenden Kurs bis zur Fälligkeit beträgt demnach 5,69 €. Die jährliche effektive Rendite des Anlegers liegt unter der Nominalrendite von 2,00 %!

Zur Berechnung der Rendite wird die Restlaufzeit in Jahren benötigt. Diese beträgt offenbar ziemlich genau drei Jahre. Mit o. g. Formel erhalten wir folgenden Näherungswert:

$$R = \frac{2,00 + \frac{100-105,69}{3}}{105,69} = 0,000978.$$ ◄

Hier kann man wiederum sehr schön nachvollziehen, dass die Rendite von Anleihen sinkt, wenn der Kurs steigt! Dies liegt nämlich daran, dass der Kurs im Nenner der Rendite steht und diese, also der Wert des Bruches, damit kleiner wird, je größer der Nenner wird!

Merksatz

Die Höhe der (jährlichen) Zinszahlungen – auch **Kupons** genannt – wird bei Anleihen durch die Multiplikation des Nominalzinses mit dem Nennwert der Anleihe berechnet!

Je höher der Kurs einer Anleihe, desto geringer die Rendite. Kurs und Rendite verhalten sich bei Anleihen entgegengesetzt!

Auch bei der Bewertung von Krediten ist die Berechnung des Effektivzinses von großer Bedeutung. Während der Nominalzins lediglich eine grobe Orientierung über die möglichen Belastungen des Schuldners gibt, werden die Kosten auch wesentlich durch die Höhe der Gebühren bestimmt. Diese sind im Privatkundengeschäft nicht, wohl aber im Firmenkundengeschäft erlaubt.

Beispiel

Ein Kunde erhält von seiner Bank ein sogenanntes endfälliges Darlehen über 5000 €. Dieses muss während der Laufzeit nicht vollständig getilgt werden. Der noch offene Betrag ist aber am Ende der Laufzeit zu begleichen. Der jährliche Zins beträgt 10 %. Die Bank erhebt eine Bearbeitungsgebühr von 3 % auf die Darlehenssumme. Ermitteln Sie den Effektivzins für die Laufzeit von einem Jahr.

Lösung

Aufwand: $5000 + \underbrace{0,10 \cdot 5000}_{\text{Zinsen}} = 5500$

Ertrag: $5000 - 5000 \cdot 0,03 = 4850$

$$\text{Rendite} = \frac{5500 - 4850}{4850} = 0,1340 = 13,40\,\%$$

Der Effektivzins liegt demnach wesentlich höher, als der von der Bank angegebene Nominalzins! Tatsächlich nimmt die Bank also 13,40 % und nicht nur 10,00 % mit diesem Kredit ein! Nachfolgend wird auch auf die gesetzlich vorgeschriebene Methode zur Berechnung des Effektivzinses eingegangen. Diese ist deutlich komplexer, wird jedoch auch den vielfältigen „Stellschrauben" der verschiedenen Kredite deutlich besser gerecht, als der bisher hier vorgestellte einfache Ansatz. ◄

Gut zu wissen

Renditeberechnungen mit der Tabellenkalkulation Microsoft Excel vereinfachen

Für die Berechnungen im Beispiel „Rendite einer Bundesanleihe" kann Excel genutzt werden (s. Microsoft Excel-Datei „Rendite Anleihe.xlsx"). Abbildung 9.8 zeigt das Berechnungsergebnis. Die Parameter der in Zelle D11 benutzten Funktion „Rendite" entnehmen Sie Abb. 9.9.

	A	B	C	D
1				
2		*Berechnung der Anleihe Rendite mit Excel-Formel „Rendite":*		
3		Abrechnungstermin des Kaufs		01.13.2013
4		Kurs		105,69 €
5		Fälligkeit		26.02.2016
6		Nominalzins		2,00%
7		Rückzahlung nominal pro 100 Euro		100,00 €
8		Anzahl der Zinszahlungen pro Jahr		1
9		Zählart der Zinstage		4
10				
11		**Rendite lt. Excel-Formel**		**0,0910%**

Abb. 9.8 Berechnung der Rendite einer Bundesanleihe mit der Excel-Funktion „Rendite"

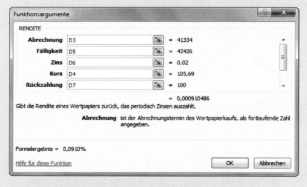

Abb. 9.9 Parameter der Excel-Funktion „Rendite" ◄

Zusammenfassung

Sie können

- mindestens vier verschiedene Arten von Finanzmärkten und die an ihnen gehandelten Produkte benennen,
- die folgenden Begriffe mit eigenen Worten erklären:
  – Anleihe: Kurs, Rendite, Nominalzins, Effektivzins, Agio,
  – Darlehen: Nominalzins, Effektivzins, Tilgung, Disagio,
- die Besonderheit eines Hypothekendarlehens mit eigenen Worten erläutern,
- den Unterschied zwischen Kurs und Rendite einer Anleihe grob umreißen und den Zusammenhang zwischen beiden Größen beschreiben,
- ein Beispiel angeben, bei dem sich Nominal- und Effektivzins eines Kredites unterscheiden.

9.1.2 Übungsaufgaben

1. Erläutern Sie den Unterschied zwischen dem Kurs und der Rendite einer Anleihe.
2. Tabelle 9.1 zeigt den Kurs einer Anleihe zu Beginn und Ende eines jeden Jahres.
   a. Bitte berechnen Sie die einzelnen Jahresrenditen.
   b. Ermitteln Sie anschließend die durchschnittliche Jahresrendite über die gesamte Laufzeit.
3. Erläutern Sie bitte, weshalb der Effektivzins eines Finanzproduktes i. A. nicht mit dem Nominalzins übereinstimmt.

Tab. 9.1 Kurs einer Anleihe

	Kurs zu …		
Jahr	Jahresbeginn	Jahresende	Rendite
2008	62,00	66,00	
2009	66,00	74,00	
2010	74,00	78,00	
2011	78,00	70,00	
Mittelwert der Jahresrenditen (Erwartungswert)			
$x_{\text{arithmetisch}} =$			

9.1.3 Lösungen

1. Kurs ist derjenige Wert, der beim Erwerb der Anleihe zu zahlen ist. Die Rendite ist der prozentuale Gewinn oder Verlust, den der Anleger bei einem Verkauf zu einem späteren Zeitpunkt erleiden bzw. erzielen würde/wird.
2. Eine Lösung zeigt Tab. 9.2. Die Renditen der einzelnen Jahre können nach folgender Formel berechnet werden:

$$\text{Rendite} = \frac{\text{neuer Kurs} - \text{alter Kurs}}{\text{alter Kurs}}.$$

Tab. 9.2 Berechnungen mit Microsoft Excel

Jahr	Kurs zu ... Jahresbeginn	Jahresende	Rendite
2008	62,00	66,00	0,0645
2009	66,00	74,00	0,1212
2010	74,00	78,00	0,0541
2011	78,00	70,00	−0,1026

Erwartungs-/Mittelwertberechnung

$x_{\text{arithmetisch}} =$	0,0343

Somit ergeben sich für die Jahre folgende Berechnungen:

$$\text{Rendite } 2008 = \frac{66,00 - 62,00}{62,00} = 0,0645$$

$$\text{Rendite } 2009 = \frac{74,00 - 66,00}{66,00} = 0,1212$$

$$\text{Rendite } 2010 = \frac{78,00 - 74,00}{74,00} = 0,0541$$

$$\text{Rendite } 2011 = \frac{70,00 - 78,00}{78,00} = -0,1026$$

Der Mittel-/Erwartungswert aller Jahre ergibt sich aus der Mittelwertberechnung aller Renditen.

$$x_{\text{arithmetisch}} = \frac{x_1 + x_2 + \ldots + x_n}{n}$$

$$x_{\text{arithmetisch}} = \frac{0,0645 + 0,1212 + 0,0541 - 0,1026}{4}$$

$$= 0,0343 \,.$$

3. Banken, Versicherungen und Finanzdienstleister erbringen Serviceleistungen in Form der Vermittlung von Finanzmarktprodukten, wie Aktien, Anleihen und Krediten und vieles andere mehr. Für diese Dienstleistungen erhalten sie eine Vergütung. Diese erfolgt in der Regel über eine prozentuale Gebühr, die dem Preis aufgeschlagen wird. Insofern erhält der Kunde also nicht die Rendite bzw. die Konditionen, die ihm durch die Nominalzinsen versprochen werden. Deshalb ist es wichtig, neben den Nominalzinsen auch auf die „wirkliche" Verzinsung in Form eines Effektivzinses zu achten.

9.2 Grundlagen der Zinsrechnung

Mithilfe der Zinsrechnung geht man der Frage nach, welchen Wert angelegtes Kapital in der Zukunft besitzt. Dabei wird üblicherweise angenommen, dass das Kapital mit zunehmender Zeitdauer wächst. Denkt man jedoch an die Geldentwertung durch Inflation, so erkennt man schnell, dass auch eine Abnahme beim Wert des Geldes mit der Zeit möglich ist.

Gut zu wissen

Die Geldpolitik wird durch die Zentralbanken der jeweiligen Länder bestimmt. In den USA ist dies die US-Notenbank „Federal Reserve" (Fed), die den Zielen maximale Beschäftigung, stabile Preise und moderate langfristige Zinsen verpflichtet ist (s. Federal Reserve Act (2011)). Keines der drei Ziele besitzt jedoch eine definierte Priorität, sodass die Entscheidungsträger eine entsprechende Gewichtung vornehmen können (s. Gerdesmeier (2004), S. 258).

Demgegenüber ist die Europäische Zentralbank (EZB) vorrangig „lediglich" dem Ziel der Preisstabilität verpflichtet. Gemessen am harmonisierten Verbraucherpreisindex (HVPI) soll die Inflation mittelfristig unter 2 % gegenüber dem Vorjahr liegen (s. EZB-Website Ziele (2013)). Interessanterweise sind beschäftigungsrelevante Kriterien (Arbeitslosenquote), wie bei der Zentralbank der USA, nicht ausdrücklich als festes Ziel genannt (s. EZB-Website Auftrag (2013)).

Das Instrumentarium der Notenbanken, mit denen diese das Geschehen an den Kapitalmärkten beeinflussen können, ist reichhaltig. Neben der Steuerung der Mindestreserven, die die Banken des jeweiligen Landes oder Währungsraumes vorhalten müssen (s. Gerdesmeier (2004), S. 213 ff.) sind dies vor allem verschiedene Zinssätze, zu denen Banken Geld anlegen oder ausleihen können. Diese Zinssätze – gültig für unterschiedliche Zwecke und Laufzeiten – besitzen große Bedeutung für das Geschehen an den Finanzmärkten: Erhält eine Bank von der Notenbank Geld für einen Zins von 1,50 %, so bestimmt die Notenbank damit beispielsweise die obere Grenze für Ausleihgeschäfte von Banken untereinander. Weshalb sollte sich eine Bank Geld für 2,00 % leihen, wenn sie dieses von der Zentralbank für 1,50 % erhält?

Die angesprochenen Zinssätze, genauer der sogenannte **Hauptrefinanzierungssatz** sowie die Feds Funds Rate, sind deshalb die wohl wichtigsten Instrumente zur Beeinflussung des Marktgeschehens durch EZB und Fed. Man bezeichnet diese Zinsen auch als Leitzinsen. Steigen die Leitzinsen, werden Banken gezwungen sein, auch die Zinsen für ihre Geschäfte anzuheben. Abbildung 9.10 zeigt die Schwankungen der Leitzinsen über die Zeit und lässt damit den Zusammenhang zu ökonomisch schwierigen Zeiten, wie z. B. das Platzen der Dotcom-Blase im Jahre 2000 bzw. die Bankenkrise ab 2008, erkennen. Die Zentralbanken versuchten, die konjunkturell negativen Auswirkungen der Finanzkrisen durch niedrige Zinsen abzufedern.

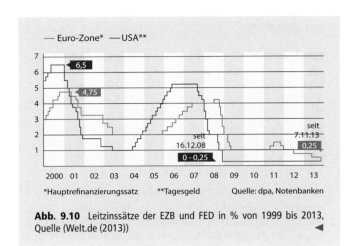

— Euro-Zone*   —USA**

*Hauptrefinanzierungssatz   **Tagesgeld   Quelle: dpa, Notenbanken

Abb. 9.10 Leitzinssätze der EZB und FED in % von 1999 bis 2013, Quelle (Welt.de (2013))   ◄

Bei Berechnungen zum Wert des Kapitals zu einem bestimmten Zeitpunkt wird vorausgesetzt, dass ein Zins bekannt ist, der zur Berechnung verwendet werden kann. Dieser hängt von vielen verschiedenen Faktoren ab.

Grundsätzlich gilt, dass ein Investor mit zunehmendem Risiko eine höhere Verzinsung des eingesetzten Kapitals erwartet. Bei jeder Entscheidung zu einer Geldanlage sollten Sie diesen Zusammenhang berücksichtigen! Wäre kein Risiko vorhanden, so würde der Vertragspartner sich nicht genötigt sehen, hohe Zinszahlungen zu versprechen.

Merksatz

Die Zinsen am Kapitalmarkt werden maßgeblich durch die **Leitzinsen der Notenbanken** des jeweiligen Landes bestimmt. In den USA ist dies die Federal Reserve (Fed) und in Europa die Europäische Zentralbank (EZB). Generell gilt für eine Geldanlage: Je höher das Risiko, desto höher die Verzinsung. Und auch: Je höher die Verzinsung, desto höher das Risiko!

In diesem Abschnitt werden die folgenden Themen detailliert behandelt:

- Arten der Verzinsung: einfache Verzinsung, Zinseszins, stetige Verzinsung,
- Berechnungen des Zeitwerts: Wert eines Kapitals bzw. einer Geldanlage in der Zukunft.

Sie werden nach Abschluss des Abschnitts in der Lage sein,

- den Unterschied zwischen der einfachen Verzinsung und der Zinseszinsrechnung zu erklären und verschiedene Fragestellungen je einem dieser Modelle zuordnen zu können,
- die grundlegenden Formeln der Zinsrechnung zu verstehen und sie nach den einzelnen Größen umzustellen,
- Aufgaben von einfachem und mittlerem Schwierigkeitsgrad zur Zinsrechnung zu lösen sowie
- typische und fehleranfällige Kalkulationen auf dem Gebiet der Zinsrechnung zu meistern!

Die Zinsrechnung ist Ihnen mit Sicherheit schon mehrfach untergekommen, und Sie haben sowohl in der Schule als auch in der praktischen Arbeit öfter Problemstellungen aus der Zinsrechnung vorgefunden. Dabei haben Sie festgestellt, dass Ihnen bei der Beantwortung verschiedener Fragestellungen Fehler unterlaufen. Meist liegt dies am Verständnis der in der Zinsrechnung vorkommenden Begriffe und der korrekten Anwendung der richtigen Verzinsungsmethode.

Dieser Abschnitt soll Ihnen helfen, die Modelle „einfache Verzinsung" sowie „Zinseszinsrechnung" zu verstehen und dabei auftretende typische Probleme zu meistern. Zudem werden beide Zinsmodelle miteinander gemischt.

9.2.1 Theorie

In der Zinsrechnung werden in der Regel die folgenden Formelzeichen genutzt:

p Zinssatz, Zinsfuß in Prozent
i Zinsfuß $i = \frac{p}{100}$
("interest")
q Auf-/Abzinsungsfaktor

$$q = 1 + i = 1 + \frac{p}{100}$$

n Anzahl der Zinsperioden/Laufzeit
K Kapital
K_0 Anfangskapital
K_n Kapital am Ende der n-ten Zinsperiode
t Zeit, meist auf Basis „360 Tage pro Jahr".

Um die gegebenen und gesuchten Größen einfach zu veranschaulichen, lohnt es sich in jedem Fall eine Grafik zu erstellen! In diesem Zusammenhang soll hier eine einfache, aber sehr einprägsame Bezeichnungsweise benutzt werden, wie sie Abb. 9.11 zeigt.

Dabei werden

- Einzahlungen durch Pfeile von oben (Anfangskapital, meist zum Zeitpunkt t = 0 betrachtet),
- Auszahlungen durch Pfeile nach unten und
- der Anfang und das Ende einer Zinsperiode durch Striche auf dem Zeitstrahl

dargestellt.

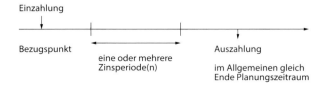

Abb. 9.11 Veranschaulichung einer Kapitalverzinsung

Merksatz

In jedem Fall sollte zu jeder Aufgabe aus der Zinsrechnung eine Skizze angefertigt werden! Relevante Ein- und Auszahlungszeitpunkte sind am Zeitstrahl durch Pfeile zu vermerken. Zudem sollten die Zinsperioden durch Striche markiert werden.

Gut zu wissen

Für die Zinsrechnung ist die Bestimmung der Länge der Zinsperiode wichtig. Oft benötigt man auch die Anzahl der Zinstage, wie z. B. bei einer Anleihe. Die Zählweise ist dabei von Land zu Land teilweise verschieden. Die folgende Aufzählung zeigt die wesentlichen Zählmethoden (s. auch Pfeifer (2009), S. 28 f.).

Kaufmännische Zinsrechnung (Deutschland) „30/360-Methode"

Fallen Beginn oder Ende einer Zinszahlungsperiode auf den 31. eines Monats, so wird dieser Monat in der Berechnung mit 30 Tagen berücksichtigt. Endet ein Anlagezeitraum Ende Februar, so wird dieser mit 28 bzw. in Schaltjahren mit 29 Tagen angesetzt. Geht der Anlagezeitraum über Februar hinaus, so wird dieser aber auch mit 30 Zinstagen gezählt.

Anwendungsbereiche sind u. a.: Sparbücher, Festgeldkonten, Ratenkredite, langfristige Kredite.

Taggenaue Zinsrechnung (englische Methode) „act/act-Methode"

Die Zinstage werden laut Kalenderjahr berechnet. Damit sind pro Jahr 365 bzw. in Schaltjahren 366 Zinstage anzusetzen.

Anwendungsbereiche sind u. a.: Bundesanleihen mit festem Zins und börsennotierte Anleihen.

Eurozinsmethode (französische Methode) „Eurozinsmethode bzw. act/360-Methode"

Die Zinstage werden kalendergenau berechnet und man erhält 365 bzw. 366 Zinstage pro Jahr. Bei der Berechnung von Jahresanteilen wird diese Zahl jedoch durch 360 geteilt.

Anwendungsbereiche sind u. a.: Bundesanleihen mit variablem Zins sowie andere Anleihen mit variablem Zins.

Relevanz von Ein- und Auszahlungstagen

Für die Berechnung der Anzahl der relevanten Zinstage wird in der Regel auf die Paragrafen 186 bis 188 des BGB zurückgegriffen. Diese regeln, dass der Einzahlungstag nicht, wohl aber der Auszahlungstag mitgerechnet wird. Fällt der Einzahlungstag auf einen 31. eines Monats, so wird dieser natürlich nicht mitgerechnet, da die 30/360 Methode gilt.

Zur Berechnung der Zinstage mit der Tabellenkalkulation Microsoft Excel kann die Funktion „Tage360(Anfangsdatum; Enddatum; Methode)" genutzt werden. Für die 30/360-Methode wird der letzte Parameter auf „FALSCH" gesetzt bzw. weggelassen. ◄

Gut zu wissen

Mit Microsoft Excel Zinstage berechnen

Die EXCEL-Funktion „TAGE360" berechnet die Anzahl der Zinstage zwischen zwei gegebenen Datumsangaben auf Basis der 360-Tage-Regelung. Wir wollen die Anzahl der Zinstage vom 1. Juli bis Jahresende in 2013 mithilfe dieser Funktion ermitteln, so wie es Abb. 9.12 zeigt. Das Ergebnis soll in Zelle D3 ermittelt werden.

	A	B	C	D
1				Anzahl Tage mit Excel-Fkt „TAGE360"
2				
3		01.07.2013	31.12.2013	

Abb. 9.12 Ausschnitt der Microsoft Excel-Tabelle

Die dazu notwendige Formel ergibt sich mit „=TAGE360(B3;C3;FALSCH)". Dies zeigt auch das folgende Dialogfenster in Abb. 9.13 zur Funktion mit den drei Eingabeparametern Anfangsdatum, Enddatum und Methode. Den dritten Parameter können Sie weglassen oder auf „FALSCH" bzw. null setzen.

Abb. 9.13 Excel-Dialogfenster für die Funktion „TAGE360"

Wir erhalten hier natürlich den Wert 180. Soll der Einzahlungstag nicht mitgezählt werden, müsste die Formel wie folgt lauten:

$$= \text{TAGE360(B3;C3;FALSCH)-1.}$$

Die Zinszahlungen erfolgen banküblich – wenn nicht ausdrücklich anderes beschrieben oder vereinbart – immer am Jahresende. Dies gilt unabhängig von der Anlagedauer des Geldes! Wird also ein Betrag von 200 € am 20. November 2013 auf ein Sparkonto eingezahlt, so erfolgt die anteilige Zinszahlung am 31. Dezember 2013, auch wenn dann noch kein vollständiges Jahr vergangen ist! Siehe hierzu auch die Beispiele in Abschn. 9.2.1.2 „Gebrochene Laufzeiten".

Es erfolgen, wenn nicht anders beschrieben, **jährliche Zinszahlungen**. Diese werden auch mit der Schreibweise „p. a." = „per annum", also pro Jahr, angegeben.   ◄

9.2.1.1 Einfache Verzinsung

Bei der einfachen Verzinsung werden nach jeder Zinsperiode die Zinsen ausgezahlt. Es erfolgt kein Zuschlag der Zinsen zum Kapital!

> **Beispiel**
>
> Das Unternehmen „BrauchGeld" möchte gern eine neue Werkshalle errichten und diese mit Maschinen zur Produktion ausstatten. Das dafür benötigte Geld ist derzeit im Unternehmen nicht vorhanden. Deshalb gibt „Brauch-Geld" eine Anleihe heraus – man sagt auch, die Anleihe wird emittiert. Die Anleihe des Emittenten „BrauchGeld" wird mit 8 % p. a. verzinst und läuft 7 Jahre. Nach dieser Zeit rechnet das Unternehmen damit, das Geld wieder zurückzahlen zu können. Tim, der im Moment Geld anlegen möchte, kauft nun für 5000 € diese Anleihen von der Firma „BrauchGeld" und genießt die Zinszahlungen über die 7 Jahre.
>
> Die einzelnen Zahlungsvorgänge inkl. Zinszahlungen sollen erläutert und das Endkapital berechnet werden.
>
> **Lösung**
>
> Es handelt sich um ein typisches Beispiel für eine einfache Verzinsung, da „BrauchGeld" an Tim jährlich 8 % Zinsen auszahlt. Die Zinsen werden also nicht dem Kapital in Höhe von 5000 € zugeschlagen und erst am Ende ausgezahlt, sondern jährlich ausgezahlt! Es ergibt sich der in Abb. 9.14 veranschaulichte Zahlungsstrom.
>
> Es gelten die folgenden Bezeichnungsweisen:
>
> $$K_0 = 5000$$
> $$i = 0{,}08$$
> $$n = 7 \, .$$

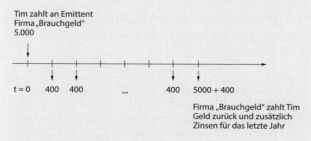

Tim zahlt an Emittent Firma „Brauchgeld" 5.000

t = 0   400   400   ...   400   5000 + 400

Firma „Brauchgeld" zahlt Tim Geld zurück und zusätzlich Zinsen für das letzte Jahr

Abb. 9.14 Einfache Verzinsung beim Kauf einer Anleihe

Für das Endkapital K_n, welches nach $n = 7$ Jahren ausgezahlt wird, gilt:

$$K_7 = 5000 + (5000 \cdot 0{,}08 + 5000 \cdot 0{,}08 + \ldots$$
$$+ 5000 \cdot 0{,}08)$$
$$K_7 = 5000 + 7 \cdot 5000 \cdot 0{,}08$$
$$K_7 = 5000 \cdot (1 + 7 \cdot 0{,}08)$$
$$K_7 = 7800{,}00 \, .$$

Wenn Tim demnach alle Zinszahlungen sowie die Rückzahlung der 5000 € zusammenrechnet, so erhält er von der Firma „BrauchGeld" bis zum Ende des Anlagezeitraums insgesamt 7800 €.

Kritisch anzumerken zu diesem Beispiel ist, dass Tim die Zinszahlungen von jeweils 400 € p. a., die zwischenzeitlich ausgezahlt werden, nicht immer beiseitelegen wird. Vielmehr wird er das Geld auf die Bank schaffen und zum üblichen Marktzins verzinsen lassen. Dieser Teil des Prozedere ist in der Beispielrechnung nicht berücksichtigt! Ansonsten ergeben sich aber mit dem Modell der einfachen Verzinsung realistische Werte.   ◄

Setzen wir die allgemeinen Bezeichnungsweisen in das obige Beispiel ein und berücksichtigen Abb. 9.15, so kommen wir zur Formel für die einfache Verzinsung:

$$K_n = K_0 + n \cdot K_0 \cdot i$$
$$K_n = K_0 \cdot (1 + n \cdot i) \, .$$

Diese Formel können Sie immer dann anwenden, wenn eine einfache Verzinsung vorliegt.

> **Merksatz**
>
> Das **Modell der einfachen Verzinsung** kann benutzt werden, wenn die Zinsen nicht dem Kapital zugeschlagen, sondern stets ausgezahlt werden. Dadurch entfällt der Zinseszinseffekt, also der Effekt, dass sich das Kapital durch

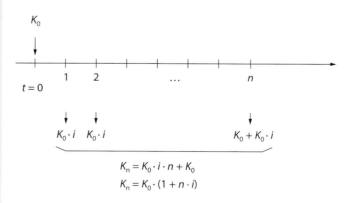

K_0

t = 0   1   2   ...   n

$K_0 \cdot i$ $K_0 \cdot i$ $K_0 + K_0 \cdot i$

$$K_n = K_0 \cdot i \cdot n + K_0$$
$$K_n = K_0 \cdot (1 + n \cdot i)$$

Abb. 9.15 Herleitung der Formel zur einfachen Verzinsung

die Zinsen vergrößert und damit bei jeder späteren Verzinsung nicht nur Zinsen auf das ursprüngliche Kapital, sondern auch auf die bisher erhaltenen Zinsen gezahlt werden müssen. Sogenannte Zinseszinsen treten bei der einfachen Verzinsung also nicht auf!

Für die Berechnung des Endkapitals bei einfacher Verzinsung gilt: $K_n = K_0 \cdot (1 + n \cdot i)$. Dies zeigt auch Abb. 9.15.

Diese Formel soll nun genutzt werden, um verschiedene einfache Berechnungen durchzuführen. Dazu wird die Formel nach allen in ihr vorkommenden Größen umgestellt.

Beispiel

Welches Endkapital erhält man bei einfacher Verzinsung, wenn man 3000 € über vier Jahre anlegt, aber die Zinszahlungen halbjährlich (!) mit 2,5 % erfolgen?

Lösung

Ausgehend von der allgemeinen Formel der einfachen Verzinsung

$$K_n = K_0 \cdot (1 + n \cdot i)$$

werden zunächst die gegebenen Werte bestimmt.

Da die Zinszahlungen halbjährlich erfolgen, sind hier $n = 2 \cdot 4 = 8$ Zinsperioden vorhanden! Deshalb wird für K_n nun K_8 als Bezeichnung für das Endkapital gewählt.

$$K_8 = 3000 \cdot (1 + 2 \cdot 4 \cdot 0{,}025)$$
$$K_8 = 3600{,}00 \, . \qquad \blacktriangleleft$$

Beispiel

Welches Anfangskapital müssen Sie in eine Anleihe investieren, damit Sie nach 10 Jahren bei einer Verzinsung von 4,70 % über ein Endkapital von 13.500 € verfügen?

Lösung

Die Formel der einfachen Verzinsung wird umgestellt nach dem Anfangskapital K_0:

$$K_n = K_0 \cdot (1 + n \cdot i)$$
$$K_0 = \frac{K_n}{1 + n \cdot i} \, .$$

Für die Werte aus dem Beispiel erhalten Sie dann

$$K_0 = \frac{13.500}{1 + 10 \cdot 0{,}047}$$
$$K_0 = 9183{,}67 \, . \qquad \blacktriangleleft$$

Beispiel

Wie hoch ist der Zinssatz, wenn das Ausgangskapital von 6850 € innerhalb von vier Jahren auf 9200 € angewachsen ist?

Lösung

Die Formel der einfachen Verzinsung wird umgestellt nach dem Zinsfuß i:

$$K_n = K_0 \cdot (1 + n \cdot i)$$
$$\frac{K_n}{K_0} = 1 + n \cdot i$$
$$n \cdot i = \frac{K_n}{K_0} - 1$$
$$i = \frac{1}{n} \cdot \left(\frac{K_n}{K_0} - 1 \right) \, .$$

Für die Werte aus dem Beispiel erhalten Sie dann

$$i = \frac{1}{n} \cdot \left(\frac{K_n}{K_0} - 1 \right)$$
$$i = \frac{1}{4} \cdot \left(\frac{9200}{6850} - 1 \right)$$
$$i = 0{,}0858 = 8{,}58 \, \% \, . \qquad \blacktriangleleft$$

Beispiel

Über welchen Zeitraum muss ein Kapital von 8000 € angelegt werden, um bei einfacher Verzinsung mit einem Zinssatz von *monatlich* 0,50 % ein Endkapital von 9000 € zu erhalten?

Lösung

Die Formel der einfachen Verzinsung wird umgestellt nach der Anzahl der Zinsperioden n, die hier der Laufzeit entspricht und in Monaten gemessen wird:

$$K_n = K_0 \cdot (1 + n \cdot i)$$
$$\frac{K_n}{K_0} = 1 + n \cdot i$$
$$n \cdot i = \frac{K_n}{K_0} - 1$$
$$n = \frac{1}{i} \cdot \left(\frac{K_n}{K_0} - 1 \right) \, .$$

Für die Werte aus dem Beispiel erhalten Sie dann

$$n = \frac{1}{i} \cdot \left(\frac{K_n}{K_0} - 1 \right) \, .$$

Beim Einsetzen der Größen ist darauf zu achten, dass der Zinssatz $p = 0{,}50 \, \%$ einem Zinsfuß von $i = \frac{0{,}50}{100} = 0{,}0050$ entspricht!

$$n = \frac{1}{0{,}0050} \cdot \left(\frac{9000}{8000} - 1 \right)$$
$$n = 25 \, \textit{Monate} \, (!) \qquad \blacktriangleleft$$

Kapitel 9

Kapitel 9

Merksatz

Um eine hinreichende Genauigkeit der Kalkulationen in der Zinsrechnung zu gewährleisten, sollte der Zinsfuß i immer mit mindestens vier Nachkommastellen angegeben werden!

Beim Umrechnen des Zinssatzes in den Zinsfuß ist Vorsicht geboten: Die Division durch 100 bedeutet, dass 0,5 % der Dezimalzahl 0,005 und *nicht* 0,05 entsprechen!

Für die einfache Zinsrechnung gelten folgende Formeln:

Berechnung des Endkapitals nach n Zinsperioden

$$K_n = K_0 \cdot (1 + n \cdot i)$$

Berechnung des Anfangskapitals

$$K_0 = \frac{K_n}{1 + n \cdot i}$$

Berechnung des Zinsfußes / Zinssatzes

$$i = \frac{1}{n} \cdot \left(\frac{K_n}{K_0} - 1 \right)$$

Berechnung der Anzahl der Zinsperioden und damit der Laufzeit

$$n = \frac{1}{i} \cdot \left(\frac{K_n}{K_0} - 1 \right)$$

9.2.1.2 Gebrochene Laufzeiten

Sogenannte gebrochene Laufzeiten, bei denen keine Zinszahlungen inmitten des Anlagezeitraums geleistet werden, sind ein weiteres typisches Anwendungsbeispiel für die einfache Verzinsung. Ausgehend von der bekannten Formel

$$K_n = K_0 \cdot (1 + n \cdot i)$$

ist nun jedoch zu beachten, dass der Wert von n nicht mehr ganzzahlig bzw. keine natürliche Zahl mehr ist! Ein einfacher Fall ergibt sich, wenn Kapital am 1. Juli eines Jahres eingezahlt wird und man sich für das Kapital am Ende des Jahres interessiert. Beachtet man den hier vereinbarten Grundsatz, dass ein Zinsjahr aus 360 Tagen und ein Monat aus 30 Tagen besteht, so ergibt sich für den Anlagezeitraum von einem halben Jahr der Wert für n wie folgt:

$$n = \frac{6 \text{ Monate}}{12 \text{ Monate}} = \frac{6 \cdot 30 \text{ Tage}}{12 \cdot 30 \text{ Tage}} = \frac{1}{2} \, .$$

Beispiel

Welches Endkapital erhalten Sie am Ende eines Jahres, wenn Sie 5000 € am 1. Juli des gleichen Jahres anlegen?

Der jährliche Zins soll 3,50 % betragen. Der Einzahlungstag soll der Einfachheit halber hier mitgezählt werden.

Lösung

$$K_n = K_0 \cdot (1 + n \cdot i)$$
$$K_{1/2} = 5000 \cdot \left(1 + \frac{1}{2} \cdot 0{,}035 \right) = 5087{,}50 \, .$$

Wie man in der letzten Formel erkennt, wird der Zins von 3,50 %=0,035 halbiert, also per „Dreisatz" auf das Kapital angewandt. ◄

Merksatz

Man spricht von **gebrochener Laufzeit**, wenn die Anlagedauer bzw. Laufzeit nicht einem ganzzahligen Vielfachen einer Zinsperiode entspricht (z. B. Anlagedauer 1/2 Jahr und Zinsperiode 1 Jahr)!

Gebrochene Laufzeit bedeutet immer, die Formeln der einfachen Verzinsung zu nutzen, da kein Zinseszinseffekt auftreten kann! Denn die Zinsperiode ist länger als die Anlagedauer!

Beispielweise legen Sie Geld für ein halbes Jahr vor dem 1. Juli des Jahres (!) auf einem jährlich verzinsten Sparbuch an. Dann erhalten Sie auch lediglich die Hälfte des Jahreszinses und ein Zinseszinseffekt kann gar nicht auftreten.

Beispiel

Welches Endkapital ergibt sich zum Jahresende, wenn ein Kunde das Anfangskapital von 5000 € am 15. Mai eines Jahres einzahlt und ein Zins von 2,73 % p. a. zugrunde gelegt wird? Der Einzahlungstag soll nicht mitgezählt werden.

Lösung

Zunächst ist die Anzahl der Zinstage zu ermitteln:

Im Mai verbleiben von den 30 Tagen noch $30 - 15 = 15$ Tage. Von Juni bis Dezember sind $7 \cdot 30 = 210$ Tage zu zählen. Damit ergeben sich für die Laufzeit: $210 + 15 = 225$ Tage.

Nun kann das Kapital am Jahresende berechnet werden:

$$K_{225/360} = 5000 \cdot \left(1 + \frac{225}{360} \cdot 0{,}0273 \right) = 5085{,}31 \, .$$

Achten Sie darauf, dass die Zinsen hier jährlich gutgeschrieben werden. Das bedeutet, dass innerhalb der 225 Tage keine Zinszahlungen erfolgen! Der Jahreswechsel liegt am Ende und nicht innerhalb des Anlagezeitraums. Zudem ist zu beachten, dass der Wert der Variablen n bei gebrochenen Laufzeiten nie größer eins sein darf. Ansonsten würde man Zinszahlungen innerhalb des Anlagezeitraums nicht berücksichtigen! ◄

Merksatz

Bei der Berechnung der Zinsen für gebrochene Laufzeiten mithilfe des Modells der einfachen Verzinsung muss unbedingt darauf geachtet werden, dass innerhalb des Anlagezeitraums keine (!) Zinszahlungen erfolgen dürfen! Zudem darf n in der Formel $K_n = K_0 \cdot (1 + n \cdot i)$ nicht größer als eins sein.

9.2.1.3 Zinseszinsrechnung

Während man beim Modell der einfachen Verzinsung davon ausgeht, dass die gezahlten Zinsen dem Kapital nicht zugeschlagen werden und sich anschließend wieder „mitverzinsen", wird bei der Zinseszinsrechnung darauf gesetzt, dass die Zinsen zum Kapital addiert bzw. „hinzugeschlagen" werden, sodass sie der weiteren Verzinsung unterliegen! Dadurch ergibt sich ein Zinseszinseffekt.

Beispiel

Frank legt 1000 € bei seiner Bank zu 3,00 % p. a. für den Zeitraum von 2 Jahren fest an. Unter der Voraussetzung, dass innerhalb des Anlagezeitraums keine Auszahlungen erfolgen, werden die Zinsen auf das Kapital wieder mitverzinst. Über welches Endkapital verfügt Frank am Ende der Laufzeit der Geldanlage?

Lösung

Führen Sie die Berechnungen sukzessive (Schritt für Schritt) durch, so ergibt sich die folgende Rechnung. Bei dieser wird absichtlich darauf verzichtet, die jeweiligen Endergebnisse jeder Zeile zu berechnen! Dadurch erkennt man wesentlich einfacher den Ursprung und die Korrektheit der Formel der Zinsrechnung. Vollziehen Sie die Berechnung bitte nach!

$$K_1 = 1000 + 1000 \cdot 0{,}03 = 1000 \cdot (1 + 0{,}03)$$

$$K_2 = \underbrace{1000 \cdot (1 + 1{,}03)}_{=K_1} + \underbrace{1000 \cdot (1 + 1{,}03) \cdot 0{,}03}_{\substack{=K_1 \\ \text{Zinsen für das Jahr 2}}}.$$

Es handelt sich um eine Summe mit zwei Summanden

$$K_2 = \underbrace{1000 \cdot (1 + 1{,}03)}_{\text{1. Summand}} + \underbrace{1000 \cdot (1 + 1{,}03) \cdot 0{,}03}_{\text{2. Summand}}.$$

In beiden Summanden ist der Term $1000 \cdot (1 + 1{,}03)$ enthalten, sodass Sie diesen ausklammern können!

$$K_2 = 1000 \cdot (1 + 0{,}03) \cdot [1 + 0{,}03].$$

Die Probe ist einfach: Lösen Sie die eckige Klammer in der obigen Formel wieder auf, und Sie erhalten die obige Gleichung!

Die letzten beiden Faktoren sind gleich und werden zu einer Potenz zusammengefasst.

$$K_2 = 1000 \cdot (1 + 0{,}03)^2.$$

Sie erkennen deutlich, die Struktur der Formel:

$1000 \ldots$ entspricht dem Anfangskapital K_0,
$(1 + 0{,}03) \ldots$ entspricht dem Wert $(1 + i)$ und
die Potenz 2 entspricht der Anzahl der Zinsperioden, hier also der Anzahl der Jahre.

Verallgemeinern Sie diesen Ansatz, so erhalten Sie die Formel der Zinseszinsrechnung

$$K_n = K_0 \cdot (1 + i)^n. \quad ◄$$

Merksatz

Das **Modell der Zinseszinsrechnung** wird benutzt, wenn die Zinsen dem Kapital zugeschlagen und nicht (!) ausgezahlt werden. Dadurch entsteht ein Zinseszinseffekt!

Für die Berechnung des Endkapitals K_n mit Zinseszinsen nach n Zinsperioden mit einem Zinssatz i und dem Anfangskapital K_0 gilt:

$$K_n = K_0 \cdot (1 + i)^n.$$

Manchmal ersetzt man $(1 + i)$ durch den Zinsfaktor q und erhält die Kurzschreibweise

$$K_n = K_0 \cdot q^n.$$

Die Formel der Zinseszinsrechnung soll nun nach allen in ihr vorkommenden Größen umgestellt werden.

Beispiel

Ein Anfangskapital von 8500 € wird für einen Zeitraum von drei Jahren zu einem Zins von 2,40 % p. a. fest angelegt. Über welches Endkapitel kann der Anleger nach Ablauf dieser Zeit verfügen?

Lösung

In diesem Fall wird nicht ausdrücklich erwähnt, dass es sich um eine Anwendung der Zinseszinsrechnung

Kapitel 9

handelt. Dies ist oft der Fall! Nicht immer wird darauf hingewiesen, dass die Zinsen wieder „mitverzinst" werden. Da es sich hier um drei aufeinanderfolgende Jahre handelt und nicht zum Ausdruck gebracht wird, dass die Zinsen ausgezahlt werden, geht man vom banküblichen Verfahren aus, dass die Zinsen dem Kapital am Ende jedes Jahres gutgeschrieben werden und diese damit der weiteren Verzinsung unterliegen! Dabei ist es gleichgültig, ob das Kapital bereits ein volles Jahr bei der Bank lag. Gegebenenfalls muss die Verzinsung mit gebrochener Laufzeit angewandt werden. Doch dazu später weitere Beispiele.

Mit der Formel der Zinseszinsrechnung ermitteln Sie schnell das Endkapital:

$$K_n = K_0 \cdot (1 + i)^n$$
$$K_3 = 8500 \cdot (1 + 0{,}0240)^3 = 9126{,}81 \,. \qquad \blacktriangleleft$$

Beispiel

Welches Kapital muss Frank heute angelegen, wenn er sich in drei Jahren ein Auto für 12.000 € kaufen möchte? Seine Bank bietet ihm eine *quartalsweise* Verzinsung in Höhe von 0,50 % an.

Lösung

In diesem Fall wird der heutige Wert des Kapitals von 12.000 € gesucht, die Frank in drei Jahren besitzen möchte! Es geht also um den heutigen Wert „einer künftigen Zahlung". Wir werden dies in Abschn. 9.6 als Barwert bezeichnen! Der heutige Wert der 12.000 € in 3 Jahren hängt von dem durch die Bank gezahlten Zinssatz ab. Die Formel für die Zinseszinsrechnung wird genutzt und das bekannte Kapital wird über die Laufzeit von 3 Jahren mit dem bekannten Zins abgezinst. Die Formel der Zinseszinszahlung wird nach dem Anfangskapital K_0 umgestellt.

$$K_n = K_0 \cdot (1 + i)^n$$
$$K_0 = \frac{K_n}{(1 + i)^n} \,.$$

Um diese Formel nun anwenden zu können, ist allerdings Vorsicht geboten! Der Zinssatz von 0,50 % bezieht sich auf den Anlagezeitraum von einem Quartal (!). Es ist nicht korrekt, wenn wir diesen Zins einfach vervierfachen! Denn aufgrund der Zinszahlung zu jedem Quartalsende tritt der Zinseszinseffekt in Kraft, und Frank wird pro Jahr mehr Zinsen erhalten als 2 % (Zinseszinseffekt)!

Das Problem lässt sich jedoch einfach lösen: Wir nutzen den **Zins auf Basis von Quartalen** und setzen für die Anzahl der Zinsperioden die **Anzahl der Quartale**

ein! Hier ist also mit 3 Jahren je 4 Quartale, also mit 34 = 12 Zinsperioden zu rechnen. Bei der Angabe des Zinses als Dezimalzahl muss man wiederum besonders achtsam sein! Denn 0,5 % entsprechen 0,005! Für die Werte des konkreten Beispiels erhalten wir:

$$K_0 = \frac{K_{3 \cdot 4}}{(1 + 0{,}0050)^{3 \cdot 4}} = \frac{12.000}{(1 + 0{,}0050)^{12}} = 11.302{,}86 \,.$$

Frank müsste heute 11.302,86 € anlegen. $\qquad \blacktriangleleft$

Beispiel

Welchen *jährlichen* Zinssatz müsste Frank erhalten, wenn er sich von den heute verfügbaren 11.302,86 € in drei Jahren ein teureres Auto für 13.000 € kaufen möchte?

Lösung

Die Formel für die Zinseszinsrechnung ist nun umzustellen nach dem Zinsfuß i.

$$K_n = K_0 \cdot (1 + i)^n$$
$$\frac{K_n}{K_0} = (1 + i)^n$$
$$(1 + i)^n = \frac{K_n}{K_0} \,.$$

Auf der linken Seite der Gleichung befindet sich eine Potenz. Der gesuchte Wert i steht in der Basis. Aus diesem Grund können die Potenz- und Wurzelgesetze angewandt werden, um die obige Gleichung nach i aufzulösen. *Achtung*: Die rechte Seite der Gleichung ist positiv. Damit ist das Wurzelziehen tatsächlich erlaubt.

$$1 + i = \sqrt[n]{\frac{K_n}{K_0}}$$
$$i = \sqrt[n]{\frac{K_n}{K_0}} - 1 \,.$$

Im konkreten Fall ist nach dem Zinssatz pro Jahr gefragt, sodass für die Laufzeit n die Anzahl der Jahre in die Formel eingesetzt werden kann.

$$i = \sqrt[3]{\frac{13.000{,}00}{11.302{,}86}} - 1 = 0{,}0477 = 4{,}77 \,\% \,.$$

Frank müsste einen jährlichen Zinssatz von 4,77 % erhalten, um sich in drei Jahren ein Auto für 13.000 € kaufen zu können. $\qquad \blacktriangleleft$

Beispiel

Wie lange muss Frank das vorhandene Kapital von 11.302,86 € anlegen, damit er bei einem Zins von 2,50 % p. a. über 14.000 € verfügen kann?

Lösung

Die Formel für die Zinseszinsrechnung ist nach der Laufzeit n umzustellen.

$$K_n = K_0 \cdot (1 + i)^n$$
$$\frac{K_n}{K_0} = (1 + i)^n$$
$$(1 + i)^n = \frac{K_n}{K_0} .$$

Auf der linken Seite der Gleichung finden Sie eine Potenz vor. Der gesuchte Wert n steht im Exponenten! Aus diesem Grund können Sie die Potenz- und Wurzelgesetze nicht anwenden. Vielmehr müssen Sie hier Logarithmengesetze benutzen. Dabei ist wieder wichtig, dass die rechte Seite der Gleichung positiv ist.

Variante 1

Beide Seiten der Gleichung werden mit dem natürlichen Logarithmus logarithmiert:

$$\ln(1 + i)^n = \ln\left(\frac{K_n}{K_0}\right)$$
$$n \cdot \ln(1 + i) = \ln\left(\frac{K_n}{K_0}\right)$$
$$n = \frac{\ln\left(\frac{K_n}{K_0}\right)}{\ln(1 + i)} = \log_{(1+i)}\left(\frac{K_n}{K_0}\right) .$$

Variante 2

Der Logarithmus wird genutzt, um die Gleichung direkt nach n umzustellen:

$$(1 + i)^n = \frac{K_n}{K_0}$$
$$n = \log_{(1+i)}\left(\frac{K_n}{K_0}\right) .$$

Mit den in der Aufgabe gegebenen Werten erhalten Sie

$$n = \log_{(1+i)}\left(\frac{K_n}{K_0}\right) = \log_{(1+0,025)}\left(\frac{14.000,00}{11.302,86}\right) = 8,67 .$$

Die Laufzeit beträgt 8,67 Jahre. Frank kann damit nach 8 Jahren und $0,67 \cdot 12 = 8$ Monaten über die gewünschten 14.000,00 € verfügen, wenn die Bank ihm jährlich 2,50 % Zinsen zahlt und die Zinsen stets wieder mitverzinst werden. ◄

Merksatz

Bei der Zinsrechnung muss immer darauf geachtet werden, dass der Zinssatz bzw. Zinsfuß und die betrachteten Zinsperioden immer „zueinander passen". Ist beispielsweise der Zinssatz für ein Quartal gegeben, so muss die betrachtete Laufzeit auch in Quartalen ausgedrückt werden!

Für die Zinseszinsrechnung gelten folgende Formeln:

Berechnung des Endkapitals nach n Zinsperioden

$$K_n = K_0 \cdot (1 + i)^n .$$

Berechnung des Anfangskapitals

$$K_0 = \frac{K_n}{(1 + i)^n} .$$

Berechnung des Zinsfußes/Zinssatzes

$$i = \sqrt{\frac{K_n}{K_0}} - 1 .$$

Berechnung der Anzahl der Zinsperioden und damit der Laufzeit

$$n = \log_{(1+i)}\left(\frac{K_n}{K_0}\right) .$$

Gut zu wissen

Durchführen komplexer Berechnungen mit der Zielwertsuche von Microsoft Excel

Im obigen Beispiel mussten wir leider den Logarithmus nutzen, um die Anlagedauer für ein Endkapital von 14.000 € zu berechnen. Ausgegangen wurde dabei von einem Anfangskapital von 11.302,86 € bei einer Verzinsung von 2,50 % p. a.

Die Lösung von Gleichungen und komplexeren Berechnungen ist recht einfach mit Microsoft Excel möglich. Wir zeigen dies hier beispielhaft. Sie finden die Berechnungen in der Excel-Datei „Zielwertsuche zur Ermittlung der Anlagedauer.XLSX".

Abbildung 9.16 zeigt das Rechenschema. Dieses wurde mit dem folgenden, immer anwendbaren Verfahren erstellt:

1. Die gegebenen Werte werden in Zellen hinterlegt. Hier sind es die Zellen C2 und C4 sowie C7.
2. Für den gesuchten Wert in Zelle C5 wird eine sinnvolle Annahme getroffen. Denn dies ist der gesuchte Wert. Wir benötigen lediglich einen Startwert für die Suche.

Kapitel 9

3. Das Rechenschema in Microsoft Excel wird nun mittels Formeln hinterlegt. Im Beispiel wird in Zelle C7 dazu die Formel „=C2*(1+C4)^C5" der Zinseszinsrechnung angewandt. Dabei ist „^" das Potenzzeichen. Es ist über die Taste links neben der „1" auf der Tastatur einzufügen. Alternativ kann auch die Excel-Funktion „Potenz" genutzt werden. Als erstes Argument ist ihr die Basis und als zweites der Exponent zu übergeben. Im vorliegenden Fall also „=C2*POTENZ(1+C4;C5)".

4. Das korrekte Ergebnis in Zelle C7 wird nun über die Zielwertsuche berechnet. Diese beschreiben wir nachfolgend.

	A	B	C	D	E
1					
2		Anfangskapital	11.302,86		
3					
4		Zinssatz p. a.	2,50 %		
5		Laufzeit in Jahren	5,00	Wert ist gesucht! –> Hier ungefähren Wert vorgeben	
6					
7		Endkapital	12.788,15	= C2* (1 + C4) ^ C5	

Abb. 9.16 Rechenschema zur Zielwertsuche

Der noch „falsche" Wert in Zelle C7 ist durch die Vorgabe der noch nicht korrekten Laufzeit von fünf Jahren als Startwert für unsere Ergebnissuche bedingt. Natürlich könnten Sie nun nach und nach Werte in die Zelle C5 einsetzen, bis Sie in C7 das gesuchte Endkapital von 14.000 € erhalten. Doch dies geht besser mit der Zielwertsuche! Verfahren Sie wie folgt:

1. Aktivieren Sie die Zelle C7 mit der Maus durch einmaligen Linksklick. C7 ist nun die aktuelle Zelle.
2. Wählen Sie im Menü „Daten" das Symbol „Was wäre wenn Analyse" und dann „Zielwertsuche" (s. Abb. 9.17).

Abb. 9.17 Symbol der Zielwertsuche aus dem Menü „Daten" von Microsoft Excel

3. Es öffnet sich ein Dialogfenster, in das Sie für die Zielzelle die Adresse C7 und für den Zielwert die gesuchten 14.000 € eintragen. Als veränderbare Zelle

klicken Sie mit der Maus die Zelle C5 an. Die finalen Einstellungen zeigt Abb. 9.18. Die Dollarzeichen im Zellbezug von C5 sind nicht unbedingt erforderlich und können auch entfallen.

Abb. 9.18 Parameter der Zielwertsuche

4. Bestätigen Sie die Eingaben, und Sie erhalten den korrekten Wert von 8,67 Jahren in Zelle C5 angezeigt. Bestätigen Sie das Ergebnis mit OK. Es erscheinen die Werte gemäß Abb. 9.19.
5. Wollen Sie eine noch genauere Angabe des Ergebnisses, so klicken Sie mit der Maus auf die Zelle C5. In der Bearbeiten-Zeile von Excel (direkt unter der Symbolleiste) wird der Wert 8,66662196185971 mit voller Genauigkeit angezeigt (s. auch den Pfeil in Abb. 9.19 oben).

C5	▼	:	x ✔ fx	8,66662196185971	
	A	B	C	D	E
1					
2		Anfangskapital	11.302,86		
3					
4		Zinssatz p. a.	2,50 %		
5		Laufzeit in Jahren	8,67	Wert ist gesucht! –> Hier ungefähren Wert vorgeben	
6					
7		Endkapital	14.000,00	= C2* (1 + C4) ^ C5	

Abb. 9.19 Lösung der Gleichung nach der Zielwertsuche in Microsoft Excel

Auf diese Weise ist es uns gelungen, die Gleichung der Zinseszinsrechnung zu nutzen, um die Laufzeit der Geldanlage ohne Umstellen einer Formel zu berechnen. Dieses Verfahren funktioniert in den meisten Fällen für alle möglichen Gleichungen, wenn Sie die o. g. Schrittfolge zur Erstellung eines Rechenschemas für die Nutzung der Excel-Zielwertsuche befolgen. ◄

9.2.1.4 Kombination verschiedener Verzinsungsmodelle

In den bisherigen Abschnitten der Zinsrechnung haben wir gezeigt, welche grundsätzlichen Möglichkeiten der Verzinsung von eingesetztem Kapital es gibt. In diesem Abschnitt sollen nun die Modelle der einfachen Verzinsung sowie der Zinseszinsrechnung miteinander kombiniert werden. Die Theorie wird wieder an verschiedenen Beispielen erläutert.

5000 € werden am 15. Mai 2013 auf ein Sparkonto einzahlt. Es wird ein Zins von 2,73 % p. a. zugrunde gelegt und der Einzahlungstag soll nicht mitgezählt werden. Über welches Kapital verfügt ein Anleger, wenn er sich das Kapital am 10. Februar 2016 auszahlen lässt?

In diesem Fall erkennen Sie das Modell der einfachen Verzinsung in Verbindung mit den gebrochenen Laufzeiten innerhalb jedes der Jahre 2013 und 2016.

Nach weiterer Überlegung stellen Sie zusätzlich fest, dass auch Zinseszinseffekte vorliegen. Dies nämlich dann, wenn die Zinszahlungen am 31.12.2013, am 31.12.2014 sowie am 31.12.2015 erfolgen. Die Zinsen werden dann wieder mitverzinst.

Um die Untersuchungen etwas strukturierter durchzuführen, sollten Sie in jedem Fall (!) eine Skizze des Sachverhaltes anfertigen, in die Sie die wichtigsten gegebenen Größen und die Zinsperioden eintragen. Abbildung 9.20 zeigt die Daten der Aufgabe.

Wir führen die Rechnung zunächst schrittweise durch, um uns deren einzelne Bestandteile zu verdeutlichen. Gerade bei der Zinsrechnung ist es aber ungünstig, die Zwischenergebnisse auszurechnen und die dann gerundeten Werte zu notieren. Dies würde im Ergebnis zu großen Abweichungen von den realen Werten führen. Aus diesem Grund sollen folgend die Formeln für jeden Teil des Anlagezeitraums nach und nach (sukzessive) ermittelt und abschließend zusammengeführt werden. Erst dann berechnen wir das Endergebnis.

Kapital am 31.12.2013

Es handelt sich um eine gebrochene Laufzeit (s. Abschn. 9.2.1.2). Zu ermitteln sind die Zinstage vom 15. Mai 2013 bis zum Jahresende. Der Einzahlungstag soll nicht mitgezählt werden. Wir erhalten Folgendes:

- Im Mai verbleiben von den 30 Tagen noch $30 - 15 = 15$ Zinstage.
- Von Juni bis Dezember sind $7 \cdot 30 = 210$ Zinstage zu zählen.
- Damit ergeben sich für die Laufzeit: $210 + 15 = 225$ Zinstage.

Das Kapital am Jahresende wird mit folgender Formel berechnet

$$K_{31.12.2013} = K_{225/360} = K_0 \cdot \left(1 + \frac{225}{360} \cdot i\right).$$

Abb. 9.20 Schematische Darstellung des Sachverhaltes

Bemerken Sie bitte, dass als Index auf der linken Seite der Gleichung der Zeitpunkt für das Endkapital genutzt wurde. Dies entspricht zwar nicht der Ausgangsformel, in der im Index von K_n normalerweise die Laufzeit notiert wird. Die Abweichung von der üblichen Vorgehensweise erhöht aber den Überblick bei der Rechnung so sehr, dass wir diese kleine Veränderung gern in Kauf nehmen.

> **Gut zu wissen**
>
> Typischerweise benutzt man als Index für das Endkapital K_n die Laufzeit beispielsweise in Jahren. Oft ist es aber besser, stattdessen den Zeitpunkt für dieses Kapital zu notieren. Dies erhöht die Übersicht und reduziert die Wahrscheinlichkeit von Fehlern! Statt $K_{225/360}$ lohnt es sich z. B. $K_{31.12.2013}$ zu notieren. ◄

Kapital am 31.12.2015

Die Vorgänge in den beiden Jahren 2014 und 2015 können mit der Zinseszinsrechnung sehr gut erfasst werden:

$$K_{31.12.2015} = K_{31.12.2013} \cdot (1 + i)^2.$$

Kapital am 10.2.2016

Auch hier liegt wieder eine gebrochene Laufzeit vor und der Auszahlungstag wird dabei nicht mitgezählt. Auch hier lässt sich die Formel durch einfache Überlegungen herleiten.

- Für den Januar fallen 30 Zinstage an.
- Im Februar verbleiben von den 30 Tagen lediglich 9 Zinstage.
- Damit ergeben sich für die Laufzeit: $30 + 9 = 39$ Zinstage.

Das Kapital am Jahresende wird mit folgender Formel berechnet:

$$K_{10.2.2016} = K_{31.12.2015} \cdot \left(1 + \frac{39}{360} \cdot i\right).$$

Berechnung des Endkapitals

Die drei bisher aufgeführten Teilrechnungen können nun miteinander verknüpft werden. Wir führen die Ergebnisse der Teilrechnungen auf und verbinden sie folgend, sodass wir aus dem Anfangskapital K_0 das Endkapital $K_E = K_{10.2.2016}$ berechnen können:

1. Teilformel: $K_{31.12.2013} = K_0 \cdot \left(1 + \frac{225}{360} \cdot i\right),$

2. Teilformel: $K_{31.12.2015} = K_{31.12.2013} \cdot (1 + i)^2,$

3. Teilformel: $K_{10.2.2016} = K_{31.12.2015} \cdot \left(1 + \frac{39}{360} \cdot i\right).$

Die erste Teilformel wird in die zweite Formel anstelle des Wertes von $K_{31.12.2013}$ eingesetzt:

$$K_{31.12.2015} = \underbrace{K_0 \cdot \left(1 + \frac{225}{360} \cdot i\right)}_{K_{31.12.2013}} \cdot (1 + i)^2.$$

Nun wird dieses Zwischenergebnis in die dritte Formel anstelle des Wertes von $K_{31.12.2015}$ eingesetzt:

$$K_{10.2.2015} = \underbrace{K_0 \cdot \left(1 + \frac{225}{360} \cdot i\right) \cdot (1 + i)^2}_{K_{31.12.2015}} \cdot \left(1 + \frac{39}{360} \cdot i\right).$$

Bitte verdeutlichen Sie sich, dass der Zinseszinseffekt immer an der Stelle des Multiplikationszeichens zwischen den Klammern und natürlich durch die Potenz 2 im mittleren Teil der Formel mathematisch erfasst wird! Wenn Sie dies nachvollziehen können, so ist es Ihnen möglich, die Formel auch direkt zu notieren!

Als Ergebnis für die Aufgabe folgt

$$K_{10.2.2016} = K_0 \cdot \left(1 + \frac{225}{360} \cdot i\right) \cdot (1 + i)^2 \cdot \left(1 + \frac{39}{360} \cdot i\right),$$

$$K_{10.2.2016} = 5000 \cdot \left(1 + \frac{225}{360} \cdot 0{,}0273\right) \cdot (1 + 0{,}0273)^2$$
$$\cdot \left(1 + \frac{39}{360} \cdot 0{,}0273\right) = 5382{,}63.$$

Bei Auszahlung am 10. Februar 2016 verfügt der Anleger über ein Kapital von 5382,63 €.

9.2.1.5 Unterjährige Verzinsung

Obwohl dies in den vorangegangenen Abschnitten bereits angesprochen wurde, wollen wir nochmals auf die Herausforderungen der Zinsrechnung bei unterjähriger Verzinsung eingehen. Zinsen werden dann nicht jährlich, sondern monatlich, quartalsweise etc., also unterjährig dem Kapital gutgeschrieben.

> **Merksatz**
>
> Während bei gebrochener Laufzeit die Laufzeit kleiner als eine Zinsperiode ist, ist bei der unterjährigen Verzinsung die Zinsperiode kleiner als ein Jahr! Eine gebrochene Laufzeit bei unterjähriger Verzinsung ist möglich, z. B. wenn eine Geldanlage von 6 Wochen bei quartalsweiser Zinszahlung erfolgt.
>
> Bei unterjähriger Verzinsung sind die Formeln der Zinseszinsrechnung zu nutzen, um den Zinseszinseffekt über mehrere Zinsperioden korrekt zu erfassen. Dagegen rechnet man bei gebrochenen Laufzeiten mit der einfachen Verzinsung.

Der damit verbundene Effekt der jeweiligen Verzinsung wirkt sich bei Kapitalanlagen positiv für den Sparer aus. Beispielsweise entsprechen quartalsweise (!) Zinsen im Wert von 0,5 % des Kapitals nicht einer Zinsgutschrift von 2,0 % pro Jahr, sondern ergeben eine höhere Gutschrift! Warum? Weil die 0,5 % Zinsen, die am Ende des ersten Quartals – also Ende März – gezahlt werden, bei der Verzinsung im zweiten Quartal wiederum mit beachtet werden. Abbildung 9.21 zeigt schematisch den Unterschied.

Grundsätzlich existieren für die Lösung derartiger Fragestellungen immer zwei verschiedene Ansätze.

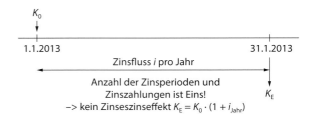

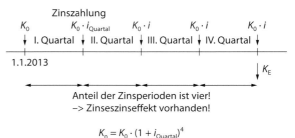

Abb. 9.21 Unterjährige Verzinsung am Beispiel

1. Man achtet darauf, dass die Zinsperioden und Zinssätze immer für die gleichen Zeiträume gegebenen sind, dass also beispielsweise in einer Aufgabe immer in Quartalen gerechnet wird.
2. Der unterjährige Zins wird in eine andere Zeiteinheit – z. B. den jährlichen Zins – umgerechnet und anschließend für die Ermittlung des gesuchten Kapitals genutzt.

Wir wollen diese Thematik an folgendem Sachverhalt verdeutlichen.

Ein Kapital von 7500 € wird auf ein Sparkonto eingezahlt, welches quartalsweise, also vierteljährig, mit 0,6 % verzinst wird. Die Einzahlung erfolgt zu Beginn eines Quartals.

a. Welches Endkapital ergibt sich nach fünf Jahren? Muss der Jahreszins größer oder kleiner 2,4 % sein (Begründung)?
b. Welchen Zinssatz müsste die Bank dem Sparer bei monatlicher Zinszahlung bieten, damit dieser den gleichen Endbetrag anspart?

Nach unseren Erkenntnissen müssen der Zinssatz bzw. Zinsfuß und die Zinsperioden jeweils auf die gleiche Zeiteinheit bezogen werden. In diesem Fall wird in Quartalen gerechnet! Zudem müssen die 0,6 % korrekt als Dezimalzahl umgerechnet werden!

Lösung Frage a.

Die Laufzeit beträgt 5 Jahre, also $5 \cdot 4 = 20$ Quartale bei einem quartalsweisen Zinssatz von 0,6 %. Für das Endkapital folgt damit

$$K_n = K_0 \cdot (1 + i)^n$$
$$K_{5 \cdot 4} = K_0 \cdot (1 + i)^{5 \cdot 4}$$
$$K_{20} = K_0 \cdot (1 + i)^{20}$$
$$K_{20} = 7500 \cdot (1 + 0{,}006)^{20} = 8453{,}19.$$

Alternativ kann der Quartalszinssatz auch in einen Jahreszinssatz umgerechnet werden! Dazu hilft die Überlegung, welchen Wert 1 € jeweils bei quartalsweiser und bei jährlicher Verzinsung hätte:

$$K_0 \cdot (1 + i_{\text{Quartal}})^{n_{\text{Quartale}}} = K_0 \cdot (1 + i_{\text{Jahr}})^{n_{\text{Jahre}}}$$
$$1 \cdot (1 + i_{\text{Quartal}})^4 = 1 \cdot (1 + i_{\text{Jahr}})^1$$
$$(1 + i_{\text{Quartal}}) = \sqrt[4]{(1 + i_{\text{Jahr}})}. \qquad (*)$$

Damit erkennen Sie sehr gut, wie man die Zinssätze jeweils bezogen auf unterschiedliche Zeiträume umrechnen kann, ohne dabei den Zinseszinseffekt zu vernachlässigen.

Wenn m die Anzahl der unterjährigen Zinsperioden ist, also $m = 12$ für Monatszinsen und $m = 4$ für Quartalszinsen, dann lassen sich folgende Beziehungen zum Jahreszinssatz aus den obigen Überlegungen für einen Euro hier allgemein ableiten. Wir hatten folgende Formel (*) hergeleitet:

$$(1 + i_{\text{Quartal}}) = \sqrt{(1 + i_{\text{Jahr}})}$$

und damit

$$i_{\text{Quartal}} = \sqrt[4]{(1 + i_{\text{Jahr}})} - 1\,,$$
$$i_{\text{Monat}} = \sqrt[12]{(1 + i_{\text{Jahr}})} - 1\,. \qquad (**)$$

Sollen der Monats- oder Quartalszinssatz aus dem Jahreszinssatz bestimmt werden, so folgt aus der Formel (*)

$$(1 + i_{\text{Quartal}})^4 = (1 + i_{\text{Jahr}})$$

nun direkt:

$$i_{\text{Jahr}} = (1 + i_{\text{Quartal}})^4 - 1\,,$$
$$i_{\text{Jahr}} = (1 + i_{\text{Monat}})^{12} - 1\,.$$

Allgemein gilt auch (ergibt sich aus (**))

$$i_{\text{neu}} = \sqrt[m]{(1 + i_{\text{Jahr}})} - 1\,,$$

wobei i_{neu} für eine der insgesamt m Zinsperioden pro Jahr steht!

Zurück zu unserem Beispiel! Hier ist der quartalsweise Zinssatz von 0,6 % gegeben. Wir suchen den Jahreszinssatz und nutzen die gerade hergeleitete Formel:

$$i_{\text{Jahr}} = (1 + i_{\text{Quartal}})^4 - 1\,,$$
$$i_{\text{Jahr}} = (1 + 0{,}006)^4 - 1 = 0{,}02421687\,.$$

Zu beachten ist wieder die Umrechnung 0,6 % = 0,006. Wie bereits aus den Überlegungen zur Zinseszinsrechnung zu erwarten ist, muss der von der Bank auf Jahresbasis zu gewährende Zinssatz tatsächlich größer als 2,40 % sein (da bei jährlicher Verzinsung weniger Verzinsungszeitpunkte als bei quartalsweiser Verzinsung vorliegen und damit über die Zeit gesehen

seltener Zinseszinseffekte auftreten, können dieselben Zinszahlungen nur durch einen höheren Zinssatz erreicht werden)! Wir nutzen obiges exaktes Ergebnis und berechnen das Endkapital bei Verzinsung von $K_0 = 7500{,}00$ über 5 Jahre.

$$K_n = K_0 \cdot (1 + i)^n\,,$$
$$K_5 = 7500 \cdot (1 + 0{,}02421687)^5 = 8453{,}20\,.$$

Trotz exakter Rechnung weicht das Ergebnis um einen Cent vom vorherigen ab. Es handelt sich dabei um ein Rundungsproblem. Trotz der acht Dezimalstellen für das Zwischenergebnis des Jahreszinses folgt diese kleine Abweichung. Die Rechnung selbst ist vollständig richtig. Warum wir ein solches Beispiel hier zeigen? Nun genau deshalb! Es zeigt, dass bei der Zinsrechnung eine Vielzahl von Dezimalstellen nach dem Komma bei den Ergebnissen berücksichtigt werden muss, um genaue Ergebnisse zu erzielen! Selbst bei obigen acht Nachkommastellen gibt es dennoch Abweichungen.

Merksatz

In der Zinsrechnung kommt es zu Rundungsungenauigkeiten bei Berechnungen. Diese werden schnell sehr groß. Das Ausrechnen von Zwischenergebnissen ist deshalb zu vermeiden! Wenn es sich nicht umgehen lässt, dann sollten Sie sehr viele „Nachkommastellen" notieren! Oder Sie benutzen den Zwischenspeicher des Taschenrechners!

Lösung Frage b.

Zur Erinnerung nochmals die Frage: Welchen Zinssatz müsste die Bank dem Sparer bei monatlicher (!) Zinszahlung bieten, damit dieser den gleichen Endbetrag von 8453,19 € anspart?

Will man den Zinssatz pro Monat berechnen, so ist auch die Anzahl der Monate $n = 5 \cdot 12$ in die Formel für den Zinsfuß einzusetzen.

$$i = \left(\frac{8453{,}19}{7500}\right)^{\frac{1}{60}} - 1 = 0{,}001996 \curvearrowright i \approx 0{,}2\,\%\,.$$

Alternativ kann der Quartalszinssatz auch in einen Monatszinssatz umgerechnet werden! Dazu erinnern wir uns der Formel

$$i_{\text{neu}} = \sqrt[m]{(1 + i_{\text{Jahr}})} - 1\,.$$

Diese muss an dieser Stelle etwas angepasst werden. Sicher sehen Sie, dass die Formel

$$i_{\text{Monat}} = \sqrt[3]{(1 + i_{\text{Quartal}})} - 1$$

hierfür genutzt werden kann. Denn ein Quartal besteht aus drei Monaten. Damit folgt

$$i_{\text{Monat}} = \sqrt[3]{(1 + 0{,}006)} - 1 = 0{,}001996 \curvearrowright i \approx 0{,}2\,\%\,.$$

Zinsrechnung

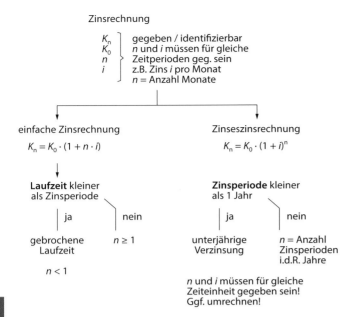

Abb. 9.22 Systematisierung zur Zinsrechnung

Die Bank müsste also einen Monatszinssatz von knapp 0,2 % gewähren, damit der Sparer am Ende der fünf Jahre auf den gleichen angesparten Betrag wie bei quartalsweiser Verzinsung mit 0,6 % kommt.

Eine weitere Aufgabe zum Abschluss des Themas unterjährige Verzinsung führt uns nochmals zum Begriff der Effektivverzinsung (s. Abschn. 9.1.1).

Beispiel

Ein Unternehmen will seine liquiden Mittel von 65.000 € für einen Zeitraum von sieben Monaten fest anlegen. Die Bank offeriert einen Zinssatz von monatlich 0,5 % und garantiert die monatliche Zinsgutschrift. Das Geld wird zu Beginn eines Monats angelegt.

Mit welchem Endkapital kann das Unternehmen nach o. g. Laufzeit rechnen? Und welchem jährlichen Zins entspricht das Angebot der Bank?

Lösung

Es muss beachtet werden, dass die Anzahl der Zinsperioden und der zugehörige Zins hier auf Monatsbasis angegeben sind. Beide Größen müssen stets hinsichtlich der Laufzeit miteinander korrespondieren!

$$K_n = K_0 \cdot (1 + i)^n \,,$$
$$K_7 = 65.000 \cdot (1 + 0{,}005)^7 = 67.309{,}41 \,.$$

Berechnet werden soll im letzten Aufgabenteil der Jahreszinssatz aus dem monatlichen Zinssatz.

$$i_{\text{Jahr}} = (1 + i_{\text{Monat}})^{12} - 1 \,,$$
$$i_{\text{Jahr}} = (1 + 0{,}005)^{12} - 1 = 0{,}06168 \curvearrowright i \approx 6{,}17\,\% \,.$$

Damit erhalten wir wiederum einen Zinssatz, der aufgrund des Zinseszinseffektes größer ist als $12 \cdot 0{,}5\,\% = 6{,}0\,\%$! ◄

Zusammenfassung

Sie können nun für die folgenden Begrifflichkeiten eine umgangssprachliche Definition angeben:

- Anfangskapital K_0 und Endkapital K_{E},
- Zinsfuß i,
- Laufzeit = Anzahl n der Zinsperioden ∗ Länge einer Zinsperiode.

Darüber hinaus können Sie die Unterschiede der Verzinsungsmodelle „einfache Verzinsung" sowie „Zinseszins" erläutern und einer praktischen Aufgabenstellung das richtige Modell zuordnen.

Etwas komplizierter ist dann die Unterscheidung der Verzinsung bei gebrochener Laufzeit sowie die unterjährige Verzinsung. Während bei der gebrochenen Laufzeit der Anlagezeitraum des Kapitals kleiner ist als eine Zinsperiode (also $n < 1$), ist die Zinsperiode bei der unterjährigen Verzinsung lediglich kleiner als ein Jahr.

Abbildung 9.22 soll Ihnen dabei helfen, den Überblick zu bewahren.

Formelzeichen und Formeln

n Anzahl der Zinsperioden/Laufzeit
p Zinssatz, Zinsfuß in Prozent
i Zinsfuß $i = \frac{p}{100}$
   („interest")
q Auf-/Abzinsungsfaktor

$$q = 1 + i = 1 + \frac{p}{100}$$

K Kapital
K_0 Anfangskapital
K_n Kapital am Ende der n-ten Zinsperioden
t Zeit, meist auf Basis von 360 Tagen pro Jahr.

Einfache Verzinsung

Endkapital nach n Zinsperioden

$$K_n = K_0 \cdot (1 + n \cdot i)$$

Anfangskapital

$$K_0 = \frac{K_n}{1 + n \cdot i}$$

Zinsfuß/Zinssatz

$$i = \frac{1}{n} \cdot \left(\frac{K_n}{K_0} - 1 \right)$$

Anzahl der Zinsperioden/Laufzeit

$$n = \frac{1}{i} \cdot \left(\frac{K_n}{K_0} - 1 \right).$$

Zinseszinsrechnung

Endkapital nach n Zinsperioden

$$K_n = K_0 \cdot (1 + i)^n$$

Anfangskapital

$$K_0 = \frac{K_n}{(1 + i)^n}$$

Zinsfuß/Zinssatz

$$i = \sqrt{\frac{K_n}{K_0}} - 1$$

Anzahl der Zinsperioden/Laufzeit

$$n = \log_{(1+i)} \left(\frac{K_n}{K_0} \right).$$

Berechnung von adäquaten unterjährigen Zinssätzen:

$$i_{\text{neu}} = \sqrt[m]{(1 + i_{\text{Jahr}})} - 1,$$

sofern i_{neu} für eine der insgesamt m Zinsperioden pro Jahr steht!

9.2.2 Übungsaufgaben

1. Stellen Sie bitte die Formel $K_n = K_0 \cdot (1 + n \cdot i)$ zur Berechnung des Endkapitals K_n bei einfacher Verzinsung nach allen enthaltenen Variablen um.
2. Ermitteln Sie bitte die Anzahl der Zinstage für folgende Fälle:
   a. Ein Kunde zahlt auf sein Girokonto am 3. April eines Jahres 1000 € ein. Er lässt sich etwas später das Geld dann am 24. Mai des gleichen Jahres wieder auszahlen.
   b. Ein Kunde zahlt auf sein Girokonto am 31. März eines Jahres 1500 € ein. Nun lässt er sich das Geld jedoch bereits am 24. April des gleichen Jahres wieder auszahlen.
3. Stellen Sie bitte die Formel $K_n = K_0 \cdot (1+i)^n$ zur Berechnung des Endkapitals K_n bei der Zinseszinsrechnung nach allen enthaltenen Variablen um.

Tab. 9.3 Kontoauszug eines Tagesgeldkontos

Buchungsdatum	Buchungstext	Haben/Soll	Kontostand
01.01.2004		0,00 €	0,00 €
20.06.2004	Einzahlung	6.000,00 €	6.000,00 €
31.12.2004	…	…	…
31.12.2005	…	…	…
31.12.2006	…	…	…
01.09.2007	Einzahlung	2.000,00 €	…
31.12.2007	Zinsen	…	…
31.12.2007	Rechnungsabschluss	…	…

4. Ein Unternehmen will 65.000 € zu 0,5 % monatlich für exakt sieben Monate anlegen. Die Zinsgutschrift erfolgt monatlich. Allerdings erfolgt die Einzahlung nicht zum Monatsanfang, sondern am 13. eines Monats. Hier sollen Ein- und Auszahlungstermine mitverzinst werden. Ermitteln Sie die Höhe des Endkapitals nach exakt sieben Monaten Anlagedauer.
5. Tabelle 9.3 zeigt den Kontoauszug für ein Tagesgeldkonto mit zwei Einzahlungen zu unterschiedlichen Zeitpunkten. Es gelten folgende banküblichen Regeln:
   - Der Zinssatz betrage für die gesamte Laufzeit 1,5 % p. a.
   - Zinsgutschriften erfolgen zum Jahresende.
   - Für unterjährige Anteile der Geldanlage gilt die anteilige, einfache Verzinsung, wobei der Einzahlungstag nicht mitgezählt wird.
   - Ein Monat hat 30 Zinstage.
   Berechnen Sie die Werte in den leeren Feldern. Ergänzen Sie bitte jeweils den fehlenden Buchungstext.
6. Im Gegensatz zur Geldanlage mit einfacher Verzinsung werden bei der Zinseszinsrechnung die Zinsen in der nachfolgenden Zinsperiode mitverzinst, d. h. dem Kapital zugeschlagen bzw. kapitalisiert. Lösen Sie diesbezüglich bitte die folgenden Aufgaben:
   a. Ein Anfangskapital von 4350 € wird acht Jahre zu 2,75 % p. a. und Zinskapitalisierung angelegt. Berechnen Sie das Endkapital. Welchen Mehrbetrag erhält man im Vergleich zur einfachen Verzinsung?
   b. Ein Anfangskapital von 12.000 € ist innerhalb von neun Jahren auf 19.264,01 € angewachsen. Welcher Zinssatz p. a. war hierzu erforderlich?
   c. Ein Betrag von 25.000 € soll bei jährlicher Zinszahlung so lange angelegt werden, bis der Wert der Anlage sich verdoppelt hat. Der Zinssatz betrage 3,5 % p. a. Wie viele Jahre muss das Geld bei Verzinsung fest angelegt und die Zinsen kapitalisiert werden? Leiten Sie bitte eine allgemeine Formel zur Berechnung der Verdoppelungszeit bei Zinseszinszahlung her.
   d. Zusatz PC-Aufgabe: Stellen Sie bitte den funktionalen Verlauf der Anlagedauer für eine Verdoppelung des eingesetzten Kapitals in Abhängigkeit der Anlagerendite i grafisch dar. Die Funktionsgleichung haben Sie in Aufgabe c. bereits hergeleitet. Beschreiben Sie den Funktionsverlauf mit eigenen Worten.
   e. Die folgenden Teilaufgaben dienen der Untersuchung der Auswirkungen des Einzahlungszeitpunktes auf die Hö-

Kapitel 9

Abb. 9.23 Ergebnis eines Anleiherechners

Kenndaten [weiße Felder ausfüllen, markiertes Feld wird berechnet]			▼ Was berechnen?
?	Nennwert:	20.000,00 Euro	
?	Kaufkurs:	95,00 %	○ Kaufkurs berechnen
?	Rücknahmekurs:	100,00 %	○ Rücknahmekurs berechnen
?	Kaufdatum:	01.01.2009 ◀Heute + – ▦	
?	Rückgabedatum:	31.12.2014 ◀Heute + – ▦	
?	Zinskupon:	3,20 % p.a.	○ Zinskupon berechnen
?	Kupontermin:	31.12. ◀Heute + – ▦	
?	Kuponintervall:	jährlich ⌄	
?	☐ Gebühren:	nicht berücksichtigen	
?	Rendite: ▶	4,16 % p.a.	● Rendite berechnen
?	☐ Steuersatz:	nicht berücksichtigen	

he des Endkapitals. Die Zinsen werden in allen Fällen per Jahresende und/oder zum Auszahlungszeitpunkt gutgeschrieben.

I. Es werden 8500 € am 1. März eingezahlt und sollen genau ein Jahr zu 2 % verzinst werden. Welches Endkapital erhält der Kunde bzw. die Kundin?

II. Wie hoch ist das Endkapital, wenn die Einzahlung statt am 1. März am 1. Oktober erfolgt? Wie hoch ist das ausgezahlte Kapital nach einem Jahr Laufzeit?

III. Wo liegt der günstigste Zeitpunkt der Einzahlung bei jährlicher Zinsgutschrift?

7. Ein Kreditinstitut bot den Anlegern eine Anleihe mit folgender Funktionsweise an (realer Fall): In den ersten vier Jahren erhalten Sie einen festen jährlichen Kupon von 5 % p. a. In den folgenden vier Jahren richtet sich die Verzinsung der Anleihe nach der Wertentwicklung eines Aktienkorbs, bestehend aus 25 globalen Blue Chip-Werten. Die Höhe des Kupons wird dabei als Durchschnitt der Kursentwicklung der einzelnen Aktien berechnet und stets mit dem Stand bei Auflegung der Anleihe verglichen. Dabei kann jede Aktie mit maximal 8 % plus in die Berechnung eingehen. Der Kupon ist dadurch auf maximal 8 % p. a. begrenzt. Sie erhalten

- 5 % p. a. sicher in den ersten vier Jahren und
- bis zu 8 % p. a. in den vier Folgejahren.

Außerdem hat die Anleihe einen attraktiven Lock-In-Mechanismus: Zwar kann nach dem 4. Jahr der Kupon im ungünstigten Fall auch weniger als 5 % oder gar null betragen, erreicht oder übersteigt der Kupon ab dem 5. Jahr 5 %, 6 % oder 8 %, so wird die jeweilig erreichte Zinsstufe als garantierter Mindestkupon bis zum Laufzeitende (für alle Folgejahre) festgeschrieben.

Bitte beantworten Sie folgende Fragen:

a. Nennen Sie zwei Vorteile des Produktes aus Sicht des Anlegers.

b. Begründen Sie mithilfe Ihrer Kenntnisse aus der Statistik, weshalb die Berechnungsmethodik für die Berechnung der Rendite in der letzten Hälfte der Laufzeit mehrere Nachteile besitzt! Nennen Sie bitte die kritischen Aspekte und schildern Sie deren Auswirkung auf die Renditeberechnung.

c. Ist es möglich, dass der Anleger einen Totalverlust seines eingesetzten Kapitals erleidet? Bitte begründen Sie Ihre Aussage nachvollziehbar.

8. Von einer Anleihe seien folgende Eckdaten bekannt:

Nennwert: 20.000 €
Kaufkurs: 95 %
Rücknahmekurs: 100 %
Kaufdatum: 01.01.2009
Rückgabedatum: 31.12.2014
Zinskupon: 3,20 %
Kupontermin: 31.12., dann jährlich
Gebühren bei Kauf und Verkauf: 20 € jeweils

Abbildung 9.23 zeigt das Ergebnis eines Anleiherechners (s. Gottfried (2013)).

a. Erläutern Sie die Bedeutung jedes oben vorgegebenen Wertes!

b. Ermitteln Sie den zu zahlenden Betrag beim Kauf der Anleihe.

c. Im Zahlungsverlauf – einer tabellarischen Darstellung der Zahlungen – wird eine Position „Stückzinsen" in Höhe von 1,75 € erscheinen. Was könnte man unter Stückzinsen verstehen?

d. Ermitteln Sie die Höhe jeder Kuponzahlung.

e. Der Kursgewinn entsteht durch den Unterschied zwischen Kaufkurs und Rücknahmekurs abzüglich der Gebühren. Ermitteln Sie den Kursgewinn im vorliegenden Fall.

f. Erläutern Sie, weshalb die Rendite mit 4,16 % höher ist als der Zinskupon mit 3,20 %.

9. Ein Kapital K_0 wird zu einem monatlichen Zins von 3 % jährlich für genau ein Jahr bei einer Bank angelegt. Die Einzahlung erfolgt zu Beginn eines beliebigen Monats.

a. Ermitteln Sie die Formel zur Berechnung des Endkapitals. Die Anzahl der Monate im ersten Jahr soll mit a bezeichnet werden, die Anzahl der Monate im zweiten Jahr mit b.

b. Sie erhalten eine Funktion des Endkapitals K_E. Von welchen Variablen hängt diese prinzipiell ab?

c. Ersetzen Sie b, indem Sie einen Zusammenhang zu a herstellen. Außer a sind nun alle Werte vorgegeben. Ermitteln Sie mithilfe der Differenzialrechnung denjenigen

Parameterwert für a, der das Endkapital K_E maximiert. Weisen Sie nach, dass es sich um ein Maximum handelt.

d. Interpretieren Sie Ihr Ergebnis sachlogisch.

9.2.3 Lösungen

1. Formeln der Verzinsung umgestellt nach allen Variablen:
Umstellung nach K_0

$$K_n = K_0 \cdot (1 + n \cdot i)$$

$$K_0 = \frac{K_n}{1 + n \cdot i}.$$

Umstellung nach n

$$K_n = K_0 \cdot (1 + n \cdot i)$$

$$1 + n \cdot i = \frac{K_n}{K_0}$$

$$n \cdot i = \frac{K_n}{K_0} - 1$$

$$n = \frac{1}{i} \cdot \left(\frac{K_n}{K_0} - 1 \right).$$

Umstellung nach i

$$K_n = K_0 \cdot (1 + n \cdot i)$$

$$1 + n \cdot i = \frac{K_n}{K_0}$$

$$n \cdot i = \frac{K_n}{K_0} - 1$$

$$i = \frac{1}{n} \cdot \left(\frac{K_n}{K_0} - 1 \right).$$

2. Die Anzahl der Zinstage ergibt sich wie folgt:
a. $30-3$ Tage im April $= 27$ Tage, da der Einzahlungstag im April abgezogen wird, zuzüglich 24 Tage im Mai ergeben 51 Tage.
b. Kein Tag im März, da 31.3. nach 30/360-Methode nicht mitzählt. Damit bleiben 24 Tage im April $= 24$ Tage insgesamt.

3. Formeln der Zinseszinsrechnung umgestellt nach allen Variablen:
Umstellung nach K_0

$$K_n = K_0 \cdot (1 + i)^n$$

$$\frac{K_n}{K_0} = (1 + i)^n$$

$$K_0 = \frac{K_n}{(1 + i)^n}.$$

Umstellung nach n

$$K_n = K_0 \cdot (1 + i)^n$$

$$\frac{K_n}{K_0} = (1 + i)^n$$

$$n = \log_{(1+i)} \left(\frac{K_n}{K_0} \right).$$

Tab. 9.4 Lösung in tabellarischer Form

Buchungs-datum	Buchungs-text	Haben/Soll [€]	Kontostand [€] mit $i = 0{,}015$
01.01.2004		0,00	0,00
20.06.2004	Einzahlung	6000,00	6000,00
31.12.2004	Zinsgut-schrift	$6047{,}50 - 6000 = 47{,}50$	$K_{\text{einfach}} = 6000 \cdot \left(1 + \frac{190}{360} \cdot i \right) = 6047{,}50$
31.12.2005	Zinsen	$6138{,}21 - 6047{,}50 = 90{,}71$	$K_{\text{Zinseszins}} = 6047{,}50 \cdot (1 + i)^1 = 6138{,}21$
31.12.2006	Zinsen	$6230{,}28 - 6138{,}21 = 92{,}07$	$K_{\text{Zinseszins}} = 6138{,}21 \cdot (1 + i)^1 = 6230{,}28$
01.09.2007	Einzahlung	2000,00	$6230{,}28 + 2000 = 8230{,}28$
31.12.2007	Zinsen	$8333{,}65 - 8230{,}28 = 103{,}37$	$8333{,}65 - 8230{,}28 = 8333{,}65$
31.12.2007	Rechnungs-abschluss		8333,65

Umstellung nach i

$$K_n = K_0 \cdot (1 + i)^n$$

$$\frac{K_n}{K_0} = (1 + i)^n$$

$$\sqrt[n]{\frac{K_n}{K_0}} = 1 + i$$

$$i = \sqrt[n]{\frac{K_n}{K_0}} - 1.$$

4. Die erste Zinszahlung erfolgt am Ende des ersten Monats und damit anteilig für $30 - 12 = 18$ Tage. Danach folgen sechs Monate mit monatlicher Zinszahlung. Abschließend folgt die Verzinsung für die noch fehlenden 12 Tage, da der Anlagezeitraum exakt 7 Monate betragen soll (Einzahlung am 13., Auszahlung am 12.). Die Rechnung ergibt:

$$18 + 6 \cdot 30 + 12 = 210 \text{ Zinstage}$$

$$K_E = K_0 \cdot \left(1 + \frac{18}{30} i \right) \cdot (1 + i)^6 \cdot \left(1 + \frac{12}{30} i \right)$$

$$K_E = K_0 \cdot \left(1 + \frac{18}{30} \cdot 0{,}005 \right) \cdot (1 + 0{,}005)^6$$

$$\cdot \left(1 + \frac{12}{30} \cdot 0{,}005 \right)$$

$$K_E = 67.309{,}81.$$

Das Endkapital nach sieben Monaten beträgt damit 67.309,81 €.

5. Zunächst ist festzustellen, dass bei der Lösung dieser Aufgabe nicht eine große Gleichung für das Endkapital gesucht ist! Die schrittweise Lösung zeigt auch Tab. 9.4. Denn hier werden die Zinsen banküblich am Ende jedes Jahres dem Konto gutgeschrieben und dann im darauffolgenden Jahr wiederum mitverzinst. Somit müssen wir für jedes Jahr mindestens

eine Teilrechnung durchführen; bei weiteren Ein- oder Aus-zahlungen entsprechend mehr.

Am 31.12.2004 werden die Zinsen für die gebrochene Lauf-zeit und damit einfacher Verzinsung der Geldanlage von 6000 € bis zum Jahresende dem Konto gutgeschrieben. Wir erhalten bei einer Laufzeit von 10 Zinstagen im Juni und sechs Folgemonaten zu je 30 Zinstagen insgesamt 190 Zins-tage:

$$K_{31.12.2004} = 6000 \cdot \left(1 + \frac{190}{360} \cdot i\right)$$
$$= 6000 \cdot \left(1 + \frac{190}{360} \cdot 0{,}015\right) = 6047{,}50 \, .$$

Im Jahr 2005 erfolgt keine Ein- oder Auszahlung auf das Konto. Somit ist der Betrag von 6047,50 € wieder zu ver-zinsen.

$$K_{31.12.2005} = 6047{,}50 \cdot (1 + i)^1 = 6047{,}50 \cdot (1 + 0{,}015)^1$$
$$= 6138{,}21 \, .$$

Gleiches gilt für das Jahr 2006:

$$K_{31.12.2006} = 6138{,}21 \cdot (1 + i)^1 = 6138{,}21 \cdot (1 + 0{,}015)^1$$
$$= 6230{,}28 \, .$$

Dieses Kapital wird für das Jahr 2007 voll verzinst und führt zu folgendem Endkapital:

$$K_{31.12.2007,\text{Teil } 1} = 6230{,}28 \cdot (1 + i)^1$$
$$= 6230{,}28 \cdot (1 + 0{,}015)^1 = 6323{,}73 \, .$$

Am 1.9.2007 wird eine Einzahlung von 2000,00 € vor-genommen. Die anteiligen Zinsen vom 1. September bis Jahresende 2007 erhält man wiederum durch einfache Ver-zinsung mit gebrochener Laufzeit. Das Geld verbleibt von September bis Dezember auf dem Konto und damit für $4 \cdot 30 = 120$ Zinstage. Der Einzahlungstag wird laut Vorgabe jedoch nicht mitgezählt, sodass 119 Zinstage verbleiben!

$$K_{31.12.2007,\text{Teil } 2} = 2000 \cdot \left(1 + \frac{119}{360} \cdot i\right)$$
$$= 2000 \cdot \left(1 + \frac{119}{360} \cdot 0{,}015\right)$$
$$= 2009{,}92 \, .$$

Damit ergibt sich ein Endkapital am 31.12.2007 von

$$K_{31.12.2007,\text{gesamt}} = 6323{,}73 + 2009{,}92 = 8333{,}65 \, .$$

Im Jahr 2007 wurden also folgende Zinsen gezahlt:

$$8333{,}65 - 6230{,}28 - 2000{,}00 = 103{,}37 \, .$$

Zur Lösung der Aufgabe kann auch Microsoft Excel genutzt werden (s. Abb. 9.24 sowie die Microsoft Excel-Datei „Zins-rechnung für ein Tagesgeldkonto.xlsx").

Kontoauszug			
Buchungsdatum	**Buchungstext**	**Haben/Soll**	**Kontostand**
01.01.2004		0,00	0,00
20.06.2004	Einzahlung	6.000,00	6.000,00
31.12.2004	Zinsen	47,50	6.047,50
31.12.2005	Zinsen	90,71	6.138,21
31.12.2006	Zinsen	92,07	6.230,28
01.09.2007	Einzahlung	2.000,00	8.230,28
31.12.2007	Zinsen	103,37	8.333,65
31.12.2007	Rechnungsabschluss		8.333,65

Abb. 9.24 Microsoft Excel-Lösung der Aufgabe „Zinsrechnung für ein Tages-geldkonto"

	A	B	C	D
4		*Nebenrechnung: Ermittlung der Zinstage*		
5				
6				Anzahl Tage mit Excel-Fkt „TAGE360"
7		20.06.2004	31.12.2004	190
8		01.01.2005	31.12.2005	360
9		01.01.2006	31.12.2006	360
10		01.01.2007	31.12.2007	360
11		01.09.2007	31.12.2007	119

Abb. 9.25 Microsoft Excel-Tabelle zur Berechnung der Zinstage

Abb. 9.26 Dialogfeld der Funktion „TAGE360"

Zur Berechnung der Zinstage kann die Funktion „TAGE360" herangezogen werden.

Wir erstellen uns für die Zinstage eine Hilfstabelle (s. Abb. 9.25).

Die Funktion „TAGE360" berechnet die Anzahl der Zins-tage zwischen zwei gegebenen Datumsangaben auf Basis der 360-Tage-Regelung. Dies zeigt Abb. 9.26 für die Zelle D7. Den dritten Parameter können Sie weglassen oder auf „FALSCH" bzw. null setzen.

Da der Einzahlungstag nicht mitgezählt wird, muss die For-mel in Zelle D7 abschließend wie folgt lauten:

$$= \text{TAGE360(B7;C7)} - 1$$

Gleiches gilt für Zelle D11.

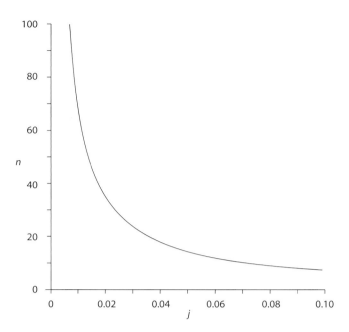

Abb. 9.27 Anlagedauer in Abhängigkeit vom Zinssatz

6. Die Lösungen der Teilaufgaben sind:
   a. $K_8 = 4350\,€ \cdot (1 + 0{,}0275)^8 = 5404{,}36\,€$ Mehrertrag im Vergleich zur einfachen Verzinsung

   $$\tilde{K}_8 = 4350\,€ \cdot (1 + 8 \cdot 0{,}0275) = 5307{,}00\,€$$

   Differenz: $5404{,}36\,€ - 5307{,}00 = 97{,}36\,€$
   b. $K_n = K_0 \cdot (1 + i)^n \quad \dfrac{K_n}{K_0} = (1 + i)^n$

   $$\sqrt[n]{\frac{K_n}{K_0}} = 1 + i$$

   $$i = \sqrt[n]{\frac{K_n}{K_0}} - 1 = \sqrt[9]{\frac{19.264{,}01\,€}{12.000\,€}} - 1 = 0{,}054$$

   $\curvearrowright i = 5{,}4\,\%$
   c. $K_n = K_0 \cdot (1 + i)^n$
   $50.000\,€ = 25.000\,€ \cdot (1 + 0{,}035)^n$
   $2 = (1 + 0{,}035)^n$
   $n = \log_{(1+0{,}035)} 2$
   $n = 20{,}15$ Jahre
   Allgemein gilt für die Berechnung des Verdoppelungszeitraums:
   $K_n = K_0 \cdot (1 + i)^n$ mit $K_n = 2 \cdot K_0$
   $2K_0 = K_0 \cdot (1 + i)^n$
   $2 = (1 + i)^n$
   $n = \log_{(1+i)} 2$.
   d. Abbildung 9.27 zeigt die Abhängigkeit der notwendigen Anlagedauer für eine Verdoppelung des Kapitals vom Zinssatz.
   Man sieht, die Funktion fällt zunächst stark ab und konvergiert gegen null bei i gegen unendlich. Daraus folgt: Je höher die Rendite, desto kürzer die erforderliche Anlagedauer. Zudem strebt diese gegen null bei unendlich großer Rendite.

e. Die Lösungen der Teilaufgaben sind:
   I. März bis Dezember entspricht zehn Monaten

   $$K_{\text{Jahresende}} = K_0 \cdot \left(1 + \frac{10}{12} \cdot i\right)$$

   $$K_{\text{Ende Februar}} = K_{\text{Jahresende}} \cdot \left(1 + \frac{2}{10} \cdot i\right)$$

   $$K_{\text{gesamt}} = K_0 \cdot \left(1 + \frac{10}{12} \cdot i\right) \cdot \left(1 + \frac{2}{10} \cdot i\right).$$

   Mit $K_0 = 8500\,€$ und $i = 0{,}02$ folgt:

   $$K_{\text{gesamt}} = 8670{,}47\,€.$$

   II.

   $$K_{\text{gesamt}} = K_0 \cdot \left(1 + \frac{3}{12} \cdot i\right) \cdot \left(1 + \frac{9}{12} \cdot i\right)$$

   $$= 8670{,}64\,€.$$

   III. Der günstigste Einzahlungszeitpunkt liegt in der Jahresmitte. Die beiden letzten Faktoren in der Gleichung für K_{gesamt} werden dann gleich groß.

   $$K_{\text{gesamt}} = K_0 \cdot \left(1 + \frac{6}{12} \cdot i\right) \cdot \left(1 + \frac{6}{12} \cdot i\right)$$

   $$i = K_0 \cdot \left(1 + \frac{1}{2}i\right)^2$$

   $$= 8500\,€ \cdot \left(1 + \frac{1}{2} \cdot 0{,}02\right)^2 = 8670{,}85\,€.$$

7. Die Lösungen der Teilaufgaben sind:
   a. Zwei wesentliche Vorteile dieser Anleihe sind die Partizipation an der Kursentwicklung des Aktienmarktes bei etwas breiterer Streuung über mehrere Aktien sowie eine sichere Verzinsung zu Beginn der Laufzeit, unabhängig von der tatsächlichen Kursentwicklung. Vorteilhaft ist auch der Lock-In-Mechanismus zur Sicherung eines erreichten Renditeniveaus.
   b. Von Nachteil ist die unterschiedliche Behandlung der Gewinne. So werden positive bei 8 % gekappt, negative jedoch nicht. Des Weiteren wird zur Berechnung der Rendite der Mittelwert genutzt. Aufgrund der starken Ausreißerempfindlichkeit bedeutet dies allerdings, dass selbst ein einmalig betragsmäßig großer negativer Wert den Renditedurchschnitt stark schmälert.
   c. Es handelt sich um ein Zertifikat, welches wie Anleihen auch als Schuldverschreibung zu behandeln ist. Ein kompletter Kapitalverlust ist bei Ausfall des Emittenten deshalb möglich (Emittentenrisiko). Siehe hierzu auch den Fall Lehman Brothers zu Beginn der Finanzkrise 15.09.2008! Seither achten informierte Anleger auf den Unterschied zwischen Zertifikaten und börsengehandelten Investmentfonds. Letztere sind im Insolvenzfall des Emittenten Sondervermögen.

Kapitel 9

Abb. 9.28 Zahlungsverlauf am Beispiel

Datum	Beschreibung	Betrag	Saldo
Zahlungsverlauf			
01.01.2009	Kauf	-19.000,00	-19.000,00
01.01.2009	Stückzinsen bei Kauf	-1,75	-19.001,75
31.12.2009	Kuponzahlung	640,00	-18.361,75
31.12.2010	Kuponzahlung	640,00	-17.721,75
31.12.2011	Kuponzahlung	640,00	-17.081,75
31.12.2012	Kuponzahlung	640,00	-16.441,75
31.12.2013	Kuponzahlung	640,00	-15.801,75
31.12.2014	Kuponzahlung	640,00	-15.161,75
31.12.2014	Rückgabe	20.000,00	4.838,25
31.12.2014	Stückzinsen bei Rückgabe	0,00	4.838,25
Summe	**Gewinn**	**4.838,25**	**4.838,25**

8. Die Lösungen der Teilaufgaben sind:
   a. Erläutern Sie die Bedeutung jedes oben vorgegebenen Wertes!
      - „Nennwert 20.000 €": Die Anleihe besitzt einen nominalen Wert von 20.000 €. Sofern der Emittent nicht in Zahlungsschwierigkeiten gerät, kann der Anleger davon ausgehen, dass er diesen Wert am Ende der Laufzeit zurückerhält.
      - „Kaufkurs 95 %": Die Anleihe wird zu einem Preis von 95 % des Nennwerts gehandelt. Damit kann ein Anleger eine Anleihe im Nennwert von 1000 € für aktuell 950 € kaufen.
      - „Rücknahmekurs 100 %": Dem Anleger wird zugesichert, dass er 100 % des Nennwertes der Anleihe am Laufzeitende zurückerhält, also nicht den bezahlten Kaufpreis von 950 €, sondern 1000 €.
      - „Kaufdatum 01.01.2009" und „Rückgabedatum 31.12.2014": Die Laufzeit der Anleihe beträgt insgesamt sechs Jahre.
      - „Zinskupon 3,20 %": Der Anleger erhält jährlich 3,20 % vom Nennwert (nicht vom Kurswert!) als Entschädigung dafür, dass er dem Emittenten das Geld geliehen hat.
      - „Kupontermin 31.12., dann jährlich": Der Anleger erhält den Zinskupon am 31.12 jeden Jahres in o. g. Höhe.
      - „Gebühren bei Kauf und Verkauf 20 € jeweils.": Die von der Bank und/ oder vom Börsenplatz erhobenen Gebühren sollen fixe 20 € pro Vorgang betragen.
   b. Der Kaufpreis ergibt sich aus dem Nennwert multipliziert mit dem Kaufkurs zuzüglich der Gebühren. Er beträgt also (in €) $20.000 \cdot 0,95 + 20 = 19.020$. In der Abbildung des Zahlungsverlaufes aus Sicht des Käufers in c. fehlen lediglich die Gebühren.
   c. Den Zahlungsverlauf zeigt Abb. 9.28. Die Stückzinsen in Höhe von 1,75 € sind in der zweiten Zeile aufgeführt. Bei den Stückzinsen handelt sich um denjenigen Anteil am Kupon, der dem Verkäufer noch zusteht. Da der Kauf am 1.1.2009 erfolgt, die Kupontermine jedoch jeweils am 31.12 liegen, entspricht dies dem Wert am Kupon von einem Tag. Eine näherungsweise Rechnung per Dreisatz ergibt dann auch den ausgewiesenen Wert $640/365 = 1,75$. Wäre das Kaufdatum der 31.12.2009, so würden keine Stückzinsen anfallen.
   d. Die Höhe der Kuponzahlung erhält man aus dem Nennwert multipliziert mit dem Zinskupon. Die Rechnung lautet $20.000 \cdot 0,0320 = 640$.
   e. Der dem Unterschied zwischen Kaufkurs und Rücknahmekurs abzüglich der Gebühren entsprechende Kursgewinn stellt zusätzlich zu den Kuponzahlungen eine weitere Einnahme für den Anleger dar. Im vorliegenden Fall beträgt der Kursgewinn

   $$(100\,\% - 95\,\%) \cdot 20.000 - 2 \cdot 20 = 960\,.$$

   f. Die Rendite einer Anleihe besteht aus zwei Teilen (s. Abb. 9.29): erstens aus den Kuponzahlungen, die der Anleger erhält, und zweitens aus dem Kursgewinn. Die mit 4,16 % ausgewiesene Gesamtrendite ist höher als der Zinskupon von 3,20 %, weil der Anleger zusätzlich zu den Kuponzahlungen von jeweils 640 € auch 5 % des Nennwertes erhält. Wenn der Anleger die Anleihe zu einem Kurswert unter dem Nennwert – man sagt auch unter pari – gekauft hat, dann fällt die Gesamtrendite höher als der Zinskupon aus. Dies ist hier der Fall.

9. Die Lösungen der Teilaufgaben sind:
   a. $K_E = K_0 \cdot \left(1 + \dfrac{a}{12}i\right) \cdot \left(1 + \dfrac{b}{12}i\right)$
   b. K_E hängt von den Parametern a, b, K_0 und i ab.
   c. Es gilt $a + b = 12$ und damit $b = 12 - a$. Für K_E folgt

   $$K_E = K_0 \cdot \left(1 + \frac{a}{12}i\right) \cdot \left(1 + \frac{12-a}{12}i\right)$$
   $$K_E = K_0 \cdot \frac{1}{12}(12 + ai) \cdot \frac{1}{12}(12 + (12-a)i)$$
   $$K_E = \frac{K_0}{144} \cdot (12 + ai) \cdot (12 + (12-a) \cdot i)$$

Abb. 9.29 Wichtige weitere Ergebnisse zur Anleihe

Ergebnis		
?	Rendite:	**4,16** % p.a. (interner Zinssatz, IRR)
?	Anlagedauer:	**6,00** Jahre
?	Stückzinsen bei Kauf:	**-1,75** Euro
?	Kuponzahlungen:	**3.840,00** Euro
?	Kursgewinn:	**1.000,00** Euro
?	Stückzinsen bei Rückgabe:	**0,00** Euro
?	Gesamtgewinn:	**4.838,25** Euro

Es gilt:

K_E ist Funktion von a, da K_0 und i gegeben sind.

$$K_E = \frac{K_0}{144} \cdot (12 + ai) \cdot (12 + (12 - a) \cdot i)$$

$$K_E = \frac{K_0}{144} \cdot (12 + ai) \cdot (12 + 12i - ai)$$

$$K_E(a) = \frac{K_0}{144} \cdot \big(144 + 144i - 12ai + 12ai$$
$$+ 12ai^2 - a^2 i^2\big)$$

$$K_E(a) = \frac{K_0}{144} \cdot \big(144 + 144i + 12ai^2 - a^2 i^2\big).$$

Für die erste Ableitung nach a erhält man:

$$K_E'(a) = \frac{K_0}{144} \cdot \big(12i^2 - 2ai^2\big)$$

$$0 = \frac{K_0}{144} \cdot \big(12i^2 - 2ai^2\big)$$

$$0 = 12i^2 - 2ai^2$$

$$2ai^2 = 12i^2$$

$$a = 6.$$

Überprüfung, ob Maximum:

$$K_E'(a) = \frac{K_0}{144} \cdot 12i^2 - \frac{K_0}{144} \cdot 2ai^2$$

$$K_E'(a) = \frac{K_0}{12} \cdot i^2 - \frac{K_0}{72} \cdot ai^2$$

$$K_E''(a) = 0 - \frac{1}{72} \cdot K_0 i^2$$

$$K_E''(a = 6) = -\frac{1}{72} \cdot K_0 i^2 < 0 \rightarrow \text{Maximum.}$$

d. Der Einzahlungszeitpunkt ist so zu wählen, dass das Kapital K_0 im ersten Jahr genau sechs Monate lang verzinst wird. Man erhält den größten Endbetrag, wenn zur Jahresmitte eingezahlt wird.

9.3 Barwertrechnung

Die Barwertrechnung ist eine wichtige finanzwirtschaftliche Methode, die in vielen verschiedenen Gebieten der Wirtschaft zum Einsatz kommt. Investitionsrechnung, Rentenkalkulation, Unternehmensbewertung und Versicherungsmathematik sind Beispiele dafür.

An einem einfachen Beispiel lässt sich der Begriff des Barwertes gut erläutern:

Beispiel

Ein Unternehmen will einer Außendienstmitarbeiterin einen Bonus von 3000 € zahlen, wenn diese mit ihren Aktivitäten in den nächsten zwei Jahren einen Umsatz von 50.000 € generiert.

Lösung

Da das Unternehmen bei real gesteckten Zielen mit hoher Wahrscheinlichkeit davon ausgehen kann, dass die 3000 € gezahlt werden müssen, sollte es bereits heute (also zum Zeitpunkt $t = 0$) darüber nachdenken, woher das Geld in zwei Jahren kommt. Es wird nicht notwendig sein, einen Betrag von 3000 € heute „beiseite" zu legen, sondern etwas weniger, da das Kapital verzinst wird.

Der zu „reservierende" Betrag ist der bare Wert = Barwert der Zahlung von 3000 € in exakt zwei Jahren. Zur Berechnung des Barwertes ist ein Marktzins zu verwenden, den Sie aus innerbetrieblichen Daten oder von der Bank erhalten. Wir nutzen hier 4 % pro Jahr und berechnen das Anfangskapital K_0 wie folgt:

$$K_n = K_0 \cdot (1 + i)^n$$

$$K_0 = \frac{K_n}{(1 + i)^n}$$

$$K_0 = \frac{3000}{(1 + 0{,}04)^2} = 2773{,}67 \, \text{€.}$$

Der Barwert (= der heutige Wert einer künftigen Zahlung) von 3000 € in zwei Jahren beträgt bei einem angenommenen Marktzins von 4 % genau 2773,67 €. ◄

Auch für Banken und Versicherungen sind solche Fälle von Interesse: Welchen Betrag muss ein Kunde heute einzahlen, um

Kapitel 9

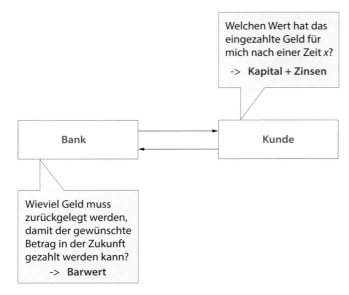

Abb. 9.30 Zusammenhang zwischen Zins- und Barwertrechnung

bei einem vorgegebenen Zins künftig eine bestimmte Rente zu erhalten? Abbildung 9.30 zeigt den Vorgang schematisch.

Bei betriebswirtschaftlichen Zusammenhängen spielen derartige Berechnungen ständig eine wichtige Rolle! Mithilfe der dynamischen Investitionsrechnung als eine Anwendung der Barwertrechnung können Unternehmen Investitionen vorausschauend planen.

9.3.1 Theorie

Meistens denkt man bei der Zinsrechnung immer an den Wert des Kapitals in der Zukunft, wenn eine bestimmte Verzinsung oder prozentuale Abschreibung bzw. Wertreduktion zugrunde gelegt wird. In diesem Zusammenhang können wir auch vom „Zukunftswert" (*future value*) des Kapitals sprechen, den wir gern berechnen möchten.

Der Schlüssel zum Verständnis der Barwertrechnung besteht in absoluter Klarheit darüber, für welchen Zeitpunkt wir den Wert des Kapitals berechnen wollen. Während wir bei der Zinsrechnung von der Verzinsung hin zu einem bestimmten Zeitpunkt in der Zukunft sprechen, sollten wir uns bei der Barwertrechnung an den Begriff der **Verbarwertung durch Abzinsung** gewöhnen! Ursächlich hierfür ist, wie schon eingangs erwähnt, der Ausgang von einem Kapital in der Zukunft und die Berechnung von dessen aktuellem Wert durch Abzinsung.

In einigen Aufgaben der vorangegangenen Abschnitte wurde bereits dasjenige Kapital K_0 berechnet, welches wir anlegen müssen, um das Endkapital K_E anzusparen. Diese Überlegung geht schon in die Richtung des hier zu behandelnden Barwertes.

Merksatz

Der **Barwert** ist der heutige Wert einer zukünftigen Zahlung. Er wird durch Abzinsung der künftigen Zahlungen mithilfe eines angenommenen Zinssatzes bestimmt. Man nennt dies das **Diskontieren**.

Folgende Prinzipien sollen Ihnen helfen, sich besser zurechtzufinden (basierend auf Mooney (2007), S. 65):

1. Der aktuelle Wert eines Zahlungsstroms entspricht zu jedem Zeitpunkt dem Barwert der noch ausstehenden Zahlungen.
2. Je schneller Sie das Geld erhalten, desto mehr ist es für Sie Wert.
3. Ein Investor wird nur den Barwert bezahlen, der der Summe aller zukünftigen Zahlungen unter Beachtung des Abzinsungsfaktors entspricht.
4. Je höher der Abzinsungsfaktor (*discount rate*), desto geringer der aktuelle Wert des Kapitals.

Gut zu wissen

Im Englischen bezeichnet man den Barwert als *Present Value* (PV). Die Differenz aus dem Barwert aller Ein- und Auszahlungen wird als Nettobarwert (*Net Present Value*, kurz NPV) bezeichnet. Er repräsentiert den Wert dieser künftigen Ein- und Auszahlungen. ◄

9.3.1.1 Anwendung in der Investitionsrechnung (Kapitalwertmethode)

Die Kapitalwertmethode findet Anwendung in der Investitionsrechnung. Man bezeichnet sie als dynamisches Verfahren, weil zur Entscheidungsfindung konkrete Werte für die mit einer Investition in Zusammenhang stehenden Ein- und Auszahlungen genutzt werden und der Zinssatz Änderungen unterliegen kann.

Tabelle 9.5 zeigt die Schritte auf, die bei der Bewertung einer Investition prinzipell erforderlich sind. Das folgende Beispiel erläutert die Systematik.

Beispiel

Die Firma „LäuftGut" steht zum Verkauf. Man schätzt deren Wert in drei Jahren auf 100.000 €. Die Erträge der Firma für die nächsten drei Jahre werden mit $G_1 = 10.000$, $G_2 = 12.000$ und $G_3 = 12.000$ prognostiziert. Die derzeitige Verzinsung von Kapital am Markt betrage 5 %. Welchen Kaufpreis ist ein Investor allein auf dieser Basis der Ertragsschätzungen maximal bereit zu zahlen, damit sich die Investition lohnt?

Lösung

Man spricht bei diesem Vorgehen auch von der **Ertragswertmethode**. Diese wird hier stark vereinfacht

Tab. 9.5 Schritte zur Entscheidungsfindung für eine Investition

1.	Zahlungsstrom notieren	Der Zahlungsstrom künftiger Ein- und Auszahlungen wird inkl. der Zahlungstermine notiert.
2.	Wert des Investments mind. am Ende der Laufzeit bestimmen	Neben den Zahlungen, die der Investor über die Laufzeit der Investition tätigt, sind der Kaufpreis zu Beginn sowie der Restwert am Ende des Betrachtungszeitraums von Interesse.
3.	Marktzins jeder Periode bestimmen	Zur Berechnung der Barwerte wird der Diskontierungszins benötigt, den man am Markt alternativ für das Kapital erhalten würde oder intern erwirtschaften möchte.
4.	Zahlungen diskontieren	Jeder Wert des Zahlungsstroms wird diskontiert. Man erhält die Barwerte der Teilzahlungen.
5.	Summenbildung	Die Barwerte aller Teilzahlungen werden summiert. Man erhält den Nettobarwert (NPV).
6.	Entscheidung	Liegt der aktuelle Wert bzw. Preis des Investments über dem Nettobarwert (NPV), so ist mit der Investition ein Vermögensverlust für den Investor verbunden. Ist der Nettobarwert (NPV) höher als der aktuelle Wert bzw. Preis des Investments, so erhöht der Investor sein Vermögen. Als Unsicherheitsfaktor bei der Berechnung gilt insbesondere der benutzte Marktzins, mit dem die Zahlungen diskontiert werden.

genutzt. Für Details s. beispielsweise Obermeier und Gasper (2008), S. 153 ff.

Nimmt man an, dass die Ertragsprognosen mit G_1 und G_2 sowie G_3 gegeben sind, so kann man den Wert der Firma durch Abzinsung mithilfe des Zinssatzes von 5 % bestimmen. Bevor wir obiges Vorgehensschema zur Berechnung des Nettobarwertes nutzen, wollen wir uns schrittweise der Lösung nähern.

Der Wert der Ertragszahlung am Ende des ersten Jahres nach dem Kauf beträgt G_1. Welchen Betrag müsste man heute anlegen, um allein diesen Betrag in einem Jahr mithilfe von Zinszahlungen zu erwirtschaften?

Ausgehend von der Zinseszinsrechnung

$$K_n = K_0 \cdot (1 + i)^n ,$$

findet man die Formel für die Höhe des heute anzulegenden Kapitals

$$K_0 = \frac{K_n}{(1 + i)^n} = \frac{G_1}{(1 + i)^1} .$$

Für den Wert aller prognostizierten Erträge ergibt sich:

$$\frac{G_1}{(1 + i)^1} + \frac{G_1}{(1 + i)^2} + \frac{G_1}{(1 + i)^3} .$$

Wir nutzen nach dieser plausiblen Herleitung der Formeln für eine Barwertrechnung obiges Vorgehensschema zur Entscheidungsfindung:

Schritt 1 (Zahlungsstrom notieren): (s. Tab. 9.6).

Tab. 9.6 Cashflow eines Investors

	Jahr 0	Jahr 1	Jahr 2	Jahr 3
Ausgaben/ Gewinne des Investors		10.000,00 €	12.000,00 €	12.000,00 €
Barwerte				

Schritt 2 (Wert des Investments mindestens am Ende bestimmen): Der Endwert ist mit 100.000 € gegeben. Der maximal zu zahlende Anfangswert soll berechnet werden.

Schritt 3 (Marktzins jeder Periode bestimmen): Als Diskontierungszins für die Barwertrechnung wird hier derjenige Zins benutzt, den der Investor alternativ am Markt erhalten würde. Er beträgt hier konstant 5,00 %.

Schritte 4 und 5 (Zahlungen diskontieren sowie Summenbildung): Aufgrund der bereits hergeleiteten Formel kann der Nettobarwert als Summe aller Barwerte für die Aus- und Einzahlungen direkt bestimmt werden.

$$NVP = -100.000,00 + \frac{G_1}{(1 + i)^1} + \frac{G_1}{(1 + i)^2} + \frac{G_1}{(1 + i)^3}$$

$$NVP = -100.000,00 + \frac{G_1}{1,05^1} + \frac{G_1}{1,05^2} + \frac{G_1}{1,05^3}$$

$$= -69.225,79 .$$

Schritt 6 (Entscheidung): Diese Berechnung hilft nun zu entscheiden, ob es sinnvoll ist, die Firma zu kaufen oder das Kapital am Markt zu einem Zinssatz von 5 % zu investieren! Liegt der Kaufpreis der Firma unter den berechneten ca. 70.000 €, so sollte man die Firma kaufen. Beträgt der Preis über 70.000 €, so kann der Investor das Geld besser am Markt zu 5 % anlegen.

Hinweis: Die Lösung der Übung finden Sie in der Microsoft Excel-Datei „Firmenwert.xlsx". ◄

9.3.1.2 Finanzmathematische Anwendungen

Dieses Konzept der Diskontierung künftiger Zahlungen kann auch genutzt werden, um Entscheidungen über Investitionen in Anleihen oder Aktien zu treffen.

Wir wollen dieses Verfahren anhand der Bewertung einer Anleihe demonstrieren.

Beispiel

Für eine Anleihe, die im Jahr 2014 gekauft werden kann, sei Folgendes bekannt:

Restlaufzeit der Anleihe: 5 Jahre
Zinszahlung pro Jahr: 12,50 €
Rückzahlung am Ende der Laufzeit: 100 %.

Der Zins am Markt für andere Investments betrage 6,20 %.

Ermitteln Sie denjenigen Kaufpreis der Anleihe, den ein Investor maximal zu zahlen bereit sein sollte.

Lösung

Schritt 1 (Zahlungsstrom der Ein- und Ausgaben inkl. der Zahlungstermine notieren):

Tab. 9.7 Übersicht des Cashflows

	2014 [€]	2015 [€]	2016 [€]	2017 [€]	2018 [€]	2019 [€]
Zahlungen des Emittenten	0	12,50	12,50	12,50	12,50	100 + 12,50
Barwerte						

Der Endwert von 112,50 im Jahr 2019 ergibt sich durch die Rückzahlung zu 100 %, was 100 € entspricht. Zudem zahlt der Emittent auch in diesem Jahr die Zinsen von 12,50 €.

Schritt 2 (Wert des Investments mind. am Ende bestimmen): Hier ist der Wert des Investments aufgrund der 100 %-igen Rückzahlung der Anleihe zu 100 € gegeben. Siehe Tab. 9.7 für das Jahr 2019 abzüglich Zinsen von 12,50 €.

Schritt 3 (Schätzung des Marktzinses): Der Marktzins ist in der Aufgabe mit 6,20 % gegeben.

Schritt 4 (Zahlungen diskontieren): Man erhält die Barwerte der Teilzahlungen. Für den ersten Wert soll die Rechnung hier gezeigt werden. Alle anderen Werte sind in Tab. 9.8 aufgeführt.

$$K_0 = \frac{12,50}{(1 + 0,0620)^1} = 11,77 \, €.$$

Schritt 5 (Summenbildung): Die Barwerte werden summiert. Man erhält den *Net Present Value* (NPV) (s. Tab. 9.8).

Tab. 9.8 Berechnung des Nettobarwertes

	2014 [€]	2015 [€]	2016 [€]	2017 [€]	2018 [€]	2019 [€]
Zahlungen des Emittenten	0	12,50	12,50	12,50	12,50	112,50
Barwerte	**126,40**	11,77	11,08	10,44	9,83	83,28

Schritt 6 (Investitionsentscheidung): Wird die Anleihe derzeit unter 126,40 € gehandelt, so erhöht der Investor sein Vermögen, würde er die Anleihe kaufen. Bei einem Preis von über 126,40 € sollte der Investor vom Kauf absehen und das Geld zu marktüblichen Zinsen anlegen. ◄

Hinweis: Die Lösung der Übung finden Sie in der Microsoft Excel-Datei „Barwert einer Anleihe.xlsx".

Merksatz

Der **Nettobarwert (NPV)** ist die Summe aller Barwerte der Ein- und Auszahlungen. Liegt der Kaufpreis bzw. die Investition unterhalb des NPV, so erhöht der Investor sein Vermögen.

Beispiel

Nachdem die Betrachtungen des Kaufs einer Anleihe abgeschlossen sind, soll die Barwertrechnung nun eingesetzt werden, um den Wert einer Aktie zu bestimmen und damit auch eine Entscheidung über deren Kauf treffen zu können.

Im Fall einer Aktie sind der Kurs der Aktie sowie die an die Anleger ausgeschütteten Dividenden von Interesse. Im Falle einer Dividendenzahlung profitiert der Anleger von einem Teil des erwirtschafteten Gewinns, der auf Beschluss der Hauptversammlung nach Vorschlag des Vorstands ausgezahlt wird.

Wir wollen dieses Verfahren anhand der Bewertung einer Aktie demonstrieren.

Für eine Aktie, die im Jahr 2014 für 100 € ohne Gebühren gekauft werden kann, soll eine Entscheidung hinsichtlich des Kaufs getroffen werden. Um den Wert der Aktie einschätzen zu können, ist der Anleger gezwungen, den Kurs zum Ende des Anlagezeitraums sowie die erwartete Dividendenzahlung (hier zum Ende des Anlagezeitraums) zu schätzen. In unserem Beispiel erwartet der Anleger eine Dividende von 3,50 € je Aktie und einen Kurs von 109,20 € in einem Jahr. Wann lohnt sich der Kauf dieser Aktie für den Anleger heute, wenn alternativ ein Marktzins von 5,50 % angenommen wird?

Lösung

Schritt 1 (Zahlungsstrom der Ein- und Ausgaben inkl. der Zahlungstermine notieren): (s. Tab. 9.9)

Tab. 9.9 Übersicht des Cashflows

	2014 [€]	2015 [€]	Summe [€]
Zahlungen	−100,00	3,50 + 109,20	
Barwerte			

Schritt 2 (Wert des Investments am Anfang und Ende des Zeitraums schätzen): Es wird eine 100%-ige Rückzahlung der Aktie zum prognostizierten Kurs von 109,20 € angenommen. Gebühren werden vernachlässigt.

Schritt 3 (Schätzung des Marktzinses): Der Marktzins ist in der Aufgabe mit 6,20 % gegeben.

Schritt 4 (Zahlungen diskontieren): Man erhält den Barwert aus der angegebenen Dividende sowie aus dem geschätzten Kurs:

$$P_0 = \frac{\text{DIV}_1 + P_1}{(1+i)^1}$$
$$= \frac{3{,}50 + 109{,}20}{(1+0{,}055)^1} = 106{,}82 \,.$$

Schritt 5 (Summenbildung): Die Barwerte werden summiert. Man erhält den *Net Present Value* (NPV) (s. Tab. 9.10).

Tab. 9.10 Übersicht des Cashflows

	2014 [€]	2015 [€]	Summe [€]
Zahlungen	−100,00	3,50 + 109,20	
Barwerte	−100,00	106,82	6,82

Schritt 6 (Investitionsentscheidung): Wird die Anleihe derzeit unter 106,82 € gehandelt, so erhöht der Investor sein Vermögen. Anderenfalls sollte er vom Kauf absehen.

◀

Hinweis: Die Lösung der Übung finden Sie in der Microsoft Excel-Datei „Barwert einer Aktie".

Das Vorgehen soll nun etwas verallgemeinert werden. Wir interessieren uns für die Formel des Barwertes einer Aktie zur Unterstützung der Kaufentscheidung bei einem Anlagezeitraum länger als ein Jahr.

Beispiel

Welche Formel für den Barwert der Aktie würden Sie bei einem Investitionshorizont von zwei Jahren erhalten? Die Kurse am Ende des ersten Jahres betragen P_1 und am Ende des zweiten Jahres P_2. Die erwarteten Dividenden entsprechen DIV_1 und DIV_2. Der Marktzins sei über den gesamten Zeitraum mit i als konstant angenommen.

Lösung

An dieser Stelle ist es nicht unbedingt erforderlich, das grafische Schema zur Barwertrechnung zu nutzen. Eine Formel für den Barwert ergibt sich wie folgt durch Verallgemeinerung aus obiger Formel für ein Jahr:

Die Formel für den Barwert auf einen Anlagehorizont von einem Jahr wurde bereits hergeleitet:

$$P_0 = \frac{\text{DIV}_1 + P_1}{(1+i)^1} = \frac{\text{DIV}_1}{(1+i)^1} + \frac{P_1}{(1+i)^1}$$
$$= \frac{\text{DIV}_1}{(1+i)^1} + \frac{1}{(1+i)^1} \cdot P_1 \,.$$

Entsprechend gilt für den Barwert am Ende des ersten Jahres

$$P_1 = \frac{\text{DIV}_2 + P_2}{(1+i)^1} \,.$$

Diese Formel wird genutzt, um P_1 in der obigen Formel für P_0 zu ersetzen (Einsetzverfahren).

$$P_0 = \frac{\text{DIV}_1}{(1+i)^1} + \frac{1}{(1+i)^1} \cdot \underbrace{\frac{\text{DIV}_2 + P_2}{(1+i)^1}}_{=P_1}$$

$$P_0 = \frac{\text{DIV}_1}{(1+i)^1} + \frac{\text{DIV}_2 + P_2}{(1+i)^2} \,.$$

Offenbar gilt für eine Aktie, dass deren Wert vom Gegenwartswert bzw. Barwert des diskontierten Dividenden und dem Kursziel am Ende des Anlagezeitraums abhängt. Gegebenenfalls ist die Änderung der Zinssätze bzw. des Zinsfußes i in der folgenden Formel zusätzlich zu berücksichtigen.

Der Barwert einer Aktie ist unter Berücksichtigung von Dividenden in n Jahren gegeben durch:

$$P_0 = \frac{\text{DIV}_1}{(1+i)^1} + \frac{\text{DIV}_2}{(1+i)^2} + \ldots + \frac{\text{DIV}_n + P_n}{(1+i)^n} \,.$$ ◀

Zusammenfassung

Sie sind nun in der Lage,

- den Begriff des Barwertes umgangssprachlich und an selbst gewählten Beispielen zu erläutern,
- den Barwert in einem gegebenen Sachverhalt auszurechnen,
- die Barwertrechnung strukturiert für eine Investitionsentscheidung zu nutzen und
- sinnvolle Maximalpreise beispielsweise für einen Aktienkauf unter sorgfältiger Auswahl der Nebenbedingungen zu ermitteln.

Zudem haben Sie zwei wichtige Formeln kennengelernt.

Berechnung des Barwertes durch Abzinsung/Diskontierung:

$$K_0 = \frac{K_n}{(1+i)^n} \,.$$

Kapitel 9

Der Barwert einer Aktie ist unter Berücksichtigung von Dividenden in n Jahren gegeben durch:

$$P_0 = \frac{\text{DIV}_1}{(1+i)^1} + \frac{\text{DIV}_2}{(1+i)^2} + \ldots + \frac{\text{DIV}_n + P_n}{(1+i)^n}.$$

Tab. 9.11 Übersicht der Eingangsdaten

Firma	vereinbarter Zins (berücksichtigt u. a. Marge und Wieder- verwertungsquote)	Rating in S&P Notation	Risikoaufschlag (Prämie für Versicherung)
A	5,60 %	AA	0,03 %
B	6,30 %	BBB+	0,07 %
C	8,90 %	B+	4,80 %

9.3.2 Übungsaufgaben

1. Legt man den Bezugspunkt der Betrachtungen an das Ende des Anlagezeitraums, so kann man vom Endkapital auf das Anfangskapital schließen. Das Endkapital ist i. A. höher als das Anfangskapital. Man spricht deshalb hier bei der Berechnung des Anfangskapitals auch vom sogenannten **Abzinsungs- oder Diskontierungsfaktor**. Dieser soll die Verzinsung quasi rückgängig machen. Er entspricht dem reziproken Zinsfaktor.
   a. Leiten Sie die Formel zur Berechnung des Anfangskapitals aus der allgemeinen Formel der Zinseszinsrechnung durch Umstellen ab.
   b. Bei einer Sparform werden 4 % p. a. gezahlt. Es ist ein Endkapital von 8800 € angelaufen. Welcher Betrag wurde bei einer Laufzeit von zehn Jahren ursprünglich eingezahlt?
2. Sie erhalten mit Sicherheit in einem und in zwei Jahren eine Zahlung von 100 €. Der aktuelle Marktzins betrage 3 % p. a. Berechnen Sie den Wert der Zahlungen heute.
3. Herr Meyer konnte durch Investments am Aktienmarkt in den letzten zehn Jahren eine Rendite von 10 % auf sein eingesetztes Kapital erwirtschaften. Nun möchte er von der Preisentwicklung auf dem Immobilienmarkt profitieren. Er denkt über den Kauf einer Wohnung in Berlin zu 250.000 € nach. Diese, so der Immobilienmakler, ist in ebenfalls zehn Jahren ca. 300.000 € wert. Sollte Herr Meyer die Wohnung kaufen?
4. Die Heavy Machine Company liefert eine Werkzeugmaschine nach China. Der Preis beträgt 120.000 €. Es wird vereinbart, dass die Rechnung innerhalb von zwölf Wochen zu begleichen ist (Zahlungsziel). Welchen Wert hat die künftige Zahlung für das Unternehmen heute, wenn bei der Bank monatlich 0,3 % Zinsen gezahlt werden würden?
5. Ein Investor muss heute sowie die nächsten zwei Jahre jeweils 80 € zahlen. Er erhält jedoch dafür in drei Jahren auch 250 €. Sollte er die Investition bei einem Marktzins von 6,20 % für die gesamte Laufzeit durchführen?
   a. Berechnen Sie den Barwert der künftigen Aus- und Einzahlungen.
   b. Fassen Sie bitte Ihre Erkenntnisse zu einer „Merkregel" für Investitionen zusammen. Hinweis: Erstellt in Anlehnung an Heidorn (2006), S. 19 ff.
6. Carola wird in ca. einem Monat 30 Jahre alt. Den vielen Aufforderungen in der Presse und durch ihre Verwandten folgend, will sie nun endlich für ihre Rente privat vorsorgen. Ein Versicherungsvertreter bietet ihr eine Kapitallebensversicherung an, bei der sie nach 30 Jahren eine Einmalzahlung von 50.000 € erhält. Carola hat leider keine Vorstellung, ob dies viel oder wenig ist. Helfen Sie ihr!
   a. Welche Faktoren beeinflussen den Wert des Geldes?
   b. Treffen Sie eine konkrete Annahme zum Wertverfall des Geldes und berechnen Sie den Barwert, den die 50.000 € gemäß Ihren Annahmen nach 30 Jahren noch haben.
   c. Ermitteln Sie die Zeitdauer, nach der sich der Wert des Geldes halbiert hat. Begründen Sie bitte den Ansatz sowie die einzelnen Schritte Ihrer Berechnungen!
7. Drei Firmen benötigen von einer Bank je einen Kredit in Höhe von jeweils 1 Mio. € mit einer Laufzeit von einem Jahr. Die Bank kann sich inkl. eigener Unkosten Geld für 4,50 % am Markt beschaffen und Kreditnehmern zur Verfügung stellen. Dieser risikolose Zinssatz hängt u. a. von der eigenen Bonität ab. Zusätzlich zu diesem Zins sind jedoch Faktoren wie z. B. eigene Marge und die Wiederverwertungsquote bei Insolvenz des Gläubigers zu berücksichtigen. Auch aus diesem Grund werden unterschiedliche Zinssätze je Kunde vereinbart.
   Zusätzlich ist das Risiko der Bank über eine Versicherungsprämie (zahlbar bei Abschluss des Kredits (!) an die Bankengruppe) abzufangen. Dazu stellt eine Abteilung der Bank (sogenannte *Treasury*) die jeweiligen Risikoaufschläge in Abhängigkeit des (externen) Ratings des Kreditnehmers zur Verfügung. Dieses berücksichtigt die Ausfallwahrscheinlichkeit. Gemäß Tab. 9.11 soll gelten:
   a. Ermitteln Sie mithilfe der Barwertrechnung, welche der drei Kredite aus Sicht der Bank vergeben werden sollten. Nutzen Sie dazu gegebenenfalls eine Excel-Tabelle.
   b. Analysieren Sie die Rechnung und erläutern Sie, wann ein Kredit aus Sicht der Bank vergeben werden sollte.
   Jahresabonnement oder Monatskarte im ÖPNV – eine Aufgabe mit Einsatz von Iterationsverfahren: Die Berliner Verkehrsbetriebe (BVG) bieten den Kunden für sogenannte Zeitkarten unterschiedliche Zahlungsarten an (s. Tab. 9.12, Hinweis: Erstellt in Anlehnung an Heidorn (2006), S. 21 ff.):

9.3.3 Lösungen

1. Lösung der Teilaufgaben
   a) $K_0 = \dfrac{K_n}{(1+i)^n}$
   b) $K_0 = \dfrac{K_{10}}{(1+0{,}04)^{10}} = \dfrac{8800}{1{,}04^{10}} = 5944{,}96$

Tab. 9.12 Zahlungsarten der Berliner Verkehrsbetriebe (BVG)

	Berlin AB	695,00 €
	Berlin BC	716,00 €
	Berlin ABC	875,00 €
	Berlin ABC + 1 Landkreis	1200,00 €
	Berlin ABC + 2 Landkreise	1490,00 €
Monatskarte VBB-Umweltkarte im Abo (Abbuchung 1× jährlich)	Berlin ABC + 1 Landkreis + 1 kreisfreie Stadt	−1490,00 €
	VBB-Gesamtnetz	1.800,00 €
	Berlin AB	675,00 €
	Berlin BC	700,00 €
	Berlin ABC	848,00 €
	Berlin ABC + 1 Landkreis	1164,00 €
	Berlin ABC + 2 Landkreise	1445,30 €
	Berlin ABC + 1 Landkreis + 1 kreisfreie Stadt	−1445,30 €
	VBB-Gesamtnetz	1746,00 €

Tab. 9.13 Barwerte der Einzelbeträge sowie Nettobarwert als deren Summe

Cash Flow des Investors					
Jahr	0	1	2	3	Summe
Zahlung eines Emittenten	−80 €	−80 €	−80 €	250 €	10 €
Barwerte	−80 €	−75,33 €	−70,93 €	208,72 €	−17,54 € (NPV)

2. $K_0 = \dfrac{100}{(1 + 0{,}03)^1} + \dfrac{100}{(1 + 0{,}03)^2} = 191{,}35$

3. Nein, der Nettobarwert der Investition beträgt bei einem angenommenen Zinssatz von 10 % genau −65.826,02 € (s. Microsoft Excel-Lösung „Immobilienkauf.xlsx"). Kontrollrechnung: Würde Herr Meyer die 250.000 € wieder am Aktienmarkt anlegen und hätte Erfolg, dann besäße er $250.000 \cdot 1{,}10^{10} = 407.223{,}66$ €.

4. Gegeben ist der Wert der Zahlung in Höhe von 120.000 € in zwölf Wochen, also drei Monaten. Gesucht ist der heutige Wert dieser Zahlung, also der Barwert.

$$K_0 = \frac{K_n}{(1+i)^n}$$

$$K_0 = \frac{120.000}{(1 + 0{,}003)^3} = \frac{120.000}{1{,}003^3} = 118.926{,}48$$

Der Wert der künftigen Zahlung beträgt heute 118.926,48 €.

5. Für die Lösung der Teilaufgaben s. auch Microsoft Excel-Lösung „Investorenzahlungen.xlsx".

   a) Die erste Idee ist, die Summe aller über die insgesamt dreimalig zu leistenden Zahlungen zu addieren. Der zu zahlende Betrag entspräche $3 \cdot 80\,€ = 240\,€$. Da man am Ende der Laufzeit eine Auszahlung von 250 € erhält, würde man einen Gewinn von 10 € erzielen.

   Bei dieser Annahme handelt es sich jedoch um eine Fehleinschätzung! Der Marktzins muss berücksichtigt werden. Die Zahlungen sind mit dem Marktzins zu diskontieren! Dafür muss der Nettobarwert errechnet werden.

Berechnung des Nettobarwertes (*Net Present Value* = NPV) aller Zahlungen:

$$\text{NPV} = -80 - \left(\frac{80}{1{,}062^1}\right) - \left(\frac{80}{1{,}062^2}\right) + \left(\frac{250}{1{,}062^3}\right)$$
$$= -17{,}54 \,.$$

Die Barwerte der Einzelbeträge zeigt Tab. 9.13. In diesem Fall ist die Investition nicht sinnvoll!

   b) Merke: Bei positivem Nettobarwert aller Zahlungen sollte eine Investition erfolgen. Damit vergrößert der Investor sein Vermögen.

6. Lösung der Teilaufgaben
   a) Der Wert des Geldes verringert sich durch Preissteigerungen, die üblicherweise durch den Begriff der Inflation zusammengefasst werden.
   b) Annahme: Die Europäische Zentralbank verpflichtet sich dem Ziel einer Inflationsrate von ca. 2 %. Wir nehmen hier an, dass dieses Ziel erreicht wird. Damit ist $i = 0{,}02$.
   c) Zu Berechnung nutzen wir die Formel der Zinseszinsrechnung und setzen die gegebenen Größe ein.

$$K_n = K_0 \cdot (1 + i)^n$$
$$K_0 = \frac{K_n}{(1+i)^n} = \frac{K_{30}}{(1 + 0{,}02)^{30}} = \frac{50.000}{1{,}02^{30}} = 27.603{,}54 \,.$$

Diese Formel ist mit Hilfe des Logarithmus nach dem Exponenten aufzulösen. Siehe hierzu auch Abschn. 2.6.

$$n = \log_{1+i} \frac{K_n}{K_0} = \frac{\ln\left(\frac{K_n}{K_0}\right)}{\ln(1+i)} = \frac{\ln\left(\frac{50.000}{25.000}\right)}{\ln(1{,}02)} = 35 \,.$$

Abbildung 9.31 zeigt die Abhängigkeit der Laufzeit zur Halbierung des Geldwertes von der Inflationsrate.

7. Für die Lösung der Teilaufgaben siehe auch Microsoft-Excel Lösung „Barwertrechnung für Kreditentscheidungen.xlsx". Die Lösung der Teilaufgaben sind:
   In allen drei Fällen wird im Jahr null 1 Mio. € ausgezahlt. Zudem ist im gleichen Jahr eine Versicherungsgebühr an die Bankengruppe zu zahlen! Die Rückzahlungshöhe nach der Kreditlaufzeit von einem Jahr variiert je nach Zinssatz.
   Bei einer Kreditvergabe an Firma A würde die Bank zunächst 1.000.000 € sowie (!) die Versicherungsprämie zahlen und dann im Jahr der Rückzahlung einen positiven Cash-Flow in Höhe von $1.000.000\,€ \cdot 1{,}056 = 1.056.000\,€$ erzielen. Bei Vergabe an Firma B 1.063.000 € und bei Vergabe an Firma C 1.089.000 €.

Kapitel 9

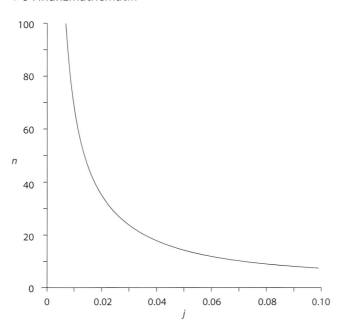

Abb. 9.31 Dauer der Halbierung des Geldwertes in Abhängigkeit des Wertverfalls

Tab. 9.14 Übersicht Berechnungsergebnisse

Cash Flow			
	akt. Zeitpunkt t_0	$t_0 + 1$ Jahr	NPV
A	−1.000.300,00	1.056.000,00	10.226,32
B	−1.000.700,00	1.063.000,00	16.524,88
C	−1.048.000,00	1.089.000,00	−5894,74

Eine Entscheidung kann jedoch nur wieder unter Berücksichtigung der Marktzinsen, also durch Errechnung des Nettobarwertes (*Net Present Value*) getroffen werden. Dazu ist der Rückzahlungsbetrag samt Kreditzinsen mit dem Marktzins abzuzinsen.
Insgesamt erhält man (s. Tab. 9.14):

Firma A

$$\text{NPV} = -1 \cdot 1.000.000 \cdot (1 + 0{,}0003) + \frac{1.056.000}{1 + 0{,}045}$$
$$= 10.226{,}32$$

Firma B

$$\text{NPV} = -1 \cdot 1.000.000 \cdot (1 + 0{,}0007) + \frac{1.063.000}{1 + 0{,}045}$$
$$= 16.524{,}88$$

Firma C

$$\text{NPV} = -1 \cdot 1.000.000 \cdot (1 + 0{,}048) + \frac{1.089.000}{1 + 0{,}045}$$
$$= -5894{,}74 \,.$$

Der Kredit an Firma C weist einen negativen Nettobarwert aus, sodass dieser unter den genannten Bedingungen aus Sicht der Bank nicht zu vergeben wäre.
Offenbar muss der zu vereinbarende Zins stark steigen, wenn die Ausfallwahrscheinlichkeit hoch ist.

9.4 Renten und Ratenzahlungen

Die Berechnung von Raten und Renten ist eine wichtige Anwendung der Zinsrechnung. Arbeiten Sie diesen Abschnitt durch, wenn Sie sich die Grundprinzipien der Verrentung von Kapital und/oder Ratenzahlungen aneignen wollen. Sie werden schnell erkennen, dass die „Rentenzahlungen" und die „Ratenzahlungen" eng miteinander verknüpft sind und sich deshalb der Lernaufwand für Sie faktisch halbiert! Denn: Eine Rente ist eine Ratenzahlung aus Sicht des Versicherers!

Folgendes können Sie konkret, wenn Sie den Abschnitt intensiv bearbeitet haben:

- die Grundprinzipien der Renten- und Ratenzahlung erläutern,
- die Laufzeit und die Renten-/Ratenhöhe berechnen sowie den Einfluss des zugrundegelegten Zinses bewerten,
- den Unterschied zwischen Renten-/Ratenendwert und Renten-/Ratenbarwert mit eigenen Worten erläutern.

Wenn Sie sich für die Ratenzahlung oder Verrentung von Kapital interessieren, dann erläutert Ihnen dieser Abschnitt, wie beide Verfahren funktionieren und welche Einflussgrößen Sie unbedingt beachten sollten.

Beispiel

Nachdem Tina eine neue Arbeit gefunden hat, möchte sie sich als „Belohnung" einen neuen Laptop bzw. Computer für 800 € kaufen. Sie wird diesen per Kredit finanzieren. Sie zahlt den Kredit in Form von gleichbleibenden Raten über 24 Monate zurück. Es handelt sich in diesem Fall also um eine Ratenzahlung. Der wahre Wert dieser Ratenzahlung hängt wesentlich vom zugrundegelegten Zins über die Laufzeit ab. Wir werden dieses Thema in diesem Abschnitt wieder aufgreifen. ◄

Eine weitere Anwendung der Zinsrechnung ergibt sich durch die sogenannte **Verrentung von Kapital**.

Beispiel

Bennet hat ca. 50.000 € angespart. Er möchte dieses Geld verwenden, um für das Alter vorzusorgen. Prinzipiell gibt es dafür zwei Möglichkeiten: Erstens, er legt den Betrag auf ein Sparkonto und hebt ihn in kleinere Beträge aufgeteilt nach Eintritt des Rentenalters ab. Oder – und das ist die üblicherweise gewählte Variante – er zahlt das Geld bei einer Versicherung als Einmalzahlung ein. Die Versicherung verzinst das Kapital bis Bennet das vereinbarte Rentenalter erreicht hat und zahlt ihm dann eine Rente. Diese kann eine bestimmte und damit begrenzte Anzahl von Rentenzahlungen enthalten oder auf

Lebenszeit gezahlt werden. Da die Versicherung bei lebenslanger Zahlung die Wahrscheinlichkeit für das Erreichen eines bestimmten Alters von Bennet mit in Betracht ziehen muss, ist die lebenslange Rente mit umfangreicheren Berechnungen und der Wahrscheinlichkeitsrechnung verbunden. Der Kalkulation liegen versicherungsmathematische Annahmen (Sterbetafeln) zugrunde. Den Zusammenhang zeigt Abb. 9.32 schematisch.

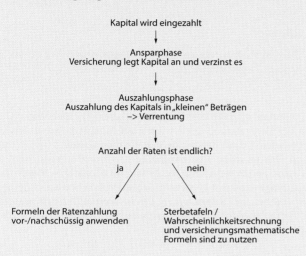

Abb. 9.32 Systematik der Verrentung von Kapital im groben Überblick ◀

9.4.1 Theorie

Zunächst soll die Theorie der Ratenzahlungen erläutert werden. Anschließend werden wir zeigen, dass eine Rentenzahlung einer umgekehrten Ratenzahlung entspricht. Damit ergeben sich die entsprechenden Formeln zur Berechnung sehr schnell.

Es werden die folgenden Formelzeichen bzw. Symbole für die Berechnung von Renten- und Ratenzahlungen genutzt:

r Höhe der periodischen Renten- oder Ratenzahlung
n Anzahl der Zahlungen/Laufzeit der Rente bzw. der Ratenzahlungen
p Zinssatz, Zinsfuß in Prozent
i Zinsfuß $i = p/100$
     („interest")
q Auf-/Abzinsungsfaktor

$$q = 1 + i = 1 + p/100$$

R_n Renten-/Ratenendwert nach Zahlung der n-ten Rente bzw. Rate
R_0 Barwert der Renten-/Ratenzahlungen.

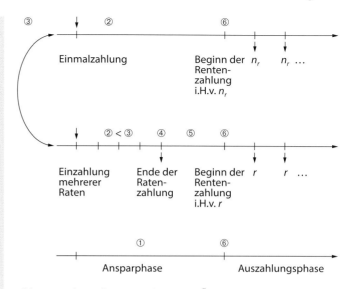

Abb. 9.33 Phasen der Rentenzahlungen im Überblick

9.4.1.1 Rentenzahlungen bei identischer Zins- und Rentenperiode

9.4.1.1.1 Rentenrechnung im Überblick

Um die Berechnungen für Rentenzahlungen zu verstehen, soll der Vorgang einer solchen Zahlung veranschaulicht werden. Eine Rente kann nur ausgezahlt werden, wenn zuvor Ansprüche auf eine Rente erworben wurden. Die dafür notwendigen Einzahlungen erfolgen in der sogenannten **Ansparphase**.

Innerhalb der Ansparphase können periodische Einzahlungen in eine Rentenversicherung oder eine einmalige Einzahlung vorgenommen werden. In jedem Fall erfolgt das Ansparen eines gewissen „Ausgangsbetrages", den die Versicherung nutzt, um später daraus die Rentenzahlungen vornehmen zu können. Abbildung 9.33 zeigt beide Systeme schematisch.

1. Das Kapital wird in der Ansparphase ① eingezahlt. Dies kann einmalig ② oder in mehreren kleineren Beträgen ③ erfolgen.
2. Eine Rentenzahlung wird oft mit einer Ratenzahlung ③ kombiniert. Die Ratenzahlung findet dann in der Ansparphase der Rente statt. Wird der einzuzahlende Betrag auf mehrere kleinere Raten verteilt, so ist der Zinseszinseffekt in der Ansparphase kleiner!
3. Nach dem Ende der Ratenzahlungen ④ in der Ansparphase kann noch einige Zeit ⑤ vergehen, bis die Rentenzahlung ⑥ beginnt.

9.4.1.1.2 Rentenendwert einer vorschüssigen Rente

In den folgenden Ausführungen beschränken wir uns zunächst auf den Fall, dass die Rentenzahlungen am Anfang einer Zinsperiode erfolgen. Dies bedeutet, dass Rentenperiode und Zinsperiode identisch sind!

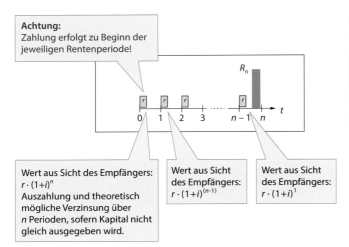

Achtung:
Zahlung erfolgt zu Beginn der jeweiligen Rentenperiode!

Wert aus Sicht des Empfängers:
$r \cdot (1+i)^n$
Auszahlung und theoretisch mögliche Verzinsung über n Perioden, sofern Kapital nicht gleich ausgegeben wird.

Wert aus Sicht des Empfängers:
$r \cdot (1+i)^{(n-1)}$

Wert aus Sicht des Empfängers:
$r \cdot (1+i)^1$

Abb. 9.34 Phasen der vorschüssigen Rentenzahlungen im Überblick. Nach Renger (2006)

Um die Formeln der Rentenzahlungen zu verstehen, ist es sinnvoll, sich zunächst an einem Beispiel zu orientieren. Im Folgenden wird dazu Abb. 9.34 sukzessive erläutert. Am Ende werden Sie verschiedene Arten der Rentenzahlungen kennen und die Formeln verstehen.

Wie Abb. 9.34 zeigt, kann die Zahlung einer Rente r am Anfang oder am Ende eines Monats (Zinsperiode) erfolgen. Wir betrachten hier zunächst die sogenannte **vorschüssige Rente**. Die Zahlung erfolgt dabei zu Beginn der Zinsperiode, also z. B. am Ersten eines jeden Monats.

Die Antwort auf die Frage, warum dies so wichtig für unsere Formeln ist, lässt sich durch die Überlegung zu einer vor-/ nachschüssigen Rente wie folgt klären: Wenn die Versicherung die Rente am Anfang des Monats zahlt, dann steht ihr die Zinsperiode nicht mehr zur Verzinsung der Rente zur Verfügung, denn sie hat das Geld bereits ausgezahlt. Würde die Rate am Ende der Zinsperiode – also z. B. am Ende jedes Monats – gezahlt, dann könnte die Versicherung das Geld anlegen und somit einen Zins erwirtschaften, an dem sie den Rentenempfänger (teilweise) teilhaben lassen könnte.

Merksatz

Es sind **vorschüssige** und **nachschüssige Renten** zu unterscheiden! Bei einer vorschüssigen Rente erfolgt die Zahlung zu Beginn der Zinsperiode bzw. Rentenperiode, bei der nachschüssigen am Ende.

Eine vorschüssige Rentenzahlung ist bei gleichem Ausgangskapital niedriger, da die Versicherung dann eine Renten-/Zinsperiode weniger Zeit hat, das Geld anzulegen.

Doch zurück zu Abb. 9.34. Wir wollen uns zunächst der Frage widmen, was die Summe aller Rentenzahlungen für den Rentenempfänger Wert ist. Dieser Rentenendwert R_n ergibt sich aus der Summe aller einzeln gezahlten Renten r sowie deren Verzinsung bis zum Ende der Laufzeit der Rente.

Beispiel

Franzi erhält von einer Versicherung eine vorschüssig ausgezahlte Rente von 100 € monatlich. Die Rentenzahlung beginnt am 1.1.2011 und dauert 5 Jahre. Wie viele Zinsperioden müssen bei den Berechnungen betrachtet werden?

Lösung

Die Laufzeit der Rente beträgt 5 Jahre, was $5 \cdot 12 = 60$ Monaten entspricht. ◀

Anknüpfend an das obige Beispiel soll die erste Rate von 100 € von der Versicherung am 1.1.2011 auf Franzis Konto überwiesen werden. Damit handelt es sich um eine vorschüssige Rente! Doch was ist diese Rentenzahlung für Franzi – gemessen an der Laufzeit der gesamten Rente von 60 Monaten – Wert? Um diese Frage zu beantworten hilft es, sich die erste Zahlung von $r = 100$ genauer anzuschauen. Deren Wert ergibt sich mithilfe der Formel aus der Zinseszinsrechnung bei n Zinsperioden zu

$$R_{1.\,\text{Rente},n} = K_0 \cdot (1 + i)^n = r \cdot (1 + i)^n$$

und für die zweite Rate zu

$$R_{2.\,\text{Rente},n-1} = r \cdot (1 + i)^{n-1}.$$

Die zweite Rate kann nur für $n-1$ Zinsperioden verzinst werden.

Die letzte Rate wird nur genau einen Monat verzinst! Es gilt also

$$R_{n.\,\text{Rente},1} = r \cdot (1 + i)^{n-(n-1)} = r \cdot (1 + i)^1 = r \cdot (1 + i).$$

Beim Rentenendwert interessieren wir uns nun für den Gesamtwert aller Ratenzahlungen, wenn diese mit einem Zinsfuß i verzinst worden wären. Dies ist demnach dasjenige Kapital, das der Rentenempfänger auf seinem „Sparkonto" hätte, wenn er die Rentenzahlungen nicht ausgeben, sondern alle auf ein Sparkonto einzahlen und dort mit dem Zinssatz i verzinsen würde. Man bezeichnet den Rentenendwert mit R_n.

Gut zu wissen

Um den Rentenendwert einer vorschüssigen Rente r berechnen und vollständig verstehen zu können, betrachten wir, was in der Praxis „passiert". Wenn die insgesamt n Rentenzahlungen nicht ausgegeben, sondern gespart und dabei verzinst werden, dann bedeutet dies, dass die verzinsten Rentenzahlungen summiert werden. Die Summe, also der Rentenendwert, ist

$$R_n = r \cdot (1 + i)^n + r \cdot (1 + i)^{n-1} + \ldots$$
$$+ r \cdot (1 + i)^2 + r \cdot (1 + i)^1.$$

Diese Formel ist noch sehr unübersichtlich. Wir ändern daher die Reihenfolge der Summanden und ersetzen den Wert von $(1 + i)$ durch q:

$$R_n = r \cdot (1 + i)^1 + r \cdot (1 + i)^2 + \ldots$$
$$\quad + r \cdot (1 + i)^{n-1} + r \cdot (1 + i)^n$$
$$R_n = r \cdot q^1 + r \cdot q^2 + \ldots + r \cdot q^{n-1} + r \cdot q^n$$
$$R_n = q \cdot \left(r \cdot q^0 + r \cdot q^1 + \ldots + r \cdot q^{n-2} + r \cdot q^{n-1} \right).$$

Der auf der rechten Seite der Gleichung in Klammern stehende Ausdruck ist die $(n-1)$-te Partialsumme der geometrischen Reihe $\sum_{k=0}^{n-1} rq^k$, also gleich

$$r \cdot \frac{q^n - 1}{q - 1}.$$

Für den Rentenendwert folgt damit

$$R_n = q \cdot \underbrace{\left(r \cdot q^0 + r \cdot q^1 + \ldots + r \cdot q^{n-2} + r \cdot q^{n-1} \right)}_{r \cdot \frac{q^n-1}{q-1}}.$$

Der Endwert einer vorschüssig gezahlten Rente lässt sich daher berechnen mit:

$$R_n = q \cdot r \cdot \frac{q^n - 1}{q - 1} = r \cdot q \cdot \frac{q^n - 1}{q - 1}$$

mit $q = 1 + i$ und i als Zinssatz für die gesparte Rente. ◄

Merksatz

Der **Rentenendwert einer vorschüssigen Rente** gibt an, welchen Wert die Rente für den Empfänger hat, wenn dieser die Rente auf ein Sparkonto einzahlen und mit einem Zinssatz i verzinsen würde.

Er wird berechnet mit

$$R_n = r \cdot q \cdot \frac{q^n - 1}{q - 1},$$

wobei $q = 1 + i$ ist.

Da der Wert der Rentenzahlungen nicht nur von der Höhe der einzelnen Renten r, sondern auch von der aktuellen Verzinsung am Markt sowie der Laufzeit der Rente abhängt, kann man den Rentenendwert zu Vergleichszwecken z. B. für zwei unterschiedliche Versicherungsangebote nutzen!

Beispiel

Franzi erhält von einer Versicherung eine vorschüssige Rente von 100 € monatlich. Die Rentenzahlung beginnt am 1.1.2011 und dauert 5 Jahre, also $5 \cdot 12 = 60$ Monate. Gesucht ist der Rentenendwert.

Lösung

Damit Franzi den Wert aller Rentenzahlungen, also den Rentenendwert R_n, berechnen kann, muss sie einen Marktzinssatz annehmen, zu dem sie das Geld für die gesamte Rentenlaufzeit anlegen könnte. Sie geht von 2 % p. a., also $i = 0,02$ p. a. aus. Aber Vorsicht! Der Zinssatz ist hier auf Jahresbasis und die Rentenzahlung auf Monatsbasis gegeben. Wenn Franzi die Rentenzahlungen auf ein Sparkonto einzahlen würde, so würden die Rentenzahlungen in der Regel gebrochenen Laufzeiten unterliegen. Alternativ, wie in Abschn. 9.2.1.5 gezeigt, können wir aber den Jahreszins in einen Monatszins umrechnen:

$$i_{\text{Monat}} = \sqrt[12]{(1 + i_{\text{Jahr}})} - 1 = \sqrt[12]{(1 + 0{,}02)} - 1$$
$$= 0{,}00165158.$$

Und für den Rentenendwert folgt

$$R_{60} = r \cdot q \cdot \frac{q^n - 1}{q - 1}$$
$$= 100 \cdot 1{,}00165158 \cdot \frac{1{,}00165158^{60} - 1}{1{,}00165158 - 1}$$
$$= 6312{,}30.$$

Abbildung 9.35 zeigt einen Ausschnitt der Berechnungen in der Microsoft Excel-Beispieldatei „Rentenzahlungen Franzi.xlsx". Diese sollten Sie zur Vertiefung des Verständnisses selbst aufbauen!

	A	B	C	D	E
1					
2		Laufzeit der Rente		$n =$	60
3		JAHRESzins		$i_{\text{Jahr}} =$	2,00 %
4		Monatszins		$i_{\text{Monat}} =$	0,165158 %
5				$q_{\text{Jahr}} =$	1,00165158
6		konstante Rentenzahlung		$r =$	100,00 €
8		Rentenendwert lt. Formel		$R_n =$	6.312,30 €
10		Probe mit tabellarischer Berechnung:			
11		Monat	Rente	Anzahl der Zinsperioden in Monaten für diese Rate bei Anlage auf Sparkonto	Wert der einzelnen Rentenzahlung am Laufzeitende der gesamten Rente = Rente + Zinseszinsen
12		1	100,00 €	60	100,41 €
13		2	100,00 €	59	100,23 €
70		59	100,00 €	2	100,33 €
71		60	100,00 €	1	100,17 €
72		Rentenendwert / Summe			6.312,30 €

Abb. 9.35 Endwert einer vorschüssigen Rente (Excel-Lösung) ◄

Kapitel 9

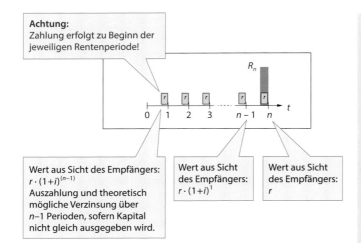

Achtung:
Zahlung erfolgt zu Beginn der jeweiligen Rentenperiode!

Wert aus Sicht des Empfängers:
$r \cdot (1+i)^{(n-1)}$
Auszahlung und theoretisch mögliche Verzinsung über $n-1$ Perioden, sofern Kapital nicht gleich ausgegeben wird.

Wert aus Sicht des Empfängers:
$r \cdot (1+i)^1$

Wert aus Sicht des Empfängers:
r

Abb. 9.36 Phasen der nachschüssigen Rentenzahlungen im Überblick. Nach Renger (2006), S. 28

9.4.1.1.3 Rentenendwert einer nachschüssigen Rente

Im Unterschied zur vorschüssigen Rente wird jede Rentenzahlung bei der nachschüssigen Rente am Ende einer Rentenperiode geleistet. Abbildung 9.36 zeigt dies schematisch.

Die Formel zur Berechnung des Endwertes aller Rentenzahlungen folgt wiederum aus den Überlegungen der Verzinsung jeder einzelnen Rentenzahlung. Für die erste Rate erhält man

$$R_{1.\ \text{Rente},n-1} = R_0 \cdot (1+i)^{n-1} = r \cdot (1+i)^{n-1}$$

und für die zweite Rate

$$R_{2.\ \text{Rente},n-2} = r \cdot (1+i)^{n-2}.$$

Die letzte Rate wird gar nicht verzinst, denn sie wird am Ende der Laufzeit der gesamten Rente ausgezahlt! Zu diesem Zeitpunkt enden auch alle Rentenzahlungen. Es gilt also

$$R_{n.\ \text{Rente},0} = r \cdot (1+i)^{n-n} = r \cdot (1+i)^0 = r.$$

Gut zu wissen

Zur Ermittlung der Formel für den Rentenendwert einer nachschüssigen Rente werden die verzinsten Rentenzahlungen summiert. Es ist

$$R_n = r \cdot (1+i)^{n-1} + r \cdot (1+i)^{n-2} + \dots$$
$$+ r \cdot (1+i)^1 + r \cdot (1+i)^0.$$

Wir ändern wieder die Reihenfolge der Summanden und ersetzen $(1+i)$ durch q:

$$R_n = r \cdot (1+i)^0 + r \cdot (1+i)^1 + \dots$$
$$+ r \cdot (1+i)^{n-2} + r \cdot (1+i)^{n-1},$$
$$R_n = r \cdot q^0 + r \cdot q^1 + \dots + r \cdot q^{n-2} + r \cdot q^{n-1}.$$

Jeder Summand

$$r \cdot q^{i-1} \quad \text{mit} \quad i = 1,2,\dots,n$$

geht aus dem vorherigen Summanden hervor, indem man diesen mit einem konstanten Faktor q multipliziert, weshalb das Verhältnis (!) zweier aufeinanderfolgender Summanden stets konstant ist. Die Summanden bilden somit die Glieder einer geometrischen Zahlenfolge, die aufsummiert werden. Es entsteht eine geometrische Reihe. Deren Summe lässt sich berechnen durch

$$s_n = a_1 \cdot \frac{q^n - 1}{q - 1} = r \cdot \frac{q^n - 1}{q - 1}.$$

Für die obige Formel bzw. Summe folgt damit

$$R_n = \underbrace{r \cdot q^0 + r \cdot q^1 + \dots + r \cdot q^{n-2} + r \cdot q^{n-1}}_{r \cdot \frac{q^n - 1}{q - 1}}.$$

Der Endwert einer nachschüssig gezahlten Rente lässt sich berechnen mit:

$$R_n = r \cdot \frac{q^n - 1}{q - 1}. \qquad \blacktriangleleft$$

Beispiel

Betrachten wir den Fall, dass Franzi nun von der Versicherung eine nachschüssige Rente von $100\,\text{€}$ monatlich erhält, die am 1.1.2011 beginnt und 5 Jahre gezahlt wird. Wie hoch ist der Wert aller Zahlungen, also der Rentenendwert für sie? Nehmen Sie auch hier wieder einen Marktzinssatz von 2 % p. a., also $i = 0,02$ p. a. an und vergleichen Sie das Ergebnis mit der vorherigen Berechnung, bei der eine vorschüssige Rente mit sonst gleichen Bedingungen gezahlt wurde.

Nach Umrechnung des gegebenen Jahreszinssatzes in einen Monatszinssatz erhalten wir analog den bereits in diesem Abschnitt gezeigten Berechnungen

$$i_{\text{Monat}} = \sqrt[12]{(1 + i_{\text{Jahr}})} - 1 = \sqrt[12]{(1 + 0{,}02)} - 1$$
$$= 0{,}00165158.$$

Für den Rentenendwert der nachschüssig gezahlten Rente folgt:

$$R_{60} = r \cdot \frac{q^n - 1}{q - 1} = 100 \cdot \frac{1{,}00165158^{60} - 1}{1{,}00165158 - 1} = 6301{,}89.$$

Die entsprechenden Berechnungen mit tabellarischer Probe finden Sie ebenfalls in der Microsoft Excel-Beispieldatei „Rentenzahlungen Franzi.xlsx". Diese sollten Sie zur Vertiefung des Verständnisses auch wiederum selbst aufbauen! $\qquad \blacktriangleleft$

Gut zu wissen

Ist entweder der Wert der vorschüssigen oder der nachschüssigen Rente bekannt, so können Sie die jeweils anderen Werte leicht errechnen! Vergleichen Sie dazu folgende Formeln mit $q = 1 + i$:

$$R_{n,\text{vorschüssig}} = r \cdot q \cdot \frac{q^n - 1}{q - 1}$$

und

$$R_{n,\text{nachschüssig}} = r \cdot \frac{q^n - 1}{q - 1}.$$

Es lässt sich leicht erkennen, dass der Rentenendwert der nachschüssigen Rente stets um den Faktor q kleiner ist. Dies ist einleuchtend, weil die Rentenzahlungen dem Rentenempfänger erst am Ende jeder Rentenperiode ausgezahlt werden. Bei der vorschüssigen Rente kann er die Zahlung bereits für diesen Zeitraum zinsbringend anlegen, bei der nachschüssigen nicht! Es gilt also

$$R_{n,\text{vorschüssig}} = q \cdot R_{n,\text{nachschüssig}}.$$

Der Rentenendwert einer vorschüssigen Rente ist stets höher als der Rentenendwert einer nachschüssigen Rente bei sonst gleichen Zahlungsbedingungen! ◀

Sie können den Wert der nachschüssigen Rente von Franzi also auch direkt aus dem Ergebnis der bereits vorher durchgeführten Rechnung für die vorschüssige Rente erhalten. Es gilt

$$R_{n,\text{vorschüssig}} = q \cdot R_{n,\text{nachschüssig}}$$
$$R_{n,\text{nachschüssig}} = \frac{1}{q} \cdot R_{n,\text{vorschüssig}}$$
$$= \frac{1}{1,00165158} \cdot 6312,30 = 6301,89.$$

9.4.1.1.4 Barwert einer vorschüssigen Rente

Wie in der Barwertrechnung bereits dargestellt, interessiert man sich auch bei einer Rente für denjenigen Wert, den *zukünftige* Rentenzahlungen zu einem bestimmten Zeitpunkt (z. B. heute) besitzen. Wenn man den Wert der *künftigen Raten* bestimmen kann, so entspricht dies derjenigen Summe, die heute einzuzahlen ist, um in Zukunft eine bestimmte Rente zu erhalten. Abb. 9.37 zeigt den Zusammenhang zwischen Rentenendwert und Rentenbarwert schematisch.

Merksatz

Der **Barwert einer Rente** ist derjenige Wert, der zum Zeitpunkt $t = 0$ (heute) einzuzahlen ist, um die Rentenzahlungen in der Zukunft (!) leisten zu können. Der Wert zukünftiger Rentenzahlungen wird durch Abzinsung jeder einzelnen Rate ermittelt (s. Abb. 9.38).

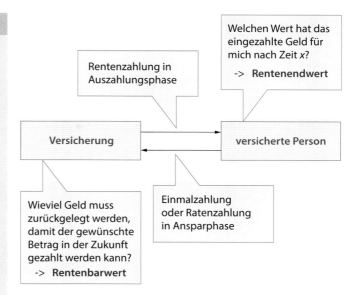

Abb. 9.37 Veranschaulichung von Rentenend- und -barwert

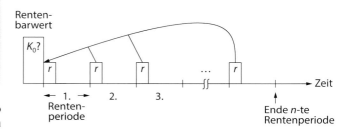

Abb. 9.38 Schema zur Berechnung des Barwertes vorschüssiger Rentenzahlungen. Nach Arnold (2006), S. 11

Um den Begriff des Barwertes einer Rente wirklich verstehen zu können, schauen wir uns ein Beispiel an.

Beispiel

Bennets Eltern haben seit Jahren in eine „kleine" Rentenversicherung für ihn eingezahlt. Nun, nachdem die Ansparphase beendet ist, bietet ihm die Versicherung Folgendes an: Bennet kann sich jetzt 5000 € in einem Betrag oder für die nächsten zehn Jahre jeweils 510 € am Jahresanfang auszahlen lassen. Helfen Sie Bennet und sagen Sie ihm, für welche Variante er sich entscheiden soll!

Lösung

Natürlich kann es sein, dass Bennet sich ein Auto kaufen möchte, sodass er den Einmalbetrag bevorzugt. Rein rational sollte er jedoch überlegen, bei welcher Variante er den größten Gegenwert erhält! Klar ist, dass 510 € über 10 Jahre einen „vorläufigen" Gesamtwert von 5100 € darstellen. Dies scheint höher zu sein, als die Einmalzahlung von 5000 €. Doch so einfach ist die Rechnung leider nicht! Diese Überlegung hilft an dieser Stelle ebenfalls nur begrenzt weiter, weil sie den Wert der Rente am Ende der Laufzeit bewertet. Bennet möchte jedoch den Wert zukünftiger (!) Zahlungen heute wissen. Dies ist ein typisches Beispiel für eine Barwertrechnung!

Wir nähern uns wieder über die Betrachtung des Wertes jeder einzelnen Rentenzahlung. Welchen Wert besitzt die erste Ratenzahlung Anfang Januar? Da die Rente vorschüssig, also am 1.1. ausgezahlt wird, würde Bennet diese Rate sofort nach seiner Entscheidung erhalten. Der Barwert entspricht also dem ausgezahlten Betrag!

$$R_{0,1.\text{Rate}} = r \,.$$

Die zweite Rate muss über ein Jahr abgezinst werden. Gegebenenfalls vergleichen Sie hierzu die Barwertrechnung in Abschn. 9.3. Für den Barwert der Rate folgt

$$R_{0,2.\text{ Rate}} = \frac{r}{(1+i)^1} \,.$$

Den Zusammenhang für den Barwert der n-ten Rate erhalten Sie, indem Sie die Rate $(n-1)$-mal diskontieren. Es folgt

$$R_{0,n\text{-te Rate}} = \frac{r}{(1+i)^{n-1}} \,. \qquad \blacktriangleleft$$

Gut zu wissen

Die **Formel für den Barwert einer vorschüssig gezahlten Rente** lässt sich aus dem Barwert jeder einzelnen Rentenzahlung herleiten. Dazu werden die einzelnen Barwerte summiert. Es ist

$$R_0 = \frac{r}{(1+i)^0} + \frac{r}{(1+i)^1} + \ldots$$
$$+ \frac{r}{(1+i)^{n-2}} + \frac{r}{(1+i)^{n-1}} \,,$$

$$R_0 = r \cdot \frac{1}{(1+i)^0} + r \cdot \frac{1}{(1+i)^1} + \ldots$$
$$+ r \cdot \frac{1}{(1+i)^{n-2}} + r \cdot \frac{1}{(1+i)^{n-1}} \,.$$

Wir ersetzen $(1+i)$ durch q

$$R_0 = r \cdot \frac{1}{q^0} + r \cdot \frac{1}{q^1} + \ldots + r \cdot \frac{1}{q^{n-2}} + r \cdot \frac{1}{q^{n-1}} \,,$$

$$R_0 = r \cdot \left(\frac{1}{q}\right)^0 + r \cdot \left(\frac{1}{q}\right)^1 + \ldots + r \cdot \left(\frac{1}{q}\right)^{n-2} + r \cdot \left(\frac{1}{q}\right)^{n-1} \,.$$

Jeder Summand

$$a_i = r \cdot \left(\frac{1}{q}\right)^{i-1} \quad \text{mit } i = 0,1,\ldots,n-1$$

geht aus dem vorherigen Summanden hervor, indem man diesen mit einem konstanten Faktor von $1/q$ multipliziert,

weshalb das Verhältnis (!) zweier aufeinanderfolgender Summanden stets gleich ist. Die Summanden bilden die Glieder einer geometrischen Folge, die aufsummiert werden. Es entsteht eine geometrische Reihe. Deren Summe lässt sich nachberechnen durch

$$s_n = r \cdot \frac{\left(\frac{1}{q}\right)^n - 1}{\frac{1}{q} - 1} \,.$$

Wir erweitern den letzten Faktor im Zähler und im Nenner mit q^n

$$s_n = r \cdot \frac{q^n \cdot \left(\left(\frac{1}{q}\right)^n - 1\right)}{q^n \cdot \left(\frac{1}{q} - 1\right)}$$

$$s_n = r \cdot \frac{1 - q^n}{q^{n-1} \cdot (1-q)}$$

$$s_n = i \cdot r \cdot \frac{1}{q^{n-1}} \cdot \frac{1-q^n}{1-q}$$

$$s_n = r \cdot \frac{1}{q^{n-1}} \cdot \frac{q^n - 1}{q - 1} \,.$$

Für die obige Formel bzw. Summe folgt damit

$$R_n =$$
$$\underbrace{r \cdot \left(\frac{1}{q}\right)^0 + r \cdot \left(\frac{1}{q}\right)^1 + \ldots + r \cdot \left(\frac{1}{q}\right)^{n-2} + r \cdot \left(\frac{1}{q}\right)^{n-1}}_{r \cdot \frac{1}{q^{n-1}} \cdot \frac{q^n-1}{q-1}} \,.$$

Der **Barwert einer vorschüssig gezahlten Rente** lässt sich berechnen mit:

$$R_0 = r \cdot \frac{1}{q^{n-1}} \cdot \frac{q^n - 1}{q - 1} \,. \qquad \blacktriangleleft$$

Nun zurück zum Beispiel und zur eigentlichen Entscheidung: Ist die Einmalzahlung von 5000 € oder die Zahlung von jeweils 510 € am Jahresende für die nächsten zehn Jahre zu bevorzugen?

Die Formel zur Berechnung des Barwertes der nachschüssig gezahlten Rente

$$R_0 = r \cdot \frac{1}{q^{n-1}} \cdot \frac{q^n - 1}{q - 1}$$

zwingt uns, einen Zinssatz für die Dauer von zehn Jahren anzunehmen. Dies ist derjenige durchschnittliche Zinssatz, zu dem Bennet jede durch die Versicherung ausgezahlte Rate bei einer Bank anlegen könnte! Im vorliegenden Fall wird der Zinssatz benutzt, um den Barwert der Raten durch Abzinsung zu ermitteln. Wir nehmen einen Zinssatz von durchschnittlich 2 % p. a. an und erhalten

$$R_0 = r \cdot \frac{1}{q^{n-1}} \cdot \frac{q^n - 1}{q - 1} = 510{,}00 \cdot \frac{1}{1{,}02^{10-1}} \cdot \frac{1{,}02^{10} - 1}{1{,}02 - 1}$$
$$= 4672{,}74 \,.$$

	A	B	C	D	E
1					
2		Laufzeit der Rente		$n =$	10
3		JAHRESzins		$i_{Jahr} =$	2,00 %
4				$q_{Jahr} =$	1,02 %
5		konstante Rentenzahlung		$r =$	510,00 €
7				$R_n =$	4.672,74 €
9		*Probe mit tabellarischer Berechnung:*			
10		Monat	Rente	Anzahl der Zinsperioden in Jahren für diese Rate bei Anlage auf Sparkonto = Abzinsungsdauer	Barwert der einzelnen Rentenzahlung aus Sicht des Rentenempfängers
11		1	510,00 €	0	510,00 €
12		2	510,00 €	1	500,00 €
20		10	510,00 €	9	426,75 €
21		Rentenendwert / Summe			4.672,74 €

Abb. 9.39 Barwert einer vorschüssigen Rente (Microsoft Excel-Lösung)

Der Barwert der Einmalzahlung wäre 5000 €, also deutlich größer. Bennet ist gut beraten, das Angebot der Einmalzahlung durch die Versicherung anzunehmen. Allerdings funktioniert dieser Vergleich nur dann, wenn er das Geld nicht gleich wieder ausgibt, sondern zu einem Durchschnittszins von 2,0 % bei einer Bank über zehn Jahre anlegt.

Abbildung 9.39 zeigt einen Ausschnitt der Berechnungen in der Microsoft Excel-Beispieldatei „Barwert Rentenzahlung Bennet.xlsx". Diese sollten Sie zur Vertiefung des Verständnisses selbst aufbauen!

Beispiel

Es soll die Frage beantwortet werden, welchen Zins Bennet für die Barwertrechnung höchstens ansetzen dürfte, damit sich die Einmalzahlung für ihn nicht mehr lohnt. Dies ist derjenige Zins, bei dem die Rentenzahlungen einem Barwert von 5000 € in der Summe entsprechen.

In Abschn. 9.2.1 wurde die Zielwertsuche von Excel erläutert. Wir wollen diese in der Lösungsdatei Barwert „Rentenzahlung Bennet.xlsx" einsetzen, um diese Frage zu beantworten.

Die hier angegebenen Zellbezüge beziehen sich auf Abb. 9.39. Führen Sie folgende Schritte aus:

1. Aktivieren Sie die Zelle E7 mit der Maus durch einmaligen Linksklick. E7 ist nun die aktuelle Zelle.
2. Wählen Sie im Menü „Daten" das Symbol „Was wäre wenn Analyse" und dann „Zielwertsuche" (s. Abb. 9.40).

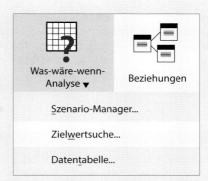

Abb. 9.40 Symbol der Zielwertsuche aus dem Menü „Daten" von Microsoft Excel

3. Es öffnet sich ein Dialogfenster, in dem Sie für die Zielzelle die Adresse E7 und für den Zielwert die gesuchten 5000 € eintragen. Als veränderbare Zelle klicken Sie mit der Maus die Zelle E3 an. Die finalen Einstellungen zeigt Abb. 9.41. Die Dollarzeichen im Zellbezug von E3 sind nicht unbedingt erforderlich und können auch entfallen.

Abb. 9.41 Parameter der Zielwertsuche

4. Bestätigen Sie die Eingaben und Sie erhalten den korrekten Wert von 0,44 % p. a. in Zelle E3 angezeigt. Bestätigen Sie das Ergebnis mit OK. Es erscheinen die Werte laut Abb. 9.42.
5. Wollen Sie eine noch genauere Angabe des Ergebnisses, so klicken Sie mit der Maus auf die Zelle C3. In der Bearbeiten-Zeile von Excel (direkt unter der Symbolleiste) wird der Wert 0,4428551222116 mit voller Genauigkeit angezeigt (s. auch den Pfeil in Abb. 9.42 oben).

Abb. 9.42 Lösung der Gleichung nach der Zielwertsuche in Microsoft Excel

Wir konnten den Zinssatz auf diese Weise sehr elegant ermitteln, ohne eine Gleichung umzustellen. Dennoch ist dieser mit 0,44 % sehr niedrig. Bennet weiß dadurch, dass der Zins in der Realität gar nicht so tief sinken kann, dass sich seine Einmalzahlung nicht lohnt. ◄

9.4.1.1.5 Barwert einer nachschüssigen Rentenzahlung

Nachdem der Barwert einer vorschüssigen Rente ermittelt wurde, soll nun noch die Frage beantwortet werden, wie hoch der Barwert einer Rente bei nachschüssiger Zahlung ist. Im Falle unseres Beispiels zeigt Abb. 9.43 schematisch den Zahlungsstrom sowie den Prozess der Verbarwertung.

Gut zu wissen

Die Formel für den **Barwert einer nachschüssigen Rente** können wir wieder durch Überlegungen zum Barwert jeder einzelnen Rate herleiten. Wir beginnen damit, wählen dann jedoch einen etwas eleganteren mathematischen Weg.

Den Wert erhält man durch Abzinsung:

$$R_{0,1.\text{ Rate}} = \frac{r}{(1+i)^1} .$$

Die zweite Rate muss über zwei Jahre abgezinst werden

$$R_{0,2.\text{ Rate}} = \frac{r}{(1+i)^2}$$

und die n-te Rate über n Jahre

$$R_{0,n\text{-te Rate}} = \frac{r}{(1+i)^n} .$$

Die Formel für den Barwert einer nachschüssig gezahlten Rente lässt sich aus dem Barwert jeder einzelnen Rentenzahlung herleiten. Dazu werden die einzelnen Barwerte summiert. Es ist

$$R_0 = \frac{r}{(1+i)^1} + \frac{r}{(1+i)^2} + \dots$$
$$+ \frac{r}{(1+i)^{n-1}} + \frac{r}{(1+i)^n} .$$

Wir ersetzen $(1+i)$ durch q

$$R_0 = r \cdot \frac{1}{(1+i)^1} + r \cdot \frac{1}{(1+i)^2} + \dots$$
$$+ r \cdot \frac{1}{(1+i)^{n-1}} + r \cdot \frac{1}{(1+i)^n}$$
$$R_0 = r \cdot \frac{1}{q^1} + r \cdot \frac{1}{q^2} + \dots$$
$$+ r \cdot \frac{1}{q^{n-1}} + r \cdot \frac{1}{q^n} .$$

Nun wird $1/q$ aus jedem Summanden ausgeklammert

$$R_0 = \frac{1}{q^1} \cdot \left(r \cdot \frac{1}{q^0} + r \cdot \frac{1}{q^1} + \dots \right.$$
$$\left. + r \cdot \frac{1}{q^{n-2}} + r \cdot \frac{1}{q^{n-1}} \right),$$
$$R_0 = \frac{1}{q} \cdot \left(r \cdot \left(\frac{1}{q}\right)^0 + r \cdot \left(\frac{1}{q}\right)^1 + \dots \right.$$
$$\left. + r \cdot \left(\frac{1}{q}\right)^{n-2} + r \cdot \left(\frac{1}{q}\right)^{n-1} \right).$$

Vergleicht man diese Formel mit den Berechnungen bei der vorschüssigen Rente, so erkennt man, dass der letzte Faktor dem Barwert einer solchen vorschüssigen Rente entspricht. Die dort hergeleitete endgültige Formel kann auch hier wieder genutzt werden

$$R_0 = \frac{1}{q} \cdot \left(r \cdot \left(\frac{1}{q}\right)^0 + r \cdot \left(\frac{1}{q}\right)^1 + \dots \right.$$
$$\left. + r \cdot \left(\frac{1}{q}\right)^{n-2} + r \cdot \left(\frac{1}{q}\right)^{n-1} \right),$$

wobei $\left(r \cdot \left(\frac{1}{q}\right)^0 + r \cdot \left(\frac{1}{q}\right)^1 + \dots \right.$

$$\left. + r \cdot \left(\frac{1}{q}\right)^{n-2} + r \cdot \left(\frac{1}{q}\right)^{n-1} \right) = r \cdot \frac{1}{q^{n-1}} \cdot \frac{q^n - 1}{q - 1},$$
$$R_0 = \frac{1}{q} \cdot r \cdot \frac{1}{q^{n-1}} \cdot \frac{q^n - 1}{q - 1} = r \cdot \frac{1}{q} \cdot \frac{1}{q^{n-1}} \cdot \frac{q^n - 1}{q - 1}$$
$$= r \cdot \frac{1}{q^n} \cdot \frac{q^n - 1}{q - 1} .$$

Der **Barwert einer nachschüssig gezahlten Rente** lässt sich berechnen mit:

$$R_{0,\text{nachschüssig}} = r \cdot \frac{1}{q^n} \cdot \frac{q^n - 1}{q - 1} . \qquad ◄$$

Die Formel für den Barwert einer nachschüssig gezahlten Rente kann auch über die Formel des Barwerts einer vorschüssigen

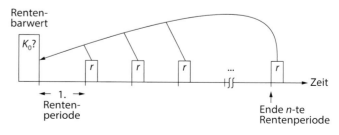

Abb. 9.43 Schema zur Berechnung des Barwertes nachschüssiger Rentenzahlungen. Nach Arnold (2006), S. 11

Rente hergleitet werden. Die Formel ist

$$R_{0,\text{vorschüssig}} = r \cdot \frac{1}{q^{n-1}} \cdot \frac{q^n - 1}{q - 1}.$$

Dadurch ergibt sich ein interessanter praktischer Zusammenhang, der den Barwert vorschüssiger und nachschüssiger Rentenzahlungen zueinander in Beziehung setzt!

Bei einer nachschüssigen Zahlung wird im Gegensatz zur vorschüssigen der Betrag jeweils am Ende jeder Rentenperiode ausgezahlt. Sind Rentenperiode und Zinsperiode wie im vorliegenden Beispiel gleich, so unterscheidet sich der Barwert durch eine weitere Abzinsung mit dem Faktor $1/q$. Wenn dies für jede Rentenzahlung gilt, so ergibt sich folgender Zusammenhang zwischen dem Barwert einer vor- und einer nachschüssigen Rente:

$$R_{0,\text{nachschüssig}} = R_{0,\text{vorschüssig}} \cdot \frac{1}{q}$$

oder

$$R_{0,\text{vorschüssig}} = q \cdot R_{0,\text{nachschüssig}}.$$

Da q stets größer als eins ist, erkennt man spätestens an der zweiten Formel, dass der Barwert einer nachschüssigen Rente stets kleiner ist als der Barwert einer vorschüssigen Rente! Oder anders ausgedrückt: Eine vorschüssige Rente ist immer teurer als eine nachschüssige.

Dies ist auch sachlogisch begründbar, denn die jeweilige Rentenzahlung erfolgt bei der vorschüssigen Rente am Anfang einer Rentenperiode. Das Geld steht dem Rentenempfänger damit eher zur Verfügung, weshalb der Wert dieser Art der Rente für den Empfänger auch größer ist.

Mit obiger Formel erhalten wir auch hier direkt durch Einsetzen der Formel für die vorschüssige Rente die ausführliche Berechnungsmöglichkeit für den Barwert der nachschüssigen Rente:

$$R_{0,\text{nachschüssig}} = \underbrace{\left(r \cdot \frac{1}{q^{n-1}} \cdot \frac{q^n - 1}{q - 1} \right)}_{R_{0,\text{vorschüssig}}} \cdot \frac{1}{q}$$

$$R_{0,\text{nachschüssig}} = r \cdot \frac{1}{q^n} \cdot \frac{q^n - 1}{q - 1}.$$

Beispiel

Bennet kann sich jetzt 5000 € in einem Betrag oder für die nächsten zehn Jahre jeweils 510 € am Jahresende auszahlen lassen. Helfen Sie Bennet und sagen Sie ihm, für welche Variante er sich entscheiden soll!

Lösung

Mithilfe der gerade hergeleiteten ausführlichen Formel ergibt sich der Barwert der nachschüssig gezahlten Rente bei einem angenommenen marktüblichen Zinssatz von 2,0 % p. a. zu

$$R_{0,\text{nachschüssig}} = r \cdot \frac{1}{q^n} \cdot \frac{q^n - 1}{q - 1}$$

$$= 510{,}00 \cdot \frac{1}{1{,}02^{10}} \cdot \frac{1{,}02^{10} - 1}{1{,}02 - 1} = 4581{,}12.$$

Auch kann man diesen Wert über den Barwert der vorschüssig gezahlten Rente von 4672,74 schnell berechnen:

$$R_{0,\text{nachschüssig}} = R_{0,\text{vorschüssig}} \cdot \frac{1}{q}$$

$$R_{0,\text{nachschüssig}} = 4672{,}74 \cdot \frac{1}{1{,}02} = 4581{,}12.$$

Auch in diesem Fall wäre Bennet als Versicherungskunde besser beraten, die Einmalzahlung von 5000,00 € anzunehmen und das Geld zinsbringend anzulegen. ◄

9.4.1.2 Ratenzahlungen

Konsumentenkredite, die z. B. für den Kauf eines teuren Fernsehers in Anspruch genommen werden, entsprechen der Form von Ratenzahlungen an die Bank. Daher wird in Abschn. 9.5 auch die Tilgungsrechnung behandelt. Wir wollen an dieser Stelle die Ratenzahlungen vorziehen, weil ein sehr enger Zusammenhang zur gerade besprochenen Rentenzahlung besteht.

Die vom Kreditnehmer zu leistenden Ratenzahlungen können gedanklich genauso betrachtet und behandelt werden wie die vorab betrachteten Rentenzahlungen. Dadurch lassen sich die Formeln für Endwert und Barwert einer vor- oder auch nachschüssigen Ratenzahlung sehr leicht ableiten und verstehen!

Merksatz

Finden bei einer Ratenzahlung die Einzahlungen in konstanten Raten r statt und wird für die gesamte Laufzeit ein gleichbleibender Zins vorausgesetzt, so gilt: Der Endwert einer Ratenzahlung bei nachschüssiger Verzinsung entspricht dem Endwert einer vorschüssigen Rente.

Beispiel

Tom zahlt über 9 Jahre jährlich zum 1. Januar 1500 € auf sein Sparbuch ein. Der Zins wird von der Bank mit 2,0 % für die gesamte Laufzeit des Sparvertrages festgesetzt. Wie hoch ist das am Ende der Sparphase vorliegende Kapital?

Lösung

Es handelt sich um eine Ratenzahlung mit konstanten Raten von $r = 1500{,}00$ sowie einer Laufzeit von $n = 9$ Jahren und dem konstanten Zinsfuß $i = 0{,}02$. Gemäß obigem Merksatz können wir die Formel des Endwertes einer vorschüssigen Rente nutzen, um das Endkapital auszurechnen:

$$R_n = r \cdot q \cdot \frac{q^n - 1}{q - 1}$$

$$R_9 = 1500 \cdot 1{,}02 \cdot \frac{1{,}02^9 - 1}{1{,}02 - 1}$$

$$R_9 = 14.924{,}58 \, .$$

Am Ende der Sparphase kann Tom über ein Endkapital von 14.924,58 € verfügen. ◄

Der Zusammenhang zwischen Raten- und Rentenzahlung ist offensichtlich. Auf Betrachtungen, bei denen der Zinssatz bzw. die Rate über die Laufzeit nicht konstant bleibt, wollen wir verzichten. Wichtig ist, dass Sie nachvollziehen können, dass eine Ratenzahlung mit nachschüssiger Verzinsung dem Modell der vorschüssigen Rente entspricht!

Zusammenfassung

Mithilfe der Rentenrechnung können Sie nun

- den Rentenbarwert und Rentenendwert in konkreten Beispielen erläutern und berechnen,
- den Unterschied von vor- und nachschüssigen Renten erläutern,
- aus dem Barwert bzw. dem Endwert einer vorschüssigen Renten den Barwert bzw. Endwert einer nachschüssigen Rente direkt ausrechnen und auch die Umkehrung nachvollziehen,
- den Zusammenhang zwischen Raten- und Rentenzahlung erläutern,
- Aufgaben zur Rentenrechnung und Ratenzahlung sukzessive lösen.

Nachfolgend finden Sie eine Übersicht der wichtigsten Formelzeichen und Formeln aus der Renten- und Ratenrechnung.

Formelzeichen und Formeln der Rentenrechnung

r Höhe der periodischen Renten- oder Ratenzahlung
n Anzahl der Zahlungen/Laufzeit der Rente bzw. der Ratenzahlungen
p Zinssatz, Zinsfuß in %
i Zinsfuß $i = p/100$
   („ interest")
q Auf-/Abzinsungsfaktor
   $q = 1 + i = 1 + p/100$
R_n Renten-/Ratenendwert nach Zahlung der n-ten Rente bzw. Rate
R_0 Barwert der Renten-/Ratenzahlungen.

Vorschüssige Rente

Sind Rentenperiode und Zinsperiode identisch, so gilt:

Rentenendwert

(Endkapital nach n Rentenzahlungen inkl. angenommener Verzinsung)

$$R_n = r \cdot q \cdot \frac{q^n - 1}{q - 1}$$

Rentenbarwert

$$R_0 = r \cdot \frac{1}{q^{n-1}} \cdot \frac{q^n - 1}{q - 1} \, .$$

Nachschüssige Rente

Rentenendwert

(Endkapital nach n Rentenzahlungen inkl. angenommener Verzinsung)

$$R_n = r \cdot \frac{q^n - 1}{q - 1}$$

Rentenbarwert

$$R_0 = r \cdot \frac{1}{q^n} \cdot \frac{q^n - 1}{q - 1}$$

Zusammenhang zwischen einer vorschüssig und einer nachschüssig gezahlten Rente

Rentenendwert

$$R_{n,\text{vorschüssig}} = q \cdot R_{n,\text{vorschüssig}}$$

Rentenbarwert

$$R_{0,\text{vorschüssig}} = q \cdot R_{0,\text{nachschüssig}} \, .$$

9.4.2 Übungsaufgaben

1. Frau Braun ist gerade 60 Jahre alt geworden und hat im Lotto 100.000 € gewonnen. Aufgrund ihres Alters möchte sie diesen Betrag für ihre Altersvorsorge einsetzen. Der gesamte Betrag soll bei einer Versicherung eingezahlt werden, um eine Rente zu erhalten. Die Versicherung bietet Frau Braun an, die Renten ab Vollendung des 65. Lebensjahres jährlich nachschüssig auszuzahlen. Die durchschnittliche Verzinsung des Kapitals wird mit 5 % p. a. angegeben.
Lösen Sie die folgenden Aufgaben mithilfe von Microsoft Excel. Gestalten Sie Ihre Berechnungen so, dass die Parameter variiert werden können. Nehmen Sie eine maximale Auszahlungsdauer von 20 Jahren an.
   a. Der Versicherungsfachmann offeriert Frau Braun zwei Varianten für den Anlagezeitraum bis zur Vollendung des 65. Lebensjahres: Einerseits könnte sie das Modell konservativ nutzen, wobei eine Festverzinsung in Höhe des Garantiezinses erfolgt. Andererseits könnte sie ihr Kapital deutlich erhöhen, wenn sie die Variante Dynamik wählte, so der Versicherungsvertreter. Hierbei würde das eingezahlte Kapital in einem Aktienfonds angelegt und zu Beginn der Rentenzahlungsperiode in ein Festgeld umgewandelt. Bewerten Sie beide Varianten ausführlich! Welche Anlageform sollte Frau Braun dringend empfohlen werden (Begründung)?
   b. Ermitteln Sie die Höhe des Kapitals, welches zu Beginn der Rentenzahlungen zur Verrentung bei Wahl der Variante konservativ zur Verfügung steht.
   c. Wie viele Jahre kann die Versicherung die nachschüssige jährliche Rente in Höhe von 12.000 € zahlen?

Tab. 9.15 Auszahlungsplan

Jahr Nr.	Wert zu Jahresbeginn	Wert am Jahresende	abzgl. Rente	Endkapital am Jahresende

Tab. 9.16 Berechnungsergebnisse

Bezeichnung der Berechnungsgröße	vorschüssige Zahlung	nachschüssige Zahlung	Differenz

Tab. 9.17 Einzahlungen

Einzahlungstermin	Betrag [€]
1.1.1999	1000
1.1.2000	2000
1.1.2001	4000
1.1.2002	1000
1.1.2003	2000

i. Nutzen Sie für die Kalkulation die Berechnungsformel und ermitteln Sie das Ergebnis mit der Tabellenkalkulation direkt unter Zuhilfenahme der Eingangsgrößen.

ii. Stellen Sie einen Auszahlungsplan auf, wie ihn Tab. 9.15 zeigt.

d. Gesucht ist die Höhe der Rente, die die Versicherung unter obigen Bedingungen zahlen kann, wenn das Kapital genau am Ende des 17. Jahres vollständig aufgebraucht sein soll. Führen Sie die Berechnung mithilfe der Zielwertsuche in der von Ihnen erstellten Kalkulationstabelle durch (s. hierzu Abschn. 9.2.1.4). Ermitteln Sie zudem die Rentenhöhe mit der Formel $r = R_0 \cdot q^n \frac{q-1}{q^n-1}$, mit R_0 als Barwert zu Beginn der Laufzeit.

2. Studentin Jana besucht eine Vorlesung in Finanzmathematik. Ihre Mutter erzählt ihr von einem Gespräch mit einem Versicherungsmakler. Sie gab an, derzeit einiges Geld gespart zu haben und in Zukunft zahlreiche Reisen unternehmen zu wollen. Der Versicherungsmakler bot ihr daraufhin verschiedene Rentenversicherungen an, bei denen sie eine einmalige Einzahlung vornimmt und anschließend eine jährliche Rentenzahlung erhält. Mit ihren Kenntnissen aus der Vorlesung möchte Jana nun die Angebote nachrechnen. Versetzen Sie sich in ihre Lage und kalkulieren Sie die folgenden Fälle.

a) Janas Mutter gab an, dass sie 7000 € pro Jahr zusätzlich zur gesetzlichen Rente für ihre Reisen erhalten möchte. Der Versicherungsmakler rechnet ihr je ein Angebot für jährlich nachschüssige sowie vorschüssige Zahlung der Rente über neun Jahre aus und legt dieser Kalkulation einen Zinssatz von 4,50 % zugrunde. Welchen Wert hat die jährliche Zahlung für Janas Mutter insgesamt am Ende der Laufzeit?

b) Mit den gleichen Eckdaten will der Versicherungsvertreter nun intern kalkulieren, welchen Betrag die Versicherung bei einem Vertragsabschluss von Janas Mutter mindestens verlangen muss, um die Rente tatsächlich auszahlen zu können. Helfen Sie ihm und führen Sie die Berechnungen für beide Zahlungsweisen aus.

c) Vervollständigen Sie mit Ihren Berechnungsergebnissen Tab. 9.16. Welche generelle Aussage können Sie im Hinblick auf die Zahlungsarten der Renten treffen?

d) Janas Mutter könnte aus ihrem gesparten Geld 44.900 € in die Rentenversicherung einzahlen. Wie lang kann die Versicherung die Rate von 7000 € bei einem angenommenen Marktzinssatz von 3,00 % vorschüssig auszahlen (Verwaltungskosten werden vernachlässigt)?

3. Auf ein Sparkonto werden die Einzahlungen gemäß Tab. 9.17 vorgenommen. Die Verzinsung betrage 3 % p. a. bei jährlich nachschüssiger Zinszahlung. (*Hinweis*: Diese Aufgabe wurde erstellt in Anlehnung an Ohse (1993), S. 181 ff.)

a. Welches Endkapital erhielte man mit diesen vorgegebenen Werten Ende 2003?

b. Die Einzahlungen werden nun angepasst. Nehmen Sie an, dass zu Jahresbeginn stets konstante Raten r in Höhe von 1500 € eingezahlt wurden. Berechnen Sie die Höhe des Endkapitals für diesen Fall.

c. In einen Sparvertrag werden jeweils zu Jahresbeginn 2000 € eingezahlt. Welches Endkapital erhält man nach sieben Jahren bei nachschüssiger Verzinsung i. H. v. 2,5 % p. a.?

d. Welche Jahresrate r muss man vorschüssig einzahlen, um bei einem Zinssatz von 2 % p. a. einen Betrag von 20.000 € nach sechs Jahren angespart zu haben?

e. Stellen Sie die Formel zur Berechnung des Gesamtendwertes von vorschüssigen Ratenzahlungen nach den Größen Jahresrate und Laufzeit um.

f. Wie lange muss man jährlich 2000 € einzahlen, um bei einem Zinssatz von 2 % p. a. einen Betrag von 12.000 € anzusparen?

g. In einen weiteren Sparvertrag werden zu Beginn eines jeden Jahres 2500 € auf ein Konto eingezahlt und zu 6 % p. a. verzinst. Welches Kapital hat man am Ende einer Vertragslaufzeit von sieben Jahren angespart? Veranschaulichen Sie die Entwicklung des Sparguthabens mithilfe einer Tabellenkalkulation.

4. Torsten zahlt monatlich in einen Sparvertrag 25 € ein. Der Zinssatz betrage 3 % p. a., und die Laufzeit des Vertrages sei acht Jahre. Entspricht die Anlagedauer eines Betrages nicht einem Vielfachen der Zinsperiode (gebrochene Laufzeit), so nutzt man die sogenannte unterjährige Verzinsung. Dabei wird das betroffene Kapital einer einfachen Verzinsung – also ohne Zinseszinsen – unterworfen. Die folgenden Fragen verdeutlichen die Vorgehensweise am Sparplan von Torsten.

a. Nehmen Sie an, Torsten zahlt eine Rate am 1. Januar und eine Rate am 1. Februar ein. Ermitteln Sie die Höhe des Endkapitals, welches sich allein aus diesen beiden Raten und deren Verzinsung bis zum Jahresende ansammelt.

b. Nutzen Sie die einfache Verzinsung für jede dieser Raten. Bedenken Sie, dass die zweite Rate mit 11/12-tel des Jahreszinssatzes verzinst wird. Verallgemeinern Sie Ihre Überlegungen für insgesamt zwölf Monatsraten der

Höhe r. Welchen Endbetrag weist das Konto nach einem Jahr Laufzeit auf, wenn $r = 25$ gilt?

c. Es liegt Ihnen nun der Betrag vor, den Torsten jährlich inkl. Zinsen anspart. Ziehen Sie jetzt die Laufzeit des Vertrages in Betracht und ermitteln Sie das Endkapital zum Ende der Vertragslaufzeit.

5. Ein großer Elektronikmarkt bietet seinen Kunden den Kauf von Produkten zu einem Effexktivzins von null, um das Weihnachtsgeschäft zu forcieren. Peter kauft eine Hifi-Anlage und einen Beamer für zusammen 2400 €. Er muss den Kaufpreis in 24 gleichen Monatsraten zurückzahlen, wobei die erste Rate einen Monat nach dem Kaufdatum fällig wird.

Berechnen Sie den Gesamtwert der Ratenzahlungen für Peter bei einem angenommenen Zinssatz von 2 % p. a., zu dem er das Geld bei monatlicher Zinsgutschrift bei einer Bank anlegen könnte.

6. Benötigt ein Kunde eine Monatskarte für den Tarifbereich AB, so kann er zwischen einer monatlichen Zahlweise in Höhe von zwölf Monatsraten zu insgesamt 695 € oder alternativ einer Einmalzahlung in Höhe von 675 € wählen. Im Folgenden geht es um die Bewertung dieses Preismodells mithilfe finanzmathematischer Methoden. Dazu sollen die folgenden Fragen beantwortet werden:

a. Welche Gründe sprechen für einen höheren Preis bei der Bezahlung in Monatsraten?

b. Bei der monatlichen Zahlung handelt es sich um gleichbleibende Ratenzahlungen. Ermitteln Sie, ob diese im Sinne der Zinsrechnung vorschüssig oder nachschüssig – also zu Beginn oder am Ende einer Zinsperiode – erfolgen.

c. Berechnen Sie mithilfe einer Tabellenkalkulation den monatlichen Zins, der seitens der BVG offenbar kalkuliert wurde, um die Höhe der einmaligen Vorauszahlung anstatt der monatlichen Ratenzahlung festzulegen.

d. *Zusatz:* Führen Sie eine Probeberechnung durch, indem Sie den Barwert aller zwölf gleichbleibenden Raten mit dem ermittelten Monatszins berechnen!

Hinweise:

i. Überlegen Sie zunächst, wie oft beispielsweise die Januarrate und wie oft die Dezemberrate abzuzinsen ist!

ii. Stimmt die Summe der Barwerte mit dem Betrag der jährlichen Einmalzahlung überein?

iii. Ermitteln Sie aus dem monatlichen Zins den rechnerischen Jahreszins, den Sie erhalten müssten, um den gleichen Zinsvorteil wie bei der Einmalzahlung zu realisieren.

iv. Bewerten Sie ausführlich die Ergebnisse. Welchen Rat geben Sie den Kunden des Unternehmens?

9.4.3 Lösungen

1. Lösung der Teilaufgaben. Die Lösung finden Sie auch in der Microsoft Excel-Datei „Verrentung Lottogewinn.xlsx".

a. Mit zunehmendem Alter sollte immer konservativer angelegt werden, da Kursverluste nicht mehr so lange „ausgesessen" werden können.

b. Das Kapital am Ende der Ansparphase (s. auch Abb. 9.33 zur Unterscheidung von Anspar- und Auszahlungsphase) ergibt sich wie folgt:

$$K_n = K_0 \cdot (1 + i)^n$$
$$K_6 = 100.000 \cdot 1{,}05^6$$
$$K_6 = 134.009{,}56 \,.$$

Bei Beginn der Rentenzahlungen stehen 134.009,56 € zur Verfügung.

c. Lösungen der Teilaufgaben i und ii sind:

i. Die Formel für den Barwert einer nachschüssigen Rente muss hier nach der Laufzeit n umgestellt werden

$$R_0 = r \cdot \frac{1}{q^n} \cdot \frac{q^n - 1}{q - 1}$$
$$R_0 \cdot \frac{1}{r} \cdot q^n = \frac{q^n - 1}{q - 1}$$
$$R_0 \cdot \frac{1}{r} \cdot q^n \cdot (q - 1) = q^n - 1$$
$$R_0 \cdot \frac{1}{r} \cdot q^n \cdot (q - 1) - q^n = -1$$
$$q^n \cdot \left(R_0 \cdot \frac{1}{r} \cdot (q - 1) - 1 \right) = -1$$
$$q^n = \frac{-1}{R_0 \cdot \frac{1}{r} \cdot (q - 1) - 1}$$
$$q^n = \frac{1}{1 - R_0 \cdot \frac{1}{r} \cdot (q - 1)}$$
$$n = \log_q \left(\frac{1}{1 - R_0 \cdot \frac{1}{r} \cdot (q - 1)} \right) \,.$$

Mit den in der Aufgabe gegebenen Werten erhält man

$$n = \log_{1{,}05} \left(\frac{1}{1 - \frac{134.009}{12.000} \cdot 0{,}05} \right) = \frac{\ln \left(\frac{1}{1 - \frac{134.009 \cdot (0{,}05)}{12.000}} \right)}{\ln 1{,}05}$$
$$n = 16{,}75 \,.$$

Die Versicherung kann damit 16,75 Jahre eine Rente in Höhe von 12.000 € jährlich zahlen.

Einen tabellarischen Auszahlungsplan zeigt Tab. 9.18.

d. Auszahlungsplan

Ermittlung der Werte mit der Zielwertsuche von Microsoft Excel (s. hierzu Abschn. 9.2.1.4), s. Tab. 9.19.

Ermittlung der Rentenhöhe über Formeln:

$$r = R_0 \cdot q^n \cdot \frac{q - 1}{q^n - 1}$$
$$r = 134.009{,}56 \cdot 1{,}05^{17} \cdot \frac{0{,}05}{1{,}05^{17} - 1}$$
$$r = 11.886{,}53 \,.$$

2. Lösung der Teilaufgaben. Die Lösung finden Sie auch in der Microsoft Excel-Datei „Vergleich der Verrentungsarten.xlsx".

Tab. 9.18 Tabellarischer Auszahlungsplan einer nachschüssigen Rente

Jahr	Wert zu Beginn des Jahres	verzinst am Ende des Jahres	abzgl. Rente	Endkapital am Ende des Jahres
1	134.009,56	140.710,04	−12.000,00	128.710,04
2	128.710,04	135.145,54	−12.000,00	123.145,54
3	123.145,54	129.302,82	−12.000,00	117.302,82
4	117.302,82	123.167,96	−12.000,00	111.167,96
5	111.167,96	116.726,36	−12.000,00	104.726,36
6	104.726,36	109.962,68	−12.000,00	97.962,68
7	97.962,68	102.860,81	−12.000,00	90.860,81
8	90.860,81	95.403,85	−12.000,00	83.403,85
9	83.403,85	87.574,05	−12.000,00	75.574,05
10	75.574,05	79.352,75	−12.000,00	67.352,75
11	67.352,75	70.720,39	−12.000,00	58.720,39
12	58.720,39	61.656,41	−12.000,00	49.656,41
13	49.656,41	52.139,23	−12.000,00	40.139,23
14	40.139,23	42.146,19	−12.000,00	30.146,19
15	30.146,19	31.653,50	−12.000,00	19.653,50
16	19.653,50	20.636,17	−12.000,00	8636,17
17	8636,17	9067,98	−12.000,00	−2932,02
18	−2932,02	−3078,62	−12.000,00	−15.078,62
19	−15.078,62	−15.832,55	−12.000,00	−27.832,55
20	−27.832,55	−29.224,18	−12.000,00	−41.224,18

Tab. 9.19 Ermittlung der Werte mit der Zielwertsuche von Microsoft Excel

Jahr	Wert zu Beginn des Jahres	verzinst am Ende des Jahres	abzgl. Rente	Endkapital am Ende des Jahres
1	134.009,56	140.710,04	−11.886,53	128.823,51
2	128.823,51	135.264,68	−11.886,53	123.378,15
3	123.378,15	129.547,06	−11.886,53	117.660,53
4	117.660,53	123.543,55	−11.886,53	111.657,02
5	111.657,02	117.239,87	−11.886,53	105.353,34
6	105.353,34	110.621,00	−11.886,53	98.734,47
7	98.734,47	103.671,19	−11.886,53	91.784,66
8	91.784,66	96.373,89	−11.886,53	84.487,36
9	84.487,36	88.711,73	−11.886,53	76.825,19
10	76.825,19	80.666,45	−11.886,53	68.779,92
11	68.779,92	72.218,92	−11.886,53	60.332,38
12	60.332,38	63.349,00	−11.886,53	51.462,47
13	51.462,47	54.035,59	−11.886,53	42.149,06
14	42.149,06	44.256,51	−11.886,53	32.369,98
15	32.369,98	33.988,48	−11.886,53	22.101,94
16	22.101,94	23.207,04	−11.886,53	11.320,51
17	11.320,51	11.886,53	−11.886,53	0,00

Tab. 9.20 Ergebnisse der Berechnungen

Bezeichnung der Berechnungsgröße	vorschüssige Zahlung	nachschüssige Zahlung	Differenz
Rentenendwert	79.017,46	75.614,80	3402,66
Rentenbarwert	53.171,20	50.881,53	2289,67

a. Interessant ist der letzte Teil der Frage „Welchen Wert hat die jährliche Zahlung für Janas Mutter insgesamt am Ende der Laufzeit?". Die Formulierung „am Ende der Laufzeit" zeigt an, dass der Rentenendwert gesucht ist. Dieser ist sowohl für eine vorschüssige als auch für eine nachschüssige Rentenzahlung zu bestimmen:

$$R_{\text{vorschüssig}} = r \cdot q \cdot \frac{q^n - 1}{q - 1}$$

$$R_{\text{vorschüssig}} = 7000 \cdot 1{,}045 \cdot \frac{1{,}045^9 - 1}{1{,}045 - 1} = 79.017{,}46$$

$$R_{\text{nachschüssig}} = r \cdot \frac{q^n - 1}{q - 1}$$

$$R_{\text{nachschüssig}} = 7000 \cdot \frac{1{,}045^9 - 1}{1{,}045 - 1} = 75.614{,}80 \,.$$

Die jährliche Zahlung hat damit einen Wert von 79.017,46 € bei vorschüssiger und von 75.614,80 € bei nachschüssiger Zahlung.

b. Die Versicherung muss sich für den Wert der gesamten Rentenzahlung bei Beginn der Auszahlungsphase interessieren, um die Rentenzahlungen auch wirklich leisten zu können. Sie verlangt in diesem Fall eine Einmalzahlung. Damit ist der Barwert der Rente gesucht:

$$R_{0,\text{vorschüssig}} = r \cdot \frac{1}{q^{n-1}} \cdot \frac{q^n - 1}{q - 1}$$

$$= 7000 \cdot \frac{1}{1{,}045^8} \cdot \frac{1{,}045^9 - 1}{1{,}045 - 1}$$

$$R_{0,\text{vorschüssig}} = 53.171{,}20 \,,$$

$$R_{0,\text{nachschüssig}} = r \cdot \frac{1}{q^n} \cdot \frac{q^n - 1}{q - 1}$$

$$= 7000 \cdot \frac{1}{1{,}045^9} \cdot \frac{1{,}045^9 - 1}{1{,}045 - 1}$$

$$R_{0,\text{nachschüssig}} = 50.881{,}53 \,.$$

Die Versicherung muss damit von Janas Mutter 53.171,20 € bei vorschüssiger bzw. 50.881,53 € bei nachschüssiger Zahlung der Rente fordern.

c. Tabelle 9.20 zeigt die Ergebnisse der Berechnungen in der Zusammenfassung:
Die Differenz zwischen nachschüssiger und vorschüssiger Zahlung entspricht q, also einer Zinsperiode. Der Rentenendwert entspricht dem jeweiligen über die Laufzeit (q^n) aufgezinsten Rentenbarwert, während der Rentenbarwert dem jeweiligen über die Laufzeit abgezinsten Rentenendwert entspricht.

d. Die Formel für den Rentenbarwert bei vorschüssiger Zahlung ist nach der Laufzeit n umzustellen:

$$R_{0,\text{vorschüssig}} = r \cdot \frac{1}{q^{n-1}} \cdot \frac{q^n - 1}{q - 1}$$

$$\frac{R_{0,\text{vorschüssig}} \cdot q^{n-1} \cdot (q-1)}{r} = q^n - 1$$

$$\frac{R_{0,\text{vorschüssig}} \cdot q^{n-1} \cdot (q-1)}{r} - q^n = -1$$

$$\frac{R_{0,\text{vorschüssig}} \cdot q^{n-1} \cdot (q-1) - q^n \cdot r}{r} = -1$$

Tab. 9.21 Einzahlungsplan

Einzahlungstermin	Betrag [€]
1.1.1999	$1000 = K_1$
1.1.2000	$2000 = K_2$
1.1.2001	$4000 = K_3$
1.1.2002	$1000 = K_4$
1.1.2003	$2000 = K_5$

$$q^{n-1} \cdot \left(\frac{R_{0,\text{vorschüssig}} \cdot (q-1) - q \cdot r}{r} \right) = -1$$

$$q^{n-1} = \frac{-1}{\frac{R_{0,\text{vorschüssig}} \cdot (q-1) - q \cdot r}{r}}$$

$$q^{n-1} = \frac{-r}{R_{0,\text{vorschüssig}} \cdot (q-1) - q \cdot r}$$

$$n = \frac{\ln\left(\frac{-r}{R_{0,\text{vorschüssig}} \cdot (q-1) - qr} \right)}{\ln q} + 1$$

oder

$$n = \frac{\ln\left(\frac{r}{-R_{0,\text{vorschüssig}} \cdot q + R_{0,\text{vorschüssig}} + rq} \right) + \ln q}{\ln q}$$

$$n = \frac{\ln\left(\frac{7000}{-44.900 \cdot 1{,}03 + 44.900 + 7000 \cdot 1{,}03} \right) + \ln 1{,}03}{\ln 1{,}03}$$

$$n = 7\,.$$

3. Tab. 9.21 zeigt nochmals die Einzahlungen. Die Lösungen der Teilaufgaben finden Sie auch in der Microsoft Excel-Datei „Rentensparverträge.xlsx".

   a.
   $$K_n = K_1 \cdot q^5 + K_2 \cdot q^4 + K_3 \cdot q^3 + K_4 \cdot q^2 + K_5 \cdot q^1$$
   $$K_n = K_1 \cdot (1+i)^5 + K_2 \cdot (1+i)^4 + K_3 \cdot (1+i)^3$$
   $$\quad + K_4 \cdot (1+i)^2 + K_5 \cdot (1+i)^1$$
   $$= 1000 \cdot 1{,}03^5 + 2000 \cdot 1{,}03^4 + 4000 \cdot 1{,}03^3$$
   $$\quad + 1000 \cdot 1{,}03^2 + 2000 \cdot 1{,}03^1$$
   $$= 10.902{,}10$$

   b.
   $$K_n = r \cdot q \cdot \frac{q^n - 1}{q - 1}$$
   $$K_5 = 1500 \cdot 1{,}03 \cdot \frac{1{,}03^5 - 1}{1{,}03 - 1} = 8202{,}61$$

   c.
   $$K_n = r \cdot q \cdot \frac{q^n - 1}{q - 1}$$
   $$K_7 = 2000 \cdot 1{,}025 \frac{1{,}025^7 - 1}{1{,}025 - 1} = 15.472{,}23$$

   d.
   $$r = \frac{K_6 \cdot (q-1)}{q \cdot (q^n - 1)} = \frac{20.000 \cdot (1{,}02 - 1)}{1{,}02(1{,}02^6 - 1)} = 3108{,}35$$

   e.
   $$n = \frac{\ln\left(\frac{K_n \cdot q - K_n + rq}{rq} \right)}{\ln q}$$

f.
$$n = \frac{\ln\left(\frac{K_n \cdot q - K_n + rq}{rq} \right)}{\ln q}$$
$$= \frac{\ln\left(12.000 \cdot 1{,}02 - 12.000 + 2000 \cdot 1{,}02 \right)}{\ln 1{,}02}$$
$$= 5{,}62$$

g.
$$K_n = r \cdot q \cdot \frac{q^n - 1}{q - 1}$$
$$K_7 = 2000 \cdot 1{,}06 \cdot \frac{1{,}06^7 - 1}{1{,}06 - 1} = 22.243{,}67\,.$$

4. Die Lösung finden Sie auch in der Microsoft Excel-Datei „Unterjährige Zahlungen.xlsx". Lösungen der Teilaufgaben sind:

   a. $K = 1$. Rate verzinst für 1 Jahr + 2. Rate verzinst für 11 Monate $= r \cdot (1 + i) + r \cdot \left(1 + \frac{11}{12} \cdot i\right)$
   $$= 25 \cdot (1 + 0{,}03) + 25 \cdot \left(1 + \frac{11}{12} \cdot 0{,}03\right) = 51{,}44$$

   b.
   $$K_1 = r(1 + i) + r\left(1 + \frac{11}{12} \cdot i\right) + r\left(1 + \frac{10}{12} \cdot i\right)$$
   $$+ r\left(1 + \frac{9}{12} \cdot i\right) + r\left(1 + \frac{8}{12} \cdot i\right) + r\left(1 + \frac{7}{12} \cdot i\right)$$
   $$+ r\left(1 + \frac{6}{12} \cdot i\right) + r\left(1 + \frac{5}{12} \cdot i\right) + r\left(1 + \frac{4}{12} \cdot i\right)$$
   $$+ r\left(1 + \frac{3}{12} \cdot i\right) + r\left(1 + \frac{2}{12} \cdot i\right) + r\left(1 + \frac{1}{12} \cdot i\right)$$
   $$= 12r + ri + r\frac{11}{12}i + r\frac{10}{12}i + \ldots + r\frac{1}{12}i$$
   $$= 12r + ri\left(\frac{12}{12} + \frac{11}{12} + \frac{10}{12} + i\frac{1}{12} \right) \Bigg| \sum_{i=1}^{n} i = \frac{n}{2}(n+1)$$
   $$= 12r + \frac{ri}{12} \frac{12}{2} \cdot 13$$
   $$= 12r + \frac{ri}{2} \cdot 13$$

   mit $r = 25$
   $$K_1 = 12 \cdot 25 + \frac{25 \cdot 0{,}03}{2} \cdot 13 = 304{,}88$$

   c.
   $$K_8 = K_1 \cdot q^8 + K_2 \cdot q^7 + K_1 \cdot q^1 + K_1 \cdot q^0$$
   $$= K_1 \cdot (q^8 + q^7 + q^1 + q^0)$$
   $$= K_1 \cdot \frac{q^n - 1}{q - 1}$$
   $$K_8 = 304{,}88 \cdot \frac{1{,}03^8 - 1}{1{,}03 - 1} = 2711{,}09$$

   Ohne gerundete Zwischenergebnisse erhält man mit $r = 304{,}875$ den Wert $2711{,}05$.
   Eine direkte Berechnung erfolgt mit der folgenden Formel gemäß Summenformel für natürliche Zahlen von 1 bis m.

   $$r_E = r \cdot \left[m + \frac{i}{2}(m+1) \right]\,.$$

Dabei ist m die Anzahl der Ratenzahlungen. Hier folgt

$$r_E = 25i\left[12 + \frac{0{,}03}{2}(12+1)\right]$$

$$r_E = 304{,}88$$

sowie

$$R_8 = r_E \cdot \frac{q^n - 1}{q - 1}$$

$$R_8 = 304 \cdot 88 \cdot \frac{1{,}03^8 - 1}{1{,}03 - 1}$$

$$R_8 = 2711{,}10$$

bzw. ohne Rundung wieder 2711,05.

5. Die Lösung der Teilaufgaben finden Sie auch in der Microsoft Excel-Datei „Wert von Ratenzahlungen bei unterjähriger Verzinsung.xlsx".

a. Eine nachschüssige Rate entspricht einer vorschüssigen Rente. Dementsprechend erfolgt die Anwendung der Formel des vorschüssigen Rentenendwertes

$$K_n = r \cdot q \cdot \frac{q^n - 1}{q - 1}.$$

Zunächst muss der jährliche Zinssatz auf die monatlichen Raten heruntergerechnet, also der monatliche Zinssatz ermittelt werden. Dazu hilft die Überlegung, welchen Wert 1 € jeweils bei monatlicher und bei jährlicher Verzinsung hätte:

$$1 \cdot (1 + i_{Monat})^{12} = 1 \cdot (1 + i_{Jahr})^1$$

$$(1 + i_{Monat}) = \sqrt[12]{(1 + i_{Jahr})}$$

$$(1 + i_{Monat}) = 1{,}001651581$$

$$q_{Monat} = 0{,}001651581.$$

Daraus folgt:

$$K_n = r \cdot q \cdot \frac{q^n - 1}{q - 1} = 100 \cdot 1{,}001652 \cdot \frac{1{,}001652^{24} - 1}{0{,}001652}$$

$$= 2450{,}18.$$

6. Für die Lösung der Teilaufgaben s. auch Microsoft Excel-Lösung „BVG Monats vs Jahreskarte.xlsx".

a) Bei Jahreszahlung verfügt das Unternehmen sofort über den gesamten Betrag. Der vom Kunden bezahlte Betrag kann bei einer Bank angelegt werden. Daraus folgen möglicherweise Zinszahlungen.

Zudem besteht bei monatlicher Zahlweise für das Unternehmen ein höheres Risiko. Gegebenenfalls ist das Konto des Kunden nicht gedeckt und die Abbuchung kann nicht vorgenommen werden; oder der Kunde gestattet dem Unternehmen trotz vertraglicher Vereinbarung keine Abbuchungen mehr. Mit den dann erforderlichen Nacharbeiten sind für das Unternehmen (Personal-)Kosten verbunden. Aus diesen Gründen ist es sinnvoll, für die monatliche Bezahlung einen höheren Preis anzusetzen bzw. bei Jahreszahlung einen Rabatt zu gewähren.

b) Es handelt sich um vorschüssige Zahlungen, da die Beträge zu Beginn jedes Monats und damit vor der Nutzung des ÖPNV anfallen.

c) Anzuwenden ist die Formel zur Berechnung des Barwerts vorschüssiger Raten bzw. Renten: $R_0 = r \cdot \frac{1}{q^{n-1}} \cdot \frac{q^n - 1}{q - 1}$, außerdem folgende Formel zur Umrechnung monatlicher in jährliche Rendite bei m Zinsperioden:

$$1 + i_{neu} = \sqrt[m]{1 + i_{Jahr}}.$$

Hier folgt mit $m = 12$:

$$1 + i_{Monat} = \sqrt[12]{1 + i_{Jahr}}.$$

Damit ist:

$$i_{Jahr} = (1 + i_{Monat})^{12} - 1.$$

Gezeigt wird hier die Lösung mit dem Newton'schen Iterationsverfahren: Zunächst ist die Umstellung der o. g. Formel für den Barwert einer vorschüssigen Rente erforderlich, sodass die Form eines Polynoms deutlich erkennbar ist.

$$R_0 = r \cdot \frac{1}{q^{n-1}} \cdot \frac{q^n - 1}{q - 1} \qquad \| \cdot q^{n-1}$$

$$R_0 \cdot q^{n-1} = r \cdot \frac{q^n - 1}{q - 1} \qquad \| \cdot (q - 1)$$

$$R_0 \cdot q^{n-1} \cdot (q - 1) = r \cdot (q^n - 1)$$

$$R_0 \cdot q^n - R_0 \cdot q^{n-1} = r \cdot q^n - r$$

$$R_0 \cdot q^n - r \cdot q^n - R_0 \cdot q^{n-1} + r = 0$$

$$(R_0 - r) \cdot q^n - R_0 \cdot q^{n-1} + r = 0.$$

Die gegebenen Werte

$$R_0 = 675;$$

$$r = \frac{695}{12} \quad \text{und}$$

$$n = 12$$

können eingesetzt werden:

$$(R_0 - r) \cdot q^n - R_0 \cdot q^{n-1} + r = 0$$

$$\left(675 - \frac{695}{12}\right) \cdot q^{12} - 675 \cdot q^{11} + \frac{695}{12} = 0.$$

Für das Newton'sche Iterationsverfahren ist die erste Ableitung der Funktion $f(q) = (R_0 - r) \cdot q^n - R_0 \cdot q^{n-1} + r$. Man erhält:

$$12 \cdot \left(675 - \frac{695}{12}\right) \cdot q^{11} - 11 \cdot 675 \cdot q^{10} = 0.$$

Beide Funktionsgleichungen können in die Grundgleichung des Newton-Verfahrens eingesetzt werden:

$$x_{i+1} = x_i - \frac{f(x_i)}{f'(x_i)}.$$

Bei einem geschätzten Zinssatz von ca. 5 % kann als Startwert $q = 1{,}05$ genutzt werden. Dies führt zur Lösung $q = 1{,}053541$, also zu einem Zinssatz von 5,3541 %.

Tab. 9.22 Proberechnung mit Monatsraten

Monat	Monatsrate	Monatsrate abgezinst (Barwert)
1	57,92	57,92
2	57,92	57,61
3	57,92	57,30
4	57,92	57,00
5	57,92	56,69
6	57,92	56,39
7	57,92	56,09
8	57,92	55,79
9	57,92	55,49
10	57,92	55,20
11	57,92	54,91
12	57,92	54,61
Summe	695,00	675,00

d) Zur Probe berechnet man die Monatsraten mit

$$695{,}00 : 12 = 57{,}92$$

und verzinst diese Raten mit o. g. Zinssatz. Dabei wird die erste Monatsrate (Januarrate) mit $q^0 = 1{,}053541^0 = 1$ multipliziert, da hier Zahlbetrag und Barwert übereinstimmen. Der Barwert der zwölften Rate (Dezemberrate) wird durch Abzinsung mit $q^{11} = 1{,}053541^{11}$ berechnet, denn dem Anleger steht das Geld nur elf Monate zur Verfügung! Man erhält die Werte in Tab. 9.22.
Diskontiert wird sie im 1. Monat mit:

$$K_0 = \frac{K_n}{(1 + i_{\text{Monat}})^{n-1}},$$

$$K_0 = \frac{\frac{695}{12}}{(1 + 0{,}0053541)^0} = 57{,}92.$$

Der Exponent muss hier mit null anstatt mit eins gewählt werden, da die monatliche Zahlung zu Monatsbeginn erfolgt.
Analog wird die monatliche Rate im 2. Monat mit $(1 + i_{\text{Monat}})^1$ diskontiert:

$$\frac{\frac{695}{12}}{(1 + 0{,}0053541)^1} = 57{,}61.$$

Die Rate im 12. Monat errechnet sich dann wie folgt:

$$\frac{\frac{695}{12}}{(1 + 0{,}0053541)^{11}} = 54{,}61.$$

Der Monatszinssatz beträgt: $0{,}53541\,\%$. Der daraus folgende Jahreszinssatz ergibt sich aus:

$$i_{\text{Jahr}} = (1 + i_{\text{Monat}})^{12} - 1,$$

$$i_{\text{Jahr}} = 1{,}0053451^{12} - 1.$$

Er beträgt $6{,}61754\,\%$.

Der Zinssatz ist in Abhängigkeit des Zinsumfeldes, in dem sich der Kunde bewegt, zu interpretieren. Im Allgemeinen wird es schwierig sein, einen Jahreszinssatz von über $6{,}61\,\%$ zu erhalten, weshalb der Kunde gut beraten ist, die Form der Einmalzahlung zu wählen.

9.5 Tilgungsrechnung

Der Erwerb eines Hauses ist ein „Projekt", mit dem der oder die Käufer ein hohes finanzielles Risiko eingehen. Fragen, wie: „Welche Belastungen kommen auf uns zu?", „Können wir die Raten des Kredits wirklich auch langfristig zahlen?" oder: „Welche der angebotenen Kreditvariante ist die beste für uns?" müssen beantwortet werden. An dieser Stelle sei auch auf die Gründe für Überschuldungen in Abb. 9.7 verwiesen.

In diesem Abschnitt werden Verfahren gezeigt, um Antworten auf diese Fragen plausibel herzuleiten. Nicht immer lässt sich ein eindeutiges Ergebnis liefern, doch mithilfe von Szenarien kann die Finanzmathematik helfen, die individuell beste Lösung zu finden. Vor allem aber geht es darum, die Stellschrauben für einen Kredit zur Finanzierung eines Hauses oder von Konsumgütern zu erkennen, um sie anschließend bewusst positiv beeinflussen zu können.

Nach der Bearbeitung dieses Abschnitts sind Sie in der Lage,

- wesentliche Begriffe, wie Hypothek, Annuität, Vorfälligkeitsentschädigung, Sondertilgungsrecht, PAngV mit eigenen Worten zu erläutern,
- die wichtigsten Parameter eines Kredites zu benennen,
- Tilgungspläne für unterschiedliche Kreditarten selbst aufzustellen sowie
- Verfahren zur Berechnung des Effektivzinses nachzuvollziehen.

9.5.1 Systematik der Kredittilgung

Den prinzipiellen Ablauf der Rückzahlung eines Kredites zeigt Abb. 9.44.

Es sind deutlich drei Phasen zu erkennen:

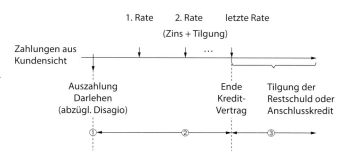

Abb. 9.44 Phasen eines Kredites (schematisch)

Phase 1: Auszahlung der Darlehenssumme

Die Auszahlung erfolgt in der Regel an den Darlehensnehmer. Ausgezahlt wird der Gesamtbetrag abzüglich der vertraglich gegebenenfalls vereinbarten Gebühren. Die Auszahlung kann unter Umständen auch in mehreren Teilbeträgen erfolgen, zwischen denen ein zeitlicher Abstand besteht.

Phase 2: Rückzahlung des Darlehens in einzelnen Raten

Zurückgezahlt werden mit den Darlehensraten die Zinsen sowie die Tilgung. Mit Tilgung bezeichnet man denjenigen Betrag, der zur Verminderung der Schuld beim Darlehensgeber führt. Beachten Sie unbedingt, dass eine alleinige Zinszahlung die zugrundliegende Schuld (den Darlehensbetrag) nicht reduziert!

Phase 3: Ende des Darlehensvertrages

In Deutschland wird in den Darlehensverträgen in der Regel ein fester Zinssatz für die Laufzeit des Vertrages vereinbart. Man spricht auch von Zinsbindung. Wir müssen hier von einer Zinsbindung ausgehen, da sonst das Aufstellen eines Tilgungsplanes noch komplexer ist. Am Ende der Vertragslaufzeit ist der Kredit in aller Regel nicht vollständig getilgt. Es verbleibt eine Restschuld, die „in einem Rutsch" zurückgezahlt oder durch einen Anschlusskredit finanziert werden muss.

> **Merksatz**
>
> Eine Darlehensrate besteht meist aus den zwei Bestandteilen **Zinszahlung** und **Tilgung**. Die Tilgung eines Darlehens ist nur möglich, wenn die Raten größer sind als die im gleichen Zeitraum bzw. überhaupt schon angefallen Zinsen. Nur dann wird das Darlehen nach und nach getilgt.

Zudem unterscheidet man folgende Fälle bei der Tilgung eines Darlehens:

- variable Raten,
- konstante Raten, sogenannte Annuitäten,
- Termine für die Berechnung der Zinsen und die Zahlungstermine des Schuldners fallen zusammen, z. B. Zinsberechnung am Jahresende und Zahlung der Raten am Jahresende
  → Anzahl Zins = Anzahl Tilgungsperioden,
- es existieren mehr Zinsberechnungstermine als Rückzahlungstermine, z. B. monatliche Berechnung der Zinsen, aber quartalsweise Ratenzahlung
  → Anzahl der Zinsperioden > Anzahl der Tilgungsperioden,
- es existieren weniger Zinsberechnungstermine als Rückzahlungstermine, z. B. jährliche Berechnung der Zinsen, aber monatliche Ratenzahlung
  → Anzahl der Zinsperioden < Anzahl der Tilgungsperioden.

Abbildung 9.45 zeigt eine Übersicht von Kreditvarianten. Besonders zu beachten ist hier das Verhältnis von Zins Z und Tilgung T, welches je Rückzahlungsart über der Zeitachse angegeben ist.

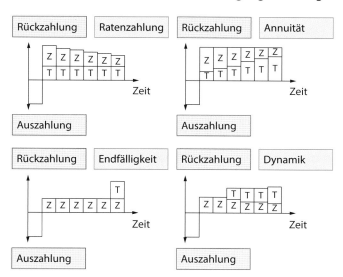

Abb. 9.45 Verschiedene Rückzahlmöglichkeiten von Krediten. Nach Tolkmitt (2007), S. 176

9.5.2 Tilgung mit variablen Raten

Der einfachste Fall der Rückzahlung eines Kredites ergibt sich, wenn die zu zahlenden Raten aus Zins und Tilgung nicht konstant sind. Entweder der Schuldner und die Bank haben sich auf feststehende (aber nicht notwendigerweise konstante) Beträge zur Rückzahlung geeinigt, oder der Schuldner bedient den Kredit nach seinen Möglichkeiten. Er zahlt aber in jedem Fall ratenweise den Kredit zurück, sodass die Laufzeit nicht unendlich ist. Die Raten sind also größer als die anfallenden Zinsen.

In diesem Fall handelt es sich um einen idealisierten und nur theoretisch relevanten Fall. Denn in der Regel ist der Kreditgeber bestrebt genau zu wissen, wann er mit welcher Rückzahlung rechnen kann. Zum einen kann er auf diese Weise den Zahlungsstrom genau erfassen und mit dem eingehenden Geld „planen". Zum anderen senkt er damit sein eigenes Risiko. Je länger die Laufzeit des Kredites, desto höher ist in der Regel auch die Ausfallwahrscheinlichkeit des Schuldners. Wird beispielsweise ein Kredit für fünf Jahre kalkuliert, der Schuldner zahlt ihn jedoch in acht Jahren zurück, so kann sich das Zinsniveau am Kapitalmarkt erhöht haben (Zinsänderungsrisiko), weshalb der Geldgeber gegebenenfalls einen anderen/höheren Zinssatz im Vertrag vereinbart hätte.

> **Merksatz**
>
> Ein Tilgungsplan ist eine tabellarische Übersicht von Datumsangaben mit den zugehörigen Tilgungs- und Zinszahlungen. Er soll dem Kreditnehmer die Regelungen des zugrundeliegenden Vertrags transparent machen. Er besteht meist aus den Spalten
>
> - Fälligkeitstermin,
> - Zinsen,

Kapitel 9

- Tilgung,
- Kreditrate = Zins + Tilgung,
- Restschuld.

Die Spaltenbezeichnungen sowie deren Anzahl und Anordnung der Begriffe können variieren.

Wir wollen uns zunächst mit der einfachen Art einer Rückzahlung in variablen Raten beschäftigen. Sie hilft uns nämlich sehr gut, das prinzipielle Verfahren zur Tilgung eines Darlehens zu verstehen.

Beispiel

Familie Ehlert tilgt ein Darlehen von 50.000 € mit folgenden Tilgungsraten (ohne Zinsen) zum Jahresende: 5000, 7000, 10.000, 12.000 und 16.000 €. Die Zinsen werden jeweils zum Jahresende auf die Restschuld ermittelt. Der Zinssatz beträgt 7,00 % p. a.

Notieren Sie tabellarisch die Tilgungszeitpunkte, die Restschuld zu Beginn jedes Jahres, die Zinszahlungen, die Tilgung sowie die jeweils insgesamt an die Bank zu überweisende Rate (Tilgungsplan).

Es ergibt sich die folgende Grundstruktur von Tab. 9.23, die wir nun schrittweise füllen werden.

Tab. 9.23   Grundstruktur

Jahr	Restschuld zu Beginn des Jahres	Zinsen	Tilgung	an die Bank zu überweisende Rate
1	50.000	①	②	③
...	④			

Der Tilgungsplan startet mit der Restschuld, die im vorliegenden Fall dem Kreditbetrag entspricht, da die Kreditsumme dem ausgezahlten Betrag entspricht. Dass dies oft nicht der Fall ist, ergibt sich im Zusammenhang mit dem bereits definierten und erörterten Disagio (s. Abschn. 9.1.1). Wir kommen darauf später detailliert zurück. An dieser Stelle beschränken wir uns auf die Erörterung der Bedeutung der Tabellenspalten ① bis ④.

1. Bei einem Zinssatz von 7,00 % p. a. erhält man direkt die Zinsen für ①:

$$50.000 \cdot 0,07 = 3500.$$

2. Die Tilgung in ② ist in der Aufgabenstellung vorgegeben! Sie beträgt im ersten Jahr 5000 €, im zweiten Jahr 7000 € etc.
3. Die an die Bank zu überweisende Rate ③ ergibt sich stets aus der Summe von Zins und Tilgung. Im vorliegenden Fall beträgt sie im ersten Jahr 3500 € (Zins) und 5000 € (Tilgung), also 8500 € insgesamt.
4. Der Wert ④ in der nächsten Zeile ergibt sich aus folgender Überlegung: Wenn die Schuld von anfangs

50.000 € um 5000 € (nicht um 8500 €) getilgt werden konnte, dann beträgt die Restschuld 45.000 €. Zu beachten ist unbedingt, dass die Zinszahlung von 3500 € nicht dazu beigetragen hat, die (Rest-)Schuld bei der Bank zu reduzieren! Die Zinsen wurden lediglich dafür bezahlt, dass sich die Familie/der Schuldner das Geld bis zum Ende des ersten Jahres geliehen hat!

Wir erhalten im ersten Schritt die folgenden Zwischenwerte gemäß Tab. 9.24.

Tab. 9.24   Zwischenwerte

Jahr	Restschuld zu Beginn des Jahres	Zinsen	Tilgung	an die Bank zu überweisende Rate
1	50.000	3500	5000	8500
2	45.000			
3				
4				
5				

Wird das durch diese vier Schritte beschriebene Verfahren fortgeführt, so ergeben sich die Werte von Tab. 9.25.

Tab. 9.25   Beispiel eines Tilgungsplans

Jahr	Restschuld zu Beginn des Jahres	Zinsen	Tilgung	an die Bank zu überweisende Rate = Zins + Tilgung
1	50.000	3500	5000	8500
2	45.000	3150	7000	10.150
3	38.000	2660	10.000	12.660
4	28.000	1960	12.000	13.960
5	16.000	1120	16.000	17.120

Hinweis: Die Microsoft Excel-Lösung des Beispiels finden Sie in der Datei „Aufgabe Tilgung von Schulden mit variablen Raten.xlsx“.   ◄

Damit Sie sich die Berechnungsmethodik eines Tilgungsplanes gut einprägen, ist es sinnvoll, eine weitere kleine Übung zu lösen.

Beispiel

Wir wollen nun die Werte eines zweiten Tilgungsplanes für die Familie Ehlert ermitteln, bei dem konstante Tilgungsraten (ohne Zinsen) in Höhe von 10.000 € gezahlt werden, um die Schuld von 50.000 € vollständig zu tilgen. Die Zinsen werden jeweils zum Jahresende auf die Restschuld ermittelt. Der Zinssatz beträgt 7,00 % p. a. Sind dann auch die Raten an die Bank gleich? Vgl. auch Microsoft Excel-Datei „Tilgung von Schulden mit variablen Raten.xlsx“.

Tab. 9.26 Zweiter Tilgungsplan

Jahr	Restschuld zu Beginn des Jahres	Zinsen	Tilgung	an die Bank zu überweisende Rate
1	50.000	3500	10.000	13.500
2	50.000 − 10.000 = 40.000	2800	10.000	12.800
3	40.000 − 10.000 = 30.000	2100	10.000	12.100
4	30.000 − 10.000 = 20.000	1400	10.000	11.400
5	20.000 − 10.000 = 10.000	700	10.000	10.700
Summe	150.000	10.500	50.000	60.500

Wie Sie deutlich in Tab. 9.26 erkennen, sind die Raten an die Bank nicht gleich! Denn aufgrund der unterschiedlich hohen Zinsen bei gleichbleibender Tilgung variiert der an die Bank zu zahlende Betrag! ◄

9.5.3 Konstante Raten/Annuitätentilgung

Im Gegensatz zu den bisher betrachteten Darlehen geht man bei einem Annuitätendarlehen davon aus, dass die Belastung des Kreditnehmers pro Zeiteinheit konstant sein sollte, da seine Leistungsfähigkeit in der Regel nicht variiert. Beim Annuitätendarlehen ist die Summe aus Zins und Tilgung stets kontant!

Das Wort Annuität suggeriert, dass die jährlichen Raten, mit denen der Kredit sowie seine Zinsen getilgt werden, konstant sind. Teilweise wird der Begriff auch für leicht abgewandelte Darlehensformen benutzt, bei denen beispielsweise Sondertilgungsrechte bestehen. Grundsätzlich bleibt die Struktur der Kredite und Rückzahlungsmodalitäten jedoch gleich.

Merksatz

Ein Annuitätendarlehen zeichnet sich durch konstante Rückzahlungsbeträge aus. Die Rückzahlungsbeträge setzen sich aus Zins und Tilgung zusammen. Damit ist die Tilgungsleistung zu Beginn der Laufzeit eines solchen Darlehens geringer als am Ende.

Beispiel

Ein Darlehen von 3000 € zu 10,00 % p. a. bezogen auf die Restschuld soll durch gleichbleibende jährliche Raten (Annuitäten) in vier Jahren vollständig zurückgezahlt

werden. Die Raten werden nachschüssig durch den Kreditnehmer an die Bank überwiesen.

Es handelt sich um gleichbleibende Zahlungen. Diese bestehen aus Zinsen und Tilgung. Bitte beachten Sie nochmals, dass nicht die Zinsen und auch nicht die Tilgungsraten konstant sind, sondern deren Summe! Man bezeichnet ein solches Darlehen dann als Annuitätendarlehen.

Um eine Vorstellung von der Rückzahlung des Kredites zu erhalten, ist ein Tilgungsplan aufzustellen. In den bisher berechneten Fällen sind wir davon ausgegangen, dass die Tilgungsraten konstant sind. Nun müssen wir hier jedoch die Annuität, d. h. diejenige Summe aus Zins und Tilgung, ermitteln, die in konstanter Art und Weise zurückgezahlt wird.

Für die Ermittlung der Annuität helfen Überlegungen aus der Raten- und Rentenrechnung. Es werden konstante Raten in der Höhe der Annuität angenommen. Die Annuität A lässt sich mit folgender Formel berechnen:

$$A = S_0 \cdot q^n \cdot \frac{q-1}{q^n - 1},$$

mit S_0 als Anfangsschuld und q als Aufzinsungsfaktor.

Im Übungsbeispiel ist die Anfangsschuld $S_0 = 3000$ und der Aufzinsungsfaktor $q = 1{,}10$, womit sich bei einer Laufzeit von $n = 4$ Jahren folgende Annuität ergibt:

$$A = 3000 \cdot 1{,}10^4 \cdot \frac{1{,}10 - 1}{1{,}10^4 - 1} = 946{,}41 \,.$$

Mithilfe dieses Wertes kann nun ein Tilgungsplan aufgestellt werden. Hierbei ändert sich allerdings die Reihenfolge der Berechnung der Werte. Wir zeigen dies wieder an einem tabellarischen Beispiel (s. Tab. 9.27).

Tab. 9.27 Berechnungsschema eines Tilgungsplans

Jahr	Restschuld zu Beginn des Jahres	Zinsen	Tilgung	an die Bank zu überweisende Rate = Annuität
1	3000	②	③	①
…	④			

Auch dieser Tilgungsplan startet mit der Restschuld, die im vorliegenden Fall dem Kreditbetrag von 3000 € entspricht. Nachfolgend wird die Bedeutung der Tabellenspalten 1 bis 4 erläutert. Vgl. auch Microsoft Excel-Datei „Annuitätentilgung.xlsx".

1. Um sicher zu gehen, dass der Tilgungsplan auch korrekt gelingt, ist dringend anzuraten, in der letzten Spalte die Annuität im ersten Schritt einzusetzen. Dieser Wert von 946,41 € wurde mithilfe einer Formel berechnet und ist für jedes Jahr gleich! Wir setzen den Wert von 946,41 für 1 ein!

Kapitel 9

2. Bei einem Zins von 10,00 % p. a. erhält man direkt die Zinsen für 2:

$$3000 \cdot 0{,}10 = 300 \, .$$

3. Die Tilgung in 4 kann nun abschließend berechnet werden: Die Annuität beinhaltet Zins und Tilgung. Demnach gilt

$$300{,}00 + \text{Tilgung} = 946{,}41 \, .$$

Die Tilgung im ersten Jahr lässt sich somit über die Differenz $946{,}41 - 300 = 646{,}41$ leicht ermitteln.

Wir erhalten im ersten Schritt gemäß Tab. 9.28:

Tab. 9.28 Erster Schritt zur Berechnung des Tilgungsplans

Jahr	Restschuld zu Beginn des Jahres	Zinsen	Tilgung	an die Bank zu überweisende Rate = Annuität
1	3000,00	300,00	646,41	946,41
2	2353,59			
3				
4				

Wird das durch diese Schritte beschriebene Verfahren fortgeführt, so ergeben sich die Werte von Tab. 9.29:

Tab. 9.29 Vollständiger Tilgungsplan

Jahr	Restschuld zu Beginn des Jahres	Zinsen	Tilgung	an die Bank zu überweisende Rate = Annuität
1	3000,00	300,00	646,41	946,41
2	2353,59	235,36	711,05	946,41
3	1642,54	164,25	782,16	946,41
4	860,38	86,04	860,37	946,41

Die Werte dieses Tilgungsplanes können sehr schnell mithilfe von Microsoft Excel bestimmt werden. Die Ergebnisse finden Sie auch in der Microsoft Excel-Beispieldatei „Annuitätentilgung.xlsx". Diese sollten Sie zur Vertiefung des Verständnisses auch selbst aufbauen! ◄

Da Tilgungspläne in der Regel sehr lang sind, lassen sich die Werte jeder Zeile eines Tilgungsplanes auch direkt mit Formeln ermitteln (s. Tab. 9.30).

Zentraler Wert der Berechnungen ist die Nummer des zu betrachtenden Jahres. Wir bezeichnen diese mit dem Buchstaben r. Ist $r = 3$, so berechnen wir demnach die Werte der dritten Zeile des obigen Tilgungsplanes. Dies entspricht den Werten *nach* der Zahlung von $r - 1$ Raten!

Auch wenn diese Berechnungen unübersichtlich und teils etwas komplex wirken, so sind sie in der Praxis von Bedeutung! Auf die Herleitung der Formeln wird an dieser Stelle aber verzichtet.

An dieser Stelle soll sich eine weitere Übungsaufgabe anschließen, die uns zu einer praxisrelevanten und sehr wichtigen Erkenntnis führen wird.

Beispiel

Familie Wehnert kauft sich ein Haus und nimmt dafür ein Darlehen von 250.000 € auf. Dieses soll bei einem durchschnittlichen Zins 4,60 % p. a. in $n = 25$ Jahren vollständig getilgt werden.

1. Ermitteln Sie die Höhe der zu zahlenden Annuität.
2. Berechnen Sie die Höhe der Zinszahlung sowie der Tilgungsleistung jeweils im dritten sowie im 22. Jahr.
3. Analysieren Sie die Anteile von Zinsen und Tilgung an den Ratenzahlungen/Annuitäten. Welche Feststellung können Sie treffen, und worin liegt der von Ihnen bemerkte Effekt begründet?

Lösung

Die Annuität ist schnell berechnet. Vgl. auch Microsoft Excel-Datei „Annuität Familie Wehnert.xlsx". Wir erhalten

$$A = S_0 \cdot q^n \cdot \frac{q-1}{q^n - 1}$$

$$A = 250.000 \cdot 1{,}0460^{25} \cdot \frac{1{,}0460 - 1}{1{,}0460^{25} - 1} = 17.033{,}72 \, .$$

Die anteiligen Zins- bzw. Tilgungszahlungen können mit den bereits bekannten Formeln für die Höhe der Zinszahlung im r-ten Jahr

$$Z_r = S_0 \cdot i \cdot \frac{q^n - q^{r-1}}{q^n - 1}$$

sowie für die Berechnung der Tilgungsleistung im r-ten Jahr

$$T_r = S_0 \cdot i \cdot \frac{q^{r-1}}{q^n - 1}$$

ermittelt werden, ohne den gesamten Tilgungsplan aufstellen zu müssen!

Tabelle 9.31 zeigt die Ergebnisse der Berechnungen.

Beide Zeitpunkte sind so gewählt, dass sie drei Jahre nach Beginn der Kreditaufnahme bzw. drei Jahre vor Ende der Rückzahlung stattfinden! Während im 3. Jahr nach Beginn der Rückzahlung das Verhältnis von Zinsen zu Tilgung

$$\frac{10.979{,}19}{6054{,}54} \approx 1{,}8$$

ist, ändert es sich bis zum 22. Jahr auf

$$\frac{2804{,}45}{14.229{,}28} \approx 0{,}2 \, .$$

Das bedeutet, dass zu Beginn der Laufzeit des Kredites fast das Doppelte an Zinsen zu zahlen ist wie zum gleichen Zeitpunkt genutzt wird, um den Kredit zu tilgen.

Tab. 9.30 Ermittlung der Werte eines Tilgungsplanes mithilfe von Formeln

Bezeichnung	allgemeine Formel	Beispielrechnung
Höhe der verbleibenden Restschuld	$S_r = S_0 \cdot \dfrac{q^n - q^{r-1}}{q^n - 1}$	$S_3 = 3000 \cdot \dfrac{1{,}10^4 - 1{,}10^{3-1}}{1{,}10^4 - 1}$ $S_3 = 1642{,}53$
Höhe der r-ten Zinszahlung	$Z_r = S_0 \cdot i \cdot \dfrac{q^n - q^{r-1}}{q^n - 1}$	$Z_3 = 3000 \cdot 0{,}10 \cdot \dfrac{1{,}10^4 - 1{,}10^{3-1}}{1{,}10^4 - 1}$ $Z_3 = 164{,}25$
Höhe der r-ten Tilgungsleistung	$T_r = S_0 \cdot i \cdot \dfrac{q^{r-1}}{q^n - 1}$	$T_3 = 3000 \cdot 0{,}10 \cdot \dfrac{1{,}10^{3-1}}{1{,}10^4 - 1}$ $T_3 = 782{,}16$. Analog ergibt sich die Höhe der ersten Tilgungsleistung $T_1 = 3000 \cdot 0{,}10 \cdot \dfrac{1{,}10^{1-1}}{1{,}10^4 - 1}$ $T_1 = 646{,}41$
Summe der Tilgungsleistungen nach $r - 1$ Zahlungen, also bis zum r-ten Jahr ohne dieses einzuschließen	$T_{\mathrm{ges},r} = T_1 \cdot \dfrac{q^{r-1} - 1}{q - 1}$	Mit dem Wert für $T_1 = 646{,}41$ aus obiger Berechnung folgt hier für die Summe der Tilgungsleistungen bis zum 3. Jahr: $T_{\mathrm{ges},3} = 646{,}41 \cdot \dfrac{1{,}10^{3-1} - 1}{1{,}10 - 1}$ $T_{\mathrm{ges},3} = 1357{,}46$

Tab. 9.31 Ergebnisse der Berechnungen

Bezeichnung	Werte im 3. Jahr des Kredites	Werte im 22. Jahr des Kredites
Höhe der r-ten Zinszahlung	$Z_3 = 250.000 \cdot 0{,}0460 \cdot \dfrac{1{,}0460^4 - 1{,}0460^{3-1}}{1{,}0460^4 - 1}$ $Z_3 = 10.979{,}19$	$Z_{22} = 2804{,}45$
Höhe der r-ten Tilgungsleistung	$T_3 = 250.000 \cdot 0{,}0460 \cdot \dfrac{1{,}0460^{3-1}}{1{,}0406^4 - 1}$ $T_3 = 6054{,}54$	$T_3 = 14.229{,}28$

Am Ende der Kreditrückzahlung fließt dagegen fast das gesamte gezahlte Kapital in die Tilgung und kaum etwas davon wird für die reine Zinszahlung an die Bank aufgewandt. Abbildung 9.46 zeigt diesen Fakt auch nochmals als grafische Darstellung. Etwa bei der Hälfte der Laufzeit zahlt die Familie als Kreditnehmer genau so viel für den Zins wie für die Tilgung.

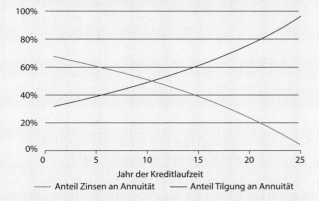

Abb. 9.46 Zeitlicher Verlauf des Anteils von Tilgung und Zinsen an der Annuität eines Kredites

Die Musterlösung finden Sie ebenfalls in der Excel-Datei „Aufgabe Annuitätentilgung Familie Wehnert.xlsx". ◄

Dieser mathematisch recht überschaubare Sachverhalt ist praktisch von sehr großer Bedeutung! Interpretiert man die Werte, so stellt man fest, dass die durch einen Kreditnehmer gezahlte Rate zunächst immer dafür verwendet wird, die bereits angefallenen Zinsen für den Kredit zurückzuzahlen. Das Geld wird also kaum dazu genutzt, den Kredit zu tilgen! Nach einer Ratenzahlung besitzt der Kreditnehmer also fast noch genau die gleiche Schuld wie vor dieser Zahlung!

In der Praxis ist es demnach erforderlich, gerade am Anfang hohe Raten zur Rückzahlung zu nutzen, um die eigentliche Schuld bei der Bank zu tilgen! Dies widerspricht zwar dem Prinzip des Annuitätendarlehens. Jedoch ist es üblich, sogenannte **Sondertilgungen** zu vereinbaren. Verfügt der Schuldner neben seinen stets festen Raten gegebenenfalls doch noch über zusätzliches Geld, so kann dieses als Sonderrate ebenfalls eingezahlt werden. Diese Option gestattet es dem Kreditnehmer, seine Schulden schneller zu reduzieren.

Merksatz

Da der Anteil der Tilgung an der Annuität zu Beginn der Rückzahlung eines Kredites sehr klein ist, können **Sondertilgungsraten** vereinbart werden, mit denen der Schuldner bzw. Kreditnehmer die Möglichkeit erhält, den Kredit neben den üblichen Annuitäten schneller zu tilgen. Hohe Raten zu Beginn der Laufzeit helfen dem Schuldner, seinen Kredit möglichst schnell zurückzuzahlen!

9.5.4 Berechnung des Effektivzinses eines Kredites

Wie Abschn. 9.1.1 erläutert, werden bei der Berechnung des Effektivzinses auch die Gebühren der Bank mit berücksichtigt. Betrachtet man einen Kredit, so entsteht für die Bank natürlich eine Vielzahl von Kosten für Abschluss, Vertrieb und Verwaltung des Darlehens. Die Bank wälzt diese auf den Kredit- bzw. Darlehensnehmer ab. Für deren Darstellung gegenüber dem Kreditnehmer allerdings gibt es kreative Varianten, die für den Kunden nicht immer transparent sind. So ist es denkbar, Kosten als jährlichen oder monatlichen Eurobetrag auszuweisen oder als Prozentsatz von der Darlehenssumme. Erst eine einigermaßen standardisierte Effektivzinsberechnung ermöglicht es, mehrere Angebote von Banken miteinander zu vergleichen und den „besten" Kredit zu ermitteln. Aus diesem Grund hat der Gesetzgeber innerhalb der Preisangabenverordnung (PAngV) vorgeschrieben, wie Banken einen Effektivzins so berechnen und angeben müssen, dass er für den Kunden aussagekräftig ist.

Leider ist die Berechnung des Effektivzinses nach PAngV nicht einfach. Einige einleitende Überlegungen sollen uns zunächst helfen, den Sinn des Effektivzinses für Kredite zu verstehen. Anschließend gehen wir auf die rechtlichen Grundlagen zur Berechnung des Effektivzinses ein und führen eine Beispielrechnung durch.

9.5.4.1 Formel zur Berechnung des Effektivzinses für „einfache" Kredite

Wir definieren zunächst einige Variablen für Größen, die uns bereits aus den Tilgungsplänen bekannt sind:

i_{nominal} Nominalzins
i_{effektiv} Effektivzins
R Restschuld in €
Z zu zahlende Zinsen in €.

Grundsätzlich hilft bei der Berechnung des Effektivzinses folgende Überlegung:

$$Z = R \cdot i_{\text{eff}}.$$

Zur Ermittlung der insgesamt zu zahlenden Zinsen werden alle Zinszahlungen summiert:

$$\sum Z = \sum R \cdot i_{\text{eff}}.$$

Der Zinssatz oder auch der Zinsfuß ist ein konstanter Faktor jedes Summanden innerhalb des rechten Summenzeichens. Gemäß den Regeln zum Rechnen mit dem Summenzeichen kann er deshalb aus der Summe ausgeklammert und vor das Summenzeichen geschrieben werden:

$$\sum Z = i_{\text{eff}} \cdot \sum R.$$

Für den Effektivzins gilt dann

$$i_{\text{eff}} = \frac{\sum Z}{\sum R}.$$

Merksatz

Bei einem Kredit ohne Bearbeitungsgebühr (Disagio) und ohne tilgungsfreie Zeiten bzw. „andere Besonderheiten" erhält man den Effektivzins, indem man die Summe aller Zinszahlungen durch die Summe aller Restschulden dividiert!

Beispiel

Der folgende Tilgungsplan aus Abschn. 9.5.2 soll zur Berechnung des Effektivzinses benutzt werden. In der letzten Beispielrechnung wurde bereits eine Summenzeile eingefügt (s. Tab. 9.32).

Tab. 9.32 Tilgungsplan mit Spaltensummen

Jahr	Restschuld zu Beginn des Jahres	Zinsen	Tilgung	an die Bank zu überweisende Rate
1	50.000	3500	10.000	13.500
2	40.000	2800	10.000	12.800
3	30.000	2100	10.000	12.100
4	20.000	1400	10.000	11.400
5	10.000	700	10.000	10.700
Summe	150.000	10.500	50.000	60.500

In der letzten Zeile der Tabelle befinden sich die für die Berechnung des Effektivzinses notwendigen Größen:

$$\sum Z = 10.500$$
$$\sum R = 150.500.$$

Für den Effektivzins erhalten wir:

$$i_{\text{eff}} = \frac{10.500}{150.000} = 0{,}0700 = 7{,}00\,\%. \qquad \blacktriangleleft$$

Dieses Ergebnis war zu erwarten, da in unserem Beispiel von der Bank keine Gebühren verlangt werden und der Kredit auch sonst über keine weiteren Besonderheiten wie tilgungsfreie Zeiten verfügt! Der Effektivzins entspricht dann dem Nominalzins.

9.5.4.2 Berechnung von Effektivzinsen nach der Preisangabenverordnung (PAngV)

In der Praxis sind Kredite leider nicht so einfach zu bewerten! Was geschieht z. B., wenn die Bank eine Bearbeitungsgebühr von 2000 € einführt? Dies ist bei Firmenkunden gut möglich. Der Effektivzins des Kredites muss steigen. Im Folgenden sollen die Grundlagen der Berechnung des Effektivzinses detailliert vorgestellt werden. Dabei greifen wir auf die Preisangabenverordnung (PAngV) zurück, die die Berechnungsmethodik regelt.

Um die verschiedenen Einflussgrößen für den „Preis" eines Kredites miteinander vergleichen zu können, sind prinzipiell sehr viele Verfahren denkbar. Der Gesetzgeber hat sich zum Schutz des Verbrauchers entschlossen, auf eine Barwertrechnung zurückzugreifen. In einer Entscheidung des Bundesgerichtshofes heißt es hierzu sehr treffend:

„Zweck der Preisangabenverordnung ist es, durch eine sachlich zutreffende und vollständige Verbraucherinformation Preiswahrheit und Preisklarheit zu gewährleisten und durch optimale Preisvergleichsmöglichkeiten die Stellung der Verbraucher gegenüber Handel und Gewerbe zu stärken und den Wettbewerb zu fördern." (BGH 2007, S. 12 f.)

Halten wir zunächst die verschiedenen Kosten, die bei einem Vertragsabschluss zu berücksichtigen sind, noch einmal detailliert fest:

- Disagio, das dazu führt, dass der Kredit nicht in voller Höhe ausgezahlt wird. Die Darlehenssumme ist dann höher als der Auszahlungsbetrag,
- Bearbeitungsgebühren, die zusätzlich zum Disagio anfallen,
- im Vertrag vereinbarte Zeiten, in denen keine Tilgung gezahlt wird (tilgungsfreie Zeiten),
- mögliche unterjährige Zins- und Tilgungsleistungen sowie Sondertilgungsleistungen,
- Zinsanpassung während der Laufzeit sowie
- sofortige Verrechnung der Tilgungsleistungen mit der Schuld oder zum Jahresende.

Die Abweichung des Effektivzinses vom Nominalzins wird durch diese und mögliche weitere Optionen in einem Vertrag beeinflusst.

Die wichtigsten Grundsätze der Berechnung des Effektivzinses nach PAngV sind:

- Für die Berechnung nach PAngV kommt das Verfahren des internen Zinsfußes auf Basis der sogenannten **exponentiellen Verzinsung** zum Einsatz. Während bei der unterjährigen Verzinsung (s. Abschn. 9.2) ein Zinszeitraum von einem halben Jahr durch die Halbierung des Zinssatzes repräsentiert wurde, nutzt man bei der exponentiellen Verzinsung den Exponenten 0,5.
- Zudem wird ein Jahr mit 365 und nicht mit nur 360 Tagen angesetzt.
- Alle Zahlungen werden auf genau einen (!) Zeitpunkt ver- oder abgezinst.

Die PAngV legt nun fest, dass alle ein- und ausgezahlten Beträge auf den Zeitpunkt $t = 0$ abgezinst werden, wie es auch in Abb. 9.44 dargestellt ist. Der für diese Berechnung benutzte Zinssatz wird als Effektivzinssatz bezeichnet, wenn die Summe der Barwerte der Auszahlungen identisch mit der Summe der Barwerte der Einzahlungen ist.

Um die dafür in der PAngV aufgeführte Formel verstehen zu können, erinnern wir uns an die Barwertrechnung: Wird eine Rate r_k in Zukunft nach n Zinsperioden fällig, so beträgt deren Barwert (s. Abschn. 9.3.1.1 für Details):

$$K_0 = \frac{r_k}{(1 + i)^n} \, .$$

Bei einem Kredit werden der ausgezahlte Betrag sowie die Gebühren in mehreren Raten zurückgezahlt. Die Summe der Barwerte aller Zahlungen muss demjenigen Betrag entsprechen, den der Kunde von der Bank erhalten hat. Dabei ist zu beachten, dass dies aufgrund des Disagios in der Regel nicht der Darlehensbetrag, sondern weniger ist! In einer Formel ausgedrückt sieht dies nun wie folgt aus:

$$\begin{array}{l}\text{Barwert aller}\\ \text{Auszahlungen}\\ \text{an den Kunden}\end{array} = \sum_{m=1}^{\cdots} \frac{A_m}{(1 + i_{\text{eff}})^{t_m}}$$

$$= \sum_{k=1}^{\cdots} \frac{r_k}{(1 + i_{\text{eff}})^{t_k}} = \begin{array}{l}\text{Barwert aller}\\ \text{Einzahlungen}\\ \text{durch den Kunden}\end{array} .$$

Diese Formel ist so immens wichtig, dass wir hierzu noch einige Details ausführen müssen!

- Auf der linken Seite stehen die Auszahlungen an den Kunden. Bisher sind wir von lediglich einer Auszahlung ausgegangen. Oft wird jedoch der Kredit in mehreren Teilen ausgezahlt. Zum Beispiel prüft die Bank den Fortschritt eines Bauprojektes und zahlt je nach Bauabschnitt die erforderlichen Kreditanteile aus. Wenn wir uns an das Grundprinzip einer Hypothek erinnern (s. Abschn. 9.1.1), wird dies auch sofort verständlich: Die Bank hat die Möglichkeit, im Falle eines Zahlungsausfalls des Schuldners auf das Haus zurückzugreifen, dieses zu verkaufen und so den Kredit zu tilgen. Sie muss also ein sehr großes Interesse daran haben, dass der Bau des Hauses auch gelingt. Deshalb kontrolliert sie bei großen Projekten den Baufortschritt und zahlt die Darlehenssumme in kleineren Beträgen aus. Diese sind zu verbarwerten auf den Zeitpunkt $t = 0$, den Abb. 9.44 zeigt.
- Die Summationsterme zeigen die exponentielle Verzinsung, die bereits eingangs erläutert wurde. Im Exponenten des Zinsfaktors $q = (1 + i)^t$ steht nun nicht mehr die Anzahl der Zinsperioden, sondern die Zeit. Es handelt sich hierbei um die Anzahl der Zinstage geteilt durch 365!
- Die durch den Kunden zu zahlenden Raten bestehen aus Zins und Tilgung und werden auf der rechten Seite der Formel als Einzahlungen durch den Kunden berücksichtigt. Wie gezeigt, sind diese in der Zukunft zu leistenden Zahlungen jeweils einzeln auf den Zeitpunkt $t = 0$ abzuzinsen und deren Barwerte zu summieren.

Beispiel

Christopher leiht sich von Franziska 1000 € und verspricht, in einem Jahr 300 € und nach zwei Jahren 820 € zurückzuzahlen. Wie hoch ist der Effektivzins?

Lösung

Legt man den Zeitpunkt $t = 0$ auf den Zeitpunkt der Geldausleihe, d. h. den Beginn des Geschäftes, so erhält man folgende zu lösende Gleichung:

$$1000 = \frac{300}{(1 + i_{\text{eff}})^{\frac{365}{365}}} + \frac{820}{(1 + i_{\text{eff}})^{\frac{730}{365}}}$$

$$1000 = \frac{300}{(1 + i_{\text{eff}})^1} + \frac{820}{(1 + i_{\text{eff}})^2}$$

$$1000 = \frac{300}{q^1} + \frac{820}{q^2} .$$

Indem wir beide Seiten der Gleichung mit q^2 multiplizieren, erhalten wir eine quadratische Gleichung, deren Lösungen wir suchen.

$$1000q^2 = 300q^1 + 820$$

$$1000q^2 - 300q^1 - 820 = 0 .$$

Die Werte $q_1 = -0,7679$ sowie $q_2 = 1,0679$ erfüllen diese Gleichung. Der Wert für q_1 ist keine zulässige Lösung, da der gesuchte Zinssatz positiv sein muss. Damit kommt nur q_2 als Lösung infrage. Da wir $q = 1 + i_{\text{eff}}$ gesetzt haben, ergibt sich $i_{\text{eff}} = 0,0679$. Der Effektivzinssatz beträgt demnach 6,79 %. ◄

Merksatz

Grundprinzip der Berechnung des Effektivzinses nach PAngV ist die **Verbarwertung aller Ein- und Auszahlungen auf einen gemeinsamen Zeitpunkt $t = 0$** hin. Die Summen der Barwerte dieser Ein- und Auszahlungen müssen identisch sein. Der zur Berechnung der Barwerte benutzte Zinssatz wird als Effektivzinssatz bezeichnet. Zu beachten ist, dass für die Berechnung diejenigen Beträge genutzt werden, die auch tatsächlich gezahlt wurden. Aus diesem Grund wird der Auszahlungsbetrag anstelle des Darlehensbetrags verwendet!

Das obige Beispiel war recht einfach, da keine Gebühren anfielen und die Rückzahlung in lediglich zwei Raten zu erfolgen hatte. Das machte die Berechnungen sehr überschaubar. Zudem konnten wir die resultierende Gleichung sehr einfach lösen. Dies ist leider bei der Effektivzinsrechnung eine Ausnahme. Wir zeigen im folgenden Beispiel eine komplexere Berechnung, die der Praxis deutlich näher kommt.

Beispiel

Ein Kunde nimmt einen Konsumentenkredit über 1000 € in Anspruch. Die Bank erhebt zum Zeitpunkt der Auszahlung am 1.1.2013 eine Bearbeitungsgebühr von 2,5 % in Form eines Disagios auf den Darlehensbetrag. Es wird vereinbart, dass der Kunde am 31.3. und 30.6. sowie am 30.9. und 31.12. des Jahres eine Rate von 265,00 € an die Bank zu zahlen hat, um den Kredit vollständig zu tilgen. Wie hoch ist der Effektivzins?

Lösung

Zunächst wählt man sich einen Zeitpunkt, auf den hin alle Beträge zu verbarwerten sind. Dies ist hier der 1.1.2013.

Gemäß der linken Seite der o. g. Formel für die Berechnung des Effektivzinses ist dann die Summe der Barwerte der Auszahlungen zu berechnen. Da die Bank ein Disagio von 2,5 % verlangt, erhält der Kunde $1000 - 1000 \cdot 0,025 = 975,00$ € ausgezahlt. Der Barwert dieses Auszahlungsbetrages ist ebenfalls 975,00 €, da $t = 0$ mit dem Termin der Auszahlung übereinstimmt.

Die Umsetzung der rechten Seite der Formel für die Berechnung des Effektivzinses ist etwas komplexer! Zur Berechnung der Barwerte wird der Effektivzins i_{eff} benötigt. Dieser soll durch die Berechnung aber erst ermittelt werden. Wir nehmen an, wir kennen i_{eff}, und notieren zunächst die Formel zur Berechnung der Summe der Barwerte aller Einzahlungen.

$$\text{Barwert aller Einzahlungen durch den Kunden} = \sum_{k=1}^{4} \frac{r_k}{(1 + i_{\text{eff}})^{t_k}}$$

$$\text{Barwert aller Einzahlungen durch den Kunden} = \frac{265,00}{(1 + i_{\text{eff}})^{\frac{3}{12}}} + \frac{265,00}{(1 + i_{\text{eff}})^{\frac{6}{12}}}$$
$$+ \frac{265,00}{(1 + i_{\text{eff}})^{\frac{9}{12}}} + \frac{265,00}{(1 + i_{\text{eff}})^{\frac{12}{12}}} .$$

Die Zeitpunkte als Exponent des Nenners der Brüche ergeben sich aus den Zeiträumen, in denen der Kunde über das Geld verfügte, also 3 und 6 sowie 9 und 12 Monate, durch 12 Monate des Jahres insgesamt.

Der Effektivzins muss nun berechnet werden, indem man denjenigen Wert sucht, der für i_{eff} in den obigen Term einzusetzen ist, sodass die Summe 975,00 € ergibt. Denn dann entspricht die Summe der Barwerte der Einzahlungen dem Barwert der Auszahlungen, die der Kunde auch tatsächlich erhalten hat.

Lösung mit dem Iterationsverfahren nach Newton

Die Berechnung des Wertes i_{eff} ist durch das Auflösen der Gleichung nicht möglich, da sich die Exponenten der Nenner stets unterscheiden. An dieser Stelle müssen wir uns eines Iterationsverfahrens bedienen (s. Abschn. 5.8 „Kurvendiskussion").

Die Ausgangsgleichung für den Iterationsansatz ergibt sich aus der o. g. Formel. Da wir mit derartigen Verfahren eine Nullstelle suchen, bringen wir die ausgezahlten 975 € auf die rechte Seite und setzen zudem $q = 1 + i_{\text{eff}}$:

$$0 = \frac{265,00}{q^{\frac{3}{12}}} + \frac{265,00}{q^{\frac{6}{12}}} + \frac{265,00}{q^{\frac{9}{12}}} + \frac{265,00}{q^{\frac{12}{12}}} - 975 .$$

Nun ist die Berechnung mit einem Taschenrechner an dieser Stelle sehr zeitraubend. Wir beschränken uns daher auf die Angabe der Formel laut dem Newton'schen

Iterationsverfahren und zeigen dann die Lösung. Es gilt die Ausgangsformel gemäß Abschn. 5.8 „Kurvendiskussion“:

$$q_{i+1} = q_i - \frac{f(q_i)}{f'(q_i)}.$$

Leitet man die Funktion $f(q)$ nach q ab, so folgt

$$f'(q) = \left(-\frac{3}{12}\right) \cdot \frac{265}{q^{\frac{15}{12}}} + \left(-\frac{6}{12}\right) \cdot \frac{265}{q^{\frac{18}{12}}} + \left(-\frac{9}{12}\right) \cdot \frac{265}{q^{\frac{21}{12}}} + \left(-\frac{12}{12}\right) \cdot \frac{265}{q^{\frac{24}{12}}}.$$

Benutzt wird als Startwert $q = 1{,}10$, und wir gelangen in drei Schritten zur Lösung $q = 1{,}14439$. Dies entspricht einem Effektivzinssatz von 14,439 %. Tabelle 9.33 zeigt die Ergebnisse der einzelnen Rechenschritte.

Tab. 9.33 Ergebnisse der Berechnungsschritte

Iterationsschritt	q_i	$f(q_i)$	$f'(q_i)$	$q_{i+1} = q_i - \frac{f(q_i)}{f'(q_i)}$
0	1,10000	24,05531	−560,88336	1,14289
1	1,14289	0,78935	−524,71439	1,14439
2	1,14439	0,00090	−523,51374	1,14439

Lösung mit Microsoft Excel

Das Iterationsverfahren nach Newton sowie weitere Verfahren wie z. B. die Bisektion und das Sekantenverfahren sind auch in der Microsoft Excel-Beispieldatei „Effektivzinsberechnung nach PAngV (Newtonverfahren).xlsm“ einschließlich Lösung umgesetzt. Wir hoffen, dass Sie die Lösungen nachvollziehen können!

In einem weiteren Ansatz kann in Microsoft Excel auch die Zielwertsuche zum Einsatz gelangen, um die Lösung der Gleichung

$$975 = \frac{265{,}00}{(1 + i_{\text{eff}})^{\frac{3}{12}}} + \frac{265{,}00}{(1 + i_{\text{eff}})^{\frac{6}{12}}} + \frac{265{,}00}{(1 + i_{\text{eff}})^{\frac{9}{12}}} + \frac{265{,}00}{(1 + i_{\text{eff}})^{\frac{12}{12}}}$$

zu ermitteln. Das Verfahren wurde in Abschn. 9.2.1.4 erläutert. Abbildung 9.47 zeigt dies beispielhaft anhand der Datei „Effektivzinsberechnung nach PAngV (Zielwertsuche).xlsx“. Hier erstellen Sie sich die Berechnungsgrundlage mit einem fiktiven Zinssatz in Zelle C13 und suchen dann mithilfe der Zielwertsuche denjenigen Zinssatz, der die Summe der Barwerte der Einzahlungen in Zelle I17 zum Wert 975,00 € führt.

	A	B	C	F	G	H	I
1							
2		Auszahlungsbetrag =	1.000,00 €				
3		Disagio =	2,50 %				
5			Auszahlungen	Einzahlungen			
6		Zeitpunkt der Zahlung =	01.01.2003	31.03.13	30.06.13	30.09.13	31.12.13
7		Betrag =	975,00 €	265,00€	265,00€	265,00€	265,00€
7		<u>Berechnung der Laufzeit der Raten</u>					
8		Anzahl Monate von t= 0 bis zur Rückzahlung		3	6	9	12
9		Laufzeit in Jahren (anteilige Laufzeit pro Jahr)		0,25	0,50	0,75	1,00
10		<u>Zielfunktion zur Berechnung des Effektivzinses</u>					
11		Zins zur Berechnung der Barwerte i = (ACHTUNG: Ist zunächst unbekannt und per Zielwertsuche zu ermitteln)	0,14439				
12		q =	1,14439				
13							
14		linke Seite –		<– identisch? –>	rechte Seite –		
15		Summe der Barwerte			Summe der Barwerte		
16		aller Auszahlungen			aller Einzahlungen		
17			975,00 €				975,00 €

Abb. 9.47 Berechnung des Effektivzinses nach PAngV mit Microsoft Excel

Wir erhalten einen Effektivzinssatz von 14,439 %. Dieser ist deshalb so hoch, weil der Kunde nach Abzug des Disagios auch nur 975,00 € und nicht die gesamte Darlehenssumme ausgezahlt bekam. ◀

9.5.4.3 Kritische Betrachtung zur PAngV

Die Ausführungen zur PAngV lassen erwarten, dass die Angabe des Effektivzinssatzes geeignet ist, um den „besten“ Kredit zu finden. Dies ist prinzipiell richtig. Im Detail muss man als Kunde jedoch etwas vorsichtiger bei der Interpretation der angegebenen Werte sein. Problematisch ist insbesondere die Interpretation des Effektivzinses, wenn ein Darlehen in der festgelegten Dauer des Kredits nicht vollständig getilgt werden kann bzw. die Festschreibung des Zinses (Zinsbindungsfrist) eher endet. Dann haben Banken Spielräume, Szenarien für die Zeit nach der Zinsbindung anzunehmen und in die Kalkulation einfließen zu lassen (s. PAngV Anlage zu § 6, Teil II (j)). Beispielsweise kann der aktuell gültige Zinssatz für die Zeit nach Ablauf der Zinsbindung angenommen werden. Ist der Zinssatz sehr niedrig, folgt ein niedriger effektiver Jahreszinssatz, der nicht unbedingt dem Zinssatz nach Ablauf der Zinsbindung entspricht. In jedem Fall ist bei fehlender Zinsbindung ein Vergleich schwer, da Festlegungen in der PAngV zum konkreten Vorgehen fehlen.

Zusammenfassung

Sie sind nun in der Lage,

- Tilgungspläne aufzustellen,
- den Begriff des Annuitätendarlehens und des Disagios zu erläutern,
- praktische Aussagen zur notwendigen Höhe von Tilgungs- und Zinszahlungen begründet zu treffen,
- den Algorithmus zur Berechnung des Effektivzinses gemäß Preisangabenverordnung zu erläutern und
- die Auswirkungen verschiedener Parameter bei einer Tilgungsrechnung auf das Ergebnis zu bewerten.

Nachfolgend finden Sie eine Übersicht der wichtigsten Formelzeichen und Formeln aus der Tilgungsrechnung.

Formelzeichen und Formeln der Tilgungsrechnung

n Anzahl der Kreditraten insgesamt
p Zinssatz, Zinsfuß in %
i Zinsfuß $i = p/100$
  („interest")
q Auf-/Abzinsungsfaktor

$$q = 1 + i = 1 + p/100$$

S_0 Anfangsschuld/Schuld zum Zeitpunkt $t = 0$
A Annuität.

Berechnungen für Annuitätendarlehen

Annuität

$$A = S_0 \cdot q^n \cdot \frac{q-1}{q^n - 1}$$

Höhe der verbleibenden Restschuld nach r bereits geleisteten Zahlungen

$$S_r = S_0 \cdot \frac{q^n - q^{r-1}}{q^n - 1}$$

Höhe der r-ten Zinszahlung

$$Z_r = S_0 \cdot i \cdot \frac{q^n - q^{r-1}}{q^n - 1}$$

Höhe der r-ten Tilgungsleistung

$$T_r = S_0 \cdot i \cdot \frac{q^{r-1}}{q^n - 1}$$

Summe der Tilgungsleistungen nach $r-1$ Zahlungen, also bis zum r-ten Jahr, ohne dieses einzuschließen

$$T_{\text{ges},r} = T_1 \cdot \frac{q^{r-1} - 1}{q - 1}.$$

9.5.5 Übungsaufgaben

1. Ein Darlehen von 3000 € zu 10 % bezogen auf die Restschuld soll durch gleichbleibende jährliche Raten (Annuitäten) in vier Jahren vollständig zurückgezahlt werden. Die Raten werden nachschüssig durch den Kreditnehmer an die Bank überwiesen.
   a. Berechnen Sie die Höhe der Annuität.
   b. Vervollständigen Sie den Tilgungsplan in Tab. 9.34.
   c. Berechnen Sie mithilfe der Ihnen bekannten Formeln direkt die Werte für Restschuld, Zinsen und Tilgung für das 3. Jahr.
   d. Berechnen Sie die Effektivverzinsung als Quotient der Zinssumme und Summe der Restschulden. Vergleichen Sie Ihr Ergebnis mit der o. g. Nominalverzinsung.

2. Bei der Tilgungsrechnung erfolgt zu Beginn des relevanten Zeitraumes eine Auszahlung, z. B. eines (Hypotheken-) Darlehens. Die Rückzahlung dieser Anfangsschuld erfolgt in der Regel in Raten. Diese beinhalten jeweils einen Teil der Schuldzinsen sowie einen Teil der Tilgung. In der Praxis wird oft nicht die gesamte Schuld während der Laufzeit getilgt, sodass eine Anschlussfinanzierung erforderlich ist. Die Restschuld nach k Jahren ist gleich der Anfangsschuld abzüglich der bis dahin geleisteten Tilgungszahlungen. Der Zinsanteil jeder Rate spielt hierfür also keine Rolle.
   Mit den folgenden Fragestellungen sollen anhand von drei Tilgungsplänen die Funktionsweise der Formeln und die korrekte Verwendung verschiedener Begriffe der Tilgungsrechnung verdeutlicht werden.
   Hinweis: Bei einer sogenannten Hypothek wird im Bankwesen ein Kredit durch Immobilien abgesichert. Sie zählt daher zu den Grundpfandrechten. In der Umgangssprache wird oft nicht nur das Grundpfandrecht, sondern auch das damit verbundene Darlehen als Hypothek bezeichnet.
   a. Recherchieren Sie zunächst nach den Begriffen „Hypothekendarlehen" sowie „Darlehenshypothek" und arbeiten Sie die Unterschiede heraus. Welchen Vorteil hat ein Hypothekendarlehen für ein Kreditinstitut?
   b. Tilgungsplan 1: Familie Ehlert tilgt ein Darlehen von 50.000 € mit folgenden Raten zum Jahresende: 5000 €, 7000 €, 10.000 €, 12.000 €, 16.000 €. Dies sind die Tilgungsraten ohne Zinsen. Die Zinsen werden jeweils zum Jahresende auf die Restschuld ermittelt und betragen 7,00 %.
      i. Notieren Sie tabellarisch die Tilgungszeitpunkte, die Restschuld zu Beginn jedes Jahres, die Zinszahlungen,

Tab. 9.34 Tilgungsplan

Jahr	Restschuld	Zinsen	Tilgung	Annuität
1	3000 €			
2				
3				
4				
Summe	–			

die Tilgung sowie die insgesamt an die Bank zu überweisende Rate. Man nennt eine solche Tabelle einen **Tilgungsplan.**

ii. Berechnen Sie die Effektivverzinsung als Quotient der Zinssumme und Summe der Restschulden. Vergleichen Sie Ihr Ergebnis mit der o. g. Nominalverzinsung.

c. Tilgungsplan 2: Berechnen Sie nun die Werte eines zweiten Tilgungsplanes für die Familie, bei dem konstante Tilgungsraten (ohne Zinsen) in Höhe von 10.000 € gezahlt werden. Sind dann auch die Raten an die Bank gleich?

d. Tilgungsplan 3: Am häufigsten vertreten sind sogenannte Annuitätendarlehen, bei denen die Raten konstant bleiben. Eine Anfangsschuld S_0 soll mit $p\,\%$ p. a. verzinst werden. Die Tilgung soll in n Jahren durch konstante Annuitäten von A erfolgen. Dies wird mit dem dritten und letzten Tilgungsplan exemplarisch veranschaulicht.

i. Die o. g. Summe von 50.000 € soll nun bei wiederum 7 % in $n = 5$ Jahren vollständig getilgt werden. Berechnen Sie die Annuität und stellen Sie den Tilgungsplan auf.

ii. Berechnen Sie mit der Formel die Summe der Tilgungsleistungen.

iii. Analysieren Sie die Anteile von Zinsen und Tilgung an den Ratenzahlungen/Annuitäten. Welche Feststellung können Sie treffen und worin liegt der von Ihnen bemerkte Effekt begründet?

9.5.6 Lösungen

1. Für die Lösungen der Teilaufgaben siehe auch Microsoft Excel-Datei „Annuitätentilgung.xlsx".
   a. $A = S_0 \cdot q^n \cdot \frac{q-1}{q^n-1} = 3.000 \cdot (1+0,1)^4 \cdot \frac{0,1}{1,10^4-1} = 946,41$.
   b. Den Tilgungsplan zeigt Tab. 9.35.
   c. Restschuld nach drei Raten:

   $$S_r = S_0 \cdot \frac{q^n - q^{r-1}}{q^n - 1},$$
   $$S_r = 3000 \cdot \frac{1,10^4 - 1,10^{3-1}}{1,10^4 - 1} = 1642,53.$$

Tab. 9.35 Tilgungsplan

Jahr	Restschuld	Zinsen	Tilgung	Annuität
1	3000 €	3000 € · 0,1 = 300 €	946,41 € − 300 € = 646,41 €	946,41 €
2	3000 € − 646,41 € = 2353,59 €	2353,59 € · 0,1 = 235,36 €	946,41 € − 235,36 € = 711,05 €	946,41 €
3	1642,54 €	164,25 €	782,16 €	946,41 €
4	860,38 €	86,04 €	860,37 €	946,41 €
$\sum$	7856,51 €	785,65 €	2999,99 €	3785,65 €

Höhe der 3. Zinszahlung:

$$Z_r = S_0 \cdot i \cdot \frac{q^n - q^{r-1}}{q^n - 1},$$
$$Z_r = 3000 \cdot 0,1 \cdot \frac{1,10^4 - 1,10^{3-1}}{1,10^4 - 1} = 164,25.$$

Höhe der 3. Tilgungsleistung:

$$T_r = S_0 \cdot i \cdot \frac{q^{r-1}}{q^n - 1},$$
$$T_r = 3000 \cdot 0,1 \cdot \frac{1,10^{3-1}}{1,10^4 - 1} = 782,16.$$

Für den Effektivzins als Quotient aus Zinssumme und Summe der Restschulden:

$$i_{\text{eff}} = \frac{785,65}{7.856,51} = 0,099999873 \approx 10\,\%.$$

Effektiv- und Nominalverzinsung stimmen hier überein, da keine Gebühren (oder Disagio) zu zahlen sind.

2. Für die Lösungen der Teilaufgaben siehe auch Microsoft Excel-Datei „Tilgung von Schulden.xlsx".
   a. Der Begriff „Hypothekendarlehen" beschreibt ein Darlehen, welches von einem Kreditinstitut gewährt wird und durch ein Grundpfandrecht abgesichert ist. Die „Darlehenshypothek" ist die Absicherung – also das Grundpfandrecht – selbst, sprich die Hypothek auf eine oder mehrere Immobilien.

   Eine solche Hypothek ist vorteilhaft für ein Kreditinstitut, da dieses berechtigt ist, im Notfall seine Ansprüche aus dem Erlös der Zwangsversteigerung des durch die Hypothek belasteten Grundstücks zu befriedigen. Das Kreditinstitut kann also durch eine Hypothek erreichen, dass es im Fall einer ausbleibenden Tilgung durch den Schuldner unter bestimmten Voraussetzungen zur Zwangsversteigerung der belasteten Immobilie kommt. Aus dem daraus gewonnenen Erlös kann im günstigsten Fall die Restforderung des Kreditinstitutes beglichen werden. Durch diese Absicherung zahlt der Darlehensnehmer im Normalfall weniger Zinsen als bei einem „einfachen" Kredit, bei dem es eine solche Absicherung nicht gibt.
   b. Tilgungsplan 1 (s. Tab. 9.36):

Tab. 9.36 Tilgungsplan 1

Jahr	Restschuld zu Beginn des Jahres	Zinsen	Tilgung	an die Bank zu überweisende Rate
1	50.000	3500	5000	8500
2	45.000	3150	7000	10.150
3	38.000	2660	10.000	12.660
4	28.000	1960	12.000	13.960
5	16.000	1120	16.000	17.120
Summe	177.000	12.390	50.000	62.390

Tab. 9.37 Tilgungsplan 2

Jahr	Restschuld zu Beginn des Jahres	Zinsen	Tilgung	an die Bank zu überweisende Rate
1	50.000	3500	10.000	13.500
2	50.000 − 10.000 = 40.000	2800	10.000	12.800
3	40.000 − 10.000 = 30.000	2100	10.000	12.100
4	30.000 − 10.000 = 20.000	1400	10.000	11.400
5	20.000 − 10.000 = 10.000	700	10.000	10.700
Summe	150.000	10.500	50.000	60.500

Tab. 9.38 Tilgungsplan 3

Jahr	Restschuld	Zinsen	Tilgung	Annuität
1	50.000	3500	8694,53	12.194,53
2	50.000−8694,53 = 41.305,46	2891,38	9303,15	12.194,53
3	32.002,31	2240,16	9954,37	12.194,53
4	22.047,94	1543,36	10.651,18	12.194,53
5	11.396,76	797,77	11.396,76	12.194,53
Summe	156.752,47	10.972,67	50.000	60.972,67

Für die Effektivverzinsung als Quotient aus Zinssumme und Summe der Restschulden gilt

$$\text{Zinsen} = i \cdot \text{Restschuld}$$

$$\sum \text{Zinsen} = \sum i \cdot \text{Restschuld}$$

$$\sum \text{Zinsen} = i \cdot \sum \text{Restschuld}$$

$$i_{\text{eff}} = \frac{\sum \text{Zinsen}}{\sum \text{Restschuld}} = 7{,}00\,\% .$$

Die Effektivverzinsung entspricht hier der Nominalverzinsung.

c. Tilgungsplan 2: Berechnet werden nun die Werte eines zweiten Tilgungsplanes für die Familie, bei dem konstante Tilgungsraten (ohne Zinsen) in Höhe von 10.000 € gezahlt werden (s. Tab. 9.37).

Wie deutlich in der Tabelle zu erkennen ist, sind die Raten an die Bank nicht gleich! Das heißt, aufgrund der unterschiedlich hohen Zinsen variiert trotz gleichbleibender Tilgungsrate der zu zahlende Betrag an die Bank.

d. Tilgungsplan 3:

i. Im ersten Schritt ist die Annuität zu ermitteln:

$$A = S_0 \cdot q^n \cdot \frac{q-1}{q^n - 1} = 12.194{,}53 .$$

Den Tilgungsplan zeigt Tab. 9.38.

ii. Für die Summe der Tilgungsleistungen erhält man

$$T_{\text{Ges}} = T_1 \cdot \frac{q^5 - 1}{q - 1} = 50.000 .$$

iii. Die Anteile der Zinsen nehmen bei zunehmender Dauer ab. Der Anteil der Tilgung nimmt zu. Diesen Effekt sollte ein Kunde bzw. Schuldner nutzen! Gerade zu Beginn der Laufzeit des Kredites sind hohe Tilgungen und damit hohe Raten wichtig. Viele Kunden vereinbaren deshalb mit der Bank Sondertilgungsrechte. Zwar wird die Bank in der Regel hierfür einen Zinsaufschlag verlangen, jedoch kann der Kunde seine Zinslast durch zusätzliche Zahlungen schneller reduzieren!

9.6 Abschreibungen und andere Anwendungen der Finanzmathematik

Abschreibungen sind wichtig, um die finanziellen und steuerlichen Belastungen eines Unternehmens zu messen und gegebenenfalls zu reduzieren. Für die Berechnung der Abschreibungen gelten spezielle steuerrechtliche Regelungen. Diese werden grob erläutert, damit ein entsprechender Praxisbezug hergestellt ist. Auf Besonderheiten der Regelungen wird jedoch nicht eingegangen.

Nachdem der Bezugsrahmen der mathematischen Inhalte hergestellt wurde, werden wir die lineare sowie die geometrisch degressive Abschreibung an Beispielen erläutern. Anschließend klären wir den Übergang zwischen beiden Methoden und wann dieser angewandt werden sollte.

9.6.1 Theorie

9.6.1.1 Begriffliche Abgrenzungen

Unter einer **Auszahlung** versteht man den Abfluss liquider Mittel (Abgang von Bar- oder Buchgeld) in einer Periode. Demgegenüber sind **Ausgaben** die (Beschaffungs-) Werte aller zugegangenen Sachgüter, Dienstleistungen oder Rechte je Periode. Nur wenn beispielsweise Lieferantenverbindlichkeiten bar bezahlt werden und die Lieferung der Rohstoffe oder Teile in der gleichen Periode erfolgen, stimmen Ausgaben und Auszahlung überein (s. Sorg (2006), S. 17).

Aufwand ist der bewertete Verzehr von Leistungen, Sachgütern oder auch Rechten pro Periode, welche aufgrund gesetzlicher und bewertungsrechtlicher Bestimmungen (z. B. deutsches HGB, deutsches EStG) in der Finanzbuchführung verrechnet werden (s. Sorg (2006), S. 16).

Kosten sind der bewertete Verzehr von Produktionsfaktoren und Dienstleistungen (einschließlich öffentlicher Abgaben), der zur Erstellung und zum Absatz der betrieblichen Leistungen sowie zur Aufrechterhaltung der Betriebsbereitschaft (Kapazitäten) erforderlich ist (s. Haberstock (1987), S. 72).

Drei wichtige Merkmale müssen erfüllt sein, damit von Kosten gesprochen werden kann (s. Haberstock (1987), S. 72):

1. Es muss ein **Werteverzehr** vorliegen. Bei der Anschaffung langlebiger Güter werden Auszahlungen vorgenommen, denen der Zugang von Werten oder Dienstleistungen voranging. Erst beim wertmäßigen Verzehr entstehen im Laufe der Zeit Kosten.
2. Der Werteverzehr muss **leistungsbezogen** sein. Das heißt, der negative Kapitalfluss im Zuge einer Anschaffung muss einer (oder anteilig mehreren) Leistung(en) zurechenbar sein. Gegebenenfalls werden auch Hilfsschlüssel benutzt, um die Anteile der einzelnen Leistungen zu ermitteln.
3. Eine **Bewertungsmöglichkeit des Werteverkehrs**, z. B. nach Anschaffungs-, Wiederbeschaffungs- oder Durchschnittspreisen, muss existieren.

Zur Vereinfachung werden im weiteren Verlauf nur noch die Begriffe „Auszahlung" und „Kosten" eingesetzt und „Aufwand" sowie „Ausgaben" vermieden. Sie sind auch umgangssprachlich unmissverständlich, da beim Begleichen von Verbindlichkeiten üblicherweise Auszahlungen stattfinden und ein wertmäßiger Verzehr immer dann vorliegt, wenn Materialien verbraucht oder DV-Systeme und ihre Komponenten benutzt werden.

Die eigentlichen Kosten ergeben sich dann durch Abschreibungen über einen festzulegenden Zeitraum. Insbesondere besteht die Aufgabe der kalkulatorischen Abschreibungen darin, den Werteverzehr verursacher- und periodengerecht zu ermitteln (s. Haberstock (1987), S. 95). Generell verlangt das Prinzip der Substanzerhaltung für kalkulatorische Abschreibungen, die Rechnung so zu gestalten, dass die Beträge ausreichen, um die Betriebsmittel nach Ende der Abschreibungsdauer wieder zu beschaffen. Die steuerrechtlich festgeschriebenen Verfahren zur Ermittlung bilanzieller Abschreibungen sind akzeptable Grundsätze.

Merksatz

Der Fachbegriff **Kosten** unterscheidet sich deutlich vom umgangssprachlichen Begriff! Man spricht von Kosten, wenn ein **bewertbarer Werteverzehr** vorliegt. Ausgaben oder Zahlungen sind demnach keine Kosten, da der Käufer einen entsprechenden Gegenwert erhält und damit sein Vermögen allein durch einen Kauf eines Wirtschaftsgutes nicht reduziert wird!

Es gelten folgende Vereinbarungen:

n Anzahl der Abschreibungsperioden bzw. Gesamtnutzungsdauer,
i Dezimalwert der prozentualen Abschreibung bei geometrisch degressiver Methode,
A Ausgangswert der Abschreibungsrechnung, in der Regel gleich dem Anschaffungswert,
R_t Restbuchwert am Ende der Abschreibungsperiode t sowie
AR_t Abschreibungsrate in der Abschreibungsperiode t.

Bei der **linearen Abschreibung** wird ein absolut gemessener, gleichmäßiger Werteverzehr in jeder Periode unterstellt. Man nimmt also einen linearen Verlauf des Wertverlustes an, was zu gleichbleibenden Abschreibungsraten AR pro Periode t mit

$t = 0, 1, 2, \ldots, n$ führt. Soll der Restbuchwert nach n Zeitperioden null betragen, so berechnet man die Höhe der Abschreibungsraten mit

$$AR = \frac{A}{n}.$$

Der verbleibende Restbuchwert am Ende jedes Abschreibungszeitraumes ergibt sich damit zu

$$R_t = A - AR \cdot t.$$

Geometrisch-degressive Abschreibung Im Unterschied zur linearen Abschreibung wird bei der degressiven Abschreibungsmethode ein fixer prozentualer Satz des aktuellen Buchwertes abgeschrieben, um den neuen Restbuchwert zu ermitteln. Die absoluten Abschreibungsraten je Periode werden damit immer geringer. Diesem Verfahren liegt die Annahme zugrunde, dass – absolut betrachtet – der Wert des betrachteten Gutes am Anfang stark abnimmt. Ein typisches Beispiel aus dem täglichen Leben finden wir beim Wert eines Autos.

Zur Berechnung der Abschreibungsrate beginnen wir mit dem Anschaffungswert A. Ein stets konstanter Prozentsatz p bzw. dessen Dezimalschreibweise i wird benutzt, um den Abschreibungsbetrag bzw. die Abschreibungsrate AR zu bestimmen. Der verbleibende Restbuchwert R nach der ersten Abschreibungsperiode (dem ersten Abschreibungsjahr) ergibt sich dann wie folgt:

$$AR_1 = A \cdot i$$
$$R_1 = A - AR_1 = A - A \cdot i.$$

Der Restbuchwert am Ende des zweiten Abschreibungsjahres ergibt sich aus der Multiplikation des ersten Restbuchwertes (nicht des Anschaffungspreises!) mit dem Abschreibungssatz i

$$AR_2 = R_1 \cdot i$$
$$R_2 = R_1 - AR_2 = R_1 - R_1 \cdot i = R_1 \cdot (1 - i).$$

Das Verfahren wird so fortgesetzt und lässt sich in einer Formel wie folgt zusammenfassen:

$$AR_t = \begin{cases} A \cdot i; & \text{falls } t = 1 \\ R_{t-1} \cdot i; & \text{sonst} \end{cases}.$$

Für den Restbuchwert im Jahr t gilt

$$R_t = \begin{cases} A - AR_1; & \text{falls } t = 1 \\ R_{t-1} - AR_t; & \text{sonst} \end{cases}.$$

Merksatz

Mit **Abschreibungen** versucht man, den Wertverlust eines Objektes rechnerisch zu beschreiben. Meistens werden die lineare und die geometrisch-degressive Abschreibungsmethode verwendet. Bei der linearen Abschreibung wird ein absoluter, konstanter Wertverlust pro Zeitperiode angenommen, bei der degressiven Abschreibung nutzt man einen konstanten, relativen Wertverlust in Bezug auf den jeweils gültigen Zeitwert des Objektes. Damit ist bei der geometrischen Abschreibung der absolute Wertverlust am Anfang hoch und wird dann geringer.

Kapitel 9

Gut zu wissen

Bei Abschreibungen muss zwischen **Kostenrechnung** und **Steuerrecht** unterschieden werden. Steuerlich kann ein Unternehmer seine Steuerschuld durch Ausgaben mindern. Dazu darf er z. B. ein Fünftel der Anschaffungskosten eines Gerätes pro Jahr anrechnen. Damit sinkt der „Wert" des Gerätes in fünf Jahren rechnerisch auf null, obwohl der Restwert bzw. Marktwert sehr wohl ungleich null sein kann.

Gemäß § 7 Abs. 2 EStG gilt bei der bilanziellen Abschreibung für p, dass der Wert höchstens das Doppelte der Absetzung für Abnutzung (AfA) nach linearer Abschreibung sowie 20 % nicht übersteigen darf.

Ein Wechsel von der degressiven zur linearen Abschreibung ist zulässig und wird angewandt, wenn der Restbuchwert dividiert durch die dann noch verbleibende Abschreibungsdauer größer ist als die Abschreibungsrate nach degressiver Abschreibungsmethode.

Man erkennt, dass durch diese Beschränkungen die degressive Abschreibung bei einer Nutzungsdauer von drei Jahren nicht sinnvoll ist, da die AfA gemäß linearer Abschreibung dann einem Satz von jährlich einem Drittel des Ausgangswertes beträgt und somit größer ist als die Einschränkungen dies für die degressive Abschreibung zulassen. Da die Regelungen der bilanziellen Abschreibung hier auch für die kalkulatorische Abschreibung Anwendung finden sollen, wird die degressive Abschreibungsmethode nicht eingesetzt. ◀

Beispiel

Ein Unternehmen erwirbt eine Maschine für 60.000 €. Die Abschreibungsmethoden linear und degressiv sollen miteinander verglichen werden.

1. Berechnen Sie die Abschreibungsraten sowie den Restwert pro Jahr nach linearer Methode so, dass die Maschine über sechs Jahre abgeschrieben wird, deren Restwert dann also auf null gefallen sein soll. Stellen Sie die Ergebnisse tabellarisch dar.
2. Ermitteln Sie nun für sechs Jahre die Abschreibungsraten und den Restwert nach geometrisch-degressiver Methode, bei der von einem Wertverlust von 25 % pro Jahr ausgegangen wird.
3. Vergleichen Sie die Abschreibungsraten beider Methoden miteinander. Wann ist der Wechsel von degressiver zu linearer Abschreibung zu vollziehen, wenn die Abschreibungsrate maximiert werden soll?
4. Skizzieren Sie den Verlauf der Abschreibungsraten über die Zeit sowie des Restbuchwertes über die Zeit in je einem Diagramm.

Lösungen

1. Wir benutzen die Formel zu Berechnung der konstanten Abschreibungsraten

$$AR = \frac{A}{n}.$$

Mit einer Abschreibungsdauer von $n = 6$ erhalten wir für das erste Jahr

$$AR = \frac{12.000,00}{6} = 2000,00.$$

Die Abschreibungsrate in den Folgejahren ist gleich groß!
Für die Restwerte gilt dann 10.000,00 im ersten, 8000,00 im zweiten Jahr usw. Eine Übersicht aller Werte zeigt Tab. 9.39.

Tab. 9.39 Lineare Abschreibung

Jahr	Bezugswert der Abschreibungsberechnung (Buchwert)	Abschreibungsrate	Restbuchwert
1	60.000,00	10.000,00	50.000,00
2	50.000,00	10.000,00	40.000,00
3	40.000,00	10.000,00	30.000,00
4	30.000,00	10.000,00	20.000,00
5	20.000,00	10.000,00	10.000,00
6	10.000,00	10.000,00	–

2. Für die degressive Abschreibung gilt

$$AR_1 = A \cdot i = 60.000,00 \cdot 0{,}25 = 15.000,00$$
$$R_1 = A - AR_1 = 60.000,00 - 15.000,00$$
$$= 45.000,00.$$

Für das Folgejahr zwei gilt

$$AR_2 = 45.000,00 \cdot 0{,}25 = 11.250,00$$
$$R_2 = R_1 - AR_2 = 45.000,00 - 11.250,00$$
$$= 33.750,00.$$

Hier ist eine Berechnung der Abschreibungsrate in € für jedes Jahr notwendig, da diese nicht konstant ist! Die weiteren Werte zeigt Tab. 9.40.

Tab. 9.40 Geometrisch-degressive Abschreibung

Jahr	Bezugswert der Abschreibungsberechnung (Buchwert)	Abschreibungsrate	Restbuchwert
1	60.000,00	15.000,00	45.000,00
2	45.000,00	11.250,00	33.750,00
3	33.750,00	8437,50	25.312,50
4	25.312,50	6328,13	18.984,38
5	18.984,38	4746,09	14.238,28
6	14.238,28	3559,57	10.678,71

3. Aus den obigen Tabellen erkennt man sehr schön die Charakteristika der verschiedenen Abschreibungsmethoden:
   - Die Abschreibungsraten bei der linearen Abschreibung sind konstant.
   - Die Abschreibungsraten bei der geometrisch-degressiven Abschreibung sind anfangs hoch und werden dann immer kleiner.
   - Bei der geometrisch degressiven Abschreibung wird der Restwert niemals exakt gleich null. Eine vollständige Abschreibung ist mit dieser Methode also nicht möglich.
   - Im vorliegenden Fall ist im dritten Jahr die Abschreibungsrate der geometrisch-degressiven Abschreibung kleiner als die der linearen Variante.
4. Die Abb. 9.48 und 9.49 zeigen die Lösungen.

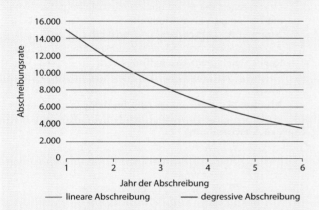

Abb. 9.48 Abschreibungsrate bei linearer und degressiver Abschreibung im Vergleich

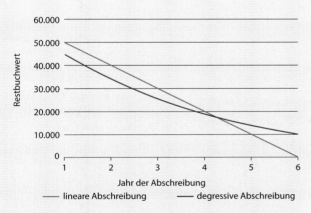

Abb. 9.49 Restbuchwerte bei linearer und degressiver Abschreibung im Vergleich

Hinweis: Die Lösungen der Übung finden Sie in der Microsoft Excel-Datei „Abschreibungen Maschine.xlsx".

Gut zu wissen

Der Name der geometrisch-degressiven Abschreibung erklärt sich durch das Verhältnis der Restbuchwerte aufeinanderfolgender Jahre. Dieses ist konstant, wie wir am vorangegangenen Beispiel zeigen können. Es gilt

$$\frac{AR_2}{AR_1} = \frac{33.750,00}{45.000,00} = 0,75$$

sowie

$$\frac{AR_3}{AR_2} = \frac{25.312,50}{33.750,00} = 0,75$$

etc.

Damit ist das Verhältnis zweier aufeinanderfolgender Abschreibungsraten stets konstant. Die Glieder der Folge der Abschreibungsraten bilden eine geometrische Zahlenfolge:

$$a_n = a_1 \cdot q^{n-1} \quad \text{bzw. hier}$$
$$AR_t = AR_1 \cdot (1 - i)^{t-1}$$
$$AR_t = A \cdot i \cdot (1 - i)^{t-1}.$$

Diese Erkenntnis kann die Berechnung der Restbuchwerte vereinfachen:

$$R_1 = AR_1 \cdot 0,75^0 = 45.000,00 \cdot 0,75^0 = 45.000,00$$
$$R_2 = AR_1 \cdot 0,75^1 = 45.000,00 \cdot 0,75^1 = 33.750,00$$
$$R_3 = AR_1 \cdot 0,75^2 = 45.000,00 \cdot 0,75^2 = 25.312,50$$

etc. ◄

Merksatz

Die Abschreibungsraten sind bei der geometrisch-degressiven Abschreibung am Anfang hoch. Eine vollständige Abschreibung bis auf den Restwert null ist mit dieser Methode jedoch nicht möglich. Soll der Wert null erreicht werden, so ist auf die lineare Abschreibung zu wechseln. Soll die Abschreibung immer möglichst hoch sein, so ist im Jahr

$$t_{\text{Wechsel}} = n - \frac{1}{i} + 1$$

von der geometrisch-degressiven zur linearen Abschreibung zu wechseln.

Beispiel

Gegeben sind die Werte und Abschreibungspläne nach linearer und geometrisch-degressiver Abschreibungsmethode des vorigen Beispiels (s. Tab. 9.41).

Tab. 9.41 Werte und Abschreibungspläne nach linearer und geometrisch-degressiver Abschreibungsmethode

Jahr	linear	geometrisch degressiv
1	10.000,00	15.000,00
2	10.000,00	11.250,00
3	**10.000,00**	**8437,50**
4	10.000,00	6328,13
5	10.000,00	4746,09
6	10.000,00	3559,57

1. Bestimmen Sie das Abschreibungsjahr zur Maximierung der Abschreibungsrate rechnerisch.
2. Im Wechseljahr wird die verbleibende (nicht die gesamte) Nutzungsdauer für die lineare Abschreibung als Berechnungsgrundlage genutzt. Ermitteln Sie die Werte des 4. bis 6. Abschreibungsjahres, wenn der Restbuchwert im 6. Jahr null betragen soll.

Lösungen

1. Das Wechseljahr kann mit der Formel direkt bestimmt werden:

$$t_{\text{Wechsel}} = n - \frac{1}{i} + 1 \, .$$

Die Nutzungsdauer beträgt $n = 6$, der Dezimalwert der prozentualen Abschreibung ist $i = 0{,}25$, womit wir sofort das bereits oben ersichtliche Wechseljahr berechnen können:

$$t_{\text{Wechsel}} = 6 - \frac{1}{0{,}25} + 1 = 3 \, .$$

2. Die entsprechend korrigierte Abschreibungstabelle entspricht in den Jahren 1 und 2 der der geometrisch-degressiven. Die Abschreibungsrate im 3. Jahr berechnet sich nach linearer Methode bei einer verbliebenen Restnutzungsdauer von vier Jahren durch

$$\frac{33.750{,}00}{4} = 8437{,}50 \, .$$

Mit dieser Rate werden die Restbuchwerte entsprechend abgeschrieben. Wir erhalten die in Tab. 9.42 aufgeführten Werte.

Tab. 9.42 Weiteres Beispiel geometrisch-degressiver Abschreibung

Jahr	Bezugswert der Abschreibungs-berechnung (Buchwert)	Abschreibungs-rate	Rest-buchwert
1	60.000,00	15.000,00	45.000,00
2	45.000,00	11.250,00	33.750,00
3	33.750,00	**8437,50**	25.312,50
4	25.312,50	8437,50	16.875,00
5	16.875,00	8437,50	8437,50
6	8437,50	8437,50	–

Hinweis: Die Lösungen der Übung finden Sie in der Microsoft Excel-Datei „Abschreibungen Maschine.xlsx".

◄

Zusammenfassung

Sie können nun

- den Unterschied zwischen linearer und geometrisch degressiver Abschreibung erläutern,
- Abschreibungsraten für beide Fälle berechnen und
- das Übergangsjahr von geometrisch-degressiver zur linearen Abschreibung ermitteln.

Abbildung 9.50 zeigt den Zusammenhang zwischen linearer und geometrisch-degressiver Abschreibung im Überblick.

Formelzeichen und Formeln

n Anzahl der Abschreibungsperioden bzw. Gesamtnutzungsdauer,

i Dezimalwert der prozentualen Abschreibung bei geometrisch degressiver Methode,

t Nummer des Abschreibungsjahres mit $t = 1, \ldots, n$,

A Ausgangswert der Abschreibungsrechnung, in der Regel gleich dem Anschaffungswert,

R_t Restbuchwert am Ende der Abschreibungsperiode t sowie

AR_t Abschreibungsrate in der Abschreibungsperiode t.

Lineare Abschreibung

$$AR = \frac{A}{n}$$
$$R_t = A - AR \cdot t \, .$$

Abschreibungen

linear

A … Anfangswert bei $t = 0$
n … Anzahl der Abschreibungs-zeiträume i. d. R. Jahre

$AR = \dfrac{A}{n}$, AR = stets konstant

R_t … Restbuchwert im Abschreibungszeitraum t

$R_t = A - AR \cdot t$

geometrisch – degressiv
i … Abschreibungssatz

$$AR_t = \begin{cases} A \cdot i \, ; \text{falls } t = 1 \\ R_{t-1} \cdot i \, ; \text{sonst} \end{cases}$$

oder = $AR_t = A \cdot i \cdot (1-i)^{t-1}$

$$R_t = \begin{cases} A - AR_1 \, ; \text{falls } t = 1 \\ R_{t-1} - AR_t \, ; \text{sonst} \end{cases}$$

Wechsel zu linear Abschreibung?!

Abb. 9.50 Systematisierung mathematischer Methoden zur Ermittlung von Abschreibungen

Geometrisch-degressive Abschreibung

$$AR_t = \begin{cases} A \cdot i; \text{falls } t = 1 \\ R_{t-1} \cdot i; \text{sonst} \end{cases}$$

oder

$$AR_t = A \cdot i \cdot (1 - i)^{t-1}$$

$$R_t = \begin{cases} A - AR_1; \text{falls } t = 1 \\ R_{t-1} - AR_t; \text{sonst} \end{cases}.$$

Das Wechseljahr von linearer zu geometrisch-degressiver Abschreibung zur Maximierung der Abschreibungsrate wird berechnet mit

$$t_{\text{Wechsel}} = n - \frac{1}{i} + 1.$$

9.6.2 Übungsaufgaben

1. Im Jahr 2005 wurde eine Maschine mit Anschaffungskosten in Höhe von 120.000 € gekauft. Die Nutzungsdauer beträgt 10 Jahre. Stellen Sie in einer tabellarischen Übersicht die lineare Abschreibung dar!
2. Im Jahr 2005 wurde eine Maschine mit Anschaffungskosten in Höhe von 120.000 € gekauft. Die Nutzungsdauer beträgt 10 Jahre. Es wird von einem jährlichen Werteverlust von 20 % ausgegangen. Stellen Sie in einer tabellarischen Übersicht die geometrisch-degressive Abschreibung dar!
3. Ausgehend von der Aufgabe zur linearen und geometrisch-degressiven Abschreibung stellen Sie auch hier in einer tabellarischen Übersicht dar, ab wann es sinnvoll ist, von der geometrisch-degressiven Abschreibung zur linearen Abschreibung zu wechseln!

9.6.3 Lösungen

a) Zur Berechnung der konstanten Abschreibungsrate wird folgende Formel verwendet:

$$AR = \frac{A}{n}.$$

Somit ergibt sich gemäß Tab. 9.43 eine konstante Abschreibungsrate für alle Jahre von:

$$AR = \frac{120.000,00}{10} = 12.000,00.$$

Tab. 9.43 Abschreibungsrate

Jahr	Bezugswert der Abschreibungsberechnung (Buchwert)	Abschreibungsrate	Restbuchwert
1	120.000,00	12.000,00	108.000,00
2	108.000,00	12.000,00	96.000,00
3	96.000,00	12.000,00	84.000,00
4	84.000,00	12.000,00	72.000,00
5	72.000,00	12.000,00	60.000,00
6	60.000,00	12.000,00	48.000,00
7	48.000,00	12.000,00	36.000,00
8	36.000,00	12.000,00	24.000,00
9	24.000,00	12.000,00	12.000,00
10	12.000,00	12.000,00	–

Tab. 9.44 Berechnung der Abschreibungsraten

Jahr	Bezugswert der Abschreibungsberechnung (Buchwert)	Abschreibungsrate	Restbuchwert
1	120.000,00	24.000,00	96.000,00
2	96.000,00	19.200,00	76.800,00
3	76.800,00	15.360,00	61.440,00
4	61.440,00	12.288,00	49.152,00
5	49.152,00	9830,40	39.321,60
6	39.321,60	7864,32	31.457,28
7	31.457,28	6291,46	25.165,82
8	25.165,82	5033,16	20.132,66
9	20.132,66	4026,53	16.106,13
10	16.106,13	3221,23	12.884,90

Hinweis: Die Lösung der Übung finden sie in der Microsoft Excel-Datei „Abschreibungen Maschine Teil 2.xlsx".

b) Bei der geometrisch-degressiven Abschreibung muss die Berechnung der Abschreibungsraten jedes Jahr vorgenommen werden (s. Tab. 9.44). Die erste Abschreibungsrate berechnet sich:

$$AR_1 = A \cdot i = 120.000,00 \cdot 0{,}20 = 240.000,00$$
$$R_1 = A - AR_1 = 120.000,00 - 24.000,00 = 96.000,00.$$

Für die Folgejahre gilt:

$$AR_2 = 96.000,00 \cdot 0{,}20 = 19.200,00$$
$$R_2 = R_1 - R_{t-1} = 96.000,00 - 19.200,00 = 76.800,00.$$

Hinweis: Die Lösung der Übung finden Sie in der Microsoft Excel-Datei „Abschreibungen Maschine Teil 2.xlsx".

c) Um festzustellen, wann der Übergang erfolgen kann, wird mit folgender Formel gerechnet:

$$t_{\text{Wechsel}} = n - \frac{1}{i} + 1.$$

Tab. 9.45 Abschreibungsplan

Jahr	Bezugswert der Abschreibungs- berechnung (Buchwert)	Abschreibungsrate	Restbuch- wert
1	120.000,00	24.000,00	96.000,00
2	96.000,00	19.200,00	76.800,00
3	76.800,00	15.360,00	61.440,00
4	61.440,00	12.288,00	49.152,00
5	49.152,00	9830,40	39.321,60
6	39.321,60	**7864,32**	31.457,28
7	31.457,28	7864,32	23.592,96
8	23.592,96	7864,32	15.728,64
9	15.728,64	7864,32	7864,32
10	7864,32	7864,32	–

In dieser Aufgabe kann der Übergang im Jahre 6 stattfinden, da ab diesem Jahr die Abschreibungsrate der geometrisch-degressiven Abschreibung geringer ist als bei der linearen Abschreibung (s. Tab. 9.45):

$$t_{\text{Wechsel}} = 10 - \frac{1}{0{,}20} + 1 = 6\,.$$

Hinweis: Die Lösung der Übung finden Sie in der Microsoft Excel-Datei „Abschreibungen Maschine Teil 2.xlsx".

Mathematischer Exkurs 9.4: Was haben Sie in diesem Kapitel gelernt?

In diesem Kapitel wurde Ihnen ein detaillierter Überblick über zahlreiche Begriffe und Zusammenhänge aus der Finanzmathematik gegeben. Sie sind nun in der Lage, folgende Anforderungen zu erfüllen:

- Sie können wichtige Begriffe der Finanzmathematik mit eigenen Worten erläutern.
- Das Funktionsprinzip einer Anleihe können Sie detailliert erläutern.
- Sie können mithilfe der Zinsrechnung komplexe Aufgaben lösen und beispielsweise die Höhe des Endkapitals für verschiedene Verzinsungsmodelle berechnen.
- Die Umrechnung von Zinssätzen für verschiedene Zeiträume (beispielsweise von Jahren auf Monate) meistern Sie problemlos.

- Es ist Ihnen möglich, die Barwertrechnung anzuwenden, um Investitionsentscheidungen strukturiert zu treffen.
- Die Grundprinzipien der Rentenrechnung können Sie erläutern, und die Übungen zur Verrentung von Kapital können Sie lösen.
- Sie können Tilgungspläne aufstellen.
- Abschreibungen gemäß dem linearen und dem geometrisch-degressiven Modell können Sie einsetzen, um den Buchwert von Wirtschaftsgütern zu bestimmten Zeitpunkten zu ermitteln.

Zudem sind Sie in der Lage, die Übungsaufgaben der einzelnen Abschnitte zu lösen. Die Musterlösungen sollen Ihnen hierbei Anregungen zu möglichen Lösungswegen geben!

Mathematischer Exkurs 9.5: Diese Aufgaben sollten Sie nun lösen können

Nach der erfolgreichen Bearbeitung des Kapitels sollte es Ihnen nun möglich sein, die folgenden Aufgaben zu lösen:

1. Die folgenden Teilaufgaben gehen von einer Gutschrift der Zinsen nach jeder Zinsperiode aus. Die Zinsen in Höhe des Zinssatzes i werden in Prozent des Anfangskapitals fällig und sollen über die gesamte Laufzeit als konstant betrachtet werden.
   a) Welches Endkapital ergibt sich bei einfacher Verzinsung in Höhe von 4,5 % p. a. nach 10 Jahren Laufzeit für ein Anfangskapital von 6000 €?
   b) Ein Betrag von 2000 € wurde am 16.3.2008 zu einem Zinssatz von 4 % eingezahlt. Ein weiterer in Höhe von 3500 € am 5.10.2008. Welchen Betrag erhält ein Kunde bzw. eine Kundin am Jahresende? Der Einzahlungstag wird als voller Zinstag betrachtet.
   c) Welcher Betrag hätte am 1.1.1998 eingezahlt werden müssen, um bei einfacher Verzinsung zu 6,5 % p. a. am 31.12.2009 ein Kapital von 12.000 € zu erhalten?
   d) Wie hoch ist der Zinssatz bei einfacher Verzinsung, wenn im Zeitraum vom 01.01.2003 bis zum 31.12.2008 ein Anfangskapital von 3200 € auf 3950 € angewachsen ist?
   e) Sicherheitsorientierten oder konservativen Anlegern werden oft Anleihen wie z. B. Bundesanleihen empfohlen. Sie haben eine Laufzeit von 10 bis 30 Jahren. Im Gegensatz dazu beträgt die Laufzeit von Bundesobligationen (Bobls) fünf Jahre. Im Folgenden wird von einer Laufzeit der Geldanlage von 10 Jahren ausgegangen. Dabei unterscheidet man den Nennwert und den Ausgabekurs. Anleihen können zum Nennwert (zu pari), unter Nennwert (unter pari) oder über Nennwert (über pari) ausgegeben werden. Der Ausgabekurs liegt umso näher am Nennwert, je mehr der Anleihezins dem aktuellen Marktzins entspricht.
   I. Ein Kunde erwirbt Anleihen im Nominalwert von 10.000 € mit einem Nominalzins von 6 % und einer Laufzeit von 10 Jahren. Welche Zinszahlung erhält er am Ende jeder Zinsperiode bei einem Ausgabekurs von 100 %?
   II. In einem weiteren Fall soll nun der Ausgabekurs 97,5 %, also ungleich 100 %, sein. Es sollen 8500 € investiert werden. Die Provision von Börse und Banken soll zusammen 0,9 % vom Kurswert betragen. Der Nominalzins der Anleihe betrage 5,43 %. Ermitteln Sie
   i. den Kurswert zu Beginn der Laufzeit,
   ii. die Höhe der Provision in €,
   iii. die Höhe des insgesamt ausgezahlten Kapitals bei einer Laufzeit von 10 Jahren sowie
   iv. den Effektivzins unter Berücksichtigung der Provision.
   Hinweis: Beachten Sie zudem hier den Begriff des Anleihekurses. Der Kurs einer Anleihe ergibt sich aus dem Angebot und der Nachfrage. Er kann über oder unter dem Nennwert liegen.
   f) Ein Anleger möchte maximal 15.000 € in ein Zertifikat investieren. Er ist bereit, die Gebühren zu diesem Betrag zusätzlich aufzuwenden. Das Zertifikat wird an der Börse zu einem Preis von 102,35 € gehandelt. Der Nennwert beträgt 100,00 €. Beim Kauf fallen Gebühren in Höhe von 54,10 € an. Welche Rendite erhält der Anleger, wenn das Zertifikat im besten Fall zu 100 % in zwei Jahren zurückgezahlt wird und eine Verzinsung von 4,75 % p. a. – bezogen auf den Nennwert – bietet? Die Zinsen werden jährlich ausgezahlt.

g) Leiten Sie die Formel zur Berechnung der Anlagedauer bei einfacher Verzinsung her, in der sich das eingesetzte Kapital verdoppelt. Wie viele Jahre sind das bei einem Zins von 3,5 %? Ist dieser Zeitraum bei Zinseszins-Betrachtung größer oder kleiner?

2. Herr Naber möchte sein Geld im Aktienmarkt anlegen. Beim Blick in die Tagespresse stellt er fest, dass der deutsche Aktienmarkt derzeit haussiert. Die folgenden Aufgaben machen Sie mit den prinzipiellen Überlegungen im Falle eines Investments vertraut und führen zu einer konkreten Beispielrechnung. Er entscheidet sich für ein Bonuszertifikat auf Basis ausgewählter DAX-Unternehmen. Dieses kostet am 1. November 67,66 €. Sinkt der Basiswert des Zertifikates nicht unter einen gewissen Schwellenwert, so zahlt der Emittent am 31. Dezember des Folgejahres 75,50 €. Lösen Sie bitte die folgenden Teilaufgaben.

a) Um den effektiven Jahreszins der Geldanlage zu ermitteln stellen Sie sich bitte vor, Sie würden das Geld auf ein „Sparkonto" mit gleichem Zins einzahlen. Damit folgt eine einfache Verzinsung innerhalb jedes Jahres und ein Zinseszinseffekt durch den Jahreswechsel. Lösen Sie dazu die folgenden Aufgaben.

   I. Veranschaulichen Sie zunächst den Einzahlungszeitpunkt für das Startkapital K_0, den Auszahlungszeitpunkt des Endkapitals K_E sowie den Zeitpunkt der Zinszahlung bei herkömmlicher Sparweise am 31. Dezember des Jahres der Investition auf einem Zeitstrahl.

   II. Ermitteln Sie bitte eine allgemeingültige Formel zur Berechnung des Endkapitals anhand Ihrer grafischen Darstellung. Nehmen Sie für den Effektivzins einen Wert von allgemein „i_{eff}" an.

   III. Die ermittelte Formel kann nicht nach der Größe i_{eff} umgestellt werden. Um dennoch eine Lösung ermitteln zu können, vereinfachen Sie die Formel soweit wie möglich und vervollständigen Sie die Koeffizienten in folgender Funktionsvorschrift:

   $$f(i_{eff}) = 0 = \ldots i_{eff}^2 + \ldots i_{eff} + \left(1 - \frac{K_E}{K_0}\right).$$

   IV. Ermitteln Sie nun mit den für das Bonuszertifikat gegebenen Werten die Effektivverzinsung anhand der Nullstellen der Funktion. Notieren Sie Ihr Ergebnis mit siebenstelliger Genauigkeit nach dem Komma.

   V. Testen Sie die Korrektheit der Formel bitte für den Kauf von zehn Zertifikaten.

b) Banken stellen Herrn Naber für den Kauf und für den Verkauf jeweils Gebühren in Rechnung. Diese betragen im vorliegenden Fall jeweils 40,00 €. Nehmen Sie an, Herr Naber ist ein vorsichtiger Anleger und möchte nur recht wenig Geld investieren. Ermitteln Sie die Effektivverzinsung für den Fall, dass er zehn Zertifikate kauft. Ermitteln Sie hierzu Anfangs- und Endkapital unter Beachtung der angefallenen Gebühren und set-

zen Sie die Werte in die von Ihnen hergeleitete und getestete Formel ein.

c) Herr Naber denkt aufgrund des erschreckenden Ergebnisses der letzten Rechnung über den Kauf von 100 Zertifikaten nach. Welche Effektivverzinsung ergäbe sich unter Berücksichtigung der Gebühren?

d) Vergleichen Sie die Effektivverzinsung in den letzten beiden Fällen. Welchen Schluss für Investments an der Börse können Sie unter Berücksichtigung anfallender Gebühren ziehen?

e) Der Kaufpreis je Zertifikat soll weiterhin 67,66 € und der Verkaufspreis 75,50 € betragen. Ermitteln Sie mithilfe einer Tabellenkalkulation diejenige Anzahl von Zertifikaten, bei der sich unter Voraussetzung eines Effektivzinses der Anlage von 3 % p. a. sowie Gebühren von jeweils 40,00 € für Kauf und Verkauf die Geldanlage gerade noch lohnt.

3. Lösen Sie bitte die folgenden Teilaufgaben:
a) Der Geschäftsführer einer Firma soll unter bestimmten Bedingungen eine Bonuszahlung in Höhe von 80.000 € in exakt zwei Jahren erhalten. Die Personalabteilung hält die Zahlung für äußerst wahrscheinlich. Welchen Betrag muss sie bei einer Marktverzinsung von 3 % heute anlegen, um die Ansprüche erfüllen zu können?

b) Der Geschäftsführer nutzt den Betrag von 80.000 €, um für das Alter vorzusorgen. Welche Rente kann bei jährlich nachschüssiger Zahlung, einem Marktzins von 2 % und einer Laufzeit von zehn Jahren gezahlt werden, bis das Kapital vollständig aufgebraucht ist?

Lösungen

1. Die Lösungen der Teilaufgaben sind auch in der Microsoft Excel-Datei „Zertifikatekauf" zu finden:
a)
$$K_{10} = 6000 \cdot (1 + 10 \cdot 0{,}045) = 8700{,}00$$

b)
$$K_{Jahresende} = 2000 \, \text{€} \cdot \left(1 + \frac{285}{360} \cdot 0{,}04\right)$$
$$+ 3500 \, \text{€} \cdot \left(1 + \frac{86}{360} \cdot 0{,}04\right)$$
$$= 5596{,}78 \, \text{€} \, .$$

Zeitraum 1:
April bis Dezember = 9 Monate
zzgl. 15 Zinstage im März
ergeben $9 \cdot 30 + 15 = 285$ Tage
Zeitraum 2:
November bis Dezember = 2 Monate
zzgl. 26 Zinstage im Oktober
ergeben $2 \cdot 30 + 26 = 86$ Tage

c)
$$K_{1.1.1998} = \frac{12.000}{1 + 12 \cdot 0{,}065} = 6741{,}57$$

d)
$$i = \frac{1}{6} \cdot \left(\frac{3950}{3200} - 1 \right) = 0{,}0391 = 3{,}91\,\%$$

e) Lösungen der Teilaufgaben
   I. Jährliche Zinsen $10.000\,€ \cdot 0{,}06 = 600\,€$
   II. Lösungen:
      i. Kurswert zu Beginn der Laufzeit: $8500\,€ \cdot 0{,}975 = 8287{,}50\,€$
      ii. Höhe der Provision: $8287{,}50\,€ \cdot 0{,}009 = 74{,}59\,€$
      iii. Zur Berechung des Effektivzinses wird die Summe der Auszahlungen benötigt:
   $$K_{10} = 8500\,€ \cdot (1 + 10 \cdot 0{,}0543)$$
   $$= 13.115{,}50\,€$$

      iv. Effektivzins unter Berücksichtigung der Gebühren:
   $$i = \frac{1}{10} \cdot \left(\frac{13.115{,}50}{8.287{,}50 + 74{,}59} - 1 \right)$$
   $$= 0{,}0568 = 5{,}68\,\%.$$

f) Es können $15.000\,€/102{,}35\,€ = 146{,}56$, also 146 Zertifikate gekauft werden. Der zu zahlende Betrag bei Kauf ist:
$$K_0 = 146 \cdot 102{,}35\,€ + 54{,}10\,€ = 14.997{,}20\,€.$$

Die Summe der Auszahlungen beträgt:
$$K_2 = 146 \cdot 100\,€ \cdot (1 + 2 \cdot 0{,}0475) = 15.987{,}00\,€.$$

Für die Rendite erhält man:
$$i = \frac{1}{2} \cdot \left(\frac{15.987{,}00\,€}{14.997{,}20\,€} - 1 \right) = 0{,}033$$

und damit $3{,}30\,\%$.

g)
$$K_n = K_0 \cdot (1 + n \cdot i) \quad \text{mit} \mid K_n = 2 \cdot K_0$$
$$2K_0 = K_0 \cdot (1 + n \cdot i)$$
$$2 = 1 + n \cdot i$$
$$n = \frac{1}{i}.$$

Mit $i = 0{,}035$ erhält man
$$n = \frac{1}{0{,}035} = 28{,}57\,\text{Jahre}.$$

Der Zeitraum zur Verdoppelung des Kapitals bei Zinseszins-Betrachtung ist kleiner!

2. Lösungen der Teilaufgaben, siehe auch Microsoft Excel-Datei „Zertifikatekauf.xlsx".
   a) Die Lösungen der Teilaufgaben sind:
      i. Veranschaulichung der gegebenen Größen (s. Abb. 9.51):

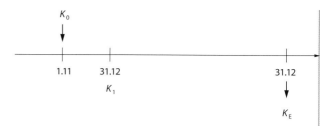

Abb. 9.51 Zeitstrahl

   ii.
$$K_1 = K_0 \left(1 + \frac{2}{12} i_{\text{eff}} \right)$$
$$K_{\text{E}} = K_1 (1 + i_{\text{eff}})$$
$$K_{\text{E}} = K_0 \left(1 + \frac{2}{12} i_{\text{eff}} \right) \cdot (1 + i_{\text{eff}})$$

   iii.
$$\frac{K_{\text{E}}}{K_0} = 1 + i_{\text{eff}} + \frac{2}{12} i_{\text{eff}} + \frac{2}{12} i_{\text{eff}}^2$$
$$0 = \frac{2}{12} i_{\text{eff}}^2 + \frac{14}{12} i_{\text{eff}} + \left(1 - \frac{K_{\text{E}}}{K_0} \right)$$

   iv.
$$K_0 = 67{,}66$$
$$K_{\text{E}} = 75{,}50$$
$$i_{\text{eff}1} = 0{,}0979495$$
$$i_{\text{eff}2} = -7{,}0979 \quad \text{entfällt}$$

   v. 10 Zertifikate
$$K_0 = 676{,}60$$
$$K_{\text{E}} = 755{,}00$$
$$K_1 = 676{,}6 \cdot \left(1 + \frac{2}{12} i_{\text{eff}} \right) = 687{,}65$$
$$K_{\text{E}} = 687{,}65 \cdot (1 + i_{\text{eff}}) = 754{,}99.$$

b)
$$K_0 = 676{,}60 + 40 = 716{,}60$$
$$K_{\text{E}} = 755{,}00 - 40 = 715{,}00$$

je einmal Gebühren
$$K_{\text{E}} < K_0!$$
$$i_{\text{eff}} = -0{,}0019143$$

c)
$$K_0 = 67{,}66 \cdot 100 + 40 = 6806{,}00$$
$$K_{\text{E}} = 75{,}50 \cdot 100 - 40 = 7510{,}00$$
$$i_{\text{eff}} = 0{,}0875659$$

Kapitel 9

d) Die Gebühren beeinflussen die effektive Verzinsung stark. Es lohnt nur zu spekulieren, wenn ein hoher Betrag angelegt werden kann oder die Gebühren niedrig sind. Dies ist auch zu beachten bei der Diskussion einer möglichen „Spekulationssteuer".

e) Mithilfe der Tabellenkalkulation bestimmt man bei einem vorgegebenen Zinssatz von 3 % und Gebühren von jeweils 40,00 € für Kauf und Verkauf eine Mindestanzahl von 14,9, also 15 Zertifikaten.

3. Die Lösungen der Teilaufgaben sind

a) Gesucht ist der Barwert:

$$\frac{80.000}{(1 + 0{,}03)^2} = 75.407{,}67 \,.$$

b) Zu verwenden ist die Formel für den Rentenbarwert für nachschüssige Zahlung. Da das Kapital des Geschäftsführers eingesetzt wird, um die Rente zu zahlen, handelt es sich nicht um den Rentenendwert!

$$R_0 = r \cdot \frac{1}{q^n} \cdot \frac{q^n - 1}{q - 1} \quad \Big| \cdot \frac{q - 1}{q^n - 1}$$

$$R_0 \cdot \frac{q - 1}{q^n - 1} = r \cdot \frac{1}{q^n} \quad \Big| \cdot q^n$$

$$R_0 \cdot q^n \cdot \frac{q - 1}{q^n - 1} = r$$

$$r = R_0 \cdot q^n \cdot \frac{q - 1}{q^n - 1}$$

$$r = 8906{,}12 \,\text{€} \,.$$

Literatur

Arnold, D.: Grundlagen der Finanzmathematik, Teil B. Deutsche Sparkassenakademie, Institut für Fernstudien, Bonn (2006)

BGH: I ZR 143/04 (2007) Zugegriffen: 21. 02. 2013

DDV: Zertifikate in Zahlen. http://www.deutscher-derivate-verband.de/DE/MediaLibrary/Document/12-08-08-Die-Zertifikatebranche-in-Zahlen-Das-Buch-der-Fakten.pdf (2012). Zugegriffen: 14.03.2013

DESTATIS: Hauptauslöser der Überschuldung. https://www.destatis.de/DE/ZahlenFakten/GesellschaftStaat/EinkommenKonsumLebensbedingungen/VermoegenSchulden/Tabellen/Ueberschuldung.html (2013)

EZB: EZB-Website Auftrag. http://www.ecb.int/ecb/orga/tasks/html/index.de.html (2013). Zugegriffen: 04.03.2013

EZB: EZB-Website Ziele. http://www.ecb.int/ecb/educational/facts/monpol/html/mp_002.de.html (2013). Zugegriffen: 12.12.2013

Federal Reserve: Federal Reserve Act, Section 2a. http://www.federalreserve.gov/aboutthefed/section2a.htm (2011). Zugegriffen: 04.03.2013

Gerdesmeier, D.: Geldtheorie und Geldpolitik: Eine praxisorientierte Einführung. Bankakad.-Verlag, Frankfurt am Main (2004)

Gottfried, D.W.I.T.: Bond- und Anleiherechner für Staats- und Unternehmens-Anleihen. http://www.zinsen-berechnen.de/bondrechner.php (2013). Zugegriffen: 12.12.2013

Haberstock, L.: Kostenrechnung I – Einführung mit Fragen, Aufgaben und Lösungen, 8. Aufl. S+W Steuer- und Wirtschaftsverlag, Hamburg (1987)

Heidorn, T.: Finanzmathematik in der Bankpraxis. Vom Zins zur Option, 5. Aufl. Gabler, Wiesbaden (2006)

Martin, J.: Mathematics for derivatives, 2. Aufl. Wiley, New York, Chichester (2001)

Mooney, S.P.: Real estate math demystified. McGraw-Hill, New York (2007)

Obermeier, T., Gasper, R.: Investitionsrechnung und Unternehmensbewertung. Oldenbourg, München (2008)

Ohse, D.: Mathematik für Wirtschaftswissenschaftler, 3. Aufl. Vahlen, München (1993)

Pfeifer, A.: Praktische Finanzmathematik: Mit Futures, Optionen, Swaps und anderen Derivaten. CD-ROM für Excel, 5. Aufl. Deutsch, Frankfurt, M. (2009)

Renger, K.: Finanzmathematik mit Excel: Grundlagen – Beispiele – Lösungen mit interaktiver Übungs-CD-ROM. Lehrbuch, 2. überarb. Aufl. Gabler, Wiesbaden (2006)

SimpleClearEasy: Financial Markets Overview. http://www.simplecleareasy.com/2011/10/financial-markets-overview.html (2012). Zugegriffen: 12.03.2013

Sorg, P.: Kosten- und Leistungsrechnung: 63 praktische Fälle mit ausführlichen Lösungen, Steuer-Seminar Praxisfälle, Bd. 13, 5. Aufl. Fleischer, Achim (2006)

Tolkmitt, V.: Neue Bankbetriebslehre, 2. Aufl. Gabler, Wiesbaden (2007)

Welt.de: http://www.welt.de/wirtschaft/article121651570/Warum-EZB-Chef-Draghi-aus-allen-Rohren-feuert.html (2013). Zugegriffen 16.11.2013

PAngV, Anlage zu §6, Teil II (j).

Deskriptive Statistik

RWE tatsächlicher Kurs

RWE Kurs mit durchschnittlicher Rendite

Datum

02.02.2012 12.03.2012 24.05.2012 02.08.2012 11.10.2012 20.12.2012

Können Daten zu einer einzigen aussagekräftigen Zahl bzw. Grafik verdichtet werden?

10.1 Grundbegriffe – Wie werden aus Informationen Daten, mit denen gerechnet werden kann? 396

10.2 Datenverdichtung mithilfe von Grafiken – manchmal sagt eine Grafik mehr als tausend Worte 398

10.3 Datenverdichtung mithilfe von Lageparametern – Wo ist die „Mitte" der Daten? 407

10.4 Datenverdichtung mithilfe von Streuungsparametern – Sind die Daten sehr ähnlich oder weichen sie stark voneinander ab? .415

10.5 Konzentrationsmaße – Bekommen alle gleich viel vom Kuchen? Wer hat die (Markt-)Macht? 423

10.6 Indexierung – Wie kann die zeitliche Entwicklung mehrerer Variablen vergleichbar gemacht werden? 426

10.7 Korrelation – Stehen zwei Variablen in Beziehung zueinander? 430

Literatur 439

© Springer-Verlag Berlin Heidelberg 2017
B. Haack et al., *Mathematik für Wirtschaftswissenschaftler*, DOI 10.1007/978-3-642-55175-8_10

Mathematischer Exkurs 10.1: Worum geht es hier?

Unternehmen, Forschungsinstitute und staatliche Stellen sammeln in einem immer größer werdenden Ausmaß Daten. In kleinen Unternehmen besitzen die Mitarbeiter zwar häufig ohne die Verwendung von Computern ein hinreichendes Wissen über betriebsrelevante Geschehnisse. Je größer das Unternehmen allerdings wird, desto eher verlieren die Mitarbeiter ohne Computernutzung den Überblick. Man läuft Gefahr, „vor lauter Bäumen den Wald nicht zu sehen". Die Unternehmensberatung IDC schätzt, dass sich die weltweit produzierte Datenmenge alle zwei Jahre verdoppelt und im Jahr 2011 bei 1,8 Zettabyte lag, also bei 1,8 Billionen Gigabyte bzw. 1.000.000.000.000.000.000.000 Byte (s. Gantz und Reinsel (2011)).

Damit aus den riesigen Datenmengen sinnvolle Informationen gezogen werden können, bedarf es einer sachgerechten Aufarbeitung dieser Daten. Sie müssen verdichtet werden zu einer Grafik oder auch zu wenigen Zahlen bzw. idealerweise zu einer einzigen aussagekräftigen Zahl. Zur Erfüllung dieses Zweckes bietet sich als eine Möglichkeit die deskriptive Statistik an.

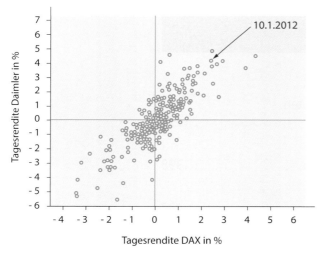

Abb. 10.1 Streudiagramm Daimler und DAX

An der Deutschen Börse in Frankfurt am Main werden mehr als 800.000 Finanzprodukte gehandelt, darunter ca. 11.000 Aktien (s. Deutsche Börse (2009)). Für Anleger jeder Art stellt sich dabei u. a. die Frage, wie der weitere Verlauf eines Aktienkurses aussieht. Steigt der Kurs oder fällt er? Mit der Chart- und der Fundamentalanalyse stehen verschiedene Instrumente zur Beantwortung dieser Frage zur Verfügung. In diesem Kontext kann z. B. geprüft werden, ob zwischen der Kursentwicklung des Aktienmarktes und der Kursentwicklung einer einzigen Aktie ein Zusammenhang besteht.

Als Indikator des Marktes sei der DAX verwendet und als einzelnes Unternehmen die Daimler AG. Die Daimler AG ist Mitglied des Aktienindex DAX, sodass ein Zusammenhang zwischen diesen beiden Variablen in zwei Richtungen begründet werden kann. Einerseits könnte ein Anstieg des Daimler-Kurses den DAX erhöhen. Andererseits wäre aber auch die umgekehrte Wirkungsrichtung möglich. Ein Anstieg des DAX-Kurses hat eine Wertsteigerung der Daimler-Aktie zur Folge. Es scheint nicht eindeutig zu sein, welche der beteiligten Variablen die Ursache ist und welche die Wirkung. Dennoch kann ermittelt werden, ob sich beide Variablen gleichgerichtet oder entgegengesetzt bewegen. Das Streudiagramm offenbart hingegen eine Antwort auf den ersten Blick. In Abb. 10.1 sind für 2012 die Tagesrendite des DAX auf der waagerechten Achse und die Tagesrendite der Daimler AG auf der senkrechten Achse abgetragen. Jeder Punkt in der Grafik steht für ein Wertepaar eines Tages. Am 10.01.2012 z. B. stieg der DAX im Vergleich zum Vortag um 2,42 % und die Daimler-Aktie um 4,2 % (s. roter Pfeil). Alle Punkte zusammen genommen werden als Punktwolke bezeichnet. Wenn die Punkte eine Tendenz aufweisen, also nach rechts oben ansteigen oder nach rechts unten abfallen, liegt ein Zusammenhang zwischen den beiden Tagesrenditen vor.

Verdichtet man die Informationen des Streudiagramms noch weiter hin zu einer einzigen Zahl, landet man beispielsweise beim Korrelationskoeffizienten mit einem Wert von $r = 0,82$ für das Jahr 2012, d. h., die Schwankungen der Daimler-Rendite werden zu 67 % durch die Schwankungen der DAX-Rendite „erklärt" und umgekehrt.

Mathematischer Exkurs 10.2: Was können Sie nach Abschluss dieses Kapitels?

Sie werden nach Abschluss des Kapitels in der Lage sein,

- eine Stichprobe von einer Grundgesamtheit zu unterscheiden,
- Daten grafisch in Form von Kuchen-, Stab-, Streu- und Liniendiagrammen aufzubereiten,
- (riesige) Datenmengen zu reduzieren auf eine einzige aussagekräftige Zahl wie z. B. den Mittelwert oder den Median,

- Angaben zu machen über die Größenordnung, in der Daten voneinander abweichen (z. B. Varianz oder Quantile),
- die Marktmacht von Unternehmen einzuschätzen,
- Zeitreihen per Indexierung vergleichbar zu machen,
- Preisänderungen eines Warenkorbs zu ermitteln,
- Kreuztabellen aufzustellen und zu interpretieren und
- anhand einer Zahl zu erkennen, ob zwei Variablen miteinander im Zusammenhang stehen.

Mathematischer Exkurs 10.3: Müssen Sie dieses Kapitel überhaupt durcharbeiten?

Sie haben sich bereits mit deskriptiver Statistik beschäftigt? Das eben Genannte kommt Ihnen bekannt vor? Sie können die absolute Häufigkeit von der relativen Häufigkeit unterscheiden? Es fällt Ihnen leicht, ein Kuchendiagramm zu interpretieren und ein Histogramm zu erstellen? Die Berechnung einer Standardabweichung bereitet Ihnen keine Kopfschmerzen? Beim Boxplot wissen Sie sofort, was gemeint ist? Die Schiefe und die Wölbung einer Verteilung können Sie sachgerecht einordnen? Den Gini-Koeffizienten bringen Sie nicht in Verbindung mit der Bezaubernden Jeannie, und die Lorenzkurve ordnen Sie nicht der Biologie zu?

Testen Sie hier, ob Ihr Wissen und Ihre rechnerischen Fertigkeiten ausreichen, um dieses Kapitel gegebenenfalls einfach zu überspringen. Lösen Sie dazu die folgenden Testaufgaben. Alle Aufgaben werden innerhalb der folgenden Abschnitte besprochen bzw. es wird Bezug darauf genommen.

10.1 Tagesrendite Daimler AG
   a. Erstellen und interpretieren Sie auf der Basis von Tab. 10.9 ein Histogramm für die Tagesrenditen der Daimler AG unter Zugrundelegung einer Klassengröße von 1 %.
   b. Warum erweist sich ein Stabdiagramm für die Tagesrendite als wenig sinnvoll?

10.2 Dollarkurs und RWE
   a. Berechnen Sie basierend auf Tab. 10.11 den arithmetischen Mittelwert des Dollarkurses.

   b. Was sagt der in a berechnete Mittelwert aus?
   c. Wie entwickelte sich die Tagesrendite von RWE im täglichen Durchschnitt (Daten aus Tab. 10.17).

10.3 Jahreseinkommen
   a. Berechnen Sie die Varianz für das Bruttojahreseinkommen aus Tab. 10.28.
   b. Wie kann das Ergebnis von a interpretiert werden?

10.4 Pkw-Neuzulassungen
   a. Zeichnen Sie für den Markt der Pkw-Neuzulassungen in Deutschland die Lorenzkurve (Daten in Tab. 10.36).
   b. Interpretieren Sie das Ergebnis von a.
   c. Berechnen und interpretieren Sie den Gini-Koeffizienten für die Pkw-Neuzulassungen.

10.5 Fresenius und REX
   a. Zeichnen Sie ein Streudiagramm für die Tagesrenditen von Fresenius und REX (Daten in Tab. 10.10 (Datenquellen (Stand: 19.2.2013): eigene Berechnungen basierend auf DAX 30 Xetra: finanzen.net GmbH (2013c), RWE AG St.: finanzen.net GmbH (2013d), Fresenius Medical Care AG & Co. KGaA (FMC) St.: finanzen.net GmbH (2013b), REX (Kursindex): Deutsche Börse (2013), Dollarkurs: Deutsche Bundesbank (2013a))
   b. Wie stark korrelieren diese beiden Tagesrenditen miteinander?

10.1 Grundbegriffe – Wie werden aus Informationen Daten, mit denen gerechnet werden kann?

Jedes Unternehmen sammelt auf verschiedenen Gebieten Informationen in unterschiedlichem Umfang. Je weniger Informationen bereitstehen, desto leichter ist deren Verarbeitung – insbesondere auch ohne Computer. Wenn jedoch sehr viele Informationen vorliegen, bedarf es einer Auswahl an geeigneten Informationen. Der *Economist* schätzt, dass die weltweit erzeugten Informationen bereits heute den verfügbaren Speicherplatz bei Computern übersteigen (s. The Economist (2010)). Abgesehen von diesem technischen Problem stellt sich allerdings auch die Frage, ob es machbar und sinnvoll erscheint, alle verfügbaren Informationen auszuwerten, um in vertretbarer Zeit mit akzeptablen Kosten zu einer sinnvollen Aussage zu gelangen.

Beim amerikanischen Einzelhandelskonzern Wal-Mart z. B. fallen jede Stunde Informationen aus 1 Mio. Transaktionen der Kunden an, sodass die Datenmenge allein in dieser Zeit um 2,5 Petabytes = 2500 Terrabytes steigt (s. The Economist (2010)). Hier wie auch an vielen anderen Stellen erweist es sich als notwendig, lediglich eine Teilmenge aller Informationen zu betrachten.

10.1.1 Grundgesamtheit versus Stichprobe – Haben wir wirklich alle Daten?

Für die Aufnahme eines Studiums gibt es unterschiedliche Gründe. Sicherlich spielt dabei das Interesse für ein bestimmtes Thema oder Fach eine gewisse Rolle. Aber auch die Erwartungen über das zukünftige Einkommen fallen ins Gewicht. Viele Studierende sind der Meinung, dass sie mit abgeschlossenem Studium ein höheres Einkommen erzielen als ohne ein Studium. Damit eine sichere Aussage dazu getroffen werden kann, müssten alle Akademiker hinsichtlich ihrer Einkommenssituation befragt und mit Arbeitnehmern ohne Studium verglichen werden. Der Aufwand wäre immens.

Ähnlich verhält es sich bei der Frage nach den momentanen Einkommensverhältnissen von Studierenden. Um eine exakte Antwort zu erhalten, müssten alle Studierenden in Deutschland befragt werden, also ca. 2,5 Mio. im WS 2012/13 (s. Statistisches Bundesamt (2012a)). Um zu klären, wen wir mit „alle" Studierenden meinen, bedarf es einer räumlichen und zeitlichen Abgrenzung. Alle Personen, die in der räumlichen Abgrenzung Bundesrepublik Deutschland im WS 2012/13 immatrikuliert sind, bilden die **Grundgesamtheit** (oder auch Population). Würden wir im selben Zeitraum lediglich das Bundesland Bayern betrachten, würden alle in Bayern Studierenden zur Grundgesamtheit gehören. Jede Teilmenge der Grundgesamtheit bezeichnet man als **Stichprobe**. Jede Person der Grundgesamtheit wird Element oder auch **Untersuchungseinheit** genannt. Würde man alle Aktiengesellschaften in Deutschland betrachten,

wäre jede AG eine Untersuchungseinheit. Wären alle Käufe bei Wal-Mart von Interesse, wäre jeder einzelne Kauf eine Untersuchungseinheit.

Merksatz

Eine **Grundgesamtheit** besteht aus *allen* Elementen (z. B. Personen, Unternehmen), über die eine Aussage getroffen werden soll. Eine **Stichprobe** ist eine Teilmenge davon.

Da eine Stichprobe in kürzerer Zeit und zu geringeren Kosten als die Grundgesamtheit erhoben werden kann, erfreut sie sich einer großen Beliebtheit. Es muss allerdings geklärt werden, inwieweit die Ergebnisse der Stichprobe auf die Grundgesamtheit zu übertragen sind. Was schließen wir also von den Resultaten der Stichprobe auf die Gegebenheiten in der Grundgesamtheit? Wenn z. B. das monatliche Durchschnittseinkommen einer Stichprobe von 1234 Studierenden bei 812 € liegt: Gilt in der Grundgesamtheit auch 812 € oder vielleicht eine ganz andere Zahl? Wenn die Stichprobe ein „exaktes" Abbild der Grundgesamtheit darstellt – dies nennt man **Repräsentativität**, wird 812 € wohl auch in der Grundgesamtheit gelten. Eine Stichprobe kann als repräsentativ bezeichnet werden, wenn bestimmte Personengruppen aus der Grundgesamtheit im gleichen Verhältnis auch in der Stichprobe erscheinen. Wenn also z. B. in der Grundgesamtheit jeder zweite Studierende männlich ist, sollte der prozentuale Anteil der Männer auch in der Stichprobe 50 % betragen. Wenn von allen Studierenden 10 % älter als 30 Jahre sind, sollte auch in der Stichprobe jeder Zehnte älter als 30 Jahre sein. Wenn in der Grundgesamtheit 33 % aller Studierenden Akademiker-Haushalten entstammen, sollte auch in der Stichprobe jeder Dritte dieser Personengruppe zuzuordnen sein. (Wenn sich die Prozentzahlen zwischen Grundgesamtheit und Stichprobe nur wenig unterscheiden, spricht man immer noch von Repräsentativität. Treten allerdings größere Abweichungen in den Prozentzahlen auf, verliert die Stichprobe ihre Repräsentativität.) Allgemein formuliert weist jede Person bestimmte sozio-demografische Merkmale auf bzw. jede Untersuchungseinheit spezielle Charakteristiken. Bei Aktiengesellschaften z. B. könnte ein Charakteristikum in der Größe des Unternehmens liegen – wie etwa Zahl der Mitarbeiter oder Umsatz oder Gewinn – oder auch in der Branchenzugehörigkeit. Eine Stichprobe mit lediglich Großkonzernen kann nicht als repräsentativ für alle AGs in Deutschland betrachtet werden. Auch die kleinen AGs müssen entsprechend ihrer Anteile in der Grundgesamtheit in der Stichprobe vertreten sein.

Gut zu wissen

Wenn die Stichprobe ein „exaktes" Abbild der Grundgesamtheit darstellt, spricht man von **Repräsentativität**. ◄

Mit der Stichprobe haben wir zwar nicht alle Daten, und die Stichprobe selbst interessiert uns eigentlich auch gar nicht, aber sie ist ein – zeitsparendes und kostengünstiges – Mittel zum Zweck der verlässlichen Informationsgewinnung über die

Grundgesamtheit. Auf der Basis der Stichprobe soll bezüglich der Grundgesamtheit verallgemeinert werden. Diesem Themenkomplex ist Kap. 12 gewidmet.

10.1.2 Skalenniveau – nicht nur Menschen, auch Daten weisen bestimmte Charakteristiken auf

Jeder Mensch weist bestimmte Merkmale und Eigenschaften auf, die beide unter dem Begriff Charakteristiken subsumiert werden können. Zu den Merkmalen zählen beispielsweise die Körpergröße, das Geschlecht, die Haarfarbe und das Alter. Zu den Eigenschaften können beispielsweise Intelligenz, Musikalität, Hilfsbereitschaft und Empathie gerechnet werden. Die beiden Begriffe Merkmal und Eigenschaft werden nicht immer trennscharf verwendet, sind aber geeignet, um zwei Personen diesbezüglich miteinander zu vergleichen. Jedes Charakteristikum kann mithilfe einer Variablen gemessen werden. Eine **Variable** ordnet jeder Person/Untersuchungseinheit bezüglich eines Charakteristikums einen Wert/eine reelle Zahl zu. So könnte man z. B. einem Mann die Variable Geschlecht = 0 und einer Frau Geschlecht = 1 zuweisen. Eine 25-jährige Person erhielte die Variable Alter = 25 und eine 80-jährige Person Alter = 80. Die Zuordnung zu Daten wird deshalb notwendig, da man mit Text schlecht rechnen kann.

Aber auch die Daten weisen bestimmte Charakteristiken auf, die unter dem Begriff **Skalenniveau** (oder auch Messniveau) zusammengefasst werden. Da Daten in Variablen abgebildet werden, spricht man ebenso vom „Skalenniveau von Variablen". Zur Festlegung eines Skalenniveaus erweisen sich drei Fragen als relevant:

1. Sind zwei Personen bezüglich einer Variablen gleich oder ungleich?
2. Können zwei Personen hinsichtlich einer Variablen der Größe nach sortiert werden?
3. Ist die Differenz (der Werte) einer Variablen bezogen auf zwei Personen sinnvoll zu interpretieren?

Man unterscheidet drei **Skalenniveaus**:

- nominales Skalenniveau,
- ordinales Skalenniveau,
- kardinales Skalenniveau.

Aufbauend auf diesen Fragen unterscheidet man im Wesentlichen drei Skalenniveaus:

a. Nominales Skalenniveau
   Als Beispiel für eine nominale Variable kann das Geschlecht angesehen werden, das folgendermaßen definiert ist:

$$\text{Geschlecht} = 0 \text{ bedeutet Mann,}$$
$$\text{Geschlecht} = 1 \text{ bedeutet Frau.}$$

Tab. 10.1 Familienstand

Familienstand =		
	1	ledig
	2	verheiratet
	3	geschieden
	4	verwitwet

Tab. 10.2 Schulabschluss

Abschluss =		
	1	kein Schulabschluss
	2	Hauptschulabschluss
	3	mittlere Reife/MSA
	4	Abitur

Kann für zwei Personen ermittelt werden, ob sie das gleiche Geschlecht haben? Ja. Somit kann obige Frage 1 eindeutig geklärt werden. Bei Frage 2 treten allerdings Probleme auf. Ist Frau größer als Mann bzw. umgekehrt? Dies macht keinen Sinn. Folglich kann Frage 2 nicht geklärt werden. Und auch Frage 3 erweist sich als sinnlos, da die Differenz zwischen Mann und Frau unklar ist. Wenn lediglich Frage 1 sinnvoll beantwortet werden kann, spricht man von einem nominalen Skalenniveau. Dies liegt insbesondere dann vor, wenn die betrachtete Variable nur zwei Werte annehmen kann. Man nennt die Variable dann auch binomial. Bei der Qualitätskontrolle wird z. B. gefragt, ob das hergestellte Teil fehlerfrei oder fehlerbehaftet ist.

Aber auch Variablen mit mehr als zwei möglichen Werten können nominal sein wie z. B. der Familienstand einer Person (s. Tab. 10.1). (Diese Variable wird als multinominal bezeichnet.)

Frage 1 kann wieder sinnvoll geklärt werden, aber Frage 2 läuft bereits ins Leere. Jede Reihenfolge der Familienstände ist willkürlich und daher nicht sinnvoll vorzunehmen. Auch Frage 3 kann nicht vernünftig beantwortet werden.

b. Ordinales Skalenniveau
   Können lediglich die obigen Fragen 1 und 2 sinnvoll geklärt werden, spricht man von einem ordinalen Skalenniveau. Als Beispiel für eine ordinale Variable sei der höchste allgemeinbildende Schulabschluss einer Person betrachtet, der folgendermaßen definiert ist (s. Tab. 10.2).
   Bei zwei Personen kann eindeutig ermittelt werden, ob sie den gleichen Schulabschluss aufweisen oder nicht (Frage 1). Auch die Reihenfolge der Abschlüsse ist eindeutig: MSA ist höher als Hauptschulabschluss und Abitur ist höher als MSA (Frage 2). Aber wie wird der Abstand zwischen MSA und Hauptschulabschluss bzw. Abitur und MSA interpretiert (Frage 3)? Wie viel mehr ist der eine Abschluss im Vergleich zum anderen? Darauf existiert keine allgemein akzeptierte Antwort.

c. Kardinales Skalenniveau
   Können alle drei obigen Fragen 1, 2 und 3 sinnvoll geklärt werden, spricht man von einem kardinalen Skalenniveau (Gelegentlich wird das kardinale Skalenniveau aufgeteilt in Intervall- und Verhältnisniveau). Ein Beispiel dafür wäre das Einkommen einer Person. Sei das Einkommen von Person A 2000 € und von Person B 3000 €. Beide Einkommen können auf Un-/Gleichheit geprüft und der Größe nach sortiert

werden. B verdient mehr als A. Auch die Differenz der beiden Einkommen mit 1000 € unterliegt einer sinnvollen Interpretation. B verdient 50 % mehr als A.

Die Unterscheidung der verschiedenen Skalenniveaus einer Variablen klingt auf den ersten Blick als relativ gekünstelt, erweist sich allerdings im weiteren Vorgehen als notwendige Voraussetzung zur Auswahl einer geeigneten Formel für eine sinnvolle Verdichtung/Zusammenfassung der Daten.

10.2 Datenverdichtung mithilfe von Grafiken – manchmal sagt eine Grafik mehr als tausend Worte

Mit welchem Verkehrsmittel gelangen Studierende zur Hochschule? Es existieren verschiedene Möglichkeiten: So können sie beispielsweise mit dem eigenen Auto fahren, die Straßenbahn benutzen oder auch laufen. Die Wahl des Verkehrsmittels wird wahrscheinlich nicht jeden Tag identisch sein, aber ein bestimmtes Verkehrsmittel wird sicherlich überwiegen.

Wofür ist die Frage des Verkehrsmittels überhaupt relevant? Die Hochschule muss z. B. klären, wie viele Parkplätze für Pkws bzw. Stellplätze für Fahrräder bereitgestellt werden müssen. Die Stadtverwaltung muss prüfen, ob das Angebot des öffentlichen Personennahverkehrs etwa hinsichtlich Linienführung, Uhrzeiten und Häufigkeiten der Fahrten sowie Höhe der Fahrpreise angepasst werden sollte. Zur Klärung dieser Fragen sind eine ganze Reihe von weiteren Aspekten zu betrachten, aber ein wesentlicher Punkt besteht darin, erst einmal den Status quo aufzunehmen, also das momentane Verhalten der Studierenden zu beschreiben. Genau dafür kann die Häufigkeitsverteilung eingesetzt werden, die als Basis der anschließenden grafischen Datenverdichtung dient.

10.2.1 Häufigkeitsverteilung

In einem ersten Schritt werden dreißig Studierende einer Hochschule befragt, mit welchem Verkehrsmittel sie typischerweise zur Hochschule gelangen. Als Antwortmöglichkeit kommt Folgendes in Frage: Pkw oder Motorrad, öffentliches Verkehrsmittel (ÖPNV), Fahrrad, zu Fuß oder Sonstiges. Die Antworten können Tab. 10.3 entnommen werden.

Obwohl diese Tabelle nur dreißig Einträge aufweist, ist sie relativ unübersichtlich. Sie enthält einerseits Informationen, die hier nicht weiter interessieren, nämlich die Namen der Studierenden, und andererseits zwar die einzelnen Verkehrsmittel, aber nicht geordnet nach Art des Verkehrsmittels, also z. B. erst die Pkw-Nutzer untereinander und anschließend die Fahrrad-Nutzer untereinander etc. Es ist nicht wichtig, wer welches Verkehrsmittel verwendet, sondern wie häufig jedes einzelne Verkehrsmittel gewählt wird.

Jeder Studierende wird als eine Untersuchungseinheit bezeichnet (würden Unternehmen im Mittelpunkt des Interesses stehen,

Tab. 10.3 Verkehrsmittelwahl

Name	Verkehrsmittel	Name	Verkehrsmittel
Aileen	Fahrrad	Eduard	Pkw
Andreas	ÖPNV	Edwina	Fahrrad
Arya	ÖPNV	Elisabeth	Pkw
Christin	Pkw	Florian	zu Fuß
Daniel	ÖPNV	Iordan	ÖPNV
Dennis	ÖPNV	Julia	zu Fuß
Donna	zu Fuß	Karin	Pkw
Kristin	ÖPNV	Romina	Pkw
Laura	Pkw	Thomas	Fahrrad
Mounia	zu Fuß	Tim	Pkw
Maria	Pkw	Trang	ÖPNV
Andished	Fahrrad	Wiebke	Sonstiges
Bahar	ÖPNV	Zaur	Pkw
Nastasja	Pkw	Klaus	Fahrrad
Olivia	zu Fuß	Peter	Pkw

wäre jedes Unternehmen eine Untersuchungseinheit; würde man sich für Filialen einer Lebensmittelkette interessieren, wäre jede Filiale eine Untersuchungseinheit), sodass insgesamt $n = 30$ Untersuchungseinheiten existieren. Man bezeichnet mit n auch die Zahl der Elemente in einer Stichprobe, sodass jeder Studierende ein Element darstellt. Jedem Studierenden wird ein Merkmal X – das gewählte Verkehrsmittel – zugeordnet. Da es unterschiedliche Verkehrsmittel gibt, weist das Merkmal X verschiedene Merkmalswerte auf, wobei zwischen möglichen und tatsächlichen Merkmalswerten unterschieden werden muss.

Die möglichen Merkmalswerte heißen a_j, wobei der Index j von 1 bis k läuft und die unterschiedlichen Merkmalswerte durchnummeriert. Im Fall der Verkehrsmittelwahl ist $k = 5$, also $a_1 = $ Pkw, $a_2 = $ Fahrrad, ..., $a_5 = $ Sonstiges. Die Reihenfolge, in der die Verkehrsmittel nummeriert werden, ist unerheblich (So könnte man auch $a_1 = $ Fahrrad, $a_2 = $ Pkw etc. definieren).

Da gezählt werden soll, welches Verkehrsmittel wie oft benutzt wurde, wird für jeden Merkmalswert a_j festgestellt, wie häufig er in Tab. 10.3 auftaucht und mit $H(a_j)$ bezeichnet:

$$H(a_j) = \text{Anzahl der Elemente, bei denen das Merkmal } a_j \text{ zutrifft}$$

Merksatz

Die **absolute Häufigkeit** zählt, wie oft ein Merkmalswert auftritt.

$H(a_j)$ wird als **absolute Häufigkeit** – des Merkmalswertes a_j – bezeichnet. Die Summe aller absoluten Häufigkeiten muss gleich n sein:

$$H(a_1) + H(a_2) + \ldots + H(a_k) = \sum_{j=1}^{k} H(a_j) = n$$

Tab. 10.4 Absolute Häufigkeiten

j	a_j	Strichliste	absolute Häufigkeit $H(a_j)$	relative Häufigkeit $h(a_j)$
1	Pkw	‖‖‖ ‖‖‖ |	11	$0{,}367 = 11/30$
2	Fahrrad	‖‖‖	5	$0{,}167 = 5/30$
3	ÖPNV	‖‖‖ ‖‖	8	$0{,}267 = 8/30$
4	Zu Fuß	‖‖‖	5	$0{,}167 = 5/30$
5	Sonstiges	|	1	$0{,}033 = 1/30$
Summe			$30 = n$	1

Tab. 10.5 Absolute Häufigkeiten in SPSS

(1) Verkehrsmittel		(2) Häufigkeit	(3) Prozente	(4) Gültige Prozente	(5) Kumulierte Prozente
Gültig	1 Pkw	11	36,7	36,7	36,7
	2 Fahrrad	5	16,7	16,7	53,3
	3 ÖPNV	8	26,7	26,7	80,0
	4 zu Fuß	5	16,7	16,7	96,7
	5 Sonstiges	1	3,3	3,3	100,0
	Gesamt	30	100,0	100,0	

Rechenregel

Die Summe aller absoluten Häufigkeiten muss gleich n sein.

Anhand von Tab. 10.4 kann nachvollzogen werden, wie aus Tab. 10.3 über den Zwischenschritt einer Strichliste die absoluten Häufigkeiten für die einzelnen Verkehrsmittel berechnet werden. Mit dem Pkw erschienen elf Studierende an der Hochschule, wohingegen lediglich fünf Studierende das Fahrrad wählten.

Neben den absoluten Häufigkeiten sind auch die **relativen Häufigkeiten** hilfreich. Sie sagen, wie viel Prozent aller Studierenden ein bestimmtes Verkehrsmittel, z. B. den Pkw benutzen, werden mit $h(a_j)$ bezeichnet und berechnet, indem die absolute Häufigkeit durch die Zahl aller Studierenden geteilt wird. Gut ein Drittel (36,7 %) der Studierenden verwendeten das Auto als Transportmittel zur Hochschule, ungefähr ein Sechstel (16,7 %) kam zu Fuß, ein weiteres Sechstel (16,7 %) radelte zur Hochschule und etwa jeder Vierte (26,7 %) benutzte den öffentlichen Nahverkehr.

Merksatz

Die **relative Häufigkeit** gibt eine Prozentzahl an, mit der ein Merkmalswert auftritt.

$$h(a_j) = \frac{1}{n} \cdot H(a_j)$$

Folglich muss die Summe aller relativen Häufigkeiten gleich eins sein:

$$h(a_1) + h(a_2) + \ldots + h(a_k) = \frac{1}{n} \cdot \sum_{j=1}^{k} H(a_j) = 1.$$

Rechenregel

Die Summe aller relativen Häufigkeiten muss gleich 1 sein.

Mithilfe von SPSS erhält man über Analysieren/Deskriptive Statistiken/Häufigkeiten das Resultat in Tab. 10.5.

In Spalte (2) von Tab. 10.5 stehen die absoluten Häufigkeiten und in Spalte (3) die relativen Häufigkeiten.

In der Wirtschaftspolitik wird immer wieder diskutiert, ob sinnvollerweise eher kleine oder große Unternehmen durch den Staat gefördert werden sollen. In diesem Zusammenhang müssen viele unterschiedliche Aspekte diskutiert werden. Als Startpunkt benötigt man allerdings erst einmal eine Übersicht über die konkreten Zahlen der Unternehmen in den jeweiligen Größenklassen. Wie viele kleine bzw. große Unternehmen existieren überhaupt?

Die Bundesagentur für Arbeit erhebt regelmäßig Daten zu Betrieben (mit sozialversicherungspflichtig Beschäftigten) nach Betriebsgrößenklassen für ganz Deutschland. Für den Stichtag 30.6.2012 gelangt sie auf der Basis von neun Größenklassen zu den in Tab. 10.6 präsentierten Resultaten (s. Bundesagentur für Arbeit (2012)).

Insgesamt existierten in Deutschland ca. 2,1 Mio. Betriebe, wovon allein ca. 1,4 Mio. Betriebe lediglich ein bis fünf Beschäftigte aufwiesen und nur 5144 Betriebe mit mehr als 500 Beschäftigten aufwarten konnten (Spalte 4 – absolute Häufigkeiten – von Tab. 10.6). Soll ermittelt werden, wie viel Prozent aller Betriebe z. B. der Größenklasse 100–199 zuzuordnen sind, muss die relative Häufigkeit $h(a_j)$ mit $j = 7$ berechnet werden:

$$h(a_7) = \frac{H(a_7)}{n} = \frac{25.645}{2.116.645} = 0{,}012.$$

Folglich weisen 1,2 % aller Betriebe 100 bis 199 Beschäftigte auf (s. Tab. 10.6, Spalte 5). Analog kann berechnet werden, dass 0,2 % aller Betriebe 500 und mehr Beschäftigte aufweisen.

Gut zu wissen

Die „Übersetzung" der Zahl 0,012 in 1,2 % stiftet bei Studierenden immer wieder Verwirrung. Wieso bedeutet 0,012 nicht 0,012 %? Viele LeserInnen werden sich an Asterix und Obelix erinnern. In deren Geschichten tauchte immer wieder – als Vertreter der Römer – ein Centurio auf, der Chef einer Einheit von 100 Soldaten. In dem Wort Centurio steckt centum, der lateinische Begriff für 100. 1,2 Prozent bedeutet nun nichts anderes als 1,2 durch 100 zu teilen; 1,2 pro Hundert; 1,2 pro centum; 1,2 Prozent. ◄

Kapitel 10

Tab. 10.6 Betriebe nach Betriebsgrößenklassen

(1)	(2)	(3)	(4)	(5)	(6)	(7)
			Betriebe			
		j	$H(a_j)$	$h(a_j)$	$f(a_j)$	$F(a_j)$
Insgesamt		1	2.116.645	1,000		
davon (in) Betriebe(n)	1–5	2	1.431.835	0,676	1.431.835	0,676
mit … sozialversicherungs-	6–9	3	251.168	0,119	1.683.003	0,795
pflichtig Beschäftigten	10–19	4	205.412	0,097	1.888.415	0,892
	20–49	5	134.041	0,063	2.022.456	0,956
	50–99	6	50.043	0,024	2.072.499	0,979
	100–199	7	25.645	0,012	2.098.144	0,991
	200–249	8	4612	0,002	2.102.756	0,993
	250–499	9	8745	0,004	2.111.501	0,998
	500 und mehr	10	5144	0,002	2.116.645	1,000

Tab. 10.7 SPSS-Ausgabe für kumulierte Häufigkeiten

(1) Betriebsgröße		(2) Häufigkeit	(3) Prozente	(4) Gültige Prozente	(5) Kumulierte Prozente
Gültig	2 1–5	1.431.835	67,6	67,6	67,6
	3 6–9	251.168	11,9	11,9	79,5
	4 10–19	205.412	9,7	9,7	89,2
	5 20–49	134.041	6,3	6,3	95,6
	6 50–99	50.043	2,4	2,4	97,9
	7 100–199	25.645	1,2	1,2	99,1
	8 200–249	4612	0,2	0,2	99,3
	9 250–499	8745	0,4	0,4	99,8
	10 500 und mehr	5144	0,2	0,2	100,0
	Gesamt	2.116.645	100,0	100,0	

Was muss man tun, wenn von Interesse ist, wie viele Betriebe maximal eine bestimmte Zahl an Beschäftigten – z. B. 199 – vorweisen? Es müssen die absoluten Häufigkeiten aller Betriebsgrößenklassen bis 199 Beschäftigte addiert werden (s. Spalte (6) in Tab. 10.6):

$$H(a_2) + H(a_3) + \ldots + H(a_7) = \sum_{j=2}^{7} H(a_j) = 1.431.835$$
$$+ 251.168 + 205.412 + 134.041 + 50.043 + 25.645$$
$$= 2.098.144 = f(a_7).$$

Der Wert $f(a_7)$ wird **absolute kumulierte Häufigkeit** genannt. Insgesamt 2.098.144 Betriebe verfügen über maximal 199 Beschäftigte. Analog wird vorgegangen, um die **relative kumulierte Häufigkeit** festzustellen. Diesmal werden die relativen Häufigkeiten $h(a_j)$ aller Betriebsgrößenklassen bis 199 Beschäftigte summiert (s. Spalte 7 in Tab. 10.6):

Gut zu wissen

Kumulierte Häufigkeiten addieren die Häufigkeiten von mehreren Merkmalswerten. ◄

$$h(a_2) + h(a_3) + \ldots + h(a_7) = \sum_{j=2}^{7} h(a_j) = 0,676 + 0,119$$
$$+ 0,097 + 0,063 + 0,024 + 0,012 = 0,991 = F(a_7)$$

Der Ausdruck $F(a_7)$ wird mit relativer kumulierter Häufigkeit bezeichnet, sodass 99,1 % aller Betriebe maximal 199 Beschäftigte haben.

Mithilfe der relativen kumulierten Häufigkeit kann auch die Frage geklärt werden, wie viele Betriebe mindestens eine bestimmte Anzahl von Beschäftigten – z. B. mindestens 50 – eingestellt haben. Entweder werden die relativen Häufigkeiten der beteiligten Betriebsgrößenklassen addiert oder man zieht von der Zahl 1 die Summe der Betriebe in den Betriebsgrößenklassen 2 bis 5 ab:

$$h(a_6) + h(a_7) + \ldots + h(a_{10}) = \sum_{j=6}^{10} h(a_j) =$$
$$0,024 + 0,012 + 0,002 + 0,004 + 0,002 = 0,044$$

$$1 - (h(a_2) + h(a_3) + h(a_4) + h(a_5)) = 1 - \sum_{j=2}^{5} h(a_j)$$
$$= 1 - F(a_6)$$
$$= 1 - (0,676 + 0,119 + 0,097 + 0,063) = 1 - 0,956$$
$$= 0,044$$

4,4 % aller Betriebe verfügen über mindestens 50 Beschäftigte.

Die entsprechende Tabelle in SPSS sieht folgendermaßen aus (s. Tab. 10.7).

In Spalte 5 von Tab. 10.7 stehen die relativen kumulierten Häufigkeiten $F(a_j)$. Die absoluten kumulierten Häufigkeiten $f(a_j)$ werden von SPSS nicht ausgegeben.

10.2.2 Balkendiagramm

Nachdem die Daten im Abschn. 10.2.1 vorgestellt wurden, können sie nun grafisch aufbereitet werden. Die Idee hinter der grafischen Darstellung lautet, wesentliche Informationen über die Daten optisch in kurzer Zeit aufnehmen zu können. Man muss keine langen Tabellen mühsam durchlesen, sondern nur relativ kurz einen Blick auf die Grafik werfen, um wesentliche Aspekte der Daten zu erfassen. Ein Ziel der Statistik heißt immer wieder, Informationen zu sinnvollen Aussagen zu verdichten. Je mehr Daten vorliegen, desto eher läuft man Gefahr, den Wald vor lauter Bäumen nicht zu sehen. Mit einer Verdichtung der Daten soll es gelingen, zentrale Botschaften ablesen bzw. aufstellen zu können.

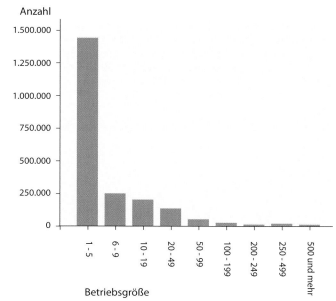

Abb. 10.2 Einfaches Balkendiagramm

Gut zu wissen

Mit einem **Balkendiagramm** werden Häufigkeiten einer nominalen oder ordinalen Variablen grafisch dargestellt.

◄

Ein **einfaches Balkendiagramm** visualisiert Häufigkeiten wie beispielsweise jene zu den Betriebsgrößenklassen in Spalte 4 von Tab. 10.6. Es ist ein zweidimensionales Diagramm mit einer waagerechten und einer senkrechten Achse und ordnet jeder Betriebsgrößenklasse (waagerechte Achse) die entsprechende absolute Häufigkeit der Betriebe (senkrechte Achse) zu (in SPSS zu erreichen über Diagramme/Diagrammerstellung.../auswählen aus: Balken).

Die Höhe der Balken ist entscheidend, nicht aber die Breite der Balken. Alle Balken sind gleich breit – wie breit spielt keine Rolle. Je höher der Balken, desto mehr Betriebe gibt es in der entsprechenden Betriebsgrößenklasse. Manche Autoren sprechen auch von einem Säulen- bzw. Stabdiagramm. Dies sind lediglich andere Begriffe für dasselbe Phänomen. Statt von einem Balken kann man von einer Säule sprechen. Und das Balkendiagramm wird zu einem Stabdiagramm, wenn die Breite der Balken sehr klein wird, sodass nur noch ein senkrechter Strich statt eines Balkens übrig bleibt. Da die Breite des Balkens keine inhaltliche Botschaft transportiert, liefern Balken- und Stabdiagramm identische Informationen.

In Abb. 10.2 kann deutlich abgelesen werden, dass die überwiegende Zahl der Betriebe ein bis fünf Beschäftigte aufweist und dass die Zahl der Betriebe immer kleiner wird, wenn die Betriebsgröße zunimmt. Statt der absoluten Häufigkeiten könnte man auf die senkrechte Achse die relativen Häufigkeiten (Spalte 5 in Tab. 10.6) stellen. Auch dies wäre ein einfaches Balkendiagramm.

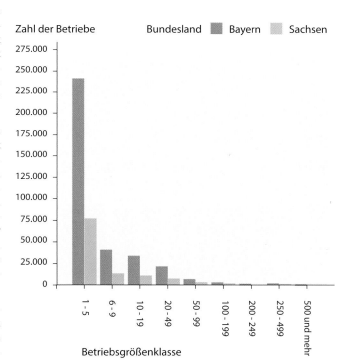

Abb. 10.3 Gruppiertes Balkendiagramm

Gut zu wissen

Mit einem **gruppierten** Balkendiagramm werden Häufigkeiten einer nominalen oder ordinalen Variablen für ausgewählte Untergruppen grafisch dargestellt. ◄

Möchte man die Betriebsgrößen z. B. zwischen Bayern und Sachsen vergleichen, könnte man einerseits zwei Balkendiagramme erstellen – pro Bundesland je ein eigenes. Andererseits wäre es aber eventuell hilfreicher, beide Balkendiagramme in einer gemeinsamen Grafik darzustellen. Auf dieser Basis erhält man ein **gruppiertes Balkendiagramm** (s. Abb. 10.3).

Kapitel 10

Auf der waagerechten Achse stehen für jede Betriebsgrößenklasse zwei Balken, einer für Sachsen (grün) und ein anderer für Bayern (blau). Obwohl in Sachsen generell weniger Betriebe vorhanden sind, ist die Tendenz in beiden Bundesländern identisch: Am häufigsten sind Betriebe mit wenigen Beschäftigten anzutreffen und große Betriebsgrößenklassen treten eher selten auf.

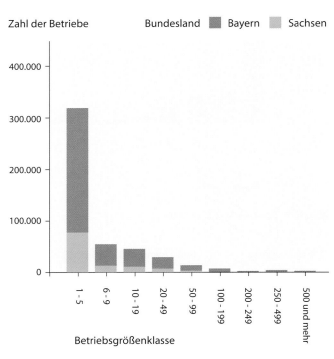

Abb. 10.4 Gestapeltes Balkendiagramm Version 1

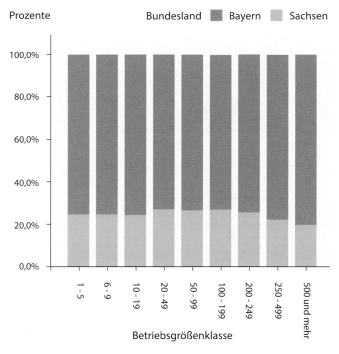

Abb. 10.5 Gestapeltes Balkendiagramm Version 2

Als Alternative zum gruppierten Balkendiagramm kann das **gestapelte Balkendiagramm** verwendet werden. Dort werden die zwei Balken pro Betriebsgrößenklasse nicht nebeneinander, sondern übereinander gestellt (s. Abb. 10.4). Knapp 320.000 Betriebe in den beiden Bundesländern Bayern und Sachsen gehören zur Kategorie 1 bis 5 Beschäftigte. Verwendet man diese 320.000 als 100 %, kann mit dem gestapelten Balkendiagramm auch gezeigt werden, wie viel Prozent dieser Betriebe in Bayern bzw. Sachsen liegen (s. Abb. 10.5). Von allen bayerischen und sächsischen Betrieben mit 20–49 Beschäftigten liegen ca. 25 % in Sachsen bzw. 75 % in Bayern. Von den großen Betrieben mit 500 und mehr Beschäftigten haben sich ca. 20 % in Sachsen und ca. 80 % in Bayern niedergelassen.

10.2.3 Kreisdiagramm

Eine weitere Möglichkeit der optischen Aufbereitung bzw. Verdichtung der Daten ist mit dem Kreisdiagramm gegeben. Manche Bücher oder Computerprogramme verwenden auch den Begriff Kuchen- bzw. Tortendiagramm. Anstatt wie beim Balkendiagramm ein Art xy-Diagramm zu verwenden, biegt man quasi die waagerechte Achse zu einem Kreis und lässt die Häufigkeiten vom Rand des Kreises bis zur Kreismitte laufen (s. Abb. 10.6).

Gut zu wissen

Ein **Kreisdiagramm** stellt die Häufigkeiten einer nominalen oder ordinalen Variablen grafisch in Form eines Kreises oder Kuchens dar. ◄

Jede Betriebsgröße erhält eine eigene Farbe, sodass der Kreis wie ein Kuchen mit entsprechenden Kuchenstücken interpretiert werden kann. Die blaue Farbe macht mehr als die Hälfte des Kuchens aus, folglich gehören auch mehr als 50 % aller Betriebe zur Größenklasse 1 bis 5 (genau genommen sind es 67,6 % bzw. 1.431.835 Betriebe). Die Kuchenstücke „oben

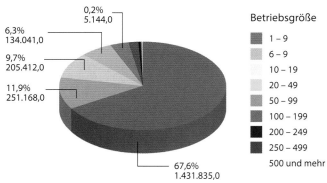

Abb. 10.6 Kreisdiagramm

links" in der Abbildung sind eher klein, sodass diese – großen – Betriebsgrößenklassen selten vorkommen. Die Größe des Kuchenstückes entspricht den jeweiligen Häufigkeiten: je größer die Häufigkeit, desto größer das Kuchenstück.

10.2.4   Sequenzdiagramm

Unternehmen weisen unterschiedliche Rechtsformen wie beispielsweise eine GmbH, eine KG, eine eG oder eine AG auf. Mit jeder Rechtsform sind verschiedene Rechte und Pflichten verbunden. Aktiengesellschaften unterliegen u. a. der Publizitätspflicht ihres Aktienkurses, sofern sie an einer Börse gehandelt werden. Als ein Vertreter für bedeutende deutsche Großunternehmen soll die Aktie der Daimler AG näher analysiert werden. Aus Sicht eines Käufers der Daimler-Aktie wäre ein niedriger Kurs – der nach dem Kauf hoffentlich steigt – wünschenswert. Ein Verkäufer hingegen strebt einen eher hohen Kurs zum Verkauf an. Wann ist aber hoch „hoch" und wann ist niedrig „niedrig"? Zur Klärung dieser Frage macht es Sinn, sich den Kurs der Vergangenheit anzuschauen. Dabei liefert die vergangene Kursentwicklung selbstverständlich keine Garantie über die zukünftige Kursentwicklung, versorgt einen aber dennoch mit ersten Anhaltspunkten.

Für die Daimler AG wird an jedem Handelstag – in der Regel Montag bis Freitag – an der Frankfurter Börse Xetra von 9 Uhr bis 17.30 Uhr der aktuelle Aktienkurs ermittelt. Zwischen 17.30 Uhr und 17.35 Uhr wird der sogenannte Schlusskurs festgelegt, dessen Werte für das Jahr 2012 (Quelle der Aktienkurse: finanzen.net GmbH 2013a) in Tab. 10.8 eingetragen sind.

Die Kursentwicklung kann einerseits mathematisch verdichtet werden zu einer einzigen aussagekräftigen Zahl (s. Abschn. 10.3 bzw. 10.4) und andererseits grafisch dargestellt werden in Form eines **Sequenzdiagramms** (s. Abb. 10.7) (in SPSS zu erhalten über Diagramme/Diagrammerstellung.../auswählen aus: Linie oder Analysieren/Vorhersage/Sequenzdiagramme).

> **Gut zu wissen**
>
> Mit einem **Sequenzdiagramm** (eine synonyme Bezeichnung lautet Liniendiagramm) werden die Werte einer Variablen entsprechend ihrer Reihenfolge im Datensatz grafisch abgebildet.   ◄

Da das Jahr 2012 254 Handelstage zu verzeichnen hatte, befinden sich in der Grafik streng genommen 254 Punkte, die alle miteinander zu einer einzigen Linie verbunden wurden. Man nennt das Ganze Sequenzdiagramm, da alle Tage der Reihenfolge nach – eben in einer Sequenz – auf der waagerechten Achse aufgetragen werden. Auf die senkrechte Achse trägt man zu jedem Tag den entsprechenden Aktienkurs ein. Die zeitliche Entwicklung der Daimler-Aktie kann mit dem Sequenzdiagramm sehr schnell optisch erfasst werden. Der Aktienkurs lag im gesamten Jahr 2012 nicht unterhalb von 30 € und auch nicht oberhalb von 50 €. Er wies starke Schwankungen auf, da er von

Tab. 10.8   Aktienkurs der Daimler AG im Jahr 2012 in €

Datum	Eröffnung	Schluss	Tageshoch	Tagestief	Volumen
02.01.2012	33,92	35,37	35,37	33,92	4.444.022
03.01.2012	35,93	36,67	36,79	35,81	6.379.106
04.01.2012	36,39	36,37	36,68	36,02	4.012.133
05.01.2012	36,50	36,89	37,19	36,22	6.160.380
06.01.2012	36,99	36,47	37,25	36,12	4.845.975
09.01.2012	36,54	36,73	37,35	36,38	5.164.173
10.01.2012	37,35	38,26	38,58	37,07	6.953.755
11.01.2012	38,16	38,22	38,39	37,62	4.836.750
12.01.2012	38,16	38,17	39,09	38,01	4.941.854
13.01.2012	38,65	37,97	38,85	37,11	5.945.050
⋮					
12.12.2012	39,41	39,86	39,90	39,38	4.489.507
13.12.2012	39,81	39,67	39,92	39,32	4.623.228
14.12.2012	39,85	40,67	40,67	39,76	5.714.143
17.12.2012	40,79	41,34	41,37	40,70	4.614.268
18.12.2012	41,50	41,75	41,75	41,42	4.003.548
19.12.2012	41,90	41,24	41,91	40,80	5.549.229
20.12.2012	40,95	41,27	41,29	40,84	2.750.722
21.12.2012	41,03	41,56	41,58	40,81	7.512.056
27.12.2012	41,62	41,76	42,01	41,61	2.448.094
28.12.2012	41,73	41,32	41,92	41,22	1.720.196

(Quelle der Aktienkurse: finanzen.net GmbH 2013a)

Abb. 10.7   Sequenzdiagramm zum Aktienkurs der Daimler AG im Jahr 2012

Anfang des Jahres bis Ende Februar von 35 € auf 48 € stieg, um dann bis Ende Juni auf 33 € zu sinken. Auch in der zweiten Jahreshälfte lagen größere Kursschwankungen vor, wenngleich weniger stark ausgeprägt als in der ersten Jahreshälfte.

Kapitel 10

Schlusskurs XETRA in Euro

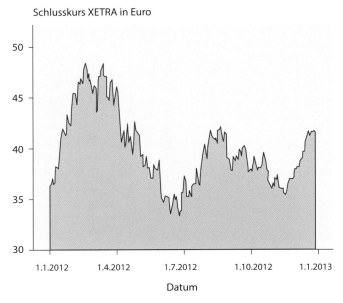

Abb. 10.8 Flächendiagramm zum Aktienkurs der Daimler AG im Jahr 2012

Alternativ zum Sequenzdiagramm wird gerne auf ein **Flächendiagramm** zurückgegriffen (s. Abb. 10.8), welches allerdings keine neuen Informationen liefert, sondern lediglich die Fläche unter der Linie aus dem Sequenzdiagramm farblich ausfüllt.

10.2.5 Histogramm

Es macht einen großen Unterschied, ob der Aktienkurs steigt oder fällt. Dabei ist allerdings nicht nur die absolute Kursänderung relevant – ob der Kurs also um 2 € oder 10 € zulegt – sondern auch die relative Kursänderung. Um wie viel Prozent steigt der Aktienkurs z. B. von einem Tag auf den nächsten? Daher müssen die täglichen Aktienkurse erst einmal in prozentuale Änderungen umgewandelt werden. Dies soll am Beispiel des 21.12.2012 vergegenwärtigt werden:

$$\text{prozentuale Kursänderung} =$$
$$\left(\frac{\text{Kurs vom 21.12.2012} - \text{Kurs vom 20.12.2012}}{\text{Kurs vom 20.12.2012}} \right) \cdot 100 =$$
$$\left(\frac{41{,}56 - 41{,}27}{41{,}27} \right) \cdot 100 = 0{,}7 =$$
$$0{,}7\,\% = \text{Tagesrendite}$$

Man nennt die prozentuale Kursänderung auch Tagesrendite. Bei 254 Schlusskursen im Jahr erhält man 253 Tagesrenditen, die – teilweise – in Tab. 10.9 wiedergegeben werden. Am 10.1.2012 ist der Aktienkurs innerhalb eines Tages um 4,2 % gestiegen, wohingegen sich der Aktienkurs am 20.12.2012 gegenüber dem Vortag lediglich um 0,1 % veränderte. Es existieren große Unterschiede in den Tagesrenditen, die selbstverständlich auch negativ sein können, z. B. am 19.12.2012 mit −1,2 %. Man würde gerne auf einen Blick erfassen, ob die Tagesrenditen der

Tab. 10.9 Tagesrendite Daimler AG im Jahr 2012

Datum	Tagesrendite in %	Datum	Tagesrendite in %
02.01.2012	–	12.12.2012	1,0
03.01.2012	3,7	13.12.2012	−0,5
04.01.2012	−0,8	14.12.2012	2,5
05.01.2012	1,4	17.12.2012	1,6
06.01.2012	−1,1	18.12.2012	1,0
09.01.2012	0,7	19.12.2012	−1,2
10.01.2012	4,2	20.12.2012	0,1
11.01.2012	−0,1	21.12.2012	0,7
12.01.2012	−0,1	27.12.2012	0,5
13.01.2012	−0,5	28.12.2012	−1,1

Anzahl

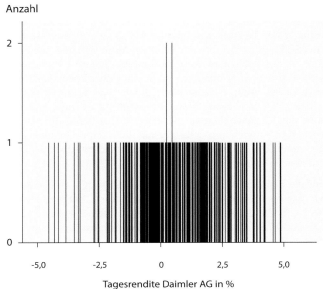

Abb. 10.9 Balkendiagramm zur Tagesrendite der Daimler AG 2012

Vergangenheit eher positiv oder eher negativ waren, wobei nicht nur das Vorzeichen sondern auch die Größenordnung der Rendite von Interesse ist. Dazu könnte man die Tab. 10.9 mit allen 253 Werten durchforsten, würde aber sehr schnell den Überblick verlieren, da das menschliche Gehirn sich nicht gleichzeitig so viele Zahlen merken bzw. einordnen kann. Eine Abkürzung des Weges könnte in der Verwendung einer geeigneten Grafik liegen.

In einem ersten Versuch der grafischen Darstellung würde sich das Balkendiagramm in Abb. 10.9 anbieten (s. Abschn. 10.2.2). Die Aussagekraft des Balkendiagramms erweist sich hier allerdings als sehr eingeschränkt, da für die Tagesrendite 251 unterschiedliche Werte vorliegen und somit fast jede Tagesrendite genau einmal vorkommt. Nur zwei Tagesrenditen tauchen zweimal auf (exakt 0,0 % und −0,25481313703285 %), nicht eine Rendite kommt mehr als zweimal vor. Dies liegt daran, dass die Tagesrendite mehrere Nachkommastellen aufweist und es sehr unwahrscheinlich ist, dass zwei Renditen die gleichen Nachkommastellen beinhalten (Man mache sich einmal klar, wie „schwierig" es ist, dass zwei Tagesrenditen bis zur vierzehnten Nachkommastelle identisch sind).

Häufigkeit

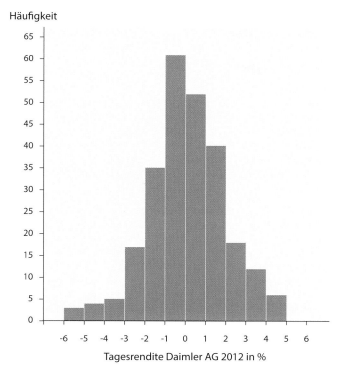

Abb. 10.10   Histogramm zu Tagesrenditen der Daimler AG für 2012

Wochentage

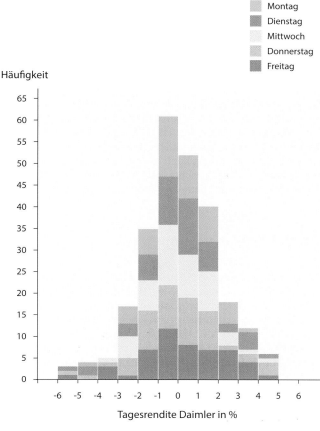

Abb. 10.11   Gestapeltes Histogramm zur Tagesrendite der Daimler AG

Gut zu wissen

Ein **Histogramm** bildet die Variante eines Balkendiagramms für eine stetige Variable.   ◄

Aufgabe 10.1

Statt die Tagesrenditen auf vierzehn Nachkommastellen auszuweisen, erweist es sich als viel sinnvoller, die Tagesrenditen in geeignete Größenordnungen zu gruppieren wie etwa zwischen −6 % und −5 %, zwischen −5 % und −4 %, ..., zwischen +5 % und +6 %. Auf diese Weise erhält man 12 Größenordnungen bzw. Gruppen und kann nun zählen, wie viele Tagesrenditen in jede dieser Gruppen fallen. Die grafische Übersetzung dieser Häufigkeiten liefert das **Histogramm** (s. Abb. 10.10) (in SPSS zu erhalten über Diagramme/Diagrammerstellung.../auswählen aus: Histogramm). Der erste Balken beginnt waagerecht bei −6 % und endet bei −5 %. Die Höhe dieses Balkens gibt an, wie häufig die Tagesrendite in dieser Größenordnung lag. Eine Tagesrendite zwischen −6 % und −5 % war dreimal zu beobachten. Entsprechend sagt der Balken zwischen −1 % und 0 % aus, dass sich an 61 Tagen die Tagesrendite zwischen −1 % und 0 % bewegte. Zusammenfassend liefert das Histogramm die Botschaft, dass die Masse der Tagesrenditen zwischen −2 % und +2 % liegt und somit größere Abweichungen nach unten wie nach oben eher selten vorkommen.

In der Grafik sieht man nur elf Balken, obwohl zwölf Gruppen gewählt wurden. Der Balken zwischen +5 % und +6 % hat die Höhe null, da in dieser Größenordnung im Jahr 2012 keine Rendite vorkam.

Das Balkendiagramm kommt zum Einsatz, wenn eine nominale bzw. ordinale Variable vorliegt, die Variable also relativ wenig unterschiedliche Werte aufweist. Liegen für die Variable jedoch relativ viele verschiedene Werte vor – man spricht von einer metrischen Variablen –, sollte sinnvollerweise ein Histogramm benutzt werden.

Genauso wie beim Balkendiagramm existiert auch beim **Histogramm** eine **gestapelte Version**. Börsianer behaupten z. B. immer wieder, dass zum Wochenbeginn Aktien eher gekauft und zum Wochenende eher verkauft werden. Wenn dies auch für die Aktien der Daimler AG gelten sollte, müssten sich die Tagesrenditen je nach Wochentag unterscheiden. In Abb. 10.11 sind über jeder Größenordnung von Rendite fünf Balken abgetragen/gestapelt, für jeden Wochentag ein eigener Balken. Wenn z. B. die Balken für Montag (grün) nur im rechten Teil der Grafik auftauchen und die Balken für Freitag (blau) nur im linken Teil der Grafik erscheinen würden, gäbe es hinsichtlich des Wochentages deutliche Unterschiede in der Tagesrendite. Dann würden am Montag die Aktienkurse eher steigen (also positive Tages-

Kapitel 10

renditen vorliegen) und am Freitag eher sinken (also negative Tagesrenditen vorliegen). Alle fünf Farben verteilen sich jedoch über die Grafik von links nach rechts, ohne dass gravierende Unterschiede in der Art der Verteilung zu erkennen wären (auch wenn montags keine Rendite größer als 4 % war und mittwochs keine Rendite −4 % unterschritt). Daher kann zumindest optisch nicht auf tagesspezifisch unterschiedliche Renditen geschlossen werden.

Sowohl das Histogramm als auch das gestapelte Histogramm können für absolute wie relative Häufigkeiten verwendet werden. Im Falle der relativen Häufigkeiten würde man danach fragen, an wie viel Prozent aller Tage die Rendite in einer bestimmten Größenordnung liegt. An der waagerechten Achse und den Balken würde sich nichts ändern. Nur auf der senkrechten Achse erschiene statt Häufigkeit relative Häufigkeit in Prozent.

10.2.6 Streudiagramm

Bisher wurden grafische Datenverdichtungen immer nur für eine einzelne Variable durchgeführt. Was muss aber getan werden, wenn zwei Variablen gleichzeitig betrachtet werden sollen? Besteht z. B. ein Zusammenhang zwischen der Daimler-Aktie und dem Aktienindex DAX? Führt ein Anstieg des Wechselkurses zwischen Euro und Dollar womöglich dazu, dass festverzinsliche Wertpapiere im Kurs fallen? Steigt der Aktienkurs eines Unternehmens, wenn Vorstände höher bezahlt werden? Wie kann man grafisch prüfen, ob zwischen zwei Variablen ein Zusammenhang besteht? Das Instrument der Wahl heißt **Streudiagramm** (auch Scatterplot oder x-y-Diagramm genannt).

Gut zu wissen

Ein **Streudiagramm** bildet die Wertepaare zweier Variablen in einem x-y-Diagramm ab. In ihm kann grafisch abgelesen werden, ob zwischen den zwei Variablen ein Zusammenhang besteht. ◄

Die Daimler AG ist Mitglied des Aktienindex DAX, sodass ein Zusammenhang zwischen diesen beiden Variablen in zwei Richtungen begründet werden kann. Einerseits könnte ein Anstieg des Daimler-Kurses den DAX erhöhen. Andererseits wäre aber auch die umgekehrte Wirkungsrichtung möglich. Ein Anstieg des DAX-Kurses hat eine Wertsteigerung der Daimler-Aktie zur Folge.

Es erscheint nicht eindeutig zu sein, welche der beteiligten Variablen die Ursache ist und welche die Wirkung. Dennoch kann ermittelt werden, ob sich beide Variablen gleichgerichtet oder entgegengesetzt bewegen. In Tab. 10.10 sind – auszugsweise – die Tagesrenditen der Daimler AG und des DAX aufgeführt (Zur Berechnung einer Tagesrendite s. Abschn. 10.2.5). Nur mithilfe dieser Tabelle ist es sehr schwer, eine Aussage über die Existenz eines Zusammenhangs zu treffen. Es tritt sehr bald die Situation ein, dass man schnell den Überblick verliert. Das Streudiagramm offenbart hingegen eine Antwort auf den ersten Blick. In

Tab. 10.10 Tagesrenditen in % für das Jahr 2012

Datum	Daimler	DAX	Fresenius	RWE	REX	Dollarkurs
03.01.2012	3,7	1,50	1,37	1,48	−0,26	0,61
04.01.2012	−0,8	−0,89	1,04	−1,11	−0,07	−0,51
05.01.2012	1,4	−0,25	1,65	−1,44	0,05	−0,90
06.01.2012	−1,1	−0,62	−0,81	1,21	0,14	−0,44
09.01.2012	0,7	−0,67	−0,71	−1,86	−0,04	−0,38
10.01.2012	4,2	2,42	1,14	2,36	0,07	0,63
11.01.2012	−0,1	−0,17	−1,31	−1,51	−0,04	−0,70
12.01.2012	−0,1	0,44	−0,81	−0,32	0,25	0,14
13.01.2012	−0,5	−0,58	−0,96	−1,89	0,27	0,27
16.01.2012	3,6	1,25	−0,04	2,29	0,02	−0,80
⋮						
12.12.2012	1,0	0,33	−0,46	0,28	−0,06	0,36
13.12.2012	−0,5	−0,43	−0,61	−3,37	0,10	0,28
14.12.2012	2,5	0,19	−0,69	0,97	−0,17	0,03
17.12.2012	1,6	0,11	−1,08	−0,03	−0,10	0,60
18.12.2012	1,0	0,64	−0,34	1,63	0,01	0,14
19.12.2012	−1,2	0,19	0,10	0,06	−0,21	0,94
20.12.2012	0,1	0,05	0,23	0,13	0,01	−0,42
21.12.2012	0,7	−0,47	−0,50	−1,60	0,03	−0,28
27.12.2012	0,5	0,26	−0,17	0,67	0,04	0,43
28.12.2012	−1,1	−0,57	0,44	−0,98	0,28	−0,63

(Datenquellen (Stand: 19.2.2013): eigene Berechnungen basierend auf DAX 30 Xetra: finanzen.net GmbH (2013c), RWE AG St.: finanzen.net GmbH (2013d), Fresenius Medical Care AG & Co. KGaA (FMC) St.: finanzen.net GmbH (2013b), REX (Kursindex): Deutsche Börse (2013), Dollarkurs: Deutsche Bundesbank (2013a))

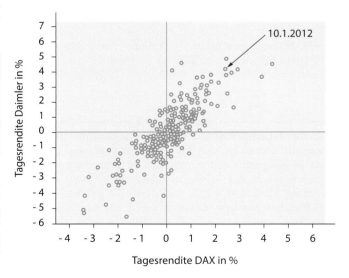

Abb. 10.12 Streudiagramm Daimler und DAX

Abb. 10.12 sind die Tagesrendite des DAX auf der waagerechten Achse und die Tagesrendite der Daimler AG auf der senkrechten Achse abgetragen. Jeder Punkt in der Grafik steht für ein Wertepaar eines Tages. Am 10.1.2012 z. B. stieg der DAX im Vergleich zum Vortag um 2,42 % und die Daimler-Aktie um 4,2 % (s. roter Pfeil). Alle Punkte zusammengenommen werden als Punktwolke bezeichnet. Wenn die Punkte eine Tendenz auf-

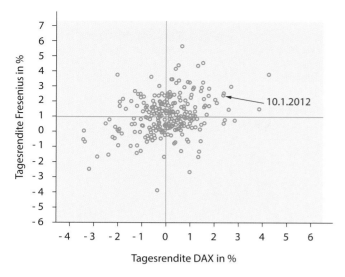

Abb. 10.13 Streudiagramm Fresenius und DAX

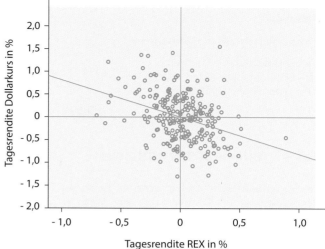

Abb. 10.14 Streudiagramm Dollarkurs und REX

weisen, also nach rechts oben ansteigen oder nach rechts unten abfallen, liegt ein Zusammenhang zwischen den beiden Tagesrenditen vor.

In Abb. 10.12 ist eindeutig zu erkennen, dass die Punkte links unten beginnen und in der Tendenz nach rechts ansteigen. Somit kann folgende Schlussfolgerung gezogen werden: Je größer der Anstieg bei der Tagesrendite des DAX, desto größer auch der Anstieg bei der Tagesrendite von Daimler. Und umgekehrt: Je mehr die Tagesrendite des DAX sinkt, desto mehr sinkt auch die Tagesrendite von Daimler. Der Zusammenhang ist nicht perfekt – dann müssten alle Punkte auf einer Geraden liegen. Aber in der Tendenz ist der Zusammenhang deutlich ausgeprägt.

Wenn das Streudiagramm hingegen keine eindeutige Tendenz aufweist, liegt kein Zusammenhang vor. Die Punktwolke zur Überprüfung eines Zusammenhangs zwischen dem Dax und dem Pharmaunternehmen Fresenius sieht zufällig gestreut aus (s. Abb. 10.13). Es ist nicht wirklich erkennbar, ob die Punktwolke nach rechts ansteigt oder fällt.

Es kann aber auch geschehen, dass die Punktwolke im Streudiagramm eine negative Tendenz offenbart, also nach rechts hin fällt. Dieser Fall tritt beispielsweise ein, wenn man den Zusammenhang zwischen dem Dollarkurs und dem Rentenindex REX näher betrachtet (s. Abb. 10.14). Der Dollarkurs gibt an, wie viel US-Dollar für einen Euro bezahlt werden müssen und lag am 28.12.2012 bei 1,32 Dollar pro Euro. Der Rentenindex REX ist ein gewichteter Durchschnittskurs von 30 idealtypischen deutschen Anleihen mit einer Laufzeit zwischen einem und 10 Jahren und wies am 28.12.2012 einen Wert von 135,11 Punkten auf. Um die Tendenz des Zusammenhangs zu unterstreichen, wurde in Abb. 10.14 eine Gerade durch die Punktwolke hindurchgelegt. Diese Gerade fällt deutlich ab. Folglich geht ein Anstieg des Dollarkurses mit einem Rückgang der Tagesrendite REX einher. Ebenso führt eine positive Tagesrendite beim REX zu einem gleichzeitigen Rückgang des Dollarkurses.

Zusammenfassung

Je nach Skalenniveau einer Variablen kommen unterschiedliche Grafiken zur Datenverdichtung infrage:

Nominales oder ordinales Skalenniveau:

- Balken- bzw. Stabdiagramm,
- Kreis- bzw. Kuchendiagramm.

Kardinales Skalenniveau:

- Sequenz- bzw. Liniendiagramm,
- Histogramm,
- Streudiagramm.

10.3 Datenverdichtung mithilfe von Lageparametern – Wo ist die „Mitte" der Daten?

Es gilt, aus einer Menge von Daten sinnvolle Informationen und verwertbare Schlussfolgerungen zu ziehen. Idealerweise gelingt es, alle Daten zu einer einzigen Zahl – zu einem einzigen Parameter – zusammenzufassen bzw. zu verdichten. Welche Parameter kommen dafür infrage, müssen wie interpretiert werden und unterliegen welchen Einschränkungen? In einer ersten Näherung sollen Durchschnittswerte ermittelt werden. Wie groß fällt eine Variable im Durchschnitt aus; wo ist die „Mitte" der Daten? Folgende Parameter sollen näher vorgestellt werden: arithmetischer Mittelwert, geometrischer Mittelwert, harmonischer Mittelwert, Median, Modalwert und Quantil.

Kapitel 10

Merksatz

Man unterscheidet drei **Mittelwerte**:

- arithmetischer Mittelwert,
- geometrischer Mittelwert und
- harmonischer Mittelwert.

10.3.1 Arithmetischer Mittelwert

Der Wechselkurs Euro–Dollar weist im Laufe der Zeit mehr oder weniger große Schwankungen auf. Wenn er jeden Tag identisch wäre, gäbe es keine Unsicherheit hinsichtlich seines Wertes. Im Jahr 2012 traten jedoch Änderungen auf. In Tab. 10.11 ist der Wechselkurs – auszugsweise – für das Jahr 2012 aufgelistet (s. Deutsche Bundesbank (2013a)). Der niedrigste Wechselkurs lag am 24.7.2012 bei 1,2089 Dollar pro Euro, und der höchste Wechselkurs ergab sich am 28.2.2012 mit 1,3454 Dollar pro Euro.

─────────── **Aufgabe 10.2** ───────────

Wie hoch war denn der Wechselkurs „im Durchschnitt" oder auch „im Mittel"? Zur Beantwortung dieser Frage kann der arithmetische Mittelwert verwendet werden:

$$\bar{x} = \frac{1}{n} \sum_{i=1}^{n} x_i = \frac{1}{254} \cdot (1{,}2935 + 1{,}3014 + \dots$$

$$+ 1{,}3266 + 1{,}3183) = 1{,}2845.$$

Tab. 10.11 Wechselkurs Euro–Dollar 2012

Datum	Dollarkurs	Datum	Dollarkurs
02.01.2012	1,2935	18.07.2012	1,2234
03.01.2012	1,3014	19.07.2012	1,2287
04.01.2012	1,2948	20.07.2012	1,2200
05.01.2012	1,2832	23.07.2012	1,2105
06.01.2012	1,2776	24.07.2012	1,2089
09.01.2012	1,2728	25.07.2012	1,2134
10.01.2012	1,2808	26.07.2012	1,2260
11.01.2012	1,2718	27.07.2012	1,2317
12.01.2012	1,2736	30.07.2012	1,2246
13.01.2012	1,2771	31.07.2012	1,2284
⋮		⋮	
22.02.2012	1,3230	12.12.2012	1,3040
23.02.2012	1,3300	13.12.2012	1,3077
24.02.2012	1,3412	14.12.2012	1,3081
27.02.2012	1,3388	17.12.2012	1,3160
28.02.2012	1,3454	18.12.2012	1,3178
29.02.2012	1,3443	19.12.2012	1,3302
01.03.2012	1,3312	20.12.2012	1,3246
02.03.2012	1,3217	21.12.2012	1,3209
05.03.2012	1,3220	27.12.2012	1,3266
06.03.2012	1,3153	28.12.2012	1,3183
⋮			

Tab. 10.12 SPSS-Ausgabe arithmetischer Mittelwert

	N	Minimum	Maximum	Mittelwert
Dollar_Euro_Kurs	254	1,2089	1,3454	1,2845
Gültige Werte (listenweise)	254			

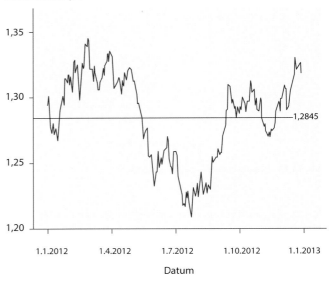

Dollarkurs in \$/€

Abb. 10.15 Dollarkurs 2012

Rechenregel

Für den **arithmetischen Mittelwert** werden alle Werte addiert und anschließend durch die Zahl der Fälle dividiert.

Mit x_i, $i = 1, \dots, n$, werden die Dollarkurse der einzelnen Tage bezeichnet. x_1 ist der Wechselkurs vom 02.01.2012, also $x_1 = 1{,}2935$, x_2 ist der Wechselkurs vom 03.01.2012, also $x_2 = 1{,}3014, \dots, x_{254}$ ist der Wechselkurs vom 28.12.2012, also $x_{254} = 1{,}3183$. Da für das Jahr 2012 an 254 Tagen Wechselkurse vorliegen, ist $n = 254$ (Für 2012 (Schaltjahr) liegen keine 366 Wechselkurse vor, da Wechselkurse nicht kalendertäglich, sondern nur werktags ermittelt werden). Man summiert alle 254 Werte und teilt die Summe durch die Anzahl der Werte.

$\bar{x}$ ist der arithmetische Mittelwert und beträgt 1,2845 Dollar pro Euro (Tab. 10.12 liefert die SPSS-Ausgabe für den arithmetischen Mittelwert, zu erhalten über Analysieren/Deskriptive Statistiken/Deskriptive Statistik. Würde man den Mittelwert nur für die 40 Werte aus Tab. 10.11 berechnen, erhielte man $\bar{x} = 1{,}2882$). Abbildung 10.15 dient zur Erläuterung dieser Zahl. Man verteilt quasi den Wechselkurs gleichmäßig auf die einzelnen Tage. An einigen Tagen liegt der Wechselkurs oberhalb der waagerechten Linie, und an manchen Tagen befindet er sich unterhalb der waagerechten Linie. Will man aber den Wechsel-

Tab. 10.13 Bruttojahreseinkommen 2006

Geschlecht	Geburtsjahr	Einkommen in €	Geschlecht	Geburtsjahr	Einkommen in €
männlich	1960	40.933	weiblich	1981	16.012
männlich	1960	33.100	weiblich	1946	16.506
männlich	1988	3168	weiblich	1981	32.375
männlich	1980	18.629	weiblich	1977	22.475
männlich	1953	44.202	weiblich	1978	17.608
männlich	1965	18.258	weiblich	1984	8569
männlich	1959	43.320	weiblich	1987	1600
männlich	1969	31.634	weiblich	1982	4473
männlich	1959	29.342	weiblich	1985	5299
männlich	1961	46.283	weiblich	1978	1053
männlich	1948	33.294	weiblich	1981	1111
männlich	1961	35.689	weiblich	1984	802
männlich	1959	38.456	weiblich	1977	302
männlich	1962	54.997	weiblich	1987	314
männlich	1964	31.623	weiblich	1985	818

kurs gleichmäßig auf die Tage verteilen, also für jeden Tag einen identischen Wechselkurs erhalten, bekommt man 1,2845 heraus.

Der Mittelwert ist zwar sehr gut in der Lage, alle Daten auf eine einzige Zahl zu verdichten, unterliegt aber auch Einschränkungen. Der Zahl 1,2845 selbst sieht man nicht an, wie sie zustande gekommen ist. Es könnte sein, dass tatsächlich im Jahr 2012 jeder Tag genau diesen Wechselkurs aufwies. Es könnte aber auch der Fall sein, dass in der einen Hälfte des Jahres der Wechselkurs genau bei 1,0 lag und in der anderen Hälfte des Jahres bei 1,5690. Oder noch schlimmer: In der einen Hälfte galt 0,5 und in der anderen Hälfte 2,0690. In allen drei Situationen käme 1,2845 als Mittelwert heraus. Der Mittelwert reagiert auch sehr sensibel auf Ausreißer (einzelne Werte, die extrem von den anderen abweichen). Der Mittelwert liefert folglich einen ersten Anhaltspunkt über die Größenordnung der Daten, lässt die Frage nach der Verteilung der Daten – wie stark weichen die einzelnen Wechselkurse voneinander ab – allerdings außer Acht. Dieser Aspekt wird in Abschn. 10.4 aufgegriffen.

Ein zweites Beispiel soll das Einkommen behandeln. In Deutschland ist das Einkommen sehr ungleich verteilt; es gibt viele Personen, die relativ wenig verdienen und wenige Personen, die relativ viel verdienen (Ein Maß, mit dem die Un-/Gleichheit der Einkommensverteilung gemessen wird, ist der Gini-Koeffizient aus Abschn. 10.5.2). Was wäre aber, wenn man alle Einkommen einsammeln und anschließend zu gleichen Teilen an die Personen verteilen würde, von denen man das Einkommen erhalten hatte? Man erhielte den arithmetischen Mittelwert des Einkommens.

Die Verdienststrukturerhebung 2006 des Statistischen Bundesamtes hat neben anderen Informationen das Bruttojahreseinkommen von gut 3 Mio. Vollzeit-Beschäftigten aus 34.000 Betrieben mit mehr als 10 Beschäftigten im Produzierenden Gewerbe und im Dienstleistungsbereich in ganz Deutschland erhoben. Öffentlich zugänglich sind davon die Angaben zu 60.551 Personen, die auszugsweise in Tab. 10.13 abgedruckt sind (s. Statistische Ämter des Bundes und der Länder (2002)). Auf der Basis dieser Datenquelle erhält man folgenden arithme-

tischen Mittelwert des Bruttojahreseinkommens:

$$\bar{x} = \frac{1}{n} \sum_{i=1}^{n} x_i = \frac{1}{60.551} \cdot (40.933 + 33.100 + \ldots$$
$$+ 314 + 818) = 30.146{,}83$$

(würde man den Mittelwert nur für die 30 Werte aus Tab. 10.13 berechnen, erhielte man $\bar{x} = 21.074{,}83$).

Da n der Anzahl aller Personen entspricht, ist $n = 60.551$; somit werden 60.551 Einkommenswerte addiert und anschließend durch die Zahl aller Personen geteilt. Wenn also jeder Beschäftigte ein gleich hohes Einkommen bezöge, würde er brutto 30.146,83 € im Jahr verdienen. Man könnte das Ganze auch mit einem Kuchen vergleichen. Die Summe aller Einkommen bestimmt die Größe des Kuchens. Wenn jeder Beschäftigte ein gleich großes Kuchenstück erhalten sollte, bekäme er 30.146,83 €. Tatsächlich sind die Kuchenstücke allerdings sehr unterschiedlich groß. Dieser Einkommenswert und dessen Interpretation gelten, auch wenn nicht ein einziger Beschäftigter diesen Betrag bezieht.

Ein Problem tritt allerdings an einer anderen Stelle auf. Angaben zum Einkommen sind extrem sensibel und werden bei Befragungen eher ungern geäußert. Die Verdienststrukturerhebung ist keine Befragung von Personen, sondern von Betrieben. Deren Lohnbuchhaltung liefert die auf den Euro genauen Werte an das Statistische Bundesamt. Bei Personenbefragungen allerdings möchten viele Personen nicht ihren exakten Verdienst benennen. Wenn man ihnen aber die Möglichkeit anbietet, ihr Einkommen in bestimmte Größenordnungen – Einkommensklassen – einzuordnen, steigt die Bereitschaft zur Antwort deutlich an. Daher wird dieser Weg bei den meisten Personenbefragungen bevorzugt, so z. B. auch beim Mikrozensus. Dort liegt das Einkommen in klassierten Daten vor (s. Tab. 10.14 bzw. Tab. 10.15).

Gemeint ist das Nettoeinkommen einer Person im Monat April 2002. Dabei wird die Summe aller Einkommen erfasst, egal aus welcher Quelle, also sowohl Arbeitseinkommen, als auch Wohngeld, Rente, Kindergeld etc. Es sind insgesamt 24 Einkommensgrößenordnungen bzw. Einkommensklassen aufgelistet, die bei unteren Einkommen eine Breite von 150 € umfassen

Kapitel 10

Tab. 10.14 Klassifizierung des Einkommens im Mikrozensus 2002

Einkommen	Klasse	Einkommen	Klasse
unter 150 €	01	2600 bis unter 2900 €	13
150 bis unter 300 €	02	2900 bis unter 3200 €	14
300 bis unter 500 €	03	3200 bis unter 3600 €	15
500 bis unter 700 €	04	3600 bis unter 4000 €	16
700 bis unter 900 €	05	4000 bis unter 4500 €	17
900 bis unter 1100 €	06	4500 bis unter 5000 €	18
1100 bis unter 1300 €	07	5000 bis unter 5500 €	19
1300 bis unter 1500 €	08	5500 bis unter 6000 €	20
1500 bis unter 1700 €	09	6000 bis unter 7500 €	21
1700 bis unter 2000 €	10	7500 bis unter 10.000 €	22
2000 bis unter 2300 €	11	10.000 bis unter 18.000 €	23
2300 bis unter 2600 €	12	18.000 und mehr €	24

Tab. 10.15 Monatsnettoeinkommen Mikrozensus 2002

Alter	Geschlecht	Klasse	Alter	Geschlecht	Klasse
52	männlich	15	20	weiblich	2
51	weiblich	5	91	weiblich	11
33	weiblich	7	29	männlich	6
37	männlich	7	45	männlich	7
40	weiblich	1	43	weiblich	6
39	männlich	9	21	weiblich	6
67	männlich	7	43	männlich	7
69	weiblich	7	36	weiblich	4
85	männlich	4	42	männlich	18
70	männlich	6	25	weiblich	5
41	weiblich	6	23	weiblich	2
38	weiblich	6	31	männlich	4
40	männlich	9	46	männlich	8
39	weiblich	5	43	weiblich	9
72	männlich	6	66	männlich	8

und nach oben immer größer werden. Eine Person in der Klasse 9 z. B. bezieht ein Einkommen zwischen 1500 € und 1700 €. Der genaue Betrag ist nicht bekannt, liegt aber innerhalb dieses Intervalls.

Der Mikrozensus ist eine amtliche Statistik der Bundesrepublik Deutschland und erfasst 1 % der Bevölkerung (s. Gesis (2014)). Öffentlich zugänglich davon sind die Angaben zu 25.137 Personen, die auszugsweise in Tab. 10.15 wiedergegeben werden.

Die Person in der ersten Zeile ist 52 Jahre alt und verdient entsprechend der Klasse 15 zwischen 3200 € und 3600 € im Monat. Die Person aus der letzten Zeile ist 66 Jahre alt und bezieht ein Einkommen zwischen 1300 € und 1500 € (Klasse 8).

Wie kann nun der Mittelwert des Einkommens berechnet werden? Es macht keinen Sinn, den Mittelwert der Klassen zu kalkulieren. Man würde zwar mit $\bar{x} = 6{,}8$ einen Wert erhalten, bekäme aber keinen Eurobetrag und somit eine wenig hilfreiche Information. Es liegt die durchschnittlich 6,8te Einkommensklasse vor.

Die Formel zur Berechnung des arithmetischen Mittelwertes auf der Basis von klassierten Daten lautet:

$$\bar{x} = \frac{1}{n} \sum_{i=1}^{p} \bar{x}_i \cdot H_i \quad \text{mit } \bar{x}_i : \text{arithmetischer Mittelwert in Klasse } i$$

und H_i: absolute Häufigkeit, mit der Klasse i eintritt.

$\bar{x}_1$ ist der arithmetische Mittelwert des Einkommens aus Klasse 1; wenn dieser Wert unbekannt ist, verwendet man die Mitte der Klasse 1, also:

$$\frac{0 + 150}{2} = 75.$$

$\bar{x}_2$ ist der arithmetische Mittelwert des Einkommens aus Klasse 2; wenn dieser Wert unbekannt ist, verwendet man die Mitte der Klasse 2, also:

$$\frac{150 + 300}{2} = 225 \text{ etc.}$$

Die absoluten Häufigkeiten der Klassen ergeben sich mithilfe von SPSS folgendermaßen (Spalte 2 von Tab. 10.16; s. Abschn. 10.2.1 zur Berechnung; Klassen mit einer Häufigkeit von Null werden in SPSS nicht aufgeführt):

Tab. 10.16 Klassenhäufigkeit

(1) Klasse		(2) Häufigkeit	(3) Prozente	(4) Gültige Prozente	(5) Kumulierte Prozente
Gültig	1	1	3,3	3,3	3,3
	2	2	6,7	6,7	10,0
	4	3	10,0	10,0	20,0
	5	3	10,0	10,0	30,0
	6	7	23,3	23,3	53,3
	7	6	20,0	20,0	73,3
	8	2	6,7	6,7	80,0
	9	3	10,0	10,0	90,0
	11	1	3,3	3,3	93,3
	15	1	3,3	3,3	96,7
	18	1	3,3	3,3	100,0
Gesamt		30	100,0	100,0	

Da $p = 24$ Klassen und $n = 30$ Personen vorliegen, kann der arithmetische Mittelwert wie folgt berechnet werden:

$$\bar{x} = \frac{1}{30} \sum_{i=1}^{24} \bar{x}_i \cdot H_i$$

$$= \frac{1}{30} \cdot (75 \cdot 1 + 225 \cdot 2 + 400 \cdot 0 + 600 \cdot 3 + 800 \cdot 3$$
$$+ 1000 \cdot 7 + 1200 \cdot 6 + 1400 \cdot 2 + 1600 \cdot 3 + 1850 \cdot 0$$
$$+ 2150 \cdot 1 + 2450 \cdot 0 + 2750 \cdot 0 + 3050 \cdot 0 + 3400 \cdot 1$$
$$+ 3800 \cdot 0 + 4250 \cdot 0 + 4750 \cdot 1 + 5250 \cdot 0 + 5750 \cdot 0$$
$$+ 6750 \cdot 0 + 8750 \cdot 0 + 14.000 \cdot 0 + 27.000 \cdot 0)$$
$$= 1227{,}50.$$

Die 30 Personen aus Tab. 10.15 beziehen ein durchschnittliches monatliches Nettoeinkommen in Höhe von 1227,50 € Bezogen auf alle 25.137 Personen des öffentlich zugänglichen Mikrozensus erhält man einen Mittelwert von 1340,85 €. (Faktisch bleiben nur 18.422 Personen übrig, da vom Mikrozensus lediglich jene Personen beachtet werden, die ein positives Einkommen haben und keine Landwirte sind).

10.3.2 Geometrischer Mittelwert

Wie kann ein Mittelwert für Tagesrenditen eines Aktienkurses berechnet werden? Da Tagesrenditen nichts anderes als prozentuale Änderungen oder auch Wachstumsraten darstellen, gelten die folgenden Ausführungen ebenso für den allgemeinen Fall von Wachstumsraten.

Das Energieversorgungsunternehmen RWE ist eine Aktiengesellschaft mit Sitz in Essen und gehört zu den vier großen Stromanbietern in Deutschland, die insgesamt ca. 80 % des Strommarktes abdecken. Der Aktienkurs von RWE wird u. a. an der Frankfurter Börse ermittelt und für das Jahr 2012 auszugsweise in Tab. 10.17 angegeben.

Wenn man einen Mittelwert von Tagesrenditen errechnen möchte, unterliegt man der Versuchung, etwas zu verwenden, das man bereits kennt: den arithmetischen Mittelwert (s. Abschn. 10.3.1). Warum wäre dies falsch? Da die Tagesrenditen positive wie auch negative Vorzeichen aufweisen, würden sich die Werte in der Summenbildung gegeneinander aufwiegen (Der arithmetische Mittelwert für das gesamte Jahr 2012 beträgt 0,0491 %). Wenn der Aktienkurs z. B. immer wieder an einem Tag um 2 % steigt und am folgenden Tag um 2 % sinkt, würde man im arithmetischen Mittel einen Wert von 0,0 % erhalten, obwohl bereits nach je zwei Tagen der Kurs höher läge als vor diesen zwei Tagen. Dann muss aber auch der Kurs am Jahresende höher sein als am Jahresbeginn. Die durchschnittliche Rendite von 0 % brächte aber zum Ausdruck, dass beide Kurse identisch sein

müssten: ein Widerspruch.

$$\bar{x} = \frac{1}{20} \sum_{i=1}^{20} x_i = \frac{1}{20} \cdot (1,48 - 1,11 - 1,44 + 1,21 + \ldots$$
$$+ \, 0,13 - 1,6 + 0,67 - 0,98)$$
$$= -0,15.$$

Bezogen auf das gesamte Jahr 2012 wäre $\bar{x} = 0,000491$. Wenn man den Aktienkurs im Jahr 2012 jeden Tag um 0,0491 % steigen ließe, müsste gemäß der Zinseszinsrechnung (s. Kap. 9) aus dem Kurs vom 02.01.2012 (28,41 €) am 28.12.2012 ein Kurs von 31,20 € werden (s. Tab. 10.17). Tatsächlich erhielte man aber folgendes Resultat:

$$28,41 \cdot (1 + 0,000491)^{253} = 32,17 \neq 31,20.$$

Da 31,20 € nicht identisch mit 32,17 € sind, erweist sich diese Art der Rechnung als falsch.

Merksatz

Um eine durchschnittliche Wachstumsrate (prozentuale Änderung) zu berechnen, verwenden wir nicht den arithmetischen, sondern den **geometrischen Mittelwert**.

Folglich muss eine andere Formel zu Rate gezogen werden: der **geometrische Mittelwert** $\dot{x}$:

$$\dot{x} = \sqrt[n]{r_1 \cdot r_2 \cdot \ldots \cdot r_n}.$$

Rechenregel

Um den **geometrischen Mittelwert** zu ermitteln, multiplizieren wir die **Wachstumsfaktoren** und ziehen aus dem Produkt die n-te Wurzel.

$$r_i = \frac{x_i}{x_{i-1}}; \quad i = 1, 2, \ldots, n.$$

Den Wachstumsfaktor r_i erhält man, indem man den Aktienkurs des einen Tages durch den Aktienkurs des Vortages dividiert. Ist der Wachstumsfaktor größer als eins, so ist der Aktienkurs gestiegen; ist er kleiner als eins, ging der Aktienkurs zurück. Da im Jahr für 253 Tage Tagesrenditen vorliegen, gilt $n = 253$, sodass sich der geometrische Mittelwert ergibt zu:

$$\dot{x} = \sqrt[253]{1,0148 \cdot 0,9889 \cdot 0,9856 \cdot \ldots \cdot 0,984 \cdot 1,0067 \cdot 0,9902}$$
$$= 1,00037.$$

Folglich ist der Aktienkurs von RWE im Jahr 2012 durchschnittlich pro Tag um 0,037 % gestiegen.

Probe: $28,41 \cdot (1 + 0,00037)^{253} = 31,20.$

Zur grafischen Interpretation des geometrischen Mittelwertes sei auf Abb. 10.16 verwiesen. Die rote Linie beschreibt den tatsächlichen Kursverlauf im Jahr 2012, und die grüne Linie zeigt,

Tab. 10.17 Börsendaten für RWE 2012

Datum	i	Aktienkurs x_i in €	Tagesrendite* w_i in %	Wachstumsfaktor r_i
02.01.2012	0	28,41		
03.01.2012	1	28,83	1,48	1,0148
04.01.2012	2	28,51	−1,11	0,9889
05.01.2012	3	28,10	−1,44	0,9856
06.01.2012	4	28,44	1,21	1,0121
09.01.2012	5	27,91	−1,86	0,9814
10.01.2012	6	28,57	2,36	1,0236
11.01.2012	7	28,14	−1,51	0,9849
12.01.2012	8	28,05	−0,32	0,9968
13.01.2012	9	27,52	−1,89	0,9811
16.01.2012	10	28,15	2,29	1,0229
⋮			⋮	
12.12.2012	244	32,03	0,28	1,0028
13.12.2012	245	30,95	−3,37	0,9663
14.12.2012	246	31,25	0,97	1,0097
17.12.2012	247	31,24	−0,03	0,9997
18.12.2012	248	31,75	1,63	1,0163
19.12.2012	249	31,77	0,06	1,0006
20.12.2012	250	31,81	0,13	1,0013
21.12.2012	251	31,30	−1,60	0,9840
27.12.2012	252	31,51	0,67	1,0067
28.12.2012	253	31,20	−0,98	0,9902

* = Wachstumsrate

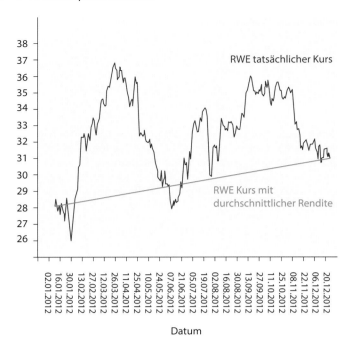

Abb. 10.16 RWE-Kurs 2012 in € mit tatsächlicher und durchschnittlicher Tagesrendite

Tab. 10.18 Geometrischer Mittelwert in SPSS

Zusammenfassung von Fällen
Geometrisches Mittel
RWE_Wachstumsfaktor
1,000370

wie der Kursverlauf wäre, wenn die Tagesrendite jeden Tag bei 0,037 % läge. Die grüne Linie sieht zwar aus wie eine Gerade, ist aber keine. Sie steigt vielmehr exponentiell an. Dies wird optisch nur deswegen nicht sichtbar, weil die Tagesrendite so klein ausfällt. Läge sie bei z. B. 1 %, wäre die grüne Linie deutlich als Exponentialfunktion zu erkennen.

Das Ergebnis von SPSS zeigt Tab. 10.18. In SPSS wird der geometrische Mittelwert angegeben über Analysieren/Berichte/Fälle zusammenfassen/Statistiken/Geometrisches Mittel (als Variable wird der Wachstumsfaktor eingesetzt).

10.3.3 Harmonischer Mittelwert

Möchte man den Mittelwert für Verhältniszahlen berechnen, kann die Anwendung des arithmetischen oder des geometrischen Mittelwertes inadäquat sein (zum Thema Verhältniszahl s. Abschn. 10.6). Dann ist vielmehr der harmonische Mittelwert zu verwenden. Wie hoch ist beispielsweise die durchschnittliche Arbeitslosenquote in den Beneluxstaaten, Frankreich und Spanien? Die Arbeitslosenquote misst den Anteil der Arbeitslosen an den Erwerbspersonen und betrug im Dezember 2012 in Luxemburg 5,3 %, in den Niederlanden 5,8 %, in Belgien 7,5 %, in

Frankreich 10,6 % und in Spanien 26,1 % (s. Tab. 10.19). Würde man daraus den arithmetischen Mittelwert berechnen, bekäme man eine durchschnittliche Arbeitslosenquote von 11,1 %:

$$\bar{x} = \frac{1}{5} \sum_{i=1}^{5} x_i = \frac{1}{5} \cdot (5{,}3 + 5{,}8 + 7{,}5 + 10{,}6 + 26{,}1) = 11{,}1.$$

Setzt man aber die Summe der Arbeitslosen in allen fünf Staaten in Relation zur Summe der Erwerbspersonen, erhält man – die richtige Zahl – 15,0 %:

$$\frac{9996}{66.461} = 0{,}1504$$

Der adäquate Begriff zur Berechnung der durchschnittlichen Arbeitslosenquote heißt **harmonischer Mittelwert $\ddot{x}$**:

$$\ddot{x} = \frac{n}{\sum_{i=1}^{k} \frac{H_i}{x_i}} = \frac{1}{\sum_{i=1}^{k} \frac{h_i}{x_i}}.$$

Die x_i beschreiben die länderspezifischen Arbeitslosenquoten, H_i die Zahl der arbeitslosen Personen im jeweiligen Land, $h_i = \frac{H_i}{n}$ und n die Summe aller Arbeitslosen in den betrachteten fünf Staaten.

$$\ddot{x} = \frac{9996}{\frac{368}{7{,}5} + \frac{520}{5{,}8} + \frac{13}{5{,}3} + \frac{3123}{10{,}6} + \frac{5972}{26{,}1}} = 0{,}1504$$

Merksatz

Soll der Durchschnitt von Verhältniszahlen kalkuliert werden, benutzen wir den **harmonischen Mittelwert**.

Somit lautet die korrekte Zahl zur durchschnittlichen Arbeitslosigkeit in den fünf betrachteten Staaten 15,4 %. Verallgemeinert lässt sich festhalten, dass der harmonische Mittelwert immer dann zu verwenden ist, wenn sich die H_i in den verschiedenen i unterscheiden, also der Zähler in der Verhältniszahl. Wird hingegen der Nenner der Verhältniszahl zur Gewichtung verwendet, ist der arithmetische Mittelwert die korrekte Wahl zur Durchschnittsbildung.

Ein zweites Beispiel betrifft die Berechnung der Durchschnittsgeschwindigkeit eines Lieferwagens. Die Informationen seien in Tab. 10.20 gegeben.

$$\ddot{x} = \frac{50}{\frac{22}{30} + \frac{9}{50} + \frac{5}{45} + \frac{14}{60}} = 39{,}8 = \frac{1}{\frac{22/50}{30} + \frac{9/50}{50} + \frac{5/50}{45} + \frac{14/50}{60}}$$

Der Lieferwagen fährt verschiedene Streckenlängen mit unterschiedlicher Geschwindigkeit; der arithmetische Mittelwert würde $\bar{x} = 46{,}3$ km/h liefern, wogegen der korrekte – harmonische – Mittelwert bei 39,8 km/h läge.

In einem dritten Beispiel soll der Durchschnittspreis für eine Flasche Apfelsaft ausgerechnet werden, wenn unterschiedliche

Tab. 10.19   Arbeitslosigkeit

Staat	i	Arbeitslosenquote x_i in %*	Arbeitslosigkeit H_i in 1000 Personen**	Erwerbspersonen in 1000 Personen
Belgien	1	7,5	368	4906,7
Niederlande	2	5,8	520	8965,5
Luxemburg	3	5,3	13	245,3
Frankreich	4	10,6	3123	29.462,3
Spanien	5	26,1	5972	22.881,2
Summe			$9996 = n$	66.461,0

* Datenquelle: Eurostat 2013a; ** Datenquelle: Eurostat 2013b

Tab. 10.20   Fahrzeiten

Strecke i	Geschwindigkeit x_i in km/h	Länge H_i in km
1	30	22
2	50	9
3	45	5
4	60	14
Summe		$50 = n$

Tab. 10.21   Preise für Apfelsaft

Apfelsaftsorte i	Preis x_i in €/Flasche	Menge der Flaschen	Umsatz H_i in €
1	1,20	4	4,80
2	0,99	8	7,92
3	2,11	3	6,33
4	2,50	12	30,00
Summe		27	$49,05 = n$

Sorten Apfelsaft zu unterschiedlichen Preisen in verschiedenen Mengen gekauft werden (s. Tab. 10.21)*.

$$\ddot{x} = \frac{49,05}{\frac{4,80}{1,20} + \frac{7,92}{0,99} + \frac{6,33}{2,11} + \frac{30,00}{2,50}} = 1,82$$

Eine Flasche Apfelsaft kostet folglich im Durchschnitt 1,82 €.

Gut zu wissen

Abschließend zu den hier vorgestellten drei Arten von Mittelwerten sei festgehalten, dass hinsichtlich der Größenordnung dieser Werte folgende **Beziehung** gilt:

$\ddot{x} \leq \dot{x} \leq \bar{x}$,   also

harmonischer Mittelwert $\leq$ geometrischer Mittelwert $\leq$ arithmetischer Mittelwert.   ◄

---

* Wenn die Mengen der Flaschen identisch sind, kann auch der arithmetische Mittelwert verwendet werden. Erweisen sich die Umsätze H_i bei allen Apfelsorten als gleich groß, verkürzt sich die Formel des harmonischen Mittelwertes zu:

$$\ddot{x} = \frac{n}{\sum\limits_{i=1}^{k} \frac{1}{x_i}} \quad \text{mit } n = \text{ Anzahl der Flaschen}$$

10.3.4   Modalwert

Kommen wir zurück auf die Frage der Verkehrsmittelwahl eines Studierenden zur Hochschule (s. Tab. 10.4 in Abschn. 10.2.1). Welches Verkehrsmittel wird am häufigsten verwendet? Die Antwort erhält man mit dem Modalwert, der gelegentlich auch Modus genannt wird. Da die absolute Häufigkeit $H(a_j)$ mit elf Personen beim Pkw am größten ist, lautet der Modalwert Pkw.

Gut zu wissen

Der **Modalwert** nennt den am häufigsten auftretenden Wert einer Variablen.   ◄

Bezogen auf das Beispiel Betriebsgröße liegt der Modalwert bei Betrieben mit 1 bis 5 Beschäftigten (s. höchsten Balken von Abb. 10.2 in Abschn. 10.2.2).

Es ist auch zulässig, einen Modalwert für eine metrische Variable auszuweisen, macht aber dann keinen Sinn, wenn fast alle absoluten Häufigkeiten bei eins liegen – wie das Beispiel Tagesrendite der Daimler AG anschaulich unter Beweis stellt (s. Abb. 10.9 in Abschn. 10.2.5). Lediglich zwei Tagesrenditen tauchen im Jahr 2012 zweimal auf, alle anderen Tagesrenditen kommen nur einmal im Jahr vor.

10.3.5   Median

Studierende ergreifen aus verschiedensten Gründen ein Studium. Ein Grund könnte in dem Glauben liegen, mit einem Studium mehr Geld zu verdienen als ohne ein Studium. Wie hoch ist denn aber das Einkommen nach dem Studium? Eine definitive Antwort existiert nicht; trotzdem oder gerade deswegen soll eine Abschätzung der Verdienstmöglichkeiten vorgenommen werden. Dazu sei verwiesen auf eine Untersuchung der Hans-Böckler-Stiftung, bei der zwischen 2009 und 2012 13.519 AkademikerInnen online befragt wurden (s. Bispinck et al. (2012)). Erfasst wurde u. a. das durchschnittliche Bruttomonatseinkommen (ohne Sonderzahlungen) der Beschäftigten (keine Selbstständige) mit Hochschulabschluss mit bis zu drei Jahren Berufserfahrung auf der Basis einer 40-Stunden-Woche (s. Tab. 10.22).

Kapitel 10

Tab. 10.22 Monatseinkommen nach Hochschulabschluss und Berufserfahrung, in €

	1 Jahr und weniger				2 bis 3 Jahre			
	Mittelwert	Perzentil 25	Median	Perzentil 75	**Mittelwert**	Perzentil 25	Median	Perzentil 75
Promotion	**4222**	3502	4058	5105	**4591**	3790	4516	5208
Master Uni	**3682**	2769	3455	4316	**3953**	3053	3854	4533
Master FH	**3563**	2842	3200	4007	**3647**	3064	3474	4329
Diplom Uni	**3415**	2575	3190	3922	**3714**	2833	3500	4296
Diplom FH	**3283**	2423	3050	3742	**3582**	2732	3381	4253
Bachelor Uni	**2889**	1912	2781	3390	**3240**	2316	3084	3711
Bachelor FH	**3301**	2472	3049	3815	**3534**	2698	3361	3920
1. Staatsexamen	**2533**	2168	2533	2632	**2748**	1750	2266	3369
2. Staatsexamen	**3490**	2641	3391	4120	**3908**	2892	3547	4385
Magister	**2618**	2000	2472	3053	**3064**	2385	2950	3399
Approbation	**3613**	3059	3772	4032	**4630**	3684	4239	4783
Gesamt	**3401**	**2488**	**3158**	**3966**	**3689**	**2797**	**3474**	**4317**

(Quelle: WSI-Lohnspiegel-Datenbank – www.lohnspiegel.de)

Tab. 10.23 Median

(1) Person i	(2) Monatseinkommen x_i unsortiert in €	(3) Person i (alte Nummerierung)	(4) Person j (neue Nummerierung)	(5) Monatseinkommen x_j sortiert in €
1	3000	2	1	2500
2	2500	6	2	2789
3	3300	1	3	3000
4	3124	4	4	3124
5	3255	8	5	3158
6	2789	7	6	3211
7	3211	5	7	3255
8	3158	3	8	3300
9	3456	9	9	3456

Eine Akademikerin bzw. ein Akademiker verdient am Anfang des Berufslebens im Durchschnitt 3401 € pro Monat (Mittelwert), wobei die Spanne von 2533 € beim ersten Staatsexamen bis zu 4222 € beim Promovierten reicht. So weit, so klar. Was will uns aber der Median sagen? Man möchte gerne wissen, was man „im Durchschnitt" verdient. Der – arithmetische – Mittelwert suggeriert, dass jede AkademikerIn 3401 € verdient. Dies kann so sein, muss aber nicht so sein. Diese Zahl entsteht nur dadurch, dass alle Einkommen addiert werden, um sie anschließend zu gleichen Teilen auf die Personen wieder zu verteilen.

Der Median liefert eine Zahl mit größerer Aussagekraft. Die Hälfte aller AkademikerInnen erzielt ein Monatseinkommen von maximal 3158 €, und die andere Hälfte von mindestens 3158 €. Man könnte auch formulieren: Die Chance für einen Berufsanfänger, mehr als 3158 € zu verdienen, beträgt 50 %, und auch die Chance oder das Risiko, weniger als 3158 € zu erwirtschaften, liegt bei 50 %, denn je die Hälfte der zurzeit Beschäftigten hat genau dies „geschafft". Wie kommt jene Zahl zustande?

Der Median wird am Beispiel von neun Personen mit folgenden Monatseinkommen berechnet (s. Tab. 10.23). In den ersten beiden Spalten erscheinen die Personen mit ihren individuellen Einkommen. In einem zweiten Schritt werden die Einkommen aus Spalte (2) der Größe nach aufsteigend sortiert, und man

erhält Spalte (5)[†] Dort sucht man die „mittlere" Zahl, also jene Zahl, sodass gleichviele Zahlen (hier 4) kleiner bzw. größer sind: 3158.

Bezogen auf n Personen erhält man den Median $\tilde{x}$ mithilfe von:

Rechenregel

$$\tilde{x} = \begin{cases} x_{(n+1)/2} & \text{falls } n \text{ ungerade} \\ \dfrac{x_{n/2} + x_{(n+2)/2}}{2} & \text{falls } n \text{ gerade} \end{cases}$$

Da in unserem Beispiel neun Personen teilnehmen, ist $n = 9$ und es folgt (wobei sich der Index beim x auf Spalte (4) bezieht):

$$\tilde{x} = x_{(9+1)/2} = x_5 = 3158.$$

Das Resultat in SPSS (zu erhalten über Analysieren/Deskriptive Statistiken/Explorative Datenanalyse) zeigt Tab. 10.24.

[†] Die Reihenfolge der Personennummern (Spalte (3)) hat sich ebenfalls verändert, sodass die Personen mit dem Index j neu durchnummeriert werden können (Spalte (4)).

Tab. 10.24 Median in SPSS

			Statistik	Standardfehler
Einkommen	Mittelwert		3088,11	96,643
	95 % Konfidenzintervall des Mittelwerts	Untergrenze	2865,25	
		Obergrenze	3310,97	
	5 % getrimmtes Mittel		3100,35	
	Median		**3158,00**	
	Varianz		84.058,861	
	Standardabweichung		289,929	
	Minimum		2500	
	Maximum		3456	
	Spannweite		956	
	Interquartilbereich		383	
	Schiefe		−1,086	0,717
	Kurtosis		1,079	1,400

Würde man den Median lediglich auf der Basis der ersten acht Personen ausrechnen, erhielte man

$$\tilde{x} = \frac{x_{8/2} + x_{(8+2)/2}}{2} = \frac{x_4 + x_5}{2} = \frac{3124 + 3158}{2} = 3141,$$

also den arithmetischen Mittelwert aus den Einkommen von Person 4 bzw. 5.

Im Gegensatz zum arithmetischen Mittelwert erweist sich der Median als relativ unempfindlich gegenüber Ausreißern. Wird beispielsweise der größte Wert im Datensatz durch einen zehnmal so großen Wert ersetzt, bleibt der Median unverändert, wogegen sich der arithmetische Mittelwert deutlich vergrößert.

Zusammenfassung

Jeder der folgenden Lageparameter behandelt einen anderen Aspekt der Frage, wo die „Mitte" der Daten ist:

- arithmetischer Mittelwert $\bar{x}$,
- geometrischer Mittelwert $\dot{x}$,
- harmonischer Mittelwert $\ddot{x}$,
- Modalwert,
- Median $\tilde{x}$.

Hochschulabschluss pro Monat lag zwischen 2009 und 2012 bei 3401 €. Der durchschnittliche Wechselkurs zwischen Euro und Dollar lag im Jahr 2012 bei 1,28 Dollar pro Euro. Das durchschnittliche Bruttojahreseinkommen von Vollzeitbeschäftigten in Deutschland konnte im Jahr 2006 mit 30.137 € berechnet werden. Die Tagesrendite des DAX wies im Jahr 2012 einen durchschnittlichen Wert von 0,096 % auf.

Ein Problem bei der Interpretation all dieser Zahlen liegt darin, dass man den Zahlen selbst nicht ansieht, wie diese zustande gekommen sind. Es könnte z. B. sein, dass die Tagesrendite beim DAX jeden Tag bei diesen 0,096 % lag. Genauso gut wäre aber auch denkbar, dass die Hälfte der Tage einen Wert von 0,0 % aufwies und die andere Hälfte der Tage einen Wert von 0,192 % oder die eine Jahreshälfte −1,4 % ergab und die andere Jahreshälfte +1,592 %. Der arithmetische Mittelwert all dieser Zahlenpaare resultiert in 0,096 % Die Streuung der Tagesrenditen ist am Mittelwert nicht ablesbar. Daher ist man auf der Suche nach – idealerweise wiederum nur – einer einzigen Zahl, die etwas Sinnvolles darüber aussagt, wie stark die einzelnen Tagesrenditen voneinander abweichen. Man sagt, die Tagesrenditen streuen umeinander – sie variieren, sie weichen voneinander ab, sie schwanken –, sodass die nun zu bestimmenden Zahlen bzw. Parameter auch als Streuungsparameter bezeichnet werden.

10.4 Datenverdichtung mithilfe von Streuungsparametern – Sind die Daten sehr ähnlich oder weichen sie stark voneinander ab?

Ein wesentliches Ziel der deskriptiven Statistik besteht in der Zusammenfassung bzw. Verdichtung vieler Daten zu idealerweise einer einzigen aussagekräftigen Zahl. Erste Schritte auf dem Weg zum Ziel wurden in Abschn. 10.3 bereits angesprochen. Das Durchschnittseinkommen von Berufsanfängern mit

10.4.1 Spannweite

In Tab. 10.10 sind für das Jahr 2012 auszugsweise die Tagesrenditen des DAX aufgelistet. Sie geben für jeden einzelnen Tag an, um wie viel Prozent sich der DAX im Vergleich zum Vortag geändert hat. Dem Histogramm in Abb. 10.17 kann entnommen werden, dass im Jahr 2012 keine Tagesrendite unterhalb von −4 % bzw. oberhalb von +5 % lag. Wo lagen nun aber genau das Minimum und das Maximum der Tagesrendite? Wenn man alle Tagesrenditen der Größe nach aufsteigend sortiert, lautet der kleinste Wert −3,42 % (1.6.2012) und der größte Wert 4,33 % (29.6.2012) (s. Tab. 10.25 (als Ergebnis von SPSS – zu erhalten über Analysieren/Deskriptive Statistiken/Deskriptive Statistik) sowie Abb. 10.18 zu den Angaben für jeden einzelnen Tag).

Kapitel 10

Tab. 10.25 Spannweite Tagesrendite DAX

	N	Spannweite	Minimum	Maximum	Mittelwert	Standard-abweichung	Varianz
Tagesrendite_DAX	253	7,75	-3,42	4,33	0,0960	1,17493	1,380
Gültige Werte (listenweise)	253						

Häufigkeit

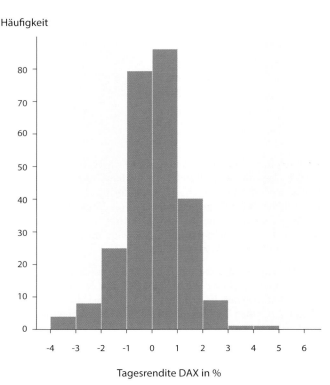

Tagesrendite DAX in %

Abb. 10.17 Histogramm für Tagesrendite DAX (Datenquelle: eigene Berechnungen basierend auf finanzen.net GmbH (2013c). Zum Histogramm s. Abschn. 10.2.5)

Tagesrendite DAX in %

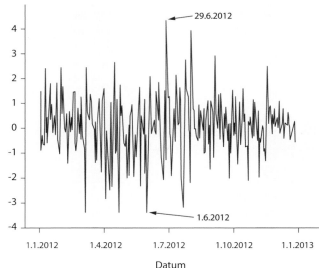

Datum

Abb. 10.18 Liniendiagramm für Tagesrendite DAX (Zum Liniendiagramm s. Abschn. 10.2.4)

Rechenregel

Die **Spannweite** wird aus der Differenz zwischen größtem und kleinstem Wert einer Variablen gebildet.

Mithilfe der Extremwerte wird die Spannweite (auch als Spanne oder auch Variationsbreite bezeichnet) folgendermaßen berechnet:

$$\text{Spannweite sp} = \text{Maximum} - \text{Minimum}$$
$$= 4{,}33 - (-3{,}42) = 7{,}75.$$

Die Tagesrendite schwankt/streut in einem Intervall von 7,75 Prozentpunkten. Anhand der Formel für die Spannweite ist deutlich erkennbar, dass bereits eine einzige Tagesrendite das Ergebnis stark verändern kann. Würde das Maximum beispielsweise bei 10 % liegen, ergäbe sich eine Spannweite von $10 - (-3{,}42) = 13{,}42$. Die Spannweite würde deutlich an Größe gewinnen, obwohl sich lediglich eine – auch noch extreme – Zahl geändert hat. Die Aussagekraft dieser Zahl erweist sich als recht gering, da mit ihr nichts über die Verteilung der Tagesren-

diten innerhalb des Intervalls ausgesagt wird. Sie besagt nicht mehr, aber auch nicht weniger als die Differenz zwischen den beiden Extremwerten.

10.4.2 Mittlere Abweichung

Die Tagesrendite des DAX wies im Jahr 2012 einen durchschnittlichen Wert von 0,096 % auf. Wie stark weichen die einzelnen Tagesrenditen von diesem Wert ab, und zwar durchschnittlich? Für die Antwort kann die mittlere Abweichung d wie folgt berechnet werden:

$$d = \frac{1}{n} \sum_{i=1}^{n} |x_i - \bar{x}| .$$

Der Index i nummeriert die einzelnen Tage durch. Da $\bar{x}$ den Mittelwert der Tagesrenditen darstellt, beschreibt die Differenz $|x_i - \bar{x}|$, inwieweit jede einzelne Tagesrendite x_i in absoluten Zahlen vom Durchschnitt der Tagesrendite abweicht. Daher wird die mittlere Abweichung gelegentlich auch mittlere absolute Abweichung genannt. Nimmt man von all diesen Abweichungen den arithmetischen Mittelwert, erhält man die mittlere Abweichung. Für 2012 bedeutet dies:

$$d = \frac{1}{253} \sum_{i=1}^{253} |x_i - 0{,}096| = 0{,}8751.$$

Kapitel 10

Merksatz

Mittlere Abweichung: Um wie viel weichen die Werte einer Variablen vom Mittelwert dieser Variablen im Durchschnitt ab?

Die Tagesrenditen des DAX weichen im Durchschnitt um 0,875 %-Punkte von der durchschnittlichen Tagesrendite ab.

Würde man lediglich die ersten drei Tage des Jahres 2012 verwenden, erhielte man (s. Tab. 10.10 in Abschn. 10.2.6):

$$d = \frac{1}{3} \sum_{i=1}^{3} |x_i - 0{,}096|$$
$$= \frac{1}{3} \cdot (|1{,}5 - 0{,}096| + |-0{,}89 - 0{,}096| + |-0{,}25 - 0{,}096|)$$
$$= 0{,}91.$$

Die Tagesrenditen des DAX differieren in den ersten drei Tagen im Durchschnitt um 0,91 %-Punkte vom Jahresdurchschnitt der Tagesrenditen.

10.4.3 Quantile

Das durchschnittliche Brutto-Jahreseinkommen von Vollzeitbeschäftigten lag 2006 in Deutschland bei 30.147 € (s. Abschn. 10.3.1). Die Interpretation dieser Zahl lautete: Wenn man alle Einkommen einsammelt und anschließend zu gleichen Teilen auf die Beschäftigten verteilt, erhält jede Person 30.147 €. Beim Median des Einkommens wurde zwar auch „die Mitte" der Einkommen gesucht, aber auf einem anderen Weg. Gesucht wird jenes Einkommen, sodass die – ärmere – Hälfte aller Beschäftigten maximal dieses Einkommen bezieht bzw. die – reichere – Hälfte aller Beschäftigten mindestens dieses Einkommen verdient. Diese Grenze liegt genau bei 28.403 €. Folglich bezieht weniger als die Hälfte der Beschäftigten das durchschnittliche Einkommen von 30.147 € oder sogar mehr.

Man nennt den Median auch die 50 %-Grenze. Was geschieht, wenn man nicht nach der 50 %-Grenze fragt, sondern nach der 25 %- und 75 %-Grenze? Wie hoch ist das Einkommen, sodass 25 % aller Beschäftigten maximal diesen Wert verdienen? Die Verallgemeinerung des Medians heißt Quantil oder auch Perzentil.

Gut zu wissen

Das **50 %-Quantil** entspricht dem bereits bekannten Median. ◄

Es werden alle Beschäftigten hinsichtlich ihres Einkommens der Größe nach sortiert und vier Gruppen bzw. vier Viertel daraus gebildet. Da vier Gruppen gebildet werden, nennt man die

Tab. 10.26 Quantile zum Einkommen 2006 (Bruttojahresverdienst insgesamt)

N	Gültig	60.551
	Fehlend	0
Perzentile	25	15.906,00
	50	28.403,00
	75	40.805,00

Tab. 10.27 Dezile zum Einkommen (Bruttojahresverdienst insgesamt)

N	Gültig	60.551
	Fehlend	0
Perzentile	10	4860,40
	20	12.639,80
	30	18.763,60
	40	23.804,00
	50	28.403,00
	60	32.650,20
	70	37.579,00
	80	44.453,60
	90	55.948,80

Einkommensgrenzen auch Quartile. Dann gilt (s. Tab. 10.26, in SPSS zu erhalten über Analysieren/Deskriptive Statistiken/Häufigkeiten/Statistiken/Perzentilwerte):

25 %-Quantil = 25 %-Perzentil = 15.906 €.

Merksatz

Ein α-**Quantil** ist eine Zahl und teilt die Untersuchungseinheiten bezüglich einer Variablen in zwei Teile. α % aller Untersuchungseinheiten weisen einen Wert kleiner als das α-Quantil auf und $1 - \alpha$ % aller Untersuchungseinheiten besitzen einen Wert größer als das α-Quantil.

Ein Viertel – genauer: das ärmste Viertel – der Beschäftigten verdient maximal 15.906 € pro Jahr. Dies bedeutet im Umkehrschluss, dass – die anderen – 75 % der Beschäftigten mindestens 15.906 € erhalten. Ähnlich verhält es sich bei der 75 %-Grenze. Das – reichste – Viertel aller Beschäftigten erzielt ein Jahreseinkommen von mindestens 40.805 €. Folglich verdienen die anderen – ärmeren – 75 % maximal 40.805 €.

Eine Verallgemeinerung dieses Ansatzes führt zu Dezilen, also zu einer Unterteilung aller Beschäftigten in zehn Gruppen. Das unterste Dezil = 10 %-Quantil = 10 %-Perzentil liegt bei 4860 € (s. Tab. 10.27). Die ärmsten 10 % aller Beschäftigten verdienen maximal 4860 € pro Jahr. Folglich erhalten 90 % der Beschäftigten mindestens 4860 €. Das siebte Dezil = 70 %-Quantil = 70 %-Perzentil bringt zum Ausdruck, dass die – ärmsten – 70 % aller Beschäftigten einen Jahresverdienst von höchstens 37.579 € aufweisen. Daraus kann auch der Schluss gezogen werden, dass die Wahrscheinlichkeit, mehr als 37.579 € zu verdienen, bei 30 % liegt.

Sowohl der Mittelwert als auch der Median verdichten alle Einkommensangaben auf die „Mitte" der Daten und liefern eine

Kapitel 10

Tab. 10.28 Bruttojahreseinkommen 2006

Person i	Geschlecht	Einkommen x_i in €	Person i	Geschlecht	Einkommen x_i in €
1	männlich	40.933	6	weiblich	16.012
2	männlich	33.100	7	weiblich	16.506
3	männlich	3168	8	weiblich	32.375
4	männlich	18.629	9	weiblich	22.475
5	männlich	44.202	10	weiblich	17.608

einzige Zahl. Die „Mitte" der Daten kann aber auch anders verstanden werden. Gesucht wird ein Einkommensintervall, sodass die mittleren 50 % der Beschäftigten darin liegen. Die Antwort dazu erhält man mit dem **Quartilsabstand** (gelegentlich auch als mittlerer Quartilsabstand bezeichnet) (s. Tab. 10.26):

$$\text{Quartilsabstand} = 75\,\%\text{-Perzentil} - 25\,\%\text{-Perzentil}$$
$$= 40.805 - 15.906 = 24.899.$$

Das Einkommen in der Mitte der Gesellschaft schwankt um 24.899 €. Je kleiner diese Zahl wäre, desto ähnlicher wären die Einkommen, desto mehr würde sich die Einkommensverteilung gleichen und umgekehrt.

Die allgemeine Formel zur Ermittlung des α-Quantils lautet folgendermaßen:

Rechenregel

α-Quantil

$$x_\alpha = \begin{cases} x_k & \text{falls } n \cdot \alpha \text{ keine ganze Zahl ist; } k \text{ ist} \\ & \text{die auf } n \cdot \alpha \text{ folgende ganze Zahl} \\ \dfrac{x_{n \cdot \alpha} + x_{n \cdot \alpha + 1}}{2} & \text{falls } n \cdot \alpha \text{ eine ganze Zahl ist} \end{cases}$$

Die x_i sind der Größe nach aufsteigend sortiert, n beschreibt die Zahl der Fälle in der Stichprobe und α ist z. B. 0,5, wenn man den Median berechnen möchte:

$$x_{0,5} = x_k = x_{30.276} = 28.403 \quad \text{mit} \quad n \cdot \alpha = 60.551 \cdot 0,5$$
$$= 30.275,5 \quad \text{und} \quad k = 30.276.$$

Das Einkommen der 30.276sten Person beträgt 28.403 € und bildet den Median.

10.4.4 Varianz

Eine weitere Möglichkeit, die Daten dahingehend zu prüfen, ob sie sehr ähnlich sind oder stark voneinander abweichen, bietet uns die **Varianz s^2**. Dieser einen Zahl sollte einerseits eindeutig zu entnehmen sein, ob z. B. alle Einkommen von Beschäftigten identisch sind. Wenn andererseits die Einkommen ungleich sind, sollte diese Zahl offenbaren, wie stark sich die Einkommen voneinander unterscheiden:

$$s^2 = \frac{1}{n} \sum_{i=1}^{n} (x_i - \bar{x})^2.$$

Der Index i nummeriert die Beschäftigten durch, sodass x_1 das Einkommen von Person 1 darstellt, x_2 das Einkommen von

Person 2 etc. $\bar{x}$ beschreibt das durchschnittliche Einkommen aller Beschäftigten. Damit besagt die runde Klammer, wieweit das Einkommen einer einzelnen Person vom arithmetischen Mittelwert aller Einkommen abweicht. Bezogen auf die zehn Beschäftigten aus Tab. 10.28 wird die Varianz folgendermaßen berechnet. n ist gleich 10, und der arithmetische Mittelwert lautet 24.500,80 €.

———————————— **Aufgabe 10.3** ————————————

$$s^2 = \frac{1}{10} \sum_{i=1}^{10} (x_i - \bar{x})^2$$
$$= \frac{1}{10} \cdot \Big[(40.933 - 24.500,8)^2 + (33.100 - 24.500,8)^2$$
$$+ (3168 - 24.500,8)^2 + (18.629 - 24.500,8)^2$$
$$+ (44.202 - 24.500,8)^2 + (16.012 - 24.500,8)^2$$
$$+ (16.506 - 24.500,8)^2 + (32.375 - 24.500,8)^2$$
$$+ (22.475 - 24.500,8)^2 + (17.608 - 24.500,8)^2 \Big]$$
$$= 163.473.471,7.$$

Die Varianz ist 163 Mio. Quadrateuro groß (Bezogen auf alle 60.551 Beschäftigten liegt die Varianz sogar bei 376,2 Mio. Quadrateuro). In SPSS zu erhalten unter Analysieren/Deskriptive Statistiken/Deskriptive Statistik.../Optionen/Varianz (siehe Tab. 10.29). Die Einheit Quadrateuro ist richtig, aber gewöhnungsbedürftig. Als erste Erkenntnis kann festgehalten werden, dass die Varianz ungleich null ist. Sie kann nur dann null sein, wenn alle x_i genauso groß sind wie das Durchschnittseinkommen; also nur dann, wenn alle Beschäftigten einen identischen Betrag verdienen. Da die Varianz größer null ist, existieren definitiv Einkommensunterschiede zwischen den Beschäftigten. Aber wie stark sind sie ausgeprägt? Die korrekte Antwort lautet: Im Durchschnitt beträgt die quadratische Abweichung vom Mittelwert 163 Mio. Quadrateuro. Diese Zahl erscheint sehr groß; ist sie dies aber wirklich? Je weiter entfernt die Varianz von der Null ist, desto stärker weichen die einzelnen Einkommen voneinander ab. Aber wann ist weit „weit"? Dazu bedarf es eines Referenzpunktes, der unter dem Begriff Variationskoeffizient in Abschn. 10.4.6 vorgestellt wird.

Gut zu wissen

Wenn die **Varianz gleich null** ist, sind alle Werte einer Variablen identisch. ◄

Wie kann die Varianz für klassierte Daten berechnet werden? In Abschn. 10.3.1 wurde das klassierte Einkommen aus

Tab. 10.29 SPSS-Ausgabe Varianz

	N	Minimum	Maximum	Mittelwert	Varianz
Einkommen	10	3168,00	44.202,00	24.500,8000	163.473.471,733
Gültige Werte (listenweise)	10				

Tab. 10.30 Varianz für klassiertes Einkommen

Alter	Geschlecht	Klasse	Alter	Geschlecht	Klasse
52	männlich	15	20	weiblich	2
51	weiblich	5	91	weiblich	11
33	weiblich	7	29	männlich	6
37	männlich	7	45	männlich	7
40	weiblich	1	43	weiblich	6

dem Mikrozensus 2002 vorgestellt, von dem zehn Personen in Tab. 10.30 aufgelistet sind.

Da unbekannt ist, wie viel Euro eine Person innerhalb einer Einkommensklasse konkret verdient, liegt der Ausweg in der Verwendung der zahlenmäßigen Mitte des Einkommensintervalls (die Abgrenzung der Einkommensklassen kann Tab. 10.14 in Abschn. 10.3.1 entnommen werden), sodass sich die Varianz folgendermaßen ergibt:

$$s^2 = \frac{1}{n} \sum_{i=1}^{p} (\bar{x}_i - \bar{x})^2 \cdot H_i$$

$\bar{x}_1$ ist der arithmetische Mittelwert des Einkommens aus Klasse 1; wenn dieser Wert unbekannt ist, verwendet man die Mitte der Klasse 1, also:

$$\frac{0 + 150}{2} = 75.$$

Daraus resultiert die Varianz unter Verwendung des arithmetischen Mittelwerts aus klassierten Daten (1340,85 € aus Abschn. 10.3.1) mit:

$$s^2 = \frac{1}{10} \sum_{i=1}^{24} (\bar{x}_i - \bar{x})^2 \cdot H_i$$

$$= \frac{1}{10} \cdot \Big[(75 - 1340{,}85)^2 \cdot 1 + (225 - 1340{,}85)^2 \cdot 1$$
$$+ (400 - 1340{,}85)^2 \cdot 0 + (600 - 1340{,}85)^2 \cdot 0$$
$$+ (800 - 1340{,}85)^2 \cdot 1 + (1000 - 1340{,}85)^2 \cdot 2$$
$$+ (1200 - 1340{,}85)^2 \cdot 3 + (1400 - 1340{,}85)^2 \cdot 0$$
$$+ (1600 - 1340{,}85)^2 \cdot 0 + (1850 - 1340{,}85)^2 \cdot 0$$
$$+ (2150 - 1340{,}85)^2 \cdot 1 + (2450 - 1340{,}85)^2 \cdot 0$$
$$+ (2750 - 1340{,}85)^2 \cdot 0 + (3050 - 1340{,}85)^2 \cdot 0$$
$$+ (3400 - 1340{,}85)^2 \cdot 1 + (3800 - 1340{,}85)^2 \cdot 0$$
$$+ (4250 - 1340{,}85)^2 \cdot 0 + (4750 - 1340{,}85)^2 \cdot 0$$
$$+ (5250 - 1340{,}85)^2 \cdot 0 + (5750 - 1340{,}85)^2 \cdot 0$$
$$+ (6750 - 1340{,}85)^2 \cdot 0 + (8750 - 1340{,}85)^2 \cdot 0$$
$$+ (14.000 - 1340{,}85)^2 \cdot 0 + (27.000 - 1340{,}85)^2 \cdot 0 \Big]$$
$$= 826.066{,}1.$$

Die Varianz der klassierten Einkommen beträgt 826.066,1 Quadrateuro.

10.4.5 Standardabweichung

Im Abschnitt zuvor haben wir uns Gedanken über die Varianz gemacht und sind auf die Einheit Quadrateuro gestoßen. Da man mit Euro zum Quadrat nichts anfangen kann, liegt es nahe, die Wurzel zu ziehen. So erhält man wieder Euro. Genau diesen Weg beschreitet die Standardabweichung s; sie ist nichts anderes als die Wurzel aus der Varianz:

$$s = \sqrt{s^2} = \sqrt{\frac{1}{n} \sum_{i=1}^{n} (x_i - \bar{x})^2}.$$

Bezogen auf die zehn Personen aus Tab. 10.28 ergibt sich eine Standardabweichung von

$$s = \sqrt{163.473.471{,}7} = 12.785{,}70 \,€.$$

Auch diese Zahl soll etwas über die Größe der Einkommens-Streuung/-Schwankung aussagen. Da die Standardabweichung größer null ist, weichen die Einkommen voneinander ab. Denn nur bei einer Standardabweichung von null sind alle Einkommen identisch. Ob 12.785,7 allerdings groß oder klein ist, kann im absoluten Sinne nicht geklärt werden. Es kann lediglich eine relative Entscheidung getroffen werden. Ein derartiges Maß soll unter dem Begriff Variationskoeffizient vorgestellt werden.

Merksatz

s ist das Symbol für die **Standardabweichung** und s^2 für die **Varianz**.

10.4.6 Variationskoeffizient

Wie stark die Einkommen von Beschäftigten variieren, kann mithilfe der Varianz bzw. Standardabweichung ausgerechnet werden. Die Interpretation der resultierenden Zahl unterliegt jedoch größeren Schwierigkeiten. Im vorhergehenden Abschnitt haben wir eine Standardabweichung von 12.785,70 € für die Monatseinkommen erhalten. Die Wurzel aus der durchschnittlichen quadratischen Abweichung des Einkommens vom Mittelwert des Einkommens beträgt 12.785,70 €. Dieser Satz ist korrekt, aber von niemandem zu verstehen. Um zu entscheiden, ob die Standardabweichung groß oder klein ausfällt, kann die Standardabweichung in Relation zum Mittelwert des Einkommens gesetzt werden:

$$V = \frac{s}{\bar{x}}.$$

Kapitel 10

Tab. 10.31 Einkommen nach Geschlecht

Geschlecht	Mittelwert in €	N	Standardabweichung
1 Mann	28.006,40	5	17.031,00814
2 Frau	20.995,20	5	6858,35219
Insgesamt	24.500,80	10	12.785,67447

Tab. 10.32 Variationskoeffizient (Bruttojahresverdienst insgesamt)

Geschlecht	Mittelwert in €	N	Standardabweichung
1 männlich	35.002,08	33.750	20.613,959
2 weiblich	24.032,72	26.801	15.740,723
Insgesamt	30.146,83	60.551	19.395,861

Merksatz

Variationskoeffizient: Wenn $V < 1$, ist die Standardabweichung kleiner als der Mittelwert, also relativ – in Bezug auf den Mittelwert – klein. Gilt hingegen $V > 1$, ist die Standardabweichung größer als der Mittelwert, somit relativ groß.

Für die Beschäftigten aus Tab. 10.28 gilt:

$$V = \frac{12.785,7}{24.500,8} = 0,52 < 1.$$

In diesem Beispiel streut das Einkommen relativ wenig, da $V < 1$.

Der Variationskoeffizient kann auch herangezogen werden, wenn man zwei Gruppen hinsichtlich ihrer Einkommensstreuung miteinander vergleichen möchte. Unterliegen z. B. Frauen größeren oder kleineren Einkommensschwankungen als Männer? Die Standardabweichung erweist sich mit $s = 6858,40 €$ bei den Frauen als kleiner im Vergleich zur Standardabweichung der Männer mit $s = 17.031,00 €$ (s. Tab. 10.31). Dieser direkte Vergleich ist allerdings unzulässig, da es sein kann, dass sich auch die beteiligten Mittelwerte unterscheiden. Hier treten Ähnlichkeiten zur Prozentrechnung auf. Wenn das Einkommen um z. B. 5 € steigt, ist dies viel, wenn das Einkommen vorher 10 € betragen hat, aber wenig, wenn das vorherige Einkommen bei 200 € lag.

Die Variationskoeffizienten der beiden Geschlechter lauten:

$$\text{Frauen:} \quad V = \frac{6858,4}{20.995,2} = 0,33$$

$$\text{Männer:} \quad V = \frac{17.031,0}{28.006,4} = 0,61.$$

Da der Variationskoeffizient bei den Männern einen größeren Wert aufweist, fällt die Einkommensstreuung bei den Männern größer aus – fast doppelt so groß – als bei den Frauen.

Bezogen auf alle 60.551 Personen erhält man (s. Tab. 10.32):

$$\text{Frauen:} \quad V = \frac{15.740,7}{24.032,7} = 0,65$$

$$\text{Männer:} \quad V = \frac{20.614,0}{35.002,1} = 0,59.$$

Obwohl die absolute Standardabweichung der Frauen (15.740 €) kleiner ist als die der Männer (20.614 €), kehrt sich das Verhältnis bei den Variationskoeffizienten um, sodass im relativen Sinne die Einkommen bei den Frauen stärker variieren als bei den Männern.

10.4.7 Schiefe und Wölbung

Der Wechselkurs Euro–Dollar unterliegt im Laufe der Zeit gewissen Schwankungen. Um zu veranschaulichen, welche Wechselkurse in welcher Häufigkeit auftreten, kann ein Histogramm zurate gezogen werden (s. Abschn. 10.2.5 bzw. Abb. 10.19). Wenn alle Balken gleich groß wären, würden alle Wechselkursgrößenordnungen mit gleicher Häufigkeit auftreten. Dies ist offensichtlich nicht der Fall. Wie aber sind die Balken dann verteilt? Sind die linken Balken höher als die rechten – will sagen: Treten niedrigere Wechselkurse häufiger auf als höhere Wechselkurse? Sind die Balken symmetrisch um einen mittleren Wechselkurs verteilt? Anhand der Grafik kann man im Zweifel lange diskutieren, was gilt. Eine Alternative könnte darin bestehen, diese Entscheidung zu objektivieren, folglich einer Formel bzw. Zahl die Antwort zu überlassen. Genau dafür ist die **Schiefe** sk geeignet:

$$sk = \frac{n}{(n-1) \cdot (n-2)} \sum_{i=1}^{n} \left(\frac{x_i - \bar{x}}{s} \right)^3.$$

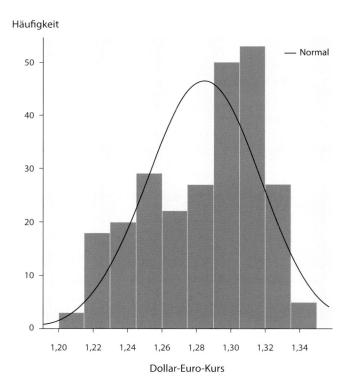

Abb. 10.19 Histogramm Wechselkurse

Tab. 10.33 Schiefe und Wölbung in SPSS (Dollar_Euro_Kurs)

N	Gültig	254
	Fehlend	0
Schiefe		−0,433
Standardfehler der Schiefe		0,153
Kurtosis		−0,831
Standardfehler der Kurtosis		0,304

Da für das Jahr 2012 für 254 Tage Wechselkurse vorliegen, ist $n = 254$. Die x_i sind die Wechselkurse der einzelnen Tage i. $\bar{x}$ ergab sich zu 1,2845 (s. Abschn. 10.3.1) und $s = 0,0327$. Eingesetzt in sk erhält man:

$$sk = \frac{254}{(254-1) \cdot (254-2)} \sum_{i=1}^{254} \left(\frac{x_i - 1,2845}{0,0327} \right)^3$$

$$= \frac{254}{(254-1) \cdot (254-2)} \cdot \left[\left(\frac{1,2935 - 1,2845}{0,0327} \right)^3 \right.$$

$$+ \left(\frac{1,3014 - 1,2845}{0,0327} \right)^3 + \ldots + \left(\frac{1,3266 - 1,2845}{0,0327} \right)^3$$

$$\left. + \left(\frac{1,3183 - 1,2845}{0,0327} \right)^3 \right] = -0,433.$$

Gut zu wissen

Wenn kleine Werte einer Variablen häufiger auftauchen als größere Werte, spricht man von einer **linkssteilen Verteilung** im umgekehrten Fall von einer **rechtssteilen Verteilung**. ◀

Merksatz

Für die Interpretation der **Schiefe** kann folgende Regel herangezogen werden (s. auch Abb. 10.20):

$sk = 0 \rightarrow$ Verteilung ist symmetrisch.

$sk > 0 \rightarrow$ Verteilung ist linkssteil (rechtsschief), d. h., die linken Balken sind höher als die rechten Balken.

$sk < 0 \rightarrow$ Verteilung ist rechtssteil (linksschief), d. h. die linken Balken sind flacher als die rechten Balken.

Wir erhalten einen sk von −0,433, folglich liegt keine symmetrische Verteilung vor. Sie ist vielmehr rechtssteil, d. h., niedrigere Wechselkurse treten seltener auf als höhere Wechselkurse.

Die entsprechende Ausgabe für die Schiefe in SPSS steht in Tab. 10.33 und ist zu erhalten über Analysieren/Deskriptive Statistiken/Häufigkeiten.../Statistiken/Verteilung.

Bei einer symmetrischen Verteilung können die Balken in der Mitte besonders hoch sein oder auch weniger hoch. Blickt man auf einen hohen Berg oder auf einen flachen? Weist der

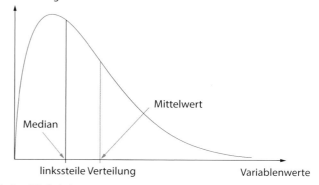

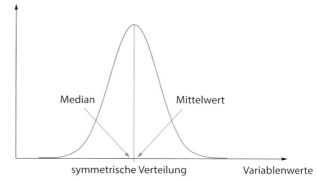

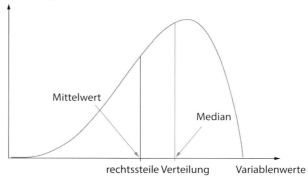

Abb. 10.20 Schiefe (s. McClave et al. (2014))

Berg einen breiten oder schmalen Gipfel auf? Ein breiter Berg bedeutet, dass die Daten stark streuen/variieren. Bei einem schmalgipfligen Berg „drängeln" sich die Daten in einem eher kleinen Intervall. Da die Unterschiede in der Form der Berge optisch schwierig zu ermitteln sind, soll mit einer Formel bzw. einer Zahl eine Entscheidung getroffen werden: Wölbung wg:

$$wg = \frac{n \cdot \sum_{i=1}^{n} (x_i - \bar{x})^4}{\left[\sum_{i=1}^{n} (x_i - \bar{x})^2 \right]^2} - 3.$$

Kapitel 10

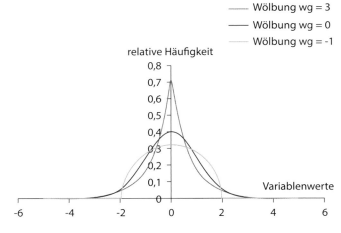

Abb. 10.21 Wölbung in MS-Excel

Die Anzahl der Wechselkurse liegt bei $n = 254$. Die x_i sind die Wechselkurse der einzelnen Tage i. $\bar{x}$ ergab sich zu 1,2845. Diese Werte eingesetzt liefert:

$$wg = \frac{254 \cdot \sum\limits_{i=1}^{254} (x_i - 1,2845)^4}{\left[\sum\limits_{i=1}^{254} (x_i - 1,2845)^2\right]^2} - 3 = -0,831.$$

Merksatz

Für die Interpretation der **Wölbung** (auch Kurtosis oder Exzess genannt) kann folgende Regel herangezogen werden (s. Abb. 10.21):

$wg = 0 \rightarrow$ Verteilung weist normalen Berg auf (auch mesokurtisch genannt).

$wg > 0 \rightarrow$ Verteilung ist hochgipfliger als beim normalen Berg (auch leptokurtisch genannt).

$wg < 0 \rightarrow$ Verteilung ist flachgipfliger als beim normalen Berg (auch platykurtisch genannt).

Mit $wg = -0,831$ ist die Verteilung der Wechselkurse flachgipfliger als beim normalen Berg (s. Abb. 10.19). Der normale Berg (Normalverteilung) wird in Abschn. 10.6 näher vorgestellt. Das heißt, Wechselkurse in der Nähe des Mittelwertes sind weniger häufig anzutreffen als in einem normalen Berg, wogegen Wechselkurse weiter entfernt vom Mittelwert öfter erscheinen als im normalen Berg.

Die Schiefe der Verteilung kann auch auf einem alternativen Weg ermittelt werden.

Dabei kommt es auf die Größenordnung von Mittelwert und Median an. Wenn der Median kleiner ist als der Mittelwert, liegt eine linkssteile Verteilung vor. Sind beide Werte identisch, haben wir es mit einer symmetrischen Verteilung zu tun. Wenn der Median größer ist als der Mittelwert, spricht man von einer rechtssteilen Verteilung.

10.4.8 Boxplot

In den Abschn. 10.3 und 10.4 wurden einzelne Parameter zur Datenzusammenfassung vorgestellt. Jeder einzelne Parameter sagt etwas Unterschiedliches über die Größenordnung der Werte aus und wie häufig sie auftreten. Wir möchten nun all diese Parameter am Beispiel der Euro–Dollar-Wechselkurse aus dem Jahr 2012 zusammenfassend darstellen. Dies kann einerseits zahlenmäßig in einer Tabelle geschehen (s. Tab. 10.34) und andererseits grafisch mithilfe eines Boxplots (s. Abb. 10.22).

Merksatz

Ein **Boxplot** fasst wesentliche Lage-und Streuungsparameter einer Variablen in einer Grafik zusammen.

Dem Boxplot können sechs Parameter entnommen werden. Der unterste bzw. oberste waagerechte Strich verweist auf den niedrigsten bzw. höchsten Wechselkurs des Jahres 2012. In diesem Zeitraum lag der Wechselkurs nie unter 1,20 Dollar bzw. nie oberhalb von 1,35 Dollar pro Euro. Der Kasten in der Mitte – auch Box genannt (daher der Name Boxplot) – zeigt die mittleren 50 % der Wechselkurse an (Quartilsabstand), also den Bereich zwischen dem 25 %- und 75 %-Perzentil. In der Hälfte des Jahres 2012 lag der Wechselkurs zwischen 1,26 und 1,31 Dollar pro Euro. Die mittlere dicke schwarze Linie schließlich offenbart den Median, sodass in je einer Hälfte des Jahres der Wechselkurs 1,29 Dollar nicht überschritten bzw. nicht unterschritten hat.

Tab. 10.34 Zusammenfassung der Lage- und Streuungsparameter

Arithmetischer Mittelwert	1,2845	10 %-Perzentil	1,2329
Modalwert	1,293*	20 %-Perzentil	1,2534
Median	1,2917	25 %-Perzentil	1,2573
Spannweite	0,1365	30 %-Perzentil	1,26695
Mittlere Abweichung	0,0278	40 %-Perzentil	1,279
Varianz	0,0011	50 %-Perzentil	1,2917
Standardabweichung	0,0327	60 %-Perzentil	1,2993
Variationskoeffizient	0,025	70 %-Perzentil	1,30745
Schiefe	−0,433	75 %-Perzentil	1,3117
Wölbung	−0,831	80 %-Perzentil	1,3145
n	254	90 %-Perzentil	1,32235
		Quartilsabstand	0,0544

* Es treten vier Wechselkurse je dreimal auf, so auch 1,293.

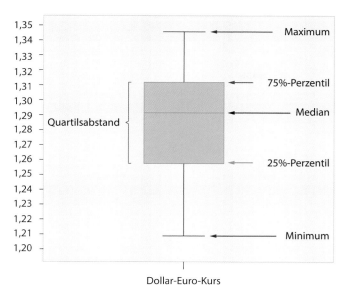

Abb. 10.22 Boxplot (in SPSS zu erhalten über Analysieren/Deskriptive Statistiken/Explorative Datenanalyse/)

Tab. 10.35 Pkw-Neuzulassungen 2011 in Deutschland

Hersteller	Neuzulassungen	Hersteller	Neuzulassungen
Audi	250.708	Smart	29.470
BMW	297.439	Volkswagen	686.772
Ford	220.484	PSA	149.454
Mercedes	285.651	Skoda	142.611
Opel	254.605	Renault	119.158
Porsche	18.690		
		Summe	2.455.042

Datenquelle: Verband der Automobilindustrie (2013)

Zusammenfassung

Jeder der folgenden Streuungsparameter behandelt einen anderen Aspekt der Frage, ob die Daten sehr ähnlich sind oder stark voneinander abweichen:

- Spannweite sp,
- mittlere Abweichung d,
- α-Quantil,
- Varianz s^2,
- Standardabweichung s,
- Variationskoeffizient V,
- Schiefe sk,
- Wölbung wg.

10.5 Konzentrationsmaße – Bekommen alle gleich viel vom Kuchen? Wer hat die (Markt-) Macht?

In der Wirtschaftspolitik wird immer wieder diskutiert, ob einzelne Unternehmen zu viel Marktmacht besitzen. Beim interregionalen Personenverkehr z. B. existieren in Form der Deutschen Bahn ein ganz großer Anbieter und nur wenige kleine Anbieter. Kann es sein, dass die Deutsche Bahn mangels ausreichender Konkurrenz zu wenig Leistung und diese auch noch zu teuer anbietet? Auf dem deutschen Strommarkt teilen sich vier große Anbieter ca. 80 % der Stromnachfrage. Würde mehr Wettbewerb zu verbesserter Leistung auf dem Strommarkt führen? In Deutschland bieten nur wenige Mineralölkonzerne Benzin für Autos an. Wäre es möglich, dass der Preis für Benzin sinkt, wenn mehr Wettbewerber Benzin anbieten würden?

Ehe derartige wirtschaftspolitische Implikationen gezogen werden, muss jedoch erst einmal eine Bestandsaufnahme durchgeführt werden. Wie kann festgestellt werden, ob sich Marktmacht in – zu – wenigen Händen konzentriert? Dies soll am Beispiel der Kfz-Industrie erfolgen. Wie gleichmäßig oder auch ungleichmäßig ist die Marktmacht auf die Hersteller verteilt? Idealerweise erhält man als Antwort eine einzige Zahl, deren Größenordnung Aufschluss über die Konzentration der Macht bietet. Dabei werden zwei Kennzahlen unterschieden. Das relative Konzentrationsmaß (Gini-Koeffizient) ermittelt, wie viel Prozent der Hersteller für wie viel Prozent der Neuzulassungen verantwortlich sind. Das absolute Konzentrationsmaß (Herfindahl-Index) berechnet, wie viele Hersteller wie viel Prozent der Neuzulassungen auf sich vereinigen.

10.5.1 Lorenzkurve

Gesucht wird eine Grafik, die einen ersten optischen Eindruck von der Konzentration der Marktmacht vermittelt. Diese Grafik wird Lorenzkurve genannt. Dazu sehen wir uns zuerst die Zahlen der Pkw-Neuzulassungen im Jahr 2011 in Deutschland an (s. Tab. 10.35). Die elf aufgelisteten Produzenten stellen offensichtlich nicht jeweils gleich viele Pkw her. Porsche produziert mit 18.690 Stück die wenigsten Autos und VW mit 686.772 Stück die meisten Pkws. Dies ist ein Unterschied von mehr als Faktor 35. Von einer Gleichverteilung der Produktionszahlen kann somit keine Rede sein.

———————— Aufgabe 10.4 ————————

Zur besseren Veranschaulichung werden die Hersteller entsprechend ihrer Neuzulassungen der Größe nach sortiert (s. Tab. 10.36). Anschließend wird in Spalte (3) bzw. (4) sowohl die Zahl der Hersteller als auch die Zahl der Neuzulassungen addiert. Da insgesamt elf Produzenten betrachtet werden, beträgt der Anteil jedes einzelnen Unternehmens an der Gesamtzahl der Unternehmen $1/11 = 9{,}1\,\%$ (Spalte (5)). Werden diese Anteile Zeile für Zeile addiert, erhält man die kumulierten Anteile der

Tab. 10.36 Pkw-Neuzulassungen 2011 in Deutschland (sortiert)

(1) Hersteller	(2) Neuzu- lassungen x_i	(3) Kumulierte Zahl der Hersteller i	(4) Kumulierte Zahl der Neuzu- lassungen	(5) Hersteller Anteil in % f_i	(6) Neuzulassungen Anteil in % h_i	(7) Hersteller Anteil kumuliert in % F_i	(8) Neuzulassungen Anteil kumuliert (in %) H_i
Porsche	18.690	1	18.690	9,1	0,8	9,1	0,8
Smart	29.470	2	48.160	9,1	1,2	18,2	2,0
Renault	119.158	3	167.318	9,1	4,9	27,3	6,8
Skoda	142.611	4	309.929	9,1	5,8	36,4	12,6
PSA	149.454	5	459.383	9,1	6,1	45,5	18,7
Ford	220.484	6	679.867	9,1	9,0	54,5	27,7
Audi	250.708	7	930.575	9,1	10,2	63,6	37,9
Opel	254.605	8	1.185.180	9,1	10,4	72,7	48,3
Mercedes	285.651	9	1.470.831	9,1	11,6	81,8	59,9
BMW	297.439	10	1.768.270	9,1	12,1	90,9	72,0
VW	686.772	11	2.455.042	9,1	28,0	100,0	100,0
Summe	2.455.042			100	100		

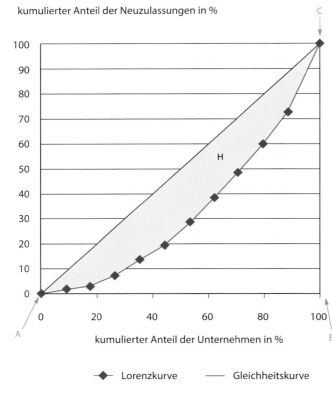

Abb. 10.23 Lorenzkurve

Entsprechend kann auch bezüglich der Neuzulassungen verfahren werden. Da insgesamt 2.455.042 Pkw produziert wurden, kann für jeden Hersteller ausgerechnet werden, wie viel Prozent davon auf ihn entfallen (Spalte (6)). Volkswagen z. B. stellt 28 % aller Pkws her, wogegen Porsche lediglich 0,8 % aller Autos produziert. Werden diese Anteile schließlich Zeile für Zeile – also Unternehmen für Unternehmen – addiert, bekommt man den kumulierten Anteil der Neuzulassungen (Spalte (8)). Spalten (7) und (8) in ein Streudiagramm gezeichnet, ergibt die Lorenzkurve (gelegentlich auch Disparitätskurve genannt) (s. Abb. 10.23).

27,3 % der kleinsten Hersteller vereinen lediglich 6,8 % der Neuzulassungen auf sich. Bei einer gleichmäßigen Verteilung müssten statt 6,8 % hingegen 27,3 % herauskommen. 72,7 % der kleinsten Hersteller sind für 48,3 % der Neuzulassungen verantwortlich. Die rote Diagonale (von A nach C) stellt die Gleichheitskurve dar, da auf ihr die Anteile der waagerechten Achse mit den Anteilen der senkrechten Achse identisch sind. Würde die blaue Lorenzkurve auf der roten Gleichheitskurve liegen, läge keine Marktmacht vor (in Abb. 10.24 fast der Fall).

Merksatz

Je weiter weg – nach rechts – sich die **Lorenzkurve** von der Gleichheitskurve (45°-Linie) befindet, desto ungleicher ist die Macht auf dem Pkw-Markt verteilt, desto höher fällt also die (Macht)Konzentration aus (s. Abb. 10.25).

Hersteller in Spalte (7).

$$F_i = \sum_{j=1}^{i} f_j \quad \text{mit} \quad f_j = \frac{1}{n} \quad \text{und} \quad j = 1, \ldots, n$$

$$H_i = \sum_{j=1}^{i} \frac{x_j}{A} = \sum_{j=1}^{i} h_j \quad \text{mit} \quad A = \sum_{j=1}^{n} x_j$$

10.5.2 Gini-Koeffizient

Mit der Lorenzkurve kann optisch die Machtverteilung auf dem Automarkt grob eingeschätzt werden. Je nachdem, wie weit entfernt sich die Lorenzkurve von der Gleichheitskurve befindet, fällt die Marktmacht unterschiedlich aus. Daher soll diese Entfernung in einer einzigen Zahl ausgedrückt werden: im Gini-Koeffizienten. Er bestimmt den Inhalt der Fläche H, also der Fläche zwischen Lorenzkurve und Gleichheitskurve im Verhältnis zum Dreieck ABC in Abb. 10.23:

$$\text{Gini-Koeffizient} = \frac{\text{Fläche H}}{\text{Fläche ABC}} = 1 - \frac{\sum_{i=1}^{n} f_i \cdot (H_{i-1} + H_i)}{10.000}$$

Da wir elf Produzenten betrachten, ist $n = 11$, sodass man erhält:[‡]

$$\begin{aligned}
\text{Gini-Koeffizient} = 1 - [&9{,}1 \cdot (0 + 0{,}8) + 9{,}1 \cdot (0{,}8 + 2{,}0) \\
&+ 9{,}1 \cdot (2{,}0 + 6{,}8) + 9{,}1 \cdot (6{,}8 + 12{,}6) \\
&+ 9{,}1 \cdot (12{,}6 + 18{,}7) + 9{,}1 \cdot (18{,}7 + 27{,}7) \\
&+ 9{,}1 \cdot (27{,}7 + 37{,}9) + 9{,}1 \cdot (37{,}9 + 48{,}3) \\
&+ 9{,}1 \cdot (48{,}3 + 59{,}9) + 9{,}1 \cdot (59{,}9 + 72{,}0) \\
&+ 9{,}1 \cdot (72{,}0 + 100)] / 10.000 \\
= 0{,}387.
\end{aligned}$$

Es gilt $0 \leq \text{Gini-Koeffizient} \leq 1 - \frac{1}{n} < 1$.

Je dichter der Gini-Koeffizient an der Null liegt, desto geringer ist die Konzentration, und je mehr sich der Gini-Koeffizient der Eins nähert, desto größer fällt die Konzentration aus. Die Zahl Eins selbst kann nie erreicht werden. Mit 0,387 liegt eine eher geringe Konzentration vor. Die Zahl ist allerdings nur deshalb so gering, weil wir uns der leichteren Nachrechenbarkeit wegen auf elf Produzenten beschränkt haben. Würde man alle Unternehmen aus der VDA-Tabelle verwenden (wobei dort leider auch nicht alle Produzenten erscheinen), käme man auf Gini = 0,74. Das Statistische Bundesamt (2012b) weist für 2010 für Deutschland sogar einen Gini-Koeffizienten von 0,94 aus, sodass die Automobilwirtschaft tatsächlich stark konzentriert ist. Die Branche mit der geringsten Konzentration in Deutschland ist „Herstellung von Teppichen" bzw. „Herstellung von Teigwaren" mit einem Gini-Koeffizienten von 0,44 bzw. 0,46. Der Maschinenbau weist einen Gini-Koeffizienten von 0,77 aus und bei der chemischen Industrie und der Mineralölverarbeitung liegt er bei ca. 0,8. Ein sinnvoller Vergleich setzt allerdings voraus, dass sich die beteiligten Lorenzkurven nicht schneiden.

Gut zu wissen

Der **Gini-Koeffizient** ist die Zusammenfassung der Lorenzkurve in einer einzigen Zahl. Je dichter der Gini-Koeffizient an der Null liegt, desto geringer ist die Konzentration, und je mehr sich der Gini-Koeffizient der Eins nähert, desto größer fällt die Konzentration aus. ◀

Ein Nachteil des Gini-Koeffizienten besteht darin, dass auf einem Markt mit z. B. nur zwei – gleichgroßen – Anbietern der Koeffizient (= 0) eine totale Abwesenheit von Konzentration quittieren würde. Inhaltlich bedeuten zwei Anbieter hingegen eine sehr wohl vorhandene starke Konzentration.

[‡] H_0 ist generell gleich null. Die Division durch 10.000 ist nur notwendig, weil alle Prozentangaben z. B. in 4 % angegeben sind und nicht mit 0,04.

Gut zu wissen

Wie sehen **Extrema einer Konzentration** aus?

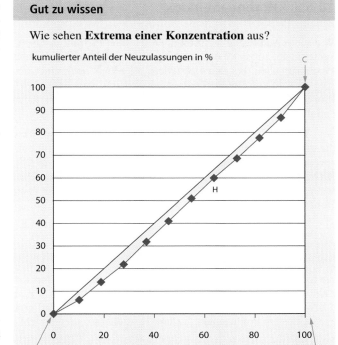

Abb. 10.24 Fast keine Marktmacht, Gini = 0,09

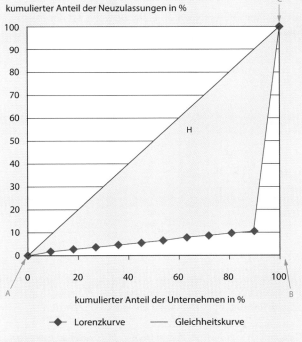

Abb. 10.25 Starke Marktmacht, Gini = 0,81 ◀

Kapitel 10

10.5.3 Herfindahl-Index

Wie viele Autohersteller vereinigen wie viel Prozent der Neuzulassungen auf sich? Bei den Neuzulassungen fragen wir nach Prozentangaben, bei den Herstellern allerdings nach einer absoluten Zahl von Unternehmen. Man will z. B. wissen, wie viel Prozent der Neuzulassungen auf die drei größten Autohersteller entfallen.

Aus Tab. 10.36 (Spalten (2) und (6)) ist zu entnehmen, dass die drei größten Hersteller Mercedes, BMW und VW mit entsprechenden Marktanteilen h_i von 11,6 %, 12,1 % sowie 28,0 % aufwarten, also in der Summe über 51,7 % verfügen. Dieses Konzentrationsmaß heißt Konzentrationsrate CR (oder auch Konzentrationskoeffizient):

$$CR = \sum_{i=n-m+1}^{n} h_i \quad \text{mit} \quad 0 < CR \le 100$$

Je dichter CR an der Null liegt, desto weniger konzentriert sich die Marktmacht auf die größten m Unternehmen. n beziffert die Zahl aller Unternehmen. Wenn $CR = 1$, beherrschen die m größten Unternehmen den Markt komplett. In diesem Fall gibt es nur diese m Produzenten; weitere Hersteller existieren nicht.

Bezogen auf unser Beispiel ergibt sich für die $m = 3$ größten Unternehmen:

$$CR = \sum_{i=11-3+1}^{11} h_i = h_9 + h_{10} + h_{11}$$
$$= 11,6 + 12,1 + 28,0 = 51,7.$$

Ein Nachteil der Konzentrationsrate besteht darin, dass die Wahl von m willkürlich ist und die Verteilung der Produktionszahlen der anderen $n - m$ Hersteller außer Acht gelassen wird.

Ein Maß, das diesen Nachteil nicht aufweist, ist der Herfindahl-Index[§]:

$$HI = \frac{\sum_{i=1}^{n} x_i^2}{\left(\sum_{i=1}^{n} x_i \right)^2} \quad \text{mit} \quad \frac{1}{n} \le HI \le 1.$$

Bezogen auf unser Beispiel ergibt sich mit den Zahlen aus Tab. 10.36 (Spalte (2)):

$$HI = \frac{\sum_{i=1}^{11} x_i^2}{\left(\sum_{i=1}^{11} x_i \right)^2}$$
$$= \frac{18.690^2 + 29.470^2 + \ldots + 297.439^2 + 686.772^2}{2.455.042^2}$$
$$= 0,145.$$

Je kleiner der Index ist, desto geringer fällt die Konzentration aus. In den USA gelten Märkte mit $0,15 < HI < 0,25$ als relativ konzentriert und mit $HI > 0,25$ als stark konzentriert.

[§] Gelegentlich wird auch der Begriff Herfindahl-Hirschman-Index HHI verwendet mit $HHI = 10.000 \cdot H$ (s. The USDOJ (2013)). Das Statistische Bundesamt (2012b) rechnet mit $HHI = 1000 \cdot H$.

Man kann den Herfindahl-Index auch auf der Basis des Variationskoeffizienten V aus Abschn. 10.4.6 berechnen:

$$HI = \frac{V^2 + 1}{n}.$$

Zusammenfassung

Die Konzentration von Unternehmen in einer Branche oder bei der Vermögens- bzw. Einkommensverteilung einer Gesellschaft kann grafisch mit der Lorenzkurve und rechnerisch mit einer einzigen Zahl durch den Gini-Koeffizienten bzw. den Herfindahl-Index ermittelt werden.

10.6 Indexierung – Wie kann die zeitliche Entwicklung mehrerer Variablen vergleichbar gemacht werden?

Gelegentlich möchte man z. B. die zeitliche Entwicklung von Aktienkursen unterschiedlicher Unternehmen miteinander vergleichen So lag etwa der Frankfurter Aktienkurs der von Warren Buffet geführten Berkshire Hathaway Inc. am 21.3.2013 bei 118.100 € und der Commerzbank-Kurs bei 1,20 €. Beide Kurse in eine Grafik gezeichnet, würde einen Vergleich wegen der immensen Größenunterschiede der Kurse unmöglich machen. Eine Lösung des Problems liegt in der allgemeinen Indexierung.

Besondere Aufmerksamkeit in der Tagespresse wie auch in den Fernsehnachrichten erhält die Entwicklung der Lebenshaltungskosten. Dabei geht es um die durchschnittliche Preisänderung eines sogenannten Warenkorbs mit vielen unterschiedlichen Gütern. Wie hoch sie ausfällt, kann mithilfe eines Index geklärt werden.

10.6.1 Allgemeine Indexierung

In Zeiten von Inflation oder auch allgemeiner ökonomischer Verunsicherung erfreuen sich Metalle wie z. B. Gold und Silber einer besonderen Beliebtheit. Der Glaube, dass Gold und Silber für die Wertaufbewahrung besonders geeignet sind, ist weitverbreitet. Wenn man sich ein Liniendiagramm für Gold im Zeitraum 1.4.1968 bis 18.2.2013 ansieht, fallen große Schwankungen in beide Richtungen auf (s. Abb. 10.26)[¶] Lag der Goldpreis 1968 noch bei 38 $, stieg er am 18.1.1980 auf 835 $, um am 7.7.1982 bei lediglich 307 $ zu liegen. Auch der Silberpreis weist größere Änderungen auf.

[¶] Datenquelle: Deutsche Bundesbank 2013b und The London Bullion Market Association 2012. Dazu verwenden wir Preise vom Nachmittagsfixing in London in US-Dollar pro Feinunze (London Gold PM Fixing bzw. London Silver Fixing).

Gold in Dollar pro Feinunze

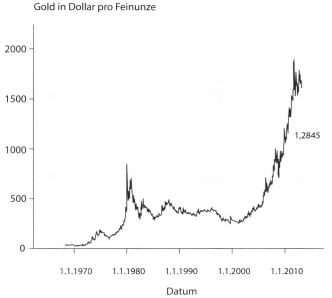

Abb. 10.26 Goldpreis

Tab. 10.37 Gold- und Silberpreise 2012 in Dollar/Feinunze

Datum	Gold-preis	Silber-preis	Datum	Gold-preis	Silber-preis
03-Jan-2012	1598,0	28,78			
04-Jan-2012	1613,0	29,18	05-Dez-2012	1694,0	33,07
05-Jan-2012	1599,0	28,92	06-Dez-2012	1694,3	32,83
06-Jan-2012	1616,5	29,40	07-Dez-2012	1701,5	32,85
09-Jan-2012	1615,0	28,85	10-Dez-2012	1712,5	33,34
10-Jan-2012	1637,0	29,69	11-Dez-2012	1710,0	33,17
11-Jan-2012	1634,5	29,81	12-Dez-2012	1716,3	33,10
12-Jan-2012	1661,0	30,58	13-Dez-2012	1692,8	32,69
13-Jan-2012	1635,5	29,64	14-Dez-2012	1696,3	32,52
16-Jan-2012	1641,0	29,90	17-Dez-2012	1695,8	32,21
17-Jan-2012	1656,0	30,41	18-Dez-2012	1694,0	32,38
18-Jan-2012	1647,0	30,15	19-Dez-2012	1665,0	31,37
19-Jan-2012	1655,0	30,79	20-Dez-2012	1650,5	31,12
20-Jan-2012	1653,0	30,36	21-Dez-2012	1651,5	29,89
23-Jan-2012	1675,5	32,45	27-Dez-2012	1655,5	29,75
...			28-Dez-2012	1657,5	30,15

Es könnte von Interesse sein, Gold mit Silber zu vergleichen. Bewegten sich die beiden Preise in jeweils gleichen Zeiträumen in dieselbe Richtung? Wenn ja, in gleicher Größenordnung? Dazu seien die Preise für das Jahr 2012 näher betrachtet (auszugsweise in Tab. 10.37).

Alle Zahlen aus der Tabelle miteinander zu vergleichen erweist sich als recht mühsam, sodass beide Zeitreihen in einer Grafik abgebildet werden (s. Abb. 10.27). Allerdings weist diese Grafik ein grundsätzliches Problem auf. Auf der senkrechten Achse sind zwei Preise aufgetragen, die stark unterschiedliche Größenordnungen besitzen. Der Goldpreis wird im Tausenderbereich gemessen, der Silberpreis hingegen im Zehnerbereich. Die Grafik suggeriert, dass sich beide Preise tendenziell eher waagerecht

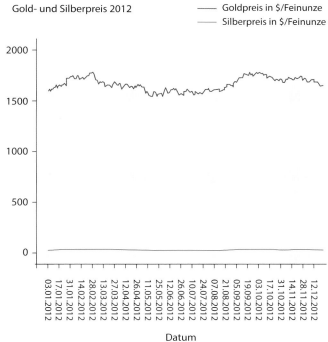

Abb. 10.27 Gold- und Silberpreis 2012

bewegen, wobei sich der Silberpreis weniger stark zu ändern scheint als der Goldpreis, denn die grüne Linie (Silber) offenbart weniger Ausschläge – in welche Richtung auch immer – als die blaue Linie (Gold). Dieser – vielleicht nur scheinbare – Effekt könnte etwas mit der Einteilung der senkrechten Achse zu tun haben.

Man erhielte eine bessere Aussagekraft, wenn beide Preise in einer vergleichbaren Größenordnung lägen. Dies soll mithilfe der **allgemeinen Indexierung** erreicht werden. Man verwendet ein Datum als Referenzdatum, z. B. den 3.1.2012. Der Goldpreis jedes einzelnen Tages wird in Bezug zum Preis vom 3.1.2012 gesetzt:

$$\text{Preisindex}_{4.1.12} = \frac{\text{Preis}_{4.1.12}}{\text{Preis}_{3.1.12}} = \frac{1613}{1598} = 1,0094.$$

Der Preis am 4.1.2012 war 1,0094-mal so hoch wie am 3.1.2012 bzw. 0,94 % höher als am Vortag. Genauso wird mit dem nächsten Tag verfahren:

$$\text{Preisindex}_{5.1.12} = \frac{\text{Preis}_{5.1.12}}{\text{Preis}_{3.1.12}} = \frac{1599}{1598} = 1,000626,$$

$$\text{Preisindex}_{28.12.12} = \frac{\text{Preis}_{28.12.12}}{\text{Preis}_{3.1.12}} = \frac{1657,5}{1598} = 1,0372.$$

Der Goldpreis lag am 5.1.2012 um 0,0626 % höher als am 3.1.2012 – und nicht etwa 0,0626 % höher als am 4.1.2012 (Vortag). Der Nenner bleibt jedes Mal konstant, nur der Zähler ändert sich von Tag zu Tag. Wenn diese Regel auf alle Tage

Kapitel 10

Tab. 10.38 Indexierte Gold- und Silberpreise 2012

Datum	Goldpreis indexiert	Silberpreis indexiert	Datum	Goldpreis indexiert	Silberpreis indexiert
03-Jan-2012	1,0000	1,0000			
04-Jan-2012	1,0094	1,0139	05-Dez-2012	1,0601	1,1491
05-Jan-2012	1,0006	1,0049	06-Dez-2012	1,0602	1,1407
06-Jan-2012	1,0116	1,0215	07-Dez-2012	1,0648	1,1414
09-Jan-2012	1,0106	1,0024	10-Dez-2012	1,0717	1,1584
10-Jan-2012	1,0244	1,0316	11-Dez-2012	1,0701	1,1525
11-Jan-2012	1,0228	1,0358	12-Dez-2012	1,0740	1,1501
12-Jan-2012	1,0394	1,0625	13-Dez-2012	1,0593	1,1359
13-Jan-2012	1,0235	1,0299	14-Dez-2012	1,0615	1,1300
16-Jan-2012	1,0269	1,0389	17-Dez-2012	1,0612	1,1192
17-Jan-2012	1,0363	1,0566	18-Dez-2012	1,0601	1,1251
18-Jan-2012	1,0307	1,0476	19-Dez-2012	1,0419	1,0900
19-Jan-2012	1,0357	1,0698	20-Dez-2012	1,0329	1,0813
20-Jan-2012	1,0344	1,0549	21-Dez-2012	1,0335	1,0386
23-Jan-2012	1,0485	1,1275	27-Dez-2012	1,0360	1,0337
...			28-Dez-2012	1,0372	1,0476

Indexierte Gold- und Silberpreise 2012

—— Gold-Index
—— Silber-Index

Abb. 10.28 Indexierte Gold- und Silberpreise 2012

des Jahres angewendet wird, erhält man die – auf den 3.1.2012 – indexierten Preise in Tab. 10.38.

Merksatz

Die **allgemeine Indexierung** wandelt Variablen mit ähnlicher Thematik, aber deutlich unterschiedlichen Größenordnungen in vergleichbare Größen um.

Die grafische Übersetzung der indexierten Preise findet sich in Abb. 10.28 (in SPSS zu erhalten über Diagramme/veraltete Dialogfelder/Linie.../Mehrfach.). Beide Linien beginnen auf der senkrechten Achse an derselben Stelle: bei 1,0. Dem weiteren Verlauf der Linien kann entnommen werden, dass sie sich grob betrachtet „parallel" bewegen, also in denselben Zeiträumen in dieselbe Richtung. Wenn die eine Linie steigt, scheint auch die andere Linie zu steigen. Allerdings fallen die Ausschläge beim Silber höher aus als beim Gold. (Ob sich die Linien „parallel" bewegen, kann u. a. mit dem Korrelationskoeffizienten aus Abschn. 10.7.2 geprüft werden.)

10.6.2 Preis-, Mengen- und Umsatzindexierung

Jeder Haushalt konsumiert unterschiedlichste Güter und Dienstleistungen im Laufe eines Jahres. Dabei sind bei einigen Gütern Preissenkungen und bei anderen Gütern Preissteigerungen zu beobachten. Einerseits kann man für jedes einzelne Gut die Preisänderung ausrechnen. Andererseits möchte man in Erfahrung bringen, wie sich die Preise im Durchschnitt verändert haben, was nicht zu verwechseln ist mit der Frage, wie hoch die Preise sind.

Dies soll am Beispiel der drei Getränke Kakao, Kaffee und Tee demonstriert werden, deren Angaben für den Weltmarkt in Tab. 10.39 vorliegen[‖] Wir addieren alle Preise im Ausgangsjahr 1999 und im Jahr 2011 und dividieren diese beiden Summen:

$$\frac{316,5 + 581,51 + 302,09}{145,58 + 249,03 + 176,12} \cdot 100 = 210,3.$$

Somit haben sich die Preise des Jahres 2011 im Durchschnitt gegenüber 1999 mehr als verdoppelt.

[‖] Datenquelle Produktionsmenge: Food and Agriculture Organization of the United Nations (2013), Datenquelle Preise: World Bank (2013)

Tab. 10.39 Getränke

	Getränk	1999	2003	2007	2011
Produktionsmenge in t	Kakao	2.973.890	3.702.622	3.898.267	4.395.657
	Kaffee	6.789.528	7.184.415	8.209.125	8.284.135
	Tee	3.098.985	3.258.426	3.979.142	4.668.968
Preis[a]	Kakao	145,58	217,84	169,85	316,50
	Kaffee	249,03	144,56	275,54	581,51
	Tee	176,12	151,81	178,78	302,09
Warenwert[b]	Kakao	432.938.906	806.579.176	662.120.650	1.391.225.441
	Kaffee	1.690.796.158	1.038.579.032	2.261.942.303	4.817.307.344
	Tee	545.793.238	494.661.651	711.391.007	1.410.448.543

[a] In US-Cent/kg im Januar des entsprechenden Jahres; [b] = Preis · Produktionsmenge

Oder mit der allgemeinen Formel für den aggregierten Index AI:

$$AI_1 = \frac{\sum_{i=1}^{m} P_{1i}}{\sum_{i=1}^{m} P_{0i}} \cdot 100.$$

Mit m wird die Zahl der Getränke angegeben, für die eine durchschnittliche Preisänderung berechnet werden soll, hier also $m = 3$. P_0 bezieht sich auf den Preis des Ausgangsjahres (1999) (auch Basisjahr genannt) und P_1 auf das Zieljahr (2011) (auch als Berichtsjahr bezeichnet).

Ein Problem dieser Formel steckt darin, dass sie von der Einheit abhängt, in der die Preise bzw. Mengen gemessen sind. Wenn man die Produktionsmenge für Kakao z. B. nicht in Tonnen, sondern in Kilogramm messen würde, erhielte man für AI einen ganz anderen Wert, obwohl sich an der Sachlage nichts geändert hat. Ein weiteres Problem besteht in den unterschiedlichen Produktionsmengen. Da viel mehr Kaffee produziert wird als Kakao, müsste eine Preisänderung beim Kaffee auch stärker ins Gewicht fallen als eine Preisänderung beim Kakao. Der aggregierte Index ignoriert diese Tatsache allerdings.

Rechenregel

Ein Index, der diese beiden Probleme aufgreift und löst, ist der **Preisindex nach Laspeyres**:

$$LI_1 = \frac{\sum_{i=1}^{m} Q_{0i} \cdot P_{1i}}{\sum_{i=1}^{m} Q_{0i} \cdot P_{0i}} \cdot 100$$

$$= \frac{\text{Gesamtwert der Produktionsmengen aus}}{\text{dem Ausgangsjahr zu Zielpreisen}} \cdot 100$$
$$\frac{}{\text{Gesamtwert der Produktionsmengen aus}}{\text{dem Ausgangsjahr zu Ausgangspreisen}}$$

Bezogen auf die Getränke aus Tab. 10.39 erhält man:

$$LI_1 = \frac{\sum_{i=1}^{3} Q_{0i} \cdot P_{1i}}{\sum_{i=1}^{3} Q_{0i} \cdot P_{0i}} \cdot 100$$

$$= \frac{\begin{array}{c}2.973.890 \cdot 316,5 + 6.789.528 \cdot 581,51 \\ + 3.098.985 \cdot 302,09\end{array}}{\begin{array}{c}2.973.890 \cdot 145,58 + 6.789.528 \cdot 249,03 \\ + 3.098.985 \cdot 176,12\end{array}} \cdot 100$$

$$= 218,2.$$

Folglich sind die Getränkepreise im Jahr 2011 im Durchschnitt gegenüber 1999 um 118,2 % gestiegen. Der Preisindex nach Laspeyres sorgt dafür, dass die Produktionsmengen im Untersuchungszeitraum konstant bleiben und somit eine Änderung des Index ausschließlich auf Preisänderungen zurückzuführen ist.

Merksatz

Während beim Preisindex die Preise bei konstanten Mengen variieren, fängt der **Mengenindex** genau die umgekehrte Situation ein. Der Mengenindex QI_1 fragt, wie sich die Mengen durchschnittlich geändert hätten, wenn die Preise konstant geblieben wären.[**]

$$QI_1 = \frac{\sum_{i=1}^{m} Q_{1i} \cdot P_{0i}}{\sum_{i=1}^{m} Q_{0i} \cdot P_{0i}} \cdot 100$$

$$= \frac{\text{Gesamtwert der Produktionsmengen aus}}{\text{dem Zieljahr zu Ausgangspreisen}} \cdot 100.$$
$$\frac{}{\text{Gesamtwert der Produktionsmengen aus}}{\text{dem Ausgangsjahr zu Ausgangspreisen}}$$

[**] Ein wichtiger Vertreter des Mengenindex ist der Produktionsindex des Statistischen Bundesamtes. Er misst die monatliche Leistung (Produktion nach Wert und Menge) des Produzierenden Gewerbes in Deutschland: www.destatis.de/DE/Meta/AbisZ/Produktionsindex.html.

Kapitel 10

QI_1 heißt Mengenindex nach Laspeyres. Bezogen auf die Getränke aus Tab. 10.39 erhält man:

$$QI_1 = \frac{\sum\limits_{i=1}^{3} Q_{1i} \cdot P_{0i}}{\sum\limits_{i=1}^{3} Q_{0i} \cdot P_{0i}} \cdot 100$$

$$= \frac{\begin{aligned}&4.395.657 \cdot 145{,}58 + 8.284.135 \cdot 249{,}03 \\ &+ 4.668.968 \cdot 176{,}12\end{aligned}}{\begin{aligned}&2.973.890 \cdot 145{,}58 + 6.789.528 \cdot 249{,}03 \\ &+ 3.098.985 \cdot 176{,}12\end{aligned}} \cdot 100$$

$$= 132{,}1.$$

Die Getränkemengen sind 2011 gegenüber 1999 durchschnittlich um ca. ein Drittel gestiegen.

Es kann schließlich auch gefragt werden, wie sich die Umsätze bzw. Produktionswerte im Laufe der Zeit durchschnittlich entwickeln. Eine Antwort darauf liefert der **Umsatzindex** (auch Wertindex genannt):

$$QI_2 = \frac{\sum\limits_{i=1}^{m} Q_{1i} \cdot P_{1i}}{\sum\limits_{i=1}^{m} Q_{0i} \cdot P_{0i}} \cdot 100$$

$$= \frac{\begin{aligned}&\text{Gesamtwert der Produktionsmengen aus} \\ &\text{dem Zieljahr zu Zielpreisen}\end{aligned}}{\begin{aligned}&\text{Gesamtwert der Produktionsmengen aus} \\ &\text{dem Ausgangsjahr zu Ausgangspreisen}\end{aligned}} \cdot 100.$$

Der Umsatz für Kaffee lag 1999 bei 6.789.528 Tonnen · 2490,3 $ pro Tonne = 16.907.961.578,4 $, also rund 17 Mrd. $ (s. Tab. 10.39). Ergänzt um die beiden anderen Getränke erhält man

$$QI_2 = \frac{\sum\limits_{i=1}^{3} Q_{1i} \cdot P_{1i}}{\sum\limits_{i=1}^{3} Q_{0i} \cdot P_{0i}} \cdot 100$$

$$= \frac{\begin{aligned}&4.395.657 \cdot 316{,}5 + 8.284.135 \cdot 581{,}51 \\ &+ 4.668.968 \cdot 302{,}09\end{aligned}}{\begin{aligned}&2.973.890 \cdot 145{,}58 + 6.789.528 \cdot 249{,}03 \\ &+ 3.098.985 \cdot 176{,}12\end{aligned}} \cdot 100$$

$$= 285{,}4.$$

Der Umsatz hat sich 2011 gegenüber 1999 durchschnittlich fast verdreifacht; er ist um 185,4 % gestiegen.

Zusammenfassung

Die allgemeine Indexierung wandelt Variablen mit ähnlicher Thematik, aber deutlich unterschiedlichen Größenordnungen in vergleichbare Größen um.

Darüber hinaus kommen drei weitere Indizes zum Einsatz:

- Preisindex nach Laspeyres LI zur Bestimmung einer durchschnittlichen Preisänderung eines Warenkorbes,
- Der Mengenindex QI_1 fragt, wie sich die Mengen im Warenkorb durchschnittlich geändert hätten, wenn die Preise konstant geblieben wären.
- Der Umsatzindex QI_2 fragt, wie sich die Umsätze bzw. Produktionswerte im Laufe der Zeit durchschnittlich entwickeln.

10.7 Korrelation – Stehen zwei Variablen in Beziehung zueinander?

Entscheidungsträger in Unternehmen sind häufig mit der Frage konfrontiert, ob unterschiedliche Dinge (Variablen) etwas miteinander zu tun haben. Bieten z. B. zwei Lieferanten die gleiche Qualität bei den gelieferten Vorprodukten? Oder weist der eine Lieferant einen größeren Ausschussanteil auf als der andere? Haben Männer die gleiche Präferenz beim Kauf eines Autos wie Frauen? Kaufen junge Menschen ein bestimmtes Produkt genauso häufig wie ältere Personen? Existiert ein Zusammenhang zwischen dem Gold- und dem Silberpreis? Steigt der Aktienkurs von BMW, wenn der DAX zulegt? Wenn die Frage ansteht, ob drei Dinge etwas miteinander zu tun haben, beschreitet man das Gebiet der Ökonometrie.

Eine Antwort zu jeder dieser Fragen kann auf drei Wegen gesucht werden: grafisch, tabellarisch und mithilfe einer einzigen Zahl. Der grafische Weg ist bereits in den Abschn. 10.2.2 und 10.2.6 vorgestellt worden. Die Reduktion auf eine einzige Zahl wird in Abschn. 10.7.2 angesprochen, bedarf aber als Vorstufe in bestimmten Fällen der tabellarischen Darstellung. Diese soll in Form einer Kreuztabelle erfolgen.

10.7.1 Kreuztabelle

Ein Autohersteller stellt in der Regel die Autoreifen nicht selbst her, sondern bezieht sie von einem Lieferanten bzw. in unserem Fall von zwei unterschiedlichen Firmen. Kein Reifenproduzent der Welt ist in der Lage, eine vollständig fehlerfreie Produktion zu gewährleisten. Die Informationen über alle 3000 gelieferten Reifen werden in folgender **Kreuztabelle** zusammengefasst (andere Bezeichnungen für eine Kreuztabelle lauten Kontingenztabelle und Kontingenztafel).[††]

Man spricht auch von einer Vierfeldertafel (2 × 2-Tafel), weil wir zwei Variablen mit je zwei Ausprägungen betrachten: die

---

[††] Die Kreuztabelle hier hat allerdings keine Ähnlichkeit mit der Kreuztabelle im Fußball: s. Transfermarkt (2013).

Tab. 10.40 Kreuztabelle Reifenlieferung

	Zahl der fehlerfreien Reifen	Zahl der fehlerhaften Reifen	Summe der gelieferten Reifen
Lieferant A	(1) 1874	(3) 104	(5) 1978
Lieferant B	(2) 930	(4) 92	(6) 1022
Summe	(7) 2804	(8) 196	(9) 3000

Tab. 10.41 Kreuztabelle mit Prozentangaben (Lieferant · Fehler Kreuztabelle)

			Fehler fehlerfrei	Fehler fehlerbehaftet	Gesamt
Lieferant	Lieferant A	Anzahl	1874	104	1978
		% innerhalb von Lieferant	94,7%	5,3%	100,0%
		% innerhalb von Fehler	66,8%	53,1%	65,9%
		% der Gesamtzahl	62,5%	3,5%	65,9%
	Lieferant B	Anzahl	930	92	1022
		% innerhalb von Lieferant	91,0%	9,0%	100,0%
		% innerhalb von Fehler	33,2%	46,9%	34,1%
		% der Gesamtzahl	31,0%	3,1%	34,1%
Gesamt		Anzahl	2804	196	3000
		% innerhalb von Lieferant	93,5%	6,5%	100,0%
		% innerhalb von Fehler	100,0%	100,0%	100,0%
		% der Gesamtzahl	93,5%	6,5%	100,0%

vier Zellen (1) bis (4) in Tab. 10.40. Zelle (1) sagt aus, dass Lieferant A 1874 fehlerfreie Reifen geliefert hat. In Zelle (3) ist vermerkt, dass Lieferant A 104 fehlerhafte Reifen produziert hat. Gemäß Zelle (5) entfallen in der Summe auf den Lieferanten A 1978 Reifen. Entsprechendes gilt für Lieferanten B in den Zellen (2), (4) und (6). Zelle (7) hält fest, wie viele fehlerfreie Reifen (2804) beide Lieferanten zusammen geliefert haben. 196 Reifen beider Lieferanten weisen Fehler auf (Zelle (8)). Und Zelle (9) offenbart die Zahl der insgesamt ausgehändigten Reifen beider Lieferanten: 3000. Die Zellen (5) bis (8) werden auch Randhäufigkeiten genannt, nämlich – summierte – Häufigkeiten, die am Rand der Tabelle stehen.

In einem nächsten Schritt sollen die absoluten Zahlen in relative Zahlen umgewandelt werden, sodass man eine erweiterte Tabelle mit Prozentzahlen erhält (s. Tab. 10.41, in SPSS zu erhalten über Analysieren/Deskriptive Statistiken/Kreuztabellen.../Zellen). Möchte man wissen, wie viel Prozent der von Firma A insgesamt gelieferten Reifen defekt sind, muss man Zelle (3) durch Zelle (5) teilen:

$$\frac{104}{1978} \cdot 100 = 5{,}3.$$

Folglich weisen 5,3 % aller von Lieferant A gelieferten Reifen einen Defekt auf. Dementsprechend sind 94,7 % fehlerfrei. Den Anteil der fehlerfreien Reifen von Lieferant B erhält man über Zelle (2) geteilt durch Zelle (6)

$$\frac{930}{1022} = 91{,}0$$

mit 91 %.

Wie viel Prozent aller fehlerfreien Reifen entfallen auf Lieferant A? Dazu muss man 1874 (Zelle (1)) durch 2804 (Zelle (7)) teilen und erhält 66,8 %. Unter den insgesamt von beiden Lieferanten gelieferten 3000 Reifen befinden sich 62,5 % (1874/3000) fehlerhafte Reifen von Lieferant A.

Merksatz

Eine **Kreuztabelle** stellt die zweidimensionale Häufigkeitsverteilung von zwei Variablen dar.

Welche Antwort liefert nun die Kreuztabelle hinsichtlich der eingangs gestellten Frage, ob ein Zusammenhang zwischen Fehlerquote und Lieferant besteht? Der Anteil fehlerbehafteter Reifen liegt für Firma A bei 5,3 % und für Firma B bei 9,0 %. Somit weist Unternehmen B eine höhere Fehlerquote auf, und damit hängt die Fehlerquote vom Lieferanten ab. Nur wenn beide Fehlerquoten identisch wären, gäbe es keinen Zusammenhang. Es sei an dieser Stelle allerdings ausdrücklich darauf hingewiesen, dass dieser Unterschied zufälligerweise eingetreten sein kann, obwohl in Wahrheit vielleicht keine Differenz besteht. Ein formaler Test zur Klärung dieses Aspektes wird in Kap. 12 vorgestellt.

Eine Erweiterung der Kreuztabelle liegt vor, wenn beide betrachteten Variablen mehr als zwei Ausprägungen aufweisen. Im Marketing spielt beispielsweise die Zielgruppenorientierung eine große Rolle. Welche Charakteristika weisen Kunden auf? Sind sie eher weiblich oder eher männlich? Sind sie vorwiegend jung oder vorwiegend alt? Wohnen sie auf dem Dorf oder in einer größeren Stadt? Wenn derartige Charakteristika bekannt sind, können die Marketingmaßnahmen entsprechend – zielgruppengenau – ausgerichtet werden. Als ein Aspekt in diesem Kontext soll nach einem Zusammenhang zwischen Alter einer Person und Kaufintensität bezüglich eines bestimmten Produktes (z. B. Butter) gefragt werden. Dazu werden 2000 Personen

Tab. 10.42 Kreuztabelle Butter

	Nichtkäufer	1- bis 2-mal pro Monat	Mehr als 2-mal pro Monat	Summe
unter 20 Jahre	(1) 312	(4) 188	(7) 23	(10) 523
20–40 Jahre	(2) 234	(5) 515	(8) 262	(11) 1011
über 40 Jahre	(3) 41	(6) 104	(9) 321	(12) 466
Summe	(13) 587	(14) 807	(15) 606	(16) 2000

Tab. 10.43 Kreuztabelle Butter

			Kaufintensität			Gesamt
			Nicht-käufer	1- bis 2-mal pro Monat	mehr als 2-mal pro Monat	
Alter	unter 20 Jahre	Anzahl	312	188	23	523
		% innerhalb von Alter	59,7%	35,9%	4,4%	100,0%
		% innerhalb von Kaufintensität	53,2%	23,3%	3,8%	26,2%
		% der Gesamtzahl	15,6%	9,4%	1,2%	26,2%
	20 bis 40 Jahre	Anzahl	234	515	262	1011
		% innerhalb von Alter	23,1%	50,9%	25,9%	100,0%
		% innerhalb von Kaufintensität	39,9%	63,8%	43,2%	50,6%
		% der Gesamtzahl	11,7%	25,8%	13,1%	50,6%
	über 40 Jahre	Anzahl	41	104	321	466
		% innerhalb von Alter	8,8%	22,3%	68,9%	100,0%
		% innerhalb von Kaufintensität	7,0%	12,9%	53,0%	23,3%
		% der Gesamtzahl	2,1%	5,2%	16,1%	23,3%
Gesamt		Anzahl	587	807	606	2000
		% innerhalb von Alter	29,4%	40,4%	30,3%	100,0%
		% innerhalb von Kaufintensität	100,0%	100,0%	100,0%	100,0%
		% der Gesamtzahl	29,4%	40,4%	30,3%	100,0%

nach u. a. Alter und Kaufverhalten befragt. Das Alter liegt in drei Größenordnungen vor: unter 20 Jahre, 20 bis 40 Jahre und älter als 40 Jahre. Das Kaufverhalten ist unterteilt in Nichtkäufer, 1- bis 2-mal im Monat und mehr als 2-mal im Monat. Aus allen Angaben resultiert Tab. 10.42. Man nennt diese Tabelle auch eine m mal k-Kreuztabelle mit $m = 3$ Zeilen und $k = 3$ Spalten.

In den Zellen (10) bis (15) stehen die Randhäufigkeiten. 466 Personen befinden sich z. B. in der Altersgruppe „über 40 Jahre" (Zelle (12) = Summe der Zellen (3), (6) und (9)). 807 Personen – egal welchen Alters – konsumieren Butter 1- bis 2-mal pro Monat (Zelle (14) = Summe der Zellen (4) bis (6)). Unter den 20- bis 40-Jährigen bekennen sich 234 Personen zu den Nichtkäufern (Zelle (2)).

Auch diese Tabelle kann um die entsprechenden Prozentangaben erweitert werden (s. Tab. 10.43. Von allen 2000 Personen gehören 25,8 % in die Gruppe der 20- bis 40-Jährigen mit ein-bis zweimaligem Kauf pro Monat. Unter den Nichtkäufern sind besonders viele junge Personen (jünger als 20 Jahre): 53,2 %. Bei den älteren Personen (über 40 Jahre) finden sich vor allem Butterfans: 68,9 % dieser Gruppe kaufen Butter mehr als 2-mal pro Monat.

Wie sieht es nun mit altersspezifischen Unterschieden im Kaufverhalten aus? Wenn es keinen Zusammenhang zwischen Alter und Kaufverhalten gäbe, müssten die Butterfans in allen drei Altersgruppen relativ gleich häufig auftreten, und auch die Gruppe der Nichtkäufer müsste in allen drei Gruppen relativ gleich groß

ausfallen. Dies wäre der Fall, wenn in Tab. 10.43 alle roten Zahlen identisch und auch alle grünen Zahlen gleich groß wären und auch alle blauen Zahlen denselben Wert aufwiesen. Dies ist aber offensichtlich nicht der Fall, da z. B. bei den roten Zahlen 59,7 % ungleich 23,1 % ungleich 8,8 % sind. Es sieht so aus, als ob jüngere Personen eher keine Butter kaufen und ältere Personen öfter Butter konsumieren. Es sei allerdings auch an dieser Stelle ausdrücklich darauf verwiesen, dass dieser Unterschied zufälligerweise eingetreten sein kann, obwohl in Wahrheit vielleicht keine Differenz besteht. Ein formaler Test zur Klärung dieses Aspektes wird in Abschn. 12.2 vorgestellt.

10.7.2 Korrelationskoeffizient

Auch in diesem Abschnitt wollen wir fragen, ob zwei Dinge (Variablen) etwas miteinander zu tun haben. Nur betrachten wir diesmal zwei Variablen mit sehr vielen Ausprägungen, z. B. den Gold- und Silberpreis an der Börse. Könnte es z. B. sein, dass ein Anstieg des Goldpreises einhergeht mit einem Anstieg des Silberpreises oder dass sich beide Preise entgegengesetzt bewegen? Auch dafür könnte man grundsätzlich eine Kreuztabelle verwenden. Allerdings hätte diese Tabelle sehr viele Spalten und Zeilen, und in den einzelnen Zellen stünden überwiegend Nullen und Einsen. Daher ergibt eine Kreuztabelle an dieser Stelle keinen Sinn.

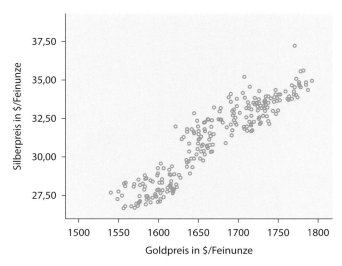

Abb. 10.29 Streudiagramm Gold und Silber

Tab. 10.44 Korrelation

i	$(x_i-\bar{x})$	$(y_i-\bar{y})$	$(x_i-\bar{x})^2$	$(y_i-\bar{y})^2$	$(x_i-\bar{x})(y_i-\bar{y})$
1	$-37{,}80$	$-1{,}15$	1428,84	1,32	43,37
2	$-22{,}80$	$-0{,}75$	519,84	0,56	17,04
3	$-36{,}80$	$-1{,}01$	1354,24	1,01	37,07
4	$-19{,}30$	$-0{,}53$	372,49	0,28	10,18
5	$-20{,}80$	$-1{,}08$	432,64	1,16	22,41
6	1,20	$-0{,}24$	1,44	0,06	$-0{,}28$
7	$-1{,}30$	$-0{,}12$	1,69	0,01	0,15
8	25,20	0,65	635,04	0,43	16,45
9	$-0{,}30$	$-0{,}29$	0,09	0,08	0,09
10	5,20	$-0{,}03$	27,04	0,00	$-0{,}14$
11	20,20	0,48	408,04	0,23	9,75
12	11,20	0,22	125,44	0,05	2,49
13	19,20	0,86	368,64	0,74	16,56
14	17,20	0,43	295,84	0,19	7,44
15	39,70	2,52	1576,09	6,36	100,15
Summe	**0,00**	**0,00**	**7547,40**	**12,49**	**282,72**

Eine Alternative liegt in der Suche nach einer einzigen Zahl, deren Größe eine sinnvolle Antwort gibt. Genau diese Antwort liefert der **Korrelationskoeffizient nach Bravais-Pearson**.

Merksatz

Ein **Korrelationskoeffizient** misst die Stärke eines Zusammenhangs zwischen zwei Variablen.

Mit dem Streudiagramm (zum Streudiagramm allgemein s. Abschn. 10.2.6) in Abb. 10.29 stellen wir fest, dass die Punktwolke nach rechts oben ansteigt. Jeder Punkt in der Grafik steht für die Kombination der beiden Preise an einem bestimmten Tag. In der Tendenz führt ein Anstieg des Goldpreises zu einer Erhöhung des Silberpreises. Wenn der Zusammenhang perfekt wäre, lägen alle Punkte auf einer einzigen Geraden. Dieser Umstand müsste sich im Korrelationskoeffizienten widerspiegeln.

$$r = \frac{\sum\limits_{i=1}^{n}(x_i-\bar{x})(y_i-\bar{y})}{\sqrt{\sum\limits_{i=1}^{n}(x_i-\bar{x})^2\sum\limits_{i=1}^{n}(y_i-\bar{y})^2}}$$

Bezogen auf die ersten fünfzehn Börsenwerte von Anfang 2012 (s. Tab. 10.37) können wir mit Tab. 10.44 den Korrelationskoeffizienten ausrechnen. Mit x_i wird der Goldpreis und mit y_i der Silberpreis am Tag i bestimmt. $\bar{x}$ liegt bei 1635,80 \$ und $\bar{y}$ bei 29,93 \$:

$$r = \frac{\sum\limits_{i=1}^{15}(x_i-\bar{x})(y_i-\bar{y})}{\sqrt{\sum\limits_{i=1}^{15}(x_i-\bar{x})^2\sum\limits_{i=1}^{15}(y_i-\bar{y})^2}} = \frac{282{,}72}{\sqrt{7547{,}4\cdot 12{,}49}}$$

$$= 0{,}92.$$

Merksatz

Interpretation eines Korrelationskoeffizienten: Der Wertebereich von r umfasst das Intervall von -1 bis $+1$:

$r = -1$ negativer Zusammenhang; die Punktwolke fällt nach rechts ab; ein Anstieg der waagerechten Variablen geht einher mit einem Rückgang der senkrechten Variablen,

$r = 0$ kein Zusammenhang; Punktwolke weist weder eine steigende, noch eine fallende Tendenz auf; ein Anstieg der waagerechten Variablen lässt die senkrechte Variable unverändert,

$r = +1$ positiver Zusammenhang; die Punktwolke steigt nach rechts an; ein Anstieg der waagerechten Variablen geht einher mit einem Anstieg der senkrechten Variablen.

Gut zu wissen

Korrelation und Kausalität: Beim Korrelationskoeffizienten wird nicht zwischen Ursache und Wirkung unterschieden. Jede Variable kann die Ursache sein, und jede Variable kann auch die Wirkung sein. Es wird lediglich geprüft, ob sich beide Variablen gleichgerichtet, entgegengesetzt oder unabhängig voneinander bewegen. ◄

Der Korrelationskoeffizient zwischen Gold und Silber liegt bei 0,92, also dicht an der Eins. Beide Metalle bewegen sich hinsichtlich ihres Preises in die gleiche Richtung. Steigt der eine Preis, erhöht sich auch der andere Preis. Aus der Größe des Korrelationskoeffizienten kann allerdings nicht auf die Stärke des Zusammenhangs geschlossen werden. Aus der Tatsache, dass $r > 0$, kann nur gefolgert werden, dass die Punktwolke ansteigt, aber nicht, wie stark sie ansteigt. Um dies zu klären, müsste

Kapitel 10

Tab. 10.45 Korrelation Daimler und REX 2012

Datum	Daimler Schlusskurs	REX Schlusskurs
02.01.2012	35,37	131,39
03.01.2012	36,67	131,05
04.01.2012	36,37	130,96
05.01.2012	36,89	131,02
06.01.2012	36,47	131,20
09.01.2012	36,73	131,15
10.01.2012	38,26	131,24
11.01.2012	38,22	131,19
12.01.2012	38,17	131,52
13.01.2012	37,97	131,87
16.01.2012	39,35	131,90
17.01.2012	40,85	131,61
18.01.2012	41,37	131,44
19.01.2012	41,44	131,55
20.01.2012	41,96	130,93

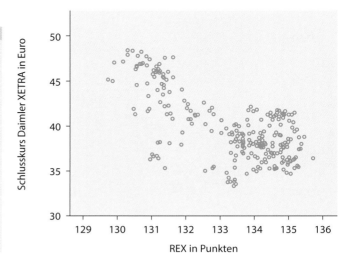

Abb. 10.30 Streudiagramm Daimler und REX 2012

man eine Regressionsgleichung formulieren und festlegen, was die Ursache ist und was die Wirkung. Mit dieser Fragestellung betritt man das Themengebiet der Ökonometrie, das hier nicht weiter behandelt werden soll.

─────────── **Aufgabe 10.5** ───────────

An der Börse stehen festverzinsliche Wertpapiere und Aktien gelegentlich in einer speziellen Konkurrenz. Wenn Marktteilnehmer den Aktien mit größerem Misstrauen gegenüberstehen, werden Aktien tendenziell verkauft und das Geld eher in – vermeintlich sichere – festverzinsliche Wertpapiere investiert. Wenn dem so wäre, müsste der Aktienkurs sinken und der Kurs für festverzinsliche Wertpapiere steigen. Um dies punktuell zu prüfen, sei auf das DAX-Unternehmen Daimler AG und den Rentenindex REX zurückgegriffen. Der REX ist – ähnlich dem DAX – ein Durchschnittskurs aus 30 deutschen Staatsanleihen mit einer Restlaufzeit von 1 bis 10 Jahren (zum REX (Kursindex) s. Deutsche Börse (2011)). Die Schlusskurse von Daimler und REX können Tab. 10.45 auszugsweise entnommen werden. Im Streudiagramm der beiden Tagesrenditen ist eine fallende Punktwolke zu erkennen (s. Abb. 10.30).

Für Daimler und REX erhält man für das komplette Jahr 2012 einen Korrelationskoeffizienten von $r = -0{,}68$. Da $r < 0$, besteht zwischen den beiden ein negativer Zusammenhang. Je höher der REX steigt, desto mehr sinkt der Aktienkurs von Daimler.

─────────────────────────────

Es kann allerdings auch der Fall eintreten, dass Aktienkurse und festverzinsliche Wertpapiere in keinem Zusammenhang stehen. Dies sei am Beispiel des medizintechnischen DAX-Unternehmens Fresenius und des REX vorgestellt. Die Tagesrenditen von Fresenius und REX können in Tab. 10.10 in Abschn. 10.2.6 auszugsweise entnommen werden. Im Streudiagramm der beiden Tagesrenditen ist eine Punktwolke ohne steigende bzw. fallende Tendenz zu erkennen (s. Abb. 10.31). Die Punktwolke sieht eher kreisförmig aus. Der entsprechende

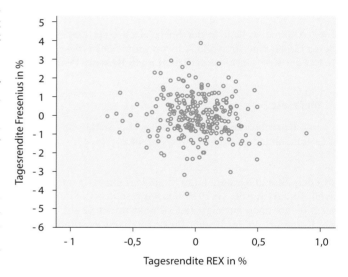

Abb. 10.31 Tagesrendite REX und Fresenius

Korrelationskoeffizient für das Jahr 2012 liegt bei $r = -0{,}1$, also fast bei null (kein Zusammenhang).

Wie kann die Korrelation berechnet werden, wenn zwei ordinale Variablen vorliegen? In Tab. 10.42 hatten wir die Frage aufgeworfen, ob die Kaufintensität bezüglich Butter und dem Alter von Personen einen Zusammenhang aufweist. Für beide Variablen liegen nur drei Ausprägungen vor, die allerdings der Größe nach sinnvoll interpretiert werden können. Die drei Ausprägungen beim Alter weisen auf ein steigendes Alter hin, und die drei Ausprägungen beim Kaufverhalten offenbaren eine steigende Kaufintensität. Da die Abstände zwischen den drei Kategorien nicht sinnvoll gedeutet werden können, kann der Korrelationskoeffizient nach Bravais-Pearson nicht zum Einsatz kommen. Als Alternative kommt der **Rangkorrelationskoeffizient nach**

Tab. 10.46 Rangkorrelation

(1)	(2)	(3)	(4)	(5)	(6)	(7)	(8)
i	x_i	y_i	Rang(x_i)	Rang(y_i)	[Rang(x_i)]^2	[Rang(y_i)]^2	Rang(x_i) · Rang(y_i)
1	Über 40	1–2	6,5	3,5	42,25	12,25	22,75
2	Unter 20	1–2	1,5	3,5	2,25	12,25	5,25
3	20–40	Über 2	3,5	7	12,25	49	24,5
4	20–40	0	3,5	1	12,25	1	3,5
5	Über 40	Über 2	6,5	7	42,25	49	45,5
6	Über 40	Über 2	6,5	7	42,25	49	45,5
7	Unter 20	1–2	1,5	3,5	2,25	12,25	5,25
8	Über 40	1–2	6,5	3,5	42,25	12,25	22,75
Summe			36	36	198	197	175
Mittelwert			4,5	4,5			

Spearman ρ zum Zuge:

$$\rho = \frac{\text{Kovarianz}\,[\text{Rang}\,(x_i), \text{Rang}(y_i)]}{\sqrt{\text{Varianz}\,[\text{Rang}\,(x_i)]} \cdot \sqrt{\text{Varianz}\,[\text{Rang}\,(y_i)]}}$$

mit

$$\text{Varianz}\,[\text{Rang}\,(x_i)] = \frac{\sum_{i=1}^{n} [\text{Rang}(x_i)]^2}{n} - \left(\overline{\text{Rang}\,(x)}\right)^2$$

$\overline{\text{Rang}\,(x)}$: arithmetischer Mittelwert der Ränge

$$\text{Varianz}\,[\text{Rang}\,(y_i)] = \frac{\sum_{i=1}^{n} [\text{Rang}(y_i)]^2}{n} - \left(\overline{\text{Rang}\,(y)}\right)^2$$

$\overline{\text{Rang}\,(y)}$: arithmetischer Mittelwert der Ränge

$$\text{Kovarianz}\,[\text{Rang}\,(x_i), \text{Rang}(y_i)]$$
$$= \frac{\sum_{i=1}^{n} [\text{Rang}(x_i)] \cdot [\text{Rang}(y_i)]}{n} - \overline{\text{Rang}\,(x)} \cdot \overline{\text{Rang}\,(y)}.$$

Merksatz

Wird der Zusammenhang zwischen zwei ordinalen Variablen geprüft, kommt der **Rangkorrelationskoeffizient nach Spearman** zum Einsatz.

In einem ersten Schritt werden alle Personen hinsichtlich beider Variablen der Größe nach aufsteigend sortiert und Ränge vergeben. Dies soll beispielhaft für acht Personen in Tab. 10.46 verdeutlicht werden. Personen Nr. 2 und 7 sind die Jüngsten, also müssten sie Rang 1 bzw. 2 erhalten. Da sie aber gleich alt sind, müsste eigentlich jeder denselben Rang 1 bzw. 2 zugeordnet bekommen. Dies geschieht allerdings nicht; man weist stattdessen jedem von ihnen den Mittelwert aus Rang 1 und 2

zu, also 1,5.[‡‡] Die Personen 1, 5, 6 und 8 sind auch gleichaltrig und liegen auf Rang 5 bis 8, sodass jeder von ihnen den Mittelwert dieser Ränge erhält: $(5 + 6 + 7 + 8)/4 = 26/4 = 6,5$. Eine entsprechende Vorgehensweise wird bei der Kaufintensität y_i gewählt. Bezogen auf die Ränge aus den Spalten (4) und (5) wird nun die Formel zur Berechnung des Korrelationskoeffizienten nach Bravais-Pearson angewendet:

$$\text{Kovarianz}\,[\text{Rang}\,(x_i), \text{Rang}(y_i)] = \frac{175}{8} - 4,5 \cdot 4,5 = 1,625$$

$$\text{Varianz}\,[\text{Rang}\,(x_i)] = \frac{198}{8} - 4,5^2 = 4,5$$

$$\text{Varianz}\,[\text{Rang}\,(y_i)] = \frac{197}{8} - 4,5^2 = 4,375$$

$$\rightarrow \rho = \frac{1,625}{\sqrt{4,5} \cdot \sqrt{4,375}} = 0,3662.$$

Gut zu wissen

Die **Interpretation des Rangkorrelationskoeffizienten** erfolgt analog zum Korrelationskoeffizienten nach Bravais-Pearson.   ◄

Da $\rho = 0,366$ relativ dicht an der Null liegt, besteht für die acht Personen zwischen Alter und Kaufintensität eine relativ schwache Korrelation. Weil $\rho > 0$, tendieren ältere Personen zum häufigeren Kauf von Butter als jüngere Menschen.

Bezogen auf alle 2000 Personen aus Tab. 10.42 erhält man mithilfe von SPSS ein ρ von 0,525 (s. Tab. 10.47, in SPSS zu erhalten über Analysieren/Korrelation/Bivariat. . ./Spearman), also eine stärkere Tendenz in die gleiche Richtung als bei den acht Personen.

[‡‡] Wenn zwei oder mehr Personen einen gleichen Wert aufweisen, nennt man dies Bindung oder *Tie*. Wenn alle x_i unterschiedliche Werte aufweisen, gibt es nur ganzzahlige Ränge von 1 bis n, von denen keiner doppelt und jeder genau einmal auftritt. Eine Alternative zum Rangkorrelationskoeffizienten nach Spearman ist Kendalls Tau.

Kapitel 10

Tab. 10.47 Rangkorrelationskoeffizient ρ

			Kaufintensität	Alter
Spearman-Rho	Kaufintensität	Korrelationskoeffizient	1,000	0,525*
		Sig. (2-seitig)		0,000
		N	2000	2000
	Alter	Korrelationskoeffizient	0,525*	1,000
		Sig. (2-seitig)	0,000	
		N	2000	2000

* Die Korrelation ist auf dem 0,01 Niveau signifikant (zweiseitig).

Wie kann ein Zusammenhang für zwei nominale Variablen überprüft werden? Kommen wir zurück auf das Beispiel des Autoherstellers in Tab. 10.40. Firma B weist eine höhere Fehlerquote bei den gelieferten Autoreifen auf als Unternehmen A. Dieser Umstand müsste sich in einem entsprechenden Korrelationskoeffizienten widerspiegeln. Für eine Vierfeldertafel bietet sich Yules Q an. (Alternativen stehen mit Cramers V oder auch dem Kontingenzkoeffizienten zur Verfügung.)

$$Q = \frac{a \cdot d - b \cdot c}{a \cdot d + b \cdot c}.$$

Bezogen auf unser Beispiel erhält man:

$$Q = \frac{1874 \cdot 92 - 104 \cdot 930}{1874 \cdot 92 + 104 \cdot 930} = \frac{75.688}{269.128} = 0,281.$$

Tab. 10.48 Yules Q

	Zahl der fehlerfreien Reifen	Zahl der fehlerhaften Reifen	Summe der gelieferten Reifen
Lieferant A	(a) 1874	(b) 104	(a+b) 1978
Lieferant B	(c) 930	(d) 92	(c+d) 1022
Summe	(a+c) 2804	(b+d) 196	(n) 3000

Die Interpretation von Yules Q (siehe Tab. 10.48) erfolgt analog zum Korrelationskoeffizienten nach Bravais-Pearson. Da $\rho = 0,281$ relativ dicht an der Null liegt, besteht zwischen den Lieferanten und dem Zustand der Reifen eine relativ schwache Korrelation.

Zusammenfassung

Ob ein Zusammenhang zwischen zwei Variablen besteht, kann je nach Skalierungsniveau der beteiligten Variablen mit einem Korrelationskoeffizienten ermittelt werden. Sind beide Variablen

- kardinal: Korrelationskoeffizient r nach Bravais-Pearson,
- ordinal: Rangkorrelationskoeffizient ρ nach Spearman,
- nominal: Yules Q.

Wenn beide Variablen ein unterschiedliches Skalenniveau aufweisen, bestimmt das niedrigere Skalenniveau die Auswahl des Korrelationskoeffizienten. Nominal ist niedriger als ordinal.

Mathematischer Exkurs 10.4: Was haben Sie gelernt?

Sie haben gelernt

- eine Stichprobe von einer Grundgesamtheit zu unterscheiden,
- Daten grafisch in Form von Kuchen-, Stab-, Streu- und Liniendiagrammen aufzubereiten,
- (riesige) Datenmengen zu reduzieren auf eine einzige aussagekräftige Zahl wie z. B. den Mittelwert oder den Median,

- Angaben zu machen über die Größenordnung, in der Daten voneinander abweichen (z. B. Varianz oder Quantile),
- die Marktmacht von Unternehmen einzuschätzen,
- Zeitreihen per Indexierung vergleichbar zu machen,
- Preisänderungen eines Warenkorbes zu ermitteln,
- Kreuztabellen aufzustellen und zu interpretieren und
- anhand einer Zahl zu erkennen, ob zwei Variablen miteinander im Zusammenhang stehen.

Mathematischer Exkurs 10.5: Dieses reale Problem sollten Sie jetzt lösen können

Stiftung Warentest analysiert den Benzinverbrauch von zwei Autotypen der Marke Volkswagen. Nennen wir sie der Einfachheit halber Auto A bzw. Auto B. Folgende Benzinverbräuche (in l/100 km) wurden gemessen:

Auto A: 10, 7, 6, 8, 7, 8, 7, 9, 8, 8

Auto B: 16, 15, 18, 17, 16, 14, 15, 18, 14, 15, 17

1. Wie hoch ist der Modalwert des Benzinverbrauches bei Auto A bzw. B?
2. Wie hoch ist der durchschnittliche Benzinverbrauch bei Auto A bzw. B?
3. Wie hoch ist der Median des Benzinverbrauches bei Auto A bzw. B?
4. Wie hoch ist die Varianz des Benzinverbrauches bei Auto A?
5. Sei die Varianz des Benzinverbrauches bei Auto B 1,44. Bei welchem Auto ist die Streuung des Benzinverbrauches größer?

Lösung

1. Der Modalwert (häufigste Wert) ist bei Auto A 8 l/100 km und bei Auto B 16 l/100 km.
2. Der arithmetische Mittelwert beträgt bei Auto A 7,8 l/100 km und bei Auto B 15,9 l/100 km.
3. Der Median bei Auto A ergibt sich, wenn wir die Benzinverbräuche der Größe nach aufsteigend sortieren:

6, 7, 7, 7, 8, 8, 8, 8, 9, 10. Da $n = 10 =$ gerade, wird der Median als der arithmetische Mittelwert aus dem fünften und sechsten Wert gebildet:

$$\text{Median (A)} = \frac{8 + 8}{2} = 8.$$

Analog verfahren wir bei Auto B. Aufsteigend sortiert erhalten wir:

14, 14, 15, 15, 15, 16, 16, 17, 17, 18, 18.

Da $n = 11$, ist der mittlere (der sechste) Wert der Median, also Median (B) $= 16$.

4. Die Varianz bei Auto A lautet $s^2 = 1{,}29 \left(\frac{1}{100\,\text{km}}\right)^2$.
5. Da $1{,}44 > 1{,}29$, läge es nahe zu behaupten, dass Auto A eine kleinere Streuung beim Benzinverbrauch aufweist als Auto B. Es muss allerdings zusätzlich beachtet werden, dass die beiden Varianzen sich auf unterschiedlich hohe Durchschnittsverbräuche beziehen. Eine diesbezügliche Quantifizierung erreichen wir mit dem Variationskoeffizienten V:
Auto A: $V = \frac{\sqrt{1{,}29}}{8} = 0{,}142$ Auto B: $V = \frac{\sqrt{1{,}44}}{16} = 0{,}075$.
Da $0{,}075 < 0{,}142$, ist die Streuung des Benzinverbrauches bei Auto B kleiner als bei Auto A.

Mathematischer Exkurs 10.6: Aufgaben

1. Ein Marktforschungsinstitut ist von Coca Cola beauftragt worden, die Präferenzen von Personen hinsichtlich von Getränken zu eruieren. Zu diesem Zweck wurden 20 Personen befragt, welches Getränk ihr Lieblingsgetränk ist. Die Antworten sehen folgendermaßen aus: Bier, Bier, Wein, Coca Cola, Sonstiges, Selters, Bier, Wein,

Sonstiges, Sonstiges, Wein, Sonstiges, Bier, Coca Cola, Sonstiges, Selters, Selters, Sonstiges, Bier, Sonstiges.

a. Erstellen Sie in einer Tabelle die Häufigkeitsverteilung für das Lieblingsgetränk.
b. Zeichnen Sie für die Häufigkeitsverteilung eine passende Grafik.

Kapitel 10

Lösung

a. Siehe Tab. 10.49

Tab. 10.49 Getränkekonsum

Getränk	absolute Häufigkeit
Coca Cola	2
Bier	5
Wein	3
Selters	3
Sonstiges	7

b. Einfaches Balkendiagramm, s. Abb. 10.32

Anzahl

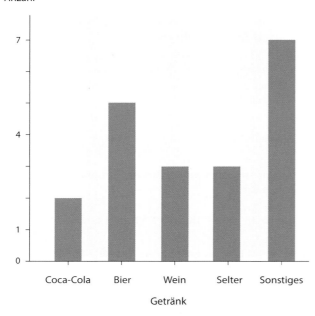

Abb. 10.32 Balkendiagramm zum Getränkekonsum

2. Das Hotel Vierjahreszeiten in Hamburg hatte im Jahr 2014 folgende Umsätze (in €), s. Tab. 10.50

Tab. 10.50 Umsatz Hotel Vierjahreszeiten

Monat	Umsatz
Januar	3.456.123
Februar	2.122.453
März	3.244.878
April	3.898.787
Mai	4.010.343
Juni	4.232.987
Juli	5.645.759
August	5.432.123
September	5.010.212
Oktober	4.569.123
November	4.020.482
Dezember	3.998.250

a. Wie hoch war der Umsatz im Jahr 2014?
b. Wie hoch war der durchschnittliche Umsatz pro Monat im Jahr 2014?

Lösung

a. 49.641.520 €
b. 4.136.793,33 € (arithmetischer Mittelwert)

3. Die Aktie des Unternehmens ThyssenKrupp wies an der Frankfurter Börse folgende Kurse auf (s. Tab. 10.51)

Tab. 10.51 Börsenkurse ThyssenKrupp

Aktienkurs in €	Datum
22,10	05.02.10
30,66	07.02.11
22,37	07.02.12
17,47	07.02.13
19,20	07.02.14

Von 2010 auf 2011 stieg der Aktienkurs; von 2012 auf 2013 fiel er. Um wie viel Prozent veränderte sich der Aktienkurs von ThyssenKrupp im Durchschnitt pro Jahr zwischen dem 5.2.2010 und dem 7.2.2014?

Lösung

−3,46 % (geometrischer Mittelwert). Der Kurs fiel im Durchschnitt um 3,46 % pro Jahr.

4. In München wurden 19 Personen hinsichtlich ihres monatlichen Nettoeinkommens befragt. Folgende Antworten wurden gegeben (in €):
2400, 2350, 3040, 4510, 2040, 1000, 1500, 1780, 2345, 5000, 400, 860, 1140, 2050, 3400, 3600, 2900, 2800, 2000
a. Wie hoch ist der Median des monatlichen Nettoeinkommens?
b. Wie hoch ist das 90 %-Quantil des monatlichen Nettoeinkommens?
c. Betrachten wir die ersten sieben Personen. Wie hoch ist die Varianz von deren Einkommen?

Lösung

a. 2345 €
b. 4510 €
c. 1.293.928,57 €^{2}

5. Edelmetalle erfreuen sich bei Anlegern einer gewissen Beliebtheit. In diesem Zusammenhang soll überprüft werden, ob sich die Kurse von Gold und Silber „gleichgerichtet" bewegen. Dazu verwenden wir Preise vom Nachmittagsfixing in London in US-Dollar pro Feinunze (London Gold PM Fixing bzw. London Silver Fixing; s. Tab. 10.52).
a. Wie groß ist die Korrelation zwischen Gold- und Silberpreis?
b. Zeichnen Sie eine geeignete Grafik, mit der eine mögliche Korrelation optisch veranschaulicht werden kann.

Tab. 10.52 Gold- und Silberpreis in $/Feinunze

Datum	Goldpreis	Silberpreis
03-Jan-2012	1598,0	28,78
04-Jan-2012	1613,0	29,18
05-Jan-2012	1599,0	28,92
06-Jan-2012	1616,5	29,40
09-Jan-2012	1615,0	28,85
10-Jan-2012	1637,0	29,69
11-Jan-2012	1634,5	29,81
12-Jan-2012	1661,0	30,58
13-Jan-2012	1635,5	29,64
16-Jan-2012	1641,0	29,90
17-Jan-2012	1656,0	30,41
18-Jan-2012	1647,0	30,15
19-Jan-2012	1655,0	30,79
20-Jan-2012	1653,0	30,36
23-Jan-2012	1675,5	32,45

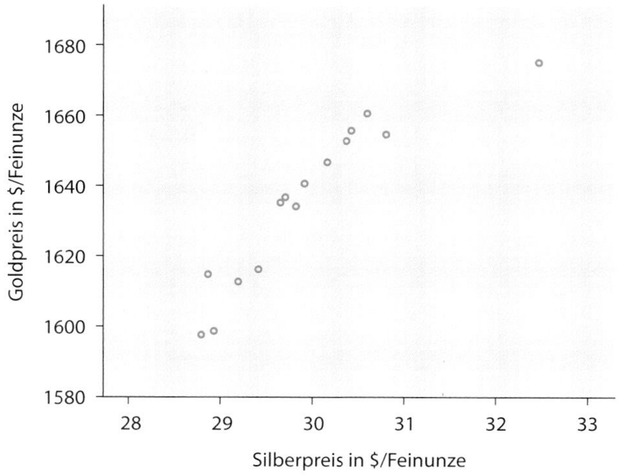

Abb. 10.33 Streudiagramm für Gold- und Silberpreis

Lösung

a. $r = 0,921$ (Korrelationskoeffizient nach Bravais-Pearson)
b. Streudiagramm (s. Abb. 10.33)

Literatur

Bispinck, R., Dribbusch H., Öz, F., Stoll, E.: Bachelor, Master und Co. Einstiegsgehälter und Arbeitsbedingungen von jungen Akademikerinnen und Akademikern. WSI-Arbeitspapier (10). http://www.lohnspiegel.de/dateien/einstiegsgehaelter-fuer-akademiker-innen (2012). Zugegriffen: 11.02.2014

Bundesagentur für Arbeit: Betriebe und sozialversicherungspflichtige Beschäftigung – Deutschland, Länder – Dezember 2012. http://statistik.arbeitsagentur.de/nn_280978/SiteGlobals/Forms/Rubrikensuche/Rubrikensuche_Form.html?view=processForm&resourceId=210368&input_=&pageLocale=de&topicId=17386&year_month=201212&year_month.GROUP=1&search=Suchen (2012). Zugegriffen: 11.02.2014

Statistisches Bundesamt: www.destatis.de/DE/Meta/AbisZ/Produktionsindex.html. Zugegriffen: 23.02.2014

Deutsche Börse: Vom Parkett zum elektronischen Handelsplatz. deutsche-boerse.com/dbg/dispatch/de/binary/gdb_content_pool/imported_files/public_files/10_downloads/11_about_us/DB_DBG_P_z_v_HP.pdf (2009). Zugegriffen: 11.02.2014

Deutsche Börse: Leitfaden zu den REX-Indizes. http://www.dax-indices.com/DE/MediaLibrary/Document/REX_L_3_10_d.pdf (2011). Zugegriffen: 11.02.2014

Deutsche Börse: REX (Kursindex) | Index | 846910 | DE0008469107 | Börse Frankfurt. http://www.boerse-frankfurt.de/de/aktien/indizes/rex+kursindex+DE0008469107/kurs_und_umsatzhistorie/historische+kursdaten (2013). Zugegriffen: 11.02.2014

Deutsche Bundesbank: Deutsche Bundesbank – Makroökonomische Zeitreihen Detailansicht Werte. http://www.bundesbank.de/Navigation/DE/Statistiken/Zeitreihen_Datenbanken/Makrooekonomische_Zeitreihen/its_details_value_node.html?tsId=BBK01.WT5636&dateSelect=2012 (2013a). Zugegriffen: 11.02.2014

Deutsche Bundesbank: www.bundesbank.de/Navigation/DE/Statistiken/Zeitreihen_Datenbanken/Makrooekonomische_Zeitreihen/its_details_value_node.html?tsId=BBK01.WT5512&dateSelect=2012 (2013b). Zugegriffen: 4.03.2013

Eurostat: Harmonisierte Arbeitslosenquote nach Geschlecht. http://epp.eurostat.ec.europa.eu/tgm/table.do?tab=table&plugin=1&language=de&pcode=teilm020 (2013a). Zugegriffen: 22.02.2013

Eurostat: Harmonisierte Arbeitslosenquote nach Geschlecht (absolut). http://epp.eurostat.ec.europa.eu/tgm/table.do?tab=table&init=1&language=de&pcode=teilm010&plugin=1 (2013b). Zugegriffen: 22.02.2013

finanzen.net GmbH: DAIMLER | Historische Kurse | FSE | Schlusskurse | finanzen.net. http://www.finanzen.net/kurse/kurse_historisch.asp?pkAktieNr=727&strBoerse=FSE (2013a). Zugegriffen: 11.02.2013

finanzen.net GmbH: FRESENIUS MEDICAL CARE | Historische Kurse | FSE | Schlusskurse | finanzen.net. http://www.finanzen.net/kurse/kurse_historisch.asp?pkAktieNr=540&strBoerse=FSE (2013b). Zugegriffen: 11.02.2014

finanzen.net GmbH: Historische DAX-Entwicklung | finanzen.net. http://www.finanzen.net/index/DAX/Historisch (2013c). Zugegriffen: 11.02.2014

finanzen.net GmbH: RWE | Historische Kurse | FSE | Schlusskurse | finanzen.net. http://www.finanzen.net/kurse/kurse_historisch.asp?pkAktieNr=3547&strBoerse=FSE (2013d). Zugegriffen: 11.02.2014

Food and Agriculture Organization of the United Nations: http://faostat.fao.org/site/567/DesktopDefault.aspx?PageID=567#ancor (2013). Zugegriffen: 4.03.2013

Gantz, J., Reinsel, D.: Extracting Value from Chaos (Juni). www.emc.com/collateral/analyst-reports/idc-extracting-value-from-chaos-ar.pdf (2011). Zugegriffen: 15.03.2013

Gesis: GESIS – Missy: Studienbeschreibung. http://www.gesis.org/missy/studie/erhebung/studienbeschreibung/ (2014). Zuletzt aktualisiert: 30.01.2014. Zugegriffen: 11.02.2014

McClave, J.T., Benson, P.G., Sincich, T.: Statistics for Business and Economics, 12. Aufl., Pearson, Essex (2014)

Kapitel 10

Statistische Ämter des Bundes und der Länder: Forschungsdatenzentren der Statistischen Ämter des Bundes und der Länder. http://www.forschungsdatenzentrum.de/bestand/gls/cf/2006/index.asp (2002). Zuletzt aktualisiert: 05.12.2002. Zugegriffen: 11.02.2014

Statistisches Bundesamt: Pressemitteilungen Nr. 423, Zahl der Studierenden in Deutschland auf Rekordniveau – Statistisches Bundesamt (Destatis). https://www.destatis.de/DE/PresseService/Presse/Pressemitteilungen/2012/12/PD12_423_213.html (2012a). Zuletzt aktualisiert: 05.12.2012. Zugegriffen: 11.02.2014

Statistisches Bundesamt: Fachserie 4 Reihe 4.2.3 – Konzentrationsstatistische Daten für das Verarbeitende Gewerbe, den Bergbau und die Gewinnung von Steinen und Erden sowie für das Baugewerbe. www.destatis.de/DE/Publikationen/Thematisch/IndustrieVerarbeitendesGewerbe/Strukturdaten/KonzentrationsstatistischeDaten2040423109004.pdf?_blob=publicationFile (2012b). Zugegriffen: 1.03.2013

The United States Department of Justice, Antitrust Division: Herfindahl-Hirschman Index. http://www.justice.gov/atr/public/guidelines/hhi.html (2013). Zugegriffen: 1.03.2013

The Economist: Data, data everywhere. http://www.economist.com/node/15557443 (2010). Zuletzt aktualisiert: 11.02.2014. Zugegriffen: 11.02.2014

The London Bullion Market Association: London Silver Fixings. http://www.lbma.org.uk/pages/index.cfm?page_id=54&title=silver_fixings&show=2012&type=daily (2012). Zugegriffen: 4.03.2013

Transfermarkt: www.transfermarkt.de/de/1-bundesliga/kreuztabelle/wettbewerb_L1.ht (2013). Zugegriffen: 01.09.2013

Verband der Automobilindustrie: Neuzulassungen. http://www.vda.de/de/zahlen/jahreszahlen/neuzulassungen/index.html (2013). Zugegriffen: 28.02.2013

World Bank: World Bank Commodity Price Data (Pink Sheet). http://siteresources.worldbank.org/INTPROSPECTS/Resources/334934-1304428586133/PINK_DATA.xlsx (2013). Zugegriffen: 4.03.2013

Weiterführende Literatur

Kvanli, A., Guynes, C.S., Pavur, R.J.: Introduction to Business Statistics. A Computer integrated, Data Analysis Approach, 5. Aufl. South-Western College, Cincinnati, Ohio (2000)

Langer, W.: Methoden 2: Deskriptive Statistik. http://www.soziologie.uni-halle.de/langer/methoden2/pdf/vorlesung270103.pdf (2014). Zugegriffen: 11.02.2014

Quatember, A.: Statistik ohne Angst vor Formeln. Das Studienbuch für Wirtschafts- und Sozialwissenschaftler, 3. Aufl. Pearson, München (2011)

Sachs, L.: Angewandte Statistik. Anwendung statistischer Methoden, 11. Aufl. Springer, Berlin (2004)

Schira, J.: Statistische Methoden der VWL und BWL. Theorie und Praxis, 4. Aufl. Pearson, München (2012)

Weigand, C: Statistik mit und ohne Zufall. Eine anwendungsorientierte Einführung, 2. Aufl. Physica, Heidelberg (2009)

WSI-Lohnspiegel-Datenbank. www.lohnspiegel.de. Zugegriffen: 03.03.2014

Zwerenz, K.: Statistik. Datenanalyse mit EXCEL und SPSS, 3. Aufl. Oldenbourg, München (2006)

Zwerenz, K.: Statistik verstehen mit Excel. Interaktiv lernen und anwenden – Buch mit Excel-Downloads, 2. Aufl. Oldenbourg, München (2008)

Wahrscheinlichkeitsrechnung

11

Wie wahrscheinlich sind
bestimmte Ereignisse?

11.1 Wahrscheinlichkeitsbegriff und Zufallsexperiment 444

11.2 Wahrscheinlichkeitstheorie – Rechenregeln zum
adäquaten Umgang mit Wahrscheinlichkeiten 445

11.3 Kombinatorik – Wie viele Anordnungen von *n* Objekten gibt es?
Wie viele Ergebnisse hat ein Experiment? 450

11.4 Wahrscheinlichkeitsverteilung – Wahrscheinlichkeiten grafisch
und zahlenmäßig darstellen 453

11.5 Diskrete Wahrscheinlichkeitsverteilungen – Wahrscheinlichkeiten
bei Experimenten mit endlich vielen möglichen Ergebnissen 461

11.6 Stetige Wahrscheinlichkeitsverteilungen – Wahrscheinlichkeiten
bei Experimenten mit unendlich vielen möglichen Ergebnissen 471

Literatur 489

Kapitel 11

© Springer-Verlag Berlin Heidelberg 2017
B. Haack et al., *Mathematik für Wirtschaftswissenschaftler*, DOI 10.1007/978-3-642-55175-8_11

Mathematischer Exkurs 11.1: Worum geht es hier?

Fluggesellschaften bedienen viele Routen, um Passagiere von einem Ort zum anderen zu transportieren. Die Auslastung der Flugzeuge fällt dabei recht unterschiedlich aus. So weist z. B. die Deutsche Lufthansa für das Jahr 2012 eine durchschnittliche Sitzauslastung von 78,8 % aus (s. Lufthansa Group (2013)). Manche Flüge sind extrem unterbelegt, andere dagegen zu 100 % ausgelastet. Insbesondere bei voll ausgelasteten Flügen stellt sich die Frage, ob auch alle Personen, die ein Ticket erworben haben, zum Abflug erscheinen. Wenn nicht, kann von der Fluggesellschaft eine Überbuchung vorgenommen werden. Es können mehr Tickets als vorhandene Sitzplätze verkauft werden. Woher weiß allerdings die Fluggesellschaft von vornherein, wie viele Passagiere tatsächlich einen Sitzplatz einnehmen werden bzw. nicht?

Da dieses Wissen nicht vorliegen kann – es existieren viele kurzfristige Gründe wie z. B. Krankheit, die zu einer Absage der Flugreise führen – bedienen sich die Fluggesellschaften einer Methode, um zumindest näherungsweise Angaben zu erhalten: die Wahrscheinlichkeitsrechnung. Nehmen wir an, das Flugzeug verfügt über 180 Sitzplätze, und es wurden auch 180 Tickets verkauft. Mit welcher Wahrscheinlichkeit erscheinen alle 180 oder nur 179 oder nur 178 etc. Personen zum Abflug? Wir werden in diesem Kapitel Mittel und Wege kennenlernen, um dies auszurechnen.

Der Aktienkurs der Daimler AG unterliegt gewissen Schwankungen. Im Jahr 2012 lagen die Tagesrenditen zwischen −6 % und +6 % (s. Abb. 11.1).

Für das Jahr 2013 oder auch die erste Jahreshälfte 2014 wird diese Grafik anders aussehen. Trotzdem wollen wir z. B. wissen, wie groß die Wahrscheinlichkeit ist, eine Tagesrendite von weniger als −3 % zu erhalten. Existiert eine – quasi hinter der Abbildung liegende – Systematik, die für die konkrete

Form der Abbildung sorgt? Wenn ja, wie lautet deren mathematische Formel? Und wie muss diese Formel verwendet werden, um Wahrscheinlichkeiten für eine Tagesrendite z. B. zwischen 1 % und 2 % oder größer als 4 % oder kleiner als −5 % auszurechnen?

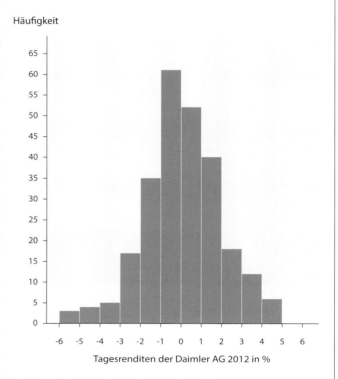

Abb. 11.1 Tagesrenditen der Daimler AG für 2012

Mathematischer Exkurs 11.2: Was können Sie nach Abschluss dieses Kapitels?

Sie werden nach Abschluss des Kapitels in der Lage sein,

- ein Zufallsexperiment von einem Experiment zu unterscheiden,
- ein zufälliges Ereignis von einem Ereignisraum abzugrenzen,
- zu erkennen, wann Sie Wahrscheinlichkeiten addieren oder multiplizieren,
- die Unabhängigkeit von zwei Ereignissen zu prüfen,
- die Zahl unterschiedlicher Routen eines Containerschiffes zu berechnen,

- die Gewinnchancen einiger Glücksspiele zu ermitteln,
- eine Dichtefunktion von einer Wahrscheinlichkeitsfunktion zu unterscheiden,
- eine Verteilungsfunktion zu interpretieren,
- diskrete von stetigen Wahrscheinlichkeitsverteilungen abzugrenzen,
- eigenständig zu entscheiden, unter welchen Bedingungen welche diskrete Wahrscheinlichkeitsfunktion zu verwenden ist, und
- Wahrscheinlichkeiten aus Tabellen abzulesen und zu interpretieren.

Mathematischer Exkurs 11.3: Müssen Sie dieses Kapitel überhaupt durcharbeiten?

Sie haben sich bereits mit Wahrscheinlichkeitsrechnung beschäftigt? Das eben Genannte kommt Ihnen bekannt vor? Sie können eine Wahrscheinlichkeitsfunktion von einer Dichtefunktion unterscheiden? Es fällt Ihnen leicht, eine Verteilungsfunktion zu interpretieren und eigenständig zu erstellen? Die Berechnung einer Standardabweichung bzw. Varianz bereitet Ihnen keine Kopfschmerzen? Bei einem Bernoulli-Experiment wissen Sie sofort, was gemeint ist? Die geometrische und hypergeometrische Verteilung können Sie sachgerecht einordnen? Die Poisson-Verteilung bringen Sie nicht in Verbindung mit einem Parfüm, und den Begriff Chi^2 ordnen Sie nicht der Esoterik zu?

Testen Sie hier, ob Ihr Wissen und Ihre rechnerischen Fertigkeiten ausreichen, um dieses Kapitel gegebenenfalls einfach zu überspringen. Lösen Sie dazu die folgenden Testaufgaben. Alle Aufgaben werden innerhalb der folgenden Abschnitte besprochen bzw. es wird Bezug darauf genommen

11.1 Softgetränk

Mit welcher Wahrscheinlichkeit präferieren Kunden Coca-Cola aus Glasflaschen (Daten s. Tab. 11.4)?
Wie hoch ist die Wahrscheinlichkeit, eine Plastikflasche gegenüber einer Glasflasche zu bevorzugen?

11.2 Containerschiff

a. Ein Containerschiff, welches in Athen startet und endet, möchte drei Mittelmeerhäfen anlaufen. Wie viele unterschiedliche Routen kann das Containerschiff nutzen?

b. Was ändert sich an dieser Wahrscheinlichkeit, wenn 10 Mittelmeerhäfen angesteuert werden sollen?

11.3 Haushaltsgröße

a. Ermitteln und interpretieren Sie für die Haushaltsgröße die Verteilungsfunktion (s. Tab. 11.7).

b. Was unterscheidet die Verteilungsfunktion von der Wahrscheinlichkeitsfunktion?

11.4 Fluggesellschaft

a. Die Wahrscheinlichkeit, dass der Käufer eines Flugtickets zum Abflug erscheint sei – für jeden Käufer – 90 %. Wie groß ist die Wahrscheinlichkeit, dass bei fünf verkauften Tickets lediglich zwei Passagiere zum Abflug erscheinen?

b. Wie viele Passagiere werden wohl ihren Sitzplatz einnehmen?

11.5 Tagesrendite Daimler AG

a. Die Tagesrendite der Daimler AG sei normalverteilt mit einem Erwartungswert von 0,08 %, und einer Standardabweichung von 1,9 %. Mit welcher Wahrscheinlichkeit liegt die Tagesrendite bei maximal 1 %?

b. Mit welcher Wahrscheinlichkeit liegt die Tagesrendite bei mindestens 2,5 %?

Häufigkeitsprozent

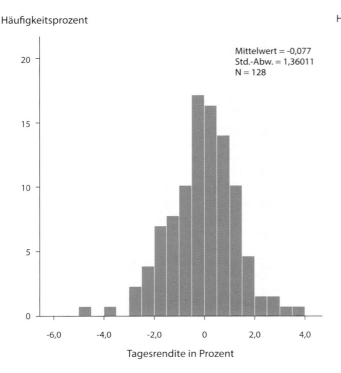

Mittelwert = -0,077
Std.-Abw. = 1,36011
N = 128

Tagesrendite in Prozent

Abb. 11.2 Tagesrendite BMW vom 17.12.2012 bis 24.6.2013

Häufigkeitsprozent

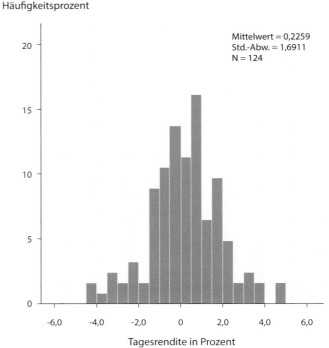

Mittelwert = 0,2259
Std.-Abw. = 1,6911
N = 124

Tagesrendite in Prozent

Abb. 11.3 Tagesrendite BMW vom 25.6.2012 bis 14.12.2012

Wer Geld anlegen möchte, kann unter verschiedensten Anlagemöglichkeiten wählen. Eine nach wie vor populäre Möglichkeit besteht im Kauf bzw. Verkauf von Aktien. Aktienkurse unterliegen allerdings Schwankungen, die mal größer und mal kleiner ausfallen. Aktien mit geringen Schwankungen besitzen zwar ein geringes Risiko, weisen aber auch niedrige Renditen auf. Aktien mit hohen Schwankungen hingegen offenbaren Chancen für hohe Renditen bei gleichzeitigem hohem Risiko eines Verlustes. Obwohl die Kursentwicklung der Vergangenheit keine Sicherheit über die Kursentwicklung der Zukunft bietet, erweist es sich als sinnvoll, die Kursentwicklung der zurückliegenden Zeit genauer zu betrachten. Wie wahrscheinlich ist es z. B., dass sich der Aktienkurs von einem Tag auf den nächsten (genannt Tagesrendite) um mehr als 4 % oder weniger als 1 % ändert?

Betrachten wir zur Veranschaulichung die Aktie der BMW AG (Daten von finanzen.net GmbH 2013a): Wir schauen „einfach" in die Vergangenheit und zählen, wie oft derartige Tagesrenditen eintraten (s. Abb. 11.2).

In dem betrachteten Zeitraum eines halben Jahres gab es keine Tagesrendite von mehr als +4 %. Betrachten wir hingegen ein anderes halbes Jahr, z. B. vom 25.6.2012 bis 14.12.2012, stellen wir fest, dass sehr wohl ein Anstieg von mehr als 4 % eintrat (s. Abb. 11.3).

Das Ergebnis unserer Aussage hängt also entscheidend von dem gewählten Zeitraum ab. Da dies unbefriedigend ist, suchen wir nach einer übergeordneten Regel (Formel), die grundsätzlich – also unabhängig von dem gewählten Zeitraum – diese beiden Histogramme erzeugt. Haben wir diese Regel gefunden, können wir auch Wahrscheinlichkeiten ausrechnen, dass die Ta-

gesrendite größer als 4 % ausfällt bzw. sich in einem bestimmten Intervall befindet. Dies soll vertieft in Abschn. 11.6 behandelt werden.

11.1 Wahrscheinlichkeitsbegriff und Zufallsexperiment

Im Folgenden werden immer wieder Wahrscheinlichkeiten berechnet. Daher soll am Beginn dieses Kapitels erläutert werden, was unter Wahrscheinlichkeit zu verstehen ist. Betrachten wir beispielsweise in einem Unternehmen eine Abteilung mit zehn Mitarbeitern, von denen definitiv ein Mitarbeiter der Abteilungsleiter werden soll. Wie groß ist die Wahrscheinlichkeit, dass Mitarbeiter Klaus Abteilungsleiter wird? Insgesamt kommen zehn Personen infrage, aber nur eine Person davon ist Klaus, also einer von zehn, somit $\frac{1}{10} = 0,1 = 10\%$.

In einem zweiten Beispiel betrachten wir ein Unternehmen, das Autoreifen herstellt, nämlich 200 Stück pro Stunde. Wie groß ist die Wahrscheinlichkeit, dass ein zufällig ausgewählter Reifen der erste Reifen ist, der in dieser Stunde hergestellt wurde? Ein Reifen (der erste) von 200, also $\frac{1}{200} = 0,005 = 0,5\%$. Diese Berechnungsweise lässt sich verallgemeinern:

Merksatz

$$\text{Wahrscheinlichkeit} = \frac{\text{Zahl der günstigen Fälle}}{\text{Zahl aller gleichmöglichen Fälle}}$$

Was sind mögliche und günstige Fälle? Technisch gesprochen ist unser Beispiel mit den Autoreifen ein Zufallsexperiment, also ein Experiment, dessen Ergebnis wir nicht vorhersagen können. Wir werden zwar Vermutungen anstellen können, welches Ergebnis wohl herauskommen wird. Aber sicher sind wir nicht.

Die Wahrscheinlichkeit kann Werte zwischen null und eins annehmen. Null bedeutet, das Ereignis ist unmöglich (es kann nicht eintreten), und eins sagt aus, dass dieses Ereignis definitiv eintritt.

Gut zu wissen

Größenordnung von Wahrscheinlichkeit bedeutet

$$0 \leq \text{Wahrscheinlichkeit} \leq 1.$$ ◀

Ein **Zufallsexperiment** ist ein Vorgang, der nach einer bestimmten Vorschrift ausgeführt wird, beliebig oft wiederholbar ist und dessen Ergebnis vom Zufall abhängt.

Es seien alle 200 Reifen durchnummeriert. Wir definieren genau, auf welchem Weg ein Reifen zufällig (z. B. mit geschlossenen Augen) auszuwählen ist (bestimmte Vorschrift). Dieses Experiment können wir in jeder Stunde wiederholen (beliebig oft wiederholbar). Da wir mit geschlossenen Augen ausgewählt haben, können wir vor dem Experiment nicht wissen, welchen Reifen wir als Ergebnis des Experimentes erhalten (Ergebnis hängt vom Zufall ab). Ein möglicher Fall bezeichnet nun ein einziges Ergebnis des Experimentes, welches eintreten kann. Da in einer Stunde 200 Reifen produziert werden, kann jeder dieser 200 Reifen ausgewählt werden; jeder Reifen ist ein möglicher Fall. Insgesamt gibt es folglich 200 mögliche Fälle. Ein günstiger Fall ist das konkrete Ergebnis, dessen Wahrscheinlichkeit wir berechnen wollen. Da wir den ersten hergestellten Reifen suchen, und es diesen nur einmal gibt, lautet die Zahl der günstigen Fälle 1.

Das Ergebnis eines Zufallsexperimentes wird **zufälliges Ereignis** bzw. Elementarereignis genannt. Ziehen wir zufällig Reifen Nummer 5, dann ist dieser Reifen das zufällige Ereignis. Ziehen wir zufällig Reifen Nummer 123, dann ist jener Reifen das zufällige Ereignis. Die Summe aller gleichmöglichen Fälle bezeichnet man als den **Ereignisraum** und schreibt

$$S = \{1, 2, 3, \ldots, 198, 199, 200\}.$$

Jede beliebige Teilmenge vom Ereignisraum nennt man **Ereignis**. Die ersten drei hergestellten Reifen bilden z. B. das Ereignis

$$A = \{1, 2, 3\}.$$

Die letzten vier produzierten Reifen formen z. B. das Ereignis

$$B = \{197, 198, 199, 200\}.$$

Möchten wir für das Ereignis B die Wahrscheinlichkeit berechnen und mit $W(B)$ bezeichnen, ermitteln wir die Zahl der günstigen Fälle, also die Zahl der Elemente in B, und teilen sie

durch die Zahl aller gleichmöglichen Fälle, also die Zahl der Elemente im Ereignisraum S:

$$W(B) = \frac{4}{200} = 0{,}02 = 2\,\text{Prozent} = 2\,\%.$$

Das Zählen der Fälle ist in diesem Beispiel simpel. Wir können schlicht und einfach „mit den Fingern" abzählen. Mit dieser Art zu zählen, stoßen wir allerdings bald an Grenzen. Wir werden uns immer wieder verzählen, sodass wir Ausschau halten nach Formeln, die uns das Zählen abnehmen. Genau dafür ist der Abschn. 11.3 „Kombinatorik" vorgesehen. Es müssen aber immer noch Zähler und Nenner getrennt ermittelt werden. Erst die Division dieser beiden Zahlen liefert die gesuchte Wahrscheinlichkeit. Streng genommen ist es unerheblich, ob z. B. die Wahrscheinlichkeit 10 % dadurch zustande kommt, dass 1 durch 10 oder 2 durch 20 geteilt wird. Von Interesse sind ja nur die 10 %. Folglich wäre es hilfreich, eine einzige Formel zu erhalten, die gleich die gesuchte Wahrscheinlichkeit als eine Zahl liefert. Dieser Weg wird ausführlich in den Abschn. 11.5 und 11.6 vorgestellt.

11.2 Wahrscheinlichkeitstheorie – Rechenregeln zum adäquaten Umgang mit Wahrscheinlichkeiten

In Abschn. 11.1 haben wir gelernt, wie man Wahrscheinlichkeiten für einzelne Ereignisse berechnet. Was ist aber zu tun, wenn für Verknüpfungen von mehreren Ereignissen eine Wahrscheinlichkeit ermittelt werden soll? Wie groß ist z. B. die Wahrscheinlichkeit, dass zwei Ereignisse gleichzeitig eintreten? Oder wie groß ist die Wahrscheinlichkeit, dass von zwei Ereignissen mindestens ein Ereignis eintritt? Ändert sich etwas an der Wahrscheinlichkeit eines Ereignisses, wenn wir dieses Ereignis suchen, unter der Bedingung, dass ein anderes Ereignis auch eintritt? Diese und weitere Fragen sollen in diesem Abschnitt bearbeitet werden.

11.2.1 Additionssatz

Wie kann die Wahrscheinlichkeit berechnet werden, dass mindestens ein Ereignis eintritt? Betrachten wir als Beispiel ein Unternehmen, das in den Semesterferien zwei Studierende als Praktikanten einstellen möchte. Aus den vielen Bewerbungen ist das Unternehmen vor allem an Thomas und Klara interessiert. Der Personalchef des Unternehmens schätzt die Wahrscheinlichkeit, dass Klara das Praktikum tatsächlich antritt, auf 25 %. Bei Klaus wird eine entsprechende Wahrscheinlichkeit auf 33 % geschätzt. Die Wahrscheinlichkeit, dass beide kommen, wird mit 11 % angesetzt. Wie groß ist nun die Wahrscheinlichkeit,

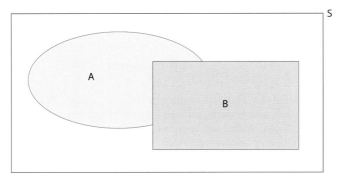

Abb. 11.4 Allgemeiner Additionssatz

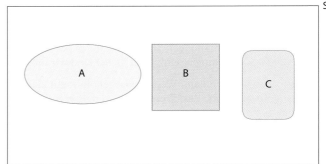

Abb. 11.5 Spezieller Additionssatz

dass entweder Klara kommt oder Klaus oder beide, also mindestens einer (s. Mansfield (1994), S. 95)?

$$W(\text{Klara kommt}) = W(A) = 0{,}25$$
$$W(\text{Klaus kommt}) = W(B) = 0{,}33$$
$$W(\text{Klara und Klaus kommen}) = W(A \text{ und } B) = 0{,}11$$
$$W(\text{Klara oder Klaus kommt}) = W(\text{Klara kommt})$$
$$+ W(\text{Klaus kommt})$$
$$- W(\text{beide kommen})$$
$$= 0{,}25 + 0{,}33 - 0{,}11 = 0{,}47.$$

Die Wahrscheinlichkeit, dass mindestens einer von beiden kommt, beträgt 47 %.

Die allgemeine Rechenregel für den Additionssatz lautet:

Rechenregel

Additionssatz: $W(A \cup B) = W(A) + W(B) - W(A \cap B)$

Sie kann im Venn-Diagramm folgendermaßen dargestellt werden (s. Abb. 11.4).

Alles, was grün und blau markiert ist, gehört zu A oder B, also zu $A \cup B$; man spricht hier von A vereinigt B.

Was ändert sich am Additionssatz, wenn zwei Ereignisse betrachtet werden, die sich gegenseitig ausschließen, also nur eines von beiden Ereignissen eintreten kann, aber nicht beide gleichzeitig (s. Abb. 11.5)? Google arbeitet z. B. an einer internetfähigen Brille mit eingebauter Kamera (Google Glass). Aber auch Apple und Microsoft entwickeln eine derartige Brille. Wer wird mit seinem Produkt der Erste auf dem Markt sein? Das Marktforschungsinstitut Capgemini hat für alle drei Unternehmen die Wahrscheinlichkeit ermittelt, der Erste zu sein. $W(\text{Google}) = 28\,\%$, $W(\text{Apple}) = 12\,\%$ und $W(\text{Microsoft}) = 6\,\%$. Wie groß ist die Wahrscheinlichkeit, dass Google oder Apple oder Microsoft der Erste sein wird?

$$W(\text{Google oder Apple oder Microsoft}) =$$
$$W(\text{Google}) + W(\text{Apple}) + W(\text{Microsoft}) =$$
$$0{,}28 + 0{,}12 + 0{,}06 = 0{,}46.$$

Mit 46 %iger Wahrscheinlichkeit ist eines von diesen drei Unternehmen das Erste auf dem Markt.

Merksatz

Spezieller Additionssatz für sich gegenseitig ausschließende Ereignisse:

$$W(A \cup B \cup C) = W(A) + W(B) + W(C).$$

11.2.2 Bedingte Wahrscheinlichkeit

Bislang wurden Wahrscheinlichkeiten berechnet, ohne spezielle Annahmen zu formulieren. Was ändert sich aber, wenn Annahmen formuliert werden, die eventuell einen Einfluss auf das Ergebnis des Zufallsexperimentes ausüben? Dann reden wir von einer bedingten Wahrscheinlichkeit. Als Beispiel verwenden wir ein Unternehmen, das Staubsauger herstellt und umfangreichen Reklamationen ausgesetzt ist. In Tab. 11.1 sind die Gründe der insgesamt 1000 Beschwerden aus den letzten zwei Jahren zusammengetragen: Die Elektrik kann versagen, die Bedienung zu schwierig sein oder der Staubsauger erreicht nicht die gewünschte Sauberkeit des Teppichbodens.

Sei A das Ereignis, sich über die Sauberkeit zu beschweren, dann gilt:

$$W(A) = \frac{360}{1000} = 0{,}36 = 36\,\%.$$

Tab. 11.1 Reklamationen von Kunden des Unternehmens KH

Zeitpunkt	Grund für Reklamation			
	Elektrik	Sauberkeit	Bedienung	Summe
innerhalb der Garantiezeit	120	110	340	570
außerhalb der Garantiezeit	140	250	40	430
Summe	260	360	380	1000

Tab. 11.2 Klausur im Fach Rechnungswesen

Studierende	Anzahl
immatrikuliert	200
zur Prüfung angemeldet	180
zur Prüfung erschienen	160
bestanden	134

Sei B das Ereignis, sich innerhalb der Garantiezeit zu beschweren, dann gilt:

$$W(B) = \frac{570}{1000} = 0,57 = 57\%.$$

Wie groß ist die Wahrscheinlichkeit, sich über die Sauberkeit zu beschweren unter der Bedingung, dies innerhalb der Garantiezeit zu machen?

Rechenregel

Bedingte Wahrscheinlichkeit:

$$W(A/B) = \frac{W(A \cap B)}{W(B)} = \frac{110/1000}{570/1000}$$
$$= \frac{100}{570} = \frac{0,11}{0,57} = 0,193 = 19,3\%.$$

(Die Formel setzt voraus, dass $W(B) \neq 0$, also B kein unmögliches Ereignis darstellt.)

Durch die Bedingung ändert sich quasi der Ereignisraum S. Er verkleinert sich zu B. Durch die Bedingung werden alle Beschwerden außerhalb der Garantiezeit ausgeschlossen. Es werden lediglich die Beschwerden innerhalb der Garantiezeit betrachtet.

Ein zweites Beispiel soll die Erfolgsquote bei einer Klausur im Fach Rechnungswesen behandeln. 134 Personen haben eine 4,0 oder eine bessere Note geschrieben, also die Prüfung bestanden. Die Berechnung der Erfolgsquote – also der Wahrscheinlichkeit zu bestehen – erweist sich nicht als eindeutig. Tabelle 11.2 können die relevanten Informationen entnommen werden.

Die Zahl der „günstigen" Fälle ist eindeutig 134. Für die Zahl „aller gleichmöglichen" Fälle kommen hingegen drei Zahlen infrage, je nachdem, welche Bedingung formuliert wird. Unter der Bedingung eingeschrieben zu sein, erhält man

$$W(\text{bestanden}) = \frac{134}{200} = 0,67 = 67\%.$$

Unter der Bedingung, zur Prüfung angemeldet zu sein (nicht jeder Immatrikulierte ist auch zur Prüfung angemeldet), erhält man

$$W(\text{bestanden}) = \frac{134}{180} = 0,744 = 74,4\%.$$

Unter der Bedingung, zur Prüfung erschienen zu sein (nicht jeder Angemeldete tritt die Prüfung auch an), erhält man

$$W(\text{bestanden}) = \frac{134}{160} = 0,838 = 83,8\%.$$

Je nach Bedingung resultieren drei unterschiedliche Erfolgsquoten.

11.2.3 Unabhängigkeit von Ereignissen

Wie kann geprüft werden, ob zwei Ereignisse unabhängig voneinander eintreten? Kommen wir zurück zu dem Beispiel mit dem Staubsauger (s. Tab. 11.1 in Abschn. 11.2.2). Hat die Tatsache, sich über die Sauberkeit des Staubsaugers zu beschweren (Ereignis A), etwas mit dem Zeitpunkt zu tun, zu dem man sich beschwert (Ereignis B)? Intuitiv würde man sagen, wenn die Wahrscheinlichkeit einer Beschwerde während der Garantiezeit genauso groß ist wie außerhalb der Garantiezeit, spielt die Garantiezeit keine Rolle. In eine Formel übertragen erhalten wir:

Merksatz

Unabhängigkeit bedeutet

$$W(A/B) = W(A/\bar{B}) \rightarrow A \text{ und } B \text{ sind unabhängig.}$$

Sofern diese Gleichheit nicht erfüllt ist, sind A und B abhängig. $\bar{B}$ heißt non B bzw. nicht B und meint das Gegenteil von B, das Komplementärereignis zu B. $\bar{B}$ beschreibt hier das Ereignis, sich außerhalb der Garantiezeit zu beschweren. Die Wahrscheinlichkeit, sich innerhalb der Garantiezeit über die Sauberkeit zu beschweren, ergibt sich als (s. Abschn. 11.2.2):

$$W(A/B) = 0,193 = 19,3\%.$$

Die Wahrscheinlichkeit, sich außerhalb der Garantiezeit über die Sauberkeit zu beschweren, kann folgendermaßen berechnet werden:

$$W(A/\bar{B}) = \frac{W(A \cap \bar{B})}{W(\bar{B})} = \frac{250/1000}{430/1000} = \frac{250}{430}$$
$$= 0,581 = 58,1\%.$$

Da 19,3 % ungleich 58,1 % ist, erweist sich die Tatsache einer Sauberkeitsbeschwerde als abhängig vom Zeitpunkt der Beschwerde. Ereignis A hängt von Ereignis B ab.

Wenn allerdings $W(A/B) = W(A/\bar{B})$ gilt, spielt es für A offensichtlich keine Rolle, ob B eintritt oder nicht. Dann müssten aber diese beiden Wahrscheinlichkeiten identisch sein mit der unbedingten Wahrscheinlichkeit von A:

$$W(A/B) = W(A/\bar{B}) = W(A) \rightarrow A \text{ und } B \text{ sind unabhängig.}$$

Dazu betrachten wir das Unternehmen AQ (s. Tab. 11.3).

$$W(A/B) = \frac{W(A \cap B)}{W(B)} = \frac{216/1000}{600/1000} = \frac{216}{600} = 0,36 = 36\%$$
$$W(A/\bar{B}) = \frac{W(A \cap \bar{B})}{W(\bar{B})} = \frac{144/1000}{400/1000} = \frac{144}{400} = 0,36 = 36\%$$
$$W(A) = \frac{360}{1000} = 0,36 = 36\%.$$

Kapitel 11

Tab. 11.3 Reklamationen von Kunden des Unternehmens AQ

Zeitpunkt	Grund für Reklamation			
	Elektrik	Sauberkeit	Bedienung	Summe
innerhalb der Garantiezeit	44	216	340	600
außerhalb der Garantiezeit	216	144	40	400
Summe	260	360	380	1000

Tab. 11.4 Präferenzen bezüglich Softdrinks

Getränk	Material		
	Glas	Plastik	Summe
Coca-Cola	501	110	611
Pepsi	203	186	389
Summe	704	296	1000

$W(A)$ liefert die Wahrscheinlichkeit, sich über die Sauberkeit zu beschweren, gleichgültig wann. Da alle drei zuletzt berechneten Wahrscheinlichkeiten identisch ausfallen, erweist sich der Zeitpunkt der Beschwerde als unabhängig vom Ereignis der Sauberkeitsbeschwerde.

11.2.4 Multiplikationssatz

Wie können wir die Wahrscheinlichkeit berechnen, dass zwei Ereignisse gleichzeitig stattfinden? Als Beispiel betrachten wir zwei Hersteller von Softdrinks: Coca-Cola und Pepsi. Beide Unternehmen bieten ihre Getränke sowohl in Glas- als auch in Plastikflaschen an. Ein Marktforschungsinstitut hat einen Testmarkt mit 1000 Personen zu ihren Präferenzen befragt und folgende Ergebnisse geliefert (s. Tab. 11.4.) (dabei sei an dieser Stelle der Einfachheit halber vernachlässigt, dass die Kunden natürlich mehr als zwei Getränke zur Wahl haben!).

296 Personen präferieren Plastikflaschen, wohingegen sich 704 Personen für Glasflaschen entscheiden. 611 Kunden bevorzugen Coca-Cola und 389 Kunden Pepsi. Daraus folgt eine Wahrscheinlichkeit für „Präferenz bei Plastik" in Größe von $296/1000 = 0{,}296 = 29{,}6\,\%$. Wie groß ist die Wahrscheinlichkeit, Coca-Cola (A) und Glas (B) zu präferieren?

$$W(\text{Coca-Cola}) = W(A) = \frac{611}{1000} = 0{,}611 = 61{,}1\,\%$$

$$W(\text{Glas}) = W(B) = \frac{704}{1000} = 0{,}704 = 70{,}4\,\%$$

$$W(\text{Coca-Cola und Glas}) = W(A \text{ und } B) = \frac{501}{1000}$$
$$= 0{,}501 = 50{,}1\,\%.$$

Zum gleichen Ergebnis gelangt man unter Anwendung des **Multiplikationssatzes**:

Rechenregel

Multiplikationssatz:

$$W(A \cap B) = W(A) \cdot W(B/A) = 0{,}611 \cdot \frac{501}{611}$$
$$= \frac{501}{1000} = 0{,}501 = 50{,}1\,\%.$$

Gut zu wissen

Venn-Diagramm: $A \cap B$ liest man „A geschnitten B" und stellt es mit folgendem Venn-Diagramm dar (s. Abb. 11.6).

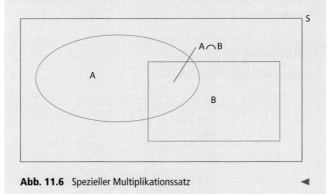

Abb. 11.6 Spezieller Multiplikationssatz ◄

Aufgabe 11.1

Der Multiplikationssatz kann auch mithilfe eines Baumdiagramms veranschaulicht werden (s. Abb. 11.7). Aus Tab. 11.4 kann – beginnend beim Start – entnommen werden, dass 611 Personen Coca-Cola bzw. 389 Personen Pepsi präferieren. Unter der Bedingung sich für Coca-Cola zu entscheiden, bevorzugen 501 Personen Glas und 110 Personen Plastik. Entlang der Äste sind die entsprechenden Wahrscheinlichkeiten für die jeweiligen Ereignisse aufgelistet. Bewegt man sich horizontal entlang der Äste, werden die Wahrscheinlichkeiten multipliziert. Wird z. B. die Wahrscheinlichkeit für „Pepsi und Plastik" gesucht, multipliziert man die beiden unteren Äste, also $389/1000$ und $186/389$ und erhält $186/1000 = 18{,}6\,\%$. Werden die vier Wahrscheinlichkeiten im rechten Teil von Abb. 11.7 addiert, erhält man $100\,\%$. Dies resultiert aus der Anwendung des Additionssatzes auf vier sich gegenseitig ausschließende Ereignisse. Das Gleiche gilt für die beiden Äste, die vom Start weggehen, nicht aber für die vier Äste, die bei Coca bzw. Pepsi starten.

Gut zu wissen

Spezieller Multiplikationssatz: Für den Fall, dass zwei Ereignisse unabhängig voneinander sind, modifiziert sich der Multiplikationssatz zu

$$W(A \cap B) = W(A) \cdot W(B)$$
◄

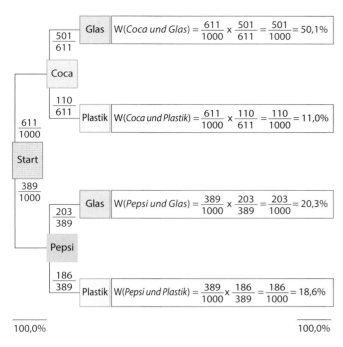

$$W(\text{Coca und Glas}) = \frac{611}{1000} \times \frac{501}{611} = \frac{501}{1000} = 50{,}1\%$$

$$W(\text{Coca und Plastik}) = \frac{611}{1000} \times \frac{110}{611} = \frac{110}{1000} = 11{,}0\%$$

$$W(\text{Pepsi und Glas}) = \frac{389}{1000} \times \frac{203}{389} = \frac{203}{1000} = 20{,}3\%$$

$$W(\text{Pepsi und Plastik}) = \frac{389}{1000} \times \frac{186}{389} = \frac{186}{1000} = 18{,}6\%$$

100,0%   100,0%

Abb. 11.7 Baumdiagramm für Multiplikationssatz

11.2.5 Totale Wahrscheinlichkeit

Wie kann aus bedingten Wahrscheinlichkeiten eine unbedingte Wahrscheinlichkeit ermittelt werden? Als Beispiel verwenden wir ein Unternehmen, das Fernseher herstellt. Pro Tag werden weitestgehend automatisch 1000 Fernseher auf drei unterschiedlichen Maschinen produziert. Ein einzelner Fernseher wird ausschließlich auf einer einzigen Maschine hergestellt, sodass die drei Maschinen nur deswegen vorhanden sind, weil eine einzige Maschine kapazitätsmäßig nicht ausreicht, um alle 1000 Fernseher produzieren zu können. Da keine Produktion der Welt fehlerfrei läuft, entstehen auch bei unserem Unternehmen defekte Fernseher. Jede Maschine weist allerdings eine unterschiedliche Fehlerquote (Ausschussanteil) auf. Die detaillierten Angaben können Tab. 11.5 entnommen werden.

Die Ausschussanteile sind nichts anderes als bedingte Wahrscheinlichkeiten. Bezeichnen wir mit E das Ereignis, einen defekten Fernseher zu erhalten. Dann bekommen wir mit

Tab. 11.5 Produktion von Fernsehern

Maschine	Ausschussanteil in %	Produktionsmenge in Stück
A	4	200
B	3	300
C	2	500
Summe		1000

$W(E/A) = 4\%$ die Wahrscheinlichkeit einen defekten Fernseher zu sehen unter der Bedingung auf Maschine A produziert zu haben. Entsprechend lautet

$$W(E/B) = 3\% \quad \text{und} \quad W(E/C) = 2\%.$$

Wie groß ist nun aber die Wahrscheinlichkeit $W(E)$, einen defekten Fernseher herzustellen, unabhängig davon, auf welcher Maschine produziert wird? Wir suchen somit eine unbedingte Wahrscheinlichkeit auf der Basis von bedingten Wahrscheinlichkeiten. Das Ereignis E kann folgendermaßen übersetzt werden. Der Fernseher wurde entweder auf Maschine A hergestellt (aber defekt) oder auf Maschine B (aber defekt) oder auf Maschine C (aber defekt). Mit Symbolen erhalten wir:

$$E = (A \cap E) \cup (B \cap E) \cup (C \cap E).$$

„Oder" bedeutet Additionssatz; „und" bedeutet Multiplikationssatz.

Somit suchen wir

$$W(E) = W[(A \cap E) \cup (B \cap E) \cup (C \cap E)] =$$

$$W(A \cap E) + W(B \cap E) + W(C \cap E) =$$

$$W(A) \cdot W(E/A) + W(B) \cdot W(E/B) + W(C) \cdot W(E/C) =$$

$$\frac{200}{1000} \cdot \frac{4}{100} + \frac{300}{1000} \cdot \frac{3}{100} + \frac{500}{1000} \cdot \frac{2}{100} = 0{,}027 = 2{,}7\%.$$

Mit 2,7 %iger Wahrscheinlichkeit ist ein Fernseher defekt. Streng genommen sind die 2,7 % nichts anderes als ein gewichteter Mittelwert der drei unterschiedlichen Ausschussanteile. Wenn auf allen drei Maschinen jeweils gleich viele Fernseher zusammengebaut werden, liefern die totale Wahrscheinlichkeit und der arithmetische Mittelwert der Ausschussanteile identische Zahlen.

Zusammenfassung

Wenn für Verknüpfungen von mehreren Ereignissen eine Wahrscheinlichkeit ermittelt werden soll, kommen folgende Rechenregeln zum Tragen:

- Es soll ein Ereignis *oder* ein anderes Ereignis eintreten (Additionssatz).
- Es sollen ein Ereignis *und* ein anderes Ereignis eintreten (Multiplikationssatz).
- Wir suchen ein Ereignis unter der Bedingung, dass ein anderes Ereignis eintritt (bedingte Wahrscheinlichkeit).
- Wir wollen prüfen, ob zwei Ereignisse unabhängig voneinander sind (Unabhängigkeit von Ereignissen).
- Wir suchen eine unbedingte Wahrscheinlichkeit auf der Basis von bedingten Wahrscheinlichkeiten (totale Wahrscheinlichkeit).

Kapitel 11

11.3 Kombinatorik – Wie viele Anordnungen von *n* Objekten gibt es? Wie viele Ergebnisse hat ein Experiment?

In Abschn. 11.1 haben wir eine Definition für Wahrscheinlichkeit kennengelernt:

$$\text{Wahrscheinlichkeit} = \frac{\text{Zahl der günstigen Fälle}}{\text{Zahl aller gleichmöglichen Fälle}}.$$

Wenn wir ein Experiment betrachten, genügen gelegentlich die Finger, um die Zahl der günstigen bzw. gleichmöglichen Fälle zu ermitteln (zum Begriff des Experiments s. Abschn. 11.1) Doch häufig verzählen wir uns oder die Zahl ist dermaßen groß, dass wir gar nicht erst mit dem Zählen beginnen. Für derartige Situationen wäre es sehr hilfreich, auf Formeln zurückzugreifen, die uns die gesuchte Zahl berechnen. Wir müssen dann zwar immer noch zwei Zahlen dividieren, um die Wahrscheinlichkeit zu erhalten, aber wir haben nicht mehr mit dem Problem des – falschen – Zählens mit den Fingern zu kämpfen. Noch einfacher wäre die Verwendung einer einzigen Formel, gleichgültig wie groß die Zahl der günstigen bzw. gleichmöglichen Fälle lautet. Dies soll später in Abschn. 11.5 und 11.6 erfolgen.

Im Rahmen der Kombinatorik werden wir Zählregeln bzw. Formeln kennenlernen, um die Zahl der günstigen bzw. gleichmöglichen Fälle zu berechnen. Keine Zählregel umfasst alle Situationen von Experimenten, sodass wir uns auf drei sehr häufig verwendete Zählregeln beschränken wollen: Permutation, Variation und Kombination. Als Erleichterung zum Auffinden der richtigen Formel sei auf das Flussdiagramm in Abb. 11.8 verwiesen.

11.3.1 Permutation

11.3.1.1 Permutation ohne Wiederholung

Eine Reederei in Athen möchte mit einem Containerschiff Waschmaschinen nach Barcelona und Kairo liefern. Für den Transport kommen unterschiedliche Schiffsrouten infrage. Entweder wird zuerst nach Barcelona gefahren und anschließend nach Kairo oder umgekehrt. Jede Route verursacht andere Kosten und Transportzeiten in Abhängigkeit von Windrichtung, Meeresströmung, Dieselpreis in den Häfen etc. Eine der Routen ist die optimale Route, deren Berechnung hier nicht erfolgen soll. Wir wollen aber die vorgelagerte Frage beantworten, wie viele unterschiedliche Routen überhaupt existieren.

Erweitern wir unser Beispiel auf vier Häfen: Athen, Barcelona, Kairo und Triest. Die möglichen Routen können mithilfe eines Baumdiagramms aufgelistet werden (s. Abb 11.9).

Ausgangslage: Die Elemente einer Menge sollen nach einem bestimmten Schema angeordnet werden.

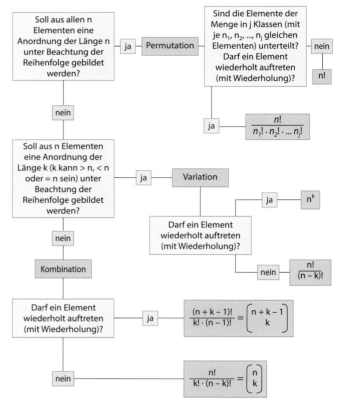

Abb. 11.8 Flussdiagramm zur Kombinatorik

Ein **Flussdiagramm zur Kombinatorik** zeigt Abb. 11.8.

─────────────── **Aufgabe 11.2** ───────────────

Wir starten in Athen und wollen nach dem Besuch aller anderen drei Häfen wieder nach Athen zurückreisen. Als erster Hafen nach Athen kommen drei Städte infrage, sodass auf Ebene 1 drei Pfeile enden. Ist dieser erste Hafen gewählt, können noch zwei Häfen für Ebene 2 angesteuert werden, sodass auf Ebene 2 zwei Pfeile enden. Für Ebene 3 bleibt nur noch ein einziger Hafen übrig. Aus Abb. 11.9 ergibt sich recht schnell die Formel für die Zahl der unterschiedlichen Routen:

$$3 \cdot 2 \cdot 1 = 3! = 6.$$

Es existieren sechs unterschiedliche Routen.

Wie viele Routen können verwendet werden, wenn als fünfter Hafen noch Genua hinzukommt? Die einzelnen Routen können Abb. 11.10 entnommen werden. Für den ersten Hafen kommen 4 Städte infrage, für den zweiten 3, für den dritten 2 und für den vierten nur noch eine Stadt; oder als Formel:

$$4 \cdot 3 \cdot 2 \cdot 1 = 4! = 24.$$

Es existieren 24 unterschiedliche Routen.

───

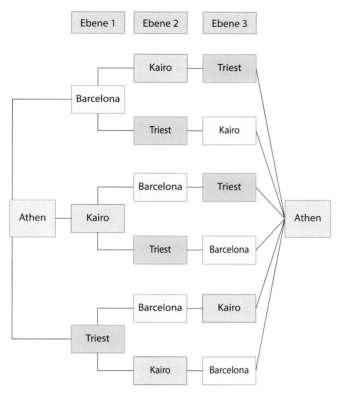

Abb. 11.9   Baumdiagramm für Routenwahl mit vier Häfen

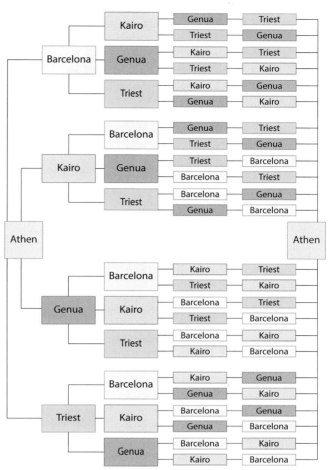

Abb. 11.10   Baumdiagramm für Routenwahl mit fünf Häfen

Rechenregel

Allgemein gilt: Soll aus *n* Elementen eine Anordnung der Länge *n* unter Beachtung der Reihenfolge gebildet werden, ohne dass ein Element wiederholt auftreten darf, spricht man von einer **Permutation** und erhält *n*! Kombinationsmöglichkeiten.

Als zweites Beispiel soll eine Leiterplatte (Platine) thematisiert werden. Fast alle elektronischen Geräte – wie beispielsweise Waschmaschine, Geschirrspüler, Handy, Fernseher, Auto, PC – weisen heutzutage eine Leiterplatte auf. Die Leiterplatte ist ein Träger für elektronische Bauteile, mit deren Hilfe die Geräte gesteuert werden. In Abb. 11.11 ist eine typische Leiterplatte wiedergegeben.

Jeder schwarze Punkt auf der Leiterplatte soll mithilfe eines Bohrers mit einem Loch versehen werden, sodass durch die Löcher die Anschlüsse der elektronischen Bauteile geführt werden können. Es gilt nun, für den Bohrer einen optimalen Weg zu finden, um in möglichst kurzer Zeit alle 2392 Löcher bohren zu können. Für die Wahl des ersten Loches existieren 2392 Möglichkeiten, für das zweite Loch bleiben noch 2391 Optionen übrig, für das dritte Loch 2390 etc. Die Zahl aller möglichen Wege ergibt sich mit:

$$n! = 2392! \cong 1{,}8 \cdot 10^{7045}.$$

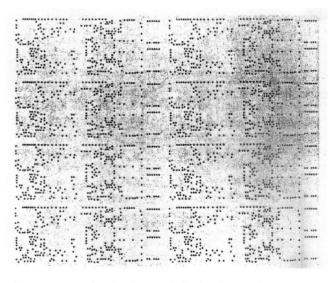

Abb. 11.11   Leiterplatte (Quelle: Grötschel und Padberg 1999)

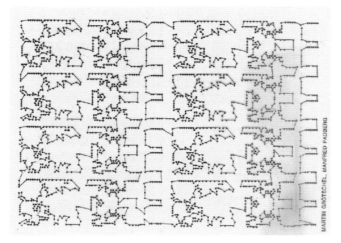

Abb. 11.12 Leiterplatte mit optimaler Lösung (Quelle: Grötschel und Padberg 1999)

Dies ist eine Eins mit 7045 Nullen. Würde man für das Berechnen jedes einzelnen Weges eine Sekunde benötigen, bräuchte man ca. $5 \cdot 10^{7041}$ Stunden, also ca. $5 \cdot 10^{7037}$ Jahre, um alle Wege ermitteln zu können. Unsere Erde existiert allerdings erst seit ca. $5 \cdot 10^9 = 5$ Mrd. Jahren. Selbst wenn eine Berechnung lediglich eine Attosekunde (10^{-18} Sekunden) pro Loch benötigen würde, reicht die Zeit vom Urknall bis heute (13,7 Mrd. Jahre) nicht zur Lösung des Problems. Wie gut, dass es Mathematiker gibt, die aus der Vielzahl der möglichen Wege die vielen irrelevanten Wege – weil ohnehin zu lang – vor der eigentlichen Berechnung ausgrenzen. Der optimale Weg des Bohrers sieht folgendermaßen aus (s. Abb. 11.12).

11.3.1.2 Permutation mit Wiederholung

Bislang haben wir uns mit Permutationen ohne Wiederholung beschäftigt. Jeder Hafen im Routenbeispiel ist einmalig, er wird nur einmal angefahren. Jedes Loch auf der Leiterplatte ist einzigartig und wird vom Bohrer auch nur einmal angesteuert. Was geschieht aber, wenn nicht alle Elemente voneinander unterscheidbar sind, sondern bestimmte Elemente zu Gruppen/Klassen zusammengefasst werden können? Der Begriff Wiederholung in der Überschrift ist etwas irreführend – aber verbreitet. Gemeint ist der Umstand, dass eine Gruppe/Klasse aus mehreren Elementen besteht.

Ein Unternehmen möchte 16 Bauarbeiter auf 4 Baustellen verteilen, allerdings nicht zu gleichen Teilen, sondern 2 auf Baustelle 1, 5 auf Baustelle 2, 6 auf Baustelle 3 und 3 auf Baustelle 4. Wie viele unterschiedliche Einteilungen dieser Art existieren?

Rechenregel

Permutation mit Wiederholung:

$$\frac{n!}{n_1! \cdot n_2! \cdot n_3! \cdot n_4!} = \frac{16!}{2! \cdot 5! \cdot 6! \cdot 3!}$$
$$= \frac{16 \cdot 15 \cdot 14 \cdot \ldots \cdot 3 \cdot 2 \cdot 1}{(2 \cdot 1) \cdot (5 \cdot 4 \cdot 3 \cdot 2 \cdot 1) \cdot (6 \cdot 5 \cdot 4 \cdot 3 \cdot 2 \cdot 1) \cdot (3 \cdot 2 \cdot 1)}$$
$$= 20.180.160.$$

Die 16 Bauarbeiter können auf ca. 20 Mio. Arten auf die 4 Baustellen verteilt werden.

11.3.2 Variation

Werden aus n verschiedenen Elementen genau k Elemente unter Beachtung der Reihenfolge ausgewählt, spricht man von einer Variation. Wir wollen dies als Anlass nehmen, auf einige Glücksspiele einzugehen, nicht jedoch ohne darauf hinzuweisen, dass im Glücksspiel fast immer verloren wird. Damit Sie sehen, wie außerordentlich niedrig die Wahrscheinlichkeiten für einen Gewinn sind, sollen einzelne populäre Glücksspiele als konkrete Beispiele verwendet werden.

11.3.2.1 Variation mit Wiederholung

Wir beginnen mit dem Fußball-Toto. Für elf Fußballspiele soll vorhergesagt werden, ob die Heimmannschaft gewinnt, unentschieden spielt oder verliert. Die Höhe der Ergebnisse ist irrelevant: Ob die Heimmannschaft z. B. $3:1$, $4:0$ oder $1:0$ gewinnt ist unerheblich; es zählt lediglich Gewinn (G), Unentschieden (U) bzw. Niederlage (N). Wie groß ist die Wahrscheinlichkeit, alle elf Spiele korrekt zu prognostizieren? Unser Experiment besteht aus elf Versuchen, sodass ein mögliches Ergebnis des Experimentes lautet (s. Tab. 11.6).

Wir haben also $n = 3$ Elemente, die zu einer Anordnung der Länge $k = 11$ geformt werden. Daraus können

Rechenregel

Variation mit Wiederholung:

$$n^k = 3^{11} = 177.147$$

mögliche Ergebnisse gebildet werden. Somit erhalten wir als Wahrscheinlichkeit, alle elf Spiele richtig vorherzusagen

$$\frac{1}{177.147} = 0{,}0000056 = 0{,}00056\,\% = 0{,}0056\,‰,$$

folglich noch nicht einmal ein Hundertstel Promille.

Ein zweites Beispiel bezieht sich auf Nummernschilder von Autos. Nehmen wir an, in New York bestehen die Nummernschilder aus drei Buchstaben und drei einstelligen Ziffern. Die Wiederholung ist gegeben, da ein Buchstabe wie auch eine Zahl auf einem einzigen Nummernschild mehrfach (mit Wiederholung) auftauchen darf. Reichen diese sechs Zeichen aus, um jedem Fahrzeug in New York ein unterschiedliches Nummernschild zuzuweisen?

Es gibt insgesamt $26^3 \cdot 10^3 = 17.576.000$ Variationen. Dies sollte bei ca. 8 Mio. Einwohnern reichen, wird aber im Zweifel bald

Tab. 11.6 Versuchsergebnisse

Spiel-Nr.	1	2	3	4	5	6	7	8	9	10	11
Ergebnis	G	N	N	U	G	U	U	N	G	G	N

knapp. Dann könnte man auf vier Buchstaben und drei Ziffern ausweichen. Nun erhielte man $26^4 \cdot 10^3 = 456.976.000$ Variationen.

11.3.2.2   Variation ohne Wiederholung

Im obigen Beispiel konnte die Situation eintreten, dass in jedem Spiel die Heimmannschaft gewinnt. Der Gewinn eines Spieles konnte also wiederholt (maximal elfmal) beobachtet werden. Wenn wir als neues Beispiel ein Pferderennen betrachten, kann dies nicht geschehen. Auf der Trabrennbahn Berlin-Mariendorf sollen zehn Pferde an einem Rennen teilnehmen. Wie groß ist die Wahrscheinlichkeit, die ersten drei Plätze beim Zieleinlauf korrekt vorherzusagen? Ein Pferd kann nicht gleichzeitig Erster und Zweiter sein; daher ist eine Wiederholung ausgeschlossen. Insgesamt gibt es

Rechenregel

Variation ohne Wiederholung:

$$\frac{n!}{(n-k)!} = \frac{10!}{7!} = \frac{10 \cdot 9 \cdot 8 \cdot 7 \cdot 6 \cdot 5 \cdot 4 \cdot 3 \cdot 2 \cdot 1}{7 \cdot 6 \cdot 5 \cdot 4 \cdot 3 \cdot 2 \cdot 1}$$
$$= 10 \cdot 9 \cdot 8 = 720$$

mögliche Zieleinläufe. Die Wahrscheinlichkeit, alle drei ersten Plätze richtig getippt zu haben, lautet:

$$\frac{1}{720} = 0,0014 = 0,14\,\%,$$

also noch nicht einmal ein Prozent.

11.3.3   Kombination

Werden aus n verschiedenen Elementen genau k Elemente ausgewählt, ohne die Reihenfolge zu beachten, spricht man von einer Kombination.

11.3.3.1   Kombination mit Wiederholung

Aus den $n =$ drei Buchstaben a, b und c soll ein Wort der Länge $k =$ zwei gebildet werden, wobei ein Buchstabe im selben Wort wiederholt auftauchen darf. Damit kommen folgende Wörter infrage:

aa, ab, ac, bb, bc, cc

Allgemein gibt es

Rechenregel

Kombination mit Wiederholung:

$$\binom{n+k-1}{k} = \frac{(n+k-1)!}{k! \cdot (n-1)!} = \frac{(3+2-1)!}{2! \cdot (3-1)!}$$
$$= \frac{4!}{2! \cdot 2!} = \frac{24}{4} = 6$$

Kombinationen.

11.3.3.2   Kombination ohne Wiederholung

Betrachten wir die Wette „Lotto". Aus einer Kiste mit $n = 49$ durchnummerierten Kugeln werden $k = 6$ Kugeln zufällig gezogen. Wie hoch ist die Wahrscheinlichkeit für „6 Richtige"?

Es gibt

Rechenregel

Kombination ohne Wiederholung:

$$\binom{n}{k} = \frac{n!}{k! \cdot (n-k)!} = \binom{49}{6} = \frac{49!}{6! \cdot 43!} = 13.983.816$$

Kombinationen. Somit lautet die Wahrscheinlichkeit für „6 Richtige"

$$\frac{1}{13.983.816} = 0,000000072 = 0,0000072\,\%,$$

weniger als ein Hunderttausendstel Prozent.

Gut zu wissen

$\binom{n}{k}$ nennt man den **Binomialkoeffizienten**.   ◄

Er wird in Abschn. 11.5.1 „Binomialverteilung" erneut zur Anwendung gelangen.

Zusammenfassung

Wenn Elemente nach einem bestimmten System angeordnet werden sollen und wir die Zahl der möglichen Anordnungen wissen möchten, gelangen folgende Rechenregeln zur Anwendung:

- Permutation (alle Elemente sollen angeordnet werden),
- Variation (eine Auswahl der Elemente soll unter Beachtung der Reihenfolge angeordnet werden),
- Kombination (eine Auswahl der Elemente soll ohne Beachtung der Reihenfolge angeordnet werden).

11.4   Wahrscheinlichkeitsverteilung – Wie können Wahrscheinlichkeiten grafisch und zahlenmäßig dargestellt werden?

Wir möchten Wahrscheinlichkeiten für alle möglichen Ereignisse berechnen und so darstellen, dass wir „auf einen Blick" verwertbare Informationen erhalten. Genauso wie bei den Häufigkeiten aus den Abschn. 10.2 bis 10.4 besteht die Aufgabe

Kapitel 11

Tab. 11.7 Haushalte nach Haushaltsgröße (s. Statistisches Bundesamt (2013)), Wahrscheinlichkeitsfunktion

(1) Haushalte 2012	(2) Zufallsvariable X	(3) Anzahl in 1000	(4) Wahrscheinlichkeitsfunktion $W(X = x_i) = f(x_i)$ in %
Haushalte insgesamt		40.656	100,0
1-Personen-Haushalte	$x_1 = 1$	16.472	40,5
2-Personen-Haushalte	$x_2 = 2$	14.038	34,5
3-Personen-Haushalte	$x_3 = 3$	5069	12,5
4-Personen-Haushalte	$x_4 = 4$	3743	9,2
Haushalte mit 5 und mehr Personen	$x_5 = 5$	1335	3,3

darin, Daten so zu verdichten, dass sinnvolle Schlüsse gezogen werden können. Idealerweise erhält man eine einzige Zahl (s. Abschn. 11.4.5) und in Ergänzung dazu weitere Zahlen. Die Darstellung der Wahrscheinlichkeiten hängt entscheidend von der Art der betrachteten Variablen ab.

11.4.1 Zufallsvariable

Betrachten wir als Beispiel die Haushaltsgröße von Privathaushalten in Deutschland. Wie groß ist z. B. die Wahrscheinlichkeit, in einem 2-Personen-Haushalt zu leben? Alle denkbaren Haushaltsgrößen werden mit einer Variablen erfasst und einem bestimmten Wert zugeordnet (s. Spalte (2) in Tab. 11.7). $X = 1$ bedeutet, wir suchen einen 1-Personen-Haushalt; $X = 4$ bedeutet, wir suchen einen 4-Personen-Haushalt. Wenn wir einen Haushalt zufällig auswählen, wissen wir dessen Haushaltsgröße nicht. Die Haushaltsgröße hängt somit vom Zufall ab. Daher spricht man auch von einer Zufallsvariablen X. Deren Werte werden durchnummeriert und Realisationen genannt.

Merksatz

Man unterscheidet **zwei Arten von Zufallsvariablen**: **diskret** und **stetig**. Weist eine Zufallsvariable endlich viele Realisationen auf, spricht man von einer diskreten Zufallsvariablen, andernfalls von einer stetigen. Unsere Zufallsvariable X mit den Haushalten verfügt über fünf Realisationen, sodass sie diskret ist.

Verfügt die Zufallsvariable hingegen über unendlich viele Realisationen, nennt man sie stetig. Die Tagesrendite einer Aktie beispielsweise kann unendlich viele Werte annehmen. Es ist nur eine Frage der Messgenauigkeit, mit der wir messen. Man kann beliebig viele Nachkommastellen erfassen, also z. B. 2,4 % oder 2,41 % oder 2,412 % etc.

11.4.2 Wahrscheinlichkeitsfunktion

Für jede Haushaltsgröße soll die Wahrscheinlichkeit ihres Eintretens ermittelt werden. Technisch gesprochen wollen wir jeder Realisation von X, also jedem x_i, eine Wahrscheinlichkeit zuordnen. Diese Zuordnung kann sowohl tabellarisch als auch grafisch erfolgen. In Spalte (4) von Tab. 11.7 sind die entsprechenden Wahrscheinlichkeiten tabellarisch aufgeführt. Rechnerisch erhalten wir diese Wahrscheinlichkeiten, indem wir die Definition für eine Wahrscheinlichkeit aus Abschn. 11.1 z. B. für einen 2-Personen-Haushalt entsprechend anwenden:

$$\text{Wahrscheinlichkeit} = \frac{\text{Zahl der günstigen Fälle}}{\text{Zahl aller gleichmöglichen Fälle}}$$

$$= \frac{\text{Zahl der 2-Personen-Haushalte}}{\text{Zahl aller Haushalte}}$$

$$= \frac{14.038}{40.656} = 0{,}345 = 34{,}5\,\%.$$

Merksatz

Die **Wahrscheinlichkeitsfunktion** ordnet jeder Realisation von X eine Wahrscheinlichkeit zu.

Die Wahrscheinlichkeit, aus allen ca. 40 Millionen Haushalten einen 2-Personen-Haushalt auszuwählen, beträgt 34,5 %. Das heißt, ungefähr jeder dritte Haushalt besteht aus 2 Personen. Also gilt:

$$W(X = x_2) = f(x_2) = 0{,}345.$$

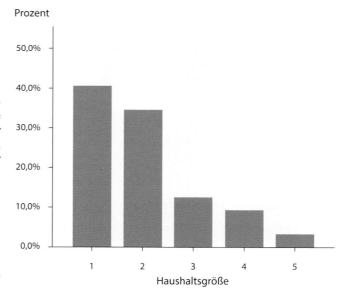

Abb. 11.13 Wahrscheinlichkeitsfunktion für Haushaltsgröße

Tab. 11.8 Haushalte nach Haushaltsgröße, Verteilungsfunktion

(1) Haushalte 2012	(2) Zufallsvariable X	(3) Anzahl in 1000	(4) Anzahl kumuliert in 1000	(5) Verteilungsfunktion $W(X \leq x_i) = F(x_i)$ in %
Haushalte insgesamt		40.656		
1-Personen-Haushalte	$x_1 = 1$	16.472	16.472	40,5
2-Personen-Haushalte	$x_2 = 2$	14.038	30.510	75,0
3-Personen-Haushalte	$x_3 = 3$	5069	35.579	87,5
4-Personen-Haushalte	$x_4 = 4$	3743	39.322	96,7
Haushalte mit 5 und mehr Personen	$x_5 = 5$	1335	40.656	100,0

Die grafische Darstellung der Wahrscheinlichkeitsfunktion kann Abb. 11.13 entnommen werden. Dort sehen wir auf einen Blick, dass in Deutschland die meisten Haushalte aus lediglich einer Person bestehen. Schließlich kann auch ein Trend abgelesen werden, dass die Wahrscheinlichkeit mit der Größe des Haushaltes abnimmt.

11.4.3 Verteilungsfunktion

Bei der Wahrscheinlichkeitsfunktion wurde nach der Wahrscheinlichkeit jeder einzelnen Realisation gefragt. Nun wollen wir Wahrscheinlichkeiten zusammenfassen. Wir wollen z. B. wissen, wie groß die Wahrscheinlichkeit ist, in einem Haushalt mit maximal 2 Personen zu leben. Dazu müssen wir die Werte der Wahrscheinlichkeitsfunktion f entsprechend addieren (s. Tab. 11.8):

$$W(X \leq x_2) = F(x_2) = f(x_1) + f(x_2) = 40{,}5 + 34{,}5 = 75{,}0.$$

Mit einer Wahrscheinlichkeit von 75 % leben in einem zufällig ausgewählten Haushalt maximal zwei Personen.

Ähnlich erhalten wir die Wahrscheinlichkeit, in einem Haushalt mit maximal drei Personen zu leben:

$$W(X \leq x_3) = F(x_3) = f(x_1) + f(x_2) + f(x_3)$$
$$= 40{,}5 + 34{,}5 + 12{,}5 = 87{,}5.$$

Daraus folgt im Umkehrschluss, dass 12,5 % = 100 − 87,5 aller Haushalte aus mehr als drei Personen bestehen.

──────────────── **Aufgabe 11.3** ────────────────

Die grafische Darstellung der Verteilungsfunktion F kann Abb. 11.14 entnommen werden. Im Prinzip erhalten wir eine Treppenfunktion. Der erste waagerechte Strich verläuft von 1 bis kurz vor die 2. An der 2 selbst springt die Funktion auf eine neue waagerechte Linie etc.

Merksatz

Die **Verteilungsfunktion** ordnet jeder Realisation von X die Wahrscheinlichkeit zu, dass maximal dieser Wert eintritt.

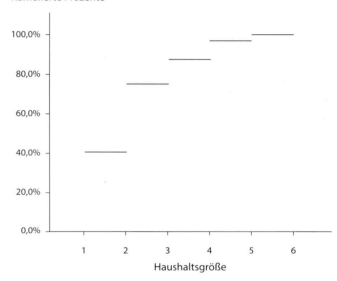

Kumulierte Prozente

Abb. 11.14 Verteilungsfunktion für Haushaltsgröße

11.4.4 Dichtefunktion

Wir haben kennengelernt, dass es zwei Arten von Zufallsvariablen gibt: diskret und stetig. Die diskrete Zufallsvariable haben wir in den Abschn. 11.4.2 und 11.4.3 behandelt. Wie müssen wir allerdings vorgehen, wenn wir für eine stetige Zufallsvariable die Wahrscheinlichkeiten für eine konkrete Realisation bzw. für das Eintreffen einer maximalen Realisation ausrechnen möchten?

Als Beispiel verwenden wir die Tagesrendite der Aktie der Deutschen Bank vom 20.7.2012 bis zum 18.7.2013 (eigene Berechnungen basierend auf finanzen.net GmbH (2013b)), also von einem Jahr, deren Werte auszugsweise in Tab. 11.9 abgebildet sind. Es fällt auf, dass die Tagesrenditen sowohl ein positives als auch ein negatives Vorzeichen aufweisen, es folglich Tage gibt, an denen der Aktienkurs steigt bzw. sinkt. Die Tagesrenditen sind nicht jeden Tag identisch. Darüber hinaus unterscheiden sich die Größenordnungen der Werte: am 27.7.2012 lag die Tagesrendite bei +6,24 % und am 17.7.2013 lediglich bei +0,45 %.

Kapitel 11

Tab. 11.9 Tagesrendite Deutsche Bank

Datum	Rendite in %	Datum	Rendite in %
20-Jul-2012	−3,70	05-Jul-2013	−1,30
23-Jul-2012	−4,08	08-Jul-2013	0,69
24-Jul-2012	−2,53	09-Jul-2013	1,15
25-Jul-2012	−2,03	10-Jul-2013	1,94
26-Jul-2012	3,88	11-Jul-2013	0,66
27-Jul-2012	6,24	12-Jul-2013	0,12
30-Jul-2012	−1,40	15-Jul-2013	1,26
31-Jul-2012	0,53	16-Jul-2013	−0,77
01-Aug-2012	−0,85	17-Jul-2013	0,45
02-Aug-2012	−5,65	18-Jul-2013	2,76

Nun interessieren uns allerdings weniger die einzelnen Tage, als vielmehr die Frage: Wie wahrscheinlich ist denn z. B. eine Tagesrendite von $+2,0\%$? Oder wie groß ist die Wahrscheinlichkeit, eine Rendite von kleiner als -4%, also einen Verlust von mehr als 4% zu erleiden?

Die erste Frage können wir schnell klären, die zweite Frage dauert etwas länger.

Gemäß der Definition von Wahrscheinlichkeit aus Abschn. 11.1 erhalten wir für die Wahrscheinlichkeit, eine Tagesrendite von genau $2,0\%$ zu beobachten,

$$\text{Wahrscheinlichkeit} = \frac{\text{Zahl der günstigen Fälle}}{\text{Zahl aller gleichmöglichen Fälle}}$$
$$= \frac{1}{\text{unendlich}} = 0,00 = 0\,\%.$$

Die Zufallsvariable Tagesrendite weist unendlich viele mögliche Werte auf, aber nur ein einziger entspricht der Zahl 2,0. 2,0 bedeutet eine 2 mit unendlich vielen Nullen als Nachkommastellen. Dies erweist sich als verwirrend, da man in der Realität sehr wohl eine Rendite von exakt $2,0\%$ beobachten kann. Dennoch ist deren Eintrittswahrscheinlichkeit gleich null. Es wird nicht behauptet, dass die $2,0\%$ gar nicht eintreten könnten, sondern dass die Wahrscheinlichkeit für deren Eintritt gleich null ist. Dieses Phänomen gilt nun auch für jede andere Zahl als Rendite, also auch für z. B. $2,45\%$ oder $-3,1245698\%$. Daraus folgt:

W (eine exakte Zahl als Rendite) $= 0$ für *jede* Zahl.

Daher macht das Konzept der Wahrscheinlichkeitsfunktion bei einer stetigen Zufallsvariablen keinen Sinn. Als Alternative fassen wir Tagesrenditen zu Intervallen zusammen und berechnen Wahrscheinlichkeiten dafür, dass die Tagesrendite innerhalb eines bestimmten Intervalls liegt. Damit gelangen wir zu einer Dichtefunktion.

Wir beginnen mit einer sehr groben Intervalleinteilung: -10 bis -5%, -5 bis 0%, 0 bis $+5\%$, $+5$ bis $+10\%$. Die entsprechenden Wahrscheinlichkeiten können Abb. 11.15 entnommen werden. Gut 50% der Renditen liegen im Intervall 0 bis $+5\%$. Und größere Renditen als $\pm 5\%$ treten eher selten ein. Als nächste Intervalleinteilung verwenden wir eine Breite von 2%, also -10 bis -8%, -8 bis -6%, ..., 6 bis 8%, 8 bis 10% (s. Abb. 11.16). Die meisten Renditen liegen zwischen 0 und $+2\%$

Häufigkeitsprozent

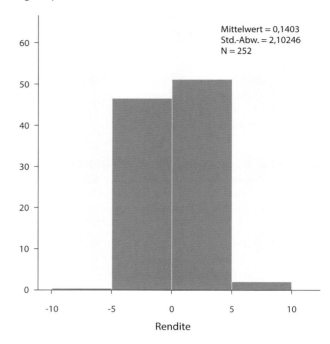

Abb. 11.15 Wahrscheinlichkeiten für Tagesrenditen in 5 %-Intervallen

Häufigkeitsprozent

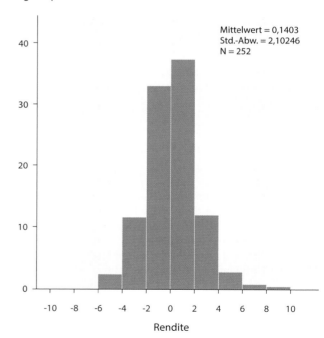

Abb. 11.16 Wahrscheinlichkeiten für Tagesrenditen in 2 %-Intervallen

(knapp 40%). Die Wahrscheinlichkeit, dass sich die Rendite um 2 bis 4% ändert, erweist sich im positiven wie negativen Intervall als etwa gleich groß (ca. 12%). Wir können die Intervalle

Häufigkeitsprozent

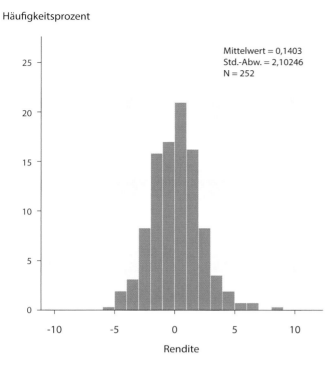

Abb. 11.17   Wahrscheinlichkeiten für Tagesrenditen in 1 %-Intervallen

Prozent

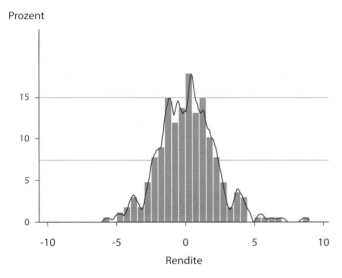

Abb. 11.18   Wahrscheinlichkeiten für Tagesrenditen in 0,5 %-Intervallen

aber noch enger gestalten: 1 %-Intervallbreite (s. Abb. 11.17) oder 0,5 %-Intervallbreite (s. Abb. 11.18). Was geschieht nun aber, wenn die Intervallbreite gegen null geht, also die Breite der Balken immer kleiner wird? In Abb. 11.18 ist eine rote Linie eingezeichnet, die quasi die oberen Enden der Balken miteinander verbindet.

Nun ist die Breite der Balken extrem klein – fast null –, sodass der Balken nur noch einen senkrechten Strich darstellt. Damit

Kernel Dichte

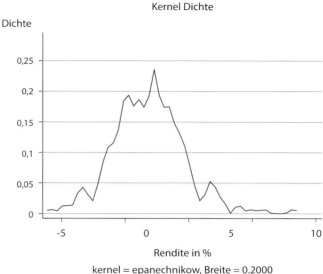

Abb. 11.19   Dichtefunktion für Tagesrenditen

verliert aber der Balken seine ursprüngliche Bedeutung. Die Höhe des Balkens beschreibt jetzt keine Wahrscheinlichkeit mehr. Die senkrechte Achse von Abb. 11.18 passt daher nicht zu der Linie. Linie und Balken sind lediglich deshalb in dieselbe Grafik integriert worden, um die Entstehung der Linie zu skizzieren. Fertigt man für die Linie eine eigene – passende – Grafik an, erhält man Abb. 11.19. Die waagerechte Achse bleibt unverändert, aber die senkrechte Achse listet keine Wahrscheinlichkeiten auf, sondern Werte einer – dimensionslosen – Dichtefunktion. Diese Werte selbst haben für uns keine Bedeutung; sie dienen lediglich der Berechnung von Wahrscheinlichkeiten.

Gut zu wissen

Wahrscheinlichkeiten werden nun durch **Flächen** unterhalb der Dichtefunktion abgebildet. Die komplette Fläche unter der Dichtefunktion weist den Wert 1 auf und steht für die Wahrscheinlichkeit 100 %, dass die Rendite irgendeinen Wert annimmt.   ◄

Die Dichtefunktion von Abb. 11.19 weist eine ganz bestimmte Form auf. Sie sieht aus wie ein Berg mit Zacken. Würde man diese Funktion für ein anderes Jahr zeichnen, erhielte man wahrscheinlich nicht dieselbe Form, sondern vielleicht einen runden Berg ohne Zacken oder einen Berg, dessen Gipfel eher links im Bild liegt oder eher rechts, oder einen Berg, der steil ansteigt und flach abfällt etc. Sowohl die unterschiedliche mögliche Form der Dichtefunktion als auch die konkrete Berechnung von Wahrscheinlichkeiten mithilfe der Flächen unter der Dichtefunktion werden in Abschn. 11.6 ausführlich aufgegriffen.

Wenn wir beispielsweise die Wahrscheinlichkeit berechnen wollen, dass die Rendite zwischen 0 und 5 % liegt, müssen wir den

Inhalt der Fläche unter der Dichtefunktion in diesem Intervall (0–5) ermitteln. Dies klingt nach Integralrechnung und setzt die Kenntnis der genauen Formel für die Dichtefunktion voraus. Da wir selbst aber keine Integrale lösen wollen, sind wir auf der Suche nach spezifischen Dichtefunktionen, deren gelöste Integrale in Tabellenform bereits vorliegen.

11.4.5 Momente von Wahrscheinlichkeiten

Dass die Tagesrendite der Deutschen Bank Schwankungen unterliegt, haben wir bereits Abb. 11.17 entnommen. Es existieren Tage, an denen der Kurs stark fällt oder deutlich steigt oder auch nahezu konstant bleibt. Diese Informationen würden wir gerne verdichten zu zwei Zahlen: Wie groß war die Rendite im Durchschnitt, und wie stark fiel die Schwankung aus? Damit suchen wir ähnliche Zahlen wie bei der deskriptiven Statistik in Abschn. 10.3 und 10.4. Auch dort wurde nach einem Durchschnitt und nach Abweichungen vom Durchschnitt gefragt.

Als Antwort erhielten wir auf die erste Frage u. a. den arithmetischen Mittelwert und auf die zweite Frage u. a. die Varianz. Übertragen auf Wahrscheinlichkeiten heißen diese Größen Erwartungswert und (ebenso) Varianz. Beide Begriffe werden zusammengefasst unter der Überschrift **Momente von Wahrscheinlichkeiten**. Je nachdem ob wir eine diskrete oder stetige Zufallsvariable betrachten, kommt eine andere Formel zur Berechnung dieser Größen zum Einsatz. Wir beginnen mit einer diskreten Zufallsvariablen.

11.4.5.1 Erwartungswert für eine diskrete Zufallsvariable

Betrachten wir die Produktionszeit für eine Werkzeugmaschine, gemessen in Tagen (s. Tab. 11.10 und Newbold (1994), S. 140).

Für die Herstellung der Werkzeugmaschine werden eher 11 oder 12 Tage benötigt als 10 oder 14 Tage. Aber wie viel Zeit wird im Durchschnitt benötigt? Da sich die Wahrscheinlichkeiten unterscheiden, kann nicht einfach der arithmetische Mittelwert aus den Tagesangaben berechnet werden. Der korrekte Weg lautet folgendermaßen:

Rechenregel

Erwartungswert einer diskreten Zufallsvariablen

$$E(X) = \sum_{i=1}^{n} x_i \cdot f(x_i) = \sum_{i=1}^{5} x_i \cdot f(x_i)$$
$$= 10 \cdot 0{,}1 + 11 \cdot 0{,}3 + 12 \cdot 0{,}3 + 13 \cdot 0{,}2 + 14 \cdot 0{,}1$$
$$= 11{,}9.$$

n gibt an, wie viele unterschiedliche Werte die Zufallsvariable aufweist, also wie viele verschiedene Produktionszeiten zu beobachten sind. Der Erwartungswert der Produktionszeit X

Tab. 11.10 Produktionszeiten in Tagen

Produktionszeit x_i	10	11	12	13	14
$W(X = x_i) = f(x_i)$	0,1	0,3	0,3	0,2	0,1

beträgt 11,9 Tage. Folglich dauerte in der Vergangenheit die Herstellung einer Werkzeugmaschine im Durchschnitt 11,9 Tage. Diese Information kann auch herangezogen werden, um eine Aussage über die nächste noch herzustellende Werkzeugmaschine zu treffen. Diese wird – wohl – eine Produktionszeit von 11,9 Tagen benötigen. Es kann sein, dass die Herstellung nicht einer einzigen der in der Zukunft noch zu bauenden Werkzeugmaschinen 11,9 Tage dauert. Dennoch macht die Aussage Sinn. 11,9 Tage besitzt von allen Tagen (10–14) quasi die höchste Wahrscheinlichkeit einzutreten.

11.4.5.2 Varianz für eine diskrete Zufallsvariable

Wie stark variieren die Produktionszeiten? Dass sie nicht identisch sind bei allen Werkzeugmaschinen, können wir bereits Tab. 11.10 entnehmen. Aber wie stark weichen die einzelnen Produktionszeiten voneinander ab? Dies möchten wir in einer einzigen Zahl zum Ausdruck bringen: die Varianz Var(X).

Rechenregel

Varianz einer diskreten Zufallsvariablen:

$$Var(X) = \sum_{i=1}^{n} [x_i - E(X)]^2 \cdot f(x_i) = \sum_{i=1}^{5} [x_i - E(X)]^2 \cdot f(x_i)$$
$$= [10 - 11{,}9]^2 \cdot 0{,}1 + [11 - 11{,}9]^2 \cdot 0{,}3$$
$$+ [12 - 11{,}9]^2 \cdot 0{,}3 + [13 - 11{,}9]^2 \cdot 0{,}2$$
$$+ [14 - 11{,}9]^2 \cdot 0{,}1 = 1{,}29.$$

Die Varianz der Produktionszeit beträgt 1,29 Quadrattage. Eine Dimension, die sicherlich gewöhnungsbedürftig ist. Kein Mensch weiß, was Quadrattage sind. Dennoch können wir aus dieser Zahl gewisse Informationen ziehen. Da diese Zahl ungleich null ist, müssen die Produktionszeiten voneinander abweichen. Nun werden Sie sagen: Dies wussten wir schon vorher. Stimmt. In vielen Situationen kennen wir aber lediglich den Erwartungswert und die Varianz und nicht die – deren Berechnung zugrundeliegenden – Einzelwerte. Und damit müssen wir lediglich auf deren Basis Rückschlüsse ziehen.

Je dichter die Varianz an null liegt, desto weniger stark weichen die Produktionszeiten voneinander ab. Wann ist aber dicht „dicht"? Dafür existiert keine allgemeingültige Grenze, da die Varianz ganz entscheidend von der Größenordnung abhängt, in der die Produktionszeiten gemessen wurden. Würde man diese in Stunden anstatt Tagen erfassen, erhielte man folgende Angaben (s. Tab. 11.11)

Tab. 11.11 Produktionszeit in Stunden

Produktionszeit x_i	240	264	288	312	336
$W(X = x_i) = f(x_i)$	0,1	0,3	0,3	0,2	0,1

Daraus lassen sich Erwartungswert und Varianz berechnen:

$$
\begin{aligned}
E(X) &= \sum_{i=1}^{5} x_i \cdot f(x_i) \\
&= 240 \cdot 0,1 + 264 \cdot 0,3 + 288 \cdot 0,3 + 312 \cdot 0,2 \\
&\quad + 336 \cdot 0,1 = 285,6
\end{aligned}
$$

$$
\begin{aligned}
\mathrm{Var}(X) &= \sum_{i=1}^{5} [x_i - E(X)]^2 \cdot f(x_i) \\
&= [240 - 285,6]^2 \cdot 0,1 + [264 - 285,6]^2 \cdot 0,3 \\
&\quad + [288 - 285,6]^2 \cdot 0,3 + [312 - 285,6]^2 \cdot 0,2 \\
&\quad + [336 - 285,6]^2 \cdot 0,1 = 743,04.
\end{aligned}
$$

Obwohl sich die Produktionszeiten nicht geändert haben, sondern lediglich in Stunden statt in Tagen gemessen wurden, erhalten wir einen – viel – größeren Wert für die Varianz. Inhaltlich liegt er genauso weit entfernt von null wie die 1,29 Tage.

Daher benötigen wir eine Alternative, um die Größenordnung der Varianz unabhängig von der Dimension, in der wir messen, interpretieren zu können. Eine Möglichkeit dafür bietet die

Gut zu wissen

Tschebycheff'sche Ungleichung:

$$
\begin{aligned}
W\Big[E(X) - K \cdot \sqrt{Var(X)} \leq X \leq \\
E(X) + K \cdot \sqrt{Var(X)} \Big] \geq 1 - \frac{1}{K^2} \quad \blacktriangleleft
\end{aligned}
$$

K ist eine natürliche Zahl, z. B. 2 →

$$
W\Big[11,9 - 2 \cdot \sqrt{1,29} \leq X \leq 11,9 + 2 \cdot \sqrt{1,29} \Big] \geq 1 - \frac{1}{2^2} = 0,75
$$
bzw. $W(9,6 \leq X \leq 14,2) \geq 0,75$.

Diese Ungleichung kann folgendermaßen interpretiert werden. Mit einer Wahrscheinlichkeit von mindestens 75 % liegt die Produktionszeit zwischen 9,6 Tagen und 14,2 Tagen. Sie werden sagen, aufgrund von Tab. 11.11 wissen wir bereits Genaueres. Mit 100 %iger Wahrscheinlichkeit dauert die Herstellung zwischen 10 und 14 Tagen. Stimmt. Aber auch hier gilt: Normalerweise kennen wir lediglich den Erwartungswert und die Varianz. Die Varianz allein verstehen wir nicht; wenn wir sie aber in die Tschebycheff'sche Ungleichung einsetzen, erhalten wir etwas, das wir verstehen.

Wir können das Intervall auch für die in Stunden gemessene Produktionszeit ausrechnen. Der Wert für die Varianz ist nun

mit 743,04 Quadratstunden zwar deutlich größer als bei der in Tagen gemessenen Produktionszeit (1,29 Quadrattage), aber das Intervall liefert exakt die gleichen Werte:

$$
\begin{aligned}
W(285,6 - 2 \cdot \sqrt{743,04} \leq X \leq 285,6 + 2 \cdot \sqrt{743,04}) \geq \\
1 - \frac{1}{2^2} = 0,75 \quad \text{bzw.} \quad W(231,1 \leq X \leq 340,1) \geq 0,75.
\end{aligned}
$$

Mit einer Wahrscheinlichkeit von mindestens 75 % liegt die Produktionszeit zwischen 231,1 Stunden und 340,1 Stunden. Dies entspricht exakt den obigen 9,6 bzw. 14,2 Tagen.

Wählen wir $K = 3$, erhalten wir folgende Rechnung:

$$
\begin{aligned}
W(11,9 - 3 \cdot \sqrt{1,29} \leq X \leq 11,9 + 3 \cdot \sqrt{1,29}) \geq \\
1 - \frac{1}{3^2} = 0,889 \quad \text{bzw.} \quad W(8,5 \leq X \leq 15,3) \geq 0,889.
\end{aligned}
$$

Mit einer Wahrscheinlichkeit von mindestens 88,9 % benötigen wir zwischen 8,5 und 15,3 Tagen für die Herstellung einer Werkzeugmaschine.

Gut zu wissen

Mit der Tschebycheff'schen Ungleichung erhalten wir eine erste – allerdings nur grobe – Hilfe bei der **Interpretation einer Varianz**. $\blacktriangleleft$

Zwei Dinge hätten wir gerne geändert. Zum einen soll aus dem $\geq$ Zeichen ein $=$ Zeichen werden und zum anderen soll auf der rechten Seite der Gleichung jede beliebige Wahrscheinlichkeit erscheinen dürfen. Wir wollen z. B. folgende Fragen beantworten: „Mit 95 %iger Wahrscheinlichkeit liegt die Produktionszeit innerhalb welcher Grenzen?" und „Wie groß ist die Wahrscheinlichkeit einer Produktionszeit zwischen 9 und 12 Tagen?". Beide Aspekte werden in Abschn. 11.6 ausführlich aufgegriffen.

11.4.5.3 Erwartungswert für eine stetige Zufallsvariable

Kommen wir zurück zu den Tagesrenditen der Deutschen Bank.

Rechenregel

Erwartungswert für eine stetige Variable: Der Erwartungswert $E(X)$ der Tagesrendite wird folgendermaßen ermittelt:

$$
E(X) = \int_{-\infty}^{+\infty} x \cdot f(x) dx.
$$

Die möglichen Werte der Tagesrendite werden mit x bezeichnet und $f(x)$ steht für die Dichtefunktion. Für die konkrete Form der Dichtefunktion aus Abb. 11.19 kennen wir keine Funktion. Auf deren Ermittlung kommen wir in Abschn. 11.6 zu sprechen. Begnügen wir uns im Augenblick mit einer Funktion, die der obigen Abbildung ähnlich sieht, nämlich einem Berg, der einer umgekehrten Parabel entspricht (s. Abb. 11.20).

In diesem Beispiel treten Renditen größer als $\pm 5\,\%$ nicht auf und die meisten Renditen bewegen sich in der Nähe von -2 bis $+2\,\%$. Die Formel für die Dichtefunktion lautet

$$f(x) = 25 - x^2.$$

Somit bekommen wir für den Erwartungswert

$$
\begin{aligned}
E(X) &= \int\limits_{-\infty}^{+\infty} x \cdot f(x)dx = \int\limits_{-\infty}^{+\infty} x \cdot (25 - x^2)dx \\
&= \int\limits_{-5}^{+5} x \cdot (25 - x^2)dx = \int\limits_{-5}^{+5} (25 \cdot x - x^3)dx \\
&= \left[\frac{25}{2} \cdot x^2 - \frac{1}{4} \cdot x^4 \right]_{-5}^{5} \\
&= \left(\frac{25}{2} \cdot 5^2 - \frac{1}{4} \cdot 5^4 \right) - \left(\frac{25}{2} \cdot (-5)^2 - \frac{1}{4} \cdot (-5)^4 \right) \\
&= 0{,}0.
\end{aligned}
$$

Die Grenzen $\pm\infty$ können durch ± 5 ersetzt werden, da die Fläche außerhalb von ± 5 null ist. Die durchschnittliche Rendite lag bei $0{,}0\,\%$.

11.4.5.4 Varianz für eine stetige Zufallsvariable

Rechenregel

Für die **Varianz einer stetigen Zufallsvariablen** gilt:

$$Var(X) = \int\limits_{-\infty}^{+\infty} [x - E(X)]^2 \cdot f(x)dx.$$

$$
\begin{aligned}
Var(X) &= \int\limits_{-\infty}^{+\infty} [x - E(X)]^2 \cdot (25 - x^2)dx \\
&= \int\limits_{-\infty}^{+\infty} [x - 0]^2 \cdot (25 - x^2)dx \\
&= \int\limits_{-\infty}^{+\infty} [x]^2 \cdot (25 - x^2)dx = \int\limits_{-5}^{+5} (25 \cdot x^2 - x^4)dx \\
&= \left[\frac{25}{3} \cdot x^3 - \frac{1}{5} \cdot x^5 \right]_{-5}^{5} \\
&= \left(\frac{25}{3} \cdot 5^3 - \frac{1}{5} \cdot 5^5 \right) - \left(\frac{25}{3} \cdot (-5)^3 - \frac{1}{5} \cdot (-5)^5 \right) \\
&= 833{,}3.
\end{aligned}
$$

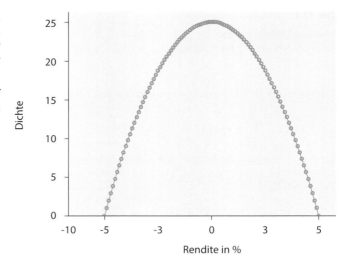

Abb. 11.20 Dichtefunktion für Tagesrendite

Die Varianz der Rendite beträgt 833,3 Quadratprozent. Auch hier gilt wieder: Kein Mensch weiß, was Quadratprozent sind. Trotzdem können wir mit dieser Angabe zwei Rückschlüsse ziehen.

Zum einen ist $833{,}3 > 0$, woraus folgt, dass sich die Renditen voneinander unterscheiden. Zum anderen sei die Varianz – deren absoluten Wert wir nicht verstehen – in die Tschebycheff'sche Ungleichung eingesetzt. Dadurch erhalten wir mithilfe der Varianz eine Information, die wir verstehen:

$$W(0 - 2 \cdot \sqrt{833{,}3} \le X \le 0 + 2 \cdot \sqrt{833{,}3}) \ge 1 - \frac{1}{2^2} = 0{,}75$$

$$\text{bzw.} \quad W(-57{,}7 \le X \le 57{,}7) \ge 0{,}75.$$

Mit mindestens $75\,\%$iger Wahrscheinlichkeit bewegt sich die Tagesrendite zwischen $-57{,}7\,\%$ und $+57{,}7\,\%$.

Zusammenfassung

Wenn Wahrscheinlichkeiten grafisch dargestellt werden sollen, benötigen wir bei einer

- *diskreten* Zufallsvariablen die Wahrscheinlichkeits- und die Verteilungsfunktion,
- *stetigen* Zufallsvariablen die Dichte- und die Verteilungsfunktion.

Sollen Zufallsvariablen zu einer einzigen Zahl zusammengefasst werden, berechnen wir den Erwartungswert bzw. die Varianz der Zufallsvariablen X. Der Erwartungswert gibt an, welches Ergebnis im Experiment wohl eintreten wird. Die Varianz misst, wie stark die Ergebnisse voneinander abweichen, wenn wir das Experiment – unendlich häufig – wiederholen würden.

11.5 Diskrete Wahrscheinlichkeitsverteilungen – Wahrscheinlichkeiten bei Experimenten mit endlich vielen möglichen Ergebnissen

Fluggesellschaften haben ein Interesse daran, dass alle Sitze eines Fluges von z. B. Berlin nach Athen besetzt sind. Es geschieht allerdings immer wieder, dass Flüge nicht ausgebucht oder gar überbucht sind. Da Fluggesellschaften wissen, dass in der Regel nicht alle Personen, die ein Flugticket erworben haben, auch zum Abflug erscheinen, werden gelegentlich mehr Tickets verkauft als Sitze im Flugzeug existieren. Nehmen wir an, die Fluggesellschaft fliegt mit einem Airbus A320 mit 180 Sitzplätzen. Insbesondere vier Fragen sollen geklärt werden:

1. Wie viele Passagiere werden wohl zum Abflug erscheinen?
2. Wie groß ist die Wahrscheinlichkeit, dass genau 180 Passagiere kommen?
3. Wie groß ist die Wahrscheinlichkeit, dass maximal 180 Passagiere einen Sitzplatz einnehmen?
4. Wenn mehrere Flüge von Berlin nach Athen betrachtet werden: Hat jeder Flug gleich viele Passagiere? Wenn nein, wie stark unterscheiden sich die Passagierzahlen?

Idealerweise finden wir für jede Frage genau eine Formel als Antwort. Damit wir aber nicht nur Formeln finden, die auf dieses Beispiel passen, sondern auch auf ähnliche oder ganz andere Beispiele, wollen wir systematisieren. Technisch gesprochen ist das Beispiel mit der Fluggesellschaft ein Zufallsexperiment. Vor dem Abflug ist unbekannt, wie viele Passagiere zum Abflug erscheinen. Da wir an der Zahl der Passagiere interessiert sind, betrachten wir eine diskrete Zufallsvariable. Sie kann nur endlich viele Werte annehmen: bis 180 oder vielleicht bis 200. Aber es können nicht unendlich viele Passagiere kommen.

In diesem Abschnitt wollen wir nur Beispiele/Experimente mit einer diskreten Zufallsvariablen bearbeiten. Für den Fall einer stetigen Zufallsvariablen (sie kann unendlich viele Werte annehmen) sei auf Abschn. 11.6 verwiesen. Damit wir nicht 100.000 Beispiele durchgehen müssen, um jedes Mal die vier Formeln für die obigen Fragen zu finden, werden die Beispiele/Experimente typisiert. Viele Beispiele weisen in ihrer Art große Ähnlichkeiten auf. Daher definieren wir Arten von Experimenten – in diesem Abschnitt vier Stück – und sehen uns die für jede Art – unterschiedlichen – gültigen vier Formeln an.

Gut zu wissen

Folgende **Arten von Experimenten** sollen unterschieden werden:

- Bernoulli-Experiment mit Binomialverteilung,
- Urnenmodell ohne Zurücklegen für binomiale Variable mit hypergeometrischer Verteilung,
- Urnenmodell mit Zurücklegen für binomiale Variable mit geometrischer Verteilung,
- Poisson-Experiment mit Poisson-Verteilung.   ◀

Als Hilfe zum Auffinden der richtigen Experimentart sei auf Abb. 11.21 verwiesen.

Die obigen vier Fragen der Fluggesellschaft können wie folgt verallgemeinert werden:

1. Wie groß ist die Wahrscheinlichkeit, dass beim Zufallsexperiment ein bestimmtes Ergebnis herauskommt? Wir suchen für jedes x_i ein $f(x_i)$, also Werte der Wahrscheinlichkeitsfunktion
2. Wie groß ist die Wahrscheinlichkeit, dass beim Zufallsexperiment maximal ein bestimmtes Ergebnis herauskommt? Wir suchen für jedes x_i ein $F(x_i)$, also Werte der Verteilungsfunktion
3. Welches Ergebnis wird wohl beim Zufallsexperiment zu beobachten sein? Wir suchen den Erwartungswert $E(X)$.
4. Wenn wir das Zufallsexperiment wiederholen würden, wie stark unterscheiden sich die Ergebnisse? Wir suchen die Varianz $\text{Var}(X)$.

11.5.1 Binomialverteilung

Prüfen wir am Beispiel der Fluggesellschaft, ob der Flug von Berlin nach Athen ein Bernoulli-Experiment darstellt. Wenn ja, können wir mithilfe der Binomialverteilung die eingangs gestellten vier Fragen klären. Was ist also das Wesentliche an einem Bernoulli-Experiment?

Merksatz

Ein **Bernoulli-Experiment** ist durch folgende Charakteristika bestimmt:

1. Das Experiment besteht aus einer Folge von n Versuchen.
2. Jeder Versuch hat zwei mögliche Ergebnisse I bzw. II.
3. Die Wahrscheinlichkeiten p bzw. $(1 - p)$ der beiden Ergebnisse sind konstant in allen n Versuchen.
4. Die Versuche sind voneinander unabhängig.
5. $X = $ „Anzahl der Ergebnisse I bzw. II in n Versuchen".

Zu 1: Jeder Passagier, der ein Flugticket erworben hat, ist ein Versuch. Wenn wir annehmen, dass 180 Flugtickets verkauft wurden, ist $n = 180$. Alle 180 Personen bilden das – eine – Experiment. Damit die grafische Lösung der Antworten noch darstellbar bleibt, sei die Zahl der verkauften Tickets auf fünf festgelegt, sodass für unsere Berechnung $n = 5$ gilt.

Zu 2: Jede Person mit Flugticket kommt zum Abflug (Ergebnis I) oder nicht (Ergebnis II).

Zu 3: Nehmen wir an, dass die Wahrscheinlichkeit, zum Abflug zu kommen, 90 % beträgt ($p = 0,9$), und zwar für jede Person gleichermaßen.

Zu 4: Wir gehen davon aus, dass das Erscheinen bzw. Nichterscheinen der einen Person nichts damit zu tun hat, ob eine andere Person erscheint.

Kapitel 11

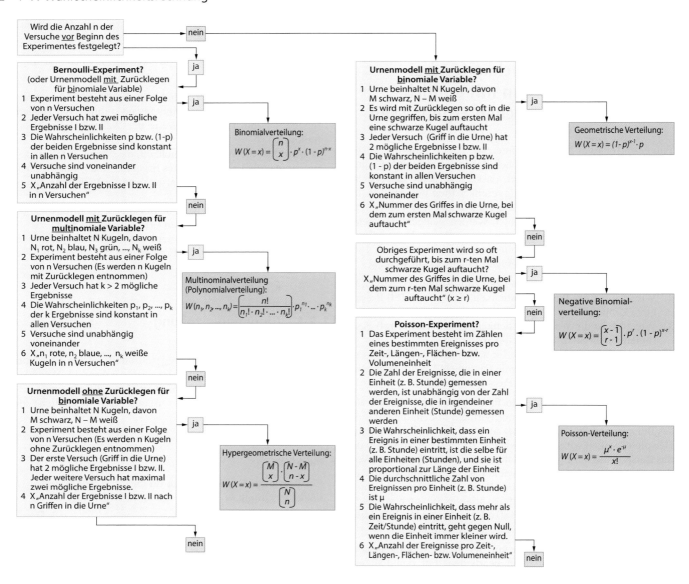

Abb. 11.21 Flussdiagramm für diskrete Wahrscheinlichkeitsverteilungen

Zu 5: Die Zufallsvariable X fragt nach der Anzahl der zum Abflug (Ergebnis I) anwesenden Passagiere.

Alle fünf Aspekte sind erfüllt, sodass in der Tat ein Bernoulli-Experiment vorliegt. Damit können wir folgende vier Fragen beantworten.

———————————— **Aufgabe 11.4** ————————————

Wie groß ist die Wahrscheinlichkeit, dass von den fünf Personen (mit gekauftem Ticket) genau zwei zum Abflug erscheinen?

Die Zufallsvariable X „Anzahl der zum Abflug anwesenden Passagiere" kann sechs verschiedene Werte annehmen: null bis fünf. Wir suchen

$$W(X = 2) = f(2).$$

Wenn zwei Personen zum Abflug kommen, verpassen drei den Flug. Wenn die Wahrscheinlichkeit für das Erscheinen $p = 0,9$

beträgt, lautet die Wahrscheinlichkeit für das Nichterscheinen $1-p = 1-0,9 = 0,1$. Unter Anwendung des Multiplikationssatzes (s. Abschn. 11.2.4) berechnen wir die Wahrscheinlichkeit, dass zwei Passagiere kommen und drei nicht:

$$0,9 \cdot 0,9 \cdot 0,1 \cdot 0,1 \cdot 0,1 = 0,00081 = 0,081\,\%.$$

Es ist allerdings unklar, welche konkreten zwei Personen auftauchen: Person 1 und 2 oder Person 1 und 3 oder ...? Mithilfe der Kombinatorik (s. Abschn. 11.3) ermitteln wir

$$\binom{5}{2} = \frac{5!}{2! \cdot 3!} = 10$$

Möglichkeiten aus fünf Personen zwei auszuwählen. Für jede dieser Zweierkombinationen gilt eine Wahrscheinlichkeit von

Tab. 11.12 Wahrscheinlichkeitsfunktion der Binomialverteilung, $p = 0,9$

x	$f(x)$
0	0,00001
1	0,00045
2	0,00810
3	0,07290
4	0,32805
5	0,59049

Tab. 11.13 Wahrscheinlichkeitsfunktion der Binomialverteilung, $p = 0,5$

x	$f(x)$
0	0,03125
1	0,15625
2	0,31250
3	0,31250
4	0,15625
5	0,03125

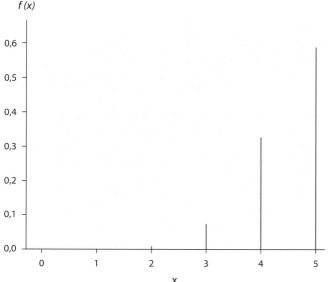

Abb. 11.22 Wahrscheinlichkeitsfunktion der Binomialverteilung, $p = 0,9$

Abb. 11.23 Wahrscheinlichkeitsfunktion der Binomialverteilung, $p = 0,5$

0,081 %, sodass wir unter Anwendung des Additionssatzes (s. Abschn. 11.2.1) zur Lösung gelangen:

$$W(X = 2) = 10 \cdot 0,00081 = 0,0081 = 0,81 \%.$$

Die Wahrscheinlichkeit, dass von fünf Personen zwei ihren Sitzplatz einnehmen, beträgt 0,81 % (in SPSS zu erhalten über: Transformieren/Variable berechnen/W=CDF.BINOM(2,5,0.9)-CDF.BINOM(1,5,0.9)). Daraus können wir folgende Verallgemeinerung ziehen:

Rechenregel

Wahrscheinlichkeitsfunktion der Binomialverteilung:

$$W(X = x) = f(x) = \binom{n}{x} \cdot p^x \cdot (1-p)^{n-x}.$$

$f(x)$ heißt Wahrscheinlichkeitsfunktion der Binomialverteilung und ordnet jedem Wert von X eine Wahrscheinlichkeit zu. Unter sukzessiver Einsetzung von x in obige Gleichung erhalten wir die Werte aus Tab. 11.12 für die Wahrscheinlichkeitsfunktion.

Deren grafische Darstellung sieht gemäß Abb. 11.22 aus.

Dass wenige Passagiere erscheinen, hat eine geringe Wahrscheinlichkeit (die linken Balken sind sehr klein), und dass vier oder fünf Passagiere kommen, weist eine größere Wahrscheinlichkeit auf (die rechten Balken sind hoch).

Was ändert sich an der Wahrscheinlichkeitsverteilung, wenn p einen anderen Wert annimmt? Siehe für $p = 0,5$ Tab. 11.13.

Deren grafische Darstellung sieht wie folgt aus (s. Abb. 11.23).

Die Wahrscheinlichkeitsverteilung sieht jetzt anders aus. In der Mitte sind die Balken hoch und am Rand niedrig. Wir sehen auf einen Blick, welche Ergebnisse am wahrscheinlichsten bzw. unwahrscheinlichsten sind.

Gut zu wissen

Wahrscheinlichkeitsverteilung als Stab: Den Begriff Wahrscheinlichkeitsverteilung kann man bildlich nehmen. Wie zersägen einen senkrechten schwarzen Balken der Länge 1 in sechs Teile (s. Abb. 11.24). Jedes Teil ist genauso lang wie die dazugehörige Wahrscheinlichkeit groß ist. Diese sechs Teile werden nun einzeln an den entsprechenden x-Werten auf die waagerechte Achse gestellt/verteilt, und fertig ist die Wahrscheinlichkeitsverteilung (in Abb. 11.23).

Kapitel 11

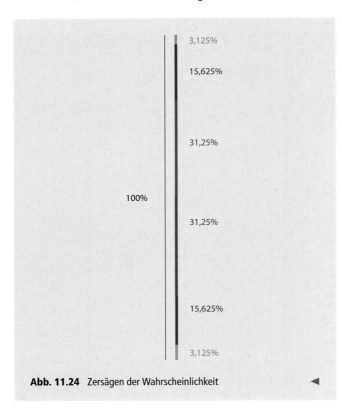

Abb. 11.24 Zersägen der Wahrscheinlichkeit ◄

Zum Ende von Aufgabe 11.4 sei noch geklärt, wie groß die Wahrscheinlichkeit ist, dass genau 180 Personen ihren Sitzplatz einnehmen (mit $n = 180$ verkauften Flugtickets):

$$W(X = 180) = f(180) = \begin{pmatrix} 180 \\ 180 \end{pmatrix} \cdot 0{,}9^{180} \cdot (1 - 0{,}9)^0$$
$$= 0{,}000000005 = 0{,}0000005\,\%.$$

Da scheint Luft nach oben für eine Überbuchung zu existieren.

─────────────── **Frage 11.1** ───────────────

Wie groß ist die Wahrscheinlichkeit, dass von den fünf Personen (mit gekauftem Ticket) maximal zwei zum Abflug erscheinen?

──

Wir suchen $W(X \leq 2) = F(2)$, den Wert der Verteilungsfunktion an der Stelle 2. Die Lösung lautet:

$$F(2) = f(0) + f(1) + f(2).$$

Wir müssen also die Werte der Wahrscheinlichkeitsfunktion bis $x = 2$ addieren (in SPSS zu erhalten über: Transformieren/Variable berechnen/W=CDF.BINOM(2,5,0.9)):

$$W(X \leq 2) = \begin{pmatrix} 5 \\ 0 \end{pmatrix} \cdot 0{,}9^0 \cdot 0{,}1^5 + \begin{pmatrix} 5 \\ 1 \end{pmatrix} \cdot 0{,}9^1 \cdot 0{,}1^4$$
$$+ \begin{pmatrix} 5 \\ 2 \end{pmatrix} \cdot 0{,}9^2 \cdot 0{,}1^3 = 0{,}0086 = 0{,}86\,\%.$$

Tab. 11.14 Verteilungsfunktion, $p = 0{,}9$

x	$F(x)$
0	0,00001
1	0,00046
2	0,00856
3	0,08146
4	0,40951
5	1,00000

Daraus können wir folgende Verallgemeinerung ziehen:

Rechenregel

$$W(X \leq x) = F(x) = f(0) + f(1) + \ldots + f(x)$$

$F(x)$ heißt **Verteilungsfunktion der Binomialverteilung** und ordnet jedem x eine Wahrscheinlichkeit zu, maximal diesen Wert als Ergebnis zu erhalten. Unter sukzessiver Einsetzung von x in obige Gleichung erhalten wir die Werte aus Tab. 11.14 für die Verteilungsfunktion.

Zum Ende von Frage 11.1 sei noch geklärt, wie groß die Wahrscheinlichkeit ist, dass maximal 180 Personen ihren Sitzplatz einnehmen (mit $n = 180$ verkauften Flugtickets):

$$W(X \leq 180) = F(180) = f(0) + f(1) + \ldots + f(180) = 1{,}0.$$

Diese Wahrscheinlichkeit ergibt sich zu 100 %.

─────────────── **Frage 11.2** ───────────────

Wie viele Passagiere werden wohl ihren Sitzplatz einnehmen?

──

Wir suchen den Erwartungswert $E(X)$ und erhalten

$$E(X) = n \cdot p = 5 \cdot 0{,}9 = 4{,}5.$$

Auch wenn es keine 4,5 Personen gibt, stimmt diese Zahl. Sie kann folgendermaßen interpretiert werden. Wenn wir dieses Experiment (Flug von Berlin nach Athen mit fünf Sitzen) unendlich oft wiederholen und bei jedem Flug die Zahl der Passagiere aufschreiben würden, wären im „Durchschnitt" 4,5 Sitze besetzt. Der Begriff Durchschnitt ist belegt und setzt eine Addition von endlich vielen Zahlen voraus. Hier addieren wir hingegen quasi unendlich viele Werte und nennen den Durchschnitt nun Erwartungswert. Das heißt, beim nächsten Flug erwarten wir 4,5 Passagiere, also zwischen vier und fünf Passagiere.

Übertragen auf einen Flug mit 180 Sitzen und 180 verkauften Flugtickets erwarten wir

$$E(X) = n \cdot p = 180 \cdot 0{,}9 = 162 \text{ Passagiere.}$$

─────────────── **Frage 11.3** ───────────────

Wenn mehrere Flüge von Berlin nach Athen betrachtet werden: Hat jeder Flug gleich viele Passagiere? Wenn nein, wie stark unterscheiden sich die Passagierzahlen?

──

Wir suchen die Varianz $Var(X)$ und erhalten

$$Var(X) = n \cdot p \cdot (1-p) = 180 \cdot 0{,}9 \cdot 0{,}1 = 16{,}2,$$

also 16,2 Quadratpassagiere. Da $16{,}2 > 0$, weisen die Flüge nicht die gleiche Zahl von Passagieren auf. Eingesetzt in die Tschebycheff'sche Ungleichung bekommen wir (s. Abschn. 11.4.5):

$$W(162 - 2 \cdot \sqrt{16{,}2} \le X \le 162 + 2 \cdot \sqrt{16{,}2}) \ge 1 - \frac{1}{2^2} = 0{,}75$$

$$\text{bzw.} \quad W(154 \le X \le 170) \ge 0{,}75.$$

Mit einer Wahrscheinlichkeit von mindestens 75 % werden zwischen 154 und 170 Passagiere Platz nehmen.

11.5.2 Hypergeometrische Verteilung

Die Qualitätsanforderungen an die Produktion nehmen ständig zu. Kunden möchten z. B., dass die Produkte die versprochenen Qualitäten tatsächlich aufweisen, und Unternehmen möchten z. B. den Ausschussanteil reduzieren, um die Kosten zu senken. In diesem Zusammenhang erlangt die Qualitätskontrolle eine besondere Bedeutung. In unserem Beispiel stellen wir 30 Fernseher her, von denen vier defekt sind. Von den 30 Fernsehern prüfen wir sechs auf Funktionsfähigkeit. Wenn dieses Experiment ein Urnenmodell ohne Zurücklegen für eine binomiale Variable darstellt, kann die hypergeometrische Verteilung verwendet werden, um die zu Beginn von Abschn. 11.5 formulierten Fragen zu beantworten. Was ist das Wesentliche an diesem Urnenmodell?

Merksatz

Das **Urnenmodell *ohne* Zurücklegen für *bi*nomiale Variable** ist durch Folgendes charakterisiert:

1. Die Urne beinhaltet N Kugeln, davon M schwarz, $N - M$ weiß.
2. Das Experiment besteht aus einer Folge von n Versuchen (es werden n Kugeln ohne Zurücklegen entnommen).
3. Der erste Versuch (Griff in die Urne) hat zwei mögliche Ergebnisse I bzw. II. Jeder weitere Versuch hat maximal zwei mögliche Ergebnisse.
4. $X =$ „Anzahl der Ergebnisse I bzw. II nach n Griffen in die Urne".

Zu 1: Wenn Statistiker von einer Urne reden, meinen sie eine Kiste. Wir können z. B. alle $N = 30$ produzierten Fernseher in eine Kiste legen, wohl wissend, dass es zwei Sorten von Fernsehern gibt: funktionierende und nicht funktionierende. Das Wort „binomial" meint zwei Sorten. Wenn es mehr als zwei Sorten Fernseher gäbe, sprächen wir von „multinominal". Um die Fernseher optisch unterscheidbar zu machen, streichen wir die nicht funktionierenden schwarz an und die funktionierenden weiß. Damit gilt $M = 4$ und $N - M = 26$.

Zu 2: Von den 30 Fernsehern entnehmen wir $n = 6$, ohne sie wieder in die Kiste zurückzulegen. Ein Fernseher, der ausgewählt wurde kann damit nicht ein zweites Mal ausgewählt werden. Jeder Fernseher ist ein Versuch. Alle sechs Fernseher bilden das Experiment. Man sagt auch: Wir entnehmen eine Stichprobe im Umfang von $n = 6$.

Zu 3: Mit Ergebnis I sei ein defekter Fernseher gemeint und mit Ergebnis II ein funktionierender Fernseher. Der erste Fernseher, der aus der Kiste entnommen wird, ist entweder defekt oder funktionsfähig. Für jeden weiteren Fernseher gilt dies auch, es sei denn, in der Kiste liegt nur ein defekter Fernseher, den wir auch noch gleich beim ersten Mal erwischt haben.

Zu 4: Hier wird definiert, wonach wir eigentlich suchen. Wir suchen $X =$ „Anzahl der defekten Fernseher nach sechs Griffen in die Kiste".

Alle vier Aspekte sind erfüllt, sodass in der Tat ein Urnenmodell ohne Zurücklegen für eine binomiale Variable vorliegt. Damit können wir folgende vier Fragen beantworten.

———————— **Frage 11.4** ————————

Wie groß ist die Wahrscheinlichkeit, dass von den sechs ausgewählten Fernsehern genau zwei defekt sind?

———————————————————————————————

Die Zufallsvariable X „Anzahl der defekten Fernseher nach sechs Griffen in die Kiste" kann fünf verschiedene Werte annehmen: null bis vier. Alle sechs können nicht defekt sein, da nur vier defekte in der Kiste liegen. Wir suchen

$$W(X = 2) = f(2) = \frac{\text{Zahl aller günstigen Fälle}}{\text{Zahl aller gleichmöglichen Fälle}}.$$

Gemäß der Definition von Wahrscheinlichkeit suchen wir als Erstes die Zahl aller gleichmöglichen Fälle in unserem Experiment (s. Abschn. 11.1). Ein Fall bedeutet, sechs Fernseher aus der Kiste entnommen zu haben, aber welche sechs? Wenn wir alle Fernseher durchnummerieren, könnten dies z. B. Fernseher Nummer 1 bis 6 sein oder 2 bis 7 etc. Mit Rückgriff auf die Kombinatorik gelangen wir über „Kombination ohne Wiederholung" zu

$$\binom{30}{6} = \frac{30!}{6! \cdot (30-6)!} = 593.775$$

möglichen Fällen (s. Abschn. 11.3).

$\binom{30}{6}$ heißt „30 über 6" und ist aus Abb. 11.25 unmittelbar ablesbar, da die beiden Zahlen übereinander stehen. Ähnlich verhält es sich mit der Zahl der günstigen Fälle. Damit in der 6er Stichprobe zwei defekte Fernseher enthalten sind, müssen diese zwei aus den in der Kiste vorhandenen vier Fernsehern ausgewählt werden. Dafür bestehen „4 über 2" Möglichkeiten, also

$$\binom{4}{2} = \frac{4!}{2! \cdot (4-2)!} = 6.$$

Auch diese beiden Zahlen stehen in der Abb. 11.25 direkt übereinander. Mit zwei Fernsehern ist die Stichprobe noch

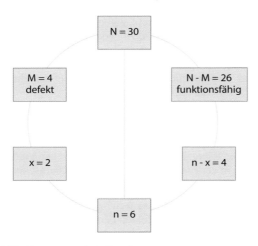

Abb. 11.25 Hypergeometrische Verteilung

Tab. 11.15 Wahrscheinlichkeitsfunktion der hypergeometrischen Verteilung

x	$f(x)$
0	0,3877
1	0,4431
2	0,1511
3	0,0175
4	0,0005

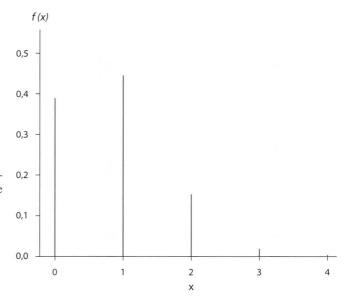

Abb. 11.26 Wahrscheinlichkeitsfunktion der hypergeometrischen Verteilung

nicht vollständig. Weitere vier funktionsfähige Fernseher müssen noch ausgewählt werden, und zwar aus den in der Kiste vorhandenen 26 nicht defekten Geräten, also „26 über 4"

$$\binom{26}{4} = \frac{26!}{4! \cdot (26-4)!} = 14.950.$$

Daraus folgt unter Anwendung des Multiplikationssatzes für

$$W(X = 2) = f(2) = \frac{6 \cdot 14.950}{593.775} = 0,151 = 15,1\,\%.$$

Die Wahrscheinlichkeit, dass in der Stichprobe 2 defekte Fernseher liegen, beträgt 15,1 % (in SPSS zu erhalten über: Transformieren/Variable berechnen/W=CDF.HYPER(2,30,6,4)-CDF.HYPER(1,30,6,4)).

Daraus können wir folgende Verallgemeinerung ziehen:

Rechenregel

Wahrscheinlichkeitsfunktion der hypergeometrischen Verteilung:

$$W(X = x) = f(x) = \frac{\binom{M}{x} \cdot \binom{N-M}{n-x}}{\binom{N}{n}}.$$

$f(x)$ heißt Wahrscheinlichkeitsfunktion der hypergeometrischen Verteilung und ordnet jedem Wert von X eine Wahrscheinlichkeit zu. Unter sukzessiver Einsetzung von x in obige Gleichung erhalten wir die Werte aus Tab. 11.15 für die Wahrscheinlichkeitsfunktion.

Deren grafische Darstellung gibt Abb. 11.26 wieder.

Frage 11.5

Wie groß ist die Wahrscheinlichkeit, dass von den sechs ausgewählten Fernsehern maximal zwei defekt sind?

Wir suchen $W(X \leq 2) = F(2)$, den Wert der Verteilungsfunktion an der Stelle 2. Die Lösung lautet:

$$F(2) = f(0) + f(1) + f(2).$$

Wir müssen also die Werte der Wahrscheinlichkeitsfunktion bis $x = 2$ addieren.

$$F(2) = \frac{\binom{4}{0} \cdot \binom{30-4}{6-0}}{\binom{30}{6}} + \frac{\binom{4}{1} \cdot \binom{30-4}{6-1}}{\binom{30}{6}}$$

$$+ \frac{\binom{4}{2} \cdot \binom{30-4}{6-2}}{\binom{30}{6}}$$

$$= 0,3877 + 0,4431 + 0,1511 = 0,9819 = 98,19\,\%.$$

Tab. 11.16 Verteilungsfunktion der hypergeometrischen Verteilung

x	$F(x)$
0	0,3877
1	0,8309
2	0,9819
3	0,9995
4	1,0000

Mit 98,19 %iger Wahrscheinlichkeit sind in der Stichprobe maximal zwei Fernseher defekt (in SPSS zu erhalten über: Transformieren/Variable berechnen/W=CDF.HYPER(2,30,6,4)).

Daraus können wir folgende Verallgemeinerung ableiten:

Rechenregel

Verteilungsfunktion der hypergeometrischen Verteilung:

$$W(X \leq x) = F(x) = f(0) + f(1) + \ldots + f(x)$$

$F(x)$ heißt Verteilungsfunktion der hypergeometrischen Verteilung und ordnet jedem x eine Wahrscheinlichkeit zu, maximal diesen Wert als Ergebnis zu erhalten. Unter sukzessiver Einsetzung von x in obige Gleichung erhalten wir die Werte aus Tab. 11.16 für die Verteilungsfunktion.

——————————— **Frage 11.6** ———————————
Wie viele defekte Fernseher werden wohl in der Stichprobe sein?
————————————————————————————————

Wir suchen den Erwartungswert $E(X)$ und erhalten

$$E(X) = n \cdot \frac{M}{N} = 6 \cdot \frac{4}{30} = 0,8.$$

Wir erwarten in der Stichprobe 0,8 defekte Fernseher.

Auch wenn es keine 0,8 Fernseher gibt, stimmt diese Zahl. Sie kann folgendermaßen interpretiert werden: Wenn wir dieses Experiment (Entnahme einer 6er Stichprobe aus 30 Fernsehern) unendlich oft wiederholen und bei jeder Stichprobe die Zahl der defekten Fernseher aufschreiben würden, wären im „Durchschnitt" 0,8 Fernseher defekt. Der Begriff Durchschnitt ist belegt und setzt eine Addition von endlich vielen Zahlen voraus. Hier addieren wir hingegen quasi unendlich viele Werte und nennen den Durchschnitt nun Erwartungswert. Das heißt, ehe wir die eine Stichprobe ziehen, erwarten wir 0,8 defekte Fernseher in der Stichprobe, also gerundet einen Fernseher.

——————————— **Frage 11.7** ———————————
Wenn wir das Experiment wiederholen: Hat jede Stichprobe gleich viele defekte Fernseher? Wenn nein, wie stark unterscheiden sich diese Zahlen?
————————————————————————————————

Wir suchen die Varianz Var(X) und erhalten

$$Var(X) = n \cdot \frac{M}{N} \cdot \frac{N-M}{N} \cdot \frac{N-n}{N-1} = 6 \cdot \frac{4}{30} \cdot \frac{30-4}{30} \cdot \frac{30-6}{30-1}$$
$$= 0,57,$$

also 0,57 defekte Quadratfernseher. Da $0,57 > 0$, unterscheiden sich die Stichproben hinsichtlich der Zahl der defekten Fernseher.

Eingesetzt in die Tschebycheff'sche Ungleichung erhalten wir (s. Abschn. 11.4.5):

$$W(0,8 - 2 \cdot \sqrt{0,57} \leq X \leq 0,8 + 2 \cdot \sqrt{0,57}) \geq 1 - \frac{1}{2^2} = 0,75$$
$$\text{bzw.} \quad W(-0,7 \leq X \leq 2,3) \geq 0,75.$$

Mit einer Wahrscheinlichkeit von mindestens 75 % werden zwischen 0 und 2,3 Fernseher in der Stichprobe defekt sein.

11.5.3 Geometrische Verteilung

Die Ausgangslage in diesem Abschnitt ist ähnlich wie im vorhergehenden Abschnitt der hypergeometrischen Verteilung. Wir betrachten wieder eine Kiste mit schwarzen und weißen Kugeln. Zwei wesentliche Änderungen seien jedoch eingeführt. Wir wissen vor Beginn des Experimentes nicht, wie oft wir in die Kiste hineingreifen, und wir fragen nicht mehr, wie oft etwas geschieht, sondern wann etwas zum ersten Mal passiert. Man nennt dieses Experiment „Urnenmodell mit Zurücklegen für eine binomiale Variable" und verwendet die geometrische Verteilung, um die eingangs in Abschn. 11.5 formulierten Fragen zu beantworten. Was ist das Wesentliche an diesem Urnenmodell?

Merksatz

Ein **Urnenmodell *mit* Zurücklegen für binomiale Variable** kennzeichnet Folgendes:

1. Die Urne beinhaltet N Kugeln, davon M schwarz und $N - M$ weiß.
2. Es wird mit Zurücklegen so oft in die Urne gegriffen, bis zum ersten Mal eine schwarze Kugel auftaucht.
3. Jeder Versuch (Griff in die Urne) hat zwei mögliche Ergebnisse I bzw. II.
4. Die Wahrscheinlichkeiten p bzw. $(1 - p)$ der beiden Ergebnisse sind konstant in allen Versuchen.
5. Die Versuche sind unabhängig voneinander.
6. $X =$ „Nummer des Griffes in die Urne, bei dem zum ersten Mal eine schwarze Kugel auftaucht".

Zu 1: Nehmen wir $N = 30$, $M = 10$ schwarze und $N - M = 20$ weiße Kugeln.

Zu 2: Da wir mit Zurücklegen ziehen, kann es geschehen, dass wir öfter als 30mal in die Kiste greifen. Es ist kein n definiert, sondern ein Abbruchkriterium für das Experiment.

Zu 3: Jeder Griff in die Kiste liefert entweder eine schwarze (Ergebnis I) oder weiße (Ergebnis II) Kugel.

Zu 4: Da mit Zurücklegen gezogen wird, erhalten wir bei jedem Griff in die Kiste

$$W(\text{schwarz}) = \frac{10}{30} = 0{,}333 = p \quad \text{und}$$

$$W(\text{weiß}) = \frac{20}{30} = 0{,}666 = 1 - p.$$

Zu 5: Vor jedem Griff in die Kiste drücken wir quasi die Reset-Taste, da wir die Kugel zurücklegen.

Zu 6: Dies definiert die Zufallsvariable, für die wir bestimmte Werte/Wahrscheinlichkeiten berechnen wollen.

Damit können wir folgende vier Fragen beantworten.

--------- **Frage 11.8** ---------

Wie groß ist die Wahrscheinlichkeit, dass wir beim dritten Griff in die Kiste zum ersten Mal eine schwarze Kugel ziehen?

Wir suchen $W(X = 3) = f(3)$. Die erste Kugel muss weiß sein, die zweite Kugel ebenso und erst die dritte Kugel muss schwarz sein. Unter Anwendung des Multiplikationssatzes folgt daraus:

$$\begin{aligned}
W(X = 3) &= W(\text{weiß und weiß und schwarz}) \\
&= W(\text{weiß}) \cdot W(\text{weiß}) \cdot W(\text{schwarz}) \\
&= 0{,}666 \cdot 0{,}666 \cdot 0{,}333 = (1 - 0{,}333)^2 \cdot 0{,}333 \\
&= 0{,}148 = 14{,}8\,\%.
\end{aligned}$$

(in SPSS zu erhalten über: Transformieren/Variable berechnen/W=CDF.GEOM(3,1/3)-CDF.GEOM(2,1/3)).

Daraus können wir folgende Verallgemeinerung ziehen:

Rechenregel

Wahrscheinlichkeitsfunktion der geometrischen Verteilung:

$$W(X = x) = f(x) = (1 - p)^{x-1} \cdot p.$$

$f(x)$ heißt Wahrscheinlichkeitsfunktion der geometrischen Verteilung und ordnet jedem Wert von X eine Wahrscheinlichkeit zu. Unter sukzessiver Einsetzung von x in obige Gleichung erhalten wir die Werte aus Tab. 11.17 für die Wahrscheinlichkeitsfunktion.

Deren grafische Darstellung gibt Abb. 11.27 wieder.

Mit zunehmendem x werden die Wahrscheinlichkeiten immer kleiner.

--------- **Frage 11.9** ---------

Wie groß ist die Wahrscheinlichkeit, dass spätestens beim dritten Griff in die Kiste erstmalig eine schwarze Kugel gezogen wird?

Tab. 11.17 Wahrscheinlichkeitsfunktion der geometrischen Verteilung

x	$f(x)$
1	0,333
2	0,222
3	0,148
4	0,099
5	0,066
6	0,044
7	0,029
8	0,020
9	0,013
10	0,009

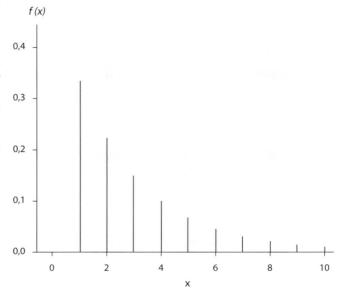

Abb. 11.27 Wahrscheinlichkeitsfunktion der geometrischen Verteilung

Wir suchen $W(X \leq 3) = F(3)$, den Wert der Verteilungsfunktion an der Stelle 3. Die Lösung lautet:

$$\begin{aligned}
F(3) &= f(1) + f(2) + f(3) \\
&= (1 - p)^{1-1} \cdot p + (1 - p)^{2-1} \cdot p + (1 - p)^{3-1} \cdot p \\
&= 1 - (1 - p)^3 = 1 - (1 - 0{,}333)^3 = 0{,}704 = 70{,}4\,\%
\end{aligned}$$

(in SPSS zu erhalten über: Transformieren/Variable berechnen/W=CDF.GEOM(3,1/3)).

Daraus können wir folgende Verallgemeinerung ziehen:

Rechenregel

Verteilungsfunktion der geometrischen Verteilung:

$$W(X \leq x) = F(x) = f(1) + \ldots + f(x) = 1 - (1 - p)^x.$$

$F(x)$ heißt Verteilungsfunktion der geometrischen Verteilung und ordnet jedem x eine Wahrscheinlichkeit zu, maximal diesen Wert als Ergebnis zu erhalten. Unter sukzessiver Einsetzung

Tab. 11.18 Verteilungsfunktion der geometrischen Verteilung

x	$F(x)$
1	0,333
2	0,556
3	0,704
4	0,802
5	0,868
6	0,912
7	0,941
8	0,961
9	0,974
10	0,983

von x in obige Gleichung erhalten wir die Werte aus Tab. 11.18 für die Verteilungsfunktion:

Mit 97,4 %iger Wahrscheinlichkeit erhalten wir spätestens beim neunten Griff in die Kiste erstmalig eine schwarze Kugel.

─────────────── **Frage 11.10** ───────────────
Wann werden wir wohl zum ersten Mal eine schwarze Kugel ziehen?
──

Wir suchen den Erwartungswert $E(X)$ und erhalten

$$E(X) = \frac{1}{p} = \frac{1}{0,333} = 3.$$

Der dritte Griff in die Kiste wird wohl zum ersten Mal eine schwarze Kugel liefern. Wenn wir das Experiment (solange eine Kugel entnehmen, bis eine schwarze Kugel kommt) unendlich oft wiederholen und jedes Mal aufschreiben würden, wann erstmalig die schwarze Kugel zu sehen ist, wäre die Botschaft, dass wir im Durchschnitt bei jedem dritten Griff eine schwarze Kugel erhielten.

─────────────── **Frage 11.11** ───────────────
Wenn wir das Experiment wiederholen: Beobachten wir jedes Mal bei derselben Griffnummer erstmalig eine schwarze Kugel? Wenn nein, wie stark unterscheiden sich diese Griffnummern?
──

Wir suchen die Varianz $\text{Var}(X)$ und erhalten

$$\text{Var}(X) = \frac{1-p}{p^2} = \frac{1-0,333}{0,333^2} = 6,$$

also 6 Quadratgriffe. Da $6 > 0$, unterscheiden sich die Experimente im Hinblick auf das erstmalige Erscheinen einer schwarzen Kugel.

Eingesetzt in die Tschebycheff'sche Ungleichung erhalten wir (s. Abschn. 11.4.5):

$$W(3 - 2 \cdot \sqrt{6} \leq X \leq 3 + 2 \cdot \sqrt{6}) \geq 1 - \frac{1}{2^2} = 0,75$$

$$\text{bzw.} \quad W(-1,9 \leq X \leq 7,9) \geq 0,75.$$

Mit einer Wahrscheinlichkeit von mindestens 75 % wird zwischen dem ersten und siebten Griff erstmalig eine schwarze Kugel auftauchen.

> **Gut zu wissen**
>
> Die geometrische Verteilung kommt auch zum Tragen, wenn ein **Bernoulli-Experiment mit je $n = 1$** vorliegt (s. Abschn. 11.5.1). ◄

Dies sei an dem Beispiel eines Supermarktes erläutert. In den meisten Supermärkten wird heutzutage die Ware an der Kasse gescannt, es muss also kein Preis mehr eingetippt werden. Kein Scangerät der Welt ist allerdings in der Lage, fehlerfrei zu scannen. Nehmen wir an, dass der Scanner in unserem Beispiel-Supermarkt (mit nur einer Kasse) mit einer Wahrscheinlichkeit von 99,9 % korrekt scannt, also mit einer Wahrscheinlichkeit von 0,1 % fehlerhaft scannt. Jeder einzelne Scan-Vorgang stellt ein Bernoulli-Experiment mit einem Versuch dar. Wie groß ist die Wahrscheinlichkeit, dass die ersten fünf Waren richtig und die sechste Ware falsch gescannt wird bzw. beim sechsten Scanvorgang erstmalig ein Fehler auftritt?

$$W(X = 6) = f(6) = (1-p)^{x-1} \cdot p = (1-0,001)^{6-1} \cdot 0,001$$
$$= 0,000995 = 0,0995 \%.$$

Die gesuchte Wahrscheinlichkeit beträgt fast ein Promille.

Mit welcher Wahrscheinlichkeit wird frühestens beim sechsten Scanvorgang falsch gescannt?

$$W(X \geq 6) = 1 - W(X \leq 5) = 1 - F(5) = 1 - [1 - (1-p)^x]$$
$$= 1 - \left[1 - (1-0,001)^5\right] = 0,999^5 = 0,995$$
$$= 99,5 \%.$$

Die gesuchte Wahrscheinlichkeit liegt bei 99,5 %.

Der Erwartungswert E(X) wird zu

$$E(X) = \frac{1}{p} = \frac{1}{0,001} = 1000$$

berechnet. Somit tritt „durchschnittlich" bei jedem tausendsten Scanvorgang ein Fehler auf.

11.5.4 Poisson-Verteilung

Der bei der Herstellung eines Produktes – hoffentlich – selten eintretende Ausschuss kann grundsätzlich auf zwei Wegen gezählt werden. Einerseits wird die Zahl der fehlerhaften Produkte absolut erfasst, und andererseits setzen wir die fehlerhaften Produkte in einen zeitlichen Rahmen, z. B. Zahl der fehlerhaften Produkte pro Stunde. Genau dies soll hier gemacht werden. Das zugrunde liegende Experiment nennt man Poisson-Experiment und verwendet die Poisson-Verteilung (die auch „Verteilung der seltenen Ereignisse" genannt wird), um die eingangs von Abschn. 11.5 formulierten Fragen zu beantworten. Was ist das Wesentliche an diesem Experiment?

Merksatz

Ein **Poisson-Experiment** ist durch Folgendes gekennzeichnet:

1. Das Experiment besteht im Zählen eines bestimmten Ereignisses pro Zeit-, Längen-, Flächen- bzw. Volumeneinheit.
2. Die Zahl der Ereignisse, die in einer Einheit (z. B. Stunde) gemessen werden, ist unabhängig von der Zahl der Ereignisse, die in irgendeiner anderen Einheit (Stunde) gemessen werden.
3. Die Wahrscheinlichkeit, dass ein Ereignis in einer bestimmten Einheit (z. B. Stunde) eintritt, ist dieselbe für alle Einheiten (Stunden), und sie ist proportional zur Länge der Einheit.
4. Die durchschnittliche Zahl von Ereignissen pro Einheit (z. B. Stunde) ist μ.
5. Die Wahrscheinlichkeit, dass mehr als ein Ereignis in einer Einheit (z. B. Zeit/Stunde) eintritt, geht gegen null, wenn die Einheit immer kleiner wird.
6. X = „Anzahl der Ereignisse pro Zeit-, Längen-, Flächen- bzw. Volumeneinheit".

Zu 1: Wir zählen die defekten Produkte pro Stunde über einen längeren Zeitraum.

Zu 2: Der Ausschuss in einer bestimmten Stunde ist unabhängig von dem Ausschuss in einer anderen Stunde. Nur weil der Ausschuss z. B. in der fünften Stunde hoch ausfällt, muss er nicht in der achten Stunde auch hoch sein.

Zu 3: Die Wahrscheinlichkeit, in einer Stunde ein defektes Produkt zu erhalten, ist in jeder Stunde gleich hoch. Bezogen auf eine halbe Stunde ist die Wahrscheinlichkeit proportional, also nur halb so hoch.

Zu 4: Die durchschnittliche Zahl der fehlerhaften Produkte pro Stunde beträgt $\mu = 4$.

Zu 5: Je kleiner der betrachtete Zeitraum wird, desto niedriger fällt die Wahrscheinlichkeit aus.

Zu 6: Die Zufallsvariable X misst „Anzahl der fehlerhaften Produkte pro Stunde".

Damit können wir folgende vier Fragen beantworten.

—————————— **Frage 11.12** ——————————

Wie groß ist die Wahrscheinlichkeit, dass in einer zufällig ausgewählten Stunde genau fünf fehlerhafte Produkte hergestellt wurden?

Wir suchen $W(X = 5) = f(5)$ und erhalten mithilfe der **Wahrscheinlichkeitsfunktion der Poisson-Verteilung**

Rechenregel

$$W(X = x) = f(x) = \frac{\mu^x \cdot e^{-\mu}}{x!}$$

$$\text{mit} \quad e = 2{,}71828\ldots \text{(Euler'sche Zahl)}$$

$$W(X = 5) = \frac{4^5 \cdot e^{-4}}{5!} = 0{,}156 = 15{,}6\,\%.$$

Mit einer Wahrscheinlichkeit von 15,6 % können in einer Stunde genau fünf defekte Produkte beobachtet werden (in SPSS zu erhalten über: Transformieren/Variable berechnen/W=CDF.POISSON(5,4)-CDF.POISSON(4,4)).

$f(x)$ heißt Wahrscheinlichkeitsfunktion der Poisson-Verteilung und ordnet jedem Wert von X eine Wahrscheinlichkeit zu. Unter sukzessiver Einsetzung von x in obige Gleichung erhalten wir die Werte aus Tab. 11.19 für die Wahrscheinlichkeitsfunktion.

Deren grafische Darstellung gibt Abb. 11.28 wieder.

Wenige oder viele defekte Produkte zu erhalten, ist eher unwahrscheinlich. Wohingegen die Wahrscheinlichkeit für Werte in der Nähe des Mittelwertes 4 höher ausfällt

Tab. 11.19 Wahrscheinlichkeitsfunktion der Poisson-Verteilung

x	$f(x)$
0	0,018
1	0,073
2	0,147
3	0,195
4	0,195
5	0,156
6	0,104
7	0,060
8	0,030
9	0,013
10	0,005

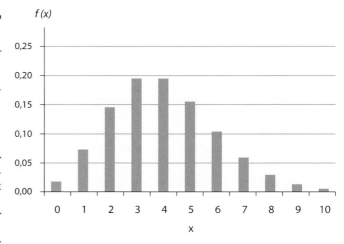

Abb. 11.28 Wahrscheinlichkeitsfunktion der Poisson-Verteilung

Tab. 11.20 Verteilungsfunktion der Poisson-Verteilung

x	$F(x)$
0	0,018
1	0,092
2	0,238
3	0,433
4	0,629
5	0,785
6	0,889
7	0,949
8	0,979
9	0,992
10	0,997

─────────────── **Frage 11.13** ───────────────

Wie groß ist die Wahrscheinlichkeit, dass in einer zufällig aus-gewählten Stunde maximal drei fehlerhafte Produkte entdeckt werden?

───

Wir suchen $W(X \leq 3) = F(3)$, den Wert der Verteilungsfunkti-on an der Stelle 3. Die Lösung lautet:

$$F(3) = f(0) + f(1) + f(2) + f(3)$$
$$= \frac{4^0 \cdot e^{-4}}{0!} + \frac{4^1 \cdot e^{-4}}{1!} + \frac{4^2 \cdot e^{-4}}{2!} + \frac{4^3 \cdot e^{-4}}{3!} = 0,433$$
$$= 43,3\,\%$$

(in SPSS zu erhalten über: Transformieren/Variable berech-nen/W=CDF.POISSON(3,4)).

$F(x)$ heißt Verteilungsfunktion der geometrischen Verteilung und ordnet jedem x eine Wahrscheinlichkeit zu, maximal die-sen Wert als Ergebnis zu erhalten. Unter sukzessiver Einsetzung von x in obige Gleichung erhalten wir die Werte aus Tab. 11.20 für die Verteilungsfunktion.

Mit 43,3 %iger (99,7 %iger) Wahrscheinlichkeit erhalten wir maximal drei (zehn) defekte Produkte in einer zufällig ausge-wählten Stunde.

─────────────── **Frage 11.14** ───────────────

Wie viele fehlerhafte Produkte erwarten wir in einer Stunde?

───

Wir suchen den Erwartungswert $E(X)$ und erhalten

$$E(X) = \mu = 4.$$

─────────────── **Frage 11.15** ───────────────

Wenn wir das Experiment wiederholen: Beobachten wir in je-der Stunde dieselbe Zahl an fehlerhaften Produkten? Wenn nein, wie stark unterscheiden sich diese Zahlen?

───

Wir suchen die Varianz $\text{Var}(X)$ und erhalten

$$\text{Var}(X) = \mu = 4,$$

also 4 Quadratprodukte. Da $4 > 0$, unterscheiden sich die Expe-rimente im Hinblick auf die Zahl der fehlerhaften Produkte pro Stunde.

Eingesetzt in die Tschebycheff'sche Ungleichung erhalten wir (s. Abschn. 11.4.5):

$$W(4 - 2 \cdot \sqrt{4} \leq X \leq 4 + 2 \cdot \sqrt{4}) \geq 1 - \frac{1}{2^2} = 0,75$$
$$\text{bzw.} \quad W(0 \leq X \leq 8) \geq 0,75.$$

Mit einer Wahrscheinlichkeit von mindestens 75 % erhalten wir zwischen null und acht fehlerhafte Produkte in einer zufällig ausgewählten Stunde. Aus Tab. 11.20 wissen wir, dass die ge-naue Wahrscheinlichkeit bei 97,9 % liegt.

Zusammenfassung

Für ein Experiment mit endlich vielen möglichen Ergeb-nissen können folgende vier Fragen geklärt werden:

1. Wie groß ist die Wahrscheinlichkeit, dass beim Zufallsexperiment ein bestimmtes Ergebnis heraus-kommt? Wir suchen für jedes x_i ein $f(x_i)$, also Werte der Wahrscheinlichkeitsfunktion.
2. Wie groß ist die Wahrscheinlichkeit, dass beim Zu-fallsexperiment maximal ein bestimmtes Ergebnis her-auskommt? Wir suchen für jedes x_i ein $F(x_i)$, also Werte der Verteilungsfunktion.
3. Welches Ergebnis wird wohl beim Zufallsexperiment zu beobachten sein? Wir suchen den Erwartungswert $E(X)$.
4. Wenn wir das Zufallsexperiment wiederholen würden, wie stark unterscheiden sich die Ergebnisse? Wir su-chen die Varianz $\text{Var}(X)$.

11.6 Stetige Wahrscheinlichkeitsver-teilungen – Wahrscheinlichkeiten bei Experimenten mit unendlich vielen möglichen Ergebnissen

Die Tagesrendite einer Aktie wird von Tag zu Tag schwan-ken. An einigen Tagen wird der Aktienkurs moderat steigen, an anderen Tagen eventuell stark fallen. Wenn wir uns einen Überblick über das Geschehen des letzten Jahres beschaffen möchten, können wir einzelne Tage auswählen – was allerdings willkürlich wäre – oder die Informationen des gesamten Jahres – also aller Tage – zusammenfassen. Mit dem Mittelwert und der Varianz haben wir bereits zwei Maße in den Abschn. 10.3 und 10.4 kennengelernt, die dafür zu verwenden sind. Diese In-formationen erweisen sich als sehr hilfreich, liefern aber keine Wahrscheinlichkeiten. Wir möchten z. B. wissen, mit welcher Wahrscheinlichkeit die Tagesrendite zwischen -2 und $-3\,\%$

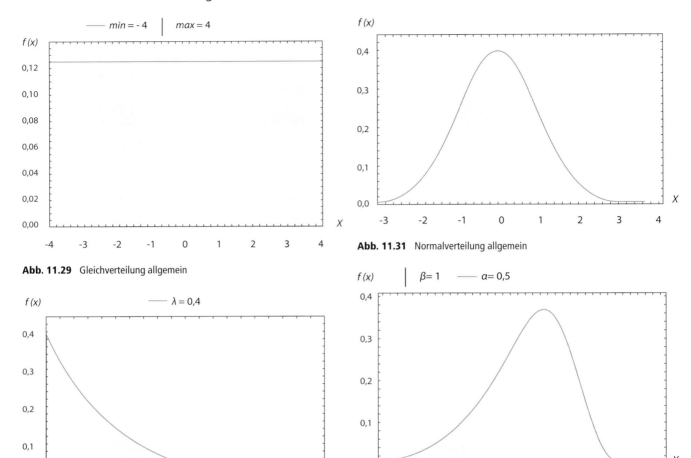

Abb. 11.29 Gleichverteilung allgemein

Abb. 11.30 Exponentialverteilung allgemein

Abb. 11.31 Normalverteilung allgemein

Abb. 11.32 Gumbel-Verteilung allgemein

liegt. Dazu benötigen wir die Wahrscheinlichkeitsverteilung der Tagesrenditen, also eine Formel und eine Grafik über den Prozess, der die zu beobachtenden Tagesrenditen „produziert". Da die Tagesrenditen unendlich viele Nachkommastellen besitzen, haben wir es mit einem Experiment mit unendlich vielen Ergebnissen zu tun, also liegt eine stetige Zufallsvariable vor.

Mithilfe der Dichtefunktion aus Abschn. 11.4.4 können wir verschiedene Annahmen über die Realität der Tagesrenditen treffen. Wenn keine Tagesrendite besonders exponiert wäre bzw. alle Tagesrenditen gleich häufig eintreten würden, müsste die Dichtefunktion der Tagesrendite in etwa wie in Abb. 11.29 gezeigt, aussehen (s. Wolfram | Alpha (2014)).

Wenn keine negativen Tagesrenditen und kleine Tagesrenditen häufig sowie große Tagesrenditen selten vorlägen, müsste die Dichtefunktion der Tagesrendite in etwa wie in Abb. 11.30 gezeigt, aussehen.

Wenn die meisten Tagesrenditen in der Gegend von 0 % lägen und starke Abweichungen nach oben wie nach unten eher selten

aufträten, müsste die Dichtefunktion der Tagesrendite in etwa wie in Abb. 11.31 gezeigt, aussehen.

Wenn die meisten Tagesrenditen in der Gegend von 0 % lägen, aber starke Abweichungen nach oben eher selten und starke Abweichungen nach unten öfter als nach oben aufträten, müsste die Dichtefunktion der Tagesrendite in etwa wie in Abb. 11.32 gezeigt, aussehen.

Wenn die meisten Tagesrenditen in der Gegend von 0 % lägen, der Berg aber spitz statt rund verliefe, müsste die Dichtefunktion der Tagesrendite in etwa wie in Abb. 11.33 gezeigt, aussehen.

Allen Abb. 11.29 bis 11.33 ist gemeinsam, dass die Fläche unter der Kurve/unter dem Berg den Wert eins annimmt und für die Wahrscheinlichkeit (100 %) steht, dass die Tagesrendite irgendeinen Wert aufweist. Wenn wir allerdings z. B. die Wahrscheinlichkeit für eine Tagesrendite zwischen −2 und −3 % suchen, benötigen wir die Fläche unter der Kurve zwischen −2 und −3. In Abb. 11.30 sehen wir, dass diese Fläche nicht existiert, also eine Wahrscheinlichkeit von 0 % vorliegt. In den anderen Abbildungen müssen wir die entsprechende Fläche berechnen, indem wir die Integral-Funktion verwenden. Nun

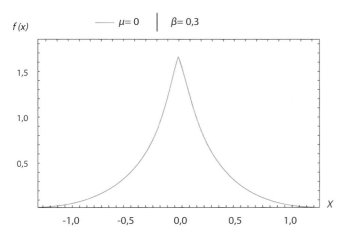

Abb. 11.33 Laplace-Verteilung allgemein

wollen wir aber nicht jedes Mal ein Integral „per Hand" lösen, zumal man sich vorstellen kann, dass es neben den fünf obigen Formen der Berge noch unzählige weitere Formen gibt. Für jeden einzelnen Berg müssten wir neu rechnen.

Eine – bessere – Alternative liegt darin, sich auf wenige Formen von Bergen zu beschränken, die häufig in der Realität vorkommen und deren Integrale bereits als gelöste Formeln vorliegen.

> **Gut zu wissen**
>
> **Stetige Wahrscheinlichkeitsverteilungen:** Wir beschäftigen uns im vorliegenden Abschnitt mit folgenden Verteilungen:
>
> - Gleichverteilung,
> - Exponentialverteilung,
> - Normalverteilung,
> - Prüfverteilung. ◄

Bezogen auf die Tagesrendite wollen wir die folgenden vier Fragen beantworten:

1. Wie groß ist die Wahrscheinlichkeit, dass die Tagesrendite genau bei 2,34 % liegt?
2. Wie groß ist die Wahrscheinlichkeit, dass die Tagesrendite bei maximal 1 % liegt?
3. Wie hoch wird die Tagesrendite an einem zufällig ausgewählten Tag wohl sein?
4. Wie stark unterscheiden sich die Tagesrenditen?

Damit wir nicht in jedem Abschnitt nur mit der Tagesrendite arbeiten, heben wir uns die weitere Bearbeitung dieser Thematik für Abschn. 11.6.3 auf.

Die obigen vier Fragen können wie folgt verallgemeinert werden:

1. Wie groß ist die Wahrscheinlichkeit, dass beim Zufallsexperiment ein bestimmtes Ergebnis herauskommt?
2. Wie groß ist die Wahrscheinlichkeit, dass beim Zufallsexperiment maximal ein bestimmtes Ergebnis herauskommt? Wir suchen für jedes x ein $F(x)$, also Werte der Verteilungsfunktion
3. Welches Ergebnis wird wohl beim Zufallsexperiment zu beobachten sein? Wir suchen den Erwartungswert $E(X)$.
4. Wenn wir das Zufallsexperiment wiederholen würden, wie stark unterscheiden sich die Ergebnisse? Wir suchen die Varianz $\mathrm{Var}(X)$.

11.6.1 Gleichverteilung

Industrieunternehmen greifen immer häufiger auf Just-in-Time-Produktion zurück. Damit die Lager nicht so umfangreich ausgestaltet sein müssen und Lagerkosten gesenkt werden können, verlegen Unternehmen ihre Lager quasi auf die Straße bzw. Schiene. Der Lieferant der Vorprodukte soll mit seinem Lieferwagen idealerweise genau zu dem Zeitpunkt am Werktor erscheinen, wenn die Vorprodukte benötigt werden. Bei der Auswahl des Lieferanten spielt u. a. seine Pünktlichkeit bei der Lieferung eine Rolle. Kein Lieferant der Welt wird bei jeder Lieferung auf die Minute pünktlich sein; er wird mal zu früh und mal zu spät kommen. Daher soll uns sein Verspätungsverhalten interessieren, welches mit der Zufallsvariablen X „Verspätung am Werktor in Minuten" gemessen wird. Nehmen wir an, der Lieferant Jupiter weist in der Realität folgende Dichtefunktion für X auf (s. Abb. 11.34).

Welche Informationen können aus dieser Grafik gezogen werden? Wir erinnern uns, dass die Fläche unter der Dichtefunktion für Wahrscheinlichkeit steht. Da die Dichtefunktion links von der 10 auf der waagerechten Achse liegt, kommt dieser Verspätungsfall nicht vor, d. h., Jupiter liefert mindestens zehn Minuten

Kapitel 11

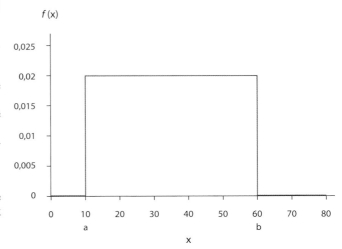

Abb. 11.34 Gleichverteilung I

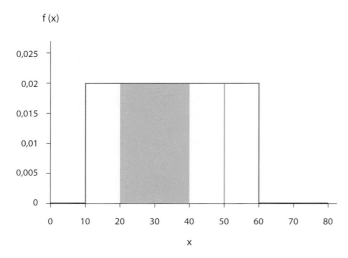

Abb. 11.35 Gleichverteilung II

zu spät. Zu früh erscheint er auch nicht, da die Dichtefunktion auch links von der Null auf der waagerechten Achse verläuft. Mehr als 60 Minuten Verspätung liegen nicht vor, da sich die Dichtefunktion rechts von der 60 auf der waagerechten Achse befindet. Die Fläche zwischen der blauen Linie und der waagerechten Achse ist leer, also auch deren Inhalt, sodass die Wahrscheinlichkeit gleich null beträgt. Die Werte auf der senkrechten Achse haben keine direkte Bedeutung, sie werden lediglich benötigt, um mit ihrer Hilfe Wahrscheinlichkeiten zu berechnen.

Die Höhe der blauen Latte kann wie folgt ermittelt werden. Da der Flächeninhalt unter der blauen Latte gleich eins ist und die Intervallbreite auf der waagerechten Achse gegeben ist, erhalten wir für

$$f(x) = \frac{1}{60 - 10} = \frac{1}{50} = 0{,}02.$$

Die 0,02 ist *keine* Wahrscheinlichkeit, aber mit ihr lassen sich Wahrscheinlichkeiten berechnen, z. B. die Wahrscheinlichkeit zwischen 20 und 40 Minuten verspätet zu erscheinen (s. die rote Fläche in Abb. 11.35). Da die rote Fläche ein Rechteck darstellt, kann der Flächeninhalt über Grundseite mal Höhe berechnet werden:

$$W(20 \leq X \leq 40) = (40 - 20) \cdot 0{,}02 = 0{,}4 = 40\,\%.$$

Mit 40 %iger Wahrscheinlichkeit kommt die Lieferung zwischen 20 und 40 Minuten zu spät (in SPSS zu erhalten über: Transformieren/Variable berechnen/W=CDF.UNIFORM (40,10,60)-CDF.UNIFORM(20,10,60)).

Die Formel für die **Dichtefunktion der Gleichverteilung** lässt sich folgendermaßen verallgemeinern:

Rechenregel

$$f(x) = \frac{1}{b - a} \quad \text{für} \quad a \leq X \leq b.$$

Nach diesen Vorüberlegungen können wir nun die vier obigen Fragen beantworten.

—————————————— **Frage 11.16** ——————————————
Wie groß ist die Wahrscheinlichkeit, dass eine Lieferung exakt 50 Minuten verspätet erscheint?
———

Wir suchen die Fläche unter der blauen Linie zwischen 50 und 50; da diese lediglich einen senkrechten grünen Strich darstellt, ist dessen Flächeninhalt null. Somit beträgt die Wahrscheinlichkeit für eine genau 50-minütige Verspätung 0 %. Diese Antwort gilt nicht nur für die 50, sondern für jede Zahl, da jedes Mal die Grundfläche (von der grünen Linie) null ist:

$$W(50 \leq X \leq 50) = (50 - 50) \cdot 0{,}02 = 0{,}000 = 0\,\%$$

oder allgemein:

$$W(X = x) = W(x \leq X \leq x) = (x - x) \cdot 0{,}02 = 0{,}000 = 0\,\%.$$

Es ist dabei unerheblich, wie hoch die blaue Latte hängt. Damit können wir in Zukunft Frage 1 stets mit null beantworten.

Gut zu wissen

Für eine stetige Zufallsvariable gilt allgemein, dass die **Wahrscheinlichkeit**, einen bestimmten Wert zu erzielen, immer **gleich null** ist:

$$W(X = x) = 0. \quad \blacktriangleleft$$

Diesen Umstand kann man sich auch dadurch verdeutlichen, dass wir nach *einem* günstigen Fall von unendlich vielen möglichen Fällen suchen, also gemäß der Definition von Wahrscheinlichkeit $1/\infty = 0$ erhalten (s. Abschn. 11.1).

—————————————— **Frage 11.17** ——————————————
Wie groß ist die Wahrscheinlichkeit, dass eine Lieferung maximal 30 Minuten verspätet erscheint?
———

Wir suchen in Abb. 11.36 die rote Fläche und erhalten über Grundseite mal Höhe:

$$W(10 \leq X \leq 30) = (30 - 10) \cdot 0{,}02 = 0{,}4 = 40\,\%$$

(in SPSS zu erhalten über: Transformieren/Variable berechnen/W=CDF.UNIFORM(30,10,60)).

Daraus folgt für den allgemeinen Fall:

Rechenregel

Verteilungsfunktion der Gleichverteilung:

$$W(X \leq x) = F(x) = \frac{x - a}{b - a}.$$

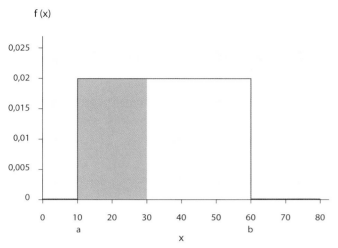

Abb. 11.36 Gleichverteilung III

$F(x)$ nennt man die Verteilungsfunktion der Gleichverteilung. Sie ordnet jedem x-Wert eine Wahrscheinlichkeit zu, maximal diesen x-Wert zu erhalten.

─────────── **Frage 11.18** ───────────

Wie groß wird die Verspätung der nächsten Lieferung wohl sein?

──────────────────────────────────────

Wir suchen den Erwartungswert $E(X)$ und erhalten

$$E(X) = \frac{a+b}{2},$$

also in unserem Beispiel

$$E(X) = \frac{10+60}{2} = 35.$$

Die nächste Lieferung wird voraussichtlich 35 Minuten zu spät kommen. Auch wenn die Wahrscheinlichkeit für 35 Minuten null beträgt, stimmt diese Zahl. Wenn man dieses Experiment (Warenlieferung) unendlich häufig wiederholen würde und jedes Mal die Verspätungszeit aufschreiben würde, erhielte man „im Durchschnitt" 35 Minuten.

─────────── **Frage 11.19** ───────────

Wie stark unterscheiden sich die Verspätungszeiten?

──────────────────────────────────────

Wir suchen die Varianz $\mathrm{Var}(X)$ und erhalten

$$\mathrm{Var}(X) = \frac{(b-a)^2}{12} = \frac{(60-10)^2}{12} = 208{,}333,$$

also 208,333 Quadratminuten. Da $208{,}333 > 0$, weichen die Verspätungszeiten voneinander ab. Eingesetzt in die Tschebycheff'sche Ungleichung erhalten wir (s. Abschn. 11.4.5):

$$W(35 - 2 \cdot \sqrt{208{,}333} \le X \le 35 + 2 \cdot \sqrt{208{,}333}) \ge 1 - \frac{1}{2^2}$$

$$= 0{,}75 \quad \text{bzw.} \quad W(6{,}1 \le X \le 63{,}9) \ge 0{,}75.$$

Mit einer Wahrscheinlichkeit von mindestens 75 % wird die Verspätung zwischen 6,1 und 63,9 Minuten liegen.

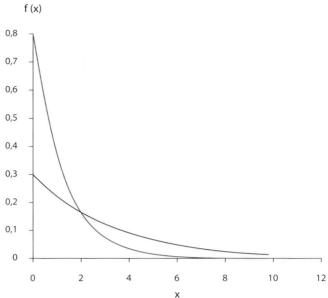

Abb. 11.37 Exponentialverteilung, $\lambda = 0{,}8$ (blaue Linie) und 0,3 (rote Linie)

11.6.2 Exponentialverteilung

Die Deutsche Post betreibt in Deutschland rund 13.000 Filialen und bietet für die Kunden ein breites Servicespektrum an. Damit der Kunde nicht zu lange am Schalter warten muss, ist eine vorausschauende Personaleinsatzplanung nötig. Wird in einer Filiale zu viel Personal vorgehalten, entstehen unnötig hohe (Personal)Kosten; ist allerdings zu wenig Personal vorhanden, entsteht eine lange Schlange, und die Kundschaft ist verärgert. In diesem Kontext erweist es sich u. a. als wichtig zu wissen, wie viele Kunden überhaupt kommen und ob sie alle auf einmal erscheinen oder zeitlich über den Tag verteilt. Wir messen als Zufallsvariable X „die Zeitspanne zwischen der Ankunft zweier Kunden in der Postfiliale gemessen in Minuten". Wenn zwei Kunden zeitgleich die Filiale betreten, ist die Zeitspanne gleich null. Wenn ein Kunde um 10.12 Uhr erscheint und der nächste Kunde um 10.14 Uhr, beträgt die Zeitspanne zwei Minuten.

Es liegt die Vermutung nahe, dass kleine Zeitspannen eher häufig und große Zeitspannen eher selten auftreten und negative Werte unmöglich sind. Demzufolge müssten wir als Dichtefunktion für X einen Berg erhalten, der links hoch und rechts flach aussieht (s. blaue Linie in Abb. 11.37).

Die Fläche unter der blauen Kurve weist den Wert 1 auf und steht für die Wahrscheinlichkeit, dass die Zeitspanne irgendeinen Wert annimmt. Die Übersetzung in eine mathematische Gleichung lautet:

Rechenregel

Dichtefunktion der Exponentialverteilung:

$$f(x) = \lambda \cdot e^{-\lambda \cdot x} \quad \text{für} \quad x \ge 0 \quad \text{und} \quad \lambda > 0$$

$f(x)$ heißt Dichtefunktion der Exponentialverteilung und wird maßgeblich von der Größe λ gesteuert. Es existiert somit nicht nur *eine* Exponentialverteilung, sondern unendliche viele. Je nachdem welcher Wert für λ eingesetzt wird, erhält die Kurve eine andere Form. Die Grundform einer fallenden Kurve bleibt zwar erhalten, aber der Anstieg der Kurve ändert sich. Entsprechend der blauen Linie sieht es so aus, als ob Zeitspannen größer sechs Minuten nicht eintreten. Existieren allerdings auch Zeitspannen zwischen sechs und zehn Minuten, muss die Kurve in diesem Intervall oberhalb der waagerechten Achse liegen und flacher verlaufen (s. rote Linie in Abb. 11.37).

Nehmen wir an, dass in unserer Postfiliale die rote Linie gilt, also $\lambda = 0{,}3$. Damit können wir die zu Beginn von Abschn. 11.6 gestellten vier Fragen beantworten.

───────────── **Frage 11.20** ─────────────

Wie groß ist die Wahrscheinlichkeit, dass die Zeitspanne zwischen dem Eintreffen zweier Kunden exakt 5 Minuten beträgt?

$$W(X = 5) = f(5) = \frac{1}{\infty} = 0.$$

Da die Zeitspanne eine stetige Zufallsvariable darstellt, ist die Wahrscheinlichkeit für jeden konkreten x-Wert gleich null.

───────────── **Frage 11.21** ─────────────

Wie groß ist die Wahrscheinlichkeit, dass die Zeitspanne zwischen dem Eintreffen zweier Kunden maximal 4 Minuten beträgt?

Wir suchen in Abb. 11.38 die rote Fläche und erhalten sie mithilfe der Verteilungsfunktion $F(x)$ der Exponentialverteilung:

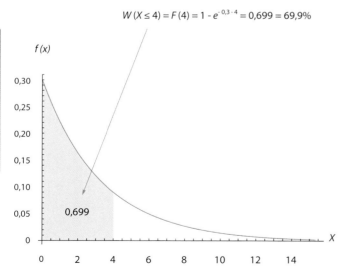

$$W(X \leq 4) = F(4) = 1 - e^{-0{,}3 \cdot 4} = 0{,}699 = 69{,}9\%$$

Abb. 11.38 Exponentialverteilung, $\lambda = 0{,}3$

Rechenregel

Verteilungsfunktion der Exponentialverteilung:

$$W(X \leq x) = F(x) = 1 - e^{-\lambda \cdot x}$$

$$W(X \leq 4) = F(4) = 1 - e^{-0{,}3 \cdot 4} = 0{,}699 = 69{,}9\%$$

Mit einer fast 70 %igen Wahrscheinlichkeit verstreichen zwischen dem Eintreffen zweier Kunden maximal vier Minuten (in SPSS zu erhalten über: Transformieren/Variable berechnen/W = CDF.EXP(4,0.3)).

───────────── **Frage 11.22** ─────────────

Wenn ein Kunde die Filiale betritt, wird es wohl wie lange dauern, bis der nächste Kunde erscheint?

Wir suchen den Erwartungswert $E(X)$ und erhalten

$$E(X) = \frac{1}{\lambda}$$

also in unserem Beispiel

$$E(X) = \frac{1}{0{,}3} = 3{,}333.$$

Wir werden wohl 3,333 Minuten auf den nächsten Kunden warten. Wenn wir das Experiment (Warten bis zum nächsten Kunden) unendlich häufig wiederholen und jedes Mal die eingetretene Zeitspanne aufschreiben würden, erhielten wir „im Durchschnitt" 3,333 Minuten.

───────────── **Frage 11.23** ─────────────

Wie stark unterscheiden sich die Zeitspannen zwischen dem Eintreffen zweier Kunden?

Wir suchen die Varianz $\mathrm{Var}(X)$ und erhalten

$$\mathrm{Var}(X) = \frac{1}{\lambda^2} = \frac{1}{0{,}3^2} = 11{,}1,$$

also 11,1 Quadratminuten. Da $11{,}1 > 0$, weichen die Zeitspannen voneinander ab. Eingesetzt in die Tschebycheff'sche Ungleichung erhalten wir (s. Abschn. 11.4.5):

$$W(3{,}333 - 2 \cdot \sqrt{11{,}1} \leq X \leq 3{,}333 + 2 \cdot \sqrt{11{,}1}) \geq 1 - \frac{1}{2^2}$$
$$= 0{,}75 \quad \text{bzw.} \quad W(-3{,}333 \leq X \leq 10) \geq 0{,}75.$$

Mit einer Wahrscheinlichkeit von mindestens 75 % wird die Zeitspanne zwischen dem Eintreffen zweier Kunden zwischen 0 und 10 Minuten liegen. Die genaue Wahrscheinlichkeit für dieses Intervall liegt bei 95,0 %.

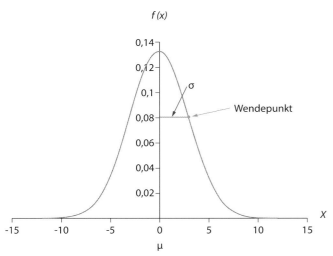

Abb. 11.39 Normalverteilung

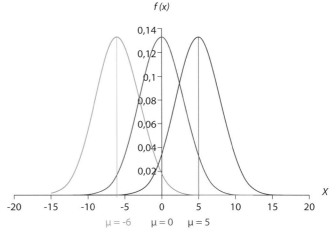

Abb. 11.40 Normalverteilung, Erwartungswert μ variiert

11.6.3 Normalverteilung

Kommen wir zurück zu den eingangs von Abschn. 11.6 angesprochenen Tagesrenditen einer Aktie. Die Kursänderungen einer Aktie werden von Tag zu Tag mehr oder weniger unterschiedlich ausfallen. Kleine Tagesrenditen dürften häufiger auftreten und hohe Tagesrenditen eher selten. Dann müssten wir als Dichtefunktion für die Zufallsvariable X „Tagesrendite" einen Berg erhalten, der um 0 % herum seinen Gipfel aufweist. Je weiter wir uns von den 0 % entfernen – nach rechts oder links – desto flacher wird der Berg. Vom Prinzip her erhalten wir einen Berg wie in Abb. 11.39. Was nun noch fehlt, ist die mathematische Funktion, die genau diesen blauen Berg zeichnet. Dann können wir Wahrscheinlichkeiten, nämlich Flächen unter der blauen Kurve, ermitteln.

$$f(x) = \frac{1}{\sigma \cdot \sqrt{2 \cdot \pi}} \cdot e^{-\frac{1}{2} \cdot (\frac{x-\mu}{\sigma})^2}$$

$f(x)$ heißt Dichtefunkton der Normalverteilung und sieht zwar furchtbar aus, muss von uns allerdings nicht „per Hand" berechnet werden. Wir werden gleich sehen, warum. Davor sei aber darauf verwiesen, dass in der Funktion zwei unbekannte Größen auftauchen: μ und σ.

Konkrete Werte dieser beiden Größen können die Lage der Kurve ändern. μ ist der Erwartungswert von X, also die Durchschnittsrendite und liegt in unserem Beispiel bei null.

Die Breite des Berges wird über die Standardabweichung σ festgelegt, in unserem Beispiel mit $\sigma = 3$. Die Standardabweichung entspricht der Strecke von der senkrechten Linie über dem Erwartungswert μ bis zum Wendepunkt der Dichtefunktion. Wenn wir lediglich μ ändern, z. B. auf $\mu = 5$, verschiebt sich der ganze Berg – ohne seine Form zu ändern – nach rechts, sodass der Gipfel des Berges oberhalb von 5 liegt (s. roter Berg in Abb. 11.40). Setzen wir $\mu = -6$ verschiebt sich der ganze Berg – ohne seine Form zu ändern – nach links, sodass der Gipfel des Berges oberhalb von −6 liegt (s. grüner Berg in Abb. 11.40).

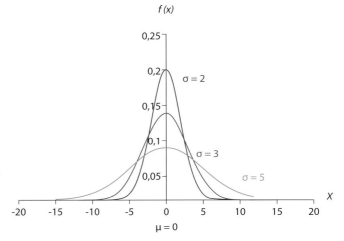

Abb. 11.41 Normalverteilung, Standardabweichung σ variiert

Wenn wir lediglich die Standardabweichung σ ändern, wird der Berg breiter oder schmaler. Wenn z. B. Tagesrenditen größer ± 5 % so gut wie nie auftauchen, müsste der Berg schmaler sein. Mit einer Standardabweichung $\sigma = 2$ kommt dies beim roten Berg in Abb. 11.41 zum Ausdruck. Treten allerdings auch Tagesrenditen im zweistelligen Bereich gar nicht so selten auf, muss der Berg breiter sein (s. grüner Berg mit einer Standardabweichung von $\sigma = 5$).

Gut zu wissen

Normalverteilung als Berg: Zusammenfassend existieren zur Normalverteilung unendlich viele Berge, je nach Erwartungswert μ und Standardabweichung σ. Um nun Wahrscheinlichkeiten, also Flächen unter dem Berg, mithilfe der Integralrechnung auszurechnen, müssten wir für jeden Berg zur Dichtefunktion $f(x)$ die entsprechende Stammfunktion $F(x)$ suchen und die Intervallgrenzen

Kapitel 11

einsetzen. Es wäre allerdings schöner, wenn es eine Abkürzung gäbe. Genau diese liegt in Form der Standardnormalverteilung vor. Die Idee heißt: Können wir nicht aus den unendlichen Bergen einen einzigen Berg auswählen, dessen Flächen/Integrale bereits in gelöster Form in einer Tabelle vorliegen? Wir müssten nur zwei Dinge klären. Wie wandeln wir unseren konkreten Berg in diesen allgemeinen Berg um, und wie lesen wir die Wahrscheinlichkeit aus der Tabelle korrekt ab? ◄

Nach diesen Vorüberlegungen können wir nun die eingangs von Abschn. 11.6 gestellten Fragen am Beispiel der Daimler-Aktie beantworten.

——————————— Frage 11.24 ———————————

Wie groß ist die Wahrscheinlichkeit, dass die Tagesrendite genau bei 2,34 % liegt?

$$W(X = 2{,}34) = f(2{,}34) = \frac{1}{\infty} = 0.$$

Da die Tagesrendite eine stetige Zufallsvariable darstellt, ist die Wahrscheinlichkeit für jeden konkreten x-Wert gleich null.

——————————— Aufgabe 11.5 ———————————

Wie groß ist die Wahrscheinlichkeit, dass die Tagesrendite bei maximal 1 % liegt?

Im Jahr 2012 lag die durchschnittliche Tagesrendite μ von Daimler bei 0,08 % und die Standardabweichung σ bei 1,9 %. Damit erhalten wir als Dichtefunktion für X „Tagesrendite" den blauen Berg in Abb. 11.42.

Wir suchen mit $W(X \leq 1)$ die blaue Fläche im Berg.

Merksatz

Standardisierung: Die Umwandlung des blauen Berges in die Standardnormalverteilung erfolgt mit:

$$Z = \frac{X - \mu}{\sigma}.$$

Wir bilden eine neue Zufallsvariable Z, indem wir von der alten Zufallsvariablen deren Erwartungswert μ abziehen und das Ergebnis durch die Standardabweichung σ teilen. Der Erwartungswert von Z ist immer gleich null und die Standardabweichung von Z ist stets gleich eins. Das grafische Äquivalent zur mathematischen Standardisierung liegt in der Einführung einer zweiten waagerechten Achse z. Streng genommen müssten wir jeden Wert der x-Achse in einen entsprechenden Wert der z-Achse umwandeln. Da uns aber lediglich $x = 1$ interessiert, genügt es, nur diesen Wert in einen z-Wert zu transferieren:

$$Z = \frac{1 - 0{,}08}{1{,}9} = 0{,}484.$$

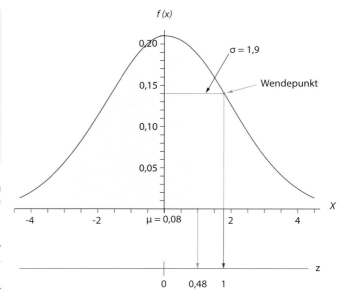

Abb. 11.42 Dichtefunktion der Tagesrendite einer Daimler-Aktie

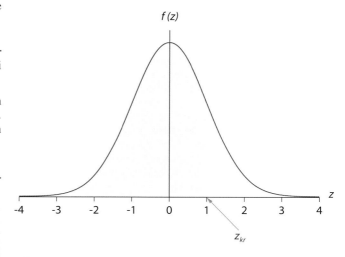

Abb. 11.43 Verteilungsfunktion $F(z)$ der Standardnormalverteilung

(Wir runden den Wert auf 0,48, da die z-Werte in Tab. 11.21 nur mit zwei Nachkommastellen erscheinen.)

Auch wenn die waagerechte Achse ausgetauscht wird, an der Größenordnung der gesuchten blauen Fläche ändert sich nichts. Bezüglich der gesuchten Wahrscheinlichkeit ist es gleichgültig, ob x links von 1 liegt (s. Abb. 11.43) oder z links von 0,48:

$$W(X \leq 1) = W(Z \leq 0{,}48) = F(0{,}48) = 0{,}68439 = 68{,}439 \,\%.$$

In Tab. 11.21 sind Wahrscheinlichkeiten aufgelistet, dass die Variable Z links vom kritischen Wert z_{kr} liegt. Die Wahr-

Tab. 11.21 Verteilungsfunktion $F(z)$ der Standardnormalverteilung

z	0,00	0,01	0,02	0,03	0,04	0,05	0,06	0,07	0,08	0,09
0	0,50000	0,50399	0,50798	0,51197	0,51595	0,51994	0,52392	0,52790	0,53188	0,53586
0,1	0,53983	0,54380	0,54776	0,55172	0,55567	0,55962	0,56356	0,56749	0,57142	0,57535
0,2	0,57926	0,58317	0,58706	0,59095	0,59483	0,59871	0,60257	0,60642	0,61026	0,61409
0,3	0,61791	0,62172	0,62552	0,62930	0,63307	0,63683	0,64058	0,64431	0,64803	0,65173
0,4	0,65542	0,65910	0,66276	0,66640	0,67003	0,67364	0,67724	0,68082	0,68439	0,68793
0,5	0,69146	0,69497	0,69847	0,70194	0,70540	0,70884	0,71226	0,71566	0,71904	0,72240
0,6	0,72575	0,72907	0,73237	0,73565	0,73891	0,74215	0,74537	0,74857	0,75175	0,75490
0,7	0,75804	0,76115	0,76424	0,76730	0,77035	0,77337	0,77637	0,77935	0,78230	0,78524
0,8	0,78814	0,79103	0,79389	0,79673	0,79955	0,80234	0,80511	0,80785	0,81057	0,81327
0,9	0,81594	0,81859	0,82121	0,82381	0,82639	0,82894	0,83147	0,83398	0,83646	0,83891
1	0,84134	0,84375	0,84614	0,84849	0,85083	0,85314	0,85543	0,85769	0,85993	0,86214
1,1	0,86433	0,86650	0,86864	0,87076	0,87286	0,87493	0,87698	0,87900	0,88100	0,88298
1,2	0,88493	0,88686	0,88877	0,89065	0,89251	0,89435	0,89617	0,89796	0,89973	0,90147
1,3	0,90320	0,90490	0,90658	0,90824	0,90988	0,91149	0,91309	0,91466	0,91621	0,91774
1,4	0,91924	0,92073	0,92220	0,92364	0,92507	0,92647	0,92785	0,92922	0,93056	0,93189
1,5	0,93319	0,93448	0,93574	0,93699	0,93822	0,93943	0,94062	0,94179	0,94295	0,94408
1,6	0,94520	0,94630	0,94738	0,94845	0,94950	0,95053	0,95154	0,95254	0,95352	0,95449
1,7	0,95543	0,95637	0,95728	0,95818	0,95907	0,95994	0,96080	0,96164	0,96246	0,96327
1,8	0,96407	0,96485	0,96562	0,96638	0,96712	0,96784	0,96856	0,96926	0,96995	0,97062
1,9	0,97128	0,97193	0,97257	0,97320	0,97381	0,97441	0,97500	0,97558	0,97615	0,97670
2	0,97725	0,97778	0,97831	0,97882	0,97932	0,97982	0,98030	0,98077	0,98124	0,98169
2,1	0,98214	0,98257	0,98300	0,98341	0,98382	0,98422	0,98461	0,98500	0,98537	0,98574
2,2	0,98610	0,98645	0,98679	0,98713	0,98745	0,98778	0,98809	0,98840	0,98870	0,98899
2,3	0,98928	0,98956	0,98983	0,99010	0,99036	0,99061	0,99086	0,99111	0,99134	0,99158
2,4	0,99180	0,99202	0,99224	0,99245	0,99266	0,99286	0,99305	0,99324	0,99343	0,99361
2,5	0,99379	0,99396	0,99413	0,99430	0,99446	0,99461	0,99477	0,99492	0,99506	0,99520
2,6	0,99534	0,99547	0,99560	0,99573	0,99585	0,99598	0,99609	0,99621	0,99632	0,99643
2,7	0,99653	0,99664	0,99674	0,99683	0,99693	0,99702	0,99711	0,99720	0,99728	0,99736
2,8	0,99744	0,99752	0,99760	0,99767	0,99774	0,99781	0,99788	0,99795	0,99801	0,99807
2,9	0,99813	0,99819	0,99825	0,99831	0,99836	0,99841	0,99846	0,99851	0,99856	0,99861
3	0,99865	0,99869	0,99874	0,99878	0,99882	0,99886	0,99889	0,99893	0,99896	0,99900
3,1	0,99903	0,99906	0,99910	0,99913	0,99916	0,99918	0,99921	0,99924	0,99926	0,99929
3,2	0,99931	0,99934	0,99936	0,99938	0,99940	0,99942	0,99944	0,99946	0,99948	0,99950
3,3	0,99952	0,99953	0,99955	0,99957	0,99958	0,99960	0,99961	0,99962	0,99964	0,99965
3,4	0,99966	0,99968	0,99969	0,99970	0,99971	0,99972	0,99973	0,99974	0,99975	0,99976
3,5	0,99977	0,99978	0,99978	0,99979	0,99980	0,99981	0,99981	0,99982	0,99983	0,99983
3,6	0,99984	0,99985	0,99985	0,99986	0,99986	0,99987	0,99987	0,99988	0,99988	0,99989
3,7	0,99989	0,99990	0,99990	0,99990	0,99991	0,99991	0,99992	0,99992	0,99992	0,99992
3,8	0,99993	0,99993	0,99993	0,99994	0,99994	0,99994	0,99994	0,99995	0,99995	0,99995
3,9	0,99995	0,99995	0,99996	0,99996	0,99996	0,99996	0,99996	0,99996	0,99997	0,99997

scheinlichkeit entspricht der blauen Fläche. Bei $z_{kr} = 1{,}42$ beispielsweise beträgt die Wahrscheinlichkeit, links davon zu liegen, 92,22 %; bei $z_{kr} = 1$ beträgt die Wahrscheinlichkeit, links von 1 zu liegen, 84,13 %.

Aus Tab. 11.21 lesen wir in der Zeile mit 0,4 und der Spalte mit 0,08 den Wert 0,68439 ab. Mit einer Wahrscheinlichkeit von 68,439 % liegt die Tagesrendite einer Daimler-Aktie an einem zufällig gewählten Tag bei maximal 1 % (in SPSS zu erhalten über: Transformieren/Variable berechnen/W=CDF.NORMAL(0.01,0.0008,0.019)).

Wie groß ist die Wahrscheinlichkeit, dass die Tagesrendite größer als 2,5 % ist? Als Antwort suchen wir die blaue Fläche in Abb. 11.44.

In Tab. 11.21 finden wir lediglich Werte der Verteilungsfunktion $F(z)$, also $W(Z \leq z)$. Nun suchen wir allerdings Werte der Form $W(Z \geq z)$, also das Gegenereignis:

$$W(X > 2{,}5) = 1 - W(X \leq 2{,}5) = 1 - W\left(Z \leq \frac{2{,}5 - 0{,}08}{1{,}9}\right)$$

$$= 1 - W(Z \leq 1{,}27) = 1 - F(1{,}27)$$

$$= 1 - 0{,}89796 = 0{,}102 = 10{,}2\,\%.$$

Für die gesuchte Wahrscheinlichkeit ist es unerheblich, ob x rechts von 2,5 liegt oder z rechts von 1,27. Mit einer 10,2 %igen Wahrscheinlichkeit beobachten wir eine Tagesrendite oberhalb von 2,5 % (in SPSS zu erhalten über: Transformieren/Variable berechnen/W=1-CDF.NORMAL(0.025,0.0008,0.019)).

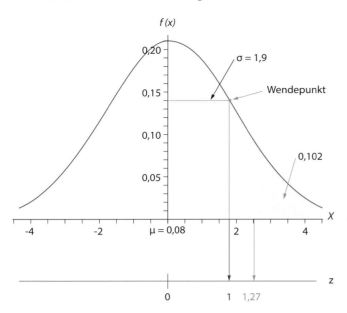

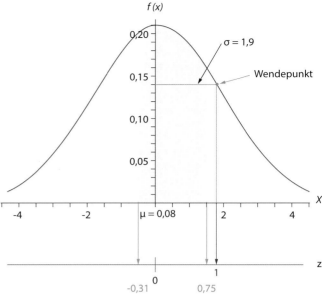

Abb. 11.44 Dichtefunktion der Tagesrendite Daimler, $x > 2,5$

Abb. 11.45 Dichtefunktion der Tagesrendite einer Daimler-Aktie, $-0,5 < X < 1,5$

Mit welcher Wahrscheinlichkeit liegt die Tagesrendite zwischen $-0,5$ und $1,5\,\%$? Als Antwort suchen wir die blaue Fläche in Abb. 11.45:

$$W(-0,5 \leq X \leq 1,5) = W(X \leq 1,5) - W(X \leq -0,5)$$
$$= W\left(Z \leq \frac{1,5 - 0,08}{1,9}\right) - W\left(Z \leq \frac{-0,5 - 0,08}{1,9}\right)$$
$$= W(Z \leq 0,75) - W(Z \leq -0,31) = F(0,75) - F(-0,31)$$

Negative z-Werte wie $-0,31$ finden wir nicht in Tab. 11.21. Was tun? Wir benötigen einen kleinen Trick.

Da die Dichtefunktion symmetrisch um null auf der z-Achse verläuft, erweist sich die Fläche links von $-0,31$ (rot) als genauso groß wie die Fläche rechts von $+0,31$ (grün) (s. Abb. 11.46). Die grüne Fläche können wir mithilfe von Tab. 11.21 berechnen, indem wir von der gesamten Fläche die Fläche links von $+0,31$ (rot plus weiß) abziehen:

$$W(Z > 0,31) = 1 - W(Z \leq 0,31) = 1 - F(0,31)$$
$$= 1 - 0,6217 = 0,3783 = 37,83\,\%.$$

Somit ist auch $W(Z < -0,31) = 0,3783$. Damit gilt:

$$W(Z < -0,31) = 1 - W(Z \leq 0,31) \quad \text{bzw.}$$
$$F(-0,31) = 1 - F(+0,31) \quad \text{oder allgemein}$$
$$W(Z < -z) = 1 - W(Z \leq +z) \quad \text{bzw.}$$
$$F(-z) = 1 - F(+z).$$

Damit können wir in obiger Gleichung weiterrechnen:

$$W(-0,5 \leq X \leq 1,5) = W(X \leq 1,5) - W(X \leq -0,5)$$
$$= F(0,75) - F(-0,31)$$
$$= 0,77337 - 0,3783 = 0,3951$$
$$= 39,51\,\%.$$

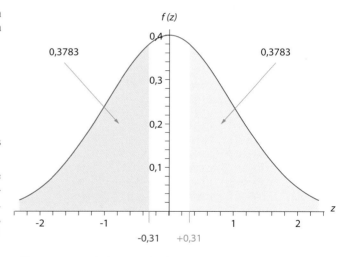

Abb. 11.46 Standardisierte Dichtefunktion der Tagesrendite einer Daimler-Aktie, $z < -0,31$ und $z > 0,31$

Mit $39,5\,\%$iger Wahrscheinlichkeit liegt die Tagesrendite einer Daimler-Aktie an einem zufällig gewählten Tag zwischen $-0,5$ und $1,5\,\%$ (in SPSS zu erhalten über: Transformieren/Variable berechnen/W=CDF.NORMAL(0.015,0.0008,0.019)−CDF.NORMAL(−0.005,0.0008,0.019)).

——————————— **Frage 11.25** ———————————

Wie hoch wird die Tagesrendite an einem zufällig ausgewählten Tag wohl sein?

Wir suchen den Erwartungswert $E(X)$ und erhalten

$$E(X) = \mu.$$

Entweder kennen wir den Erwartungswert (aus welcher Quelle auch immer) oder wir müssen ihn aus der Stichprobe ermitteln. In Kurzform erhalten wir den Erwartungswert der Tagesrenditen als den arithmetischen Mittelwert aus den Tagesrenditen in der Stichprobe, in unserem Beispiel:

$$E(X) = \mu = 0{,}08.$$

Eine ausführliche Darstellung der Schätzung eines Erwartungswertes findet sich in Abschn. 12.1.

―――――――――――――― Frage 11.26 ――――――――――――――
Wie stark unterscheiden sich die Tagesrenditen?

Wir suchen die Varianz Var(X) und erhalten

$$\mathrm{Var}(X) = \sigma^2.$$

Auch hier gilt: Entweder wir kennen die Varianz, oder wir ermitteln sie aus der Stichprobe. In unserer Stichprobe des Jahres 2012 erhalten wir eine Varianz von $\sigma^2 = 3{,}61\,\%^2$.

Zum Abschluss des Abschnitts soll geklärt werden, welche Schlussfolgerungen wir über die Verteilung der Tagesrenditen ziehen können, wenn ausschließlich Erwartungswert und Varianz bekannt sind.

Mithilfe der Dichtefunktion können wir folgende Aussage treffen (s. Abb. 11.47). Die Wendepunkte der Dichtefunktion weisen eine besondere Bedeutung auf und werden als $\mu - \sigma$ bzw. $\mu + \sigma$, also $0{,}08 - 1{,}9 = -1{,}82$ bzw. $0{,}08 + 1{,}9 = 1{,}98$ berechnet. Da die Wendepunkte in der neuen z-Achse mithilfe der Standardisierung gleich

$$\frac{-1{,}82 - 0{,}08}{1{,}9} = -1 \quad \text{bzw.} \quad \frac{1{,}98 - 0{,}08}{1{,}9} = +1$$

sind, erweist es sich hinsichtlich der Wahrscheinlichkeit als unerheblich, ob x zwischen −1,82 und 1,98 oder z zwischen −1 und +1 liegt:

$$
\begin{aligned}
W(-1{,}82 \le X \le 1{,}98) &= W(-1 \le Z \le +1) \\
&= W(Z \le +1) - W(Z \le -1) \\
&= F(+1) - F(-1) \\
&= F(+1) - [1 - F(+1)] \\
&= 2 \cdot F(+1) - 1 = 2 \cdot 0{,}84134 - 1 \\
&= 0{,}6827 = 68{,}27\,\%.
\end{aligned}
$$

Mit einer Wahrscheinlichkeit von 68,27 % liegt die Tagesrendite innerhalb der Wendepunkte.

Dies kann verallgemeinert werden.

Gut zu wissen

Normalverteilung und Wendepunkte: Für jede normalverteilte Zufallsvariable gilt: Ihre Werte liegen mit einer Wahrscheinlichkeit von 68,27 % innerhalb der Wendepunkte $\mu \pm \sigma$. ◄

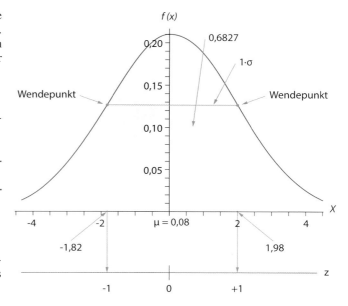

Abb. 11.47 Dichtefunktion der Tagesrendite einer Daimler-Aktie, $-1{,}82 < x < 1{,}98$

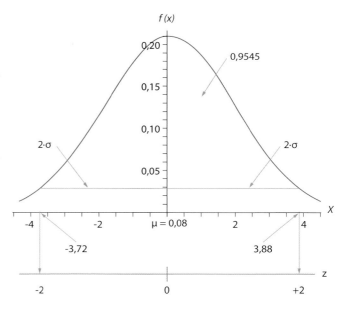

Abb. 11.48 Dichtefunktion der Tagesrendite einer Daimler-Aktie, $-3{,}72 < x < 3{,}88$

Erweitern wir die Betrachtung auf $\mu \pm 2 \cdot \sigma$, erhalten wir (s. Abb. 11.48):

$$
\begin{aligned}
W(\mu - 2 \cdot \sigma \le X \le \mu + 2 \cdot \sigma) &= W(-3{,}72 \le X \le 3{,}88) \\
&= W(-2 \le Z \le +2) = W(Z \le +2) - W(Z \le -2) \\
&= F(+2) - F(-2) = F(+2) - [1 - F(+2)] \\
&= 2 \cdot F(+2) - 1 = 2 \cdot 0{,}97725 - 1 = 0{,}9545 = 95{,}45\,\%.
\end{aligned}
$$

Kapitel 11

Gut zu wissen

Normalverteilung und zweifache Standardabweichung: Für jede normalverteilte Zufallsvariable gilt: Ihre Werte liegen mit einer Wahrscheinlichkeit von 95,45 % innerhalb der zweifachen Standardabweichung um den Erwartungswert herum ($\mu \pm 2 \cdot \sigma$). ◄

11.6.4 Prüfverteilungen

Zu Beginn von Abschn. 11.6 haben wir verschiedene Formen einer Dichtefunktion bzw. eines Berges angesprochen. Wir können in diesem Buch natürlich nicht alle Formen von Bergen diskutieren. Aber auf drei Formen soll zumindest kurz noch verwiesen sein, da wir sie beim Thema Testverfahren (Abschn. 12.2) benötigen.

11.6.4.1 Chi²-Verteilung

Hier besitzt der Berg seinen Gipfel eher im linken Teil der Grafik (s. Abb. 11.49).

Die Wahrscheinlichkeiten – also Flächen unter der Kurve – können Tab. 11.22 entnommen werden. α ist die Fläche im rechten Teil des Berges.

In Tab. 11.22 sind kritische Werte (Chi^2_{kr}) aufgelistet, für die gilt: rechts davon zu liegen hat eine Wahrscheinlichkeit von α (α entspricht der roten Fläche in Abb. 11.50). Bei z. B. $v = 10$ Freiheitsgraden beträgt die Wahrscheinlichkeit, rechts von 18,307 zu liegen, 5 %.

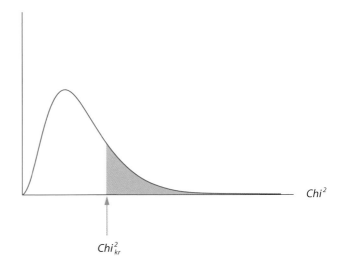

$f(Chi^2)$

Chi^2

Chi^2_{kr}

Abb. 11.50 Chi²-Verteilung

11.6.4.2 F-Verteilung

Der Berg sieht ähnlich aus wie bei der Chi²-Verteilung, besitzt seinen Gipfel folglich auch im linken Teil des Berges. Der Berg selbst ist allerdings schmaler als bei der Chi²-Verteilung (s. Abb. 11.51).

Die Grenzwerte F_{kr} der Flächen unter der Kurve können Tab. 11.23 entnommen werden. Es gilt: $W(f > F_{kr}) = 0{,}05$. Die Fläche rechts von F_{kr} ist 5 % groß (s. Abb. 11.52).

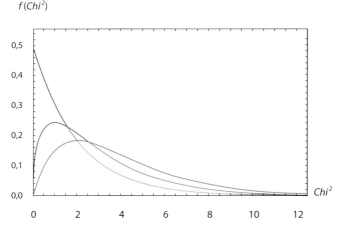

$f(Chi^2)$

Abb. 11.49 Chi²-Verteilung

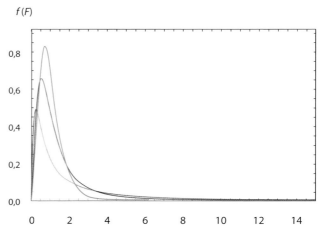

$f(F)$

Abb. 11.51 F-Verteilung

Kapitel 11

$f(F)$

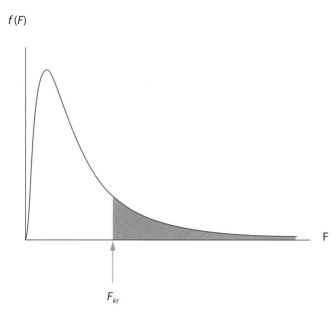

Abb. 11.52   F-Verteilung

$f(t)$

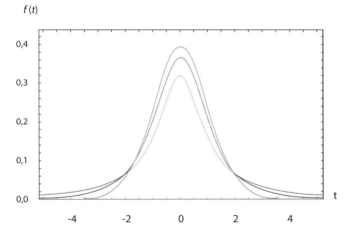

Abb. 11.53   t-Verteilung

11.6.4.3   t-Verteilung

Der Berg weist einen ähnlichen Verlauf wie bei der Normalverteilung auf, sodass auch dessen Gipfel in der Mitte liegt (s. Abb. 11.53). Der (um null symmetrische) Berg ist allerdings nicht so hoch und weist an den Rändern größere Flächen auf.

Die Grenzwerte t_{kr} der Flächen unter der Kurve können Tab. 11.24 entnommen werden. Es gilt: $W(t < -t_{kr}$ oder $t >$

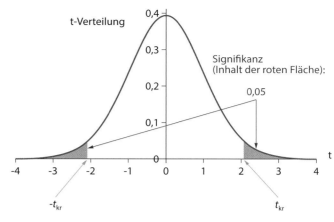

Abb. 11.54   t-Verteilung

$t_{kr}) = \alpha$. Die Flächen rechts von t_{kr} und links von $-t_{kr}$ sind insgesamt α groß.

In Tab. 11.23 sind kritische Werte (F_{kr}) aufgelistet, für die gilt: rechts davon zu liegen, hat eine Wahrscheinlichkeit von $\alpha = 5\%$ (α entspricht der roten Fläche in Abb. 11.52). Bei den Freiheitsgraden $df1 = 1$ und $df2 = 4$ z. B. beträgt die Wahrscheinlichkeit, rechts von 7,71 zu liegen, 5 %.

In Tab. 11.24 sind kritische Werte (t_{kr}) aufgelistet, für die gilt: links von $-t_{kr}$ oder rechts von t_{kr} zu liegen, hat eine Wahrscheinlichkeit von α (zweiseitig) = 5 % (α entspricht der roten Fläche in Abb. 11.54). Bei z. B. $df = 19$ Freiheitsgraden beträgt die Wahrscheinlichkeit, links von $-2{,}093$ oder rechts von $+2{,}093$ zu liegen, 5 %.

Zusammenfassung

Bezogen auf Experimente mit unendlich vielen möglichen Ergebnissen wollen wir auf einen Blick sehen, welche Ergebnisse am wahrscheinlichsten bzw. unwahrscheinlichsten sind. Je nach Form der Wahrscheinlichkeitsverteilung erhalten wir unterschiedliche Antworten auf die stets gleichen drei Fragen:

1. Wie groß ist die Wahrscheinlichkeit, dass beim Zufallsexperiment maximal ein bestimmtes Ergebnis herauskommt? Wir suchen für jedes x ein $F(x)$, also Werte der Verteilungsfunktion.
2. Welches Ergebnis wird wohl beim Zufallsexperiment zu beobachten sein? Wir suchen den Erwartungswert $E(X)$.
3. Wenn wir das Zufallsexperiment wiederholen würden, wie stark unterscheiden sich die Ergebnisse? Wir suchen die Varianz $Var(X)$.

Kapitel 11

Tab. 11.22 Chi^2-Verteilung, α ist die Fläche im rechten Teil der Chi^2-Verteilung

v	α									
	0,995	0,975	0,95	0,90	0,1	0,05	0,025	0,01	0,005	0,001
1	0,00004	0,001	0,004	0,016	2,706	3,841	5,024	6,635	7,879	10,828
2	0,010	0,051	0,103	0,211	4,605	5,991	7,378	9,210	10,597	13,816
3	0,072	0,216	0,352	0,584	6,251	7,815	9,348	11,345	12,838	16,266
4	0,207	0,484	0,711	1,064	7,779	9,488	11,143	13,277	14,860	18,467
5	0,412	0,831	1,145	1,610	9,236	11,070	12,833	15,086	16,750	20,515
6	0,676	1,237	1,635	2,204	10,645	12,592	14,449	16,812	18,548	22,458
7	0,989	1,690	2,167	2,833	12,017	14,067	16,013	18,475	20,278	24,322
8	1,344	2,180	2,733	3,490	13,362	15,507	17,535	20,090	21,955	26,124
9	1,735	2,700	3,325	4,168	14,684	16,919	19,023	21,666	23,589	27,877
10	2,156	3,247	3,940	4,865	15,987	18,307	20,483	23,209	25,188	29,588
11	2,603	3,816	4,575	5,578	17,275	19,675	21,920	24,725	26,757	31,264
12	3,074	4,404	5,226	6,304	18,549	21,026	23,337	26,217	28,300	32,909
13	3,565	5,009	5,892	7,042	19,812	22,362	24,736	27,688	29,819	34,528
14	4,075	5,629	6,571	7,790	21,064	23,685	26,119	29,141	31,319	36,123
15	4,601	6,262	7,261	8,547	22,307	24,996	27,488	30,578	32,801	37,697
16	5,142	6,908	7,962	9,312	23,542	26,296	28,845	32,000	34,267	39,252
17	5,697	7,564	8,672	10,085	24,769	27,587	30,191	33,409	35,718	40,790
18	6,265	8,231	9,390	10,865	25,989	28,869	31,526	34,805	37,156	42,312
19	6,844	8,907	10,117	11,651	27,204	30,144	32,852	36,191	38,582	43,820
20	7,434	9,591	10,851	12,443	28,412	31,410	34,170	37,566	39,997	45,315
21	8,034	10,283	11,591	13,240	29,615	32,671	35,479	38,932	41,401	46,797
22	8,643	10,982	12,338	14,041	30,813	33,924	36,781	40,289	42,796	48,268
23	9,260	11,689	13,091	14,848	32,007	35,172	38,076	41,638	44,181	49,728
24	9,886	12,401	13,848	15,659	33,196	36,415	39,364	42,980	45,559	51,179
25	10,520	13,120	14,611	16,473	34,382	37,652	40,646	44,314	46,928	52,620
26	11,160	13,844	15,379	17,292	35,563	38,885	41,923	45,642	48,290	54,052
27	11,808	14,573	16,151	18,114	36,741	40,113	43,195	46,963	49,645	55,476
28	12,461	15,308	16,928	18,939	37,916	41,337	44,461	48,278	50,993	56,892
29	13,121	16,047	17,708	19,768	39,087	42,557	45,722	49,588	52,336	58,301
30	13,787	16,791	18,493	20,599	40,256	43,773	46,979	50,892	53,672	59,703
40	20,707	24,433	26,509	29,051	51,805	55,758	59,342	63,691	66,766	73,402
50	27,991	32,357	34,764	37,689	63,167	67,505	71,420	76,154	79,490	86,661
60	35,534	40,482	43,188	46,459	74,397	79,082	83,298	88,379	91,952	99,607
70	43,275	48,758	51,739	55,329	85,527	90,531	95,023	100,425	104,215	112,317
80	51,172	57,153	60,391	64,278	96,578	101,879	106,629	112,329	116,321	124,839
90	59,196	65,647	69,126	73,291	107,565	113,145	118,136	124,116	128,299	137,208
100	67,328	74,222	77,929	82,358	118,498	124,342	129,561	135,807	140,169	149,449
199	151,370	161,826	167,361	173,900	224,957	232,912	239,960	248,329	254,135	266,386
200	152,241	162,728	168,279	174,835	226,021	233,994	241,058	249,445	255,264	267,541

Kapitel 11

Mathematischer Exkurs 11.4: Was haben Sie gelernt?

Sie haben gelernt,

- wie Wahrscheinlichkeiten gemessen und interpretiert werden,
- die Unabhängigkeit zweier Ereignisse zu prüfen,
- wann Wahrscheinlichkeiten zu multiplizieren bzw. zu addieren sind,
- die Zahl der möglichen Anordnungen von Elementen zu bestimmen,

- zwischen Anordnungen mit und ohne Wiederholung zu unterscheiden,
- eine Wahrscheinlichkeits- von einer Verteilungsfunktion abzugrenzen,
- eine Dichtefunktion zu interpretieren,
- einen Erwartungswert und eine Varianz zu verstehen und
- Wahrscheinlichkeiten für eine diskrete bzw. stetige Zufallsvariable zu ermitteln.

Tab. 11.23 F-Verteilung (obere 5 %)

df1\df2	1	2	3	4	5	6	7	8	9	10	15	20	25	30	40	50	100	1000	10.000
1	161,45	199,50	215,71	224,58	230,16	233,99	236,77	238,88	240,54	241,88	245,95	248,01	249,26	250,10	251,14	251,77	253,04	254,19	254,30
2	18,51	19,00	19,16	19,25	19,30	19,33	19,35	19,37	19,38	19,40	19,43	19,45	19,46	19,46	19,47	19,48	19,49	19,49	19,50
3	10,13	9,55	9,28	9,12	9,01	8,94	8,89	8,85	8,81	8,79	8,70	8,66	8,63	8,62	8,59	8,58	8,55	8,53	8,53
4	7,71	6,94	6,59	6,39	6,26	6,16	6,09	6,04	6,00	5,96	5,86	5,80	5,77	5,75	5,72	5,70	5,66	5,63	5,63
5	6,61	5,79	5,41	5,19	5,05	4,95	4,88	4,82	4,77	4,74	4,62	4,56	4,52	4,50	4,46	4,44	4,41	4,37	4,37
6	5,99	5,14	4,76	4,53	4,39	4,28	4,21	4,15	4,10	4,06	3,94	3,87	3,83	3,81	3,77	3,75	3,71	3,67	3,67
7	5,59	4,74	4,35	4,12	3,97	3,87	3,79	3,73	3,68	3,64	3,51	3,44	3,40	3,38	3,34	3,32	3,27	3,23	3,23
8	5,32	4,46	4,07	3,84	3,69	3,58	3,50	3,44	3,39	3,35	3,22	3,15	3,11	3,08	3,04	3,02	2,97	2,93	2,93
9	5,12	4,26	3,86	3,63	3,48	3,37	3,29	3,23	3,18	3,14	3,01	2,94	2,89	2,86	2,83	2,80	2,76	2,71	2,71
10	4,96	4,10	3,71	3,48	3,33	3,22	3,14	3,07	3,02	2,98	2,85	2,77	2,73	2,70	2,66	2,64	2,59	2,54	2,54
11	4,84	3,98	3,59	3,36	3,20	3,09	3,01	2,95	2,90	2,85	2,72	2,65	2,60	2,57	2,53	2,51	2,46	2,41	2,41
12	4,75	3,89	3,49	3,26	3,11	3,00	2,91	2,85	2,80	2,75	2,62	2,54	2,50	2,47	2,43	2,40	2,35	2,30	2,30
13	4,67	3,81	3,41	3,18	3,03	2,92	2,83	2,77	2,71	2,67	2,53	2,46	2,41	2,38	2,34	2,31	2,26	2,21	2,21
14	4,60	3,74	3,34	3,11	2,96	2,85	2,76	2,70	2,65	2,60	2,46	2,39	2,34	2,31	2,27	2,24	2,19	2,14	2,13
15	4,54	3,68	3,29	3,06	2,90	2,79	2,71	2,64	2,59	2,54	2,40	2,33	2,28	2,25	2,20	2,18	2,12	2,07	2,07
16	4,49	3,63	3,24	3,01	2,85	2,74	2,66	2,59	2,54	2,49	2,35	2,28	2,23	2,19	2,15	2,12	2,07	2,02	2,01
17	4,45	3,59	3,20	2,96	2,81	2,70	2,61	2,55	2,49	2,45	2,31	2,23	2,18	2,15	2,10	2,08	2,02	1,97	1,96
18	4,41	3,55	3,16	2,93	2,77	2,66	2,58	2,51	2,46	2,41	2,27	2,19	2,14	2,11	2,06	2,04	1,98	1,92	1,92
19	4,38	3,52	3,13	2,90	2,74	2,63	2,54	2,48	2,42	2,38	2,23	2,16	2,11	2,07	2,03	2,00	1,94	1,88	1,88
20	4,35	3,49	3,10	2,87	2,71	2,60	2,51	2,45	2,39	2,35	2,20	2,12	2,07	2,04	1,99	1,97	1,91	1,85	1,84
21	4,32	3,47	3,07	2,84	2,68	2,57	2,49	2,42	2,37	2,32	2,18	2,10	2,05	2,01	1,96	1,94	1,88	1,82	1,81
22	4,30	3,44	3,05	2,82	2,66	2,55	2,46	2,40	2,34	2,30	2,15	2,07	2,02	1,98	1,94	1,91	1,85	1,79	1,78
23	4,28	3,42	3,03	2,80	2,64	2,53	2,44	2,37	2,32	2,27	2,13	2,05	2,00	1,96	1,91	1,88	1,82	1,76	1,76
24	4,26	3,40	3,01	2,78	2,62	2,51	2,42	2,36	2,30	2,25	2,11	2,03	1,97	1,94	1,89	1,86	1,80	1,74	1,73
25	4,24	3,39	2,99	2,76	2,60	2,49	2,40	2,34	2,28	2,24	2,09	2,01	1,96	1,92	1,87	1,84	1,78	1,72	1,71
26	4,23	3,37	2,98	2,74	2,59	2,47	2,39	2,32	2,27	2,22	2,07	1,99	1,94	1,90	1,85	1,82	1,76	1,70	1,69
27	4,21	3,35	2,96	2,73	2,57	2,46	2,37	2,31	2,25	2,20	2,06	1,97	1,92	1,88	1,84	1,81	1,74	1,68	1,67
28	4,20	3,34	2,95	2,71	2,56	2,45	2,36	2,29	2,24	2,19	2,04	1,96	1,91	1,87	1,82	1,79	1,73	1,66	1,65
29	4,18	3,33	2,93	2,70	2,55	2,43	2,35	2,28	2,22	2,18	2,03	1,94	1,89	1,85	1,81	1,77	1,71	1,65	1,64
30	4,17	3,32	2,92	2,69	2,53	2,42	2,33	2,27	2,21	2,16	2,01	1,93	1,88	1,84	1,79	1,76	1,70	1,63	1,62
40	4,08	3,23	2,84	2,61	2,45	2,34	2,25	2,18	2,12	2,08	1,92	1,84	1,78	1,74	1,69	1,66	1,59	1,52	1,51
50	4,03	3,18	2,79	2,56	2,40	2,29	2,20	2,13	2,07	2,03	1,87	1,78	1,73	1,69	1,63	1,60	1,52	1,45	1,44
100	3,94	3,09	2,70	2,46	2,31	2,19	2,10	2,03	1,97	1,93	1,77	1,68	1,62	1,57	1,52	1,48	1,39	1,30	1,28
1000	3,85	3,00	2,61	2,38	2,22	2,11	2,02	1,95	1,89	1,84	1,68	1,58	1,52	1,47	1,41	1,36	1,26	1,11	1,08
10.000	3,84	3,00	2,61	2,37	2,21	2,10	2,01	1,94	1,88	1,83	1,67	1,57	1,51	1,46	1,40	1,35	1,25	1,08	1,03

Kapitel 11

Tab. 11.24 t-Verteilung

α (einseitig)	0,45	0,375	0,25	0,1	0,05	0,025	0,01	0,005	0,0025	0,0005
α (zweiseitig)	0,9	0,75	0,5	0,2	0,1	0,05	0,02	0,01	0,005	0,001
df										
1	0,158	0,414	1,000	3,078	6,314	12,706	31,821	63,657	127,321	636,619
2	0,142	0,365	0,816	1,886	2,920	4,303	6,965	9,925	14,089	31,599
3	0,137	0,349	0,765	1,638	2,353	3,182	4,541	5,841	7,453	12,924
4	0,134	0,341	0,741	1,533	2,132	2,776	3,747	4,604	5,598	8,610
5	0,132	0,337	0,727	1,476	2,015	2,571	3,365	4,032	4,773	6,869
6	0,131	0,334	0,718	1,440	1,943	2,447	3,143	3,707	4,317	5,959
7	0,130	0,331	0,711	1,415	1,895	2,365	2,998	3,499	4,029	5,408
8	0,130	0,330	0,706	1,397	1,860	2,306	2,896	3,355	3,833	5,041
9	0,129	0,329	0,703	1,383	1,833	2,262	2,821	3,250	3,690	4,781
10	0,129	0,328	0,700	1,372	1,812	2,228	2,764	3,169	3,581	4,587
11	0,129	0,327	0,697	1,363	1,796	2,201	2,718	3,106	3,497	4,437
12	0,128	0,326	0,695	1,356	1,782	2,179	2,681	3,055	3,428	4,318
13	0,128	0,325	0,694	1,350	1,771	2,160	2,650	3,012	3,372	4,221
14	0,128	0,325	0,692	1,345	1,761	2,145	2,624	2,977	3,326	4,140
15	0,128	0,325	0,691	1,341	1,753	2,131	2,602	2,947	3,286	4,073
16	0,128	0,324	0,690	1,337	1,746	2,120	2,583	2,921	3,252	4,015
17	0,128	0,324	0,689	1,333	1,740	2,110	2,567	2,898	3,222	3,965
18	0,127	0,324	0,688	1,330	1,734	2,101	2,552	2,878	3,197	3,922
19	0,127	0,323	0,688	1,328	1,729	2,093	2,539	2,861	3,174	3,883
20	0,127	0,323	0,687	1,325	1,725	2,086	2,528	2,845	3,153	3,850
21	0,127	0,323	0,686	1,323	1,721	2,080	2,518	2,831	3,135	3,819
22	0,127	0,323	0,686	1,321	1,717	2,074	2,508	2,819	3,119	3,792
23	0,127	0,322	0,685	1,319	1,714	2,069	2,500	2,807	3,104	3,768
24	0,127	0,322	0,685	1,318	1,711	2,064	2,492	2,797	3,091	3,745
25	0,127	0,322	0,684	1,316	1,708	2,060	2,485	2,787	3,078	3,725
26	0,127	0,322	0,684	1,315	1,706	2,056	2,479	2,779	3,067	3,707
27	0,127	0,322	0,684	1,314	1,703	2,052	2,473	2,771	3,057	3,690
28	0,127	0,322	0,683	1,313	1,701	2,048	2,467	2,763	3,047	3,674
29	0,127	0,322	0,683	1,311	1,699	2,045	2,462	2,756	3,038	3,659
30	0,127	0,322	0,683	1,310	1,697	2,042	2,457	2,750	3,030	3,646
40	0,126	0,321	0,681	1,303	1,684	2,021	2,423	2,704	2,971	3,551
50	0,126	0,320	0,679	1,299	1,676	2,009	2,403	2,678	2,937	3,496
100	0,126	0,320	0,677	1,290	1,660	1,984	2,364	2,626	2,871	3,390
1000	0,126	0,319	0,675	1,282	1,646	1,962	2,330	2,581	2,813	3,300
10.000	0,126	0,319	0,675	1,282	1,645	1,960	2,327	2,576	2,808	3,291
100.000	0,126	0,319	0,674	1,282	1,645	1,960	2,326	2,576	2,807	3,291

Mathematischer Exkurs 11.5: Dieses reale Problem sollten Sie jetzt lösen können

Das Unternehmen Fiat Lux stellt u. a. Glühlampen her, die eine Leistung von 5 Watt liefern sollen. Leider ist man nicht in der Lage, alle Glühlampen mit exakt 5 Watt Leistung zu versehen. Manche Glühlampen weisen eine etwas höhere Leistung, manche eine niedrigere Leistung auf. Der Produktionsleiter weiß allerdings, dass mit einer Wahrscheinlichkeit von 99 % eine Leistung zwischen 4 und 6 Watt erzielt wird und die Leistung der Normalverteilung unterliegt. Das Unternehmen kann zu sehr günstigen Konditionen eine neue Maschine erwerben, mit der Glühlampen herge-

stellt werden. Diese neue Maschine erreicht bei der Leistung einen Erwartungswert von 5 Watt sowie eine Varianz von 2,25 Quadratwatt. Soll Fiat Lux die neue Maschine erwerben?

Als Entscheidungsgrundlage verwenden Sie ausschließlich folgenden Aspekt: Die neue Maschine wird nur dann gekauft, wenn sie mit 99 %iger Wahrscheinlichkeit in der Lage ist, ein kleineres Intervall bei der Leistung als bei der alten Maschine zu erzielen.

Lösung:

Für die alte Maschine gilt: $W(4 \leq X \leq 6) = 0{,}99$ mit $X =$ Leistung in Watt.

Für die neue Maschine gilt: $W(? \leq X \leq ?) = 0{,}99$

Wenn das erste Fragezeichen größer als 4 und das zweite Fragezeichen kleiner als 6 ist, schafft die neue Maschine eine größere Genauigkeit (ein kleineres Intervall) als die alte Maschine.

Statt Fragezeichen verwenden wir nun x_u bzw. x_o:

$$W(x_\mathrm{u} \leq X \leq x_\mathrm{o}) = 0{,}99 = W(X \leq x_\mathrm{o}) - W(X \leq x_\mathrm{u})$$
$$= W(Z \leq z_\mathrm{o}) - W(Z \leq z_\mathrm{u}).$$

Damit haben wir eine Gleichung mit zwei Unbekannten, die streng genommen nicht eindeutig lösbar ist. Wir machen uns allerdings die Symmetrieeigenschaft der Normalverteilung zunutze. Die untere Grenze ist dem Betrage nach identisch mit der oberen Grenze; lediglich die Vorzeichen unterscheiden sich. Folglich können wir obige Gleichung fortsetzen:

$$W(Z \leq z_\mathrm{o}) - W(Z \leq z_\mathrm{u}) = W(Z \leq z_\mathrm{o}) - W(Z \leq -z_\mathrm{o})$$
$$= W(Z \leq z_\mathrm{o}) - [1 - W(Z \leq z_\mathrm{o})]$$
$$= 2 \cdot W(Z \leq z_\mathrm{o}) - 1 = 0{,}99.$$

Aufgelöst nach W erhalten wir:

$$W(Z \leq z_\mathrm{o}) = \frac{1{,}99}{2} = 0{,}995.$$

Also suchen wir aus Tab. 11.21 jenen z-Wert, sodass die Wahrscheinlichkeit links davon zu liegen 99,5 % ausmacht, und erhalten $z_\mathrm{o} = 2{,}57$. Daraus kann unter Beachtung der Formel für die Standardisierung die untere Grenze x_u per Dreisatz berechnet werden:

$$z_\mathrm{o} = \frac{x_\mathrm{o} - \mu}{\sigma} = \frac{x_\mathrm{o} - 5}{1{,}5} = 2{,}57 \;\Rightarrow$$
$$x_\mathrm{o} = 2{,}57 \cdot 1{,}5 + 5 = 8{,}855$$

Da $\;x_\mathrm{o} - \mu = \mu - x_\mathrm{u} \;\Rightarrow$
$$x_\mathrm{u} = 2 \cdot \mu - x_\mathrm{o} = 2 \cdot 5 - 8{,}855 = 1{,}145.$$

Folglich schafft die neue Maschine nur eine Genauigkeit von

$$W(1{,}145 \leq X \leq 8{,}855) = 0{,}99.$$

Diese Genauigkeit ist aber kleiner als bei der alten Maschine, sodass die neue Maschine eine schlechtere Qualität liefert als die alte Maschine. Auch wenn die neue Maschine kostengünstig ist, Fiat Lux sollte sie nicht erwerben.

Mathematischer Exkurs 11.6: Aufgaben

1. Ein Hersteller von Waschmaschinen kümmert sich intensiv um die Zufriedenheit der Kunden. In diesem Zusammenhang prüft er u. a. bei 1000 Kunden die Gründe für eine Reklamation (s. Tab. 11.25).
a. Wie groß ist die Wahrscheinlichkeit, dass entweder die Elektrik oder die Sauberkeit als Grund für eine Reklamation genannt wird?
b. Wie groß ist die Wahrscheinlichkeit, dass innerhalb der Garantiezeit ein Bedienungsfehler genannt wird?

Tab. 11.25 Reklamationen von Kunden

Zeitpunkt	Grund für Reklamation			
	Elektrik	Sauberkeit	Bedienung	Summe
innerhalb der Garantiezeit	120	110	340	570
außerhalb der Garantiezeit	140	250	40	430
Summe	260	360	380	1000

Lösung

a. Sei Ereignis A „Elektrik" und B „Sauberkeit":

$$W(A \cup B) = \frac{260}{1000} + \frac{360}{1000} - \frac{0}{1000} = 0{,}62$$
$$= 62\,\% \;(\text{Additionssatz})$$

b. Sei Ereignis C „Bedienung" und D „innerhalb der Garantiezeit":

$$W(C \cap D) = \frac{340}{1000} = 0{,}34 = 34\,\%$$
$$= \frac{380}{1000} \cdot \frac{340}{380} \;(\text{Multiplikationssatz})$$

2. Edeka beliefert in Flensburg neun Filialen per Lastwagen mit Lebensmitteln. Nehmen wir an, dass Edeka lediglich einen Lastwagen dafür einsetzt.
a. Wie viele mögliche Routen kann der Lastwagen wählen, wenn er im zentralen Lagerhaus startet, die neun Filialen beliefert und wieder zum Lagerhaus zurückfährt?
b. Am Sonntag haben lediglich drei Filialen geöffnet, sodass auch nur diese drei beliefert werden. Zeichnen Sie ein Baumdiagramm für alle möglichen Routen.

Lösung

a. $9! = 362.880$ mögliche Routen (Permutation ohne Wiederholung).
b. Die Filialen seien abgekürzt mit F1, F2 bzw. F3 (s. Abb. 11.55).

Kapitel 11

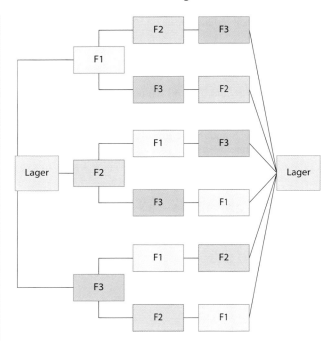

Abb. 11.55 Baumdiagramm für Edeka

3. Projektteams
a. Der Personalvorstand der Alpha AG möchte aus der Abteilung II, die insgesamt aus 38 Personen besteht, ein Projektteam aus 5 Personen zusammenstellen. Wie viele unterschiedliche Projektteams können gebildet werden?
b. Wie groß ist die Wahrscheinlichkeit, dass Mitarbeiter 9, Mitarbeiterin 11 und Mitarbeiter 34 dem Projektteam angehören?
c. Was ändert sich am Ergebnis von a., wenn der Abteilung nur 30 Personen angehören (mit Berechnung)?

Lösung

a. $\binom{38}{5} = 501.942$ (Kombination ohne Wiederholung)

b. $\binom{35}{2} = 595$

c. $\binom{30}{5} = 142.506$

4. Bei einer telefonischen Werbeaktion kaufen 23 % der angerufenen Personen das Produkt. Wir betrachten eine Stichprobe im Umfang von 18 Kunden.
a. Wie groß ist die Wahrscheinlichkeit, dass 7 Kunden das Produkt kaufen?
b. Wie groß ist die Wahrscheinlichkeit, dass mindestens 8 Kunden das Produkt kaufen?
c. Wie groß ist die Wahrscheinlichkeit, dass weniger als 3 Kunden das Produkt kaufen?

d. Wie groß ist die Wahrscheinlichkeit, dass kein Kunde das Produkt kauft?

Lösung (Binomialverteilung)

a. $W(X = 7) = \binom{18}{7} \cdot 0{,}23^7 \cdot (1 - 0{,}23)^{11} = 0{,}061$
$= 6{,}1\,\%$

b. $W(X \geq 8) = 1 - W(X \leq 7) = 1 - 0{,}9637 = 0{,}0363$
$= 3{,}63\,\%$

c. $W(X < 3) = W(X \leq 2) = 0{,}181 = 18{,}1\,\%$

d. $W(X = 0) = 0{,}009 = 0{,}9\,\%$

5. Die Zeta GmbH produziert mit 651 Mitarbeitern Festplatten für PCs. Am 10.9.2014 zwischen 10 und 11 Uhr wurden 51 Festplatten hergestellt, von denen 9 defekt sind. Von den 51 Festplatten wird eine Stichprobe im Umfang von 21 Festplatten entnommen.
a. Wie groß ist die Wahrscheinlichkeit, dass sich genau 4 defekte Festplatten in der Stichprobe befinden?
b. Wie groß ist die Wahrscheinlichkeit, dass sich mindestens 4 defekte Festplatten in der Stichprobe befinden?
c. Wie viele defekte Festplatten erwarten Sie in der Stichprobe, ehe Sie die Stichprobe entnehmen (mit Berechnung)?

Lösung (Hypergeometrische Verteilung mit $n = 21$, $N = 51$, $M = 9$)

a. $W(X = 4) = \dfrac{\binom{9}{4} \cdot \binom{42}{17}}{\binom{51}{21}} = 0{,}28 = 28\,\%$

b. $W(X \geq 4) = 1 - W(X \leq 3)$
$$= 1 - \left[\frac{\binom{9}{0} \cdot \binom{42}{21}}{\binom{51}{21}} + \ldots + \frac{\binom{9}{3} \cdot \binom{42}{18}}{\binom{51}{21}} \right]$$
$= 0{,}5548 = 55{,}48\,\%$

c. $E(X) = 21 \cdot \dfrac{9}{51} = 3{,}71$

6. Wir betrachten die Anrufe in einem Call-Center. Die Zeit zwischen den Anrufen zweier Kunden ist exponentialverteilt mit einem Erwartungswert von 2,7 Minuten.
a. Schreiben Sie die passende Dichte- und Verteilungsfunktion dieser Verteilung auf.
b. Wie groß ist die Wahrscheinlichkeit, dass die Zeit zwischen zwei Anrufen maximal 5 Minuten beträgt?
c. Wie groß ist die Wahrscheinlichkeit, dass die Zeit zwischen zwei Anrufen mehr als 1,6, aber weniger als 2,7 Minuten beträgt?

Lösung (Binomialverteilung mit $\lambda = 1/2,7 = 0,37$)

a. Dichtefunktion: $f(x) = 0,37 \cdot e^{-0,37 \cdot x}$

 Verteilungsfunktion: $F(X) = 1 - e^{-0,37 \cdot x}$

b. $W(X \leq 5) = 1 - e^{-0,37 \cdot 5} = 0,843 = 84,3\,\%$

c. $W(1,6 \leq X \leq 2,7) = W(X \leq 2,7) - W(X \leq 1,6)$

 $= \left[1 - e^{-0,37 \cdot 2,7}\right] - \left[1 - e^{-0,37 \cdot 1,6}\right] = 0,632 = 63,2\,\%$

7. Die Beta AG baut Kameras. Die Zeitdauer zur Herstellung einer Kamera schwankt; sie ist normalverteilt mit einem Erwartungswert von 74 Minuten und einer Varianz von 17,4 Quadratminuten.

a. Wie groß ist die Wahrscheinlichkeit, dass eine Kamera innerhalb eines Zeitraumes von 64 bis 84 Minuten hergestellt wird?

b. Wie groß ist die Wahrscheinlichkeit, dass zur Herstellung einer Kamera mehr als 86 Minuten benötigt werden?

Lösung (Normalverteilung)

a. $W(64 \leq X \leq 84) = W\left(\dfrac{64 - 74}{4,17} \leq Z \leq \dfrac{84 - 74}{4,17}\right)$

 $= W(-2,4 \leq Z \leq 2,4)$

 $= W(Z \leq 2,4) - W(Z \leq -2,4) = 2 \cdot 0,9918 - 1$

 $= 0,9836 = 98,36\,\%$

b. $W(X > 86) = 1 - W(X \leq 86) = 1 - W\left(Z \leq \dfrac{86 - 74}{4,17}\right)$

 $= 1 - W(Z \leq 2,9) = 1 - 0,9981 = 0,0019 = 0,19\,\%$

Literatur

finanzen.net GmbH: BMW | Historische Kurse | FSE | Schlusskurse | finanzen.net. http://www.finanzen.net/kurse/kurse_historisch.asp?pkAktieNr=1396&strBoerse=FSE (2013a). Zugegriffen: 25.06.2013

finanzen.net GmbH: Deutsche Bank | Historische Kurse | FSE | Schlusskurse | finanzen.net. http://www.finanzen.net/kurse/kurse_historisch.asp?pkAktieNr=699&strBoerse=FSE (2013b). Zugegriffen: 19.07.2013

Grötschel, M., Padberg, M.: Die optimierte Odyssee. Spektrum der Wissenschaft **6**, 4, 76–86 (1999)

Lufthansa Group: Kennzahlen der Lufthansa Group im Überblick. Lufthansa AG. http://investor-relations.lufthansagroup.com/fakten-zum-unternehmen/kennzahlen/lufthansa-group.html (2013). Zugegriffen: 28.08.2013

Mansfield, E.: Statistics for Business and Economics. Methods and Applications. 5. Aufl. Norton, New York (1994)

Newbold, P.: Statistics for Business and Economics, Prentice Hall/Pearson, Englewood Cliffs, NJ (1994)

Statistisches Bundesamt: Haushalte & Familien. https://www.destatis.de/DE/ZahlenFakten/GesellschaftStaat/Bevoelkerung/HaushalteFamilien/Tabellen/Haushaltsgroesse.html (2013). Zuletzt aktualisiert: 11.07.2013. Zugegriffen: 19.07.2013

Wolfram | Alpha: Computational Knowledge Engine. http://www.wolframalpha.com/ (2014). Zugegriffen: 11.02.2014

Weiterführende Literatur

Akkerboom, H.: Wirtschaftsstatistik im Bachelor. Grundlagen und Datenanalyse, 3. Aufl. Gabler, Wiesbaden (2012)

Arrenberg, J.: Wirtschaftsstatistik für Bachelor. UVK, Konstanz (2013)

Bamberg, G., Baur, F., Krapp, M.: Statistik, 17. Aufl. Oldenbourg, München (2012)

Black, K.: Business Statistics. For Contemporary Decision Making, 8. Aufl. Wiley, Hoboken (2014)

Bleymüller, J.: Gehlert, G., Gülicher, H.: Statistik für Wirtschaftswissenschaftler, 15. Aufl. Vahlen, München (2008)

Bourier, G.: Beschreibende Statistik. Praxisorientierte Einführung – Mit Aufgaben und Lösungen, 11. Aufl. Springer, Dordrecht (2013)

Bowerman, B.L., O'Connell, R.T.: Applied Statistics. Improving Business Processes. Irwin, Chicago (1997)

Hartung, J., Elpelt, B., Klösener, K.H.: Statistik. Lehr- und Handbuch der angewandten Statistik, 15. Aufl. Oldenbourg, München (2009)

Hoerl, R., Snee, R.D.: Statistical Thinking. Improving Business Performance. Wiley, Hoboken (2013)

Johnson, R.A., Wichen, D.W.: Business Statistics Decisions with Data. Decision making. Wiley, Singapore (2003)

Levine, D.M.: Statistics for Managers using Microsoft Excel, 6. Aufl. Prentice Hall/Pearson, Boston (2011)

Mitra, A.: Fundamentals of Quality Control and Improvement. http://ebooks.ciando.com/book/index.cfm/bok_id/740445. Prentice Hall/Pearson, Upper Saddle River, NJ (2012)

Siegel, A.F.: Practical Business Statistics, 6. Aufl. Elsevier, Amsterdam (2012)

Sincich, T.: Business Statistics by Example. 5. Aufl. Prentice Hall/Pearson, Upper Saddle River, NJ (1996)

Wewel, M.C.: Statistik im Bachelor-Studium der BWL und VWL. Methoden, Anwendung, Interpretation; mit herausnehmbarer Formelsammlung, 2. Aufl. Pearson, München, Boston (2011)

Zöfel, P.: Statistik für Wirtschaftswissenschaftler. Pearson, München, Boston (2003)

Kapitel 11

Schließende Statistik

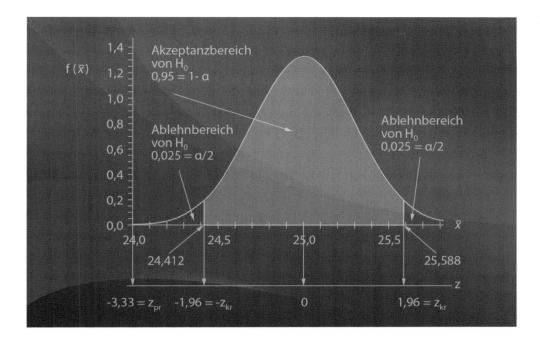

Was in der Stichprobe gilt, muss noch lange nicht in der Grundgesamtheit gelten

12.1 Schätzverfahren – Was tun, wenn man gar nichts über die Grundgesamtheit weiß? 494

12.2 Testverfahren – Wie können Behauptungen bezüglich der Grundgesamtheit widerlegt oder gestärkt werden? 503

Literatur 552

Kapitel 12

© Springer-Verlag Berlin Heidelberg 2017
B. Haack et al., *Mathematik für Wirtschaftswissenschaftler*, DOI 10.1007/978-3-642-55175-8_12

Mathematischer Exkurs 12.1: Worum geht es hier?

Apple hat im Jahr 2012 weltweit ungefähr 65 Millionen iPads verkauft (s. Apple (2013)). Idealerweise funktionieren alle 65 Millionen Geräte so wie sie sollen. Aber kein Hersteller der Welt – auch Apple nicht – ist in der Lage, fehlerfrei zu produzieren. Es mag einzelne Tage oder Wochen geben, in denen kein defektes iPad hergestellt wird. Auf lange Sicht wird dies allerdings nicht gelingen. Somit stellt sich nicht die Frage, ob in der Produktion Fehler auftreten, sondern wann bzw. wie oft.

Wir suchen den Ausschussanteil bei der Produktion von iPads, eine Zahl zwischen null und eins, die besagt, wie viel Prozent *aller* hergestellten Geräte defekt sind. Um diese Zahl zu ermitteln, bestehen grundsätzlich zwei verschiedene Wege. Der eine Weg geht über die Grundgesamtheit und der andere Weg über die Stichprobe. Mit Grundgesamtheit wird die Menge aller hergestellten iPads bezeichnet. Da die Zeit allerdings fortschreitet, wird man die Grundgesamtheit nie erreichen. Eine Abhilfe könnte darin bestehen, dass man sich auf ein Jahr beschränkt und die in diesem Jahr insgesamt produzierten Geräte als Grundgesamtheit auffasst. Wenn wir beispielsweise an die Lebensdauer des Akkus als möglichen Grund für ein defektes Gerät denken, offenbart sich ein grundsätzliches Problem. Da die Lebensdauer eines Akkus mit ungefähr zwei Jahren angegeben wird (s. Die Welt (2012)), müsste man einerseits mindestens zwei Jahre bis zum Ergebnis warten. Andererseits wäre nach dem Test kein iPad mehr zu verkaufen, da die fest eingebauten Akkus leer wären.

Als Alternative zur Grundgesamtheit bietet sich eine Stichprobe an, also eine Teilmenge aller in einem Jahr produzierten iPads, z. B. 100 Stück. Diese 100 iPads sind ein Mittel zum Zweck. In der Stichprobe weiß man genau, wie viele Geräte defekt sind. Dieses Ergebnis verwendet man, um eine Aussage über den Ausschussanteil in der Grundgesamtheit aufzustellen. Wenn in der Stichprobe beispielsweise 2 iPads – also 2 % – defekt sind, steht man vor folgender Frage: Was schließt man von dem Ergebnis in der Stichprobe auf das Ergebnis in der Grundgesamtheit? Sind dort auch 2 % aller Geräte defekt oder vielleicht weniger oder etwa mehr? Was in der Stichprobe gilt, muss noch lange nicht in der Grundgesamtheit gelten. Genau hier kommt die Überschrift des Kapitels zum Tragen: Wir schließen vom Ergebnis der Stichprobe auf die Grundgesamtheit. Wie dies funktioniert, sehen wir in Abschn. 12.1.

Etwas anders liegt der Fall, wenn jemand behauptet, etwas über die Grundgesamtheit zu wissen. Der Produktionsleiter von Apple sagt z. B., dass der Ausschussanteil in der Grundgesamtheit maximal 5 ‰ sei. Dies kann stimmen oder auch falsch sein. Apple wäre gut beraten, diese Behauptung zu testen. Dazu können zwei unterschiedliche Wege beschritten werden. Entweder man betrachtet die Grundgesamtheit mit den oben geschilderten Problemen, oder man beschränkt sich auf eine Stichprobe. Was schließt man aber vom Ergebnis der Stichprobe auf das Ergebnis in der Grundgesamtheit? Nehmen wir an, in der Stichprobe sind 5,1 ‰ der iPads defekt. Damit wäre doch die Aussage des Produktionsleiters widerlegt, oder? Es kommt darauf an. Obwohl 5,1 größer ist als 5,0, kann der Produktionsleiter Recht haben. Was in der Stichprobe gilt, muss noch lange nicht in der Grundgesamtheit gelten. Auch hier kommt die Überschrift des Kapitels „Schließende Statistik" zum Tragen. Wie schließen wir vom Resultat der Stichprobe auf die Gegebenheiten in der Grundgesamtheit? Wie dies funktioniert, erfahren wir in Abschn. 12.2.

Mathematischer Exkurs 12.2: Was können Sie nach Abschluss dieses Kapitels?

Sie werden nach Abschluss des Kapitels in der Lage sein,

- eine Stichprobe von einer Grundgesamtheit zu unterscheiden,
- vom Ergebnis einer Stichprobe auf die Gegebenheit der Grundgesamtheit zu schließen (warum kann man auf der Basis einer Stichprobe vernünftige Aussagen über die Grundgesamtheit aufstellen),
- eine Punktschätzung von einer Intervallschätzung abzugrenzen,
- für den Ausschussanteil bei der Produktion ein Konfidenzintervall zu berechnen,
- die Aussagekraft eines Konfidenzintervalls richtig einzuschätzen,

- für die durchschnittliche Lebensdauer eines iPads ein Konfidenzintervall zu ermitteln,
- zu akzeptieren, dass die Varianz eine Varianz hat,
- zu prüfen, ob eine Variable normalverteilt ist,
- eine verbundene von einer unverbundenen Stichprobe zu unterscheiden,
- Ein-, Zwei- und Mehrstichproben voneinander abzugrenzen,
- Hypothesen über die Größenordnung von Mittelwerten, Medianen, Varianzen und Anteilswerten zu testen,
- eine Irrtumswahrscheinlichkeit und eine Sicherheitswahrscheinlichkeit auseinanderzuhalten und angemessen zu interpretieren.

Mathematischer Exkurs 12.3: Müssen Sie dieses Kapitel überhaupt durcharbeiten?

Sie haben sich bereits mit Test- und Schätzverfahren beschäftigt? Das eben Genannte kommt Ihnen bekannt vor? Sie können eine Punkt- von einer Intervallschätzung unterscheiden? Es fällt Ihnen leicht, eine Irrtumswahrscheinlichkeit zu interpretieren und in einer entsprechenden Grafik einzuzeichnen? Die Berechnung einer Prüfgröße für die t-Verteilung bereitet Ihnen keine Kopfschmerzen? Kritische t-Werte können Sie aus einer geeigneten Tabelle ablesen? Beim Chi^2-Test wissen Sie sofort, was gemeint ist? Die Standardabweichung der Normalverteilung können Sie sachgerecht in die Gauß'sche Glockenkurve eintragen? Dass die Differenz zweier Anteilswerte eine Varianz aufweist, irritiert Sie nicht? Was eine H_0- und eine H_1-Hypothese zum Ausdruck bringen, ist Ihnen geläufig?

Testen Sie hier, ob Ihr Wissen und Ihre rechnerischen Fertigkeiten ausreichen, um dieses Kapitel gegebenenfalls einfach zu überspringen. Lösen Sie dazu die folgenden Testaufgaben. Alle Aufgaben werden innerhalb der folgenden Abschnitte besprochen bzw. es wird Bezug darauf genommen.

12.1 iPad
   a. Berechnen Sie ein Konfidenzintervall für den Erwartungswert der iPad-Lebensdauer mit einer Irrtumswahrscheinlichkeit von 5 % auf der Basis von Tab. 12.2.
   b. Was ändert sich an diesem Intervall, wenn Sie die Sicherheitswahrscheinlichkeit auf 99 % festlegen?

12.2 Hauspreise
   a. Testen Sie auf Basis der ersten zwanzig Fälle von Tab. 12.10 mit einer Sicherheitswahrscheinlichkeit von 95 %, ob sich die Preise für Einfamilienhäuser in Leipzig und München signifikant voneinander unterscheiden.
   b. Wie hoch ist die Irrtumswahrscheinlichkeit, wenn Sie alle Einfamilienhäuser von Leipzig und München in Ihre Untersuchung einbeziehen würden?

12.3 Aldi
   a. Wir betrachten den Umsatz der ersten zwanzig Aldi-Filialen in Tab. 12.16. Prüfen Sie mit einer 95 %igen Sicherheitswahrscheinlichkeit, ob sich die Varianzen der Umsätze aus Mai 2014 bzw. Juli 2014 signifikant voneinander unterscheiden.
   b. Was ändert sich an Ihrer Entscheidung, wenn die Irrtumswahrscheinlichkeit auf 1 % gesenkt wird?

12.4 Tee
   a. Unterscheidet sich der Anteil der Teetrinker von dem Anteil der Kaffeetrinker bei den in Tab. 12.50 aufgeführten Personen signifikant mit einem α von 0,05?
   b. In welche Richtung ändert sich die Prüfgröße, wenn 1000 Personen statt 92 in der Tabelle enthalten wären?

12.5 Pixelfehler
Testen Sie basierend auf den ersten zwanzig Fällen in Tab. 12.21, ob die Zahl der Pixelfehler auf einem iPad 6 Monate nach der Herstellung normalverteilt ist mit einem α von 0,05.

12.1 Schätzverfahren – Was tun, wenn man gar nichts über die Grundgesamtheit weiß?

In Abschn. 11.6 haben wir viele Wahrscheinlichkeiten berechnet und jedes Mal unterstellt, dass wir die Parameter der Grundgesamtheit kennen. Bei der Berechnung der Tagesrenditen z. B. sind wir von einem Erwartungswert von 0,08 % und einer Standardabweichung von 1,9 % ausgegangen. Woher wissen wir dies eigentlich? Darüber hinaus haben wir eine Normalverteilung bei den Tagesrenditen vorausgesetzt. Warum nicht eine t-Verteilung oder Chi^2-Verteilung? In Kap. 11 haben wir so getan, als wüssten wir genau, wie die Grundgesamtheit beschaffen ist. Dies ist praktikabel und auch notwendig für ein Lehrbuch, die Realität sieht aber anders aus. In der Praxis stehen wir häufig vor dem Problem, nichts über die Grundgesamtheit zu wissen. Also müssen wir uns schrittweise an die Grundgesamtheit herantasten. Wie dies geschieht, soll anhand von drei Parametern erläutert werden, und zwar

- Erwartungswert,
- Varianz,
- Anteilswert.

Der Erwartungswert sagt z. B. aus, wie lange ein Akku beim iPad durchschnittlich hält. Die Varianz bringt zum Ausdruck, ob alle Akkus eine gleich lange Lebensdauer aufweisen bzw. wie stark sich die Lebensdauern der einzelnen Akkus voneinander unterscheiden. Der Anteilswert misst beispielsweise den Ausschussanteil bei der Produktion von iPads. Alle drei Parameter beziehen sich entweder auf die Stichprobe oder auf die Grundgesamtheit und werden zur besseren Unterscheidbarkeit mit verschiedenen Symbolen dargestellt (s. Tab. 12.1).

Gut zu wissen

Tab. 12.1 Parameter in Stichprobe und Grundgesamtheit

Stichprobe	$\Longrightarrow$	Grundgesamtheit
$\bar{x}$	Erwartungswert	μ
s^2	Varianz	σ^2
$\hat{p}$	Anteilswert	p

◀

Sprechen wir z. B. von der Varianz der Grundgesamtheit, wird σ^2 verwendet; ist allerdings die Varianz der Stichprobe gemeint, schreiben wir s^2. Inhalt und Interpretation des Parameters bleiben unverändert, nur der Bezugsrahmen ändert sich.

Um die unbekannten Parameter der Grundgesamtheit kennenzulernen, stehen zwei verschiedene Wege zur Verfügung. Entweder wir liefern genau eine einzige Zahl oder ein Intervall, in dem sich der Parameter befinden soll. Ersteres nennt man eine Punktschätzung und Letzteres eine Intervallschätzung. Ehe wir jedoch mit der Vorstellung der Punktschätzung beginnen, soll etwas Grundsätzliches zur Auswahl von geeigneten Formeln gesagt werden.

Egal welche Formel für die Punktschätzung wir auch immer verwenden, die Chance, dass wir damit exakt den Wert der Grundgesamtheit treffen, ist eher gering. Dabei machen wir einen Spagat zwischen Genauigkeit auf der einen Seite und Sicherheit auf der anderen Seite. Um diese Problematik zu veranschaulichen, sei auf den Erwartungswert verwiesen. Wir wissen definitiv, dass die durchschnittliche Lebensdauer der iPad-Akkus eine ganz konkrete Zahl darstellt. Nur: Wir kennen sie nicht. Da die Lebensdauer eine stetige Zufallsvariable bildet, besitzt sie unendlich viele mögliche Werte, aber nur ein einziger davon gilt in der Realität. Somit erhalten wir entsprechend der Definition von Wahrscheinlichkeit (s. Abschn. 11.1) für die Wahrscheinlichkeit, auf Basis der Stichprobe diesen Wert „zu treffen"

$$\text{Wahrscheinlichkeit} = \frac{1}{\infty} = 0.$$

Mit der Punktschätzung wären wir zwar sehr genau – wir liefern ja „auf den Punkt genau" eine Zahl –, aber extrem unsicher, ob diese Zahl den Erwartungswert der Grundgesamtheit trifft. Wollten wir hingegen zu 100 % sicher sein, kämen wir zu folgender Aussage: Mit 100 %iger Wahrscheinlichkeit liegt der Erwartungswert irgendwo zwischen $-\infty$ und $+\infty$, er nimmt also irgendeinen Wert an. Damit wären wir zwar extrem sicher, aber gleichzeitig sehr ungenau. Idealerweise könnten wir beide Eigenschaften miteinander verbinden. Dann würden wir mit 100 %iger Wahrscheinlichkeit die eine – wahre – Zahl der Grundgesamtheit genau treffen. Dies funktioniert aber leider nicht. Wir müssen uns entscheiden: Wollen wir mehr Genauigkeit – dann aber auch weniger Sicherheit – oder mehr Sicherheit – dann aber auch weniger Genauigkeit.

Nichtsdestotrotz oder gerade deswegen sollen einige Eigenschaften der zu verwendenden Formel angesprochen werden, die erfüllt sein müssen, um eine sinnvolle Aussage über die Parameter der Grundgesamtheit treffen zu können.

Erwartungstreue

Wenn wir den Erwartungswert der Lebensdauer von Akkus suchen, können wir die Informationen der Stichprobe auf verschiedene Arten zu einer einzigen Zahl verdichten. Eine erste naheliegende Möglichkeit besteht darin, den Mittelwert $\bar{x}$ auf der Basis der einzelnen Lebensdauern x_i auszurechnen (s. Abschn. 10.3.1),

$$\bar{x} = \frac{1}{n} \sum_{i=1}^{n} x_i,$$

und zu behaupten, dass der Mittelwert $\bar{x}$ mit dem gesuchten Erwartungswert μ identisch ist. Eine zweite Möglichkeit in der Datenverdichtung besteht in der Verwendung des Medians $\tilde{x}$ auf der Basis der einzelnen Lebensdauern x_i (s. Abschn. 10.3.5)

$$\tilde{x} = \begin{cases} x_{\frac{(n+1)}{2}} & \text{falls } n \text{ ungerade} \\ \dfrac{x_{\frac{n}{2}} + x_{\frac{(n+2)}{2}}}{2} & \text{falls } n \text{ gerade} \end{cases}$$

und zu erklären, dass der Median $\tilde{x}$ mit dem gesuchten Erwartungswert μ identisch ist. Als Drittes käme der Modalwert – also

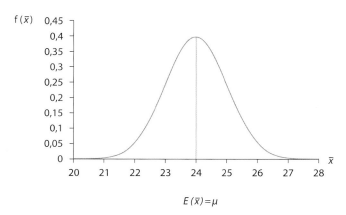

$E(\bar{x}) = \mu$

Abb. 12.1 Erwartungstreue

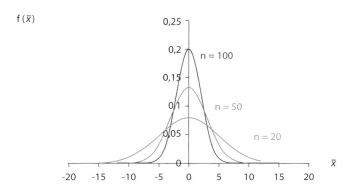

Abb. 12.2 Konsistenz

die am häufigsten auftretende Lebensdauer – infrage. Alle drei Parameter aus der Stichprobe werden unterschiedliche Werte aufweisen, sodass wir die Wahl haben, welcher Wert dem gesuchten Erwartungswert wohl am nächsten kommt. Wir könnten würfeln, raten oder Eigenschaften aufstellen, die die zu verwendende Formel erfüllen muss. Eine dieser Eigenschaften heißt Erwartungstreue und meint Folgendes (s. Abb. 12.1):

Wenn wir eine Stichprobe mit 100 iPads betrachten, kann dafür ein Mittelwert $\bar{x}$ für die Lebensdauer der Akkus berechnet werden. Dabei kommt z. B. $\bar{x} = 24,5$ heraus. Wenn eine zweite Stichprobe von wiederum 100 Geräten analysiert wird, kann wieder 24,5 resultieren oder auch eine andere Zahl. Es muss nicht wieder 24,5 sein. In einer dritten Stichprobe mit ebenso 100 iPads kann die durchschnittliche Lebensdauer wieder bei 24,5 oder einem anderen Wert liegen. Daraus folgt, dass mit jeder neuen Stichprobe der Mittelwert einen anderen Wert annehmen kann – nicht annehmen muss. Obwohl wir in der Praxis natürlich nicht unendlich viele Stichproben betrachten, sondern lediglich eine einzige Stichprobe, gelten dafür ähnliche Überlegungen. Vor Erhebung der Stichprobe wissen wir nicht, welcher Wert für den Mittelwert herauskommt. Wir wissen aber sehr wohl, dass grundsätzlich jede positive Zahl dafür infrage kommt, also bildlich gesprochen jeder Punkt auf der waagerechten Achse von Abb. 12.1. Wie sieht es mit den Wahrscheinlichkeiten dafür aus, dass der Mittelwert in der Gegend

von 20 bzw. 27 liegt? Nehmen wir für einen Augenblick an, wir wüssten, wo sich der Erwartungswert μ befindet, nämlich bei 24 Monaten. Dann muss doch die Wahrscheinlichkeit, in der einen Stichprobe einen Mittelwert in der Nähe von 24 zu erhalten, recht groß sein; garantiert ist es aber nicht. Andererseits wird der Mittelwert mit sehr geringer Wahrscheinlichkeit sehr weit weg von 24 liegen. Aus diesen Überlegungen folgt der glockenförmige Verlauf der Dichtefunktion in Abb. 12.1 mit einem Gipfel genau bei 24.

Merksatz

Erwartungstreue: Die Formel für den Mittelwert sorgt dafür, dass der Erwartungswert von $\bar{x}$ identisch ist mit μ. Wenn wir unendlich häufig eine Stichprobe nehmen und aus all den Mittelwerten einen Durchschnitt bilden würden, erhielten wir exakt den Erwartungswert μ.

Eine Formel, die dies nicht schafft (wie z. B. der Median), kommt nicht weiter in Betracht.

Konsistenz

Jede Formel verursacht einen unterschiedlichen Berg als Dichtefunktion. Wenn aber die Fallzahl in der Stichprobe steigt, muss der Berg enger werden, sonst ist die Formel nicht zu gebrauchen. In Abb. 12.2 führt eine Erhöhung des Stichprobenumfanges dazu, dass die Dichtefunktion schmaler wird. So sollte es sein.

Merksatz

Von den Formeln, die jetzt noch übrig bleiben, liegen bei der Varianz unterschiedliche Werte vor. Die Formel mit der geringsten Varianz – dies nennt man **Effizienz** – wird ausgewählt.

Zusammenfassend wählen wir jene Formel aus, die erwartungstreu, konsistent und effizient ist.

12.1.1 Schätzung für den Erwartungswert

Wenn Apple ein neues iPad herstellt, soll dieses Gerät bestimmte Eigenschaften aufweisen. Dazu zählt u. a. die Lebensdauer des Akkus. Nehmen wir an, die geplante Lebensdauer beträgt 24 Monate. Woher weiß Apple eigentlich, dass *alle* Geräte diese Norm erfüllen? Da das iPad über neue – möglicherweise stromintensive – Features verfügt, kann selbst bei Verwendung eines bereits bewährten Akkus nicht gesagt werden, wie lange der Akku – nun unter den neuen Bedingungen – hält. Diese Problematik tritt erst recht ein, wenn ein neuer Akku eingebaut wird.

Apple könnte jedes iPad hinsichtlich der Lebensdauer des Akkus testen, um dessen genauen Wert zu erhalten. Dies würde

Kapitel 12

Tab. 12.2 Lebensdauer x (in Monaten) von Akkus

i	x_i	i	x_i	i	x_i	i	x_i	i	x_i
1	22,3	21	20,5	41	27,7	61	23,2	81	20,0
2	23,4	22	21,4	42	21,7	62	24,3	82	22,2
3	23,6	23	26,5	43	25,6	63	21,6	83	23,3
4	24,0	24	21,9	44	20,9	64	23,0	84	22,7
5	22,2	25	26,4	45	24,7	65	23,8	85	25,3
6	25,4	26	22,8	46	21,8	66	22,3	86	26,7
7	25,6	27	25,1	47	23,1	67	20,1	87	23,2
8	28,3	28	25,7	48	22,0	68	21,6	88	25,4
9	24,0	29	23,2	49	22,4	69	24,3	89	22,9
10	22,0	30	24,7	50	26,9	70	25,0	90	22,1
11	24,4	31	27,2	51	24,6	71	23,1	91	25,4
12	24,7	32	23,7	52	24,0	72	26,8	92	23,7
13	27,0	33	23,6	53	24,7	73	25,1	93	24,8
14	23,5	34	22,7	54	22,0	74	22,0	94	25,9
15	24,5	35	23,9	55	22,5	75	25,7	95	23,7
16	22,5	36	27,0	56	20,0	76	22,6	96	29,2
17	21,4	37	23,1	57	22,7	77	27,6	97	24,5
18	25,8	38	24,1	58	26,2	78	23,1	98	22,2
19	22,3	39	20,7	59	25,2	79	23,7	99	22,9
20	28,1	40	29,7	60	25,7	80	23,0	100	28,7

Abb. 12.3 Konfidenzintervall für den Erwartungswert

jedoch mit mindestens zwei Jahren zu lange dauern, und die Akkus könnten danach nicht mehr verwendet werden, da sie unbrauchbar wären. Letzteres Problem kann in der Betrachtung einer Stichprobe gelöst werden. Die Stichprobe besteht aus $n = 100$ Akkus, deren Lebensdauern in Tab. 12.2 aufgelistet sind. Um den unbekannten Erwartungswert der Lebensdauer zu ermitteln bzw. zu schätzen (wie es Statistiker formulieren), wird der arithmetische Mittelwert $\bar{x}$ aus den 100 Werten berechnet (s. Abschn. 10.3.1):

$$\bar{x} = \frac{1}{n} \sum_{i=1}^{n} x_i = \frac{1}{100} \cdot (22,3 + 23,4 + \ldots + 22,9 + 28,7)$$
$$= 24,0.$$

In der Stichprobe beträgt die durchschnittliche Lebensdauer 24 Monate. Daraus kann folgender Schluss für den Erwartungswert (Punktschätzung) gezogen werden:

$$E(X) = \bar{x} = 24,0.$$

Wir schätzen den Erwartungswert auf 24 Monate und können dies folgendermaßen interpretieren: Wenn wir erneut eine Stichprobe von 100 Akkus betrachten würden, erhielten wir auch für diese Stichprobe einen Mittelwert. Dann können wir aber auch für eine dritte, vierte, fünfte etc. Stichprobe mit 100 Akkus je einen Mittelwert ausrechnen. In letzter Konsequenz würden wir unendlich viele Stichproben und unendlich viele Mittelwerte erhalten, sodass wir aus diesen unendlich vielen Werten quasi einen Durchschnitt ermitteln können. Dieser Durchschnitt heißt Erwartungswert und beträgt in unserem Beispiel 24 Monate. In der Realität betrachten wir natürlich lediglich eine einzige Stichprobe. Wir behaupten, dass der Durchschnitt der Stichprobe identisch ist mit dem Erwartungswert der Grundgesamtheit. Aus der Tatsache, dass in der Stichprobe die Akkus durchschnittlich 24 Monate halten, folgern wir, dass die durchschnittliche

Lebensdauer aller (unendlich vielen) Akkus auch 24 Monate beträgt.

Mit dieser Vorgehensweise ist allerdings ein Dilemma verbunden. Einerseits sind wir extrem genau mit unserer Schätzung, aber andererseits offenbart sich eine sehr große Unsicherheit. Abb. 12.3 soll diesen Umstand veranschaulichen.

Auf der waagerechten Achse ist die Lebensdauer eines Akkus aufgetragen, deren Wert zwischen null und unendlich liegt. Auch der Mittelwert aus der Stichprobe und der Erwartungswert aus der Grundgesamtheit befinden sich in diesem Intervall. Wir sind uns zu 100 % sicher, dass der Erwartungswert irgendwo auf der waagerechten Achse liegt. Wir sind damit extrem sicher, aber auch extrem ungenau. Wenn wir das Intervall verkleinern würden, würden wir genauer werden, aber nicht mehr zu 100 % sicher sein. Je kleiner das Intervall wird, desto mehr sinkt die Wahrscheinlichkeit von 100 % auf 90 %, 80 %, 70 % etc. Im Extremfall reduziert sich das Intervall auf einen einzigen Punkt – z. B. auf 24 Monate – mit einer begleitenden Wahrscheinlichkeit von 0 %. Wir sind nun extrem genau, aber total unsicher. Idealerweise hätten wir gerne Sicherheit und Genauigkeit kombiniert in Form von „zu 100 % liegt der Erwartungswert der Lebensdauer bei 24 Monaten". Da dies aber einen logischen Widerspruch darstellt, müssen wir nach einer Alternative Ausschau halten: das Konfidenzintervall.

Auf der Basis der Stichprobe möchten wir ein Intervall [a, b] konstruieren, sodass der unbekannte Erwartungswert mit 95 %iger Wahrscheinlichkeit enthalten ist:

$$W(a \leq E(X) \leq b) = 0{,}95.$$

Zwei Fälle sollen unterschieden werden: Die Varianz der Lebensdauer in der Grundgesamtheit ist bekannt (Fall 1) bzw. nicht bekannt (Fall 2).

Fall 1: Konfidenzintervall für den Erwartungswert bei bekannter Varianz

Wir konstruieren ein symmetrisches Intervall um den Mittelwert aus der Stichprobe:

Rechenregel

$$W\left(\bar{x} - z_{1-\alpha/2} \cdot \frac{\sigma}{\sqrt{n}} \leq E(X) \leq \bar{x} + z_{1-\alpha/2} \cdot \frac{\sigma}{\sqrt{n}}\right) = 1-\alpha.$$

α nennt man die Irrtumswahrscheinlichkeit und $1-\alpha$ die Sicherheitswahrscheinlichkeit. Nehmen wir an, wir kennen den Wert für die Standardabweichung mit $\sigma = 1{,}8$. Dann modifiziert sich

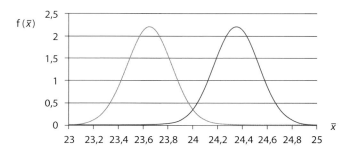

Abb. 12.4 Dichtefunktionen zum Konfidenzintervall für einen Erwartungswert

das Konfidenzintervall bei einer Sicherheitswahrscheinlichkeit von 95 % zu

$$W\left(24 - z_{0,975} \cdot \frac{1,8}{\sqrt{100}} \le E(X) \le 24 + z_{0,975} \cdot \frac{1,8}{\sqrt{100}}\right) = 0,95.$$

Die z-Werte erhalten wir aus der Tabelle der Standardnormalverteilung (s. Tab. 11.21 in Abschn. 11.6.3).

$$W\left(24 - 1,96 \cdot \frac{1,8}{\sqrt{100}} \le E(X) \le 24 + 1,96 \cdot \frac{1,8}{\sqrt{100}}\right) = 0,95$$
$$W(23,65 \le E(X) \le 24,35) = 0,95.$$

Mit 95 %iger Wahrscheinlichkeit liegt der unbekannte Erwartungswert für die Lebensdauer der Akkus zwischen 23,65 und 24,35 Monaten. Diese Aussage hätten wir gerne, können sie aber nicht machen. Da die Standardabweichung mit $\sigma = 1,8$ als bekannt vorausgesetzt wird, ist die Breite des Berges für die Normalverteilung festgelegt. Wir wissen allerdings nicht definitiv, wo der Gipfel des Berges liegt. Wenn wir von derselben Grundgesamtheit 100 Stichproben ziehen würden und jedes Mal ein Konfidenzintervall berechneten, dann würden 95 Intervalle den Erwartungswert beinhalten. Wir wissen nur nicht welche 95 Intervalle. Wir hegen allerdings ein großes Vertrauen – daher der Name Konfidenzintervall –, dass unser eben berechnetes Konfidenzintervall den Erwartungswert enthält. Wir haben ein großes Vertrauen, dass der Berg aus der Grundgesamtheit zwischen dem blauen und dem roten Berg liegt (s. Abb. 12.4).

Was ändert sich, wenn uns die 95 % nicht genügen, und wir zu 99 % sicher sein wollen? Wir erhalten einen anderen z-Wert und damit andere Intervallgrenzen, die weiter auseinander liegen:

$$W\left(24 - z_{0,995} \cdot \frac{1,8}{\sqrt{100}} \le E(X) \le 24 + z_{0,995} \cdot \frac{1,8}{\sqrt{100}}\right) = 0,99$$
$$W\left(24 - 2,58 \cdot \frac{1,8}{\sqrt{100}} \le E(X) \le 24 + 2,58 \cdot \frac{1,8}{\sqrt{100}}\right) = 0,99$$
$$W(23,54 \le E(X) \le 24,46) = 0,99.$$

Wir haben ein großes Vertrauen, dass der unbekannte Erwartungswert für die Lebensdauer der Akkus zwischen 23,54 und 24,46 Monaten liegt.

Merksatz

Zur Berechnung des **Konfidenzintervalles für den Erwartungswert bei bekannter Varianz** sind zusammenfassend folgende Schritte notwendig:

1. Festlegung der Irrtumswahrscheinlichkeit α bzw. der Irrtumswahrscheinlichkeit $1 - \alpha$,
2. Ermittlung des Stichprobenumfanges n,
3. Berechnung des Mittelwertes $\bar{x}$
4. Bestimmung der Standardabweichung σ,
5. Ablesen des z-Wertes aus Tab. 11.21 (Abschn. 11.6.3),
6. Einsetzen aller Werte aus 1.–5. in obige Formel von Fall 1.

Fall 2: Konfidenzintervall für den Erwartungswert bei unbekannter Varianz

———————————— Aufgabe 12.1 ————————————

Wenn die Varianz σ^2 der Lebensdauer unbekannt ist, muss sie geschätzt werden. Die Details dazu können Abschn. 12.1.2 entnommen werden. Als Ergebnis verwenden wir die Varianz s^2 aus der Stichprobe und erhalten mit den Daten aus Tab. 12.2 $s^2 = 4,38$ bzw. $s = 2,09$. Wir konstruieren auch hier unter Zugrundelegung einer Sicherheitswahrscheinlichkeit von 95 % ein symmetrisches Intervall um den Mittelwert aus der Stichprobe:

Rechenregel

$$W\left(\bar{x} - t_{1-\frac{\alpha}{2};n-1} \cdot \frac{s}{\sqrt{n}} \le E(X) \le \bar{x} + t_{1-\frac{\alpha}{2};n-1} \cdot \frac{s}{\sqrt{n}}\right) = 1-\alpha.$$

$$W\left(24 - t_{0,975;99} \cdot \frac{2,09}{\sqrt{100}} \le E(X) \le 24 + t_{0,975;99} \cdot \frac{2,09}{\sqrt{100}}\right)$$
$$= 1 - 0,05 = 0,95$$
$$W\left(24 - 1,984 \cdot \frac{2,09}{\sqrt{100}} \le E(X) \le 24 + 1,984 \cdot \frac{2,09}{\sqrt{100}}\right) = 0,95$$

Den t-Wert 1,984 erhalten wir aus der Tabelle der t-Verteilung (s. Tab. 11.24 in Abschn. 11.6.4; Spalte mit α (zweiseitig) $= 0,05$ und Zeile df $= 100$ als nächsten Nachbarn für $n - 1 = 99$) oder in MS-Excel über Funktion einfügen (=T.INV.2S(0,05;99)).

$$W(23,59 \le E(X) \le 24,42) = 0,95$$

Mit 95 %iger Wahrscheinlichkeit liegt der unbekannte Erwartungswert für die Lebensdauer der Akkus zwischen 23,59 und 24,42 Monaten. Diese Aussage hätten wir gerne, können sie aber nicht machen. Da die Standardabweichung mit $s = 2,09$ aus der Stichprobe berechnet wurde, ist die Breite des Berges für die Normalverteilung festgelegt. Wir wissen allerdings nicht definitiv, wo der Gipfel des Berges liegt. Wir haben ein großes Vertrauen, dass der Berg aus der Grundgesamtheit zwischen dem blauen und dem roten Berg liegt (s. Abb. 12.5).

Kapitel 12

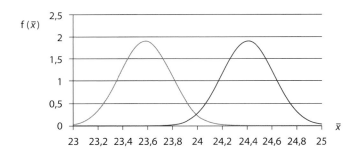

Abb. 12.5 Dichtefunktionen zum Konfidenzintervall für einen Erwartungswert mit unbekannter Varianz

---

Gut zu wissen

Konfidenzintervall und SPSS: In SPSS erhält man das Konfidenzintervall mit Analysieren/Deskriptive Statistiken/Explorative Datenanalyse/ (s. Tab. 12.3). ◄

Was ändert sich, wenn uns die 95 % nicht genügen, und wir zu 99 % sicher sein wollen? Wir erhalten einen anderen t-Wert und damit andere Intervallgrenzen, die weiter auseinander liegen:

$$W\left(24 - t_{0,995;99} \cdot \frac{2,09}{\sqrt{100}} \leq E(X) \leq 24 + t_{0,995;99} \cdot \frac{2,09}{\sqrt{100}}\right)$$
$$= 1 - 0,01 = 0,99$$

$$W\left(24 - 2,626 \cdot \frac{2,09}{\sqrt{100}} \leq E(X) \leq 24 + 2,626 \cdot \frac{2,09}{\sqrt{100}}\right) = 0,99$$

$$W(23,45 \leq E(X) \leq 24,55) = 0,99.$$

Wir haben ein großes Vertrauen, dass der unbekannte Erwartungswert für die Lebensdauer der Akkus zwischen 23,45 und 24,55 Monaten liegt.

Tab. 12.3 Konfidenzintervall für den Erwartungswert in SPSS

			Statistik	Standard-fehler
	Mittelwert		24,000	0,2093
	95 % Konfidenzintervall des Mittelwerts	Untergrenze	**23,585**	
		Obergrenze	**24,415**	
	5 % getrimmtes Mittel		23,941	
	Median		23,700	
	Varianz		4,379	
Lebens-dauer	Standardabweichung		2,0927	
	Minimum		20,0	
	Maximum		29,7	
	Spannweite		9,7	
	Interquartilbereich		3,0	
	Schiefe		0,482	0,241
	Kurtosis		−0,075	0,478

Merksatz

Zur Berechnung des **Konfidenzintervalls für den Erwartungswert bei unbekannter Varianz** sind zusammenfassend folgende Schritte notwendig:

1. Festlegung der Irrtumswahrscheinlichkeit α bzw. der Sicherheitswahrscheinlichkeit $1 - \alpha$,
2. Ermittlung des Stichprobenumfanges n,
3. Berechnung des Mittelwertes $\bar{x}$,
4. Berechnung der Standardabweichung s aus der Stichprobe,
5. Ablesen des t-Wertes aus Tab. 11.24 (Abschn. 11.6.4),
6. Einsetzen aller Werte aus 1.–5. in obige Formel von Fall 2.

12.1.2 Schätzung für die Varianz

In der Bundesrepublik Deutschland gibt es bereits mehr Handys als Einwohner. Als Teilmenge der Handys erfreuen sich die Smartphones einer immer größer werdenden Beliebtheit; allein 2013 wurden ca. 28 Millionen Smartphones verkauft. Die Displays werden größer, die Bildqualität steigt, und der Kunde stellt zunehmende Erwartungen. So soll beispielsweise das Display mit hoher Geschwindigkeit ein scharfes und möglichst farbechtes Bild darstellen. Da ein Bild aus vielen Pixeln zusammengesetzt wird, ergeben sich daraus besondere Anforderungen an die Funktionsfähigkeit der Pixel. Das iPhone 5s verfügt über ein Display mit 1136×640, also 727.040 Pixel. Das HTC One weist $1920 \times 1080 = 2.073.600$ Pixel aus. Qualcomm verfügt sogar über ein Mirasol-Display mit $2560 \times 1440 = 3.686.400$ Pixel. Es müssen folglich mehrere Millionen Pixel in einem Gerät funktionieren.

Je mehr Pixel nicht ordnungsgemäß arbeiten, desto mehr Farbverzerrungen, Unschärfen oder Verzögerungen im Bildaufbau treten auf. All dies will der Kunde natürlich nicht. Daher sollten eigentlich alle Pixel voll funktionsfähig sein. Aber kein Hersteller der Welt ist dazu in der Lage. Es stellt sich nicht die Frage, ob Pixelfehler auftreten, sondern wie viele. Gibt es nur wenige Pixelfehler, bemerkt es der Kunde (das Auge) nicht. Mit zu vielen Pixelfehlern lässt sich ein Smartphone nicht mehr verkaufen, und es kommt zu herben Rückschlägen für den Produzenten. Apple entstand beispielsweise 2005 ein Schaden in Höhe von ca. 100 Millionen Dollar, weil die Akkus des iPod nicht so lange funktionierten wie versprochen.

Wie kann nun die Zahl der fehlerhaften Pixel auf einem Display ermittelt werden? Eigentlich müssten alle Smartphones einem ausführlichen Test unterzogen werden um zu entscheiden, welche Geräte in den Verkauf kommen und welche Geräte nachgebessert bzw. verschrottet werden. Dies erweist sich jedoch als sehr aufwendig, zeit- und kostenintensiv. Als Alternative bietet sich eine Stichprobe an, z. B. 200 Smartphones (s. Tab. 12.4).

Die Spalte i nummeriert die Geräte durch, und die Spalte x_i zeigt die Zahl der fehlerhaften Pixel auf einem Gerät an. Welche

Tab. 12.4 Pixelfehler

i	x_i	i	x_i	i	x_i	i	x_i	i	x_i
1	91	41	98	81	102	121	84	161	77
2	73	42	99	82	95	122	68	162	95
3	84	43	85	83	93	123	83	163	86
4	102	44	112	84	93	124	86	164	96
5	87	45	96	85	87	125	88	165	85
6	75	46	99	86	92	126	85	166	85
7	105	47	104	87	91	127	89	167	99
8	95	48	78	88	84	128	88	168	83
9	82	49	104	89	114	129	92	169	100
10	91	50	102	90	81	130	106	170	91
11	94	51	106	91	104	131	108	171	85
12	80	52	95	92	100	132	96	172	88
13	107	53	103	93	118	133	94	173	81
14	98	54	92	94	84	134	82	174	82
15	69	55	91	95	116	135	92	175	90
16	90	56	62	96	87	136	92	176	84
17	90	57	101	97	84	137	110	177	80
18	94	58	106	98	93	138	87	178	106
19	90	59	102	99	92	139	100	179	88
20	82	60	95	100	80	140	104	180	96
21	92	61	94	101	88	141	87	181	91
22	80	62	90	102	96	142	96	182	93
23	89	63	100	103	108	143	84	183	75
24	98	64	86	104	94	144	92	184	97
25	91	65	96	105	74	145	87	185	89
26	97	66	87	106	103	146	93	186	89
27	84	67	89	107	83	147	96	187	85
28	96	68	81	108	78	148	97	188	101
29	95	69	91	109	89	149	115	189	83
30	105	70	92	110	83	150	86	190	109
31	88	71	83	111	85	151	73	191	84
32	94	72	70	112	84	152	105	192	97
33	83	73	88	113	87	153	93	193	82
34	102	74	98	114	100	154	89	194	104
35	83	75	112	115	96	155	99	195	95
36	95	76	77	116	86	156	87	196	89
37	77	77	86	117	115	157	87	197	95
38	77	78	75	118	108	158	101	198	89
39	83	79	87	119	94	159	86	199	115
40	101	80	90	120	89	160	92	200	93

Tab. 12.5 Deskriptive Statistik für Pixelfehler in SPSS

	N	Minimum	Maximum	Mittelwert	Standardabweichung	Varianz
x	200	62	118	91,66	9,880	97,612
Gültige Werte (listenweise)	200					

Stichprobe zählen, wie oft dieser Fall eintritt. Dies würde uns allerdings nicht wirklich weiterhelfen, da wir nicht wissen wollen, wie oft dies in der Stichprobe geschieht, sondern wie häufig dies in der Grundgesamtheit vorkommt.

Idealerweise suchen wir ein Maß, das uns Auskunft gibt über die Schwankungen der Pixelfehler. Ein derartiges Maß stellt z. B. die Varianz der Pixelfehler dar. Wir suchen die Varianz der Pixelfehler in der Grundgesamtheit und verfügen über zwei Möglichkeiten, diese kennenzulernen. Entweder berechnen wir eine Zahl „auf den Punkt genau" und nennen sie eine Punktschätzung oder wir ermitteln ein Konfidenzintervall und hoffen, dass die gesuchte Varianz darin liegt.

Punktschätzung für die Varianz

Merksatz

Punktschätzung Varianz: Wir berechnen in der Stichprobe die Varianz s^2 der Pixelfehler für 200 Geräte und behaupten, dass dieser Wert identisch ist mit der gesuchten Varianz σ^2 in der Grundgesamtheit.

Rechenregel

Varianz

$$s^2 = \frac{1}{n-1} \sum_{i=1}^{n} (x_i - \bar{x})^2$$

$$s^2 = \frac{1}{n-1} \sum_{i=1}^{n} (x_i - \bar{x})^2 = \frac{1}{199} \sum_{i=1}^{200} (x_i - \bar{x})^2$$

$$= \frac{1}{199} \cdot \Big[(91 - 91{,}66)^2 + (73 - 91{,}66)^2 + (84 - 91{,}66)^2$$
$$+ (102 - 91{,}66)^2 + \ldots + (95 - 91{,}66)^2 + (89 - 91{,}66)^2$$
$$+ (115 - 91{,}66)^2 + (93 - 91{,}66)^2 \Big]$$

$$= 97{,}6.$$

Rückschlüsse können aus diesen Zahlen gezogen werden? Mithilfe der deskriptiven Statistik stellen wir fest, dass der kleinste Wert bei 62 liegt und der größte Wert bei 118 (s. Tab. 12.5) (in SPSS zu erhalten über Analysieren/Deskriptive Statistiken/Deskriptive Statistik/Optionen).

Kein Smartphone verfügt über weniger als 62 Pixelfehler, und kein Smartphone zeigt mehr als 118 Pixelfehler. Im Durchschnitt treten pro Smartphone $\bar{x} = 91{,}7$ Pixelfehler auf. Nehmen wir einmal an, dass bis zu 100 Pixelfehler noch tolerabel sind, das menschliche Auge dies also z. B. nicht bemerkt. Wenn jedes Gerät diese „Norm" erfüllen würde, wäre der Hersteller froh. Am Maximalwert 118 können wir erkennen, dass dies nicht der Fall ist. Der Zahl 118 können wir jedoch nicht entnehmen, wie oft ein Wert größer als 100 eintritt. Nun könnten wir in der

Die Varianz ist 97,6 Quadrat-Pixelfehler groß. Die Einheit Quadrat-Pixelfehler ist richtig, aber gewöhnungsbedürftig. Als erste Erkenntnis kann festgehalten werden, dass die Varianz ungleich null ist. Sie kann nur dann null sein, wenn alle x_i genauso groß sind wie die durchschnittliche Zahl der Pixelfehler; also nur dann, wenn alle Smartphones eine identische Zahl an Pixelfehlern aufweisen. Da die Varianz größer null ist, existieren definitiv Unterschiede zwischen den Smartphones.

Kapitel 12

Die 97,6 verwenden wir als Punktschätzung für die unbekannte Varianz der Grundgesamtheit:

$$\sigma^2 = s^2 = 97{,}6.$$

Da wir aber wissen, dass die 97,6 auf einer waagerechten Achse mit unendlich vielen Werten liegt, ist die Wahrscheinlichkeit für $\sigma^2 = 97{,}6$ gleich null. Wir sind mit der 97,6 zwar extrem genau („auf den Punkt genau"), aber extrem unsicher über die Gültigkeit dieser Zahl in der Grundgesamtheit. Daher verwenden wir eine Alternative zur Ermittlung der Varianz: die Intervallschätzung.

Intervallschätzung für die Varianz

Auf der Basis der Stichprobenvarianz s^2 suchen wir ein Konfidenzintervall für die Varianz σ^2 der Grundgesamtheit. Da die Wahrscheinlichkeitsverteilung für s^2 unbekannt ist, muss s^2 umgewandelt werden. Von dem umgeformten Term

$$\frac{(n-1) \cdot s^2}{\sigma^2} = \text{Chi}^2$$

weiß man, dass er einer ganz bestimmten Wahrscheinlichkeitsverteilung, der Chi²-Verteilung genügt. Mit deren Hilfe können Grenzen für das Konfidenzintervall ausgerechnet werden:

$$W\left(\text{Chi}_u^2 \leq \frac{(n-1) \cdot s^2}{\sigma^2} \leq \text{Chi}_o^2\right) = 1 - \alpha.$$

Wir formen obige Gleichung um, sodass σ^2 in der Mitte der doppelten Ungleichung isoliert stehen bleibt, und erhalten

$$W\left(\frac{(n-1) \cdot s^2}{\text{Chi}_o^2} \leq \sigma^2 \leq \frac{(n-1) \cdot s^2}{\text{Chi}_u^2}\right) = 1 - \alpha.$$

Rechenregel

Konfidenzintervall Varianz:

$$W\left(\frac{(n-1) \cdot s^2}{\text{Chi}^2(v; \alpha/2)} \leq \sigma^2 \leq \frac{(n-1) \cdot s^2}{\text{Chi}^2(v; 1-\alpha/2)}\right) = 1 - \alpha.$$

Mit $\alpha = 0{,}05$ (Fläche im rechten Teil der Chi²-Verteilung), $n = 200$, $v = n - 1 = 200 - 1 = 199$, $s^2 = 97{,}6$ und den Chi²-Grenzen aus Tab. 11.22 ergibt sich:

$$W\left(\frac{(200-1) \cdot 97{,}6}{\text{Chi}^2(199; 0{,}025)} \leq \sigma^2 \leq \frac{(200-1) \cdot 97{,}6}{\text{Chi}^2(199; 0{,}975)}\right) = 1 - 0{,}05$$
$$= 0{,}95$$

$$W\left(\frac{(200-1) \cdot 97{,}6}{239{,}96} \leq \sigma^2 \leq \frac{(200-1) \cdot 97{,}6}{161{,}826}\right) = 1 - 0{,}05$$
$$= 0{,}95$$

$$W\left(80{,}94 \leq \sigma^2 \leq 120{,}02\right) = 1 - 0{,}05 = 0{,}95$$

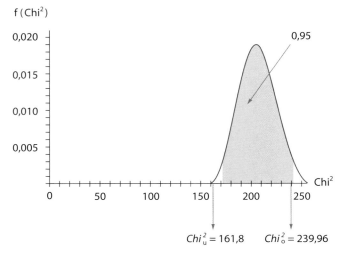

Abb. 12.6 Chi²-Verteilung

Was sagt uns diese letzte Zeile? Sie bringt *nicht* zum Ausdruck, dass die Varianz σ^2 in der Grundgesamtheit mit einer Wahrscheinlichkeit von 95 % zwischen 80,94 und 120,02 liegt. Dies wird deutlich, wenn wir uns klar machen, dass bei einer zweiten Stichprobe von Smartphones (wieder 200 Geräte) im Zweifel ein anderer Wert für die Stichprobenvarianz s^2 herauskommt. Alle anderen Werte in obiger Formel bleiben jedoch unverändert, sodass als Resultat ein anderes Konfidenzintervall berechnet wird.

Gut zu wissen

Würden wir 100 Konfidenzintervalle ermitteln, dann würden 95 Intervalle die Varianz σ^2 der Grundgesamtheit beinhalten. Daher vertrauen wir dem obigen Intervall (80,94 bis 120,02), dass die Varianz σ^2 enthalten sein wird. Daher auch der Begriff **Vertrauensintervall** bzw. **Konfidenzintervall**. ◀

Wie gelangen wir von einem Konfidenzintervall für die Varianz σ^2 zu einem Konfidenzintervall für die Standardabweichung σ? Wir müssen von den Intervallgrenzen die Wurzel ziehen:

$$W\left(\sqrt{80{,}94} \leq \sigma \leq \sqrt{120{,}02}\right) = W(8{,}997 \leq \sigma \leq 10{,}96)$$
$$= 1 - 0{,}05 = 0{,}95.$$

Wir vertrauen darauf, dass die Standardabweichung in der Grundgesamtheit zwischen 8,997 und 10,96 liegt.

Wie können wir uns dieses Intervall grafisch veranschaulichen? Angenommen, der Erwartungswert der Pixelfehler liegt bei 90. Aufbauend auf dem Konfidenzintervall vertrauen wir darauf, dass die Breite der Dichtefunktion zwischen 8,997 und 10,96 Pixelfehler liegt (s. Abb. 12.7). Der blaue Berg bringt zum Ausdruck, dass die Pixelfehler nicht so stark schwanken im

Vergleich zum roten Berg. Wenn der Erwartungswert der Pixelfehler bei 100 läge, würden wir die Berge so nehmen wie sie sind und um 10 Einheiten nach rechts verschieben, sodass die Gipfel der Berge genau oberhalb von 100 erschienen. An der Breite der Berge würde sich nichts ändern. Mit dem Konfidenzintervall für die Standardabweichung treffen wir folglich eine Entscheidung, wie breit der Berg ist, d. h. wie stark die Zahl der Pixelfehler um den Erwartungswert streut. Wäre die Standardabweichung gleich null, würde der Berg zu einem senkrechten Strich schrumpfen. Dann hätten alle Smartphones dieselbe Zahl an Pixelfehlern.

Was ändert sich an dem ursprünglichen Konfidenzintervall für die Varianz, wenn die Irrtumswahrscheinlichkeit auf 1 % verkleinert wird? Wir müssen andere Werte aus der Chi²-Tab. 11.22 ablesen:

$$W\left(\frac{(200-1)\cdot 97{,}6}{\text{Chi}^2\,(199;0{,}005)} \leq \sigma^2 \leq \frac{(200-1)\cdot 97{,}6}{\text{Chi}^2\,(199;0{,}995)}\right) = 1 - 0{,}01$$
$$= 0{,}99$$

$$W\left(\frac{(200-1)\cdot 97{,}6}{254{,}135} \leq \sigma^2 \leq \frac{(200-1)\cdot 97{,}6}{151{,}37}\right) = 1 - 0{,}01$$
$$= 0{,}99$$

$$W\left(76{,}43 \leq \sigma^2 \leq 128{,}31\right) = 1 - 0{,}01 = 0{,}99.$$

Wir vertrauen darauf, dass die Varianz in der Grundgesamtheit zwischen 76,43 und 128,31 liegt.

Merksatz

Zur Berechnung des **Konfidenzintervalles für die Varianz** sind zusammenfassend folgende Schritte notwendig:

1. Festlegung der Irrtumswahrscheinlichkeit α bzw. der Sicherheitswahrscheinlichkeit $1 - \alpha$,
2. Ermittlung des Stichprobenumfanges n und der Freiheitsgrade,
3. Berechnung der Standardabweichung s aus der Stichprobe,
4. Ablesen der Chi²-Werte aus Tab. 11.22,
5. Einsetzen aller Werte in obige Formel.

12.1.3 Schätzung für den Anteilswert

Wenn Unternehmen planen, ein neues Produkt einzuführen, möchten sie gerne wissen, inwieweit der Markt dieses Produkt annimmt. Coca-Cola z. B. produzierte allein in Deutschland 3,7 Milliarden Liter im Jahr 2012 und erweitert die Produktpalette kontinuierlich. Es existieren grundsätzlich zwei Methoden, die Akzeptanz eines neuen Getränkes zu eruieren. Einerseits bringt man das neue Getränk über alle verfügbaren Absatzkanäle auf den Markt und wartet ab, was geschieht. Wenn das Produkt allerdings nicht akzeptiert wird, entstehen hohe Verluste in Form von Entwicklungs- und Vertriebskosten. Um diese zu

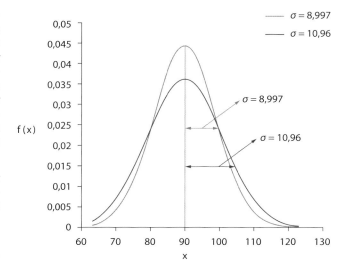

Abb. 12.7 Dichtefunktionen der Pixelfehler

reduzieren, betrachtet man als zweite Methode einen Testmarkt. Nehmen wir an, der Testmarkt besteht aus 160 repräsentativ ausgewählten Personen. Jeder Person wird das neue Getränk inkl. Preisangabe zum Trinken serviert. Nach dem Verzehr des Getränkes gibt jede Person an, ob sie bereit wäre, das Getränk in Zukunft zu dem angegebenen Preis käuflich zu erwerben. Die Antworten darauf können Tab. 12.6 entnommen werden. Spalte i nummeriert die Personen durch und x_i gibt an, ob das Getränk gekauft werden wird ($0 =$ nein; $1 =$ ja).

Gut zu wissen

Wir suchen den **Anteilswert** (Wie viel Prozent der Konsumenten entscheiden sich für das neue Getränk? Marktanteil) in der Grundgesamtheit und verfügen über zwei Möglichkeiten, diesen kennenzulernen. Entweder berechnen wir eine Zahl „auf den Punkt genau" und nennen sie eine Punktschätzung oder wir ermitteln ein Konfidenzintervall und hoffen, dass der gesuchte Anteilswert darin liegt. ◄

Punktschätzung für den Anteilswert

Wir berechnen in der Stichprobe den Anteilswert $\hat{p}$ bezüglich der 160 Personen und behaupten, dass dieser Wert identisch ist mit dem gesuchten Anteilswert p in der Grundgesamtheit. Entsprechend der Formel aus Abschn. 10.2.1 ermitteln wir die absolute Häufigkeit für „ja" und setzen sie in Relation zur Zahl der Personen in der Stichprobe:

$$h(a_j) = \frac{1}{n} \cdot H(a_j) = \frac{1}{160} \cdot 58 = 0{,}3625 = 36{,}25\,\%.$$

In SPSS erhalten wir den Anteilswert über Analysieren/Deskriptive Statistiken/Häufigkeiten (s. Tab. 12.7).

Tab. 12.6 Getränkemarkt

i	x_i	i	x_i	i	x_i	i	x_i
1	1	41	0	81	0	121	0
2	0	42	1	82	1	122	0
3	0	43	1	83	0	123	0
4	1	44	1	84	0	124	0
5	0	45	0	85	1	125	0
6	1	46	1	86	0	126	1
7	0	47	0	87	1	127	1
8	0	48	0	88	0	128	0
9	0	49	0	89	0	129	1
10	0	50	0	90	0	130	0
11	1	51	1	91	1	131	0
12	1	52	1	92	0	132	0
13	1	53	0	93	1	133	0
14	0	54	1	94	0	134	0
15	0	55	0	95	0	135	0
16	1	56	1	96	0	136	0
17	1	57	1	97	0	137	0
18	0	58	1	98	0	138	0
19	0	59	0	99	1	139	0
20	0	60	0	100	0	140	0
21	0	61	0	101	0	141	0
22	1	62	0	102	0	142	1
23	0	63	1	103	0	143	1
24	0	64	0	104	0	144	1
25	0	65	0	105	1	145	0
26	1	66	1	106	0	146	0
27	0	67	0	107	0	147	0
28	0	68	0	108	0	148	0
29	0	69	1	109	0	149	0
30	0	70	1	110	1	150	0
31	0	71	0	111	0	151	0
32	1	72	0	112	1	152	1
33	0	73	1	113	1	153	0
34	0	74	0	114	1	154	0
35	0	75	1	115	1	155	1
36	0	76	0	116	1	156	1
37	1	77	0	117	0	157	1
38	1	78	0	118	1	158	1
39	0	79	1	119	0	159	0
40	0	80	1	120	0	160	0

Die 36,25 % verwenden wir als Punktschätzung für den unbekannten Anteilswert p der Grundgesamtheit:

$$p = \hat{p} = 0,3625.$$

Da wir aber wissen, dass die 36,25 % auf einer waagerechten Achse mit unendlich vielen Werten liegen, ist die Wahrscheinlichkeit für $p = 0,3625$ gleich null. Wir sind mit der 0,3625 zwar extrem genau („auf den Punkt genau"), aber extrem unsicher über die Gültigkeit dieser Zahl in der Grundgesamtheit. Daher verwenden wir eine Alternative zur Ermittlung des Anteilswertes: die Intervallschätzung.

Intervallschätzung für den Anteilswert

Auf der Basis des Anteilswertes $\hat{p}$ in der Stichprobe suchen wir ein Konfidenzintervall für den Anteilswert p in der Grundgesamtheit.

Tab. 12.7 Anteilswert in SPSS

Getränkewahl		Häufigkeit	Prozent	Gültige Prozente	Kumulierte Prozente
Gültig	0	102	63,8	63,8	63,8
	1	58	**36,25**	36,25	100,0
	Gesamt	160	100,0	100,0	

Rechenregel

$$W\left(\hat{p} - z_{1-\frac{\alpha}{2}} \cdot \sqrt{\frac{\hat{p} \cdot (1-\hat{p})}{n}} \leq p \leq \hat{p} + z_{1-\frac{\alpha}{2}} \cdot \sqrt{\frac{\hat{p} \cdot (1-\hat{p})}{n}}\right)$$
$$= 1 - \alpha$$

Mit $\alpha = 0,05$ (Fläche an den Rändern der Standardnormalverteilung; auf jeder Seite 2,5 %), $n = 160$, $\hat{p} = 0,3625$ und den z-Grenzen aus Tab. 11.21 ergibt sich

$$W\left(0,3625 - z_{0,975} \sqrt{\frac{0,3625 \cdot (1-0,3625)}{160}} \leq p \leq \right.$$
$$\left. 0,3625 + z_{0,975} \sqrt{\frac{0,3625 \cdot (1-0,3625)}{160}}\right)$$
$$= W\left(0,3625 - 1,96 \sqrt{\frac{0,3625 \cdot (1-0,3625)}{160}} \leq p \leq \right.$$
$$\left. 0,3625 + 1,96 \sqrt{\frac{0,3625 \cdot (1-0,3625)}{160}}\right) = 1 - 0,05$$
$$= 0,95$$
$$W(0,3625 - 1,96 \cdot 0,038 \leq p \leq 0,3625 + 1,96 \cdot 0,038) = 0,95$$
$$W(0,3625 - 0,0745 \leq p \leq 0,3625 + 0,0745) = 0,95$$
$$W(0,288 \leq p \leq 0,437) = 0,95.$$

Gut zu wissen

Was sagt uns diese letzte Zeile? Sie bringt *nicht* zum Ausdruck, dass der Anteilswert p in der Grundgesamtheit mit einer Wahrscheinlichkeit von 95 % zwischen 28,8 und 43,7 % liegt. Dies wird deutlich, wenn wir uns klar machen, dass bei einer zweiten Stichprobe von Personen (wieder 160) im Zweifel ein anderer Wert für den Anteilswert $\hat{p}$ herauskommt. Alle anderen Werte in obiger Formel bleiben jedoch unverändert, sodass als Resultat ein anderes Konfidenzintervall berechnet wird. Würden wir 100 Konfidenzintervalle ermitteln, dann würden 95 Intervalle den Anteilswert p der Grundgesamtheit beinhalten. Daher vertrauen wir dem obigen Intervall (28,8–43,7 %), dass der Anteilswert p der Grundgesamtheit, also des Marktes, enthalten sein wird. Daher auch der Begriff Vertrauensintervall bzw. Konfidenzintervall. ◄

In SPSS erhalten wir das Konfidenzintervall für den Anteilswert an versteckter Stelle: Analysieren/Verallgemeinerte lineare

Tab. 12.8 Konfidenzintervall für Anteilswert in SPSS

Parameter	Regressionskoeffizient B	Standardfehler	95 % Wald-Konfidenzintervall		Hypothesentest		
			Unterer Wert	Oberer Wert	Wald-Chi-Quadrat	df	Sig.
(Konstanter Term)	0,363	0,0380	**0,288**	**0,437**	90,980	1	0,000
(Skala)	0,231[a]	0,0258	0,186	0,288			

abhängige Variable: a
Modell: (konstanter Term)
a. Maximum-Likelihood-Schätzer

Modelle/Verallgemeinerte lineare Modelle/abhängige Variable (s. unterer bzw. oberer Wert bei „Konstanter Term" in Tab. 12.8).

Wie können wir dieses Intervall grafisch veranschaulichen? Wir haben das Konfidenzintervall symmetrisch um die 36,25 % konstruiert. Da asymptotische Normalverteilung gilt, erhalten wir Abb. 12.8.

Was ändert sich an dem ursprünglichen Konfidenzintervall für den Anteilswert, wenn die Irrtumswahrscheinlichkeit auf 2 % verkleinert wird? Wir müssen andere Werte aus der Standardnormalverteilung (s. Tab. 11.21) ablesen:

$$W\left(0,3625 - z_{0,99} \cdot \sqrt{\frac{0,3625 \cdot (1 - 0,3625)}{160}} \leq p \leq\right.$$

$$\left.0,3625 + z_{0,99} \cdot \sqrt{\frac{0,3625 \cdot (1 - 0,3625)}{160}}\right)$$

$$= W\left(0,3625 - 2,33 \cdot \sqrt{\frac{0,3625 \cdot (1 - 0,3625)}{160}} \leq p \leq\right.$$

$$\left.0,3625 + 2,33 \cdot \sqrt{\frac{0,3625 \cdot (1 - 0,3625)}{160}}\right) = 1 - 0,02$$

$$= 0,98$$

$$W(0,3625 - 2,33 \cdot 0,038 \leq p \leq 0,3625 + 2,33 \cdot 0,038) = 0,98$$

$$W(0,3625 - 0,08855 \leq p \leq 0,3625 + 0,08855) = 0,98$$

$$W(0,274 \leq p \leq 0,451) = 0,98.$$

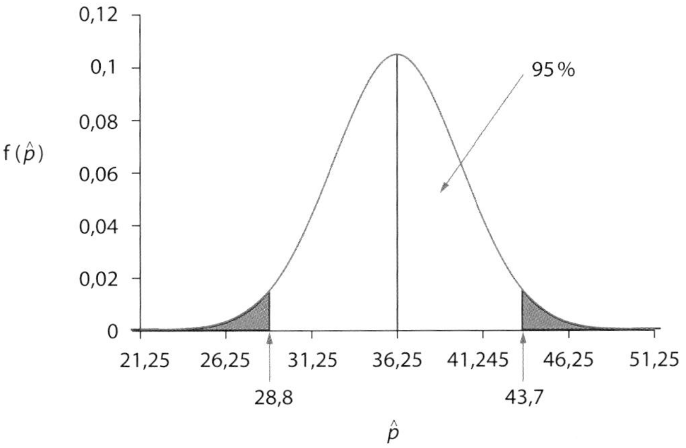

Abb. 12.8 Konfidenzintervall für Anteilswert

Daher vertrauen wir dem Intervall (27,4–45,1 %), dass der Anteilswert p der Grundgesamtheit darin enthalten sein wird.

Merksatz

Zur Berechnung des **Konfidenzintervalles für den Anteilswert** sind zusammenfassend folgende Schritte notwendig:

1. Festlegung der Irrtumswahrscheinlichkeit α bzw. der Sicherheitswahrscheinlichkeit $1 - \alpha$,
2. Ermittlung des Stichprobenumfanges n,
3. Berechnung der Anteilswertes $\hat{p}$ aus der Stichprobe,
4. Ablesen des z-Wertes aus Tab. 11.21,
5. Einsetzen aller Werte in obige Formel.

12.2 Testverfahren – Wie können Behauptungen bezüglich der Grundgesamtheit widerlegt oder gestärkt werden?

Der Zulieferer eines Autoherstellers behauptet, dass von seinen gelieferten Autoreifen maximal 0,1 % defekt sind. Eigentlich sollten alle Autoreifen in Ordnung sein, aber kein Produzent der Welt ist in der Lage, vollständig fehlerfrei zu produzieren. Wie kann der Autohersteller mit der Angabe 0,1 % umgehen? Entweder er glaubt dem Zulieferer diese Zahl oder er überprüft seine Angabe. Für Letzteres bestehen grundsätzlich zwei verschiedene Möglichkeiten. Einerseits könnten alle Autoreifen geprüft werden. Da sie danach aber nicht mehr verwendet werden können, wäre es andererseits besser, eine Stichprobe von allen Autoreifen zu betrachten, um dann vom Ergebnis der Stichprobe auf den Ausschussanteil in der Grundgesamtheit zu schließen.

Apple geht davon aus, dass der Akku eines iPads ca. zwei Jahre hält. Der Zulieferer der Akkus räumt zwar ein, dass nicht alle Akkus genau zwei Jahre funktionieren. Er behauptet allerdings, dass die Akkus im Durchschnitt 2 Jahre ihren Dienst versehen. Auch hier gilt wieder: Wie kann diese Angabe überprüft werden? In einer Stichprobe wird die durchschnittliche Lebensdauer der Akkus berechnet und mit der behaupteten Zahl 2

Kapitel 12

verglichen. Ist die Abweichung zu groß (wann ist groß „zu groß"?), stimmt die Angabe des Zulieferers nicht, und es muss mit ihm gesprochen oder nach einem anderen Zulieferer gesucht werden.

Medikamente besitzen einen bestimmten Wirkstoff, der in einer genau vorgegebenen Mengenangabe enthalten sein muss. Kleine Abweichungen (wann ist klein „klein"?) von der geforderten Norm dürfen auftreten. Größere Abweichungen führen dazu, dass das Medikament nicht mehr verwendet werden darf. Wie kann geprüft werden, ob die Norm eingehalten wird? In einer Stichprobe wird die Abweichung (z. B. die Varianz) ermittelt, um damit Rückschlüsse auf die Grundgesamtheit zu ziehen.

Im vorliegenden Abschnitt sollen folgende Kennzahlen/Parameter getestet werden:

- Mittelwert,
- Median,
- Varianz,
- Anteilswert,
- Wahrscheinlichkeitsverteilung.

Um die Auswahl eines geeigneten Testverfahrens zu unterstützen, sei auf Abb. 12.9 verwiesen.

12.2.1 Hypothesen über Mittelwerte

Merksatz

Es bestehen typischerweise drei unterschiedliche **Testsituationen**:

- Weist ein Mittelwert einen bestimmten Wert auf (Einstichprobentest)?
- Sind zwei Mittelwerte identisch (Zweistichprobentest)?
- Sind mehr als zwei Mittelwerte identisch (Mehrstichprobentest)?

12.2.1.1 Einstichprobentest

Problemstellung:

Beträgt die durchschnittliche Lebensdauer X eines Akkus für ein Smartphone 25 Monate? In Tab. 12.2 sind die unterschiedlichen Lebensdauern einer Stichprobe von 100 Akkus aufgelistet, und wir erhalten einen Mittelwert $\bar{x} = 24$ Monate. Weicht dieser Mittelwert nur zufällig von den geforderten 25 Monaten ab oder steckt ein System dahinter, weil auch die durchschnittliche Lebensdauer in der Grundgesamtheit von 25 Monaten abweicht?

Formulierung der Hypothese:

$H_0: \mu = 25$ Monate bzw. durchschnittliche Lebensdauer eines Akkus = 25 Monate

$H_1: \mu \neq 25$ Monate bzw. durchschnittliche Lebensdauer eines Akkus $\neq$ 25 Monate

Testvoraussetzungen:

1. X ist normalverteilt (wenn nein ⇒ nichtparametrische Statistik, z. B. Test eines Medians). Test eines Mittelwertes ist aber relativ robust gegenüber Abweichungen von der Normalverteilung; bei großer Stichprobe ($n \geq 30$) kann x sogar beliebig verteilt sein.
2. Varianz von X ist bekannt ⇒ Normalverteilung als Prüfverteilung.
3. Varianz von X ist unbekannt und kleine Stichprobe ($n < 30$) ⇒ t-Verteilung als Prüfverteilung.
4. Varianz von X ist unbekannt und große Stichprobe ($n \geq 30$); x kann beliebig verteilt sein ⇒ Normalverteilung als Prüfverteilung.
5. Bei großer Stichprobe ($n \geq 30$) kann die aus der Stichprobe geschätzte Varianz als die bekannte Varianz verwendet werden, um dann mit dem Verfahren (2) bei bekannter Varianz weiterzurechnen.

Testdurchführung beim Einstichproben z-Test für den Mittelwert

Wenn Testvoraussetzungen 1 und 2 erfüllt sind. Die Varianz σ^2 sei 9:

- Prüfgröße:

$$z_{\mathrm{pr}} = \frac{\bar{x} - \mu}{\sigma / \sqrt{n}} = \frac{24 - 25}{3 / \sqrt{100}} = -\frac{1}{0,3} = -3,33$$

- Prüfverteilung: Standard-Normalverteilung
- Beibehaltung oder Ablehnung der Hypothese:
  Bei einer Irrtumswahrscheinlichkeit α von 5 %:
  wenn $|z_{\mathrm{pr}}| \geq 1,96 = z_{\mathrm{kr}} \Rightarrow H_0$ ablehnen.
  Bei einer Irrtumswahrscheinlichkeit α von 1 %:
  wenn $|z_{\mathrm{pr}}| \geq 2,58 = z_{\mathrm{kr}} \Rightarrow H_0$ ablehnen (die kritischen Werte können Tab. 11.21 in Abschn. 11.6.3 entnommen werden).

Da $|-3,33| > 1,96$, lehnen wir H_0 unter Zugrundelegung einer 5 %igen Irrtumswahrscheinlichkeit ab. Die Akkus in der Grundgesamtheit erfüllen nicht die Norm von 25 Monaten. Die 5 %ige Irrtumswahrscheinlichkeit bedeutet nicht, dass wir mit 5 %iger Wahrscheinlichkeit im Test eine falsche Entscheidung treffen. Was sagen die 5 % dann aus? Wenn H_0 gilt, ist die Wahrscheinlichkeit, einen Mittelwert von kleiner 24,412 bzw. größer 25,588 zu erhalten, 5 %. Da in unserer Stichprobe aber 24,0 gelten, tritt in der Stichprobe etwas ein, was laut Hypothese H_0 recht unwahrscheinlich ist. Daher lehnen wir H_0 ab.

In Abb. 12.10 sind quasi zwei waagerechte Achsen eingefügt; eine für $\bar{x}$ und eine für die standardisierten z-Werte von der Prüfgröße. Solange die z-Werte innerhalb der Grenzen $-1,9$ und $+1,96$ liegen (Akzeptanzbereich), akzeptieren wir H_0. Lösen wir die Prüfgröße nach $\bar{x}$ auf, erhalten wir 24,412 bzw. 25,588. Hinsichtlich der Testentscheidung ist es gleichgültig, ob die durchschnittliche Lebensdauer der Akkus zwischen 24,412 und 25,588 Monaten liegt oder ob sich die standardisierten z-Werte zwischen $-1,96$ und $+1,96$ befinden. In beiden Fällen würden wir die Hypothese H_0 akzeptieren. Da aber die 24,0 auf der $\bar{x}$-Achse bzw. die standardisierte $-3,3$ auf der z-Achse im

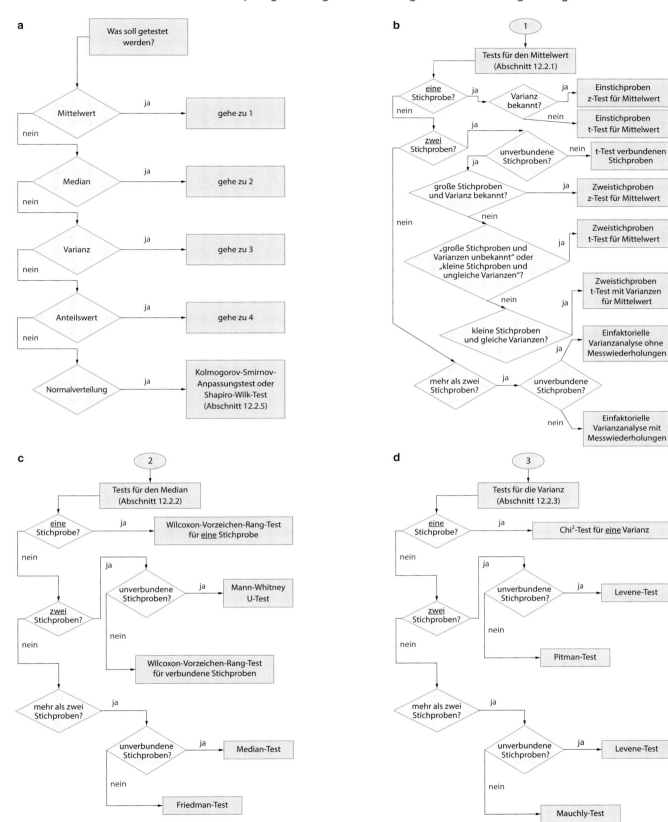

Abb. 12.9 Flussdiagramm für Testverfahren

e

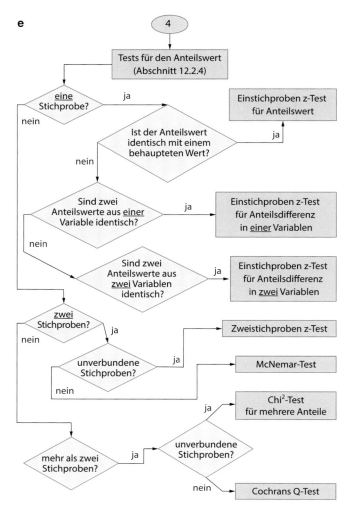

Abb. 12.9 Fortsetzung

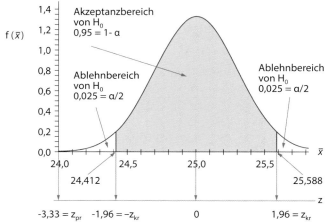

Abb. 12.10 Einstichproben t-Test für Mittelwert

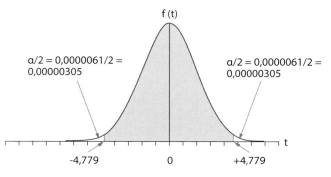

Abb. 12.11 Interpretation von α

- Prüfgröße:

$$t_{pr} = \frac{\bar{x} - \mu}{s/\sqrt{n}} = \frac{24 - 25}{2,09/\sqrt{100}} = -\frac{1}{0,209} = -4,779$$

- Prüfverteilung: t-Verteilung
- Beibehaltung oder Ablehnung der Hypothese:
  Bei einer Irrtumswahrscheinlichkeit α von 5 %:
  wenn $|t_{pr}| \geq 1,984 = t_{kr} \Rightarrow H_0$ ablehnen.
  Bei einer Irrtumswahrscheinlichkeit α von 1 %:
  wenn $|t_{pr}| \geq 2,626 = t_{kr} \Rightarrow H_0$ ablehnen.
  Bei einer Irrtumswahrscheinlichkeit von 1 %/5 %:
  Grenzwerte t_{kr} (t-kritisch) s. Tab. 11.24 in Abhängigkeit der
  Freiheitsgrade $n - 1$, hier also $100 - 1 = 99$.

Da $|-4,779| > 1,984$, lehnen wir H_0 unter Zugrundelegung
einer 5 %igen Irrtumswahrscheinlichkeit ab. Die Akkus in der
Grundgesamtheit erfüllen nicht die Norm von 25 Monaten.

In SPSS erhalten wir das Ergebnis über Analysieren/Mittelwerte
vergleichen/T-Test bei einer Stichprobe (s. Tab. 12.9).

Die Testentscheidung (wenn $|t_{pr}| \geq t_{kr} \Rightarrow H_0$ ablehnen) hat
den Nachteil, dass wir den Wert t-kritisch erst aus einer Tabelle
ablesen müssen. Als verkürzende Alternative bietet sich Folgendes an. Wenn die Signifikanz (Sig. 2-seitig in Tab. 12.9 und
Abb. 12.11) α kleiner ist als 5 %, lehnen wir H_0 ab. Wir entnehmen der Tabelle einen Wert von $\alpha = 0,0000061 = 0,00061 \%$.

Ablehnbereich von H_0 liegt, erfüllen die Akkus in der Grundgesamtheit nicht die geforderte Norm von 25 Stunden. Die 24 in
der Stichprobe weicht zu weit von der behaupteten 25 in der
Grundgesamtheit ab, als dass man sagen könnte, die Abweichung sei zufällig. Nein, die Abweichung ist systematisch.

Merksatz

Was ändert sich am **Test**, wenn die **Varianz** von X in der
Grundgesamtheit **unbekannt** ist? Dann müssen wir die
Varianz (s^2) aus der Stichprobe anstatt (σ^2) aus der Grund-
gesamtheit verwenden und gelangen zur:

**Testdurchführung beim Einstichproben t-Test für den
Mittelwert**

Wenn Testvoraussetzungen 1 und 3 erfüllt sind. Die Varianz s^2
ist 4,38 (s. Tab. 12.3).

Tab. 12.9 SPSS-Ergebnis für Einstichproben t-Test beim Mittelwert

	Test bei einer Stichprobe					
	Testwert = 25					
	T	df	Sig. (2-seitig)	Mittlere Differenz	95 % Konfidenzintervall der Differenz	
					Untere	Obere
Lebensdauer	−4,779	99	,0000061	−1,0000	−1,415	−0,585

Wenn $\alpha < 0,05 \Rightarrow H_0$ ablehnen bzw. wenn $\alpha > 0,05 \Rightarrow H_0$ akzeptieren.

Da $\alpha = 0,0000061 < 0,05 \Rightarrow H_0$ ablehnen. Wir gelangen zum Ergebnis, dass die geforderte Norm von 25 Stunden als durchschnittliche Lebensdauer der Akkus nicht erfüllt ist.

Gut zu wissen

Wie können wir die Signifikanz von 0,00061 % grafisch verstehen? Den obigen t_{pr}-Wert von −4,779 deuten wir um als t_{kr}-Wert (s. Abb. 12.11). Unter der Annahme, dass H_0 gilt, suchen wir die Fläche – und damit die Wahrscheinlichkeit – unter der Kurve links von −4,779 bzw. rechts von +4,779. Dieser Flächeninhalt ergibt zusammen 0,0000061. Unter der Annahme, dass H_0 gilt, beträgt die Wahrscheinlichkeit, einen Wert von kleiner als −4,779 bzw. größer als +4,779 zu erhalten, 0,00061 %. Nun sagen wir: Wenn diese Fläche kleiner als 5 % ist, lehnen wir H_0 ab. ◄

12.2.1.2 Zweistichprobentest

Problemstellung:

Sind zwei Mittelwerte identisch?

Ist z. B. der durchschnittliche Verkaufspreis eines freistehenden Einfamilienhauses in München genauso hoch wie in Leipzig (s. Tab. 12.10)?

Aldi führt z. B. in Deutschland im Juni 2014 eine verstärkte Werbekampagne durch. Ist der durchschnittliche Umsatz aller deutschen Aldi-Filialen im Mai 2014 identisch mit dem durchschnittlichen Umsatz im Juli 2014? Wenn ja, hat die Werbekampagne nichts gebracht oder sogar geschadet.

Gut zu wissen

Wenn zwei Mittelwerte miteinander verglichen werden sollen, müssen wir zwei Fälle unterscheiden: **unverbundene und verbundene Stichproben.** Zwei Stichproben heißen verbunden, wenn die Elemente der beiden Stichproben voneinander abhängen oder sogar identisch sind. Beim Aldi-Beispiel werden dieselben Filialen (Elemente der Stichprobe) vor und nach der Werbekampagne betrachtet. Dies bezeichnet man als verbundene Stichprobe. Sind die Stichproben hingegen unabhängig voneinander

(die Elemente der Stichproben kommen aus unterschiedlichen Grundgesamtheiten), spricht man von unverbundenen Stichproben. Die Einfamilienhäuser in Leipzig sind unabhängig von den Häusern in München, also liegen an diesem Beispiel unverbundene Stichproben vor. ◄

12.2.1.2.1 Zweistichprobentest bei unverbundenen Stichproben

a. Große Stichproben und bekannte Varianzen:
Zweistichproben z-Test für Mittelwert

Formulierung der Hypothese:

$H_0: \mu_1 = \mu_2$ bzw. Durchschnittspreis in München = Durchschnittspreis in Leipzig

$H_1: \mu_1 \neq \mu_2$ bzw. Durchschnittspreis in München ≠ Durchschnittspreis in Leipzig

Testvoraussetzungen:

- $n_1 \geq 30$ und $n_2 \geq 30$ (beide Stichproben haben mindestens 30 Elemente),
- Varianzen sind in beiden Stichproben bekannt,
- X ist normalverteilt in beiden Stichproben.

Testdurchführung:

Nehmen wir an, dass die Varianz der je 120 Häuserpreise in Leipzig gleich 20.000^2 und in München gleich 19.500^2 ist. Der durchschnittliche Hauspreis in Leipzig beträgt 299.649,20 € und in München 349.315,50 € (s. Tab. 12.11).

- Prüfgröße:

$$z_{pr} = \frac{\bar{x}_1 - \bar{x}_2}{\sqrt{\frac{\sigma_1^2}{n_1} + \frac{\sigma_2^2}{n_2}}} = \frac{299.649,2 - 349.315,5}{\sqrt{\frac{20.000^2}{120} + \frac{19.500^2}{120}}} = -19,5$$

- Prüfverteilung: Standard-Normalverteilung
- Beibehaltung oder Ablehnung der Hypothese
  Bei einer Irrtumswahrscheinlichkeit von 5 %:
  wenn $|z_{pr}| \geq 1,96 = z_{kr} \Rightarrow H_0$ ablehnen.
  Bei einer Irrtumswahrscheinlichkeit von 1 %:
  wenn $|z_{pr}| \geq 2,58 = z_{kr} \Rightarrow H_0$ ablehnen (die kritischen Werte können Tab. 11.21 in Abschn. 11.6.3 entnommen werden).

Da $|-19,5| > 1,96$, lehnen wir H_0 unter Zugrundelegung einer 5 %igen Irrtumswahrscheinlichkeit ab. Also unterscheiden sich die durchschnittlichen Häuserpreise zwischen Leipzig und München signifikant.

Kapitel 12

Tab. 12.10 Hauspreise

i	Leipzig	München	i	Leipzig	München	i	Leipzig	München
1	311.336	345.591	41	304.607	354.645	81	305.158	357.906
2	296.658	359.444	42	299.242	360.221	82	286.248	364.956
3	304.382	361.120	43	299.671	338.434	83	296.669	359.370
4	306.453	333.632	44	297.734	360.114	84	298.362	329.802
5	306.980	329.779	45	301.477	346.867	85	297.825	348.555
6	289.161	339.434	46	310.360	353.552	86	298.475	353.851
7	283.721	346.382	47	297.344	354.276	87	311.142	363.077
8	306.994	333.614	48	315.737	340.314	88	296.575	351.223
9	278.156	351.322	49	288.917	348.575	89	281.768	356.591
10	309.019	355.269	50	286.798	329.267	90	303.491	348.729
11	305.621	354.132	51	307.516	352.929	91	298.110	347.253
12	294.819	347.828	52	305.094	341.315	92	323.137	350.670
13	291.115	330.595	53	299.156	339.821	93	311.236	347.171
14	323.185	351.595	54	301.197	356.020	94	293.275	364.890
15	291.637	345.648	55	304.747	329.752	95	308.326	343.067
16	301.517	345.176	56	297.209	360.183	96	308.645	335.734
17	296.589	343.147	57	297.293	344.089	97	285.053	359.243
18	286.726	353.119	58	306.554	356.991	98	283.890	353.063
19	317.017	343.488	59	299.713	358.863	99	310.899	347.096
20	303.105	355.245	60	316.705	351.402	100	285.345	351.284
21	299.182	359.446	61	306.478	360.414	101	300.480	339.740
22	308.716	364.527	62	291.500	360.414	102	291.181	344.528
23	272.717	342.196	63	297.222	344.905	103	289.311	344.039
24	301.366	358.713	64	320.588	334.535	104	295.240	350.702
25	302.834	321.149	65	301.398	352.378	105	298.068	347.816
26	295.663	333.445	66	304.053	328.414	106	305.461	349.055
27	287.441	348.092	67	301.032	357.866	107	306.417	340.715
28	301.093	354.208	68	281.195	358.594	108	295.403	346.965
29	297.061	366.059	69	283.781	364.898	109	290.264	344.907
30	294.007	338.585	70	302.303	353.118	110	304.749	342.573
31	301.283	339.177	71	301.075	364.352	111	308.995	355.960
32	307.902	346.573	72	293.065	344.477	112	322.423	348.555
33	297.285	362.992	73	281.861	346.084	113	306.833	343.554
34	299.741	366.121	74	302.228	358.069	114	286.761	357.155
35	310.766	343.151	75	307.385	367.012	115	316.020	348.013
36	314.701	358.693	76	284.021	345.160	116	287.574	329.593
37	292.613	333.290	77	292.337	368.377	117	299.590	352.194
38	303.914	361.375	78	292.403	357.744	118	297.998	343.381
39	321.130	343.785	79	283.715	354.378	119	279.708	337.520
40	296.949	364.226	80	299.996	336.916	120	316.537	350.265

b. Große Stichproben und unbekannte Varianzen oder kleine Stichproben und unbekannte sowie ungleiche Varianzen: **Zweistichproben t-Test für Mittelwert**

—————————— Aufgabe 12.2 ——————————

Wenn wir die Varianzen der Häuserpreise weder in München noch in Leipzig kennen, müssen wir sie aus den Stichproben berechnen und erhalten gemäß Tab. 12.11 für Leipzig $s_1^2 = 105.528.532,38$ bzw. für München $s_2^2 = 102.659.720,29$.

Formulierung der Hypothese:

$H_0: \mu_1 = \mu_2$ bzw. Durchschnittspreis in München = Durchschnittspreis in Leipzig

$H_1: \mu_1 \neq \mu_2$ bzw. Durchschnittspreis in München $\neq$ Durchschnittspreis in Leipzig

Testvoraussetzungen:

- $n_1 \geq 30$ und $n_2 \geq 30$ (beide Stichproben haben mindestens 30 Elemente) und Varianzen sind in beiden Stichproben unbekannt oder
  $n_1 < 30$ oder $n_2 < 30$ und $s_1^2 \neq s_2^2$,
- X ist normalverteilt in beiden Stichproben.

Testdurchführung:

- Prüfgröße:

$$t_{pr} = \frac{\bar{x}_1 - \bar{x}_2}{\sqrt{\frac{s_1^2}{n_1} + \frac{s_2^2}{n_2}}} = \frac{299.649,2 - 349.315,5}{\sqrt{\frac{10.272,7^2}{120} + \frac{10.132,1^2}{120}}} = -37,7$$

- Prüfverteilung: t-Verteilung

Tab. 12.11 Deskriptive Statistik der Häuserpreise in SPSS

	N	Minimum	Maximum	Mittelwert	Standard-abweichung	Varianz
Preis_Leipzig	120	272.717	323.185	**299.649,20**	10.272,708	105.528.532,380
Preis_München	120	321.149	368.377	**349.315,49**	10.132,113	102.659.720,286
Gültige Werte (listenweise)	120					

- Beibehaltung oder Ablehnung der Hypothese:
  Bei einer Irrtumswahrscheinlichkeit α von 5 %:
  wenn $|t_{pr}| \geq 1{,}97 = t_{kr} \Rightarrow H_0$ ablehnen.
  Bei einer Irrtumswahrscheinlichkeit α von 1 %:
  wenn $|t_{pr}| \geq 2{,}597 = t_{kr} \Rightarrow H_0$ ablehnen.
  Bei einer Irrtumswahrscheinlichkeit von 1 %/5 %: Grenzwerte t_{kr} (t-kritisch) s. Tab. 11.24 in Abhängigkeit der Freiheitsgrade $n_1 + n_2 - 2$, hier also $120 + 120 - 2 = 238$.

Da $|-37{,}7| > 1{,}97$, lehnen wir H_0 unter Zugrundelegung einer 5 %igen Irrtumswahrscheinlichkeit ab. Also unterscheiden sich die durchschnittlichen Häuserpreise zwischen Leipzig und München signifikant.

In SPSS erhalten wir das Ergebnis über Analysieren/Mittelwerte vergleichen/T-Test bei unabhängigen Stichproben (s. Tab. 12.12). Dabei ignorieren wir den Umstand, dass die Varianzen zwar verschieden sind, aber nicht signifikant verschieden.

c. Kleine Stichproben und unbekannte aber gleiche Varianzen: Zweistichproben t-Test mit gleichen Varianzen für Mittelwert

Eine Wirtschaftsprüfungsgesellschaft wie beispielsweise PricewaterhouseCoopers PwC prüft u. a. die Bilanzen von Unternehmen. Da die Bearbeitungszeiten pro Bilanz schwanken, möchte PwC seine zwei Filialen in Bremen und Dresden diesbezüglich miteinander vergleichen. Ist die durchschnittliche Bearbeitungszeit in beiden Filialen identisch? Zur Entscheidung werden in der Bremer Filiale 25 (n_1) und in der Dresdener Filiale 23 (n_2) Bilanzprüfungen herangezogen (s. Tab. 12.14). Gemäß der deskriptiven Statistik unterscheiden sich die beiden Stichproben in ihren Mittelwerten für die Bearbeitungszeit (s. Tab. 12.13).

In Bremen werden durchschnittlich 31,8 Stunden ($\bar{x}_1$) pro Bilanz benötigt und in Dresden 28,8 Stunden ($\bar{x}_2$). Die entscheidende Frage lautet aber, ob daraus geschlossen werden kann, dass sich Bremen und Dresden generell – und nicht nur bezogen auf diese kleinen Stichproben – unterscheiden. Die Standardabweichung beträgt in Bremen $s_1 = 1{,}07$ und in Dresden $s_2 = 1{,}11$ (s. Tab. 12.13).

Formulierung der Hypothese

$H_0\colon \mu_1 = \mu_2$ bzw. durchschnittliche Bilanzprüfungszeit in Bremen = durchschnittliche Bilanzprüfungszeit in Dresden

$H_1\colon \mu_1 \neq \mu_2$ bzw. durchschnittliche Bilanzprüfungszeit in Bremen $\neq$ durchschnittliche Bilanzprüfungszeit in Dresden

Tab. 12.12 Zweistichproben t-Test für Mittelwerte

Gruppenstatistiken					
	g	N	Mittelwert	Standardabweichung	Standardfehler des Mittelwertes
Preis	Leipzig	120	299.649,20	10.272,708	937,766
	München	120	349.315,49	10.132,113	924,931

Test bei unabhängigen Stichproben					
		Levene-Test der Varianzgleichheit		T-Test für die Mittelwertgleichheit	
		F	Signifikanz	T	df
Preis	Varianzen sind gleich	0,128	0,721	−37,707	238
	Varianzen sind nicht gleich			**−37,707**	237,955

Test bei unabhängigen Stichproben			
		T-Test für die Mittelwertgleichheit	
		Sig. (2-seitig)	Mittlere Differenz	Standardfehler der Differenz
Preis	Varianzen sind gleich	0,000	−49.666,292	1317,157
	Varianzen sind nicht gleich	0,000	−49.666,292	1317,157

Test bei unabhängigen Stichproben		
		T-Test für die Mittelwertgleichheit
		95 % Konfidenzintervall der Differenz
		Untere	Obere
Preis	Varianzen sind gleich	−52.261,066	−47.071,517
	Varianzen sind nicht gleich	−52.261,069	−47.071,515

Tab. 12.13 Bilanzprüfungen in SPSS

Ort	N	Mittelwert	Standard-abweichung	Standardfehler des Mittelwertes
Bremen	25	**31,84**	1,068	0,214
Dresden	23	**28,83**	1,114	0,232

Tab. 12.14 Bilanzprüfungszeiten in Stunden

Bilanz-Nr. i	Bremen	Dresden	Bilanz-Nr. i	Bremen	Dresden
1	30	28	14	33	28
2	31	28	15	32	28
3	31	30	16	31	29
4	32	31	17	31	28
5	31	27	18	34	30
6	33	30	19	32	30
7	33	29	20	33	27
8	30	29	21	32	28
9	31	30	22	32	29
10	32	29	23	32	29
11	32	30	24	32	
12	33	29	25	30	
13	33	27			

Testvoraussetzungen:

- $n_1 < 30$ oder $n_2 < 30$,
- Varianzen sind in beiden Stichproben gleich und unbekannt (Varianzen können als gleich angesehen werden, solange das Verhältnis der Standardabweichungen die Zahl 2 nicht überschreitet),
- X ist normalverteilt in beiden Stichproben (t-Test ist auch bei Nichtnormalverteilung einigermaßen robust. Verteilungen in den beiden Stichproben sollten aber wenigstens symmetrisch sein und keine Ausreißer enthalten).

Testdurchführung:

- Prüfgröße:

$$t_{pr} = \frac{\bar{x}_1 - \bar{x}_2}{s \cdot \sqrt{\frac{n_1 + n_2}{n_1 \cdot n_2}}} \quad \text{mit} \quad s = \sqrt{\frac{(n_1 - 1) \cdot s_1^2 + (n_2 - 1) \cdot s_2^2}{n_1 + n_2 - 2}}$$

$$t_{pr} = \frac{31,84 - 28,83}{1,09 \cdot \sqrt{\frac{25+23}{25 \cdot 23}}} = 9,57 \quad \text{mit}$$

$$s = \sqrt{\frac{(25 - 1) \cdot 1,068^2 + (23 - 1) \cdot 1,114^2}{25 + 23 - 2}} = 1,09$$

- Prüfverteilung: t-Verteilung
- Beibehaltung oder Ablehnung der Hypothese:
  Bei einer Irrtumswahrscheinlichkeit α von 5 %:
  wenn $|t_{pr}| \geq 2,01 = t_{kr} \Rightarrow H_0$ ablehnen.
  Bei einer Irrtumswahrscheinlichkeit α von 1 %:
  wenn $|t_{pr}| \geq 2,69 = t_{kr} \Rightarrow H_0$ ablehnen.
  Bei einer Irrtumswahrscheinlichkeit von 1 %/5 %:
  Grenzwerte t_{kr} (t-kritisch) s. Tab. 11.24 in Abhängigkeit der Freiheitsgrade $n_1 + n_2 - 2$, hier also $25 + 23 - 2 = 46$.

Da $|9,57| > 2,01$, lehnen wir H_0 unter Zugrundelegung einer 5 %igen Irrtumswahrscheinlichkeit ab. Also unterscheiden sich die durchschnittlichen Bearbeitungszeiten zwischen Bremen und Dresden signifikant.

In SPSS erhalten wir das Ergebnis über Analysieren/Mittelwerte vergleichen/T-Test bei unabhängigen Stichproben (s. Tab. 12.15).

12.2.1.2.2 Zweistichprobentest bei verbundenen Stichproben: t-Test bei verbundenen Stichproben

Problemstellung:

Aldi führte z. B. im Juni 2014 in Deutschland eine verstärkte Werbekampagne durch, in der Hoffnung, dass dadurch der Umsatz steigt. Ist also der durchschnittliche Umsatz aller Aldi-Filialen im Mai 2014 identisch mit dem durchschnittlichen Umsatz im Juli 2014? Um diese Frage zu klären, werden deutschlandweit 90 Filialen zufällig ausgewählt, deren Umsätze in Tab. 12.16 aufgelistet sind. In Tab. 12.17 sehen wir, dass der durchschnittliche Umsatz dieser Filialen im Juli 2014 mit 2.500.744 € niedriger war als im Mai 2014 mit 2.527.218 €. Gilt dieser Unterschied aber auch für ganz Deutschland?

Tab. 12.15 Zweistichprobentest bei kleinen Stichproben in SPSS

	Test bei unabhängigen Stichproben					
	Levene-Test der Varianzgleichheit		T-Test für die Mittelwertgleichheit			
	F	Signifikanz	T	df	Sig. (2-seitig)	
Varianzen sind gleich	0,121	0,730	**9,569**	46	0,000	
Varianzen sind nicht gleich			9,552	45,263	0,000	

	Test bei unabhängigen Stichproben			
	T-Test für die Mittelwertgleichheit			
	Mittlere Differenz	Standardfehler der Differenz	95 % Konfidenzintervall der Differenz	
			Untere	Obere
Varianzen sind gleich	3,014	0,315	2,380	3,648
Varianzen sind nicht gleich	3,014	0,316	2,378	3,649

Tab. 12.16 Mittelwerttest für Umsätze bei verbundenen Stichproben

Filiale Nr. i	Umsatz Mai 2014 in € (x_{1_i})	Umsatz Juli 2014 in € (x_{2_i})	d_i	Filiale Nr. i	Umsatz Mai 2014 in € (x_{1_i})	Umsatz Juli 2014 in € (x_{2_i})	d_i
1	2.104.199	2.563.900	−459.701	46	2.488.063	2.742.469	−254.406
2	2.317.369	2.481.330	−163.961	47	2.570.244	2.727.910	−157.666
3	2.429.135	2.180.249	248.886	48	2.473.815	2.254.093	219.722
4	2.367.832	2.327.262	40.570	49	2.624.216	2.398.530	225.686
5	2.627.076	2.552.782	74.294	50	2.258.314	2.285.430	−27.116
6	2.765.188	2.599.767	165.421	51	2.262.461	2.661.838	−399.377
7	2.422.665	2.341.550	81.115	52	2.241.784	2.388.053	−146.269
8	2.642.272	2.500.640	141.632	53	2.844.483	2.620.259	224.224
9	2.386.716	2.096.026	290.690	54	2.439.885	2.570.614	−130.729
10	2.308.146	2.291.119	17.027	55	2.235.262	2.550.515	−315.253
11	2.641.523	2.397.927	243.596	56	2.503.137	2.438.037	65.100
12	2.469.310	2.803.417	−334.107	57	2.737.384	2.508.570	228.814
13	2.576.537	2.054.958	521.579	58	2.633.554	2.528.595	104.959
14	2.689.785	2.397.342	292.443	59	2.755.304	2.608.889	146.415
15	2.469.475	2.415.093	54.382	60	2.210.894	2.515.880	−304.986
16	3.021.071	2.418.886	602.185	61	2.459.637	2.181.748	277.889
17	2.553.989	2.704.605	−150.616	62	2.536.809	2.512.323	24.486
18	2.321.358	2.270.377	50.981	63	2.721.364	2.351.319	370.045
19	2.385.957	2.237.598	148.359	64	2.486.894	2.787.869	−300.975
20	2.966.779	2.246.611	720.168	65	2.173.769	2.461.084	−287.315
21	2.412.246	2.654.106	−241.860	66	2.505.160	2.570.169	−65.009
22	2.273.020	2.471.165	−198.145	67	2.364.564	2.767.691	−403.127
23	2.312.445	2.863.753	−551.308	68	2.799.195	2.624.643	174.552
24	2.580.885	2.697.903	−117.018	69	2.803.025	2.751.806	51.219
25	2.718.209	2.535.746	182.463	70	2.665.933	2.518.786	147.147
26	2.852.429	2.309.885	542.544	71	2.551.783	2.372.693	179.090
27	2.168.627	2.914.085	−745.458	72	2.618.367	2.754.829	−136.462
28	2.825.689	2.711.113	114.576	73	2.731.498	2.477.173	254.325
29	2.476.418	2.573.048	−96.630	74	2.814.505	2.309.439	505.066
30	2.547.259	2.369.389	177.870	75	2.564.532	2.511.642	52.890
31	2.496.373	2.819.208	−322.835	76	2.907.831	2.446.680	461.151
32	2.702.809	2.155.506	547.303	77	2.257.557	2.755.210	−497.653
33	2.789.649	2.566.843	222.806	78	2.368.357	2.705.464	−337.107
34	2.541.022	2.429.351	111.671	79	2.430.873	2.517.264	−86.391
35	2.057.944	2.489.409	−431.465	80	2.588.884	2.797.311	−208.427
36	2.665.094	2.212.376	452.718	81	2.184.854	2.385.731	−200.877
37	2.422.109	2.528.853	−106.744	82	2.486.304	2.337.921	148.383
38	2.628.949	2.546.622	82.327	83	2.068.462	2.517.998	−449.536
39	2.532.043	1.958.901	573.142	84	2.427.130	2.673.388	−246.258
40	2.719.878	2.476.011	243.867	85	2.962.853	2.732.366	230.487
41	2.306.376	2.268.780	37.596	86	2.776.504	2.329.646	446.858
42	2.390.613	2.609.123	−218.510	87	2.579.410	2.433.875	145.535
43	2.536.059	2.336.849	199.210	88	2.366.720	2.647.791	−281.071
44	2.631.036	2.792.752	−161.716	89	2.683.636	2.249.327	434.309
45	2.740.519	2.867.274	−126.755	90	2.490.311	2.744.612	−254.301

Formulierung der Hypothese:

H_0: $\mu_1 = \mu_2$ bzw. durchschnittlicher Umsatz im Mai 2014 = durchschnittlicher Umsatz im Juli 2014

H_1: $\mu_1 \neq \mu_2$ bzw. durchschnittlicher Umsatz im Mai 2014 $\neq$ durchschnittlicher Umsatz im Juli 2014

Testvoraussetzungen:

- Normalverteilung in den Differenzen der x-Werte aus beiden Stichproben,
- $n \geq 30$ in beiden Stichproben.

Kapitel 12

Tab. 12.17 Zweistichprobentest bei verbundenen Stichproben in SPSS

Statistik bei gepaarten Stichproben					
		Mittelwert	N	Standardabweichung	Standardfehler des Mittelwertes
Paaren 1	Mai	2.527.217,81	90	212.523,512	22.401,945
	Juli	2.500.744,11	90	201.536,503	21.243,813

Korrelationen bei gepaarten Stichproben				
		N	Korrelation	Signifikanz
Paaren 1	Mai & Juli	90	−0,028	0,793

Test bei gepaarten Stichproben				
		Gepaarte Differenzen		
		Mittelwert	Standardabweichung	Standardfehler des Mittelwertes	95 % Konfidenzintervall der Differenz
					Untere
Paaren 1	Mai–Juli	26.473,700	296.955,464	31.301,854	−35.722,418

Test bei gepaarten Stichproben				
	Gepaarte Differenzen	T	df	Sig. (2-seitig)
	95 % Konfidenzintervall der Differenz			
	Obere			
Paaren 1	Mai–Juli	88.669,818	**0,846**	89	0,400

Testdurchführung:

- Prüfgröße:

$$t_{pr} = \frac{\bar{x}_1 - \bar{x}_2}{s/\sqrt{n}} \quad \text{mit} \quad s = \sqrt{\frac{\sum_{i=1}^{n} d_i^2 - \left(\sum_{i=1}^{n} d_i\right)^2 / n}{n-1}} \quad \text{und}$$

$$d_i = x_{1_i} - x_{2_i}$$

$$\sum_{i=1}^{n} d_i = -459.701 - 163.961 + 248.886 + \ldots$$
$$+ (-281.071) + 434.309 + (-254.301)$$
$$= 2.382.633$$

$$\sum_{i=1}^{n} d_i^2 = (-459.701)^2 + (-163.961)^2 + \ldots$$
$$+ 434.309^2 + (-254.301)^2 = 7.911.323.857.003$$

eingesetzt in s ergibt

$$s = \sqrt{\frac{7.911.323.857.003 - 2.382.633^2 / 90}{90 - 1}} = 296.955,5$$

und damit

$$t_{pr} = \frac{2.527.218 - 2.500.744}{296.955,5/\sqrt{90}} = 0,846.$$

- Prüfverteilung: t-Verteilung
- Beibehaltung oder Ablehnung der Hypothese:
  Bei einer Irrtumswahrscheinlichkeit α von 5 %:
  wenn $|t_{pr}| \geq 1,99 = t_{kr} \Rightarrow H_0$ ablehnen.
  Bei einer Irrtumswahrscheinlichkeit α von 1 %:
  wenn $|t_{pr}| \geq 2,63 = t_{kr} \Rightarrow H_0$ ablehnen.

Bei einer Irrtumswahrscheinlichkeit von 1 %/5 %: Grenzwerte t_{kr} (t-kritisch) s. Tab. 11.24 in Abhängigkeit der Freiheitsgrade $n - 1$, hier also $90 - 1 = 89$.

Da $|0,846| < 1,99$, akzeptieren wir H_0 unter Zugrundelegung einer 5 %igen Irrtumswahrscheinlichkeit. Also unterscheiden sich bei Aldi deutschlandweit die durchschnittlichen Umsätze der Monate Mai und Juli 2014 nicht signifikant. Der Unterschied existiert lediglich (zufällig) in der Stichprobe der 90 Filialen.

In SPSS erhalten wir das Ergebnis über Analysieren/Mittelwerte vergleichen/T-Test bei verbundenen Stichproben (s. Tab. 12.17).

12.2.1.3 Mehrstichprobentest

Problemstellung:

Sind drei (oder mehr) Mittelwerte identisch?

Das Einzelhandelsunternehmen Edeka eröffnet in drei neuen Orten je eine Filiale und möchte nach einem Vierteljahr wissen, wie die Zahlungsbereitschaft der Kunden aussieht. Dazu prüft Edeka u. a., ob sich die durchschnittliche Zahl der – von den Käufern benutzten – ungedeckten Kreditkarten zwischen den Filialen unterscheidet (s. Tab. 12.18).

Apple möchte wissen, ob die Bildqualität beim iPad im Laufe der Zeit konstant bleibt. Zur Beantwortung dieser Frage werden 92 neu produzierte iPads ausgewählt und nach 6, 12 bzw. 18 Monaten gemessen, wie viele fehlerhafte Pixel sie aufweisen. Ist die durchschnittliche Zahl der fehlerhaften Pixel zu allen drei genannten Zeitpunkten identisch?

Wenn drei Mittelwerte miteinander verglichen werden sollen, müssen wir zwei Fälle unterscheiden: **unverbundene und verbundene Stichproben**.

Tab. 12.18 Ungedeckte Kreditkarten

Filiale 1 x_1	Filiale 2 x_2	Filiale 3 x_3	Filiale 1 x_1	Filiale 2 x_2	Filiale 3 x_3	Filiale 1 x_1	Filiale 2 x_2	Filiale 3 x_3
14	12	16	14	12	13	14	14	13
14	11	19	15	15	14	14	17	15
11	9	17	16	14	19	15	14	18
14	14	15	15	14	17	13	18	18
13	21	17	15	11	19	16	10	17
12	15	19	13	11	16	17	16	18
15	17	17	16	10	15	15	17	14
13	17	19	15	17	19	14	15	13
13	14	18	16	13	16	14	15	16
12	17	16	16	12	17	11	15	17
12	14	21	13	19	16	13	12	17
15	21	16	11	16	14	16	14	19
19	12	17	14	13	14	13	17	18
15	15	14	15	17	16	11	14	18
13	14	16	14	16	18	17	13	17
16	15	16	12	13	16	15	15	16
15	12	20	14	15	18	12	16	16
12	17	14	18	16	15	14	15	13
15	15	16	16	15	16	15	16	15
11	17	16	12	12	18	12	17	16
11	16	18	17	15	17	17	13	14
13	15	15	15	15	16	16	11	18
15	15	15	10	16	17	10	14	15

12.2.1.3.1 Mehrstichprobentest bei unverbundenen Stichproben: einfaktorielle Varianzanalyse ohne Messwiederholungen

Formulierung der Hypothese:

H_0: $\mu_1 = \mu_2 = \mu_3$ bzw. die durchschnittliche Zahl der ungedeckten Kreditkarten ist in allen 3 Filialen identisch

H_1: mindestens zwei μ_i sind ungleich

Testvoraussetzungen:

- X ist normalverteilt in jeder Gruppe (hier Filiale),
- Varianz von X ist in jeder Gruppe gleich,
- leichte Abweichungen von der Normalverteilung sind nicht gravierend, da Varianzanalyse robust ist. Symmetrisch müssen die Daten aber sein.

Testdurchführung:

- Prüfgröße:

$$F_{pr} = \frac{SST/(v-1)}{SSE/(n-v)} \quad \text{mit}$$

$n = n_1 + n_2 + n_3 = 69 + 69 + 69 = 207$ und $v = 3$.
n_i beschreibt die Zahl der Elemente in jeder Gruppe/Filiale. Diese Zahlen müssen nicht identisch sein. v steht für die Zahl der Gruppen/Filialen.

$$SST = \sum_{i=1}^{v} n_i \cdot (\bar{x}_i - \bar{x})^2$$

$$= n_1 \cdot (\bar{x}_1 - \bar{x})^2 + n_2 \cdot (\bar{x}_2 - \bar{x})^2 + n_3 \cdot (\bar{x}_3 - \bar{x})^2$$

$$= 69 \cdot (14{,}04 - 15{,}04)^2$$
$$+ 69 \cdot (14{,}64 - 15{,}04)^2 + 69 \cdot (16{,}43 - 15{,}04)^2$$

$$= 213{,}92$$

$$\bar{x}_1 = \frac{14 + 14 + 11 + \ldots + 17 + 16 + 10}{69} = 14{,}04$$

$$\bar{x}_2 = \frac{12 + 11 + 9 + \ldots + 13 + 11 + 14}{69} = 14{,}64$$

$$\bar{x}_3 = \frac{16 + 19 + 17 + \ldots + 14 + 18 + 15}{69} = 16{,}43$$

$$\bar{x} = \frac{14 + 14 + 11 + \ldots + 14 + 18 + 15}{207} = 15{,}04.$$

In Filiale 1 bzw. 2 bzw. 3 treten im Durchschnitt 14,04 bzw. 14,64 bzw. 16,43 ungedeckte Kreditkarten auf. Im Durchschnitt über alle 3 Filialen werden 15,04 ungedeckte Kreditkarten beobachtet.

$$SSE = \sum_{k=1}^{n_1}(x_{1,k} - \bar{x}_1)^2 + \sum_{k=1}^{n_2}(x_{2,k} - \bar{x}_2)^2$$
$$+ \sum_{k=1}^{n_3}(x_{3,k} - \bar{x}_3)^2$$

Kapitel 12

Tab. 12.19 Varianzanalyse in SPSS (einfaktorielle ANOVA)

Abhängige Variable: ungedeckt					
	Quadratsumme	df	Mittel der Quadrate	F	Signifikanz
Zwischen den Gruppen	213,923	2	106,961	**25,379**	0,000
Innerhalb der Gruppen	859,768	204	4,215		
Gesamt	1073,691	206			

$$SSE = \sum_{k=1}^{69}(x_{1,k} - 14{,}04)^2 + \sum_{k=1}^{69}(x_{2,k} - 14{,}64)^2$$
$$+ \sum_{k=1}^{69}(x_{3,k} - 16{,}43)^2 = [(14 - 14{,}04)^2$$
$$+ (14 - 14{,}04)^2 + \ldots + (16 - 14{,}04)^2$$
$$+ (10 - 14{,}04)^2] + [(12 - 14{,}64)^2 + (11 - 14{,}64)^2$$
$$+ \ldots + (11 - 14{,}64)^2 + (14 - 14{,}64)^2]$$
$$+ [(16 - 16{,}43)^2 + (19 - 16{,}43)^2 + \ldots$$
$$+ (18 - 16{,}43)^2 + (15 - 16{,}43)^2]$$
$$= 859{,}77$$

Daraus folgt:

$$F_{pr} = \frac{213{,}92/(3-1)}{859{,}77/(207-3)} = 25{,}379.$$

- Prüfverteilung: F-Verteilung
- Beibehaltung oder Ablehnung der Hypothese:
  Bei einer Irrtumswahrscheinlichkeit α von 5 %:
  wenn $F_{pr} \geq 3{,}04 = F_{kr} \Rightarrow H_0$ ablehnen.
  Bei einer Irrtumswahrscheinlichkeit α von 1 %:
  wenn $F_{pr} \geq 4{,}71 = F_{kr} \Rightarrow H_0$ ablehnen.
  Bei einer Irrtumswahrscheinlichkeit von 1 %/5 %:
  Grenzwerte F_{kr} (F-kritisch) s. Tab. 11.23 in Abhängigkeit der Freiheitsgrade $v-1$, hier also $3-1 =$ bzw. $n-v = 207-3 = 204$.

Da $25{,}379 > 3{,}04$, lehnen wir H_0 unter Zugrundelegung einer 5 %igen Irrtumswahrscheinlichkeit ab. Also unterscheiden sich in den drei Filialen die durchschnittlichen Zahlen der ungedeckten Kreditkarten signifikant. Der Unterschied existiert nicht nur zufällig in den drei Stichproben, sondern wohl auch in der Grundgesamtheit.

In SPSS erhalten wir das Ergebnis über Analysieren/Mittelwerte vergleichen/Einfaktorielle ANOVA (s. Tab. 12.19). (Die Daten der ungedeckten Kreditkarten aller drei Filialen stehen in einer Spalte untereinander. In einer zweiten Spalte ist vermerkt, zu welcher Filiale die jeweiligen Zahlen gehören.)

Gut zu wissen

Welcher Mittelwert weicht ab? Wenn das Ergebnis lautet, dass sich die drei durchschnittlichen Zahlen der

ungedeckten Kreditkarten unterscheiden, möchte man gerne wissen, welche Filiale insbesondere zur Abweichung beiträgt. Welche Filiale fällt gewissermaßen aus dem Rahmen? Dazu werden je zwei Filialen miteinander verglichen und folgende Hypothesen aufgestellt: ◀

$H_0: \mu_i = \mu_j$ bzw. Filiale i unterscheidet sich nicht von Filiale j
$H_1: \mu_i \neq \mu_j$ bzw. Filiale i unterscheidet sich von Filiale j

Als Testgröße (*lowest signifikant difference*, LSD) für den Vergleich von Filiale 1 mit Filiale 2 fungiert

Rechenregel

Mehrstichprobentest bei unverbundenen Stichproben

$$t_{pr} = \frac{\bar{x}_1 - \bar{x}_2}{\sqrt{\frac{SSE}{n-v} \cdot \left(\frac{1}{n_1} + \frac{1}{n_2}\right)}} = \frac{14{,}04 - 14{,}64}{\sqrt{\frac{859{,}77}{207-3} \cdot \left(\frac{1}{69} + \frac{1}{69}\right)}} = -1{,}72$$

Ein Vergleich mit der kritischen t-Größe aus Tab. 11.24 mit 5 %iger Irrtumswahrscheinlichkeit und $n - v = 207 - 3 = 204$ Freiheitsgraden ergibt:

Da $|-1{,}72| < 1{,}97$, akzeptieren wir H_0 unter Zugrundelegung einer 5 %igen Irrtumswahrscheinlichkeit. Also unterscheiden sich Filiale 1 und 2 hinsichtlich der durchschnittlich ungedeckten Kreditkarten nicht signifikant. Der Unterschied existiert lediglich (zufällig) in den zwei Stichproben, nicht aber in der Grundgesamtheit.

In SPSS erhalten wir das Ergebnis über Analysieren/Mittelwerte vergleichen/ Einfaktorielle ANOVA/PostHoc/LSD (s. Tab. 12.20).

In SPSS werden nicht die t-Werte ausgedruckt, sondern die dazugehörigen Signifikanzen. Die t-Werte kann man selbst berechnen, indem man die mittlere Differenz durch den Standardfehler teilt. In der ersten Zeile von Tab. 12.20 steht eine Signifikanz von 0,091. Da $0{,}091 > 0{,}05$, akzeptieren wir H_0. Folglich unterscheiden sich Filialen 1 und 2 nicht signifikant. Da bei Filiale 3 allerdings beide Signifikanzen kleiner als 5 % sind, weicht Filiale 3 signifikant von den beiden anderen Filialen ab. Dieser Umstand wird auch durch Abb. 12.12 unterstrichen.

Kapitel 12

Tab. 12.20 PostHoc-Vergleiche von je 2 Mittelwerten in SPSS

Abhängige Variable: ungedeckte Kreditkarten						
LSD						
(*I*) Filiale	(*J*) Filiale	Mittlere Differenz (*I − J*)	Standardfehler	Signifikanz	95 %-Konfidenzintervall	
					Untergrenze	Obergrenze
1	2	−0,594	0,350	**0,091**	−1,28	0,09
	3	−2,391*	0,350	**0,000**	−3,08	−1,70
2	1	0,594	0,350	0,091	−0,09	1,28
	3	−1,797*	0,350	**0,000**	−2,49	−1,11
3	1	2,391*	0,350	0,000	1,70	3,08
	2	1,797*	0,350	0,000	1,11	2,49

* Die Differenz der Mittelwerte ist auf dem Niveau 0,05 signifikant.

Rechenregel

Einzeltest I

Als Testgröße für den Vergleich von Filiale 1 mit Filiale 3 nehmen wir

$$t_{pr} = \frac{\bar{x}_1 - \bar{x}_3}{\sqrt{\frac{SSE}{n-v} \cdot \left(\frac{1}{n_1} + \frac{1}{n_3}\right)}} = \frac{14,04 - 16,43}{\sqrt{\frac{859,77}{207-3} \cdot \left(\frac{1}{69} + \frac{1}{69}\right)}} = -6,84.$$

Da $|-6,84| > 1,97$, lehnen wir H_0 unter Zugrundelegung einer 5 %igen Irrtumswahrscheinlichkeit ab. Also unterscheiden sich Filiale 1 und 3 hinsichtlich der durchschnittlich ungedeckten Kreditkarten signifikant. Der Unterschied existiert nicht nur (zufällig) in den zwei Stichproben, sondern auch in der Grundgesamtheit.

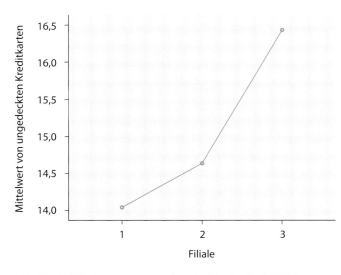

Abb. 12.12 Mittelwerte von ungedeckten Kreditkarten der drei Filialen

Rechenregel

Einzeltest II

Als Testgröße für den Vergleich von Filiale 2 mit Filiale 3 verwenden wir

$$t_{pr} = \frac{\bar{x}_2 - \bar{x}_3}{\sqrt{\frac{SSE}{n-v} \cdot \left(\frac{1}{n_2} + \frac{1}{n_3}\right)}} = \frac{14,64 - 16,43}{\sqrt{\frac{859,77}{207-3} \cdot \left(\frac{1}{69} + \frac{1}{69}\right)}} = -5,12.$$

Da $|-5,12| > 1,97$, lehnen wir H_0 unter Zugrundelegung einer 5 %igen Irrtumswahrscheinlichkeit ab. Also unterscheiden sich Filiale 2 und 3 hinsichtlich der durchschnittlich ungedeckten Kreditkarten signifikant. Der Unterschied existiert nicht nur (zufällig) in den zwei Stichproben, sondern auch in der Grundgesamtheit.

12.2.1.3.2 Mehrstichprobentest bei verbundenen Stichproben: einfaktorielle Varianzanalyse mit Messwiederholungen

Problemstellung:

Apple möchte wissen, ob die Bildqualität beim iPad im Laufe der Zeit konstant bleibt. Zur Beantwortung dieser Frage werden 92 neu produzierte iPads ausgewählt und nach 6, 12 bzw. 18 Monaten gemessen, wie viele fehlerhafte Pixel sie aufweisen. Ist die durchschnittliche Zahl der fehlerhaften Pixel zu allen drei genannten Zeitpunkten identisch? Es liegen verbundene Stichproben vor bzw. eine Stichprobe mit Messwiederholungen, da dieselben 92 Geräte dreimal untersucht werden (s. Tab. 12.21).

Formulierung der Hypothese:

H_0: $\mu_1 = \mu_2 = \mu_3$ bzw. die durchschnittliche Zahl der fehlerhaften Pixel ist zu allen 3 Zeitpunkten identisch

H_1: mindestens zwei μ_i sind ungleich bzw. die durchschnittliche Zahl der fehlerhaften Pixel ist zu mindestens 2 Zeitpunkten ungleich

Testvoraussetzungen:

- X (hier Zahl der fehlerhaften Pixel) ist normalverteilt in jeder Gruppe (hier Messtermine).
- leichte Abweichungen von der Normalverteilung sind nicht gravierend, da Varianzanalyse robust ist. Symmetrisch müssen die Daten aber sein.
- Varianz von X ist in jeder Gruppe gleich.

Testdurchführung:

- Prüfgröße:

$$F_{pr} = \frac{SSBC/(v-1)}{SSRES/[(n-1)\cdot(v-1)]} \quad \text{mit}$$

$n = 92$ (Anzahl der iPads) und $v = 3$ (Anzahl der Gruppen; hier Zahl der Messtermine)

$$SSBC = \left[\frac{\left(\sum_{i=1}^{n} x_{1,i}\right)^2}{n} + \frac{\left(\sum_{i=1}^{n} x_{2,i}\right)^2}{n} + \frac{\left(\sum_{i=1}^{n} x_{3,i}\right)^2}{n}\right]$$

$$- \frac{\left(\sum_{i=1}^{n} x_{1,i} + \sum_{i=1}^{n} x_{2,i} + \sum_{i=1}^{n} x_{3,i}\right)^2}{v \cdot n}$$

$$SSBC = \left[\frac{(9223)^2}{92} + \frac{(11.036)^2}{92} + \frac{(12.749)^2}{92}\right]$$

$$- \frac{(9223 + 11.036 + 12.749)^2}{3 \cdot 92} = 67.587,01$$

$$SST = \sum_{i=1}^{n} x_{1,i}^2 + \sum_{i=1}^{n} x_{2,i}^2 + \sum_{i=1}^{n} x_{3,i}^2$$

$$- \frac{\left(\sum_{i=1}^{n} x_{1,i} + \sum_{i=1}^{n} x_{2,i} + \sum_{i=1}^{n} x_{3,i}\right)^2}{v \cdot n}$$

$$= 933.825 + 1.334.374 + 1.776.515$$

$$- \frac{(9223 + 11.036 + 12.749)^2}{3 \cdot 92} = 97.148,55$$

$$SSBS = \sum_{i=1}^{n} \left[\frac{\left(\sum_{j=1}^{v} x_{j,i}\right)^2}{v}\right] - \frac{\left(\sum_{i=1}^{n} x_{1,i} + \sum_{i=1}^{n} x_{2,i} + \sum_{i=1}^{n} x_{3,i}\right)^2}{v \cdot n}$$

$$= \left[\frac{318^2}{3} + \frac{361^2}{3} + \frac{373^2}{3} + \ldots + \frac{359^2}{3} + \frac{358^2}{3}\right.$$

$$\left. + \frac{342^2}{3}\right] - \frac{(9223 + 11.036 + 12.749)^2}{3 \cdot 92}$$

$$= 11.215,88$$

$$SSRES = SST - SSBC - SSBS$$

$$= 97.148,55 - 67.587,01 - 11.215,88 = 18.345,66$$

Daraus folgt

$$F_{pr} = \frac{67.587,01/(3-1)}{18.345,66/[(92-1)\cdot(3-1)]} = 335,252$$

- Prüfverteilung: F-Verteilung
- Beibehaltung oder Ablehnung der Hypothese:
  Bei einer Irrtumswahrscheinlichkeit α von 5 %:
  wenn $F_{pr} \geq 3,05 = F_{kr} \Rightarrow H_0$ ablehnen.
  Bei einer Irrtumswahrscheinlichkeit α von 1 %:
  wenn $F_{pr} \geq 4,72 = F_{kr} \Rightarrow H_0$ ablehnen.
  Bei einer Irrtumswahrscheinlichkeit von 1 %/5 %:
  Grenzwerte F_{kr} (F-kritisch) s. Tab. 11.23 in Abhängigkeit der Freiheitsgrade $v-1$, hier also $3-1 = 2$ bzw. $(n-1)\cdot(v-1) = 91 \cdot 2 = 182$.

Da $335,252 > 3,05$, lehnen wir H_0 unter Zugrundelegung einer 5 %igen Irrtumswahrscheinlichkeit ab. Also unterscheiden sich die durchschnittlichen Pixelfehler zu den drei verschiedenen Messzeitpunkten signifikant. Der Unterschied existiert nicht nur zufällig in den drei Stichproben, sondern wohl auch in der Grundgesamtheit.

> **Gut zu wissen**
>
> **Mehrstichprobentest bei verbundenen Stichproben in SPSS** In SPSS erhalten wir das Ergebnis über Analysieren/Allgemeines lineares Modell/Messwiederholung/Anzahl Stufen (3) definieren (s. Tab. 11.22). (In SPSS sind die Daten folgendermaßen organisiert: pro Messzeitpunkt gibt es eine eigene Spalte mit den zugehörigen Pixelfehlern, hier also drei Spalten mit je 92 Zeilen (für jedes iPad eine eigene Zeile). Je eine Spalte wird einer Faktorstufe zugeordnet.) ◄

Im nächsten Schritt wollen wir feststellen, welcher Messzeitpunkt besonders stark abweicht. Dazu greifen wir auf folgende Teststatistik zurück:

$$F_{pr} = \frac{\dfrac{n \cdot \left(\sum_{j=1}^{v} c_j \cdot \bar{x}_j\right)^2}{\sum_{j=1}^{v} c_j^2}}{SSRES/[(n-1)\cdot(v-1)]}$$

mit $n = 92$ (Anzahl der iPads) und $v = 3$ (Anzahl der Gruppen; hier Zahl der Messzeitpunkte). Zur Verdeutlichung der Symbole in der Formel sei auf Tab. 11.23 verwiesen.

In Spalte 2 von Tab. 12.23 sehen wir die durchschnittlichen Pixelfehler nach 6, 12 bzw. 18 Monaten. In Spalte 3 ist vermerkt, welche Werte wir vergleichen wollen, d. h., die eine Zelle erhält eine 1, die zweite Zelle eine -1 und die dritte Zelle eine. Daraus folgt für die Teststatistik bezüglich des Vergleiches vom Mittelwert nach 6 bzw. 12 Monaten

$$F_{pr} = \frac{\dfrac{92 \cdot (-19,71)^2}{2}}{18.345,66/[(92-1)\cdot(3-1)]} = \frac{17.870,3}{100,8} = 177,3.$$

Tab. 12.21   Pixelfehler beim iPad

Pixelfehler nach 6 Monaten $x_{1,i}$	$x_{1,i}^2$	Pixelfehler nach 12 Monaten $x_{2,i}$	$x_{2,i}^2$	Pixelfehler nach 18 Monaten $x_{3,i}$	$x_{3,i}^2$	Summe der Pixelfehler	Quadrat-summe/3
80	6400	116	13.456	122	14.884	318	33.708,0
90	8100	129	16.641	142	20.164	361	43.440,3
95	9025	131	17.161	147	21.609	373	46.376,3
115	13.225	104	10.816	124	15.376	343	39.216,3
78	6084	100	10.000	132	17.424	310	32.033,3
95	9025	109	11.881	132	17.424	336	37.632,0
96	9216	116	13.456	124	15.376	336	37.632,0
96	9216	104	10.816	140	19.600	340	38.533,3
110	12.100	121	14.641	145	21.025	376	47.125,3
89	7921	125	15.625	126	15.876	340	38.533,3
87	7569	124	15.376	137	18.769	348	40.368,0
87	7569	118	13.924	138	19.044	343	39.216,3
108	11.664	101	10.201	138	19.044	347	40.136,3
99	9801	122	14.884	138	19.044	359	42.960,3
118	13.924	116	13.456	151	22.801	385	49.408,3
110	12.100	115	13.225	137	18.769	362	43.681,3
102	10.404	113	12.769	122	14.884	337	37.856,3
90	8100	123	15.129	143	20.449	356	42.245,3
121	14.641	113	12.769	138	19.044	372	46.128,0
111	12.321	125	15.625	163	26.569	399	53.067,0
104	10.816	129	16.641	151	22.801	384	49.152,0
93	8649	135	18.225	133	17.689	361	43.440,3
116	13.456	112	12.544	148	21.904	376	47.125,3
83	6889	129	16.641	149	22.201	361	43.440,3
103	10.609	91	8281	125	15.625	319	33.920,3
96	9216	103	10.609	124	15.376	323	34.776,3
99	9801	118	13.924	151	22.801	368	45.141,3
86	7396	124	15.376	125	15.625	335	37.408,3
101	10.201	136	18.496	140	19.600	377	47.376,3
102	10.404	109	11.881	131	17.161	342	38.988,0
73	5329	109	11.881	129	16.641	311	32.240,3
99	9801	117	13.689	135	18.225	351	41.067,0
88	7744	133	17.689	138	19.044	359	42.960,3
105	11.025	136	18.496	145	21.025	386	49.665,3
92	8464	113	12.769	146	21.316	351	41.067,0
115	13.225	129	16.641	135	18.225	379	47.880,3
118	13.924	103	10.609	130	16.900	351	41.067,0
112	12.544	131	17.161	145	21.025	388	50.181,3
111	12.321	114	12.996	149	22.201	374	46.625,3
88	7744	134	17.956	162	26.244	384	49.152,0
95	9025	125	15.625	147	21.609	367	44.896,3
89	7921	130	16.900	127	16.129	346	39.905,3
108	11.664	108	11.664	156	24.336	372	46.128,0
94	8836	130	16.900	128	16.384	352	41.301,3
106	11.236	117	13.689	140	19.600	363	43.923,0
104	10.816	124	15.376	138	19.044	366	44.652,0
103	10.609	124	15.376	120	14.400	347	40.136,3
97	9409	110	12.100	157	24.649	364	44.165,3
100	10.000	119	14.161	139	19.321	358	42.721,3
101	10.201	99	9801	128	16.384	328	35.861,3
105	11.025	123	15.129	125	15.625	353	41.536,3
101	10.201	111	12.321	142	20.164	354	41.772,0
84	7056	110	12.100	158	24.964	352	41.301,3
101	10.201	126	15.876	126	15.876	353	41.536,3
93	8649	100	10.000	138	19.044	331	36.520,3

Tab. 12.21 Fortsetzung

Pixelfehler nach 6 Monaten $x_{1,i}$	$x_{1,i}^2$	Pixelfehler nach 12 Monaten $x_{2,i}$	$x_{2,i}^2$	Pixelfehler nach 18 Monaten $x_{3,i}$	$x_{3,i}^2$	Summe der Pixelfehler	Quadrat- summe/3
114	12.996	130	16.900	136	18.496	380	48.133,3
98	9604	114	12.996	134	17.956	346	39.905,3
104	10.816	127	16.129	142	20.164	373	46.376,3
113	12.769	129	16.641	139	19.321	381	48.387,0
106	11.236	121	14.641	149	22.201	376	47.125,3
113	12.769	130	16.900	141	19.881	384	49.152,0
101	10.201	130	16.900	149	22.201	380	48.133,3
94	8836	115	13.225	149	22.201	358	42.721,3
113	12.769	105	11.025	132	17.424	350	40.833,3
99	9801	122	14.884	158	24.964	379	47.880,3
90	8100	98	9604	141	19.881	329	36.080,3
101	10.201	128	16.384	143	20.449	372	46.128,0
97	9409	129	16.641	144	20.736	370	45.633,3
113	12.769	135	18.225	130	16.900	378	47.628,0
110	12.100	123	15.129	147	21.609	380	48.133,3
101	10.201	134	17.956	129	16.641	364	44.165,3
115	13.225	114	12.996	143	20.449	372	46.128,0
94	8836	116	13.456	115	13.225	325	35.208,3
92	8464	128	16.384	139	19.321	359	42.960,3
101	10.201	137	18.769	152	23.104	390	50.700,0
109	11.881	115	13.225	135	18.225	359	42.960,3
112	12.544	138	19.044	139	19.321	389	50.440,3
91	8281	128	16.384	119	14.161	338	38.081,3
97	9409	124	15.376	151	22.801	372	46.128,0
107	11.449	107	11.449	134	17.956	348	40.368,0
87	7569	128	16.384	136	18.496	351	41.067,0
112	12.544	135	18.225	135	18.225	382	48.641,3
100	10.000	129	16.641	120	14.400	349	40.600,3
93	8649	100	10.000	159	25.281	352	41.301,3
106	11.236	119	14.161	147	21.609	372	46.128,0
100	10.000	124	15.376	135	18.225	359	42.960,3
96	9216	133	17.689	145	21.025	374	46.625,3
112	12.544	121	14.641	136	18.496	369	45.387,0
103	10.609	127	16.129	132	17.424	362	43.681,3
103	10.609	119	14.161	137	18.769	359	42.960,3
103	10.609	117	13.689	138	19.044	358	42.721,3
81	6561	121	14.641	140	19.600	342	38.988,0
Σ	Σ	Σ	Σ	Σ	Σ	Σ	Σ
9223	933.825	11.036	1.334.374	12.749	1.776.515	33.008	3.958.781,3

Tab. 12.22 SPSS-Ausgabe bei Varianzanalyse mit drei verbundenen Stichproben (Tests der Innersubjekteffekte)

Maß: MASS_1

Quelle		Quadratsumme vom Typ III	df	Mittel der Quadrate	F	Sig.
Faktor1	Sphärizität angenommen	67.587,007	2	33.793,504	**335,252**	0,000
	Greenhouse-Geisser	67.587,007	1,992	33.929,263	335,252	0,000
	Huynh-Feldt	67.587,007	2,000	33.793,504	335,252	0,000
	Untergrenze	67.587,007	1,000	67.587,007	335,252	0,000
Fehler (Faktor1)	Sphärizität angenommen	18.345,659	182	100,800		
	Greenhouse-Geisser	18.345,659	181,272	101,205		
	Huynh-Feldt	18.345,659	182,000	100,800		
	Untergrenze	18.345,659	91,000	201,601		

Tab. 12.23 Paarweiser Vergleich der durchschnittlichen Pixelfehler nach 6 und 12 Monaten

(1) Messzeitpunkt	(2) $\bar{x}_j$	(3) c_j	(4) $c_j \cdot \bar{x}_j$	(5) c_i^2
6 Monate	100,25	1	100,25	1
12 Monate	119,96	−1	−119,96	1
18 Monate	138,58	0	0	0
Summe		0	−19,71	2

Tab. 12.25 Paarweiser Vergleich der durchschnittlichen Pixelfehler nach 12 und 18 Monaten

(1) Messzeitpunkt	(2) $\bar{x}_j$	(3) c_j	(4) $c_j \cdot \bar{x}_j$	(5) c_i^2
6 Monate	100,25	0	0	0
12 Monate	119,96	1	119,96	1
18 Monate	138,58	−1	−138,58	1
Summe		0	−18,62	2

Tab. 12.26 Paarweiser Vergleich der durchschnittlichen Pixelfehler nach 6 und 18 Monaten

(1) Messzeitpunkt	(2) $\bar{x}_j$	(3) c_j	(4) $c_j \cdot \bar{x}_j$	(5) c_j^2
6 Monate	100,25	1	100,25	1
12 Monate	119,96	0	0	0
18 Monate	138,58	−1	−138,58	1
Summe		0	−38,33	2

Bei einer Irrtumswahrscheinlichkeit von 1 %/5 %: Grenzwerte F_{kr} (F-kritisch) s. Tab. 11.23 in Abhängigkeit der Freiheitsgrade $v - 1$, hier also $3 - 1 = 2$ bzw. $(n - 1) \cdot (v - 1) = 91 \cdot 2 = 182$.

Da $177,3 > 3,05 = F_{kr}$, lehnen wir H_0 unter Zugrundelegung einer 5 %igen Irrtumswahrscheinlichkeit ab. Also unterscheiden sich die durchschnittlichen Pixelfehler nach 6 bzw. 12 Monaten signifikant. Der Unterschied existiert nicht nur zufällig in den beiden Stichproben, sondern wohl auch in der Grundgesamtheit.

In SPSS erhalten wir über Analysieren/Allgemeines lineares Modell/Messwiederholungen/Anzahl Stufen (3) definieren/Optionen/Haupteffekte vergleichen (s. Tab. 12.24) leicht modifizierte Ergebnisse, da SPSS einen paarweisen Vergleich der Mittelwerte nicht auf der Basis aller drei Stichproben gleichzeitig durchführt, sondern immer nur zwei Stichproben simultan beachtet.

Da die Signifikanz (Sig.) bei einem Vergleich von Faktor 1 und 2 mit (gerundeten) $0,000 < 0,05$ ist, unterscheiden sich die beiden Mittelwerte nach 6 bzw. 12 Monaten signifikant.

Inwieweit unterscheiden sich die durchschnittlichen Pixelfehler nach 12 bzw. 18 Monaten? Dafür müssen wir Tab. 12.23 modifizieren und erhalten über Tab. 12.25 folgende Teststatistik:

$$F_{pr} = \frac{\dfrac{92 \cdot (-18,62)^2}{2}}{18.345,66 / [(92 - 1) \cdot (3 - 1)]} = \frac{15.948,4}{100,8} = 158,2$$

Da $158,2 > 3,05 = F_{kr}$, lehnen wir H_0 unter Zugrundelegung einer 5 %igen Irrtumswahrscheinlichkeit ab. Also unterscheiden

sich die durchschnittlichen Pixelfehler nach 12 bzw. 18 Monaten signifikant. Der Unterschied existiert nicht nur zufällig in den beiden Stichproben, sondern wohl auch in der Grundgesamtheit.

Als letzte Möglichkeit soll noch geprüft werden, ob sich die durchschnittlichen Zahlen der Pixelfehler nach 6 bzw. 18 Monaten unterscheiden. Dafür müssen wir ebenso Tab. 12.23 modifizieren und erhalten über Tab. 12.26 folgende Teststatistik:

$$F_{pr} = \frac{\dfrac{92 \cdot (-38,33)^2}{2}}{18.345,66 / [(92 - 1) \cdot (3 - 1)]} = \frac{67.582,7}{100,8} = 670,5$$

Da $670,5 > 3,05 = F_{kr}$, lehnen wir H_0 unter Zugrundelegung einer 5 %igen Irrtumswahrscheinlichkeit ab. Also unterscheiden sich die durchschnittlichen Pixelfehler nach 6 bzw. 18 Monaten signifikant. Der Unterschied existiert nicht nur zufällig in den beiden Stichproben, sondern wohl auch in der Grundgesamtheit.

Tab. 12.24 Paarweiser Mittelwertvergleich bei Messwiederholungen in SPSS

MASS_1					95 %-Konfidenzintervall für die Differenz[b]	
(I) Faktor1	(J) Faktor1	Mittlere Differenz (I − J)	Standardfehler	Sig.[b]	Untergrenze	Obergrenze
1	2	−19,707[a]	1,523	0,000	−22,732	−16,681
	3	−38,326[a]	1,443	0,000	−41,192	−35,460
2	1	19,707[a]	1,523	0,000	16,681	22,732
	3	−18,620[a]	1,474	0,000	−21,547	−15,692
3	1	38,326[a]	1,443	0,000	35,460	41,192
	2	18,620[a]	1,474	0,000	15,692	21,547

Basiert auf den geschätzten Randmitteln
[a] Die mittlere Differenz ist auf dem 0,05-Niveau signifikant.
[b] Anpassung für Mehrfachvergleiche: geringste signifikante Differenz (entspricht keinen Anpassungen)

12.2.2 Hypothesen über Mediane

Merksatz

Mediantest

Es bestehen typischerweise drei unterschiedliche Testsituationen:

- Weist ein Median einen bestimmten Wert auf (Einstichprobentest)?
- Sind zwei Mediane identisch (Zweistichprobentest)?
- Sind mehr als zwei Mediane identisch (Mehrstichprobentest)?

12.2.2.1 Einstichprobentest: Wilcoxon-Vorzeichen-Rang-Test für eine Stichprobe

Problemstellung:

Die Firma Osram stellt u. a. spezielle Glühlampen her, die sehr teuer sind und 100 Stunden funktionieren sollen. Die hauseigene Qualitätskontrolle möchte anhand einer Stichprobe testen, ob der Median der Lebensdauer von Glühlampen 100 Stunden beträgt. Um die Kosten des Tests möglichst gering zu halten, soll nur eine kleine Stichprobe mit $n = 21$ Glühlampen verwendet werden. Die tatsächlich realisierten Lebensdauern können Tab. 12.27 entnommen werden. Warum testen wir den Median und nicht den Mittelwert? Da die Lebensdauer in unserem Beispiel nicht normalverteilt ist und $n < 30$, sind die Voraussetzungen für einen Mittelwerttest nicht gegeben.

Formulierung der Hypothese:

$H_0: \tilde{x} = 100$ bzw. Median der Lebensdauer von Glühlampen ist 100 Stunden

$H_1: \tilde{x} \neq 100$ bzw. Median der Lebensdauer von Glühlampen ist nicht 100 Stunden

Wenn H_0 stimmt, müssen genauso viele Werte oberhalb wie unterhalb von 100 liegen. Erst wenn deutlich mehr oberhalb bzw. unterhalb von 100 liegen, wird H_0 abgelehnt.

Testvoraussetzungen:

- Der Test gilt für jede Form der Verteilung, solange x stetig ist (X muss nicht normalverteilt sein, aber symmetrisch und mindestens ein ordinales Skalenniveau aufweisen),
- für $n < 20$ wird die exakte Binomialverteilung verwendet.

Testdurchführung:

- Prüfgröße:

$$z_{pr} = \frac{T - n \cdot (n+1)/4}{\sqrt{n \cdot (n+1) \cdot (2 \cdot n + 1)/24}} \quad \text{mit}$$

$n = 21$ und T = Minimum von T_1 bzw. T_2.

Tab. 12.27 Lebensdauer von Glühlampen

(1) Lebensdauer x_i in Stunden	(2) D_i	(3) $|D_i|$	(4) Rang von $|D_i|$	(5) mit Vorzeichen versehener Rang von $|D_i|$
107	7	7	8,5	8,5
144	44	44	20	20
108	8	8	10,5	10,5
114	14	14	15	15
129	29	29	19	19
115	15	15	16	16
98	−2	2	3	−3
97	−3	3	4	−4
96	−4	4	5	−5
90	−10	10	12	−12
111	11	11	13	13
112	12	12	14	14
99	−1	1	1,5	−1,5
95	−5	5	6	−6
121	21	21	17	17
123	23	23	18	18
93	−7	7	8,5	−8,5
106	6	6	7	7
145	45	45	21	21
101	1	1	1,5	1,5
92	−8	8	10,5	−10,5
Summe der positiven Werte (T_1)				180,5
Summe der negativen Werte (Betrag) (T_2)				50,5

In Spalte (2) von Tab. 12.27 wird $D_i = x_i$ minus dem behaupteten Median von 100 gebildet. Der Betrag dieser Differenz erscheint in Spalte (3). Die kleinste Zahl von Spalte (3) erhält den Rang 1. Da als kleinste Zahl zweimal die Eins auftaucht, erhalten beide Werte den Rang $(1+2)/2 = 1,5$. Die nächstgrößere Zahl bekommt den Rang 3 etc, sodass bei dem größten Wert der Rang 21 steht. Schließlich wird der Rang in Spalte (4) mit dem Vorzeichen von Spalte (2) multipliziert, und es ergibt sich Spalte (5). Alle positiven Werte aus Spalte (5) bilden die Summe T_1, und alle negativen Werte formen die (positive) Summe T_2. Die kleinere dieser beiden Zahlen bestimmt den Wert für T. Somit erhalten wir

$$z_{pr} = \frac{50,5 - 21 \cdot (21+1)/4}{\sqrt{21 \cdot (21+1) \cdot (2 \cdot 21 + 1)/24}} = -2,26.$$

- Prüfverteilung: Standard-Normalverteilung
- Beibehaltung oder Ablehnung der Hypothese:
  Bei einer Irrtumswahrscheinlichkeit α von 5 %:
  wenn $|z_{pr}| \geq 1,96 = z_{kr} \Rightarrow H_0$ ablehnen.
  Bei einer Irrtumswahrscheinlichkeit α von 1 %:
  wenn $|z_{pr}| \geq 2,58 = z_{kr} \Rightarrow H_0$ ablehnen.
  Bei einer Irrtumswahrscheinlichkeit von 1 %/5 %:
  Grenzwerte z_{kr} (z-kritisch) s. Tab. 11.21.
  Da $|-2,26| > 1,96$, lehnen wir H_0 unter Zugrundelegung einer 5 %igen Irrtumswahrscheinlichkeit ab. Also unterscheidet sich der Median signifikant von 100. Der Unterschied

Kapitel 12

Tab. 12.28 Einstichproben-Test für Median (SPSS)

Nullhypothese	Test	Signifikanz	Entscheidung
Der Median von Lebensdauer ist gleich 100,000	Wilcoxon-Vorzeichenrangtest bei einer Stichprobe	0,024	Nullhypothese ablehnen

Asymptotische Signifikanzen werden angezeigt. Das Signifikanzniveau ist 0,05.

Tab. 12.29 Ergänzungen zum Einstichproben-Test für Median (SPSS)

Ränge		N	Mittlerer Rang	Rangsumme
a – Lebensdauer	Negative Ränge	13[a]	13,88	180,50
	Positive Ränge	8[b]	6,31	50,50
	Bindungen	0[c]		
	Gesamt	21		

[a] a < Lebensdauer
[b] a > Lebensdauer
[c] a = Lebensdauer

Statistik für Test[a]	
	a – Lebensdauer
Z	**−2,260**[b]
Asymptotische Signifikanz (2-seitig)	0,024

[a] Wilcoxon-Test
[b] Basiert auf positiven Rängen

existiert nicht nur zufällig in der Stichprobe, sondern wohl auch in der Grundgesamtheit.

In SPSS erhalten wir das Ergebnis über Analysieren/Nichtparametrische Tests/eine Stichprobe/Einstellungen/Wilcoxon-Test (s. Tab. 12.28 bzw. Tab. 12.29). Dort wird allerdings nicht der z-Wert, sondern lediglich die zugehörige Signifikanz (0,024) ausgewiesen. Da 0,024 < 0,05, lehnen wir H_0 ab. Wenn wir in SPSS auch den z-Wert erhalten möchten müssen wir mit einem Trick arbeiten. Dafür erzeugen wir eine neue Spalte, die nur aus den Werten 100 besteht. Anschließend gehen wir auf Analysieren/Nichtparametrische Tests/alte Dialogfelder/zwei verbundene Stichproben/Wilcoxon.

12.2.2.2 Zweistichprobentest

Problemstellung:

Stiftung Warentest vergleicht die Glühlampen von zwei verschiedenen Herstellern hinsichtlich ihrer Lebensdauern. Halten beide Glühlampen(sorten) gleich lang?

Die Deutsche Bank strebt an, dass ihre Bestandskunden mehr Geld auf das Tagesgeldkonto deponieren. Dazu versendet sie einen Werbebrief, der die Konditionen des Tagesgeldkontos in besonders gutem Lichte darstellt. Führt die Werbeaktion tatsächlich dazu, dass die Kunden mehr Geld auf dem Tagesgeldkonto anlegen?

Gut zu wissen

Wenn zwei Mediane miteinander verglichen werden sollen, müssen wir zwei Fälle unterscheiden: **unverbundene und verbundene Stichproben.** ◄

12.2.2.2.1 Zweistichprobentest bei unverbundenen Stichproben: Mann-Whitney-U-Test

Stiftung Warentest untersucht von Hersteller A 28 Glühlampen und von Hersteller B 29 Glühlampen. Die einzelnen Lebensdauern sind in Tab. 12.30 aufgelistet, wobei die Angaben zur Lebensdauer bereits der Größe nach aufsteigend sortiert sind.

Der Median der Lebensdauer ergibt sich bei Hersteller A mit $\tilde{x}_A = 63,1$ und bei Hersteller B mit $\tilde{x}_B = 67,4$. Der nun folgende Test heißt Mann-Whitney-U-Test bzw. Mann-Whitney-Wilcoxon-Test.

Formulierung der Hypothese:

$H_0: \tilde{x}_A = \tilde{x}_B$ bzw. die Mediane beider Hersteller sind identisch
$H_1: \tilde{x}_A \neq \tilde{x}_B$ bzw. die Mediane beider Hersteller sind nicht identisch

Testvoraussetzungen:

- $n_1 > 10$ und $n_2 > 10$,
- mindestens ordinal skalierte Variable.

Testdurchführung:

- Prüfgröße:

$$z_{\text{pr}} = \frac{U - n_1 \cdot n_2/2}{\sqrt{n_1 \cdot n_2 \cdot (n_1 + n_2 + 1)/12}} \quad \text{mit}$$

$n_1 = 28, n_2 = 29,$

$$U = S - \frac{n_1 \cdot (n_1 + 1)}{2}$$

$S =$ Summe der Ränge der ersten Stichprobe (Hersteller A). Eingesetzt in die Formeln erhalten wir

$$U = 558,5 - \frac{28 \cdot (28 + 1)}{2} = 152,5$$

$$z_{\text{pr}} = \frac{152,5 - 28 \cdot 29/2}{\sqrt{28 \cdot 29 \cdot (28 + 29 + 1)/12}} = -4,05$$

Gut zu wissen

Als **alternatives Testverfahren** kann der Wilcoxon-Rangsummentest mit folgender Prüfgröße verwendet werden: ◄

$$z = \frac{S - n_1 \cdot (n_1 + n_2 + 1)/2}{\sqrt{n_1 \cdot n_2 \cdot (n_1 + n_2 + 1)/12}}$$

$$= \frac{558,5 - 28 \cdot (28 + 29 + 1)/2}{\sqrt{28 \cdot 29 \cdot (28 + 29 + 1)/12}} = -4,05.$$

Tab. 12.30 Lebensdauer (in h) von Glühlampen zweier Hersteller

Hersteller A	Rang	Hersteller B	Rang	Hersteller A	Rang	Hersteller B	Rang
43	1	59,3	6	63,4	21	68,4	42
55,6	2	61,9	13	63,5	22	68,5	43
55,9	3	62,2	14	64,1	23	68,9	44
58,2	4	63,1	18	64,2	24	69,2	45
58,3	5	63,2	19	65	26	69,3	46
59,6	7	64,8	25	65,1	27	69,5	47
59,7	8	65,7	30	65,3	28	69,6	48
60,8	9	65,9	31	65,3	29	70,6	49
61,4	10	66	32,5	66	32,5	70,9	50
61,5	11	66,6	34	66,8	37	70,8	51
61,8	12	66,5	35	67,5	41	71,3	52
62,5	15	66,7	36	71,8	53	72,4	54
62,7	16	66,9	38	73	55	83	56
62,9	17	67,3	39			90	57
63,3	20	67,4	40				
Summe S					558,5		1094,5

Wir erhalten denselben z-Wert und gelangen folglich zur selben Testentscheidung wie beim Mann-Whitney-U-Test.

- Prüfverteilung: Standard-Normalverteilung
- Beibehaltung oder Ablehnung der Hypothese:
  Bei einer Irrtumswahrscheinlichkeit α von 5 %:
  wenn $|z_{pr}| \geq 1,96 = z_{kr} \Rightarrow H_0$ ablehnen.
  Bei einer Irrtumswahrscheinlichkeit α von 1 %:
  wenn $|z_{pr}| \geq 2,58 = z_{kr} \Rightarrow H_0$ ablehnen.
  Bei einer Irrtumswahrscheinlichkeit von 1 %/5 %:
  Grenzwerte z_{kr} (z-kritisch) s. Tab. 11.21.

Da $|-4,05| > 1,96$, lehnen wir H_0 unter Zugrundelegung einer 5 %igen Irrtumswahrscheinlichkeit ab. Also unterscheiden sich die Mediane der beiden Hersteller signifikant voneinander. Der Unterschied existiert nicht nur zufällig in der Stichprobe, sondern wohl auch in der Grundgesamtheit.

In SPSS erhalten wir das Ergebnis über Analysieren/Nichtparametrische Tests/alte Dialogfelder/zwei unabhängige Stichproben/Mann Whitney-U-Test (s. Tab. 12.31). Da 0,000 (asymptotische Signifikanz) < 0,05, lehnen wir H_0 ab.

Tab. 12.31 Mann-Whitney-U-Test bei SPSS

Ränge

	Gruppe	N	Mittlerer Rang	Rangsumme
	1	28	19,95	558,50
Lebensdauer	2	29	37,74	1094,50
	Gesamt	57		

Statistik für Test[a]

	Lebensdauer
Mann-Whitney-U	152,500
Wilcoxon-W	558,500
Z	**−4,047**
Asymptotische Signifikanz (2-seitig)	**0,000**

[a] Gruppenvariable: Gruppe

12.2.2.2.2 Zweistichprobentest bei verbundenen Stichproben: Wilcoxon-Vorzeichen-Rang-Test für verbundene Stichproben (Wilcoxon Matched-Pairs Signed-Ranks-Test)

Die Deutsche Bank versendet an 34 Kunden einen Werbebrief, in dem sie die Vorteile des Tagesgeldkontos anpreist. Sie möchte prüfen, ob der Werbebrief die Höhe des angelegten Geldes beeinflusst, ob die Kunden also auf den Werbebrief im Sinne der Bank reagieren und nach dem Lesen des Briefes mehr Geld auf dem Tagesgeldkonto deponieren als vorher. Die Daten können Tab. 12.32 entnommen werden.

Formulierung der Hypothese:

$H_0: \tilde{x}_A = \tilde{x}_B$ bzw. die Mediane der Anlagesumme vor und nach dem Lesen des Werbebriefes sind identisch

$H_1: \tilde{x}_A \neq \tilde{x}_B$ bzw. die Mediane der Anlagesumme vor und nach dem Lesen des Werbebriefes sind nicht identisch

Testvoraussetzungen:

- $n_1 > 10$ und $n_2 > 10$,
- die Variable X (Anlagesumme) hat ein kardinales Skalenniveau,
- die Differenz der Anlagesummen vorher/nachher ist symmetrisch um den Median der Differenz,
- die Differenzen der Anlagesummen sind unabhängig.

Testdurchführung:

- Prüfgröße:

$$z_{pr} = \frac{S - n \cdot (n+1)/4}{\sqrt{n \cdot (n+1) \cdot (2 \cdot n + 1)/24}} \quad \text{mit}$$

$n = 34$ (Zahl der Elemente in den Stichproben); $S = $ Summe der Ränge (für negative Werte).
$D_i = x_{1,i} - x_{2,i}$; die Werte von $|D_i|$ werden der Größe nach aufsteigend sortiert, sodass der kleinste Wert den Rang 1 und der größte Wert den Rang 34 ($= n$) erhalten. Sollten zwei

Tab. 12.32 Anlagesummen auf Tagesgeldkonto

Anlagesumme in € vor der Werbekampagne $x_{1,i}$	Anlagesumme in € nach der Werbekampagne $x_{2,i}$	D_i	$|D_i|$	Rang von $|D_i|$	mit Vorzeichen versehener Rang von $|D_i|$
14.980	22.222	−7242	7242	33	−33
21.000	11.944	9056	9056	34	34
14.870	12.112	2758	2758	23	23
10.895	9363	1532	1532	13	13
11.217	8978	2239	2239	18	18
13.614	9943	3671	3671	26	26
15.402	10.638	4764	4764	31	31
11.032	9361	1671	1671	15	15
15.675	11.132	4543	4543	30	30
13.549	11.527	2022	2022	17	17
12.876	11.413	1463	1463	11	11
9383	10.783	−1400	1400	9	−9
13.581	9059	4522	4522	29	29
14.991	11.160	3831	3831	27	27
13.874	10.565	3309	3309	24	24
7960	10.518	−2558	2558	21	−21
11.711	10.315	1396	1396	8	8
12.770	11.312	1458	1458	10	10
14.615	10.349	4266	4266	28	28
12.245	11.525	720	720	4	4
13.318	11.945	1373	1373	7	7
11.746	12.453	−707	707	3	−3
11.451	10.220	1231	1231	5	5
12.134	11.871	263	263	2	2
11.434	8115	3319	3319	25	25
14.978	9345	5633	5633	32	32
10.613	10.809	−196	196	1	−1
9147	11.421	−2274	2274	19	−19
13.849	12.606	1243	1243	6	6
12.613	9859	2754	2754	22	22
11.419	9918	1501	1501	12	12
12.257	10.657	1600	1600	14	14
9948	12.299	−2351	2351	20	−20
10.906	12.612	−1706	1706	16	−16
			S (für positive Werte)	473	
			S (für negative Werte)	122	

Werte identisch sein, wird beiden Werten je der Mittelwert der resultierenden Ränge zugeordnet.

$$z_{\mathrm{pr}} = \frac{122 - 34 \cdot (34 + 1)/4}{\sqrt{34 \cdot (34 + 1) \cdot (2 \cdot 34 + 1)/24}} = -3,00$$

- Prüfverteilung: Standard-Normalverteilung
- Beibehaltung oder Ablehnung der Hypothese:
  Bei einer Irrtumswahrscheinlichkeit α von 5 %:
  wenn $|z_{\mathrm{pr}}| \geq 1,96 = z_{\mathrm{kr}} \Rightarrow \mathrm{H}_0$ ablehnen.
  Bei einer Irrtumswahrscheinlichkeit α von 1 %:
  wenn $|z_{\mathrm{pr}}| \geq 2,58 = z_{\mathrm{kr}} \Rightarrow \mathrm{H}_0$ ablehnen.
  Bei einer Irrtumswahrscheinlichkeit von 1 %/5 %:
  Grenzwerte z_{kr} (z-kritisch) s. Tab. 11.21.

Da $|-3,00| > 1,96$, lehnen wir H_0 unter Zugrundelegung einer 5 %igen Irrtumswahrscheinlichkeit ab. Also unterscheiden sich die Mediane der Anlagesumme vor und nach der Werbekampagne signifikant voneinander. Der Unterschied existiert nicht nur zufällig in der Stichprobe, sondern wohl auch in der Grundgesamtheit.

In SPSS erhalten wir das Ergebnis über Analysieren/Nichtparametrische Tests/alte Dialogfelder/zwei verbundene Stichproben/Wilcoxon (s. Tab. 12.33). Da 0,003 (asymptotische Signifikanz) < 0,05, lehnen wir H_0 ab.

12.2.2.3 Mehrstichprobentest

Problemstellung:

Ein Nahrungsmittelproduzent baut Weizen an und möchte den Weizenertrag pro Hektar Anbaufläche steigern. Eine Möglichkeit, dies zu erreichen, liegt in der Wahl eines geeigneten Düngemittels. Drei neue Düngemittel stehen dafür zur Verfügung und sollen auf verschiedenen Anbauflächen eingesetzt werden. Unterscheiden sich die Düngemittel bezüglich des Weizenertrages?

Kapitel 12

Tab. 12.33 Wilcoxon-Vorzeichen-Rang-Test in SPSS

Ränge

		N	Mittlerer Rang	Rangsumme
$x2 - x1$	Negative Ränge	26[a]	18,19	473,00
	Positive Ränge	8[b]	15,25	122,00
	Bindungen	0[c]		
	Gesamt	34		

[a] $x2 < x1$
[b] $x2 > x1$
[c] $x2 = x1$

Statistik für Test[a]

	$x2 - x1$
Z	**−3,000**[b]
Asymptotische Signifikanz (2-seitig)	**0,003**
Exakte Signifikanz (2-seitig)	0,002
Exakte Signifikanz (1-seitig)	0,001
Punkt-Wahrscheinlichkeit	0,000

[a] Wilcoxon-Test
[b] Basiert auf positiven Rängen.

Der Mineralölkonzern Shell entwickelt neue Benzinsorten für Autos, von denen er hofft, dass sie eine höhere Leistung offenbaren, der Autofahrer also pro Liter mehr Kilometer fahren kann bzw. pro 100 Kilometer weniger Liter Benzin verbrauchen muss. Unterscheiden sich die drei neuen Benzinsorten hinsichtlich ihres Leistungsvermögens?

Gut zu wissen

Wenn mehrere Mediane miteinander verglichen werden sollen, müssen wir zwei Fälle unterscheiden: **unverbundene und verbundene Stichproben**. ◄

12.2.2.3.1 Mehrstichprobentest bei unverbundenen Stichproben: Median-Test

Auf landwirtschaftlichen Nutzflächen soll der Weizenertrag durch den Einsatz eines geeigneten Düngemittels gesteigert werden. Wir betrachten vierzig benachbarte Anbauflächen und verbreiten je Anbaufläche eines von drei neuen Düngemitteln. Pro Düngemittel erhalten wir eine Stichprobe, die aus den mit diesem Düngemittel behandelten Anbauflächen besteht. Da wir drei Düngemittel betrachten, erhalten wir drei Stichproben (Mehrstichproben). Die in der folgenden Erntesaison erzielten Weizenerträge können Tab. 12.34 entnommen werden.

Formulierung der Hypothese:

$H_0: \tilde{x}_A = \tilde{x}_B = \tilde{x}_C$ bzw. die Mediane der Ernteerträge sind bei allen drei Düngemitteln identisch

$H_1:$ mindestens zwei $\tilde{x}_j$ sind ungleich bzw. die Mediane der Ernteerträge von mindestens zwei Düngemitteln sind nicht identisch

Testvoraussetzungen:

- Die Stichproben sind Zufallsstichproben,
- die Stichproben sind unabhängig voneinander,
- die Variable X (Ernteertrag) hat mindestens ein ordinales Skalenniveau.

Testdurchführung:

Aus allen vierzig Ernteerträgen wird der Median berechnet $\tilde{x} = 82$, und für jede Anbaufläche geprüft, ob deren Ertrag über oder unter diesem Median liegt. Die resultierenden Häufigkeiten können wir Tab. 12.35 entnehmen.

Daraus lässt sich die allgemeine Kreuztabelle für den Mediantest entwickeln (s. Tab. 12.36).

Tab. 12.34 Weizenertrag in Dezitonnen pro Hektar

Anbaufläche i	Weizenertrag $x_{i,j}$	Düngemittel j	Anbaufläche i	Weizenertrag $x_{i,j}$	Düngemittel j	Anbaufläche i	Weizenertrag $x_{i,j}$	Düngemittel j
1	82	1	16	84	2	30	81	3
2	82	1	17	78	2	31	85	3
3	79	1	18	84	2	32	77	3
4	77	1	19	84	2	33	80	3
5	80	1	20	80	2	34	83	3
6	76	1	21	83	2	35	84	3
7	82	1	22	78	2	36	86	3
8	82	1	23	83	2	37	81	3
9	83	1	24	80	2	38	81	3
10	81	1	25	84	2	39	82	3
11	83	1	26	82	2	40	86	3
12	79	1	27	83	2			
13	79	1	28	79	2			
14	82	1	29	83	2			
15	83	1						

Tab. 12.35 Kreuztabelle für Düngemittel

		Düngemittel			
		1	2	3	
Ertrag	> Median	3	8	5	16
	≤ Median	12	6	6	24
		15	14	11	40

- Prüfgröße:

$$\text{Chi}^2_{\text{pr}} = \frac{n^2}{a \cdot b} \cdot \sum_{j=1}^{J} \frac{\left(O_{1j} - \frac{n_j \cdot a}{n}\right)^2}{n_j} \quad \text{mit}$$

$J = 3$ (Zahl der Stichproben, hier: Düngemittel), $n = 40$ (Zahl der Anbauflächen), $a = 16$ (Zahl der Anbauflächen mit Ernteertrag > Median), $b = 24$ (Zahl der Anbauflächen mit Ernteertrag ≤ Median). Wenn man in dieser Formel in der runden Klammer a durch b und O_{1j} durch O_{2j} ersetzt, erhält man dasselbe Ergebnis. Es ist also gleichgültig, ob man nur mit den Werten oberhalb oder unterhalb des Medians rechnet.

Mit den Zahlen aus Tab. 12.35 erhalten wir

$$\text{Chi}^2_{\text{pr}} = \frac{40^2}{16 \cdot 24} \cdot \sum_{j=1}^{3} \frac{\left(O_{1j} - \frac{n_j \cdot 16}{40}\right)^2}{n_j}$$

$$= \frac{40^2}{16 \cdot 24} \cdot \left[\frac{\left(3 - \frac{15 \cdot 16}{40}\right)^2}{15} \right.$$

$$\left. + \frac{\left(8 - \frac{14 \cdot 16}{40}\right)^2}{14} + \frac{\left(5 - \frac{11 \cdot 16}{40}\right)^2}{11} \right]$$

$$= 4,35$$

- Prüfverteilung: Chi^2-Verteilung
- Beibehaltung oder Ablehnung der Hypothese:
  Mit $\alpha = 0,05$ (Fläche im rechten Teil der Chi^2-Verteilung), $v = 2$ und den Chi^2-Grenzen aus Tab. 11.22 ergibt sich: bei einer Irrtumswahrscheinlichkeit α von 5 %:
  wenn $\text{Chi}^2_{\text{pr}} \geq 5,99 = \text{Chi}^2_{\text{kr}} \Rightarrow H_0$ ablehnen bzw.
  bei einer Irrtumswahrscheinlichkeit α von 1 %:
  wenn $\text{Chi}^2_{\text{pr}} \geq 9,21 = \text{Chi}^2_{\text{kr}} \Rightarrow H_0$ ablehnen.

Da $4,35 < 5,99$, akzeptieren wir H_0 unter Zugrundelegung einer 5 %igen Irrtumswahrscheinlichkeit. Also unterscheiden sich die Mediane der Weizenerträge nicht signifikant voneinander. Der Unterschied existiert nur zufällig in der Stichprobe, aber wohl nicht in der Grundgesamtheit. Die drei Düngemittel haben keinen unterschiedlichen Einfluss auf den Weizenertrag.

In SPSS erhalten wir das Ergebnis über Analysieren/Nichtparametrische Tests/alte Dialogfelder/k unabhängige Stichproben/-Median (s. Tab. 12.37). Da 0,114 (asymptotische Signifikanz) > 0,05, akzeptieren wir H_0.

12.2.2.3.2 Mehrstichprobentest bei verbundenen Stichproben: Friedman-Test

Shell möchte drei neue Benzinsorten hinsichtlich ihres Leistungsvermögens vergleichen. Erweist sich der durchschnittliche Benzinverbrauch pro 100 km bei allen drei Benzinsorten gleich

Tab. 12.36 Kreuztabelle für Mediantest

		Stichprobe			
		1	2	3	
X	> Median	O_{11}	O_{12}	O_{13}	a
	≤ Median	O_{21}	O_{22}	O_{23}	b
		n_1	n_2	n_3	n

Tab. 12.37 Mediantest in SPSS

Häufigkeiten				
		Düngemittel		
		1	2	3
Ertrag	> Median	3	8	5
	≤ Median	12	6	6

Statistik für Test[a]	
	Ertrag
N	40
Median	82,00
Chi-Quadrat	**4,351**[b]
df	2
asymptotische Signifikanz	**0,114**

[a] Gruppenvariable: Düngemittel
[b] Bei 1 Zellen (16,7 %) werden weniger als 5 Häufigkeiten erwartet. Die kleinste erwartete Zellenhäufigkeit ist 4,4.

oder unterschiedlich? Es werden 12 Autos des gleichen Typs für den Test ausgewählt. In der ersten Woche tanken alle Autos Benzinsorte 1 und fahren 2000 km; in der zweiten Woche tanken sie Benzinsorte 2 und fahren ebenso 2000 km (die gleiche Strecke wie in der ersten Woche) und in der dritten Woche tanken sie Benzinsorte 3 und fahren wiederum auf derselben Strecke 2000 km. Der jeweilige Durchschnittsverbrauch in Liter pro 100 km kann Tab. 12.38 entnommen werden.

Formulierung der Hypothese:

$H_0: \tilde{x}_A = \tilde{x}_B = \tilde{x}_C$ bzw. die Mediane des Benzinverbrauchs sind bei allen drei Benzinsorten identisch

$H_1:$ mindestens zwei $\tilde{x}_j$ sind ungleich bzw. die Mediane des Benzinverbrauchs von mindestens zwei Benzinsorten sind nicht identisch

Testvoraussetzungen:

- Die Stichproben sind Zufallsstichproben,
- die Stichproben sind unabhängig voneinander,
- die Variable X (Benzinverbrauch) muss stetig (continous) sein.

Testdurchführung:

Für jedes Auto (also zeilenmäßig) werden die Verbräuche der drei Benzinsorten der Größe nach aufsteigend in eine Rangfolge gebracht. Der kleinste dieser drei Werte erhält den Rang 1, der zweitkleinste Wert den Rang 2 etc. Die entsprechenden Ränge für alle Autos können Tab. 12.38 entnommen werden. Darauf aufbauend wird folgende Teststatistik verwendet:

Kapitel 12

Tab. 12.38 Test auf zwei Anteile in einer Stichprobe in SPSS

(1)	(2)	(3)	(4)	(5)	(6)	(7)
					Ränge	
Auto Nr.	Benzinsorte 1	Benzinsorte 2	Benzinsorte 3	Sorte 1	Sorte 2	Sorte 3
1	10	13	8	2	3	1
2	10	14	9	2	3	1
3	11	14	10	2	3	1
4	11	11	6	2,5	2,5	1
5	10	11	7	2	3	1
6	10	12	7	2	3	1
7	10	13	8	2	3	1
8	12	11	6	3	2	1
9	12	13	9	2	3	1
10	10	14	11	1	3	2
11	10	13	9	2	3	1
12	12	13	9	2	3	1
Summe R_j				$R_1 = 24,5$	$R_2 = 34,5$	$R_3 = 13$

- Prüfgröße:

$$\text{Chi}_{pr}^2 = \frac{12}{b \cdot k \cdot (k+1)} \cdot \sum_{j=1}^{k} R_j^2 - 3 \cdot b \cdot (k+1) \quad \text{mit}$$

$b = 12$ (Anzahl der Autos), $k = 3$ (Anzahl der Benzinsorten). Diese Zahlen eingesetzt führt zu

$$\text{Chi}_{pr}^2 = \frac{12}{12 \cdot 3 \cdot (3+1)} \cdot \left(R_1^2 + R_2^2 + R_3^2\right) - 3 \cdot 12 \cdot (3+1)$$

$$= \frac{12}{12 \cdot 3 \cdot (3+1)} \cdot \left(24,5^2 + 34,5^2 + 13^2\right)$$

$$- 3 \cdot 12 \cdot (3+1) = 19,29.$$

- Prüfverteilung: Chi^2-Verteilung
- Beibehaltung oder Ablehnung der Hypothese:
  Mit $\alpha = 0,05$ (Fläche im rechten Teil der Chi^2-Verteilung), $v = k - 1 = 2$ und den Chi^2-Grenzen aus Tab. 11.22 ergibt sich: bei einer Irrtumswahrscheinlichkeit α von 5 %:
  wenn $\text{Chi}_{pr}^2 \geq 5,99 = \text{Chi}_{kr}^2 \Rightarrow H_0$ ablehnen bzw.
  bei einer Irrtumswahrscheinlichkeit α von 1 %:
  wenn $\text{Chi}_{pr}^2 \geq 9,21 = \text{Chi}_{kr}^2 \Rightarrow H_0$ ablehnen.

Tab. 12.39 Friedman-Test in SPSS

Ränge	
	Mittlerer Rang
Sorte1	2,04
Sorte2	2,88
Sorte3	1,08

Statistik für Test[a]	
N	12
Chi-Quadrat	19,702
df	2
asymptotische Signifikanz	**0,000053**
Exakte Signifikanz	0,000
Punkt-Wahrscheinlichkeit	0,000

[a] Friedman-Test

Da $19,29 > 5,99$, lehnen wir H_0 unter Zugrundelegung einer 5 %igen Irrtumswahrscheinlichkeit ab. Also unterscheiden sich die Mediane der Benzinverbräuche signifikant voneinander. Der Unterschied existiert nicht nur zufällig in der Stichprobe, sondern wohl auch in der Grundgesamtheit. Die drei Benzinsorten haben nicht dasselbe Leistungsvermögen.

In SPSS erhalten wir das Ergebnis über Analysieren/Nichtparametrische Tests/alte Dialogfelder/k verbundene Stichproben/Friedman (s. Tab. 12.39). Da 0,000053 (asymptotische Signifikanz) $< 0,05$, lehnen wir H_0 ab. SPSS erhält ein leicht anderes Ergebnis für Chi_{pr}^2, da dort für Ties/Bindungen korrigiert wird.

12.2.3 Hypothesen über Varianzen

Varianzentest

Es bestehen typischerweise drei unterschiedliche Testsituationen:

1. Weist eine Varianz einen bestimmten Wert auf (Einstichprobentest)?
2. Sind zwei Varianzen identisch (Zweistichprobentest)?
3. Sind mehr als zwei Varianzen identisch (Mehrstichprobentest)?

12.2.3.1 Einstichprobentest: Chi^2-Test für eine Varianz

Problemstellung:

Viele Kunden der Deutschen Post haben das Gefühl, stets in der falschen Schlange am Schalter zu stehen. Daher experimentiert die Post in einer Filiale mit vier Schaltern mit unterschiedlichen Bedienungssystemen. In einer Woche wurden die Kunden in vier Warteschlangen, d. h. je einer Warteschlange pro Schalter, bedient. Die Auswertung der Daten ergab eine durchschnittliche Wartezeit von neun Minuten bei einer Varianz von 4 (Quadratminuten). Man geht davon aus, dass diese Zahlen auch in der Grundgesamtheit – also alle Wochen – gelten. Anschließend wurde das Bedienungssystem dahingehend geändert, dass für alle vier Schalter nur noch eine einzige – gemeinsame – Warteschlange eingerichtet wurde. Nach einer Woche Testdurchlauf ergab sich eine durchschnittliche Wartezeit von neun Minuten bei einer Varianz von 7,7 (Quadratminuten). Im Durchschnitt mussten die Kunden in beiden Wochen gleich lang warten, aber die Streuung der Wartezeiten weist einen Unterschied auf. Ist diese Differenz eher zufällig oder steckt ein System dahinter, weil auch in der Grundgesamtheit die Varianzen nicht identisch sind? Die einzelnen Wartezeiten sind in Tab. 12.40 aufgelistet.

Formulierung der Hypothese:

H_0: $\sigma^2 = 4 = \sigma_0^2$

H_1: $\sigma^2 \neq 4 = \sigma_0^2$

Testvoraussetzungen:

- Die Variable X (hier Wartezeit) muss normalverteilt sein.

Testdurchführung:

- Prüfgröße:

$$\text{Chi}_{\text{pr}}^2 = \frac{(n-1) \cdot s^2}{\sigma_0^2} \quad \text{mit}$$

$n = 102$ (Zahl der Elemente in der Stichprobe) und $s^2 = 7{,}7$. Diese Werte eingesetzt in die obige Gleichung erhalten wir

$$\text{Chi}_{\text{pr}}^2 = \frac{(102-1) \cdot 7{,}7}{4} = 194{,}4.$$

- Prüfverteilung: Chi^2-Verteilung
- Beibehaltung oder Ablehnung der Hypothese:
  Mit $\alpha = 0{,}05$ (Fläche im rechten Teil der Chi^2-Verteilung), $v = n - 1 = 102 - 1 = 101$ und den Chi^2-Grenzen aus Tab. 11.22 ergibt sich:
  bei einer Irrtumswahrscheinlichkeit α von 5 %:
  wenn $\text{Chi}_{\text{pr}}^2 \geq 125{,}46 = \text{Chi}_{\text{kr}}^2 \Rightarrow H_0$ ablehnen bzw.
  bei einer Irrtumswahrscheinlichkeit α von 1 %:
  wenn $\text{Chi}_{\text{pr}}^2 \geq 136{,}97 = \text{Chi}_{\text{kr}}^2 \Rightarrow H_0$ ablehnen.

Da $194{,}4 > 125{,}46$, lehnen wir H_0 unter Zugrundelegung einer 5 %igen Irrtumswahrscheinlichkeit ab. Also unterscheidet sich die Varianz der Wartezeit signifikant von dem behaupteten Wert 4. Der Unterschied existiert nicht nur zufällig in der Stichprobe, sondern wohl auch in der Grundgesamtheit. Die Varianzen der Wartezeiten unterscheiden sich folglich in beiden Wochen.

In SPSS erhalten wir das Ergebnis über Transformieren/Variable berechnen/Zielvariable(p) und Numerischer Ausdruck $(2 \cdot (1 - \text{cdf.chisq}(194.4,101)))$. Da $p = 0{,}00000014 < 0{,}05$, lehnen wir H_0 ab.

12.2.3.2 Zweistichprobentest

Problemstellung:

Sind zwei Varianzen identisch?

Ist z. B. die Streuung der Bearbeitungszeiten von Bilanzprüfungen in Bremen genauso hoch wie in Dresden?

Aldi führt z. B. in Deutschland im Juni 2014 eine verstärkte Werbekampagne durch. Ist die Varianz der Umsätze aller deutschen Aldi-Filialen im Mai 2014 identisch mit der Varianz im Juli 2014?

Gut zu wissen

Wenn zwei Varianzen miteinander verglichen werden sollen, müssen wir zwei Fälle unterscheiden: **unverbundene und verbundene Stichproben**. ◄

12.2.3.2.1 Zweistichprobentest bei unverbundenen Stichproben: F-Test oder Levene-Test

In Abschn. 12.2.1 hatten wir uns Gedanken gemacht über Bilanzprüfungen durch das Unternehmen PricewaterhouseCoopers PwC. Die Zeit für die Durchführung einer Bilanzprüfung schwankt von Unternehmen zu Unternehmen (s. Tab. 12.14). In einem Vergleich zwischen den PwC-Standorten Dresden und Bremen wurden in einer Stichprobe Unterschiede in der durchschnittlichen Bearbeitungszeit festgestellt. Um Rückschlüsse auf die Bearbeitungszeit in den Grundgesamtheiten ziehen zu können, wurde ein t-Test durchgeführt. Eine Testvoraussetzung sagt, dass die Varianzen $\sigma_1^2 bzw. \sigma_2^2$ der Bearbeitungszeiten in beiden Standorten identisch sein müssen. Ob diese Bedingung erfüllt ist, wollen wir nun testen.

Formulierung der Hypothese:

H_0: $\sigma_1^2 = \sigma_2^2$

H_1: $\sigma_1^2 \neq \sigma_2^2$

Testvoraussetzungen:

- Die Variable X (hier Bearbeitungszeit) muss in beiden Stichproben normalverteilt sein.

Testdurchführung für den F-Test:

- Prüfgröße:

$$F_{\text{pr}} = \frac{s_1^2}{s_2^2}$$

s_1^2 beschreibt die Varianz aus der einen Stichprobe (Dresden) und s_2^2 die Varianz aus der anderen Stichprobe (Bremen). Da die größere der beiden Varianzen in den Zähler gehört, erhalten wir mit den Werten aus Tab. 12.13

$$F_{\text{pr}} = \frac{1{,}11^2}{1{,}07^2} = 1{,}08.$$

- Prüfverteilung: F-Verteilung
- Beibehaltung oder Ablehnung der Hypothese:
  Bei einer Irrtumswahrscheinlichkeit α von 5 %:
  wenn $F_{\text{pr}} \geq 2{,}00 = F_{\text{kr}} \Rightarrow H_0$ ablehnen.
  Bei einer Irrtumswahrscheinlichkeit α von 1 %:
  wenn $F_{\text{pr}} \geq 2{,}70 = F_{\text{kr}} \Rightarrow H_0$ ablehnen.
  Bei einer Irrtumswahrscheinlichkeit von 1 %/5 %:
  Grenzwerte F_{kr} (F-kritisch) s. Tab. 11.23 in Abhängigkeit der Freiheitsgrade $v_1 = n_1 - 1$, hier also $23 - 1 = 22$ bzw. $v_2 = n_2 - 1 = 25 - 1 = 24$.

Tab. 12.40 Wartezeiten am Postschalter

Person Nr.	Wartezeit in Minuten	Person Nr.	Wartezeit in Minuten	Person Nr.	Wartezeit in Minuten	Person Nr.	Wartezeit in Minuten
1	8	27	8	53	6	79	10
2	12	28	10	54	11	80	6
3	12	29	13	55	4	81	11
4	5	30	6	56	12	82	13
5	4	31	6	57	7	83	11
6	6	32	8	58	11	84	4
7	8	33	12	59	11	85	9
8	5	34	13	60	9	86	10
9	9	35	7	61	12	87	12
10	10	36	11	62	12	88	9
11	10	37	5	63	8	89	11
12	8	38	12	64	5	90	9
13	4	39	7	65	10	91	8
14	9	40	13	66	3	92	9
15	8	41	10	67	11	93	8
16	8	42	12	68	11	94	13
17	7	43	6	69	13	95	7
18	10	44	12	70	10	96	5
19	7	45	8	71	13	97	11
20	10	46	10	72	8	98	10
21	12	47	10	73	8	99	8
22	13	48	6	74	11	100	9
23	7	49	9	75	14	101	6
24	11	50	4	76	8	102	8
25	1	51	10	77	14		
26	5	52	7	78	11		

Da $1{,}08 < 2{,}00$, akzeptieren wir H_0 unter Zugrundelegung einer 5 %igen Irrtumswahrscheinlichkeit. Also unterscheiden sich die Varianzen der Bearbeitungszeiten zwischen Dresden und Bremen nicht signifikant. Der Unterschied existiert nur zufällig in den beiden Stichproben, aber wohl nicht in der Grundgesamtheit.

In SPSS erhalten wir das Ergebnis über Transformieren/Variable berechnen/Zielvariable(p) und Numerischer Ausdruck $(2 \cdot (1 - CDF.F(1.08,22,24)))$. Da $p = 0{,}850 > 0{,}05$, akzeptieren wir H_0.

Gut zu wissen

Testalternative: Falls die Annahme der Normalverteilung nicht erfüllt sein sollte, existiert mit dem Levene-Test eine Alternative. ◄

Formulierung der Hypothese:

$H_0:\ \sigma_1^2 = \sigma_2^2$

$H_1:\ \sigma_1^2 \neq \sigma_2^2$

Testvoraussetzungen:

- Die Variable X (hier Bearbeitungszeit) muss in beiden Stichproben stetig sein.

Testdurchführung für den Levene-Test:

- Prüfgröße:

$$F_{pr} = \frac{MST}{MSE} = \frac{\sum_{j=1}^{k} n_j \cdot (\bar{z}_j - \bar{z})^2 / (k-1)}{\sum_{j=1}^{k} \sum_{i=1}^{n_j} (z_{ij} - \bar{z}_j)^2 / (n-k)} \quad \text{mit}$$

$k = 2$ (Zahl der Stichproben), $n_1 = 25$ (Zahl der Elemente in der ersten Stichprobe, also Bremen), $n_2 = 23$ (Zahl der Elemente in der zweiten Stichprobe, also Dresden), $n = n_1 + n_2 = 25 + 23 = 48$.

$$z_{ij} = \left| x_{ij} - \bar{x}_j \right|$$

Der Index j nummeriert die Stichproben durch, der Index i bezeichnet die Elemente innerhalb einer Stichprobe. $\bar{x}_j$ steht für den arithmetischen Mittelwert der Bearbeitungszeiten in Stichprobe j. Eine Variante des Levene-Tests arbeitet mit dem Median statt mit dem Mittelwert (s. Kuehl (2009), S. 128). Aufbauend auf Tab. 12.41 erhalten wir folgende Resultate.

Der Mittelwert der Bearbeitungszeiten in Bremen ergibt sich zu $\bar{x}_1 = 31{,}84$ und in Dresden zu $\bar{x}_2 = 28{,}83$.

$$\bar{z}_1 = \frac{1{,}84 + 0{,}84 + \ldots + 0{,}16 + 1{,}84}{25} = 0{,}845$$

$$\bar{z}_2 = \frac{0{,}8261 + 0{,}8261 + \ldots + 0{,}1739 + 0{,}1739}{23} = 0{,}907$$

Tab. 12.41 Levene-Test für zwei Stichproben

Bremen		SSE	Dresden		SSE
$j = 1$	z_{i1}	(Summanden)	$j = 2$	z_{i2}	(Summanden)
x_{i1}			x_{i2}		
30	1,84	0,99042	28	0,8261	0,0066
31	0,84	0,00002	28	0,8261	0,0066
31	0,84	0,00002	30	1,1739	0,0710
32	0,16	0,46895	31	2,1739	1,6041
31	0,84	0,00002	27	1,8261	0,8440
33	1,16	0,09935	30	1,1739	0,0710
33	1,16	0,09935	29	0,1739	0,5380
30	1,84	0,99042	29	0,1739	0,5380
31	0,84	0,00002	30	1,1739	0,0710
32	0,16	0,46895	29	0,1739	0,5380
32	0,16	0,46895	30	1,1739	0,0710
33	1,16	0,09935	29	0,1739	0,5380
33	1,16	0,09935	27	1,8261	0,8440
33	1,16	0,09935	28	0,8261	0,0066
32	0,16	0,46895	28	0,8261	0,0066
31	0,84	0,00002	29	0,1739	0,5380
31	0,84	0,00002	28	0,8261	0,0066
34	2,16	1,72975	30	1,1739	0,0710
32	0,16	0,46895	30	1,1739	0,0710
33	1,16	0,09935	27	1,8261	0,8440
32	0,16	0,46895	28	0,8261	0,0066
32	0,16	0,46895	29	0,1739	0,5380
32	0,16	0,46895	29	0,1739	0,5380
32	0,16	0,46895			
30	1,84	0,99042			
Summe		9,518			8,368

$$\bar{z} = \frac{1,84 + 0,84 + \ldots + 0,1739 + 0,1739}{48} = 0,875$$

$$MST = 25 \cdot (0,845 - 0,875)^2 / (2 - 1)$$
$$+ 23 \cdot (0,907 - 0,875)^2 / (2 - 1) = 0,046$$

$$MSE = \frac{9,518 + 8,368}{48 - 2} = 0,3888$$

$$F_{pr} = \frac{0,046}{0,3888} = 0,12.$$

- Prüfverteilung: F-Verteilung
- Beibehaltung oder Ablehnung der Hypothese:
  Bei einer Irrtumswahrscheinlichkeit α von 5 %:
  wenn $F_{pr} \geq 4,05 = F_{kr} \Rightarrow H_0$ ablehnen.
  Bei einer Irrtumswahrscheinlichkeit α von 1 %:
  wenn $F_{pr} \geq 7,22 = F_{kr} \Rightarrow H_0$ ablehnen.
  Bei einer Irrtumswahrscheinlichkeit von 1 %/5 %:
  Grenzwerte F_{kr} (F-kritisch) s. Tab. 11.23 in Abhängigkeit der
  Freiheitsgrade $v_1 = k - 1$, hier also $2 - 1 = 1$ bzw. $v_2 = n - k = 48 - 2 = 46$.

Da $0,12 < 4,05$, akzeptieren wir H_0 unter Zugrundelegung einer 5 %igen Irrtumswahrscheinlichkeit. Also unterscheiden sich die Varianzen der Bearbeitungszeiten zwischen Dresden und Bremen nicht signifikant. Der Unterschied existiert nur zufällig in den beiden Stichproben, aber wohl nicht in der Grundgesamtheit.

In SPSS erhalten wir das Ergebnis über Analysieren/Mittelwerte vergleichen/T-Test bei unabhängigen Stichproben (s. Tab. 12.42). Die Bearbeitungszeiten müssen in einer Spalte untereinander stehen. Eine zweite Spalte definiert, zu welcher Stichprobe die Bearbeitungszeiten gehören. Da die Signifikanz $p = 0,73 > 0,05$, akzeptieren wir H_0.

12.2.3.2.2 Zweistichprobentest bei verbundenen Stichproben: Pitman-Test

————————— Aufgabe 12.3 —————————

Aldi möchte durch geeignete Werbemaßnahmen den Umsatz in seinen Deutschland-Filialen erhöhen. In Abschn. 12.2.1 (Tab. 12.16 und Tab. 12.17) hatten wir festgestellt, dass der durchschnittliche Umsatz pro Filiale im Mai 2014 bei 2,53 Mio. € und im Juli 2014 bei 2,50 Mio. € lag. Dieser (zu kleine) Unterschied erwies sich nicht als signifikant. Wie sieht es aber mit der Streuung der Umsätze aus? War sie in beiden Monaten identisch? In den beiden Stichproben lag ein Unterschied vor: $212.523,5^2$ im Mai und $201.536,5^2$ im Juli. Ist dieser Unterschied groß genug, um als signifikant bezeichnet zu werden?

Formulierung der Hypothese:

$H_0: \quad \sigma_1^2 = \sigma_2^2$
$H_1: \quad \sigma_1^2 \neq \sigma_2^2$

Testvoraussetzung:

- Die Variable X (hier Umsatz) muss in beiden Stichproben normalverteilt sein.

Testdurchführung:

- Prüfgröße:

$$t_{pr} = \frac{(s_1^2 - s_2^2) \cdot \sqrt{n - 2}}{2 \cdot s_1 \cdot s_2 \cdot \sqrt{1 - r^2}} \quad \text{mit}$$

$s_1^2 = 212.523,5^2$
$\quad = 45.166.238.052,25 \quad$ (Varianz aus erster Stichprobe)

$s_2^2 = 201.536,5^2$
$\quad = 40.616.960.832,25 \quad$ (Varianz aus zweiter Stichprobe)

$n = 90$ und $r = -0,028$ misst die Korrelation zwischen den Umsätzen im Mai bzw. Juli.
Eingesetzt in obige Prüfgröße erhalten wir

$$t_{pr} = \frac{(45.166.238.052,25 - 40.616.960.832,25) \cdot \sqrt{90 - 2}}{2 \cdot 212.523,5 \cdot 201.536,5 \cdot \sqrt{1 - (-0,028)^2}}$$
$$= 0,498$$

- Prüfverteilung: t-Verteilung

Kapitel 12

Tab. 12.42 Levene-Test für zwei Stichproben in SPSS

Gruppenstatistiken					
	Ort	N	Mittelwert	Standardabweichung	Standardfehler des Mittelwertes
Bearbeitungszeit	1	25	31,84	1,068	0,214
	2	23	28,83	1,114	0,232

Test bei unabhängigen Stichproben		Levene-Test der Varianzgleichheit		T-Test für die Mittelwertgleichheit		
		F	Signifikanz	T	df	Sig. (2-seitig)
Bearbeitungszeit	Varianzen sind gleich	0,121	0,730	9,569	46	0,000
	Varianzen sind nicht gleich			9,552	45,263	0,000

Test bei unabhängigen Stichproben		T-Test für die Mittelwertgleichheit			
		Mittlere Differenz	Standardfehler der Differenz	95 % Konfidenzintervall der Differenz	
				Untere	Obere
Bearbeitungszeit	Varianzen sind gleich	3,014	0,315	2,380	3,648
	Varianzen sind nicht gleich	3,014	0,316	2,378	3,649

- Beibehaltung oder Ablehnung der Hypothese:
  Bei einer Irrtumswahrscheinlichkeit α von 5 %:
  wenn $|t_{pr}| \geq 1,987 = t_{kr} \Rightarrow H_0$ ablehnen.
  Bei einer Irrtumswahrscheinlichkeit α von 1 %:
  wenn $|t_{pr}| \geq 2,633 = t_{kr} \Rightarrow H_0$ ablehnen.
  Bei einer Irrtumswahrscheinlichkeit von 1 %/5 %: Grenzwerte t_{kr} (t-kritisch) s. Tab. 11.24 in Abhängigkeit der Freiheitsgrade $n - 2$, hier also $90 - 2 = 88$.

Da $|0,498| < 1,987$, akzeptieren wir H_0 unter Zugrundelegung einer 5 %igen Irrtumswahrscheinlichkeit. Also unterscheiden sich die Varianzen der Umsätze im Mai bzw. Juli nicht signifikant. Der Unterschied existiert nur zufällig in den beiden Stichproben, aber wohl nicht in der Grundgesamtheit.

In SPSS erhalten wir das Ergebnis (die Umsätze stehen im Datenfenster je in einer Spalte) über Transformieren/Variable berechnen/Zielvariable(t) und Numerischer Ausdruck

$$\left(\frac{(45.166.238.052,25 - 40.616.960.832,25) \cdot \sqrt{90 - 2}}{2 \cdot 212.523,5 \cdot 201.536,5 \cdot \sqrt{1 - (-0,028)^2}} \right)$$

bzw. Transformieren/Variable berechnen/Zielvariable(p) und Numerischer Ausdruck $(2 \cdot (1 - \text{CDF.T}(0.498,88)))$. Da $p = 0,62 > 0,05$, akzeptieren wir H_0.

12.2.3.3 Mehrstichprobentest

Problemstellung:

Sind drei (oder mehr) Varianzen identisch?

Gut zu wissen

Wenn drei Varianzen miteinander verglichen werden sollen, müssen wir zwei Fälle unterscheiden: **unverbundene und verbundene Stichproben.** ◄

12.2.3.3.1 Mehrstichprobentest bei unverbundenen Stichproben: Levene-Test

Problemstellung:

Sind drei (oder mehr) Varianzen identisch?

Das Einzelhandelsunternehmen Edeka eröffnet in drei neuen Orten je eine Filiale und möchte nach einem Vierteljahr wissen, wie die Zahlungsbereitschaft der Kunden aussieht. Dazu hatten wir in Abschn. 12.2.1 (Tab. 12.19) geprüft, ob sich die durchschnittliche Zahl der – von den Käufern benutzten – ungedeckten Kreditkarten zwischen den Filialen unterscheidet. Bei der Durchführung des Tests lautet eine Bedingung, dass die Varianzen σ_1^2 bis σ_3^2 der Anzahl der ungedeckten Kreditkarten in allen drei Filialen identisch sein müssen. Ob diese Bedingung erfüllt ist, wollen wir nun testen.

Formulierung der Hypothese:

$H_0: \sigma_1^2 = \sigma_2^2 = \sigma_3^2$ die Varianzen sind in allen drei Filialen identisch

$H_1:$ mindestens zwei σ_j^2 unterscheiden sich bzw. die Varianzen mindestens zweier Filialen unterscheiden sich

Testvoraussetzung:

- Die Variable X (hier Bearbeitungszeit) muss in allen drei Stichproben stetig sein.

Testdurchführung:

- Prüfgröße:

$$F_{pr} = \frac{MST}{MSE} = \frac{\sum_{j=1}^{k} n_j \cdot (\bar{z}_j - \bar{z})^2 / (k-1)}{\sum_{j=1}^{k} \sum_{i=1}^{n_j} (z_{ij} - \bar{z}_j)^2 / (n-k)} \quad \text{mit}$$

$k = 3$ (Zahl der Stichproben, hier Filialen), $n_1 = 69$ (Zahl der Elemente in der ersten Stichprobe, also Filiale 1), $n_2 = 69$ (Zahl der Elemente in der zweiten Stichprobe, also

Filiale 2), $n_3 = 69$ (Zahl der Elemente in der dritten Stichprobe, also Filiale 3), $n = n_1 + n_2 + n_3 = 69 + 69 + 69 = 207$.

$$z_{ij} = |x_{ij} - \bar{x}_j|$$

Der Index j nummeriert die Stichproben durch, der Index i bezeichnet die Elemente innerhalb einer Stichprobe. $\bar{x}_j$ steht für den arithmetischen Mittelwert der Zahl der ungedeckten Kreditkarten in Stichprobe j. Eine Variante des Levene-Tests arbeitet mit dem Median statt mit dem Mittelwert (s. Kuehl (2009), S. 128). Aufbauend auf Tab. 12.43 erhalten wir folgende Resultate.

Der Mittelwert der Bearbeitungszeiten in Filiale 1 ergibt sich zu $\bar{x}_1 = 14{,}04$, in Filiale 2 zu $\bar{x}_2 = 14{,}64$ und in Filiale 3 zu $\bar{x}_3 = 16{,}43$.

$$\bar{z}_1 = \frac{0{,}04 + 0{,}04 + \ldots + 1{,}96 + 4{,}04}{69} = 1{,}56$$

$$\bar{z}_2 = \frac{2{,}64 + 3{,}64 + \ldots + 3{,}64 + 0{,}64}{69} = 1{,}83$$

$$\bar{z}_3 = \frac{0{,}43 + 2{,}57 + \ldots + 1{,}57 + 1{,}43}{69} = 1{,}45$$

$$\bar{z} = \frac{0{,}04 + 0{,}04 + \ldots + 1{,}57 + 1{,}43}{207} = 1{,}61$$

$$MST = 69 \cdot (1{,}56 - 1{,}61)^2 / (3 - 1)$$
$$+ 69 \cdot (1{,}83 - 1{,}61)^2 / (3 - 1)$$
$$+ 69 \cdot (1{,}45 - 1{,}61)^2 / (3 - 1) = 2{,}64$$

$$MSE = \frac{89{,}9968 + 152{,}9013 + 73{,}5245}{207 - 3} = 1{,}55$$

$$F_{pr} = \frac{2{,}64}{1{,}55} = 1{,}7$$

- Prüfverteilung: F-Verteilung
- Beibehaltung oder Ablehnung der Hypothese:
  Bei einer Irrtumswahrscheinlichkeit α von 5 %:
  wenn $F_{pr} \geq 3{,}04 = F_{kr} \Rightarrow H_0$ ablehnen.
  Bei einer Irrtumswahrscheinlichkeit α von 1 %:
  wenn $F_{pr} \geq 4{,}71 = F_{kr} \Rightarrow H_0$ ablehnen.

Bei einer Irrtumswahrscheinlichkeit von 1 %/5 %: Grenzwerte F_{kr} (F-kritisch) s. Tab. 11.23 in Abhängigkeit der Freiheitsgrade $v_1 = k - 1$, hier also $3 - 1 = 2$ bzw. $v_2 = n - k = 207 - 3 = 204$.

Da $1{,}7 < 3{,}04$, akzeptieren wir H_0 unter Zugrundelegung einer 5 %igen Irrtumswahrscheinlichkeit. Also unterscheiden sich die Varianzen der ungedeckten Kreditkarten in den drei Filialen nicht signifikant. Der Unterschied existiert nur zufällig in den beiden Stichproben, aber wohl nicht in der Grundgesamtheit.

In SPSS erhalten wir das Ergebnis über Analysieren/Mittelwerte vergleichen/Einfaktorielle ANOVA (s. Tab. 12.44). Die Zahlen der ungedeckten Kreditkarten müssen in einer Spalte untereinander stehen. Eine zweite Spalte definiert, zu welcher Filiale die Daten gehören. Da die Signifikanz $p = 0{,}186 > 0{,}05$, akzeptieren wir H_0.

12.2.3.3.2 Mehrstichprobentest bei verbundenen Stichproben: Mauchly-Test

Problemstellung:

Apple möchte wissen, ob die Bildqualität beim iPad im Laufe der Zeit konstant bleibt. Zur Beantwortung dieser Frage wurden in Abschn. 12.2.1 92 neu produzierte iPads ausgewählt und nach 6, 12 bzw. 18 Monaten untersucht, wie viele fehlerhafte Pixel sie aufweisen. Ist die durchschnittliche Zahl der fehlerhaften Pixel zu allen drei genannten Zeitpunkten identisch? Bei der Durchführung des Tests lautet eine Bedingung, dass die Varianzen σ_1^2 bis σ_3^2 der Anzahl der fehlerhaften Pixel zu allen drei Zeitpunkten identisch sein müssen. Ob diese Bedingung erfüllt ist, wollen wir nun testen.

Formulierung der Hypothese:

$H_0 : \sigma_1^2 = \sigma_2^2 = \sigma_3^2$ bzw. die Varianzen der Pixelfehler sind zu allen drei Messterminen identisch

$H_1 :$ mindestens zwei σ_j^2 unterscheiden sich bzw. mindestens zwei Varianzen unterscheiden sich

Tab. 12.43 Levene-Test für drei Stichproben

Filiale 1			Filiale 2			Filiale 3		
x_{i1}	z_{i1}	SSE (Summand)	x_{i2}	z_{i2}	SSE (Summand)	x_{i3}	z_{i3}	SSE (Summand)
14	0,04	2,2851	12	2,64	0,6526	16	0,43	1,0343
14	0,04	2,2851	11	3,64	3,2682	19	2,57	1,2397
11	3,04	2,2152	9	5,64	14,4994	17	0,57	0,7860
14	0,04	2,2851	14	0,64	1,4213	15	1,43	0,0003
13	1,04	0,2618	21	6,36	20,5431	17	0,57	0,7860
12	2,04	0,2385	15	0,36	2,1537	19	2,57	1,2397
15	0,96	0,3583	17	2,36	0,2835	17	0,57	0,7860
13	1,04	0,2618	17	2,36	0,2835	19	2,57	1,2397
13	1,04	0,2618	14	0,64	1,4213	18	1,57	0,0129
12	2,04	0,2385	17	2,36	0,2835	16	0,43	1,0343
12	2,04	0,2385	14	0,64	1,4213	21	4,57	9,6934
15	0,96	0,3583	21	6,36	20,5431	16	0,43	1,0343
19	4,96	11,5694	12	2,64	0,6526	17	0,57	0,7860
15	0,96	0,3583	15	0,36	2,1537	14	2,43	0,9663
13	1,04	0,2618	14	0,64	1,4213	16	0,43	1,0343

Tab. 12.43 Fortsetzung

Filiale 1			Filiale 2			Filiale 3		
x_{i1}	z_{i1}	SSE (Summand)	x_{i2}	z_{i2}	SSE (Summand)	x_{i3}	z_{i3}	SSE (Summand)
16	1,96	0,1611	15	0,36	2,1537	16	0,43	1,0343
15	0,96	0,3583	12	2,64	0,6526	20	3,57	4,4666
12	2,04	0,2385	17	2,36	0,2835	14	2,43	0,9663
15	0,96	0,3583	15	0,36	2,1537	16	0,43	1,0343
11	3,04	2,2152	17	2,36	0,2835	16	0,43	1,0343
11	3,04	2,2152	16	1,36	0,2186	18	1,57	0,0129
13	1,04	0,2618	15	0,36	2,1537	15	1,43	0,0003
15	0,96	0,3583	15	0,36	2,1537	15	1,43	0,0003
14	0,04	2,2851	12	2,64	0,6526	13	3,43	3,9322
15	0,96	0,3583	15	0,36	2,1537	14	2,43	0,9663
16	1,96	0,1611	14	0,64	1,4213	19	2,57	1,2397
15	0,96	0,3583	14	0,64	1,4213	17	0,57	0,7860
15	0,96	0,3583	11	3,64	3,2682	19	2,57	1,2397
13	1,04	0,2618	11	3,64	3,2682	16	0,43	1,0343
16	1,96	0,1611	10	4,64	7,8838	15	1,43	0,0003
15	0,96	0,3583	17	2,36	0,2835	19	2,57	1,2397
16	1,96	0,1611	13	1,64	0,0369	16	0,43	1,0343
16	1,96	0,1611	12	2,64	0,6526	17	0,57	0,7860
13	1,04	0,2618	19	4,36	6,4133	16	0,43	1,0343
11	3,04	2,2152	16	1,36	0,2186	14	2,43	0,9663
14	0,04	2,2851	13	1,64	0,0369	14	2,43	0,9663
15	0,96	0,3583	17	2,36	0,2835	16	0,43	1,0343
14	0,04	2,2851	16	1,36	0,2186	18	1,57	0,0129
12	2,04	0,2385	13	1,64	0,0369	16	0,43	1,0343
14	0,04	2,2851	15	0,36	2,1537	18	1,57	0,0129
18	3,96	5,7667	16	1,36	0,2186	15	1,43	0,0003
16	1,96	0,1611	15	0,36	2,1537	16	0,43	1,0343
12	2,04	0,2385	12	2,64	0,6526	18	1,57	0,0129
17	2,96	1,9639	15	0,36	2,1537	17	0,57	0,7860
15	0,96	0,3583	15	0,36	2,1537	16	0,43	1,0343
10	4,04	6,1918	16	1,36	0,2186	17	0,57	0,7860
14	0,04	2,2851	14	0,64	1,4213	13	3,43	3,9322
14	0,04	2,2851	17	2,36	0,2835	15	1,43	0,0003
15	0,96	0,3583	14	0,64	1,4213	18	1,57	0,0129
13	1,04	0,2618	18	3,36	2,3484	18	1,57	0,0129
16	1,96	0,1611	10	4,64	7,8838	17	0,57	0,7860
17	2,96	1,9639	16	1,36	0,2186	18	1,57	0,0129
15	0,96	0,3583	17	2,36	0,2835	14	2,43	0,9663
14	0,04	2,2851	15	0,36	2,1537	13	3,43	3,9322
14	0,04	2,2851	15	0,36	2,1537	16	0,43	1,0343
11	3,04	2,2152	15	0,36	2,1537	17	0,57	0,7860
13	1,04	0,2618	12	2,64	0,6526	17	0,57	0,7860
16	1,96	0,1611	14	0,64	1,4213	19	2,57	1,2397
13	1,04	0,2618	17	2,36	0,2835	18	1,57	0,0129
11	3,04	2,2152	14	0,64	1,4213	18	1,57	0,0129
17	2,96	1,9639	13	1,64	0,0369	17	0,57	0,7860
15	0,96	0,3583	15	0,36	2,1537	16	0,43	1,0343
12	2,04	0,2385	16	1,36	0,2186	16	0,43	1,0343
14	0,04	2,2851	15	0,36	2,1537	13	3,43	3,9322
15	0,96	0,3583	16	1,36	0,2186	15	1,43	0,0003
12	2,04	0,2385	17	2,36	0,2835	16	0,43	1,0343
17	2,96	1,9639	13	1,64	0,0369	14	2,43	0,9663
16	1,96	0,1611	11	3,64	3,2682	18	1,57	0,0129
10	4,04	6,1918	14	0,64	1,4213	15	1,43	0,0003
Summe		89,9968			152,9013			73,5245

Tab. 12.44 Levene-Test für drei Stichproben in SPSS

Test der Homogenität der Varianzen
ungedeckt

Levene-Statistik	df1	df2	Signifikanz
1,699	2	204	**0,186**

Einfaktorielle ANOVA
ungedeckt

	Quadrat-summe	df	Mittel der Quadrate	F	Signifikanz
Zwischen den Gruppen	213,923	2	106,961	25,379	0,000
Innerhalb der Gruppen	859,768	204	4,215		
Gesamt	1073,691	206			

Testvoraussetzung:

- Die Variable X (hier Pixelfehler) muss in allen drei Stichproben normalverteilt sein.

Testdurchführung:

- Prüfgröße:

$$W = \frac{|C \cdot S \cdot C'|}{\left[\dfrac{\text{Spur}\,(C \cdot S \cdot C')}{k-1}\right]^{k-1}}$$

Die Notation ist in Matrix-Schreibweise mit S = Varianz-Kovarianz-Matrix der Pixelfehler, $C = (k-1) \cdot k$-Matrix, in der die Zeilen aus normalisierten, orthogonalen Kontrasten der wiederholten Messwerte bestehen. $K = 3$ (Zahl der Stichproben, hier Messzeitpunkte), $W = 0,996$.

- Prüfverteilung: Chi^2-Verteilung
- Beibehaltung oder Ablehnung der Hypothese:
Mit $\alpha = 0,05$ (Fläche im rechten Teil der Chi^2-Verteilung), $v = k \cdot (k-1)/2 - 1 = 3 \cdot (3-1)/2 - 1 = 2$ und den Chi^2-Grenzen aus Tab. 11.22 ergibt sich:
bei einer Irrtumswahrscheinlichkeit α von 5 %:
wenn $W = \text{Chi}^2_{\text{pr}} \geq 5,99 = \text{Chi}^2_{\text{kr}} \Rightarrow H_0$ ablehnen bzw.
bei einer Irrtumswahrscheinlichkeit α von 1 %:
wenn $W = \text{Chi}^2_{\text{pr}} \geq 9,21 = \text{Chi}^2_{\text{kr}} \Rightarrow H_0$ ablehnen.

Da $W = 0,996 < 5,99$, akzeptieren wir H_0 unter Zugrundelegung einer 5 %igen Irrtumswahrscheinlichkeit. Also unterscheiden sich die Varianzen der Pixelfehler zu den drei Messzeit-

punkten nicht signifikant voneinander. Der Unterschied existiert nur zufällig in der Stichprobe, aber wohl nicht in der Grundgesamtheit.

In SPSS erhalten wir das Ergebnis über Analysieren/Allgemeines lineares Modell/Messwiederholung/Anzahl Stufen(3) definieren (s. Tab. 12.45). In SPSS sind die Daten folgendermaßen organisiert: pro Messzeitpunkt gibt es eine eigene Spalte mit den zugehörigen Pixelfehlern, hier also drei Spalten mit je 92 Zeilen (für jedes iPad eine eigene Zeile). Je eine Spalte wird einer Faktorstufe zugeordnet. Da 0,834 (Signifikanz) > 0,05, akzeptieren wir H_0.

12.2.4 Hypothesen über Anteilswerte

Merksatz

Test von Anteilswerten: Es bestehen typischerweise drei unterschiedliche Testsituationen:

1. Weist ein Anteilswert einen bestimmten Wert auf (Einstichprobentest)?
2. Sind zwei Anteilswerte identisch (Ein- oder auch Zweistichprobentest)?
3. Sind mehr als zwei Anteilswerte identisch (Mehrstichprobentest)?

12.2.4.1 Einstichprobentest

Basierend auf einer einzigen Stichprobe sollen im Folgenden drei unterschiedliche Fragestellungen bearbeitet werden:

1. Ist der Anteilswert identisch mit einem behaupteten Wert (Problemstellung A)?
2. Sind zwei Anteilswerte bezogen auf eine Variable identisch (Problemstellung B)?
3. Sind zwei Anteilswerte bezogen auf zwei Variablen identisch (Problemstellung C)?

12.2.4.1.1 Problemstellung A (Einstichproben z-Test für Anteilswert)

Die Verkehrssituation in München wird immer angespannter. Mehr und mehr Autos verursachen einen Verkehrsstau, sodass

Tab. 12.45 Mauchly-Test in SPSS

Mauchly-Test auf Sphärizität[a]
Maß: MASS_1

Inner-subjekt-effekt	Mauchly-W	Approximiertes Chi-Quadrat	df	Sig.	Epsilon[a]		
					Greenhouse-Geisser	Huynh-Feldt	Untergrenze
Faktor1	**0,996**	0,362	2	**0,834**	0,996	1,000	0,500

Prüft die Nullhypothese, dass sich die Fehlerkovarianz-Matrix der orthonormalisierten transformierten abhängigen Variablen proportional zur Einheitsmatrix verhält.
[a] Design: Konstanter Term, Innersubjektdesign: Faktor1
[b] Kann zum Korrigieren der Freiheitsgrade für die gemittelten Signifikanztests verwendet werden.
In der Tabelle mit den Tests der Effekte innerhalb der Subjekte werden korrigierte Tests angezeigt.

Kapitel 12

Tab. 12.46 Verkehrsmittelwahl in München

Person i	ÖPNV	Person i	ÖPNV	Person i	ÖPNV	Person i	ÖPNV
1	0	11	1	21	0	31	0
2	0	12	0	22	0	32	0
3	1	13	0	23	0	33	0
4	1	14	0	24	0	34	0
5	1	15	0	25	1	35	0
6	1	16	0	26	1	36	0
7	0	17	0	27	1	37	0
8	0	18	0	28	0	38	0
9	1	19	0	29	0	39	0
10	1	20	0	30	0	40	0

* 1 = ja, 0 = nein

der Oberbürgermeister (und nicht nur er) die Bürgerinnen und Bürger gerne dazu bringen würde, öfter den öffentlichen Personennahverkehr (ÖPNV) zu benutzen. Der Münchener Dezernent für Verkehr behauptet, dass 30 % der Bürgerinnen und Bürger den ÖPNV nutzen. Stimmt diese Aussage? In Tab. 12.46 sind die Ergebnisse einer Umfrage bei vierzig Personen aufgelistet. Eine Eins in der Spalte ÖPNV bedeutet, dass diese Person den öffentlichen Personennahverkehr nutzt, und eine Null sagt aus, dass die Person dies nicht macht.

In der Stichprobe fahren 25 % mit dem ÖPNV. Ist diese Zahl weit genug entfernt von den behaupteten 30 %, um diese 30 % für die Grundgesamtheit abzulehnen? (Mit diesem Test kann auch geprüft werden, ob in einer Stichprobe die Anteile in einer Variablen identisch sind: Ist z. B. der Anteil der Linkshänder identisch mit dem Anteil der Rechtshänder? In SPSS besteht die eine Spalte nur aus Nullen und Einsen – je nach Links- bzw. Rechtshänder. Ist der Anteil der Unternehmen mit einer Eigenkapitalquote größer als 8 % genauso groß wie der Anteil der Unternehmen mit einer Eigenkapitalquote kleiner als 8 %?).

Formulierung der Hypothese:

H_0: $p = 0{,}3 = p_0$

H_1: $p \neq 0{,}3 = p_0$

Testvoraussetzungen:

- $n \geq 20$ und $n \cdot p_0 > 5$ und $n \cdot (1 - p_0) > 5$.

Testdurchführung:

- Prüfgröße:

$$z_{\mathrm{pr}} = \frac{\hat{p} - p_0}{\sqrt{\dfrac{p_0 \cdot (1 - p_0)}{n}}} \quad \text{mit}$$

$n = 40$ (Zahl der Elemente in der Stichprobe), $p_0 = 0{,}3$ (die behauptete Zahl für den Anteilswert), $\hat{p} = 0{,}25 = 10/40$, da zehn von vierzig Personen in der Stichprobe den ÖPNV verwenden. Diese Werte eingesetzt in obige Formel liefern

$$z_{\mathrm{pr}} = \frac{0{,}25 - 0{,}3}{\sqrt{\dfrac{0{,}3 \cdot (1 - 0{,}3)}{40}}} = -0{,}69.$$

- Prüfverteilung: Standard-Normalverteilung

- Beibehaltung oder Ablehnung der Hypothese: Bei einer Irrtumswahrscheinlichkeit α von 5 %: wenn $|z_{\mathrm{pr}}| \geq 1{,}96 = z_{\mathrm{kr}} \Rightarrow H_0$ ablehnen. Bei einer Irrtumswahrscheinlichkeit α von 1 %: wenn $|z_{\mathrm{pr}}| \geq 2{,}58 = z_{\mathrm{kr}} \Rightarrow H_0$ ablehnen. Bei einer Irrtumswahrscheinlichkeit von 1 %/5 %: Grenzwerte z_{kr} (z-kritisch) s. Tab. 11.21

Da $|-0{,}69| < 1{,}96$, akzeptieren wir H_0 unter Zugrundelegung einer 5 %igen Irrtumswahrscheinlichkeit. Also unterscheidet sich der Anteilswert der Stichprobe nicht signifikant vom behaupteten Anteilswert. Der Unterschied existiert nur zufällig in der Stichprobe, wohl aber nicht in der Grundgesamtheit.

In SPSS erhalten wir das Ergebnis über einen Trick: Analysieren/Nichtparametrische Tests/alte Dialogfelder/Chi-Quadrat/Erwartete Werte (0,7; 0,3) (s. Tab. 12.47) (Die Daten stehen in SPSS in einer Spalte.) Wir bekommen zwar nicht den z_{pr}-Wert ($z_{\mathrm{pr}} = \sqrt{\mathrm{Chi}^2} = \sqrt{0{,}476} = -0{,}69$), aber die zugehörige Signifikanz. Da 0,49 (asymptotische Signifikanz) > 0,05, akzeptieren wir H_0.

Chi-Quadrat-Test

Tab. 12.47 Anteilstest in SPSS

ÖPNV

	Beobachtetes N	Erwartete Anzahl	Residuum
0	30	28,0	2,0
1	10	12,0	−2,0
Gesamt	40		

Statistik für Test

	ÖPNV
Chi-Quadrat	0,476[a]
df	1
asymptotische Signifikanz	0,490

[a] Bei 0 Zellen (0,0 %) werden weniger als 5 Häufigkeiten erwartet. Die kleinste erwartete Zellenhäufigkeit ist 12,0.

12.2.4.1.2 Problemstellung B (Einstichproben z-Test für Anteilsdifferenz in *einer* Variablen)

Am Aktienmarkt existieren jeden Tag Auf- und Abwärtsbewegungen bei den einzelnen Aktien. Betrachten wir als Stichprobe beispielsweise den Euro Stoxx 50 mit fünfzig großen börsennotierten Unternehmen der Eurozone. Am 13.12.2013 sind

Tab. 12.48 Cochran-Q-Test in SPSS (Deutsche Börse (2014))

Name des Unternehmens	Kursänderung	Kursgewinn/-verlust	Name des Unternehmens	Kursänderung	Kursgewinn/-verlust
Allianz SE	1,15 %	1	RWE AG St	−1,43 %	0
Banco Bilbao Vizcaya Argent	1,10 %	1	Enel S.p.A.	−1,60 %	0
EADS N.V.	0,73 %	1	Air Liquide S.A.	0,42 %	1
SAP AG	0,53 %	1	AXA S.A.	2,09 %	1
IBERDROLA S.A	0,16 %	1	BNP Paribas S.A.	1,20 %	1
Repsol YPF S.A.	0,11 %	1	Carrefour S.A.	0,16 %	1
Industria de Diseno Textil SA	0,09 %	1	Orange S.A.	−1,61 %	0
Volkswagen AG Vz	0,08 %	1	ING Groep N.V.	0,49 %	1
BMW AG St	0,01 %	1	L'Oréal S.A.	0,08 %	1
Deutsche Bank AG	−0,12 %	0	LVMH S.A.	−0,39 %	0
Banco Santander S.A	−0,18 %	0	Compagnie de Saint-Gobain S.A.	−0,05 %	0
Deutsche Telekom AG	−0,26 %	0	Sanofi-Aventis S.A.	−1,32 %	0
Bayer AG	−0,27 %	0	Société Générale S.A.	−0,04 %	0
Daimler AG	−0,29 %	0	Total S.A.	−0,67 %	0
UniCredit S.p.A	−0,30 %	0	Groupe DANONE S.A.	−0,56 %	0
Münchener Rück AG	−0,32 %	0	Schneider Electric SA	1,12 %	1
Siemens AG	−0,35 %	0	Philips Electronics N.V.	−0,67 %	0
Anheuser-Busch InBev	−0,37 %	0	Vivendi S.A.	−0,11 %	0
BASF SE	−0,39 %	0	VINCI S.A.	−0,91 %	0
Intesa Sanpaolo S.p.A.	−0,42 %	0	CRH plc	0,10 %	1
E.ON SE	−0,42 %	0	Unibail-Rodamco SE	−1,33 %	0
Telefonica S.A.	−0,53 %	0	Essilor International S.A.	0,10 %	1
ENI S.p.A.	−0,67 %	0	GDF SUEZ S.A.	0,15 %	1
Deutsche Post AG	−0,90 %	0	Unilever N.V.	−0,32 %	0
Assicurazioni Generali S.p.A.	−0,92 %	0	ASML Holding N.V.	−2,14 %	0

z. B. die Kurse von SAP und BNP Paribas gegenüber dem Vortag gestiegen und die Kurse von LVMH sowie Total gesunken (s. Tab. 12.48). Ist der Anteil der Kursgewinner identisch mit dem Anteil der Kursverlierer? Eine Eins in der Spalte Kursgewinn/-verlust bedeutet, dass dieses Unternehmen einen Kursgewinn aufweist, und eine Null sagt aus, dass dieses Unternehmen einen Kursverlust zu verzeichnen hat Von den 50 Unternehmen hatten 38 % einen Kursgewinn und 62 % einen Kursverlust. Fällt der Unterschied von 38 % zu 62 % groß genug aus, um zu behaupten, dass sich beide Anteile auch in der Grundgesamtheit aller Aktiengesellschaften unterscheiden?

Formulierung der Hypothese:

$H_0: p_1 = p_2$ bzw. Anteil der Kursgewinner = Anteil der Kursverlierer

$H_1: p_1 \neq p_2$ bzw. Anteil der Kursgewinner $\neq$ Anteil der Kursverlierer

Testvoraussetzung:

- $n \geq 30$.

Testdurchführung (s. Scott und Seber (1983)):

- Prüfgröße:

$$z_{pr} = \frac{\hat{p}_1 - \hat{p}_2}{\sqrt{\dfrac{\hat{p}_1 + \hat{p}_2}{n}}} \quad \text{mit}$$

$n = 50$ (Zahl der Elemente in der Stichprobe), $\hat{p}_1 = 19/50 = 0,38$, $\hat{p}_2 = 31/50 = 0,62$. Diese Werte eingesetzt in obige Formel liefern

$$z_{pr} = \frac{0,38 - 0,62}{\sqrt{\dfrac{0,38 + 0,62}{50}}} = -1,70.$$

Gut zu wissen

Iternative Berechnung

Denselben Prüfwert würde man auch erhalten, wenn man die Prüfgröße im Test von Problemstellung A mit $p_0 = 0,5$ verwenden würde

$$z_{pr} = \frac{0,38 - 0,5}{\sqrt{\dfrac{0,5 \cdot (1 - 0,5)}{50}}} = -1,70 \quad \blacktriangleleft$$

- Prüfverteilung: Standard-Normalverteilung
- Beibehaltung oder Ablehnung der Hypothese:
  Bei einer Irrtumswahrscheinlichkeit α von 5 %:
  wenn $|z_{pr}| \geq 1,96 = z_{kr} \Rightarrow H_0$ ablehnen.
  Bei einer Irrtumswahrscheinlichkeit α von 1 %:
  wenn $|z_{pr}| \geq 2,58 = z_{kr} \Rightarrow H_0$ ablehnen.
  Bei einer Irrtumswahrscheinlichkeit von 1 %/5 %:
  Grenzwerte z_{kr} (z-kritisch) s. Tab. 11.21.

Kapitel 12

Da $|-1,7| < 1,96$, akzeptieren wir H_0 unter Zugrundelegung einer 5 %igen Irrtumswahrscheinlichkeit. Also unterscheiden sich die Anteilswerte der Kursgewinner bzw. -verlierer nicht signifikant voneinander. Der Unterschied existiert nur zufällig in der Stichprobe, wohl aber nicht in der Grundgesamtheit.

In SPSS erhalten wir das Ergebnis über einen Trick: Analysieren/Nichtparametrische Tests/alte Dialogfelder/Chi-Quadrat/Erwartete Werte (alle Kategorien gleich) (s. Tab. 12.49). (Die Daten stehen in SPSS in einer Spalte.) Wir bekommen zwar nicht den z_{pr}-Wert ($z_{pr} = \sqrt{\text{Chi}^2} = \sqrt{2,88} = -1,7$), aber die zugehörige Signifikanz. Da 0,09 (asymptotische Signifikanz) > 0,05, akzeptieren wir H_0.

Chi-Quadrat-Test

Tab. 12.49 Test auf zwei Anteile in einer Stichprobe in SPSS

Anteilswert			
	Beobachtetes N	Erwartete Anzahl	Residuum
0	31	25,0	6,0
1	19	25,0	−6,0
Gesamt	50		

Statistik für Test	
	Anteilswert
Chi-Quadrat	**2,880**[a]
df	1
Asymptotische Signifikanz	**0,090**

[a] Bei 0 Zellen (0,0 %) werden weniger als 5 Häufigkeiten erwartet. Die kleinste erwartete Zellenhäufigkeit ist 25,0.

[a] Bei 0 Zellen (0,0 %) werden weniger als 5 Häufigkeiten erwartet. Die kleinste erwartete Zellenhäufigkeit ist 25,0.

Tab. 12.50 Trinkgewohnheiten bezüglich Kaffee und Tee

Person Nr.	Tee	Kaffee	Person Nr.	Tee	Kaffee	Person Nr.	Tee	Kaffee	Person Nr.	Tee	Kaffee
1	0	1	24	0	1	47	0	0	70	1	1
2	0	1	25	0	1	48	0	1	71	1	0
3	0	0	26	0	1	49	0	1	72	0	0
4	1	0	27	0	1	50	0	0	73	0	0
5	1	0	28	0	1	51	0	1	74	1	1
6	0	1	29	1	0	52	1	1	75	0	1
7	0	1	30	0	1	53	0	0	76	0	1
8	1	0	31	0	1	54	0	1	77	0	1
9	0	1	32	0	0	55	0	0	78	1	1
10	0	1	33	0	1	56	1	1	79	0	1
11	1	1	34	1	0	57	0	0	80	1	1
12	0	1	35	0	1	58	1	1	81	0	1
13	0	1	36	0	1	59	1	1	82	0	1
14	0	1	37	0	1	60	0	0	83	1	1
15	0	1	38	0	1	61	0	1	84	0	1
16	0	1	39	0	1	62	1	0	85	0	1
17	0	1	40	0	0	63	0	1	86	1	0
18	1	1	41	1	0	64	1	1	87	0	0
19	0	0	42	1	1	65	0	1	88	1	1
20	0	1	43	0	0	66	1	1	89	0	0
21	1	1	44	1	1	67	1	1	90	1	1
22	1	0	45	0	1	68	1	0	91	1	1
23	1	1	46	1	1	69	0	1	92	1	1

* 1 = ja, 0 = nein

12.2.4.1.3 Problemstellung C (Einstichproben z-Test für Anteilsdifferenz in *zwei* Variablen)

——————— **Aufgabe 12.4** ———————

Der Nestlé-Konzern (Umsatz weltweit ca. 80 Mrd. Euro pro Jahr) überlegt, ob er auf dem Getränkemarkt seine Aktivitäten im Bereich Kaffee oder Tee verstärken sollte. Wenn mehr Menschen Kaffee gegenüber Tee präferieren, könnte eine Marketingstrategie darin liegen, den Vertrieb von Kaffee in den Vordergrund zu stellen. Eine Alternativstrategie könnte allerdings den Schwerpunkt auf Tee legen, da dort noch ein „Nachholbedarf" besteht. Ehe aber die Wahl auf eine konkrete Marketingstrategie fällt, muss Nestlé erst einmal ermitteln, ob sich der Anteil der Kaffeetrinker vom Anteil der Teetrinker unterscheidet. Dazu befragte Nestlé 92 Personen, deren Antworten Tab. 12.50 entnommen werden können. Eine Eins in der Spalte Tee bzw. Kaffee bedeutet, dass diese Person regelmäßig Tee trinkt, und eine Null sagt aus, dass diese Person regelmäßig Kaffee trinkt. Von den 92 Personen nehmen 37,0 % regelmäßig Tee zu sich und 70,7 % Kaffee. Fällt der Unterschied von 37 % zu 70,7 % groß genug aus, um zu behaupten, dass sich beide Anteile auch in der Grundgesamtheit aller Personen unterscheiden?

Formulierung der Hypothese:

$H_0: p_1 = p_2$ bzw. Anteil der Teetrinker $=$ Anteil der Kaffeetrinker

$H_1: p_1 \neq p_2$ bzw. Anteil der Teetrinker $\neq$ Anteil der Kaffeetrinker

Testvoraussetzung:

- $n \geq 30$

Testdurchführung:

- Prüfgröße:

$$z_{\mathrm{pr}} = \frac{\hat{p}_{12} - \hat{p}_{21}}{\sqrt{\frac{\hat{p}_{12} + \hat{p}_{21}}{n}}} \quad \text{mit}$$

$n = 92$ (Zahl der Elemente in der Stichprobe), p_1 = Anteil der Personen, die auf die erste Frage (zum Teetrinken) mit „ja" geantwortet haben, und p_2 = Anteil der Personen, die auf die zweite Frage (zum Kaffeetrinken) mit „ja" geantwortet haben, $\hat{p}_{12} = 10/92 = 0,109$ (Anteil der Personen, die auf die erste Frage mit „ja" und auf die zweite Frage mit „nein" geantwortet haben), $\hat{p}_{21} = 41/92 = 0,446$ (Anteil der Personen, die auf die erste Frage mit „nein" und auf die zweite Frage mit „ja" geantwortet haben; s. Tab. 12.51). Diese Werte eingesetzt in obige Formel liefern

$$z_{\mathrm{pr}} = \frac{0,109 - 0,446}{\sqrt{\frac{0,109 + 0,446}{92}}} = -4,34.$$

- Prüfverteilung: Standard-Normalverteilung
- Beibehaltung oder Ablehnung der Hypothese:
  Bei einer Irrtumswahrscheinlichkeit α von 5 %:
  wenn $|z_{\mathrm{pr}}| \geq 1,96 = z_{\mathrm{kr}} \Rightarrow H_0$ ablehnen.
  Bei einer Irrtumswahrscheinlichkeit α von 1 %:
  wenn $|z_{\mathrm{pr}}| \geq 2,58 = z_{\mathrm{kr}} \Rightarrow H_0$ ablehnen.
  Bei einer Irrtumswahrscheinlichkeit von 1 %/5 %:
  Grenzwerte z_{kr} (z-kritisch) s. Tab. 11.21.

Da $|-4,34| > 1,96$, lehnen wir H_0 unter Zugrundelegung einer 5 %igen Irrtumswahrscheinlichkeit ab. Also unterscheiden sich die Anteilswerte der Tee- bzw. Kaffeetrinker signifikant voneinander. Der Unterschied existiert nicht nur zufällig in der Stichprobe, sondern wohl auch in der Grundgesamtheit.

Da das Quadrat von z_{pr} dem $\mathrm{Chi}^2_{\mathrm{pr}}$ des McNemar-Tests entspricht (s. Abschn. 12.2.4), erhalten wir dieses Ergebnis in SPSS über Analysieren/Nichtparametrische Tests/Alte Dialogfelder/Zwei verbundene Stichproben/Welche Tests durchführen(McNemar) (s. Tab. 12.52). (In SPSS stehen zwei Spalten nebeneinander: eine Spalte für Teetrinker und eine Spalte für Kaffeetrinker.) Wir erhalten zwar nicht z_{pr}, sondern ein (korrigiertes) $\mathrm{Chi}^2_{\mathrm{pr}}$ mit der zugehörigen Signifikanz. Da 0,000 (asymptotische Signifikanz) $< 0,05$, lehnen wir H_0 ab.

Tab. 12.51 Kreuztabelle Tee- und Kaffeetrinker

			Kaffee		Gesamt
			Nein	Ja	
Tee	Nein	Anzahl	17	41	58
		% der Gesamtzahl	18,5%	44,6%	63,0%
	Ja	Anzahl	10	24	34
		% der Gesamtzahl	10,9%	26,1%	37,0%
Gesamt		Anzahl	27	65	92
		% der Gesamtzahl	29,3%	70,7%	100,0%

McNemar-Test

Tab. 12.52 Vergleich zweier Anteile derselben Stichprobe

Statistik für Test[a]	
	Tee & Kaffee
N	92
Chi-Quadrat[b]	17,647
Asymptotische Signifikanz	**0,000**

[a] McNemar-Test
[b] Kontinuität korrigiert

12.2.4.2 Zweistichprobentest

Problemstellung:

Sind zwei Anteilswerte aus zwei Stichproben identisch?

Gut zu wissen

Wenn zwei Anteilswerte aus zwei Stichproben miteinander verglichen werden sollen, müssen wir zwei Fälle unterscheiden: **unverbundene und verbundene Stichproben**. ◄

12.2.4.2.1 Zweistichprobentest bei unverbundenen Stichproben: Zweistichproben z-Test

Problemstellung:

Die Parfümerie Douglas bringt ein neues Produkt auf den Markt und begleitet diesen Prozess mit einer besonderen Werbestrategie über einen Zeitraum von vier Wochen. In München werden ausschließlich Anzeigen in den lokalen Tageszeitungen geschaltet, und in Nürnberg werden lediglich Plakate an Litfaßsäulen und anderen öffentlichen Werbeflächen positioniert. Drei Wochen nach Abschluss der Werbekampagne werden in beiden Städten je 100 Personen befragt, ob sie das neue Produkt kennen (s. Tab. 12.53). 1 bedeutet, das Produkt ist bekannt; 0 besagt, das Produkt ist unbekannt. Ist der Anteil der Personen, die das neue Produkt kennen, in beiden Städten gleich hoch? In München kennen 29 % das neue Produkt und in Nürnberg 45 %. Ist der Unterschied in diesen beiden Anteilswerten groß genug, um nicht von einem zufälligen Unterschied, sondern von einem systematischen Unterschied zu sprechen?

Formulierung der Hypothese:

$H_0 : p_1 = p_2$ bzw. Anteil in München = Anteil in Nürnberg
$H_1 : p_1 \neq p_2$ bzw. Anteil in München $\neq$ Anteil in Nürnberg

Testvoraussetzung:

- $n_1 > 30$ und $n_2 > 30$.

Kapitel 12

Tab. 12.53 Bekanntheitsgrad eines Parfüms in zwei Städten

Person i	München	Person j	Nürnberg	Person i	München	Person j	Nürnberg	Person i	München	Person j	Nürnberg
1	0	1	0	35	0	35	0	69	0	69	0
2	1	2	0	36	1	36	1	70	1	70	0
3	0	3	0	37	0	37	0	71	0	71	0
4	0	4	0	38	0	38	1	72	1	72	1
5	1	5	0	39	0	39	0	73	0	73	0
6	0	6	1	40	1	40	0	74	1	74	0
7	1	7	0	41	0	41	0	75	1	75	1
8	0	8	1	42	1	42	1	76	1	76	0
9	0	9	1	43	1	43	1	77	0	77	0
10	0	10	0	44	0	44	0	78	0	78	1
11	0	11	1	45	0	45	0	79	0	79	0
12	0	12	0	46	1	46	0	80	0	80	0
13	1	13	0	47	0	47	0	81	0	81	1
14	0	14	1	48	1	48	1	82	0	82	1
15	0	15	1	49	0	49	0	83	0	83	0
16	0	16	1	50	0	50	1	84	0	84	1
17	0	17	1	51	1	51	0	85	0	85	1
18	1	18	1	52	1	52	1	86	0	86	0
19	0	19	1	53	0	53	1	87	1	87	1
20	0	20	1	54	0	54	0	88	0	88	0
21	0	21	1	55	1	55	0	89	1	89	1
22	0	22	1	56	0	56	0	90	0	90	0
23	0	23	0	57	0	57	0	91	0	91	0
24	0	24	1	58	1	58	0	92	0	92	0
25	1	25	1	59	0	59	1	93	0	93	0
26	1	26	1	60	0	60	0	94	0	94	1
27	0	27	0	61	0	61	0	95	0	95	1
28	0	28	0	62	0	62	1	96	0	96	0
29	0	29	0	63	0	63	0	97	1	97	1
30	1	30	1	64	1	64	1	98	0	98	0
31	0	31	0	65	0	65	1	99	0	99	0
32	0	32	0	66	0	66	0	100	1	100	0
33	0	33	0	67	1	67	1				
34	0	34	1	68	0	68	0				

* 1 = ja, 0 = nein

Testdurchführung:

- Prüfgröße:

$$z_{pr} = \frac{\hat{p}_1 - \hat{p}_2}{\sqrt{\hat{p} \cdot (1 - \hat{p})} \cdot \sqrt{\frac{n_1 + n_2}{n_1 \cdot n_2}}} \quad \text{mit} \quad \hat{p} = \frac{n_1 \cdot \hat{p}_1 + n_2 \cdot \hat{p}_2}{n_1 + n_2}$$

$n_1 = 100$ (Zahl der Elemente in der einen Stichprobe, hier Personen in München), $n_2 = 100$ (Zahl der Elemente in der anderen Stichprobe, hier Personen in Nürnberg), $\hat{p}_1 = 0{,}29 = 29/100$ in München und $\hat{p}_2 = 0{,}45 = 45/100$ in Nürnberg. Diese Werte eingesetzt in obige Formel liefern

$$\hat{p} = \frac{100 \cdot 0{,}29 + 100 \cdot 0{,}45}{100 + 100} = 0{,}37$$

$$z_{pr} = \frac{0{,}29 - 0{,}45}{\sqrt{0{,}37 \cdot (1 - 0{,}37)} \cdot \sqrt{\frac{100 + 100}{100 \cdot 100}}} = -2{,}34$$

- Prüfverteilung: Standard-Normalverteilung

- Beibehaltung oder Ablehnung der Hypothese:
  Bei einer Irrtumswahrscheinlichkeit α von 5 %:
  wenn $|z_{pr}| \geq 1{,}96 = z_{kr} \Rightarrow H_0$ ablehnen.
  Bei einer Irrtumswahrscheinlichkeit α von 1 %:
  wenn $|z_{pr}| \geq 2{,}58 = z_{kr} \Rightarrow H_0$ ablehnen.
  Bei einer Irrtumswahrscheinlichkeit von 1 %/5 %:
  Grenzwerte z_{kr} (z-kritisch) s. Tab. 11.21.

Da $|-2{,}34| > 1{,}96$, lehnen wir H_0 unter Zugrundelegung einer 5 %igen Irrtumswahrscheinlichkeit ab. Also unterscheidet sich der Anteilswert in München signifikant vom Anteilswert in Nürnberg. Der Unterschied existiert nicht nur zufällig in den Stichproben, sondern wohl auch in der Grundgesamtheit.

In SPSS erhalten wir das Ergebnis über einen Trick: Analysieren/Deskriptive Statistiken/KreuzTab.n/Statistiken (Chi-Quadrat) (s. Tab. 12.54). Die Daten für beide Stichproben stehen in SPSS übereinander in einer Spalte. Eine zweite Spalte gibt an, zu welcher Stichprobe der Wert gehört. Wir bekommen zwar nicht den z_{pr}-Wert ($z_{pr} = \sqrt{\text{Chi}^2} = \sqrt{5{,}491} = -2{,}34$), aber die

Tab. 12.54 Zweistichprobentest für Anteilswert in SPSS

Verarbeitete Fälle

	Fälle					
	Gültig		Fehlend		Gesamt	
	N	Prozent	N	Prozent	N	Prozent
gruppe * x3	200	100,0 %	0	0,0 %	200	100,0 %

gruppe * x3 Kreuztabelle

Anzahl

		x3		Gesamt
		0	1	
gruppe	0	71	29	100
	1	55	45	100
Gesamt		126	74	200

Chi-Quadrat-Tests

	Wert	df	Asymptotische Signifikanz (2-seitig)	Exakte Signifikanz (2-seitig)	Exakte Signifikanz (1-seitig)
Chi-Quadrat nach Pearson	**5,491**[a]	1	**0,019**		
Kontinuitätskorrektur[b]	4,826	1	0,028		
Likelihood-Quotient	5,524	1	0,019		
Exakter Test nach Fisher				0,028	0,014
Zusammenhang linear-mit-linear	5,464	1	0,019		
Anzahl der gültigen Fälle	200				

[a] 0 Zellen (0,0 %) haben eine erwartete Häufigkeit kleiner 5. Die minimale erwartete Häufigkeit ist 37,00.
[b] Wird nur für eine 2 × 2-Tabelle berechnet

zugehörige Signifikanz. Da 0,019 (asymptotische Signifikanz) < 0,05, lehnen wir H_0 ab.

12.2.4.2.2 Zweistichprobentest bei verbundenen Stichproben: McNemar-Test

Problemstellung:

BMW hat ein Elektroauto namens BMW i3 entwickelt und im Juli 2013 auf den Markt gebracht. Um den Absatz des Autos zu stärken, wurde u. a. ein Werbefilm für das Fernsehen produziert. Dieser Film wurde vorab einer Testgruppe von 84 Personen gezeigt. Um zu sehen, ob der Film eine Wirkung auf die potenziellen Kunden entfaltet, wurden diese Personen vor und nach dem Betrachten des Filmes je einmal dahingehend befragt, ob sie den i3 kaufen würden. Die Ergebnisse der Befragungen können Tab. 12.55 entnommen werden. 1 bedeutet, der i3 würde gekauft werden; 0 besagt, der i3 würde nicht gekauft werden. Sind die Anteile der Personen, die den i3 kaufen würden, vor und nach dem Betrachten des Filmes gleich hoch? Vor der Betrachtung äußerten 9,5 % eine Kaufbereitschaft und nach der Betrachtung 14,3 %. Ist die Differenz dieser beiden Anteilswerte groß genug, um nicht von einem zufälligen Unterschied, sondern von einem systematischen Unterschied zu sprechen?

Formulierung der Hypothese:

$H_0 : p_1 = p_2$ bzw. Anteil vor der Filmbetrachtung = Anteil nach der Filmbetrachtung

$H_1 : p_1 \neq p_2$ bzw. Anteil vor der Filmbetrachtung $\neq$ Anteil nach der Filmbetrachtung

Testvoraussetzung:

- Die erwarteten Häufigkeiten in den Zellen der Kreuztabelle, die Änderungen anzeigen (Nebendiagonale), sollen größer 5 sein.

Testdurchführung

- Prüfgröße:

$$\text{Chi}^2_{\text{pr}} = \frac{(b-c)^2}{b+c} \quad \text{mit}$$

b und c als Häufigkeiten aus Kreuztabelle (Tab. 12.56). Diese Werte eingesetzt in obige Gleichung erhalten wir

$$\text{Chi}^2_{\text{pr}} = \frac{(11-7)^2}{11+7} = 0,89.$$

- Prüfverteilung: Chi^2-Verteilung
- Beibehaltung oder Ablehnung der Hypothese:
  Mit $\alpha = 0,05$ (Fläche im rechten Teil der Chi^2-Verteilung), $v = 1$ und den Chi^2-Grenzen aus Tab. 11.22 ergibt sich:
  bei einer Irrtumswahrscheinlichkeit α von 5 %:
  wenn $\text{Chi}^2_{\text{pr}} \geq 3,84 = \text{Chi}^2_{\text{kr}} \Rightarrow H_0$ ablehnen bzw.
  bei einer Irrtumswahrscheinlichkeit α von 1 %:
  wenn $\text{Chi}^2_{\text{pr}} \geq 6,63 = \text{Chi}^2_{\text{kr}} \Rightarrow H_0$ ablehnen.

Da $0,89 < 3,84$, akzeptieren wir H_0 unter Zugrundelegung einer 5 %igen Irrtumswahrscheinlichkeit. Also unterscheiden sich die beiden Anteilswerte nicht signifikant voneinander. Der Unterschied existiert nur zufällig in den Stichproben, aber wohl nicht in der Grundgesamtheit.

Kapitel 12

Tab. 12.55 Kaufinteresse für den BMW i3

Person i	vor der Betrachtung des Filmes	nach der Betrachtung des Filmes	Person i	vor der Betrachtung des Filmes	nach der Betrachtung des Filmes	Person i	vor der Betrachtung des Filmes	nach der Betrachtung des Filmes
1	0	0	29	1	0	57	1	0
2	0	1	30	0	1	58	0	0
3	0	0	31	0	0	59	0	0
4	0	0	32	0	0	60	0	0
5	0	0	33	0	0	61	0	0
6	0	0	34	1	1	62	0	0
7	0	0	35	0	0	63	0	0
8	1	0	36	0	0	64	0	0
9	0	0	37	0	0	65	0	0
10	0	0	38	0	0	66	0	0
11	0	0	39	0	0	67	0	0
12	1	0	40	0	0	68	0	0
13	0	0	41	0	0	69	0	0
14	0	0	42	0	0	70	0	1
15	0	0	43	0	0	71	1	0
16	0	0	44	0	0	72	0	1
17	0	0	45	0	1	73	1	0
18	0	0	46	0	0	74	0	1
19	0	0	47	0	0	75	0	1
20	0	1	48	0	0	76	0	0
21	0	0	49	0	0	77	0	1
22	0	0	50	0	0	78	0	0
23	0	0	51	1	0	79	0	0
24	0	0	52	0	0	80	0	0
25	0	0	53	0	1	81	0	0
26	0	0	54	0	0	82	0	0
27	0	0	55	0	0	83	0	1
28	0	0	56	0	0	84	0	0

* 1 = ja, 0 = nein

Tab. 12.56 Kreuztabelle McNemar-Test

		nach der Filmbetrachtung		Summe
		0 (nein)	1 (ja)	
vor der Filmbetrachtung	0 (nein)	a	b	a+b
	1 (ja)	c	d	a+d
Summe		a+c	b+d	n

bzw.

vorher * nachher Kreuztabelle

Anzahl

		nachher		Gesamt
		0	1	
vorher	0	65	11	76
	1	7	1	8
Gesamt		72	12	84

In SPSS erhalten wir das Ergebnis über Analysieren/Nichtparametrische Tests/Alte Dialogfelder/Zwei verbundene Stichproben/Welche Tests durchführen (McNemar) (s. Tab. 12.57). Wir erhalten zwar nicht Chi^2_{pr}, aber die zugehörige Signifikanz. Da 0,481 (exakte Signifikanz) > 0,05, akzeptieren wir H_0.

Tab. 12.57 McNemar-Test in SPSS

Statistik für Test[a]

	vorher & nachher
N	84
Exakte Signifikanz (2-seitig)	**0,481**[b]

[a] McNemar-Test
[b] Verwendete Binomialverteilung

12.2.4.3 Mehrstichprobentest

Problemstellung:

Sind drei (oder mehr) Anteilswerte aus drei (oder mehr) Stichproben identisch?

Gut zu wissen

Wenn drei Anteilswerte aus drei Stichproben miteinander verglichen werden sollen, müssen wir zwei Fälle unterscheiden: **unverbundene und verbundene Stichproben**. ◄

Tab. 12.58 Marriott-Hotels – würde ein Gast wieder bei Marriott übernachten?

Berlin				Dubai				Shanghai			
Gast Nr.	Ja/Nein*	Gast Nr.	Ja/Nein	Gast Nr.	Ja/Nein	Gast Nr.	Ja/Nein	Gast Nr.	Ja/Nein	Gast Nr.	Ja/Nein
1	0	38	0	1	1	38	0	1	0	38	0
2	0	39	1	2	0	39	1	2	0	39	0
3	1	40	1	3	0	40	1	3	1	40	1
4	0	41	0	4	0	41	0	4	0	41	0
5	0	42	0	5	0	42	0	5	1	42	1
6	0	43	1	6	1	43	0	6	1	43	0
7	1	44	0	7	1	44	1	7	1	44	1
8	1	45	1	8	1	45	1	8	0	45	0
9	1	46	0	9	1	46	1	9	1	46	1
10	0	47	0	10	1	47	0	10	1	47	1
11	0	48	0	11	1	48	0	11	1	48	1
12	0	49	1	12	0	49	1	12	1	49	1
13	1	50	1	13	1	50	1	13	0	50	1
14	1	51	0	14	0	51	0	14	1	51	1
15	0	52	0	15	0	52	1	15	1	52	1
16	1	53	0	16	0	53	1	16	0	53	0
17	0	54	1	17	0	54	1	17	1	54	1
18	1	55	0	18	1	55	1	18	0	55	1
19	1	56	0	19	0	56	0	19	0	56	1
20	1	57	0	20	0	57	0	20	0	57	1
21	0	58	0	21	0	58	0	21	1	58	1
22	1	59	0	22	0	59	0	22	1	59	1
23	0	60	1	23	1	60	1	23	0	60	0
24	0	61	0	24	1	61	1	24	1	61	0
25	1	62	0	25	0	62	0	25	0	62	1
26	1	63	0	26	1	63	0	26	0	63	0
27	0	64	0	27	1	64	1	27	0	64	0
28	0			28	1	65	0	28	0	65	1
29	1			29	1	66	1	29	1	66	1
30	0			30	0	67	1	30	1	67	1
31	0			31	1	68	0	31	0	68	1
32	1			32	0			32	1	69	0
33	1			33	1			33	1	70	0
34	1			34	0			34	1	71	1
35	0			35	0			35	0	72	0
36	0			36	1			36	0	73	0
37	0			37	1			37	0	74	1

* 1 = ja, 0 = nein

12.2.4.3.1 Mehrstichprobentest bei unverbundenen Stichproben: Chi²-Test für mehrere Anteile

Problemstellung:

Der Hotelkonzern Marriott verfügt weltweit über 3801 Hotels mit 660.000 Zimmern. Die Konzernspitze möchte den Auslastungsgrad der Hotels erhöhen und hat zu diesem Zweck zwei Zielgruppen im Blick: Personen, die bereits Gäste bei Marriott waren, und Personen, die Gäste werden könnten. Da es attraktiver erscheint, bestehende Kunden zu binden als neue Kunden zu gewinnen, führt Marriott u. a. eine Umfrage bei Gästen in drei Hotels durch. Insbesondere die Frage, ob die Gäste zukünftig wieder im Marriott übernachten würden, soll analysiert werden. Dazu werden in drei Ritz-Carlton-Hotels in Dubai, Berlin und Shanghai schriftliche Interviews durchgeführt. Die Ergebnisse können Tab. 12.58 entnommen werden. In Berlin liegt der Anteil der Gäste, die wiederkommen würden, bei 39,1 %, in Dubai bei 50,0 % und in Shanghai bei 56,8 %. Diese drei Anteilswerte sind nicht gleich groß. Ist die Differenz dieser drei Anteilswerte aber groß genug, um nicht von einem zufälligen Unterschied, sondern von einem systematischen Unterschied zu sprechen?

Aufbauend auf den Antworten der 64 Gäste in Berlin, 68 Gäste in Dubai und 74 Gäste in Shanghai kann die Kreuztabelle (Tab. 12.59) für die beobachteten Häufigkeiten erstellt werden.

Von allen 206 Gästen würden 101 wiederkehren, also 49,03 %. Wenn die Anteile in den drei Hotels identisch wären, müssten in jedem Hotel 49,03 % mit „Ja" antworten. Daraus können die erwarteten Antworthäufigkeiten für jedes Hotel ermittelt werden.

Kapitel 12

Tab. 12.59 Kreuztabelle Marriott (beobachtet)

Rückkehr * Hotel Kreuztabelle

Anzahl

		Hotel			Gesamt
		Berlin	Dubai	Shanghai	
Rückkehr	Nein	39	34	32	105
	Ja	25	34	42	101
Gesamt		64	68	74	206

Tab. 12.60 Kreuztabelle Marriott (erwartet)

Rückkehr * Hotel Kreuztabelle

Erwartete Anzahl

		Hotel			Gesamt
		Berlin	Dubai	Shanghai	
Rückkehr	Nein	32,6	34,7	37,7	105,0
	Ja	31,4	33,3	36,3	101,0
Gesamt		64,0	68,0	74,0	206,0

Berlin: erwartete Häufigkeit für „Ja" $= 0,4903 \cdot 64 = 31,4$
erwartete Häufigkeit für „Nein" $= (1-0,4903)\cdot 64 = 32,6$

Dubai: erwartete Häufigkeit für „Ja" $= 0,4903 \cdot 68 = 33,3$
erwartete Häufigkeit für „Nein" $= (1-0,4903)\cdot 68 = 34,7$

Shanghai: erwartete Häufigkeit für „Ja" $= 0,4903 \cdot 74 = 36,3$
erwartete Häufigkeit für „Nein" $= (1-0,4903)\cdot 74 = 37,7$

Daraus resultiert die folgende Kreuztabelle (Tab. 12.60) für die erwarteten Häufigkeiten.

Formulierung der Hypothese:

H_0: $p_1 = p_2 = p_3$ bzw. Anteil der Personen, die wiederkommen würden, ist in allen drei Hotels identisch

H_1:   mindestens zwei p_j unterscheiden sich bzw. mindestens ein Anteil weicht von den anderen Anteilen ab

Testvoraussetzung:

- Die erwarteten Häufigkeiten in den Zellen der Kreuztabelle, die Änderungen anzeigen (Nebendiagonale), sollen größer 5 sein.

Testdurchführung:

- Prüfgröße:

$$\text{Chi}^2_{\text{pr}} = \sum_{i=1}^{k} \sum_{j=1}^{l} \frac{(f_{b,ij} - f_{e,ij})^2}{f_{e,ij}}$$

Der Index i misst die Zahl der Antwortmöglichkeiten (hier $k = 2$) und der Index j beschreibt die Zahl der Hotels (hier $l = 3$). Wir erhalten in Tab. 12.59 eine $k \times l$-Kreuztabelle, also eine 2×3-Kreuztabelle, eine Tabelle mit zwei Zeilen und drei Spalten. f_b steht für die beobachtete Häufigkeit und f_e für

Tab. 12.61 Chi^2-Test in SPSS

Chi-Quadrat-Tests

	Wert	df	Asymptotische Signifikanz (2-seitig)
Chi-Quadrat nach Pearson	**4,338**[a]	2	**0,114**
Likelihood-Quotient	4,365	2	0,113
Zusammenhang linear-mit-linear	4,238	1	0,040
Anzahl der gültigen Fälle	206		

[a] 0 Zellen (0,0 %) haben eine erwartete Häufigkeit kleiner 5. Die minimale erwartete Häufigkeit ist 31,38.

die erwartete Häufigkeit. Da die Kreuztabelle sechs Zellen umfasst, bilden wir für jede der sechs Zellen die Differenz von beobachteter und erwarteter Häufigkeit und setzen diese Werte in Chi$^2_{\text{pr}}$ ein:

$$\text{Chi}^2_{\text{pr}} = \frac{(39 - 32,6)^2}{32,6} + \frac{(34 - 34,7)^2}{34,7} + \frac{(32 - 37,7)^2}{37,7}$$
$$+ \frac{(25 - 31,4)^2}{31,4} + \frac{(34 - 33,3)^2}{33,3} + \frac{(42 - 36,3)^2}{36,3}$$
$$= 4,34.$$

- Prüfverteilung: Chi^2-Verteilung
- Beibehaltung oder Ablehnung der Hypothese:
Mit $\alpha = 0,05$ (Fläche im rechten Teil der Chi^2-Verteilung), $v = (k - 1) \cdot (l - 1) = (2 - 1) \cdot (3 - 2) = 2$ und den Chi^2-Grenzen aus Tab. 11.22 ergibt sich:
bei einer Irrtumswahrscheinlichkeit α von 5 %:
wenn Chi$^2_{\text{pr}} \geq 5,99 = \text{Chi}^2_{\text{kr}} \Rightarrow$ H$_0$ ablehnen bzw.
bei einer Irrtumswahrscheinlichkeit α von 1 %:
wenn Chi$^2_{\text{pr}} \geq 9,21 = \text{Chi}^2_{\text{kr}} \Rightarrow$ H$_0$ ablehnen.

Da $4,34 < 5,99$, akzeptieren wir H$_0$ unter Zugrundelegung einer 5 %igen Irrtumswahrscheinlichkeit. Also unterscheiden sich die drei Anteilswerte nicht signifikant voneinander. Die Unterschiede sind nicht groß genug und existieren nur zufällig in den Stichproben, aber wohl nicht in der Grundgesamtheit.

In SPSS erhalten wir das Ergebnis über Analysieren/ Deskriptive Statistiken/Kreuztabellen/Statistiken/Chi-Quadrat (s. Tab. 12.61). Die Antworten der Gäste stehen in SPSS in einer einzigen Spalte übereinander; in einer zweiten Spalte ist vermerkt, zu welchem Hotel der Gast gehört. Da 0,114 (asymptotische Signifikanz) > 0,05, akzeptieren wir H$_0$.

12.2.4.3.2 Mehrstichprobentest bei verbundenen Stichproben: Cochran-Q-Test

Problemstellung:

Das Pharmaunternehmen Pfizer stellt weltweit viele Medikamente her, u. a. auch einen Impfstoff gegen Masern. Der Impfstoff soll den Menschen über einen längeren Zeitraum vor der Krankheit schützen. Um zu prüfen, ob der Impfstoff dies gewährleistet, werden 20 Personen geimpft und nach einem, zwei und drei Jahren wird untersucht, ob die Immunisierung noch vorliegt. Die Ergebnisse der Untersuchungen können Tab. 12.62

Tab. 12.62 Immunisierung gegen Masern

Person i	Jahr 1	Jahr 2	Jahr 3	Summe R_i	R_i_quadrat
1	1	1	0	2	4
2	1	1	1	3	9
3	1	1	1	3	9
4	1	1	1	3	9
5	1	1	1	3	9
6	0	0	0	0	0
7	1	1	1	3	9
8	0	0	0	0	0
9	1	1	1	3	9
10	1	1	1	3	9
11	1	1	1	3	9
12	1	1	1	3	9
13	1	1	1	3	9
14	1	1	1	3	9
15	1	1	1	3	9
16	1	1	1	3	9
17	1	0	0	1	1
18	1	1	1	3	9
19	1	1	1	3	9
20	1	1	1	3	9
Summe C_j	18	17	16	$N = 51$	149
C_j^2	324	289	256	$\sum_{j=1}^{3} C_j^2 = 869$	

* $1 = $ ja, $0 = $ nein

entnommen werden. Eine Eins bedeutet, dass die Immunisierung vorliegt, eine Null bedeutet, dass die Immunisierung nicht vorliegt. Nach einem Jahr liegt der Anteil der Immunisierten bei 90,0 %, nach zwei Jahren bei 85,3 % und nach drei Jahren bei 83,3 %. Diese drei Anteilswerte sind nicht gleich groß. Ist die Differenz dieser drei Anteilswerte aber groß genug, um nicht von einem zufälligen Unterschied, sondern von einem systematischen Unterschied zu sprechen?

Formulierung der Hypothese:

H_0: $p_1 = p_2 = p_3$ bzw. Anteil der immunisierten Personen ist in allen drei Jahren identisch

H_1: mindestens zwei p_j unterscheiden sich bzw. mindestens ein Anteil weicht von den anderen Anteilen ab

Testvoraussetzung:

■ Die Stichproben sind zufällig gezogen.

Testdurchführung:

■ Prüfgröße:

$$Q = \frac{c \cdot (c - 1) \cdot \sum_{j=1}^{c} C_j^2 - (c - 1) \cdot N^2}{c \cdot N - \sum_{i=1}^{r} R_i^2}$$

c gibt die Zahl der Stichproben an (hier $c = 3$), C_j die Zahl der Immunisierungen pro Jahr, R_i die Zahl der bestätigten Immunisierungen pro Person im Dreijahreszeitraum, r die Zahl der Personen in der Stichprobe und N die Summe der

Immunisierungen im Dreijahreszeitraum (hier $N = 51$). Eingesetzt in die Formel für Q erhalten wir

$$Q = \frac{3 \cdot (3 - 1) \cdot (324 + 289 + 256) - (3 - 1) \cdot 51^2}{3 \cdot 51 - (4 + 9 + \ldots + 9 + 9)}$$

$$= \frac{12}{4} = 3.$$

■ Prüfverteilung: Chi^2-Verteilung
■ Beibehaltung oder Ablehnung der Hypothese:
Mit $\alpha = 0,05$ (Fläche im rechten Teil der Chi^2-Verteilung), $v = c - 1 = 3 - 1 = 2$ und den Chi^2-Grenzen aus Tab. 11.22 ergibt sich:
bei einer Irrtumswahrscheinlichkeit α von 5 %:
wenn $Q = \text{Chi}_{pr}^2 \geq 5,99 = \text{Chi}_{kr}^2 \Rightarrow H_0$ ablehnen bzw.
bei einer Irrtumswahrscheinlichkeit α von 1 %:
wenn $Q = \text{Chi}_{pr}^2 \geq 9,21 = \text{Chi}_{kr}^2 \Rightarrow H_0$ ablehnen.

Da $3 < 5,99$, akzeptieren wir H_0 unter Zugrundelegung einer 5 %igen Irrtumswahrscheinlichkeit. Also unterscheiden sich die drei Anteilswerte nicht signifikant voneinander. Die Unterschiede sind nicht groß genug und existieren nur zufällig in den Stichproben, aber wohl nicht in der Grundgesamtheit.

In SPSS erhalten wir das Ergebnis über Analysieren/Nichtparametrische Tests/Alte Dialogfelder/K verbundene Stichproben/Welche Tests durchführen/Cochran-Q (s. Tab. 12.63). Die Untersuchungsergebnisse der 20 Personen stehen in SPSS in drei Spalten nebeneinander. Da 0,223 (asymptotische Signifikanz) > 0,05, akzeptieren wir H_0.

Cochran-Q-Test

Tab. 12.63 Cochran-Q-Test in SPSS

Häufigkeiten		
		Wert
	0	1
Jahr 1	2	18
Jahr 2	3	17
Jahr 3	4	16

Statistik für Test	
N	20
Cochrans Q-Test	**3,000**[a]
df	2
Asymptotische Signifikanz	**0,223**

[a] 1 wird als Erfolg behandelt.

12.2.5 Hypothesen über die Normalverteilung

12.2.5.1 Kolmogorov-Smirnov-Anpassungstest oder Shapiro-Wilk-Test

Problemstellung:

Bei der Anwendung vieler Tests wird vorausgesetzt, dass die Variable normalverteilt ist. Liegt keine Normalverteilung vor,

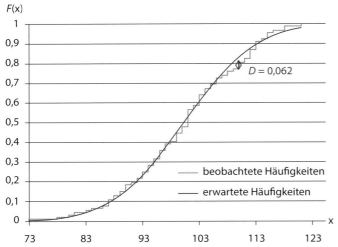

Abb. 12.13 Kolmogorov-Smirnov-Anpassungstest

(8) bringt zum Ausdruck, wie häufig die betreffende Fehlerzahl eintreten müsste, wenn Normalverteilung vorläge. Und Spalte (9) listet die erwartete Verteilungsfunktion auf, also die Wahrscheinlichkeit, maximal die betreffende Fehlerzahl zu erlangen. Wenn die Pixelfehler einer Normalverteilung unterliegen, müssten eigentlich die Spalten (4) und (9) identisch sein bzw. in Abb. 12.13 die blaue Linie auf der roten Linie liegen. Je weiter diese Werte auseinanderliegen, desto mehr spricht gegen eine Normalverteilung. Aber wann ist weit „weit"? Zur Beantwortung werden die Spalten (10) und (11) herangezogen. Den größten Wert in diesen Spalten bildet die Testgröße D. In unserem Beispiel gilt $D = 0,062$.

- Prüfverteilung: Kolmogorov-Smirnov-Verteilung (eventuell mit Lilliefors-Korrekturen)
- Beibehaltung oder Ablehnung der Hypothese:
  Mit $\alpha = 0,05$, $n = 92$ und den D-Grenzen aus Tab. 12.65 ergibt sich:
  bei einer Irrtumswahrscheinlichkeit α von 5 %:
  wenn $D \geq 0,13965 = D_{kr} \Rightarrow H_0$ ablehnen bzw.
  bei einer Irrtumswahrscheinlichkeit α von 1 %:
  wenn $D \geq 0,16755 = D_{kr} \Rightarrow H_0$ ablehnen.

Da $0,062 < 0,13965$, akzeptieren wir H_0 unter Zugrundelegung einer 5 %igen Irrtumswahrscheinlichkeit. Also unterscheidet sich die erwartete Verteilungsfunktion nicht signifikant von der beobachteten Verteilungsfunktion. Die Unterschiede sind nicht groß genug und existieren nur zufällig in der Stichprobe, aber wohl nicht in der Grundgesamtheit. Die Zahl der Pixelfehler erweist sich als normalverteilt.

kann der betreffende Test auch nicht durchgeführt werden. Wie können wir aber feststellen, ob Normalverteilung vorliegt? In Abschn. 12.2.1 wurden iPads 6 bzw. 12 bzw. 18 Monate nach Kauf hinsichtlich ihrer Pixelfehler untersucht. Wir wollen beispielhaft prüfen, ob die Zahl der Pixelfehler nach 6 Monaten einer Normalverteilung genügt (s. Tab. 12.21).

───────────── **Aufgabe 12.5** ─────────────

Formulierung der Hypothese:

H_0: Die Zahl der Pixelfehler ist normalverteilt ($\mu = 100,25$; $\sigma^2 = 10,0625$)
H_1: Die Zahl der Pixelfehler ist nicht normalverteilt ($\mu = 100,25$; $\sigma^2 = 10,0625$)

Testvoraussetzungen:

- Die Stichprobe ist zufällig gezogen,
- die Verteilungsfunktion ist stetig.

Testdurchführung beim Kolmogorov-Smirnov-Anpassungstest:

- Prüfgröße:
$$D = \max |F_e - F_o| \quad \text{mit}$$

der beobachteten Verteilungsfunktion F_o bzw. der erwarteten Verteilungsfunktion F_e.
In Spalte (2) und (3) von Tab. 12.64 ist aufgelistet, wie häufig jede Pixelfehlerzahl bei den 92 untersuchten iPads auftaucht. Spalte (4) kann die beobachtete Verteilungsfunktion F_o entnommen werden, also die Wahrscheinlichkeit, dass maximal die betreffende Fehlerzahl eintritt. Spalte (5) stellt den standardisierten Wert von Spalte (1) dar und Spalte (6) liefert die Wahrscheinlichkeit, maximal diesen Wert zu erzielen. Spalte

Der Kolmogorov-Smirnov-Anpassungstest setzt eigentlich voraus, dass der Erwartungswert und die Varianz der Normalverteilung bekannt sind und nicht erst aus der Stichprobe geschätzt werden müssen. Für letzteren Fall schlägt Lilliefors die Verwendung von korrigierten Grenzwerten für die Prüfgröße D vor (s. Tab. 12.66). In der Spalte mit $p = 0,95$ berechnen wir $d_n = 9,668$ und $D_{kr} = 0,895/d_n = 0,0926$. Da $0,062 < 0,0926$, akzeptieren wir H_0 unter Zugrundelegung einer 5 %igen Irrtumswahrscheinlichkeit auch hier.

In SPSS erhalten wir das Ergebnis über Analysieren/Deskriptive Statistiken/Explorative Datenanalyse/Diagramme/Normalverteilungsdiagramm mit Tests (s. Tab. 12.67). Da 0,2 (asymptotische Signifikanz) > 0,05, akzeptieren wir H_0.

12.2.5.2 Alternative zum Kolmogorov-Smirnov-Test: Shapiro-Wilk-Test

Da die Teststärke beim Kolmogorov-Smirnov-Test in kleinen Stichproben gering ausfällt, kann alternativ auch der Shapiro-Wilk-Test (gelegentlich auch W-Test genannt) angewendet werden (s. Conover (1999, S. 450)). Die Berechnung der Koeffizienten für die Teststatistik erweist sich als komplex und soll daher hier nicht vorgenommen werden. In SPSS wird das Resultat jedoch angegeben. Da in Tab. 12.67 0,54 (Signifikanz) > 0,05, akzeptieren wir H_0 auch mit diesem Test.

Tab. 12.64 Pixelfehler beim iPad und Normalverteilung

		beobachtete Werte					erwartete Werte				$F_e - F_o$	
(1)	(2)	(3)	(4)	(5)	(6)	(7)	(8)	(9)	(10)	(11)
Zahl der Pixel-Fehler x_i	absolute Häufigkeit	relative Häufigkeit f_o	kumulierte relative Häufigkeit F_o	z-Wert	$W(Z \leq z)$	relative Häufigkeit f_e	absolute Häufigkeit	kumulierte relative Häufigkeit F_e	$|F_e(x_i) - F_o(x_i)|$	$|F_e(x_i) - F_o(x_{i-1})|$
73	1	0,0109	0,0109	−2,71	0,0034	0,0034	0,3	0,003	0,008	0,003
78	1	0,0109	0,0217	−2,21	0,0135	0,0101	0,9	0,014	0,008	0,003
80	1	0,0109	0,0326	−2,01	0,0221	0,0086	0,8	0,022	0,010	0,000
81	1	0,0109	0,0435	−1,91	0,0279	0,0058	0,5	0,028	0,016	0,005
83	1	0,0109	0,0543	−1,71	0,0433	0,0154	1,4	0,043	0,011	0,000
84	1	0,0109	0,0652	−1,61	0,0532	0,0099	0,9	0,053	0,012	0,001
86	1	0,0109	0,0761	−1,42	0,0784	0,0252	2,3	0,078	0,002	0,013
87	3	0,0326	0,1087	−1,32	0,0940	0,0156	1,4	0,094	0,015	0,018
88	2	0,0217	0,1304	−1,22	0,1118	0,0178	1,6	0,112	0,019	0,003
89	2	0,0217	0,1522	−1,12	0,1318	0,0201	1,8	0,132	0,020	0,001
90	3	0,0326	0,1848	−1,02	0,1542	0,0224	2,1	0,154	0,031	0,002
91	1	0,0109	0,1957	−0,92	0,1790	0,0248	2,3	0,179	0,017	0,006
92	2	0,0217	0,2174	−0,82	0,2062	0,0272	2,5	0,206	0,011	0,011
93	3	0,0326	0,25	−0,72	0,2357	0,0295	2,7	0,236	0,014	0,018
94	3	0,0326	0,2826	−0,62	0,2673	0,0316	2,9	0,267	0,015	0,017
95	3	0,0326	0,3152	−0,52	0,3010	0,0337	3,1	0,301	0,014	0,018
96	4	0,0435	0,3587	−0,42	0,3364	0,0354	3,3	0,336	0,022	0,021
97	3	0,0326	0,3913	−0,32	0,3734	0,0370	3,4	0,373	0,018	0,015
98	1	0,0109	0,4022	−0,22	0,4116	0,0382	3,5	0,412	0,009	0,020
99	4	0,0435	0,4457	−0,12	0,4506	0,0390	3,6	0,451	0,005	0,048
100	3	0,0326	0,4783	−0,02	0,4901	0,0395	3,6	0,490	0,012	0,044
101	8	0,087	0,5652	0,07	0,5297	0,0396	3,6	0,530	0,036	0,051
102	2	0,0217	0,587	0,17	0,5690	0,0393	3,6	0,569	0,018	0,004
103	5	0,0543	0,6413	0,27	0,6077	0,0386	3,6	0,608	0,034	0,021
104	3	0,0326	0,6739	0,37	0,6453	0,0376	3,5	0,645	0,029	0,004
105	2	0,0217	0,6957	0,47	0,6815	0,0362	3,3	0,682	0,014	0,008
106	3	0,0326	0,7283	0,57	0,7161	0,0346	3,2	0,716	0,012	0,020
107	1	0,0109	0,7391	0,67	0,7488	0,0327	3,0	0,749	0,010	0,020
108	2	0,0217	0,7609	0,77	0,7793	0,0306	2,8	0,779	0,018	0,040
109	1	0,0109	0,7717	0,87	0,8077	0,0283	2,6	0,808	0,036	0,047
110	3	0,0326	0,8043	0,97	0,8337	0,0260	2,4	0,834	0,029	**0,062**
111	2	0,0217	0,8261	1,07	0,8573	0,0236	2,2	0,857	0,031	0,053
112	4	0,0435	0,8696	1,17	0,8785	0,0212	2,0	0,878	0,009	0,052
113	4	0,0435	0,913	1,27	0,8974	0,0189	1,7	0,897	0,016	0,028
114	1	0,0109	0,9239	1,37	0,9140	0,0167	1,5	0,914	0,010	0,001
115	3	0,0326	0,9565	1,47	0,9286	0,0146	1,3	0,929	0,028	0,005
116	1	0,0109	0,9674	1,56	0,9412	0,0126	1,2	0,941	0,026	0,015
118	2	0,0217	0,9891	1,76	0,9611	0,0199	1,8	0,961	0,028	0,006
121	1	0,0109	1	2,06	0,9804	0,0193	1,8	0,980	0,020	0,009

Tab. 12.65 Kritische Werte für D beim Kolmogorov-Smirnov-Anpassungstest (Kohler (1994), S. 917 f.)

n	Kritische Grenzen für den oberen Teil α				
	0,10	0,05	0,025	0,01	0,005
1	0,90000	0,95000	0,97500	0,99000	0,99500
2	0,68377	0,77639	0,84189	0,90000	0,92929
3	0,56481	0,63604	0,70760	0,78456	0,82900
4	0,49265	0,56522	0,62394	0,68887	0,73424
5	0,44698	0,50945	0,56328	0,62718	0,66853
6	0,41037	0,46799	0,51926	0,57741	0,61661
7	0,38148	0,43607	0,48342	0,53844	0,57581
8	0,35831	0,40962	0,45427	0,50654	0,54179
9	0,33910	0,38746	0,43001	0,47960	0,51332
10	0,32260	0,36866	0,40925	0,45662	0,48893
11	0,30829	0,35242	0,39122	0,43670	0,46770
12	0,29577	0,33815	0,37543	0,41918	0,44905
13	0,28470	0,32549	0,36143	0,40362	0,43247
14	0,27481	0,31417	0,34890	0,38970	0,41762
15	0,26588	0,30397	0,33760	0,37713	0,40420
16	0,25778	0,29472	0,32733	0,36571	0,39201
17	0,25039	0,28627	0,31796	0,35528	0,38086
18	0,24360	0,27851	0,30936	0,34569	0,37062
19	0,23735	0,27136	0,30143	0,33685	0,36117
20	0,23156	0,26473	0,29408	0,32866	0,35241
21	0,22617	0,25858	0,28724	0,32104	0,34427
22	0,22115	0,25283	0,28087	0,31394	0,33666
23	0,21645	0,24746	0,27490	0,30728	0,32954
24	0,21205	0,24242	0,26931	0,30104	0,32286
25	0,20790	0,23768	0,26404	0,29516	0,31657
26	0,20399	0,23320	0,25907	0,28962	0,31064
27	0,20030	0,22898	0,25438	0,28438	0,30502
28	0,19680	0,22497	0,24993	0,27942	0,29971
29	0,19348	0,22117	0,24571	0,27471	0,29466
30	0,19032	0,21756	0,24170	0,27023	0,28987
31	0,18732	0,21412	0,23788	0,26596	0,28530
32	0,18445	0,21085	0,23424	0,26189	0,28094
33	0,18171	0,20771	0,23076	0,25801	0,27677
34	0,17909	0,20472	0,22743	0,25429	0,27279
35	0,17659	0,20185	0,22425	0,25073	0,26897
36	0,17418	0,19910	0,22319	0,24732	0,26532
37	0,17188	0,19646	0,21826	0,24404	0,26180
38	0,16966	0,19392	0,21544	0,24089	0,25843
39	0,16753	0,19148	0,23273	0,23786	0,25518
40	0,16547	0,18913	0,21012	0,23494	0,25205
41	0,16349	0,18687	0,20760	0,23213	0,24904
42	0,16158	0,38468	0,20517	0,22941	0,24613
43	0,15974	0,18257	0,20283	0,22679	0,24332
44	0,15796	0,18053	0,20056	0,22426	0,2406C
45	0,15623	0,17856	0,19837	0,22181	0,23798
46	0,15457	0,17665	0,19625	0,21944	0,23544
47	0,15295	0,17481	0,39420	0,21715	0,23298
48	0,15139	0,17302	0,19221	0,21493	0,23059
49	0,14987	0,17128	0,19028	0,21277	0,22828
50	0,14840	0,16959	0,18841	0,21068	0,22604
51	0,14697	0,16796	0,18659	0,20864	0,22386
52	0,14558	0,16637	0,18482	0,20667	0,22174

Tab. 12.65 Fortsetzung

n	Kritische Grenzen für den oberen Teil α				
	0,10	0,05	0,025	0,01	0,005
53	0,14423	0,16483	0,18311	0,20475	0,21968
54	0,14292	0,16332	0,18144	0,20289	0,21768
55	0,14164	0,16186	0,17981	0,20107	0,21574
56	0,14040	0,16044	0,17823	0,19930	0,21384
57	0,13919	0,15906	0,17669	0,19758	0,21199
58	0,13801	0,15771	0,17519	0,19590	0,21019
59	0,13686	0,15639	0,17373	0,19427	0,20844
60	0,13573	0,35511	0,17231	0,19267	0,20673
61	0,13464	0,15385	0,17091	0,19112	0,20506
62	0,13357	0,15263	0,16956	0,18960	0,20343
63	0,13253	0,15144	0,16823	0,18812	0,20184
64	0,13151	0,15027	0,16693	0,18667	0,20029
65	0,13052	0,14913	0,16567	0,18525	0,19877
66	0,12954	0,14802	0,16443	0,18387	0,19729
67	0,12859	0,14693	0,16322	0,18252	0,19584
68	0,12766	0,14587	0,16204	0,18119	0,19442
69	0,12675	0,14483	0,16088	0,17990	0,19303
70	0,12586	0,14381	0,15975	0,17863	0,19167
71	0,12499	0,14281	0,15864	0,17739	0,19034
72	0,12413	0,14183	0,15755	0,17618	0,18903
73	0,12329	0,14087	0,15649	0,17498	0,18776
74	0,12247	0,13993	0,15544	0,17382	0,18650
75	0,12167	0,13901	0,15442	0,17268	0,18528
76	0,12088	0,13811	0,15342	0,17155	0,1840S
77	0,12011	0,13723	0,15244	0,17045	0,18290
78	0,11935	0,13636	0,15147	0,16938	0,18174
79	0,11860	0,13551	0,15052	0,16832	0,18060
80	0,11787	0,13467	0,14960	0,16728	0,17949
81	0,11716	0,13385	0,14868	0,16626	0,17840
82	0,11645	0,13305	0,14779	0,16526	0,17732
83	0,11576	0,13226	0,14691	0,16428	0,17627
84	0,11508	0,13148	0,14605	0,16331	0,17523
85	0,11442	0,13072	0,14520	0,16236	0,17421
86	0,11376	0,12997	0,14437	0,16143	0,17321
87	0,11311	0,12923	0,14355	0,16051	0,17223
88	0,11248	0,12850	0,14274	0,15961	0,17126
89	0,11186	0,12779	0,14195	0,15873	0,17033
90	0,11125	0,12709	0,14117	0,15786	0,16938
91	0,11064	0,12640	0,14040	0,15700	0,16846
92	0,11005	0,12572	0,13965	0,15616	0,16755
93	0,10947	0,12506	0,13891	0,15533	0,16666
94	0,10889	0,12440	0,13818	0,15451	0,16579
	0,10	0,05	0,025	0,01	0,005
95	0,10833	0,12375	0,13746	0,15371	0,16493
96	0,10777	0,12312	0,13675	0,15291	0,16408
97	0,10722	0,12249	0,13606	0,15214	0,16324
98	0,10668	0,12187	0,13537	0,15137	0,16242
99	0,10615	0,12126	0,13469	0,15061	0,16161
100	0,10563	0,12067	0,13403	0,14987	0,16081

Anmerkung: Für größere n können die kritischen Werte wie folgt berechnet werden

$$\frac{1,22}{\sqrt{n}} \qquad \frac{1,36}{\sqrt{n}} \qquad \frac{1,48}{\sqrt{n}} \qquad \frac{1,63}{\sqrt{n}} \qquad \frac{1,73}{\sqrt{n}}$$

Kapitel 12

Tab. 12.66 Kritische Werte für D beim Kolmogorov-Smirnov-Anpassungstest mit Lilliefors-Korrekturen (Conover (1999), S. 548)

	$p = 0{,}80$	0,85	0,90	0,95	0,99
Sample size $n = 4$	0,303	0,320	0,344	0,374	0,414
5	0,290	0,302	0,319	0,344	0,398
6	0,268	0,280	0,295	0,321	0,371
7	0,252	0,264	0,280	0,304	0,353
8	0,239	0,251	0,266	0,290	0,333
9	0,227	0,239	0,253	0,275	0,319
10	0,217	0,228	0,241	0,262	0,303
11	0,209	0,219	0,232	0,252	0,291
12	0,201	0,210	0,223	0,243	0,281
13	0,193	0,203	0,215	0,233	0,270
14	0,187	0,196	0,209	0,227	0,264
15	0,181	0,190	0,202	0,219	0,256
16	0,176	0,184	0,195	0,212	0,248
17	0,170	0,179	0,190	0,207	0,241
18	0,166	0,174	0,185	0,201	0,234
19	0,162	0,171	0,181	0,197	0,230
20	0,159	0,167	0,177	0,192	0,223
21	0,155	0,163	0,173	0,188	0,219
22	0,152	0,160	0,170	0,185	0,214
23	0,149	0,156	0,165	0,181	0,210
24	0,145	0,153	0,162	0,177	0,205
25	0,144	0,151	0,159	0,173	0,202
26	0,141	0,147	0,156	0,170	0,198
27	0,138	0,145	0,153	0,166	0,193
28	0,136	0,142	0,151	0,165	0,191
29	0,134	0,140	0,149	0,162	0,188
30	0,132	0,138	0,146	0,159	0,183
$n \geq 31$	$0{,}741/d_n$	$0{,}775/d_n$	$0{,}819/d_n$	$0{,}895/d_n$	$1{,}035/d_n$

$$d_n = \left(\sqrt{n} - 0{,}01 + 0{,}83/\sqrt{n} \right)$$

Tab. 12.67 Kolmogorov-Smirnov-Test in SPSS

Tests auf Normalverteilung						
	Kolmogorov-Smirnov[a]			Shapiro-Wilk		
	Statistik	df	Signifikanz	Statistik	df	Signifikanz
Pixelfehler	**0,062**	92	**0,200**[b]	0,988	92	**0,540**

[a] Signifikanzkorrektur nach Lilliefors
[b] Dies ist eine untere Grenze der echten Signifikanz.

Mathematischer Exkurs 12.4: Was haben Sie gelernt?

Sie haben gelernt,

- eine Stichprobe von einer Grundgesamtheit zu unterscheiden,
- warum man auf der Basis einer Stichprobe vernünftige Aussagen über die Grundgesamtheit aufstellen kann,
- eine Punktschätzung von einer Intervallschätzung abzugrenzen,
- ein Konfidenzintervall für den Ausschussanteil bei der Produktion zu berechnen,
- die Aussagekraft eines Konfidenzintervalls richtig einzuschätzen,
- für einen Erwartungswert ein Konfidenzintervall zu ermitteln,
- zu akzeptieren, dass die Varianz eine Varianz hat,
- zu prüfen, ob eine Variable normalverteilt ist,
- eine verbundene von einer unverbundenen Stichprobe zu unterscheiden,
- Ein-, Zwei- und Mehrstichproben voneinander abzugrenzen,
- Hypothesen über die Größenordnung von Mittelwerten, Medianen, Varianzen und Anteilswerten zu testen,
- eine Irrtumswahrscheinlichkeit und eine Sicherheitswahrscheinlichkeit auseinanderzuhalten und angemessen zu interpretieren.

Kapitel 12

Mathematischer Exkurs 12.5: Dieses reale Problem sollten Sie jetzt lösen können

Apple bietet einen iPad an, dessen Akku eine Laufzeit von 10 Stunden aufweisen soll, er muss also erst nach 10 Stunden wieder aufgeladen werden. In Tab. 12.68 finden Sie die Laufzeiten (in Stunden) von zufällig ausgewählten iPads bzw. deren Akkus.

Tab. 12.68 Akku

11	10,1	9,2	9,5
8,8	8,5	10,6	10,5
10	8	5,2	8,9
10,3	12,8	9,5	9,3
10,3	8	9,7	10,9
7,7	9,5	8,6	11,5
6,9	8,8	7,4	8,2
10,3	7,3	9,5	9,9
6	11,9	8,9	12,5
10,7	9,8	8,4	8,8

a. Stimmt auf der Basis einer 1 %igen Irrtumswahrscheinlichkeit die Aussage von Apple, dass die Akkus eine Laufzeit von 10 Stunden besitzen?

b. Ändert sich etwas in Ihrer Entscheidung bei Aufgabe a, wenn Sie eine 98 %ige Sicherheitswahrscheinlichkeit unterstellen?

Lösung:

a. Es liegen für $n = 40$ Akkus Angaben zur Laufzeit vor. Daraus ergibt sich eine mittlere Laufzeit von $\bar{x} = 9{,}34$ Stunden. Dieser Wert ist kleiner als die behaupteten 10 Stunden. Es könnte aber sein, dass die Abweichung nur zu-

fälligerweise in der vorliegenden Stichprobe auftaucht. Oder anders formuliert: Die Differenz zwischen 9,34 und 10 ist vielleicht noch nicht groß genug, um von einer systematischen Abweichung sprechen zu können. Da die Standardabweichung der Grundgesamtheit nicht vorliegt, muss sie auf der Basis der Stichprobe geschätzt werden: $s = 1{,}61$ Stunden. Nun können wir mit dem „Einstichproben t-Test für den Mittelwert" testen.

$H_0: \mu = 10$ Stunden bzw. durchschnittliche Laufzeit eines Akkus = 10 Stunden

$H_1: \mu \neq 10$ Stunden bzw. durchschnittliche Laufzeit eines Akkus $\neq$ 10 Stunden

$$t_{pr} = \frac{\bar{x} - \mu}{s/\sqrt{n}} = \frac{9{,}34 - 10}{1{,}61/\sqrt{40}} = -\frac{0{,}66}{0{,}255} = -2{,}59.$$

Da $|-2{,}59| < 2{,}7 = t_{kr}$, akzeptieren wir H_0 unter Zugrundelegung einer 1 %igen Irrtumswahrscheinlichkeit. Die Akkus in der Grundgesamtheit erfüllen die Norm von 10 Stunden. Die Abweichung von den 10 Stunden tritt nur in der Stichprobe auf, aber nicht in der Grundgesamtheit.

b. An der Prüfgröße ändert sich nichts. Lediglich die kritische Größe erhält einen neuen Wert: $t_{kr} = 2{,}4$. Da nun $|-2{,}59| > 2{,}4 = t_{kr}$, lehnen wir H_0 unter Zugrundelegung einer 2 %igen Irrtumswahrscheinlichkeit ab. Die Akkus in der Grundgesamtheit erfüllen die Norm von 10 Stunden nicht. Die Abweichung von den 10 Stunden tritt nicht nur (zufälligerweise) in der Stichprobe auf, sondern auch (systematisch) in der Grundgesamtheit.

Mathematischer Exkurs 12.6: Aufgaben

1. Tablet-PCs werden vielfältig eingesetzt. Ein limitierender Faktor bei deren Benutzung ist die Lebensdauer der Akkus. Wenn ein Akku verbraucht ist, erweisen sich Ausbau und Ersatz meistens als unmöglich. In Tab. 12.69 ist für 20 Tablet-PCs die Lebensdauer in Monaten angegeben.

Tab. 12.69 Akku-Lebensdauer

Akku i	Lebensdauer x_i	Akku i	Lebensdauer x_i
1	22,3	11	24,4
2	23,4	12	24,7
3	23,6	13	27,0
4	24,0	14	23,5
5	22,2	15	24,5
6	25,4	16	22,5
7	25,6	17	21,4
8	28,3	18	25,8
9	24,0	19	22,3
10	22,0	20	28,1

a. Wie hoch ist die durchschnittliche Lebensdauer der Akkus?
b. Berechnen Sie auf der Basis einer Irrtumswahrscheinlichkeit von 2 % ein Konfidenzintervall für den Erwartungswert der Lebensdauer.

Lösung

a. 24,25 Monate
b. $W(23,13 \leq E(X) \leq 25,38) = 0,98$

2. Nestlé überlegt, ein neues Getränk auf den Markt zu bringen. Zu diesem Zweck wird u. a. ein kleiner Testmarkt von 16 Personen bezüglich einer Kaufabsicht befragt. Die Antworten können Tab. 12.70 entnommen werden.

Tab. 12.70 Nestlé

Person i	Kaufabsicht x_i	Person i	Kaufabsicht x_i
1	ja	9	nein
2	nein	10	nein
3	nein	11	ja
4	ja	12	ja
5	nein	13	ja
6	ja	14	nein
7	nein	15	nein
8	nein	16	ja

a. Wie hoch ist auf dem Testmarkt der Anteil der Personen mit einer Kaufabsicht?
b. Berechnen Sie auf der Basis einer Irrtumswahrscheinlichkeit von 5 ‰ ein Konfidenzintervall für den Anteil der Personen mit einer Kaufabsicht.

Lösung

a. 43,75 %
b. $W(0,089 \leq p \leq 0,786) = 0,995$

3. Die Deutsche Bank vergleicht vermögende Kunden in Hamburg und Passau. Das Vermögen (in €) von 16 Personen aus diesen beiden Städten kann Tab. 12.71 entnommen werden.

Tab. 12.71 Vermögen

Person i	Einkommen in Hamburg	Einkommen in Passau	Person i	Einkommen in Hamburg	Einkommen in Passau
1	311.336	345.591	9	278.156	351.322
2	296.658	359.444	10	309.019	355.269
3	304.382	361.120	11	305.621	354.132
4	306.453	333.632	12	294.819	347.828
5	306.980	329.779	13	291.115	330.595
6	289.161	339.434	14	323.185	351.595
7	283.721	346.382	15	291.637	345.648
8	306.994	333.614	16		345.176

Testen Sie auf der Basis einer Irrtumswahrscheinlichkeit von 1 %, ob das durchschnittliche Vermögen in beiden Städten gleich ist.

Lösung

Das Durchschnittsvermögen beträgt in Hamburg 299.949,13 € und in Passau 345.660,06 €. In der Stichprobe sind die Passauer also reicher. Der Zweistichprobentest bei unverbundenen Stichproben ergibt folgendes Resultat: (df = 29). Wenn $|t_{pr}| \geq 2,756 = t_{kr} \Rightarrow H_0$ ablehnen. Da $|t_{pr}| = |-11,65| > 2,756$, lehnen wir H_0 unter Zugrundelegung einer 1 %igen Irrtumswahrscheinlichkeit ab. Also unterscheiden sich die durchschnittlichen Vermögen in beiden Städten signifikant.

4. Die Produktionszeiten (in Minuten) eines Werkstückes unterscheiden sich nicht nur innerhalb eines Herstellers, sondern auch zwischen zwei Herstellern (s. Tab. 12.72).

Tab. 12.72 Produktionszeiten in Minuten

Hersteller A	Hersteller B	Hersteller A	Hersteller B
65,9	59,3	61,4	55,6
66	61,9	61,5	55,9
66,6	62,2	61,8	58,2
66,5	63,1	62,5	58,3
66,7	63,2	62,7	59,6
66,9	64,8	62,9	59,7
67,3	65,7	63,3	
67,4	43		

Weichen die Mediane der Produktionszeiten der beiden Hersteller auf der Basis einer Sicherheitswahrscheinlichkeit von 3 % signifikant voneinander ab?

Lösung

Ja, Begründung (Zweistichprobentest bei unverbundenen Stichproben: Mann-Whitney U-Test): wenn $|z_{pr}| \geq 2{,}17 = z_{kr} \Rightarrow H_0$ ablehnen.

Der Median bei Hersteller A beträgt 65,95 Minuten und bei Hersteller B 59,65 Minuten. In der Stichprobe benötigt Hersteller A folglich mehr Zeit als Hersteller B.

Da $|z_{pr}| = |-3{,}19| > 2{,}17$, lehnen wir H_0 unter Zugrundelegung einer 3 %igen Irrtumswahrscheinlichkeit ab. Also unterscheiden sich die Mediane der beiden Hersteller signifikant voneinander. Der Unterschied existiert nicht nur zufällig in der Stichprobe, sondern wohl auch in der Grundgesamtheit.

5. Aldi Süd möchte ein neues Produkt in das Sortiment aufnehmen. Als Entscheidungsgrundlage werden in zwei Filialen Personen gefragt, ob sie dieses Produkt kaufen würden. Die Antworten können Tab. 12.73 entnommen werden.

Tab. 12.73 Aldi Süd

Person i	Filiale 1	Person j	Filiale 2
1	nein	1	nein
2	ja	2	nein
3	nein	3	nein
4	nein	4	nein
5	ja	5	nein
6	nein	6	ja
7	ja	7	nein
8	nein	8	ja
9	nein	9	ja
10	nein	10	nein
11	nein	11	ja
12	nein	12	nein
13	ja	13	nein
14	nein	14	ja
15	nein	15	ja
16	nein	16	ja
17	nein	17	ja
18	ja	18	ja
19	nein		

a. Wie hoch ist der Anteil der (potenziellen) Käufer in Filiale 1 bzw. 2?

b. Unterscheiden sich diese Anteile unter Zugrundelegung einer Irrtumswahrscheinlichkeit von 4,6 % signifikant?

Lösung

a. Anteil in Filiale 1 $= 26{,}3$ % und in Filiale 2 $= 50{,}0$ %. In der Stichprobe unterscheiden sich diese Anteile deutlich.

b. Nein, Begründung: wenn $|z_{pr}| \geq 2{,}0 = z_{kr} \Rightarrow H_0$ ablehnen.

Da $|z_{pr}| = |-1{,}49| < 2{,}0$, akzeptieren wir H_0 unter Zugrundelegung einer 4,6 %igen Irrtumswahrscheinlichkeit. Also unterscheiden sich die beiden Anteilswerte zwar, aber nicht signifikant voneinander. Der Unterschied existiert nur zufällig in den Stichproben, aber wohl nicht in der Grundgesamtheit.

6. Der Bildschirm eines Handys weist in der Regel Pixelfehler auf. Für 20 Handys können die entsprechenden Zahlen Tab. 12.74 entnommen werden.

Tab. 12.74 Pixelfehler II

Pixelfehler	Pixelfehler	Pixelfehler	Pixelfehler
96	90	108	116
110	121	99	83
89	111	118	103
87	104	110	96
87	93	102	99

Sind die Pixelfehler auf der Basis einer Irrtumswahrscheinlichkeit von 5 % normalverteilt?

Lösung

Ja, Begründung: Da $D = 0{,}091 < D_{kr} = 0{,}192$, akzeptieren wir H_0 unter Zugrundelegung einer 5 %igen Irrtumswahrscheinlichkeit. Die Pixelfehler sind normalverteilt.

Literatur

Apple: Q4 2012 Unaudited Summary Data. http://images.apple.com/pr/pdf/q4fy12datasum.pdf (2013). Zugegriffen: 04.09.2014

Conover, W.J.: Practical nonparametric Statistics, 3. Aufl. Wiley, New York (1999)

Deutsche Börse: Euro Stoxx 50. http://www.boerse-frankfurt.de/de/aktien/indizes/euro$+$stoxx$+$50$+$EU0009658145/zugehoerige$+$werte (2013). Zugegriffen: 14.12.2013

Die Welt: Umweltbundesamt will iPhone und iPad verbieten. http://www.welt.de/wirtschaft/webwelt/article111019048/Umweltbundesamt-will-iPhone-und-iPad-verbieten.html (2012). Zuletzt aktualisiert: 13.11.2012. Zugegriffen: 05.09.2013

Kohler, H.: Statistics for Business and Economics, 3. Aufl. HarperCollins, New York (1994)

Kuehl, R.O.: Design of Experiments. Statistical Principles of Research Design and Analysis, 2. Aufl. Brooks Cole, Belmont, CA (2009)

Scott, A.J., Seber, G.A.F.: Difference of Proportions from the Same Survey. Am. Stat. **37**, 319–320 (1983)

Weiterführende Literatur

Bortz, J., Lienert, G.A.: Kurzgefasste Statistik für die klinische Forschung. Leitfaden für die verteilungsfreie Analyse kleiner Stichproben, 3. Aufl. Springer, Heidelberg (2008)

Bortz, J., Lienert, G.A., Boehnke, K.: Verteilungsfreie Methoden in der Biostatistik, 3. Aufl. Springer, Heidelberg (2008)

Bortz, J., Schuster, C.: Statistik für Human- und Sozialwissenschaftler, 7. Aufl. Springer, Berlin (2010)

Büning, H., Trenkler, G.: Nichtparametrische statistische Methoden. De Gruyter, Berlin (1994)

Daniel, W.W.: Applied nonparametric Statistics, 2. Aufl. PWS-Kent, Boston (1990)

Gibbons, J.D.: Nonparametric Methods for Quantitative Analysis, 3. Aufl. American Sciences Press, Columbus (1997)

Higgins, J.J.: An Introduction to Modern Nonparametric Statistics. Brooks/Cole, Pacific Grove, CA (2004)

Hollander, M., Wolfe, D.A., Chicken, E.: Nonparametric Statistical Methods, 3. Aufl. Wiley, Hoboken, N.J. (2014)

Moulton, S.T.: Mauchly Test. In: Salkind, N. (Hrsg.) Encyclopedia of Research Design, Bd. 2, S. 776–778. SAGE, Thousand Oaks (2010)

Rosner, B.: Fundamentals of Biostatistics, 7. Aufl. Brooks/Cole, Boston, MA (2011)

Salkind, N. (Hrsg): Encyclopedia of Research Design. SAGE, Thousand Oaks, CA (2010)

Sheskin, D.J.: Handbook of Parametric and Nonparametric Statistical Procedures, Taylor & Francis, New York (2011)

Voss, W., Buttler, G.: Taschenbuch der Statistik, 2. Aufl. Fachbuchverlag Leipzig im Carl Hanser Verlag, München (2004)

Werner, J.: Biomathematik und medizinische Statistik, 2. Aufl. Urban&Schwarzenberg, München (1992)

Wild, C.J., Seber, G.A.F.: Comparing Two Proportions From the Same Survey. Am. Stat. **47**, 178–181 (1993)

Sachverzeichnis

A

Abel, 86
Ablehnbereich von H_0, 506
Ableitung, 159, 161, 218
  dritte, 172
  erste, 159, 186
  Funktion mehrerer Variablen, 218
  gewöhnliche, 219, 220, 235
  n-te, 173
  partielle, 220, 222, 235
  partielle dritter Ordnung, 221
  partielle erster Ordnung, 220, 222
  partielle vierter, fünfter, ... Ordnung, 221
  partielle zweiter Ordnung, 221
  vierte, 172
  zweite, 171
  zweite, dritte, ..., n-te, 186
Ableitung der allgemeinen Exponentialfunktion, 169, 171
Ableitung der allgemeinen Logarithmusfunktion, 169, 171
Ableitung der Umkehrfunktion, 169
Ableitung einer Verkettung von mehr als zwei Funktionen (allgemeine Kettenregel), 168, 171
Ableitung ganzrationaler Funktionen, 167, 170
Ableitung gebrochen rationaler Funktionen, 168, 171
Ableitung Umkehrfunktion, 171
Ableitungsfunktion, 160, 161, 186
Absatzmenge
  gewinnmaximale, 184
  gewinnmaximierende, 187, 215, 228
Abschreibung, 382, 383
  geometrisch-degressive, 383
  lineare, 383
  Vergleich verschiedener Methoden, 384
Abschreibungsrate, 383, 385
absolutes Glied, 89
Absolutglied, 98, 101
Abszisse, 116
Abweichungsquadrat, 229, 230
Abzinsung, 348
Abzinsungsfaktor, 348
achsensymmetrisch, 136
Additionssatz, 445
Additionsverfahren, 64, 99, 101, 106
Agio, 324
Aktie
  Dividende, 350
Akzeptanzbereich, 504
Algorithmus, 8, 16
  Gauß'scher, 263
Änderung
  absolute, 173

  durchschnittliche, 174
Änderung der Produktionskosten, 155
Änderung der Produktionsmenge, 155
Änderungstendenz von Funktionen
  geometrische Veranschaulichung, 158
Änderungstendenzen, 158
Änderungsverhältnis, 173
Anfangskapital, 328, 333
Angebot, 16
Anleihe
  Bundesanleihe, 325
  Funktionsprinzip, 322
  Kupon, 346
  Kurswert, 324
  Nominalwert, 324
  Nominalzins, 324
  Rendite, 324
  Stückzinsen, 346
  Zinskupon, 324
Annahme, 16, 17, 20
Annuität, 373
Annuitätendarlehen, 323
Anschaffungskosten, 384
Anteilswert
  Einstichproben z-Test für Anteilsdifferenz in einer Variable, 534
  Einstichproben z-Test für Anteilsdifferenz in zwei Variablen, 536
  Einstichproben z-Test für Anteilswert, 533
  Intervallschätzung, 502
  Mehrstichprobentest bei unverbundenen Stichproben, 541
  Mehrstichprobentest bei verbundenen Stichproben, 542
  Punktschätzung, 501
  Zweistichprobentest bei unverbundenen Stichproben, 537
  Zweistichprobentest bei verbundenen Stichproben, 539
Anwendung der Mathematik zum Lösen der mathematischen Aufgabe, 7
Approximation, 156
äquivalent, 67
Äquivalenz, 36, 38
Äquivalenzumformung, 67, 68
Argumentieren, 10
  wirtschaftswissenschaftliches Argumentieren, 10
Argumentierens, 10
Assoziativgesetz, 45, 46
Assoziativgesetz der Matrizenmultiplikation, 250
Asymptote, 135–142
Asymptotisches Verhalten, 178, 179, 186
Attribute, 114

Aufgabenstellung
  mathematische, 16
Aufwand, 382
Aufzinsungsfaktor, 373
Ausdruck
  algebraisch, 70
Ausgaben, 382
Ausgleichsgerade, 228–230
Ausgleichsrechnung, 229
Ausklammern von Potenzen, 89
Ausklammern von Potenzen von x, 89
Aussage, 32, 34–36
  falsch, 66
  wahre, 66
Auszahlung, 382

B

Balkendiagramm
  einfach, 401
  gestapelt, 402
  gruppiert, 401
Barwert, 347
  nachschüssige Rente, 362
  vorschüssige Rente, 359
  Zusammenhang vorschüssige und nachschüssige Rente, 363
Barwertrechnung
  allgemein, 347
  in der Preisangabenverordnung, 377
  mit Excel, 350
Basisjahr, 429
Basislösung, 302
Basisvariable, 302
Baumdiagramm, 448
Bausteine, 13
  Annahmen, 14
  Bedingungen, 13
  zu beantwortende Fragen, 14
  zu begründende Behauptungen, 14
  zu erreichende Ziele, 14
bedingte Wahrscheinlichkeit, 446
Bedingung, 16
  hinreichende, 226
  notwendige, 226
Bedingungen, 17, 20
Berichtsjahr, 429
Bernoulli-Experiment, 461
Beschaffungszeitraum, 24
bestimmtes Integral, 193, 194, 197–199, 201, 205–208
Bestimmungsgleichung, 66, 70
  allgemeingültig, 66
  lösbar, 66
  nicht lösbar, 66
  widersprüchlich, 66

© Springer-Verlag Berlin Heidelberg 2017
B. Haack et al., *Mathematik für Wirtschaftswissenschaftler*, DOI 10.1007/978-3-642-55175-8

Betragsfunktion, 119
Beweise und Widerlegungen. Die Logik
    mathematischer Entdeckungen, 12
Bindung, 435
Binom, 81
binomial, 397
Binomialkoeffizient, 453
Binomialverteilung, 461
    Erwartungswert $E(X)$, 464
    Varianz, 465
    Verteilungsfunktion, 464
    Wahrscheinlichkeitsfunktion, 463
binomische Formeln, 33, 44, 47, 48
Bogenelastizität, 183, 185
Boxplot, 422
Bruchgleichung, 92, 96
Bruttobedarfsvektor, 289, 293
Bruttostaatsverschuldung, 22
Bundesanleihe, 325

C
Cardanische Formeln, 86
Cardano, 86
Chi^2-Verteilung Tabelle, 484
Cobb-Douglas-Funktion, 223, 233–236
Cochran's Q-Test, 542
Co-Faktor, 277
Computer Algebra System, 266, 290
Cramers V, 436

D
Darlehen
    Arten, 323
    endfälliges, 323
    Funktionsprinzip, 322
Definitionsbereich, 178, 179, 186, 216
Definitionslücke, 140
Determinante
    einer Matrix allgemein, 272
    Entwicklung in Co-Faktoren, 277
    Systematisierung der Berechnung, 279
Dezil, 417
Diagonalmatrix, 245
Dichtefunktion, 207, 455
Differenzenquotient, 155, 160
Differenzial, 174, 183, 222
    partielles, 222, 227, 235
    totales, 223, 227, 235
    vollständiges, 223
Differenzial- und Integralrechnung, 158
Differenzialquotient, 156, 159, 161, 174, 186
Differenzialrechnung, 156
    Grundlagen, 158
Differenziationsregeln
    grundlegende, 186
differenzielle Schreibweise, 159
differenzierbar, 159–161
    partiell, 220, 222
    unendlich oft, 172
Differenzierbarkeit, 158, 159, 161
Differenzieren, 156
Dimension einer Matrix, 244
Disagio, 324, 376
Disjunktion, 35
Diskontierung, 348
Diskontierungsfaktor, 348
diskret, 454
Disparitätskurve, 424

Distributivgesetz, 45–48
Distributivgesetz der Matrizenmultiplikation,
    250
Dreiecksgestalt, 100, 101
Dreiecksmatrix, 245
durchschnittliche Elastizität, 183, 185

E
Effektivzins, 324, 376
    eines Kredites, 376
Effizienz, 495
einfache Verzinsung, 330
Einheitsmatrix, 245, 292, 293
Einkommen, 184
Einkommenssteigerung, 184
Einkommensverlust, 184
Einselement der Matrizenmultiplikation, *siehe*
    Einheitsmatrix
Einsetzungsverfahren, 64, 98, 101, 106
Einstichproben t-Test für den Mittelwert, 506
Einstichproben z-Test für den Mittelwert, 504
eiserne Reserve, 24
elastisch, 182, 185
Elastizität, 182, 183, 185, 187, 232
    Gesetzmäßigkeiten, 184
    negativ, 184, 185
    partielle, 232–235
    positiv, 184, 185
    Produktregel, 184, 185
    Quotientenregel, 184, 185
    Umkehrfunktion, 184, 185
Elastizitätsfunktion, 183, 185
    partielle, 233
Element, 37, 38, 41, 43
Elementarereignis, 445
Emittentenrisiko, 322
Empfehlungen zur Lösung
    wirtschaftswissenschaftlicher Aufgaben
    mit Hilfe der Mathematik, 25
Endkapital, 328, 333, 337
endogene Verwendung von Rohstoffen, 288
Engpassbedingung, 303
Entscheidungsfindung
    in der Investitionsrechnung, 348, 349
Ereignis, 445
Ereignisraum S, 445
Erheben in die Potenz, 106
Erlösfunktion, 127, 131, 137, 150, 173
Erwartungstreue, 494
Erwartungswert, 458, 496
    für eine diskrete Zufallsvariable, 458
    für eine stetige Zufallsvariable, 459
    Konfidenzintervall bei bekannter Varianz,
        496
    Konfidenzintervall bei unbekannter Varianz,
        497
    Punktschätzung, 496
Eulersche Zahl, 44, 55, 56, 164
Europäische Zentralbank (EZB), 327
Eurozinsmethode, 329
Excel
    Barwertrechnung, 351
    Berechnung von Abschreibungen, 386
    lineare Optimierung, 305
    POTENZ-Funktion, 336
    Rentenrechnung, 357
    Solver, 266
    What's Best

    -Tool, 305
    Zielwertsuche, 335, 379
Excel-Funktion
    MMULT, 267, 305
    Rendite, 326
    TAGE360, 329
exogene Verwendung von Rohstoffen, 288
Exponentialfunktion, 146, 164
    allgemeine, 147
    Halbwertszeit, 147
    Wachstumsfaktoren, 146
Exponentialgleichung, 92, 94, 96
    lösen, 94
Exponentialverteilung, 475
    Dichtefunktion, 475
    Erwartungswert, 476
    Varianz, 476
    Verteilungsfunktion, 476
Exponentielles Wachstum, 145
Extremwert, 174, 186
    Funktion mit mehreren Veränderlichen, 235
    lokaler, 186, 225, 227
    lokaler einer Funktion mit zwei Variablen,
        226, 228, 235
    mit Nebenbedingungen, 230
    ohne Nebenbedingungen, 230
    relativer, 225, 228
Extremwertproblem, 235
Exzess, 422

F
Faktorisieren, 33, 48
Federal Reserve (Fed), 327
Feds Funds Rate, 327
Finanzkrise, 327
Finanzmarkt
    Arten, 320
    Komplexität, 320
Finanzmarktprodukt
    Arten, 321
    Bedeutung, 321
    Preis, 321
Finanzmathematik
    Teilgebiete, 320
finanzmathematische Anwendung der
    Zinsrechnung, 349
Findeverfahren, 16
Flächendiagramm, 404
Flächenfunktion, 197, 198
Formeln
    binomische, 81
Friedman-Test, 525
Funktion
    allgemeine, 115–117
    bijektiv, 117, 118, 120, 124, 143, 148
    Bild, 113, 115, 118, 121, 128, 131, 136–138,
        141–143, 145
    Definitionsbereich, 113, 115–118, 120, 130,
        131, 134, 135, 138, 139, 143–145,
        148, 150
    gerade, 144, 178, 179
    homogen vom Grad r, 234
    homogene, 236
    identische, 119, 120
    injektiv, 117, 118, 143
    konstante, 119, 121
    lineare, 300
    punktsymmetrisch, 132, 135

quadratische, 128, 130, 133
stückweise definiert, 119
surjektiv, 117, 118, 148
ungerade, 178, 179
Urbild, 115, 117, 124
von n unabhängigen Variablen, 235
Wertebereich, 115–118, 121, 148
Zielfunktion, 300
Zuordnungsvorschrift, 113, 115, 116, 118, 120, 131, 135, 138, 142
Funktion mehrerer Variablen
grafische Darstellung, 216
Funktionsfläche, 217, 218, 235
Funktionsgleichung, 216
F-Verteilung Tabelle, 485

G
ganze rationale Funktion, 130
ganze rationale Funktionen 3. Ordnung, 132
Gauß-Jordan-Algorithmus, 251
Gauß'scher Algorithmus, 100, 101, 263
gebrochene Laufzeit, 332
gebrochene rationale Funktion, 135
Polstelle, 137
Geldpolitik, 327
Geometrische Verteilung, 467
Erwartungswert, 469
Varianz, 469
Verteilungsfunktion, 468
Wahrscheinlichkeitsfunktion, 468
Geradengleichungen, 19
geräumte Bäckerei, 3, 19, 20, 24
geräumter Markt, 16
Gesamterlös, 187
Gesamtgewinn, 187
Gesamtkosten, 187
Gespür für Methoden und Werkzeuge, 25
Gewinnfunktion, 127–129, 131, 137, 150, 173, 184
Gewinnmaximum, 184, 202
Gewinnvergleichsrechnung, 6
Gini-Koeffizient, 424
Gleichgewichtsmenge, 16, 19, 20
Gleichgewichtspreis, 16, 19, 20
Gleichheitsaussage, 66
Gleichsetzungsverfahren, 64, 99, 101, 106
Gleichung, 62, 64, 65, 70, 106
3-ten Grades, 85, 89
4-ten Grades, 85, 89
algebraische, 92
algebraische, ersten Grades mit einer Unbekannten, 71
allgemeingültig, 70
äquivalent, 67
auflösen, 67
biquadratische, 82, 83, 88
erfüllt, 72
kubisch, 89
lineare, 71, 89, 106
lineare mit einer Unbekannten, 71
allgemeine Form, 75
lineare, mit einer Unbekannten
allgemeine Form, 71
linke Seite, 65, 70
lösbar, 70
lösen, 70, 106
nicht lösbar, 70
Normalform der quadratischen Gleichung, 82

n-ten Grades, 85, 89
quadratische, 89, 106
quadratische mit einer Unbekannten, 78
allgemeine Form, 78
rechte Seite, 65, 70
reinquadratische, 78
transzendente, 92
widersprüchlich, 70
Gleichungen
äquivalente, 67
Gleichungsarten, 106
Lösungswege, 106
Gleichungslehre, 65
Gleichungssystem, 64
lineares, 98, 101, 106
Lösbarkeit, 280
lösen, 106
Lösung, 98
Lösungsmenge, 98
Gleichungssystem in Matrizenschreibweise, 262
Gleichungssysteme mit Excel lösen, 266
Gleichverteilung, 473
Dichtefunktion, 474
Erwartungswert, 475
Varianz, 475
Verteilungsfunktion, 474
Glied
absolutes, 98
Google-Algorithmus, 261
Gozintograph, 289
Graph einer Funktion, 112, 113, 117–119, 121–129, 131–139, 141–145, 149
Grenzerlöse, 173, 202
Grenzerlösfunktion, 202
Grenzfunktion, 174
Grenzgewinne, 173
Grenzkosten, 156, 158, 159, 173, 190, 216
Grenzkostenfunktion, 195, 201, 202
Grenzwert, 56
Grundgesamtheit, 396
günstiger Fall, 445

H
Handel mit neuen Mobiltelefonen, 28
Häufigkeit
absolute, 398
kumulierte, 400
relative, 399
Häufigkeitsverteilung, 398
Herfindahl-Index, 426
Heurismus, 8, 16, 24
Histogramm, 404
Höhenlinie, 217, 218, 235
Höhere Ableitungen, 171
Homogenitätsgrad, 234, 236
Hyperbel, 136
Hyperebene, 301
Hyperfläche, 301
Hypergeometrische Verteilung, 465
Erwartungswert, 467
Varianz, 467
Verteilungsfunktion, 467
Wahrscheinlichkeitsfunktion, 466

I
Identität, 66, 67, 70, 72
Implikation, 35, 36, 43
Indexierung, 426

allgemeine, 426
Mengenindex, 429
Preisindex nach Laspeyres, 429
Umsatzindex, 430
Indifferenzkurve, 218
Injektivität, 117, 148
Input-Output-Modell, 291
Input-Output-Rechnung, 287
Matrixschreibweise, 290
Integral
Integralzeichen, 196, 197
unbestimmtes Integral, 194, 196, 201, 203, 206, 208–210
Integrand, 203, 205, 206, 208
Integrationskonstante, 196
Integrationsregel, 203, 204
Integrationsvariable, 196, 205
Interpretation
wirtschaftswissenschaftliche, 24
inverse Abbildung, 124, 143, 148
Invertieren einer Matrix, 251
Investitionsrechnung, 348
Irrtumswahrscheinlichkeit, 496, 504
Isogewinnkurve, 218
Isokostenkurve, 218
Isoquante, 218

K
Kapitalwertmethode, 348
Kausalität, 433
Kendall's tau, 435
Kettenregel, 166, 167, 203–205, 209
Koeffizient, 89, 98, 101
Koeffizientenmatrix, 262, 281
Kolmogorov-Smirnov-Anpassungstest, 543
Kolmogorov-Smirnov-Verteilung, 544
Kritische Werte mit Lilliefors-Korrekturen Tabelle, 548
Kritische Werte Tabelle, 546
Kombination, 453
Kombinatorik, 450
Flussdiagramm, 450
Kombination mit Wiederholung, 453
Kombination ohne Wiederholung, 453
Permutation mit Wiederholung, 452
Permutation ohne Wiederholung, 450
Variation mit Wiederholung, 452
Variation ohne Wiederholung, 453
Kommutativgesetz, 45
Komplementärereignis, 447
Konfidenz und Vertrauen, 500
Konfidenzintervall, 496
für den Erwartungswert bei bekannter Varianz, 496
für den Erwartungswert bei unbekannter Varianz, 497
Varianz, 500
Konjunktion, 35, 38
Konsistenz, 495
konstante Funktion, 162
Konstanter-Faktor-Regel, 165, 167
Konsumentenkredit, 363, 378
Konsumfunktion, 184
Konsumrückgang, 184
Kontingenzkoeffizienten, 436
Kontingenztabelle, 430
Kontingenztafel, 430
Kontinuum, 216

Kontradiktion, 66, 67, 70, 72
Konzentrationsmaße, 423
    Gini-Koeffizient, 423
    Herfindahl-Index, 423
Konzentrationsrate, 426
Koordinaten, 217
Koordinatensystem
    dreidimensional, 216
    zweidimensional, 216
Korrelation, 430
Korrelationskoeffizient, 432
    nach Bravais-Pearson, 433
    nach Spearman, 435
    Yule's Q, 436
Kosten, 382
Kostenänderung, 155
    durchschnittliche je zusätzlicher
        Produktionseinheit, 155
Kostenfunktion, 120, 121, 127, 130, 131, 137,
        150, 155, 158, 159, 184, 195, 201
Kostenisoquante, 218
Kreativitätstechniken, 12
Kreisdiagramm, 402
Kreisregel zur LOP-Lösung, 303
Kreisregel zur Pivotisierung, 264
Kreuztabelle, 430
Krümmungsverhalten, 175, 186
Kuchendiagramm, 402
Kupon, 325, 346
Kurtosis, 422
Kurvendiskussion, 174, 175, 178, 179, 182, 186
    zu berücksichtigende Aspekte, 179
    zu berücksichtigende Gesichtspunkte, 178

L
Lagrange-Funktion, 231, 234
Lagrange-Multiplikatoren, 231, 234
    Methode der, 235
Laufzeit, 333, 335
    gebrochene, 332
Leibniz, 158
Leitplanken, 12
Leitzins, 327
leptokurtisch, 422
Levene-Test, 527, 530
Lilliefors-Korrekturen, 544
lineare Funktion, 120, 121, 124, 141
    Normalform, 122, 123
    Punkt-Richtungs-Form, 122
    Zwei-Punkte-Form, 122, 126
lineare Optimierung, 298
    mit Excel, 305
lineares Gleichungssystem
    in Matrizenschreibweise, 262
    Lösung, 101
lineares Optimierungsproblem, 298, 301
Linearfaktor, 81, 86
    abspalten, 86
Liniendiagramm, 403
linksgekrümmt (konvex), 175, 178, 186
Logarithmengleichung, 92, 95, 96
    lösen, 95
Logarithmieren, 96, 106
Logarithmische Ableitung, 170, 171
Logarithmus, 54
    Logarithmengesetze, 54
Logarithmusfunktion, 143, 149
    natürliche, 164, 165

Logik, 32, 34–37, 41
Lokale Extremwerte, 179
Lorenzkurve, 423
lösbar, 66
Lösbarkeit linearer Gleichungssysteme, 100
Lösen quadratischer Gleichungen, 79
Lösung, 66, 70, 71
    optimale eines LOP, 298
    tatsächliche, 97
    vermeintliche, 93, 97
    zulässige eines LOP, 298, 299
Lösungsmenge, 66, 70
Lösungsrepertoire, 23
LSD, 514

M
Mann-Whitney U-Test, 521
Mann-Whitney-Wilcoxon-Test, 521
Marginalanalyse, 173, 174
Marktgleichgewicht, 16
Marktzins, 349
mathematisches Modell, 156
Matrix
    Addition, 250
    allgemein, 244
    der Produktionskoeffizienten, 290
    Determinante, 272
    Diagonalmatrix, 245
    Dimension, 244
    Dreiecksmatrix, 245
    Einheitsmatrix, 245, 292, 293
    Entwicklung einer Matrix, 276
    Inverse, 251
    Inverse zur Lsg eine Gleichungssystems, 268
    Multiplikation, 246
    Nullmatrix, 245
    quadratische, 245
    Rang, 254
    reguläre, 252
    Rohstoffkoeffizientenmatrix, 290
    singuläre, 252
    Skalarmatrix, 246
    Subtraktion, 250
    Transponieren, 246
    verknüpfbar, 248, 249
Matrixoperationen mit Excel, 255
Matrizenaddition, 250
    mit Excel, 256
Matrizenmultiplikation, 246
    Assoziativgesetz, 250
    Distributivgesetz, 250
    Einselement, 292
    mit einem Skalar, 247
    mit Excel, 255
    Schema von Falk, 248
Matrizensubtraktion, 250
    mit Excel, 256
Mauchly-Test, 531
maximale Produktionsmengen, 4, 20
Maximierungsproblem, 298
Maximum
    absolutes, 175
    lokales, 175, 178, 186, 225, 227
    lokales einer Funktion mit zwei Variablen,
        226, 228, 235
    relatives, 225, 228
McNemar-Test, 537, 539
Median, 413, 520

Einstichprobentest, 520
Mehrstichprobentest bei unverbundenen
    Stichproben, 524
Mehrstichprobentest bei verbundenen
    Stichproben, 525
Zweistichprobentest bei unverbundenen
    Stichproben, 521
Zweistichprobentest bei verbundenen
    Stichproben, 522
Mediantest, 520, 524
Meldebestand, 24
Menge
    Differenzmenge, 39
    Durchschnitt, 38, 39
    kartesische Produkt, 40, 41
    Kreuzprodukt, 33, 40, 41
    leere Menge, 37
    Mächtigkeit, 43, 44
    Schnittmenge, 38, 39, 58
    Vereinigungsmenge, 39, 44
Mengen, 32, 33, 35, 37–43
Merkmal, 398
Merkmalswert, 398
mesokurtisch, 422
Messniveau, 397
Methode der kleinsten Quadrate, 229, 235
Methode scharfes Hinsehen, 19, 20, 67, 72, 75,
    80, 82, 88, 90, 92, 99, 101, 107
Methoden- und Werkzeugrepertoire, 25
Mindestreserve, 327
Minimalkostenkombination, 230, 231
Minimierungsproblem, 305
Minimum
    absolutes, 175, 225
    lokales, 175, 178, 186, 225, 227
    lokales einer Funktion mit zwei Variablen,
        226, 228, 235
    relatives, 225, 228
Minor, 276
Mittelwert, 408
    Arithmetischer, 408
    Geometrischer, 411
    Harmonischer, 412
    Mehrstichprobentest bei unverbundenen
        Stichproben, 513
    Mehrstichprobentest bei verbundenen
        Stichproben, 515
    PostHoc Test, 514
    Zweistichprobentest bei unverbundenen
        Stichproben, 507
    Zweistichprobentest bei verbundenen
        Stichproben, 510
Mittlere Abweichung, 416
MMULT-Excel-Funktion, 267, 305
Modalwert, 413
Modell, 9, 10
    Input-Output, 291
    mathematisches, 15, 16
    Richtigkeit, 15
    Vollständigkeit, 15
    Zulässigkeit, 15
    Zweckmäßigkeit, 15
modellieren, 9, 12
Modellierungs- und Argumentationszyklus, 3,
    10, 25
    idealtypischer Modellierungs- und
        Argumentationszyklus, 11

Modellierungs- und Argumentationszyklus (idealisiert), 10
Modellierungs- und Argumentationszyklus (tatsächlich), 11
Modus, 413
möglicher Fall, 445
Momente von Wahrscheinlichkeiten, 458
Monopolstellung, 191
monoton fallend, 175, 178, 186
monoton wachsend, 175, 178, 186
Monotonie, 175
Monotonieverhalten, 186
multinominal, 397
Multiplikation mit dem Hauptnenner, 96, 106
Multiplikationssatz, 448

N
Nachbestellung, 24
Nachdifferenzieren, 166
Nachfrage, 16, 184
    im Gewinnmaximum, 184
Nachfragefunktion, 184, 187
Nachfragerückgang, 184
Nachfragesteigerung, 184
nachschüssige Rente, 355
Nebenbedingung, 305
Net Present Value, 348, 351
Nettobedarfsvektor, 289, 292
Newton, 158
Newtonsches Iterationsverfahren, 378
Newtonsches Näherungsverfahren, 176–178, 187
nicht lösbar, 66
Nicht-Basisvariable, 302
Nichtlineare Ungleichung, 144
Nichtnegativitätsbedingung, 298, 301
Niveaulinie, 218
Nominalzins, 324
Normalform
    quadratische Gleichung, 79, 83
Normalform der quadratischen Gleichung, 78, 106
Normalparabel, 127–129, 132, 133, 143
Normalverteilung, 477, 543
    Dichtefunktion, 477
    Test auf, 543
    Wendepunkte, 481
Notenbank
    Siehe Zentralbank, 327
n-te Wurzel ziehen, 86
Nullmatrix, 245
Nullstelle, 112, 113, 125, 128, 130–136, 138, 139, 141, 142, 178, 179, 186
    doppelte, 80, 82
Nullstelle einer Funktion, 120

O
Optimale Bestellmenge, 27
optimale Lösung, 298
Optimierung (Extremwertbestimmung) unter Nebenbedingungen, 231
Optimierungsproblem, 231
Ordinate, 116

P
Pagerank von Webseiten, 261
Parabel, 113, 127–129, 150
partielle Integration, 194, 203, 204, 208, 209

Periodizität, 178, 179, 186
Permutation, 450
Perzentil, 417
Pitman-Test, 529
Pivotelement, 263, 303
Pivotisierung einer Matrix, 263
Pivotschritt, 302
Pivotzeile, 303
platykurtisch, 422
Poisson-Experiment, 470
Poissonverteilung, 469
    Erwartungswert, 471
    Varianz, 471
    Verteilungsfunktion, 471
    Wahrscheinlichkeitsfunktion, 470
Pol, 136
Polstelle, 136, 178, 179, 186
Polynom
    2. Grades in x, 78
    quadratisches, 78
Polynomdivision, 64, 86, 88–90, 92, 106
Population, 396
Potenz, 33, 50, 51, 53, 54
    Basis, 36, 39, 41, 42, 47, 50, 54, 55
    erste, 71
    Exponent, 50, 54
    Potenzrechnung, 54
    zweite, 78
Potenz von x ausklammern, 86
Potenzen ausklammern, 106
Potenzfunktionen, 112, 130
Potenzieren, 96
p-q-Formel, 64, 79, 82–84, 86, 88–91, 93, 95
Preis-Absatz-Funktion, 184, 187, 215, 228
Preisangabenverordnung, 376
Preisbildung, 16
Preisindex nach Laspeyres, 429
Preissenkung, 184
Preissteigerung, 184
Present Value, 348
Probe, 69, 70, 79, 106
Problemlösen, 12, 25
Problemvariable, 302, 305
Produktionskoeffizientenmatrix, 290, 291, 293
Produktionskosten, 195, 201
Produktkreislauf, 288
    graphische Darstellung (Gozintograph), 289
Produktregel, 165, 167, 184, 185, 196, 203, 209
proportional elastisch, 185
Prüfverteilungen, 482
Punktelastizität, 187, 232
Punkt-Richtungs-Form der Geradengleichung, 176
Punktwolke, 406

Q
Quadrieren, 106
    nicht äquivalent, 69
Quantile, 417
Quartil, 417
Quartilsabstand, 418
Quotient, 42, 49
    Dividend, 42, 49
    Divisor, 42, 49
    Erweitern, 49, 52
    gleichnamig, 49
    Kehrwert, 49
    Kürzen, 46, 49

Quotientenregel, 166, 167

R
Randhäufigkeiten, 431
Randmaximum, 176
Randminimum, 176
Rang
    einer erweiterten Koeffizientenmatrix, 281
Rang einer Matrix, 254
Raten, 90
Ratendarlehen, 323
Ratenzahlungen, 354, 363
Realisation, 454
Realmodell, 8, 14
Rechenoperation
    algebraische, 92
rechtsgekrümmt (konkav), 175, 178, 186
reelle Zahlen, 32
Regel von Cramer, 279
Regel von Sarrus, 273
Regressionsfunktion, 229
Regressionsfunktionstyp, 229
Regressionsgerade, 229, 230, 235
Relation, 114, 115
relative Änderung des Funktionswertes
    aufgrund der relativen Änderung der unabhängigen Variablen, 183
Rendite, 324
Rendite – Excel-Funktion, 326
Rentenendwert
    nachschüssige Rente, 358
    vorschüssige Rente, 355, 357
    Zusammenhang vor- und nachschüssige Rente, 359
Rentenhöhe, 354
Rentenzahlung, 354
Repräsentativität, 396
Restbuchwert, 384
Restriktionssystem, 299, 301
Restschuld, 372
Richtung
    ausgezeichnet, 219
Risiko einer Geldanlage, 328
Rohstoffkoeffizientenmatrix, 290
Rohstoffverbrauchsmatrix, 293
Rückblick, 23
Rückschau, 23
Rücksubstitution, 88, 90, 94, 205, 206
Rückwärtsarbeiten, 17
Rundungsungenauigkeiten, 339

S
Sattelpunkt, 132, 175, 178, 186, 227
Säulendiagramm, 401
Scatterplot, 406
Schätzverfahren, 494
Scheinlösung, 69, 70, 75, 82
Scheitelpunkt, 127, 128
Schema von Falk, 248, 249
Schiefe, 420
Schlupfvariable, 301
Schlussfolgern, 17
Schnittpunkte von Graphen, 112, 113, 120, 123, 125, 128, 130, 132–134
Schuldenquote, 21
Schule des Denkens – Vom Lösen mathematischer Probleme, 12
Sekantensteigungen, 158, 159, 161

Selbstvertrauen, 25
Sequenzdiagramm, 403
Shapiro-Wilk-Test, 543, 544
Sicherheitswahrscheinlichkeit, 496
Signifikanz, 507
Simplex-Algorithmus, 298, 300, 304
sinnvolle Beschaffungsplanung, 4
Situationsmodell, 7, 13
Skalarmatrix, 246
Skaleneffekt, 234
Skalenelastizität, 234
Skalenerträge
    fallende, 234
    konstant, 234
    steigende, 234
Skalenniveau, 397
    kardinal, 397
    nominal, 397
    ordinal, 397
Spaltenvektor, 244
Spanne, 416
Spannweite, 415
Sparkonto, 338
Stabdiagramm, 401
Stammfunktion, 194, 196–199, 201, 203, 204,
    209, 210
Standardabweichung, 419
Standardisierung, 478
Standardnormalverteilung Tabelle, 479
starr, 182, 185
Startwert, 176
Steigung, 113, 121–123, 125, 126
    in einer bestimmten Richtung, 219
Steigung der Kurve, 161
Steigung der Sekante, 158
Steigung der Tangente, 158, 186
Steigungsdreieck, 158
stetig, 454
Stichprobe, 396
streng monoton fallend, 147
streng monoton wachsend, 147
Streudiagramm, 406
Stückerlös, 131, 137, 150
Stückgewinn, 137
Stückkosten, 137
Substitution, 74, 83, 88, 89, 93, 94
Substitution der Unbekannten, 97, 106
Substitutionsmethode, 204–206, 209
Substitutionsregel, 194, 205, 206
Summe
    endliche, 57
    unendliche, 57, 58
Summenregel, 165, 167
Summenzeichen, 56, 57
    Laufindex, 56, 57
Surjektivität, 117
Symmetrieeigenschaften, 178, 179, 186
systematisch, 506

T
TAGE360 – Excel-Funktion, 329
Tangente
    Grenzfall von Sekanten, 159
Tangentensteigung, 159, 161
Tangentenverfahren, 176–178, 187
Term, 65, 70
Test, 504
    Einstichprobentest Mittelwert, 504

Testverfahren, 503
    Flussdiagramm, 505
Tie, 435
Tilgung
    eines Kredites allgemein, 370
    mit konstanten Raten, 373
    mit variablen Raten, 371
    Tilgungsleistung, 375
    Verhältnis von Zinsen und Tilgung, 374
    Verhältnis zur Verzinsung, 371
Tilgungsplan, 371
Tilgungsrechnung, 370
Tilgungszeitpunkt, 372
Tortendiagramm, 402
Totale Wahrscheinlichkeit, 449
Transponieren
    mit Excel, 255
Transponieren einer Matrix, 246
Trendgrade, 229
Tschebycheff'sche Ungleichung, 459
t-Test bei verbundenen Stichproben, 510
Tunnellänge, 27
t-Verteilung Tabelle, 486

U
Übergang zu Potenzen, 97
Überschuldung, 323
Übersetzung der realen in die mathematische
    Aufgabenstellung, 7
Umformung, 67, 70
    äquivalent, 64, 67, 68, 70, 106
    nicht äquivalent, 70
Umkehrfunktion, 112, 117, 123–125, 143, 148
Umsatzfunktion, 184
Unabhängigkeit von Ereignissen, 447
Unbekannte, 66, 70
uneigentliches Integral, 207–209
unelastisch, 182, 185
Ungleichheitszeichen, 102
Ungleichung, 64, 102, 105, 106, 301
    allgemeingültig, 103
    äquivalente Umformung, 103, 105, 106
    eine Unbekannte, 102
    linear, 102, 105
    linke Seite, 102
    lösbar, 103
    lösen, 103, 106
    Lösungen, 103
    Lösungsmenge, 103
    mehrere Unbekannte, 102
    nicht lösbar, 103
    rechte Seite, 102
    System von Ungleichungen, 299
    wiersprüchlich, 103
Ungleichungssystem, 106
    lineares, 102
    Lösungsmenge, 103
unmögliches Ereignis, 445
unterjährige Verzinsung, 338
Untersuchungseinheit, 398
Urnenmodell, 467
Urnenmodell ohne Zurücklegen für binomiale
    Variable, 465
US-Notenbank, 327
U-Test, 521

V
Variable, 70

unabhängig, 216
Varianz, 418, 499
    Einstichprobentest, 526
    für eine diskrete Zufallsvariable, 458
    für eine stetige Zufallsvariable, 460
    Intervallschätzung, 500
    Mehrstichprobentest bei unverbundenen
        Stichproben, 530
    Mehrstichprobentest bei verbundenen
        Stichproben, 531
    Punktschätzung, 499
    Zweistichprobentest bei unverbundenen
        Stichproben, 527
    Zweistichprobentest bei verbundenen
        Stichproben, 529
Varianzanalyse, 513
    einfaktoriell mit Messwiederholungen, 515
    einfaktoriell ohne Messwiederholungen, 513
Varianzentest, 526
Variation, 452
Variationsbreite, 416
Variationskoeffizient, 419
Vektor
    der Absolutglieder, 262
    Spaltenvektor, 244
    Zeilenvektor, 244
Venn-Diagramm, 37, 115
Veränderliche
    abhängig, 216
Verbarwertung, 348
Verbrauchskurve, 24
Verfahren
    Lösung einer linearen Gleichung, 74
Verteilung, 421
    linksschief, 421
    linkssteil, 421
    rechtsschief, 421
    rechtssteil, 421
    symmetrisch, 421
Verteilungsfunktion, 455
Vertrauensintervall, 502
Verzinsung
    einfache, 330
    jährliche, 334
    Kombination verschiedener Modelle, 336
    quartalsweise, 334
    unterjährige, 338
Vierfeldertafel, 430
vollkommen elastisch, 185
vollkommen unelastisch, 185
vom mathematischen Ergebnis zur Antwort auf
    unsere reale Fragestellung, 7
vorschüssige Rente, 355
Vorwärts- und Rückwärtsarbeiten, 18
Vorwärtsarbeiten, 17

W
Wachstum
    degressiv (unterlinear), 182, 225
    progressiv (überlinear), 182
Wachstumsfaktor, 411
Wachstumsrate, 411
Wachstumsverhalten, 186
Wahrheitswert, 34–36
Wahrscheinlichkeit, 444, 502
    bedingte, 447
    Begriff, 444
    Größenordnung, 445

Interpretation, 502
Momente, 458
totale, 449
Wahrscheinlichkeit für Besuch einer Webseite,
  261
Wahrscheinlichkeitsbegriff, 444
Wahrscheinlichkeitsfunktion, 454
Wahrscheinlichkeitstheorie, 445
Wahrscheinlichkeitsverteilung, 453
  diskrete, 461
  stetige, 471
  Wahrscheinlichkeitsverteilung als Stab, 463
Wendepunkt, 132, 175, 178, 179, 186
Wert
  diskret, 216
Wertetabelle, 216, 218, 235
  Eingang, 216
  Funktion, 118, 132, 135
Wertindex, 430
Wertverlust, 383
Wiederverwendung, 23
Wilcoxon Rangsummentest, 521
Wilcoxon-Vorzeichen-Rang-Test, 522
Wilcoxon-Vorzeichen-Rang-Test für eine
  Stichprobe, 520
wirtschaftswissenschaftliche Modellierung, 8
wirtschaftswissenschaftliche Realität, 156
Wirtschaftswissenschaftliches Realmodell, 14
Wölbung, 420
Wurzel
  Nenner rational machen, 52
  Potenzschreibweise, 47, 53, 58
  Radikand, 51
  Wurzelexponent, 51
  Wurzelgesetz, 52, 53, 58

Wurzelausdrücke, 68
Wurzelfunktion, 143
Wurzelgleichung, 69, 92, 93, 96
  lösen, 93
Wurzeln
  Quadratwurzel, 51
Wurzelterm, 93
Wurzelziehen, 89, 106

X
x-y-Diagramm, 406

Z
Zahl
  allgemeine reelle Zahl, 44
Zahlen
  ganze Zahlen, 42, 43
  irrationale Zahlen, 43, 44
  natürliche Zahlen, 37, 41–43, 50, 51, 55
  rationale Zahlen, 43, 44, 51
  reelle Zahlen, 41, 44, 45, 51, 53
  Zahlenstrahl, 43, 44
Zeilenvektor, 244
Zentralbank
  Europäische Zentralbank, 327
  US-Notenbank, 327
Zerlegung in Linearfaktoren, 81, 82, 88, 90, 106
Zertifikat, 322
Ziehen von Wurzeln, 89
Zielfunktion, 231, 234, 298, 300, 301
Zielwertsuche mit Excel, 335, 361, 379
Zins
  Effektivzins, 324
  Marktzins, 349
  Nominalzins, 324

Verhältnis von Zinsen und Tilgung, 374
Zinsänderungsrisiko, 371
Zinseszinseffekt, 330, 332, 333
Zinseszinsen, 330
Zinseszinsrechnung, 333
Zinsfuß, 328
Zinskupon, 324
Zinsperioden, 330
Zinsrechnung
  Eurozinsmethode, 329
  kaufmännische, 329
  Systematisierung, 340
  taggenaue, 329
Zinssatz, 328
  Jahreszins, 339
  Monatszins, 339
  Umrechnung, 339
Zinstage, mit Excel berechnen, 329
Zinszahlung, 330, 372
zu beantwortende Fragen oder zu begründende
  Behauptungen oder zu erreichende Ziele,
  17
zu beantwortenden Frage, 16
zufällig, 506
zufälliges Ereignis, 445
Zufallsexperiment, 444
Zufallssurfer im Google-Algorithmus, 261
Zufallsvariable, 454
zulässige Lösung eines LOP, 298, 299
Zuordnungsvorschrift, 216
Zuversicht, 25
Zwei-Punkte-Form
  Geradengleichung, 19
Zweistichproben z-Test, 537

Printing: Ten Brink, Meppel, The Netherlands